中国知识产权研究会 ○编

各行业专利技术现状及其发展趋势报告
（2017—2018）

GEHANGYE ZHUANLI JISHU XIANZHUANG JIQI FAZHAN QUSHI BAOGAO（2017—2018）

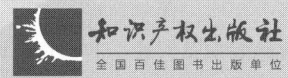

全国百佳图书出版单位

图书在版编目（CIP）数据

各行业专利技术现状及其发展趋势报告.2017—2018/中国知识产权研究会编.—北京：知识产权出版社，2018.6
ISBN 978-7-5130-5576-5

Ⅰ.①各… Ⅱ.①中… Ⅲ.①专利—技术发展—研究报告—中国—2017-2018 Ⅳ.①G306.72

中国版本图书馆 CIP 数据核字（2018）第 102622 号

内容提要

本书以煤矿瓦斯技术等十五个领域的专利数据为基础，通过对国内外专利数据库的检索和分析，全面地阐述了相关技术领域内专利申请和保护的状况，同时针对重点技术的竞争情况给出了明晰的结论，并对相关技术的发展趋势进行了预测。

责任编辑：纪萍萍　高志方　　　　　　责任校对：谷　洋
　　　　　　　　　　　　　　　　　　责任印制：刘译文

各行业专利技术现状及其发展趋势报告（2017—2018）
中国知识产权研究会　编

出版发行：知识产权出版社 有限责任公司	网　址：http://www.ipph.cn
社　址：北京市海淀区气象路 50 号院	邮　编：100081
责编电话：010-82000860 转 8387/8512	责编邮箱：jpp99@126.com
发行电话：010-82000860 转 8101/8102	发行传真：010-82000893/82005070/82000270
印　刷：三河市国英印务有限公司	经　销：各大网上书店、新华书店及相关专业书店
开　本：787mm×1092mm　1/16	印　张：42
版　次：2018 年 6 月第 1 版	印　次：2018 年 6 月第 1 次印刷
字　数：917 千字	定　价：130.00 元
ISBN 978-7-5130-5576-5	

出版权专有　侵权必究
如有印装质量问题，本社负责调换。

编委会

主　任　申长雨

副主任　贺　化　甘绍宁　廖　涛　张茂于
　　　　　徐治江　徐　聪

顾　问　杨铁军

主　编　赵志彬

编　委（按姓氏笔画排序）
　　　　　卜　方　马秀山　王岚涛　王霄蕙
　　　　　冯小兵　曲淑君　毕　囡　汤志明
　　　　　宋建华　李　辉　肖光庭　孟俊娥
　　　　　郑慧芬　党晓林　崔　军　龚亚麟
　　　　　葛　树　蒋　彤　谢小勇　韩秀成

执　编　张健佳

序

习近平总书记在博鳌亚洲论坛 2018 年年会上强调，加强知识产权保护是完善产权保护制度最重要的内容，也是提高中国经济竞争力最大的激励。党的十九大报告指出，倡导创新文化，强化知识产权创造、保护、运用。这些都成为新时代知识产权工作的重要指南。党的十八大以来，党和国家更加高度重视知识产权工作，知识产权事业顶层设计得到全面加强，知识产权法律法规政策体系建设持续完善，知识产权创造水平大幅提高，知识产权保护力度不断加大，知识产权运用效益显著提升，知识产权管理和服务能力再上台阶，知识产权国际合作成果丰硕，知识产权大国地位更加稳固。

新时代知识产权强国建设，需要勇于探索和实践，也离不开理论总结和学术研究，以及中国特色的知识产权智库建设。理论是前行的航标，研究是破壁的利器。围绕新时代知识产权事业发展一系列工作开展课题研究，对于深入实施知识产权战略、深化知识产权领域改革、加强知识产权保护和运用、加快知识产权强国建设都具有重要意义。

走进新时代，中国知识产权研究会将深入学习贯彻习近平新时代中国特色社会主义思想和党的十九大精神，紧紧围绕党中央、国务院关于知识产权工作的决策部署，坚持"围绕中心、服务大局、突出特色、开拓创新"的工作方针，努力践行"三服务"理念，充分利用自身学术资源优势，通过深度挖掘国内外知识产权领域发展趋势和信息数据，努力形成高质量、高水平的研究成果，为知识产权事业发展和知识产权强国建设提供专业、高效的理论依据和学术参考。在此基础上，形成了《各行业专利技术现状及其发展趋势报告》系列研究成果。

　　《各行业专利技术现状及其发展趋势报告（2017—2018）》集中了人工智能、深海探测、量子通信、能源材料、生物医药、健康环保等新技术、新产业、新领域的技术评价和趋势预测报告，力求通过准确的分析、中肯的建议，为创新主体、中介服务、审查业务、管理决策提供有益的参考和实用的借鉴，促进技术转型，实现高质量发展，描绘更加美好的愿景。

编委会
二〇一八年五月

目 录

煤矿瓦斯技术专利现状及其发展趋势 ……………………………………………… 1

深海探测专利技术现状及其发展趋势 ……………………………………………… 45

机器人交互技术领域专利技术现状及其发展趋势 ………………………………… 87

体感识别交互技术现状及发展趋势 ………………………………………………… 135

含砷药物的专利技术现状及发展趋势 ……………………………………………… 176

LED 封装材料专利技术现状及发展趋势 …………………………………………… 217

EGFR 受体相关酪氨酸激酶抑制剂专利技术现状及其发展趋势 ………………… 258

女性用吸湿用品专利技术现状及其发展趋势 ……………………………………… 310

生物质能专利技术现状及发展趋势 ………………………………………………… 347

新材料动力电池在电动汽车中应用的专利技术分析 ……………………………… 396

大气环境监测体系专利技术现状及发展趋势研究 ………………………………… 452

装配式混凝土建筑专利技术现状及其发展趋势 …………………………………… 483

高性能医疗器械及其材料专利分析研究 …………………………………………… 523

量子通信专利技术现状及其发展趋势 ……………………………………………… 572

多输入多输出（MIMO）系统关键技术发展趋势 ………………………………… 615

煤矿瓦斯技术专利现状及其发展趋势

韩嫚嫚　窦雪龙　薛梅　王春光

一、引言

煤矿瓦斯又称煤层瓦斯（gas of coalseam）或煤层气，是赋存于煤层及其围岩中的与煤炭共伴生的一种天然气体，国际上惯称为煤层甲烷。它是地史时期煤中有机质的热演化生烃产物，它的生成是以煤岩有机组成为基础，以各种地质运动、构造活动引起的沉积埋藏导致的煤化作用为辅助条件，内外因共同作用的结果。

煤矿瓦斯在煤层中的赋存形式主要有两种状态：在渗透空间内的煤矿瓦斯主要呈自由气态，称为游离瓦斯或自由瓦斯，这种状态的煤矿瓦斯服从理想气体状态方程；另一种称为吸附瓦斯，其主要吸附在煤的微孔表面和煤的微粒内部，占据煤分子结构的空位或煤分子之间的空间。实测表明，在1000～2000m以内的开采深度下，煤层吸附瓦斯量占70%～95%，游离瓦斯量占5%～30%。

目前，全世界煤矿瓦斯储量巨大，根据国际能源署（IEA）的统计资料显示，全球煤矿瓦斯资源量可达270万亿m^3，90%分布在12个主要产煤国，其中俄罗斯、加拿大、中国、美国和澳大利亚的煤层气资源量均超过10万亿m^3。我国煤层气资源丰富，是世界第三大煤层气储量国。

煤矿瓦斯是一种非常规天然气资源，也是一种战略性的后备资源，由于能源危机和环保问题日益受到世界各国重视，开发煤矿瓦斯逐渐被提到议事日程上来。通过政策扶持和科研投入成功地实现从"瓦斯灾害"到"地面开发"的技术革新，特别是美国多年来在煤矿瓦斯勘探开发中所积累的技术和经验，以及所取得的显著效益，更促使煤矿瓦斯工业在世界范围内蓬勃发展。

近几十年来，随着我国煤炭工业的迅速发展，煤炭产量大幅度提高，新井投产，老井延深，采掘机械化水平提高，因而煤矿瓦斯涌出量也随之增加。加之我国高瓦斯矿井占其总数的50%左右，因此，进行煤矿瓦斯的抽采、监测和预报，变害为利，变废为宝，已势在必行。

二、概述

（一）国家政策导向及支持方向

近年来，煤矿安全事故频发。尤其是瓦斯事故，发生后往往给矿井带来灾难性的后果，井下矿工生存的概率很小。国家非常重视对瓦斯的处理，国务院、发改委和安全生产监督管理总局相继出台《国务院关于预防煤矿生产安全事故的特别规定》《关于进一步加强煤矿瓦斯防治工作若干意见的通知》《进一步加快煤层气（煤矿瓦斯）的抽采利用》等文件，对煤矿瓦斯的防治做了规范。因此，本课题根据这些文件的精神，梳理煤矿瓦斯监测、预报、抽采的相关技术，为普及和提高煤矿瓦斯治理水平提供依据，以更好地落实相关文件精神。

（二）我国煤矿瓦斯技术发展历程

煤矿瓦斯气体是煤矿安全生产中最大的威胁，有"煤矿第一杀手"之称。人类最早开采煤矿瓦斯是出于采煤过程中安全的需要，抽采出的煤矿瓦斯被排放到空气中或直接燃烧掉，并没有加以利用。

最早的有历史记载的煤矿瓦斯抽采可追溯到 1637 年以前，我国《天工开物》一书记载了利用竹管引排煤矿瓦斯的方法。1733 年，英国一家煤矿首次进行了煤矿瓦斯抽采和管道输送的尝试。1844 年，又有一个发生过煤矿瓦斯爆炸事故的矿井将采空区的煤矿瓦斯抽采至地面。19 世纪的欧洲曾有过尝试钻入煤层抽出煤矿瓦斯，以减少采矿危险的案例。19 世纪后期，英国威尔士开始进行从煤层中抽排煤矿瓦斯的试验。英国生产矿井中，45%的甲烷通过管道抽排到地面进行利用。

随着世界经济的发展，煤炭资源被大规模开发和利用，煤矿瓦斯爆炸事故也频频发生。1907 年，美国发生了其历史上最惨重的一次矿难，弗吉尼亚州的一次爆炸夺走了 362 人的生命，该年美国矿难死亡人数达 3200 余人。

据专家统计，到 20 世纪初期，美国的矿难每年导致近 6%的矿工葬身井下，近 6%的工友落下终身残疾，6%的从业者受到不同程度的暂时性损害。英国煤矿历史上约有 1.5 万人死于煤矿瓦斯爆炸事故，最严重的一次是 1913 年 10 月 14 日发生在 Senghenydd 煤矿的煤矿瓦斯爆炸事故，死亡 439 人。

我国是世界上第一产煤大国，煤炭资源巨大，煤矿瓦斯资源十分丰富。由于中国经济迅速发展，对能源的需求也越来越大，有必要开发新的能源。同时，煤矿瓦斯是煤矿事故的罪魁祸首，我国煤矿瓦斯事故发生的频率更高，煤矿高瓦斯和瓦斯突出的矿井占总矿井数的 46%。在中国煤矿重大恶性事故中，煤矿瓦斯爆炸引起的事故占 70%~80%，造成的伤亡占到特大事故伤亡人数的九成。

国内煤矿矿难的 70%~80%都是由煤矿瓦斯爆炸引起，开发煤矿瓦斯可以有效预防事故发生，改善矿山生产工作条件，保护环境。因此，开发煤矿瓦斯对中国来说十分必要。

我国的煤矿井下瓦斯抽放始于 20 世纪 50 年代。1952 年，煤炭部率先在辽宁抚顺矿务局龙凤煤矿进行了井下瓦斯抽放试验，并获得成功。1957 年，阳泉矿务局四矿试验成功邻近层抽放煤矿瓦斯的方法。20 世纪 70 年代末 80 年代初，我国煤矿瓦斯进入地面开发阶段，原煤炭工业部煤炭科学研究院抚顺煤研所曾在抚顺、阳泉、焦作、白沙、包头等高瓦斯矿区施工了 20 余口地面瓦斯抽排钻孔，可谓是我国采用地面垂直井进行煤矿瓦斯开采的最早尝试。然而，由于当时井位选择和技术、设备等条件的限制，试验未达到预期效果。1985 年国家经贸委修订《资源综合利用目录》，把煤矿瓦斯列入废弃能源。20 世纪 90 年代初，我国开始研究煤矿瓦斯地面开发技术，当时已有近 70 口煤矿瓦斯试验井，尤其是辽宁铁法、山西晋城以及安徽淮北等矿区的煤矿瓦斯开发试验已显示出良好的前景，有的单井日产量达 7000m^3，全国煤矿瓦斯产量近 6 亿 m^3。我国煤矿瓦斯资源的大规模开发计划引起世界关注，联合国 1992 年首先通过全球环境基金会（GEF）向我国提供了 1170 万美元，用于资助"中国煤矿瓦斯资源开发"项目。1992 年，煤炭部门与联合国开发计划署（UNDP）签订协议，投资 1000 万美元进行试验，该项目包括松藻矿务局、开滦矿务局、铁法矿务局和煤炭科学研究总院西安分院的四个子项目，主要目的是为我国发展煤矿瓦斯工业引进技术和设备。这一时期主要借用美国的技术和经验，而对于地质条件复杂的中国含煤区不太实用，因此未获得突破性进展。通过实验，对我国煤矿瓦斯勘探开发还是取得了一定的认识，为后来的煤矿瓦斯勘探开发奠定了基础。

总体来讲，我国煤矿瓦斯工业发展经历了三个大的发展阶段。

第一阶段：20 世纪 80 年代初—1997 年，引进、消化、摸索阶段。本阶段在煤矿瓦斯地质研究上表现为佐证，在勘探上表现为找气，在开发试验上表现为摸索，主要通过引进和消化国外相关理论与技术来解决中国的煤矿瓦斯地质问题。从 20 世纪 80 年代末，煤炭、石油、地矿等行业以及地方政府开始进行煤矿瓦斯的研究、勘探和开发试验工作，对全国煤矿瓦斯资源及其分布规律取得基本认识，积累了较丰富的煤矿瓦斯地质信息，并从区域上开始对煤矿瓦斯产业发展战略的思考。

第二阶段：1998—2002 年，理论与技术研究发展阶段。这一时期煤矿瓦斯开发基础与技术研究得到较大发展，尤其是开采方法与增产措施、煤炭瓦斯解吸扩散渗流机理、产能与采收率分析等方面取得较多成果，经济与政策、利用和储运的研究得到更多关注，并开始煤矿瓦斯资源开发对外合作，为中国煤矿瓦斯产业化时代的到来奠定重要技术基础。

第三阶段：2003 年以来，商业化生产启动阶段。煤矿瓦斯成藏条件与机制探索在国家层面上全面展开，煤矿瓦斯地质研究进入求源和成藏作用探索过程；大井网煤矿瓦斯勘探开发试验取得新突破，水平羽状井、丛式井等技术在煤矿瓦斯开发中得到初步应用，对二氧化碳注入等新的增产技术进行了现场试验，晋城地区开始煤矿瓦斯商业化生产，与美国、加拿大等国对外合作取得丰硕成果，中国煤矿瓦斯工业的雏形已经形成，并呈现快速发展的势头，标志着中国煤矿瓦斯工业从开发试验阶段转入商业化生产启动阶段。

三、研究内容

（一）研究方法

煤矿瓦斯技术涵盖多种，在进行初步统计且调研行业技术文献的基础上，本文选取近年来较有发展前景且利于推广应用的煤矿瓦斯抽采技术、煤矿瓦斯监测技术以及煤矿瓦斯预报技术作为主要研究对象。

专利信息分析通过对专利文献的著录项目事项以及技术内容的统计和分析以获得有价值的信息。在研究时，在全面检索相关专利的基础上进行定性分析和定量分析；其中，定量分析主要是在确定最佳的检索策略，兼顾查全率和查准率的基础上得到分析数据，对相关专利文献的著录项目进行统计，解读统计结果，分析其所代表的技术和产业发展趋势；定性分析则是对专利文献具体技术内容进行解读，特别是具有代表性的形成国家标准的技术所涉及的重点专利文献进行详细解读。通过结合定量分析和定性分析的结果展示产业发展现状、技术发展现状，并进一步预测产业的发展方向和技术演进趋势。

本文针对煤矿瓦斯技术的全球和中国专利技术发展脉络、专利技术布局情况、国内主要专利申请人技术特点等进行统计分析，除了上述分析内容以外，还从国内创新主体的技术特点出发，针对一些重要技术分支分析适合国内的专利技术挖掘空间和专利技术布局策略，同时研究制定一些指标体系，筛选出上述领域的重点专利，并根据专利布局分析和专利技术路线分析研究制定适合这些企业的技术追踪策略和未来技术发展路径。

（二）检索策略

本文所指的煤矿瓦斯技术主要是指煤矿瓦斯抽采技术、煤矿瓦斯监测技术以及煤矿瓦斯预报技术，本文在检索时主要使用的 IPC 分类号如下：

E21F：矿井或隧道中或其自身的安全装置，运输、充填、救护、通风或排水；

E21B：土层或岩石的钻进；

E21D：竖井、隧道、平硐、地下室；

B01D：分离、固体物料从固体物料或流体中的磁或静电分离，利用高压电场的分离；

G01N：借助测定材料的化学或物理性质来测试或分析材料；

G08B：信号装置或呼叫装置、指令发信装置、报警装置；

G01V：地球物理、重力测量、物质或物体的探测、示踪物。

本文以 IPC 分类号结合关键词作为主要检索手段进行检索。

（三）相关约定

本文所指的全球专利数据以及中国专利数据均是指 2017 年 10 月 20 日前于 Incopat 数据库收录的相关专利数据。

关于专利申请量统计中"项"和"件"的说明。

项：同一项发明可能在多个国家或地区提出专利申请，构成同族专利，Incopat 数据库将这些相关的多件申请作为一条记录收录，以表示其技术上的高度相关性。在进行全球专利申请数量统计时，对于数据库中以一条记录的形式出现的一系列专利文献，计算为"1 项"。一般认为，专利申请的数目与技术的数目相应。

件：在进行中国专利申请数量统计时，Incopat 数据库将 1 项专利申请所涉及的多件专利分开进行收录，以表示其权利的独立性。在进行中国专利申请数量统计时，以每件专利单独计算为"1 件"。

四、煤矿瓦斯技术专利分析

众所周知，专利申请是技术发展和市场保护的重要反映，鉴于此，以下第（一）部分至第（三）部分将从煤矿瓦斯抽采技术、煤矿瓦斯监测技术以及煤矿瓦斯预报技术的全球及中国专利申请量发展趋势、技术分支的专利申请分布、国内外主要申请人等方面进行研究分析，希望通过对相关专利申请状况的解读，从多角度反映当前煤矿瓦斯抽采技术、煤矿瓦斯监测技术以及煤矿瓦斯预报技术的状况以及未来发展趋势，从而为煤矿瓦斯抽采技术、煤矿瓦斯监测技术以及煤矿瓦斯预报技术的相关企业和申请人提供参考。

（一）煤矿瓦斯抽采技术专利分析

煤矿瓦斯抽采技术就是向煤层和瓦斯集聚区域打钻，将钻孔接在专用的管路上，用抽采设备将煤层和采空区中的瓦斯抽至地面，加以利用；或排放至总回风流中。抽采煤矿瓦斯不仅是降低开采过程中的瓦斯涌出量、防止瓦斯超限和积聚，预防瓦斯爆炸和煤与瓦斯突出事故的重要措施，还可变害为利，作为煤炭伴生的资源加以开发利用。

1. 全球专利技术发展趋势分析

（1）全球专利申请趋势

如图 1 所示，截至 2017 年 10 月 20 日，煤矿瓦斯抽采技术的全球专利申请量累计达到 2890 项。图 1 显示了煤矿瓦斯抽采技术的全球专利申请发展趋势，可以看出，煤矿瓦斯抽采技术的全球专利申请量总体呈现出波动增长的态势，大致经历了以下三个阶段。

第一阶段为 1998—2002 年，这一阶段为煤矿瓦斯抽采技术专利申请的起步阶段，年度申请量平均为 52 项专利，此阶段的煤矿瓦斯抽采技术处于理论和研发阶段，整体申请量并不多，基本保持稳定。

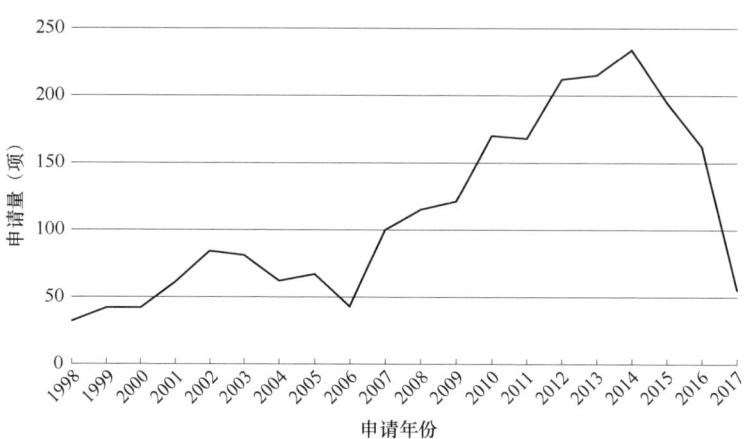

图 1　煤矿瓦斯抽采技术的全球专利申请发展趋势

第二阶段为 2002—2014 年，这一阶段为煤矿瓦斯抽采技术专利申请量增长的黄金时期，在这一时期，煤矿瓦斯抽采技术在工业上已经经过 10 年以上的发展，主要的生产工艺和技术已相对成熟，随着各主要国家/地区对专利申请的逐渐重视，煤矿瓦斯抽采技术的专利申请量除 2002—2006 年有小幅下降外，自 2006 年起呈现直线增长的态势，其年度申请量由 2006 年的 43 项迅速增长到 2014 年的 234 项，是煤矿瓦斯抽采技术专利申请量迅速增长的一个时期。

第三阶段为 2014—2017 年，在这一阶段中，煤矿瓦斯抽采技术的专利申请量出现负增长的态势。其中，2016 年的专利申请量为 162 项，减幅 30.7%。

（2）全球主要国家/地区的专利申请趋势

图 2 进一步给出中国、美国、德国、澳大利亚和俄罗斯五个主要煤矿瓦斯抽采技术专利产出国家/地区近 15 年的专利申请趋势。

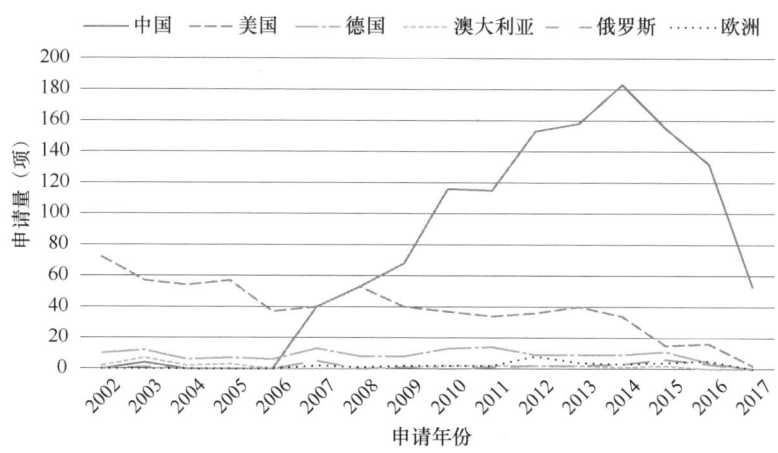

图 2　煤矿瓦斯抽采技术的全球主要国家/地区的专利申请趋势

从图 2 可以看出，2002—2006 年，美国申请量位居第一位，并远超其他国家/地区，但是在这一阶段中，美国的专利申请量呈逐年下降态势，由 2002 年的 72 项下降到 2006 年的 37 项。德国的专利申请量在这一阶段比较平稳，整体申请量虽然较低，但略高于澳大利亚和欧洲的专利申请量。中国、澳大利亚和欧洲在 2002—2006 年的专利申请量较低，远低于美国在这一时期的专利申请量。

2006—2014 年，中国的专利申请量呈上升趋势，专利申请量逐年增加；美国的专利申请量却逐年下降，整体呈负增长态势。

2014—2017 年，中国的专利申请呈现负增长态势，专利申请量逐年下降，但依然位居主要国家/地区的专利申请量的首位；而美国在 2014—2017 年的专利申请量依然呈现下降趋势。

由图 2 可以看出，中国和美国在煤矿瓦斯抽采技术领域于 2008 年申请量基本相同，后续发展却截然不同。其中，中国对于煤矿瓦斯抽采技术的研发逐渐深入，专利申请量逐年增加，而美国由于煤矿瓦斯抽采技术的整体发展较早，后续在煤矿瓦斯抽采技术方面的发展呈现下降趋势，两国的专利申请量发展趋势与国情相符。

其他各国/地区的专利申请量在 2002—2017 年这 15 年中均在 20 项以下，整体申请量并不多。

2. 全球专利技术区域分布分析

图 3 示出了煤矿瓦斯抽采技术的全球主要国家/地区的分布状况。整体上来看，煤矿瓦斯抽采技术的全球区域集中性非常明显，主要集中在中国、美国和德国，这三个国家的专利申请总量占据煤矿瓦斯抽采技术的专利申请总量的 94%。

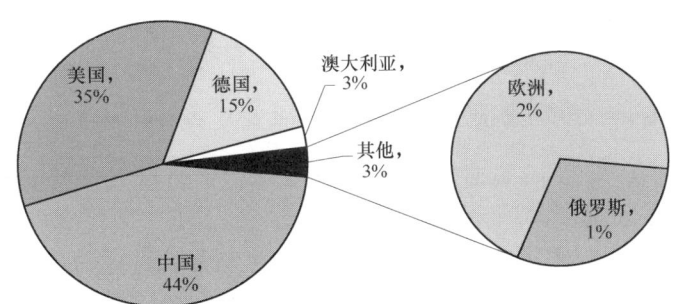

图 3　煤矿瓦斯抽采技术的全球主要国家/地区分布

结合表 1 来看，在煤矿瓦斯抽采技术的全球主要国家/地区的分布图中，中国、美国和德国成为最主要的专利来源国家。其中，中国以 1255 项的专利申请量成为专利申请量最多的国家，占比达到 44%，是煤矿瓦斯抽采技术的主要专利申请国家；美国以 1014 项的专利申请量成为专利申请量最多的外国国家，占比达 35%；德国的专利申请量为 438 项，占总申请量的 15%，位居第三位。除了上述主要国家/地区以外，澳大利亚的专利申请量为 68 项，占总申请量的 3%。其他国家/地区的专利申请量，占比约 3%。

表 1　煤矿瓦斯抽采技术全球布局情况

国　　别	申请量/项
中　　国	1255
美　　国	1014
德　　国	438
澳大利亚	68

从图 4 中可进一步看出，2002—2006 年，煤矿瓦斯抽采技术的全球专利申请大部分来自美国，美国在该时期抢占了超过 70%的专利市场，而其他国家在这一时期的专利申请量占比并不高。

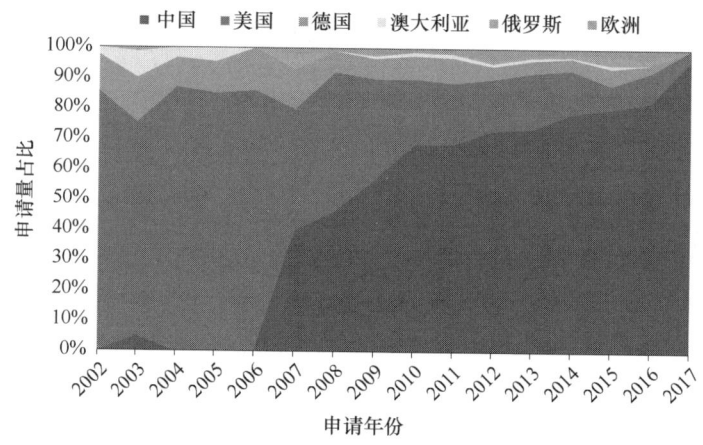

图 4　煤矿瓦斯抽采技术的全球主要国家/地区分布状况

2006—2010 年，煤矿瓦斯抽采技术的全球专利申请量基本上被中国和美国垄断，且二者的占比大致相当，中国略多于美国。

从 2010 年开始，中国的年度专利申请量占比逐渐开始超过美国和德国等国家/地区；2010—2017 年，中国的专利申请量占比迅速增加，2017 年，其年度专利申请量占比接近 95%，而美国和其他国家/地区则缩减为 5%。

由此可见，随着技术的不断发展，中国逐渐成为煤矿瓦斯抽采技术的第一专利产出国，并且此后继续保持快速增长的态势，成为推动全球专利申请量快速增长的引擎。

3. 全球专利申请人分析

（1）全球专利申请人排名

煤矿瓦斯抽采技术的全球专利申请量排名前五位的申请人，如图 5 所示，均来自中国,具体为:排名第一位的中国矿业大学、排名第二位的河南理工大学、排名第三位的山西晋城无烟煤矿业集团有限责任公司、排名第四位的淮南矿业(集团)有限责任公司和排名第五位的山东科技大学,由此可见,在煤矿瓦斯抽采技术领域,中国的申请人已占据重要地位。虽然美国的专利申请数量与中国的专利申请数量差距不大,但由于美国每个申请人平均所申请的专利数量较少,因此,排名靠前的申请人中并没有美国的申请人。

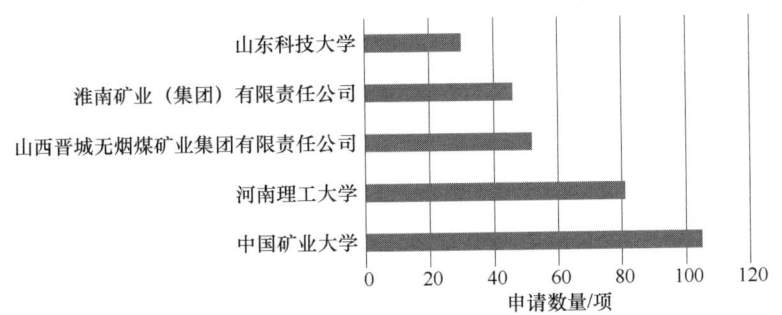

图 5　煤矿瓦斯抽采技术的全球主要申请人分析

(2) 全球主要国家/地区的专利申请流向分析

图 6a 和图 6b 进一步给出了煤矿瓦斯抽采技术的全球主要国家/地区的专利转让趋势和专利受让人排名,以对煤矿瓦斯抽采技术专利申请的流向进行分析。

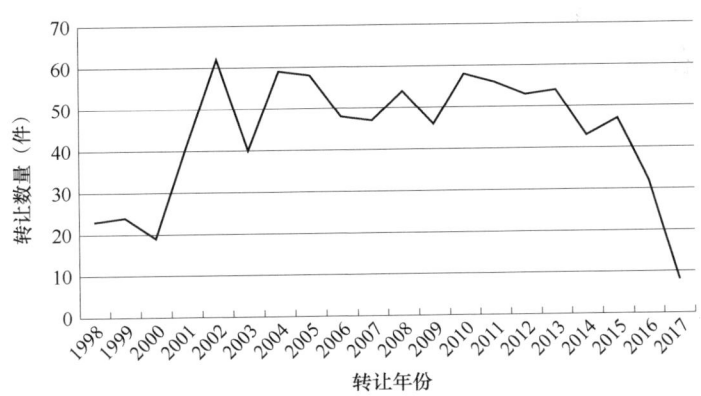

图 6a　煤矿瓦斯抽采技术的全球主要国家/地区的专利转让趋势

由图 6a 可以看出,全球主要国家/地区的专利转让数量大体分为以下几个阶段:

1998—2000 年,全球主要国家/地区的专利转让数量为 22 件左右,煤矿瓦斯抽采技术的转让数量较低,处于刚起步阶段。各主要国家/地区对于煤矿瓦斯抽采技术的研发和认知均还处于萌芽期,转让手段以及专利战略也刚初步形成。

2000—2002 年,这一阶段的专利转让数量呈爆炸式增长,年度转让数量于 2002

年达到峰值 62 件。在该阶段中，各主要国家/地区对煤矿瓦斯抽采技术逐渐重视，对于知识产权的保护意识逐渐增强。结合图 6b 所示，在该阶段中，以美国和日本为主要专利受让国，专利转让基本流向上述两个国家。

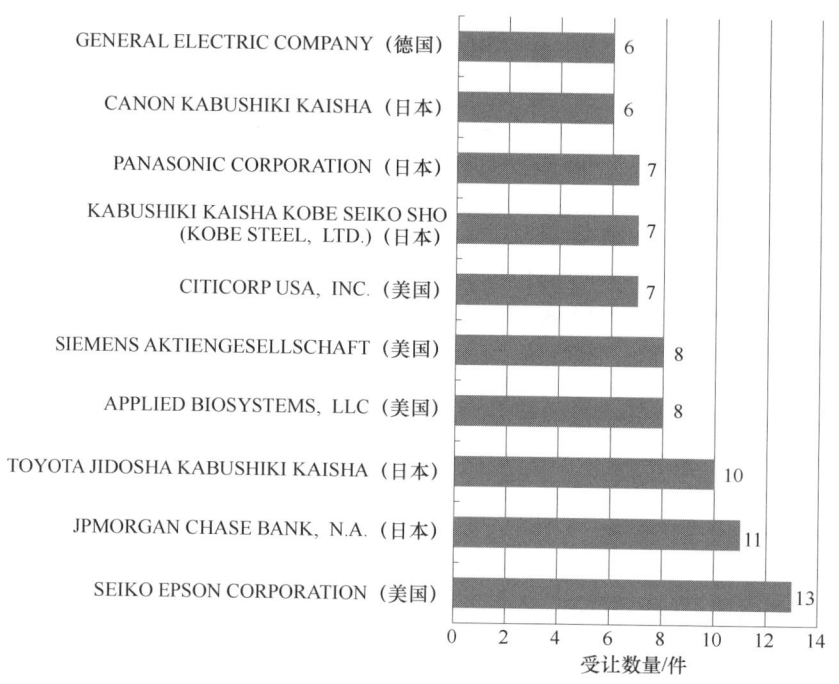

图 6b　煤矿瓦斯抽采技术的全球专利申请的受让人排名

2002—2017 年，专利转让数量基本保持平稳波动状态，并且年度转让数量维持在较高水平，由此可见，煤矿瓦斯抽采技术的相关专利技术至今仍获得全球主要国家/地区的高度重视。

受让人排名第一位的是来自美国的申请人 SEIKO EPSON CORPORATION，共受让专利 13 件。其次是来自日本的申请人 JPMORGAN CHASE，N.A.，其受让专利达到 11 件。位居第三位的是来自日本的申请人 TOYOTA JIDOSHA KABUSHIKI KAISHA，受让专利数为 10 件。位于第 4～10 位的申请人分别来自美国、日本和德国。由图 6b 可看出，来自日本的申请人以受让专利数 41 件位居受让专利数首位，美国以受让专利数 36 件成为受让专利第二多的国家，德国受让专利数为 6 件，位居第三位。由此可见，日本、美国和德国成为煤矿瓦斯抽采技术的主要专利流向国家，专利受让人基本集中在上述几个国家，核心专利也朝向上述三个国家流动。

综上，结合前面煤矿瓦斯抽采技术专利申请的主要布局区域的分析结果可以看出，中国的申请人专利申请数量虽然较多，但几乎所有申请均在国内申请，没有到其他国家进行专利布局，而国外申请人的申请量虽然没有我国申请人数量多，但大都在本国之外的国家/地区进行了专利布局,这是值得国内申请人注意的地方。

4. 全球技术分布分析

(1)全球专利申请技术分布

从图7所示的煤矿瓦斯抽采技术全球专利申请的技术分布可以看出,主要领域分布在钻孔设备、瓦斯泵、本煤层抽采、邻近层抽采、采空区抽采五个领域,其中,钻孔设备分布最多,达到1055项,这主要是因为钻孔技术是煤矿瓦斯开采初期的一个重要发展技术;瓦斯泵达到428项,排在第二位的临近煤层抽采技术555项和排名第三位的采空区抽采技术都是最近20年才开始应用的新技术,但申请量已经比较大,分别为555项和428项;本煤层抽采技术位居第五位,达到334项。

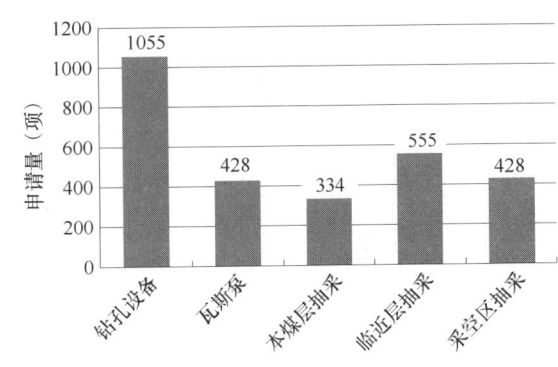

图7 煤矿瓦斯抽采技术的全球主要技术分布分析

因此,随着技术的不断发展,其技术领域也在不断扩展,为了保证高瓦斯煤层开采中的安全生产,应着重研究高产高效采煤工作面的综合抽放瓦斯方法;研究提高开采煤层、低透气性突出煤层抽放瓦斯率的方法,以岩石力学和多孔介质流体力学等为基础理论,力争在抽放瓦斯技术、抽放设备和装备的研究中有所突破;研究采空区抽放瓦斯技术;研究地面钻孔开发煤矿瓦斯的方法;提高和完善瓦斯抽放泵的性能;研究强力钻机和高性能钻具;研究钻孔定向技术和设备;研究打深孔、大直径孔的技术。同时,要加强煤矿瓦斯综合利用技术的研究。另外,在改进煤矿瓦斯抽放技术的同时,还应因地制宜地选择抽放方法,并进一步提高抽放瓦斯的认识,健全机制,完善管理制度,增大投入和完善装备,以促进瓦斯抽放和利用,保证矿井安全生产。

(2)全球主要国家/地区专利申请的技术分布

从图8可以看出,煤矿瓦斯抽采技术的全球主要国家/地区专利申请的技术分布趋势。

具体来说,美国专利申请中钻孔设备技术占据主导地位,其中钻孔设备申请量共有286项,占比30%。其次是临近层抽采技术,该技术申请量为284项,占总申请量的29%。采空区抽采技术申请量共有233项,占总申请量的24%。申请量最少的是本煤层抽采技术和瓦斯泵技术,分别为105项和60项,分别占总申请量的11%和6%。美国是世界强国,其发展侧重点主要集中在钻孔设备、临近层抽采技术和采空区抽采技术领域。这三大领域的专利申请量基本相同,美国以上述三大技术领域为主,瓦斯泵技术和本煤层抽采技术为辅进行全面发展,在煤矿瓦斯抽采技术领域,

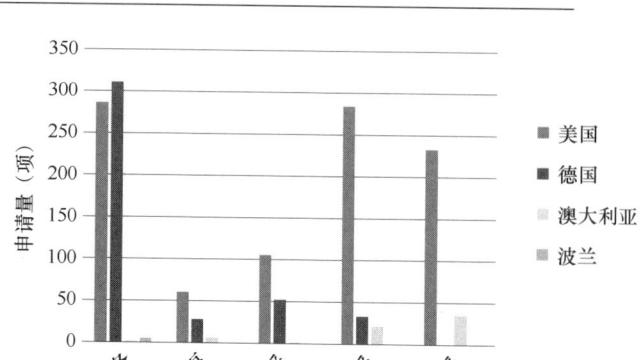

图 8　煤矿瓦斯抽采技术的全球主要国家/地区的技术分布

美国属于技术涵盖最全面的国家。

德国专利申请中钻孔设备领域占据主导地位，其中钻孔设备申请量共有 311 项，占总申请量的 73%。瓦斯泵技术、本煤层抽采技术、临近层抽采技术的专利申请量基本相似，分别是 28 项、52 项和 33 项。德国是机械强国，在其国情影响下，德国专利申请的侧重点主要集中在机械设备上，即钻孔设备和瓦斯泵技术为德国的主要研发和发展技术。

澳大利亚专利申请中采空区抽采技术占据主导地位，其中采空区抽采技术的申请量共有 35 项，占总申请量的 55%。临近层抽采技术位居第二位，申请量为 21 项，占总申请量的 33%。本煤层抽采技术、瓦斯泵技术和钻孔设备的专利申请量基本相同，分别为 1 项、6 项和 1 项，分别占总申请量的 1%、6%和 1%。澳大利亚作为煤矿行业起步较早的国家，煤矿瓦斯抽采方法成为其主要研究方向，即如何对采空区和临近层进行有效抽采成为其技术主要侧重点，而钻孔设备和瓦斯泵技术的专利申请量较小。

波兰申请量较低，仅有 5 项，这 5 项专利申请主要集中在钻孔设备领域，具体是用于驱动钻机的驱动设备。

5. 中国专利申请状况分析

（1）来华专利申请状况分析

图 9 示出了煤矿瓦斯抽采技术的来华专利申请的年度分布情况。可以看出，国外来华的专利申请量非常少，仅占来华专利申请总量的 5.23%。

由图 9 可以看出，我国对煤矿瓦斯抽采技术的研究应用起步相对较晚，总体可以分为以下四个阶段。

第一阶段为 1998—2003 年，这一阶段为煤矿瓦斯抽采技术专利申请的起步阶段，我国在煤矿瓦斯抽采技术领域的专利申请数量很少，此期间也仅有部分国外申

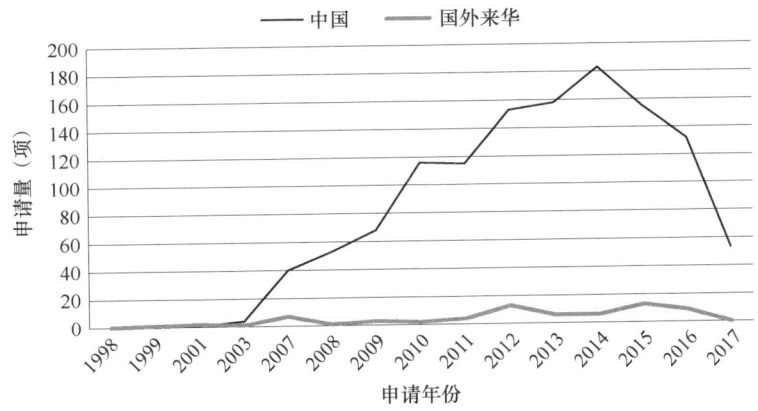

图 9　煤矿瓦斯抽采技术的中国专利申请趋势及国外来华申请趋势

请人在中国的零散申请。此阶段的煤矿瓦斯抽采技术处于理论和研发阶段，该阶段的煤矿瓦斯抽采技术主要集中在煤矿瓦斯的开发利用，由于受井下条件以及技术限制，煤矿瓦斯抽采技术的规模都比较小，基本处于初期尝试阶段。

第二阶段为 2003—2012 年，这一阶段为煤矿瓦斯抽采技术的专利申请量增长的时期，煤矿瓦斯抽采技术在工业上已经经过 10 年的发展，主要的生产工艺和技术已经相对成熟，随着各主要国家/地区对专利申请的逐渐重视，我国煤矿瓦斯抽采技术的专利申请量呈现出直线增长的趋势，是煤矿瓦斯抽采技术专利申请量迅速增长的一个黄金时期。在该阶段，美国政府开始试验应用常规油气井（地面钻井）开采煤矿瓦斯并获得突破性进展，加上中国政府给予税收优惠政策扶持，以及与美国等国进行对外合作，使得煤矿瓦斯技术的专利申请量有了突破性进展。在该阶段，煤矿瓦斯抽采技术主要集中在地面抽采，此抽采方法具有较高的抽采效率，易于形成规模化生产趋势，而且抽采产量明显提升。

第三阶段为 2012—2014 年，这一阶段属于我国煤矿瓦斯抽采技术专利申请的相对稳定时期。经过上一阶段的发展，我国煤矿瓦斯抽采技术的专利申请量进入一个相对稳定的时期。在该阶段中，煤矿瓦斯抽采技术已经趋于成熟，其主要集中在以下两种方式：一种是利用现有永久矿井或者采用抽采系统，例如利用负压泵等，将井下高浓度的煤矿瓦斯连续抽出，通过管路送到地面；另一种是在地面布置密集钻孔，修建集气站，从地面开采煤矿瓦斯。这两种方式都是朝向高精尖方向发展，因此专利申请量基本处于稳定状态。

第四阶段为 2014—2017 年，在这一阶段中，我国煤矿瓦斯抽采技术的专利申请量出现负增长态势。其中，2016 年年度申请量减幅 30%左右。经过前一阶段的沉淀，我国煤矿瓦斯抽采技术已基本趋于成熟，因此，对于煤矿瓦斯抽采技术的专利技术基本上是在在先申请专利的基础上所做的微小改进，从而形成煤矿瓦斯抽采技术整体申请量出现一定减幅的状态，即呈现负增长趋势。

(2) 中国专利申请法律状态分析

图 10 示出了煤矿瓦斯抽采技术的中国专利申请的法律状态情况。总体而言，获得授权的申请占总申请量的比例最大，约为 40%，审查中的申请占比为 15%，已终止的申请所占比例是 30%。

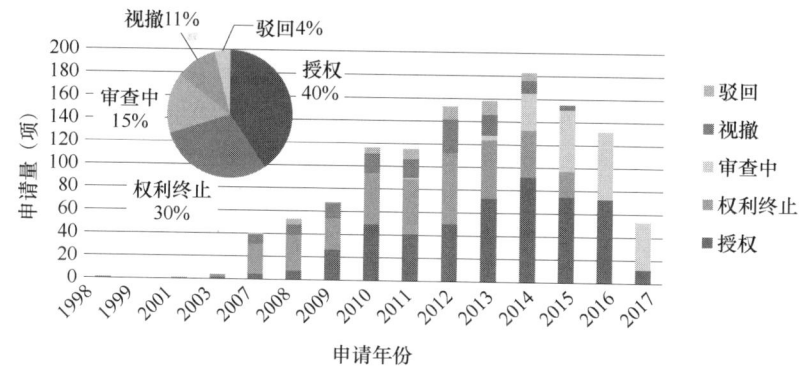

图 10　煤矿瓦斯抽采技术的中国专利申请法律状态

从图 10 也可以看出，2003—2008 年，煤矿瓦斯抽采技术的申请授权量小于终止的申请量；2008—2013 年，煤矿瓦斯抽采技术的申请授权量与终止的申请量基本持平；从 2014 年起，煤矿瓦斯抽采技术的申请授权量大于终止的申请量。这也从另一方面说明，我国专利技术的转化程度在 2003—2013 年偏低，以至于大量专利难以在市场上发挥控制作用，因而授权后终止的专利较多。

(3) 中国专利申请申请人类型分析

如图 11 给出了煤矿瓦斯抽采技术的中国专利申请人类型占比，可以看出，中国专利申请的申请人主要分为企业、大专院校、个人和科研单位。

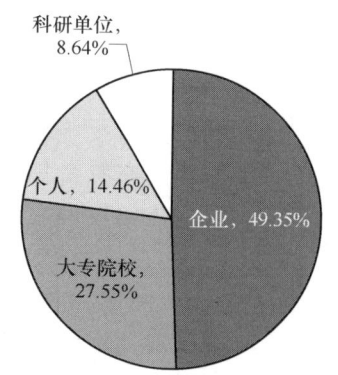

图 11　煤矿瓦斯抽采技术的中国专利申请人类型

由图 11 可以看出，中国专利申请人中，企业占比最多，达 49.35%，其次是大专院校，占比为 27.55%，排名第三位的是个人申请人，占比为 14.46%，科研单位占比最少，为 8.64%。

根据中国国情分析，中国申请人中，虽然企业占比最多，但在申请量上进行排序时各企业申请人排在前十名的较少，申请量最多的申请人被各大高校占据，即大专院校申请人最多。由此可见，中国申请人类型中，企业申请人虽然持有或者申请专利数量较少，但企业申请人的群体数量较大；而反观大专院校申请人，虽然各大专院校的专利申请量较高，但大专院校的数量少于企业申请人的数量，所以整体申请人数量占比反而低于企业申请人的数量占比。个人申请人的数量占比位居第三位,每个个人申请人自身持有的专利数量均较低,且个人申请人的基数也不大。科研单位申请人由于处于研发高端技术的状态,且申请人基数较少,其总体申请量位居最后一位,符合中国国情。

(4)中国专利申请主要技术分布和主要申请人分析

从图12可以看出,中国专利申请共1255项,其中,煤矿瓦斯抽采技术专利申请量最多的是钻孔设备,达到426项,占比高达34%。其次是瓦斯泵的专利申请,这方面的专利申请达到319项,占比达到25%。临近层瓦斯抽采技术申请量位居第三位,申请量为204项,占比为16%。本煤层瓦斯抽采和采空区瓦斯抽采技术在中国申请量不多,分别为161项和145项,占比分别为13%和12%。

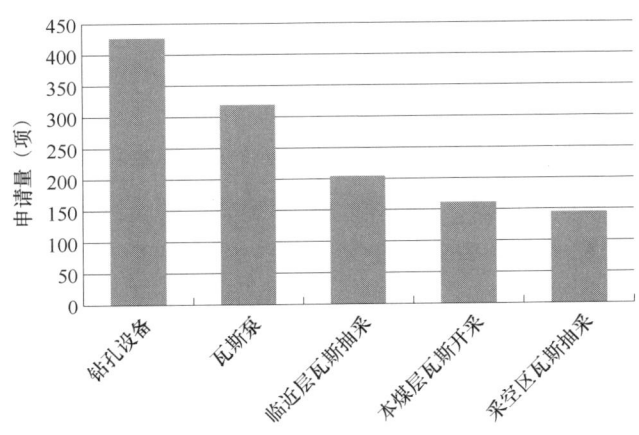

图12 煤矿瓦斯抽采技术的中国主要技术分布分析

由图5所示的申请人排名并结合表2来看,在煤矿瓦斯抽采技术中,中国矿业大学专利申请时间跨度为25年,其次是淮南矿业(集团)有限责任公司,申请时间跨度为14年,河南理工大学、山西晋城无烟煤矿业集团有限责任公司和山东科技大学的时间跨度基本相近,均在10年左右,这说明中国矿业大学在煤矿瓦斯抽采技术领域中具有绝对优势。

表2 煤矿瓦斯抽采技术的中国专利主要申请人

申请人	最新申请时间	最早申请时间	时间跨度(年)
中国矿业大学	2017	1993	25
河南理工大学	2017	2008	10
山西晋城无烟煤矿业集团有限责任公司	2017	2009	9
淮南矿业(集团)有限责任公司	2016	2003	14
山东科技大学	2017	2009	9

（5）中国专利申请的地区分析

从图13可以看出，煤矿瓦斯抽采技术专利申请量最大的是河南省，山西省的专利申请量排名第二，江苏省的专利申请量排名第三。

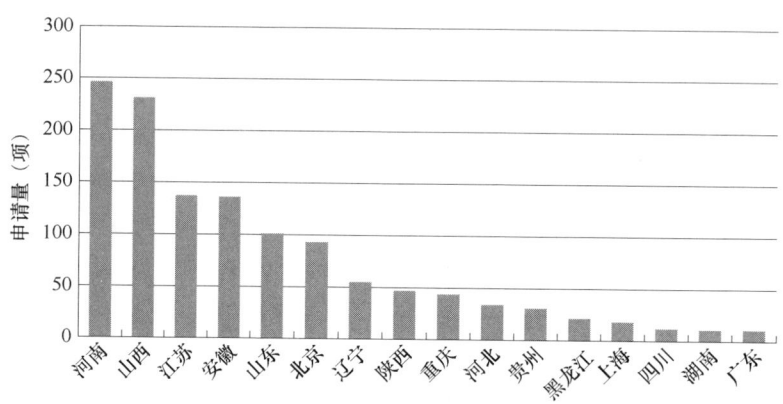

图13　煤矿瓦斯抽采技术的中国专利申请地区分布

如图13所示，整体上来看，国内申请的区域集中性比较明显，排名前十位的省市的专利申请量占比达86%，并且主要集中于河南、山西、江苏、安徽和山东五个省市，五者的专利申请量均超过100项。其中河南作为国内煤矿瓦斯抽采技术最重要申请人——河南理工大学的所在地，成为煤矿瓦斯抽采技术的专利申请量最大的地区。此外，作为煤矿瓦斯抽采技术专利申请的另两位重要申请人山西晋城无烟煤矿业集团有限责任公司和淮南矿业（集团）有限责任公司分别来自山西省和安徽省，由此可以看出，煤矿瓦斯抽采技术的专利申请在华中、华东的地域优势十分明显，其占比接近1/3。

（二）煤矿瓦斯监测技术专利分析

煤矿瓦斯监测技术主要是对煤矿瓦斯的浓度、风速、风压、湿度、温度、馈电状态、风门状态、风筒状态、局部通风机开停、主要风机开停等进行监测。煤矿瓦斯监测技术是煤矿安全生产的重要基础工作，是矿井防止通风、瓦斯等重大事故发生，保障安全生产的重要措施之一。

1. 全球专利技术发展趋势分析

（1）全球专利申请趋势

如图14所示，截至2017年10月20日，煤矿瓦斯监测技术的全球专利申请量累计达到1846项。图14显示了煤矿瓦斯监测技术的全球专利申请发展趋势，可以看出，煤矿瓦斯监测技术的全球专利申请量总体呈现出波动增长的态势，大致经历了以下三个阶段。

第一阶段为1998—2003年，这一阶段为煤矿瓦斯监测技术专利申请的起步阶

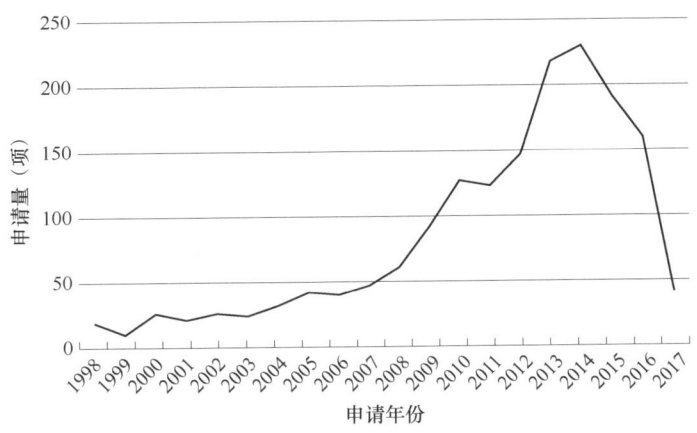

图 14　煤矿瓦斯监测技术的全球专利申请趋势

段，年度申请量平均约为 21 项专利，此阶段的煤矿瓦斯监测技术处于研发阶段，整体申请量并不多，但基本保持缓慢上升的态势。

第二阶段为 2003—2014 年，这一阶段为煤矿瓦斯监测技术专利申请量增长的黄金时期，在这一时期，煤矿瓦斯监测技术在工业上已经经过 10 年以上的发展，主要的生产工艺和技术已经相对成熟，随着各主要国家和地区对专利申请的逐渐重视，煤矿瓦斯监测技术的专利申请量呈现出直线增长的趋势，其年度申请量由 2003 年的 24 项迅速增长到 2014 年的 230 项，是煤矿瓦斯监测技术专利申请量迅速增长的一个时期。

第三阶段为 2014—2017 年，在这一阶段中，煤矿瓦斯监测技术的专利申请量出现负增长。其中，2015 年年度申请量为 191 项，2016 年年度申请量为 162 项，2016 年与 2014 年相比，降幅为 30.4%。

（2）全球主要国家/地区的专利申请趋势

图 15 进一步给出了中国、美国、德国、澳大利亚和俄罗斯五个主要煤矿瓦斯监测技术专利产出国 2003—2017 年的专利申请趋势。从图 15 可以看出，全球主要国家/地区的专利年度申请发展趋势大致可分为三个阶段。

第一阶段：2003—2008 年，美国和中国在 2003 年基本同时起步，在这一阶段，美国专利申请量呈现出小幅度波动态势，各年度的专利申请量均在 20 项左右波动。专利申请量最多的年份是 2005 年，申请量为 27 项。专利申请量最少的年份是 2003 年，申请量为 14 项。而中国的专利申请量在这一阶段内呈现出缓慢增长状态，各年度的专利申请量基本是逐年增加。专利申请量最多的年份是 2008 年，申请量为 25 项。专利申请量最少的年份是 2003 年，申请量为 6 项。其中，2003—2006 年，美国的专利申请量始终大于中国的专利申请量；从 2007 年开始，中国的专利申请量开始

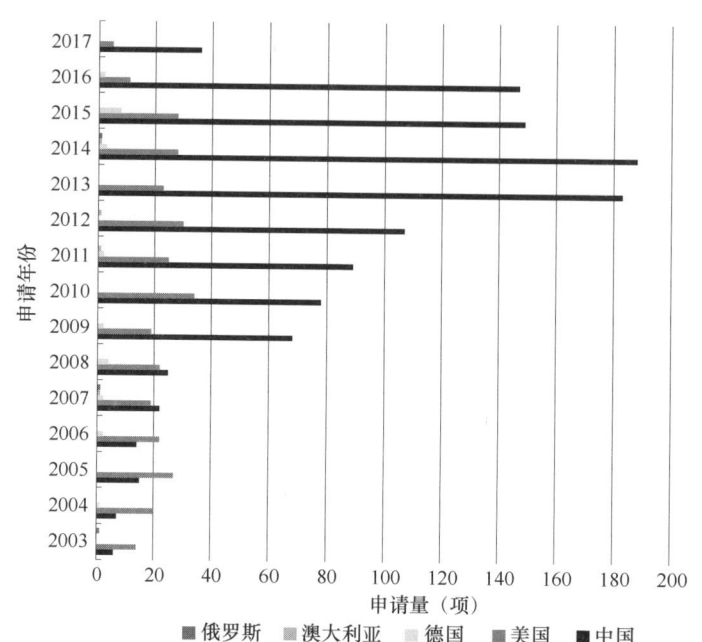

图 15　煤矿瓦斯监测技术的全球主要国家/地区的专利申请趋势

超过美国的专利申请量。在 2003—2008 年这一阶段内，除了美国和中国之外，德国、澳大利亚和俄罗斯也有少量的专利申请，其中，德国在这一阶段的专利申请总量为 9 项、澳大利亚的专利申请量为 1 项、俄罗斯的专利申请量为 2 项。

第二阶段：2009—2014 年，在这一阶段中，美国的专利申请量呈现出小幅度波动增长状态，专利申请量最多的年份是 2010 年，申请量为 34 项；专利申请量最少的年份是 2009 年，申请量为 19 项；除了这两年之外，其他年份中美国专利的专利申请量均在 20～30 项之内波动。而在这一阶段中国的专利申请量呈现出高速稳定增长状态，2009 年，由 2008 年的 25 项迅速增长到 68 项，并在 2010—2012 年，每年大概以 10 项以上的增长量进行增长，2013 年由 2012 年的 107 项迅速增长到 183 项，增长率达 71.03%，并在 2014 年达到中国专利申请量的峰值 188 项，在这一阶段中，中国的专利申请量与美国的专利申请量之间的差距越来越大。另外，在这一阶段内，德国、澳大利亚和俄罗斯仍然保持着第一阶段的申请态势，专利申请量仍然较少，其中，在这三个国家中，德国的申请量是相对最多的，各年份中均保持有少量的专利申请量，而澳大利亚和俄罗斯在这一阶段内几乎无专利申请。

第三阶段：2015—2017 年，在这一阶段内，美国的专利申请量和中国的专利申请量均呈现负增长趋势，中国专利申请量下降，原因之一是中国的申请人在这一阶段已不再单独追求数量上的增长，而是越来越多地将研发的重心放在提高技术质量上,从而使专利申请量也逐渐回归到理性平稳发展状态,原因之二是2016年和2017年的部分专利可能还没公开,并且2017年仅统计了部分月份的专利申请,因此,中国申请量的下降是上述两种原因共同作用的结果;而对于美国专利申请量的下降来说,第二种原因是主要影响因素。另外,在这一阶段内,德国仍然保持着较少的专利申请量,共10项,而澳大利亚和俄罗斯在这一阶段内的申请量较少。

综上所述,在2003—2017年这十五年中,中国和美国在煤矿瓦斯监测技术上虽然基本同时起步,但后续发展截然不同。其中,中国对于煤矿瓦斯监测技术的研发逐渐深入,专利申请量逐年增加;而美国由于煤矿瓦斯监测技术的整体发展较早,在煤矿瓦斯监测技术方面的后续发展始终保持平稳波动的状态,两国的专利申请量发展趋势与国情相符。

2. **全球专利技术区域分布分析**

图16示出了煤矿瓦斯监测技术的全球专利申请主要国家/地区的分布状况。整体来看,全球煤矿瓦斯监测技术的区域集中性非常明显,主要集中在中国、美国、韩国和德国,这四个国家的专利申请总量即占据煤矿瓦斯监测技术的专利申请总量的97.14%。

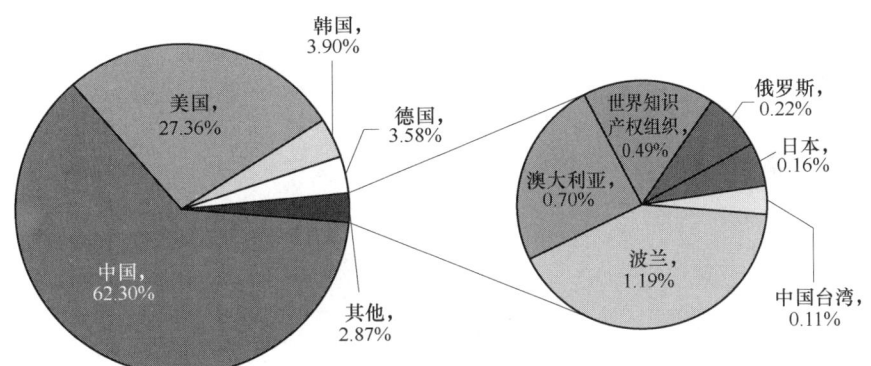

图16 煤矿瓦斯监测技术的全球主要国家/地区分布

具体来讲,结合表3来看,在煤矿瓦斯监测技术的全球主要国家/地区的分布图中,中国、美国、韩国和德国成为最为主要的专利来源国家。其中,中国以1150项的专利申请量成为专利申请量最多的国家,占比达到62.30%,是煤矿瓦斯监测技术的主要专利申请国家;美国以505项的专利申请量成为专利申请量最多的国外地区,占比达27.36%;韩国申请量为72项,占比3.90%,位居主要国家/地区中的第三位;德国申请量为66项,占比3.58%,位居主要国家/地区中的第四位。除了上述国家/地区以外,其他国家/地区的专利申请量共计53项,占比约2.87%,而澳大利亚的专利申请量为13项,占比0.70%,俄罗斯的专利申请量为4项,占比0.22%。

表 3 煤矿瓦斯监测技术全球布局情况

国别	申请量/项
中国	1150
美国	505
韩国	72
德国	66

从图 17 可以进一步看出,2003—2017 年,全球煤矿瓦斯监测技术的专利申请基本上被中国和美国垄断,其中,2003—2007 年这五年中,中国和美国的占比大致相当,2008—2017 年,中国的专利申请量占比逐渐高于美国的专利申请量,并且 2013—2017 年,中国专利申请量的占比基本在 80%左右波动,其中,2016 年中国专利申请量的占比基本达到 90%,而美国和其他国家/地区则缩减为 10%。中国逐渐成为煤矿瓦斯监测技术的第一专利产出国,并且成为推动全球煤矿瓦斯监测技术的专利申请量快速增长的引擎。

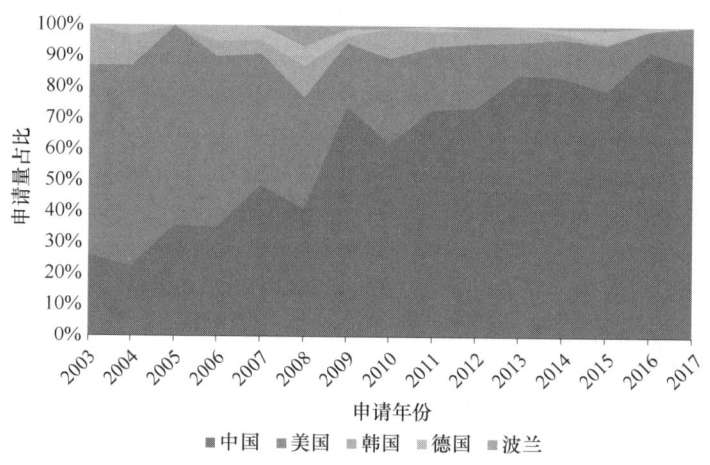

图 17 煤矿瓦斯监测技术的全球主要国家/地区分布

3. 全球专利申请人分析

(1) 全球专利申请人排名

煤矿瓦斯监测技术全球专利申请量排名前五位的申请人,如图 18 所示,均来自中国,具体为:排名第一位的中国矿业大学、排名第二位的安徽理工大学、排名第三位的山东科技大学、并列排名第四位的中国矿业大学(北京)和重庆大学。由此可见,在煤矿瓦斯监测技术领域,中国的申请人已占据重要地位。

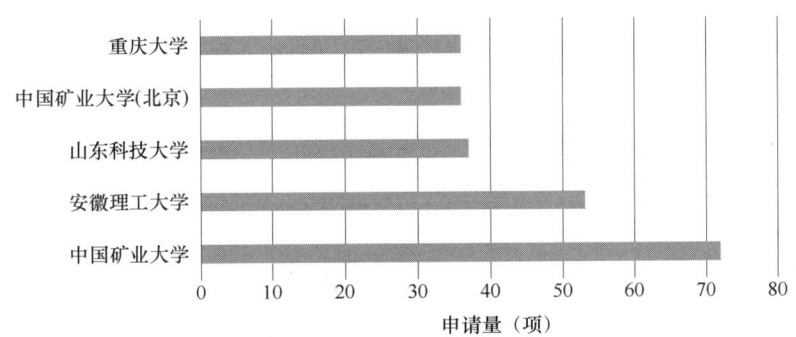

图 18　煤矿瓦斯监测技术的全球主要申请人排名

（2）全球主要国家/地区的专利申请流向分析

图 19a 和图 19b 进一步给出了煤矿瓦斯监测技术的全球主要国家/地区的专利转让趋势和专利受让人排名，以对煤矿瓦斯监测技术的专利申请流向进行分析。

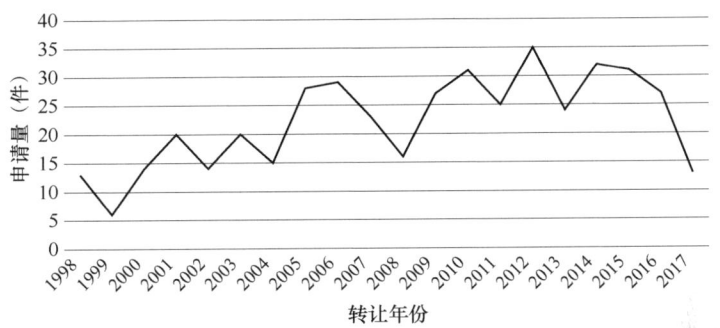

图 19a　煤矿瓦斯监测技术的全球主要国家/地区的专利转让趋势

由图 19a 可以看出，全球主要国家/地区的专利转让数量大体分为以下几个阶段。

1998—2004 年，年申请转让量为均在 20 件以下，该阶段煤矿瓦斯监测技术转让量较低，处于刚起步阶段。各国对于煤矿瓦斯监测技术的研发和认知均还处于萌芽期，转让手段以及专利战略也刚初步形成。

2005—2006 年，这一阶段专利转让量呈现较大幅度的增长，从 2004 年的 15 件迅速增长到 2005 年的 28 件、2006 年的 29 件。在该阶段各国对煤矿瓦斯监测技术逐渐重视，对于知识产权保护意识更加完善。已经逐步开始收购中小企业的核心专利并建立专利保护丛。

2007—2008 年，受全球金融危机的影响，专利转让量也呈现大幅度下降，由 2006 年的 29 件降至 2007 年的 23 件，接着降至 2008 年的 16 件。

2009—2017 年，这一阶段随着全球金融危机的度过，专利转让量又重新出现大幅增长，由 2008 年的 16 件快速增长至 2009 年的 27 件，随后的各年份里，除了 2017 年仅统计了部分数据外，其他年份的专利转让量均保持在 25～35 件，专利转让量基本保持平稳波动状态，并且年度转让量维持在较高水平，由此可见，煤矿瓦斯监测技术专利至今仍获得上述四个国家的高度重视，从专利转让数量即可看出。

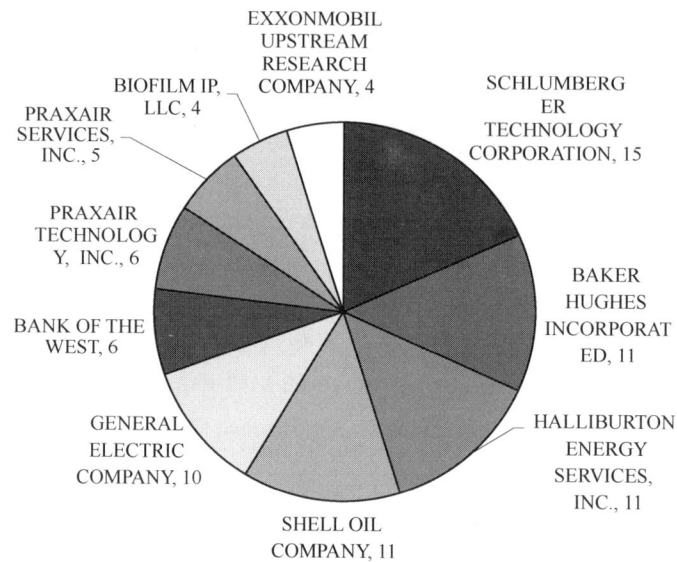

图 19b　煤矿瓦斯监测技术的全球专利申请的受让人分析

受让人排名第一位的是来自美国的申请人 SCHLUMBERGER TECHNOLOGY CORPORATION，共受让专利 15 件。其次是并列第二位的三个美国的申请人 BAKER HUGHES INCORPORATED、HALLIBURTON ENERGY SERVICES，INC.和 SHELL OIL COMPANY，其受让专利均达到 11 件。其中值得一提的是，位居受让数量第一位的 SCHLUMBERGER TECHNOLOGY CORPORATION 同样还是申请量最多的外国申请人，并列位居第二位的三位申请人同样还是申请量排名第 2~4 位的外国申请人，可以看出这四个申请人对煤矿瓦斯监测技术十分关注，不仅注重企业内部对煤矿瓦斯检测技术方面的研究开发，还非常积极地从其他申请人处收购与煤矿瓦斯监测技术相关的专利申请。位居第三位的是来自美国的申请人 GENERAL ELECTRIC COMPANY，受让专利数为 10 件。位于第 4~10 位的申请人也全部来自美国。由图 19b 可知，排名前十的外国受让人当中，全部来自美国，受让专利数共计 82 件。

由此可见，美国不仅是专利申请量最多的国家，还是主要专利流向国家，专利转让基本集中在美国，核心专利也朝美国流动。

综上，结合煤矿瓦斯监测技术专利申请的主要布局区域的分析结果可以看出，中国申请人专利申请数量虽然较多，但几乎所有申请均在国内申请，没有到其他国家进行专利布局，而国外申请人的申请量虽然没有我国申请人数量多，但大多在本国之外的国家/地区进行了专利布局，这是值得引起国内申请人注意的地方。

4. 全球技术分布分析

（1）全球专利申请技术分布

从图 20 所示的煤矿瓦斯监测技术全球专利申请的技术分布可以看出，主要技术领域分布在监测系统、气体传感器、数据采集传输、煤矿煤层系统、煤与瓦斯突出监测和控制系统六个领域，其中，监测系统分布最多，达到 596 项，这主要是因为监测系统是煤矿瓦斯开采初期的一个重要发展技术；气体传感器位居其次，达到 529 项，排在第三位的是数据采集传输技术，达到 286 项，排名第四位的煤矿煤层监测技术和排名第五位的煤与瓦斯突出监测技术都是最近几十年来才开始应用的新技术，但申请量已经比较大，分别为 213 项和 182 项；控制系统位居第六位。

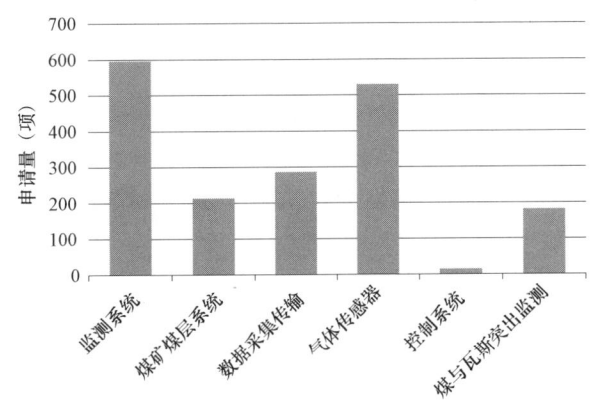

图 20　煤矿瓦斯监测技术的全球主要技术分布

（2）全球主要国家/地区专利申请的技术分布

从图 21 可以看出，煤矿瓦斯监测技术的全球主要国家/地区专利申请的技术分布趋势。

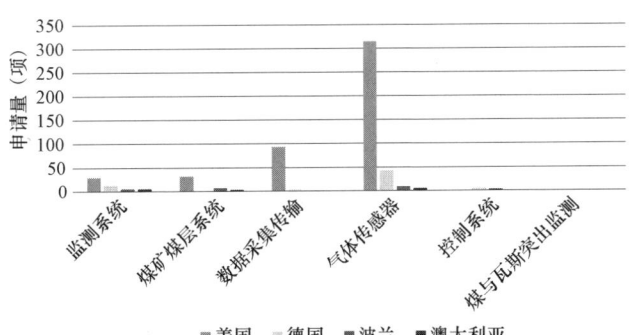

图 21　煤矿瓦斯监测技术的全球主要国家/地区的技术分布

美国专利申请中气体传感器占据主导地位，其中气体传感器的专利申请量共有 315 项，占比 67.16%。其次是数据采集传输技术，该部分的专利申请量为 93 项，占比 19.83%。煤矿煤层系统的专利申请量共计 32 项，占比 6.82%。专利申请量最少的是监测系统，其专利申请量仅为 6 项，占比为 6.18%。美国是世界强国，其主要发展侧重点主要集中在气体传感器和数据采集传输技术领域。其中，气体传感器为最主要的技术研发和申请领域，占比高达 50%，再一次印证了煤矿瓦斯监测技术中最关键的核心技术领域即为气体传感器技术。

同样，德国专利申请中也是气体传感器占据主导地位，其中气体传感器的申请量共计 42 项，占比 68.85%。排名第二位的是监测系统，其专利申请量为 13 项，占比 21.31%，排名第三位的是控制系统，其专利申请量为 4 项，占比 6.56%，数据采集传输技术的专利申请量最少，为 2 项，占比 3.28%。德国虽然是机械强国，但并未限制其在气体传感器方面的发展，相反，德国严谨精密的机械加工技术为其传感器带来了精度高的优点。

波兰专利申请中仍然是气体传感器的申请量最多，为 8 项，占比 36.36%，煤矿煤层监测系统技术领域位居第二位，专利申请量为 6 项，占比 27.27%，排名第三的是监测系统，专利申请量为 5 项，占比 22.73%，排名最后的是控制系统，专利申请量为 3 项，占比 13.64%。可以看出，波兰在煤矿瓦斯监测技术领域的总申请量虽然较少，但其发展方向较为全面且较为均衡。

澳大利亚的专利申请量在四个国家中是最少的，仅有 13 项，其中气体传感器与监测系统的申请量均为 5 项，占比均为 38.46%，煤矿煤层监测技术的专利申请有 3 项，占比 23.08%。与波兰类似，澳大利亚虽然申请量最少，但其发展方向也较为全面且较为均衡。

5. 中国专利申请状况分析

（1）来华专利申请整体状况分析

图 22 示出了煤矿瓦斯监测技术的来华专利申请的年度分布情况。可以看出，国外来华的申请量非常少，仅占来华申请总量的 8.93%。

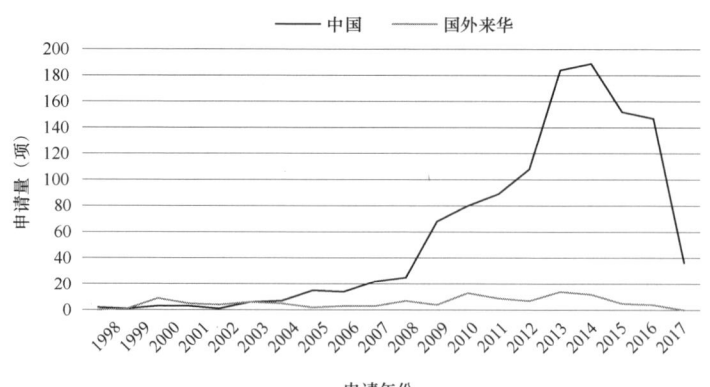

图 22　煤矿瓦斯监测技术的中国专利申请趋势及国外来华申请趋势

由图 22 可以看出，我国对煤矿瓦斯监测技术的研究应用起步相对较晚，总体可以分为四个阶段。

第一阶段为 1998—2003 年，这一阶段为煤矿瓦斯监测技术在华专利申请的起步阶段，专利年度申请量不足 50 项，此期间也仅有部分国外申请人在中国的零散申请。此阶段的煤矿瓦斯监测技术处于研发阶段。

第二阶段为 2003—2013 年，这一阶段为煤矿瓦斯监测技术在华专利申请量增长的黄金时期，在这一时期，煤矿瓦斯监测技术在工业上已经经过 10 年以上的发展，主要的生产工艺和技术已经相对成熟，随着各主要国家和地区对专利申请的逐渐重视，2003—2008 年，煤矿瓦斯监测技术处于平稳上升阶段，2008—2013 年，煤矿瓦斯监测技术的在华专利申请量呈现出直线增长的趋势，其年度申请量由 2008 年的 32 项迅速增长到 2013 年的 198 项，是煤矿瓦斯监测技术在华专利申请量迅速增长的一个时期。

第三阶段为 2013—2014 年，这一阶段属于煤矿瓦斯监测技术在华专利申请的巅峰时期。经过上一阶段的发展，煤矿瓦斯监测技术在华专利申请的申请量在这一阶段达到峰值，其年度申请量在 200 项附近波动，2013 年为 198 项，2014 年为 201 项。

第四阶段为 2014—2017 年，在这一阶段中，煤矿瓦斯监测技术在华专利申请的申请量出现负增长。平均年度申请量回落至 150 项左右（由于 2017 年度仅统计部分月份申请量，且 2016 年和 2017 年度部分申请尚未公开，因而 2016 年和 2017 年两年的专利申请数量仅为检索完成时已公开的申请量，而非该年的实际申请量），标志着煤矿瓦斯监测技术在华专利申请进入平稳发展阶段。

（2）中国专利申请法律状态分析

图 23 示出了煤矿瓦斯监测技术的中国专利申请的法律状态状况。总体而言，1998—2003 年的专利申请基本处于终止状态；2004—2008 年，虽然有少部分授权专利，但是终止和视撤申请占比较大；2009—2013 年，授权专利与终止和视撤申请占比基本相同；2014 年及 2014 年之后的申请基本处于授权和审查状态。由此可见，煤矿瓦斯监测技术的前期专利技术的转化程度偏低，以至于大量专利难以在市场上发挥控制作用，因而授权后终止的专利较多。

（3）中国专利申请申请人类型分析

图 24 给出了煤矿瓦斯监测技术的中国专利申请人类型分析，可以看出，中国专利申请的申请人主要分为企业、大专院校、个人和科研单位。

由图 24 可以看出，中国专利申请人中，申请人主要来自大专院校和企业这两方面，二者占比总和达到 80%以上，其中，大专院校和企业占比较为接近，大专院校的占比略高于企业的占比，大专院校占比为 42.32%，企业占比为 41.81%。排在第三位的是个人申请人，占比为 10.83%。科研单位占比较少，达到 5.04%。

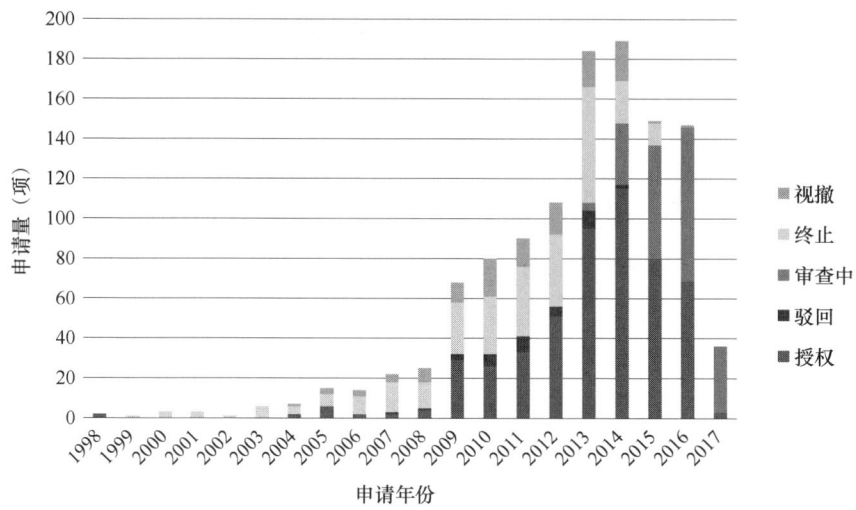

图 23 煤矿瓦斯监测技术的中国专利申请法律状态

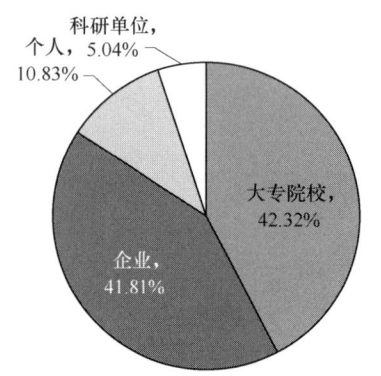

图 24 煤矿瓦斯监测技术的中国专利申请人类型分析

根据中国国情分析,在煤矿瓦斯监测技术中,中国申请人占比最多的是大专院校,在申请量上进行排序时,排在前十名的也大多是各大高校,虽然企业占比仅比大专院校占比少 0.51%,但对申请量进行排序时各企业申请人排在前十名的较少。由此可见,中国申请人类型中,大专院校的申请量最高,同时大专院校申请人基数也较大,企业申请人基数虽然与大专院校相差不大,但各申请人持有或者申请专利数量相对较少,所以整体申请量占比低于大专院校申请人。个人申请人虽然占比位居第三位,但每个申请人手中持有专利数量均较低,且个人申请人基数本身也不大。科研单位申请人由于研发高端技术,且申请人基数较少,其总体申请量位居最后一位,符合中国国情。

(4)中国专利申请主要技术分布和主要申请人分析

从图 25 可以看出,中国专利申请共 1158 件,中国专利申请中监测系统方面的专利申请量最多,达到 513 件,占比高达 44.30%。其次是关于数据采集传输方面的专利申请,这方面的专利申请量达 187 件,占比达到 16.15%。煤与瓦斯突出监测方面的专利申请量位居第三位,为 182 件,占比为 15.72%。煤矿煤层监测方面和气体传感器方面在中国的专利申请量相对较少,分别为 162 件和 114 件,占比分别为 13.99%和 9.84%。

其中可以看出,气体传感器相关的专利申请最少,这是因为 1998 年之前,在各主要国家/地区，关于气体传感器的技术已经经过 30 年以上的发展，关于气体检测方面的技术已经相对较为成熟，发展创新的空间相对较小；而监测系统相关的专利申请量最多，这是因为从 1998 年开始随着计算机的应用与普及，以及网络远程控制技术的快速发展，计算机智能化网络监控技术被越来越多地应用于煤矿瓦斯监测系统，并随着网络远程控制技术的不断发展更新，使得煤矿瓦斯监测系统也在不断地更新换代。

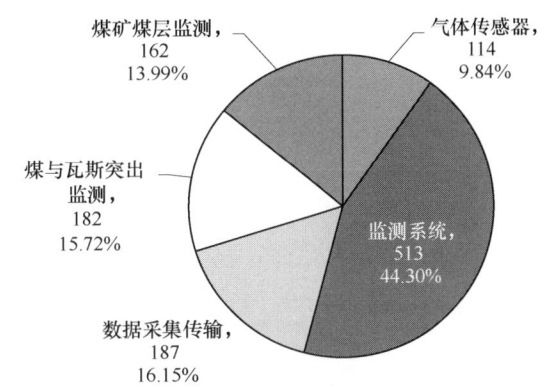

图 25　煤矿瓦斯监测技术的中国主要技术分布分析

由图 18 所示的申请人排名并结合表 4 来看，在煤矿瓦斯监测技术中，中国矿业大学专利申请时间跨度为 20 年，其次是安徽理工大学，申请时间跨度为 12 年，中国矿业大学（北京）、重庆大学的时间跨度均为 9 年，山东科技大学的时间跨度为 6 年，这说明中国矿业大学在煤矿瓦斯监测技术领域具有绝对优势。

表 4　煤矿瓦斯监测技术的中国专利主要申请人

	最早申请时间	最新申请时间	时间跨度
中国矿业大学	1998	2017	20
安徽理工大学	2006	2017	12
山东科技大学	2012	2017	6
中国矿业大学（北京）	2009	2017	9
重庆大学	2008	2016	9

（5）中国专利申请的地区分析

从图 26 可以看出，煤矿瓦斯监测技术专利申请量最大的是江苏省，北京市的专利申请量排名第二，山东省的专利申请量排名第三。

如图 26 所示，整体上来看，国内申请的区域集中性比较明显，排名前十的省市的专利申请占比达到 79%，并且主要集中于江苏、北京、山东、安徽、重庆、河南和陕西这七个省市，七者的专利申请量均超过 70 项。其中江苏省作为国内煤矿瓦斯监测技术最重要申请人——中国矿业大学所在地，成为煤矿瓦斯监测技术的专利申请量最大的地区。此外，作为煤矿瓦斯监测技术专利申请的另三位重要申请人安徽理工大学、山东科技大学和中国矿业大学（北京）分别来自安徽省、山东省和北京市,因此,煤矿瓦斯监测技术的专利申请在华中、华东的地域优势十分明显,其占比接近 1/2。

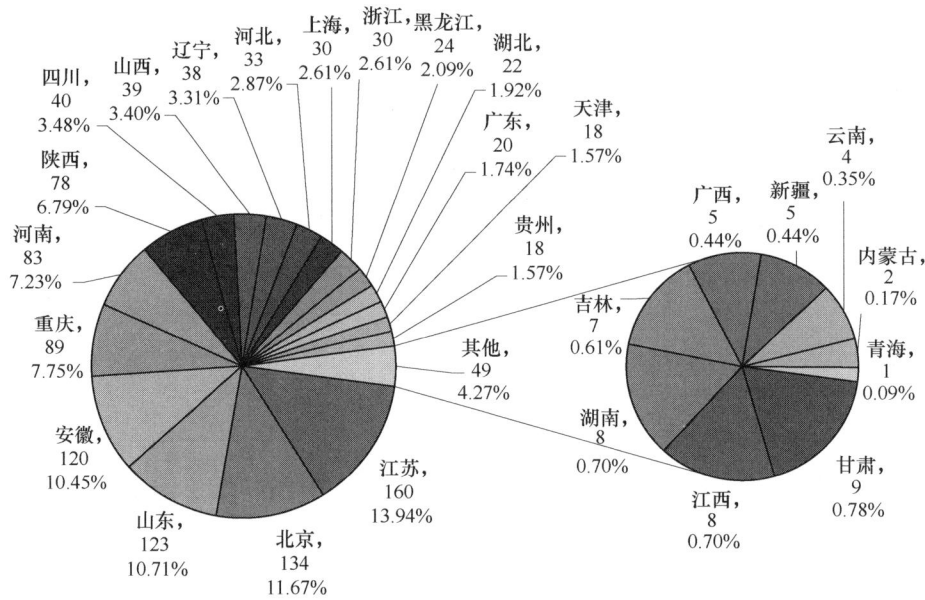

图 26 煤矿瓦斯监测技术的中国专利申请地区分布

(三)煤矿瓦斯预报技术专利分析

煤矿瓦斯预报技术是实现煤矿瓦斯超限声光报警、断电和煤矿瓦斯风电闭锁控制等功能的技术。

1. 全球专利技术发展趋势分析

(1)全球专利申请趋势

如图 27 所示,截至 2017 年 10 月 20 日,煤矿瓦斯预报技术的全球专利申请量累计达到 1247 项。图 27 显示了煤矿瓦斯预报技术的全球专利申请发展趋势,可以看出,煤矿瓦斯预报技术的全球专利申请量总体呈现出波动增长的态势,大致经历了以下四个阶段。

第一阶段为 1998—2002 年,这一阶段为煤矿瓦斯预报技术专利申请的起步阶段,年度申请量整体有小幅提升,此阶段的煤矿瓦斯预报技术处于研发阶段,整体申请量并不多,但基本保持稳定。这一阶段,各国对于煤矿瓦斯预报技术并没有过多认识,整体申请量都集中在其他领域,在煤矿瓦斯预报技术上的投入较少,因此申请量较低。

第二阶段为 2002—2008 年,这一阶段的煤矿瓦斯预报技术呈小幅波动式增长,但整体涨幅并不多,年度申请量最低为 23 项,最高为 63 项。

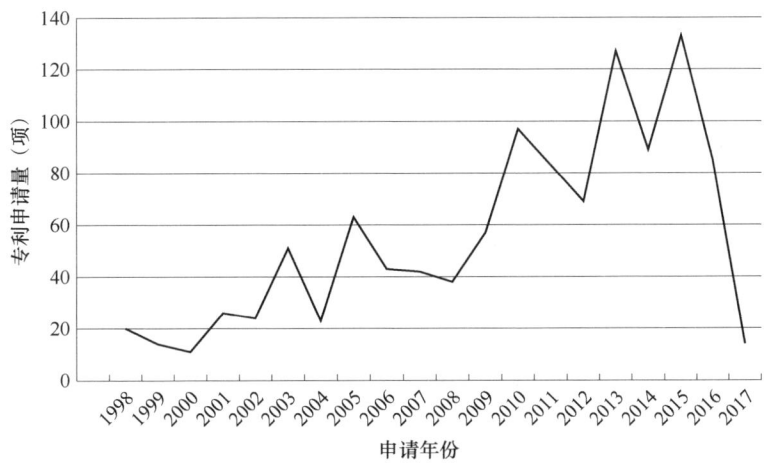

图 27 煤矿瓦斯预报技术的全球专利申请趋势

第三阶段为 2008—2015 年，这一阶段为煤矿瓦斯预报技术专利申请量增长的黄金时期，在这一时期，煤矿瓦斯预报技术呈波动性持续增长，由 2008 年的年度申请量 38 项，迅速增长到 2015 年的 133 项。这一时期煤矿瓦斯预报技术的主要生产工艺和技术已经相对成熟，是煤矿瓦斯预报技术专利申请量迅速增长的一个时期。

第四阶段为 2015—2017 年，在这一阶段，煤矿瓦斯预报技术的专利申请量出现负增长。其中，2016 年的年度申请量为 85 项，降幅为 36.1%。

（2）全球主要国家/地区的专利申请趋势

图 28 进一步给出了中国、美国、德国、澳大利亚和俄罗斯五个煤矿瓦斯预报技术的主要专利产出国的年度申请量的发展趋势对比，可以看出，中国在 1998—2004 年的专利申请量都较低，从 2005 年开始，中国的专利申请量有所增加，但依旧低于同期的美国年度专利申请量。2005—2008 年，中国的专利申请量略有下降，个别年

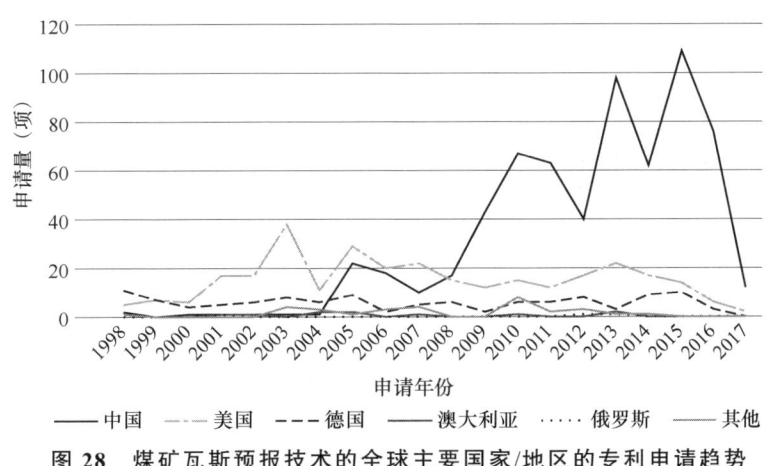

图 28 煤矿瓦斯预报技术的全球主要国家/地区的专利申请趋势

度与美国的专利申请量相同,并高于其他国家的专利申请量。中国 2008—2015 年属于波动上升期,年度专利申请量由 17 项上升至 108 项;2015—2017 年,专利申请量逐步转入负增长趋势,年度专利申请量逐渐下降。

美国 1998—2001 年,专利申请量变化基本上呈一条水平直线,年度专利申请量也不算太高,但整体高于中国的专利申请量。2001—2003 年,美国的专利申请量逐渐上升,并达到最高值 38 项。2003—2008 年,美国的专利申请量有小幅下降,但依旧高于同期的中国专利申请量。2008 年,美国的专利申请量与中国的专利申请量相差不多,2008—2013 年,美国的年度申请量都在 20 件以下,并且变化不大基本呈一条平稳直线。2013—2017 年,美国的专利申请量逐渐下降。

德国 1998—2000 年的专利申请量高于或者等于美国的专利申请量,2000—2013 年,德国的专利申请量一直在 10 件以下,整体专利申请量低于美国的专利申请量,德国 2013 年的专利申请量略有下降,但 2013—2015 年整体专利申请量又有明显回升,从 2015 年开始,德国的专利申请量逐渐回落并与美国的专利申请量重合。

澳大利亚和俄罗斯 1998—2017 年的专利申请量一直处于较低水平,明显低于中国、美国和德国。

由图 28 可以看出,中国和美国的煤矿瓦斯预报技术 2008 年申请量基本相同,但后续发展并不相同。中国对于煤矿瓦斯预报技术的研发逐渐深入,专利申请量也随之增加,而美国由于整体发展较早,后续在煤矿瓦斯预报技术方面的发展逐渐呈现下降趋势,两国的专利申请量发展趋势与国情相符。

2. 全球专利技术区域分布分析

图 29 示出了煤矿瓦斯预报技术的全球主要国家/地区的分布状况。整体上看,煤矿瓦斯预报技术的全球区域集中性非常明显,主要集中在中国、美国和德国,这三个国家的专利申请总量占据煤矿瓦斯预报技术专利申请总量的 96%。

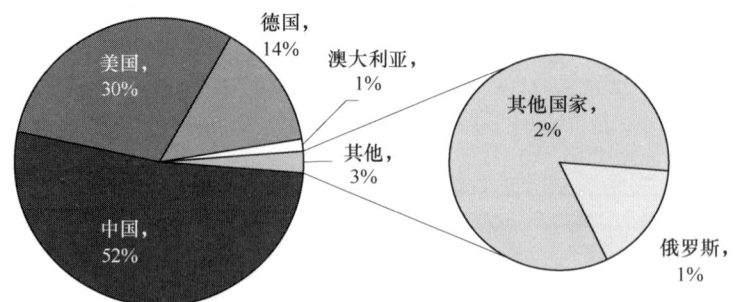

图 29 煤矿瓦斯预报技术的全球主要国家/地区分布

具体来讲，结合表 5 来看，在煤矿瓦斯预报技术的全球主要国家/地区的分布图中，中国、美国和德国成为专利申请的主要国家，其中，中国以 648 项的专利申请量成为专利申请量最多的国家，占比达到 52%，是煤矿瓦斯预报技术的主要专利申请国家；美国以 372 项的专利申请量成为专利申请量最多的海外国家，占比达 30%；德国的专利申请量为 176 项，占比 14%，位居全球主要国家/地区中的第三位；而澳大利亚的专利申请量为 17 项，占比 1%。除了上述国家/地区以外，其他国家/地区的专利申请量共计 30 项，占比约 3%。

表 5　煤矿瓦斯预报技术全球布局情况

国　别	申请量/项
中　国	648
美　国	372
德　国	176
澳大利亚	17

从图 30 可以进一步看出，1998—2004 年，中国的专利申请量占比微乎其微，仅有不到 10%的份额。该阶段的专利市场基本被美国和德国所垄断。2004—2006 年，中国的专利申请量突飞猛进，已经与德国和美国的专利申请量基本持平。2006—2007 年，中国的专利申请量占比略有下降。2008—2011 年，煤矿瓦斯预报技术的全球专利申请量基本上被中国和美国垄断，其中，2008 年，中国的专利申请量略多于美国的专利申请量，而 2009—2011 年，中国的专利申请量远高于美国的专利申请量。

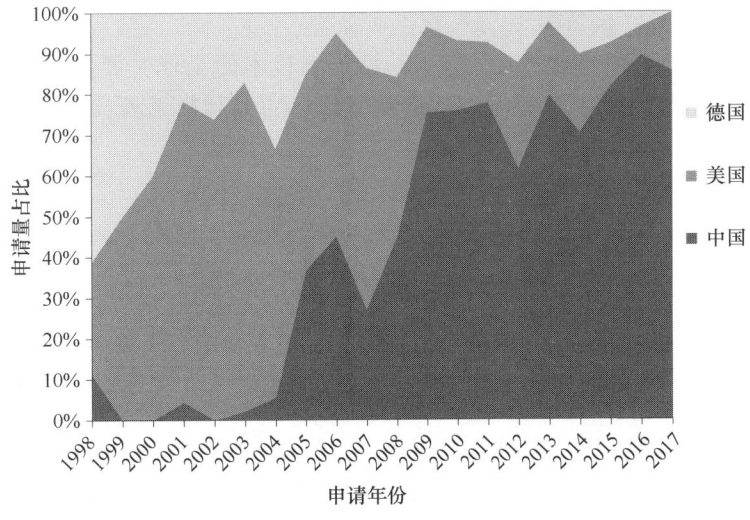

图 30　煤矿瓦斯预报技术的全球主要国家/地区分布

2012年，中国的专利申请量有短暂的下降，美国和德国的专利申请量占比增多，但2013—2017年，中国的专利申请量再次上升，逐渐抢占世界市场，成为世界各国中专利申请量最多的国家。

3. 全球专利申请人分析

（1）全球专利申请人排名

煤矿瓦斯预报技术的全球专利申请量排名前五位的申请人，如图31所示，均来自中国，具体为：排名第一位的中国矿业大学、排名第二位的河南理工大学、排名第三位的山西晋城无烟煤矿业集团有限责任公司、排名第四位的淮南矿业（集团）有限责任公司和排名第五位的山东科技大学，由此可见，在煤矿瓦斯预报技术领域，中国的申请人已占据重要的地位。

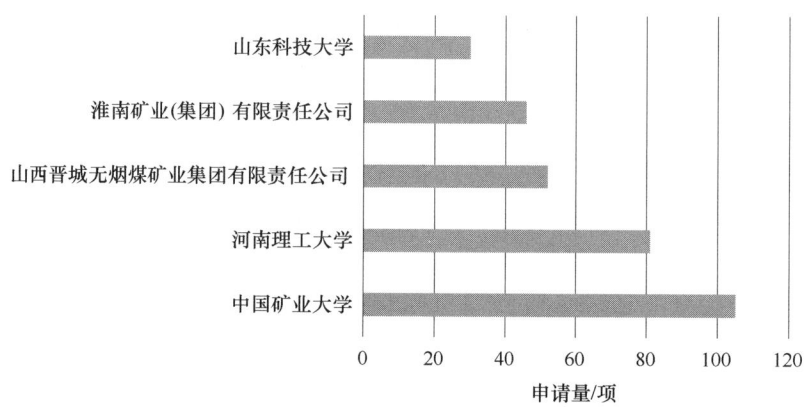

图31　煤矿瓦斯预报技术的全球主要申请人分析

（2）全球主要国家/地区的专利申请流向分析

图32a和图32b进一步给出了煤矿瓦斯预报技术的全球主要国家/地区的专利转让趋势和专利受让人排名，以对煤矿瓦斯预报技术的专利申请流向进行分析。

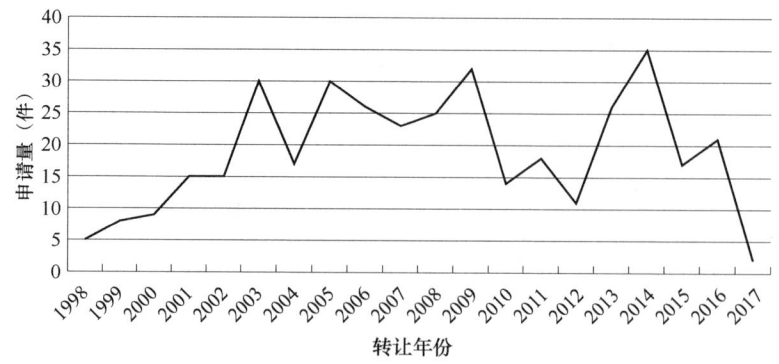

图32a　煤矿瓦斯预报技术的全球主要国家/地区的专利转让趋势

由图 32a 可以看出，全球主要国家/地区的专利转让趋势可以分为以下几个阶段：

1998—2003 年，年转让申请量由 5 件上升至 30 件，此阶段为转让数量的黄金上升期，并且该最高年转让量已经接近历史转让最高值 35 件。

2003—2014 年，这一阶段的专利转让量曲线呈波动状，波动值并非在某个固定值范围上下波动，而是大幅变动。最高年转让量达到 35 件，最低年转让量仅为 11 件。

2014—2017 年，煤矿瓦斯预报技术的专利转让量呈负增长态势，转让数量逐年递减。由峰值每年 35 件递减到 21 件。

如图 32b 所示，受让人排名第一位的是来自美国的申请人 GENERAL ELECTRIC COMPANY，共受让专利 9 件。其次是来自日本的申请人 HITACHI, LTD.，其受让专利也达到 9 件。其余受让人以 7 件专利并列第三位。由图 32b 可知，排名前十的申请人当中，来自美国的受让人以受让专利数 65 件位居受让专利数首位，日本的受让人以受让专利数 9 件位居第二，成为受让专利第二多的国家。

由此可知，从图 32b 可以看出美国和日本成为专利流向的主要国家，专利受让基本集中在上述国家，核心专利流向也朝向上述两个国家流动。其中，美国成为专利流向最多的国家，排名前十的受让人中有 65 件流向美国，占比 87.83%。

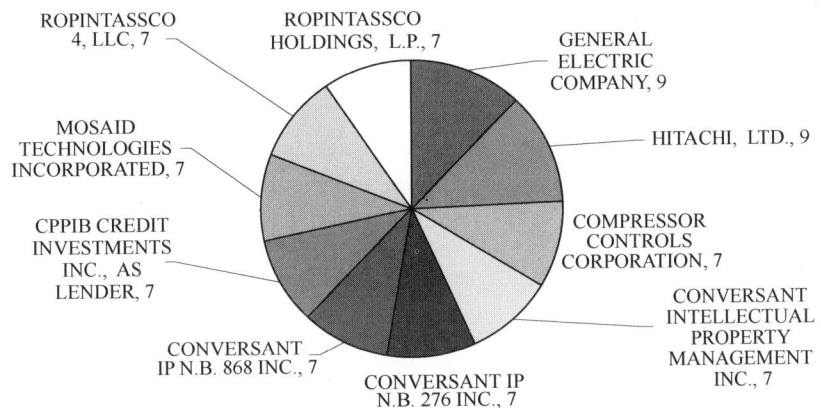

图 32b　煤矿瓦斯预报技术的全球专利申请的受让人分析

综上，结合前面煤矿瓦斯预报技术专利申请的主要布局区域的分析结果可以看出，中国的申请人专利申请数量虽然较多，但几乎所有申请均在国内申请，没有到其他国家进行专利布局，而国外申请人的申请量虽然没有我国申请人数量多，但大都在本国之外的国家/地区进行了专利布局，这是值得国内申请人注意的地方。

4. 全球技术分布分析

（1）全球专利申请技术分布

从图 33 所示的煤矿瓦斯预报技术全球专利申请的技术分布可以看出，主要技术领域分布在预报方法、声音报警装置、光报警装置和风电闭锁装置四个领域，其中，预报方法分布最多，达到 452 项，这主要是因为预报方法是煤矿瓦斯开采初期的一个重要研发技术；光报警装置和风电闭锁装置的申请量基本相同，位居第二位和第三位，分别为 284 项和 282 项；排在第四位的声音报警装置的专利申请量为 218 项。

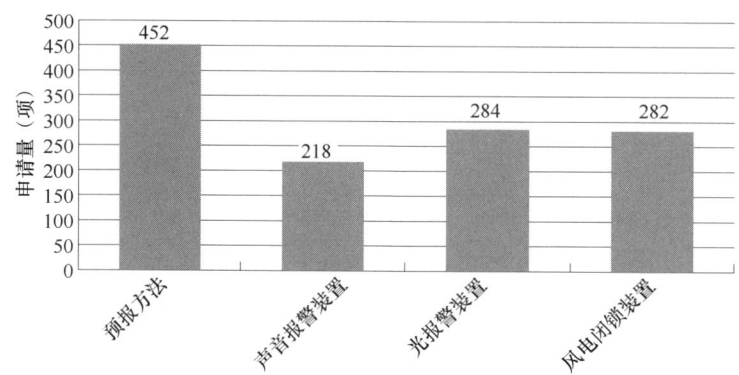

图 33　煤矿瓦斯预报技术的全球主要技术分布分析

（2）全球主要国家/地区专利申请的技术分布

从图 34 可以看出，煤矿瓦斯预报技术的全球主要国家/地区专利申请的技术分布趋势。

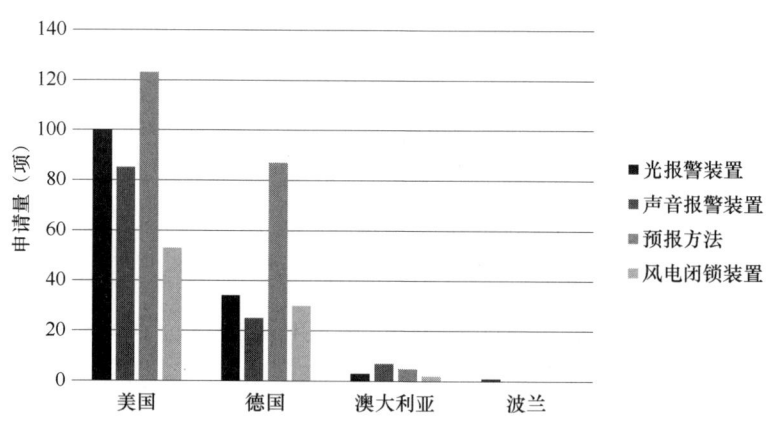

图 34　煤矿瓦斯预报技术的全球主要国家/地区的技术分布

美国专利申请中预报方法占据技术的发展主导地位，其中预报方法申请量共有 123 项，占比 34%。其次是光报警装置，该部分申请量为 100 项，占比 28%。声音报警装置申请量共 85 项，占比 23%。申请量最少的是风电闭锁装置技术，申请量为 53 项，占比为 15%。美国是世界强国，其发展侧重点主要集中在预报方法、声音报警装置和光报警装置技术领域。这三大领域的专利申请量基本相同，美国以上述三大技术领域为主,风电闭锁装置领域为辅进行全面发展,在煤矿瓦斯预报技术领域美国属于技术涵盖最全面的国家。

德国专利申请中预报方法占据技术的发展主导地位,其中,声音报警装置、光报警装置和风电闭锁装置技术的专利申请量基本相似,分别是 25 项、34 项和 30 项。德国对于煤矿瓦斯预报技术的发展领域与美国不同,德国侧重预报方法的研究,其研究占比较美国更多,但德国对于另外三个技术的研究与美国相比相对较少。

澳大利亚专利申请中声音报警装置占据技术研发的主导地位,其中声音报警装置的申请量共有 7 项,占比 41%。预报方法位居第二位,申请量为 5 项,占比 29%。光报警装置和风电闭锁装置的专利申请量基本相同,分别为 3 项和 2 项,占比分别为 18%和 12%。澳大利亚作为煤矿行业起步较早的国家,声音报警装置成为其主要研究的技术,即如何对复杂的井下环境进行有效预警,通过监测不同微小震动或者声音来判断井下即将发生的灾害并提前预警。

波兰申请量较低,仅有 1 项,这 1 项申请是光报警设备领域。

5. 中国专利申请状况分析

(1) 中国专利申请整体状况分析

图 35 给出了煤矿瓦斯预报技术的来华专利申请的年度分布情况。可以看出,国外来华的申请量非常少,仅占来华申请总量的 6.25%。

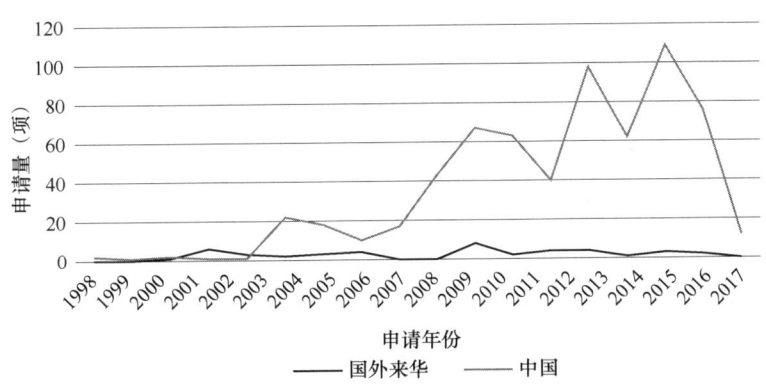

图 35　煤矿瓦斯预报技术的中国专利申请趋势及国外来华申请趋势

从图 35 可以看出,煤矿瓦斯预报技术的年度专利申请量总体呈现出波动增长的态势,大致经历了以下阶段。

第一阶段为 1998—2003 年,这一阶段是煤矿瓦斯预报技术专利申请的准备期,年度专利申请量少于 5 项,中国在此阶段刚开始尝试对煤矿瓦斯预报技术领域进行研究。

第二阶段为 2003—2008 年,这一阶段是煤矿瓦斯预报技术专利申请的起步阶段，年度申请量在 20 项左右，此阶段的煤矿瓦斯预报技术处于研发阶段。在该阶段煤矿瓦斯预报技术主要集中在瓦斯检测、风速测定等领域，由于局限于技术发展和对于瓦斯的认知度，这一阶段的煤矿瓦斯预报技术的申请量较少，并且中国与其他国家申请量基本保持一致。

第三阶段为 2008—2010 年，这一阶段为煤矿瓦斯预报技术专利申请量增长的黄金阶段，随着各主要国家/地区对专利申请的逐渐重视，煤矿瓦斯预报技术的专利申请量呈现出直线增长的趋势，其年度申请量由 2008 年的 17 项迅速增长到 2010 年的 75 项，是煤矿瓦斯预报技术专利申请量迅速增长的一个时期。在这一阶段，响应国家"十一五"有关能源发展的计划，中国专利申请呈直线上升态势，相应地对于煤矿瓦斯预报技术的申请量也随之上升。该阶段煤矿瓦斯预报技术主要集中在瓦斯涌出分析系统研究方面，即通过自动读取监控系统的瓦斯浓度检测数据，研究瓦斯涌出规律并通过与其他瓦斯涌出指标的自动换算实现多指标、动态连续地分析预测工作面的突出危险性和发展趋势，起到突出危险性实时预警和超前提醒的作用。

第四阶段为 2010—2015 年，这一阶段为煤矿瓦斯预报技术申请量的波动增长阶段，煤矿瓦斯预报技术在这一阶段申请量呈波动状并小幅增长。其年度申请量最低为 2012 年的 44 项，最高为 2015 年的 112 项。此阶段为煤矿瓦斯预报技术的相对波动阶段，申请量均值在 80 项左右波动，经过前一阶段的增长期，国内有关煤矿瓦斯预报的相关技术已经成熟，同时国家提出"十二五"的高精尖发展计划，抑制了一部分非核心专利的申请量，从而导致国内煤矿瓦斯预报技术的专利申请量呈波动状态发展。

第五阶段为 2015—2017 年，在这一阶段中，煤矿瓦斯预报技术的专利申请量出现负增长。其中，2016 年年度申请量为 78 项，降幅 30%左右。经过上一阶段波动期的发展，煤矿瓦斯预报技术已经相对成熟，相关中小型企业对于煤矿瓦斯预报技术的研发投入下降，专利申请量也明显下降，此期间，有关高校和科研单位的申请量占据主导地位，煤矿瓦斯预报技术由此阶段正式步入高端领域。

（2）中国专利申请法律状态分析

图 36 示出了煤矿瓦斯预报技术的中国专利申请的法律状态情况。总体而言，获得授权的申请占总申请量的比例最大，大约为 42%，审查中的申请占比为 21%，已终止的申请比例是 24%。

从图 36 也可以看出，2005—2008 年，煤矿瓦斯预报技术的申请授权量小于终止的申请量；在 2008—2015 年，煤矿瓦斯预报技术的申请授权量大于终止的申请量。这也从另一方面说明，我国专利技术的转化程度在 2005—2008 年偏低，以至于大量专利难以在市场上发挥控制作用，因而授权后终止的专利较多。

（3）中国专利申请申请人类型分析

图 37 给出了中国专利申请的各申请人类别占比，可以看出，在华专利申请的申

请人主要分为企业、大专院校、个人和科研单位。

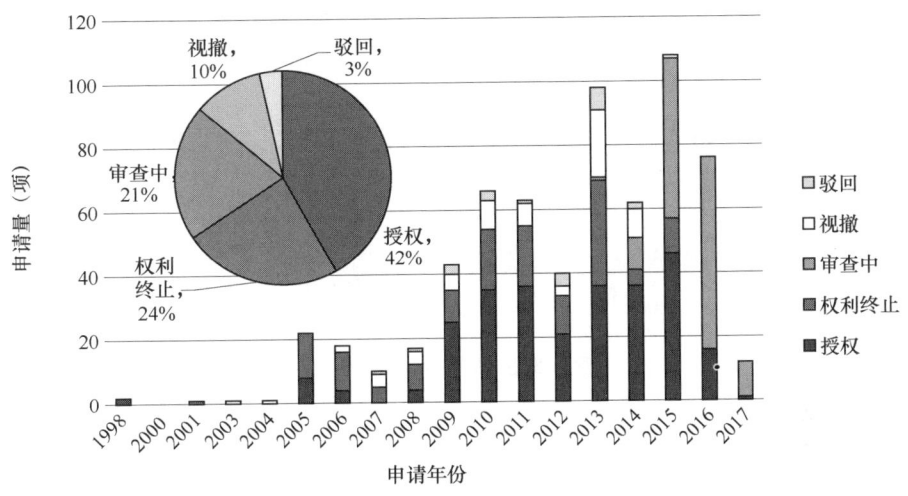

图 36　煤矿瓦斯预报技术的中国专利申请法律状态

由图 37 可以看出，中国专利申请人中，大专院校占比最多，达到 46.46%，其次是企业，占比为 34.48%。排在第三位的是个人申请人，占比为 9.81%。科研单位占比最少，达到 9.25%。

根据中国国情分析，中国申请人当中，大专院校对于该领域的研发投入最多，申请量最多。同时在申请量排名前十的申请人中，大专院校占据比例也比企业申请人多。企业在该领域由于其申请人基数较大，因此虽然单个企业申请人申请量不多，但总体专利申请量较多。个人申请人占比位居第三位，每个申请人手中持有的专利数量

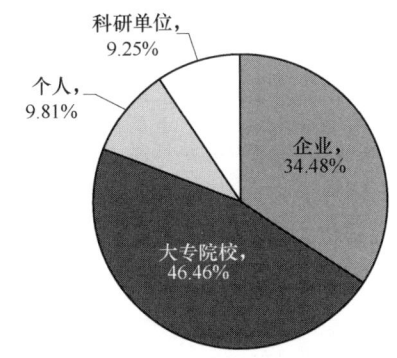

图 37　煤矿瓦斯预报技术的
中国专利申请人类型分析

均较低，且本身个人申请人基数也不大。科研单位申请人由于侧重研发高端领域，且申请人基数较少，其总体申请量位居最后一位，符合中国国情。

（4）中国专利申请主要技术分布和主要申请人分析

从图 38 可以看出，煤矿瓦斯预报技术的中国专利申请共 644 件。

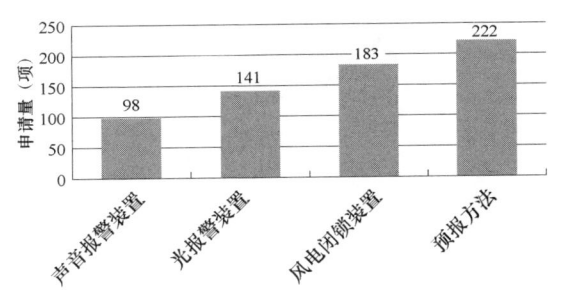

图 38　煤矿瓦斯预报技术的中国主要技术分布分析

其中，预报方法的专利申请量最多，达到 222 项，占比高达 35%。其次是风电闭锁装置的专利申请，这方面的专利申请量达到了 183 项，占比达到 28%。光报警装置的专利申请量位居第三位，为 141 项，占比为 22%。声音报警装置的专利申请量为 98 项，占比为 15%。

由图 31 所示的申请人排名并结合表 6 来看，在煤矿瓦斯预报技术中，中国矿业大学专利申请时间跨度为 23 年，其次是淮南矿业（集团）有限责任公司，其申请时间跨度为 14 年，位居第三位的是河南理工大学，申请时间跨度为 11 年，排名第四位和第五位的分别为山东科技大学和山西晋城无烟煤矿业集团有限公司，申请时间跨度分别为 8 年和 5 年。这说明中国矿业大学在煤矿瓦斯预报技术领域具有绝对优势。

表 6　煤矿瓦斯预报技术的中国专利主要申请人

申请人	最新申请年份	最早申请年份	时间跨度（年）
中国矿业大学	2016	1994	23
河南理工大学	2017	2007	11
山西晋城无烟煤矿业集团有限公司	2014	2010	5
淮南矿业（集团）有限责任公司	2016	2003	14
山东科技大学	2016	2009	8

（5）中国专利申请的地区分析

为了进一步了解中国专利申请在不同省份的分布状态，对中国专利申请按照申请人所在的省份进行统计，其结果如图 39 所示。

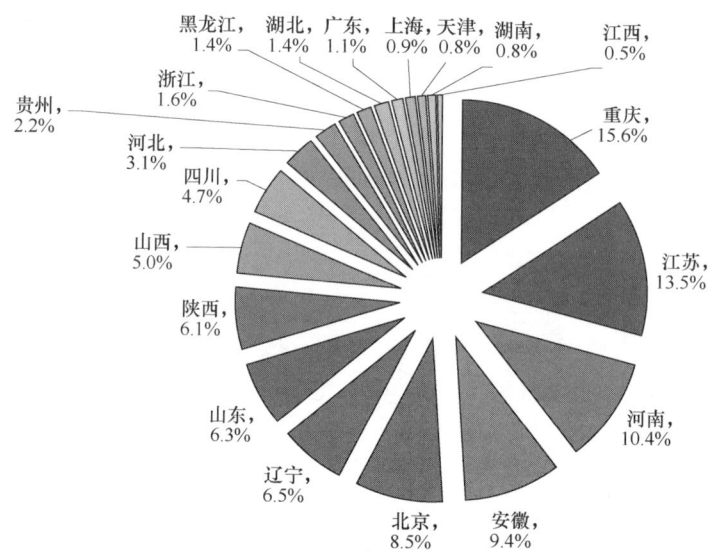

图 39　煤矿瓦斯预报技术的中国专利申请地区分布

如图 39 所示，整体上来看，国内申请的区域集中性比较明显，排名前十的省市的专利申请占比达到 78.9%，并且主要集中于重庆、江苏、河南、安徽和北京五个省市，五者的申请量均超过 50 项。其中，重庆作为国内煤矿瓦斯预报技术最重要申请人——中煤科工集团重庆研究院有限公司的所在地，成为煤矿瓦斯预报技术专利申请的最大地区，此外，作为煤矿瓦斯预报技术专利申请的另两位重要申请人中国矿业大学和河南理工大学分别来自江苏省和河南省。

五、主要申请人分析

（一）中国矿业大学分析

中国矿业大学是教育部直属的全国重点高校、国家"211 工程"和"985 优势学科创新平台项目"建设高校，同时也是教育部与江苏省人民政府、国家安全生产监督管理总局共建高校。作为一所具有一百多年办学历史、特色鲜明的多科性研究型高水平大学，对我国煤炭能源行业和地方经济社会发展发挥着不可替代的引领和支撑作用。1960 年和 1978 年，学校先后两次被确定为全国重点高校，为全国首批具有博士和硕士授予权的高校之一，学校设有研究生院。学校坐落于素有"五省通衢"之称的国家历史文化名城——江苏省徐州市，校园占地面积 4413 亩（文昌校区 1555 亩，南湖校区 2858 亩），校舍建筑面积 130 余万平方米。

中国矿业大学在华全部 105 件的煤矿瓦斯抽采技术的专利申请的技术主题分布情况如图 40a 所示。

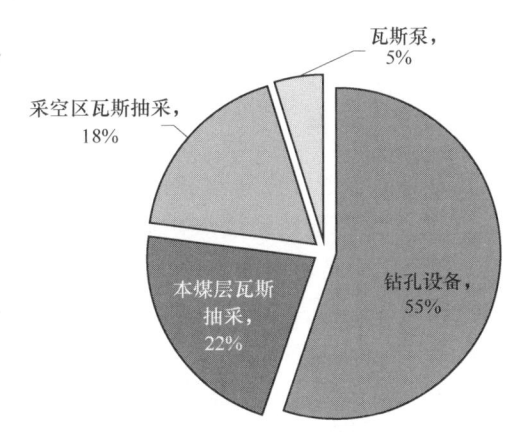

图 40a 中国矿业大学煤矿瓦斯抽采技术分布

从图 40a 可以看出，中国矿业大学的专利申请主要涉及钻孔设备、采空区瓦斯抽采、本煤层瓦斯抽采和瓦斯泵四个方面。其中，有关钻孔设备的技术是中国矿业大学最关注的方面，专利申请量达 58 件，占比达到 55%；本煤层瓦斯抽采专利申请达到 23 件，占比达到 22%。采空区瓦斯抽采与本煤层瓦斯抽采专利申请量相差无几，达到 19 件，占比达到 18%。瓦斯泵的专利申请量较少，仅有 5 件，占比达到 5%。

另外，中国矿业大学在华全部 72 件的煤矿瓦斯监测技术的专利申请的技术主题分布情况如图 40b 所示。

从图 40b 可以看出，中国矿业大学煤矿瓦斯监测技术的专利申请主要涉及煤矿煤层监测、监测系统、数据采集传输、气体传感器和煤与瓦斯突出监测五个方面。其中，有关煤矿煤层检测技术是中国矿业大学最关注的方面，专利申请量达 30 件，占比达到 42%；排名第二位的是监测系统方面的专利申请，专利申请量为 27 件，占比为 37%。排名第三位的是数据采集传输方面的专利申请，专利申请量为 9 件，占比为 12%。气体传感器和煤与瓦斯突出监测方面的专利申请较少，专利申请量分别为 4 件和 2 件，占比分别为 6% 和 3%。

再有，中国矿业大学在华全部 49 件煤矿瓦斯预报技术专利申请分布情况如图 40c 所示。

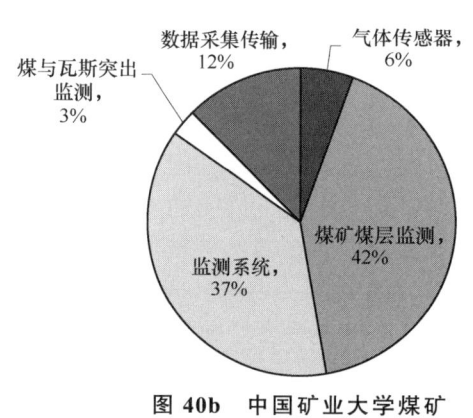
图 40b　中国矿业大学煤矿瓦斯监测技术分布

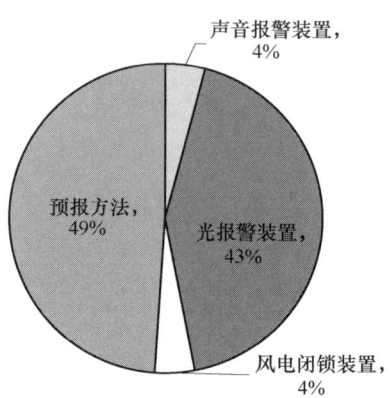
图 40c　中国矿业大学煤矿瓦斯预报技术分布

由图 40c 可以看出，中国矿业大学专利申请共 49 件，中国矿业大学专利申请中预报方法的专利申请量最多，达到 24 件，占比高达 49%。其次是光报警装置的专利申请，这方面的专利申请量达到了 21 件，占比达到 43%。风电闭锁装置和声音报警装置的专利申请量位居第三位，专利申请量为 2 件，占比为 4%。

（二）山西晋城无烟煤矿业集团有限责任公司分析

晋煤集团是由山西省国资委控股，国开金融、中国信达持股的有限责任公司，是我国优质无烟煤重要的生产基地、全国最大的煤层气开发利用企业、最大的煤化工企业集团、最大的瓦斯发电企业和山西最具活力的煤机制造企业。现有 69 个子公司、10 个分公司、1 个托管企业，位列 2016 世界企业 500 强第 384 位、中国企业 500 强第 93 位。截至 2016 年年底，企业总资产 2294 亿元，省内外在岗员工 15 万余人。

山西晋城无烟煤矿业集团有限责任公司在华全部 52 件的煤矿瓦斯抽采技术的专利申请分布情况如图 41a 所示。

从图 41a 可以看出，山西晋城无烟煤矿业集团有限责任公司的专利申请主要涉及钻孔设备、采空区瓦斯抽采、邻近层瓦斯抽放、本煤层瓦斯抽采和瓦斯泵五个方面。其中，有关本煤层瓦斯抽采是山西晋城无烟煤矿业集团有限责任公司最关注的方面，其专利申请量达到 19 件，占比达到 36%。其次是邻近层瓦斯抽采的专利申请，这方面的专利申请量达到 17 件，占比达到 33%。钻孔设备的专利申请量达到 13

件,占比 25%。采空区瓦斯抽采和瓦斯泵专利申请量较少,分别为 1 件和 2 件,占比分别达到 2%和 4%。

山西晋城无烟煤矿业集团有限责任公司在华全部 6 件煤矿瓦斯预报技术的专利申请的技术主题分布情况如图 41b 所示。

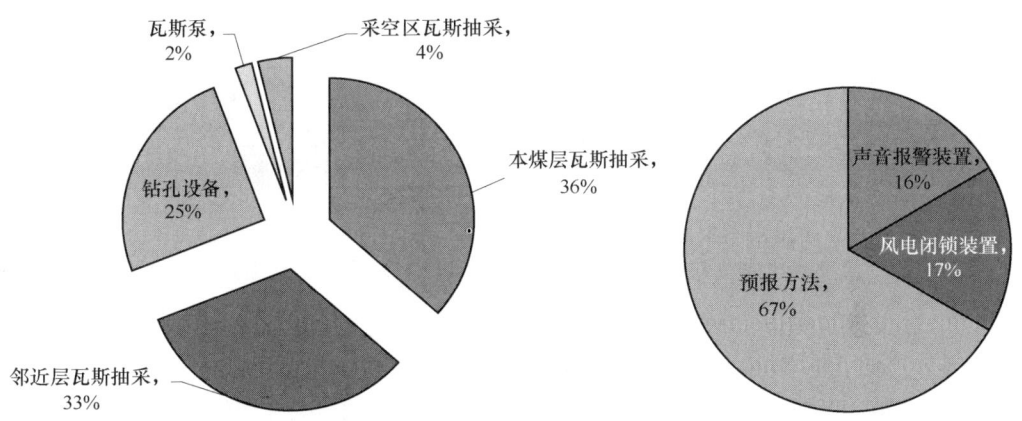

图 41a 山西晋城无烟煤矿业集团有限责任公司煤矿瓦斯抽采技术分布

图 41b 山西晋城无烟煤矿业集团有限责任公司煤矿瓦斯预报技术分布

由图 41b 可以看出,山西晋城无烟煤矿业集团有限责任公司专利申请共 6 件,其专利申请中预报方法方面的专利申请量最多,达到 4 件。其次是风电闭锁装置和声音报警装置的专利申请,这方面的专利申请量均为 1 件。

(三)中煤科工集团重庆研究院有限公司分析

中煤科工集团重庆研究院有限公司位于重庆市高新技术开发区,隶属于国资委所辖中央企业中国煤炭科工集团有限公司,主要从事煤矿自动化、安全监控系统、瓦斯通风防灭火研究、仪器仪表研究、粉尘环保研究、工业防隔爆研究、岩土工程研究、安全装备开发研究、救护技术及产品的开发研究、工程塑料应用开发研究等技术研究、产品开发、制造、销售和科技经营服务的国有独资企业,下设测控分院、瓦斯分院、钻探分院、粉尘研究所等 16 个二级单位。

中煤科工集团重庆研究院有限公司在华全部 10 件煤矿瓦斯抽采技术的专利申请的技术主题分布情况如图 42a 所示。

由图 42a 可以看出,中煤科工集团重庆研究院有限公司专利申请共 10 件,其专利申请中本煤层瓦斯抽采和采空区瓦斯抽采技术的专利申请量最多,达到 3 件,占比高达 30%。其次是钻孔设备的专利申请,这方面的专利申请量为 2 件,占比达到 20%。瓦斯泵和邻近层瓦斯抽采技术的专利申请最少,各为 1 件,占比各为 10%。

中煤科工集团重庆研究院有限公司在华全部 24 件煤矿瓦斯监测技术专利申请的技术主题分布情况如图 42b 所示。

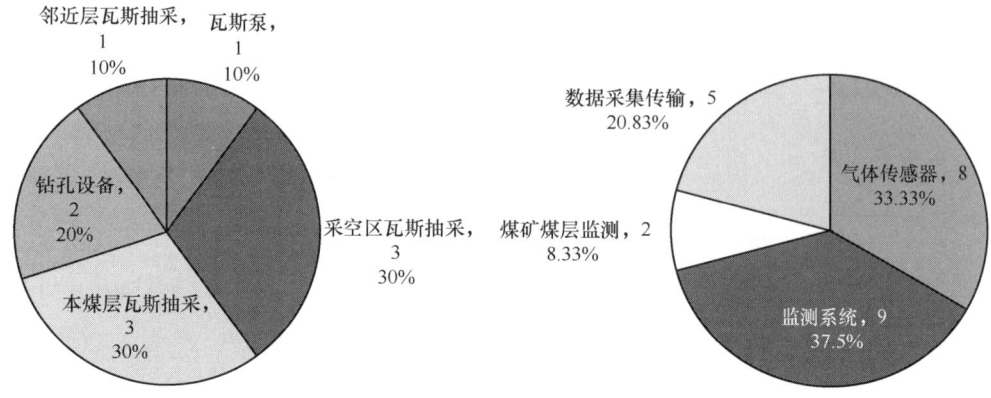

图 42a 中煤科工集团重庆研究院有限公司煤矿瓦斯抽采技术分布

图 42b 中煤科工集团重庆研究院有限公司煤矿瓦斯监测技术分布

从图42b可以看出，中煤科工集团重庆研究院有限公司的专利申请主要涉及监测系统、气体传感器、数据采集传输和煤矿煤层监测四个方面。其中，有关监测系统的技术是中煤科工集团重庆研究院有限公司最关注的方面，专利申请量达9件，占比达到37.50%；气体传感器方面的专利申请量达到了8件，占比达到33.33%。数据采集传输方面的专利申请量为5件，占比达到20.83%。煤矿煤层监测方面的专利申请较少，专利申请量只有2件，占比为8.33%。

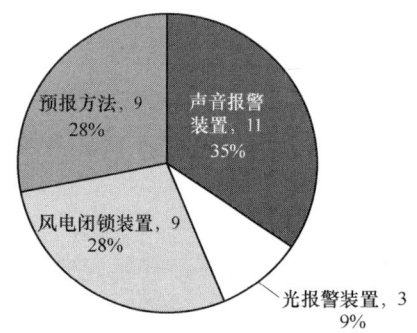

图 42c 中煤科工集团重庆研究院有限公司煤矿瓦斯预报技术分布

中煤科工集团重庆研究院有限公司在华全部49件的煤矿瓦斯预报技术的专利申请的技术主题分布情况如图42c所示。

由图42c可以看出，中煤科工集团重庆研究院有限公司专利申请共32件，其中声音报警装置的专利申请量最多，达到11件，占比高达35%。其次是风电闭锁装置和预报方法的专利申请，这两方面的专利申请量均为9件，占比达到28%。光报警装置申请量位居第四位，专利申请量为3件，占比为9%。

六、小结

（一）主要结论

通过对煤矿瓦斯技术专利信息的统计和分析，对煤矿瓦斯技术专利情况总结如下。

1. 重视专利合理布局

中国的申请人专利申请数量虽然较多，但几乎所有申请均在国内进行，没有到其他国家或地区进行专利布局；国外申请人的申请量虽然没有我国申请人数量多，但大都在本国之外的国家/地区进行了专利布局。在煤矿瓦斯技术领域，我国企业的主要申请目标仅集中在国内，缺少全球化的视野，通过上面的分析可以看出，主要申请人的地区主要集中在美国和中国，其中，美国、德国、澳大利亚和波兰等地的企业将其重要专利流向中国，这说明中国市场是比较重要的。虽然在煤矿瓦斯技术领域，目前排名靠前的申请人大部分来自中国，但是中国申请人在国外的申请很少涉及煤矿瓦斯技术，这不利于中国申请人走出国门，若中国申请人有进入海外市场的计划，还需要提前做好海外的专利布局。

2. 监测技术和预报技术相结合

煤矿瓦斯抽采技术相对成熟，技术研发逐渐向煤矿瓦斯监测技术和煤矿瓦斯预报技术发展。煤矿瓦斯监测技术与预报技术往往无法割裂，监测技术的研发伴随着预报技术的发展，虽然煤矿瓦斯监测技术是目前防治煤矿瓦斯爆炸的重要技术，但其预防效果往往不及时，无法立刻控制煤矿瓦斯的突发事故。因此，将煤矿瓦斯预报技术与煤矿瓦斯监测技术相结合，可以大大减少煤矿瓦斯灾害的发生。这其中，不仅涉及防止灾害发生的装置类专利，还涉及方法类专利，需要进一步细化各个步骤，将新的方法与新的装置相结合，真正研发出能够在实际中推广应用的且具有产业价值的新技术。

3. 提高申请质量

中国专利技术的转化程度在2013年前偏低，以至于大量专利难以在市场上发挥控制作用，因而授权后终止的专利较多。除了上述需要注重专利申请的布局外，还需要提高专利申请的撰写质量。从煤矿瓦斯技术的申请数量上看，近年来，我国已占有很大的优势，但不可忽略的是，这些申请的质量并没有得到很好地提升，该领域内有效专利的数量相对较低，特别是针对煤矿瓦斯监测和预报技术的专利申请，如何在撰写时对技术效果进行描述、如何概括一个合理的权利要求保护范围都是需要重点考虑的问题。在此过程中，技术人员和专利撰写人员需要加强沟通，普及专利知识，使专利制度为我国的煤矿瓦斯技术的创新发展起到积极的推动作用。

4. 研发高精尖技术

通过对煤矿瓦斯抽采技术、监测技术和预报技术的全球专利申请流向分析可以看出，美国、德国和日本为煤矿瓦斯技术的转让量和受让量较多的国家，其中，在煤矿瓦斯监测技术和预报技术中，美国专利申请的转让量和受让人排名均位居第一位。针对目前国内煤矿瓦斯技术的研发逐渐向煤矿瓦斯监测技术和煤矿瓦斯预报技术发展的情况，国内申请人可借鉴美国专利申请和/或考虑与美国申请人进行技术转让或实施许可等，以利于我国煤矿瓦斯技术的发展。另外，为了能够向高精尖技术发展，应该充分发挥高校和企业各自的优势，推动高校与企业在技术上的结合。

(二)发展建议

1. 我国煤矿瓦斯抽放技术的未来发展趋势可以分为以下几方面

(1) 钻机尽量采用各种有效的电力驱动和电子调控技术,现今电力驱动和电子技术的调控相结合,开拓了许多新领域,其可靠性和适应性有了很大提高,小型化和轻便化也有了很大发展。机、电、液一体化是钻探机械的发展方向,程控自动化钻机是远期的发展趋势。另外,钻机应尽量采用拼装式设计,便于更新设计派生产品。

(2) 我国地层地貌非常复杂,钻探需要充分满足地质要求,提高钻效,降低成本,应根据不同的地层采用不同的钻进工艺,因此,要求钻探设备具备多工艺的功能。另外,研发适宜松软突出煤层的瓦斯抽采关键技术及其钻机设备,突破松软突出煤层的瓦斯抽采难关;研发安全、可靠、有效的远距离防突关键技术以及其性能优良的防突远程控制钻机设备。

(3) 随着煤矿开采向纵深发展,超过 1000 米的矿井越来越多,制造开发先进的快速钻掘设备和工艺,开通快速通道是在紧急救援方面迫切需要解决的问题。

综上,为了保证高瓦斯煤层开采中的安全生产,应着重研究高产高效采煤工作面的综合抽放瓦斯方法;研究提高开采煤层、低透气性突出煤层抽放瓦斯率的方法,以岩石力学和多孔介质流体力学等为基础理论,力争在抽放瓦斯技术、抽放设备和装备的研究中有所突破;研究采空区抽放瓦斯技术;研究地面钻孔开发煤矿瓦斯的方法;提高和完善瓦斯抽放泵的性能;研究强力钻机和高性能钻具;研究钻孔定向技术和设备;研究打深孔、大直径孔的技术。同时,要加强煤矿瓦斯综合利用技术的研究。另外,在改进煤矿瓦斯抽放技术的同时,还应因地制宜选择抽放方法,并进一步提高抽放瓦斯的认识,健全机制,完善管理制度,增大投入和完善装备,以促进瓦斯抽放和利用,保证矿井安全生产。

2. 我国煤矿瓦斯监测技术和预报技术的未来发展趋势可以分为以下几方面

(1) 智能化系统。煤与瓦斯突出预警与监测监控系统要与物联网、互联网、云计算等新一代信息技术相融合,结合瓦斯涌出量预测预报法、瞬变电磁法、声发射法,以及煤岩变形、压力突变等,进行综合预测报警,使得煤与瓦斯突出综合预警技术做到全覆盖、高精准地预测煤矿瓦斯的各种灾害。

(2) 新型传感器研制。大力发展本安、低功耗的无线传感器,发展远距离、非接触式有害气体测量,尤其是攻克激光 CO 和激光其他类有害气体传感器的应用难关。与新传感器技术相结合,随着数字化、智能化传感器的不断推进,提高煤与瓦斯突出综合预警系统的抗干扰能力,实现无线传输智能网络,提高预警系统的可靠性。

(3) 系统地解决兼容性的途径。针对通信协议不规范和传输设备物理层协议不规范,应尽快寻找一种解决系统兼容性的途径或制定相应的专业技术标准,这对促进矿井监控技术发展和系统的推广应用均具有十分重要的意义。

深海探测专利技术现状及其发展趋势

张博　李辉　党晓林

一、引言

（一）技术简介

从 20 世纪 60 年代起，发达国家率先向深海大洋进军，深海探测技术发展迅速。调查船、钻探船（平台）、各类探测仪器、装备，无人/载人/遥控深潜器、水下机器人、取样设备、海底监测网等相继问世，探测广度和深度不断刷新。在深海极端环境、地震机理、深海生物和矿产资源，以及海底深部物质与结构等领域取得一系列重大进展和新发现。

（二）发展现状

1. 美国

首开钻探深海底的美国是世界上最早进行深海研究和开发的国家。早在 1957 年，美国科学家就曾提出莫霍计划，试图钻穿洋壳最薄处，获取地壳深部和地幔物质样品，后因钻探技术和经费问题而中途夭折。1964 年，为进一步解决深海钻探问题，美国三大海洋研究所和迈阿密大学海洋与大气学院联合提出"深海钻探计划"（DSDP）。科学家为了得到整个洋壳 6km 的剖面结构，从而获取地壳、地幔之间物质交换的第一手实际资料，美国自然科学基金会从 1966 年开始筹划"深海钻探计划"，"格罗玛·挑战者"号深海钻探船首次驶进墨西哥湾，开始了长达 15 年的深海钻探。该船所收集多达百万卷的数据资料已成为地球科学的宝库，其研究成果证实了海底扩张，建立了"板块构造学说"，为地球科学带来了一场震撼世界的"地学革命"。同时创立了一门研究中生代以来古环境变化的新兴学科——古海洋学。在两大国际合作计划中，美国也以其先进的技术处于领导地位。除了深海钻探船、深潜器、水下机器人、液压活塞取心器（HPC）、延伸式岩心筒（SCB）、Seabeam 测深系统和 Towcam 深拖系统外，美国领先于世界的最先进技术是深海科学观测光缆。这一技术则是将观测平台放置于海底，通过海洋研究交互观测网络（ORION）向各个观测点供应能量、收集信息，可以进行多年连续的自动化观测。科学家可以在陆地研究基地通过网络实时监测自己的深海实验，指令实验设备监测风暴、海流、波浪、潮流、藻类勃发、地震、浊流等各类突发事件的发生。美国拥有"阿尔文"（Alvm）号深潜器。1976 年，美、国海洋科学家在东太平洋和加拉帕戈斯断裂带水深 2.5km 处发现海底热液喷溢口；1978 年，美、法联合使用 Cyana 号，在东太平洋海隆首次发现热液硫化物；1979 年，美国"阿尔文"号再度下潜，发现了"黑烟囱"及其喷溢口周围呈环带状存活的生物群落。美国在载人深潜器技术上，虽然落后于日本、法国、俄罗斯，但在 AUV 无人无缆水下机器人方面处于国际领先地位，应用于大深度、长航程和遥控遥测及军用，其代表产品是蓝鳍金枪鱼-21 型自主式水下航行器，是美国军方研发的一种专业水下搜寻设备，它可以潜入水下 4500m 深处，在配置相关声呐后能以最高 7.5cm 的分辨率搜寻水下物体，在失联马航客机搜索中开始崭露头角。

2. 日本

日本在深潜器技术和运载系统方面居世界领先地位。日本的"地球"号是目前世界上最先进的深海钻探船。"地球"号（5.7 万吨级）能向海面下伸长 1 万米，在 2.5～3km 水深海域也能钻探到海底地壳下约 7km 处的地幔。船上配备先进的设备，如 Deep Tow 深海曳航照相/声呐系统，可进行海底地形、地质、热液、资源等走航探测；液压活塞取样系统从海底钻取的岩心，可以现场分析岩心的内部结构。"地球"号除了帮助人们探究地球形成和大地震发生的机理，通过分析地幔的物质成分来预测地震外，还担负着研究地下生物圈以探索生命起源，以及追踪过去气候变化的痕迹的任务。日本引以为豪的载人深潜器（HOV，Shinkai 深海 6500）和水下机器人技术（AUV，ROV）也广泛应用于深海探测中。自治式深海探测器"浦岛"号可根据内置计算机预先设定的程序，计算自己的定位，自行走航。"浦岛"能够在更广阔的海域范围内自动收集研究全球气候变暖机制所必需的海水盐分浓度、水温等数据。万米级遥控无人探测器"海沟"号在建造完成后不久，于 1995 年 3 月就成功潜航至马里亚纳海沟 10 911m 的深处，确认了海沟断崖和存活在 3000～10 987m 的深海极端环境下的 6 种有孔虫，并在马里亚纳海沟底部发现约 180 种微生物。日本的区域性实时地球监测网（ARENA），可为研究地壳变动、地震机理、古环境和生命基因等提供实际的资料。为调查其专属经济区的海底资源，日本正在研发新一代无人深海探测器，作业深度可达 2.5～4.5km。它可按照预先设定的路线程序潜入海里，在离海底 50m 的高度使用声波扫描地形，获取精确数据。近年来投入使用的 2 台水下机器人除了探测海底热液矿床外，还可以对铜、锌、金、银、锗、铁、锰、钴、镍等矿物资源进行探测，有望在大洋海底发现锰、钴、铅、锌和其他稀有/稀土金属矿。

3. 巴西

拥有一流的深海油气勘探开发技术的巴西已研制成功可用于 3km 水深的半潜式

钻井综合平台，这意味着可以在大部分陆坡地区进行深水油气勘探开发。目前巴西国内开采的石油有 80%来自海上油气田，其中绝大部分集中在东南部里约热内卢州沿海的坎普斯海盆、东北部桑托斯盆地盐下层系和邻近海域（占巴西国内石油产量的85%）。近年由于在盐下层系发现丰富的油气藏，估计巴西石油储量在 500 亿～800 亿桶，足够开采 50 年。经过多年的发展，巴西国家石油公司在深海和超深海勘探开发领域具备世界顶尖的技术水平。该公司不断刷新世界深海油气勘探开发的水深纪录（最深达 3 051m）。如利用 3D 地震技术陆续发现大批深水油田，其中有 4 个是可采储量大于 1 亿吨的大型油田，可采储量共达 13.51 亿吨。为了提高自身在大于 1km 水深级别的石油勘探和生产技术的国际竞争力，巴西国家石油公司于 1986 年推出了第一个深海石油技术发展计划（PROCAP）。目前水深 2km 以下海底石油商业性开采已经实现，水下机器人可将采油设备运到海底安装，输油管将油井与海面上的油船连接，开采出来的原油就源源不断地输送到海面上的油舱。2007 年 11 月，巴西国家石油公司成功研发出一种新型的海底原油开发技术，可使深水重油开采量提高近140%。这项"海底离心泵系统"新技术可日均产出 2.4 万桶原油，而利用常规技术（采油树）时其产量仅为 1 万桶。这种离心泵系统还可延伸到传统技术无法触及的小型、边缘和深水域的油气田。

4. 俄罗斯

俄罗斯的载人深潜器一直处于比较领先的地位。苏联就已拥有深海运载器和平 1 号、和平 2 号、Pisces 和 MT-88 自治水下机器人。近 20 年来，MIR-Ⅰ和 MIR-Ⅱ在太平洋、印度洋、大西洋和北极海区共进行了 20 余次科学考察，包括对失事核潜艇"共青团员"号核辐射的定期监测、泰坦尼克号沉船的海底调查和洋中脊水温场地热流的测量，MT-88 探测器曾多次下潜到太平洋 5.2km 大洋盆地对多金属结核矿区进行勘查。和平 1 号潜水器潜水最深达水下 6.17km，可持续作业 14h，和平 2 号潜水器可深潜 6.12km。俄罗斯的 2 台潜水器可以放在同一条科考船上进行必须由 2 台潜水器操作的科考活动，这是其他国家无法实现的。2007年 8 月，俄罗斯北极科考队使用深潜器，在北极点下潜至超过 4km 深的海底，安插了一面金属制作的俄罗斯国旗，充分显示了俄罗斯在深海潜水技术上的优势。俄罗斯还打算在 6km 深海载人潜水器的基础上，进一步研发水下超万米的探测器。1991 年，俄罗斯建造了"北冰洋陆架号"第一艘海上钻探船，用于海上油气勘探开发活动。随后又建造了可在 2～3km 水深作业钻探平台，用于勘探开发深海油气资源。2000—2005 年，俄建造 5 艘 5 万吨级双壳体深海地质勘探船和 2 艘 2.5 万吨级深海矿物探测船，并装配有探测海底硫化物的遥控水下机器人。俄研制的海底采矿和扬矿样机已进行了 200m 水深的海上试验，深海试验的集矿机模型和管道提升试验在室内进行了 6km 压力试验。此外，还进行了用于海底山钴结壳采矿机的研制。

5. 欧洲各国

在深海勘探和开发领域技术领先的国家远不止美、日、巴、俄 4 国，一些西欧和北欧的国家也各有擅长之处。在深海石油勘探开发方面，英国和挪威的钻采平台自给率达到 80%，虽然平台装备的钻井、井探、固控等设备及海底完井设备大部分来自美国、法国和巴西，但它们分别在定位技术、钻机顶部驱动技术方面具有领先优势。英国的深海采矿技术主要为试验性开采系统，主要由泵吸采矿机、吊桶链或无人遥控潜水器组成。对大洋多金属结核主要采用 3 种采矿方法，即连续链斗法、水力升举法和空气升举法。通过进行比较研究和现场试验，认为空气升举法是开采结核的较好方法（每天可提升矿石产量至 1 万吨）。同时，还对红海金属软泥进行大量的调查研究。此外，英国研制的远程侧扫声呐 GLORIA 测绘系统处于世界领先地位。它在 5km 水深测量时，侧扫宽度可达 60km，每个工作日可探测海底 2 万 km^2，是一种有效的大面积快速海底地形地貌探测工具，已广泛用于世界各深海大洋海底调查，并发现了一些新的海底峡谷、海底山和火山。法国的高压石油软管制造技术，半潜式、自升式钻井平台建造技术和深潜技术等享誉全球。法国拥有载人的深潜器鹦鹉螺号、La Cyana、ROV 探测器 Epaulard 和 Victor 自治水下机器人。Nautiie 先后下潜过 700 余次，Cyana 也有 1500 次的深潜记录，Epaulard 完成 150 个航次下潜。先后共同完成大洋多金属结核区域、海沟、海底火山、洋脊热液和深海生态等调查或探测。德国拥有的"北极星""流星"和"太阳"号都是常年在世界深海大洋作业的调查船，可从事海洋、地质、大气等领域研究。其中"太阳"号是第一艘具有动力定位系统的调查船，船上装备包括回声测深仪、沉积物探测仪、卫星导航系统、联网的计算机系统、荧光分光光度计、衍射仪等，可同步进行海洋地质、地球物理、地球化学等方面的综合性调查。德国的石油钻井设备制造技术及仪器仪表技术亦堪称世界一流水平。意大利的海底铺管技术、管线涂敷技术，瑞典的动力定位海底铺管技术，荷兰的大吨位海上浮吊技术及海底工程地质调查技术等均可称冠于世界前列。英、德、法等国制定了"欧洲海底观测网计划"（ESONET）进行长期海冰变化，生物多样性和地震活动观测。

6. 韩国

深海石油钻探船技术领先的韩国于 2007 年 6 月使用"探海 2 号"船，在其附近海底采到"可燃冰"，成为继美国、日本、印度和中国之后第 5 个采集到实物样的国家。目前韩国正在研发 6km 深海探矿机器人。韩国三星重工业公司拥有建造深海石油钻探船的独到技术。迄今为止，全球共发出 17 艘深海石油钻探船的订单，三星获得其中的 11 艘，其竞争实力可见一斑。不久前，韩国工程师设计开发了一款巨型螃蟹机器人 Crabster CR200，是当今世界上个头最大的深水行走机器人。能够胜任如海底地貌勘测、水下管道架设等普通设备难以完成的工作，而 6 条巨大而坚固的机械腿将让其有能力在起伏不平的海底保持平衡与移动能力。配备有高清彩色摄像机、声呐探测以及一根 500m 长的控制线缆等多种探测设备。未来科学家计划将其投放到黄海水域以探测并发现处于 200m 水下的 12 世纪沉船。

7. 中国

改革开放以来，我国高度重视对近海、远海，乃至两极海域的科学考察与资源调查探索工作。通过实施海洋 863 高技术计划、海洋探测专项计划等国家重大科技攻关计划，并通过实施海洋探测技术及装备引进和自主研发，使我国在海洋探测及技术装备领域取得了举世瞩目的成就。我国在深海探测、两极科考方面进入了先进国家行列，部分深海探测技术成果达到国际领先水平。

我国"863 计划"在海洋技术领域分别设置了海洋监测技术、海洋生物技术和海洋探查与资源开发技术 3 个主题，以期为我国的海洋开发、海洋利用和海洋保护提供先进的技术和手段。以具有 20 世纪 90 年代海洋勘测国际先进水平的"海域地形地貌与地质构造探测系统"的开发和研制为代表的多项先进的海洋控查与资源开发技术，为我国海洋资源的开发、利用、保护，维护海洋权益，捍卫国家主权提供了高精度的科学依据。我国的海洋探测起步较晚，但是发展很快，经过这几十年的发展，中国在海洋权益维护、海洋资源开发和技术研究制造方面取得长足发展，现在也拥有了一大批国际领先水平的技术成果。

（三）研究思路

1. 确定研究对象与内容

本课题主要研究对象是深海探测技术，并提供上述主题的相关专利状况分析。为达到研究目的，制定了针对性的检索策略，对涉及主题相关的领域进行大范围检索，基本掌握该主题下的国内外专利分布态势，了解国内外主要申请人的专利申请状况，并进行以下方面的分析和研究：专利发展趋势分析、专利保护地域分析、主要申请人、技术分布分析、中国大陆专利状况分析等。

2. 制定检索策略

为顺利进行对研究主题的检索，尽量保证检索结果的全面和准确，制定如下检索策略。

（1）检索策略

首先，选择数据库，在数据选择时，考虑到课题研究的主要内容，检索过程中主要采用 INCOPAT、智慧芽、CNKI 数据库。

然后，通过最准确的关键词"深海""探测""潜水器"等进行检索，更加深入地了解该技术领域的背景技术，在浏览文献的过程中提取关键词和主要的分类号，对关键词进行一个全面的扩充，为后面的全面检索打好基础。

再次，通过上面总结的比较准确的分类号和关键词，在中文和外文的数据库中进行充分检索，并且在检索过程中不断扩充分类号和关键词，对检索到的接近的技术进行追踪检索。

最后，进行补充检索，针对前面检索过程中发现的新的或者前面阅读过程中发现的最准确的关键词和分类号进行检索，更多的是注重前面检索过程中主要的公司和申请人进行检索，进一步确认是否有遗漏 CPC、UC、FI 或 FT 的分类号。

（2）检索过程简介

初步检索时，先通过书籍、期刊、中文专利、百度、维基百科等初步确定关键词的表达，提取关键的要素，如"深海""海底""探测""勘探"等，初步确定一个检索要素表，通过主要的检索，对后续的关键词和分类号进行归纳总结，为后面的充分检索打好基础。

完善检索要素及表达，进行充分全面的检索。

通过上面扩充出来的关键词和分类号，先通过扩展出来的关键词进行"与"或"或"的检索，并对检索出来的文献进行浏览，在浏览过程中对相似度很高的文献分类号进行记录，为后期的分类号检索做好准备；通过前期对分类号的扩充，对主要的分类号和扩展出来的边缘的分类号记录，加上前面提取出来的最准确的关键词，进行一个全面的检索，在检索过程中，并从相似度很高的文献中进一步提取出合适的关键词和分类号，特别是注重外文关键词的扩充，做到对相关文献的充分检索。在分类号的提取中，特别注重 CPC 分类号的提取，获得更加准确的 CPC 分类号，为在外文库中的检索做好准备；在检索的过程中还要针对主要的发明人进行一个全面的检索。

完成检索，提取专利数据。

运行最终修正的检索式，下载检索结果，形成专利分析原始样本和数据库，以供进一步使用。

（3）专利数据库资源与专利数据的起止时间

本课题于 2017 年 11 月 8 日完成检索，本文中统计的专利数量均为 2017 年 11 月 8 日之前公开的专利申请。

（4）检索要素确定与表达如表 1 所示。

表 1 技术分解表

检索要素		一级技术分支	二级技术分支	三级技术分支
关键词	中	深海，海底，探测，勘探，测试，潜艇	取样，测定，控制，定位，导航，潜水，潜艇，钻进，采油	无线电，电磁，声波，光谱
	英	deep sea, abyss al sea, sea bed, sea floor, under water, under sea, detect+, explor+, submarine	sampl+, control+, navigat+, guid+, GPS, posit+, submarine, drill+, product+, extract+, sensors?	wireless, radio, electromag+, wave, sound, acoustic wave, spectrum, light

续表

检索要素		一级技术分支	二级技术分支	三级技术分支
分类号	IC/CPC	G01V1/38，B63G8/00，G01S15/00，G01S15/96，G01S15/89，G01S7/52，G01S15/88，G01S7/62，B63C11/52，B63C11/48，G01S5，G01S7，B63G8，G01V1，G01V3，G01S，G01N，G01V，G01C，G01D，B63B，B63C，B63G，E21B		
申请人		浙江大学，日本电气公司（NEC CORP），中国海洋大学，中国石油集团东方地球物理勘探有限责任公司，三菱公司（MITSUBISHI HEAVY IND LTD），古野电气公司（FURUNO ELECTRIC CO LTD）		
数据库		INCOPAT，智慧芽，CNKI		

（四）分析方法

为掌握国内外与课题主题相关的专利申请的整体情况，课题组在全面检索定量统计的基础上进行定性分析，以获得国内外对于课题主题研究和创新较为集中的技术点，从而帮助企业了解相关行业技术发展的动态、现有技术所处成长阶段、竞争最激烈的技术领域以及国内外主要竞争对手的重点研究方向，从而为企业目标选定和战略布局提供一定的依据和支持。

与此同时，针对企业需求对重点专利进行深入分析，对所需求的关键技术的专利文献逐篇阅读，着重对核心专利按照其技术问题、技术手段等进行分类研究，以使得企业尽可能多地获得当前较为活跃的关键技术的专利情报，帮助研究人员获得最新的专利技术信息，调整研究方向，避免重复研究，同时以期有助于启发研究人员的创新思路，缩短研究开发时间并掌握竞争对手的技术发展状况，以提高企业自我创新能力。

1. 分析样本的不完全性

数据库部分数据收录不完整的说明：本文统计的专利申请量少于实际申请量，原因是发明专利申请通常自申请日起满18个月才能公开（要求提前公开的除外）；PCT专利申请可能自申请日起30个月甚至更长时间之后才能进入国家阶段，导致与之相对应的国家公布更晚；实用新型专利申请在授权后才能获得公布，其公布日的滞后程度取决于审查周期的长短。

2. 分析样本的标引

下文所有技术的统计、分析只限于上述确定的数据范围中的专利文献。课题组对这些专利文献进行了逐篇阅读，并按照申请号、申请日、公开号、公开日、优先权号、优先权日、国别、申请人、发明人、技术手段、技术问题、相关聚类、附图、法律状态等角度进行了标引。

（五）文献筛选及分类标准

对于文献的筛选标准，首先，对整体的文献进行初筛，找出与给出的待评议方案即深海探测技术相接近的文献，然后进行详细的筛选，对其外围的专利进行筛选，以期为待评议方案后续可能的研发方向提供借鉴。

对于相关文献的分类，主要是从相关专利涉及或者要解决的技术问题进行考虑。经过对文献的分析，课题组将目前深海探测技术相关的专利申请所涉及或要解决的技术问题归结为以下四个方面，即深海定位导航探测、深海潜艇探测、深海取样测定、深海钻探采油。除此之外所涉及的技术问题归于其他类，在此不作细述。

（六）相关事项约定

此处对本报告上下文中出现的以下术语或现象，一并给出解释。

项：同一项发明可能在多个国家或地区提出专利申请，构成同族专利，INCOPAT 数据库将这些相关的多件申请作为一条记录收录。在进行专利申请数量统计时，对于数据库中以一族（这里的"族"指的是同族专利中的"族"）数据的形式出现的一系列专利文献，计算为"1 项"。一般情况下，专利申请的项数对应于技术的数目。

件：在进行专利申请数量统计时，例如为了分析申请人在不同国家、地区或组织所提出的专利申请的分布情况，将同族专利申请分开统计，所得到的结果对应于申请的件数。1 项专利申请可能对应于 1 件或多件专利申请，如同一项发明在中国和美国分别提出专利申请，则分别形成 1 件中国专利申请和 1 件美国专利申请，但在数据库中记为 1 项专利申请。

专利被引频次：指专利文献被在后申请的其他专利文献引用的次数，例如在其后的其他专利文献的背景技术或相关检索报告中被引用。

同族专利：同一项发明创造在多个国家申请专利而产生的一组内容相同或基本相同的专利文献出版物，称为一个专利族或同族专利。从技术角度来看，属于同一专利族的多件专利申请可视为同一项技术。在本报告中，针对技术和专利技术原创国分析时对同族专利进行合并统计，针对专利在国家或地区的公开情况进行分析时各件专利进行单独统计。

同族数量：一件专利同时在多个国家或地区的专利局申请专利的数量。

全球申请：申请人在全球范围内的各专利局的专利申请。

在华申请：申请人在中国国家知识产权局专利局的专利申请。

3/5 局申请：指同一项专利申请同时向美国专利商标局、欧洲专利局、中国国家知识产权局专利局、日本特许厅、韩国专利局中的任意 3 个局提交了专利申请。

国内申请：中国申请人在中国专利局的专利申请。

国外来华申请：外国申请人在中国专利局的专利申请。

平均被引次数：专利被他人引用总次数除以被引用专利件数。

平均自引次数：申请人自己引用总次数除以被引用专利件数。

国别归属规定：国别根据专利申请人的国籍予以确定，其中俄罗斯的数据包含苏联，德国的数据包括民主德国、联邦德国。

日期规定：依照授权最早优先权日确定每年的专利数量，无优先权日以申请日为准。

优先权：专利申请人就其发明创造第一次在某国提出专利申请后，在法定期限内，又就相同主题的发明创造提出专利申请的，根据有关法律规定，其在后申请以第一次专利申请的日期作为其申请日，专利申请人依法享有该权利。

二、深海探测的相关专利状况

（一）发展趋势分析

图 1 是深海探测相关专利的全球历年专利申请数量变化图。可以看出，涉及深海探测的专利申请最早起源于 1910 年，英国在 1910 年率先提出了 GB191026657A "潜艇声信号装置的改进" 的专利，并具体介绍了该潜艇声信号装置的外壳包含含有空气或其他导电性气体的电声发射器，外壳与容器壁及其保持装置通过隔音材料固定的专利技术。其可以有效地传导其撞击在船体的外侧的声音。

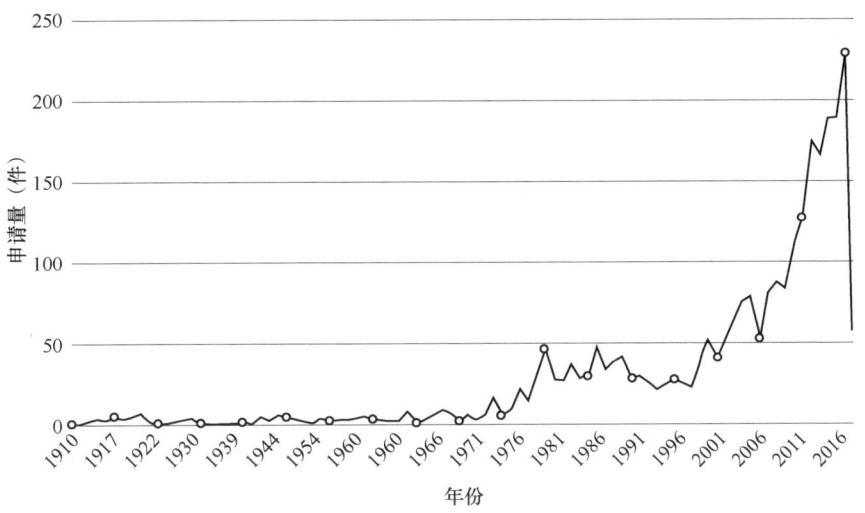

图 1　全球历年专利申请数量变化

1910—1976 年，相关专利申请量偏少，技术起步缓慢；自 1976 年之后约 30 年期间，相关专利申请量开始有所增长，但每年的专利申请量仍然较少，属于缓慢发展期；从 2006 年开始，相关专利申请开始出现大幅增长，并且在 2016 年前后达到申请高峰期，相关专利全球申请量达到 229 件，进入快速发展期。具体如下。

阶段一（1976 年以前）：全球的深海探测技术领域的专利申请量始终维持在一个较低水平的稳定状态，每年的专利申请总量不超过 10 件。以公告号 US2418846A 为例，可见，这一阶段的深海探测以无线电声波探测为主要的研究方向。

阶段二（1976—2006 年）：此阶段相关专利的申请量开始缓慢增长，每年的专利申请总量不断增加，自 2000 年起相关专利突破 50 件，且自该年起专利申请量趋于稳定。以公告号 JP2000088947A 为例，可见，这一阶段的研究侧重于无线电雷达装置及雷达数据传输的海底探测技术。

阶段三（2007 年至今）：在这一阶段，专利的申请量开始进入快速增长阶段，全球专利申请量由 2007 年的 81 件激增至 2016 年的 229 件。以公告号 CN105547515B 为例，可见，这一阶段的研究开始向具体的探测仪器或装置等方面全面多元化发展，同时深海探测的专利也日趋完善。

值得一提的是，中国技术在这一阶段也得到极大的发展。例如，2012 年，申请的专利 CN103047085B 提出了一种深海能源综合利用系统，包括风力机、温差能发电装置、波浪能利用装置和洋流能利用装置，温差能发电装置包括闪蒸器、工质循环单元和发电机，工质循环单元中液态工质由工质泵输运至蒸发换热器，在蒸发换热器中吸热变为不饱和气体，推动汽轮机做功，之后进入冷凝换热器凝结为液态回流至工质泵；洋流能利用装置中，塔柱上端固接于浮台底部，靠近下端设置水力涡轮，水力涡轮驱动工质泵；波浪能利用装置包括多个浮子动力单元，位于浮台下方并靠近海面布置，其中至少一个浮子动力单元Ⅰ的进水口与表层海水连通，出水口与闪蒸器进口连通；至少一个浮子动力单元Ⅱ的进水口通过管路与深层海水连通，出水口与冷凝换热器进口连通。能够将海上能源的多种利用形式安装在一个浮台上，节约了成本。同时可以用稳定的温差能电力来补偿波动的风电，使输出功率更加稳定，易于并网。而且该装置能够代替热冷海水泵进行热冷海水的循环动力，提高了能量利用效率。

（二）专利保护地域分析

1. 全球专利申请国家分布

图 2 为深海探测的全球专利申请国家/地区和组织分布图。从图中可以看出，相关专利申请分布最多的国家依次为中国、日本、美国、韩国、英国、欧洲、俄罗斯、德国、法国以及西班牙。可以认为，这些国家也是深海探测发展最成熟或近年来发展最快的，这些国家对深海探测技术领域的研发投入很大。

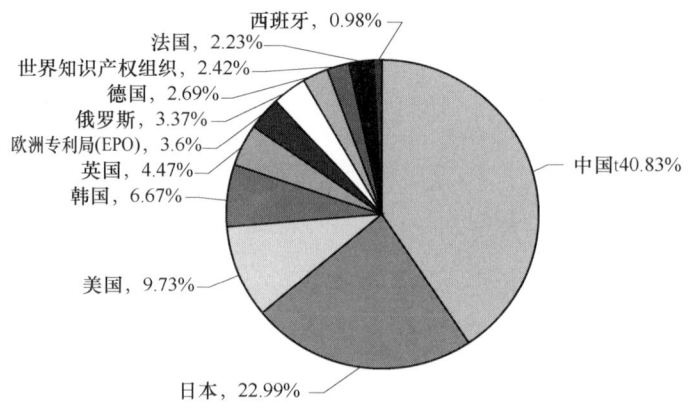

图 2 全球专利申请国家或地区分布

同时，全球各大申请人在这些国家和地区的专利申请和布局也最为密集，排名前5位的国家的专利申请量已占到全球申请总量的近85%，仅中国的专利申请量就占到全球申请总量的40.83%，其他4个国家申请量接近，分别是：日本22.99%，美国9.73%，韩国6.67%，以及英国4.47%，这亦体现出近年来我国开始关注深海探测技术的专利保护。对于其他一些国家或地区，如欧洲3.6%、俄罗斯3.37%、德国2.69%、法国2.23%，以及西班牙0.98%，可见这些国家针对该领域的专利申请均有涉及，且数量相差不是很大。

2. 主要专利申请国家历年专利申请量分析

图 3a～图 3j 是从图 2 的结果中选取申请量居于前列的国家，进一步绘制出的相关国家历年专利申请量图。从图中可以看出，关于深海探测的相关专利最早起源于1910年的英国。我国的深海探测的专利申请始于1985年，滞后于其他发达国家，这可能与中国建立专利制度的时间较晚有关。然而，日本的深海探测的相关专利起源于1975年，韩国起源于1984年。综上可以看出，深海探测技术在亚洲均明显滞后于欧美国家。但是，自2002年，我国的专利申请量异军突起，且呈逐年上升趋势发展，至2016年，申请量达到229件，成为全球申请量大国，并带动全球专利申请量大幅度上涨。

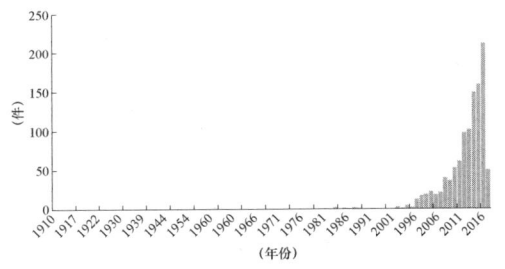

图 3a　中国历年专利申请量

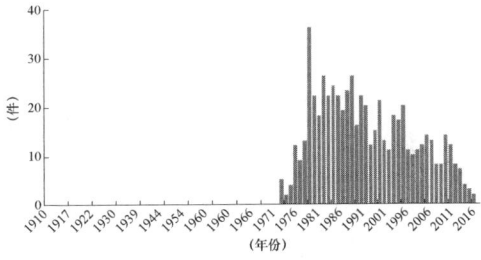

图 3b　日本历年专利申请量

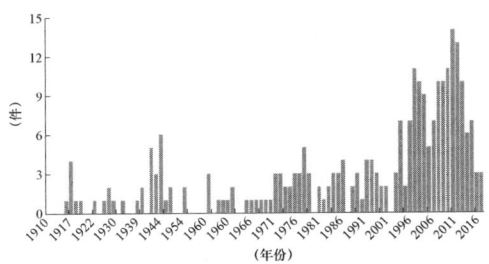

图 3c　美国历年专利申请量

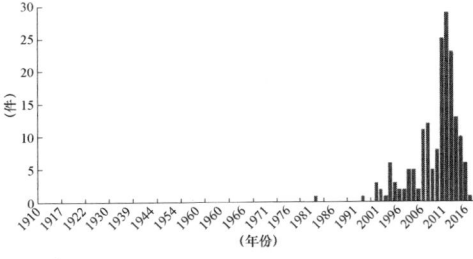

图 3d　韩国历年专利申请量

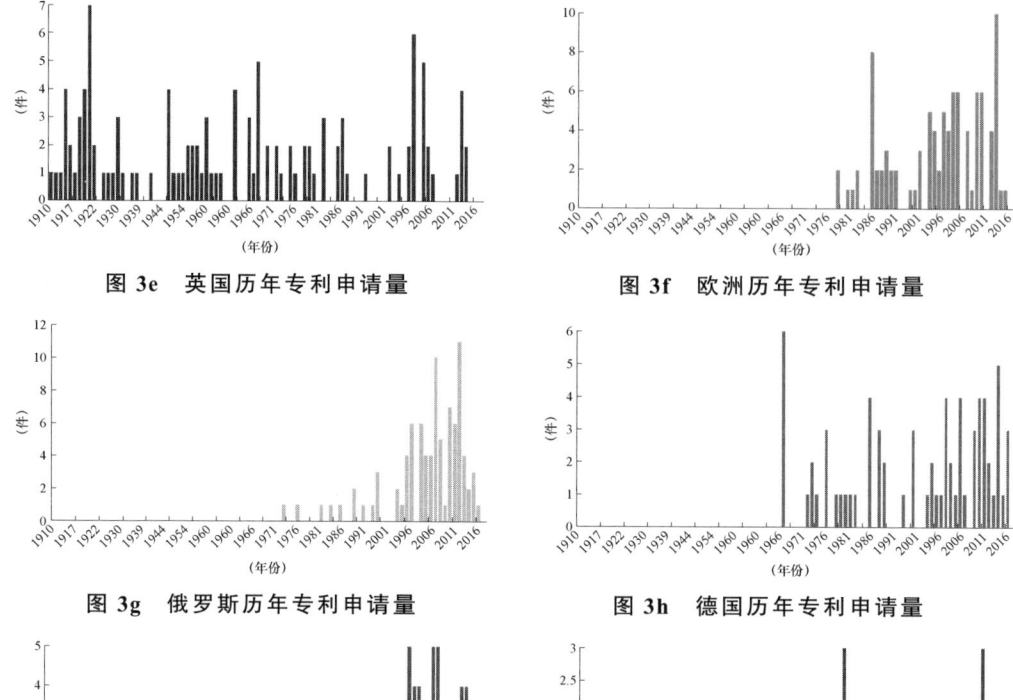

图 3e　英国历年专利申请量

图 3f　欧洲历年专利申请量

图 3g　俄罗斯历年专利申请量

图 3h　德国历年专利申请量

图 3i　世界知识产权组织历年专利申请量

图 3j　法国历年专利申请量

3. 我国地域分布

从图 4 可知，近年来，我国各省市的深海探测的专利申请量呈逐年上升趋势，且专利申请主要集中在中东部城市。这说明我国这一带的海洋研究发展较快。浙江省的专利申请量居于首位，山东次之，北京第三，仅位列前三的省市的专利申请量就占据了全国专利申请总量的大部分，其余各省市的专利申请量也蒸蒸日上。

通过统计分析，我国各个省份和地区经济发展不平衡的情况也体现在专利申请中。专利申请量第一的省份是浙江省，浙江省的经济活跃发达，申请量总计 173 件，其在 2013 年的专利申请最多。排名第二的省份是山东省，申请量总计 145 件，其在 2015 年申请的专利量最多。排名第三的省份是北京市，申请量总计 141 件，其每年的专利申请量缓慢增长，在 2014 年达到峰值。究其原因，首先，与各地区的经济发展密不可分；其次可能与当地的政策导向有关；再次，与当地各科研院所、大专院校的研究成果有关。

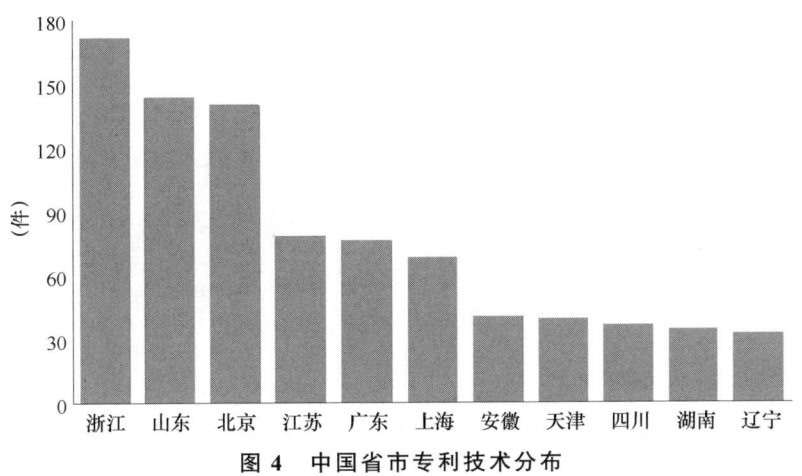

图 4　中国省市专利技术分布

4. 全球专利技术分布

图 5 为上述全球专利技术分布（一级聚类）图。从图中可以看出，涉及深海定位、导航探测的专利申请量最多为 930 件，涉及深海潜艇探测的专利申请量次之，为 495 件，涉及深海取样、测定及钻探、采油的专利分列第三、第四位，其申请量分别为 330 件和 182 件。可见，在深海探测的专利技术革新方面，深海定位、导航探测是研发重点，且涉及较多的是无线电探测，对于其他方面的专利研发，主要还涉及海底模拟试验装置等。由此可见，在深海探测领域整体上呈现出专利申请涉及面较广的特点。

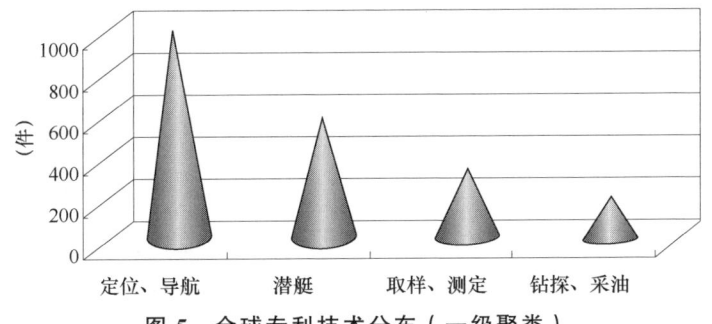

图 5　全球专利技术分布（一级聚类）

5. 我国专利技术分布

图 6 为上述我国专利技术分布（一级聚类）图。从图中可以看出，同全球一样，我国涉及深海定位、导航探测的专利申请最多为 307 件，占比 43.30%，涉及深海取样、测定的专利申请量次之为 188 件，占比 26.52%，涉及深海潜艇探测的专利申请量排在第三位，涉及深海钻探采油的专利申请量最少。由此可见，我国的深海探测的

研发重点主要侧重于深海定位、导航和深海取样、测定的方向。

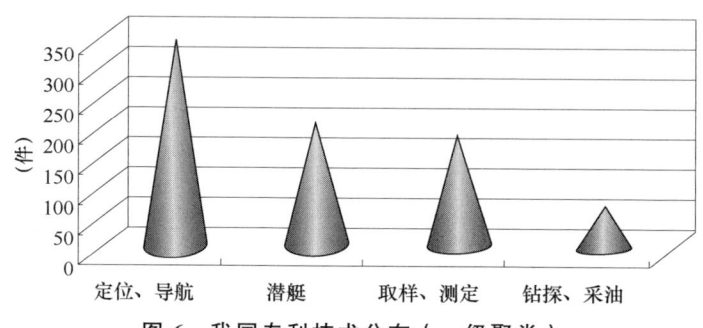

图 6　我国专利技术分布（一级聚类）

（三）主要分类号分布

深海探测的相关专利技术在 IPC 分类表体系下的分布情况如表 2 所示，可以看出，申请量第一的组为 G01V1/38，其含义为专用于被水覆盖的区域的探测；第二的组为 B63G8/00，其含义为水下舰艇，例如潜艇；第三的组为 G01S15/00，其含义为利用声波的反射或再辐射的系统，例如声呐系统；第四的组为 G01S15/96，其含义为用于鱼群探测；并列第五位的组为 G01S15/89，其含义为用于绘地图或成像；以及 G01S7/52，其含义为与 G01S 15/00 组相应的系统的；第七的组为 G01S15/88，其含义为专门适用于特定应用的声呐系统；第八的组为 G01S7/62，其含义为阴极射线管显示的装置；第九的组为 B63C11/52，其含义为其他类目不包含的专门适用于水下作业的工具；第十组为 B63C11/48，其含义为搜索水下物体的装置。可见，深海探测技术相关的专利主要集中在以无线电波为主的深海定位、导航探测领域，其专利数量很有优势，重要性与受关注度可见一斑。

表 2　深海探测专利技术全球主要 IPC 分布

序号	IPC 分类号	申请量/件	序号	IPC 分类号	申请量/件
1	G01V1/38	157	5	G01S7/52	83
2	B63G8/00	145	7	G01S15/88	64
3	G01S15/00	118	8	G01S7/62	62
4	G01S15/96	94	9	B63C11/52	60
5	G01S15/89	83	10	B63C11/48	58

表 3 示出了深海探测技术的全球主要 IPC 大组分类号分布情况，从表 3 中可以看出，IPC 分类号为 G01S5/00，G01S7/00，B63G8/00，G01V1/00，以及 G01V3/00 的大组在深海探测技术的分布情况。深海探测技术相关的全球专利申请共 2780 件，数量适中，分布广泛，即使分布最多的大组也仅占总申请量的 12.70%。其中申请量第一的大组是 G01S5/00，专利申请共 353 件，占总量的 12.70%，第二的大组是

G01S7/00，专利申请共 252 件，占总量的 9.06%。

表 3 深海探测专利技术全球主要 IPC 大组分类号分布情况

序号	IPC 分类号	申请量/件	百分比
1	G01S5/00	353	12.70%
2	G01S7/00	252	9.06%
3	B63G8/00	246	8.84%
4	G01V1/00	225	8.09%
5	G01V3/00	172	6.19%

（四）各国研发实力分析

1. 原创国家/地区分布

原创国家申请是申请优先权所在国家的申请，其不包含同族申请，图 7 为深海探测的原创国家分布图。从图中可以看出，该领域的原创国家主要为中国、日本、美国、法国和德国，其中中国的技术产出最多，占总量的 43.45%，这主要得益于中国自 21 世纪以来专利申请数量激增，且国家开始重视深海探测领域的技术研发，相关政策和鼓励倾向该领域。中国各大国有企业单位、各大专院校及科研院所的技术研发推陈出新。其次日本的技术产出占总量的 19.86%，美国的技术产出占总量的 7.15%，分别居于第二、第三位。

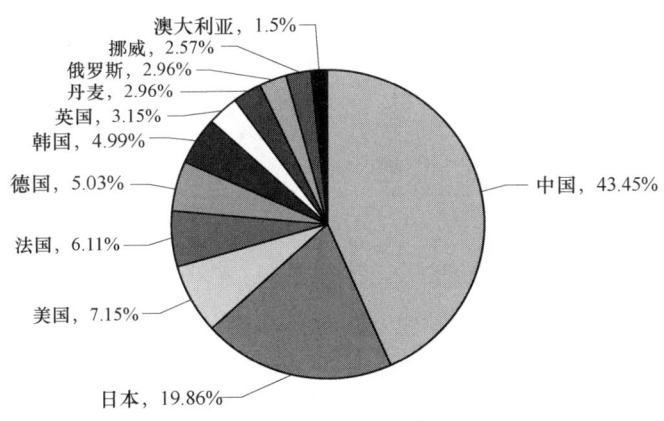

图 7 原创国家分布

2. 主要技术产出国家历年专利量分析

图 8a～图 8j 为深海探测的主要技术产出国家历年专利申请量图。从图中可以看出，总体上看，上述主要技术产出国家专利申请量呈递增趋势，2000 年后进入快速增长时期，在这期间中国的申请量和增长趋势明显强于其他国家和地区，这应该与我国在这一时期对深海探测技术的研发重视有关。英国、法国、德国的专利申请发展较

早，但专利申请数量不高，总体趋势较为平稳。

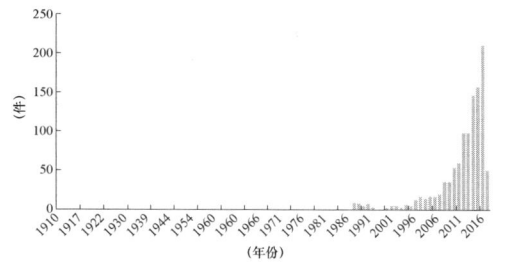

图 8a　中国历年专利申请量

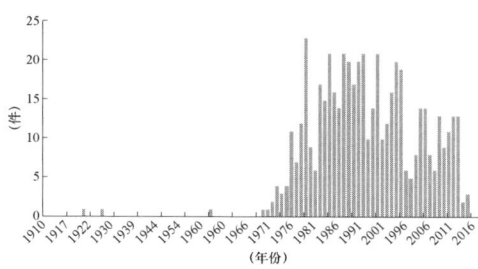

图 8b　日本历年专利申请量

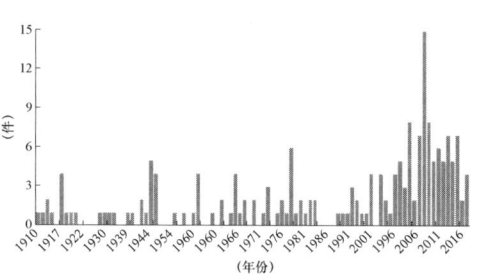

图 8c　美国历年专利申请量

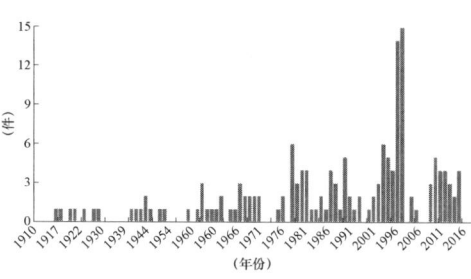

图 8d　法国历年专利申请量

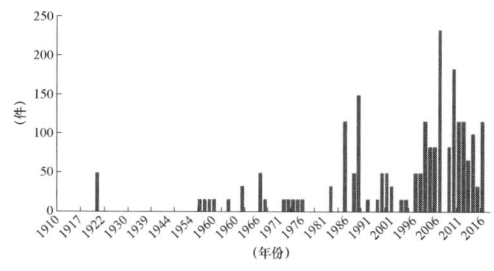

图 8e　德国历年专利申请量

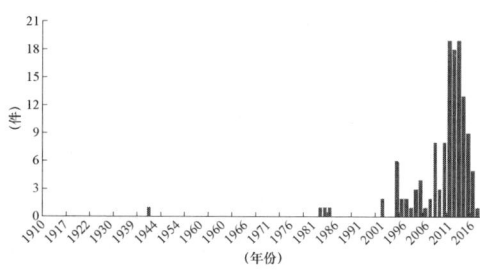

图 8f　韩国历年专利申请量

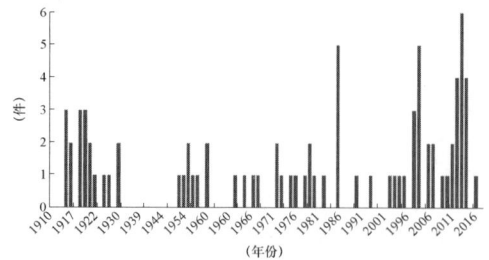

图 8g　英国历年专利申请量

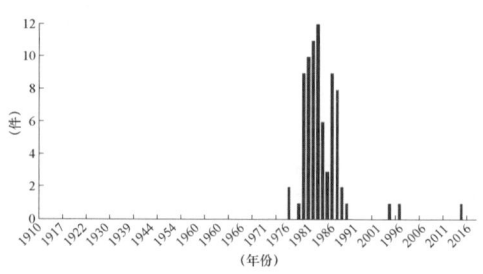

图 8h　丹麦历年专利申请量

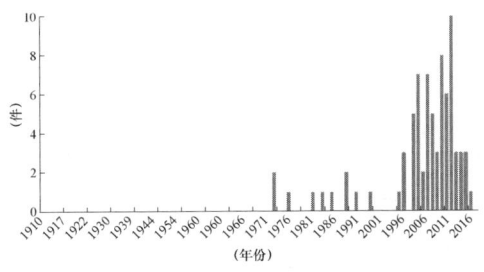
图 8i 俄罗斯历年专利申请量

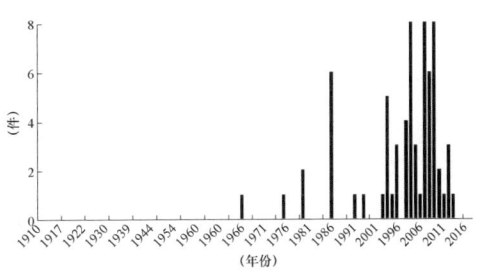
图 8j 挪威历年专利申请量

3. 原创国家专利技术分布

图 9 是主要原创国家的一级聚类技术分布图。从图中可以看出，截至目前，中国的技术发展相对先进，其专利申请数量最多，且在定位导航、潜艇、取样测定和钻探采油的方面均有涉及的改进。日本对深海定位导航、潜艇、取样测定和钻探采油方面的专利申请量也比较多，且每个技术主题的专利申请量也相对比较大。而英国虽然是深海探测的发源地，但是近年来由于其专利申请量不是很多，因此其整体的专利申请量也不是很多，因此未能上榜。整体来看，定位导航和深海潜艇探测方面的改进仍然是研发热点和重点。当然，深海取样测定以及深海钻探采油也是深海探测领域不可忽视的技术。

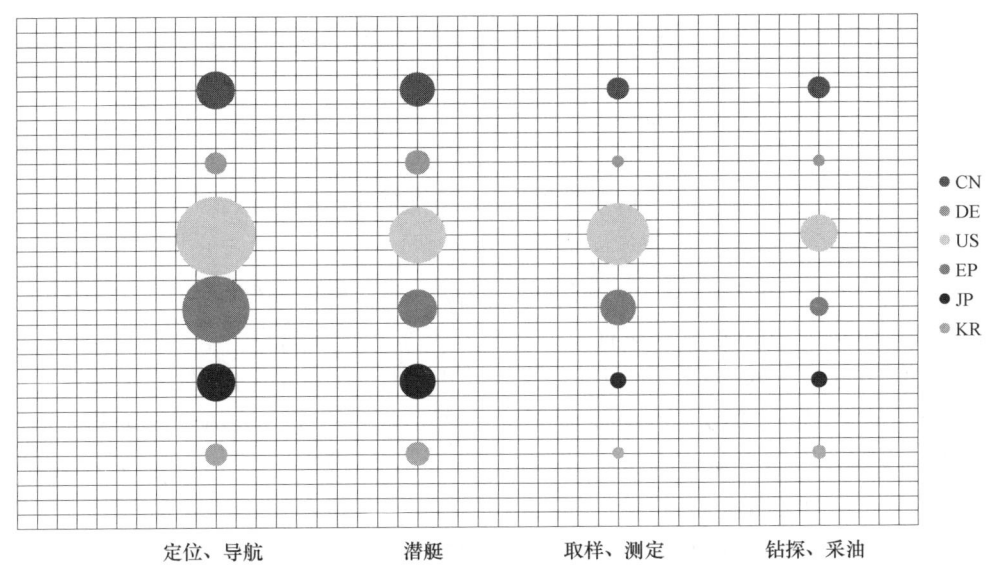
图 9 原创国家专利技术分布（一级聚类）

（五）主要申请/专利权人分析

1. 申请/专利权人排名及相对技术实力分析

图 10 为深海探测的申请人/专利权人排名及技术实力分布。从图中可以看出，浙江大学的申请量最多，且其在深海取样测定方面的专利数量明显领先其他主要申请人。说明浙江大学在深海取样测定方面具有一定的建树，其研发成果较多。日本的三菱公司的专利申请量次之，排在第二位。三菱公司不愧为世界 500 强企业，其在深海定位导航、深海潜艇探测、深海取样测定、深海钻探采油方向均有专利布局。中国海洋大学排在第三位，其主要侧重于深海定位导航、深海潜艇探测、深海取样测定方向。日本的古野电气公司排在第四位，其重点研究深海定位导航技术。日本电气公司（NEC CORP）和中国石油集团东方地理勘探有限责任公司（东方勘探）的申请量分别排在第五、第六位。

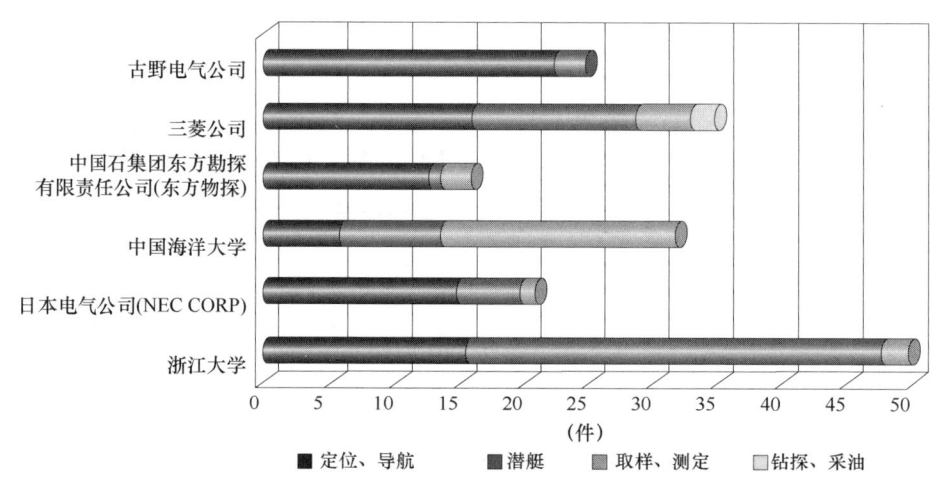

图 10　申请人/专利权人排名及技术实力分布

2. 主要申请/专利权人历年专利申请量分析

图 11a～图 11f 为主要申请/专利权人：浙江大学、日本电气公司（NEC CORP）、中国石油集团东方地球物理勘探有限责任公司（东方物探）、中国海洋大学、三菱公司以及古野电气公司的历年专利申请量图。其中浙江大学和古野电气公司的申请量较大，浙江大学更是在 2010 年的申请量达到 12 件，而古野电气公司的申请量也较大，其他申请/专利权人的申请量相当。日本的三菱公司从 1978 年开始申请涉及深海探测的发明专利，时间最早；相对而言中国的申请人/专利权人则是从近几年来开始涉及深海探测的专利技术。而且，对于深海探测的研究国内以浙江大学、中国海洋大学、中国石油集团东方地球物理勘探有限责任公司等为首的中国的大专院校及科研院所对该领域的技术研发比较重视。

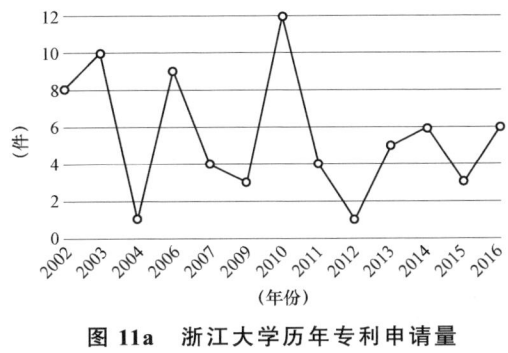

图 11a 浙江大学历年专利申请量

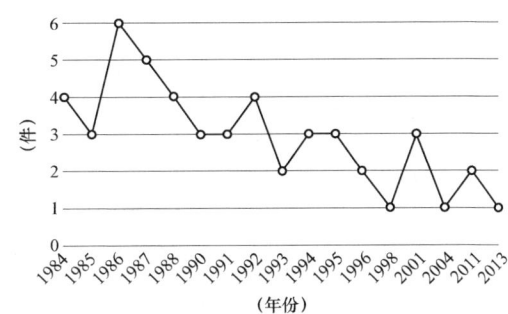

图 11b NEC CORP 历年专利申请量

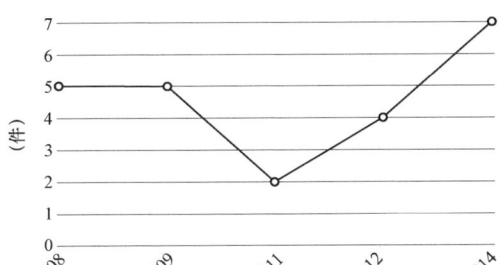

图 11c 东方物探公司历年专利申请量

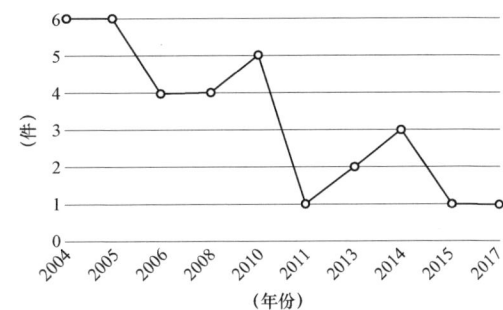

图 11d 中国海洋大学历年专利申请量

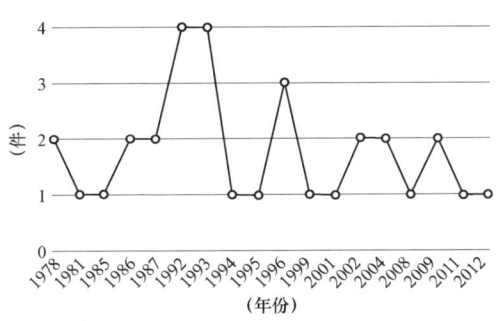

图 11e 三菱公司历年专利申请量

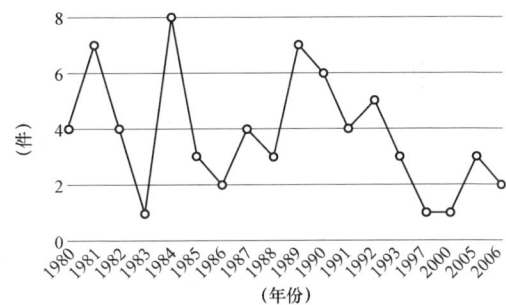

图 11f 古野电气公司历年专利申请量

3. 主要申请/专利权人专利技术分布

图 12 为涉及主要申请/专利权人的专利技术构成分布图。从图中可以看出,主要申请/专利权人在深海定位导航方面的专利申请量较多,其次是深海取样测定的方面,而在深海钻探采油上的专利申请量相对较少。同时可以看出,上述这 6 位申请/专利权人仅对深海定位导航方向的专利技术主题均有所涉猎,这说明目前深海探测导航方向是研究的热点与重点。而国内两所高校浙江大学和中国海洋大学则主要偏重于深海取样测定方向的研究。在深海潜艇探测方向上,日本的三菱公司具有一定的研究造诣。

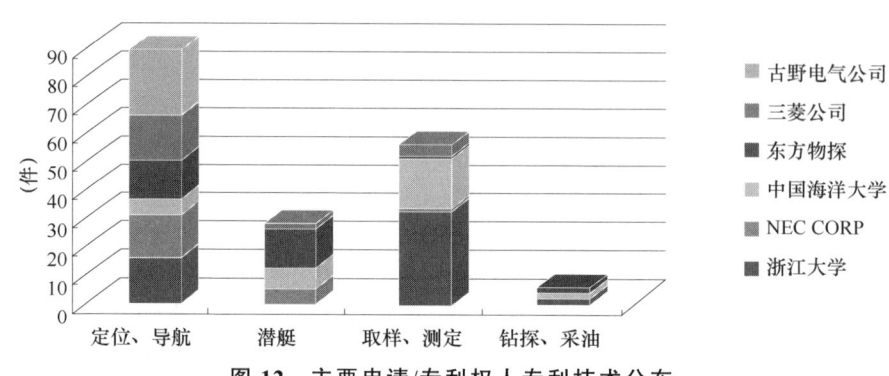

图 12　主要申请/专利权人专利技术分布

（六）关于深海探测中定位导航技术的分析

1. 专利申请趋势

图 13 是深海探测中关于定位导航技术的相关专利全球历年专利申请数量变化图。从图中可以看出，涉及深海探测定位导航技术的专利申请最早起源于 1914 年英国，英国是深海探测的发源地，同样英国也率先提出可以利用声波来进行深海探测的定位导航技术。

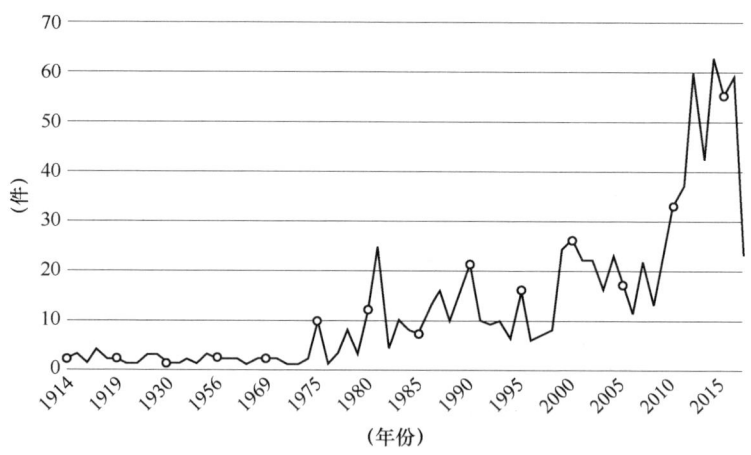

图 13　全球历年专利申请数量变化

1914—1975 年相关专利申请量偏少，技术起步缓慢；自 1975 年之后约 30 年，相关专利申请量开始有所增长，但每年的专利申请量仍然较少，属于缓慢发展期；从 2008 年开始，相关专利申请开始出现大幅增长，并且在 2014 年前后达到申请高峰期，相关专利全球申请量达到 63 件，进入快速发展期。

2. 专利申请国家分布

图 14 为深海探测定位导航技术的专利申请国家分布图。从图中可以看出，相关专利申请分布最多的国家或地区依次为中国、日本、美国、韩国、英国、欧洲、俄罗

斯、德国、法国以及澳大利亚。排名前五的国家的专利申请量占到全球申请总量的83%，仅中国的专利申请量就占到全球申请总量的 37.18%，日本 24.43%位居第二位，美国 8.78%排在第三位，韩国 8.18%排在第四位，英国 4.93%位居第五，这亦体现出近年来我国开始关注深海探测技术的专利保护。

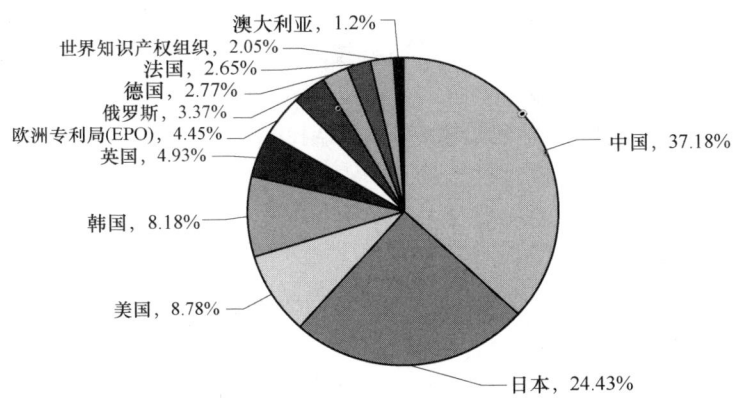

图 14　专利申请国家或地区分布

3. 申请/专利权人排名分析

从图 15 可以看出，关于深海探测的定位导航技术的专利申请多集中在我国的高校以及国有企业。中国海洋石油总公司近几年专利申请很多，位列第一，占申请总量的 18.4%，中海油田服务股份有限公司排名第二，占比 14.4%，日本的三菱公司和浙江大学并列第三位，占比 12.8%，日本电气公司（NEC CORP）排在第四位，占比 12.0%，日本的古野电气公司排在第五位，占比 11.2%，中国石油集团东方地球物理勘探有限责任公司排在第六位，占比 10.4%，哈尔滨工程大学排在第七位，占比 8.0%。

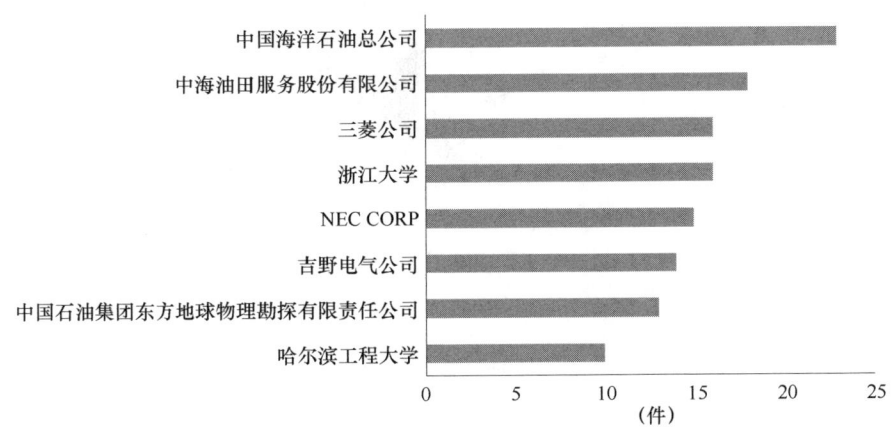

图 15　申请/专利权人排名分析

全球排名前 8 位的申请人，中国占 5 个，占比 62.5%。日本占 3 个，占比 37.5%。从申请人的角度看，企业还是研究深海探测的定位导航技术的主要力量，其次是大专院校。因为深海探测的定位导航技术近年来在军事、勘探等方面具有很大应用价值，企业不断加大对深海探测的定位导航技术的关注和投入，对深海探测的定位导航技术的重视也体现在申请专利的热情持续不断地高涨。

另外，各个大专院校一直以来都是高科技、高端、前沿领域的主要研究基地，作为研究成果的主要及重要的输出单位，很多研发成果也是高校与企业合作完成的。有的专利是先以高校名义申请，然后通过政府寻找相关的企业完成专利技术成果的转化，实现专利的应用价值，也有的专利成果是由高校研究完成，然后以企业的名义申请，再由企业完成技术成果的产业化。

4. 技术构成比例分析

为了更加准确、全面地分析每个专利涉及的技术要点，笔者根据全文内容对每个专利进行了手工标引，对深海定位导航探测技术手段进行了细分，将其细分为：无线电、声波、光谱、电磁波（除无线电）和其他五个方面。

图 16 是深海探测定位导航技术构成比例分析图，其申请主要集中在无线电技术（597 件）、声波技术（307 件）、电磁波（除无线电）技术（163 件）、光谱技术（59 件）、其他专利技术（33 件）。从图中可以看出，全球专利申请中，在深海探测研究方向无线电技术是关注度最高的，虽然光谱技术也有涉及，但是关注度明显不高。

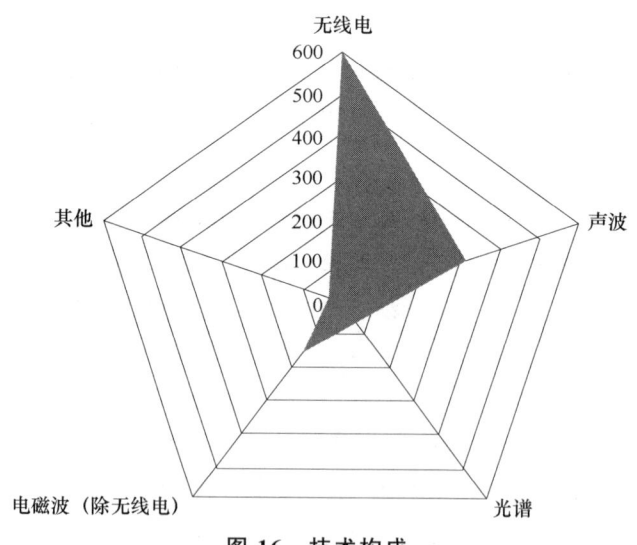

图 16 技术构成

（七）中国大陆专利状况

1. 专利申请趋势、技术来源地分析

图 17 为深海探测在华专利申请趋势、技术来源地域分析。从图中可以看出，该领域技术在中国起步较晚，于 2007 年后才逐步打开国内市场，申请量才多一点，国内的深海探测技术在 2016 年达到顶峰。

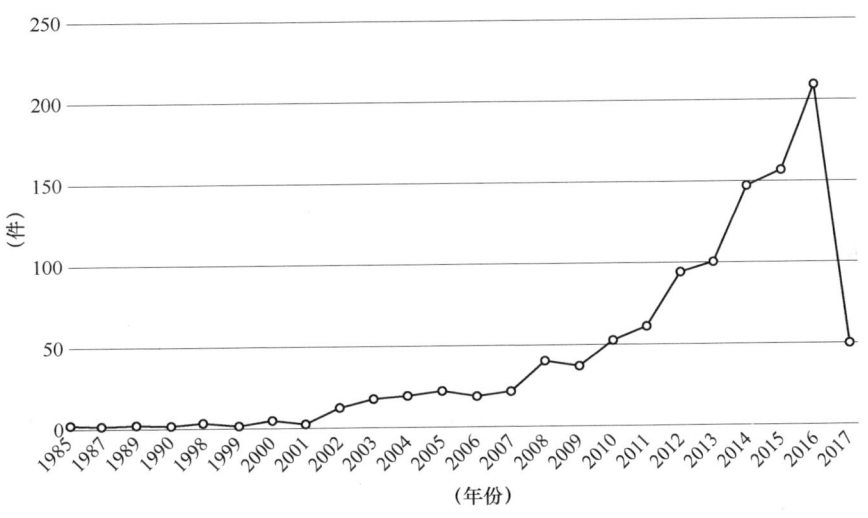

图 17　在华专利申请趋势

此外，不难看出，中国自主的深海探测技术自 2003 年才开始激增，此前此项技术在国内涉及数量甚少，这可能与当时政府较重视国内的深海探测领域有关，相关政策倾向于此。以中国大专院校、大型国有企业为主的深海探测领域开始兴起，并蓬勃发展。

2. 在华申请专利技术来源地域构成比例分析

图 18 是各国对于深海探测相关技术在华申请专利技术来源地的构成比例图，图中显示出在华申请专利技术来源地域构成比例，其中，中国的在华专利申请比例几乎占到 83.08%，而其他国家在华的专利申请数量相对较少，由此可见，在深海探测领域中国自主研发的专利技术较多，这与我国近年来在该领域重视程度加强有关，国家投入了大量技术人才和技术资金支持该领域蓬勃发展。

3. 在华申请专利类型构成比例分析（除外观）

截至检索日，在华专利申请的专利类型如图 19 所示。其中未授权的发明专利申请 584 件，占总量的 54.48%，已授权的发明专利为 223 件，占总量的 20.80%，实用新型申请 265 件，占比 24.72%。总体来看，深海探测领域发明申请量较多，且授权率较高。究其原因，主要有以下两个方面：（1）深海探测领域属于前沿科技，多涉及声波、无线电信号等技术，该技术不是形状结构等产品，大多只能申请发明专利进行

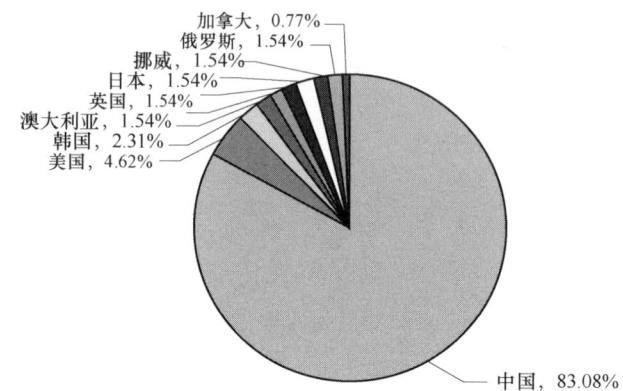

图 18　在华申请专利技术来源地域构成比例

保护；（2）该领域发明授权率较高，因为该领域前沿技术比较多，现有技术较少，使得申请的发明专利最终可以获得授权保护。

4. 在华申请法律状态分析

截至检索日，在华专利申请法律状态如图 20 所示，其中专利权处于有效状态的专利申请为 464 件，占申请总量的 43.28%，专利权处于失效状态的专利申请为 315 件，占申请总量的 32.74%，审中未决的专利申请为 257 件，占申请总量的 23.97%，由此可见，深海探测领域的专利大多数专利申请都获得了授权，得到有效保护。

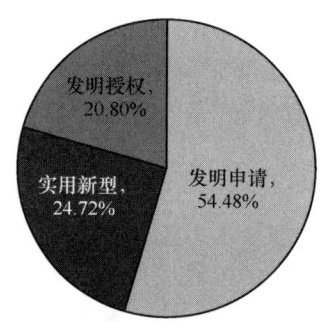

图 19　在华申请专利类型构成比例

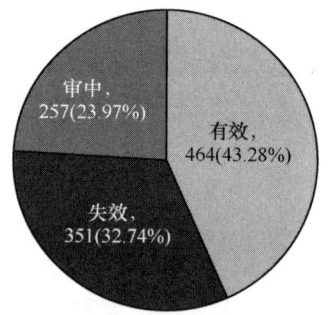

图 20　在华申请法律状态比例

（八）重点专利介绍

下面分别列举每个技术主题下具有代表性的专利申请，每个技术主题选取五件重点的专利进行分析。

重点专利的选取原则基于以下三点：第一，基础专利，第一件申请或申请日较早的具有代表性的专利申请；第二，核心专利，保护范围较大并且被引用次数较多的专利申请；第三，重要专利，具有重大影响意义的重点技术或重点产品所涉及的专利申请。

1. 关于定位导航技术

1)【公开号】CN101436074A

【发明名称】采用同时定位与地图构建方法的自主式水下机器人

【申请人】中国海洋大学

【技术要点】本发明属于一种水下航行与运载工具，具体地说是一种采用同时定位与地图构建方法的自主式水下机器人。其以扫描成像声呐为主传感器、以同时定位与地图构建为主要方法，能够完成在较复杂的海底环境下的自主导航，本发明包括主计算机子系统、数据采集子系统、电源子系统、惯性导航子系统、舱内参数检测子系统、推进器控制子系统、舱外传感器子系统、冗余自救子系统和求救报警子系统，其中所述的电源子系统包括主电源子系统和备用电源子系统，数据采集子系统向上通过以太网与主计算机子系统通信，向下通过CAN总线与其他子系统通信。其特别适用于深海未知的复杂环境，制造成本和出海作业费用低，且可靠性好。

【相关附图】

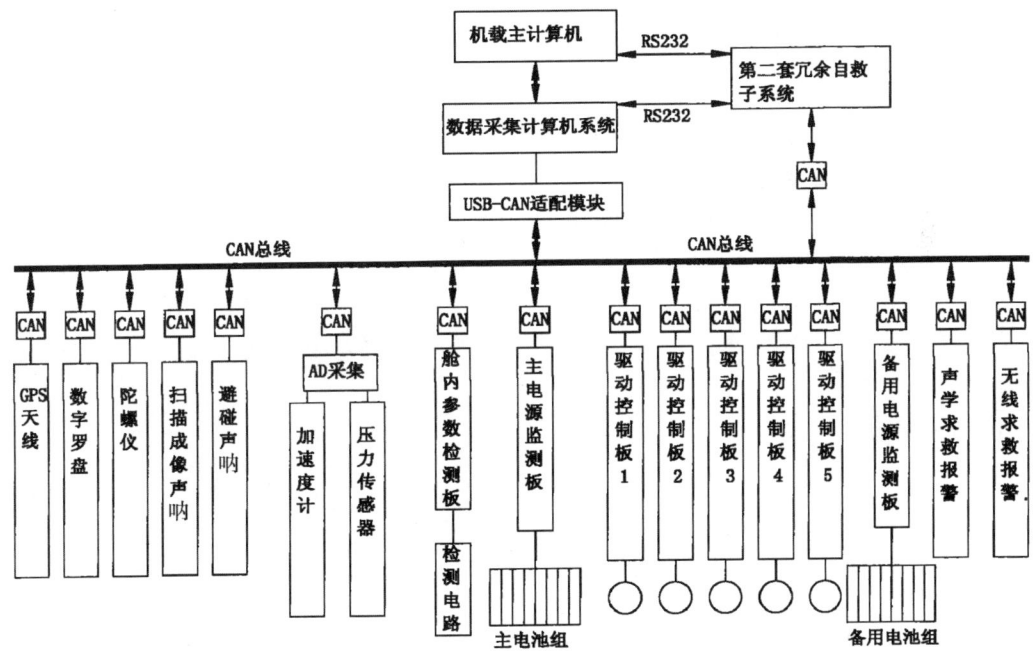

2)【公开号】CN101930080A

【发明名称】曲面拟合海底电缆二次定位方法

【申请人】中国石油集团东方地球物理勘探有限责任公司

【技术要点】本发明涉及石油地球物理勘探数据处理技术，是曲面拟合海底电缆二次定位方法,拾取方法得到实际初至时间,计算接收点到各个激发点的理论炮检距,进行曲线拟合,以检波点为中点划分网格计算炮检距,求网格节点到炮点的理论时间,计算网格节点到炮点的时间与对应道初至时间之差的平方和作为该网格节点的误差值,利用各网格节点的坐标和对应的节点误差值组成的空间散点用三次多项式拟合三次曲面,求出曲面极小值点坐标位置。本发明在提高定位精度的前提下计算效率大幅提高,比网格扫描算法提高近 1.6 倍,比初至圆圆定位效率提高近 8 倍。

【相关附图】

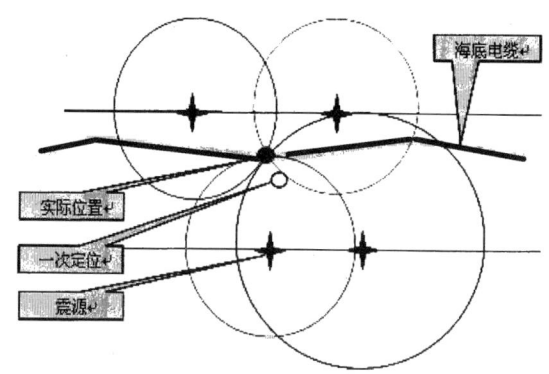

3)【公开号】JP2003185742A

【发明名称】海域探査レーダ装置

【申请人】MITSUBISHI ELECTRIC CORP

【技术要点】一种海域探测雷达系统,该探测雷达系统可以根据多个海事雷达的数据检测海洋物体的位置或速度,该雷达装置包括三个海洋雷达,分布在三个不同的地方,可以探测连接在雷达的直线之外的地区,这样可以更好地对海域进行探测。

【相关附图】

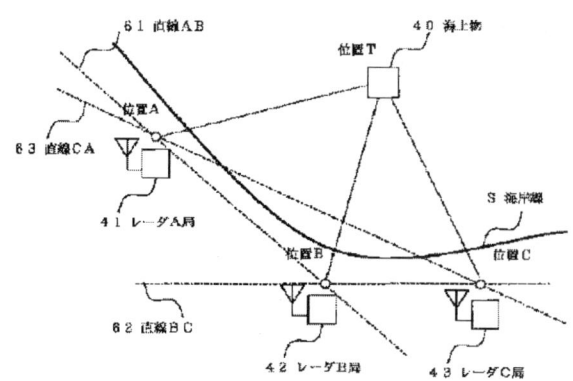

4)【公开号】CN101806884A

【发明名称】基于超短基线的深海信标绝对位置精确定位方法

【申请人】哈尔滨工程大学

【技术要点】本发明提供的是一种基于超短基线的深海信标绝对位置精确定位方法。(1) 超短基线声学基阵在一测量点分别接收信标信号,测得信标方位;(2) 利用 GPS 测得测量点的绝对位置;(3) 根据上次所得方位和接收信号改变测点位置,得到方位差别较大的测点;(4) 重复步骤(2)和步骤(3)得到足够多的测点数据;(5) 在信标位置附近海域现场测量声速分布;(6) 根据测点位置和水平方位解算出信标的水平坐标;(7) 根据解算得到的信标水平坐标、声速剖面和各测点声信号俯仰方位解算出信标的深度。本发明的方法在深海条件下的黑匣子搜救和水下信标导航方面都有广泛的应用前景。

【相关附图】

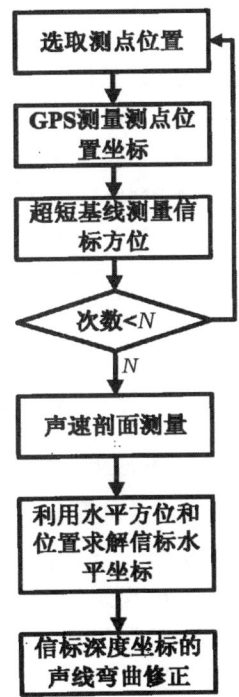

5)【公开号】US20130041616A1

【发明名称】METHOD OF DETERMINING THE POSITION OF A DETECTOR DISPOSED AT THE BOTTOM OF THE SEA

【申请人】CGGVERITAS SERVICES；TOTAL SA

【技术要点】确定放置于海底的探测器的位置方法包括下列步骤:从 N 个发射点

发射 N 个波,记录所述波在各个发射点和探测器之间的传播时间,确定 P 个时间间隔 Ti,其中 $P\geq 1$,以便于对各个时间间隔 Ti 来说,都存在 Mi 个发射点,对于 $1\leq i\leq P$,则 $Mi\geq 3$,所述 Mi 个发射点的传播时间都在所述时间间隔内,确定各个最接近地经过传播时间在时间间隔 Ti 内的 Mi 个点的各个圆,把先前确定为 P 个圆心的重心确定为探测器的位置。

【相关附图】

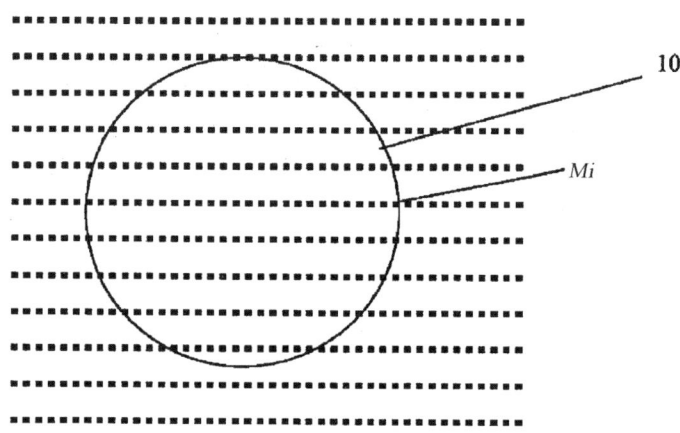

2. 关于潜艇技术

1)【公开号】CN100572192C

【发明名称】救援用潜水装置

【申请人】联邦国营企业"圣彼得堡船舶设计制造局";俄罗斯联邦司法部"军事、社会及双用途智力活动成果权利保护联邦机构"

【技术要点】本发明涉及造船领域,具体是指可以对潜水艇进行救援操作的救援用潜水装置,其具有外壳、运动控制系统、安置在潜水救援装置外壳上之带支承环的吸入室、辅助系统、照明系统、光学—电视系统,其连接一个显示电视信息的装置;所述吸入室的室体配置了一条可动的球带;所述的光学—电视系统用来保证对受伤对象的长范围探测,并布置在潜水救援装置外壳上吸入室的周围,可以观察到支承环形成多方位角度立体像对;所述照明系统配备有布置在吸入室支承环上的标志灯;所述显示电视信息的装置通过运动控制系统连接到辅助系统。本发明提升了潜水救援装置的操控特性。

【相关附图】

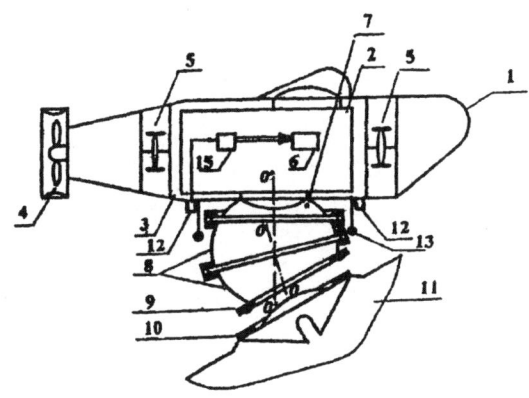

2)【公开号】CN106114783A
【发明名称】利用海洋温差能发电和浮潜滑翔控制的无人潜水器系统
【申请人】中国空间技术研究院
【技术要点】一种利用海洋温差能发电和浮潜滑翔控制的无人潜水器系统，多功能翼面对称安装在潜水器壳体两侧，多功能翼面内部存储相变工质和传输液体，相变工质采用在海洋温度梯度和深海压差变化范围内能实现固液相变的工质，通过相变过程体积的变化控制多功能翼面内传输液体的传输；多功能翼面根部安装外胆，外胆内存储传输液体；蓄能腔内存储工作气体及传输液体；三通阀控制进出外胆的传输液体的流入和流出方向；单向阀控制经内胆与多功能翼面及蓄能腔内传输液体的流入或流出；安全阀控制多功能翼面内的传输液体达到预设的出口压力时流入发电机，止回阀控制发电机的进口压力；蓄电池上连发电机，下连测控设备和探测设备。

【相关附图】

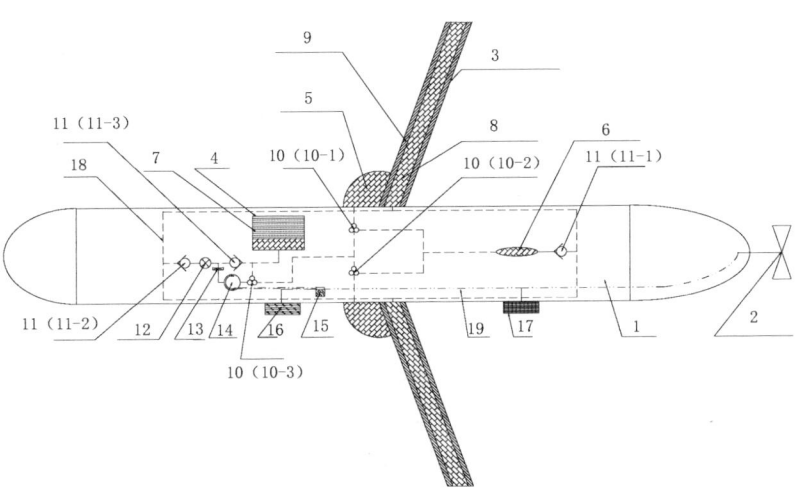

3)【公开号】US9180946B2

【发明名称】Deep-sea device for recovering at least one deep-sea object

【申请人】Fraunhofer Gesellschaft zur Foerderung der Angewandten Forschung E V

【技术要点】本发明涉及用于回收至少一个深海物体，特别是至少一个生物体和/或细胞材料的深海装置。该深海装置包括用于容纳至少一个深海物体的捕获系统和用于驱动深海装置的驱动单元。该深海装置被设计和装配成特别是至少部分地沿着浮力方向（Ar）朝向水面前进，且该深海装置的设计特别像鱼雷。

【相关附图】

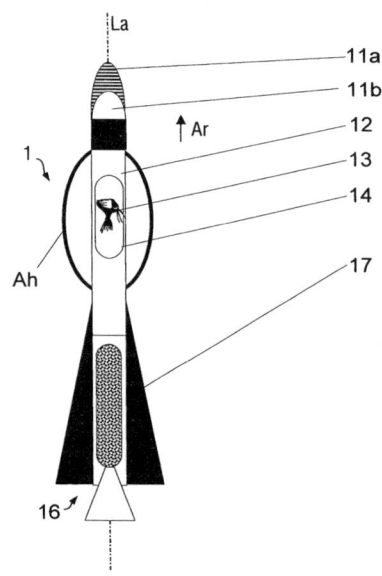

4)【公开号】JP2003026090A

【发明名称】自律型無人航走体を用いた海底探査方式及びその装置

【申请人】MITSUI ENG SHIPBUILD CO LTD

【技术要点】本发明提供一种使用自主无人驾驶航行器，其可以轻松进出水下站探索。解决方案：该装置由悬挂在母船上的水下站、海底的第二转发器以及具有第三应答器和第三回声测深仪接收器的自主无人驾驶导航体组成。水下站具有壳体部分、动力壳体部分、第一应答器、第一和第二回声测深仪接收器以及多个推进器。通过导航主体的第三回声发声器接收器接收第二发射应答器的信号进行控制，并且通过由第一回声测深仪接收信号来控制水下站的推进器至接收器。通过由水下站的第二回声测深仪接收器接收航行体的第三发射应答器的信号来校正推进器。

【相关附图】

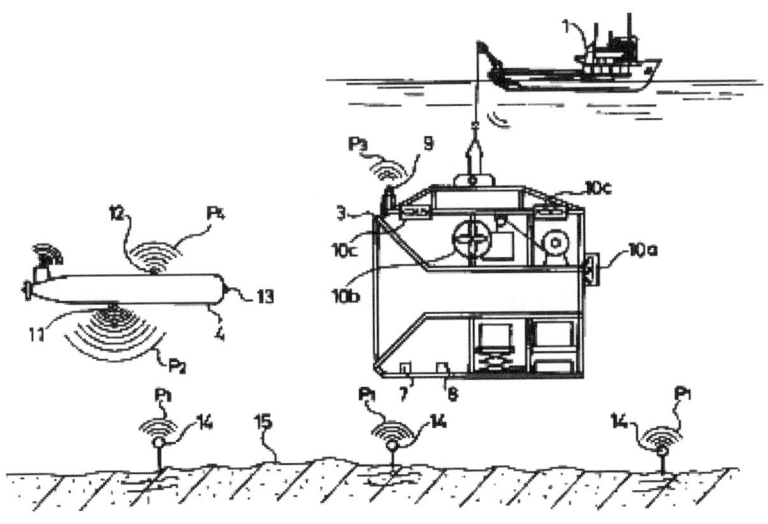

5)【公开号】CN202156532U
【发明名称】高功率密度水下电力推进控制装置
【申请人】中国船舶重工集团公司第七一二研究所
【技术要点】本实用新型涉及一种高功率密度水下电力推进控制装置,它有一个由外筒和内筒以及分别与外筒端面固定连接的前端盖和后端盖组成的驱动器罐,该驱动器罐中安装有驱动控制系统;所述驱动控制系统包括安装在内筒上的散热垫块和安装在散热垫块上的变频器及变频驱动控制器;前端盖上连接有前端盖水密插头,后端盖上连接有后端盖水密插头。本实用新型装置结构紧凑合理,体积小,功率密度高,可以应用于深海探测或水下救援潜艇,并且安装在舱外,提高潜器的续航能力。
【相关附图】

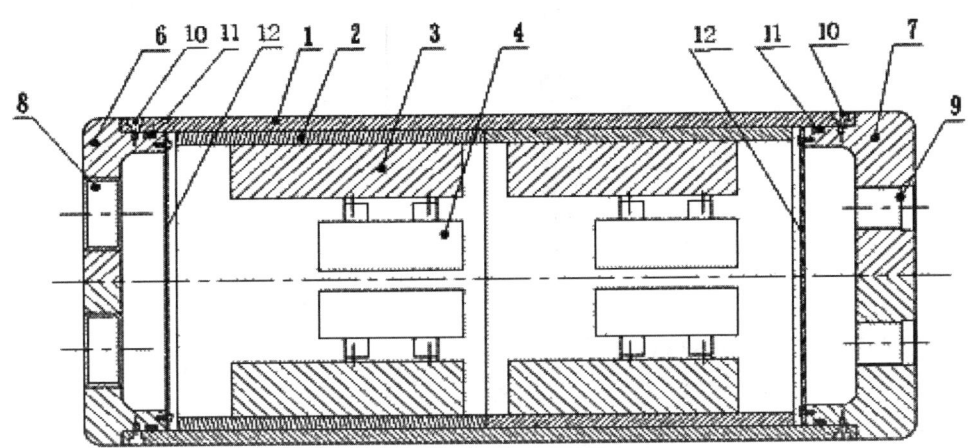

3. 关于取样测定技术

1)【公开号】CN103115798A

【发明名称】一种深水可视化可操控超长重力活塞式取样系统

【申请人】中国科学院海洋研究所

【技术要点】本发明属于海洋海底勘探领域，具体地说是一种深水可视化可操控超长重力活塞式取样系统，包括位于水上的甲板系统及位于水下的框架、液压绞车、控制桶、水下摄像机、液压工作站、采样机构及储能气锤机构，其中液压绞车安装在框架顶部、通过水密电缆连接有水下摄像机，控制桶安装在框架内、与所述甲板系统电连接；所述液压工作站安装在控制桶下方的框架上，分别与控制桶及液压绞车连接；所述储能气锤机构固定在框架的底部，在储能气锤机构的下端连接有采样机构。本发明集成度高、系统扩展性强、能实现通过甲板系统，采用立式收放模式，大大节约了甲板空间，具有良好的船舶实用性。

【相关附图】

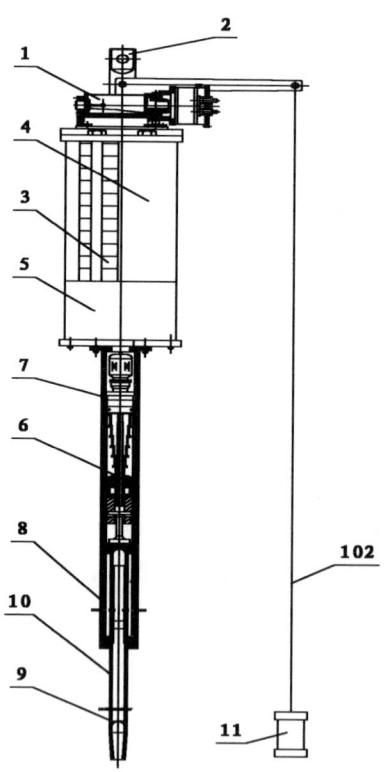

2)【公开号】CN205538352U

【发明名称】具有定位功能的海底勘探取样装置

【申请人】青岛卓建海洋工程勘测技术有限公司

【技术要点】本实用新型公开一种具有定位功能的海底勘探取样装置，包括本体和头部，头部位于本体的下端部，头部呈锥状，本体呈圆柱状，本体内设有三个独立腔室，自本体上端部至下端部依次是空气压缩腔、中控腔和取样腔，空气压缩腔的顶板上设置第一电磁阀，第一电磁阀的外部出口与气囊连接，中控腔内部安装中央控制装置、GPS定位组件和位移传感器，取样腔内安装一气缸和活塞，气缸底座安装在取样腔的顶板上，活塞安装在气缸的自由伸缩端，取样腔的底板上设有第二电磁阀，头部设有导流腔，导流腔通过设置在导流腔的腔壁上的一组导流孔与外部连通，导流腔和取样腔通过第二电磁阀连接，提高了海底取样效率。

【相关附图】

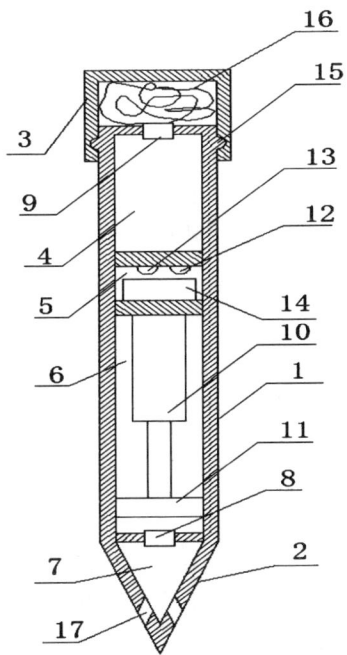

3）【公开号】CN106546444A

【发明名称】一种可以自平衡的二次保压沉积物取样器

【申请人】浙江大学

【技术要点】本发明涉及深海沉积物的原位分析检测，旨在提供一种可以自平衡的二次保压沉积物取样器。该种可以自平衡的二次保压沉积物取样器包括二次取样机械结构部分和压力自平衡部分，其中二次取样机械结构部分包括转移部分和取样部分。本发明能根据实验需要，获取适量的带压的沉积物样品，并克服了检测平台对装置的空间和重量的要求，可直接进行原位检测分析，这样能帮助研究人员准确获取深海沉积物性质的信息，有利于后续海底沉积物的勘测和开发。

【相关附图】

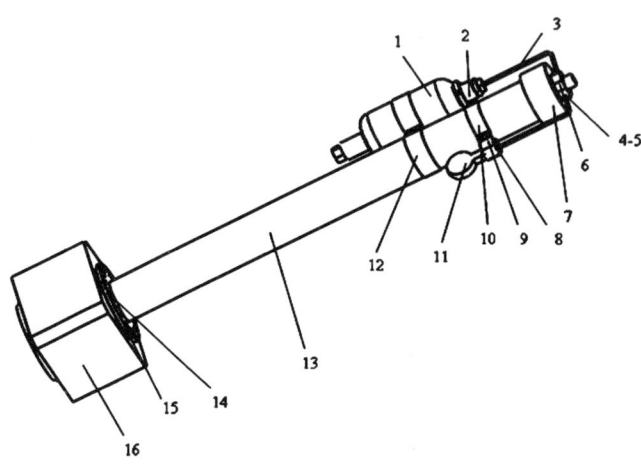

4)【公开号】JP07055662A

【发明名称】自動採水装置及び深海水の自動採水方法

【申请人】SHIP OCEAN ZAIDAN；N K K SOGO SEKKEI KK

【技术要点】发明的自动水采样装置取水容器的开关阀关闭，在自动取水装置落入海中的状态下，阀门驱动装置锁定。当取水装置达到设定的深度时，锁定被释放并且阀移动装置操作打开开关阀。通过这个设定深度海水流入取样容器。然后，阀门驱动装置打开/关闭阀门，海水取样操作完成。

【相关附图】

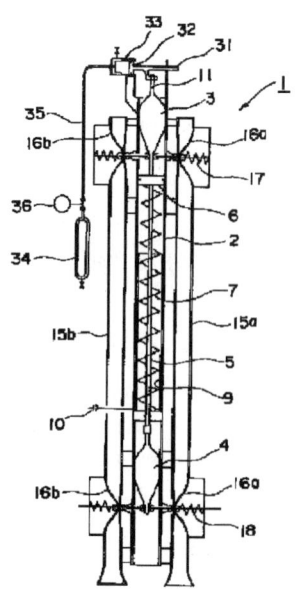

5)【公开号】CN106368693A

【发明名称】一种深海钻井取样机器人

【申请人】宁波介量机器人技术有限公司

【技术要点】本发明提供一种深海钻井取样机器人,包括前置钻孔单元、后置钻孔单元、液压伸缩装置及样品检测单元。前置钻孔单元包括第一液压马达、前置刀架、固定钻头和可变钻头,用于钻孔和取芯;后置钻孔单元包括扩孔钻头、后置刀架和第二液压马达,用于当深海钻井取样机器人返回时,藉由扩孔钻头进行扩孔作业以便清理路障;液压伸缩装置用于控制可变钻头的扩张和缩小,实现钻取一体化;样品检测单元用于将取到的样品进行分析处理,并将实验数据实时回传。相比于现有技术,本发明采用可变钻头的扩张与缩小实现钻取功能一体化,进而精确控制取芯尺寸,无须海面钻井平台,节省成本和时间。

【相关附图】

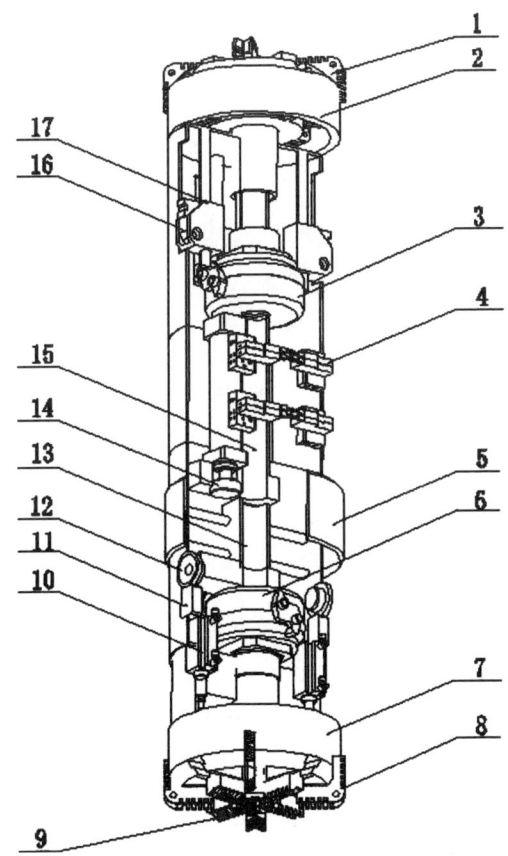

4. 关于深海钻探采油技术

1)【公开号】CN104594800A

【发明名称】一种搭载式深海岩芯钻机

【申请人】三亚深海科学与工程研究所；中南大学

【技术要点】本发明涉及海洋勘探机械设备，具体是一种搭载式深海岩芯钻机，可搭载在载人潜器或水下机器人上获取深海岩矿样本，所述搭载式深海岩芯钻机包括钻机主轴、轴承座、钻具、液压马达及联接座，所述钻机主轴安装在轴承座上，钻机主轴的一端与钻具相连，另一端与液压马达的输出轴相连，所述液压马达设置在联接座内，所述联接座的一端与轴承座固定，另一端与载人潜器或水下机器人的机械手固定；所述轴承座上还设置有压力补偿装置。本发明搭载式深海岩芯钻机具有结构紧凑、质量轻、可靠性高、安全性好等优点，能够满足深海岩芯取样的恶劣工况下的各项要求，可方便、可靠地为深海矿产资源的科学研究提供样品，适于水下岩芯钻探。

【相关附图】

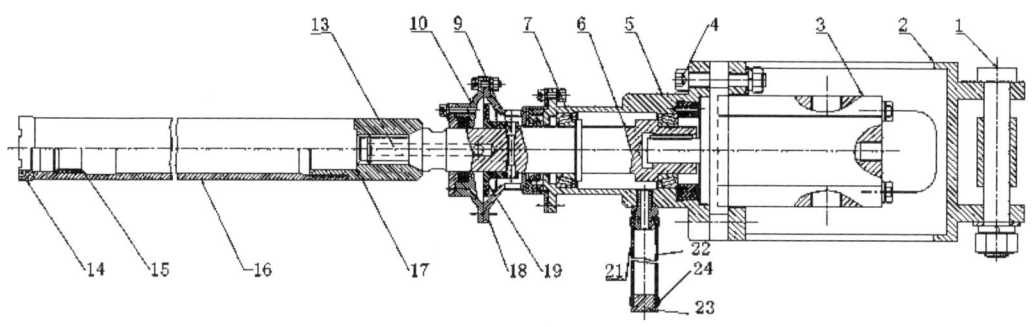

2)【公开号】US4190120A

【发明名称】Moveable guide structure for a sub-sea drilling template

【申请人】REGAN OFFSHORE INT

【技术要点】可移动的海底钻井模板的导向结构用于选择性地在多个相邻的海底井之间进行海底钻探和生产操作。海底模板和可移动的引导结构组件具有海底井模板，所述海底井模板具有多个模板部分，这些部分中的每一个都具有多个相对于模板的纵向范围横向间隔排列的井筒引导装置，用于将海底钻井工具引导到井筒引导装置中的钻具引导装置，滑架装置和用于将滑架装置可移动地安装到模板上的装置，滑架装置可移动地将工具导向装置安装在模板上以便在其间相对移动。提供与可移动引导结构和海底井工具相关联的声波对齐装置，用于在井下工具下降到引导结构上时感测引导结构与井工具之间的空间关系。

【相关附图】

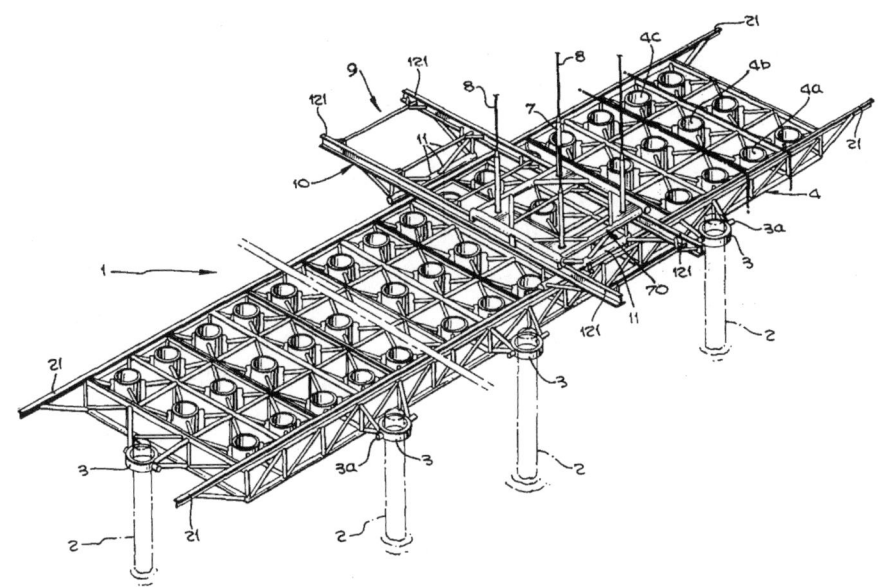

3)【公开号】US9631442B2

【发明名称】Heave compensation system for assembling a drill string

【申请人】Weatherford Technology Holdings LLC

【技术要点】将接合的管柱布置到海底钻井中的方法，包括将钻柱从海上钻井单元下降到海底井身中。管柱具有滑动接头。该方法进一步包括，在下降之后，将管柱的下部部分锚固在滑动接头下方的非起伏结构。所述方法进一步包括，当所述下部被锚固时：将所述管柱的上部从所述海上钻探单元的钻台支撑在所述滑动接头上方，在支撑后，将一个或多个接头加到管柱上，从而使管柱延伸，并从钻台上释放伸展的管柱的上部。该方法还包括：从非起伏结构释放伸展的管柱的下部，并将延伸的管柱降低到海底井筒中。

【相关附图】

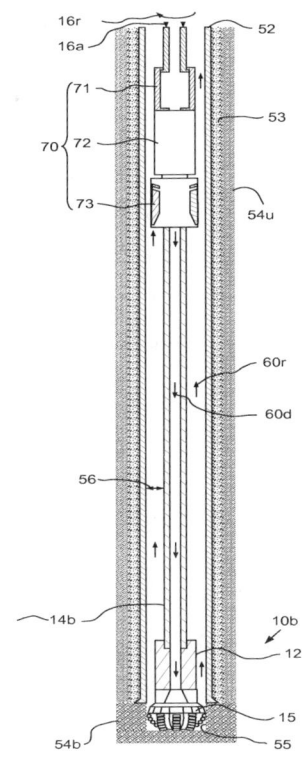

4)【公开号】US9658130B2

【发明名称】Blowout preventer monitoring system and method of using same

【申请人】NATIONAL OILWELL VARCO L P

【技术要点】本发明提供了一种用于海底防喷器的监测系统。监测系统包括缠绕在要被监测的防喷器部分（如冲头、活塞、气缸、壳体、连接器）周围的光纤电缆，以在操作期间捕获来自那些部分的声发射。对防范者进行测试以确定正常操作的基线或指纹。将操作期间捕获的声发射与基线进行比较，以检测可能指示问题的潜在异常。

【相关附图】

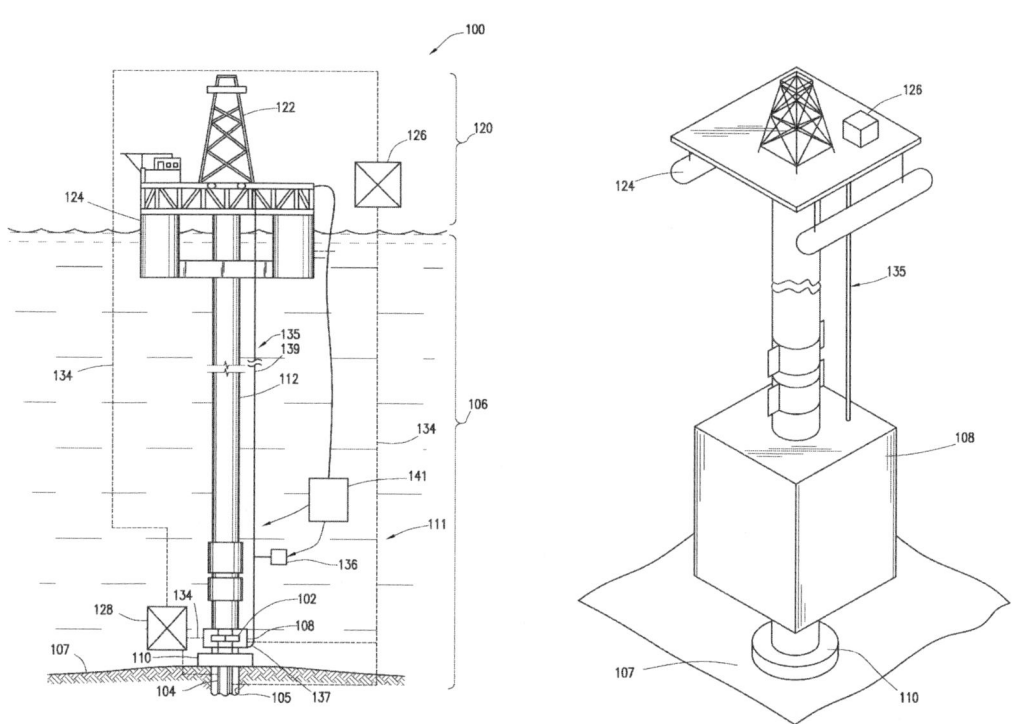

5)【公开号】US20170107812A1

【发明名称】SYSTEM AND METHOD FOR DRILLING FLUID PARAMETERS DETECTION

【申请人】GENERAL ELECTRIC COMPANY

【技术要点】本发明描述了用于监测包括钻探组件的钻探系统内的钻探流体的参数的系统和方法。钻井组件连接在钻井平台和井口之间，并且通过发信号通知钻井发生，用于更安全地钻探油气勘探和生产所需的井眼。钻井组件包括用于读取分散在返回的钻井液中的至少一个 RF 标签的数据信息的读取器模块。射频标签的数据信息通过通信链路传输给控制器，计算返回的钻井液的相关参数。还提供了一种监测钻井液参数的方法，以及一种钻井系统联合防喷器。

【相关附图】

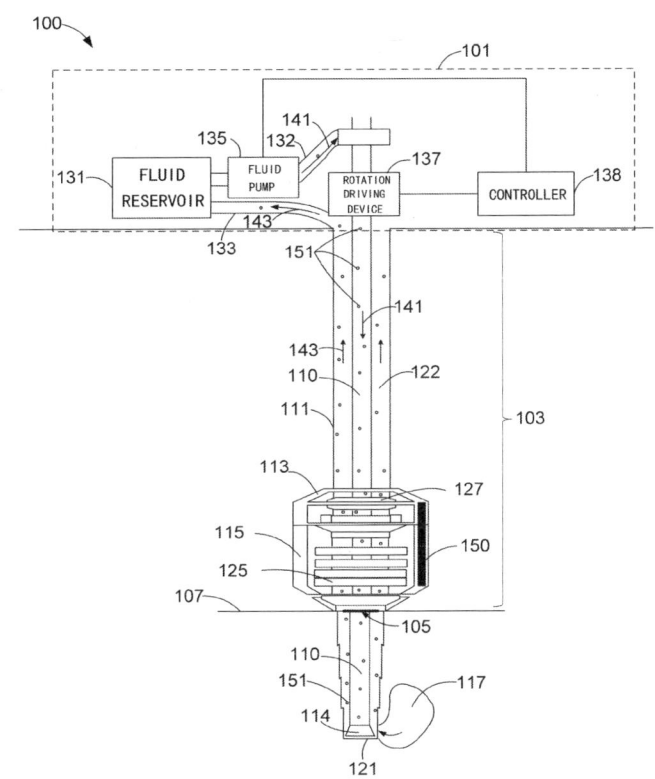

三、研发创新建议

我国的深海探测行业还处于发展阶段，起步较晚，基础较为薄弱，技术发展相对不完善。值得庆幸的是，我国一些科研院校、大型国有企业及一些科研院所已经崭露头角，包括浙江大学、中国石油集团东方地球物理勘探有限责任公司（东方物探）、中国海洋大学等。但是，人类对海洋的认识是一个漫长的过程，这需要研制工作时间更长、航程更远、深度更深、作业能力更强、更智能的海洋技术装备，在认识海洋的基础上，逐步实现利用海洋和开发海洋的目标。随着技术的革新和进步，以及深海探测技术装备向着实用性、可靠性和智能化方向的发展，我国深海探测技术及其装备在海洋科考及服务国民经济等方面将会发挥重要的作用，在此基础上提出以下两方面的建议仅供参考。

（一）专利申请方面的建议

① 充分利用现有的专利资源：从上述数据分析可以看出，在深海探测技术领域，现有的专利申请很多，国际上的一流大公司拥有很多基础专利和核心专利，我国公司应当虚心学习，重视专利资源的挖掘和利用，增加自己的技术储备，避免重复开

发，形成自己有特点的技术，争取尽快推出性价比高的良心产品。

② 预测行业方向，做好专利布局：目前，我国的深海探测技术行业还没有公司能够占据优势地位，群雄争霸的局面将会持续一段时间，心怀天下者应当深入地了解市场的需求，正确地预测行业的发展方向，提前进行资金投入和科学研究，并择机进行专利申请，发挥自身的特点和优点，关注国际上竞争对手的动态，做好自己的专利布局，先确保自己立于不败之地。

（二）技术研发方面的建议

① 关注国家政策，在当前"大众创业、万众创新"的新时代，深海探测行业也随之大量兴起，未来国家财政对该行业的投入也将会越来越多，有关部门对行业的监管政策也越来越细致规范，建议从事技术研发的同时密切关注国家相关政策的变化，及时调整研发方向和研究重点。

② 加强资本和技术合作，从上述数据分析可以看出，高等院校和科研院所等掌握了我国深海探测行业的最新技术，深海探测的投资风口，资本大鳄也蜂拥而至，但场面似乎有些混乱，建议成立合作平台，加强资本、大型企业、高等院校三者之间的相互合作，提高资金使用效率，从整体上提高核心竞争力。加强海洋科学研究，建立完善海洋资源数据库，为科学合理有序地开发利用海洋资源服务，并进一步扩大国际合作，借鉴和吸收国际上的深海探测的先进技术和方法。

③ 重视内容，夯实基础，目前专利大多是单一装备技术，在由单一装备向多元、集群装备发展方面，可以立足单体技术，拓展群体式的海洋技术装备在全球海域范围内实现自主协同探测与自主作业，构建基于海洋科学研究目标的多海洋探测设备集成与演示系统，形成具有长期、协作、多系统、低成本、全立体式的海洋信息综合探测与作业能力。利用项目研发的、已有的技术装备，结合科学目标，进行多类型、多台套、多用途的海洋设备集成演示，并开展示范应用。利用多种不同类型的装备，开展不同深度和不同尺度的立体观测，为科学研究提供有价值的多参数协同观测数据，为专项与国家相关专项的有机衔接，奠定坚实的技术基础。

④ 在人类从事海洋活动的类型转换方面，加强对具有作业能力的深海装备的研发和攻关，实现人类海洋活动从信息型到作业型的转变。丰富并提高海洋装备的探测和作业能力，实现由自主观测到自主探测以及最终自主作业的目标。实现从信息型到作业型的转变将是深海技术装备重要的发展趋势之一。人类对海洋的认识是一个漫长的时代，通过努力，研制具有更高智能和更强作业能力的海洋装备，在认识海洋的基础上，逐步实现利用海洋和开发海洋的目标，实现由观测到探测，最终实现作业的目标。

⑤ 在进一步提升我国海洋装备的实用性、可靠性和智能水平方面，将立足专项目标，拓展实现海洋科学问题解决的新方案，开创海洋探测与研究的无人时代。随着海洋技术装备的发展将全面进入无人化时代，具有大范围探测和精细作业能力的智能

化海洋机器人将全面引领海洋技术装备的发展,为研究海洋科学问题提供强有力的技术手段。在水面以无人科考船为支撑平台,在水下以无人科考站为支撑平台,将陆上实验室搬到海底,从海面向下和海底向上两个维度研究海洋。依托这两种支撑平台,为在海洋中的无人系统提供能源补充和信息交互,这样将建立基于海洋机器人的长期综合立体无人探测与作业系统,完全改变现在以人为主体的科考模式,开创以群体高智能水平的海洋机器人为核心的未来科考模式,为海洋科学的研究提供有高价值的科考数据,为人类更好地开发和利用海洋作出更大的贡献。

四、总结

(一)专利布局态势总结

从总体上看,该领域的全球专利申请量呈递增趋势,特别是步入 21 世纪以后,随着海洋开发利用的快速发展相关专利申请进入快速增长时期。

近年来,该领域的大部分专利申请集中在我国,这说明我国这几年对深海探测领域重视且投入研发较多;接下来分别是:日本、美国、韩国、英国、欧洲,这亦体现出近年来欧美知名企业开始关注国际专利技术保护,相应地区专利申请甚至发生了从无到有的变化;再往后俄罗斯、德国、法国以及西班牙等其他国家各占据更小的比例。

目前全球专利技术分布对深海探测的专利技术改进主要集中在深海定位导航技术、深海潜艇探测技术、深海取样测定技术、深海钻探采油技术四个方面。其中,深海定位导航技术的专利申请数量最多,其次是深海潜艇探测技术、深海取样测定技术,而涉及深海钻探采油技术较少,有较大的发展空间。总体来说,在深海探测技术革新整体上呈现出专利申请涉及面较广的特点。

(二)构建企业专利策略的总结

我国是 WTO 的重要成员,知识产权立法已经与国际规范接轨,这意味着国内企业与跨国公司在一个竞争平台上,未来也将按照同一竞争规则来展开竞争,故应当重视国内外存在的技术差距,做到取长补短。对于本课题需要分析的技术主题而言,国内企业一方面应当持续跟进关注欧美日的专利技术布局,提前对障碍专利进行分析、规避或无效,或提出改进型申请等措施,避免出现投入研发和设计后的侵权损失;另一方面可以通过深入挖掘国外已失效专利,从中汲取技术线索,给予企业后续的研发以有力的借鉴与支持。具体而言,在专利策略方面建议企业从以下两个方面开展工作。

1. 积极开展主题查新检索、无效检索、专利分析等工作,避免侵权风险

从技术产出国来看,专利申请多集中在欧美国家,其中一些授权专利的权利要求保护范围对国内企业的后续研究可能会构成一定威胁,这就要求我们要重点分析这些专利。从整体来看,目前欧美申请人在国内还未形成真正有直接威胁的专利组合,根

据竞争对手的专利申请在全球的布局来看，不排除未来会在中国进行有实质威胁的专利布局，因此，需要密切关注欧美的主要竞争对手的在华专利布局，做到未雨绸缪。国内企业可以与院校、科研机构合作进行产品的研发，提升核心竞争力。

2. **围绕竞争对手重点专利进行挖掘，构建改进型专利池**

缩小与国外技术的差距成为国内申请努力的方向。具体而言，国内企业可以关注主要竞争对手的重点专利，并对其进行研究和挖掘，发现这些专利的不足之处和改进完善的空间，在此基础上构建自己的改进型专利池，吸收对手的长处和亮点并加以加工和完善为自己服务。为保证中国装配式建筑项目能持续、稳定地发展，很多学者认为应将装配式建筑产业的发展纳入法制管理轨道。因此，我国企业应该抓住时机，本着"市场占有，专利先行"的原则，主动提高专利申请数量和质量，建立自己的专利保护圈，以期未来在相关技术领域的研发和生产抢得先机，为民族企业的发展作出自身应有的贡献。

参考文献

[1] 李靖宇. 以海洋强国为取向推进国家重大战略工程［J］. 区域经济评论，2014（4）：104-108.

[2] 李硕，唐元贵，黄琰，等. 深海技术装备研制现状与展望［J］. 中国科学院院刊，2016，31（12）：1316-1325.

[3] 钱洪宝，俞建成，韩鹏，等. 我国大型深潜装备研发管理存在的问题及对策思考［J］. 高技术通讯，2016，26（2）：200-206.

[4] http://www.chinaoffshore.com.cn/a/zhengce/chanjingfanglue/17885.html.

[5] 俞建成，刘世杰，金文明，等. 深海滑翔机技术与应用现状［J］. 工程研究—跨学科视野中的工程，2016，8（2）：208-216.

机器人交互技术领域专利技术现状及其发展趋势

王曦　樊一槿　张倩　李辉

一、引言

(一)研究背景

2015 年，我国发布《中国制造 2025》战略规划，将机器人产业的发展提升到战略层面，为中国的机器人产业发展提供了重要的指引。

当前，全球机器人市场规模持续扩大，工业、特种机器人市场增速稳定，服务机器人增速突出。技术创新围绕仿生结构、人工智能和人机协作不断深入，产品在教育陪护、医疗康复、危险环境等领域的应用持续拓展，企业前瞻布局和投资并购异常活跃，全球机器人产业正迎来新一轮增长。

全球机器人基础与前沿技术正在迅猛发展，涉及工程材料、机械控制、传感器、自动化、计算机、生命科学等各个方面，大量学科在相互交融促进中快速发展，技术创新趋势主要围绕人机协作、人工智能和仿生结构三个重点展开。

目前，工业机器人、服务机器人、特种机器人，由于其应用场景的区别，呈现出不同的发展态势。

1. 工业机器人：智能技术快速发展，助力人机共融走向深入

由于无法感知周围情况的变化，传统的工业机器人通常被安装在与外界隔离的区域中，以确保人的安全。随着标准化结构、集成一体化关节、灵活人机交互等技术的完善，工业机器人的易用性与稳定性不断提升，与人协同工作愈发受到重视，成为重点研发和突破的领域，人机融合成为工业机器人研发过程中的核心理念。目前推出的部分人机互动机器人已能够像人类一样主动适应现实环境的不断变化，并快速改变应用，以更安全、更精准、更灵活的方式工作。

工业机器人技术和工艺日趋成熟，成本将快速下降，具备更高的经济效率，可在个性化程度高、工艺和流程烦琐的产品制造中替代传统专用设备。与此同时，随着双臂灵巧机器人、智能仓储机器人等产品快速发展，工业机器人的应用正由汽车、电子

等领域向家具家电、五金卫浴等一般工业领域发展，并进一步延伸至塑料、橡胶、食品等细分行业。

2. 服务机器人：认知智能取得一定进展，智能交互成发力重点

随着深度学习算法的兴起，人工智能技术取得显著进步，在语音交互、图像识别、无人驾驶等领域得到广泛的应用，进一步拓展了服务机器人的概念，以 Facebook 为代表的全球科技龙头企业纷纷涉足服务机器人领域，服务机器人的种类日益多元化，其中具备智能交互能力的语音聊天机器人是全球科技龙头企业布局的重点。例如，Facebook 新推出了具备自然语言处理能力的 Messenger 2.1，苹果公司发布了内置语音助理 Siri 的智能音箱 HomePod。

智能服务机器人进一步向各应用场景渗透。随着人工智能技术的进步，智能服务机器人产品类型愈加丰富，自主性不断提升，由市场率先落地的扫地机器人、送餐机器人向情感机器人、陪护机器人、教育机器人、康复机器人、超市机器人等延伸，服务领域和服务对象不断拓展，机器人本体体积更小、交互更灵活。

3. 特种机器人：结合感知技术与仿生材料，智能性和适应性不断增强

当前特种机器人应用领域的不断拓展，所处的环境变得更为复杂与极端，传统的编程式、遥控式机器人由于程序固定、响应时间长等问题，难以在环境迅速改变时做出有效的应对。随着传感技术、仿生与生物模型技术、生机电信息处理与识别技术不断进步，特种机器人已逐步实现"感知—决策—行为—反馈"的闭环工作流程，具备了初步的自主智能，与此同时，仿生新材料与刚柔耦合结构也进一步打破了传统的机械模式，提升了特种机器人的环境适应性。

目前特种机器人已具备一定水平的自主智能，通过综合运用视觉、压力等传感器、深度融合软硬系统，以及不断优化控制算法，特种机器人已能完成定位、导航、避障、跟踪、二维码识别、场景感知识别、行为预测等任务。例如，波士顿动力公司已发布的两轮机器人 Handle，实现在快速滑行的同时进行跳跃的稳定控制。随着特种机器人的智能性和对环境的适应性不断增强，其在军事、防暴、消防、采掘、建筑、交通运输、安防监测、空间探索、防爆、管道建设等众多领域都具有十分广阔的应用前景。

（二）行业产业状况

在目前的机器人技术中，智能机器人技术越来越受到重视。智能机器人是具有较高智能程度的机器人，其能够作为工业机器人、服务机器人、特种机器人来使用。

1. 智能机器人三大核心技术模块：感知+交互+运控

智能机器人产业建立在三大核心技术模块之上：人机交互及识别模块、环境感知模块、运动控制模块。依托于这三大模块，智能机器人有基础的硬件：电池模组、电源模组、主机、存储器、专用芯片等，还有操作系统：ROS、Linux、安卓等。硬件

和操作系统构成机器人整机，整合基础硬件、系统、算法、控制元件，形成满足一定行走能力和交互能力的机器人整机；在此基础上形成各种基础应用开发，基于机器人操作系统开发的控制类 APP、管理员 APP 和各类应用程序 APP 等；产生的数据将有群组服务、云服务、大数据服务等。

智能机器人的交互能力、感知能力、运动能力对应上述三大模块。交互模块包括语音识别、语义识别、语音合成、图像识别等，相当于人的大脑；感知模块借助各种传感器、陀螺仪、激光雷达、相机、摄像头等，相当于人的眼、耳、鼻、皮肤等；运控模块包括舵机、电机、控制和驱动芯片等。

服务机器人三大模块可以继续细分为语音模块、语义模块、图像模块、感知模块、运控模块、芯片模块。重要性排序依次为：语音模块、语义模块、芯片模块、图像模块、感知模块、运控模块。成熟度重要性排序依次为：语音模块、图像模块、运控模块、感知模块、语义模块、芯片模块。

从技术储备上来看，人工智能是核心。目前的技术储备方面，只有语音和 OCR 领域具备一定的成熟度。语音和 OCR 领域已发展接近 20 年，在某些特定场景和行业已经有了一些数据基础。其他的技术包括图像识别、语义分析都还在初期阶段。

2. 智能机器人多场景特征，多模态交互融合是关键

从第一代以鼠标和键盘的交互方式为特点的 PC 互联网，到第二代以触屏等交互方式为特点的移动互联网，再到今天以多模态人机交互方式为特点的第三代互联网，智能机器人产业底层的逻辑就是人机交互方式的发展和演变。

多模态交互融合了视觉、听觉、触觉、嗅觉等交互方式，其表达效率和表达的信息完整度要优于传统单一的交互模式。人机交互是智能机器人场景化不可或缺的环节。

传统的交互模式中，大多是单一单向的交互方式。人机对话中，尤其是多轮人机对话，涉及语音理解、语义分析、情感分析、动作捕捉等多个维度。

随着语音交互、视觉图像交互、动作交互等多模态人机交互技术的逐步发展和成熟，这些第三代人机交互方式将会深层次地改变人们日常生活的应用场景。

（三）研究内容、技术分解及数据检索策略

1. 研究内容

本报告针对机器人交互产业中的专利技术展开相应分析，具体来说：根据相关关键技术领域的关键词和专利分类号，按照机器人交互技术的产业规则和专利数据特点进行技术分解，在各类专利数据库中进行检索，统计并对比检索到的国内外专利文献，研究机器人交互技术领域的专利申请规律，并分别从技术生命周期、技术发展节点、专利流向、重点申请人等角度进行分析，对重要申请人从申请人类型、申请量、专利分布、关键技术进展等角度进行分析，以及对在中国的申请从国内外企业、各省

市、各关键技术等角度进行专利分析,然后在上述分析的基础上全方位展示机器人交互技术领域的技术发展、技术现状以及未来发展趋势;另外,从专利申请、授权、重要申请人的已有专利状态、其他国家的专利申请情况、同领域中具有技术优势的企业构筑的专利壁垒等方面入手,结合相关专利数据,比较国内外技术研发差异,加强专利信息与产业信息、技术信息之间关联性的挖掘,将专利数据与技术发展、重点专利、重要申请人、重要产品及市场变化等多方面信息相结合。

笔者希望通过此项研究,建立适应机器人交互技术领域发展的专利发展策略,从而提升国内企业的创新能力和技术成果保护水平,并为国内企业选择合理的研发领域、确定正确的研发方向,进而为其经营决策提供有力支持。

2. 技术分解及数据检索策略

根据相关关键技术领域的关键词和专利分类号,按照机器人交互技术的产业规则和专利数据特点,本文将机器人交互技术分解为五个分支:语音交互、视觉交互、动作交互、表情交互、多模态交互。对各分支的检索采用关键词 IPC 分类号结合的方式进行。

对各技术分支的说明及其重点分类号如下。

(1) 语音交互

通过对语音等音频信息进行识别、合成,从而进行交互。

该领域重点分类号为:

G06F 3/16 声音输入;声音输出(把语音转换为数字信息,或把数字信息转换为语音的入 G10L);

G06F 17/20 处理自然语言数据的(语言分析或综合入 G10L)〔6〕;

G10L 语言分析或合成;语言识别;

G10L 13 语音合成;

G10L 15/00 语音识别(G10L 17/00 优先)〔7〕;

G10L 17/00 讲话者辨认或验证〔7〕。

(2) 视觉交互

通过对视觉信息(如图像)进行识别、合成,从而进行交互。

该领域重点分类号为:

G06K 9/00 用于阅读或识别印刷或书写字符或者用于识别图形;

以及 G06K 9/00 下面的小组,例如:

G06K 9/20 图像捕获〔3〕;

G06K 9/60 图像捕获和多种预处理作用的组合;

G06K 9/78 图像捕获和多种识别功能的组合〔3〕。

(3) 动作交互

通过对用户的动作(姿态、体感、手势)进行识别,从而进行交互;考虑到也可以利用图像处理的方式对用户的动作进行识别,这与上述"(2)视觉交互"构成重叠,因此,在"(3)"中,重点检索利用传感器进行动作识别。

该领域重点分类号为:

G06F 3/03 将部件的位置或位移转换成为代码形式的装置〔3,8〕;

G06F 3/033 由使用者移动或定位的指示装置,例如鼠标、跟踪球、笔或操纵杆;其附加配件〔3,8〕;

G06F 3/038 控制和接口装置,例如驱动器或装置内嵌入的控制电路〔8〕;

G06F 3/0346 检测设备在3D空间的移动。

(4)表情识别

对用户的表情、情绪进行识别。

表情识别通常结合图像识别来进行,因此,在上述"(2)视觉交互"的基础上,进一步限定表情、情绪、情感、面部、脸等关键词进行检索。

(5)多模态交互

通过多种交互方式的协同,进行识别。

多模态识别是对多种交互方式的综合利用,在上述"(1)"~"(4)"检索的基础上,获得检索结果;并且,根据关键词(多模态、协同等)和人机交互领域的分类号进行补充检索。

此外,对于交互技术这一总的技术领域,有如下分类号与之对应,在检索交互技术的总体专利构成时,也采用了该分类号进行限定,以过滤检索噪声。

G06F 3/01 用于用户和计算机之间交互的输入装置或输入和输出组合装置(G06F 3/16优先)〔8〕。

最后,本报告还重点针对家用和教育机器人领域的人机交互技术进行了检索,具体地,在上述"(1)"~"(5)"的基础上,进一步使用关键词家用、家庭、家居、护理、看护、教育、娱乐、清扫、清洁等。

考虑到人机交互技术属于较为通用的技术,通常的人机交互技术也多数可以移植到机器人领域,所以,为了最大限度地避免漏检,本报告的检索并没有将技术领域限制为"机器人"。

本报告的检索工作采用的数据库是智慧芽,数据范围为全球。

二、专利技术发展现状

(一)全球专利申请态势分析

1. 专利申请时间趋势分析

图1是机器人交互技术领域专利申请量年度发展趋势图,示出了1960年以来的机器人交互技术领域的专利申请量趋势。其中,在该技术领域,1960年以前也有相关年专利申请,但是专利申请量非常少,年申请量在10件以下,属于专利布局的萌

芽阶段。由图 1 可看出，1960—1978 年，机器人交互技术领域专利申请量有缓慢的增长，年申请量从十几件增长到几百件，该阶段属于缓慢布局阶段；1980—1994 年，该技术领域的专利年申请量稳步增长，最高年申请量超过 2000 件；1996 年至今，机器人交互技术领域的专利申请量快速增长，专利年申请量从 3000 余件增长到 1 万余件，增速达 17%，该阶段是快速布局阶段。预计在今后的几年，专利年申请量仍会保持高速增长的态势。

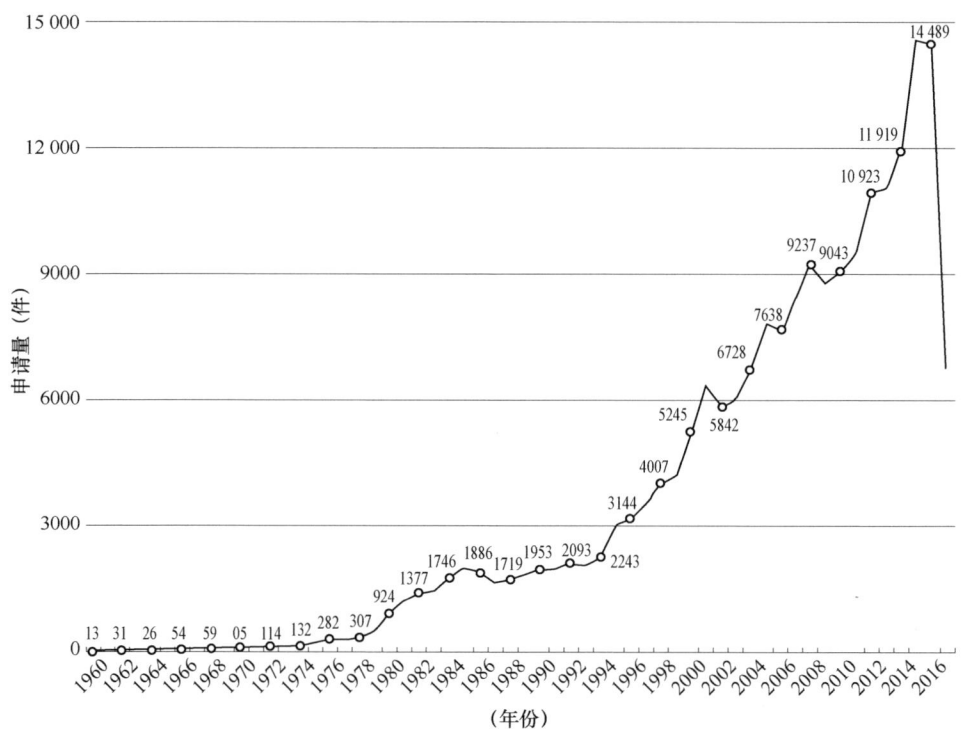

图 1　机器人交互技术领域专利申请量年度发展趋势

2. 专利申请受理国家或地区分布

图 2 为机器人交互技术领域专利申请受理国家或地区分布图。数据显示，在机器人交互技术领域中，专利申请主要集中在美国、中国、日本。这三国的专利受理量均在 3 万件以上，数量十分巨大。尤其是美国受理的机器人交互技术领域的专利申请约占该技术领域专利申请总量的 45%，这说明美国是该技术领域专利布局的重点区域，也说明该技术领域的申请人十分重视美国市场。专利受理量较大的还有韩国，受理专利量接近万件；其次是欧洲、世界知识产权组织（WIPO）、中国台湾地区、德国、澳大利亚、印度等。

机器人交互技术领域专利技术现状及其发展趋势 93

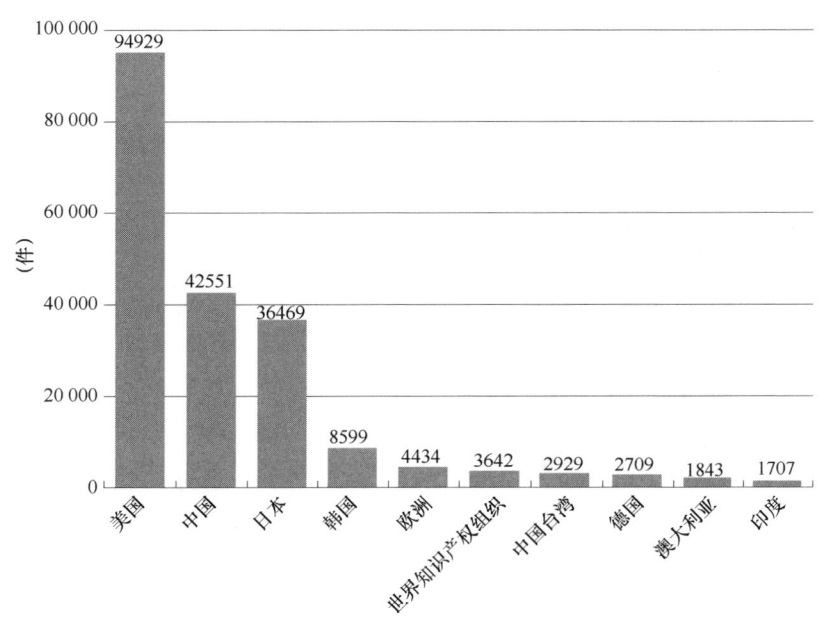

图2 机器人交互技术领域专利申请受理国分布

3. 专利申请人国家或地区分布

图3是机器人交互技术领域专利申请人国家或地区分布图。数据显示，在机器人交互技术领域中，日本专利申请人、美国专利申请人和中国专利申请人的专利数量较多，并且三国的专利申请人的专利数量相差不大，均在4万件左右。其中，值得注意的是，虽然美国受理了约45%的相关专利，但是美国本土专利申请人的专利申请量远低于该数量，说明美国受理的专利有很大一部分是外来专利。日本受理专利的数量略小于日本本土申请人申请的数量，说明日本受理的专利大部分是日本申请人的专利，并且日本专利申请人也进行了适当的海外布局。中国受理专利的数量略大于中国申请人申请的数量，是由于中国申请人的专利主要布局在中国，并且国外申请人在中国也有一定数量的专利布局。在日本、美国、中国申请人之后的是韩国、德国、中国台湾地区、法国、荷兰、英国、瑞典等国家或地区的专利申请人。

图4是机器人交互技术领域专利申请人国家—趋势分布图。数据显示，在近20年的专利申请中，中国申请人在1998—2007年，专利申请量比较少，2008年后，专利申请量开始稳步增长，并在2012年，专利年申请量超过日本申请人的年申请量，2013年，专利年申请量超过美国申请人的年申请量，位居专利申请量首位，并且一直保持了该高速增长的趋势；美国专利申请人和日本申请人在1998—2011年，保持了类似的专利申请态势，专利年申请量在波动中保持比较平稳的缓慢增长趋势；2011年后，美国专利申请人的专利申请量保持缓慢增长，而日本专利申请人的专利申请量呈缓慢下降趋势。

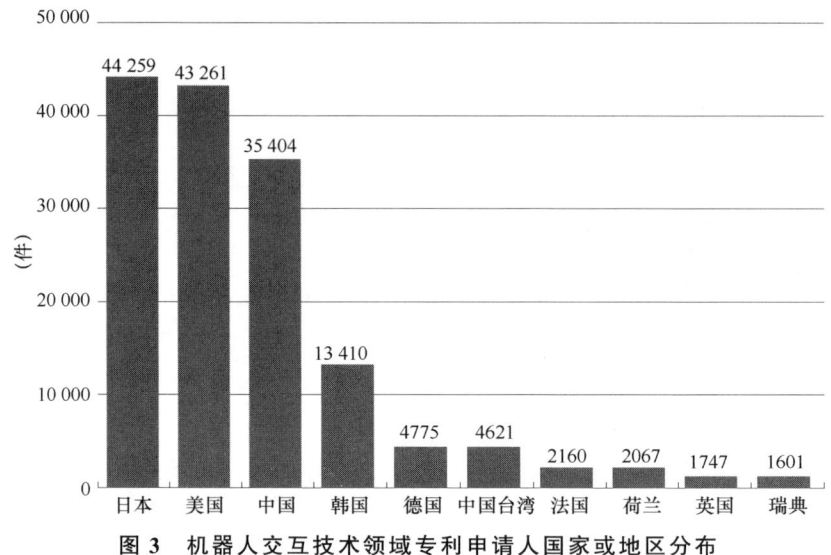

图 3　机器人交互技术领域专利申请人国家或地区分布

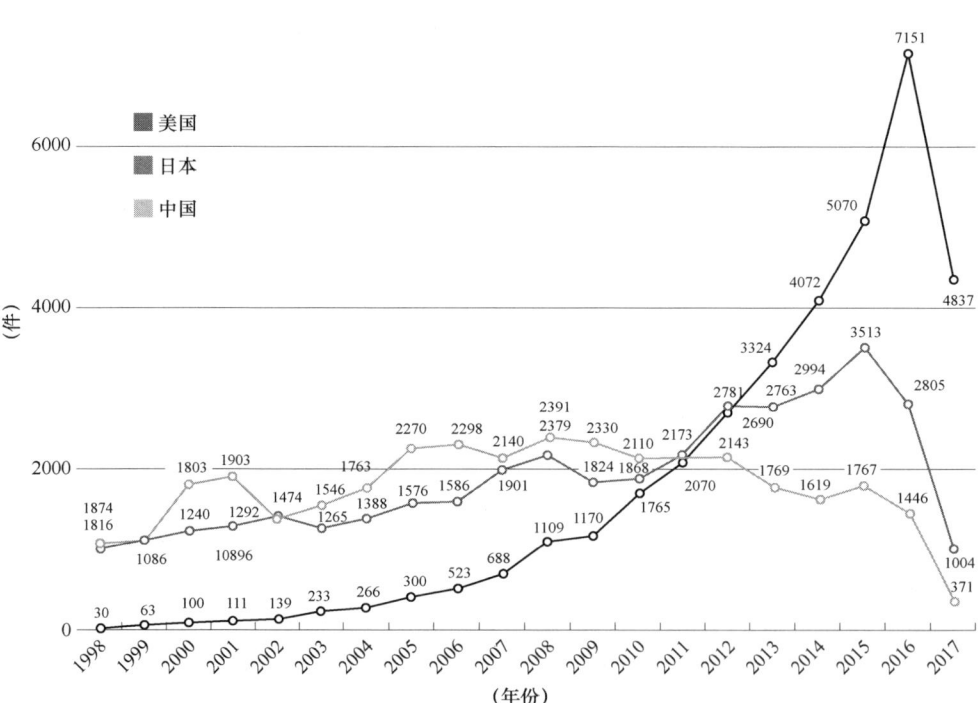

图 4　机器人交互技术领域专利申请人国家—趋势分布

4. 专利申请人分布

图 5 是机器人交互技术领域专利申请的主要申请人分布图。其中，排名前十位的

专利申请人是佳能、东芝、松下、三星电子、NEC、索尼、富士通、理光、IBM 和日立。前十位的专利申请人中有 8 位是日本申请人，1 位韩国申请人，1 位美国申请人。专利申请量的第一梯队中有佳能公司，该申请人的相关专利申请量达到 6000 余件；第二梯队中有东芝、松下、三星电子、NEC、索尼、富士通，专利申请量在 4000 件左右；第三梯队中有理光、IBM 和日立，专利申请人在 3000 件左右。

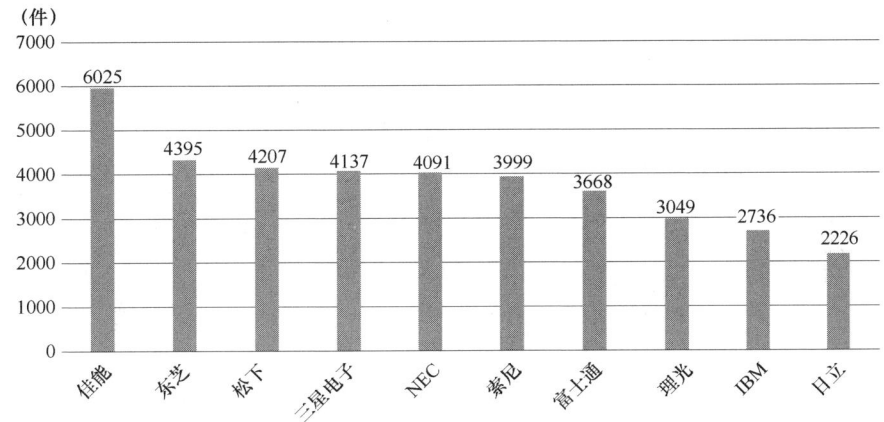

图 5　机器人交互技术领域专利申请的主要申请人分布

5. 专利申请技术点分布

图 6 为机器人交互技术领域专利申请的技术点分布图，可反映机器人交互技术领域发展的重点和热点领域。数据显示，在机器人交互技术领域中，专利申请主要分布在视觉交互、语音交互、动作交互、基于表情识别的交互、多模态交互的交互技术中。其中，视觉交互技术的专利申请量达 74 654 件，该技术领域是机器人交互技术专利布局最多的技术领域，也是最热门的技术领域；其次，语音交互技术的专利申请量达 46 441 件，动作交互、不足 7000 的专利申请量在 1 万件左右。多模态交互技术的专利申请量最少，并且该技术领域的专利布局时间比较晚，是机器人交互技术中的新兴技术领域。

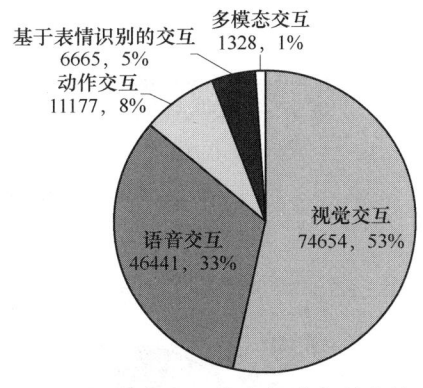

图 6　机器人交互技术领域专利申请的技术点分布

（二）中国专利申请态势分析

1. 专利申请时间趋势分析

图 7 为机器人交互技术领域专利申请量年度发展的趋势图。由图 7 可看出，机器人交互技术领域专利申请量的变化可大致划分为三个阶段。第一阶段是缓慢布局阶段（1985—1995 年），在这一阶段，专利年申请量较小，数量均在 100 件以下。第二阶

段是稳步增长阶段（1996—2009 年），在这一阶段，专利年申请量稳步增长，最高年申请量达 1492 件。第三阶段是快速布局阶段（2010—2017 年），此阶段专利年申请量呈线性增长趋势，增速达 26%。

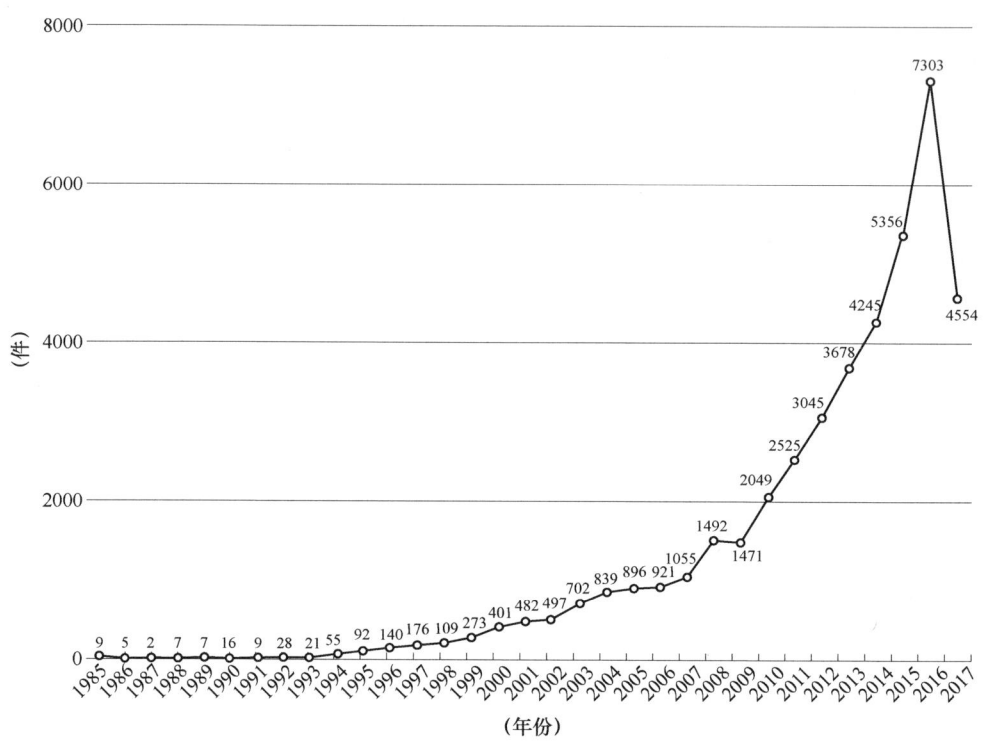

图 7　机器人交互技术领域中国专利申请量年度发展趋势

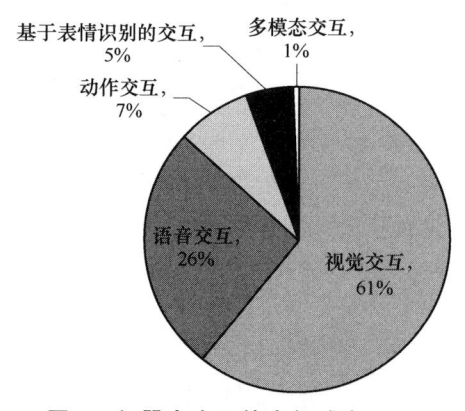

图 8　机器人交互技术领域中国专利申请的技术点分布

2. 专利申请技术点分布

图 8 为机器人交互技术领域专利申请的技术点分布图。数据显示，在机器人交互技术领域中，专利申请主要分布在视觉交互、语音交互、动作交互、基于表情识别的交互、多模态交互的交互技术中。其中，视觉交互技术的专利申请量达 17 748 件，该技术领域是机器人交互技术专利布局最多的技术领域，也是最热门的技术领域；其次，语音交互技术的专利申请量达 7652 件，动作交互、基于表情识别的交互的专利申请量达 2000 件。多模态交互技术的专利

申请量最少,并且该技术领域的专利布局时间比较晚,是机器人交互技术中的新兴技术领域。

3. 专利申请省市分布

图 9 是机器人交互技术领域中国专利申请的省市分布图。数据显示,中国专利局受理的专利中,来自北京、广东的专利数据最多,均在 6000 件以上,其次是江苏和上海的专利申请,在 2000 件以上,再次是浙江、陕西、四川、湖北、山东、安徽的专利申请,在 900~1800 件。

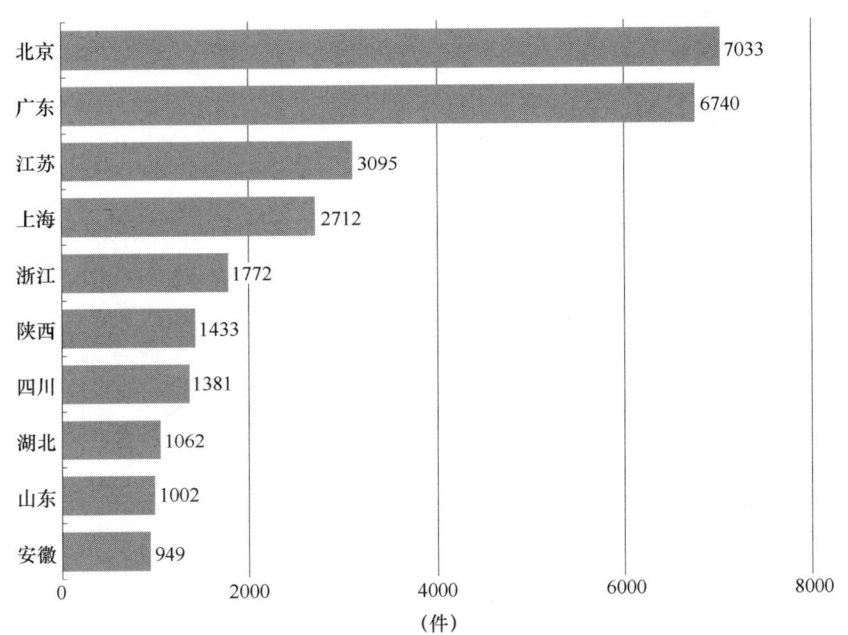

图 9　机器人交互技术领域中国专利申请的省市分布

4. 专利申请人分布

(1) 专利申请人国家/地区分布

图 10 是机器人交互技术领域中国专利申请的申请人国家/地区分布图。数据显示,中国专利局受理的专利中,来自中国申请人的专利数量最多,接近 3.3 万件,占中国专利局受理总量的 76%;其次是日本申请人、美国申请人,专利申请量在 2000 件以上;再次是中国台湾地区申请人、韩国申请人、德国申请人、荷兰申请人、法国申请人、瑞典申请人和芬兰申请人,专利申请量在 140~1300 件。

(2) 主要专利申请人分布

图 11 是机器人交互技术领域中国专利申请的主要申请人分布图。其中,排名前十位的专利申请人是西安电子科技大学、索尼、三星电子、华为、百度、中科院自动化所、电子科技大学、华南理工大学、欧珀、佳能。其中,中国申请人占 7 席,日

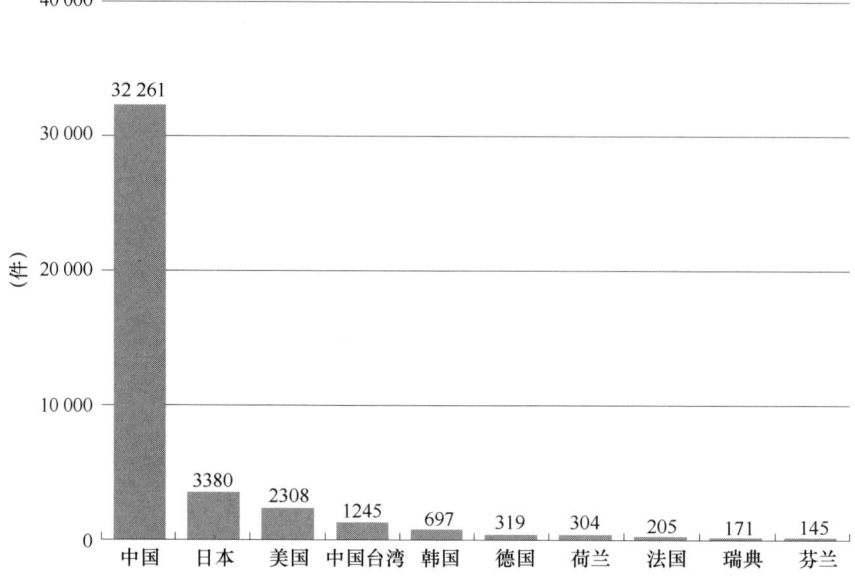

图 10　机器人交互技术领域中国专利申请的申请人国家/地区分布

本申请人占 2 席，韩国申请人占 1 席。在该七位中国申请人中，专利申请量较大的申请人类型主要为高校和研究所。

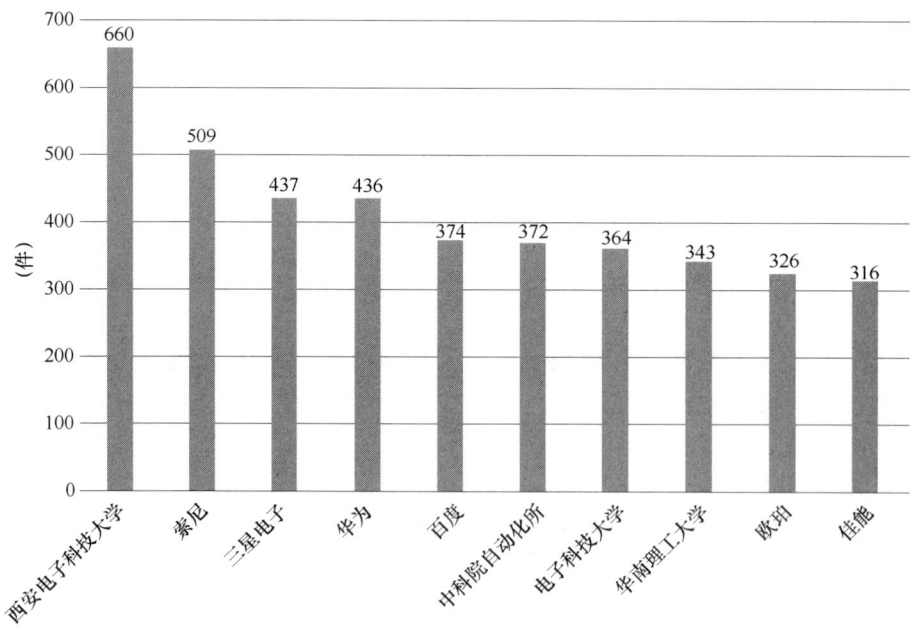

图 11　机器人交互技术领域中国专利申请的主要申请人分布

（3）主要专利申请人技术领域分布

图 12 是机器人交互技术领域中国专利主要申请人的技术点分布图。图中各分类号的含义如下：

G06K　数据识别；数据表示；记录载体；记录载体的处理；

G10L　语音分析或合成；语音识别；音频分析或处理；

G06F　电数字数据处理；

G06T　一般的图像数据处理或产生；

H04N　图像通信，如电视。

数据显示，在中国受理的专利中，专利申请量排名前十位的申请人中，3 位国外申请人的专利 IPC 分布比较均衡，主要专利分布在多个不同的技术领域。我国申请人的专利 IPC 分布较为单一，例如，西安电子科技大学的专利申请主要集中在 G06K 和 G06T，华为和百度的专利主要集中在 G10L，中科院自动化所、电子科技大学和欧珀公司主要集中在 G06K。

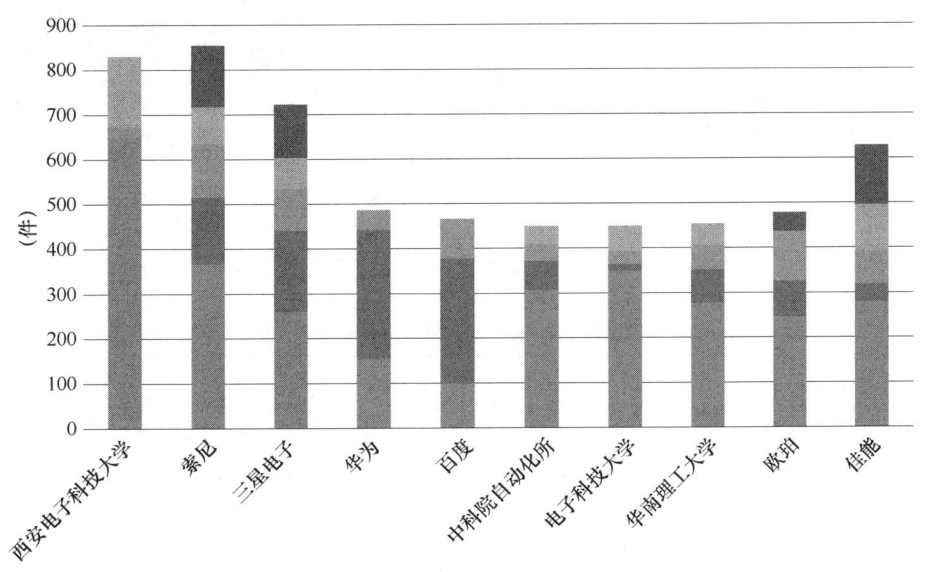

图 12　机器人交互技术领域中国专利主要申请人的技术点分布图

（4）主要专利申请人申请年度分布

图 13 是机器人交互技术领域中国专利主要申请人的申请年度分布图。表 1 是机器人交互技术领域中国专利主要申请人的申请年度分布表。数据显示，主要申请人的申请年度分布趋势各有不同。其中，对比国内申请人和国外申请人不难发现，国内申请人的专利申请起步较晚，例如，西安电子科技大学、中科院自动化所、欧珀公司分

别在 2007 年、2011 年、2012 年才开始有相关专利申请。但是，国内申请人的专利申请量增长非常快，在短时间内积累了大量的专利；国外申请人的专利申请起步较早，并且专利申请量的增速比较平稳；日本的索尼公司在 2011 年后出现申请量明显下降的趋势。

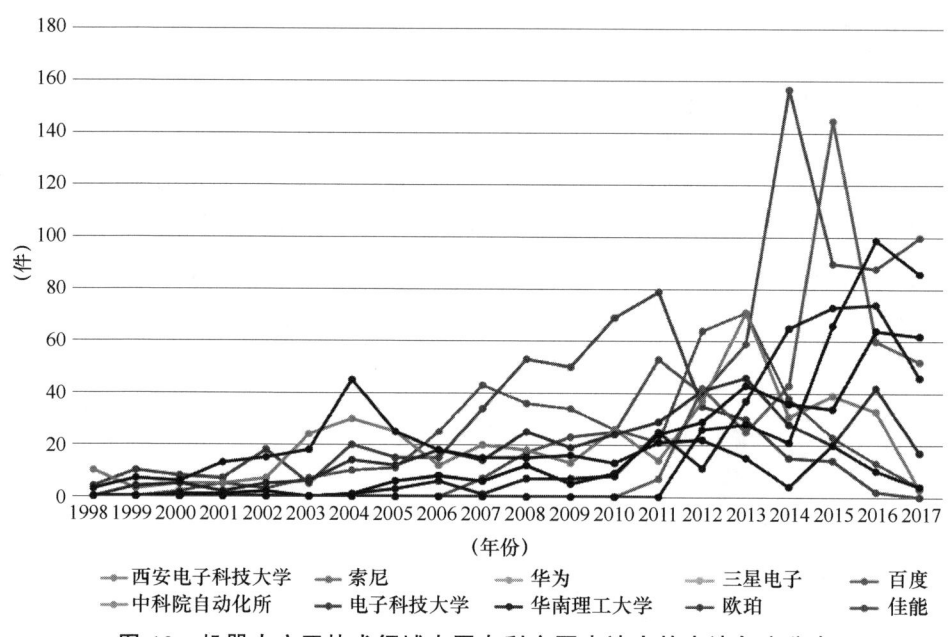

图 13　机器人交互技术领域中国专利主要申请人的申请年度分布

表 1　机器人交互技术领域中国专利主要申请人的申请年度分布　　　（件）

年份	西安电子科技大学	索尼	华为	三星电子	百度	中科院自动化所	电子科技大学	华南理工大学	欧珀	佳能
1998	0	4	0	10	0	0	0	0	0	3
1999	0	10	0	3	4	0	0	0	0	7
2000	0	8	2	5	5	0	0	1	0	6
2001	0	7	5	5	2	0	0	1	0	13
2002	0	18	3	7	5	0	0	2	0	15
2003	0	5	7	24	6	0	0	0	0	18
2004	0	20	10	30	14	0	1	1	0	45
2005	0	15	11	25	12	0	3	6	0	25

续表

年份	西安电子科技大学	索尼	华为	三星电子	百度	中科院自动化所	电子科技大学	华南理工大学	欧珀	佳能
2006	0	15	25	12	18	0	6	8	0	18
2007	7	34	43	20	14	0	1	6	0	15
2008	17	53	36	18	25	0	7	12	0	15
2009	23	50	34	13	19	0	7	5	0	16
2010	25	69	26	26	24	0	8	9	0	13
2011	53	79	21	14	29	7	25	24	0	21
2012	40	35	64	37	41	42	11	29	26	22
2013	59	30	71	71	46	25	37	43	28	15
2014	157	15	38	31	28	43	65	36	21	4
2015	90	14	23	39	20	145	73	34	66	20
2016	88	2	13	33	42	60	74	64	99	10
2017	100	0	4	3	17	52	46	62	86	4

三、重点技术专利布局分析

（一）语音交互技术专利布局分析

人机语音交互技术是指机器识别并分析提取语音信号语义特征信息，与标准信息库中语义特征相对比，输出相应文字或转化成人们想要的输出结果。其交互的对象包括人与人之间（语音远距离通信）、机器和人、机器和机器之间，该交互技术让不同交互对象可以自由地进行高效信息传递。语音交互技术源于 1952 年贝尔实验室的 single-speaker digit recognized，经过几十年的研究探索，该项技术取得长足发展。尤其是近若干年，该项技术逐渐成熟，其在商业上的应用愈加广泛。

各国在人机交换技术方面均投入了大量研究，1982 年日本提出了智能计算机系统，目标在 20 世纪 90 年代完善人机交换技术，我国 1986 年提出"863"高科技计划，目标实现自动语音翻译系统，1993 年微软公司提出语音人机交换计划，经过多年研究，确实攻克很多技术难题，取得多项技术成果。

1. 专利申请国家（地区）分布

图 14 是语音交互技术领域专利申请国家（地区）分布图。数据显示，语音交互技术领域专利主要集中在日本、美国和中国，其中，日本的相关专利受理量在 18 000 件以上，美国的相关专利受理量在 13 000 件以上，中国的相关专利的受理量在 7500 件以上，这三国的专利受理量占语音交互技术专利数量的 85%。其次是韩国、欧洲、世界知识产权组织、德国、中国台湾、澳大利亚和印度，其他专利局受理专利量远小于日、美、中三国的受理量。

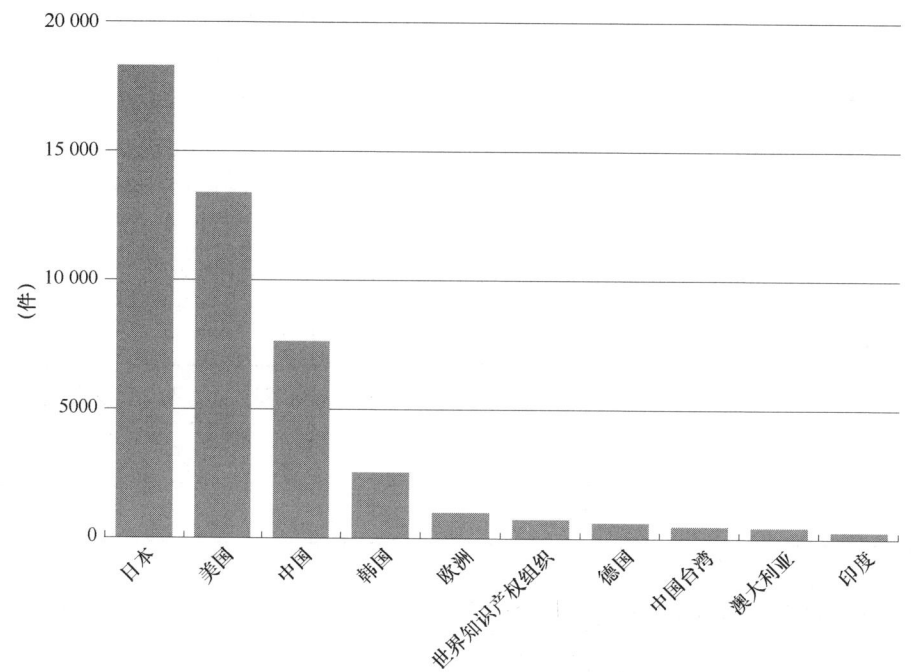

图 14　语音交互技术领域专利申请国家（地区）分布

2. 不同国家（地区）申请趋势分析

图 15 是语音交互技术领域专利申请国家（地区）申请趋势分布图。数据显示，1998—2009 年，在中国申请的语音交互技术领域专利增速比较缓慢，从 2010 年后，在中国申请的相关专利出现迅速增长，并且近几年的专利申请量仍保持了高速增长。与之相对，在日本申请的相关专利在 1998—2006 年，年均申请量位列第一位，但是，从 2001 年以后，专利申请量呈下降趋势。在美国申请的相关专利的申请量在 1998—2011 年比较平稳，从 2002 年开始，专利申请量呈持续增长的态势。

机器人交互技术领域专利技术现状及其发展趋势　　103

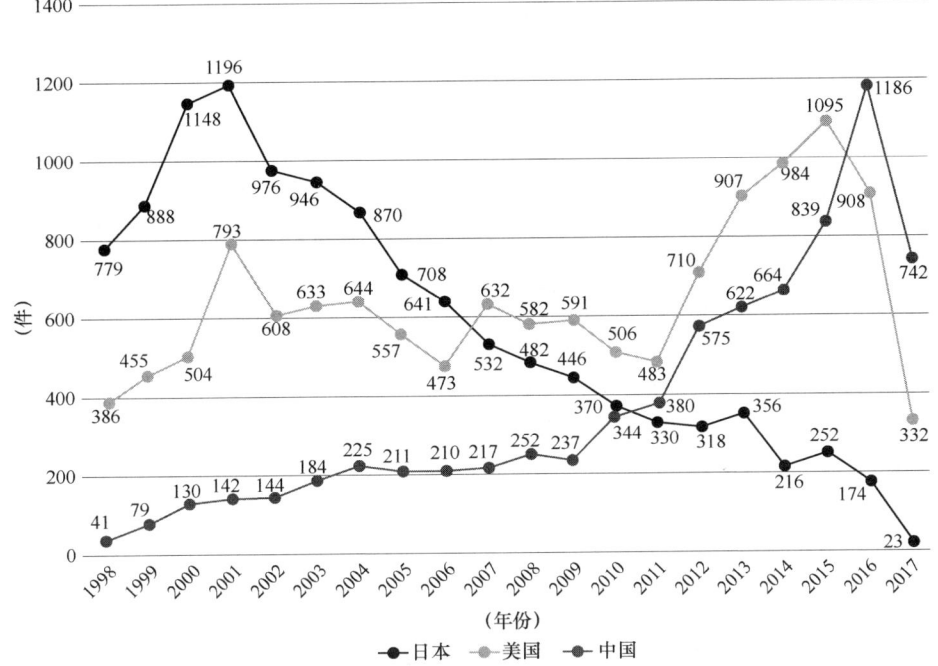

图15　语音交互技术领域专利申请国家（地区）申请趋势分布

3. 不同国家（地区）主要申请人

图16是语音交互技术领域专利申请国家（地区）—主要申请人分布图。数据显示，在日本申请的语音交互技术领域专利的主要申请人为NEC、东芝、富士通、日本电信电话株式会社、理光、佳能、日立、索尼、夏普。申请量排名前十的申请人均为日本本土企业。在日本申请的语音交互技术领域的专利主要掌握在日本申请人手中，国外申请人在日本的相关专利布局比较少。

在中国申请的语音交互技术领域专利的主要申请人为百度、联想、三星电子、IBM、松下、中兴、飞利浦、微软、索尼、松下。虽然语音交互技术领域的专利在中国的申请量最大，但是从申请量排名前十位的申请人来看，国内申请人仅占3位。该技术领域的中国专利申请有相当一部分掌握在老牌外企手中；并且，国内企业在该技术领域的专利申请比较分散，即在语音交互技术领域，国内申请人数量较多，但是各申请人掌握的专利数量较少。

在美国申请的语音交互技术领域专利中，IBM公司的专利申请量排名第一位。其次是纽昂斯通信有限公司（NUANCE COMMUNICATIONS）和微软公司，其中，纽昂斯通信有限公司在2005年被微软公司合并，因此，微软公司在语音交互技术领域的专利储备也不容小觑。再次是三星电子、谷歌、东芝、松下、索尼、NEC和佳能公司。可见，在美国市场中，除了美国本土企业之外，日本申请人也十分重视美国市场，在美国市场有较多的专利布局。

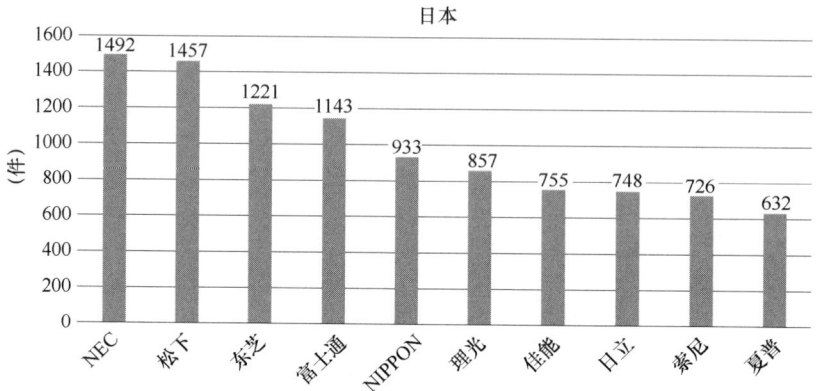

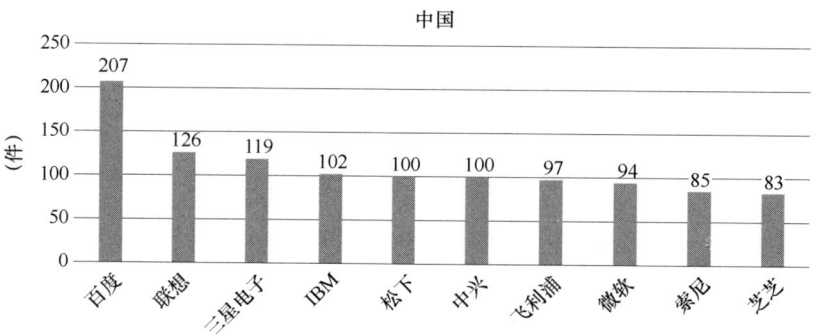

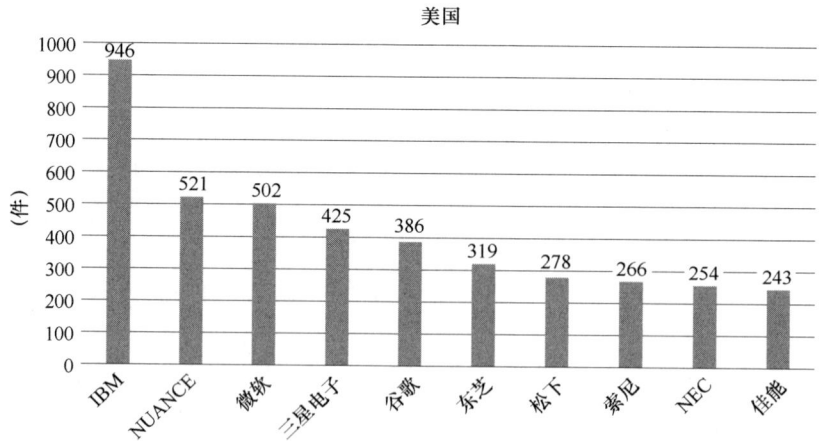

图16 语音交互技术领域专利申请国家（地区）—主要申请人分布

4. 重点专利分析

（1）专利名称：Method and system for accessing CRM data via voice，专利申请号：US10/039057，申请日：2002-01-04，申请人：SIEBEL SYSTEMS，法律状态：授权

该专利涉及一种通过语音接口提供对 CRM 数据的访问的系统和方法。在一个实施例中，该系统包括语音识别单元和语音处理服务器，两者一起工作以使得用户能够使用由导航语境敏感的语音提示引导的语音命令来与系统交互，并且以语言化格式将用户请求的数据提供回用户。处理数字化的语音波形数据以确定用户的语音命令。该系统还使用"语法"，使用户能够使用直观的自然语言语音查询检索数据。响应于这样的查询，系统生成对应的数据查询以检索对应于查询的一个或多个数据集。用户能够浏览通过语音命令导航返回的数据，其中系统使用文本到语音（TTS）转换将数据"读取"回给用户。

（2）专利名称：Method and apparatus for creating modifiable and combinable speech objects for acquiring information from a speaker in an interactive voice response system，专利申请号：US09/296191，申请日：1999-04-23，专利申请人：NUANCE COMMUNICATIONS，法律状态：授权

该专利涉及一种用于在交互式语音应答（IVR）环境中创建可修改和可组合的语音对象的方法和装置。每个语音对象用于在说话者和语音识别机制之间的相互作用期间从说话者获取特定类型的信息。语音对象是一个用户可扩展的类的实例，包括与相应类型的交互相关联的属性，如提示和语法。语音对象还包括用于在处理系统中执行时控制与用户的交互的逻辑。语音对象可以被分类以添加额外的属性和功能来创建定制的语音对象，或者可以在运行时改变这种属性。可以组合多个语音对象，每个用于获取特定类型的信息，以形成复合语音对象。

（3）专利名称：Intelligent query engine for processing voice based queries，专利申请号：US09/439060，申请日：1999-11-12，专利申请人：PHOENIX SOLUTIONS，法律状态：授权

本申请公开了一种用于处理基于有声查询的智能查询系统。这种分布式客户—服务器系统通常在内联网或因特网上实现，通过语音输入接口在用户的计算机，PDA或工作站接受用户的查询。在将用户的查询从语音转换为文本之后，使用自然语言引擎，数据库处理器和全文 SQL 数据库的两步算法被实现以找到与用户的查询最匹配的单个答案。该系统接受用户选择的环境变量，并且可扩展以提供各种类别和数量的用户发起的查询的答案。

（4）专利名称：System and method for generating voice pages with included audio files for use in a voice page delivery system，专利申请号：US09/952015，申请日：2001-09-14，专利申请人：MICROSTRATEGY，法律状态：授权

本申请涉及一种内容提供者系统，用于使内容提供者能够创建带有音频文件的语音页面，该语音文件被包括在用于语音页面传送的网络中，用户请求语音页面，并且语音页面服务器系统将语音页面可听地传送给用户。内容提供商选择要将音频文件合并到其中的语音页面，选择音频文件，然后内容提供商系统将该音频文件传送到语音页面服务器系统，该语音页面服务器系统使用 XML-基于标签的音频文件标签。音频文件从包括电话设备，基于网络的系统和 PDA 的许多用户设备上传。

（5）专利名称：Universal IP-based and scalable architectures across conversational applications using web services for speech and audio processing resources，专利申请号：US10/183125，申请日：2002-06-25，专利申请人：IBM，法律状态：授权

本申请涉及一种用于会话计算的系统和方法，并且具体地涉及使用基于 Web 服务的模型构建分布式会话应用的系统和方法，其中语音引擎（例如语音识别）和音频 I/O 系统是可以被异步编程的可编程服务通过使用标准的，可扩展的 SERCP（语音引擎远程控制协议）的应用程序，从而提供可扩展且灵活的基于 IP 的体系结构，使得能够跨越广泛的语音处理平台和网络/网关部署相同的应用程序或应用程序开发环境（例如，PSTN［公共交换电话网络］、无线、因特网和 VoIP［IP 语音］）。进一步提供了用于在基于 Web 服务的框架中动态分配、分配、配置和控制诸如语音引擎、语音前/后处理系统、音频子系统以及使用 SERCP 的语音引擎之间的交换的语音资源的系统和方法。

（二）动作交互技术专利布局分析

动作交互技术包括对于人体动作和手势的识别。人体动作识别主要应用于公共场所、医院、安全等方面；手势识别大部分应用于智能家居的控制、感知方面的应用，教育学习、非能力限制的人员的表达等。

一般来说，人体动作的识别，是通过视频或图像的形式获取进而识别，随着科学技术的发展，以及电子行业的发展，开始利用穿戴传感器设备来对人体动作进行识别；随着无线技术的发展和覆盖的扩大，WiFi 信号被用来对人体动作识别，并且取得较好的效果。目前 WiFi 识别人体动作的课题研究是最新的研究动向。一般处理人体动作识别，都是采用以下流程：收集数据，对收集到的数据进行去噪或处理，提取出特征量，训练和分类，最后实现人体动作的识别。在这五个部分中，数据去噪和提取出特征量是关键的两个环节。目前的研究重点都在这两个关键的环节。

手势的识别可以使用户通过手势来控制或与设备交互，让计算机理解人类的行为。其核心技术为手势分割、手势分析以及手势识别。

1. 专利申请国家（地区）分布

图 17 是动作交互技术领域专利申请国家（地区）分布图。数据显示，动作交互技术领域专利主要集中在美国，美国受理专利 5998 件，占动作交互技术领域专利的 61%。其次是中国，相关专利受理量 2189 件。而韩国、日本、欧洲和世界知识产权组织在该领域的受理量相当，在 500 件左右。其他专利局受理专利量远小于上述国家或地区的受理量。

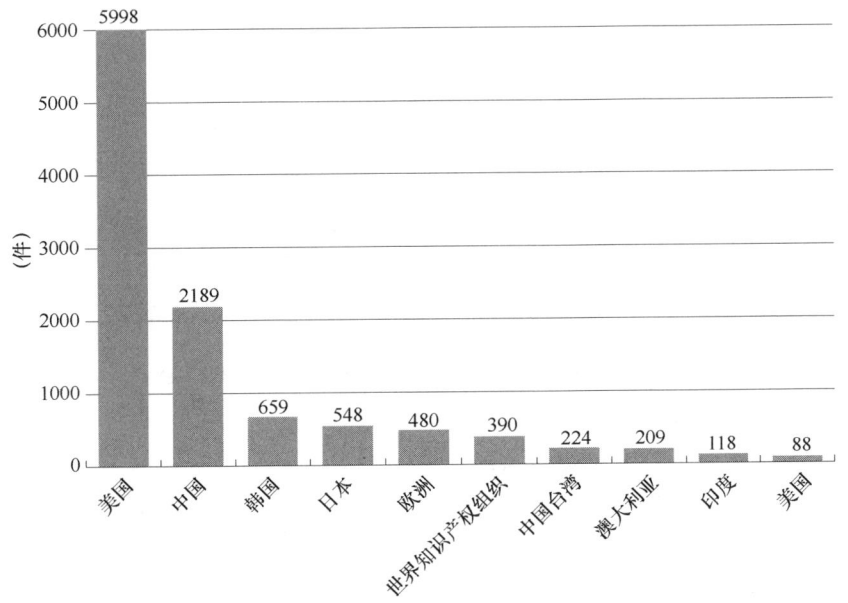

图 17　动作交互技术领域专利申请国家（地区）分布

2. 不同国家（地区）申请趋势分析

图 18 是动作交互技术领域专利申请国家（地区）申请趋势分布图。数据显示，1998—2007 年，在中国申请的动作交互技术领域专利增速比较缓慢，从 2008 年后，在中国申请的相关专利出现迅速增长，并且近几年的专利申请量仍保持了高速增长。与之相对，在日本申请的相关专利在 1998—2006 年，年均申请量高于中国，但从 2007 年以后，专利申请量有所下降。在美国申请的相关专利的申请量增长速度比在中国申请的相关专利的申请量的增长速度要快，并且在美国申请的相关专利的申请量明显大于中国。

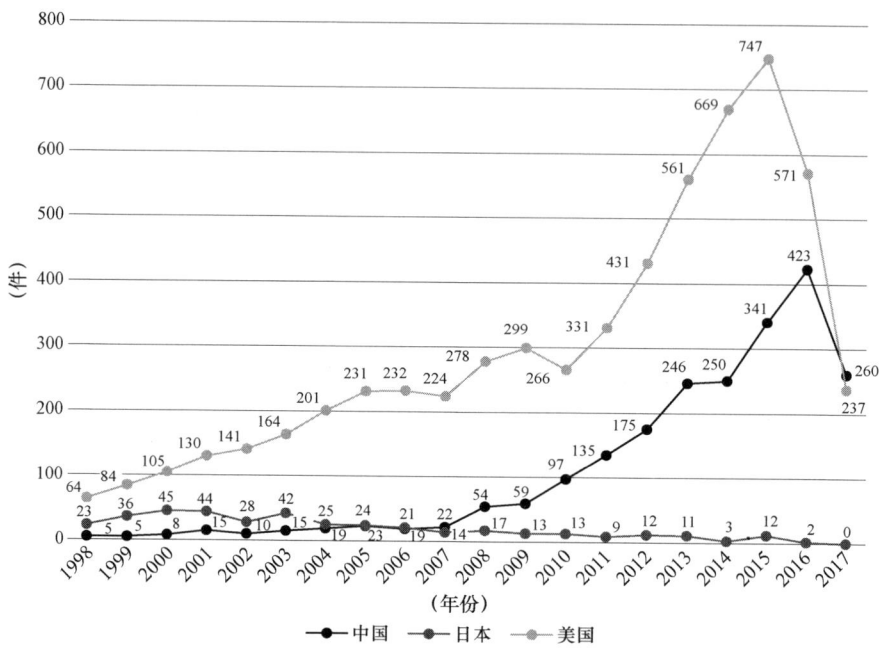

图 18 动作交互技术领域专利申请国家（地区）申请趋势分布

3. 不同国家（地区）主要申请人

图 19 是动作交互技术领域专利申请国家（地区）—主要申请人分布图。数据显示，在中国申请的动作交互技术领域专利的主要申请人为华南理工大学、清华大学、电子科技大学、三星电子、浙江大学、微软、济南大学、索尼、微软技术许可公司、中科院自动化研究所，但申请量都不是很大，除华南理工大学的 52 件以外，其他申请均为 20 多件，且申请人主要集中在高等院校，国内企业申请人没有进入前十名。此外，在申请量排名前十的申请人中，有三位是外国企业，分别为三星（韩国）、微软（美国）和索尼（日本）。

在日本申请的动作交互技术领域专利的主要申请人为索尼、东芝、NEC、日立、佳能、松下、夏普、富士通、OKI、理光。申请量排名前十的申请人全部为日本本土企业。在日本申请的动作交互技术领域的专利主要掌握在日本申请人手中，国外申请人在日本的相关专利布局比较少。

在美国申请的动作交互技术领域专利中，微软公司的专利申请量排名第一位，并且，微软在中国也有相关专利布局。其次是谷歌公司、IBM 公司、微软技术许可公司、三星、索尼和亚马逊。其中，微软技术许可公司负责为微软公司的专利和某些相关技术授予许可，其在中国也有相关专利布局，因此，微软公司在动作交互技术领域的专利储备也不容小觑。另外，英特尔、纽昂斯通信和苹果在动作交互技术领域也有较多的专利布局。

机器人交互技术领域专利技术现状及其发展趋势

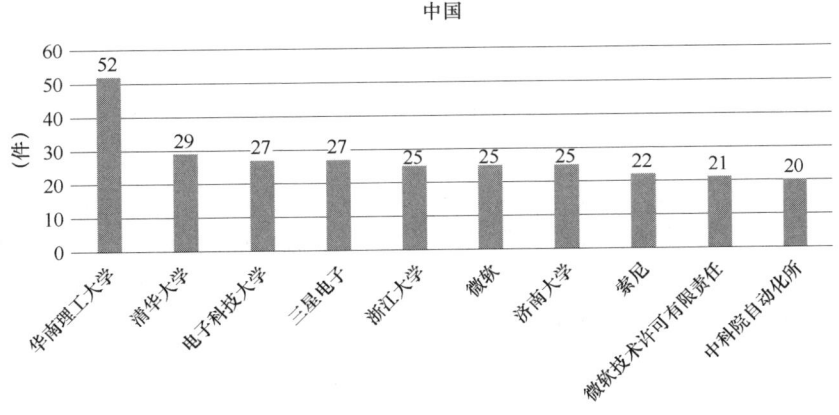

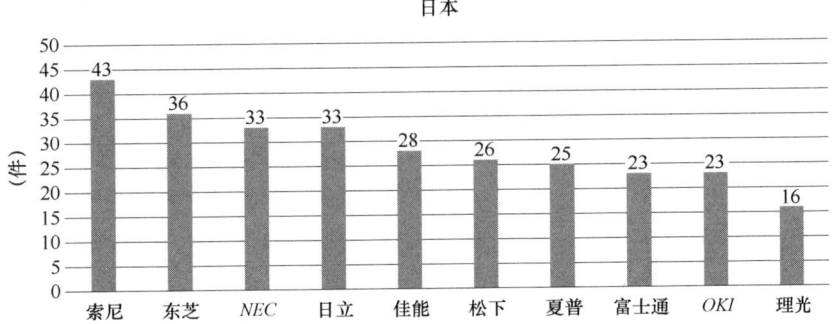

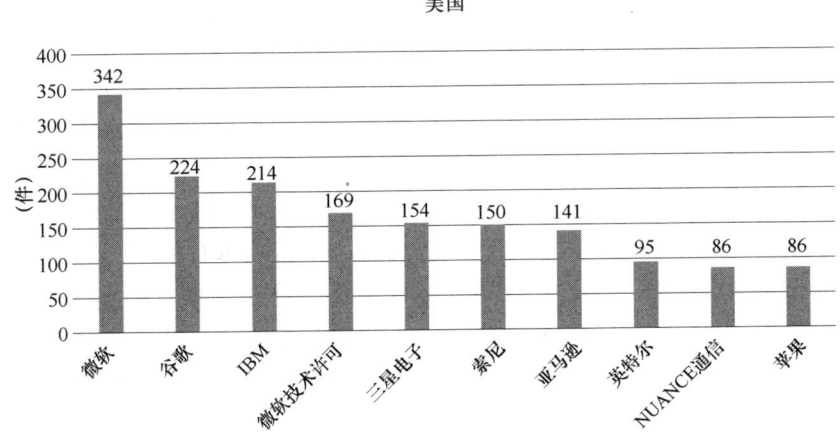

图 19 动作交互技术领域专利申请国家（地区）—主要申请人分布

4. 重点专利分析

（1）专利名称：Optical body tracker，专利申请号：US20010791123，申请日：2001-02-22，专利申请人：CYBERNET SYSTEMS CORPORATION，法律状态：授权

光学系统使用多个三维有源标记，基于来自经由多个线性 CCD 通过柱面透镜读取的数据的三角测量，追踪包括人体或其部分的对象的运动。每个标记顺序点亮，使得它与使用定位和定向的成像系统的帧捕获同步，从而为计算三维位置提供基础。在优选实施例中，成像系统在第一标签位置捕获时间开始时检测由标签控制器发出的作为标签/标记照明序列的一部分的红外信号。然后，控制器在每个成像系统帧捕获周期时间同步地穿过标签。因此，在摄像机的每个图像捕获期间仅有一个独特的标签将被点亮，从而简化识别。使用线性 CCD 传感器，帧时间（即点采集时间）非常短，允许非常多的标记被实时采样和定位。

（2）专利名称：Pose estimation based on critical point analysis，专利申请号：US20060378573，申请日：2006-03-17，专利申请人：HONDA MOTOR CO.，法律状态：授权

本申请涉及一种用于估计对象姿态的方法和系统。对象可以是人、动物、机器人等。相机接收与对象相关联的深度信息，姿势估计模块以从图像确定对象的姿势或动作，以及交互模块，输出对所感知的姿势或动作的响应。姿势估计模块将包含主体的图像的部分分成分类和未分类部分。这些部分可以使用 k-means 聚类来分割。被分类的部分可以是在图像上被跟踪的已知对象，例如头部和躯干。未分类的部分扫过 x 和 y 轴来确定局部最小值和局部最大值。临界点来自局部最小值和局部最大值。通过连接各个关键点来确定潜在关节部分，并且选择具有与主体上的对象相对应的足够可能性的关节部分。

（3）专利名称：Gesture-controlled interfaces for self-service machines and other applications，专利申请号：US09/371460，申请日：1999-08-10，专利申请人：CYBERNET SYSTEMS CORPORATION，法律状态：授权

本申请公开了用于控制自助服务机器和其他设备的手势识别接口。手势被定义为由人、动物或机器产生的运动和运动姿势。跟踪特定的身体特征，并解释静态和动作手势。运动手势被定义为一系列参数化定界的振动运动，被建模为线性参数动态系统，增加了几何约束条件，允许使用少量内存和处理时间进行实时识别。线性最小二乘法优选用于确定表示每个手势的参数。特征位置测量结合与手势参数接收的一组预测器仓（bin）一起使用，并且系统确定哪个仓最适合观察到的运动。识别静态姿势手势优选地通过将身体/对象从图像的其余部分本地化，描述该对象并识别该描述来执行。该申请详细描述了用于手势识别的方法，以及使用手势识别来控制设备（包括自助服务机器）的整体架构。

（4）专利名称：Gesture recognition system using depth perceptive sensors，专利申请号：US10/369999，申请日：2003-02-18，专利申请人：CANESTA，INC.，法律状态：授权

本申请公开了使用三维位置信息来识别由感兴趣的身体部位创建的手势。在一个或多个间隔的情况下，基于身体部位的形状及其位置和方向来识别身体部位的姿势。身体部分在每个区间的姿势被识别为组合手势。手势被分类以确定对相关电子设备的输入。

（5）专利名称：MULTI-TOUCH GESTURE DICTIONARY，专利申请号：US20070619553，申请日：2007-01-03，专利申请人：APPLE COMPUTER，法律状态：授权

本申请公开了一种多点触摸手势字典。手势字典可以包括多个条目，每个条目对应于特定的 Chord。字典条目可以包括与 Chord 相关的各种运动以及从 Chord 和运动形成的手势的含义。手势词典可以采取可用于查找手势的含义的专用计算机应用程序的形式。手势词典也可以采取可以容易地从其他应用程序访问的计算机应用程序的形式。手势词典也可以用于将用户选择的含义分配给手势。本申请还公开了结合多点触摸手势词典的计算机系统。计算机系统可以包括台式计算机、平板电脑、笔记本电脑、掌上电脑、个人数字助理、媒体播放器、移动电话等。

（三）视觉交互技术专利布局分析

视觉交互技术简单来说是通过图像处理或视频处理而使计算机具备"看"的能力的技术。具体来说，是指通过机器视觉产品（即图像摄取装置，分 CMOS 和 CCD 两种）将被摄取目标转换成图像信号，传送给专用的图像处理系统，根据像素分布和亮度、颜色等信息，转变成数字化信号；图像系统对这些信号进行各种运算来抽取目标的特征，进而根据判别的结果来控制现场的设备动作。

由于视觉交互系统可以快速获取大量信息，而且易于自动处理，也易于同设计信息以及加工控制信息集成，因此，在现代自动化生产过程中，人们将视觉交互技术广泛地用于工况监视、成品检验和质量控制等领域。视觉交互技术的特点是提高生产的柔性和自动化程度。在一些不适合于人工作业的危险工作环境或人工视觉难以满足要求的场合，常用机器视觉来替代人工视觉；同时在大批量工业生产过程中，用人工视觉检查产品质量效率低且精度不高，用机器视觉检测方法可以大大提高生产效率和生产的自动化程度。此外，机器视觉易于实现信息集成，是实现计算机集成制造的基础技术。

1. 专利申请国家（地区）分布

图 20 是视觉交互技术领域专利申请国家（地区）分布图。数据显示，视觉交互

技术领域专利主要集中在美国，美国受理专利 37 446 件，占视觉交互技术领域专利的 52%。其次是中国和日本，相关专利受理量在 20 000 件以上。其他专利局受理专利量远小于中、日、美三国的受理量。

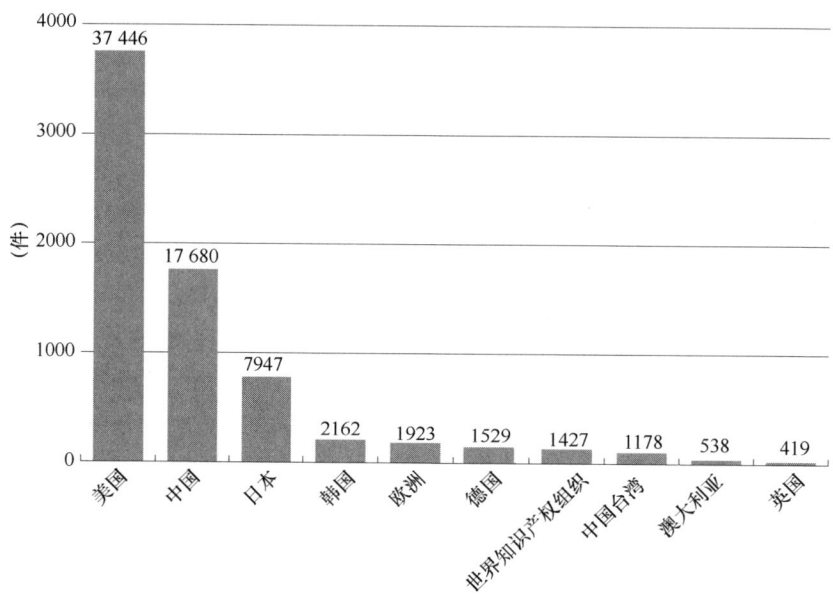

图 20　视觉交互技术领域专利申请国家（地区）分布

2. 不同国家（地区）申请趋势分析

图 21 是视觉交互技术领域专利申请国家（地区）申请趋势分布图。数据显示，2015 年以前，在美国申请的视觉交互技术领域的专利一直遥遥领先，直到 2016 年中国打破了这一规律，在视觉交互技术领域的专利申请达到 3104 件，在中、美、日三个国家中稳居第一。此外，数据显示，除了 2013 年在美国申请的视觉交互技术领域专利的申请量以及 2015 年在中国申请的视觉交互技术领域专利的申请量以外，美国和中国在视觉交互技术领域的专利申请呈逐年增加的趋势。与之相对，在日本申请的相关专利的数量在 1998—2004 年一直比较平稳，从 2005 年开始基本呈逐年下降的趋势。

3. 不同国家（地区）主要申请人

图 22 是视觉交互技术领域专利申请国家（地区）—主要申请人分布图。数据显示，在中国申请的视觉交互技术领域专利的主要申请人为西安电子科技大学、中国电子科技大学、中科院自动化研究院、北航、华南科技大学、华中科技大学、索尼、浙江大学、富士通、武汉大学。视觉交互技术领域的专利在中国的申

机器人交互技术领域专利技术现状及其发展趋势   113

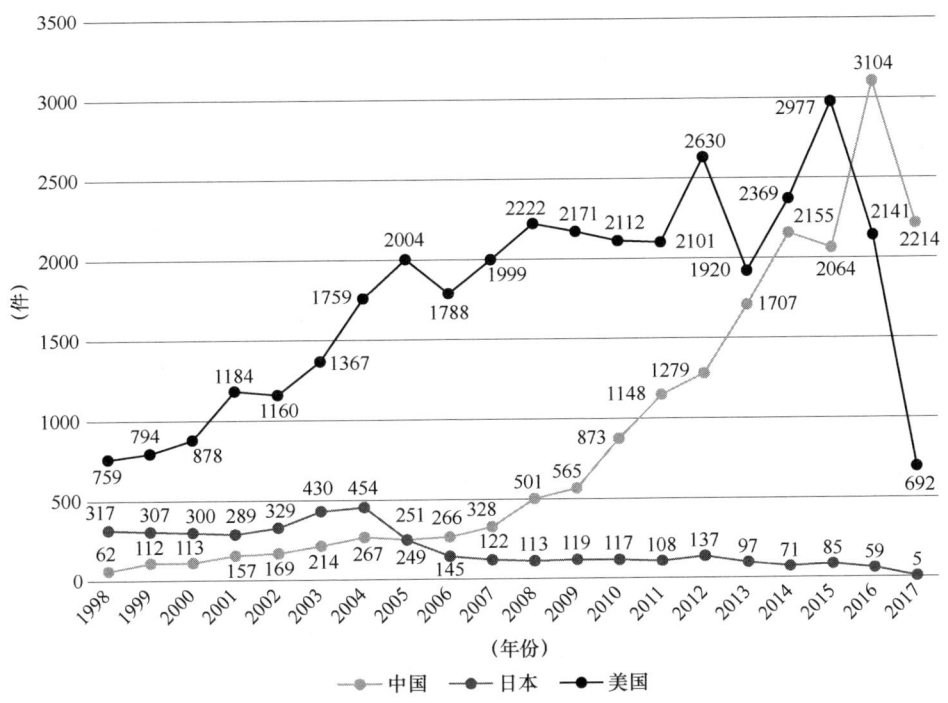

图 21　视觉交互技术领域专利申请国家（地区）申请趋势分布

请量不大，申请量排名前十的申请人中，8 个为高校，2 个为日本企业，因此，该技术领域的中国专利申请大部分集中在高校，国内企业在该技术领域的专利申请非常少，即在视觉交互技术领域，国内企业的专利申请量较少。

在日本申请的视觉交互技术领域专利的主要申请人为佳能、东芝、理光、富士通、NEC、日立、OKI、富士施乐、松下、夏普。申请量排名前十的申请人全部为日本本土企业。在日本申请的视觉交互技术领域的专利主要掌握在日本申请人手中，国外申请人在日本的相关专利布局比较少。

在美国申请的视觉交互技术领域专利中，佳能公司的专利申请量排名第一位，并且，申请量排名前十的申请人中，6 个为日本企业，3 个为美国企业，1 个为韩国企业。在视觉交互技术领域，中国申请人在美国基本没有相关专利布局。索尼在中国和美国均有相关专利布局，但在本国相关专利布局并不明显，值得关注。此外，富士通在中国和日本均有相关专利布局，但在美国没有相关专利布局。尤其需要注意的是佳能公司，尽管其在中国没有相关专利布局，但在美国，其申请量达到 2204 件，位居第一，并且在日本，其申请量也达到 907 件，其在该领域中的影响是有目共睹的。

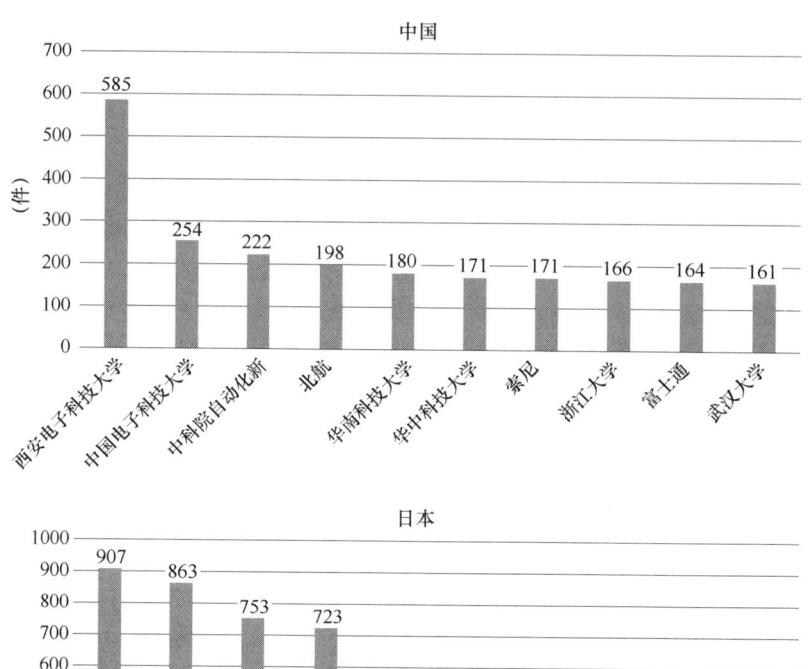
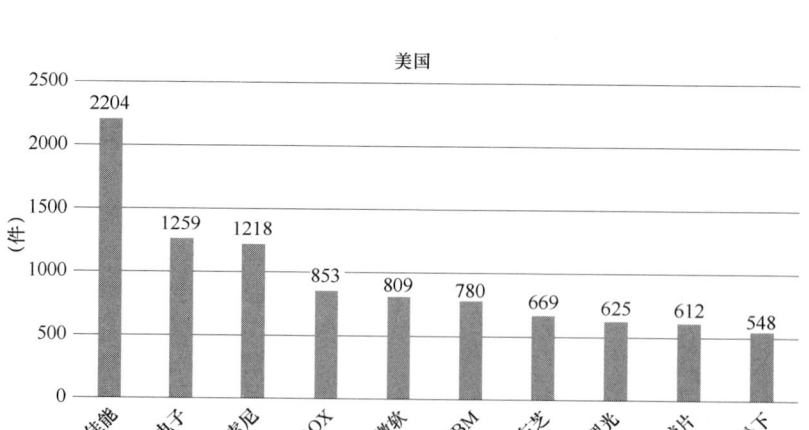

图 22 视觉交互技术领域专利申请国家（地区）—主要申请人分布

4. 重点专利分析

（1）专利名称：Method and apparatus for real-time gesture recognition，专利申请号：US09/371214，申请日：1999-08-10，专利申请人：ELECTRIC PLANET，法律状态：授权

该专利公开了一种用于提供姿势识别的系统和方法，所述姿势识别系统用于识别由图像内的移动主体做出的姿势并且基于姿势的语义来执行操作。如人的主体进入连接到计算机的相机的视野，并执行手臂的拍打等手势。然后系统一次一个图像帧检查手势。位置数据是从输入帧中导出的，并与表示系统已知手势的数据进行比较。比较是实时完成的，可以训练系统以更好地识别已知的手势或新的手势。在创建背景图像模型之后获得包含主体的输入图像的帧。使用输入帧来导出帧数据集，其包含在给定时刻的对象的特定坐标。检查这一系列帧数据集以确定它是否传达系统已知的手势。如果对象手势对于系统是可识别的，则可以由计算机执行基于手势的语义含义的操作。

（2）专利名称：Video hand image-three-dimensional computer interface with multiple degrees of freedom，专利申请号：US09/208196，申请日：1998-12-09，专利申请人：LUCENT TECHNOLOGIES INC.，法律状态：授权

本申请涉及一种基于视频手势的三维计算机接口系统，其使用手势的图像来控制计算机并且在具有 10 个自由度的三维坐标系统中跟踪用户的手或其一部分的运动。该系统包括具有图像处理能力的计算机和连接到计算机的至少两个相机。在系统运行期间，来自摄像机的手图像不断地转换成数字格式并输入计算机中进行处理。然后将每个图像的处理和尝试识别的结果发送到由计算机执行的应用程序等，以执行各种功能或操作。当计算机利用一个或两个伸出的手指将手势识别为"点"手势时，计算机使用从图像得到的信息以 5 个自由度跟踪用户的每个伸出手指的三维坐标。计算机利用由每个相机获得的二维图像来导出每个伸出手指的三维位置（在 x，y，z 坐标系中）和方位（方位角和仰角）坐标。

（3）专利名称：Method and apparatus for identifying scale invariant features in an image and use of same for locating an object in an image，专利申请号：US20000519893，申请日：2000-03-06，专利申请人：UNIVERSITY OF BRITISH COLUMBIA，法律状态：授权

本申请公开了一种用于识别图像中的尺度不变特征的方法和设备以及使用这种尺度不变特征来定位图像中的对象的方法和设备。用于识别尺度不变特征的方法和设备可以涉及使用处理器电路来产生关于在从图像产生的多个差分图像中的像素幅度极值的像素区域的每个子区域的多个分量子区域描述符。这可能涉及通过模糊初始图像来产生多个差异图像以产生模糊图像，并且通过从初始图像中减去模糊图像来产生差异

图像。对于每个差分图像，定位像素幅度极值，并且关于每个像素幅度极值定义相应的像素区域。每个像素区域被分成多个子区域，并且为每个子区域产生多个子区域描述符。这些组件子区域描述符与考虑中的图像的组件子区域描述符相关联，并且当足够数量的组件子区域描述符超过与组件子区域描述符的阈值相关的集合时，指示对象被检测到尺度不变的特征。

（4）专利名称：Interface using pattern recognition and tracking，专利申请号：US09/235139，申请日：1999-01-22，专利申请人：INTEL CORPORATION，法律状态：授权

通过提供用户指令或命令，标志可用于与机器交互。本发明的实施例包括人体检测、人体部位检测、手形分析、轨迹分析、方位确定、手势匹配等。基于计算机视觉，许多类型的形状和手势以非侵入性的方式被识别。通过这种符号理解技术，许多应用变得可行，包括家庭设备的远程控制、计算机控制台的无鼠标（和无触摸）操作，游戏和人机通信等。主动感测硬件用于以视频速率捕获深度图像流，从而分析信息提取。

（5）专利名称：Interface using pattern recognition and tracking，专利申请号：US09/235139，申请日：1999-01-22，专利申请人：INTEL CORPORATION，法律状态：授权

本申请提供了一种用于与电子系统接口的方法。该方法包括从相机接收图像。跟踪来自相机的至少一个图像的一部分。至少一个图像的跟踪部分中的图案被识别。并且，电子系统基于识别的模式进行控制。

（四）基于表情识别的交互技术专利布局分析

随着计算机技术和人工智能技术及其相关学科的迅猛发展，整个社会的自动化程度不断提高，人们对类似于人和人交流方式的人机交互的需求日益强烈。计算机和机器人如果能够像人类那样具有理解和表达情感的能力，将从根本上改变人与计算机之间的关系，使计算机能够更好地为人类服务。表情识别是情感理解的基础，是计算机理解人们情感的前提，也是人们探索和理解智能的有效途径。如果实现计算机对人脸表情的理解与识别将从根本上改变人与计算机的关系，这将对未来人机交互领域产生重大的意义。

面部表情识别技术是近几十年来才逐渐发展起来的，由于面部表情的多样性和复杂性，并且涉及生理学及心理学，表情识别具有较高的难度，因此，与其他生物识别技术如指纹识别、虹膜识别、人脸识别等相比，发展相对较慢，应用还不广泛。但是表情识别对于人机交互有重要的价值，因此，国内外很多研究机构及学者致力于这方面的研究，并已经取得一定的成果。

1. 专利申请国家（地区）分布

图 23 是基于表情识别的交互技术领域专利申请国家（地区）分布图。数据显

示,基于表情识别的交互技术领域的专利主要集中在美国,美国受理专利 3291 件,占该领域专利申请数量的半数以上。其次是中国和韩国,相关专利受理量分别为 1429 件和 647 件。其他专利局受理专利量远小于美、中、韩三国的受理量。

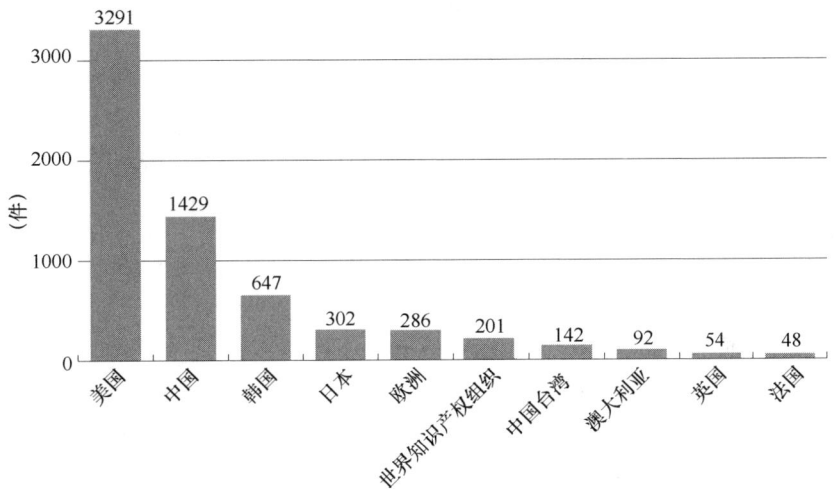

图 23　基于表情识别的交互技术领域专利申请国家(地区)分布

2. 不同国家(地区)申请趋势分析

图 24 是基于表情识别的交互技术领域专利申请国家(地区)申请趋势分布图。

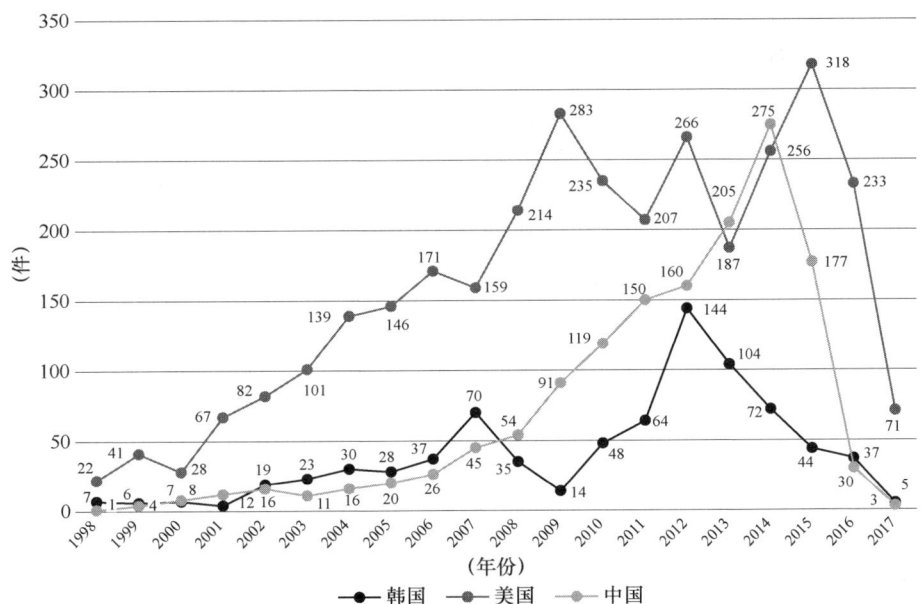

图 24　基于表情识别的交互技术领域专利申请国家(地区)申请趋势分布

数据显示，1998—2015 年，美国专利局受理的相关专利申请的数量相较于中国专利局和韩国专利局，都具有明显优势。其中，仅在 2013—2015 年，美国专利局的受理数量略低于中国专利局，但随后，上述数量上的优势又重现。

1998—2007 年，韩国专利局和中国专利局受理的该领域申请数量都远低于美国专利局的申请数量，其中，韩国专利局受理的数量多于中国专利局。2008—2011 年，韩国专利局的受理数量出现较大的下滑，2013 年，虽然受理数量有较大回升，但随后的受理量一直呈下滑趋势。

反观中国专利局，从 2007 年起，受理数量一直呈稳步增长的态势，这说明，中国作为重要市场的地位在不断得到巩固。此外，笔者还针对中国专利局受理的中国申请人的申请数量进行了分析，如图 25 所示。

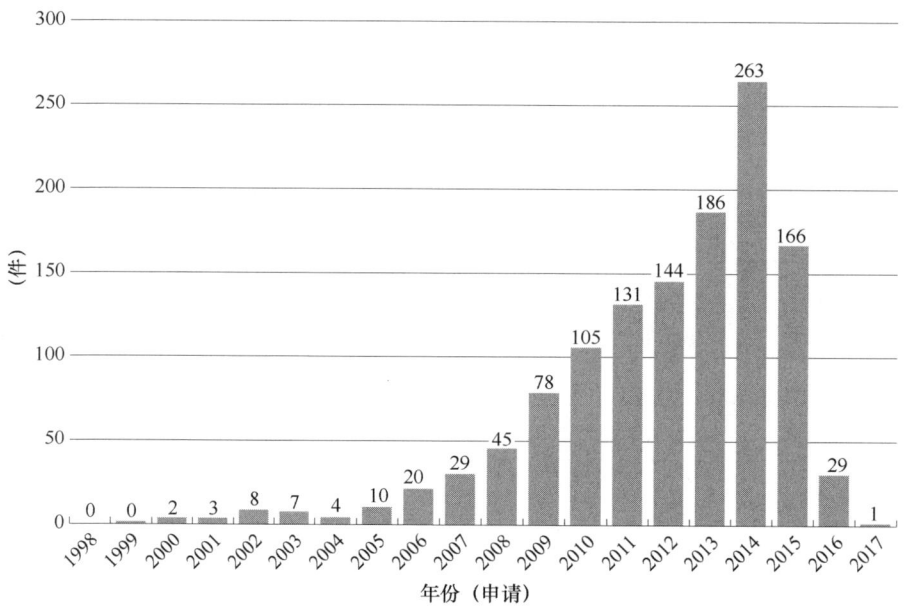

图 25　中国申请人在基于表情识别的交互技术领域专利申请趋势分析

图 25 是中国申请人在基于表情识别的交互技术领域专利申请趋势分析图。数据显示，中国申请人向中国专利局提交的申请数量也在稳步增加。从 2007 年起，中国申请人的专利申请数量一直呈稳步增长的态势，这说明中国申请人的研发实力和知识产权保护意识在不断加强。

3. 不同国家（地区）主要申请人

图 26 是基于表情识别的交互技术领域专利申请国家（地区）—主要申请人分布图。

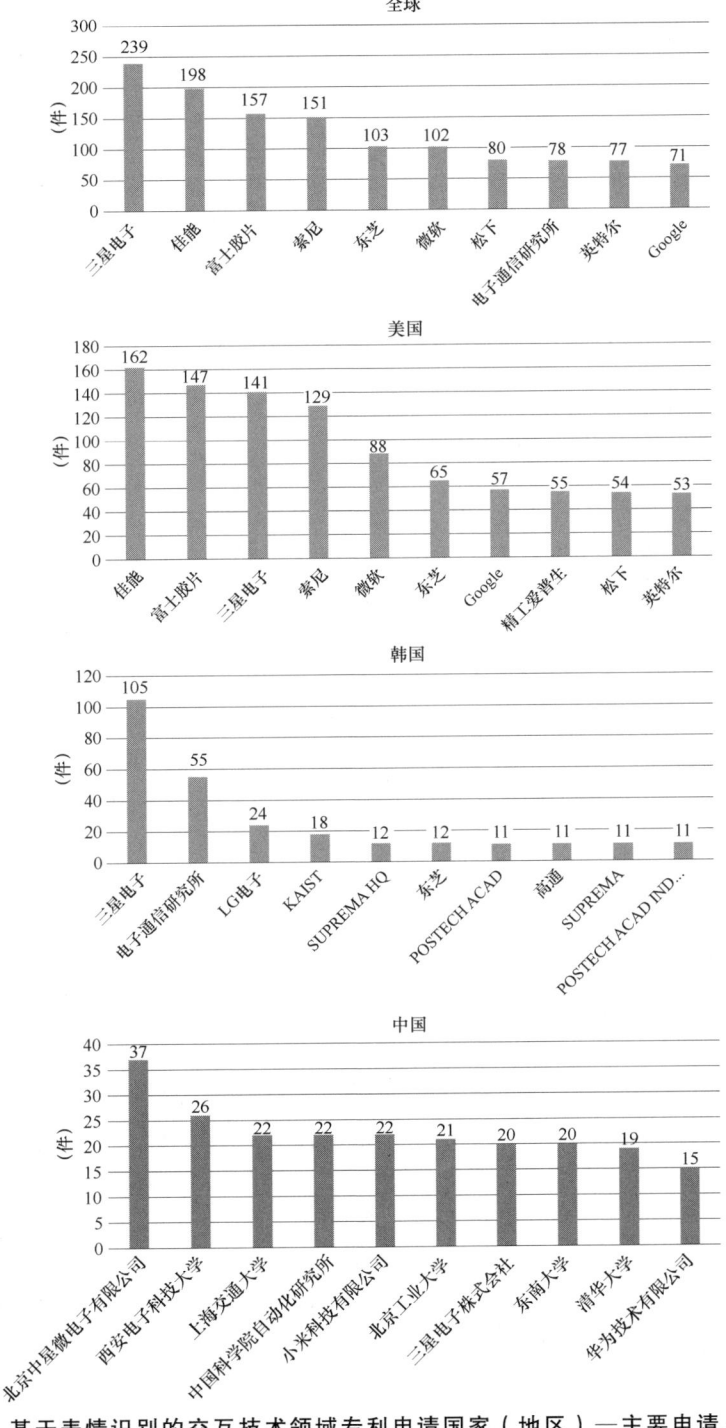

图 26 基于表情识别的交互技术领域专利申请国家（地区）—主要申请人分布

数据显示，在基于表情识别的交互技术领域，从全球范围来看，专利申请量排在前十位的公司为三星、佳能、富士胶片、索尼、东芝、微软、松下、电子通信研究所（韩国）、英特尔、谷歌。在这些申请人中，三星的申请量遥遥领先，其他日韩企业紧随其后，他们在排名前十的申请人中占据多数席位。可见，日韩企业不满足于仅在本国进行申请，更是在全球主要市场进行专利布局，具有放眼全球市场的战略眼光。

在图 26 中，具体到美国专利局受理的专利申请，佳能、富士胶片、三星、索尼占据申请量的前四名。美国本土公司微软、谷歌、英特尔排在五名开外，并且与前四名的日、韩公司在申请量上有较大差距。从专利申请数量可以看到，在美国市场上，日企、韩企、与美国本土公司在该领域的竞争较为激烈，并且，日企和韩企通过大量的技术研发来保持技术上和产品上的竞争力。

在图 26 中，具体到韩国专利局受理的专利申请，三星、电子通信研究所（韩国）、LG 占据申请量的前三名，排名前三的申请人均是韩国本土企业，并且，三星的申请数量远高于第二、第三名。可见，在韩国市场，三星在该领域的研发能力和技术储备相对于其他申请人具有绝对优势。此外，可能受韩国市场容量的限制，抑或是韩国本土企业在韩国市场的强势地位影响，日本企业和欧美企业虽在韩国有部分专利布局，但是数量上并不成气候。

在图 26 中，具体到中国专利局受理的专利申请，排名前十的申请人为北京中星微电子有限公司、西安电子科技大学、上海交通大学、中国科学院自动化研究所、小米科技有限公司、北京工业大学、三星电子株式会社、东南大学、清华大学、华为技术有限公司。申请数量排名前十位的申请人中，国内的科技公司和科研院所占据数量的优势。国内申请人数量较多，但是各申请人掌握的专利数量较少，且差距不大。

其中，排名第一的北京中星微电子有限公司是国内知名的高科技公司，其研发的"星光"系列数字多媒体芯片达到世界领先水平，在国内外实现大规模产业化，应用于计算机、手机和安防监控等领域，被苹果、三星、索尼、惠普、联想、华为等采用，占全球计算机图像输入芯片市场份额第一。排名随后的西安电子科技大学、上海交通大学、中国科学院自动化研究所、小米科技有限公司等，都是国内知名的高校和研究所和企业，科研实力雄厚。

从图 26 可以看出，在目前的中国市场，企业在基于表情识别的交互技术领域的竞争还不太激烈。高校和科研院所参与市场竞争的能力有限，其专利储备所能引发的市场竞争也非常有限。总体来说，受申请人主体的限制，以及各申请人专利申请数量的限制，中国市场在该技术领域的技术竞争程度不如美国激烈。

4. 重点专利分析

（1）专利名称：VISUAL REPRESENTATION EXPRESSION BASED ON PLAYER EXPRESSION，专利申请号：US12/500251，申请日：2009-07-09，专利申请人：MICROSOFT TECHNOLOGY LICENSING，LLC，法律状态：授权

本申请涉及面部识别和姿势/身体姿势识别技术，系统可以通过用户的视觉表示自然传达用户的情绪和态度。技术可以包括基于可检测的特性来定制用户的视觉表示，从可检测的特性中扣除用户的气质，并且将指示气质的属性实时应用于视觉表示。技术还可以包括处理对物理空间中的用户特性的改变并且实时更新视觉表示。例如，系统可以跟踪用户的面部表情和身体运动以识别气质，然后将指示该气质的属性应用于视觉表示。因此，如化身或幻想角色之类的用户的视觉表示可以实时地反映用户的表情和情绪。

（2）专利名称：System and Method for Measuring Audience Reaction to Media Content，专利申请号：US12/887571，申请日：2010-09-22，专利申请人：GENERAL INSTRUMENT CORPORATION，法律状态：授权

本申请涉及测量观众对媒体内容的反应的系统和方法包括：当个人观看内容时，获得观众中每个人的图像或其他信息，并用软件分析图像或其他信息以产生每个人的情绪反应源数据。情绪反应源数据标识由软件解释的个体的情绪或情绪改变。对个体的情绪反应源数据进行汇总以识别观众的一组主要情绪，然后，根据主要情绪对情绪反应源数据进行重新评估，以对每个情绪反应进行更精确的分类个人的观众。

（3）专利名称：Photo Automatic Linking System and method for accessing, linking, and visualizing "key-face" and/or multiple similar facial images along with associated electronic data via a facial image recognition search engine，专利申请号：US11/625181，申请日：2007-01-19，申请人：GUCKENBERGER ELIZABETH，法律状态：授权

本发明提供了一种用于输入包含面部的图像的系统和方法，用于访问、链接和/或可视化多个相似的面部图像和相关的电子数据，用于创新的在线商业化、医疗和训练用途。该系统使用各种图像捕获设备和通信设备来捕获图像并将其输入到面部图像识别搜索引擎。图像识别搜索引擎内的嵌入式面部图像识别技术提取面部图像并以计算机可读格式对提取的面部图像进行编码。然后将处理过的面部图像输入到至少一个填充有面部图像和相关信息的数据库中以进行比较。一旦新捕获的面部图像与面部图像识别搜索引擎的数据库中的相似的"最适合的匹配"面部图像相匹配，则将"最适合的"匹配图像和每个图像的相关信息返回给用户。此外，新捕获的面部图像可以自动链接到"最适合的"匹配面部图像，以及计算和/或可视化的比

较。该系统的关键的新用途创新包括但不限于：输入用户选择的面部图像以找到多个类似的名人外观喜好，自动链接返回类似名人的相似图像、相关电子信息和方便的机会购买时尚、珠宝、产品和服务，以更好地模仿名人；健康监测和诊断使用，方便地组织和叠加定期捕获的病人图像，供卫生专业人员查看病人的进展情况；全新的半透明叠加类培训脸模仿其他类似的面孔，如模仿名人面部表情；在增强和改进组织，分类和快速检索对象和优点的情况下，用于增强信息技术的类似面部图像的直观自动链接。

（4）专利名称：Information processing apparatus, information processing method, program for implementing information processing method，information processing system，and method for information processing system，专利申请号：US10/987158，申请日：2004-11-15，专利申请人：SONY CORPORATION，法律状态：授权

该专利公开了一种信息处理设备，该信息处理设备选择与用户的偏好匹配并且推荐它的适当的内容。矩阵计算器获取 M 个（一个或多个）特征向量 CCV，其元素由分配给总共 N 个（两个或更多）内容元信息和上下文信息的权重值给出。矩阵计算器产生矩阵 CCM，矩阵 CCM 的列由 M 个特征矢量 CCV 给出，并通过修改 M 个特征矢量 CCV 的各个元素的权重值，将其转换成近似矩阵 CCM*，使得 M 个特征矢量 CCV 被强调。基于近似矩阵 CCM*，用户偏好向量（UPV）生成器产生用户偏好向量 UPV*。匹配单元计算用户偏好矢量 UPV*与从新的内容元信息或上下文信息产生的特征矢量 CCV 之间的相似度。

（5）专利名称：METHOD AND SYSTEM FOR IMAGE AND VIDEO ANALYSIS，ENHANCEMENT AND DISPLAY FOR COMMUNICATION，专利申请号：US11/759067，申请日：2007-06-06，专利申请人：JELONEK THOMAS，WHAITE PETER，SAINT-PIERRE RENEEYEMATIC INTERFACES，法律状态：授权

本申请描述了一种用于生成指示图像中表示的人的属性的元标记的系统和方法，所述方法包括：执行基于计算机的图像分析；使用来自基于计算机的分析的结果来识别与图像中的人的属性相关的特征；基于所识别的特征来生成元标记；并将该元标记与该图像相关联，从而该元标记与该人物的属性相关。

（五）多模态交互技术专利布局分析

人在生活中的感知是多元的，包括视觉、听觉、触觉、味觉、嗅觉，等等。任何感知能力的缺失都有可能造成智力或能力的异常。基于此，多模态交互技术为机器提供多模态数据处理能力。"多模态交互"即通过文字、语音、视觉、动作、环境等多种方式进行人机交互，充分模拟人与人之间的交互方式。这一交互方式符合机器人类产品的形态特点和用户期待，打破了传统 PC 式的键盘输入和智能手机的点触式交互

模式。多模态交互方式定义了下一代智能产品机器人的专属交互模式，为相关硬件、软件及应用的研发奠定了基础。❶

1. 专利申请国家（地区）分布

图 27 是多模态交互技术领域专利申请国家（地区）分布图。数据显示，多模态交互技术领域专利主要集中在美国，美国受理专利 393 件，占该领域专利申请数量的 1/4 以上。其次是欧洲和中国，相关专利受理量分别为 336 件和 177 件。其他专利局受理专利量远小于美、欧、中的受理量。

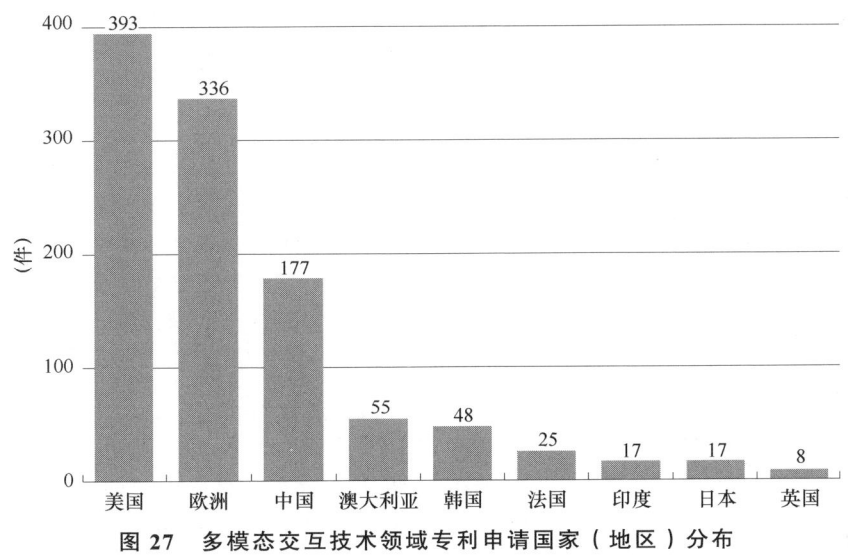

图 27　多模态交互技术领域专利申请国家（地区）分布

2. 不同国家（地区）申请趋势分析

图 28 是多模态交互技术领域专利申请国家（地区）申请趋势分布图。数据显示，1998—2004 年，欧洲专利局受理的相关专利申请的数量均高于美国专利局的受理数量，但二者的数量都不大。自 2005 年后，美国专利局的受理数量保持在高于欧洲专利局的受理数量。

中国专利局受理的该领域申请量在 1998 年为 0，一直到 2014 年前后，中国专利局在该领域的受理量都维持在较低水平。从 2014 年开始，中国专利局的受理量开始高于欧洲专利局的受理量，并且，中国专利局的受理量在 2015—2016 年产生爆发式增长。这种受理量上的变化说明，对于该领域的技术竞争的战场，在 2004 年前后，从欧洲逐渐转移到美国，并且，到 2015 年前后，中国也已经成为一个重要战场。

---

❶ 机器人操作系统 Turing OS 多模态交互加入语音打断。

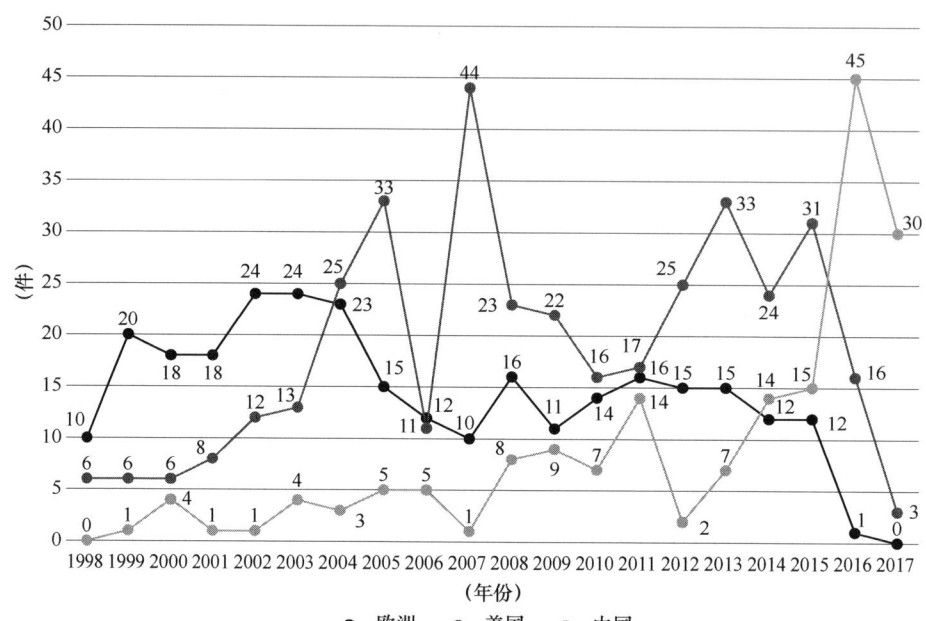

图 28 多模态交互技术领域专利申请国家（地区）申请趋势分布图

3. 不同国家（地区）主要申请人

图 29 是多模态交互技术领域专利申请国家（地区）—主要申请人分布图。数据显示，在多模态交互技术领域，从全球范围来看，专利申请量排在前十位的公司为纽昂斯通信有限公司、IBM、微软、高通、北京光年无限科技有限公司等。在这些申请人中，前四位是美国公司，第五位是一家中国企业。在排名前 10 的公司中，日、韩公司没有入围。

在图 29 中，具体到美国专利局受理的专利申请，纽昂斯通信有限公司、IBM、CROSS JR CHARLES W、微软、AT&T 等公司排在前列。日、韩公司没有入围，可见，在这一技术领域中，美国企业在美国市场占据绝对的技术优势。其中，排名第一的纽昂斯通信有限公司是一家语音及图像解决方案提供商，是全球最大的专业从事语音识别软件研发及销售的公司，背后支撑苹果 Siri 工作的语音识别技术便是由纽带斯通信有限公司提供，此外公司还研发了多款图像软件、输入法软件等产品，其服务范围包含自主语音呼叫查询、医疗诊断记录听写、语音在线搜索、语音导航等领域。

在图 29 中，具体到欧洲专利局受理的专利申请，高通、杜比、诺基亚、爱立信、微软等欧美老牌通信和计算机企业占据前五名。可见，欧洲市场仍是欧美企业的舞台。值得注意的是，华为公司进入榜单，排名第 10 位，这反映了中国企业积极参与国际竞争，希望深度融合进入欧洲市场的战略决心。

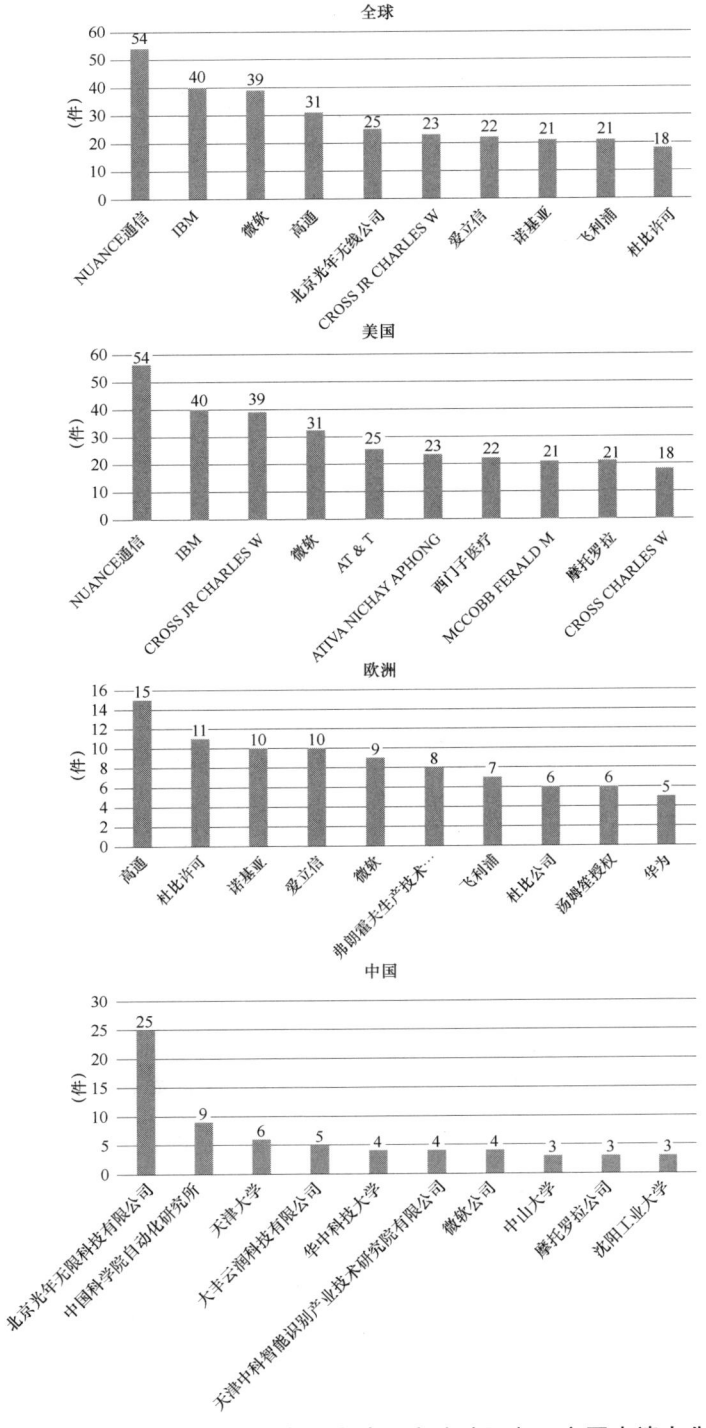

图 29 多模态交互技术领域专利申请国家（地区）—主要申请人分布

在图 29 中，具体到中国专利局受理的专利申请，排名前十的申请人为北京光年无限科技有限公司、中国科学院自动化研究所、天津大学、大丰云润科技有限公司、华中科技大学、天津中科智能识别产业技术研究院有限公司、微软公司、中山大学、摩托罗拉公司、沈阳工业大学。排名前十的申请人中，既有新生的科技公司，也有国内高校和科研院所，还有老牌的跨国企业。

其中，值得一提的是排名第一的北京光年无限科技有限公司，该公司成立于 2010 年，主要从事机器人人工智能及机器人操作系统的研发及商业化应用，在语义理解、机器视觉、多模态人机交互、深度学习、机器人等领域具备一定优势。笔者针对该公司在中国专利局递交申请量进行了分析，如图 30 所示。

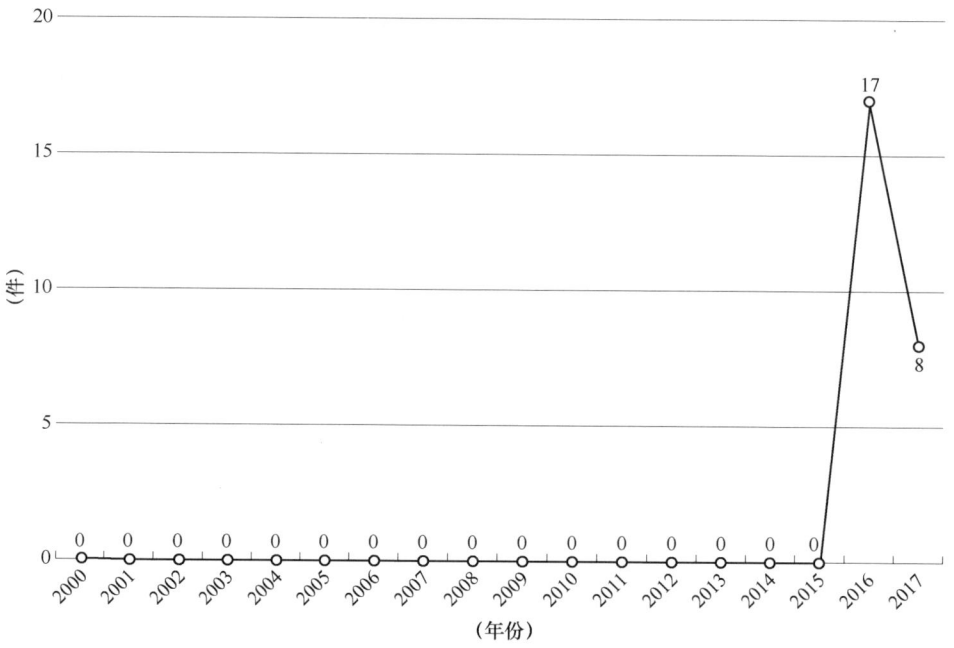

图 30　北京光年无限科技有限公司专利申请年度分布图

如图 30 所示，该公司在 2016 年开始大量进行专利储备，而在此之前，似乎并没有太多的专利形式的技术储备。可以推测，该公司在传统的语音识别、动作识别、文字识别等单独的领域与大公司相比可能并不具有技术优势，如果在这些传统领域硬拼，可能并不明智。但是，在将多种领域进行融合以进行多模态交互和识别技术中，涉及对传统技术在应用场景和融合方式上的改进，属于一种交叉技术和新兴领域，即使在传统技术领域没有深厚的技术储备，也能够通过创新应用场景等方式达到技术创新，从而占据多模态识别技术的优势。

4. 重点专利分析

（1）专利名称：Intelligent portal engine，专利申请号：US20010919702，申请日：2001-07-31，专利申请人：QUANTUM LEAP RES INC.，法律状态：授权

本申请涉及一种人机界面系统和方法，用于提供与用户的智能的、自适应的、多模态的交互，同时在一些特定的域或域的组合中完成任务。具体而言，该系统通过自然语言文本、鼠标动作、人类言语、口哨、手势、踏板运动、面部或姿势改变来接受用户输入，并且通过自然语言文本，自动生成的语音以及图形、表格、动画、视频以及传达热量、触觉、味觉和嗅觉的机械和化学效应器。

（2）专利名称：Method and apparatus for multimodal communication with user control of delivery modality，专利申请号：US20020105097，申请日：2002-03-22，专利申请人：PHILLIPS W. GARLAND；SMITH DWIGHT RANDALL；MOTOROLA, INC.，法律状态：授权

本申请涉及一种用于提供多模式通信的方法和设备。该设备以第一模式输出诸如检索到的内容之类的信息。例如经由多模式用户输入接口或其他合适的机制来产生输出形态改变命令。多模式通信装置和方法响应于接收到输出形态改变命令，以不同的输出形式重新提供先前输出的信息作为重新提供的信息。因此，用户或单元可以具有以一种模式递送的内容并且以不同的优选模式或形式重新递送内容。相应地，用户或设备可以动态地请求输出模态，使得在已经以第一模式提供内容之后，可以使用不同的用户偏好来传送内容。

（3）专利名称：Photo Automatic Linking System and method for accessing, linking, and visualizing "key-face" and/or multiple similar facial images along with associated electronic data via a facial image recognition search engine，专利申请号：US11/625181，申请日：2007-01-19，申请人：GUCKENBERGER ELIZABETH，法律状态：授权

本发明涉及一种使用多模式集成方案来控制一组联网的电子组件的系统和过程，其中该系统的输入来自与语音识别子系统、采用无线指向设备的手势识别子系统和使用指向设备的指向分析子系统，上述系统被组合以确定用户想要控制什么组件以及需要什么控制动作。在这种多模式集成方案中，关于电子元件的期望动作被分解为指令和指示对。可以使用手势识别子系统、语音识别子系统或两者的组合来识别指示物。该命令可以通过按下指示设备上的按钮，通过用指示设备执行的手势，通过语音识别事件或通过这些输入的任意组合来指定。

（4）专利名称：Mobile systems and methods of supporting natural language human-machine interactions，专利申请号：US20050212693，申请日：2005-08-29，专利申请人：VOICEBOX TECHNOLOGIES INC.，法律状态：授权

该专利公开了移动系统,其包括用于远程信息处理应用的基于语音和非语音的接口。移动系统使用上下文、先验信息、领域知识和用户特定的配置文件数据来为在多个域中提交请求和/或命令的用户实现自然环境的识别。本发明为每个用户创建、存储和使用大量的个人简档信息,从而提高确定上下文的可靠性,并呈现特定问题或命令的预期结果。本发明可以将领域特定的行为和信息组织成可在广域网上分配或更新的代理。

(5)专利名称:SPEECH-CENTRIC MULTIMODAL USER INTERFACE DESIGN IN MOBILE TECHNOLOGY,专利申请号:US20070686722,申请日:2007-03-15,专利申请人:MICROSOFT CORP,法律状态:授权

在本申请中,多模态人机接口(HCI)同时或串行地接收多个可用信息输入,并且采用输入的子集来确定或推断关于通信或信息目标的用户意图。接收到的输入分别被解析,并且解析的输入被分析并且可选地相对于彼此中的一个或多个被合成。在没有足够的信息来确定用户意图或目标的情况下,可以向用户提供反馈以便于澄清、确认或增加信息输入。

(六)家用机器人用交互技术专利布局分析

家用机器人是为人类服务的特种机器人,主要从事家庭服务、维护、保养、修理、运输、清洗、监护等工作,种类可分为电器机器人、娱乐机器人、厨师机器人、搬运机器人、不动机器人、移动助理机器人和类人机器人。家用机器人作为机器人产业的一个分支,它的技术集成需要多方面领域同步发展,例如移动技术、感知技术、交互技术、自适应技术、网络通信技术。

家用机器人目前是典型的机电一体化产品,一般由机械本体、控制系统、传感器和驱动器四部分组成。为对本体进行精确控制,传感器应提供机器人本体或其所处环境的信息,控制系统依据控制程序产生指令信号,通过控制各关节运动坐标的驱动器,使各臂杆端点按照要求的轨迹、速度和加速度,以一定的姿态达到空间指定的位置。驱动器将控制系统输出的信号变换成大功率的信号,以驱动执行器工作。家用机器人的上游行业主要是组成家用机器人的零部件的细分行业,如驱动系统、控制系统以及传感器等行业。下游主要通过各大品牌专卖店、大型商超以及电商平台进行销售。由于机器人的成本高,所需技术也高,所以目前市场上机器人的种类还不是很多。

随着家用机器人应用领域日益扩展,与人类的互动将更为频繁,家用机器人的发展依赖于控制系统。随着深度学习算法以及计算机视觉、机器学习、智能语音等多种智能算法的应用,家用机器人的机器视觉、人机交互能力以及基于大数据的机器学习能力等方面的人工智能水平也将呈现质的飞跃,甚至具有"人格化"的特征,相信未来几年家用机器人将会有巨大的变化。

1. 专利申请国家(地区)分布

图 31 是家用机器人的交互技术领域专利申请国家(地区)分布图。数据显示,家用机器人的交互技术领域专利主要集中在美国,美国受理专利 1422 件。其次是中国和韩国,相关专利受理量分别为 571 件和 200 件。再次是日本、欧洲、澳大利亚、世界知识产权组织、印度、德国、中国台湾等国家和地区。

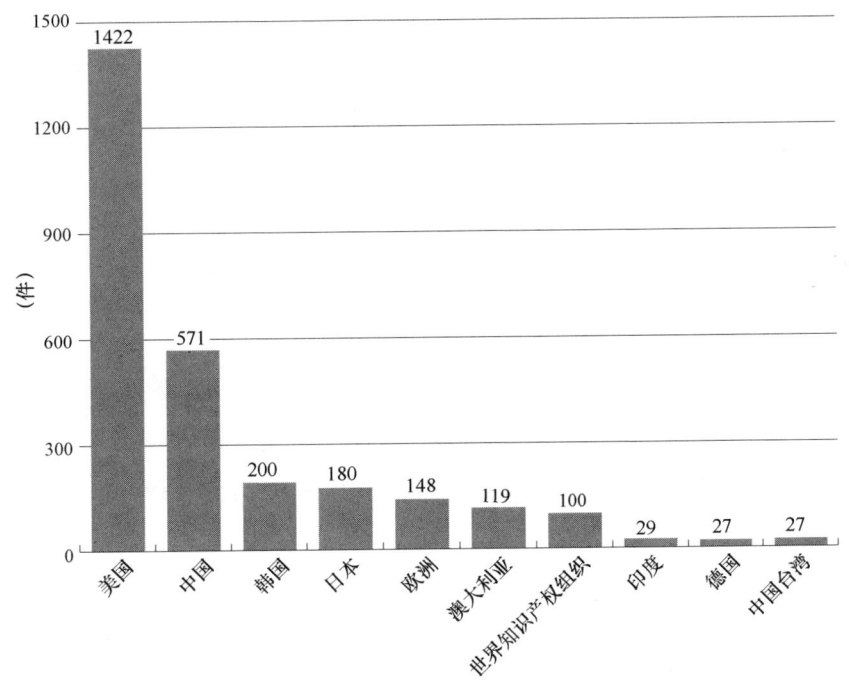

图 31　家用机器人技术领域专利申请国家(地区)分布

2. 不同国家(地区)申请趋势分析

图 32 是家用机器人的交互技术领域专利申请国家(地区)申请趋势分布图。数据显示,1998—2016 年,美国受理的专利申请在波动中缓慢增长,中国受理的专利申请在 1998—2007 年,专利数量较少,但是,从 2008 年以后专利数量增长迅速;1998—2016 年,韩国受理的相关专利申请数量比较稳定,每年的专利受理量不足 20 件。

3. 专利申请人国家分布

图 33 是家用机器人的交互技术领域专利申请人国家(地区)分布图。数据显示,在家用机器人交互技术领域中,第一梯队是美国专利申请人,其申请的相关专利数量最多,第二梯队是中国专利申请人,第三梯队是日本、韩国和德国专利申请人,

第四梯队是中国台湾、英国、荷兰、以色列、加拿大等申请人。

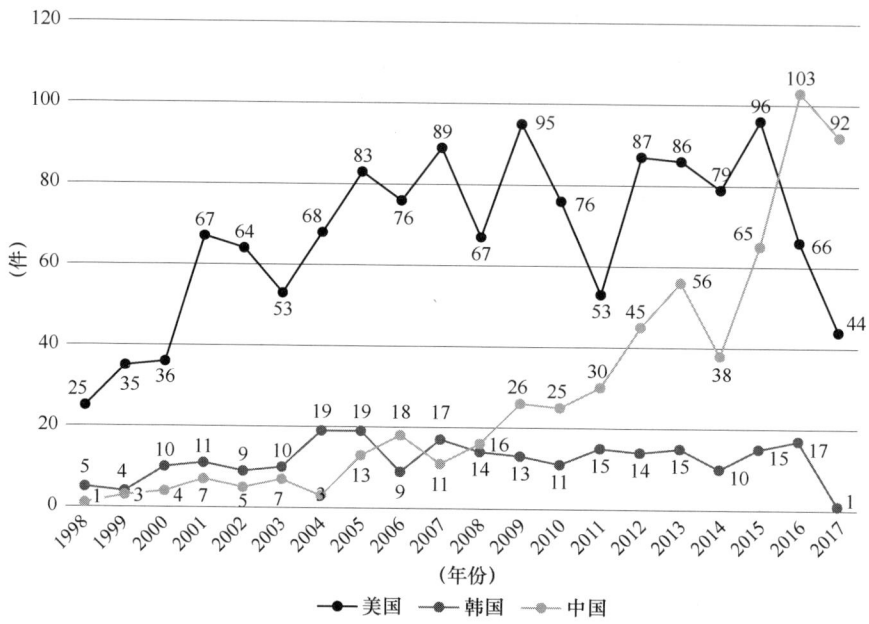

图 32　家用机器人技术领域专利申请国家（地区）申请趋势分布

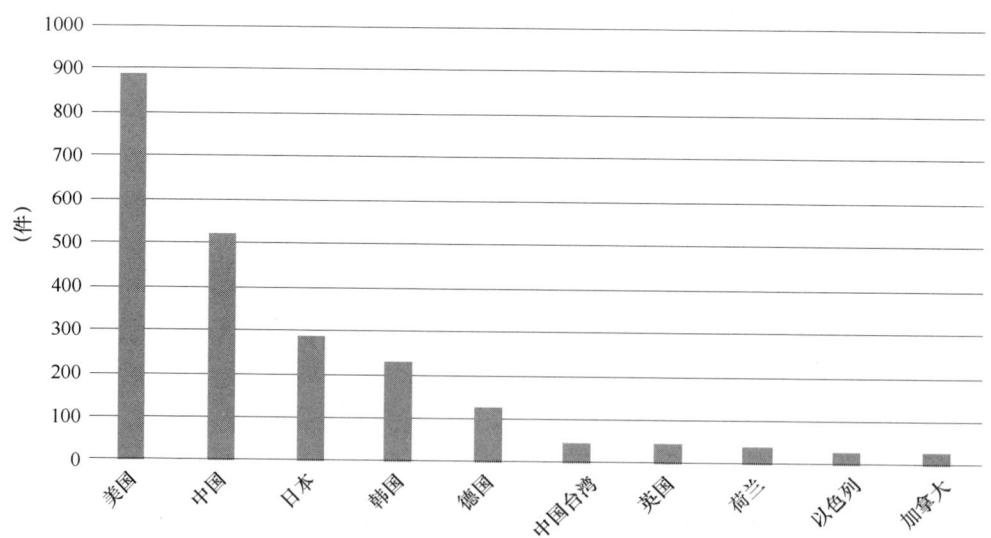

图 33　家用机器人技术领域专利申请人国家（地区）分布

4. 主要申请人

图 34 是家用机器人交互技术领域专利主要申请人分布图。数据显示，在家用机器人技术领域，从全球范围来看，专利申请量排在前十位的公司为微软公司、索尼公司、IBM 公司、三星电子公司、飞利浦公司、XEROX 公司、西门子公司、高通公司、LG 电子公司、韩国电子通信研究院。

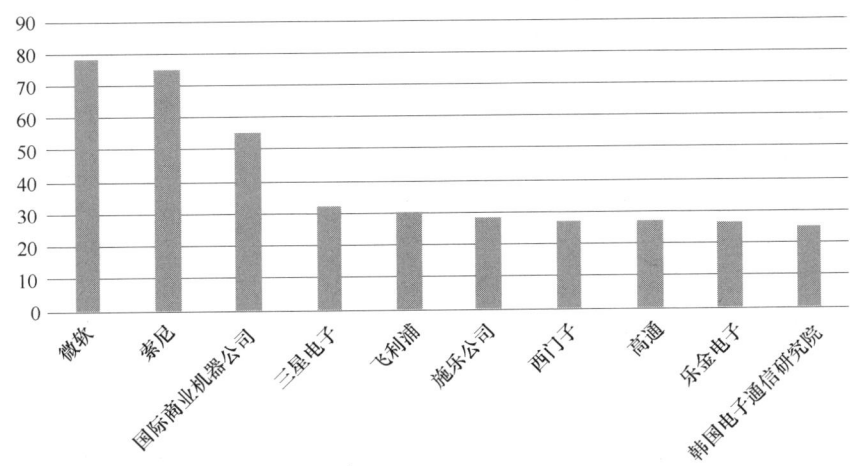

图 34　家用机器人技术领域专利主要申请人分布

5. 重点专利分析

（1）专利名称：Automatic control of household activity using speech recognition and natural language，专利申请号：US20010875740，申请日：2001-06-06，专利申请人：HOWARD JOHN HOWARD K，JUNQUA JEAN-CLAUDE；MATSUSHITA ELECTRONIC INDUSTRIAL CO.，LTD.，法律状态：授权

本申请涉及一种语音识别和自然语言解析组件，其被用来提取用户的口头输入的含义。系统存储电子活动指南的语义表示，并且指南的内容可以被映射到由自然语言分析器使用的语法。因此，当用户希望浏览电子活动指南的复杂菜单结构时，用户只需要用自然语言句子来说话。系统自动过滤指南的内容，并为用户提供屏幕显示或针对用户请求的合成语音响应。该系统允许用户以自然的方式与基于家庭网络或家庭网关通信的各种设备进行通信。

（2）专利名称：用于告知自移动机器人的装置和方法，专利申请号：CN200610003662.X，申请日：2006-01-09，专利申请人：LG 电子公司，法律状态：授权

提供一种用于使用语音或各种曲调，告知自移动机器人的状态的装置和方法。自移动状态告知装置包括语音告知单元，用于输出告知自移动机器人的操作状态的音频

信号。该装置输出对应于操作中自移动机器人的状态或错误的语音或各种曲调，以便能快速和清楚地告知用户该清洁机器人的状态，从而能快速地采取用于该状态的任何必要措施，从而确保清洁机器人可靠地操作。

四、机器人交互技术发展趋势预测和建议

（一）机器人交互技术发展趋势预测

通过对机器人交互技术领域的专利技术现状的分析，提出以下机器人交互技术的发展趋势预测。

1. 专利年申请量保持高速增长态势

从以上对机器人交互技术的分析数据来看，机器人交互技术经过几十年的发展，历经了专利萌芽阶段、专利缓慢布局阶段和专利量稳步增长阶段，目前正处于专利申请量的高速增长阶段。并且预计在今后的几年，专利年申请量仍会保持高速增长的态势。

2. 各国专利申请人重视美国市场

从专利受理国角度来看，专利申请主要集中在美国、中国和日本这三个国家。这三个国家受理的专利数据非常巨大，尤其是美国受理了接近 10 万件相关专利，约占该技术领域专利总量的 45%，中国受理了 4 万余件专利，日本受理了 3 万余件专利。从专利申请人国家来看，日本专利申请人、美国专利申请人和中国专利申请人的专利数量较多，并且三国的专利申请人的专利数量相差不大，均在 4 万件左右。上述数据表明美国受理的专利有很大一部分是外来专利。这也从侧面反映了该技术领域的申请人对美国市场的重视程度。由于美国是该技术领域专利布局的重点区域，同时也预示着在美国市场发生专利诉讼的机会会非常大。

3. 我国相关专利申请起步虽晚，但是发展速度非常快

在机器人交互技术领域，美国和日本的起步比较早，在机器人交互技术发展初期积累了较多的基础专利。我国专利申请人在该技术领域的起步比较晚，但是在近几年迅速积累了大量的专利申请。目前，在机器人交互技术领域中专利申请量较大的申请人主要是日本申请人。我国申请人的数量虽然较多，但是每位申请人掌握的专利数量比较少。由于我国的相关专利分布比较分散，因此，我国每位专利申请人的专利数量积累还比较少。比对中国、美国、日本三国申请人的专利申请趋势，在近几年美国专利申请人的专利申请量保持缓慢增长，日本专利申请人的专利申请量呈缓慢下降趋势，而我国专利申请人的专利申请量呈高速增长态势。预计在今后的几年内，随着相关技术的发展与相关专利的积累，我国申请人在该技术领域也将掌握越来越多的话语权。

4. 我国主要专利申请人类型是高校和研究所

在我国受理的机器人交互技术领域的专利中，专利申请量排名靠前的申请人主要

是中国申请人。但是，专利申请量较大的申请人类型主要为高校和研究所。并且，我国主要专利申请人的专利申请起步较晚，例如部分主要申请人在 2010 年前后才开始有相关专利申请。但是，需要注意的是，我国申请人的专利申请量增速非常快，在短时间内就积累了大量的专利申请。

5. 视觉交互技术最热，多模态交互技术是新兴

关于机器人交互技术领域的专利，主要分布在视觉交互、语音交互、动作交互、基于表情识别的交互、多模态交互的交互技术中。其中，视觉交互技术是专利布局最多的技术领域，也是最热门的技术领域；多模态交互技术的相关专利布局比较少，并且专利申请布局时间比较晚，是机器人交互技术中的新兴技术领域。

（二）对我国机器人交互技术发展的建议

1. 提高专利质量，重视国家标准和国际标准制定

从上述分析结果来看，我国在机器人交互技术领域的起步比较晚，但是随着机器人技术的迅速发展以及我国申请人专利保护意识的增强，我国专利申请人的专利申请量开始逐步增加，并在短时间内快速积累了大量的专利申请。在此基础上，进一步提升专利质量，对提高企业的自主创新保护水平、提升企业核心竞争力具有重要意义。今后，我国企业和科研院所一方面需要提高技术创新能力、产生高质量的发明，从源头上提高专利质量；另一方面需要重视知识产权服务机构撰写申请文件的质量，使申请人的技术方案得到完善的保护；同时还需要考虑争取产出更多与标准相关的专利。目前在机器人领域，我国出台了一系列的国家标准，并且仍在有计划地进行相关标准制定。另外，在国际方面，ISO（国际标准组织）、ASTM（美国材料试验协会）、DIN（德国标准协会）、IEC（国际电工委员会）等国际标准组织均出台了一系列的国际标准。我国专利申请人在申请专利过程中，可以重点关注与自身技术领域相关的标准的制定，通过提交高质量的提案将专利纳入标准，争取实现"标准专利"突破，为企业专利质量提升带来质的飞跃。

2. 重视科技成果转化

我国机器人交互技术领域的技术研发主要依靠高校和科研院所，但由于高校和科研院所不是市场主体，研发成果往往无法快速转化为产品。作为市场主体的企业，常由于自身技术研发能力较弱，且未与科研院所、高校紧密结合，成果难以产业化。因此，我国机器人交互技术领域的技术成果市场价值还未很好发挥。我国企业尤其是中小型企业可以充分利用国家在科研成果转化的有利政策，重视与高校和科研院所的深度合作，在依靠高校与科研院所不断提升自身的科研水平的同时，加快高校及科研院所的科研成果转化。例如，在动作交互技术领域，我国企业可以重点关注华南理工大学、清华大学、电子科技大学、浙江大学、济南大学、中科院自动化研究所的相关专利申请；在视觉交互技术领域，可以重点关注西安电子科技大学、中国电子科技大学、中科院自动化研究院、北京航空航天大学、华南科技大学、华中科技大学、浙江

大学、武汉大学的相关专利；在基于表情识别的交互技术领域，可重点关注西安电子科技大学、上海交通大学、中国科学院自动化研究所、北京工业大学、东南大学、清华大学的相关专利申请；在多模态识别技术领域，可重点关注中国科学院自动化研究所、天津大学、华中科技大学、中山大学、沈阳工业大学的相关专利申请。

3. 合理选择专利布局策略

在全球范围内，机器人交互技术领域的专利申请量排名前十的申请人中有 8 位是日本申请人，1 位韩国申请人，1 位美国申请人。值得注意的是，这些申请人的专利保护意识非常强，都在全球市场开展了专利布局。而我国机器人交互技术领域的专利申请人虽然在国内提交了众多专利申请，但是在海外市场开展专利布局的情况稍逊一筹。根据上述分析，各国专利申请人均十分重视美国市场，由于我国机器人交互技术领域的企业在海外市场的专利布局较弱，因此，在"走出去"过程中面临较大专利风险。与美国、日本等机器人交互技术和专利实力较强的国家相比，我国处于竞争劣势，我国机器人交互技术领域的企业可以考虑首先在机器人交互技术和专利实力相对较弱的国家开展专利布局，并积极抢占相关市场，之后，再考虑进军美国和日本市场。此外，我国机器人交互技术领域的企业在进军海外市场前，还应做好知识产权侵权风险评估，以避免卷入知识产权诉讼。

此外，在专利申请的技术布局方面，视觉交互、语音交互、动作交互等交互技术是机器人交互技术领域发展时间比较长的技术，并且，国外申请人在这些传统的交互技术中已经有了大量的基础专利布局，因此，我国申请人想要在上述技术领域的中争夺话语权的难度是非常大的。但是，我国申请人可以重点研究其主要竞争对手的专利布局技术点，有针对性地进行专利布局；此外，我国申请人还可以重点关注类似于多模态交互技术这种基于传统交互技术发展起来的新兴的技术领域，由于新兴的技术领域中存在较多的专利布局空白点，因此，我国申请人还可以结合自身研发情况和新兴技术领域，合理制定专利布局策略。

体感识别交互技术现状及发展趋势

王涛　武金花　叶明川　李辉

一、研究概况

（一）行业现状及研究目的

1. 行业现状

对于体感交互技术，需先了解三个名词：体感技术、体感交互以及体感交互软件。

体感技术是一种不需要借助任何复杂的控制器，可直接通过肢体动作与周边数字设备装置和环境实现身临其境的互动、随心所欲地操控的智能技术，通常需要运动追踪、手势识别、运动捕捉、面部表情识别等一系列技术支撑。与其他交互手段相比，当前的体感识别交互技术无论是在硬件方面还是在软件方面都有了较大的提升。设备的体积越来越小，越来越便携，使用起来也更加简便，同时在交互过程中不需要发生直接接触，大大降低了对用户的约束，提高了人机交互的沉浸感，使得交互过程更加自然。当前，体感识别交互技术从众多的自然人机交互技术中脱颖而出，成为最前沿的研究领域之一。

近年来全世界在体感识别交互技术上的演进，依照体感方式与原理的不同，主要可分为三大类：惯性感测、光学感测以及惯性及光学联合感测。

（1）惯性感测

惯性感测主要是以惯性传感器为主，例如用重力传感器、陀螺仪以及磁传感器等来感测使用者肢体动作的物理参数，分别为加速度、角速度以及磁场，再根据这些物理参数来求得使用者在空间中的各种动作。惯性感测的主要代表厂商为 Logitech，其在 2007 年推出空间鼠标（MxAir），使用三轴重力传感器以及两轴陀螺仪，可感测使用者在空间中的手部动作，并将此动作转化为鼠标在屏幕上垂直方向与水平方向的位移。2009 年，苹果智能型手机开始拉开了手机体感游戏热门下载的序幕，许多使用惯性传感器来适配的体感游戏不断地孕育而生。其中，iPhone 使用了以三轴重力感测以及三轴磁传感器为主的惯性感测。2010 年，基于未来手机上即将陆续推出拥有重力传感器、磁传感器和陀螺仪的智能手机，CyWee 发展了面向这三种传感器的特有算法，称为九轴混合感测算法（9-axisSensor Fusion Technology）。所谓的九轴，指的便是可量测空间中三轴向的重力传感器、可量测三轴向的磁传感器，以及可量测三轴向的陀螺仪，此算法可克服传统上仅使用个别单一传感器的缺点，进而达成更精确的空间中动作捕捉原理体感体验。

（2）光学感测

光学感测是体感交互领域的主流技术，可进一步细分为：基于光学反射片或发光器的体感技术、视线跟踪技术和基于光编码的人体成像技术。

① 基于光学反射片或发光器的体感技术。此类体感设备一般表现为可穿戴配件或手持配件，例如，多个如戒指的穿戴配件可用于检测手部动作，可用于模拟多种手部动作如演奏等；而棒状手持式配件可模拟出如高尔夫、击剑等；笔状手持式配件可用于模拟文字输入等。其在配件上使用一些光发射器或反射体或一些探测器形成一个参考帧用以提取物体的方向。其原理可采用例如三角测量或者基于在获取的图像上的参考变形。

② 视线跟踪技术。视线跟踪（眼动）技术由于其可能代替键盘输入，鼠标移动的动能，可能达到"所视即所得"，因而对残疾人和飞行员等使用有极大的吸引力。目前，一类技术是采用头戴微型摄像头的设备，它用来获取两眼瞳孔（或角膜）中视点，其采样率精度高；另一类是在 PC 机前装了两个微型摄像头的设备，精度不高，适合残疾人操作计算机使用。

③ 基于光编码的人体成像技术。这种类型的体感设备一般具有摄像机的装置，同时具有红外线发射器和红外线 CMOS 感应器，还包括彩色镜头和其他感应设备，其通过收集视野范围内的每一点形成一幅代表周围环境的景深图像，并在深度图中寻找人体，通过像素级评估来辨识人体的不同部位，通过构建骨架图或关节系统的方式来准确跟踪人体动作，进行交互。

光学感测的主要代表厂商为 Sony 及 Microsoft。早在 2005 年以前，Sony 便推出了光学感应套件——EyeToy，主要是通过光学传感器获取人体影像，再将该人体影像的肢体动作与游戏中的内容互动，主要是以 2D 平面为主，而内容也多属较为简易类型的互动游戏。直到 2010 年，Microsoft 发表了跨世代的全新体感感应套件——Kinect，这种革命性的设备借助一个 3D 摄像头和手势识别软件让人们利用身体的自然活动玩游戏，无须使用任何体感手柄，便可达到体感的效果。而比起 EyeToy 更为进步的是，Kinect 同时使用激光及摄像头（RGB）来获取人体影像信息，可捕捉人体 3D 全身影像，具有比 EyeToy 更进步的深度信息，而且不受任何灯光环境限制。具体来说，Kinect 借助 PrimeSense 软件和摄像头侦测、捕捉用户手势动作，然后再将捕捉到的影像与本身内部有的人体模型相对照。每一个符合内部已存人体模型的物体就会被创造成相关的骨骼模型，系统再将该模型转换成虚拟角色，该角色通过识别该人体骨骼模型的关键部位进行动作触发。在虚拟骨骼模型的帮助下，系统可识别人体的 25 个关键部位。而比 EyeToy 更为进步的是，Kinect 同时使用激光及摄像头（RGB）来获取人体影像信息，可捕捉人体 3D 全身影像，具有比起 EyeToy 更为进步的深度信息，而且不受任何灯光环境限制。

（3）惯性及光学联合感测

惯性及光学联合感测的主要代表厂商为 Nintendo 及 Sony。2006 年所推出的 Wii，主要是在手柄上放置一个重力传感器，用来侦测手部三轴向的加速度，以及一红外线传感器，用来感应在电视屏幕前方的红外线发射器信号，主要可用来检测手部在垂直及水平方向的位移，来操控一空间鼠标。这样的配置往往只能侦测一些较简单的动作，因此，Nintendo 在 2009 年推出了 Wii 手柄的加强版——Wii Motion Plus，主要为在原有的 Wii 手柄上再插入一个三轴陀螺仪，如此一来便可更精确地侦测人体手腕旋转等动作，强化了在体感方面的体验。至于在 2005 年推出 EyeToy 的 Sony，也不甘示弱地在 2010 年推出游戏手柄 Move，主要配置包含一个手柄及一个摄像头，手柄包含重力传感器、陀螺仪以及磁传感器，摄像头用于捕捉人体影像，结合这两种传感器，便可侦测人体手部在空间中的移动及转动。

（4）其他体感技术

① 肌肉电信号传感技术。此项技术也被称为 EMG 传感技术、肌肉电信号传感器技术。通过设置相应的肌肉电信号传感器在对应的肌群皮肤表面捕捉肌肉活动信息，该方式可用于感知人体动作。例如，通过使用将手臂的运动作为输入信号来使用，依赖于肌肉的运动和变化来指挥计算机进行各种人机交互。

② WiFi 信号传感技术。WiSee 技术，这项技术通过 WiFi 信号来感知使用者的手势，以此来控制电子设备，WiSee 主要利用多普勒频移（Doppler shift）原理，当信号来源与使用者间的距离发生变动时，波的频率也会随之改变。而 WiSee 就是通过接受来自人体反射的 Wi-Fi 信号来判断手势，把宽频信号转为窄频信号以方便识别细微动作，还能通过不同的信号源识别不同的用户，这样用户不仅能在 PC 或电视面前进行手势控制，而只要身处家中被 WiFi 覆盖的任何一个角落都可以用手势操控用电器。

毫无疑问，体感交互识别技术的出现为人们的生活、工作、娱乐提供了另一番体验，它的便捷、嵌入式的真实体验感、交互性等一系列优势使得体感技术拥有广阔的市场前景。而目前体感交互识别技术的使用已非常广泛，涉及虚拟现实、3D 建模、运动监测、机械控制、空间鼠标、虚拟乐器、虚拟娱乐、计算机相关应用、虚拟实验、游戏操控、医疗辅助及康复、购物辅助、眼动仪等多个领域。而其中体感游戏机的开发对体感交互识别技术的应用尤为成功。

体感交互是继个人计算机、互联网、云计算、大数据之后的第五次信息技术领域的重大技术革命。未来体感控制设备将成为计算机、智能电视、平板电脑以及智能手机等设备的标配，市场潜力无比巨大，成为资本市场争相追逐的对象。体感交互软件能够自动将体感设备模拟 Windows 操作系统的鼠标和键盘操作事件，兼容所有软件。利用该软件，用户可以将投影机、智能电视机等数字设备升级为体感操作设备，轻松享受体感控制的快意。

截至目前，纵观智能家居操控发展的历程，可以大致划分为四个阶段。第一阶段主要以鼠标点击控制为主，第二阶段以触摸控制为主，第三阶段主要以语音控制为主，第四阶段就是体感控制的时代。

每一个时代的更替似乎都伴随着一些企业的兴起与另一些企业的衰亡，最具代表性的莫过于诺基亚与三星、苹果。手机功能机向智能机切换的过程中，也是点击操控向触摸操控转变的时刻，三星和苹果顺势崛起的同时也伴随着诺基亚手机王国的倒塌。毫无疑问，终极的人机交互必然是通过感应来传输的，人们可以将各种衣服的 3D 模型穿到身上，实现真人 3D 虚拟试衣体验。还有一种应用就是房间内的任何墙壁都成为虚拟屏，整个起居室变成一个巨大的交互界面，用户可以利用自己的身体移动来控制智能家居设备，甚至可以在被窝里实现家居需求。

2. 研究目的

对体感识别交互技术的技术分支、专利布局和技术路线图进行研究，分析国内外重点申请人的专利布局及其研发方向、主要发明人团队的构成等，能够为国内企业在这一领域的研发投入、专利申请及投资并购指明方向，寻找企业发展的技术突破口，同时为国内企业培养相关技术人才提供意见和建议。

（二）研究对象和方法

1. 检索的数据库

为了能全面、准确地反映云存储领域的专利技术现状及其发展趋势，同时考虑到分析的便利性，本文在对现有专利数据库进行比较的基础上，将 IncoPat 数据库作为全球专利的主要检索数据库。

IncoPat 科技创新情报平台是第一个将全球顶尖的发明智慧深度整合，并翻译为中文，为中国的项目决策者、研发人员、知识产权管理人员提供科技创新情报的平台。IncoPat 完整收录全球 102 个国家/组织/地区 1 亿多件基础专利数据，对 22 个主要国家或地区的专利数据进行特殊收录和加工处理，数据字段更完善，数据质量更高。对主要国家或地区的题录摘要进行了机器翻译，提供可供检索的多语种标题摘要信息。对重点企业和机构的不同别名、译名、母公司和子公司名称，建立标准化的申请人名称代码表。对国内外专利的法律状态、同族信息、引证信息进行了深度加工，丰富了字段信息。将中美专利诉讼、转让、许可、质押、复审无效等法律信息与专利文献相关联，实现大数据融合，便于进行专利的多维分析和价值挖掘。每周将国内外最新发布的专利更新入库，速度领先于国内同类系统，支持用户对最新技术的及时掌握。

2. 数据检索策略

本报告的检索策略为总分总检索式检索。首先，针对体感交互识别技术的各种表达方式，通过互动、交互、识别、肢体动作、kinect、体感等关键词，得到有关体感交互识别技术的总申请量数据。然后，根据体感交互识别技术的类别，将其分解为三个技术主题，主要包括惯性感测、光学感测和其他体感交互技术。接下来，针对惯性感测技术主题，进一步引入重力感应、质量传感器、三轴陀螺仪、加速度传感器、磁场传感器、霍尔传感器等关键词进行检索；针对光学感测技术主题，进一步引入光学感测器、红外线感测、视差、实时跟踪、三维成像技术、骨骼模型等关键词进行检索；针对其他体感交互技术主题，进一步引入肌肉、WiFi、电信号等关键词进行检索，接着整体结合分类号，如 G06F3/01、G06F19/00 和 G06F3/033 进行检索。下一步，分析判断检索得到的数据，总结出机器人、触控、触摸等关键词作为应去除的噪声关键词。此外，考虑到在批量去除噪声过程中可能会去除大量相关专利文件，又进一步加入新的关键词作为补充检索。具体的检索过程参见"（四）数据检索"中的有关内容。

总体而言，基于适当扩展与精确检索相结合的方式，利用分类号与关键词相结合的检索策略，在尽可能查全查准的基础上力求减少噪声，确保检索数据的完整性和准确性。

3. 主要分析方法

本报告采用宏观数据分析和对重点关注点进行深入分析相结合的研究方式。通过对专利数据在时间、地域、技术和申请人维度上的统计，进行宏观分析，得到宏观的分析结果；对重点关注的申请人或专利技术进行深入分析，得到其专利布局和技术发展情况等；最后，将专利分析结果与产业实际相结合，得出相关结论。主要的分析内容包括：申请趋势分析、国家区域分布分析、技术构成分析、主要申请人的专利布局分析、重要专利分析等，在此基础上对专利技术内容进行定性分析，了解重要技术分支的重要专利和技术发展路线，分析技术热点。

（三）技术分解（见表1）

表1 技术分解表

一级技术主题	二级技术主题	三级技术主题
惯性感测	重力传感器	加速度
	陀螺仪	角速度
	磁传感器	磁场
光学感测	基于光学反射片或发光器	手部动作、可穿戴配件、手持配件
	视线跟踪	获取视点
	基于光编码的人体成像技术	根据深度图像，获取目标骨架模型
其他感测	肌肉电信号传感技术、WiFi信号传感技术	

（四）数据检索

以体感交互识别的中文检索思路为例。

1. 体感交互识别检索思路（见表2）

表2　体感交互识别检索式示例表

检索式编号	检索式示例	备注
S0	TIABC=（人机 OR 人体 OR 肢体 OR 身体 OR 头 OR 手 OR 足 OR 脚 OR 腕 OR 踝 OR 眼）(3n)（互动 OR 交互）OR（识别）(3n)（肢体动作 OR 身体动作））OR（手势控制 OR 体感 OR 动作捕捉 OR 虚拟场景 ORkinect）ORTIABC=（"Human body"(3w) interactive）OR（TIABC=（(identify OR recogni*)(3n) (movement or gesture or Motion) and (human or hand$ or eye))) OR TIABC= ("gesture control" OR "Motion Sensing" OR (Motion (1n) Sens) OR "Motion Capture" OR "Virtual Scenes" OR kinect OR "Somatosensory system" OR "Somatic Game")	体感识别交互关键词扩展

2. 惯性感测检索思路（见表3）

表3　惯性感测检索式示例表

检索式编号	检索式示例	备注
S1	TIABC=（重力感应 OR 重量传感器 OR 重力感应器 OR 重感应器 OR 高度传感器 OR 质量传感器 OR "G-sensor" OR "Gravity Sensor" OR "G-sensor Control" OR Gravity OR "Weight sensor" OR "weighing transducer" OR gravireceptors OR "height sensor" OR "altitude sensor" OR "altimetric sensor" OR "mass sensor" OR "mass transducer" OR "quality sensor?"）	重力传感器关键词扩展
S2	TIABC=（三轴陀螺仪 OR 陀螺仪传感器 OR 加速度传感器 OR 轴加速度传感器 OR 三轴加速计 OR 角速度传感器 OR 加速度计 OR 电子罗盘 OR "Gyro Sensor" OR "Gyroscope Sensor" OR "acceleration transducer" OR "acceleration pick up" OR Accelerometer OR "angular acceleration transducer" OR "angular displacement" OR "angular acceleration sensor" OR "angular accelerometer" OR "attitude transducer" OR "Axial acceleration sensor" OR "triaxial accelerometer" OR "Tri-axis Accelerometer" OR "3-axis accelerometer" OR "angular velocity transducer" OR "Angular Rate Sensor" OR "attitude transducer" OR "attitude sensor" OR Orientation OR "acceleration meter" OR E-compass OR "Digital Compass" OR "electronic compass" OR "pose information" OR "micro operation" OR microscopic OR "parameter identification" OR attitudeinformation）	陀螺仪关键词扩展

续表

检索式编号	检索式示例	备注
S3	TIABC=（磁场传感器 OR 磁阻传感器 OR 霍尔元件 OR 磁场变化 OR 霍尔效应 OR 磁敏元件 OR 霍尔传感器 OR 磁敏传感器 OR 磁性传感器 OR "magnetic field sensor" OR "Magnetic Field" OR "magnetic field sensors" OR Hoare OR hall OR "magnetoresistive sensor" OR "Hall Elements" OR "Hall sensor" OR "Hall component" OR "magnetic variation" OR "magnetic field change" OR "magnetic field variations" OR "Hall effect" OR "Hall-effect sensor" OR "magneto sensor" OR HS OR "Magnetic Sensor"）	磁传感器关键词扩展
F1	S1 OR S2 OR S3	惯性感测关键词

3. 光学感测检索思路（见表4）

表4 光学感测检索式示例表

检索式编号	检索式示例	备注
S4	TIABC=（光感测 OR 光感测器 OR 光学感测器 OR 光感测元件 OR 红外线感测 OR 光学感测元件 OR 发光管 OR 发射光 OR 发光器件 OR 发射光线 OR 发光管发光 OR 发光 OR 发光器 OR "light sensor" OR "photodetector" OR "optical sensor" OR "optics sensor" OR "photo sensor" OR "infrared sensing" OR luminotron OR "light emitting device" OR illuminator）	基于光学反射片或发光器关键词扩展
S5	TIABC=（智能穿戴 OR 穿戴式 OR 佩带 OR 佩戴 OR 手持式 OR 握持 OR 手持端 OR 手握 OR 便携式 OR 手握式 OR 握 OR 手柄 OR 手套 OR 戒指 OR "human body" OR wearable OR handheld OR portable OR GamePad OR glove OR ring）	可穿戴配件、手持配件关键词扩展
S6	（TIABC=（手掌 OR 手上 OR 手心 OR 抓握 OR 掌心 OR 手腕 OR 手背 OR 双手 OR 人手 OR palm OR wrist OR opisthenar OR hand））AND（TIABC=（执行动作 OR 动作顺序 OR 执行 OR 动作信号 OR 开关动作 OR 动作控制 OR 动作状态 OR 动作指令 OR "perform action" OR "action order" OR "action signal" OR "switch action" OR "movement control" OR "action state" OR "action command"））	手部动作关键词扩展
S7	（TIABC=（眼睛 OR 视差 OR 视点 OR eye OR parallax））AND（TIABC=（追踪 OR 跟踪系统 OR 自动跟踪 OR 实时跟踪 OR 轨迹跟踪 OR 跟踪目标 OR 跟踪器 OR 追踪系统 OR 跟踪控制 OR 位置跟踪 OR track OR "tracking system" OR "automatic tracking" OR "real-time tracking" OR "trajectory tracking" OR "tracking object" OR tracker OR "tracking control" OR "location tracking"））	视线跟踪关键词扩展

检索式编号	检索式示例	备注
S8	（TIABC=（影像技术 OR 光学成像技术 OR 图像技术 OR 扫描技术 OR 三维成像技术 OR 光学技术 OR 实时成像 OR 成像技术 OR "imaging technology" OR "image technique" OR "scanning technique" OR "3D imaging technology" OR "three-dimensional imaging" OR "optical technique" OR "real time imagery"）） AND （TIABC=（可见光信号 OR 光信息 OR 特定编码 OR 调制光 OR 光编码器 OR 编码调制 OR 光编码 OR "visible light signal" OR "optical information" OR "specific coding" OR "modulated light" OR "optical encoder" OR "code modulation" OR "light coding"）） AND （TIABC=（身体 OR 人 OR 人身体 OR 人体 OR body OR person OR "human body"）） OR TIABC=（骨骼模型 OR 骨架模型 OR "skeleton model"）	基于光编码的人体成像技术关键词扩展
F2	S4 AND（S5 OR S6）	基于光学反射片或发光器关键词
F3	F2 OR S7 OR S8	光学感测关键词

4. 其他（见表5）

表5 其他检索式示例表

检索式编号	检索式示例	备注
S9	TIABC=（肌肉 OR WIFI OR muscle）AND（电信号 OR 信号 OR 传感 OR "electrical signal" OR signal OR Sensing）	肌肉电信号传感技术、WiFi信号传感技术关键词扩展

5. 分类号检索（见表6）

表6 分类号检索式示例表

检索式编号	检索式示例	备注
S10	IPC=（G06F3/01 OR G06F19/00 OR G06F3/033 OR G06F3/0346 OR G09G5/00 OR H04N7/18 OR H04N5/232）	分类号精确

6. 噪声（见表7）

表7 噪声检索式示例表

检索式编号	检索式示例	备注
S11	TIABC=（机器人 OR 机械人 OR 智能机器 OR 无人 OR 增强现实 OR 虚拟现实 OR 头戴显示器 OR 现实系统 OR 头盔显示器 OR 手机 OR 移动终端 OR 人们 OR 远程遥控 OR robot OR "Intelligent machines" OR automaton OR unmanned OR "Mobile phone" OR "robot arm" OR robots OR "robot system" OR "robot control" OR robotic OR "robot control system" OR "manipulators" OR "two degrees of freedom" OR "ultrasonic vision" OR "motion sensor" OR "electronic device" OR "flying vehicles" OR "remote control " OR "Terminal control"）	噪声关键词

7. 检索式补全（见表8）

表8 补全检索式示例表

检索式编号	检索式示例	备注
S12	TIABC=（人机 OR 人体 OR 肢体 OR 身体 OR 头 OR 手 OR 足 OR 脚 OR 腕 OR 踝 OR 眼）（3n）（互动 OR 交互）OR （识别（3n）（肢体动作 OR 身体动作））OR（手势控制 OR 体感 OR 动作捕捉 OR 虚拟场景 OR kinect OR 体感设备）NOT ipc-main=（G06T17/00 OR G06T19/00 OR G06F3/048 OR G06F9/44）	补全关键词

8. 总检索式（见表9）

表9 总检索式示例表

检索式编号	检索式示例	备注
F4	S0 AND（F1 OR F3 OR S9）AND S10 NOT S11 OR S12	总检索式示例

（五）查全率

查全率初步验证，在检索结果的2016年文献中，采用"同济大学""大连文森特软件科技有限公司""联想（北京）有限公司"二次限定得到15篇，其中13篇为相关，而"同济大学""大连文森特软件科技有限公司""联想（北京）有限公司"在2016年的文献中经初步概览有18篇相关，查全率为83.3%。

（六）查准率

查准率初步验证，检索结果为1211篇，抽取2016年文献206篇，经浏览发现176篇相关文献，查准率为85.4%。

二、体感交互识别技术领域总体态势分析

（一）全球专利申请总体状况分析

1. 全球专利申请总体趋势

为了解全球范围内涉及体感交互识别技术的专利申请的总体趋势，按照申请项数统计了其申请量随年度的变化情况，得到图1和表10。

图1是体感交互识别技术的专利申请在全球范围内历年申请量分布图，该图清楚地显示了该领域申请量自1982年以来随时间变化的趋势。

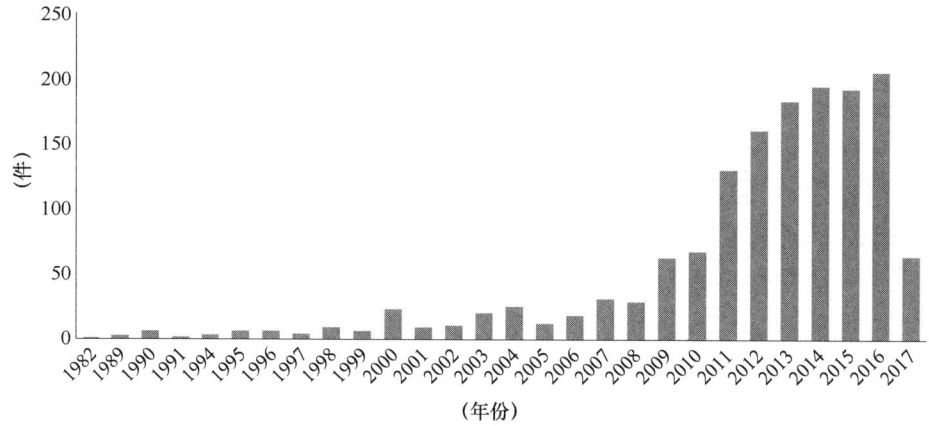

图1 体感交互识别技术全球专利申请趋势

表10 体感交互识别技术全球专利申请趋势表

申请年份	专利数量（件）	申请年份	专利数量（件）
1982	1	2004	25
1989	2	2005	12
1990	6	2006	18
1991	1	2007	31
1994	3	2008	29
1995	6	2009	62
1996	5	2010	68
1997	3	2011	130
1998	9	2012	160
1999	6	2013	181
2000	23	2014	194
2001	9	2015	192
2002	10	2016	205
2003	20	2017	63

图 1 中的第一维度为申请日,第二维度为申请量。表 10 是与图 1 对应的体感交互识别技术全球专利申请趋势表。

从图 1 和表 10 中可以看出:2000 年以前是体感交互识别技术专利申请的起步期。在体感交互识别的概念正式提出后,1982 年开始出现采用上述正式表述的专利申请文件,当年仅提出了 1 件专利申请,随后申请量逐年增加,从早期的个位数逐渐增长到 20 多件。2001—2008 年是体感交互识别技术专利申请的颠簸期,其申请量在 2000 年突破 20 件之后,2001 年再次跌至个位数,随后颠簸不断。2009—2012 年是体感交互识别技术专利申请的爆发期,其申请量出现急剧增长,相比 2008 年的申请量(29 件),2009 年的申请量出现翻番,达到 62 件。且 2011 年的申请数量再次出现爆发性增长,一举突破 100 件(130 件)。2013 年以后是体感交互识别技术专利申请的平稳发展期,2016 年的申请量突破 200 件(205 件)。尽管在这期间的申请量出现小幅度回落(2015 年的申请量比 2014 年少 2 件),但此后直至 2016 年,每年的申请量均保持在 180 件以上,表明体感交互识别技术已经进入平稳发展期。

从总体上看,30 多年来,全球涉及体感交互识别技术的专利申请量经历了起步期(1982—2000 年)、颠簸期(2001—2008 年)、爆发期(2009—2012 年),目前则进入了平稳发展期(2013 年以来),各个技术领域对体感交互识别技术的需求不断增多。

同时,近 10 年是体感交互识别技术的快速增长阶段,集中了该领域申请数量的近 90%。也就是说,近 10 年来体感交互识别技术领域申请的活跃度很高。这反映了当前对体感交互识别技术的市场需求不断高涨,并有继续保持稳定快速发展的态势。在这种稳定快速发展阶段,有关体感交互识别技术的应用需求和领域也在不断拓展,值得相关企业保持关注并保持技术的研发投入。

2. 全球专利申请区域分布

为了解全球范围体感交互识别技术的专利申请区域分布情况,按照全球各主要国家或地区的体感交互识别技术的专利申请量进行统计,得到表 11。表 11 是体感交互识别技术全球专利申请区域分布表。

表 11　体感交互识别技术全球专利申请区域分布表

专利公开局	专利数量(件)	专利公开局	专利数量(件)
中国	744	中国台湾	24
美国	456	德国	13
韩国	109	加拿大	7
世界知识产权组织	66	英国	6
日本	48	澳大利亚	5
欧洲专利局(EPO)	40		

从表 11 可以看出,全球范围内体感交互识别技术专利申请主要区域为:中国、美国、韩国、世界知识产权组织、日本、欧洲专利局(EPO)、中国台湾、德国、加拿大、英国、澳大利亚等国家及地区,并且主要集中在中国、美国、韩国这三个国家。表 11 中可以看出体感交互识别技术在中国公开专利的数量为 744 件,在美国公开专利的数量为 456 件,在韩国公开专利的数量为 109 件。通过上述分析可知,体感交互识别技术全球专利申请区域分布主要集中在中国,其次是美国,最后是韩国。可见随着体感交互识别技术的快速发展,我国申请人在体感交互识别技术领域的研发投入较大,专利申请量遥遥领先于其他国家或地区在本领域的申请量。

3. 各国及区域专利申请趋势分布

图 2 是体感交互识别技术的专利申请在各国及地区的专利申请趋势分布图,该图清楚地显示了各国及地区自 1998 年以来体感交互识别技术随时间变化的专利申请趋势。

为了解各国及地区涉及体感交互识别技术的专利申请的趋势,统计各国及区域体感交互识别技术的专利申请量随年度的变化情况,得到图 2 和表 12。

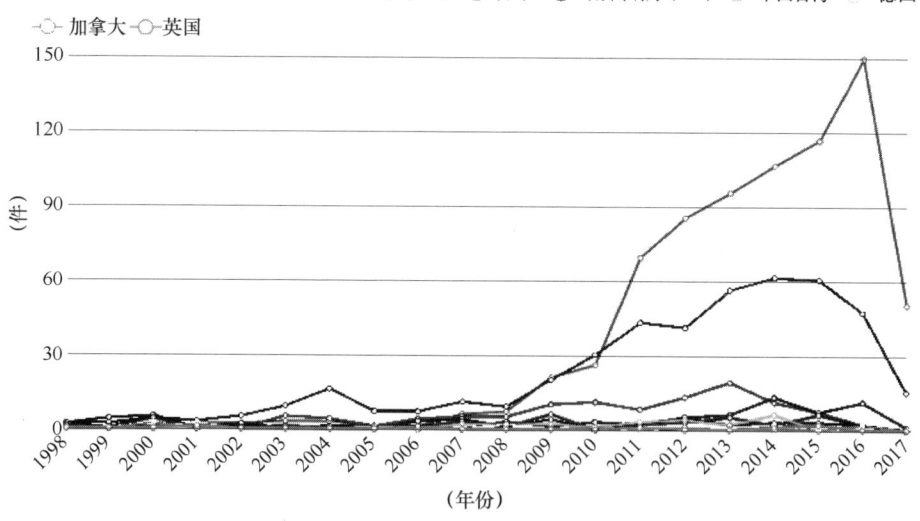

图 2 体感交互识别技术的各区域专利申请趋势

图 2 中的第一维度为申请日,第二维度为申请量。表 12 是与图 2 对应的体感交互识别技术的各国及区域专利申请趋势表。

从图 2 和表 12 中可以看出:1999 年以前是体感交互识别技术专利申请的起步期,除了美国和日本有逐年递增的申请,其他国家及地区申请量均为 0。2008—2009 年,各国在体感交互识别技术领域的专利申请量有起伏的变化,处于波动期。直到 2009 年,各国在体感交互识别技术领域的专利申请量呈明显的上升态势,进入发展

表 12 体感交互识别技术的各国及区域专利申请趋势表

(件)

年份	1998	1999	2000	2001	2002	2003	2004	2005	2006	2007	2008	2009	2010	2011	2012	2013	2014	2015	2016
中国	0	0	1	2	2	3	3	1	1	6	7	21	26	69	85	95	106	116	149
美国	2	2	4	3	5	9	16	7	7	11	9	20	30	43	41	56	61	60	47
韩国	1	0	2	1	0	5	4	1	4	5	5	10	11	8	13	19	11	7	2
世界知识产权组织	2	0	5	0	1	0	1	1	1	0	3	1	3	2	5	6	13	7	11
日本	2	4	5	0	2	0	1	0	3	4	1	4	0	2	5	2	3	3	2
欧洲专利局（EPO）	1	0	4	0	0	1	0	1	1	3	1	6	0	2	3	5	2	6	2
中国台湾	0	0	0	0	0	0	0	0	0	2	2	2	1	3	4	2	6	0	0
德国	0	0	0	2	0	0	0	0	0	0	0	0	0	0	1	0	2	1	0
加拿大	0	0	2	0	0	0	0	0	0	0	0	0	1	0	1	0	0	0	2
英国	0	0	0	1	0	0	0	0	1	0	0	0	0	1	0	0	1	2	0

期。其中，中国在2008年以前在体感交互识别技术领域的专利申请量一直低于10件/年，从2009年开始申请量激增，至2014年在体感交互识别技术领域的专利申请量超过100件，申请量由2009年的21件迅速递增到2016年的149件。而美国在体感交互识别技术领域的专利申请量也是从2009年开始申请量激增，但增速远比中国慢，至2016年在体感交互识别技术领域的专利申请量虽然低于百件，2012—2016年申请量平均约为50件/年。韩国作为体感交互识别技术专利申请的第三个主要区域，在体感交互识别技术领域的专利申请量也是从2011年开始申请量有递增的趋势，但直至2016年韩国在体感交互识别技术领域的专利申请量仍徘徊在10件/年。

从总体上看，各国在体感交互识别技术领域的申请量自2009年起逐年增加，从早期的个位数逐渐增长到10件甚至百件。说明体感交互识别技术在全球范围内迅速发展，尤其在中国、美国及韩国。同时，近10年是各国在体感交互识别技术领域的快速增长阶段，集中了该领域申请数量的近九成，反映了当前对体感交互识别技术的在各国的市场需求不断高涨，并有继续保持稳定快速发展的态势。在这种稳定快速发展阶段，有关体感交互识别技术的应用需求和领域也在不断拓展，值得相关企业保持关注并保持技术的研发投入，尤其是中、美、韩等国的相关技术领域的企业更要加大研发技术的投入才能保持技术的领先。

4. 全球专利申请重要申请人

为了解全球范围内申请人在体感交互识别技术领域的专利申请量，统计了全球范围内主要申请人申请量分布情况，得到图3和表13。

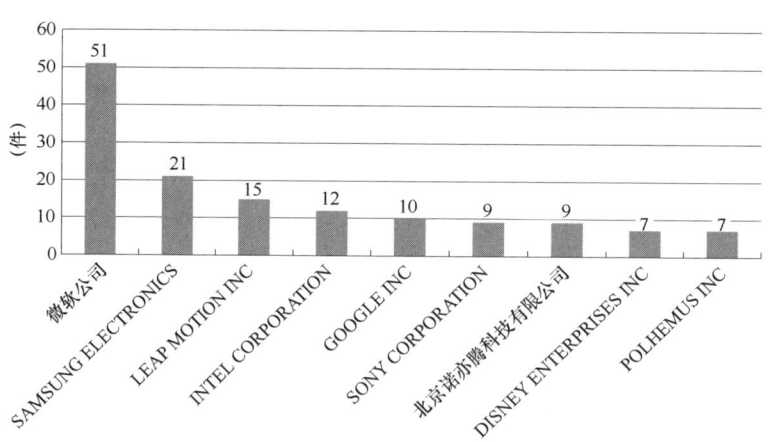

图3 体感识别交互技术全球专利申请重要申请人排名

表13 体感识别交互技术全球专利申请重要申请人排名表

申请人	专利数量（件）
微软公司	51
SAMSUNG ELECTRONICS	21

续表

申请人	专利数量（件）
LEAP MOTION INC	15
INTEL CORPORATION	12
GOOGLE INC	10
SONY CORPORATION	9
北京诺亦腾科技有限公司	9
DISNEY ENTERPRISES INC	7
POLHEMUS INC	7

图 3 是体感识别交互技术全球专利申请重要申请人排名图，其第一维度为申请人，第二维度为申请量。表 13 是与图 3 对应的体感识别交互技术全球专利申请重要申请人排名表，具体给出了各位申请人的申请量。

可以看出：全球范围内体感识别交互技术领域重要的申请人包括：微软集团（微软集团分别包括：MICROSOFT CORPORATION、MICROSOFT TECHNOLOGY LICENSING LLC 及微软公司）、三星电子公司和 LEAP MOTION INC、INTEL CORPORATION、GOOGLE INC、SONY CORPORATION、北京诺亦腾科技有限公司、DISNEY ENTERPRISES INC 及 POLHEMUS INC 等。其中截至 2017 年 11 月，微软集团在体感识别交互技术领域的专利申请量为 51 件，三星电子公司为 21 件，LEAP MOTION INC 为 15 件。

下面对全球重要申请人的背景及其在体感识别交互技术领域的主要产品进行介绍。

（1）微软集团

在体感识别交互技术领域，截至 2017 年 11 月，微软集团的在全球范围内的总申请量为 51 件，居于全球申请人排名的第一位。

微软是一家美国跨国科技公司，也是世界 PC（个人计算机）软件开发的先导，由比尔·盖茨与保罗·艾伦创办于 1975 年，公司总部设立在华盛顿州雷德蒙德（Redmond，邻近西雅图），以研发、制造、授权和提供广泛的电脑软件服务业务为主。

在体感识别交互技术领域，微软最著名和畅销的产品为 Xbox（微软推出的游戏机）。Xbox 360 是微软所开发的第二代家用视频游戏主机，在开发时被称为"Xenon""Xbox 2"及"Xbox Next"等。微软 Xbox360 是唯一一款具备定时功能的游戏机，家长们可轻松设定相应游戏时间，同时也能对孩子们所玩、所观看的内容加以限制。

Xbox Live 诞生于 2002 年，是微软为其游戏主机 Xbox 所提供的网络服务。联机游戏支持语音短信、私人语音聊天、个性化设置以及统一标准的好友列表。

2001 年公司推出的 Xbox 游戏机标志着公司开始进入价值上百亿美元的游戏终端市场，这个市场之前一直由索尼公司和任天堂（Nintendo）两家公司主导。

2005 年 11 月 22 日，微软公司发售第二代家用视频游戏主机 Xbox360。

Xbox One 指微软下一代视频游戏机。微软上一代视频游戏机为 Xbox 360，于 2005 年年底上市。

微软家庭娱乐事业部副总裁彼得·摩尔（Peter Moore）此前也曾暗示，下一代 Xbox 游戏机有望于 2013 年或 2014 年上市。不过，下一代 Xbox 的名称尚未确定。除了 Xbox 720，还有可能被命名为 Xbox 3 或 NextXbox。

2013 年 5 月 21 日正式发布 Xbox 新机型，并非 Xbox720，而是 Xbox One。

2014 年 9 月 29 日，Xbox One 国行在中国正式发售。

Kinect 是微软在 2010 年 6 月 14 日对 Xbox 360 体感周边外设正式发布的名字。Natal 为开发代号。伴随 Kinect 名称的正式发布，Kinect 还推出了多款配套游戏，包括 Lucasarts 出品的《星球大战》、MTV 推出的跳舞游戏、宠物游戏、运动游戏《Kinect Sports》、冒险游戏《Kinect Adventure》、赛车游戏《Joyride》等。

微软的 Kinect 不需要使用任何控制器，它依靠相机捕捉三维空间中玩家的运动。微软指出它会让系统操作更加简易来吸引大众。这个系统也辨识人脸，让玩家自动连上游戏。它还可辨认声音和接受命令。在游戏示范中，玩家们用脚踢仅存在于屏幕中的足球，并伸手设法拦阻进球。在驾驶游戏中，玩家转动想象中的方向盘来操控电视游戏中的赛车。

Kinect 最早是在 2009 年 6 月 1 日 E3 2009 上首次公布，当时的代号是"Project Natal"，意为初生，遵循微软以城市名作为开发代号的传统，"Project Natal"是由来自巴西的微软董事 Alex Kipman 以巴西城市 Natal, Rio Grande do Norte 命名。Natal 在英语中还有初生的含义，这也是微软给予此计划对 Xbox360 带来新生的期望。在 Kinect 公布时，微软宣布有超过 1000 种开发工具于当日发放给游戏开发人员。在 E3 2009 上 Kinect 的骨骼捕捉技术已经可以在 30Hz 的条件下同时捕捉 4 个人的 48 个骨骼动作。据业界传闻，"Project Natal"将作重大的设计改变或者硬件升级，将同时有一个新的 Xbox360 主机随其一同发售，微软随即公开否认了这些报道的真实性。并且一再强调"Project Natal"完全兼容市场上所有型号 Xbox360 主机，微软首席执行官史蒂芬·鲍威尔在一次发布会上甚至称"Project Natal"就是新一代 Xbox，当被问及下一代主机什么时候上市时，微软副总裁巴蒂尔金则宣称初生计划的发布足以使 Xbox360 的生命延续到 2015 年（普通主机生命周期为 5 年）。

2012 年 8 月 7 日，微软 Windows Live 总经理 Brian Hall 透露了有关下一代 Xbox 的消息。"我们已经使用 Hotmail 长达 16 年之久，还有 Exchange、Outlook 这些常用的办公软件，是时候做出点新东西了。我们将把这些软件最好的东西进行融合，然后跟随新一波产品合适的时间发布，包括 Windows 8、新版 Office、新的 Windows Phone 以及新的 Xbox"。在之前的报道中，微软对于新一代 Xbox 一向三缄其口，这次算是首次公开确认。事实上，微软在 E3 大展上就曾展示过名为 SmartGlass 的多媒体平台，能够打通 Xbox 360、Windows 8、Windows Phone，实现多平台间的内容共享。根据之前的消息，新一代 Xbox 代号"Durango"，将支持蓝光和原生 1080p 3D 信号输出功能，硬件性能为 Xbox 360 的 6～8 倍，具体规格包括支撑系统运作的 2 个 2GHz ARM/x86 核心，300MHz 48ALU 的 GPU，以及运行游戏等应用的 6～8 个 2GHz ARM/x86 核心+1GHz 64ALU 的 GPU。

此外，新 Xbox 还集成有 3 个 3.2GHz 的 Power PPC 处理器以向前兼容 Xbox 360 的游戏，主机内置超过 32MB 的 eDRAM 缓存、128bit 的 DDR4 内存，提供 USB 3.0、HDMI、DisplayPort、PCI-E、SATA 等 I/O 接口，支持 802.11n WiFi 和千兆有线网络。而新一代 Xbox 名称上也有变化，被命名为 Xbox One。

据美国科技博客网站 The Verge 报道，多位知情人士透露，微软将在下一代 Xbox 游戏主机中引入一种新的功能，能以类似于 Google TV 的方式处理电视和机顶盒信号。

这项新功能可以接收分线盒信号，并通过 HDMI 传输至 Xbox。这样，除了现有电视频道或机顶盒外，Xbox 又覆盖了一个用户界面和诸多功能。据悉，这将是下一代 Xbox 游戏机的主要功能，而且优于 Google TV 的解决方案，原因是微软与内容提供商之间建立了良好的合作关系。

知情人士称，微软将逐步扩大 Xbox 对各种有线电视服务的支持，但在正式发布之时，下一代 Xbox 只能提供最基本的功能。

除了这项电视功能外，下一代 Kinect 也将在微软争夺客厅的战略中发挥重要作用。据悉，下一代 Kinect 将可以同时锁定多个用户目标，例如能够追踪眼球运动，当用户视线离开电视机时，它就会暂停播放电视节目。有报道称，微软会将这些功能作为其电视计划中有关用户界面和新特性的一部分。

微软最近宣布，计划将旗下 Mediaroom IPTV 业务出售给爱立信。此举表明，微软将不再支持和帮助开发机顶盒相关软件，这种软件被广泛用于全球超过 2200 万个机顶盒上。微软目前还专注于将 Xbox 游戏机打造成为一项娱乐应用和电视服务，而剥离 IPTV 业务正是这一战略的组成部分。

知情人士透露，微软仍计划推出自家低价"Xbox TV"机顶盒，并有可能会在明年初发布，而不是随下一代 Xbox 一同发布。微软目前计划在今年 5 月举行 Xbox 发布会，届时应该会公布下一代 Xbox 的更多细节。

Xbox One 的主要目标是"创造一个生动的娱乐体验"。基于这一创意，微软推出了 Xbox One 游戏平台，提供给用户独特的娱乐体验，更多的是注重他们个性化的游戏喜好和游戏风格而不是游戏本身。将用户作为整个娱乐体验的中心，一切设计和服务都是以他们为本。

微软 2013 年 5 月 21 日正式发布新一代的娱乐盒子 Xbox One，2013 年 11 月 22 日上市，2014 年 3 月进行更新，更新调整 Xbox One 的用户界面，群组聊天也能够跨不同的游戏进行，更新还增加了"邀请好友一起玩"的选项。

微软联合百视通于 2014 年 9 月正式在中国发售 Xbox One。

可见，微软公司在体感识别交互技术领域的技术研发起步较早，实力较强，掌握较多核心的技术，因此成为体感识别交互技术领域的全球专利申请第一名。

为了解微软集团在全球范围的体感交互识别技术的专利申请区域分布情况，按照微软集团在全球各国家及区域申请的体感交互识别技术的专利申请量进行统计，得到表 14。

表 14 微软集团全球专利区域分布

专利公开国别	专利数量（件）
美国	37
中国	9
世界知识产权组织	3
澳大利亚	2
加拿大	1
欧洲专利局（EPO）	1
墨西哥	1

从表 14 可以看出：微软集团在全球范围内体感交互识别技术专利申请主要区域为美国、中国及世界知识产权组织。由上述分析可知，在体感交互识别技术领域，中国为微软集团在体感交互识别技术领域专利申请的主要外国区域，随着体感交互识别技术的快速发展，我国申请人在体感交互识别技术领域的研发投入较大，除了要多参考微软集团的体感交互识别技术，还要注意在申请体感交互识别技术领域的专利避免侵权的问题。

（2）三星电子

在体感识别交互技术领域，截至 2017 年 11 月 SAMSUNG ELECTRONICS CO LTD 在全球范围内的专利申请量为 21 件，居于全球申请人排名的第二位。

三星电子是三星集团公司旗下最大的子公司，是全球第二大手机生产商、全球营收最大的电子企业，2009 年全球 500 强企业中，三星电子占据了第 40 位的一席之地。全球最受尊敬企业排名第 50 位，三星的品牌价值排名第 19 位，较 2008 年又有了 2 位的进步。在 2011 年的全球企业市值中为 1500 亿美元。

三星集团主要的产品包括：三星 VR 一体机、SmartTV 智能电视及 Gear VR 体感交互的戒指等体感识别交互产品。

不过近日有消息透露,三星正在打造一款用于 Gear VR 体感交互的戒指,或许在不久的将来,用户直接戴着"戒指"就能与虚拟现实的世界互动。

根据三星申请的一项专利得知,这是一款用于佩戴在手指上的可穿戴设备,其集成了控制按钮、传感器等。

从图 4 的专利图可以看出,这枚戒指带有"+""−"按钮,这很有可能是用于控制其他连接设备的音量控制,毕竟假如作为单独设备使用的话,这枚戒指以什么功能存在还是一个需要考虑的问题,如果作为运动检测设备,那么这种音量控制并没有必要,因此更多是作为一种外设使用。

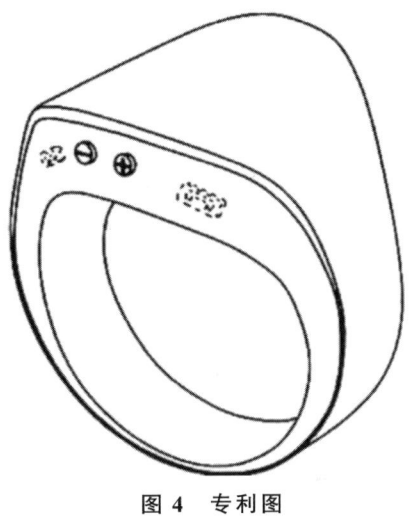

图 4 专利图

另外,虽然这枚戒指具备运动追踪的功能,但初步猜测应该主要用于体感交互上,而不是类似智能手环的运动计步等,毕竟使用手环作为运动计步检测比佩戴戒指更加自然。

不少业内人士也推测,这枚戒指很有可能就是用于 VR 的体感交互上。有外媒评论道:"Gear VR 使用一款不显眼的控制器搭档可谓天作之合"。假如这枚戒指真的用于 VR 的体感交互,那么会是一个不错的解决方案。

三星的另一款体感识别交互产品 SmartTV 还引入了手势操作、语音操作等功能,把巨大的电视也变成像手机那样可以交互的平台。

除了与其他设备互联,如图 5 所示,三星 SmartTV 还可以与其他 SmartTV 互联,实现诸如视频聊天、视频监控和在线影音、安装 APP 等功能。

图 5 三星 SmartTV

为了解三星电子公司在全球范围的体感交互识别技术的专利申请区域分布情况,按照三星电子公司在全球各国家及区域申请的体感交互识别技术的专利申请量进行统计，得到表 15。

表 15 三星公司全球专利区域分布表

专利公开国别	专利数量（件）
韩国	8
美国	8
欧洲专利局（EPO）	4
日本	1

从表 15 可以看出：三星电子公司在全球范围内体感交互识别技术专利申请主要区域为：美国及欧洲专利局（EPO）。由上述分析可知，在体感交互识别技术领域，三星电子公司未在中国申请相关技术领域的专利，因此我国申请人在研发体感交互识别技术时可以多参考三星电子公司的体感交互识别技术，专利侵权风险低。

（3）LEAP MOTION INC

在体感识别交互技术领域，截止到 2017 年 11 月 LEAP MOTION INC 在全球范围内的专利申请量为 15 件，居于全球申请人排名的第三位。

面向 PC 以及 Mac 的体感控制器制造公司 Leap 于 2013 年 2 月 27 日宣布，公司旗下产品 Leap Motion 体感控制器将于 5 月 13 日正式上市，随后于 5 月 19 日在美国零售商百思买独家售卖。2013 年 7 月 22 日，新版 Leap Motion 已经开始派送，新版的 Leap Motion 将具有更高的软硬件结合能力。

Leap Motion 体感控制器支持 Windows 7、Windows 8 以及 Mac OS X 10.7 及 10.8，该设备功能类似 Kinect，可以在 PC 及 Mac 上通过手势控制电脑。该公司也为其发布了名为 Airspace 的应用程序商店，其中包括游戏、音乐、教育、艺术等分类。已经有包括迪士尼、Autodesk、Google 在内的公司均已宣称部分旗下软件游戏支持 Leap Motion，其中包括赛车游戏《Wreck-It Ralph：Sugar Rush Speedway》、Autodesk 的 Maya 插件、《Google Earth》《Cut the Rope》（切绳子），以及其他应用，另外流行的事件管理器 Clear Mac 版同样支持 Leap Motion 体感动作操控。

Leap Motion 控制器不会替代键盘、鼠标、手写笔或触控板，相反，它与它们协同工作。当 Leap Motion 软件运行时，只需将它插入 Mac 或 PC 中，一切即准备就绪。只需挥动一只手指即可浏览网页、阅读文章、翻看照片，还有播放音乐。即使不使用任何画笔或笔刷，用指尖即可以绘画，涂鸦和设计。不论它们的每一次移动多么细微，又或是多么大幅度，Leap Motion 控制器都能精确追踪。从技术上说，这是一个 8 立方英尺的可交互式 3D 空间。Leap Motion 控制器可追踪全部 10 根手指，精度高达 1/100 毫米。Leap Motion 控制器以超过每秒 200 帧的速度追踪手部移动。

Leap 遵循右手坐标系，坐标系中单位与世界中一毫米相对应，坐标原点是设备的中心。XZ 轴组成水平的一个平面，X 轴指向设备的长边，Y 轴竖直，向上为正方向，Z 轴相对屏幕向外是正方向。

Leap 通过绑定视野范围能的手，手指或者工具来提供实时数据，这些数据多数是通过集合或者帧数据提供每一帧都包含了一系列的基本绑定数据，比如手、手指或者工具的数据。当设备检测到手、手指、工具或者是手势的话，设备会赋予它一个唯一的 ID 号码作为标记，只要这个实体不出设备的可视区域，这个 ID 号就会一直不变，如果设备丢失这个实体之后又出现了，Leap 就会赋予它一个新的 ID 号码，但是软件不会知道这个和以前的那个实体有什么关系。

一个 Frame 的对象提供了绑定数据，手势和元素的列表，这些数据用来描述设备视野内观察到整体的动作。

Hands——所有的手

Pointables——所有作为 Pointables 的手指和工具

Fingers——所有的手指

Tools——所有的工具

Gestures——所有的手势，包括开始、结束或者在进行中的这三个可指向物体的列表（可指向物体、手指、工具），包含每一个在每一种里被检测到的可指向的物体。你可以使用一个手来访问这些可指向的物体，这个手对象是通过 Hands 在手列表中的对象。需要注意的是：手指或者工具可能不会被手对象所关联，原因是这些可指向的物体只有一部分在 Leap 的可视区域里面。如果你绑定了一个单独的物体，比如一个手指头，每一帧中，你都可以通过 ID 和那个物体关联起来，并在新的帧里面找到它。使用以下的方法来找到相应的类型物体。

Leap 能够分析在场景中较早的帧中的整体的动画，并且综合典型的移动旋转和缩放因素。比如，如果你将两只手同时向左移动，并保证在 Leap 的视野里面，在帧中包含了移动的信息。如果你弯曲，你的手就像旋转一个球，在帧里面就包含旋转的信息。如果你移动两只手相对或者相向移动，那么在帧中就包含了缩放的信息。Leap 设备对于动画的分析基于在视野中的所有物体，如果有一个手在其中的话，那么就会基于这一个手的因素来分析，如果两个手的话，分析动画就会基于两个手的因素。你也可以为每一个手获得独立的动画因素，需要从 Hand 对象里面获得。帧动画的产生是通过当前的帧与更早的帧的比较获得的。描述动画合成的属性包括以下：

RotationAxis——旋转轴的方向

RotationAngle——顺时针旋转的角度

RotationMatrix——描述旋转的矩阵

ScaleFactor——表达碰撞或者收缩的因素

Translation——线性移动的因素

你可以直接添加动画因素来操作这些物体，而不需要绑定个人的数据。

LeapAPI 可以尽可能多地提供关于手的信息。但是，Leap 不能够确定每一帧所有属性。比如当你的手突然攥成了拳头，这个时候，它上面的所有的手指是不能用了，手指的 list 就成了空。所以你的程序需要对这种情况做一个检测。

Leap Motion 的体感交互是一种基于计算机视觉原理的技术，其好处就是无须佩戴各种传感器设备的身上，不过目前技术来看，手势识别率并未能做到最好。

为了解 LEAP MOTION INC 在全球范围的体感交互识别技术的专利申请区域分布情况，按照 LEAP MOTION INC 在全球各国家及区域申请的体感交互识别技术的专利申请量进行统计，得到表16。表16是 LEAP MOTION INC 全球专利区域分布表。

表 16　LEAP MOTION INC 全球专利区域分布表

专利公开国别	专利数量（件）
美国	14
世界知识产权组织	2

从表 16 中可以看出：LEAP MOTION INC 在全球范围内体感交互识别技术专利申请主要区域为：美国及世界知识产权组织。由上述分析可知，LEAP MOTION INC 是一家新兴的体感交互识别技术领域的科技公司，其专注于基于计算机视觉原理的体感交互技术，主要研发无须佩戴各种传感器设备的体感交互技术，在其成立的短短几年时间内，共在全球范围申请体感交互识别技术领域达 15 件，可见其在体感交互识别技术领域投入研发力度之大，虽然目前来看手势识别率尚未做到最好，但对于中国相关技术领域的申请人而言应多关注 LEAP MOTION INC 技术发展趋势，主要参考 LEAP MOTION INC 的体感交互识别技术，同时由于其除了在美国本土及世界知识产权组织申请专利之外，尚未在全球其余区域申请相关技术领域的专利，因此专利侵权风险较低。

（4）北京诺亦腾科技有限公司

通过图 3 可知，在体感识别交互技术领域的全球专利申请的其余主要申请人为：微软集团、三星电子公司和 LEAP MOTION INC、INTEL CORPORATION、GOOGLE INC、SONY CORPORATION、北京诺亦腾科技有限公司、DISNEY ENTERPRISES INC 及 POLHEMUS INC，由此可见在前 9 名的全球主要申请人中，只有一位中国的申请人——北京诺亦腾科技有限公司。因此特对北京诺亦腾科技有限公司进行简单分析，在体感识别交互技术领域，截至 2017 年 11 月北京诺亦腾科技有限公司的在全球范围内的专利申请量为 9 件，居于全球申请人排名的第七位，是唯一一位全球申请人排名前十的中国申请人。

北京诺亦腾科技有限公司（Noitom Technology Ltd.）是一家在动作捕捉领域具有国际竞争力的公司。公司核心团队由多名海外留学归国人员组成，具有世界级研发能力，研究领域涉及传感器、模态识别、运动科学、有限元分析、生物力学以及虚拟现实等。通过多学科知识交叉融合，公司开发了具有国际领先水平的"基于 MEMS 惯性传感器的动作捕捉技术"，并在此基础上形成了一系列具有完全自主知识产权的低成本高精度动作捕捉产品。已经成功应用于动画与游戏制作、体育训练、医疗诊断、虚拟现实以及机器人等领域，并得到全球业内的高度认可。"Noitom"是英文"运动"（Motion）单词的倒序拼写，代表了公司目标：颠覆运动捕捉行业格局。诺亦腾公司成立于 2012 年。自从成立以来，诺亦腾已经建立起了数条产品线：Perception™—基于惯性传感器的全身动作捕捉系统。基于惯性传感器的动作捕捉技术是一项融合了传感器技术、无线传输、人体动力学、计算机图形学等多种学科的综合性技术，有着极高的技术门槛，世界上仅有少数几家公司能够完成，而诺亦腾则是其中的佼佼者。目前 Perception 拥有两款产品：面向高端客户的 Perception Legacy 与面向个人开发者的 Perception Neuron。在未来，公司将继续完善动作捕捉技术平台；诺亦腾还开发了 mySwing™，一套基于惯性原理动作捕捉的高精度高尔夫训练系统，采用当今世界领先的无线高速动作捕捉技术研发。这套系统将会为高尔夫训练带来革命性的变化。

北京诺亦腾科技有限公司的主要产品：Perception Legacy、Perception Neuron 及 Myswing 挥杆宝。

Perception Legacy——基于惯性传感器的全身动作捕捉系统

诺亦腾科技自主研发的腾挪 PERCEPTION™系统是其中的代表性产品。基于惯性传感器的动作捕捉技术是一项融合了传感器技术、无线传输、人体动力学、计算机图形学等多种学科的综合性技术，有着极高的技术门槛，世界上仅有少数几家公司能够完成，而诺亦腾则是其中的佼佼者。在未来，公司将继续完善动作捕捉技术平台，不断巩固技术领先性。

Perception Neuron——高性价比动作捕捉系统

Perception Neuron 动作捕捉系统是基于 MEMS 惯性传感器的动作捕捉系统：子节点模块体积比硬币还小，集成了加速度计、陀螺仪以及磁力计的惯性测量传感器节点。Neuron 传感器节点以 60/120 fps 的速度向外输出数据。所有传感器的数据都会汇入到 Hub 主节点之上，然后 Hub 主节点会将数据以 USB 有线或者 WiFi 无线的方式传输到计算机。用户也可以选择将数据通过内置的 Micro SD 卡槽记录在存储卡上。Neuron 动捕系统需要与计算机上的 Axis Neuron 或者 Axis Neuron Pro 软件协同使用。这套软件为用户提供了管理与校准 Neuron 硬件的方法，同时也是录制与输出动作捕捉数据的平台。通过 Axis Neuron/Axis Neuron Pro 软件，用户可以获得与大多数专业影视特效制作与游戏开发工具所兼容的高质量动作捕捉数据。

MySwing 挥杆宝——高精准的高尔夫挥杆分析仪

挥杆宝是诺亦腾科技有限公司研发的高精准高尔夫挥杆电子分析仪，采用当今世界领先的无线高速动作捕捉技术研发。挥杆宝与智能终端（兼容 iOS 和安卓系统）匹配使用，可零延时、高精准地捕获高尔夫挥杆数据。

为了解北京诺亦腾科技有限公司在全球范围的体感交互识别技术的专利申请区域分布情况，按照北京诺亦腾科技有限公司在全球各国家及区域申请的体感交互识别技术的专利申请量进行统计，得到表 17。表 17 是北京诺亦腾科技有限公司全球专利区域分布表。

表 17　北京诺亦腾科技有限公司全球专利区域分布表

专利公开国别	专利数量
中国	9

从表 17 中可以看出：北京诺亦腾科技有限公司在全球范围内体感交互识别技术专利申请仅在中国本土有大量的体感交互识别技术领域的专利申请。由上述分析可知，北京诺亦腾科技有限公司（Noitom Technology Ltd.）作为中国本土的一家在动作捕捉领域具有国际竞争力的公司，成立于 2012 年，其研究领域涉及传感器、模态识别、运动科学、有限元分析、生物力学以及虚拟现实等。北京诺亦腾科技有限公司主要研究基于惯性传感器的动作捕捉技术，该技术是一项融合了传感器技术、无线传输、人体动力学、计算机图形学等多种学科的综合性技术，世界上仅有少数几家公司能够完成，而北京诺亦腾科技有限公司是其中的佼佼者。虽然由上述分析可知，中国申请人在全球申请人排名中仅有北京诺亦腾科技有限公司一家，且排名暂居第七位，但是从对北京诺亦腾科技有限公司的了解可知，其成立时间较排名第三的 LEAP MOTION INC 至少要晚两年，却能在申请量上位居全球 10 强，说明其在体感交互识别技术领域投入的研发力量很充足，是一家很有前景的中国公司。因此，中国申请人在研究体感交互识别技术时除了参考前面所列举的微软集团、三星集团及 LEAP MOTION INC 之外，也可参考本国申请人北京诺亦腾科技有限公司研究体感交互识别技术，为我国体感交互识别技术的发展做出更多的贡献。

基于上述重要申请人的介绍，本领域相关申请人可以参考上述各公司的技术，同时注意避免侵权。

5. 全球专利申请的申请人专利价值

由于发明专利价值的计算方法有多种，并各有特色，应根据企业的类型、产品的性质具体情况有选择地使用，例如"新增利润"计算法（日本新技术开发集团公司曾使用过）、"经济预测"计算法（日本发明协会曾使用过）、发明价值的评估方法（德国西门子公司曾使用过）、评估应用例及合享价值度评估法等专利价值度评估方法。

其中发明价值的评估方法为将构成发明价值的要素分为经济价值、技术价值、专利权价值、合同价值和竞争价值五个方面，将每一项又分为小、中、大、重大四个等级进行打分，然后进行加权平均。

本课题采用合享价值度评估法对检索到的专利价值进行评估。合享价值度是 Incopat 专利检索平台用来衡量专利质量和价值的指标，如图 6 所示，主要通过技术稳定性、技术先进性和保护范围三大指标综合计算得出。衡量的具体指标涵盖了专利法法律状态、诉讼行为、质押行为、复审请求、无效请求、同组专利数、被引证数、许可转让行为、研发人数、权利要求数、有效期、专利年龄等，能够较为全面地对专利质量进行评价，本文通过对中美两国的高被引专利进行统计和整理，从专利质量角度对搜索引擎领域的发展进行对比。

首先在全部专利中抽取高价值专利组和低价值专利组，发生过许可、诉讼、被提出过无效申请仍保持有效的专利被划入高价值专利组；如果专利公开后短期内即放弃、专利未发生过转让、许可、诉讼、无效宣告等事件，且过去该专利权人的专利平均寿命偏低，则被划入低价值专利组。

然后，通过指标参数分析高价值专利组和低价值专利组，这些参数包括：专利类型、被引证次数、同族个数、同族国家数量、权利要求个数、发明人个数、涉及IPC大组个数、专利剩余有效期等20余个。

在此基础上，进一步根据每个指标对价值度的影响力，设定各指标的影响因子，使各指标的权重趋于合理。

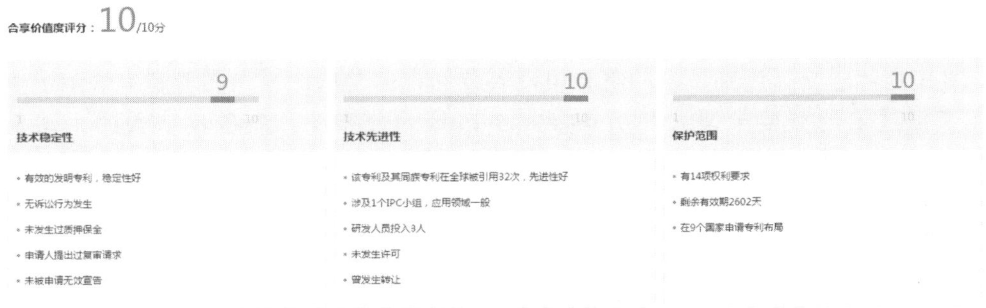

图 6　合享专利价值度示意图

作为全球主要申请人的微软集团（包括 MICROSOFT CORPORATION、MICROSOFT TECHNOLOGY LICENSING LLC 及微软公司），其申请的专利中专利价值为 10 专利共计 21 件，总计申请专利 51 件，专利价值为 10 的专利占比为 21/51×100%，约为 41%，专利价值为 9 的专利共计 4 件，专利价值为 9 的专利占比约为 7.8%，专利价值为 8 的专利共计 6 件，专利价值为 8 的专利占比约为 11.8%。

作为全球主要申请人的三星电子公司（为三星集团子公司），其申请的专利中专利价值为 10 的专利共计 5 件，总计申请专利 21 件，专利价值为 10 的专利占比为 5/51×100%，约为 23.8%，专利价值为 9 的专利共计 3 件，专利价值为 9 的专利占比约为 14.3%，专利价值为 8 的专利共计 4 件，专利价值为 8 的专利占比约为 19.04%。

作为全球主要申请人的 LEAP MOTION INC，其申请的专利中专利价值为 10 的专利共计 2 件，总计申请专利 15 件，专利价值为 10 的专利占比为 2/15×100%，约为

13.3%，专利价值为 9 的专利共计 2 件，专利价值为 9 的专利占比约为 13.3%，专利价值为 8 的专利共计 4 件，专利价值为 8 的专利占比约为 26.7%。

作为全球主要申请人中唯一的中国申请人北京诺亦腾科技有限公司，其申请的专利中专利价值为 10 的专利共计 0 件，总计申请专利 9 件，专利价值为 10 的专利占比为 0，专利价值为 9 的专利共计 2 件，专利价值为 9 的专利占比约为 22.2%，专利价值为 8 的专利共计 0 件，专利价值为 8 的专利占比为 0，专利价值为 6 的专利共计 4 件，专利价值为 6 的专利占比约为 44.4%。

通过上述分析可知，在体感交互识别技术领域的全球申请人的专利价值中，微软公司的高价值专利占比最高约为 41%，其次是三星电子公司高价值专利占比最高约为 23.8%，最后是 LEAP MOTION INC 的高价值专利占比最高约为 13.3%，微软公司的专利价值明显高于其他申请人，可见微软公司掌握着体感交互识别技术领域较多核心的技术，其他公司在发展体感交互识别技术时应该重点参考，同时注意避免侵权。

而我国唯一一个在全球申请人排名前十的申请人北京诺亦腾科技有限公司，其高价值专利的占比几乎为零，只有专利价值为 6 的专利占比约为 44.4%，可见我国企业在掌握的体感交互识别技术的核心技术较少，我国企业应着重发展核心技术。

6. 全球重要申请人专利申请趋势

图 7 是体感交互识别技术的重要申请人专利申请趋势图，该图清楚地显示了体感交互识别技术的重要申请人在历年专利申请量的分布图，及各申请人的申请量自 2009 年以来随时间变化的趋势。

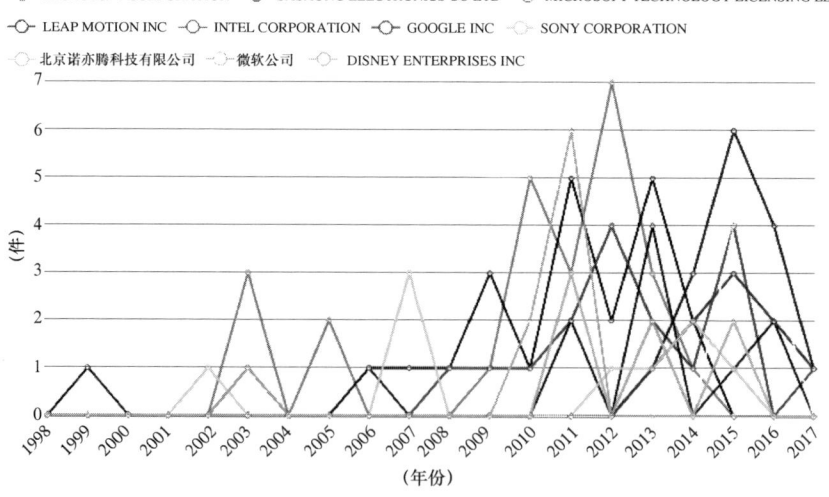

图 7 体感交互识别技术的重要申请人专利申请趋势图

为了解全球范围内在体感交互识别技术领域的重要申请人专利申请趋势，统计了全球范围内主要申请人 1998—2017 年的专利申请量的分布情况，得到图 7 和表 18。

表 18 体感交互识别技术的重要申请人专利申请趋势表 (件)

年份	1998	1999	2000	2001	2002	2003	2004	2005	2006	2007	2008	2009	2010	2011	2012	2013	2014	2015	2016	2017
MICROSOFT CORPORATION	0	0	0	0	0	3	0	2	0	0	0	2	5	3	7	3	1	0	0	0
SAMSUNG ELECTRONICS CO LTD	0	0	0	0	0	0	0	0	1	1	1	3	1	5	2	5	2	0	0	0
MICROSOFT TECHNOLOGY LICENSING LLC	0	0	0	0	0	0	0	0	0	0	1	1	1	2	4	2	1	4	1	2
LEAP MOTION INC	0	0	0	0	0	0	0	0	0	0	0	0	0	0	0	1	3	6	5	1
INTEL CORPORATION	0	1	0	0	0	1	0	0	1	0	0	0	0	2	0	4	0	1	2	0
SONY CORPORATION	0	0	0	0	1	0	0	0	0	3	1	0	0	0	1	1	2	2	0	0
GOOGLE INC	0	0	0	0	0	0	0	0	0	0	0	0	0	0	0	1	2	3	2	1
北京诺亦腾科技有限公司	0	0	0	0	0	0	0	0	0	0	0	0	0	0	0	2	0	4	3	0
微软公司	0	0	0	0	0	1	0	0	0	0	0	0	2	6	0	0	0	0	0	0
DISNEY ENTERPRISES INC	0	0	0	0	0	0	0	0	0	0	0	0	0	3	0	2	0	2	1	0

图 7 是体感识别交互技术全球专利申请重要申请人的专利申请趋势图,第一维度为申请人,第二维度为申请量。表 18 是与图 7 对应的体感识别交互技术全球专利申请重要申请人的专利申请趋势表,具体给出了各重要申请人各年申请量的情况。

从图 3 和表 13 中可以看出:申请量居于首位的申请人微软集团(微软集团分别包括:MICROSOFT CORPORATION、MICROSOFT TECHNOLOGY LICENSING LLC 及微软公司),以 MICROSOFT CORPORATION 为例,专利申请起步于 2000 年,自 2009 年以前为颠簸期,申请量起伏不定,直到 2010 年申请量呈激增状态,2012 年申请量最多,随后有递减趋势。

通过图 7 可知,专利申请起步最早的除了申请量最多的微软集团,还有 INTEL CORPORATION 公司,但是其 1999 年只有一件专利申请,随后多年内一直没有申请,直到 2006 年再次申请了一件专利,可见该技术一直处于萌芽期。而后起之秀 LEAP MOTION INC 自 2013 年以来申请量呈迅猛增长,同时我国申请人北京诺亦腾科技有限公司自 2013 年开始专利量呈递增趋势。可见 2013 年以后 LEAP MOTION INC 及北京诺亦腾科技有限公司在体感交互识别技术领域研发效果显著,是本领域活跃的技术公司,我国申请人在研究及申请本领域专利时除了要关注申请量大的公司,同时还要关注近三年内技术活跃的新兴科技公司,获得该技术的研究方向。

(二)中国专利申请总体状况分析

截至 2017 年 11 月 21 日,在 incopat 数据库中检索到涉及体感交互识别技术领域的专利申请为 1476 件,合并同族后为 1214 件。本文从惯性感测、光学感测以及惯性、光学联合感测及其他相关技术几个方面对专利申请进行检索及人工标引。

1. 中国专利申请总体趋势

图 8 是涉及体感交互识别技术的专利申请在中国的历年申请量的年代分布图,该图清楚地显示了体感交互识别领域申请量自 2000 年以来随时间变化的趋势。

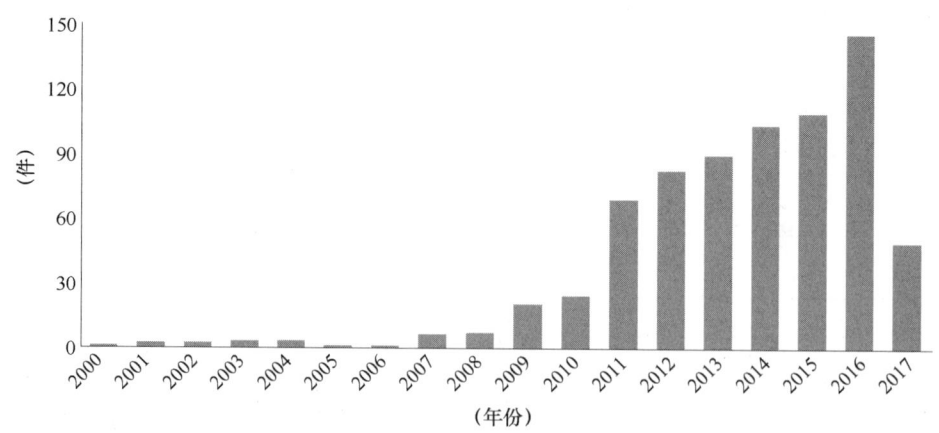

图 8 中国体感交互识别技术专利申请趋势图

为了解中国涉及体感交互识别技术专利申请的总体趋势,按照申请项数统计了其申请量随年度的变化情况,得到图8和表19。

表 19 中国体感交互识别技术专利申请量表

申请年份	专利数量(件)	申请年份	专利数量(件)
2000	1	2009	21
2001	2	2010	24
2002	2	2011	69
2003	3	2012	82
2004	3	2013	90
2005	1	2014	103
2006	1	2015	109
2007	6	2016	146
2008	7	2017	49

图8是中国体感交互识别技术专利申请趋势图。图8中的第一维度为申请日,第二维度为申请量。表19是中国体感交互识别技术专利申请量表。从图8和表19中可以看出:

在中国,最早的专利申请出现在2000年。2008年之前,中国的体感交互识别技术处于起步阶段,年申请量基本保持在个位数,这一阶段属于起步期。2009年到2012年这4年是爆发期,其申请量出现了急剧增长,相比2008年的申请量(7件),2009年的申请量实现了翻两番,达到了21件。且2011年的申请量再次实现了翻两番,达到了69件(2010年申请量为24件)。2013年以后是平稳发展期,在2014年,中国体感交互识别技术申请量首次超过了100件(103件)。

从总体上看,近20年来,中国涉及体感交互识别技术的专利申请量经历了起步期(2000—2008年)、爆发期(2009—2012年),目前则进入了平稳发展期(2013年至今),各个技术领域对体感交互识别技术的需求不断增多。

2. 中国省市分布

图9是体感交互识别技术的中国省市分布图。图9中的第一维度为中国省市,第二维度为申请量。表20是体感交互识别技术的中国省市分布表。

如图9和表20所示:北京、广东和上海均是在G06F3/01技术领域的技术成果最多的省市。其中,北京位居第一位,在G06F3/01技术领域的总申请量为125件,占中国总申请量的22.2%;广东位居第二位,在G06F3/01技术领域的总申请量为103件,占中国总申请量的18.3%;上海位居第三位,在G06F3/01技术领域的总申请量为47件,占中国总申请量的8.3%。接下来排名第四至第十的省市分别是江苏、浙江、四川、安徽、天津、湖北、山东,在 G06F3/01 技术领域的申请量分别为:40 件、27 件、18 件、16 件、15 件、15 件、14 件。

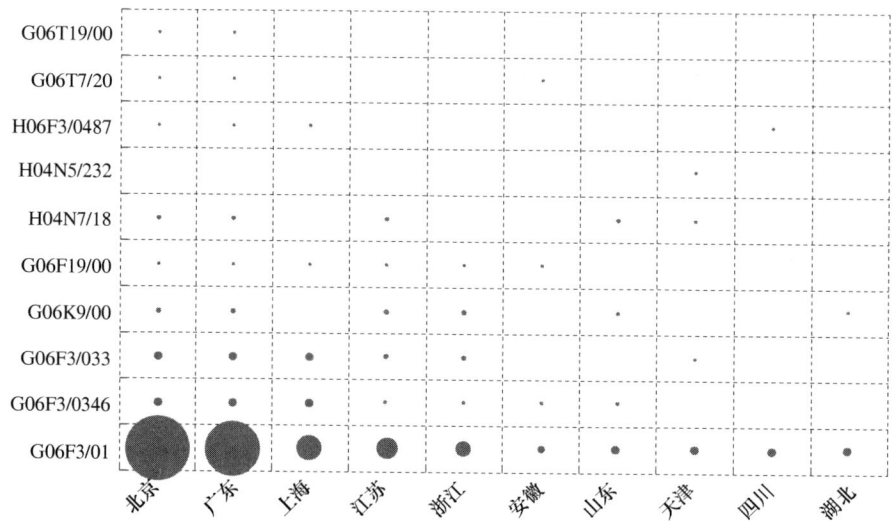

图 9 体感交互识别技术的中国省市分布

表 20 体感交互识别技术的中国省市分布表

	北京	广东	上海	江苏	浙江	安徽	山东	天津	四川	湖北
G06F3/01	125	103	47	40	27	16	14	15	18	15
G06F3/0346	17	18	6	2	2	3	6	1	1	0
G06F3/033	15	12	6	3	5	1	0	4	0	1
G06K9/00	7	16	0	3	2	0	2	1	1	3
G06F19/00	3	12	4	5	3	3	0	1	1	0
H04N7/18	7	5	0	2	0	1	2	4	0	0
H04N5/232	1	6	2	1	0	0	1	6	0	0
G06F3/0487	2	4	5	0	0	0	0	0	2	0
G06T7/20	6	2	0	0	1	2	0	0	0	0
G06T19/00	5	2	0	1	0	0	0	0	0	0

北京、广东和上海也是在 G06F3/033 技术领域的技术成果最多的省市。其中,北京位居第一位,在 G06F3/033 技术领域的总申请量为 15 件,占中国总申请量的 22.4%;广东位居第二位,在 G06F3/033 技术领域的总申请量为 12 件,占中国总申请量的 17.9%;上海位居第三位,在 G06F3/033 技术领域的总申请量为 6 件,占中国总申请量的 9.0%。接下来排名第四至第八的省市分别是浙江、天津、江苏、安徽、

湖北，在 G06F3/033 技术领域的申请量分别为：5 件、4 件、3 件、1 件、1 件。

北京、广东和上海在 G06F3/0346 技术领域的技术成果也领先于其他省市。其中，广东位居第一位，在 G06F3/0346 技术领域的总申请量为 18 件，占中国总申请量的 20.9%；北京位居第二位，在 G06F3/0346 技术领域的总申请量为 17 件，和广东基本持平，占中国总申请量的 19.8%；上海和山东位居第三位，在 G06F3/0346 技术领域的总申请量均为 6 件，占中国总申请量的 7.0%。接下来排名第四至第八的省市分别是安徽、江苏、浙江、四川、天津，在 G06F3/0346 技术领域的申请量分别为：3 件、2 件、2 件、1 件、1 件。

由此看出，国内申请主要分布在经济发达省市以及个别研发实力突出的省市，包括北京、上海、广东、江苏、浙江、天津等。其中，北京、上海、广东位居前三强，区域集中优势明显。可见专利申请量与经济发达程度呈正相关，即经济越发达的地区其专利申请量也越多，反之经济越落后的地区其专利申请量也越少。

3. 中国专利申请主要申请人

图 10 为在体感交互识别领域中占有重要地位的国内外企业和高校在国内申请的申请量。

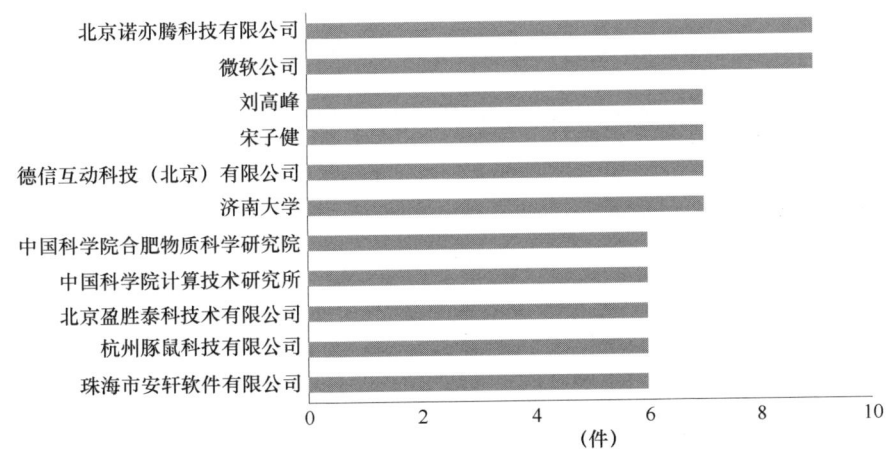

图 10　中国专利申请主要申请人

如图 10 所示，北京诺亦腾科技有限公司及微软公司申请量均为 9 件，并列排在第一位；刘高峰及宋子健作为个人申请量均为 7 件，排在第二位，经筛选二者的申请专利发现，二者基本属于合作关系，所有专利都是二人共同申请，同时排在第二位的还有德信互动科技（北京）有限公司及济南大学，二者的申请量也均是 7 件；排在第三位的申请人包括中国科学院合肥物质科学研究院、北京盈胜泰科技术有限公司、杭州豚鼠科技有限公司及珠海市安轩软件有限公司，各申请人的申请量均为 6 件。通过图 10 可以看出，国内在体感交互识别领域中占有重要地位的国内外企业和高校在国内申请的申请量差异不大,各申请人对体感交互识别领域的关注以及在体感交互识别领域的专利布局策略并无太多差异。同时,微软公司作为跨国公司很关注中国市场,其在国内申请量略处于领先位置,并且加速在中国关于体感交互识别领域的专利布局。济南大学、中国科学院合肥物质科学研究院和中国科学院计算技术研究所的申请量分别位居第二和第三,反映了在体感交互识别技术领域申请中国内的高校及科研所对创新技术的关注。同时,为了更好地发展我国的体感交互识别技术,可以考虑企业和各科研院校进行产学研结合的发展模式,互利互惠共同发展。

4. 中国专利申请人类型分布

由于市场推动企业必然成为技术研发的中坚力量,而大专院校或科研单位往往具有较厚的理论基础,因此其很可能是基础专利的重要申请者。

图11示出了国内外在华申请的主要申请人类型,由该图可以看出,在体感交互识别领域,企业作为绝对的中坚力量占据较大比例的专利申请,达到59%;其次为具有较厚理论基础的大专院校,另外,还存在一定量的个人申请。因此企业在体感交互识别领域的技术优势还是非常明显的,其次,企业可考虑与大专院校在技术研发、专利保护、专利运营等方面进行充分合作,从而实现产学研良好地衔接。

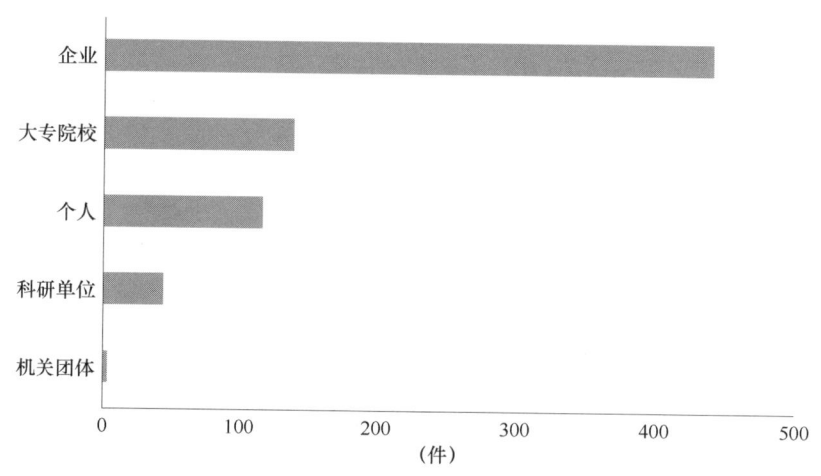

图11 中国专利申请人类型分布

5. 中国专利类型对比

专利的种类在不同的国家有不同规定,在我国《专利法》中规定专利类型:发明专利、实用新型专利和外观设计专利;在香港专利法中规定有标准专利(相当于内地的发明专利)、短期专利(相当于内地的实用新型专利)、外观设计专利;在部分发达国家中分为发明专利和外观设计专利。

① 发明专利。我国《专利法》第二条第二款对发明的定义是:"发明是指对产品、方法或者其改进所提出的新的技术方案。"发明专利并不要求它是经过实践证明

可以直接应用于工业生产的技术成果，它可以是一项解决技术问题的方案或是一种构思，具有在工业上应用的可能性，但这也不能将这种技术方案或构思与单纯地提出课题、设想相混同，因单纯的课题、设想不具备工业上应用的可能性。

② 实用新型专利。我国《专利法》第二条第三款对实用新型的定义是："实用新型是指对产品的形状、构造或者其结合所提出的适于实用的新的技术方案。"同发明一样，实用新型保护的也是一个技术方案。但实用新型专利保护的范围较窄，它只保护有一定形状或结构的新产品，不保护方法以及没有固定形状的物质。实用新型的技术方案更注重实用性，其技术水平较发明而言，要低一些，多数国家实用新型专利保护的都是比较简单的、改进性的技术发明，可以称为"小发明"。实用新型是指对产品的形状、构造或者其结合所提出的适于实用的新的技术方案，授予实用新型专利不需经过实质审查，手续比较简便，费用较低，因此，关于日用品、机械、电器等方面的有形产品的小发明，比较适用于申请实用新型专利。

③ 外观设计专利。我国《专利法》第二条第四款对外观设计的定义是："外观设计是指对产品的形状、图案或其结合以及色彩与形状、图案的结合所作出的富有美感并适于工业应用的新设计。"并在《专利法》第二十三条对其授权条件进行了规定："授予专利权的外观设计，应当不属于现有设计；也没有任何单位或者个人就同样的外观设计在申请日以前向国务院专利行政部门提出过申请，并记载在申请日以后公告的专利文件中""授予专利权的外观设计与现有设计或现有设计特征的组合相比，应当具有明显区别"，"授予专利权的外观设计不得与他人在申请日以前已经取得的合法权利相冲突"。外观设计与发明、实用新型有着明显的区别，外观设计注重的是设计人对一项产品的外观所作出的富于艺术性、具有美感的创造，但这种具有艺术性的创造，不是单纯的工艺品，它必须具有能够为产业上所应用的实用性。外观设计专利实质上是保护美术思想的，而发明专利和实用新型专利保护的是技术思想；虽然外观设计和实用新型与产品的形状有关，但两者的目的却不相同，前者的目的在于使产品形状产生美感，而后者的目的在于使具有形态的产品能够解决某一技术问题。例如一把雨伞，若它的形状、图案、色彩相当美观，那么应申请外观设计专利，如果雨伞的伞柄、伞骨、伞头结构设计精简合理，可以节省材料又有耐用的功能，那么应申请实用新型专利。

为了解在体感识别交互技术领域，中国专利技术构成情况，统计了在中国申请的专利的各类型专利申请数量，得到图12。

图12是在华专利的实用新型，发明申请以及发明授权的数量对比图，由该图可知发明专利（包括发明申请和发明授权）占据82.08%的比例，由于发明的技术方案创新水平一般均高于实用新型专利，尤其是授权的发明专利占据了13.61%的比例，由此可见该领域的技术水平普遍较高。

作为龙头企业的微软集团具有较强的技术实力，其专利类型布局具有典型的特点。图 13 为微软集团专利类型对比图，由图 13 可知微软集团集中布局为发明专利，并且其授权的发明专利达到了 44.44%，一方面可以说明其较强的技术实力，另一方面由于授权的发明具有权利稳定、保护时间长等特点，因此该龙头企业采用发明专利来对其技术进行保护，我国各企业在进行专利布局时可借鉴微软的该策略，对于重点技术采用发明专利进行保护。

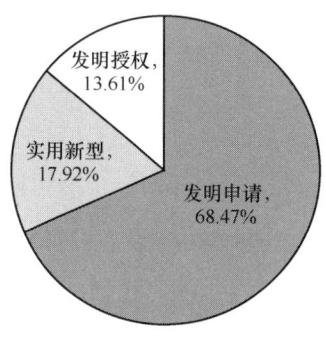

图 12　中国专利类型对比

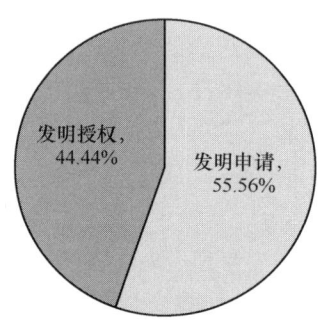

图 13　微软集团专利类型对比

当然，发明专利的审查周期一般长于实用新型的专利申请，因此对于实用性较强的技术，可采用同时申请发明和实用新型两种专利，从而更好地对技术形成保护。

图 14 为北京诺亦腾科技有限公司专利类型对比图，由该图可以看出其专利申请占据了 44.44% 的比例，其较好地运用了实用新型来保护其自身的技术，另外从图 19 可以看出其发明授权率为 11.11%，因此其需要借鉴微软集团的策略，对于其重点技术重点采用发明进行保护，从而提高其技术保护的时间以及稳定性。

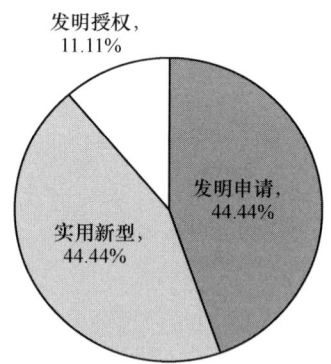

图 14　北京诺亦腾科技有限公司专利类型对比

6. 中国专利申请人国别分布

为了解在体感识别交互技术领域，全球各国或各区域对于中国市场的技术控制情况，统计了在中国申请的专利的申请人国别情况，得到图 15 和表 21。

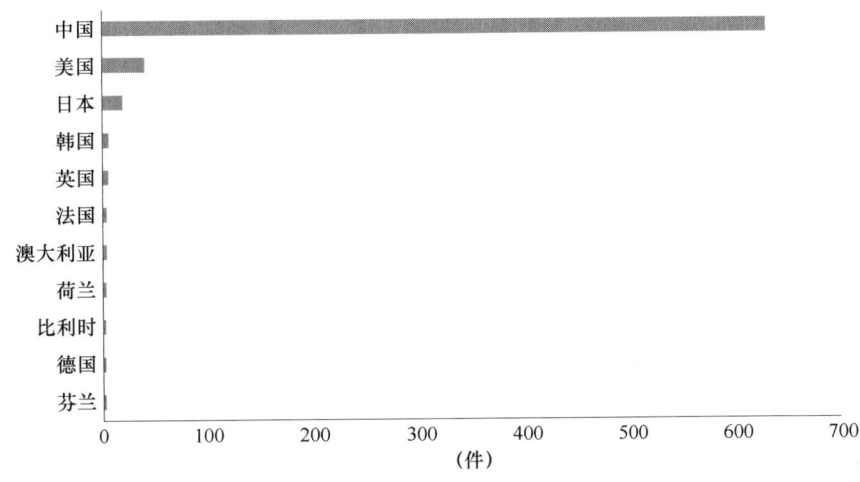

图 15 中国专利申请人国别分布

表 21 中国专利申请人国别统计表

申请人国别	专利数量（件）	申请人国别	专利数量（件）
中国	630	韩国	6
美国	40	英国	5
日本	19		

图 15 是中国专利申请人国别分布图，图 15 中的第一维度为申请量。第二维度为申请人国别排序。表 21 是与图 15 对应的体感交互识别技术的各国在中国专利申请数量表。由图 15 可以看出，中国作为本土国家，来自中国申请人的专利申请具有 630 件，在数量上占据绝对优势，约占国内申请总量的 88%。其次是美国，由于其具有微软、英特尔等在体感交互领域技术实力较强的公司，其在中国的专利申请量达到了 40 件，约占中国专利申请总量的 6%。另外由于具有索尼等该领域龙头企业，日本在中国的专利申请量也达到 19 件，约占中国专利申请总量的 3%，而韩国、英国、法国、澳大利亚、荷兰、比利时、德国和芬兰等国家在中国市场也具有一定量的专利布局。

综上可知，我国在中国市场上具有一定的技术实力，其他各国在中国的市场控制力较弱；另外，在体感识别交互领域，我国在该领域已经具备快速发展的实力，我国各企业可依托已有的技术实力，实现重点突破，提高自身的技术水平；另外，对于其他各国，我国应重点关注美国和日本在中国的专利布局，避免受到这些国家在华的相关专利的影响。

（三）技术构成和分析

1. 技术构成

图 16 是体感交互识别技术的全球主要 IPC 分类号分布图。表 22 是与图 16 对应

的体感交互识别技术的全球主要 IPC 分类号分布表。图 16 中的第一维度为 IPC 分类号，第二维度为申请量。

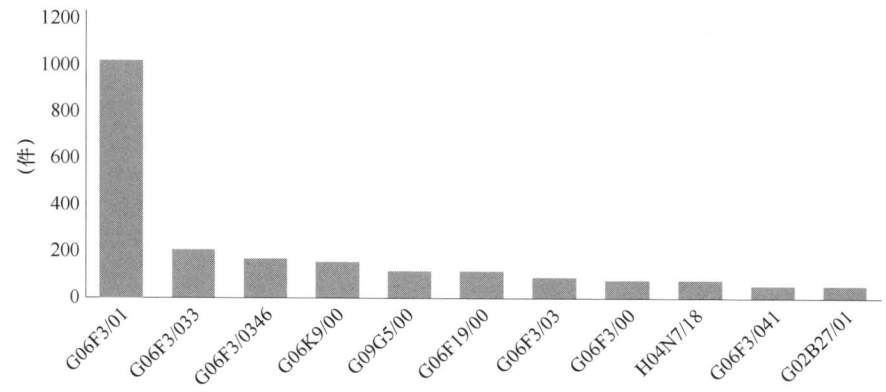

图 16　体感交互识别技术的全球主要 IPC 分类号分布图

表 22　体感交互识别技术的全球主要 IPC 分类号分布表

IPC 分类号	专利数量（件）	IPC 分类号	专利数量（件）
G06F3/01	1014	G06F3/03	88
G06F3/033	204	G06F3/00	80
G06F3/0346	167	H04N7/18	79
G06K9/00	153	G06F3/041	56
G09G5/00	117	G02B27/01	54
G06F19/00	111		

从图 16 中可以看出，体感交互识别技术相关的专利申请主要分布在 IPC 分类号为 G06F3/01、G06F3/033、G06F3/0346、G06K9/00、G06F19/00、G06F3/03、G06F3/00、G06F3/041、G02B27/01 等小组中，其中申请量第一的组为 G06F3/01，其含义为用于用户和计算机之间交互的输入装置或输入和输出组合装置；申请量第二的组为 G06F3/033，其含义为由使用者移动或定位的指示装置（例如鼠标、跟踪球、笔或操纵杆）；申请量第三的组为 G06F3/0346，其含义为检测设备在三维空间内定向或自由移动（例如 3D 鼠标，六自由度使用陀螺仪、加速度计或倾斜传感器的指示器）；申请量第四的组为 G06K9/00，其含义为用于阅读或识别印刷或书写字符或者用于识别图形（例如指纹）的方法或装置；申请量第五的组为 G06F19/00，其含义为专门适用于特定应用的数字计算或数据处理的设备或方法；申请量第六的组为 G06F3/00，其含义为用于将所要处理的数据转变成为计算机能够处理的形式的输入装置；用于将数据从处理机传送到输出设备的输出装置（例如接口装置；物理变量的

转换；图像捕获；编码、译码或代码转换；数字信息的传输）；申请量第七的组为 G06F3/041，其含义为以转换方式为特点的数字转换器（例如触摸屏或触摸垫）；申请量第八的组为 G02B27/01，其含义为加盖显示器。可见，体感交互识别技术相关的专利申请的硬件部分集中在输入输出装置，其次是移动或定位的指示装置。软件部分集中在 3D 图像的处理识别。

表 22 是体感交互识别技术的全球主要 IPC 分类号分布表。从表 22 中可以看出，申请数量第一的组是 G06F3/01，专利申请量共 1014 件，占总申请量的 68.9%；申请量第二的组是 G06F3/033，专利申请量共 204 件，占总申请量的 13.9%；申请量第三的组是 G06F3/0346，专利申请量共 167 件，占总申请量的 11.3%。

2. 技术申请趋势

图 17 是体感交互识别技术的技术申请趋势图。图 17 中的第一维度为申请日，第二维度为申请量。表 23 是体感交互识别技术的技术申请趋势表。

如图 17 和表 23 所示，G06F3/01 技术领域的申请量最多，是研发的重点；G06F3/033 技术领域的申请量排第二，其次是 G06F3/0346 技术领域的申请量。

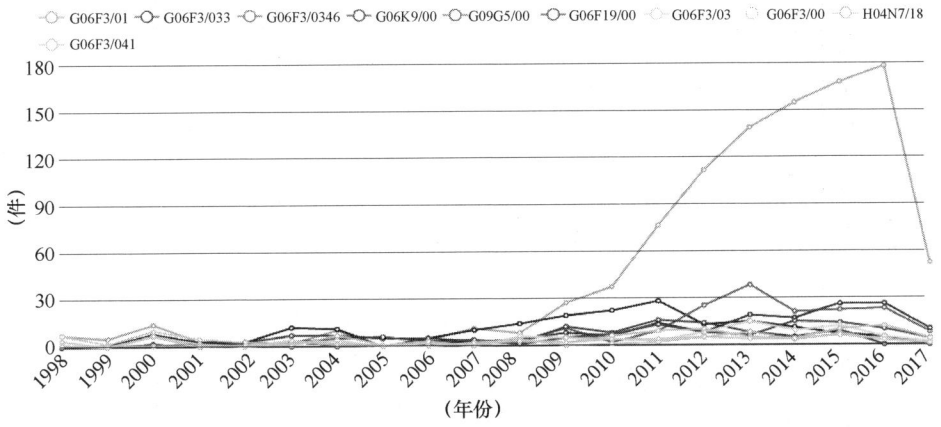

图 17　体感交互识别技术的技术申请趋势图

从图 17 和表 23 中可以看出：刚开始 G06F3/01 技术领域的申请量很少，发展缓慢，在 2000 年曾经达到了一个小峰值（申请量达到了 14 件），随后下降，在 2005 年降至最低谷（申请量为 0）。2008 年开始，G06F3/01 技术领域的申请量不断增长，在 2009 年和 2011 年均实现了申请量的翻番，2012 年的申请量也首次超过了 100 件（111 件）。总体而言，G06F3/01 技术领域的申请量在最近几年仍处于增长期，2016 年达到了目前的最大峰值（177 件）。

G06F3/033 技术领域的申请量在 2003 年曾经达到了一个小峰值（申请量达到了 12 件），随后迅速下降，在 2005 年降至最低谷（申请量为 0）。2006 年开始缓慢增

表 23 体感交互识别技术的技术申请趋势表

(件)

年份	1998	1999	2000	2001	2002	2003	2004	2005	2006	2007	2008	2009	2010	2011	2012	2013	2014	2015	2016	2017
G06F3/01	7	5	14	3	3	2	10	0	4	11	8	27	37	76	111	138	154	167	177	52
G06F3/033	0	1	8	3	3	12	11	0	5	10	14	19	22	28	13	15	11	7	5	0
G06F3/0346	0	0	1	1	0	0	0	0	1	2	3	11	2	9	25	38	21	22	23	8
G06K9/00	0	0	2	0	2	3	1	0	2	3	4	8	6	14	8	19	17	26	26	10
G09G5/00	0	1	7	1	3	7	7	5	5	3	2	12	8	16	14	8	5	9	0	0
G06F19/00	1	0	1	2	1	3	5	6	3	4	1	5	7	13	8	6	15	14	10	4
G06F3/03	1	0	7	2	0	2	4	0	2	0	6	5	4	3	8	15	9	12	5	2
G06F3/00	7	2	10	5	3	1	7	1	3	2	4	0	1	2	5	8	3	7	3	1
H04N7/18	1	1	1	0	1	3	2	1	0	0	4	2	6	9	10	5	4	10	12	4
G06F3/041	4	0	7	0	1	4	1	0	0	2	3	2	4	4	5	4	4	6	3	1

长，在 2011 年达到了目前的最大峰值（28 件），随后下降。2012 年以后为 G06F3/033 技术领域的下滑期，虽然 2013 年有小幅度的回升，但申请量还是一路下滑至 5 件。

G06F3/0346 技术领域的申请量在 2008 年以前发展缓慢，在 2009 年曾经达到了一个小峰值（申请数量达到了 11 件），随后迅速下降（2010 年申请量下滑至 2 件）。从 2011 年开始，G06F3/0346 技术领域的申请量再次缓慢提升，在 2013 年达到了目前的最大峰值（38 件），随后再次下降，最近几年的申请量则一直维持在 20 件以上。

3. 技术全球分布（见表 24）

表 24 体感交互识别技术的技术全球分布表 （件）

国别	中国	美国	韩国	世界知识产权组织	日本	欧洲专利局（EPO）	中国台湾	德国	加拿大	英国
G06F3/01	564	252	57	41	32	22	16	7	5	4
G06F3/033	67	56	25	14	13	12	7	5	0	1
G06F3/0346	86	52	10	6	3	7	1	2	0	0
G06K9/00	60	78	0	5	0	7	0	0	0	1
G09G5/00	7	98	2	3	3	2	1	0	0	0
G06F19/00	42	49	8	6	0	4	0	0	2	0
G06F3/03	10	42	20	9	2	3	0	2	0	0
G06F3/00	1	43	6	5	10	6	0	3	0	3
H04N7/18	27	34	13	1	3	0	0	0	0	1
G06F3/041	8	28	5	2	5	4	1	0	1	0

如表 24 所示：

中国、美国和韩国均是在 G06F3/01 技术领域成果最多的国家。其中，中国位居第一位，在 G06F3/01 技术领域的总申请量为 564 件，占全球总申请量的 55.6%；美国位居第二位，在 G06F3/01 技术领域的总申请量为 252 件，占全球总申请量的 24.9%；韩国位居第三位，在 G06F3/01 技术领域的总申请量为 57 件，占全球总申请量的 5.6%。中美韩三国在 G06F3/01 技术领域的总申请量为 873 件、占全球总申请量的 86.1%。接下来位居第四至第十的国家/地区和组织分别是：世界知识产权组织、日本、欧洲专利局（EPO）、中国台湾、德国、加拿大、英国，在 G06F3/01 技术领域的申请量分别为：41 件、32 件、22 件、16 件、7 件、5 件、4 件。

中国、美国和韩国也是在 G06F3/033 技术领域的技术成果最多的国家。其中，中国位居第一位，在 G06F3/033 技术领域的总申请量为 67 件，占全球总申请量的

32.8%；美国位居第二位，在 G06F3/033 技术领域的总申请量为 56 件，占全球总申请量的 27.5%；韩国位居第三位，在 G06F3/033 技术领域的总申请量为 25 件，占全球总申请量的 12.3%。中美韩三国在 G06F3/033 技术领域的总申请量为 148 件，占全球总申请量的 72.5%。位居第四至第九的国家/地区和组织分别是：世界知识产权组织、日本、欧洲专利局（EPO）、中国台湾、德国、英国，在 G06F3/033 技术领域的申请量分别为：14 件、13 件、12 件、7 件、5 件、1 件。

中国、美国和韩国在 G06F3/0346 技术领域的技术成果也领先于其他国家。其中，中国位居第一位，在 G06F3/0346 技术领域的总申请量为 86 件，占全球总申请量的 51.5%；美国位居第二位，在 G06F3/0346 技术领域的总申请量为 52 件，占全球总申请量的 31.1%；韩国位居第三位，在 G06F3/0346 技术领域的总申请量仅为 10 件，略逊于中国和美国，占全球总申请量的 6.0%。中美韩三国在 G06F3/0346 技术领域的总申请量为 138 件、占全球总申请量的 88.6%。接下来位居第四至第八的国家/地区和组织分别是：欧洲专利局（EPO）、世界知识产权组织、日本、德国、中国台湾，在 G06F3/0346 技术领域的申请量分别为：7 件、6 件、3 件、2 件、1 件。

由此可见，G06F3/01 技术领域、G06F3/033 技术领域和 G06F3/0346 技术领域的技术在中国、美国和韩国得到了重视，三国均投入了大量资源进行此方向的研发，因此大部分时候是中、美、韩三分天下。

同时中国和美国在 G06K9/00 技术领域的专利申请量远远超过其他国家。美国位居第一位，在 G06K9/00 技术领域的总申请量为 78 件，占全球总申请量的 51.0%；中国位居第二位，在 G06K9/00 技术领域的总申请量为 60 件，占全球总申请量的 39.2%；两国的总申请量为 138 件，占全球总申请量的 91.3%。接下来位居第三至第五的国家或组织分别是：欧洲专利局（EPO）、世界知识产权组织、英国，在 G06K9/00 技术领域的申请量分别为：7 件、5 件、1 件。

而在 G09G5/00 技术领域则没有任何一个国家可以和美国和比肩。美国位居第一位，在 G09G5/00 技术领域的总申请量为 98 件，占全球总申请量的 83.8%，遥遥领先于其他国家。接下来位居第二至第六的国家/地区和组织分别是：中国、世界知识产权组织、日本、欧洲专利局（EPO）、韩国、中国台湾，在 G09G5/00 技术领域的申请量分别为：7 件、3 件、3 件、2 件、2 件、1 件。

三、对体感交互识别技术的总结与建议

从全球以及中国申请趋势看，近年来体感交互识别技术领域申请量不断提高，并且我国在该领域的技术发展趋势与全球的发展趋势一致。这反映了当前对体感交互识别技术的市场需求不断高涨，并有继续保持稳定快速发展的态势。在这种稳定快速发展阶段，有关体感交互识别技术的应用需求和领域也在不断拓展，值得相关企业保持关注并保持技术研发投入。

从全球专利分布区域来看，中国、美国、韩国具有较大的专利布局量，这也说明我国在体感交互识别技术领域具有较大的市场潜力。我国各企业应抓住该机遇，提高专利布局。

从各国专利申请趋势来看，我国相关技术起步虽晚，但技术增长迅速，我国的相关技术领域的企业更要加大技术研发的投入才能保持技术的领先。

根据全球专利申请人的申请量排名分析可知微软集团、三星电子公司和 LEAP MOTION INC、INTEL CORPORATION、GOOGLE INC、SONY CORPORATION、北京诺亦腾科技有限公司及 DISNEY ENTERPRISES INCPOLHEMUS INC 等为本领域的重要企业。另外，各公司申请量相差并非十分悬殊，因此该领域并未形成垄断。

从全球专利申请的申请人专利价值度来看，微软公司具有较高的专利价值，其他公司在发展体感交互识别技术时应该重点参考，同时注意避免侵权；而我国企业在掌握的体感交互识别技术的核心技术较少，我国企业应着重发展核心技术。

从我国各省市申请情况来看，国内申请主要分布在经济发达省市以及个别研发实力突出的省市，包括北京、上海、广东、江苏、浙江、天津等。其中，北京、上海、广东位居前三强，区域集中优势明显。

从中国专利申请人类型分布来看，企业与大专院校均有较多的专利申请，因此可考虑与大专院校进行技术研发、专利保护、专利运营等方面的合作，从而实现产学研良好地衔接。

从中国专利申请人的国别分布来看，在中国市场，我国具有一定的技术实力，其他各国在中国的市场控制力较弱，这也为我国相关技术的发展提供良好的环境。

参考文献

[1] 李妮，周燕. 体感交互技术及专利分析［J］. 电工技术——理论与实践，2016.

[2] 专利情报的四个典型应用场景［EB/OL］. http://blog.sina.com.cn/s/blog_16a47fe9b0102wsg4.html.

[3] 盛亚婷. 基于手势交互的虚拟手术关键技术研究［D］. 杭州：浙江大学，2016.

[4] 赵创业. 基于 Kinect 体感交互技术的武警部队虚拟勤务训练软件开发［D］. 广州：华南理工大学，2015.

[5] 刘挺. 融合深度传感数据体感交互建模与算法实现［D］. 长沙：湖南大学，2016.

[6] 王康. 基于 Leap Motion 和 Unity3D 的体感游戏"Survival&Shoot"的开发［D］. 济南：山东大学，2016.

[7] 杜坤. 基于 Kinect 体感交互技术的虚拟装配实验系统开发［D］. 昆明：云南大学，2013.

[8] 范勇涛. 基于视觉的体感交互技术研究［D］. 西安：西安电子科技大学，2015.

含砷药物的专利技术现状及发展趋势

李亚正　王小东　沈金辉

一、引言

1. 砷

砷，俗称砒，是一种非金属元素，在化学元素周期表中位于第 4 周期、第 VA 族，原子序数 33，元素符号 As。砷是人类及动物的必需微量元素。砷缺乏目前最明确的表现是生长抑制和生殖异常，后者的特征是受精能力损伤和围产期死亡率的增加。

2. 砷的形式

砷作为非金属元素，在自然界中主要以硫化物的形式存在，还有极少量的自然砷和金属砷化物；人工合成的砷化合物主要用于饲料、农药、药物、木材防腐剂等。砷元素常见的形态有 As（Ⅲ）、As（Ⅴ）、MMA（一甲基砷酸）、DMA（二甲基砷酸）、一甲基一硫代砷酸 MMTA、二甲基二硫代砷酸 DMDTA、三甲基胂氧（TMAO）、AsB（砷甜菜碱）和 AsC（砷胆碱），主要出现在海产品中，p-ASA（阿散酸）、ROX（洛克沙砷）、4-HPAA（4-羟基苯砷酸）、4-NPAA（4-硝基苯砷酸）则出现在畜牧肉制品中。其中，As（Ⅲ）和 As（Ⅴ）的主要存在形式是 As_2O_3（砒霜）、As_2S_3（雌黄）和 As_2S_2（或 As_4S_4，雄黄）。

3. 含砷药物的历史

本课题所述的含砷药物是指硫砷化合物、氧砷化合物、砷酸及其盐、亚砷（胂）酸及其盐、苯胂化合物、氟化砷、氯化砷、含砷中药制剂及其他含砷有机、无机化合物。

在人类历史上，含砷药物最早被认为是致癌物。对含砷药物最早及长期的认识是导致皮肤癌（Hutchinson, 1888, Trans.Path. Soc.Lond., 39：352；Neubauer, 1947, Br.J.Cancer, 1：192）。甚至还有流行病学数据表明含砷药物可导致癌症发生率增加（Cuzock 等人, Br.J.Cancer, 1982, 45：904-911；Kaspar 等人, J.Am.Med.Assoc.,

1984，252：3407-3408）。并且被证实砷可诱导染色体畸变、基因扩增、姐妹染色单体交换，以及细胞转化（如 Lee 等人，1988，Science，241：79-81；Germolec 等人，Toxicol.Applied Pharmacol. 1996，141：308-318）。并有实验指出砷酸钙是致肿瘤物（Pershagen 等，Cancer Lett.，1985，27（1）：99-104），广为人知的是，砷以及包括特别是二硫化二砷和三硫化二砷在内的无机砷化合物是人致癌物。砷的毒性与砷的形态也有关系。由不同形态砷的半数致死量可以判断，无机砷的毒性比较大，甲基化砷的毒性较小。

虽然，含砷药物最早被认为是致癌物，但是，含砷药物也是人类历史上最早被用于肿瘤治疗的药物之一。公元前 16 世纪就曾以砷化物治疗浅表的皮肤癌，19 世纪后叶，在西方国家砷经常被用于治疗血液疾病。在 1878 年，有人报道使用福勒氏溶液（含有亚砷酸钾（砷的化合价是+5）的溶液）进行治疗显著地减少了白细胞的数量（Culter and Bradford，Am. J.Med.Sci.，January 1878，81-84）。1931 年发现含砷药物在治疗慢性粒细胞性白血病（CML）中的应用（J.Am.Med.Assoc.，1931，iii，97），后来 Stephes 和 Lawrence 在 1936 年证实了该应用（Ann.Intern.Med.9，1488-1502）。20 世纪 70 年代在治疗复发性和难治性急性早幼粒细胞性白血病（APL）中取得较好疗效后，其药用价值开始受到了人们的关注。美国的 FDA 批准三氧化二砷用于治疗 APL、多发性骨髓瘤（MM）、骨髓增生异常综合征（MDS）。自此国内外掀起了研究三氧化二砷的抗肿瘤作用及其机制的热潮，并进行了大量实验。1972 年中国哈尔滨医科大学研发的癌灵 1 号（As_2O_3 和 Hg_2Cl_2），并应用于临床治疗白血病，缓解率达到 65%。随后，掀起了含砷药物治疗白血病、多发性骨髓瘤、淋巴瘤等血液肿瘤的热潮。很快，含砷药物也开始应用于实体肿瘤。现在含砷药物对癌症的研究已经发展为：肝癌、肺癌、胰腺癌、乳腺癌、宫颈癌、子宫内膜癌、大肠癌、胃癌、肾癌、鼻咽癌、卵巢癌、前列腺癌症、慢性或急性白血病、脑瘤、食道癌、口腔癌、贲门癌、结肠癌、胆囊癌、喉癌、牙龈癌、尿道癌、皮肤癌、直肠癌、中耳癌、骨癌、睾丸癌、内分泌系统的癌症、淋巴细胞性淋巴瘤、原发性 CNS 淋巴瘤、脊柱轴肿瘤垂体腺瘤，或前述癌症中两种或多种的结合。

雄黄和砒霜也是非常常见的一味中药，其具有杀虫、燥湿、祛痰、败毒、抗癌、生肌、敛疮、止痒、消疢等功效，并对细胞有腐蚀作用，可以用于治疗性病。已有专利公开了包括雄黄或砒霜在内的多种中药材制得的外用制剂、注射剂及口服制剂等可用于治疗包括肝癌、乳腺癌、肺癌等在内的各种癌症，乳房结核疮，皮肤病及各种疼痛，尤其是可缓解癌症疼痛。

含砷药物也用在农药领域，作为杀生剂、杀菌剂、害虫驱避剂、引诱剂或植物生长调节剂的组分。由于含砷农药及其分解产物对人、畜都有较高的毒性，同时容易在土壤和农产品中积累，所以已限制生产和使用。

4. 产业应用

从 20 世纪初开始，一定浓度的三氧化二砷溶液开始作为注射液在临床上应用。直至现在，注射液也是砷剂一种常用的剂型。除了注射液还有很多其他剂型，例如片剂、胶囊、丸、乳液、乳剂、脂质体、糊剂、膏、喷雾剂、喷剂、洗剂、贴剂等。

市面上也有很多含有雄黄或砒霜的中药，例如：本课题所述含砷中药的常用制剂包括：枯痔注射液、复发青黛片（或丸）〔青黄片（或丸），白血康〕、六神丸、安宫牛黄丸（或散或片）、牛黄解毒片（或丸）、哮喘丸（或片）、寒喘丸（或片）、牛黄醒消丸、蟾酥丸、小儿至宝锭（丸）、牛黄千金散、小儿化毒散、小儿惊风散（或丸）、牛黄抱龙丸、牛黄镇惊丸、腰痛宁（或片）、牛黄至宝丹（或丸）、梅花点舌丸、牛黄消炎丸、红灵散、七珍丸、牛黄醒脑片、救急散、牙痛一粒丸、小儿清热片、六应丸、安宫牛黄丸（散）、医痫丸、局方至宝散、阿魏化痞膏、纯阳正气丸、珠黄吹喉散、梅花点舌丸、紫金锭、暑症片、痧药等；以及在治疗白血病领域市场上有售的抗白丹、癌灵一号等。

此外，在动植物方面，市场有售的有畜禽促生长剂：有机砷制剂氨苯胂酸（商品名：阿散酸）和硝基羟基苯胂酸（商品名：洛克沙生）；杀虫剂甲基砷酸钠（MSMA，商品名：敌敌畏）与甲基砷酸二钠（DSMA，商品名：敌百虫）。

5. 课题的意义

据不完全统计，就 2016 年的中国来说，300 万人左右死于癌症，癌症是人类一直坚持不懈地在攻克的难题。含砷药物作为一种致癌物和抗癌物一直备受争议，但是，随着含砷药物抗肿瘤分子机制的进一步明了和临床经验的不断积累，含砷药物包括含砷中药将会使越来越多的肿瘤患者受益。

本课题通过对含砷药物的专利申请整体态势、重要技术分支进行分析，发掘含砷药物重要专利、基础专利和高价值专利，建立含砷药物的中医药原理与现代医药机理的关联机制，能够为中药领域的研发创新提供参考。

二、研究对象和研究方法

（一）数据的检索和分析

本报告检索的截止时间为 2017 年 10 月 11 日，在此之后公开并被检索数据库所收录的专利申请未纳入本报告的分析范围内。

1. 检索的数据库

Incopat 数据库和智慧牙数据库。

2. 检索时间范围

检索时间截至 2017 年 10 月 11 日。需要特别说明的是，由于发明专利通常在申请日起 18 个月公开，以及公开后数据整理入库也需要一定时间，因此，2017 年 10 月 11 日之后公开并被检索数据库收录的专利申请未纳入本课题的分析范围内。

3. 数据处理及检索策略

砷的关键词及扩展（中文及英文）：砷、胂、雄黄、雌黄、砒霜、砒石、白砒、红矾、信石、鸡冠石、石黄、天阳石、毒砂、ATO、arsenide、realgar、orpiment、As_2O_3、As_2s_2、As_4s_4。

药物的关键词及扩展（中文及英文）：药、癌、肿瘤、胶囊、丸、注射剂、注射液、乳液、乳剂、脂质体、糊剂、膏、喷雾剂、喷剂、洗剂、贴剂、drug、medicine、cancer、tumor、capsule、pill、liposome、paste、injection、spray、lotion、patch。

重要领域含砷药物：枯痔注射液、复发青黛片（或丸）[青黄片（或丸），白血康]、六神丸、安宫牛黄丸（或散、片）、牛黄解毒片（或丸）、哮喘丸（或片）、寒喘丸（或片）、牛黄醒消丸、蟾酥丸、小儿至宝锭（丸）、牛黄千金散、小儿化毒散、小儿惊风散（或丸）、牛黄抱龙丸、牛黄镇惊丸、腰痛宁（或片）、牛黄至宝丹（或丸）、梅花点舌丸、牛黄消炎丸、红灵散、七珍丸、牛黄醒脑片、救急散、牙痛一粒丸、小儿清热片、六应丸、医痫丸、局方至宝散、阿魏化痞膏、纯阳正气丸、珠黄吹喉散、梅花点舌丸、紫金锭、暑症片、痧药。

相关分类号：用关键词进行检索后，针对检索到的大量专利进行分析，筛掉明显不相关的领域，比如 H 类电学，电学领域涉及大量的专利都是有关含砷材料、装置或方法。最后挑选出分类号的大类 A，再通过精读专利文件，筛掉明显不相关的领域，比如，C02 涉及水、废水、污水或污泥的处理，与本课题不相关。最后，筛选出相关分类号如下所示：

A61K、A61P 医用、牙科用或梳妆用的配制品、化合物或药物制剂的特定治疗活性、牙科。其中，需要注意的是，梳妆用的分类号为 A61K8/00，属于本课题的噪声，在检索中需要批量去掉。C01 为无机化学；C07 为有机化学。

经过反复的检索试验，我们采用总分的检索策略。先用关键词进行检索，然后结合分类号进行精确检索，然后人工批量去噪、手工标引去噪等方式对检索得到的全领域数据进行标引和处理。

本课题采用了宏观数据分析和对重点关注点进行深入分析相结合的研究方式。通过对专利数据在时间、地域、技术和申请人维度上统计，进行宏观分析，得到宏观的分析结果；对重点关注的申请人或专利技术进行深入分析，得到其专利布局和技术发展情况等；最后，分析中医药原理与现代医药机理，得出相关结论。主要的分析内容包括：专利申请趋势分析、国家区域分布分析、技术构成分布分析、主要申请人的专利申请分析、基础专利分析、重要专利分析、有价值专利分析等。

（二）查全查准率评估

经过检索后，我们通过查全率和查准率对检索结果进行评估，并不断通过查准率和查全率检验检索结果和去噪，对人工去噪后的检索结果进行评估，结果如下。

1. 查全率

以中国含砷药物专利申请量作为母本，按省市分布，选择排名第四的江苏省，以 A61P35 作为分类号进行二次检索，检索结果为 47 件专利。

然后，用"砷"及其扩展的关键词、"癌""瘤""白血病"在专利数据库中重新单独进行检索，选择中国江苏省的专利申请量进行二次检索，检索到 65 件专利，然后，通过人工阅读、清理，得到与含砷药物领域相关的专利数量为 50 件，即查全率为 47/65×100%=94%。

2. 查准率

首先对检索到的全球含砷药物专利申请量作为样本进行抽样，为了保证评估抽样的科学性与客观性，我们多样性、随机性地从 IPC 分类号、申请人、地域分布等中抽取一定数量的含砷药物专利进行评估，评估结果如下：

① 以全球含砷药物专利申请量作为母本，筛选出中国专利，以分类号 C07F（含除碳、氢、卤素、氧、氮、硫、硒或碲以外的其他元素的无环，碳环或杂环化合物）作为检索词进行二次检索，检索结果 40 件专利，然后，通过人工阅读、清理，得到与含砷药物相关的专利数量为 38 件，即查准率为 38/40×100%=95%。

② 以全球含砷药物专利申请量作为母本，以迟经惠作为申请人进行二次检索，检索结果 43 件专利，然后，通过人工阅读、清理，得到与含砷药物相关的专利数量为 43 件，即查准率为 43/43×100%=100%。

③ 以全球含砷药物专利申请量作为母本，通过对中国专利申请量进行地域排名，选取上海市的专利申请数量 79 件专利，然后通过人工阅读、清理，得到与含砷药物相关的专利数量为 79 件，即查准率为 79/79×100%=100%。

（三）相关事项说明

关于专利申请量统计中的"项"和"件"的说明：项在进行专利申请量统计时，对于数据库中以族（这里的"族"是指同族专利的"族"）数据的形式出现的一组专利文献，计为"1 项"。以"项"为单位的专利文献量统计主要出现在外文数据的统计中。一般情况下，专利申请的项对应于技术的数目。件：在进行专利申请量统计时，为了分析申请人在不同国家/地区所提出申请的分布情况，将同族专利申请分开进行统计，得到的结果对应于申请的件数。1 项专利申请可能对应于 1 件或多件专利申请。本报告中涉及的中文专利数据计数单位为"件"。

三、全球专利申请分析

截至 2017 年 10 月 11 日，全球关于含砷药物领域的专利申请量累计达到 3332 项专利族。以下将从专利整体发展趋势、区域分布状况、申请人以及技术主题四个方面对含砷药物的全球专利申请状况进行详细的分析。

（一）年度申请趋势分析

从图 1 和表 1 可以看出：

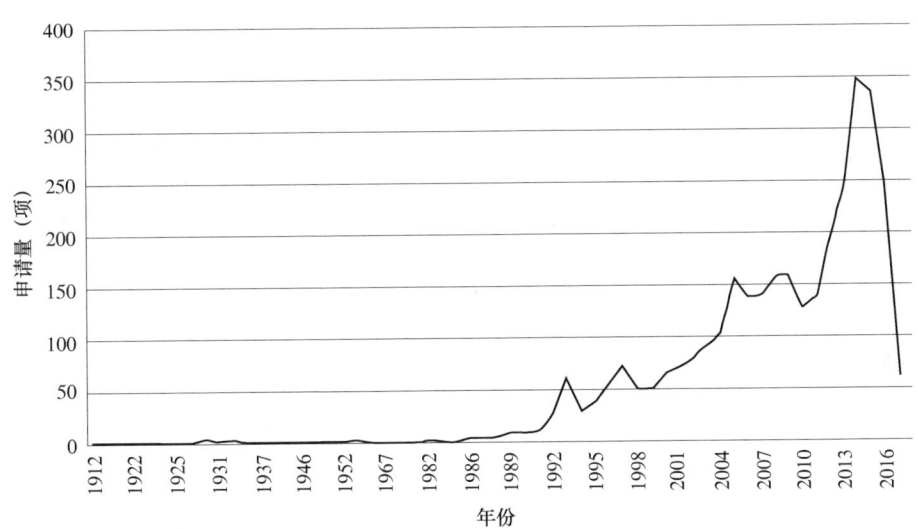

图 1　全球专利年度申请量发展趋势图

表 1　全球含砷药物专利申请总量及活跃情况

项目	总量（项）	近 5 年		近 10 年		近 20 年	
		数量（项）	占总比	数量（项）	占总比	数量（项）	占总比
申请量	3332	1239	37.2%	2023	60.7%	2966	89.0%

第一阶段为 20 世纪初到 80 年代，这一阶段为含砷药物专利的起步阶段，专利申请量很少。从 1912 年开始出现了有关含砷中药的专利，从图中可以看出，在 20 世纪 80 年代前的漫长时期，含砷药物主要作为中药的一种组分或者是用于兽药。

第二阶段是 20 世纪 90 年代到 20 世纪末，对含砷药物的研究开始冲出中药及兽药领域，出现了含砷药物在抗癌抗肿瘤新领域的研究，90 年代含砷药物专利从年申请量几件到年申请量超 50 项，出现了一个迅速增长的趋势，虽然在 1994 年有稍微的回落，但是，这个时期，含砷药物的专利申请量稳步上升。

第三阶段是 20 世纪末到 21 世纪初，这个时期，是含砷药物发展的非常重要的时期，在这个时期，人们对含砷药物在医疗中的应用研究越来越专业及深入。各国开始出现一定数量的专利申请，到 2004 年开始专利年申请量突破 100 项，之后保持专利年申请量继续稳步上升。

第四阶段是 2013 年至今，这个时期出现了含砷药物专利申请的黄金时期，在 20

世纪末 21 世纪初各国对含砷药物抗癌抗肿瘤的深入研究和不断发现，在这个时期有了显著的技术成果，专利年申请量已经突破 200 项，从图中的曲线中也能看出，专利申请量呈直线上升趋势，直至 2014 年最高年申请量达 349 项，直接反映了近几十年来人们对含砷药物的研究热潮不断提升，也反映了含砷药物对人类或社会存在毋庸置疑的治疗价值。

从图 1 中也可以看出，2014 年申请量有明显下滑趋势，但这不能代表实际专利的申请量，可能由于下列多种原因导致：中国发明专利申请通常自申请日起 18 个月（要求提前公布的申请除外）才能被公布；PCT 专利申请可能自申请日起 30 个月甚至更长时间之后才进入国家阶段，从而导致与之相对应的国家公布时间更晚；专利申请从公开到录入数据库存在一定的时间间隔。基于上面这些原因，因而会出现近两年的专利统计数量突然急剧下降现象，这种"下降"很可能有悖于实际申请情况，是因为专利自申请日起满 18 个月才公布，也可能是因为专利数据库的更新有滞后。

总体而言，从表 1 中也可以看出，近 20 年的含砷药物专利占总量的 89.0%，占总量的八成以上，也就是说，近 20 年是含砷药物快速发展和收获成果的时期；近 10 年占总比 60.7%，近 10 年的专利申请量占总量的半壁江山，也就是说，经过 20 世纪 80 年代之前漫长的起步阶段，近 10 年是含砷药物专利申请稳步的递增阶段，人们对含砷药物的研究开发热情高涨，属于含砷药物专利申请的黄金时期；近 5 年也已经占总比 37.2%，也就是说，近 5 年人们对含砷药物的探究和研发还是处于紧密关注状态，热情持续高涨，含砷药物领域保持持续快速地发展，含砷药物专利申请的活跃度还是很高。

（二）全球地域申请趋势

1. 全球含砷药物专利地域申请分布

一项专利申请的首次申请国往往也是对应的专利技术的原创产出国，一个国家作为首次申请国的专利申请数量的多少能够代表该国整体的技术创新综合实力和技术创新积极性。为了解各个国家的技术创新综合实力，按照首次申请国对全球含砷药物专利申请进行了地域统计，得到图 2。

从图 2 中可以看出，中国、美国、澳大利亚、日本依次位居含砷药物领域专利申请首次申请国的前 4 位。总体上，中国、美国、澳大利亚、日本四个国家总的专利申请产出占到了全球首次申请总量的 90%。

其中，从图中也可以看出，中国的专利申请量超过全球总量的一半，其中，主要原因是

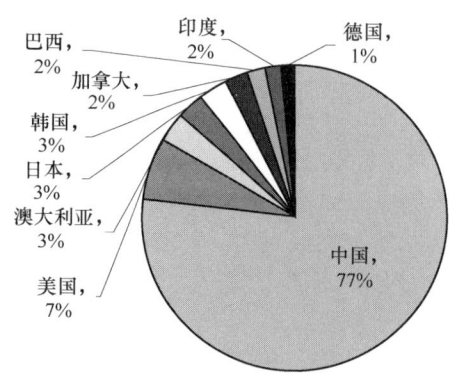

图 2　全球含砷药物专利地域分布

含砷中药的研究和发展，包括雄黄和砒霜，也包括一些中药制剂，比如枯痔注射液、复发青黛片（或丸）（青黄片或丸，白血康）、六神丸、安宫牛黄丸（或散、片）、牛黄解毒片（或丸）、哮喘丸（或片）、寒喘丸（或片）、牛黄醒消丸、蟾酥丸、小儿至宝锭（丸）等。因为中医是几千年来通过无数人亲身探索、实践总结出来的。中药的成分复杂，各种成分有相互制约、互取所长的功效。从某些方面来说，中药比仅仅在实验室里研制出来的西药更具有说服性。但是，从西医角度，中医与西药的医学原理大不相同，中医里的确有一些现代科学尚不能阐释的原理，但这并不能否认中医的合理性。中医药是中华民族传统文化的珍贵宝藏，在中华大地传承已久。我国中药产品输往全球 160 余个国家（或地区），在世界植物药品消费中占有重要地位，近年来许多国家（或地区）开始重视植物药开发和推广应用。

2. 主要申请国专利年度申请量分布

为了进一步了解主要原创国，在含砷药物领域技术创新的总体发展态势，对这些国家的首次申请量进行了统计。

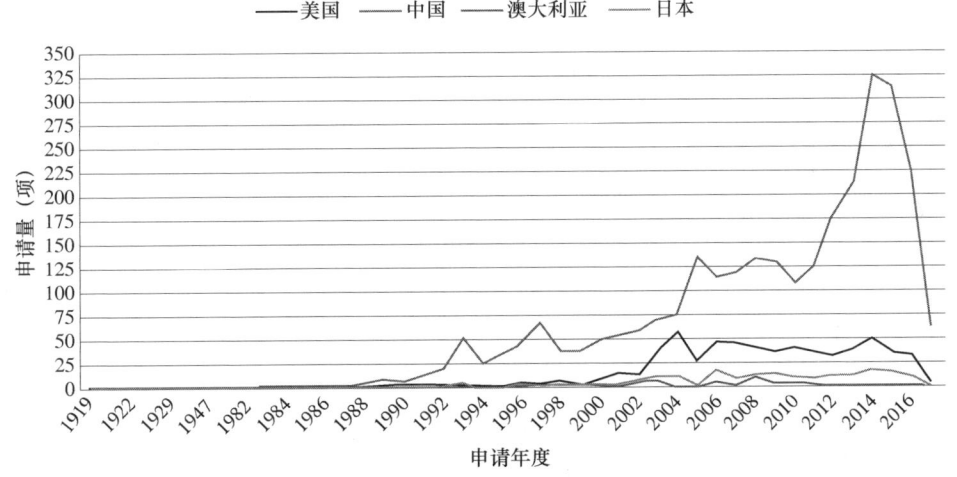

图 3　主要申请国专利年度申请量发展趋势图

从图 3 中可以看出，中国专利申请量的总体趋势与全球专利申请量的趋势保持一致。也可以看出，得力于中国对含砷中药领域的研究，中国含砷药物专利申请量遥遥领先。

（三）主要申请人分析

为了解全球范围内含砷药物领域的主要技术创新主体的分布情况以及其申请态势，按照专利申请总量，对前 10 名的申请人的专利申请的情况进行了统计，得到表 2 和图 4。

表 2 全球主要申请人及其国别和申请量

排名	申请人	专利数量（项）	申请国
1	ZIOPHARM ONCOLOGY INC	48	美国
2	迟经惠	44	中国
3	KOMINOX INC	41	美国
4	MEMORIAL SLOAN KETTERING CANCER CENTER	38	美国
5	BOARD OF REGENTS THE UNIVERSITY OF TEXAS SYSTEM（德州大学）	35	美国
6	CELGENE CORPORATION	31	美国
7	PANAPHIX INC	28	日本
8	STC UNM	26	美国
9	LEE SANG BONG	18	韩国
10	YANG YONG JIN	17	韩国
11	NOVARTIS AG（诺华公司）	16	瑞士
12	THE UNIVERSITY OF HONG KONG	16	中国台湾
13	陆道培	15	中国
14	TARELLO WALTER	15	意大利
15	YALE UNIVERSITY（耶鲁大学）	15	美国
16	刘丽颖	14	中国
17	CENTRE NATIONAL DE LA RECHERCHE SCIENTIFIQUE（CNRS）法国国家科学研究中心	13	法国
18	KOMIPHARM INT CO LTD	13	美国
19	NOVACEA INC	13	美国
20	BAE ILL JU	13	韩国

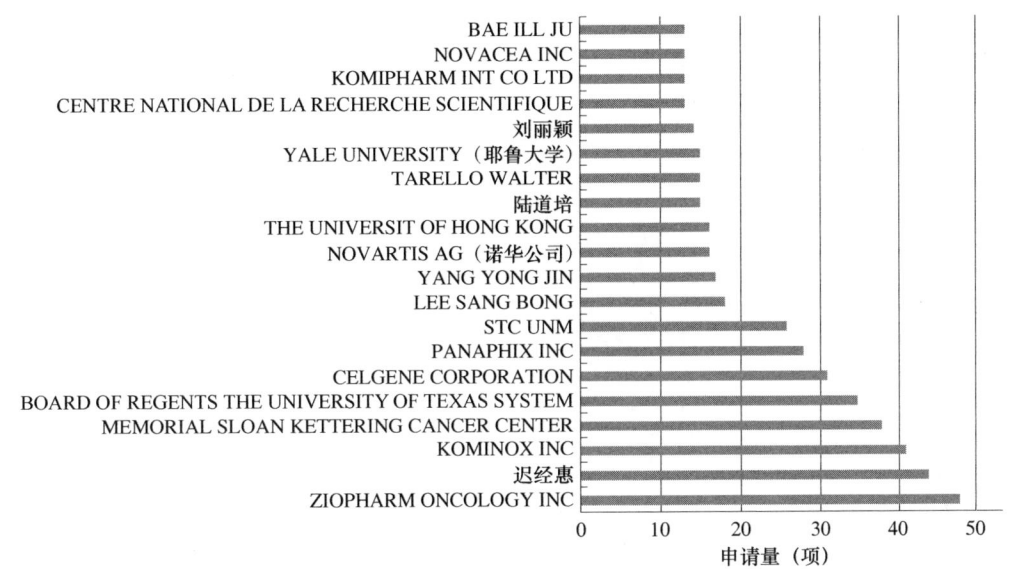

图 4 全球主要申请人的专利申请分布

从表 2 及图 4 中可以看出：

全球排名前 20 的申请人，美国占了 9 个，占比 45%。中国占了 4 个，占比 20%，中国大多数为个人申请。其他也包括韩国、日本、意大利、法国、瑞士。排名前十的申请人分别是：ZIOPHARM ONCOLOGY INC、迟经惠、KOMINOX INC、MEMORIAL SLOAN KETTERING CANCER CENTER、BOARD OF REGENTS THE UNIVERSITY OF TEXAS SYSTEM、CELGENE CORPORATION、PANAPHIX INC、STC UNM、LEE SANG BONG。

从申请人的角度看，企业还是研究含砷药物的主要力量，个人申请紧随其后，其次是大学和科研中心。因为含砷药物近年来在抗癌抗肿瘤方面具有很大的医疗价值，企业不断加大对含砷药物的关注和投入，对含砷药物的重视也体现在申请专利的热情持续不断地高涨。

个人申请主要以中国申请人居多，中国申请人的申请领域大多为中药领域，中药在中国的历史悠久，从《神农本草经》时期开始，人们对中药的认识就在不断地加深，对中药的应用也逐渐广泛，并得到了显著的成效。中药已有数千年的历史，是中国人民长期同疾病作斗争的极为丰富的经验总结，对于中华民族的繁荣昌盛有着巨大的贡献，而个人一直以来都是中药研究的主体力量。

另外，高校及研究机构一直以来都是高科技、高端、前沿领域的主要研究基地，作为研究成果的主要及重要的输出单位，很多研发成果也是高校与企业合作完成的。有的专利是先以高校名义申请，然后通过政府寻找相关的企业完成专利技术成果的转化，实现专利的应用价值，有的专利成果是由高校研究完成，然后以企业的名义申请，再由企业完成技术成果的产业化。

四、中国专利申请分析

（一）专利申请总体情况

1. 申请总体趋势

从图 5 中可以看出：

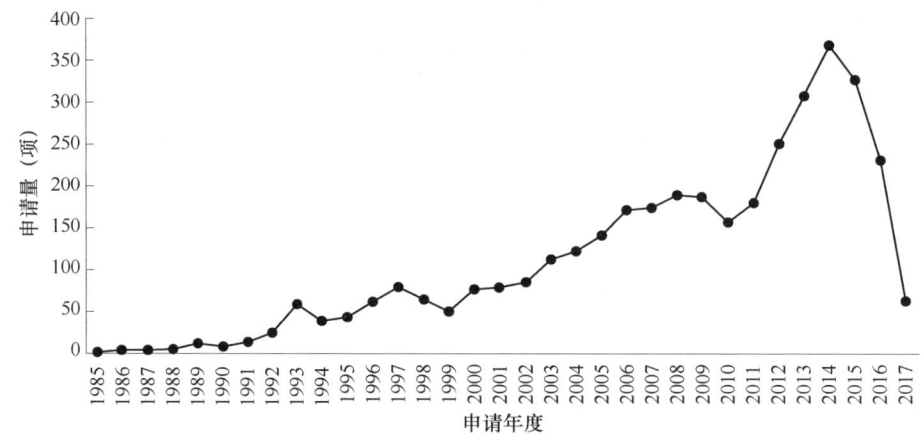

图 5　中国专利总体申请趋势

中国专利的总体趋势与全球申请的总体趋势保持一致。

最早的专利出现在 1985 年。在 1985 年提交了第一个专利，申请人是个人，中药配方制剂。从此进入含砷中药的起步阶段。

到 1993 年开始到 2000 年，专利年申请量有了初步的提升，1993 年含砷药物专利的申请量达到 59 件，进入 10 年的缓慢发展阶段。

从 2003 年开始到 2010 年，含砷药物专利的年申请量有了显著的提升，每年的申请量都超过百件，开始进入中国含砷药物专利申请的黄金时期。

从 2011 年开始，含砷药物领域的中国专利申请进入一个快速发展阶段，年申请量出现迅猛的增长，从图中曲线可以看出，曲线的斜率已经超过 45°，这体现了人们对含砷药物领域的研究热情格外高涨。从 2013 年开始，含砷药物领域的中国专利年申请量已经超过 300 件。这一阶段属于技术高速发展的阶段，同时也反映了含砷药物的应用不断成熟和完善，专利行业不断蓬勃发展。2015 年后专利申请量的急剧下降，与申请文件的公开滞后及数据的更新的因素有关，并不能代表近几年的实际申请量。

总体上，含砷药物领域中国专利申请的年申请量一直呈上升趋势。含砷药物从一开始作为其中的一种组分应用于农业，作用于动物体、植物体，再到作用于人体，从在中药领域解决人体的疑难杂症，最后到小分子领域探索含砷药物对抗肿瘤、治疗皮肤疾病、止痛镇痛、消炎等领域作用机制的研究。

2. 总体法律状态分布

为了解含砷药物领域的中国专利申请的权利存续情况，本课题对总体的申请情况、国内申请以及国外来华申请均按照授权权利终止、撤回、实质审查、授权、公开等法律状态进行了统计（见表3和图6）。

表3 含砷药物专利申请法律状态分布

当前法律状态	专利总量（项）	占比	国内（项）	占比	国外来华（项）	占比
权利终止	975	26.58%	946	26.94%	29	18.47%
撤回	973	26.53%	924	26.32%	49	31.21%
实质审查	646	17.61%	616	17.54%	30	19.11%
授权	585	15.95%	557	15.86%	28	17.84%
公开	238	6.49%	235	6.69%	3	1.91%
驳回	221	6.03%	205	5.84%	16	10.19%
放弃	22	0.57%	20	0.56%	2	1.27%

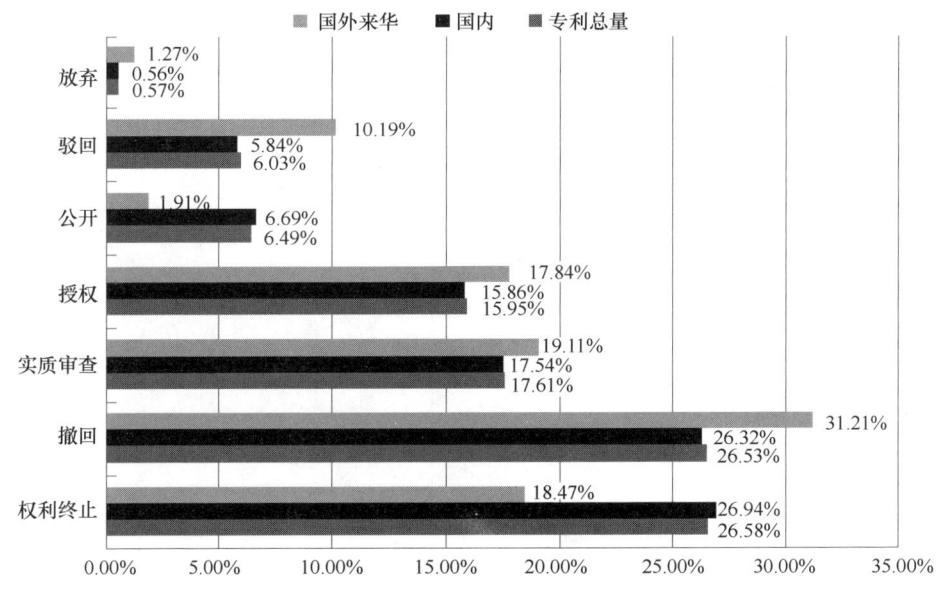

图6 中国含砷药物专利申请法律状态

从表3和图6中可以看出：

总体上，含砷药物领域的中国专利申请的终止专利（包括权利终止和撤回）占

53.11%，审中专利占 17.61%。国内申请在各类法律状态中均占据了主体地位。审中专利申请量的占比表明含砷药物领域的一直保持着稳定的申请，保持有稳定的申请量。终止的专利高达 26.58%，表明目前已经存在着大量的过期专利技术供大众免费使用，对这些过期专利技术加以分析和利用会有较大的价值。

比较国内申请和外国来华申请中各种法律状态的分布比例，可以看出，总体上，国内申请的无效专利占比较高，外国来华申请的有效专利占比较高，说明中国需要加强对含砷药物领域专利的申请质量。作为中药的发源地，我国理应拥有大量自主的中药知识产权，然而目前中药专利申请的整体质量并不乐观。今后我国知识产权的工作重心应该从数量逐步转向质量，根据形成原因选择有针对性的对策，通过多方位、多部门的共同配合，实现中药知识产权竞争力的整体提升，期实现从"量"到"质"的飞跃。

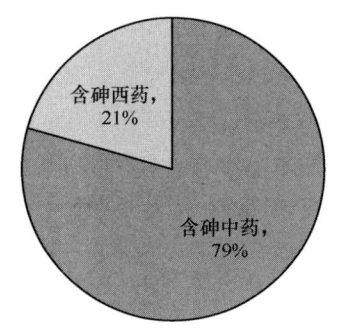

图 7　含砷中药专利的申请量分布

3. 含砷中药专利的申请量在总量中的分布

我们将含砷中药专利的申请量进行了统计，更直观地表示含砷中药专利的申请量占中国含砷药物专利的总申请量的比例。

从图 7 中可以看出：

含砷中药专利占中国含砷药物专利的总申请量的 79.1%。可以看出，含砷中药是含砷药物很重要的申请领域。

4. 中国专利申请人的类型分布

① 为了了解中国专利申请人的申请类型，我们将中国专利申请按照申请人类型进行了统计（见图 8）。

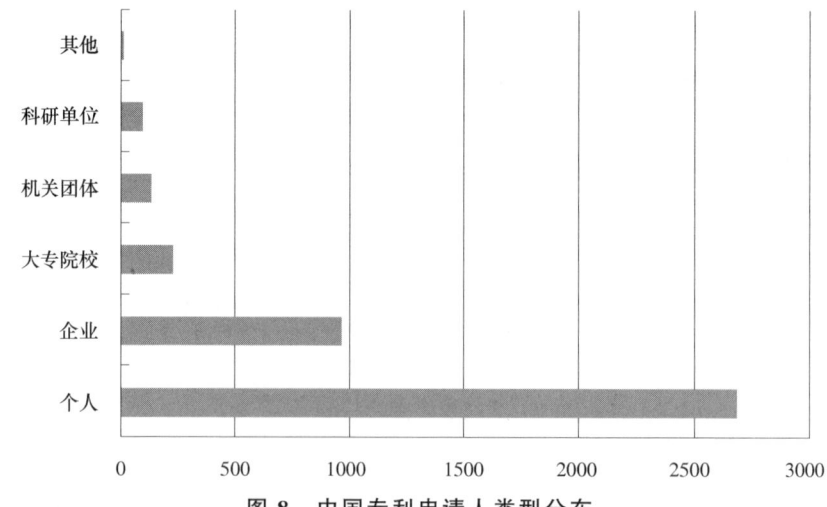

图 8　中国专利申请人类型分布

从图 8 中可以看出：

中国含砷药物专利申请人的申请类型排名依次是个人、企业、院校、机关团体、科研单位等。其中，个人的申请量最多，企业其次，院校及机关团体、科研单位等只占少数。

个人占中国含砷药物专利申请人的 65%，含砷药物专利的申请量占据总量的一半，其中，绝大多数的专利申请是有关含砷中药的复方制剂。中国作为中药的发源地，是中药的"母国"和申请"大国"，因为中药复方制剂的研究在中国已经有上千年的历史，因此，在含砷药物领域，个人作为含砷中药复方制剂的主要研究力量，作为含砷药物专利的主要申请主体，是中国独有的专利申请特色。

企业占中国含砷药物专利申请人的 23.5%，企业作为具有一定研发能力及研发资金的单位，对含砷药物的研究要比个人更为专业及深入。企业对含砷药物专利的申请量也表明，含砷药物在产业中有确切的应用价值。

院校，主要是大学，占中国含砷药物专利申请人的 5.6%，各院校作为具有很强研发能力的主体，虽然占总申请量的少数，但是，对含砷药物领域的研究专业度高，申请的含砷药物专利科技含量高。其中，很多有价值的专利都是出自各院校。

机关团体、研究团体，主要是医院、研究所，含砷药物的专利申请占比很少，但是在医疗领域具有很高的应用价值。

② 中国专利主要的申请人类型专利有效性分析。

针对中国专利主要类型的申请人，我们对其专利有效性进行了统计（见表 4 和图 9）。

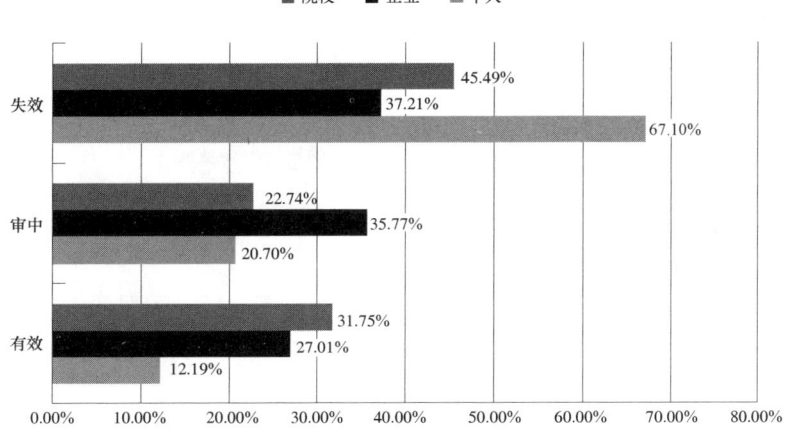

图 9　主要类型的申请人的专利有效性分布

表 4　主要类型的申请人的专利有效性分布

专利有效性	有效	审中	失效
个人	12.19%	20.70%	67.10%
企业	27.01%	35.77%	37.21%

续表

专利有效性	有效	审中	失效
院校	31.75%	22.74%	45.49%

从表 4 和图 9 中可以看出：

失效专利分析，个人作为含砷药物专利在中国的申请主体，申请量多但是失效的专利量也最多，占个人总申请量的 67.10%，也就是说，失效的专利数量超过一半，这也反映了个人申请的含砷药物专利的科技含量低，专利稳定性差、保护力度不大。其次，各院校的失效专利量达到各院校总申请量的 45.49%，也接近半数，这也表明，有的院校在研究完课题后，确实通过申请专利对其技术成果进行了保护，但是，很多技术成果并没有通过专利得到转化。失效专利数量最少的是企业，占企业专利总申请量的 37.21%，企业是有目的性地投入研究和生产，因此，相对比而言，企业申请的专利稳定性更高一些。

审中专利分析，个人、企业和各院校的审中专利占比分别为 20.70%、35.77%和 22.74%。申请中的专利也占相当一部分的比例，表明近年来含砷药物领域的技术创新活动一直保持着积极活跃的状态。

有效专利分析，个人占比最少，说明个人含砷药物专利的申请维持有效的不多，没有得到很好的应用，也侧面反映了个人的含砷药物专利技术含量低、创造性低、稳定性差。企业和各院校持续有效的专利相对较多，说明企业和各院校对含砷药物专利有一定的实际应用。

5. 国内和国外来华趋势对比

图 10 反映了含砷药物领域国内申请和国外来华申请的专利申请趋势的对比情况。

图 10 中国含砷药物专利国内外申请趋势对比

从图 10 中可以看出：

在含砷药物领域，国外申请人在华专利布局起步较晚，从 1998 年开始，且申请量较少，最开始为 4 项。但是，技术含量较高，1998 年斯隆－凯特林纪念癌症中心就在中国申请了名为三氧化二砷制剂生产法及用三氧化二砷或米拉索普治癌法的专利。从 2002 年开始，申请量开始突破个位数，并逐年递增，到 2010 年开始保持在年申请量三四十项。

相对比国外来华申请，中国国内的含砷药物专利申请量非常之多。但大部分集中在含砷中药领域，特别是含砷中药复方制剂。国内含砷药物专利的总体申请趋势与中国含砷药物专利的总体申请趋势保持一致。

6. 国外来华申请国家/地区分布及其主要申请人

（1）国外来华申请国家/地区分布

为了了解国外来华专利的申请区域，对国外来华专利的申请国家/地区进行了统计（见图 11）。

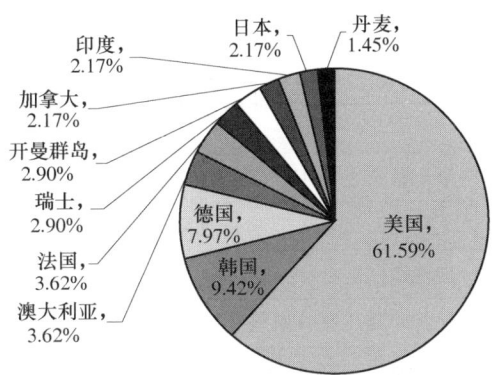

图 11　国外来华申请国家分布

从图 11 中可以看出：

美国是国外来华申请的主体力量，占到了国外来华申请总量的 61.59%。韩国、德国、澳大利亚、法国、瑞士等依次排在其后。总体上看，美国占据主要位置，是在中国布局专利最多的国家。

（2）国外来华申请国家主要申请人分布（见表 5）

表 5　国外来华申请国家及其主要申请人

申请人国别	专利数量（件）	主要申请人
美国	86	细胞基因公司、ZIO 医药肿瘤学公司、奥尔德生物制药公司
韩国	14	裴一周、S.B.李、韩国微生物实验室有限公司

续表

申请人国别	专利数量（件）	主要申请人
德国	11	巴斯夫公司、拜耳先灵医药股份有限公司
日本	5	新南部创新有限公司

从表 5 中可以看出：

美国是国外来华申请的主体力量，美国在中国的申请量为 86 件。另外，各主要国家来华申请的主体均为各国具有较强实力的代表性知名企业。其中，美国的细胞基因公司、先 ZIO 医药肿瘤学公司、奥尔德生物制药公司，韩国的韩国微生物实验室有限公司，德国的巴斯夫公司、拜耳公司，日本的新南部创新有限公司，都是最早进入中国做专利布局的企业。

7. 国内各省市区申请分布

对国内申请进一步统计各省市区分布情况，以了解各个省份的专利技术实力和申请主体，得到表 6 和图 12。

表 6 各省市区含砷药物专利申请量及其主要申请人

省份	申请量/件	主要申请人
山东	507	青岛绿曼生物工程有限公司、青岛市市立医院
河南	233	周大红、郑州后羿制药有限公司、河南中医学院
安徽	224	安徽省百益食品有限公司、蒋金洲、李保明
江苏	183	南京英派药业有限公司、东南大学、南京中医药大学
北京	148	北京因科瑞斯医药科技有限公司、泰一和浦（北京）中医药研究院有限公司
浙江	131	浙江中医药大学、浙江大学
辽宁	131	辽宁利锋科技开发有限公司、孙承宽
黑龙江	102	刘丽颖、丛繁滋、哈尔滨医科大学第一临床医学院
河北	100	保定冀中药业有限公司、殷其昌
四川	98	四川金堂海纳生物医药技术研究所、西南交通大学
广东	87	暨南大学、薛选清
广西	74	广西大学、韦成旺
陕西	71	中国人民解放军第四军医大学、西北农林科技大学
山西	71	刘增智、山西大学

续表

省份	申请量/件	主要申请人
天津	68	天津瑞贝特科技发展有限公司、天津生机集团有限公司、南开大学
吉林	61	吉林大学、吉林华康药业有限公司
上海	60	上海中医药大学、上海医药工业研究所

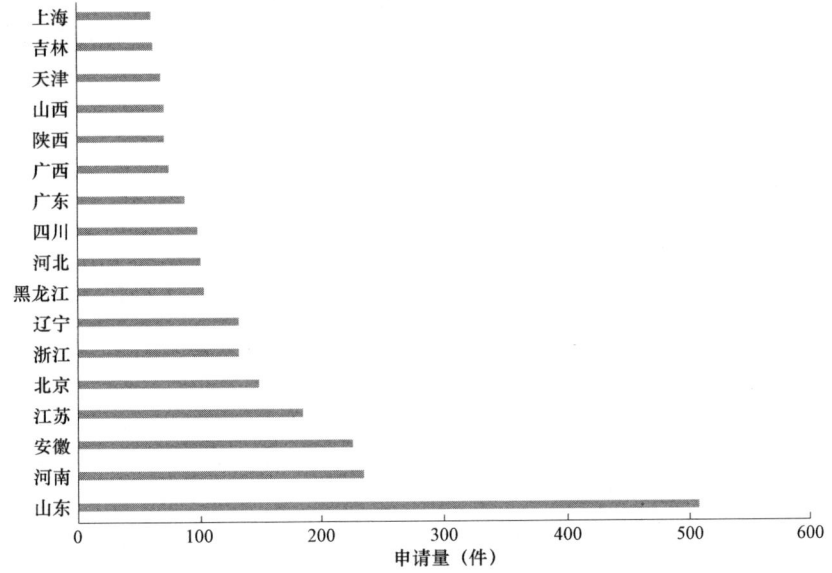

图12 国内主要省市区含砷药物专利申请量分布

从表6和图12中可以看出：

含砷药物专利在各省市的申请量排名前10位的依次是：山东、河南、安徽、江苏、北京、浙江、辽宁、黑龙江、河北、四川。其中，山东、河南、安徽、江苏、北京占到了国内申请总量的一半多，区域集中优势明显。山东作为含砷药物领域专利申请大大省，申请量优势非常明显。

山东的主要申请人是青岛绿曼生物工程有限公司、青岛市市立医院；河南的主要申请人是周大红、郑州后羿制药有限公司、河南中医学院；安徽的主要申请人是安徽省百益食品有限公司、蒋金洲、李保明；江苏的主要申请人是南京英派药业有限公司、东南大学、南京中医药大学；北京的主要申请人是北京因科瑞斯医药科技有限公司、泰一和浦（北京）中医药研究院有限公司。从排名前5的省市区的主要申请人中可以看出，在含砷药物领域企业和大学是专利申请的主体力量。

（二）技术主题分析

为了进一步了解含砷药物领域中国专利申请的技术主体分布情况，按照所属的技术分支对中国专利申请进行统计,并比较各技术分支专利申请的特点,来了解各主要申请人在重要技术分支的技术分布情况。

1. 技术总体构成情况

图 13 反映了含砷药物领域中国专利申请的总体技术构成和各技术分支的申请比例。需要说明的是,含砷中药处方的研发是中国含砷药物的主要研发方向,其中,有 1266 件的含砷药物专利是以含砷中成药(例如牛黄解毒片、小儿清热片、珠黄吹喉散等)作为处方的一个组分,由于考虑到这部分专利中砷剂在处方中的占比很小,砷剂不起主要的治疗作用,因此在技术主题分析过程中,去掉了这部分专利(见表 7)。

表 7 中国含砷药物专利技术分解及各技术分支年申请量分布

主题	一级分支	二级分支	专利数量(件)
主题	医疗领域	抗肿瘤	1442
		治疗皮肤疾病	1113
		抗感染,即作为抗生素、抗菌剂、化疗剂	888
		非中枢性止痛,退热或抗炎,例如抗风湿	482
		治疗消化道或消化系统疾病	387
		治疗神经系统疾病	343
		治疗骨骼疾病	318
		治疗心血管系统疾病	313
		治疗呼吸系统疾病	308
		治疗生殖或性疾病	234
		治疗免疫或过敏性疾病	219
		治疗代谢疾病	140
		治疗血液或细胞外液疾病	133
		抗寄生虫	131
		全身保护或抗毒	130
		治疗泌尿系统	91
		治疗感觉疾病	77
		治疗肌肉或神经肌肉系统疾病	35
		治疗内分泌系统疾病	33

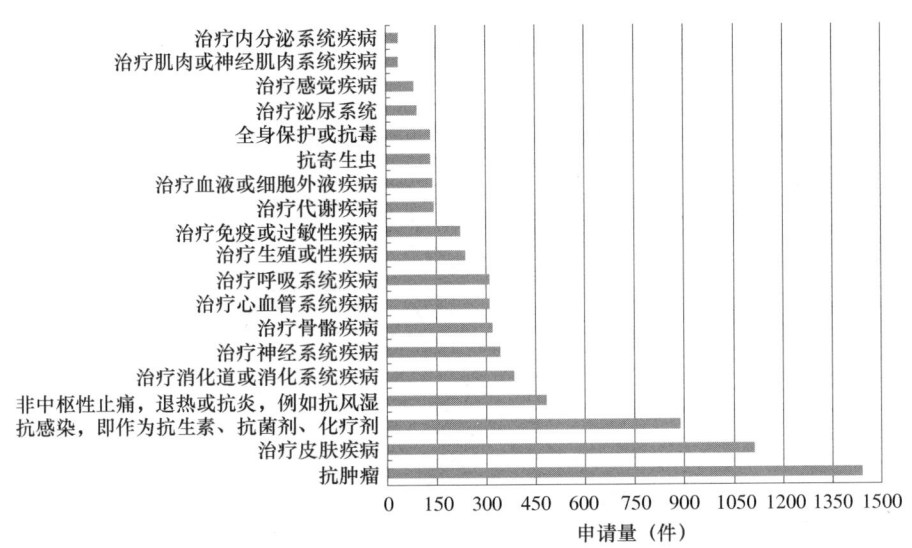

图 13 中国含砷药物专利申请的技术构成

从表 7 和图 13 中可以看出：医疗领域的中国含砷药物专利技术，主要集中在抗肿瘤、治疗皮肤病、抗感染、止痛镇痛包括抗关节炎（痛风）、治疗消化道或消化系统疾病、治疗神经系统疾病、治疗骨骼疾病、治疗心血管系统疾病、治疗呼吸系统疾病、治疗妇科男科疾病包括艾滋病等性病及性功能障碍、止咳平喘、结核病等病症。

其中，含砷药物应用最多的领域是抗肿瘤领域，其申请量有 1442 件，达到了含砷药物应用领域申请量的 20.5%。其次，是治疗皮肤病，其申请量达 1113 件，占比达 15.8%。再次，是抗感染领域，即作为抗生素、抗菌剂、化疗剂，其申请量有 888 件，占比达 12.6%。此外，还有其他的应用领域的申请，例如非中枢性止痛、退热或抗炎领域，包括其他很多医疗领域，其总量也十分巨大。另外，需要特别说明的是，因为中药的作用机制与西药不同，中药的组分比较复杂，作用广泛，很多含砷中药专利中的复方制剂具有多种功效，包括抗肿瘤、止痛镇痛、治疗皮肤病或其他炎症，比如，A61P17（治疗皮肤疾病的药物）与 A61P31（抗感染药，即抗生素、抗菌剂、化疗剂）可能会同时出现在同一个专利的分类号中。所以，各技术分支的统计数据会有部分重叠。

从这些构成比例看，申请量较大的应用领域也是目前医疗领域主要病症领域，与疾病的高发领域相匹配，同时，也与含砷药物 As_2O_3（砒霜）、As_2S_3（雌黄）和 As_2S_2（或 As_4S_4，雄黄），尤其是中药含砷药物的治疗机理的研发情况相一致，目前，含砷中药的药理研究中，在抗肿瘤领域和抑菌、镇痛领域的药理机理相对成熟，这也是一个比较显而易见的研究方向。

2. 主要技术分支申请特点比较

进一步选取医疗领域和农药领域的主要技术进行分析，从中选取抗肿瘤、治疗皮肤疾病、抗感染及非中枢性止痛、退热或抗炎这4个主要技术分支为代表进行年申请量的统计和分析（见图14）。

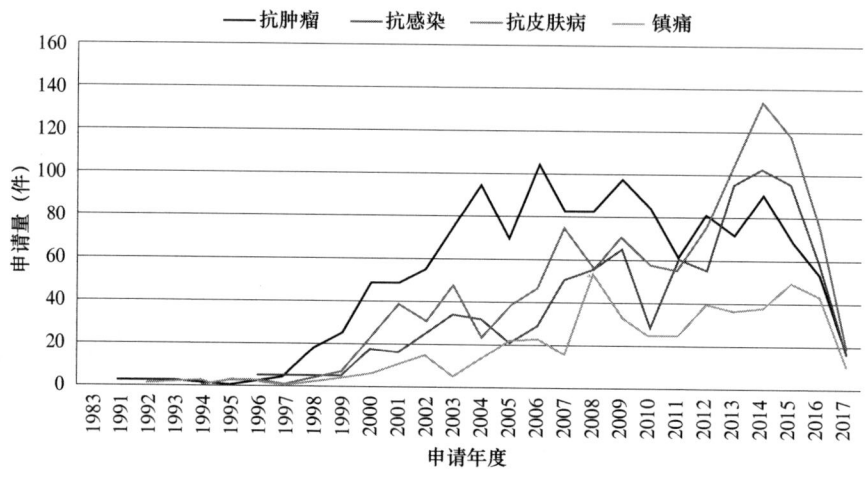

图14　含砷药物专利中国申请主要技术分支申请趋势

从图14中可以看出：

含砷药物的专利申请在抗肿瘤和治疗皮肤病的领域中起步较早，且增长迅速，但是明显可以看出在这两个领域中，各自的技术研发或专利申请有一个明显的阶段划分，在2002年之前，属于一个较平稳的初创阶段，申请量的年涨幅较小，而2002年之后，出现爆发式增长，年申请量较2002年前至少翻一番。可见经过前期的研发之后，出现了大量的新技术和新应用，将研发成果转化为生产力要求加大。

（三）申请人分析

按照中国含砷药物专利的申请总量对申请人进行了排名，并对排名前12位的申请人专利申请的技术分布情况进行了统计和比较分析，如表8所示。

表8　中国含砷药物专利主要申请人的技术分布

排名	申请人	申请总量（件）	主要技术分布（件）				重要分支占比
			抗肿瘤	皮肤病	抗感染	止痛	
1	迟经惠	44	0	2	0	0	4.5%
2	刘丽颖	14	0	0	0	12	85.7%
3	东南大学	11	11	0	0	0	100%
4	青岛绿曼生物工程有限公司	11	2	0	5	0	63.6%
5	北京因科瑞斯医药科技有限公司	10	10	0	0	0	100%

续表

排名	申请人	申请总量（件）	主要技术分布（件）				重要分支占比
			抗肿瘤	皮肤病	抗感染	止痛	
6	周大红	10	0	0	4	0	40%
7	四川金堂海纳生物医药技术研究所	10	3	2	2	2	90%
8	丛繁滋	9	4	0	0	0	44.4%
9	兰州大学	9	5	0	1	1	77.8%
10	上海中医药大学	8	0	0	0	0	0
11	哈尔滨医科大学第一临床医学院	8	6	0	0	0	75%
12	天津瑞贝特科技发展有限公司	8	0	0	5	0	62.5%

从表8中可以看出：

从申请人的申请类型来看，占比最多的是大学和研究所，占5个；其次是个人，占4个；再次是公司，占3个。大学和研究院包括东南大学、兰州大学、上海中医药大学、哈尔滨医科大学第一临床医学院和四川金堂海纳生物医药技术研究所。东南大学和哈尔滨医科大学第一临床医学院的含砷药物领域研究方向很明确，就是抗肿瘤方向。兰州大学的主要研究方向也是抗肿瘤，其次还有两篇抗感染、止痛的专利申请。四川金堂海纳生物医药技术研究所的研究方向相对比较宽泛，抗肿瘤、治疗皮肤疾病、抗感染及非中枢性止痛、退热或抗炎这4个技术分支都有所涉猎。上海中医药大学研究的主要是含砷药物治疗呼吸系统疾病、抗毒剂领域。大学及研究所的重要分支占比平均为近70%，说明大学及研究所的研究方向很明确，研究的领域相对比较集中，研究较为深入，产出的技术成果较多。个人作为申请人，其重要分支占比平均为35%，并且涉及的含砷药物领域较为分散。公司或企业作为申请人，重要分支占比平均为75%，并且公司或企业的研究方向相对比较集中。在含砷药物领域，青岛绿曼生物工程有限公司的主要研究方向是抗肿瘤和抗感染，北京因科瑞斯医药科技有限公司主要研究抗肿瘤，天津瑞贝特科技发展有限公司主要研究抗感染领域。从各分支的占比也可以看出，企业的研发方向更为明确，研究领域非常集中。总体来看，含砷药物的研发主体较为广泛。

从主要技术分支占比情况看，虽然申请人的申请量较为分散，但是，各申请人专利申请的技术集中度较高。其中，申请人研发的重心主要在抗肿瘤、治疗皮肤疾病、抗感染和止痛这四个领域。这也表明，申请人集中研发力量在重点技术分支上寻求技术突破。

五、重点技术分支分析

综上所述，基于抗肿瘤领域的研究对人类具有重大意义，抗肿瘤是含砷药物很重要的一个作用，也是含砷药物专利申请量最多的重点领域。我们将含砷药物的抗肿瘤作用作为本课题的重点技术分支进行重点分析。

（一）技术概述

抗肿瘤背景概述

肿瘤或癌症是机体在各种致癌因素作用下，局部组织的某一个细胞在基因水平上失去对其生长的正常调控，导致其克隆性异常增生而形成的异常病变。癌症是一大类恶性肿瘤的统称。现代肿瘤治疗学已有百余年的历史，但在20世纪40年代前最有效的治疗手段只有手术和放疗。后来，人们发现化学药物可以杀死一些晚期肿瘤细胞，自此开启了抗肿瘤化学药物研发的漫漫征程。

行业需求：

癌症已经超越心脏病，成为全球的头号杀手。我国的药品市场具有较大的发展空间，抗癌药物也成为战略性新兴产业的发展重点。我国抗肿瘤药物的年销售额已超过一千亿元的规模，并连续多年保持20%以上的较高年增长率。抗肿瘤药物销售额在中国稳步快速增长，而专利到期对单品种药物销售收入的影响巨大，全球药物销售收入高度依赖于专利保护。含砷药物专利作为抗肿瘤领域的重要专利，对它的分析适时而必要。

（二）申请趋势分析

为了了解全球范围内含砷药物涉及抗肿瘤的专利申请的总趋势，特别是，为了更好地反映全球范围内各个国家在含砷药物抗肿瘤领域的研究和技术进展，我们在 IncoPat 数据库的同族数据库进行检索，按照申请项数统计了年申请量的变化，得到图 15 和表 9。

从图 15 和表 9 中可以看出：

从 1991 年开始，出现了第一个含砷药物在抗肿瘤领域的专利申请。CN1090494C，其中，雄黄是作为中药配方剂的一种组分。其后几年，含砷药物主要用在中药领域。

到 1998 年开始，出现了含砷药物在抗肿瘤领域专利申请量的一个"量"的飞跃，1998 年的申请量达到了 28 项。多个国家开始对含砷药物，特别是三氧化二砷和硫化砷等化合物，在抗肿瘤领域的研究，并取得了很好的研究成果。含砷药物在医疗领域得到了有效的应用。

自 1998 年开始，含砷药物在抗肿瘤领域的专利申请开始了稳步增长。到 2008 年又出现了一个申请高峰期，申请量达到 60 项。之后，申请量稍微回落，到 2014 年

含砷药物的专利技术现状及发展趋势　199

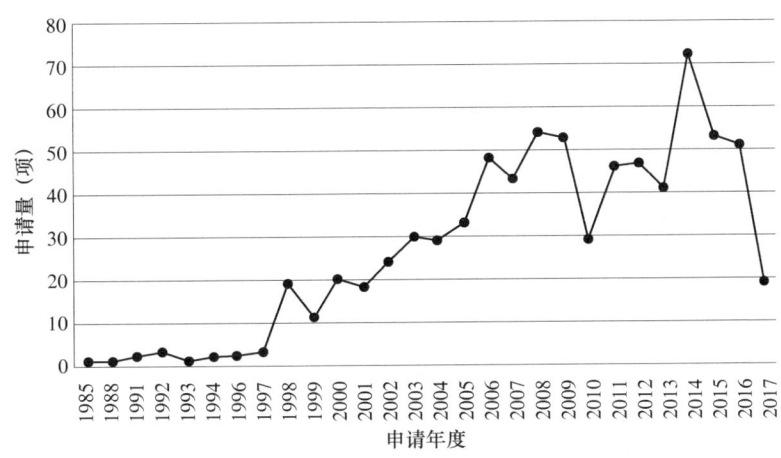

图 15　全球含砷药物抗肿瘤领域专利申请趋势

表 9　全球含砷药物在抗肿瘤领域专利申请总量及活跃情况

项目	总量（项）	近 5 年		近 10 年		近 20 年	
		数量（项）	占总比	数量（项）	占总比	数量（项）	占总比
申请量/项	788	210	26.6%	469	59.5%	781	99.1%

又出现另一个高峰，突破 2008 年的 60 项专利量，专利申请量达到 65 项。

从表中也可以看出，含砷药物在抗肿瘤领域的研究集中在近 20 年，近 20 年的专利申请量达到 99.1%。近 10 年的占比超过一半。近 5 年来，含砷药物在抗肿瘤领域的专利申请量占总比 26.6%，占总量的四分之一，说明各国一直关注着含砷药物在抗肿瘤领域的研究，并取得了一定的技术成果。

（三）申请地域分析

对全球申请进一步统计各国家和地区的地域分布，以了解各国家和地区的含砷药物在抗肿瘤领域的技术分布，得到图 16 和表 10。

表 10　各国家和地区的含砷药物在抗肿瘤领域的技术分布

专利公开国家和地区	专利数量（项）
中国	432
美国	108
日本	36
韩国	35
中国台湾	12

续表

专利公开国家和地区	专利数量（项）
巴西	8
中国香港	8
西班牙	7
俄罗斯	7

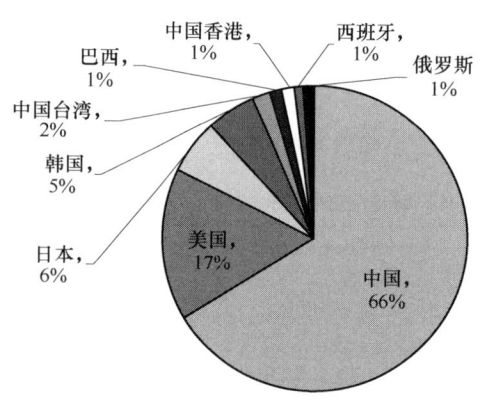

图 16 各国和地区的含砷药物在抗肿瘤领域的技术分布

从图 16 和表 10 中可以看出：

关于含砷药物在抗肿瘤领域的研发，中国和美国是该领域技术创新成果最为密集的国家，两者作为首次申请国的主力，申请总量占全球申请总量的 82.7%。抗肿瘤作为含砷药物的很重要也是很有意义的一个作用，具有很高的研究价值，但是，含砷药物的毒性作用也是制约其发展的一个很重要的因素。

总体看来，未来一段时间，中国和美国这两个国家在含砷药物抗肿瘤领域的研究或是在技术上将继续领跑其他国家或地区，成为全球范围内的技术创新最为活跃、技术产出最多的国家。

（四）申请人分析

为了解全球范围内含砷药物在抗肿瘤领域应用的分布情况以及其申请态势，按照专利申请总量，对前 10 名的申请人的专利申请的情况进行了统计，得到表 11 和图 17。

表 11 主要申请人专利申请情况

排名	申请人	申请专利数量（项）	申请人国别
1	MEMORIAL SLOAN KETTERING CANCER CENTER	37	美国
2	KOMINOX INC	36	韩国
3	ZIOPHARM ONCOLOGY INC	31	美国
4	SLOAN KETTERING INST CANCER	17	美国
5	KOMIPHARM INTERNATIONAL CO LTD	14	韩国
6	陆道培	14	中国
7	STC UNM	13	中国

续表

排名	申请人	申请专利数量（项）	申请人国别
8	东南大学	11	中国
9	BAE ILL JU	10	韩国
10	台湾东洋药品工业股份有限公司	10	中国

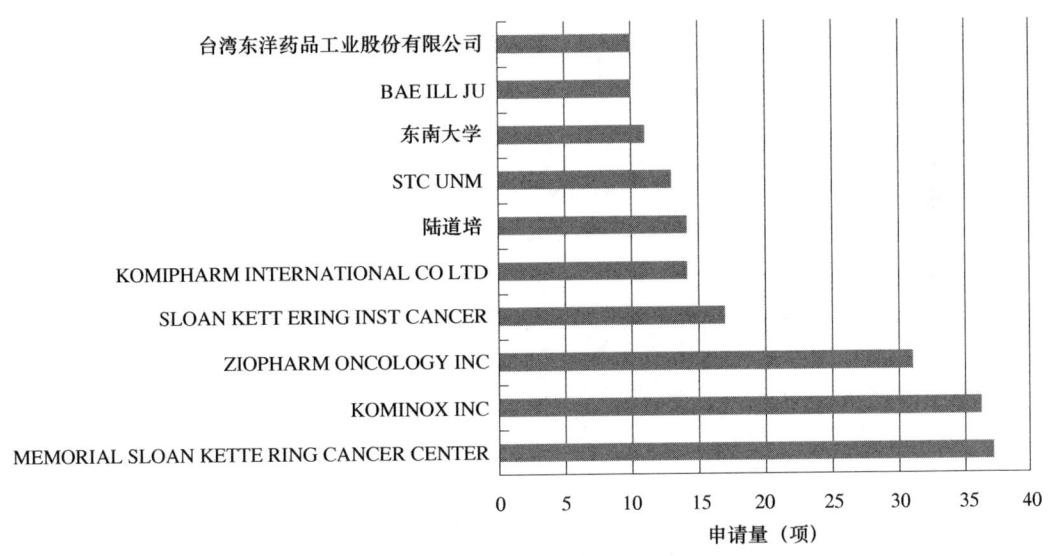

图 17　全球含砷药物抗肿瘤领域专利申请人分布

① 申请人 MEMORIAL SLOAN KETTERING CANCER CENTER（MSKCC，纪念斯隆－凯特琳癌症中心）是世界上历史最悠久、规模最大的私立癌症中心。与排名第 4 的 SLOAN KETTERING INST CANCER，是合作关系。其前身是 1884 年由 John J. Astor 夫妇等人共同建立的纽约癌症医院，1980 年，正式合并成立纪念斯隆－凯特琳癌症中心。MEMORIAL SLOAN KETTERING CANCER CENTER 作为申请人，其共申请了 37 件专利（16 项专利族）。在 1998 年和 2004 年分别递交了一系列有关三氧化二砷用于抗肿瘤领域的专利申请（专利申请号 EP08075200、US10425785、US10758800、US10758994、US10759616、US10759726、US10759291、US10758996、US10759314、US10759308、US10759657、US11239704、CY131100265）。这一系列申请涉及三氧化二砷的新用途和有机砷化合物用于治疗急性白血病和慢性白血病。发明人发现 As_2O_3 和米拉索普治癌法能够抑制细胞生长，也可以在各种髓性白血病细胞中诱导细胞凋亡，说明含砷药物在抗肿瘤领域已经研究进入分子水平。其在多个国家也进行了专利布局。

② 申请人 KOMINOX INC，其是注册在英国开曼群岛的一个公司，申请了 36 个专利（11 项专利族），主要的研究方向是亚砷酸、偏亚砷酸钠和/或三氧化二砷作为细胞毒性抗癌剂在治疗恶性肿瘤中的应用。

③ 申请人 ZIOPHARM ONCOLOGY INC 是美国一家研究抗癌和抗免疫系统疾病的公司，在抗癌抗肿瘤领域中，有关含砷药物的专利有 10 项，主要涉及的是有机砷应用于抗肿瘤领域的研究，特别是 S-二甲基胂基-谷胱甘肽（SGLU-1）在治疗癌症中的研究（S-二甲基胂基-谷胱甘肽 SGLU-1 具有通过线粒体功能破坏、活性氧类物质 ROS 产生增加、信号转导改变、和抗血管生成所介导的多层面的作用机制）。其在多个国家进行了专利布局，申请的相关专利包括 CN101903029B、US20080139629A1、ES2392737T3、EP2209480B1、US20100311689A1、KR1020100100835A、AU2014240250A1 等。

④ 申请人 SLOAN KETTERING INST CANCER（斯隆—凯特林癌症研究所），申请了 17 个专利。与 MEMORIAL SLOAN KETTERING CANCER CENTER 是合作单位。

⑤ 申请人 KOMIPHARM INTERNATIONAL CO LTD，申请了 14 个专利（6 个专利族），主要研发内容包括含有亚砷酸盐的药物组合物治疗恶性肿瘤。也提到了可以结合顺铂、阿霉素、多西紫杉醇或紫杉醇等药物给需要的受试者治疗癌症。

⑥ 申请人陆道培，申请了 14 个专利（2 项专利族）。主要研究的是硫化砷（包括 As_2S_2、As_2S_3、As_2S_5 和 As_4S_4）和及其衍生物用于治疗恶性肿瘤。陆道培（1931—），血液病学家和造血干细胞移植专家，中国工程院院士。1957 年起主要从事血液病临床和实验研究。他在异基因骨髓移植及中药治疗急性粒细胞性白血病做出了具有国际先进水平的贡献。

⑦ 申请人 STC UNM 是新墨西哥大学（University of New Mexico）旗下一家负责技术转让的公司。其中一个研究领域是治疗癌症（尤其是一种化疗或放射治疗-抗癌症），含砷药物主要是作为药物组合物中的一个组分。申请的专利包括 US12990334、JP2014508125、JP2014521722 等。主要涉及含砷药物在骨髓增生性疾病、前列腺癌等癌症或其他疾病中的应用，申请的相关专利包括 US20080317708A1、US20090010877A1 等。其中，含砷药物主要是作为药物组合物的一种组分。

⑧ 东南大学。东南大学在含砷药物的抗肿瘤领域申请了 11 个专利。从 2004 年研究砒霜磁性纳米明胶微球，到 2006 年砒霜纳米粒，到 2010 年 As_2O_3/Fe_3O_4 复合纳米粒，再到 2013 年的载纳米雄黄磁性白蛋白纳米球，主要是以 As_2O_3 为原料，通过剂型、制备工艺的改变或优化，达到更好的抗肿瘤目的，东南大学在含砷药物的研究领域也是做出了很多贡献。

⑨ BAE ILL JU（裴一周），韩国人，申请了 10 个专利（3 项专利族）。主要研究

从天然产物中分离和纯化得到的 As_4O_6，并研究其作为抗癌药物或药物组合物的治疗功效。另外，还研究 As_4O_6 作为血管生成抑制剂抑制内皮细胞增殖和血管生成，使得它可被用于作为治疗各种血管生成疾病的药物。详见专利 DE19831579B4、EP955052B1、EP1166789A2。

⑩ 台湾东洋药品工业股份有限公司。台湾东洋药品工业股份有限公司在含砷药物抗肿瘤领域共申请了 10 件专利（6 项专利族），其研究内容主要是含砷化合物放在原子反应器内，然后对该含砷化合物进行中子照射处理以引发核反应，因而使该含砷化合物中所包含的砷元素被转化。所生成的该具放射性的含砷化合物含有 76As 同位素。依据本发明的该具放射性的含砷化合物经测试后被证实具有抑制肿瘤细胞生长的活性，因此，本发明亦预期到该具放射性的含砷化合物在制备药物组合物上的应用。

（五）重要专利技术分析

通过对全球含砷药物专利在抗肿瘤领域的引用频次统计，结合抗肿瘤领域的发展状况和专利申请技术内容，本课题组遴选出含砷药物专利技术中具有代表性的专利申请，如表 12 所示，并对其进行了具体分析。

表 12 含砷药物领域代表性专利

序号	公开号	最早优先权日	申请人	来源国/地区	技术要点
1	CN1060935C	19920531	丛繁滋	中国	本发明首次以三氧化二砷及以三氧化二砷为主要成分的单味中药材为主要原料，明确了三氧化二砷的抗肿瘤作用
2	CN1175823C	19980706	陆道培	中国	本发明涉及硫化砷化合物，还涉及含有硫化砷化合物和用于治疗癌症例如白血病或淋巴瘤的药物组合物。本发明还涉及用硫化砷化合物治疗癌症例如白血病或淋巴瘤的方法
3	CN101590092A	20080527	北京因科瑞斯医药科技有限公司	中国	一种治疗白血病的中药组合物，其是由雄黄、青黛、当归、冰片按一定重量配比制备而成。该中药组合物具有清热、解毒、活血之功效，用于治疗各种急慢性白血病

续表

序号	公开号	最早优先权日	申请人	来源国/地区	技术要点
4	CN1246346A	19980828	周伟	中国	一种克癌药，其是以斑蝥、三棱、莪术、红砒、硝石、明矾、白花舌草、半枝莲、山豆根、甲珠、龙葵、凤尾草、王不留行、瓜蒌、白英、蛇莓为组分，经研成细末即为本发明所述的药，这种药主要是提高患者的肌体免疫力，在提高免疫力的同时采取软坚散结、活血化瘀、清热解毒、以毒攻毒的克癌药
5	CN1114416C	19980802	哈尔滨医科大学第一临床医学院	中国	一种亚砷酸在制备治疗妇科肿瘤、淋巴瘤的注射液中的应用，所述的亚砷酸的含量为 1/1 000 000～17/1000
6	JP04229189	19920805	KIYASARIN JIEEN PAREN、JIN MIN ZEN、YUU UON	日本	一种抗肿瘤剂，其含有一种蛋白质酪氨酸磷酸酶 α 抑制剂和一种具有高水平的 pp60[C-Src] 激酶活性。该抗肿瘤剂含有一种蛋白质酪氨酸磷酸酶（PTP）α 抑制剂作为活性成分，该 PTPα 抑制剂含有锌离子，一种钒酸盐如原钒酸盐和一种亚砷酸钠作为氧苯肿和一种多克隆或单克隆抗体和直接作用于（PTP）α
7	US61001575P	20071102	ZIOPHARM ONCOLOGY INC	美国	一种使用有机砷化物的联合治疗，将一种或多种其他治疗剂与有机砷化物一起给药的联合治疗
8	CN103099816B	20130204	浙江大学	中国	公开了 As_2O_3 和隐丹参酮联合应用可协同诱导骨髓瘤细胞 U266 线粒体凋亡发生（协同作用）

续表

序号	公开号	最早优先权日	申请人	来源国/地区	技术要点
9	CN103230390B	20121129	中国医学科学院药用植物研究所	中国	公开了丹酚酸B与三氧化二砷联用用药充分发挥二者的增效减毒作用，提高三氧化二砷的临床疗效并降低其心脏毒性
10	TW200422051A	20030423	TTY Biopharm Company Limited; Institute of Nuclear Energy Research Rocaec	中国台湾	一种用于制备具放射性的含砷化合物的方法，其包括下列步骤：将选自三氧化二砷（As_2O_3）、三硫化二砷（As_2S_3）、二硫化二砷（As_2S_2）及它们的组合的含砷化合物引至中子照射处理，从而使该含砷化合物中所包含的砷元素被转化成为具放射性的砷同位素
11	CN106890191A	20170427	兰州大学	中国	一种纳米雄黄的生物炮制方法，利用微生物对雄黄进行生物炮制，不会影响雄黄的药性，反而增加生物利用度，降低毒性
12	CN100560133C	20060314	中国人民解放军第二军医大学	中国	一种磁性聚乳酸-羟基乙酸氧化酚砷纳米微球。由于在肝癌病变区外加磁场，使得磁性纳米药物大部分集中在肝癌区，达到体内靶向给药效果，可较大地提高肝脏靶点的药物浓度，提高氧化酚砷抗肝癌疗效，减少其他脏器的药物含量，从而减少药物全身毒副反应
13	CN104644573B	20150204	浙江中医药大学	中国	公开了一种载三氧化二砷pH响应介孔二氧化硅纳米粒的制备方法，主要包括共沉淀法制备氨基改性介孔二氧化硅、静电吸附载入ATO、PAA酸碱共轭制备PAA-ATO-MSNs的步骤

续表

序号	公开号	最早优先权日	申请人	来源国/地区	技术要点
14	KR100272835B1	19980626	裴一周	韩国	从天然产物信石中分离得到的一种天然化学物质六氧化四砷（As_4O_6），其代号为 HD-2，及其作为抗肿瘤药物和药物组合物的功效，显示强烈抗肿瘤功效，导致恶性肿瘤的痊愈
15	US09189965	19981110	Memorial Sloan Kettering Cancer Center	美国	该发明指出砷化合物可以治疗各种白血病、淋巴瘤和固体肿瘤。而且该砷化合物可以与其他药物组合联用。三氧化二砷可单独使用或结合其他已知的治疗剂（包括化疗药物、辐射防护剂和放射治疗）、抗肿瘤剂，提高患者的生活质量
16	US09744605	20010727	INSERM; CNRS	Institut de la Sante et de la Recherde Medicale（法国）	三氧化二砷，在一方面，促进向蜂窝体的 PML 蛋白的靶向性；在另一方面，加快通过干扰素诱导的细胞死亡。三氧化二砷与干扰素的协同作用可诱导和促进细胞死亡
17	EP05076071	20060509	Komipharm International Co Ltd	韩国	本发明涉及新的亚砷酸钠盐的化学治疗组合物、口服含砷化合物的用于治疗前列腺癌、泌尿生殖系统原发性和转移性肿瘤和膀胱癌、肾癌、睾丸癌和转移性骨癌的新的使用方法

1. 基础专利

经过课题组的筛选甄别，将 1992 年 5 月 31 日丛繁滋申请的 CN1060935C 专利作为含砷药物抗肿瘤的基础专利申请。该专利公开了癌病灶直接给药的砷制剂的制备方法，属于抗癌药物制剂工艺，应用现代技术将其制成特定剂型。具体涉及用于癌病灶直接给药的砷混悬注射液的制备方法，其特征在于以三氧化二砷及以三氧化二砷为主要成分的单味中药材之中至少一种为主要原料，选用溶剂和助悬剂溶解，将溶剂过滤，灭菌，将助悬剂用溶剂浸泡、制成凝胶及将凝胶与粉碎至 5μm 以下的原料混均和分装几道工序完成。可用于体表、腔道癌瘤治疗。也提到药物剂型可以为软膏剂、糊剂及用于体内癌实体直接注射的混悬型注射剂或脂质体。

本发明首次以三氧化二砷及以三氧化二砷为主要成分的单味中药材为主要原料，明确了三氧化二砷的抗肿瘤作用。该专利及其同族专利在全球被引证 18 次，先进性较好。该专利申请开启了含砷药物的抗肿瘤领域的新的研发方向，并在含砷药物的抗肿瘤领域进行了非常有价值的技术探索。

2. 重要专利

重要专利选择的原则：① 代表了不同的技术分支，解决了不同的技术问题；② 选择相对时间较早，对本领域的技术研发具有启迪作用的专利。

经过课题组的筛选，可以确认 2008 年 5 月 27 日北京因科瑞斯医药科技有限公司申请的 CN101590092B、1998 年 8 月 28 日周伟申请的 CN1246346A、1998 年 8 月 2 日哈尔滨医科大学第一临床医学院申请的 CN1114416C、1998 年 7 月 6 日陆道培申请的 CN1175823C、1992 年 8 月 5 日 KIYASARIN JIEEN PAREN 等申请的 JP04229189、1998 年 11 月 10 日 Memorial Sloan Kettering Cancer Center 申请的 US09189965、2013 年 2 月 4 日浙江大学申请的 CN103099816B、2012 年 11 月 29 日、中国医学科学院药用植物研究所申请的 CN103230390B、2007 年 11 月 2 日 ZIOPHARM ONCOLOGY INC 申请的 US61001575P、2003 年 4 月 23 日 TTY Biopharm Company Limited 申请的 TW200422051A、2017 年 4 月 27 日兰州大学申请的 CN106890191A、2006 年 3 月 14 日中国人民解放军第二军医大学申请的 CN100560133C、2015 年 2 月 4 日浙江中医药大学申请的 CN104644573B 作为重要专利的代表。

① 含砷药物例如雄黄、砒霜等最早出现在中药中。在传统中药研发中，基于传统中医理论，其多是复方制剂，产生多组分的协同作用，很难用现代的药物研发理论与解释复方以及复方中单味药的药理机理。

对于白血病而言，中医学根据其临床表现如发热、贫血、出血、肝脾及淋巴结肿大等，可归于中医"虚劳""急劳""热劳""血证""痰核"等范畴。虽然无统一辨证依据，但中医白血病辨证分型的总趋势还是以气阴两虚型、气血两虚型、热毒蕴结型和血瘀阻滞型为主。根据中医理论，白血病属于"毒邪入血"，邪毒在一定内因条件下入侵人体的脏腑经络，由表及里，或毒自内而生，内外合毒。邪毒蕴积于内，日久化热。所以治则当以清热解毒为主。

CN101590092A 公开了一种用于治疗白血病的中药组合物，它是由下列重量份的原料药制成：雄黄 0.05～0.1 份、青黛 1.5～3 份、当归 6～12 份、冰片 0.15～0.3 份。本发明以清热解毒为主，活血化瘀为辅。本发明中药组合物中以雄黄作为主药，利用其"以毒攻毒"的特性，作为产生治疗效果的主要药物；从现代研究的角度讲，雄黄抗肿瘤作用的一种比较明确而重要的机制即是诱导肿瘤细胞凋亡，使得 bcl-2 基因家族蛋白表达水平发生变化。基于的理论为：在细胞凋亡的分子生物学研究过程中，人们发现多种基因参与细胞凋亡的调控，其中 bcl-2 基因的作用备受关注。bcl-2 的过度表达不仅可有效阻止包括代谢产物积累、自由基等诱发的细胞凋亡，而且能够抑制许多因素（如射线和癌基因）介导的细胞凋亡。

② 对于实体肿瘤而言，含砷药物的使用多为基于"以毒攻毒"的传统中医理论。

CN1246346A 公开了一种克癌药，其是以斑蝥、三棱、莪术、红砒、硝石、明矾、白花舌草、半枝莲、山豆根、甲珠、龙葵、凤尾草、王不留行、瓜蒌、白英、蛇莓为组分，研成细末即为本发明所述的药。本发明的技术方案是提供一种提高人体免疫力，同时软坚散结、活血化瘀、清热解毒、以毒攻毒的疗程短、见效快的克癌药。本发明利用软坚散结、活血化瘀、清热解毒、以毒攻毒的原理，其中砒霜既是以毒攻毒的药物，单独使用毒性较大，且不利于发挥其以毒攻毒的作用，需要依照中药配方机理进行配方后用药。

③ 现代药物或西药研发最先研究的是单体药物，明确了含砷药物的抗肿瘤作用后，人们开始深入研究其在人体的作用机制，再进行复配或联合用药。

CN1114416C 公开了一种亚砷酸在制备治疗妇科肿瘤、淋巴瘤的注射液中的应用。该发明也公开了三氧化二砷明显调控有关癌细胞凋亡基因，控制癌细胞的凋亡和诱导分化，将改变癌组织，使之完成正常细胞的凋亡产生质变，促使癌细胞快速凋亡、诱导分化使之在数量上迅速减少。本发明冲破了传统的化疗药品治疗癌症的观念，打破了亚砷酸导致癌症的传统观念，开拓了采用亚砷酸作为分化诱导剂促使癌细胞凋亡的新领域，为寻求新的抗癌药物系列奠定了基础。

特别值得一提的是发明人张亭栋教授，张亭栋教授是使用砒霜（三氧化二砷）治疗白血病的奠基人。虽然在 1998 年针对三氧化二砷的抗肿瘤作用才申请了第一篇专利，但是，他们的第一篇相关论文发表于 1973 年，《黑龙江医药》报道他们用"癌灵注射液"（癌灵 1 号）治疗 6 例慢性粒细胞白血病病人。其主要用了砒霜的化学成分"亚砷酸（三氧化二砷）"和微量"轻粉（氯化低汞）"。经过治疗，6 例病人症状都有改善，该文还提到三氧化二砷对急性白血病患者也存在治疗效果。这篇文章奠定了三氧化二砷在抗肿瘤领域的地位，也给后人以参考和指引，起到了抛砖引玉的作用，自此，明确了三氧化二砷可以治疗白血病，特别是急性早幼粒白血病（法国—美国—英国 FAB 分型的 M3 型白血病，也即 Acute Promyelocytic Leukemia，APL）。

除了三氧化二砷，硫化砷作为抗癌的主要活性成分的提出是在 CN1175823C 中。该发明涉及硫化砷化合物，还涉及含有硫化砷化合物和用于治疗癌症例，如白血病或淋巴瘤的药物组合物。本发明还涉及用硫化砷化合物治疗癌症，例如白血病或淋巴瘤的方法。

这篇专利的发明人陆道培（1931—），血液病学家和造血干细胞移植专家，中国工程院院士。1957 年起主要从事血液病临床和实验研究。他在异基因骨髓移植及中药治疗急性粒细胞性白血病做出了具有国际先进水平的贡献。

至今，人们对三氧化二砷作用机制的研究越来越深入：A. 抑制肿瘤细胞增殖；B. 诱导肿瘤细胞凋亡；C. 促进肿瘤细胞分化；D. 抑制肿瘤血管生成；E. 促进免疫应答；F. 抑制肿瘤干细胞分化；G. 微量 As_2O_3 的化疗保护作用。更多的作用机制等待我们继续探索。

④ 含砷药物和其他药物（包括化疗药物，辐射防护剂和放射治疗）联用，并进行至生物分子领域的研究是近代研发的一个热点。

JP04229189 公开了一种抗肿瘤剂，其含有一种蛋白质酪氨酸磷酸酶 α 抑制剂和一种具有高水平的 pp60[C-Src]激酶活性。该抗肿瘤剂含有一种蛋白质酪氨酸磷酸酶（PTP）α 抑制剂作为活性成分，该（PTP）α 抑制剂含有锌离子，一种钒酸盐如原钒酸盐和一种亚砷酸钠，直接作用于（PTP）α。

US61001575P 也公开了一种使用有机砷化物的联合治疗，将一种或多种其他治疗剂与有机砷化物一起给药的联合治疗。所述有机砷化物优选是如下所示的 SGLU-1（S-二甲基胂基-谷胱甘肽）或其药学可接受的盐，这种联合治疗可以通过将所述治疗的各个组分同时、顺序或单独剂量给药来实现。包括将 SGLU-1 与另一种治疗剂联合给药，癌症选自脑癌、肺癌、肝癌、脾癌、肾癌、淋巴结癌、小肠癌、胰腺癌、血细胞癌、骨癌、结肠癌、胃癌、乳癌、子宫内膜癌、前列腺癌、睾丸癌、卵巢癌、中枢神经系统癌、皮肤癌、头和颈癌、食管癌和骨髓癌。

US09189965 也公开了砷化合物可以治疗各种白血病、淋巴瘤和固体肿瘤。并具体指出，三氧化二砷可单独使用或结合其他已知的治疗剂（包括化疗药物，辐射防护剂和放射治疗）、抗肿瘤剂，提高患者的生活质量。

CN103099816B，公开了三氧化二砷和隐丹参酮联合应用可协同诱导骨髓瘤细胞 U266 线粒体凋亡发生（协同作用）。其作用机制是抗凋亡蛋白 Bcl-2、survivin 和 XIAP 表达下调，促凋亡蛋白 Bax 和 Bak 从胞浆向线粒体转移定位增加，细胞色素 C 由线粒体向胞浆释放增加，线粒体凋亡通路标记蛋白 Caspase9、Caspase3 和 PARP 活化，进而诱导骨髓瘤细胞 U266 发生线粒体凋亡。

2012 年 11 月 29 日中国医学科学院药用植物研究所申请的 CN103230390B，公开了虽然常规治疗剂量的砷剂相对安全，但在临床应用中仍常出现一些不良反应，特别是心脏毒性反应，而传统中药丹酚酸 B 具有重要的心血管保护作用，因此，丹酚酸 B 与三氧化二砷联合用药充分发挥二者的增效减毒作用，提高三氧化二砷的临床疗效并降低其心脏毒性。

TW200422051A 公开了一种用于治疗肿瘤或癌症的药物组合物，其特征在于该药物组合物包含：（a）治疗有效量的具放射性的含砷化合物，该具放射性的含砷化合物由包括下列步骤的方法制得：（i）将选自三氧化二砷（As_2O_3）、三硫化二砷（As_2S_3）、二硫化二砷（As_2S_2）及它们的组合的含砷化合物引至中子照射处理，从而使该含砷化合物中所包含的砷元素被转化成为具放射性的砷同位素，其中所形成的具放射性的含砷化合物含有 76As 同位素；以及（ii）回收由步骤（i）所形成的产物；以及（b）药学可接受的载体。本发明的药物组合物可供应用于诸如血液癌或实体瘤的肿瘤/癌症的治疗上，且相较于现有的以三氧化二砷为主的抗癌药物具有更为显著的疗效。

⑤ 含砷药物的系统毒性一直是需要克服的技术难题。US61001575P 公开了将一种或多种其他治疗剂与有机砷化物进行联合治疗，改变本发明的药物组合物中的活性成分的实际剂量水平，以便得到对于特定的患者、组合物和给药模式有效地实现期望的治疗响应而对患者没有毒性的活性成分量，即在未产生毒性的情况下具备治疗活性。

另外，当药物颗粒达到纳米级的时候，药物的生物利用度、溶解度和胃肠吸收度都可能有很大的提高，其在体内的药代动力学也可能发生相应的改变，吸收相增加消除相降低，毒性与传统方法炮制的中药单体相比也可能大大减小。基于此，CN106890191A 公开了一种纳米雄黄的生物炮制方法，其包括将研磨后的纳米雄黄加入到嗜酸氧化亚铁硫杆菌 DLC-5 的浸出液中进行微生物发酵的步骤。本发明利用微生物对雄黄进行生物炮制，不会影响雄黄的药性，相对于传统雄黄炮制方法制得的雄黄，可以改善雄黄在水中溶解度低、毒性高、胃肠道吸收差、生物利用度低、临床治疗剂型单一、使用剂量大等缺点。

⑥ 随着医疗技术的发展，新型药物制剂的出现，人们开始研究新剂型能够给含砷药物带来的突破和进展。

CN100560133C 公开了一种磁性聚乳酸-羟基乙酸氧化酚砷纳米微球，其组成包括聚乳酸-羟基乙酸共聚物、四氧化三铁、氧化酚砷，其特征在于微球是采用超声乳化-溶剂挥发法制成的以四氧化三铁、氧化酚砷为内核，以聚乳酸-羟基乙酸共聚物包裹层为壳层，氧化酚砷与聚乳酸-羟基乙酸共聚物的重量比例为 1:50 至 25:50，微球粒径在 20℃时为 140～500 纳米的纳米微球；所述的超声乳化-溶剂挥发法具体步骤如下：将氧化酚砷和聚乳酸-羟基乙酸共聚物按重量比例，完全溶解在二氯甲烷中，再加入无机磁性四氧化三铁纳米颗粒，超声分散形成油相；将油相加入 4%的聚乙烯醇水溶液中，超声乳化 5 分钟后呈现均匀乳状；在搅拌条件下，将上述乳液缓缓滴加到 0.3%聚乙烯醇水溶液中，持续搅拌 5 小时，整个搅拌过程在 37℃的水浴下进行；搅拌结束后，将所得混悬液置于磁铁上，除去上清液，再用蒸馏水洗涤，高速离心，反复 3 次；将所得沉淀物冷冻干燥、真空干燥、灭菌，即得磁性聚乳酸-羟基乙酸氧化酚砷纳米微球。在外加磁场的条件下，能够较好地提高局部药物浓度，增强治疗效果，且能够极大地减少含砷药物对全身的毒副作用，国内外少见报道。

三氧化二砷（缩写为 ATO）对多种实体瘤细胞具有抑制生长和诱导凋亡的作用，但由于 ATO 在体内分布缺乏特异性，达到有效浓度时对其他正常组织往往会产生严重的不良反应；此外，ATO 半衰期短，给药后消除迅速，体内血药浓度很快降低，进而给药效果降低，因此限制了其在实体瘤中的应用。CN104644573B 公开了一种载三氧化二砷 pH 响应介孔二氧化硅纳米粒的制备方法，主要包括使用共沉淀法制备氨基改性介孔二氧化硅纳米粒载体（NH_2-MSNs），静电吸附法在载体上装载 ATO，聚丙烯酸（PAA）酸碱共轭法制备得到 PAA-ATO-MSNs 的步骤。介孔二氧化硅纳米粒（mesoporous silica nanoparticles，MSNs）是一种新型的无机介孔材料，具有比表面积和孔容大，介孔结构高度有序，内外表面存在大量易于修饰的硅羟基，生物相容性好等优点。PAA-ATO-MSNs 体外释药具有明显的 pH 响应性及缓释特性，能明显改善大鼠体内药动学行为，该载体作为 ATO 肿瘤靶向递药系统具有较好的应用前景。

3. 高价值专利

高价值专利选取原则：① 技术先进性高，该专利及其同族专利在全球被引用次数多。② 专利稳定性好，有效的发明专利、无诉讼行为发生、未发生过质押保全、申请人未提出过复审请求、未被申请无效宣告。③ 市场前景好，发生过转让或许可，或者在多个国家进行布局，或者有商业价值或应用价值。

经过课题组的筛选甄别，将在 1998 年 6 月 26 日裴一周申请的 KR100272835B1、1998 年 11 月 10 日 MEMORIAL SLOAN KETTERING CANCER CENTER 申请的 US09189965、2001 年 7 月 27 日 INSERMC、CNRS 申请的 US09744605、2006 年 5 月 9 日 KOMIPHARM INTERNATIONAL CO LTD 申请的 EP05076071 作为含砷药物抗肿瘤领域的高价值专利。

KR100272835B1，有 15 项权利要求，在 17 个国家进行了专利布局，共产生专利 59 件；该专利及其同族专利在全球被引用 19 次，先进性较好；稳定性好，专利维持有效、无诉讼行为发生、未发生过质押保全、申请人未提出过复审请求、未被申请无效宣告；申请号 CN98117365 的中国专利已转让，受让人：北京天地散友和生物医药科技有限公司。该发明首次记载在天然物质中提取六氧化四砷作为抗肿瘤活性物质。

US09189965，有 18 项权利要求，在 17 个国家进行了专利布局，该专利及其同族专利在全球被引用 54 次，先进性好；稳定性好，专利维持有效、无诉讼行为发生、未发生过质押保全、申请人未提出过复审请求、未被申请无效宣告；发生过转让，受让人：MEMORIAL SLOAN-KETTERING CANCER CENTER。该发明明确了三氧化二砷或米拉索普治癌法化合物可单独使用或结合其他已知的治疗剂（包括化疗药物，辐射防护剂和放射治疗）或技术或者提高患者的生活质量或治疗白血病，淋巴瘤或实体瘤。

US09744605，有 8 项权利要求，在 12 个国家进行了专利布局，该专利及其同族专利在全球被引用 15 次，先进性较好；稳定性好，专利维持有效、无诉讼行为发生、未发生过质押保全、申请人未提出过复审请求、未被申请无效宣告；发生过转让，受让人：INSTITUT DE LA SANTE ET DE LA RECHERDE MEDICALE

（INSERM）和 CENTRE NATIONAL DE LA RECHERCHE SCIENTIFIQUE（CNRS）。该发明明确了三氧化二砷一方面促进向蜂窝体的 PML 蛋白的靶向性；另一方面加快通过干扰素诱导的细胞死亡。另外，三氧化二砷与干扰素的协同作用，以诱导和促进细胞死亡。

EP05076071，有 19 项权利要求，在 21 个国家进行了专利布局，产生专利 51 件，该专利及其同族专利在全球被引用 33 次，先进性好；稳定性好，专利维持有效、无诉讼行为发生、未发生过质押保全、申请人未提出过复审请求、未被申请无效宣告；该发明公开了新的亚砷酸钠盐的化学治疗组合物、口服含砷化合物的用于治疗前列腺癌、泌尿生殖系统原发性和转移性肿瘤和膀胱癌、肾癌、睾丸癌和转移性骨癌的新的使用方法。

六、主要研究结论及建议

（一）含砷药物专利技术现状研究的主要结论

① 从全球专利年度申请量发展趋势图中可以看出，2013 年至今，出现了含砷药物专利申请的黄金时期，在 20 世纪末 21 世纪初各国对含砷药物抗癌、抗肿瘤的深入研究和不断发现，在之后的一段时间有了显著的技术成果。近 5 年人们对含砷药物的探究和研发还是处于紧密关注状态，热情持续高涨，含砷药物领域保持持续快速的发展，含砷药物专利申请的活跃度还是很高。

② 从全球地域分布来看，中国的含砷药物专利的申请量具有绝对优势，这也得益于我们中国中药领域专利的悠久的发展历史。

③ 从中国专利申请来看，总体上，含砷药物领域中国专利申请的年申请量一直呈上升趋势。从 2013 年开始，含砷药物领域的中国专利年申请量已经超过 300 件。这一阶段属于技术高速发展的阶段，同时也反映了含砷药物的应用不断成熟和完善，专利行业不断蓬勃发展。其中，含砷中药专利占中国含砷药物专利的总申请量的 79.1%。可以看出，含砷中药是含砷药物很重要的申请领域。

另外，从含砷药物的专利申请的方向看，含砷药物的研发除了基于机理的研究并对药物结构进行改进以及进行复方联用外，因为其高毒性，通过中西药制剂工艺来降低毒性增强疗效也是重要的一个方面。因此，对于药物本身的改进和剂型的改进的专利申请量各占半壁江山。

再次，中国含砷药物专利申请人的申请类型依次排名是个人、企业、院校、机关单位等。其中，个人的申请量最多，企业其次，院校及机关单位等只占少数。这表明，个人作为含砷中药复方制剂的主要研究力量，作为含砷药物专利的主要申请主体，是中国独有的专利申请特色，企业作为具有一定研发能力及研发资金的单位，对含砷药物的研究要比个人更为专业及深入，高校对含砷药物领域的研究专业度高，申请的含砷药物专利科技含量高。

④ 从中国专利的有效性角度看，失效专利分析中，个人作为含砷药物专利在中国的申请主体，申请量多但是失效的专利量也最多；其次，是各院校的失效专利量达到接近半数；失效专利数量最少的是企业，占企业专利总申请量的 37.21%。有效专利分析中，个人占比最少，说明个人含砷药物专利的申请维持有效的不多，没有得到很好的应用，也侧面反映了个人的含砷药物专利技术含量低、创造性低、稳定性差；企业和各院校持续有效的专利相对较多，说明企业和各院校对含砷药物专利有一定的实际应用。

关于中国专利失效（包括放弃、驳回、权利终止、撤回）的较多，排除掉权利终止，其他失效原因主要有：

A. 专利成果没有产业化应用。众所周知，很多专利在授权后，只有很少量的专利由企业转化而投入生产进行产业应用，大部分的专利都被搁置，没有体现专利的价值。而个人作为中国含砷药物专利申请的主体，如果没有其他人或企业进行资金投入，很容易自己放弃专利权。对企业而言，如果申请的专利不能给企业带来可观的收益，也就是说，申请的专利并不能产生实际的价值，企业也会放弃专利权。

B. 技术含量低。专利直接抄袭在先的专利申请文件、伪造实验数据等现象层出不穷，申请专利的数量上去了，质量却跟不上，这也是很多专利被驳回或没有被应用而放弃的主要原因。还有一部分企业是为了得到当地政府的资助金，为了申请专利而申请专利，可想而知，这些专利的质量肯定不尽如意，失去了申请一个专利的意义，其结果也必然是专利失效。

C. 无代理机构。中国在 20 世纪 90 年代之前，人们对专利的认识不足，中国的专利法颁布后，人们才开始对知识产权有了更深入的了解。很多个人作为申请人并没有委托专门的专利事务所申请专利，自己进行申请文本的撰写和审查意见的答辩，这样必然不够专业，结果就是直接放弃答辩，或者被审查员直接驳回。

D. 代理所或个人的撰写质量差。虽然，现在中国的专利事务所或代理所跟着中国的知识产权不断的发展壮大，并变得专业，但是，前期的专利申请文件的撰写"模板化"或"简易化"比较严重，专利质量不高。这也是被驳回的原因。

E. 技术方案不想完全公开。因为缺乏对专利的了解，不想公开或者不想完全公开自己的技术方案，处于保密防范心理，故意隐藏一部分技术，这样导致技术方案不完整，本领域技术人员无法从公开的文本中实现技术方案，并达到所记载的技术效果，导致专利被驳回。专利的宗旨就是，以公开换取保护，申请人应该引以为戒，充分公开技术方案，顺利得到授权后可以更好地保护自己的技术方案。

⑤ 美国是国外来华申请的主体力量，美国在中国的申请量为 86 件。另外，各主要国家来华申请的主体均为各国具有较强实例的代表性知名企业。虽然相对于国内专利的申请量，国外来华专利申请量不大，但是，一直呈现上升趋势。

⑥ 含砷药物专利在中国各省市的申请量，山东、河南、安徽、江苏、北京占到

了国内申请总量的一半多，区域集中优势明显。山东作为含砷药物领域专利申请大大省，申请量优势非常明显。另外，从排名前5的省市的主要申请人中可以看出，在含砷药物领域企业和大学是专利申请的主体力量。

⑦ 中国含砷药物专利技术，主要集中在抗肿瘤、治疗皮肤病、抗感染、止痛镇痛包括抗关节炎（痛风）、治疗消化道或消化系统疾病、治疗神经系统疾病、治疗骨骼疾病、治疗心血管系统疾病、治疗呼吸系统疾病、治疗妇科男科疾病包括艾滋病等性病及性功能障碍、止咳平喘、结核病等病症。申请量排名前四的技术分支为抗肿瘤、治疗皮肤疾病、抗感染及非中枢性止痛、退热或抗炎。

⑧ 全球范围内，含砷药物在抗肿瘤领域的研究集中在近20年，近20年的专利申请量达到99.1%。近10年的占比超过一半。近5年来，含砷药物在抗肿瘤领域的专利申请量占总比26.6%，占总量超过四分之一，说明各国一直关注着含砷药物在抗肿瘤领域的研究，并取得了一定的技术成果。

地域分析中可以看出，未来一段时间，中国和美国这两个国家在含砷药物抗肿瘤领域的研究或是在技术上将继续领跑其他国家或地区，成为全球范围内的技术创新最为活跃、技术产出最多的国家。

申请人分析中可以看出，排名前10的申请人国别主要为美、中、韩三国，也表明含砷药物抗肿瘤领域这三国的研发或技术创新比较活跃。

（二）含砷药物专利技术发展的建议

① 目前，国内外越来越热衷于矿物药的研究，尤其是利用现代科学仪器探究其治疗癌症、血液疾病的原理及运用，然而矿物药并没有得到国际的广泛认可，主要原因是畏惧其毒性。因此，对于矿物药的研究应当科学、客观地认知其毒性，只有当患者熟知其毒性大小和不良反应原理后，才能慎重地选择药物，而不会盲目地拒绝这类成方制剂。

中医作为中国文化的优秀遗产，强调整体、宏观的治疗，而西医更着重于局部的探究。在未来，含砷矿物中药的抗肿瘤作用研究，应考虑在传统中医理论的基础上，引入西医常用的现代药理学、药代动力学、药物分析学等多门学科，采用多因素多变量动态分析方法，高通量筛选等途径以取得突破性进展。随着含砷复方制剂抗肿瘤分子机制的进一步明了和临床经验的不断积累，含砷中药将会使越来越多的肿瘤患者受益。

② 研究药物的药效机制，首先要以药物的药效物质研究为基础，砷在体内有一个复杂的生物转化过程，其中间转化过程和中间产物的性质、功能及机制尚不完全清楚。而目前大部分研究集中于阐明其中间代谢产物的毒性机制，却少有目光在研究砷剂代谢后不同形态与其抗肿瘤药效的关系。例如：砷元素具有蓄积作用，砷剂进入机体后，其代谢后的不同砷化合物在正常组织及肿瘤组织中的蓄积性如何，代谢规律有何差异，以及不同砷代谢产物与其抗肿瘤药效的相关性等。再通过联用技术（目前常

用的联用技术有高效液相色谱—电感耦合等离子体—质谱联用（HPLCICP-MS）、高效液相色谱—原子荧光联用（HPLCAFS）、毛细管电泳—电感耦合等离子体—质谱联用等）的运用，利用该技术能实现对成方制剂中 As 的形态及进入体内的 As 的形态全面地分离和检测，从而更加科学合理地评价其毒性。因此，进一步开展砷剂抗肿瘤药效物质基础研究是其抗肿瘤机制研究的实验基础。

同时，可以考虑结合计算机药物辅助设计方法，在热化学领域进行突破，通过回旋加速对撞机等设备对药物分子结构进行改进或偶联，或者合成放射性砷的化合物，在热靶向、激光靶向领域、分子探针领域寻求突破，目前这方面的专利申请非常少。

③ 鉴于含砷中药的毒性和其在治疗白血病等癌症方面的疗效，不仅要研究其总量，更要深入研究其形态。2015 年版中国药典中仅收录了 2 种砷盐的检查方法和雄黄中三硫化二砷含有量的测定方法，这并不能全面评价砷元素的毒性，因此应引入 As（Ⅲ）和 As（Ⅴ）的测定。目前国内对砷形态研究多集中在中药材和生物组织中的分布。此外，还可以从不同形态的砷与蛋白结合的角度，研究不同形态砷的毒性和药效，从而为含砷中药及复方的疗效和配伍减毒机理提供新的思路，对其分子生物学机制和临床肿瘤治疗学意义的进一步广泛研究，必将推动整个肿瘤化疗的进步，也给肿瘤治疗提供一个新的途径。

④ 虽然目前的研究已从砷剂靶向杀伤肿瘤细胞及通过影响肿瘤微环境间接抑制肿瘤细胞生长等角度，来分析说明砷剂的抗肿瘤作用机制。但大部分研究都停留在实验动物水平，而不同的动物种类、不同个体及人群以及不同的肿瘤细胞株对砷的耐受性及代谢机制均有不同程度的差异，想要更好地阐明砷剂抗肿瘤作用机制，单纯地用实验动物及体外细胞研究是远远不够的，还应结合临床样本深入阐明其对人类不同肿瘤细胞的作用机制，以期为将来针对性及个体化治疗提供理论基础。

⑤ 从本课题的研究中发现，中国企业作为中国专利很重要的一个申请主体，也作为研发的核心力量，核心专利的数量不多，有价值的专利也少。中国企业要想在中国乃至世界的所在行业中立于不败之地，必须重视技术研发和专利保护。

我国企业现在存在的问题：

A. 我国医药企业绝大多数属于中小型制药企业，规模小、设备旧、管理差、工艺技术落后。许多企业重复生产技术较为成熟的品种，产品技术含量低，剂型落后，新药研发能力差，造成了资源的严重浪费和不良市场竞争。同时药品研发投入严重不足，严重制约了我国医药企业的创新能力，我国具有自主知识产权且具有市场前景的药物少之又少。所有这些都使得我国只是一个制药大国而非一个制药强国。

B. 另外，国内医药企业自身存在着诸多不足，如缺乏创新能力、习惯仿制，加上专利意识薄弱、专利纠纷的应对能力低下、经验缺乏等原因，屡屡遭遇专利纠纷的问题。

给企业的建议：

A. 加强专利的申请策略，明确公司在行业中的定位、发展目标、技术优势以及综合实力等情况后，确定公司的专利战略，进而制定科学合理的专利申请策略，避免同质化的技术研发和专利申请。对于待申请专利的技术方案，应客观分析技术方案的价值、获得专利保护的可能性以及获得专利权后的专利保护范围。对于不适合申请专利的技术方案应妥善保密，以技术秘密等形式保护。

B. 建立完善的授权后专利评估体系，定期科学评估专利的价值，对于不具有保护力度且对于其他企业没有任何约束作用的专利果断放弃以节约成本；对于维持时间较长的专利，其维持费高昂，此时也可以考虑申请新的周边专利扩充保护而适当放弃旧专利，从而既起到保护作用，又节约维持费用。对于不具有保护力度且对于其他企业没有约束作用的专利果断放弃以节约成本，还可考虑申请新的周边专利扩充保护而适当放弃旧专利以节约维持费。

C. 做好专利布局。针对有价值的或是准备出口的产品，提前在世界范围内做好专利布局，即在多个国家申请 PCT，做好专利布局，让手里的专利为企业走出国门、走向世界保驾护航。

D. 加大对药物研发的投入，特别是新药的创新，在传统中医理论的基础上，引入西医的理论，宏观上结合微观分析含砷药物的抗肿瘤机理，并开展砷剂抗肿瘤药效物质基础研究。

⑥ 在含砷药物领域的专利申请中，个人作为申请人占的比重很大，因此，个人申请的专利质量影响整个含砷药物领域专利的申请质量。针对个人作为申请人，给出的建议如下：

A. 提高技术方案的质量，尽量申请有价值、高质量、应用前景广泛的专利。

B. 找专业的代理机构，提高专利的撰写质量。优秀的代理机构不仅仅可以提高专利的撰写质量，还可以在答复审查意见时给个人提供专业的、有价值的参考意见，提高授权率。

⑦ 在课题分析中发现，美国是国外来华申请的主体力量，占总体国外来华申请量的 61.59%，反映了外国申请人对中国市场保持了高度关注，也说明我们国家知识产权保护环境在不断改善，因此，国内的相关产业或部门应该引起足够的重视。

七、结束语

本课题的以上数据及分析主要反映了含砷药物相关技术的现状及发展趋势，希望能够起到抛砖引玉的作用，也希望读者对含砷药物领域的发展现状有更深的认识，并有所收获。随着各国的研发人员对含砷药物作用机理的不断研究与探索，含砷药物在医疗领域已经有了更多的应用价值和医疗价值，并且含砷药物相关技术会继续发展下去，未来会给我们带来更多的收益。

LED 封装材料专利技术现状及发展趋势

吕俊刚　杨薇[❶]　师玮　韩中领　王万影　陈浩锋

一、引言

（一）产业背景

在当今全球追求绿色和环保的大趋势下，节能、绿色、环保的新经济成为经济发展的主旋律。在这个背景下，LED（Light Emitting Diode，发光二极管）产业日益重要。LED 是一种新型的半导体固体发光器件，当两端加上正向电压时，半导体中的载流子发生复合引起光子发射从而产生光。不同材料制成的 LED 会发出不同波长的光，从而形成不同的颜色。

LED 是我国"十三五"规划期间重点发展的节能环保材料之一，与传统的白炽灯、荧光灯等光源相比，LED 具有能耗低、体积小、寿命长、无污染、响应快、驱动电压低、抗震性强、色彩纯度高等特性，被誉为新一代绿色照明光源。

LED 产业开端于 20 世纪 60 年代末，目前正处于高速发展期，目前全球 LED 产业主要集中在欧美、日本、韩国、中国大陆和中国台湾地区。近年来，在我国对 LED 产业的大力扶持下，我国大陆地区 LED 产业得到快速发展，部分国内 LED 企业已达到世界领先水平。

LED 产业链包括 LED 衬底制作、LED 外延生长、LED 芯片制造、LED 封装和 LED 应用五个主要环节。LED 封装处于 LED 产业链的中下游，是指将外引线连接至 LED 芯片电极形成 LED 器件的环节。LED 封装的主要作用在于保护 LED 芯片和提高光提取效率。

在 LED 封装过程中，封装材料的选择至关重要。不仅要求材料具备一定的机械强度，也要具有较高的光电性能、耐湿性、绝缘性、耐热性和耐老化性。由于 LED 封装材料是影响 LED 性能和使用寿命的关键因素之一，所以开发出性能优异的封装材料对于 LED 封装技术的提升和 LED 产业的发展意义重大。

[❶] 杨薇对此文的贡献等同于第一作者。

（二）技术背景

1. LED 封装

LED 由芯片、金属导线、支架、导电胶、封装材料等组成，LED 封装是 LED 走向实用、走向市场的产业化必经之路。LED 封装能够为芯片提供足够的保护，防止芯片在空气中长期暴露或机械损伤而失效，以提高芯片的稳定性。对于 LED 封装而言，还需要具有良好的光提取效率和良好的散热性，好的 LED 封装可以让 LED 具备更好的发光效率和散热环境，进而提升 LED 的寿命。

封装技术对 LED 性能的好坏和可靠性的高低起着至关重要的作用。LED 封装形式多种多样，根据不同的应用场合、不同的外形尺寸、散热方案和发光效果，主要有引脚式封装、贴片式封装、功率型封装、新型封装等。引脚式封装采用封灌的形式，先将液态环氧树脂注入 LED 成型模腔内，然后插入压焊好的 LED 支架，待环氧树脂高温固化后，就可以从模腔中脱离出 LED，得到成型产品。引脚式封装制造工艺相对简单且成本低廉。贴片式封装将 LED 贴于线路板表面，由于去掉了引脚式封装中较重的引脚，使显示反射层需要填充的环氧树脂更少，从而缩小了尺寸，降低了重量。随着 LED 芯片功率进一步提高，出现了功率型 LED 封装。功率型 LED 封装呈现出封装材料新型化、封装工艺新型化、封装形式集成化等发展趋势。而随着技术不断发展，近年来又出现了板上芯片封装、阵列式封装、系统封装、三维封装等新型封装方式。

2. LED 封装材料

提高 LED 发光效率以及解决散热问题是目前 LED 产业发展的主要瓶颈。封装材料是 LED 器件综合性能提高的重要基础，在制造 LED 器件的过程中，除芯片制造技术、荧光粉制造技术和散热技术外，LED 封装材料的性能对其发光效率、亮度、能耗以及使用寿命等也将产生显著影响，使用高折射率、高耐紫外能力和耐热老化能力、低应力的封装材料可明显提高照明器件的光输出功率并延长其使用寿命。

因此，开发高透光率、高折射率等高性能的 LED 封装材料具有重要的研究价值、广阔的应用价值以及巨大的经济效益。

在 LED 使用过程中，辐射复合产生的光子在向外发射时产生的损失主要包括三个方面：① 芯片内部结构缺陷以及材料的吸收；② 光子在出射界面由于折射率差引起的反射损失；③ 由于入射角大于全反射临界角而引起的全反射损失。因此，很多光线无法从芯片中出射到外部。

通过在芯片表面涂覆一层折射率相对较高的封装材料，使其处于芯片和空气之间，从而有效减少了光子在界面的损失，提高了光提取效率。此外，LED 封装材料可以对芯片进行机械保护，应力释放，并作为一种光导结构加强散热，以降低芯片结温，提高 LED 性能。LED 封装材料的上述作用要求其透光率高，折射率高，热稳定性好，流动性好。为提高 LED 封装的可靠性，还要求封装材料具有低吸湿性、低应力、耐老化等特性。

因此，LED 封装材料必须具备以下几项功能：

首先，必须具有良好的密封性，能够很好地保护内部器件，阻止灰尘和湿气的入侵；

其次，要能够使光学透镜按照设定的方式光学聚焦；

再次，能够提高 LED 的光输出效率，即提高从 LED 芯片到空气的光取出率。这也是 LED 封装技术最大的挑战，亦为制约大功率 LED 发展的技术瓶颈。

目前常用的 LED 封装材料主要有环氧树脂和有机硅。作为传统的 LED 封装材料，环氧树脂具有优良的粘结性、电气绝缘性和可操作性。然而，随着功率型 LED 的迅速发展，环氧树脂暴露出耐热性不足、耐紫外线能力差、长期使用发生黄变等缺点，仅限于小功率 LED 的封装。有机硅由于耐老化性好、透光率高、折射率大、热稳定性好、应力小、吸湿性低、不易黄变等特点，在大功率 LED 封装中得到广泛应用。

有机硅聚合物既含有无机硅酸盐的 Si-O 键结构，又含有有机基团，兼具有机材料和无机材料的特性。在高温或强辐射条件下，有机硅材料不易分解，在低温下也能保持良好的性能。在大功率 LED 器件的工作条件下，有机硅材料不会因为大功率 LED 工作时间长、散发热量过多而出现变黄、分层、机械性能和发光效率减小等不良现象，大大提高了大功率 LED 器件的使用寿命和可靠性。此外，有机硅材料具有更好的透明度，从而增加了 LED 器件的发光强度和效率。

（三）研究目的

立足于 LED 封装材料专利申请现状，对比国内外专利分布态势，综合运用定量分析和定性分析的方法，对 LED 封装材料领域的专利申请状况进行分析研究，把握专利申请发展的态势，探明专利申请的区域分布，了解该领域全球范围内的发展趋势和研发热点，对主要申请人的专利布局状况进行比较分析并分析重点专利技术，以此形成 LED 封装材料专利申请分析报告，从专利保护与市场趋势相结合的角度为国内企业提供建议，同时为政府制定相关政策提供参考依据。

（四）研究方法

1. 数据检索和分析

（1）数据样本

本报告的数据采集时间截至 2017 年 10 月 27 日。由于发明专利通常自申请日起 18 个月公开，公开后数据整理入库也需要一定时间，因此本报告中仅 2016 年 4 月底前的数据为全面数据，特别是 2017 年的数据不具分析价值。但为了尽可能地反映专利申请状况，本报告中同样包括 2016 年和 2017 年的数据，以提供一定的参考。

（2）数据检索

本报告的检索策略为总分式。检索由初步检索、全面检索和补充检索三个阶段构成，针对中文数据库和外文数据库分别单独进行检索，从而避免检索数据遗漏。

初步检索阶段：初步选择关键词和分类号对 LED 封装材料的技术主题进行检

索，对检索到的专利文献的关键词和分类号进行统计分析，对相关专利文献抽样进行人工阅读，进一步提炼关键词，总结各检索要素在检索策略中所处的位置，在此基础上制定全面检索策略。

全面检索阶段：选定精确关键词、扩展关键词、精确分类号和扩展分类号作为主要检索要素，合理采用检索策略及其搭配，充分利用截词符和运算符，对 LED 封装材料的技术主题进行全面而准确的检索。

补充检索阶段：在全面检索的基础上，统计 LED 封装材料领域主要申请人，结合企业关注的申请人，以申请人为入口进行补充检索，保证重要申请人检索数据的全面和完整。

（3）数据处理

对于检索得到的数据，采用机器批量去噪、人工阅读去噪等方式去除噪声。考虑到同一申请人的名称存在中英文表述，各种表述也可能存在差异，对同一申请人的不同名称进行整理，以对名称进行统一。同时，根据不同的技术研究方向对数据进行人工标引，以便于对各技术研究方向进行统计分析。

（4）数据分析

本报告采用了宏观数据分析和对重点关注点进行深入分析相结合的研究方式。通过对专利数据在时间、地域、技术和申请人维度上统计，进行宏观分析，得到宏观的分析结果；同时对重点关注的申请人和技术进行深入分析，得到其专利布局和技术发展情况等。主要的分析内容包括：全球专利申请趋势分析、中国专利申请趋势分析、国家/地区区域分布分析、省市区域分布分析、主要申请人分析、主要发明人分析、技术路线分析、代表性专利分析等，在此基础上对专利技术内容进行定性分析，了解重要技术分支的代表性专利和技术发展路线，分析技术热点。

2. 相关事项说明

项：同一项发明可能在多个国家或地区提出专利申请，构成同族专利。在进行专利申请量统计时，对于数据库中以一族（这里的"族"指的是同族专利中的"族"）数据的形式出现的一系列专利文献计为"1 项"。一般情况下，专利申请的项数对应于技术的数目。

件：在进行专利申请量统计时，为了分析申请人在不同国家/地区所提出的专利申请的分布情况，将同族专利申请分开进行统计，所得到的结果对应于申请的件数。1 项专利申请可能对应于 1 件或多件专利申请。例如，同一项发明在中国和美国分别提出专利申请，则分别形成 1 件中国专利申请和 1 件美国专利申请。

二、LED 封装材料全球专利申请分析

基于 LED 封装材料领域的全球专利申请数据，对全球的 LED 封装材料技术相关专利文献进行宏观数据分析，具体包括：专利申请趋势、专利申请技术来源国家/地

区、专利申请技术目标国家/地区、技术流向、申请人分布等。

分析专利申请的总体态势有助于了解行业发展的整体的技术状况，把握目前专利技术所处的发展阶段，明确创新主体的技术实力分布情况和发展趋势，据此以了解 LED 封装材料技术的整体专利态势，并试图揭示该领域专利申请的发展历程，为国家产业政策制定、行业发展规划以及企业技术研发和创新方向的确定提供数据支持。

（一）全球专利申请发展趋势

通过分析一种技术的专利申请数量的年度变化趋势，可以分析该技术的生命周期，进而可为研发、生产、投资等决策提供参考。

为了解全球范围内 LED 封装材料的专利申请发展趋势，按照申请项数统计了申请量随年度的变化情况，得到图 1。

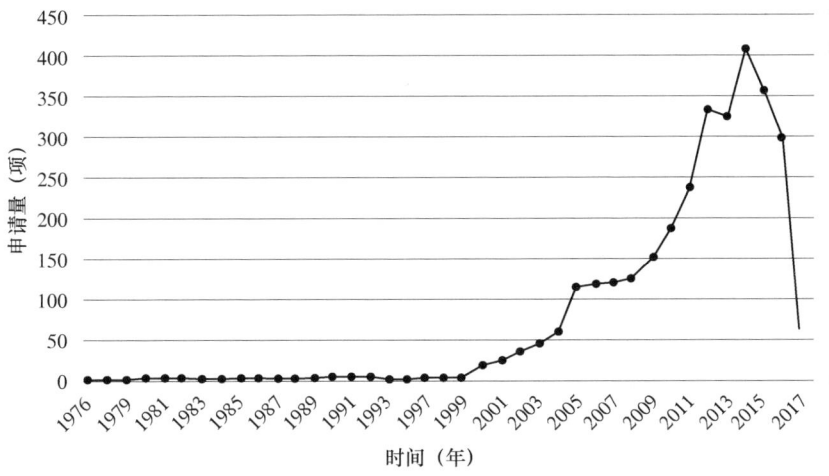

图 1　LED 封装材料全球专利申请发展趋势

图 1 反映出 LED 封装材料领域全球专利申请趋势的变化情况。从总体上看，除去数据不完整的 2016 年和 2017 年以外，申请量基本呈现出逐年上涨的趋势。结合申请量与增速情况，可以将 LED 封装材料领域的全球专利申请大致划分为 4 个阶段：

萌芽期（1976—1999 年）

20 世纪 70 年代到 90 年代是 LED 封装材料专利申请的萌芽期。这一阶段，关于 LED 封装材料的研发尚未引起技术开发者的广泛兴趣，社会投入意愿低，专利申请数量很少。

成长期（2000—2004 年）

在 2000 年至 2004 年，LED 封装材料专利申请虽然绝对数量不多，但是总体申请趋势却是逐年稳步增长，这表明 LED 封装材料逐渐引起业界的研究兴趣，产业技术有了一定突破或厂商对于市场价值有了认知，竞相投入发展，专利申请数量呈现上升趋势。

快速发展期（2005—2012年）

在这个阶段，申请量迎来了一个快速增长期，每年的申请量从前一个阶段的几十项快速上升到一百项以上。相比于2004年，2005年的LED封装材料专利申请量显著增多，甚至接近翻倍，这说明LED封装材料的发展得到了质的飞跃，也说明市场上对LED封装材料的需求在不断增加，技术正处于上升阶段。2005年至2012年，每年的申请数量均保持在三位数的水平，申请量稳步上升。

稳定发展期（2013年至今）

2013年起，LED封装材料技术进入稳定发展期，每年申请量保持在300项以上，在2014年更是达到峰值，突破了400项。但是同时也看出，申请量的增长率趋于平缓，在2014年达到峰值之后，2015年出现了下降。

总体而言，虽然涉及LED封装材料的专利申请从20世纪70年代开始起步，但从专利申请数量上来看，2000年以后是LED封装材料专利申请的发展阶段，集中了该领域申请量的97.8%，而近10年申请总量占总申请量的比例达到81%。也就是说，近10年来LED封装材料领域申请的活跃度很高。这反映了近年来对LED封装材料的市场需求和技术开发热情不断高涨，并有继续稳定快速发展的态势。

（二）全球专利申请区域分布

对全球LED封装材料专利申请区域分布的研究包括对技术来源国家/地区的专利申请分布以及技术目标国家/地区的专利申请分布的态势分析。技术来源国家/地区分析反映了不同国家/地区的技术研发实力，有助于了解各国家/地区的技术创新能力；而技术目标国家/地区分析则体现了各创新主体的全球市场布局意图。这将有助于从宏观层面了解世界范围的技术和市场变化趋势，为国家产业政策制定、行业技术方向规划、企业技术研发和布局提供参考。

就全球LED封装材料专利申请而言，经统计分析和筛选，专利申请技术来源国家/地区主要为日本、中国、美国和韩国，目标市场排名前5位的分别是中国、美国、中国台湾、韩国和日本。

1. 技术来源国家/地区

本部分主要针对全球LED封装材料专利区域分布进行分析，了解LED封装材料专利技术主要来源国家/地区的专利申请情况。

图2示出LED封装材料全球专利申请技术来源国家/地区区域分布情况。从中可以看出，专利申请技术来源国主要为日本、中国、美国、韩国。

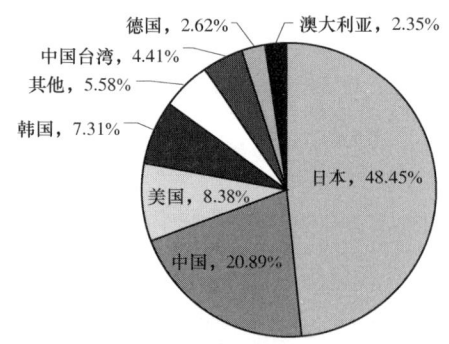

图2　LED封装材料全球专利申请技术来源国家/地区

具体地，日本拥有 3398 件 LED 封装材料相关专利申请，申请数量位居全球第一，占全球 LED 封装材料相关专利总量的 48.45%；随后分别是中国、美国、韩国，申请数量分别占比 20.89%、8.38%、7.31%。从中可以明显地看出日中美韩为 LED 封装材料技术的主要来源国，该四国的专利产出量约占全球的 85%。LED 封装材料技术来源国前四名中并没有出现欧洲国家，只有德国排名稍靠前，占比 2.62%。综合欧洲其他各国的情况来看，在 LED 封装材料技术研发和应用上欧洲起步较晚，发展速度较慢，而日中美韩相比则有较强的技术力量集中在该领域，这也显示出这几个国家相关企业对于 LED 封装材料技术的重视以及 LED 封装材料技术的产业价值。

2. 技术目标国家/地区

图 3 示出了 LED 封装材料技术领域根据国别的专利公开情况，从图 3 可以看出，技术目标国家/地区主要集中在中国、美国、中国台湾、韩国、日本、EPO、WIPO。中国为最大的技术目标国，占比 36.69%，其次为美国、中国台湾、韩国、日本，分别占比 13.59%、13.17%、12.81%、12.41%。

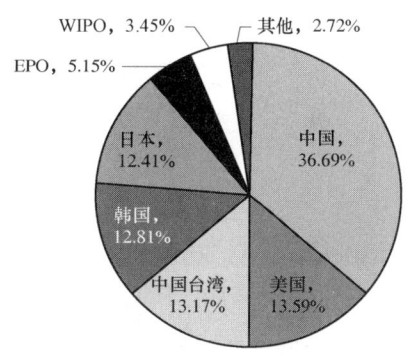

图 3　LED 封装材料全球专利申请技术目标国家/地区

这表明，在 LED 封装材料技术领域，申请人想要申请专利保护的国家和地区主要是中国和美国，这得益于中美两国尤其是中国日益雄厚的技术实力和强大的制造业基础。其中，在中国的 LED 封装材料专利申请量达到了 2486 件，而在排名第二位的美国的 LED 封装材料专利申请量只有 921 件。可以看出，中国是 LED 封装材料领域的专利申请人最为关注的目标市场。

下面分别就 LED 封装材料技术的主要技术目标国家/地区的专利申请数量和趋势进行分析。

从图 4 可以看出：

第一，中国自介入 LED 封装材料技术领域后，专利申请量强势崛起。自 2000 年起，经过了 6 年的发展，到 2007 年，申请量已经超过日本，位居世界第一。并且，在中国的 LED 封装材料专利申请从 2006 年开始，申请量和申请增速爆发性增长，远远超过其他国家/地区，此后在其他国家/地区申请量趋于平稳的情况下，中国的申请量继续保持高速增长，并在 2014 年达到顶峰 357 件，近乎全球申请总量的一半。

第二，日本虽然较早从事 LED 封装材料研究，但在日本的专利申请数量整体并不多。中国台湾和韩国申请态势趋同。在美国的申请量自 2013 年超过中国台湾、韩国、日本。

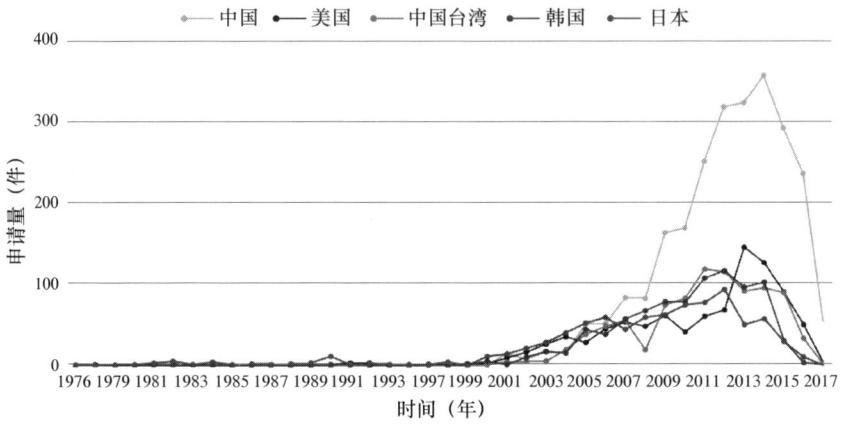

图 4　LED 封装材料主要技术目标国家/地区的专利申请趋势

第三，自 2000 年以后，各国的申请量基本一直保持增长趋势，并在 2011 年至 2014 年达到峰值。自 2014 年之后，在 LED 封装材料技术领域，申请量趋于平稳。

第四，专利申请的主战场已从日本变成中国和美国。可以看出，各技术研发人现今对中美两国的 LED 封装材料市场具有很高的期望度。

3. 技术流向

为了更加清楚地显示出 LED 封装材料领域主要国家/地区申请的技术流向，对这些国家/地区的相关数据进行分析，得到表 1 和图 5 所示的主要国家/地区之间的申请流向关系。

表 1 示出了全球各个主要技术来源国家/地区在主要技术目标国家/地区的专利申请的分布数字统计，图 5 示出了全球各个主要技术来源国家/地区在主要技术目标国家/地区的专利申请的分布图形统计，（a）～（e）分别是日本、中国、美国、韩国、中国台湾的专利申请布局情况，在此基础上进行进一步分析。在表 1 中，横向表示专利申请目标国家/地区，纵向表示专利申请来源国家/地区。

表 1　LED 封装材料主要国家/地区申请技术流向　　　　（单位：件）

来源＼目标	中国	美国	中国台湾	韩国	日本
日本	813	532	490	544	628
中国	1388	15	10	3	8
美国	98	161	43	75	27
韩国	125	102	48	166	15
中国台湾	0	22	280	2	1

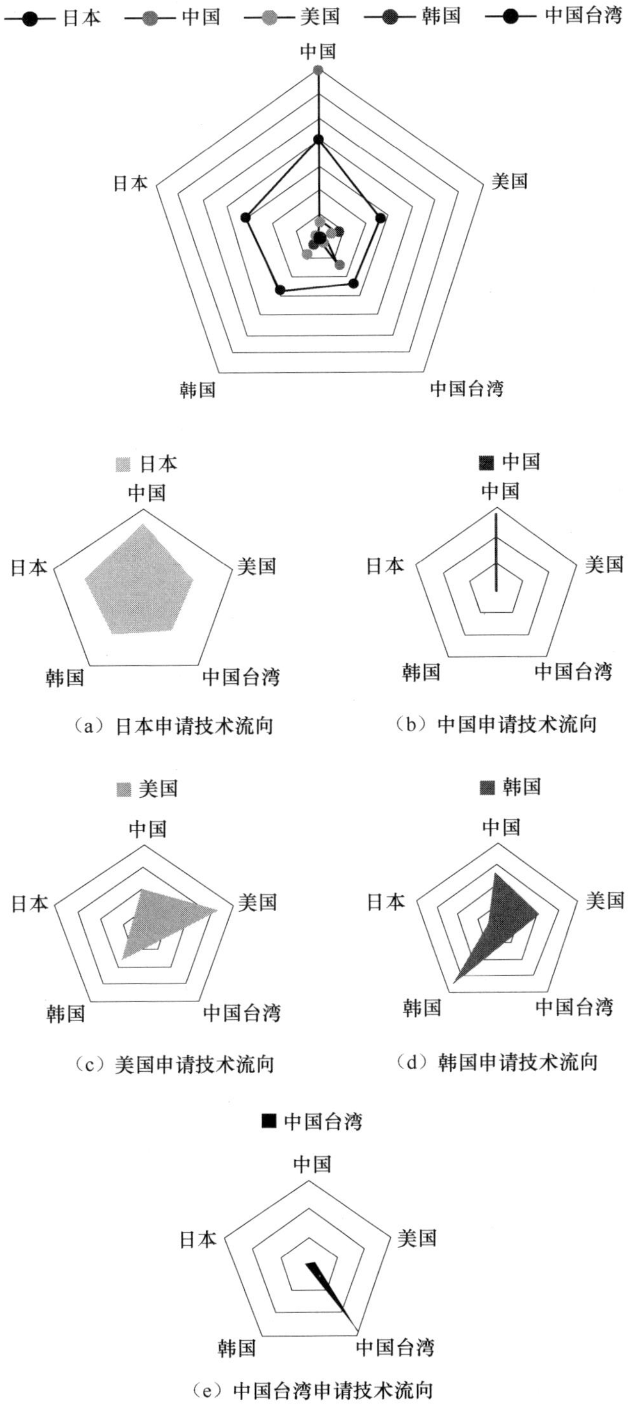

图 5　LED 封装材料主要国家/地区申请技术流向

（1）从技术输出的目标国家/地区分析

除中国将本土作为最重要的技术目标国以外，日本和美国均将中国作为最重要的海外技术目标国，日本申请人对中国市场的兴趣非常浓厚，在中国的专利布局数量远远超过其他国家在中国的专利布局数量。分析其原因，在于日本国内市场无论是地域上还是人口数量上都相对不大，其研发处于先导地位的 LED 封装材料领域技术必然会寻找国际上的大市场，如技术研发实力雄厚、市场成熟且容量大、蕴藏巨大商机的中国市场。

（2）从技术输出的数量上分析

日本最为重视在全球市场的专利布局，为向外技术输出的第一大国。日本向中国、韩国、美国、中国台湾分别输出了 813 件、544 件、532 件、490 件专利申请，其数量大于中国、美国、韩国、中国台湾海外布局数量的总和。这与日本一贯重视拓展海外市场、在 LED 封装材料研究重点技术领域具备很强的研发实力、注重海外市场知识产权保护等多方面因素有关。

美国、韩国重视在国外的专利布局。韩国有 290 件 LED 封装材料相关专利申请在海外进行了布局，美国有 243 件 LED 封装材料相关专利在海外进行了布局。除了将中国作为最主要的输出国外，美国向韩国输出 75 件专利申请，韩国向美国输出 102 件专利申请，相比较而言美国和韩国均重视向对方进行专利输出。

中国和中国台湾向海外的技术输出远远落后于日本、美国、韩国，海外布局相对薄弱。中国虽然为 LED 封装材料技术领域全球第二大技术来源国，但在向其他国家地区布局方面相对于其他产出大国是最小的，相对于中国在本国申请的 1388 件专利申请而言，在其他国家/地区的申请量可几乎忽略不计。这表明，首先，中国申请人看重的是国内市场；其次，也再次印证了中国市场对于包括中国申请人在内的其他国家地区的申请人而言具有不可比拟的重要性。

同时，这一方面反映了国内创新主体在海外知识产权保护意识和保护力度亟须加强；另一方面也反映了中国 LED 封装材料领域的专利申请质量与日本、美国、韩国仍存在差距，在核心技术研发、抢占技术制高点的道路上还有很长的路要走。

4. 全球专利申请申请人分布

LED 封装材料领域是一个新兴的产业，在四十年来的时间内，已经有相当多的申请人申请了大量的专利申请，形成了主流的 LED 封装材料研发团体。分析这些主要申请人的申请总体状况，能够了解 LED 封装材料领域的专利技术布局，探明未来的技术发展动向，从而清晰、准确地解构 LED 封装材料领域的技术生态。

图 6 示出全球范围内关于 LED 封装材料技术专利申请量靠前的申请人排名情况，其宏观地反映了全球前十一名主要申请人的申请数量状况。

从全球主要申请人的申请数量来看，来自日本、美国、中国、韩国的申请人在 LED 封装材料领域掌握着大部分的专利话语权。全球 LED 封装材料专利申请量排名前 11 位的申请人中，日本申请人有 6 家，比例超过了 50%，中国申请人有 3 家，美国申请人有 1 家，韩国申请人有 1 家。同时也可以看出，前十一名申请人均为法人，并没有自然人，可见中国、日本、美国、韩国的企业或科研院校更注重对 LED 封装材料的知识产权研究和保护。

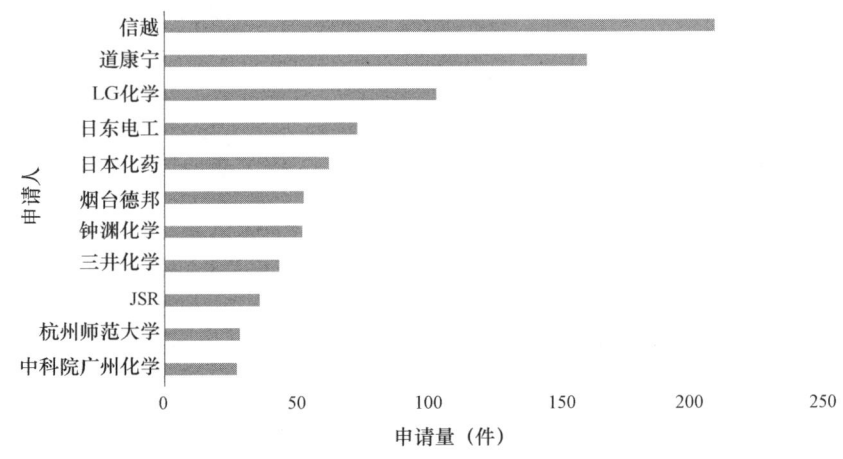

图 6　LED 封装材料全球专利申请主要申请人

总体来看，日本的申请人占有很大比例，这说明日本的企业和研发机构均意识到了 LED 封装材料领域的潜在市场价值，对 LED 封装材料技术的研究投入了较多关注，并且积极申请专利保护来争取技术领先，从而抢占未来的市场份额。此外，中国、美国、韩国目前在 LED 封装材料技术领域的研发和专利布局也走在了世界前列，它们均在 LED 封装材料技术领域中投入了相当多的研发资源并进行了一定的专利布局。

主要申请人中，日本的信越排在首位，美国的道康宁排在第二，韩国的 LG 化学排在第三，位列第四、第五、第七、第八、第九位的分别是日本的日东电工、日本化药、钟渊化学、三井化学、JSR。这表明，在 LED 封装材料领域，日本展示出雄厚的研发实力以及绝对的技术优势，在 LED 封装材料这一领域也展示了其"集团化"的特点。如果能够通过交叉许可等方式结成同盟，其庞大的共享专利池将对其他国家和地区的竞争对手带来很大的威胁。

美国以道康宁为代表的企业研发活动相当活跃，可以看出美国的企业对 LED 封装材料技术的市场前景持有相当乐观的态度。

值得一提的是，排名前 11 位的申请人中，有 3 名申请人来自中国，分别是烟台德邦、杭州师范大学、中科院广州化学。这表明中国公司和研究机构已经意识到自主研发 LED 封装材料的重要性并取得了一定成果。然而，3 名申请人中仅有 1 家是企业，其余 2 家是高校和科研机构，这同时也反映了国内的 LED 封装材料行业还处于发展初期，尚未经由收购、合并等市场行为实现资源的优化与集中配置，没有风向标式的领军企业出现。

5. 小结

从全球专利申请数量的年度分布情况来看，LED 封装材料专利申请从 20 世纪 70 年代开始缓慢起步，到 2005 年开始蓬勃发展，目前全球正处于 LED 封装材料技术的平稳发展时期。

LED 封装材料主要技术来源国为日本、中国、美国、韩国，其中日本开始 LED 封装材料专利申请年代较早，中国、美国和韩国等国家也逐渐有少量的相应专利申请，此后各国的研究和专利申请一直保持平稳发展。但中国自介入 LED 封装材料技术领域后，专利申请强势崛起，目前已成为 LED 封装材料专利申请大国。同时，在 LED 封装材料技术领域，中国是各国最为重视的目标市场。日本最重视海外布局，日本申请人对中国市场的兴趣也非常浓厚，在中国的专利数量远远超过其他国家在中国的专利布局数量。

从重要申请人所持专利数量比例来看，虽然越来越多的研发主体介入，但是在 LED 封装材料技术领域，已经形成几大申请人产生的技术寡头的态势。

三、LED 封装材料中国专利申请分析

基于 LED 封装材料领域的中国专利申请数据，对中国的 LED 封装材料技术相关专利文献进行宏观数据分析，具体包括：专利申请趋势、专利申请区域分布、专利技术来源国家/地区、各省市区域分布、申请人分布、发明人分布、申请类型和法律状态等。

分析 LED 封装材料技术中国专利申请的总体态势有助于更好地了解 LED 封装材料行业在国内发展的整体状况，把握目前专利技术所处的发展阶段，明确创新主体的技术实力分布情况和发展趋势，为国家产业政策制定、行业发展以及企业技术研发和创新方向的确定提供数据支持。

（一）中国专利申请发展趋势

图 7 反映出 LED 封装材料领域中国专利申请趋势的变化情况。从总体上看，除去数据不完整的 2016 年和 2017 年以外，申请量呈现出逐年上涨的趋势。结合申请量与增速情况，可以将 LED 封装材料领域的中国专利申请大致划分为 3 个阶段：

起步期（1999—2004 年）

1999—2004 年是中国 LED 封装材料专利申请的起步期，经历了从无到有的蜕变，关于 LED 封装材料的研发开始引起技术开发者的关注，专利申请数量较少，每年申请量在 10 件以内。

成长期（2005—2013 年）

在 2005—2013 年，中国 LED 封装材料专利申请总体趋势逐年稳步增长，表

明 LED 封装材料逐渐引起业界广泛的研究兴趣，产业技术有了一定突破或厂商对于市场价值有了认知，竞相投入发展，专利申请数量呈现上升趋势。从 2005 年开始大幅增长，到 2013 年专利申请数量已超过 200 件，这说明市场上对 LED 封装材料的需求在不断增加，技术处于上升阶段。

稳定发展期（2014 年至今）

2014 年起，LED 封装材料技术在中国进入稳定发展期，每年申请量保持在 200 件以上。但是同时也看出，申请量的增长率趋于平缓。

总体而言，涉及 LED 封装材料的专利申请在中国从 1999 年开始起步，之后一直保持增长趋势。从专利申请数量上来看，近 10 年申请总量占总申请量的比例达到 91.7%。也就是说，近 10 年来 LED 封装材料领域申请的活跃度很高。这反映了近年来对 LED 封装材料的市场需求和技术开发热情不断高涨，并有继续稳定快速发展的态势。

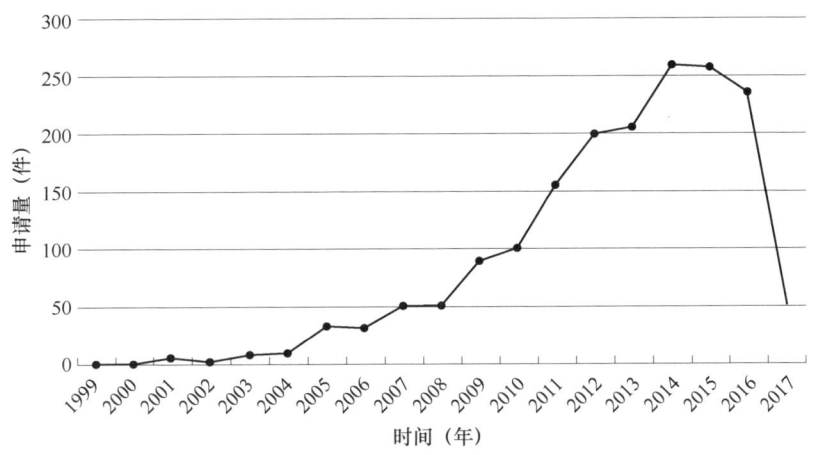

图 7　LED 封装材料中国专利申请发展趋势

（二）中国专利申请区域分布

1. 技术来源国家/地区

图 8 示出了 LED 封装材料技术在中国申请的申请人国别情况，从图 8 可以看出，在中国进行的申请中，中国申请人的申请量占绝对多数，达到 59.85%，日本申请人的申请量排在第二，达到 29.47%。韩国、美国申请人的申请量相比于前两者明显减少，分别是 4.05%和 3.88%。这表明，除了中国申请人之外，日本是最重视 LED 封装材料中国市场的申请人。

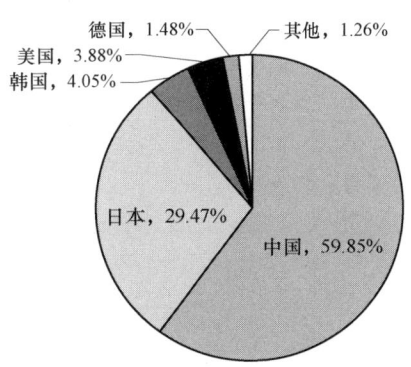

图 8　LED 封装材料中国专利申请技术来源国家/地区

2. 技术来源省市

图 9 示出了 LED 封装材料技术领域中国申请人的省市排名前 10 的情况，从图 9 可以看出，广东、江苏、安徽等地区的申请量排名靠前，分别为 295 件、120 件、120 件。其中广东的申请量更是超过第二位和第三位的江苏和安徽的申请量的总和。

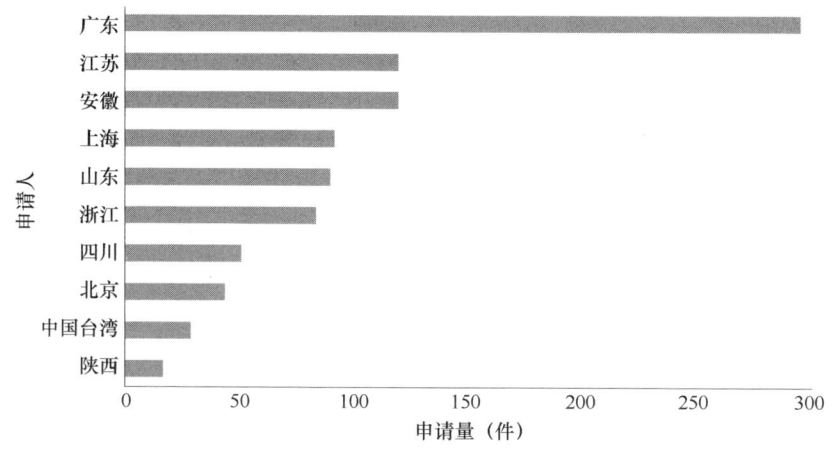

图 9　LED 封装材料中国申请人省市

同时可以看出，排在前十的省份几乎都是处在珠三角、长三角以及渤海湾等市场活跃且经济相对发达的地区。这和当前中国的经济发展状况相吻合。特别是广东省，在全国省市地区中一枝独秀，遥遥领先，这与广东省地方政府对本地发展的政策引导和扶持是分不开的。

图 10 和表 2 示出了专利申请数量排名前十的省市有关 LED 封装材料技术的专利申请趋势和数量。

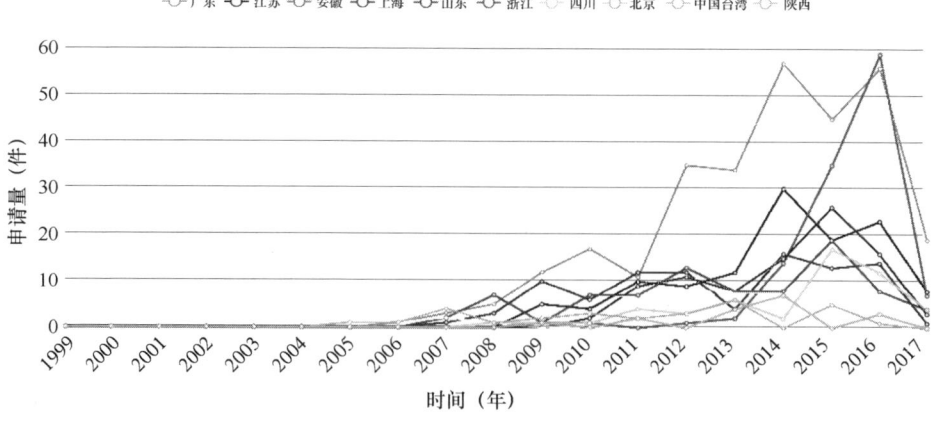

图 10　LED 封装材料中国各省市专利申请趋势

通过图10和表2可以看出，中国申请人中，北京最先提出了LED封装材料的专利申请，但之后发展较为缓慢。广东省虽然起步较晚，但一直保持了良好的发展势头，特别是2014年在申请数量上突破了50件。另外，从图10可以看出，各省市关于LED封装材料技术的专利申请数量基本在2014年以后达到巅峰。值得一提的是，安徽近两年来专利申请数量猛增，在2016年数据不完整的情况下，暂时超过了广东的专利申请数量，这也反映了安徽近来年对LED封装材料技术的研发取得了一定成果并且非常重视对知识产权的保护。

表2　LED封装材料中国各省市专利申请数量　　　　　（单位：件）

年份	1999	2000	2001	2002	2003	2004	2005	2006	2007	2008	2009	2010	2011	2012	2013	2014	2015	2016	2017
广东	0	0	0	0	0	0	0	1	3	5	12	17	11	35	34	57	45	56	19
江苏	0	0	0	0	0	0	0	0	0	0	5	4	10	9	12	30	19	23	8
安徽	0	0	0	0	0	0	0	0	0	0	1	1	0	1	2	14	35	59	7
上海	0	0	0	0	0	0	0	1	3	10	6	12	12	4	16	13	14	1	
山东	0	0	0	0	0	0	0	0	0	0	2	9	11	8	15	26	16	3	
浙江	0	0	0	0	0	0	0	2	7	1	7	7	13	8	8	19	8	4	
四川	0	0	0	0	0	0	0	0	1	1	1	4	3	6	2	17	12	4	
北京	0	1	0	0	0	3	1	2	1	0	1	2	7	8	7	5	6	0	
中国台湾	0	0	0	0	0	1	1	4	1	2	3	2	3	6	0	5	1	0	
陕西	0	0	0	0	0	0	0	0	1	0	2	0	4	7	0	3	0		

（三）中国专利申请申请人分布

为了解中国范围内LED封装材料领域的主要技术创新主体，按照专利申请量，对中国专利申请的申请人进行了统计。图11宏观地反映了中国专利申请数量前十名申请人的申请状况。

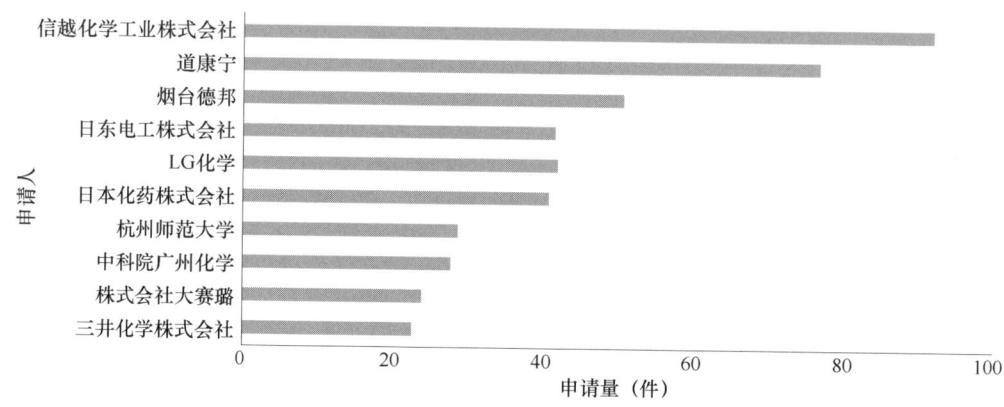

图 11　LED 封装材料中国专利申请主要申请人

从中国主要申请人的国别构成来看，日本企业占据了 5 家，比例占到了 50%，中国有 3 名申请人上榜，分别是烟台德邦、杭州师范大学、中科院广州化学。前十大申请人均为法人，并没有自然人，可见企业或科研机构更注重对 LED 封装材料的研发和保护。中国申请人中，杭州师范大学和中科院广州化学为高校和科研机构，这也反映了中国申请人在 LED 封装材料领域的产业化还有待加强。

（四）中国专利申请发明人分布

发明人是专利技术发展的主要推动力量，通过对于发明人分布进行研究可以发现相应技术领域的主要发明人或发明人团队。

图 12 反映了在中国关于 LED 封装材料的专利申请数量排名前 10 的发明人。图 13 反映了主要发明人近 10 年的申请趋势。

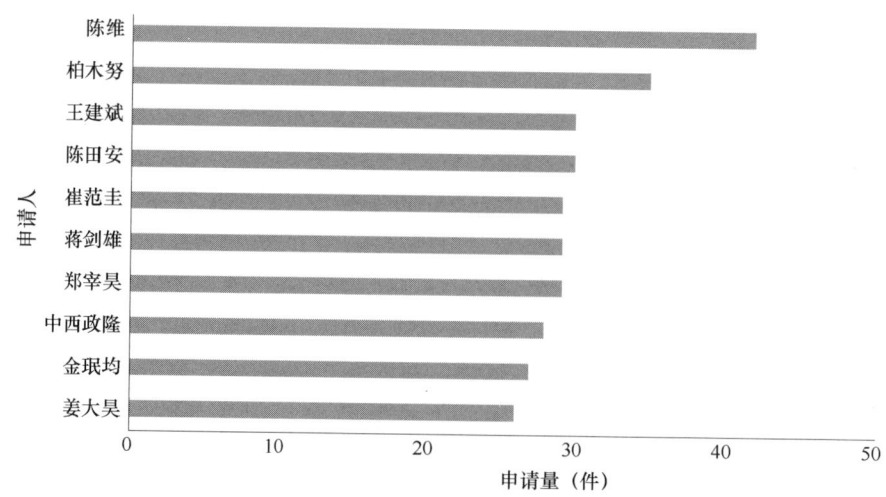

图 12　LED 封装材料中国专利申请主要发明人

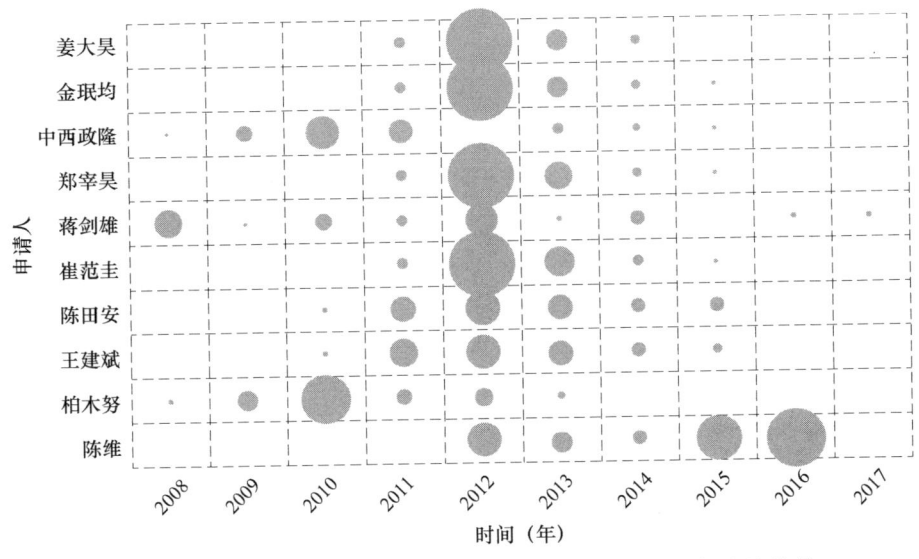

图 13　LED 封装材料中国专利申请主要发明人近 10 年申请趋势

在申请数量排名前 10 的发明人中，陈维、王建斌、陈田安来自中国的烟台德邦，蒋剑雄来自中国的杭州师范大学，柏木努来自日本的信越，崔范圭、郑宰昊、金珉均、姜大昊来自韩国的 LG 化学，由此可见，以上表现突出的发明人呈现高度集中于少数企业的特点。

总体来说，烟台德邦和杭州师范大学比较重视 LED 封装材料技术的专利研发和保护。陈维和蒋剑雄更是烟台德邦和杭州师范大学关于 LED 封装材料专利申请的主要发明人，在本领域具有一定的技术实力。蒋剑雄较早开始进行有关 LED 封装材料技术的专利申请，早在 2008 年就申请了 7 件专利，而陈维在 2015 年和 2016 年申请数量较大。

对于研究机构来说，技术研发能力很强，但是缺乏技术转化的相应能力，而对于公司来说，研发能力是根据公司的实力和发展目标而决定的。中国企业除了发展自己的研发团队，还可以考虑和研发实力很强的高校或科研机构合作，优势互补，共创未来。

（五）中国专利申请类型和法律状态

在专利申请的类型方面，可以看出，LED 封装材料的专利申请量以发明专利为主，占比达到 99.71%，实用新型的数量则相对很少，占比仅有 0.29%。在历年的专利申请量中，发明专利的申请量始终远大于实用新型的专利申请量，表明了 LED 封装材料专利申请的技术含量相对较高（见图 14）。

申请数量仅从表面上反映公司对专利的重视程度，从专利申请数量上很难判断出专利的质量情况，需要进一步分析专利的法律状态（见图 15）。

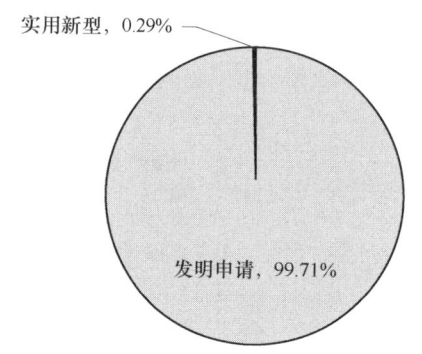

图 14　中国专利申请类型

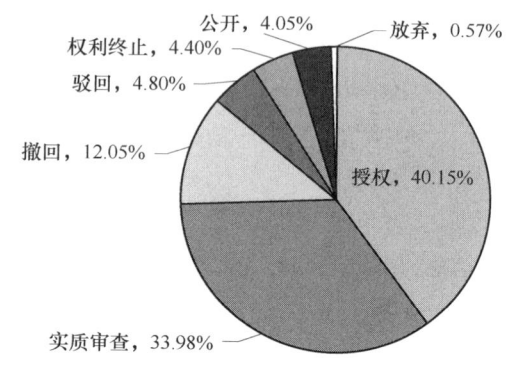

图 15　中国专利申请法律状态

在关于 LED 封装材料技术的专利申请中，已授权的专利申请占 40.15%，实质审查阶段的占 33.98%，也就是说，已授权和实审阶段的专利申请数量占 74%左右，由此可见，关于 LED 封装材料技术的专利申请进入实审阶段的概率比较高，同时授权率也比较高，而驳回率和权利终止率只有 4.80%和 4.40%。另外，放弃比例仅有 0.57%，表明 LED 封装材料领域的各申请人或专利权人对申请较为看重，很少放弃专利申请。

（六）小结

从中国专利申请数量的年度分布情况来看，LED 封装材料专利申请从 1999 年开始缓慢起步，经历了从无到有的蜕变，从 2005 年开始蓬勃发展，以 2005 年为转折点，中国的 LED 封装材料技术专利申请量大幅度增加，并在之后的十年左右的时间内相比最初增长十倍左右，目前正处于 LED 封装材料技术的平稳发展时期。

在技术来源国方面，在中国专利申请来源国主要集中在中国和日本，美国和韩国在中国专利申请所占比较低。在各省市申请趋势方面，珠三角、长三角以及渤海湾等地区相对活跃，特别是广东省，在全国省市地区中一枝独秀，遥遥领先。

在申请人方面，在中国申请量排名前十位的申请人中，中国占据了 3 席，分别是烟台德邦、杭州师范大学、中科院广州化学。在发明人方面，烟台德邦的陈维位居首席，杭州师范大学的蒋剑雄排名第六，是各自研发主体的主要发明人。

四、LED 封装材料主要申请人分析

申请人是专利申请的主体，也是技术发展的主要推动力量。通过对申请人、尤其是主要申请人的研究，可以发现本领域的申请主体的特点以及主要申请人的专利战略布局特点。

通过对全球专利数据的分析，申请量居前的申请人包括：信越、道康宁、LG 化学、日东电工、日本化药、烟台德邦、钟渊化学、三井化学、JSR、杭州师范大学、中科院广州化学。在全球专利申请的主要申请人中，排名第 1 位的是日本的信越，排

名第 2 位的是美国的道康宁。排名靠前的中国申请人有烟台德邦、杭州师范大学、中科院广州化学。从申请数量来看，日本申请人实力总体较强，在 LED 封装材料领域具有集体优势地位。美国虽然只有一个企业，但在单个申请主体的申请量上有一定领先地位。

通过对中国专利数据的分析，申请量居前的申请人包括：信越、道康宁、烟台德邦、日东电工、LG 化学、日本化药、杭州师范大学、中科院广州化学、株式会社大赛璐、三井化学。在中国专利申请的主要申请人中，外国主要申请人的申请数量明显高于中国申请人。对比全球主要申请人可以看出，在中国申请量居前的主要申请中，除了烟台德邦、杭州师范大学、中科院广州化学以外都是外国申请人，这些外国申请人同时也是全球主要申请人中排名居前的申请主体，中外主要申请人在中国申请数量仍有不小差距。

从申请主体的构成看，在中国申请的外国主要申请主体均为企业，而中国申请主体则不同，除企业外，还包括高校和科研机构。可见，作为市场主体的中国企业对于专利布局的意识远落后于知名跨国企业。

综合考虑申请量、国别、技术实力、区域领先地位、市场占有情况、活跃程度，选择信越、道康宁、烟台德邦、杭州师范大学作为 LED 封装材料领域的主要申请人代表进行重点分析，力求从中找到可供借鉴的经验和教训。

（一）信越

1. 申请人简介

信越集团作为高科技材料的超级供应商，自 1926 年成立以来，一直不断提供着最尖端的技术和产品。经过半个多世纪的发展，信越自行研制的聚氯乙烯、有机硅、纤维素衍生物等原材料已成功在美国、日本、荷兰、中国台湾、韩国、新加坡、中国大陆等国家/地区建立了全球范围的生产和销售网络，供应量在全球首屈一指。为了确保高品质产品的稳定供应，信越集团自行生产的主原料——金属硅，从而确立了从原料开始的一贯式生产体制。在这种体制下，信越集团作为世界一流的供应商，在有机硅领域中，满足着客户各种各样的需求。目前信越集团制造的高性能有机硅产品多达 4000 多种，现已广泛应用于电子、电气、汽车制造、机械制造、化工、纺织、食品工业以及建筑工程领域，并在所有产业方面提供了高附加价值的产品。

2. 申请发展趋势

信越在 20 世纪 80 年代末进入 LED 封装材料领域，2003 年开始发展，进入增长阶段，2006 年申请数量超过 20 项。2008 年可能受金融危机影响短暂下降后，2009 年和 2010 年又开始向上增长的势头。2011 年开始，变化趋于缓和，进入平稳发展期（见图 16）。

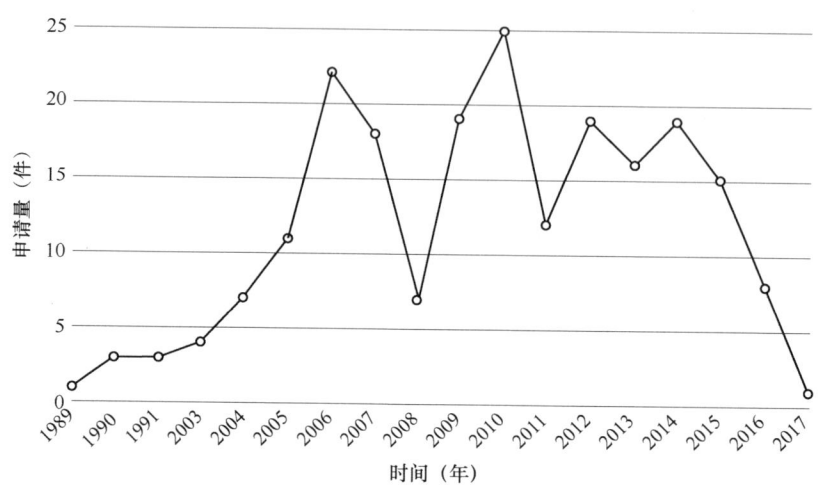

图 16 信越 LED 封装材料专利申请发展趋势

3. 全球专利布局

在专利布局方面,信越最为重视本土市场,海外市场中选取中国台湾、美国、中国大陆、韩国、欧洲重点进行针对性布局,且占比相差不大。可以看出,海外市场中,信越最为关注中国台湾,对美国和中国大陆的关注度基本相同,高于在韩国和欧洲的申请比例(见图 17)。

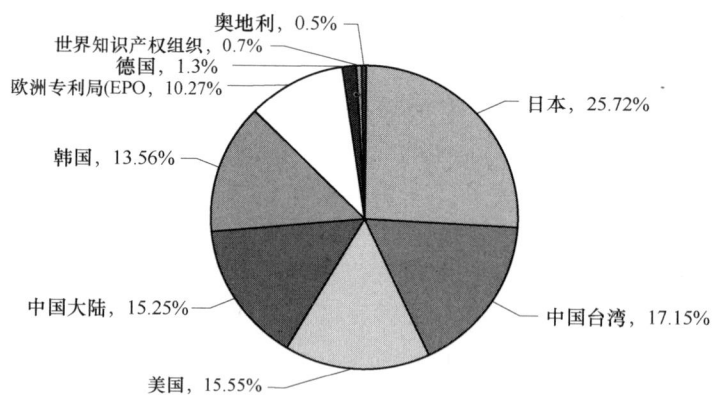

图 17 信越 LED 封装材料专利申请目标国家/地区

图 18 是信越在各个国家的申请量变化趋势图。从中可以看出,信越在日本、中国台湾、美国、中国大陆几大市场的申请趋势有所区别,但在历史的各个时期中,总体差别不大,在日本、中国大陆、中国台湾的申请量均于 2010 年达到峰值。

自信越在中国进行 LED 封装材料专利申请以来,2008 年可能受金融危机影响数量有所下降,2010 年达到峰值,之后缓慢下降,这与信越全球的申请趋势基本吻合。值得注意的是,信越近两年来持续关注美国市场,在其他国家申请趋势有所下降的情况下，仍保持了对美国市场的关注度。这或许表明，信越的目标市场正在发生转移。

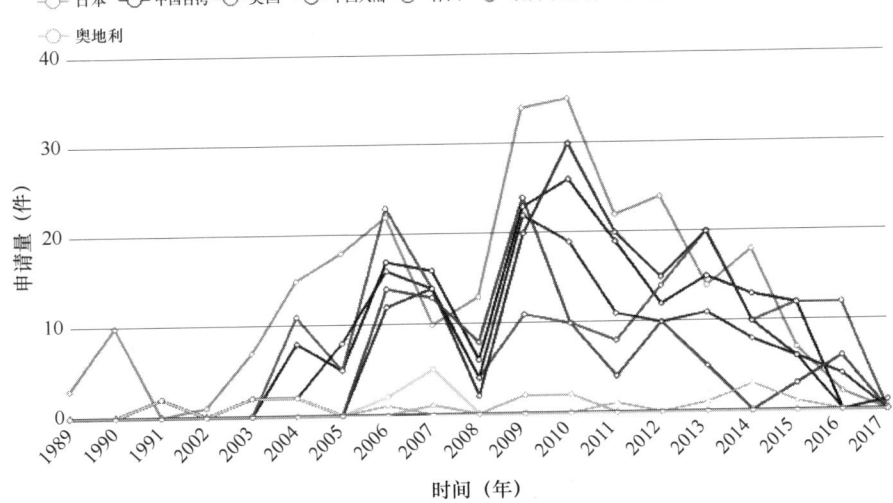

图 18　信越 LED 封装材料目标国家/地区申请趋势

（二）道康宁

1. 申请人简介

道康宁公司成立于 1943 年，是一家由陶氏化学公司和康宁公司均等持股的合资公司，总部设在美国密歇根州米德兰市，在全球拥有 45 个生产基地及仓储设施，超过 12 000 名员工及遍布世界的代理商网络，是名副其实的全球化企业。道康宁致力于探索和开发有机硅的应用潜力，现为全球硅胶技术和创新领域的全球领导者。

道康宁公司提供增强性能的解决方案，满足全球 25 000 多家客户的不同需求。作为有机硅、硅基技术和创新领域的全球领导者，道康宁通过 Dow Corning®品牌与 XIAMETER®品牌提供 7000 多种产品和服务。开拓创新是道康宁业务的核心。公司每年用于研发的费用占销售额的 4%～5%，并在全球拥有约 4500 项有效专利。70 多年来，道康宁的科学家已成功为多个行业提供了创新的解决方案。

中国对道康宁公司来说，是具有战略意义且至关重要的海外市场之一。早在 1973 年，公司就在香港设立了第一个办事处。近年来，道康宁在中国发展迅速，总投资已超过 20 亿美元。截至目前，道康宁分别在北京、广州、深圳、成都、香港和台北设有 6 个办事处，并在张家港和上海建有 2 个主要生产基地和 1 个商务技术中心，为全国各地的客户提供各种产品和服务，并将全球领先的有机硅产品、服务以及生产技术逐步带入中国。

2. 申请发展趋势

道康宁在 20 世纪末开始进入 LED 封装材料领域，比信越晚了近十年。从年度申请趋势来看，在 2006 年以前，道康宁在 LED 封装材料领域仅有零星专利申请。2006 年开始有所发展，不过到 2010 年为止，专利申请量基本在个位数徘徊。2011 年开始，申请量增大，进入增长阶段，并在 2013 年达到峰值。2014 年后道康宁的申请量与高峰时相比略有回落（见图 19）。

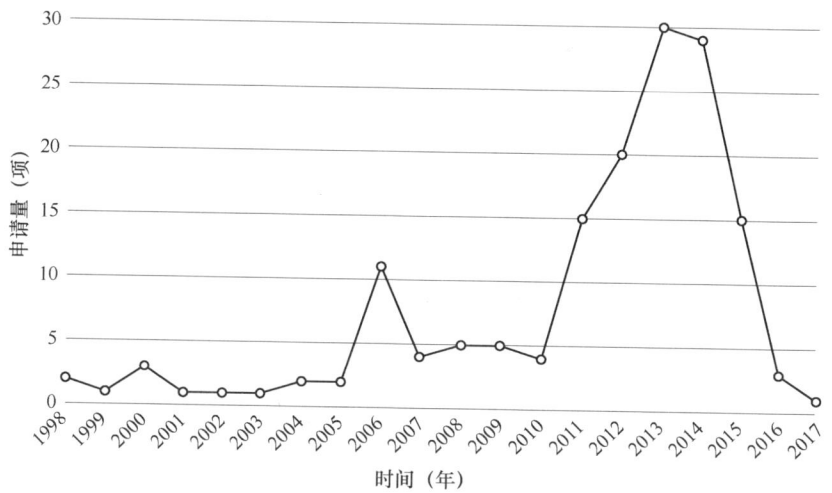

图 19　道康宁 LED 封装材料专利申请发展趋势

3. 全球专利布局

在专利布局方面，道康宁同样非常重视海外市场，选取中国、欧洲、日本、韩国重点进行针对性布局。可以看出，道康宁最为重视中国市场，其次是欧洲，对日本和韩国的关注度基本相同。同时应注意到，道康宁也非常注重本土市场，在美国的专利申请比例高于在日本和韩国的专利申请（见图 20）。

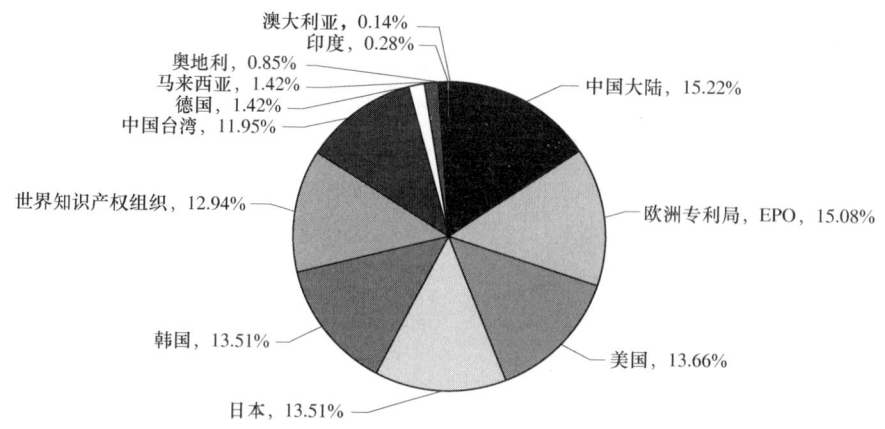

图 20　道康宁 LED 封装材料专利申请目标国家/地区

图 21 是道康宁在各个国家/地区或组织的申请量变化趋势图。从中可以看出，虽然进入中国、欧洲、美国、日本的时间不尽相同，但申请趋势基本类似，申请量同起同落，在历史的各个时期中，道康宁公司对各国的重视程度的比例基本不变。在 2013 年申请量达到峰值之后，在各国的申请量开始趋于平稳。

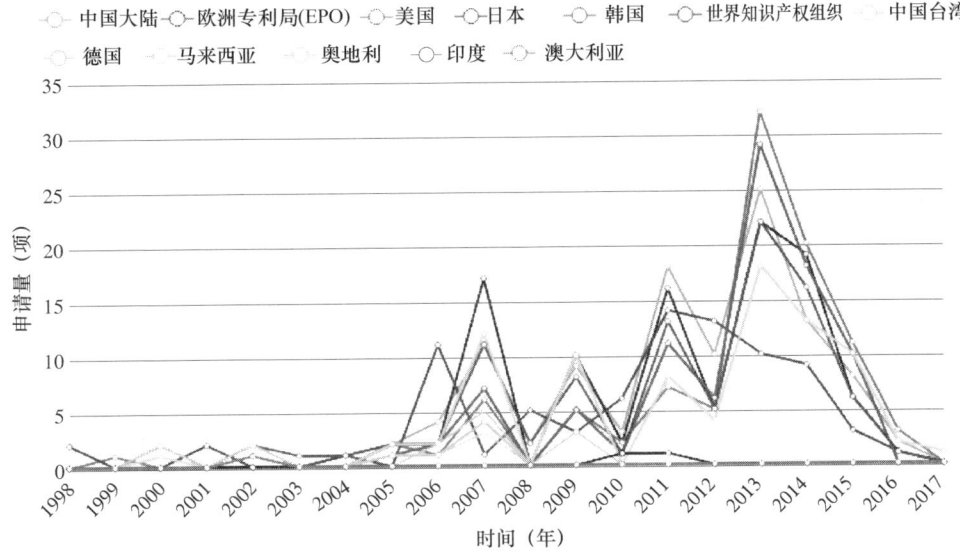

图 21　道康宁 LED 封装材料目标国家/地区申请趋势

自道康宁在中国进行 LED 封装材料专利申请以来，2008 年可能受金融危机影响数量有所下降，2013 年达到峰值，之后缓慢下降，相比于信越 2010 年在中国和全球申请数量达到峰值，道康宁在 2010 年以后仍然保持了对中国和全球市场的持续关注。

（三）烟台德邦

1. 申请人简介

烟台德邦科技有限公司始创于 2003 年，位于山东省烟台市经济技术开发区，是集研发、生产、销售特种功能性高分子界面材料于一体的具有高度自主知识产权的国家级高新技术企业。

公司拥有强大的技术专家团队、先进的研发生产设备和一流的办公环境，秉持与国际工程界面材料前沿科技同步发展的理念，不断加强自主创新与发展，已实现产品覆盖汽车、工程机械、油田、太阳能、风电、电子、平板显示、微电子、LED 封装等多领域化发展，同时能够为客户提供选胶、施胶工艺和设备在内的专业化的服务与技术支持。

目前，公司产品通过德国 TUV 质量认证、美国 UL 认证、德国 GL 认证、中国船级社（CCS）认证和铁道部认证。2009 年被授予国家"高新技术企业"称号；

2010 年获批成立山东省首家外籍"院士工作站";山东省"中国·瑞典微电子封装材料与系统集成研究中心""烟台市微电子封装材料与系统集成工程技术研究中心";2011 年荣获"国侨办重点华侨华人创业团队""2011 年度履行社会责任优秀企业三等奖"等称号,获批成立"博士后科研工作站"。

2. 申请发展趋势

烟台德邦 2010 年开始在 LED 封装材料领域进行专利申请,申请量在 2012 年达到第一个峰值,之后在 2013 年、2014 年回落。2015 年之后是烟台德邦在 LED 封装材料领域专利申请量的再一次快速飞跃阶段,并且在 2016 年达到第二个峰值。

对比全球申请人在 LED 封装材料领域的整体申请趋势可知,全球申请人在 LED 封装材料领域的申请峰值在 2014 年,而烟台德邦 2014 年以后的申请量还在逐渐上升。这表明,在 LED 封装材料领域,在其他申请人开始创新乏力的时候,德邦科技的研究还在有声有色地进行。然而,不容忽略的是,烟台德邦在 LED 封装材料方面的专利申请主要以中国本土申请为主,几乎没有在其他国家进行申请,在海外市场布局意识方面与外国申请人相比还有待加强(见图 22)。

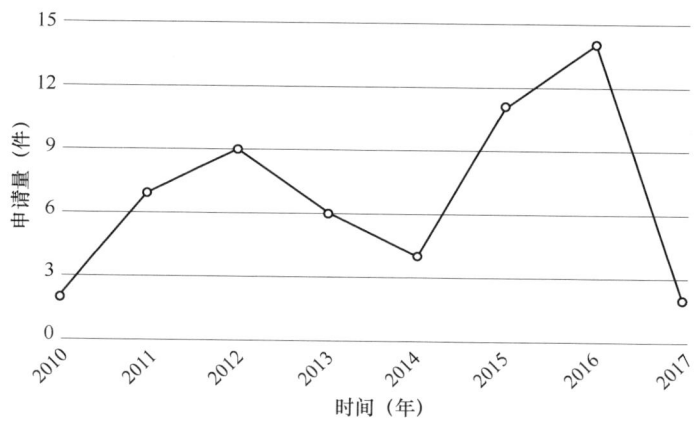

图 22 烟台德邦 LED 封装材料申请趋势

3. 发明人分析

发明人是专利技术发展的主要推动力量,通过对于特定申请人的发明人进行研究可以发现相应技术领域的主要发明人或发明人团队。对于申请人烟台德邦而言,其申请量居前 10 位的发明人有陈维、王建斌、陈田安、庄恒冬、吴军、解海华、姜云、张丽娅、徐庆锟、张学超。其中申请量超过 25 件的发明人有陈维、王建斌、陈田安,分别是 42 件、30 件、29 件。陈维自 2012 年开始作为发明人进行 LED 封装材料专利申请,王建斌、陈田安自 2010 年开始作为发明人进行 LED 封装材料专利申请,之后每年均有数件申请。尤其是陈维,2015 年和 2016 年申请数量分别达到 11 件和 14 件,从数量上看,处于较高水平(见图 23、图 24、表 3)。

LED 封装材料专利技术现状及发展趋势

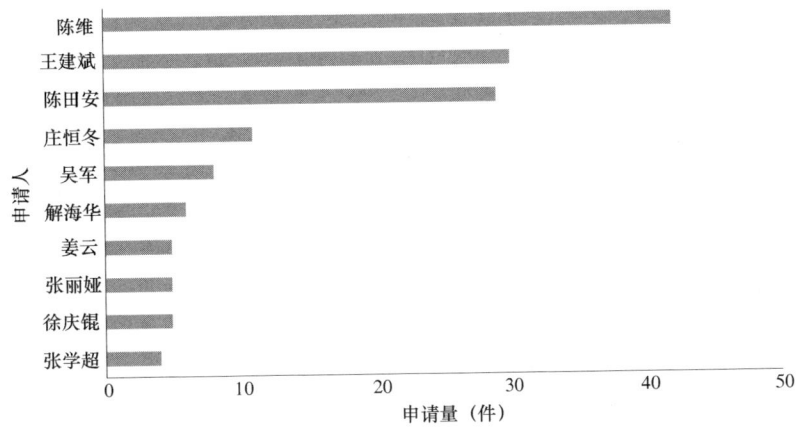

图 23　烟台德邦 LED 封装材料主要发明人

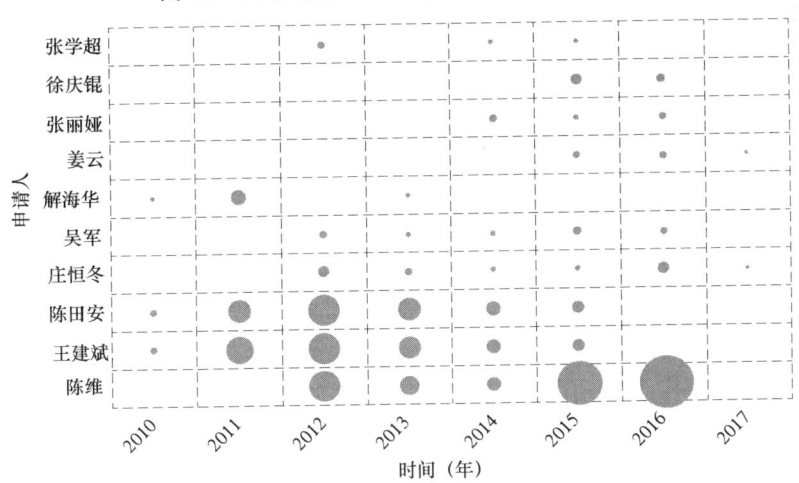

图 24　烟台德邦 LED 封装材料主要发明人申请趋势

表 3　烟台德邦 LED 封装材料主要发明人申请数据　　　　（单位：件）

年份	2010	2011	2012	2013	2014	2015	2016	2017
陈维	0	0	8	5	4	11	14	0
王建斌	2	7	8	6	4	3	0	0
陈田安	2	6	8	6	4	3	0	0
庄恒冬	0	0	3	2	1	1	3	1
吴军	0	0	2	1	1	2	2	0
解海华	1	4	0	1	0	0	0	0
姜云	0	0	0	0	0	2	2	1
张丽娅	0	0	0	0	2	1	2	0
徐庆锟	0	0	0	0	0	3	2	0
张学超	0	0	2	0	1	1	0	0

（四）杭州师范大学

1. 申请人简介

杭州师范大学（Hangzhou Normal University）简称"杭师大"，该校建有有机硅化学及材料技术实验室，该实验室从 1991 年开始从事有机硅化学及材料技术的研究与开发，是教育部系统最早为国防军工配套的民口研制单位之一、中国氟硅材料工业协会（硅）理事单位、中国材料网理事会副理事长单位、杭州市首批重点实验室。现为教育部重点实验室。

重点实验室专业从事有机硅化学及材料技术科研开发，具有"产、学、研"运行体系，科技成果在多家企业推广和转化，为企业技术人员进行培训，推动了有机硅行业技术进步；为满足国家战略需求、服务国防军工、航空航天等国家特殊需求，开发出了一系列创新性成果。

2. 申请发展趋势

杭州师范大学早在 2008 年就开始在 LED 封装材料领域进行专利申请，当年申请量即达到了 7 件，之后每年申请数量都在 10 件以内。与国外的主要申请人相比，甚至与国内的另一主要申请人烟台德邦相比，杭州师范大学的申请量并没有形成一个明显的趋势，这也是由杭州师范大学更多地作为一个学术研究机构而不是对市场有很大兴趣的公司所决定的，同时也间接反映了我国高校科研成果转化的情况。

此外，杭州师范大学的 LED 封装材料专利也全部都是在中国申请的，在高校科研成果产业化和全球化方面还有很长的道路要走（见图 25）。

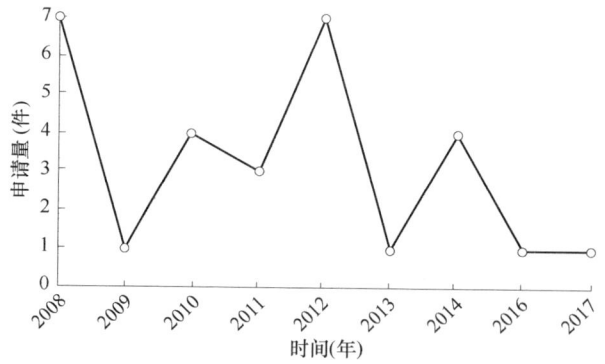

图 25　杭州师范大学 LED 封装材料申请趋势

3. 发明人分析

对于申请人杭州师范大学而言，其申请量居前 10 位的发明人有蒋剑雄、伍川、杨雄发、董红、来国桥、华西林、程大海、邵倩、曹健、武侠。其中申请量超过 15 件的发明人有蒋剑雄、伍川、杨雄发、董红，分别达到 29 件、20 件、19 件、17 件。申请始于 2008 年的发明人有蒋剑雄、伍川、杨雄发、董红、来国桥和华西林。

其中，蒋剑雄、伍川、杨雄发每年均保持一定的申请量，从数量上看，处于较高水平。但是，在2014年以后，各发明人的申请量逐步下降，2015年甚至没有进行LED封装材料领域的专利申请（见图26、图27、表4）。

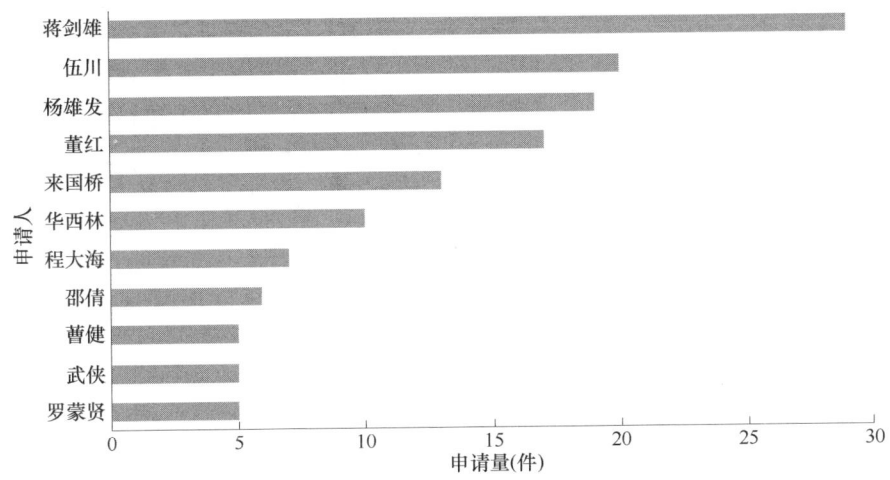

图26 杭州师范大学LED封装材料主要发明人

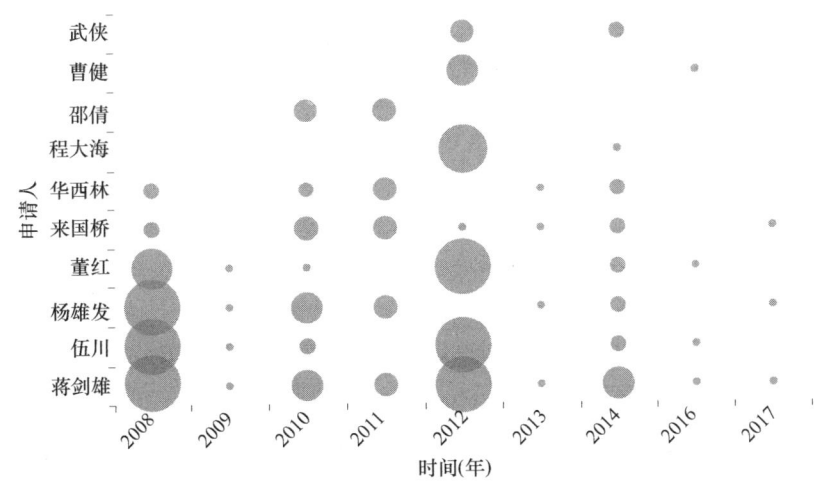

图27 杭州师范大学LED封装材料主要发明人申请趋势

表4 杭州师范大学LED封装材料主要发明人申请数据　　（单位：件）

年份	2008	2009	2010	2011	2012	2013	2014	2016	2017
蒋剑雄	7	1	4	3	7	1	4	1	1
伍川	7	1	2	0	7	0	2	1	0
杨雄发	7	1	4	3	0	1	2	0	1
董红	5	1	1	0	7	0	2	1	0

续表

年份	2008	2009	2010	2011	2012	2013	2014	2016	2017
来国桥	2	0	3	3	1	1	2	0	1
华西林	2	0	2	3	0	1	2	0	0
程大海	0	0	0	0	6	0	1	0	0
邵倩	0	0	3	3	0	0	0	0	0
曹健	0	0	0	0	4	0	0	1	0
武侠	0	0	0	0	3	0	2	0	0

（五）小结

作为 LED 封装材料领域全球主要申请人，信越和道康宁一直保持着很高的申请量。作为 LED 封装材料领域中国主要申请人，烟台德邦和杭州师范大学在数量上与信越和道康宁有一定差距。但也可以看出，烟台德邦近两年的专利申请量稳步上升，正在逐步缩小与外国申请人的差距，而杭州师范大学近两年申请量有所下降，高校的科技成果有待进一步推广和转化。

在专利布局方面，除了本土市场外，信越和道康宁都非常重视海外市场，积极进行全球专利布局，尤其是重视中国市场。相比之下，烟台德邦和杭州师范大学作为中国企业和高校，主要均以中国本土申请为主，海外布局意识相对淡薄。

五、LED 封装材料主要技术分析

（一）LED 封装材料主要技术简介

1. 环氧树脂

环氧树脂是传统的 LED 封装材料。环氧树脂是指分子中含有两个或两个以上环氧基团，以脂环族、脂肪族或芳香族等有机化合物为骨架，能通过环氧基团与胺、咪唑、酸酐、酚醛树脂等发生交联反应形成三维网状结构高聚物的高分子化合物。环氧树脂作为涂料、胶黏剂以及复合材料的树脂基体，广泛应用于水利、交通、机械、电子、汽车和航空航天等领域。

应用于 LED 封装的环氧树脂必须具备高透光率、高折射率、良好的耐热性、抗湿性、绝缘性、高机械强度与化学稳定性等特点。通常，用于 LED 封装的环氧树脂主要是双酚 A 型环氧树脂、环状脂肪族环氧树脂、线性热塑性酚醛环氧树脂，它们占封装用环氧树脂总用量的 90%左右。

作为 LED 封装材料，环氧树脂价格便宜，密封粘结性好，电绝缘性和机械强度较强。但环氧树脂用于 LED 封装还存在以下主要问题：

① 折射率低。为有效减少界面折射带来的光损失，提高光提取效率，要求封装材料的折射率尽可能高。由于 GaN 芯片具有高的折射率（约为 2.2），而环氧基体的折射率则很低（1.5 左右），因此不利于光的输出。

② 吸收紫外线或受热后变黄。环氧树脂含有可吸收紫外线的芳香环，吸收紫外线后会氧化产生羰基并形成发色团进而使树脂变色；而且遇热后也会变色，进而导致环氧树脂在近紫外波长范围内的透光率下降，对 LED 发光强度的影响极大。双酚 A 型环氧树脂的 UV 老化机理如图 28 所示。

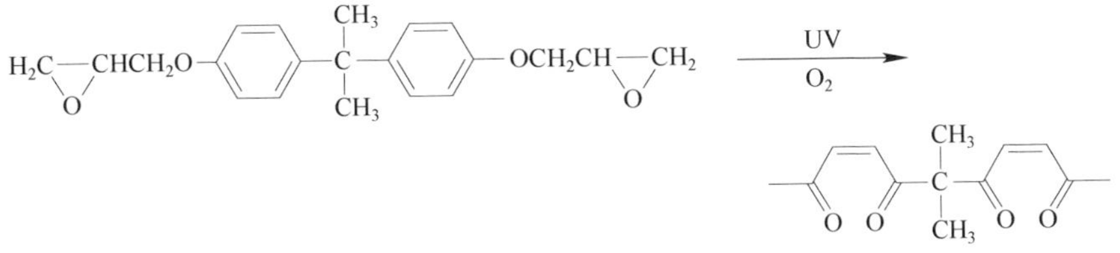

图 28　环氧树脂 UV 老化机理

③ 光散射作用。与环氧树脂混合在一起的荧光粉在吸收部分短波长光发出荧光的同时还会对短波长光产生散射作用。白光 LED 荧光粉层中的光线强度远大于同类型的蓝光或紫光 LED。

④ 内应力大。环氧树脂固化后交联密度高，内应力大，脆性大，耐冲击性差，与内封装材料界面不相容。

从 LED 封装材料研究的角度来讲，延长 LED 的寿命和增强出光效率重点需要解决的问题是：① 提高折射率；② 提高封装材料本身的耐紫外线和耐热老化能力；③ 减少封装材料与荧光粉界面间的光散射效应。针对环氧树脂作为 LED 封装材料存在的以上问题，可以从多方面对其进行改性。

首先，折射率的提高有多条途径，其中一条途径是在环氧树脂中以硫醚键、硫酯键、硫代氨基甲酸酯和砜基等形式引入硫元素。添加具有高折射率的无机纳米填料如 TiO_2 和 ZrO_2 也可以对环氧树脂材料的折射率起到一定的调控作用。

其次，为了改善环氧树脂 LED 封装材料的抗紫外老化能力，可添加 0.1%有机或无机紫外吸收剂（TiO_2、CeO_2）等，常见的有机光稳定剂为邻羟基二苯甲酮类和苯并三唑类紫外吸收剂。

尽管环氧树脂的改性方式多种多样，但不能从根本上改变它作为功率型 LED 封装材料的不足。长期以来，环氧树脂仅限于小功率 LED 的封装。

2. 有机硅改性环氧树脂

鉴于环氧树脂的缺陷，近年来对环氧树脂的改性进行了大量研究。有机硅具有优异的物理机械性能、介电性能、耐冷热冲击性和低吸湿性，用于改性环氧树脂可以提高其韧性、耐热性、耐老化性等。

采用有机硅改性环氧树脂作 LED 封装材料，可以提高 LED 封装材料的韧性和耐冷热性，降低其收缩率，减小热膨胀系数。最直接的方法是先制备有机硅改性环氧树脂，然后硫化成型获得 LED 封装材料。除直接使用有机硅改性环氧树脂作为 LED 封装材料外，还可将有机硅改性环氧树脂与硅树脂等共混后制成 LED 封装材料。

按反应机理，有机硅改性环氧树脂主要分为物理共混改性和化学共聚改性两种。

物理共混改性是指将有机硅和环氧树脂通过机械混合后加入固化剂和其他助剂从而固化的方式。优点是操作简单、经济成本低，但由于有机硅和环氧树脂的溶度参数相差很大，共混后容易发生分离而导致材料相容性差、性能不佳。为增强二者的相容性，主要工作包括加入增溶剂、硅烷偶联剂，采用与环氧树脂结构类似的有机硅等。

化学共聚改性是通过将有机硅分子中的羟基、硅氢键、烷氧基、氨基等与环氧树脂分子中较为活泼的环氧基等发生化学反应从而把有机硅链段接枝到环氧树脂分子上。该方法可以显著改善二者的相容性，改性后的材料性能稳定。

虽然通过有机硅改性可改善环氧树脂封装材料的性能，但有机硅改性环氧树脂分子结构中含有环氧基，以其作为 LED 封装材料仍存在耐辐射性差、易黄变等缺点，难以满足功率型 LED 封装的技术要求。

3. 有机硅

有机硅以 Si-O-Si 键为主链，同时侧基连接有机基团，既具有无机物的稳定性和强度，又具有有机物的柔韧性、低吸湿性，因此，有机硅具有多方面的优点和性能：

① 优良的耐热老化和耐紫外老化性能。由于有机硅兼具有机性能和无机特性，可以在很宽的温度范围内工作，且能耐紫外辐射，因此不会因为大功率 LED 工作时间长、散发的热量过多而导致变黄、分层、黏结性下降、机械性能降低、发光效率减小等不良效果。

② 透过率高。有机硅与环氧树脂相比具有低的表面张力，分子链柔顺，可增大聚合物体系的渗透率，因此具有更好的透明度。

③ 高折射率。有机硅化合物中的有机基团 R 可以是含硫、苯、酚、环氧基等高折射率基体，通过这些高折射率的有机官能团可实现高的折射率和透光率。

为了提高 LED 照明器件的光输出功率并延长使用寿命，要求 LED 封装材料必须具备耐紫外、耐热老化、高折射率、高透过率、低应力等优异性能。其中如何提高材料的折射率是问题的关键所在。研制具有高透明度、高折光率、优良的耐紫外老化和热老化能力的有机硅封装材料并实现产业化，对功率型 LED 器件的研制和规模化生产具有十分重要的意义。高折射率的有机硅材料已成为目前国外几家生产有机硅产品的大公司的研究热点和产品销售热点。

按照固化机理，有机硅材料可以分为缩合型和加成型两种。缩合型封装用材料固化时会产生小分子物质，且线性收缩率较大，所以主要采用碳氢加成固化的液体硅橡胶和硅树脂。

加成型有机硅聚合物因在硫化交联过程中不放出低分子物、不发热、不收缩，硫化后无毒、机械强度高、具有卓越的抗水解稳定性、良好的低压缩形变、低燃烧性、可深度硫化，以及硫化速度可以用温度来控制等优点，受到各研发主体的关注。

加成型有机硅封装材料主要是由基础聚合物、交联剂、催化剂以及适当的补强填料和添加剂组成。使用时无需大型加工设备,仅通过自动点胶机注胶即可,再于加热条件下硫化成型为所需弹性体。

(1) 基础聚合物

基础聚合物是链端或链节中含乙烯基基团的线性有机聚硅氧烷,图 29 示出了它的主要结构形式。

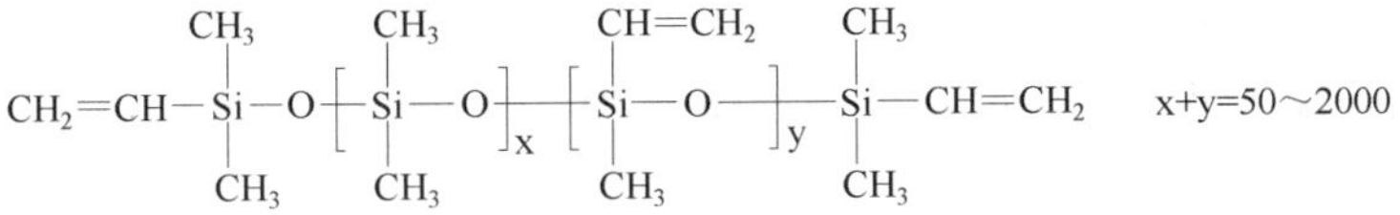

$$CH_2=CH-\underset{\underset{CH_3}{|}}{\overset{\overset{CH_3}{|}}{Si}}-O-[\underset{\underset{CH_3}{|}}{\overset{\overset{CH_3}{|}}{Si}}-O]_x-[\underset{\underset{CH_3}{|}}{\overset{\overset{CH=CH_2}{|}}{Si}}-O]_y-\underset{\underset{CH_3}{|}}{\overset{\overset{CH_3}{|}}{Si}}-CH=CH_2 \quad x+y=50\sim2000$$

图 29 基础聚合物结构

聚硅氧烷分子中的乙烯基含量、分子量及其分布等因素对封装材料的力学性能有重要影响。基础聚合物改性可涉及改变主链中 M、D、T、Q 单元的连接方式。为改善力学性能及折射率,经常在基础聚合物中引入芳基。此外,许多专利申请通过使有机硅主链中含三维网络结构来提高最终产物的交联密度、力学性能,例如 CN103788658。

(2) 交联剂

分子链中含有 3 个或 3 个以上 Si-H 键的线性有机聚硅氧烷一般用作交联剂,普遍用的交联剂的结构如图 30 所示。

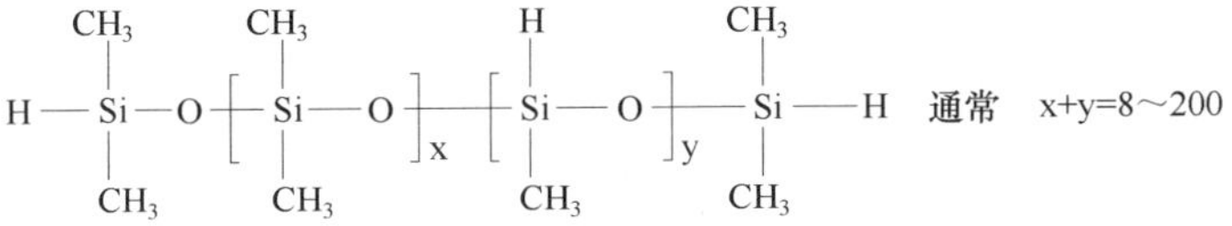

$$H-\underset{\underset{CH_3}{|}}{\overset{\overset{CH_3}{|}}{Si}}-O-[\underset{\underset{CH_3}{|}}{\overset{\overset{CH_3}{|}}{Si}}-O]_x-[\underset{\underset{CH_3}{|}}{\overset{\overset{H}{|}}{Si}}-O]_y-\underset{\underset{CH_3}{|}}{\overset{\overset{CH_3}{|}}{Si}}-H \quad 通常 \quad x+y=8\sim200$$

图 30 常用交联剂结构

交联剂的黏度、分子量分布、活性氢含量及其分布等均会影响封装材料的性能。改变交联剂的结构是常用的技术手段之一,可涉及调整交联剂中 SiH 基团与烯基的比例,或者调整交联剂中的基团结构,例如 CN102732040A、CN102977604A。

(3) 补强填料

有机硅材料机械性能较差,需要添加补强填料才能应用于 LED 封装。MQ 树脂作为补强填料能大大提高封装材料强度,而且不会显著改变硅油的黏度和透明度,是理想的补强填料。MQ 树脂为由单官能链节(Me$_3$SiO,即 M)与四官能链节(SiO$_2$,即 Q)构成的硅树脂。随着 M/Q 比值的不同,MQ 树脂具有不同的分子量,呈现出从黏性流体到粉末态固体的不同状态,其物理性质,例如密度、透明度、黏度、软化点、亲油亲水性和增黏性等也随之而发生变化。调整 M/Q 比值可以改善 LED 封装材料的性能,例如 CN106566256A。

(4) 添加剂

添加剂可以改善封装材料的透光性、热稳定性、抗黄变能力、黏结性等。改变添加剂也常用于改善 LED 封装用有机硅材料的性能，例如 EP0985710A 通过向组合物中引入空气可氧化的不饱和组合物提高 LED 屏幕的亚光性能，US2010103507A1 通过向组合物中引入偶氮染料使组合物屏蔽可见光但允许红外光通过等。

（5）其他技术手段

除材料本身外，LED 封装用有机硅材料的加工手段也影响最终产物的性能。一些专利申请涉及了有机硅封装材料的性能机理研究。另外，除了传统的双组分加成型树脂组合物，可以提供单组分加成型树脂组合物，例如 CN105473364A。

（二）LED 封装用有机硅材料专利申请分析

1. 申请趋势

图 31 和图 32 反映了 LED 封装用有机硅全球专利申请趋势（单位为项）和中国专利申请趋势（单位为件）的变化情况。

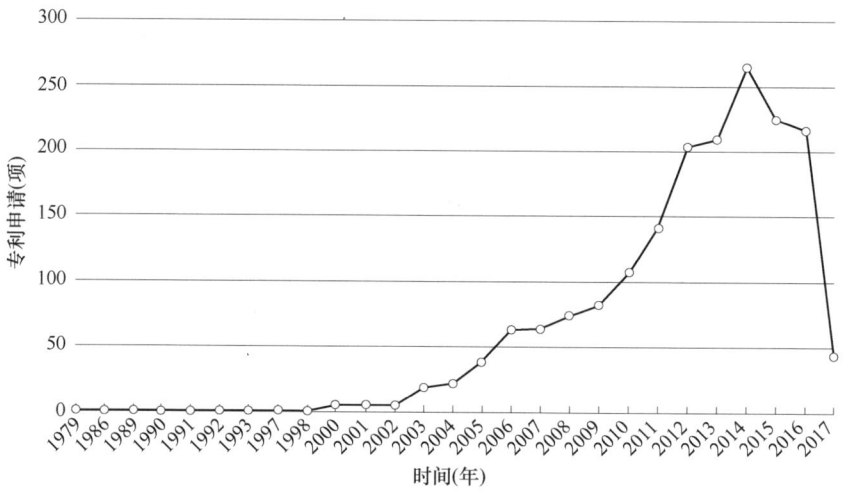

图 31　LED 封装用有机硅材料全球专利申请趋势

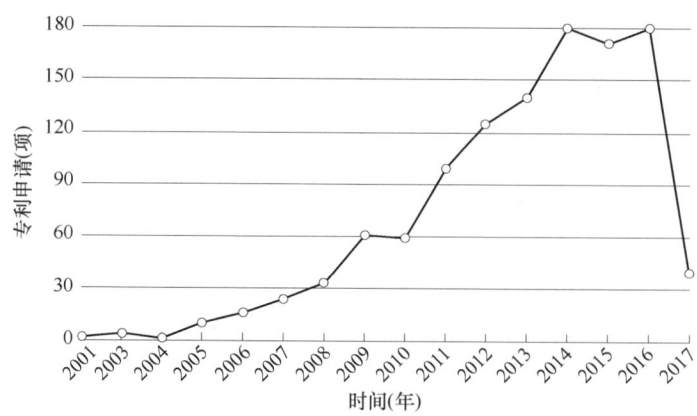

图 32　LED 封装用有机硅材料中国专利申请趋势

全球范围内，从总体上看，申请量基本呈现出逐年上涨的趋势。结合申请量与增速情况，可以将LED封装用有机硅领域的全球专利申请大致划分为3个阶段：

第1个阶段是2003年之前，可以被称为LED封装用有机硅技术的起步期。有机硅开始用于LED封装材料，逐步成为LED封装材料技术创新的方向。其中，在2003年有一个申请量的突破，之后每年的申请量稳步增长，这表明有机硅作为LED封装材料逐渐引起业界的研究兴趣。

第2个阶段是2003年至2012年，其中，每年的申请量保持着较快的增长率，该阶段是LED封装用有机硅的快速发展期。

第3阶段是2013年至今，LED封装用有机硅专利申请进入平稳发展期，在2014年达到峰值。对比LED封装材料的整体申请情况，这与LED封装材料的整体发展趋势基本吻合。

在2005年，全球有机硅的专利申请量占整个LED封装材料总申请量不足三分之一，而到了2014年，有机硅的专利申请量已经占整个LED封装材料总申请量的三分之二。这表明，在LED封装材料领域，研究重点逐渐转向有机硅。

中国范围内，从图32可以看出，中国专利申请起步较晚，但自2005年起一直保持上升趋势，甚至经过2015年的短暂下降后，2016年继续保持了稳定的发展势头。

2. 申请区域

图33和图34示出LED封装用有机材料专利申请技术来源国家/地区和技术目标国家/地区的分布情况。

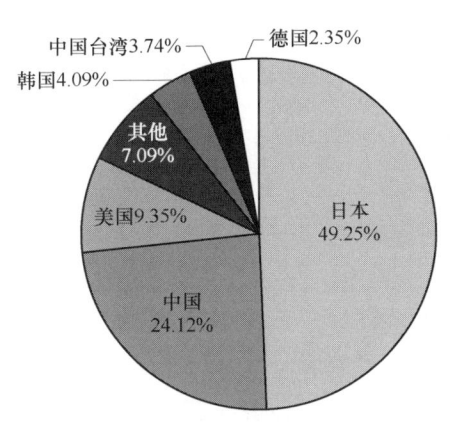

图33　LED封装用有机硅材料
技术来源国家/地区

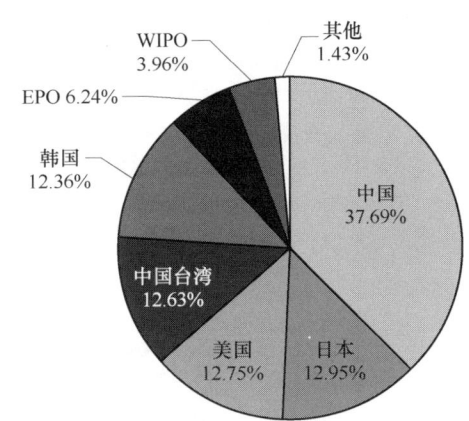

图34　LED封装用有机硅
材料技术目标国家/地区

从图33可以看出，专利申请技术来源国主要为日本、中国、美国和韩国。日本申请人的申请数量位居全球第一，占全球有机硅相关专利总量的49.25%；以下分别是中国、美国和韩国，申请数量分别占比24.12%、9.35%、4.09%，该四国的专利产出量约占全球的九成。有机硅技术来源国前四名中没有出现欧洲申请人。综合欧洲其他各国的情况来看,在有机硅技术研发和应用上欧洲起步晚,发展速度较慢,而日中美韩相比有较强的技术力量集中在该新兴领域。

对比整个 LED 封装材料的全球技术来源国家/地区可知,日本和中国的有机硅专利申请在整个 LED 封装材料的比重相对其他国家较高。这表明,日本和中国的有机硅研究相对于其他国家而言走在前列。

从图 34 可以看出,技术目标国家/地区主要集中在中国、日本、美国、中国台湾、韩国。其中中国为最大的技术目标国,占比 37.69%,而日本、美国、中国台湾、韩国所占比例基本相同,差别不大,分别为 12.95%、12.75%、12.63%、12.36%。

这表明,在有机硅技术领域,各大企业非常重视中国市场,积极在中国进行专利申请,对其他主要目标国家/地区的关注度则基本相同。值得指出的是,在日本的 LED 封装用有机硅专利申请位居第二位,这与整个 LED 封装材料领域在美国的专利申请占第二位稍有不同,说明日本是 LED 封装用有机硅材料的一大重要市场。

3. 主要申请人

有机硅是 LED 封装材料的重要技术。图 35 示出全球范围内关于 LED 封装用有机硅技术专利申请量位居前 10 的申请人排名情况。

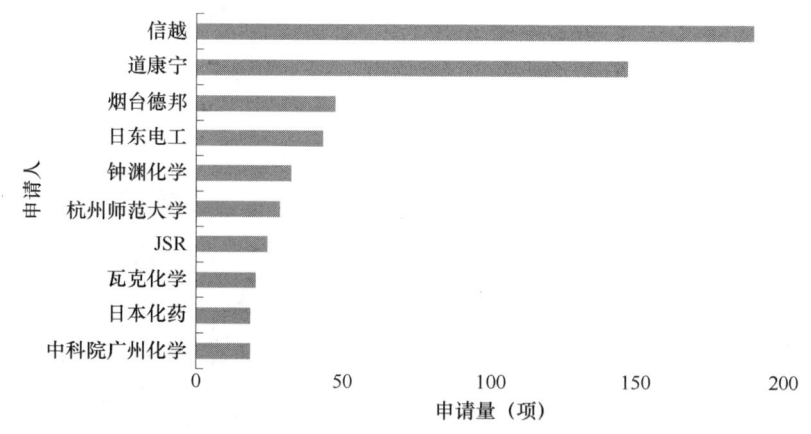

图 35　LED 封装用有机硅材料主要申请人

从全球主要申请人的国别构成来看,全球 LED 封装用有机硅专利申请量排名前 10 位的申请人中,日本申请人有 5 家,比例占到了 50%;接着是中国和美国,其中中国有 3 家申请人,美国有 1 家申请人,同时也可以看出,前十大申请人均为法人,并没有自然人,这种情况基本与 LED 封装材料申请人整体格局类似。

与 LED 封装材料申请人的整体格局略有不同的是,在 LED 封装用有机硅领域,有一家源自德国的瓦克化学排在榜单的第 8 位。这表明,德国在 LED 封装用有机硅的研发方面处于世界先进水平。

4. 技术路线

LED 封装用有机硅材料的技术方案主要包括环氧树脂改性、缩合型有机硅、基础聚合物改性、交联剂改性、补强填料改性、添加剂改性和其他技术手段（见图 36）。

在各种技术方案中，基础聚合物改性是最常用的，其次是添加剂改性、环氧树脂改性和交联剂改性。

LED 封装用有机硅材料的技术效果主要包括光学性能，涉及折射率和透光率；黏接性能，涉及自粘性和粘接性；稳定性能，涉及耐热性、耐湿性、耐光性、耐气体和化学腐蚀等；机械性能，涉及硬度、强度、抗开裂、抗冷热循环冲击等。

在各种技术效果中，稳定性能最多，其次是光学性能、机械性能和粘接性能（见图 37）。

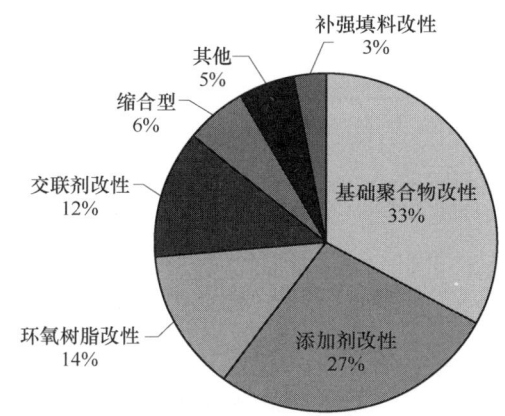

图 36 LED 封装用有机硅材料技术方案

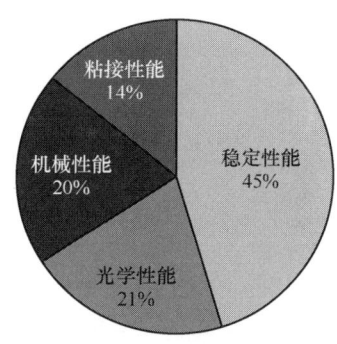

图 37 LED 封装用有机硅材料技术效果

根据 LED 封装用有机硅材料的相关专利申请数据，选出以下代表性专利，体现了主要申请人信越、道康宁对该技术领域的技术改进（见表 5）。

表 5 LED 封装材料用有机硅代表性专利

专利号（公开号）	发明名称	申请人	技术要点	中国法律状态
JP2013082939A；CN101735617A；EP2186844A1；EP2186844B1；JP2010138380A；JP5353629B2；US20100125116A1；JP5354116B2；TW201035154A；US8088856B2	热固性树脂组合物	信越	提供能够赋予固化物耐热性及耐光性的热固性树脂组合物。组分（A）中至少具有 1 个环氧基的三聚异氰酸衍生物，（B）中至少具有 1 个环氧基的硅树脂。	有效

续表

专利号（公开号）	发明名称	申请人	技术要点	中国法律状态
JP2005314591A；JP4300418B2；US20050244649A1；US7276562B2；TW200540198A；TWI347957B	环氧—聚硅氧混合树脂组合物和发光半导体器件	信越	环氧树脂和有机硅共混改性。所得组合物可用于LED的封装。产物表面自粘性低、粘接性好、抗冲击性好且透光率高。	—
KR1020110025112A；EP2289998B1；CN102002237A；EP2289998A1；JP2011074359A；US20110054072A1；AT543850T；CN102002237B；JP5488326B2；TW201124464A；TWI470022B；US8044128B2	白色热固性聚硅氧烷树脂—环氧树脂混合树脂组合物	信越	采用了三嗪衍生物环氧树脂。由于引进了不同的添加剂如白色颜料等，所得组合物具有优良的固化性、强度及耐热耐光性以及很少发生黄变、力学性能优良的优点。	有效
CN1970675A；JP2007119569A；EP1780242A2；EP1780242A3；TW200734403A；US20070099009A1；CN1970675B；EP1780242B1；JP4781780B2；KR101289960B1；KR1020070045947A；TWI383024B；US7550204B2	用于密封光学设备的树脂组合物及其固化产物和密封半导体元件的方法	信越	通过调节化学式中a、b及a+b取值范围，聚合物的重均摩尔质量等调节组合物性能，所得产物可具有良好的耐热、耐紫外光、粘附性能。	有效
CN101113318B；TW200821359A；US20080027200A1；CN101113318A；JP2008031190A；JP4520437B2；TWI437046B	用于LED的含磷光体的可固化硅酮组合物和使用该组合物的LED发光装置	信越	公开了用于封装LED的可固化硅酮组合物，其包括磷光体和无机离子交换剂，其中无机离子交换剂的量是在0.1到50质量百分比范围内，不会发生金属电极等的腐蚀。	有效
KR101607108B1；JP5549568B2；CN102153863B；KR1020110068867A；TWI486400B；US8610293B2；CN102153863A；EP2336230A1；JP2011144360A；TW201137042A；US20110140289A1	用于封装光学半导体元件和光学半导体器件的树脂组合物	信越	包括二氧化硅基填料的树脂组合物，通过限定所用该二氧化硅基填料与可固化基础树脂的折射率及热导率的差值，制备了折射率1.45~1.55的可固化硅树脂。	有效

续表

专利号（公开号）	发明名称	申请人	技术要点	中国法律状态
TW201425480A；CN103881388A；KR1020140081711A；TWI504683B；US9054284B2；US9105821B2；CN103881388B；KR101580955B1；US20140175504A1	固化性硅酮树脂组合物、其固化物及光半导体装置	信越	控制有机硅组合物中有机硅粉末的粒径为0.5～100μm，所述固化性硅酮树脂组合物具有较高的光取出效率。	有效
EP2289979A1；JP5345908B2；US20110046310A1；US8173759B2；KR1020110020183A；CN101993539A；JP2011042744A；CN101993539B；TW201107378A	有机聚亚甲基硅硅氧烷以及有机聚亚甲基硅硅氧烷组成物	信越	提供一种由具有亚甲基硅键的硅系聚合物所构成的加成固化型有机聚亚甲基硅硅氧烷，形成耐热性、电绝缘特性、耐水性、成型加工性优异且透气性少的固化物的有机聚亚甲基硅硅氧烷组成物及其固化物。	有效
JP3523098B2；JP2000198930A	加成固化硅氧烷组合物	信越	采用线性聚硅氧烷为基础聚合物，硅树脂作为补强材料，含氢硅油作为交联剂制备有机硅封装材料，基础有机硅聚合物主要由D单元组成。	—
US20120056236A1；TWI516547B；JP2012052045A；JP5170471B2；TW201224062A；US8614282B2；CN102532915A；CN102532915B；KR1020120024479A	低气体渗透性硅氧烷树脂组合物和光电器件	信越	一种硅氧烷树脂组合物，其包含（A）分子中含有硅—键合芳基和烯基基团的有机基聚硅氧烷、（B）有机基氢聚硅氧烷和（C）加成反应催化剂，是低气体渗透性的。由其封装的光电器件是非常可靠的。	有效
US9163144B2；JP2014088459A；CN103788658A；CN103788658B；JP5851970B2；KR1020140056029A；US20140120793A1	硅酮树脂组合物、使用该组合物的硅酮积层基板及它的制造方法和LED装置	信越	一种硅酮树脂组合物，利用三维网状结构的有机聚硅氧烷，交联剂含有T单元。由于该树脂组合物中含有大量的T单元，组合物的玻璃化转变温度高，所得固化产物耐热性、耐候性优良。	有效
US7449540B2；JP2007077252A；US20070073025A1	可固化的硅氧烷组合物	信越	含环烯官能化聚硅氧烷的组合物，聚硅氧烷和聚环烯主链共同作用能提高固化产物的硬度和强度。	—

续表

专利号（公开号）	发明名称	申请人	技术要点	中国法律状态
US7915362B2；EP1921114A1；CN101148542A；DE602007003545D1；JP4563977B2；TW200823265A；US20080076882A1；JP2008074982A；EP1921114B1；CN101148542B	热固性硅树脂组合物及使用其的发光二极管元件	信越	得到具有极好的透明度且随时间变色极少的固化产品的热固性有机硅树脂组合物，理想地用作发光二极管元件的防护材料或透镜材料等。	有效
EP2083038A1；CN101538367A；KR1020090082868A；JP2009275206A；CN101538367B；TW200932794A；US20090203822A1；US7985806B2；JP5115909B2	二缩水甘油基异氰尿酸基改性有机聚硅氧烷以及含有该有机聚硅氧烷的组成物	信越	耐光性和耐龟裂性优异的硬化物的化合物，含二缩水甘油基异氰尿酸基改性有机聚硅氧烷	有效
CN101885851A；CN101885851B；JP2010265374A；KR1020100123607A；TW201041938A	含有异三聚氰酸环的末端氢聚硅氧烷	信越	一种有机氢聚硅氧烷，具有异三聚氰酸环，且具有至少两个末端氢硅氧基。由于是一种在末端具有至少两个氢硅氧基的含有异三聚氰酸环的末端氢聚硅氧烷，因而可用来调节所得有机硅封装材料的耐热性、机械性、电气绝缘性等。	有效
JP6100717B2；TWI579340B；CN104893301A；TW201546187A；US20150252192A1；US9624374B2；JP2015168698A；KR1020150104520A	加成固化型硅酮组合物及光学元件	信越	加成固化型硅酮组合物，其提供一种固化物，折射率低，具有高透明性，光提取效率也优异，且树胶的性质及强度特性良好，固化后不具有胶黏性，特别在25℃时的波长400nm的透光率良好。包含直链状有机聚硅氧烷。	有效
US8481656B2；EP2508569A1；CN102732040A；JP5522111B2；US20120256325A1；CN102732040B；EP2508569B1；JP2012219184A；KR1020120115142A；	硅树脂组合物以及采用该组合物的光学半导体装置	信越	硅树脂组合物包括：（A）具有含两个或更多个烯基的特定结构的有机聚硅氧烷、（B）由两种具有特定结构的有机氢聚硅氧烷组成的有机氢聚硅氧烷以及（C）加成反应催化剂；（B）中，两种有机氢聚硅氧烷的质量比为10:90~90:10的范围	有效

续表

专利号（公开号）	发明名称	申请人	技术要点	中国法律状态
CN103804880B；CN103804880A；JP2014091778A；JP5869462B2；TW201422715A；KR1020140057167A	光半导体密封用固化性组合物及使用其的光半导体装置	信越	主链中含至少两个硅键合三乙烯基、苯基的直链状氟代聚合物，该聚合物同含氟有机氢化聚硅氧烷反应可用来制备具有耐冲击性及粘接性优异的LED密封组合物。	有效
US20160009866	树脂—线型有机硅氧烷嵌段共聚物的组合物	道康宁	重点研究了树脂组合物的应力松弛问题以提高树脂组合物的加工性能。	—
US6297305B1；EP985710B1；DE69911530D1；DE69911530T2；EP985710A1	可固化的硅氧烷组合物	道康宁	向组合物中引入空气可氧化的不饱和组合物，提高LED屏幕的亚光性能。	—
US20110160410A1；WO2009154260A1；CN102066493B；EP2326686B1；MY156257A；RU2503696C2；EP2326686A1；JP2010001335A；JP5972512B2；KR101730840B1；KR101780458B1；KR1020160075791A；TW201000561A；TWI537340B；CN102066493A；KR1020110018916A；RU2010151565A；US8299186B2	可固化的有机基聚硅氧烷组合物和半导体器件	道康宁	一种可固化的有机基聚硅氧烷组合物，基础有机硅聚合物和交联剂中的芳基含量分别至少为30%、15%。该组合物能够形成具有高折射率和对基板的强粘合性的固化体。	有效
JP2014129477A；US20150344636A1；JP6059010B2；KR1020150100930A；WO2014104390A2；WO2014104390A3；TW201428060A	可固化硅氧烷组合物，其固化物，光半导体装置	道康宁	交联剂中的芳基为多环芳烃，该基团结构能够帮助降低固化产物的透气性，使组合物具有高折射率、良好的操作性能和稳定性。	—
WO2013154718A1；EP2828319A1；CN104245797A；CN104245797B；JP2015516478A	包含树脂—线性有机硅氧烷嵌段共聚物和有机聚硅氧烷的组合物	道康宁	调节树脂—线性硅氧烷嵌段共聚物组合物中式D、T及硅烷醇基团单元摩尔质量分数，所得LED封装用材料具有改善的韧度和流动性。	有效

六、结束语

LED 封装材料的研发和应用能够提升我国新材料、新能源、半导体等行业的创新水平。课题组对涉及 LED 封装材料的专利进行检索、筛选、处理,并对这些专利文献数据进行了技术分类和详细标引。

本报告首先从申请量趋势、区域分布、申请人分布等方面对全球和中国的 LED 封装材料专利申请进行了定量统计和分析,其次对重要申请人和主要技术进行了详细解读。

从专利申请趋势来看

LED 封装材料相关专利申请从 20 世纪 70 年代开始缓慢起步,从 2005 年开始蓬勃发展,目前全球正处于 LED 封装材料技术的平稳发展时期。

日本开始 LED 封装材料专利申请年代较早,中国从 1999 年起逐渐有相应专利申请,但是中国自介入 LED 封装材料技术领域后,专利申请量强势崛起,目前已成为 LED 封装材料专利申请大国。

从专利布局来看

在 LED 封装材料领域,日本、中国、美国、韩国是主要的技术来源国,中国大陆是各国最为重视的目标市场,而美国、中国台湾、韩国、日本的市场关注度次之。

日本最重视海外布局,日本申请人对中国市场的兴趣也非常浓厚,在中国的专利数量远远超过其他国家/地区在中国的专利布局数量。相比之下,中国企业或科研机构主要以中国本土申请为主,海外布局意识较为淡薄。

从申请人来看

整个 LED 封装材料领域,日本、中国、美国、韩国的申请人掌握着大部分的专利话语权。全球 LED 封装材料专利申请量排名前 11 的申请人中,日本申请人有 6 家,比例超过 50%;接着是中国、美国、韩国,其中中国有 3 家申请人,美国有 1 家申请人,韩国有 1 家申请人。同时可以看出,排名靠前的申请人均为法人,并没有自然人,可见中国、日本、美国、韩国的企业或科研院校更注重对 LED 封装材料的研发和知识产权保护。

从重要申请人所持专利数量比例来看,虽然越来越多的研发主体介入,但是在 LED 封装材料技术领域,已经形成几大申请人进行技术垄断的局面,LED 封装材料技术整体处于若干技术寡头的态势。

从申请类型和法律状态来看

LED 封装材料专利申请以发明为主,很少有实用新型申请,表明了 LED 封装材料专利申请的技术含量相对较高。在关于 LED 封装材料技术的专利申请中,已授权的专利申请占 40.15%,驳回率和权利终止率只有 4.80%和 4.40%,放弃比例则仅有 0.57%,表明 LED 封装材料领域的申请质量较高,权利比较稳定,各申请人或专利权人对申请也较为看重，很少放弃专利申请。

从技术演进来看

由于环氧树脂价格低廉、具有优良的粘结性、电气绝缘性和可操作性，最初采用环氧树脂作为 LED 封装材料。然而，随着功率型 LED 的迅速发展，环氧树脂暴露出耐热性不足、耐紫外线能力差、长期使用发生黄变等缺点，仅限于小功率 LED 的封装。

有机硅由于耐老化性好、透光率高、折射率大、热稳定性好、应力小、吸湿性低、不易黄变等特点，在大功率 LED 封装中得到广泛应用。

为改善 LED 封装材料的性能，最初尝试采用有机硅改性环氧树脂。按反应机理，有机硅改性环氧树脂可分为物理共混改性和化学共聚改性两类。由于环氧基团的存在，有机硅改性环氧树脂类封装材料仍存在耐辐射性差、易黄变的缺点。

采用硅氢加成反应制备 LED 封装用有机硅材料，可以进一步改善 LED 封装材料的性能。加成型有机硅封装材料的改性主要涉及基础聚合物、交联剂、补强填料、添加剂的改性和其他技术手段。

LED 作为新一代照明光源，具有巨大的优势潜力，如何提高 LED 封装材料的光提取效率、折射率、散热性和热稳定性，是 LED 封装材料的发展方向，值得中国相关企业、科研院校和高校持续关注。从可持续发展角度来看，积极进行 LED 封装材料研发的同时，以烟台德邦为代表的中国企业在稳定国内市场地位、专利布局成熟的前提下，应该尽早进军国际市场，加大海外专利申请量，加速海外专利布局，占领国际市场。而产学研一体化是实现科技创新的重要保证，杭州师范大学、中科院广州化学作为国内重要申请人，可考虑与相关大型企业合作，以利于将研究成果产业化，促进 LED 封装材料的产业化发展。

参考文献

[1] 吴启保. 大功率 LED 器件封装材料的研究现状 [J]. 化工技术与开发，2009，38（2）：15-17.

[2] 张宇. 功率型 LED 封装用有机硅材料的研究进展 [J]. 有机硅材料，2011，25（3）：199-203.

[3] 牟秋红. 功率型 LED 封装材料的研究现状及发展方向 [J]. 山东科学，2011，24（5）：30-34.

EGFR 受体相关酪氨酸激酶抑制剂专利技术现状及其发展趋势

韩蕾 刘鑫 党晓林

一、研究背景

EGFR（Epidermal Growth Factor Receptor，EGFR、ErbB-1 或 HER1）是表皮生长因子受体（HER）家族成员之一。该家族包括 HER1（erbB1，EGFR）、HER2（erbB2，NEU）、HER3（erbB3）及 HER4（erbB4）。HER 家族在细胞生理过程中发挥重要的调节作用。EGFR 同相应的配体结合形成同源或异源二聚体，从而激活细胞内下游信号传导通路。EGFR 的高表达促进肿瘤细胞的增殖、血管生成、黏附、侵袭和转移。

酪氨酸激酶（Tyrosine Kinase，TK）是一类具有酪氨酸激酶活性的蛋白质。在细胞信号通路传导中酪氨酸激酶具有重要作用，它们能催化 ATP 上的磷酸基转移到许多重要蛋白质的酪氨酸残基上，使其发生磷酸化而活化。酪氨酸激酶抑制剂（TKI）为一类能抑制酪氨酸激酶活性的化合物，通常为小分子化合物，通过对受体酪氨酸激酶活性（可逆或不可逆）的抑制，阻断细胞表面受体与配体结合后胞内区活化信号，从而抑制信号转到通路的最终生物学效应。

截至目前，全球（中国、欧美、日韩等主要国家）批准上市的针对 EGFR 靶点的药物已超过 20 个，临床申请及研究阶段药物 80 个，NDA 申请中的药物 2 个。其中，小分子抑制剂类 68 个，包括小分子单靶点酪氨酸激酶抑制剂（EGFR-TKls），可以抑制 EGFR 胞内区酪氨酸激酶活性；以及小分子多靶点受体酪氨酸激酶（RTKs）抑制剂。以 EGFR 为靶点的小分子酪氨酸激酶抑制剂药物（主要为喹唑啉类化合物）截至 2016 年上市的有 8 种。EGFR 酪氨酸激酶抑制剂已成为抗肿瘤药物研究的热点。

我国是全球新发癌症最多的国家，国内抗肿瘤药物市场发展迅猛，2014—2016 年每年的抗肿瘤药物市场规模已超过千亿元，并连续多年保持 20%以上的年增长率。在国家重视癌症等重大疾病的治疗和研发投入的大背景下，以及随着我国大部分企业对知识产权保护意识的增长，在以仿制为主、仿创结合的环境中越来越需要学习和掌握运用专利信息、追踪技术发展趋势、调整技术研发方向、规避潜在的侵权风险、提高企业的专利战略应用水平。

二、研究对象和研究方法

（一）课题研究目的
（1）填补对 EGFR 抑制剂药物专利整体研究的空白；
（2）针对目前医药行业中"专利悬崖"的时机，帮助我国药企和研发单位了解相关技术的发展动态，确定发展趋势，提早布局仿制药物或 me-too 药物；
（3）对相关药物的进一步研发起到启发作用。

（二）课题研究内容
（1）申请日截至 2016 年 12 月 31 日与 EGFR 相关的小分子酪氨酸蛋白激酶抑制剂的专利；
（2）对国内专利、国外来华专利以及国际专利进行分析，研究国内专利、国外来华专利以及国际专利的申请量发展趋势、申请人分布概况、申请主体技术特征、国内专利和国外来华专利布局等；
（3）确定重点专利并研究其法律状态、稳定性等，依据重点专利申请描绘出各自的技术发展路线图和生命周期；
（4）厘清国内外与 EGFR 相关的小分子酪氨酸蛋白激酶抑制剂，包括单一 EGFR 靶点以及多靶点的小分子抑制剂在结构修饰位点、抗耐药性方面的研究情况；
（5）对国内相关企业在运用专利信息、追踪技术发展趋势、调整技术研发方向、规避潜在的侵权风险、提高企业的专利战略应用水平等方面提供建议；
（6）分析有关新药如埃克替尼、仿制药吉非替尼等的专利风险，为国内企业进行仿制药生产以及相关专利布局提供建议。

（三）技术分解
以与 EGFR 相关的小分子酪氨酸蛋白激酶抑制剂为主要研究对象。按照表 1 进行技术分解。

（四）检索分析及相关事项与约定
1. 检索的数据库

本报告的数据采集所用数据库是 Incopat 专利检索数据库及药渡专利检索数据库。

检索时间为 2017 年 9 月。检索分析数据为申请日在 2016 年 12 月 31 日之前的专利及专利申请，在此之后申请并被检索数据库所收录的专利申请未纳入本报告的具体药物分析范围内。

表 1　EGFR 受体相关酪氨酸蛋白激酶抑制剂技术分解表

课题名称	一级技术分支	二级技术分支	三级技术分支	四级技术分支
EGFR 受体相关酪氨酸激酶抑制剂专利技术分析及发展趋势 靶点：EGFR（表皮生长因子受体）	小分子酪氨酸激酶抑制剂（全球专利及申请公开 10 000 件，中文专利及申请公开 7986 件）	EGFR 单一靶点（上市药物 5 种，临床药物 35 种）	☆埃克替尼	结构修饰位点
				抗耐药性
				技术发展路线
				生命周期
				化合物
				晶型
				制剂
				组合物
				中间体
				制备方法
				用途
			☆吉非替尼	……
			奥莫替尼	
			☆厄洛替尼	
			奥希替尼	
			……	
		多靶点（EGFR+其他靶点）（上市药物 5 种，临床药物 26 种）	阿法替尼（EGFR、ErbB2、ErbB4）	
			来那替尼（EGFR、ErbB2、ErbB4）	
			拉帕替尼（EGFR、ErbB2）	
			凡德他尼（EGFR、VEGFR、RET、TIE2、EPH）	
			Brigatinib（EGFR、IGF-1R）	
			达克替尼（EGFR、ErbB2、ErbB4）	
			……	

注：1. 表中以"EGFR"为关键词的初步检索数据，未去噪。
　　2. ☆表示需要重点分析的药物。

2. 数据检索策略

一级检索：

检索式：（epidermal growth factor receptor or EGFR or ErbB-1 or HER1 or 表皮生长因子受体）and（喹唑啉 or quinazoline）and（AD=[19600101 to 20161231]）

Incopat：检索结果 1101 件。

二级技术分支，在上面结果中二次检索：

单一靶点 OR 单一靶向 OR Single target；

多靶点 OR 多靶向 OR Multi target OR multiple target。

三级技术分支，进一步限制药物名称：

检索式：吉非替尼

（epidermal growth factor receptor OR EGFR OR ErbB-1 OR HER1 OR 表皮生长因子受体）and（喹唑啉 or quinazoline）and（吉非替尼 or Gefitinib or N-3-氯-4-氟苯基-7-甲氧基-6-3-吗啉-4-丙氧基喹唑啉-4-胺 or N-3-Chloro-4-fluorophenyl-7-methoxy-6-3-morpholin-4-yl propoxy quinazolin-4-amine）and（AD=[19600101 to 20161231]）

Incopat 检索结果：127 件。

检索式：埃克替尼

（epidermal growth factor receptor OR EGFR OR ErbB-1 OR HER1 OR 表皮生长因子受体）and（喹唑啉 or quinazoline）and（埃克替尼 or Icotinib or 4-3-乙炔基苯基氨基-喹唑啉并 6,7-b 12-冠-4 or 4-3-ethynylphenyl amino-6,7-benzo-12-crown-4-quinazoline）and（AD=[19600101 to 20161231]）

Incopat 检索结果：25 件。

检索式：厄洛替尼

（epidermal growth factor receptor OR EGFR OR ErbB-1 OR HER1 OR 表皮生长因子受体）and（喹唑啉 or quinazoline）and（厄洛替尼 or 埃罗替尼 or 厄罗替尼 or erlotinib or N-3-乙炔苯基-6,7-二-2-甲氧基乙氧基喹唑啉-4-胺 or N-3-Ethynylphenyl-6,7-bis 2-methoxyethoxy quinazoline-4-amine）and（AD=[19600101 to 20161231]）

Incopat 检索结果：148 件。

3. 数据查全率、查准率验证

基于适当扩展与精确检索相结合的方式，利用分类号与关键词相结合的检索策略，尽可能查全查准的基础上力求减少噪声，来确保检索数据的完整性和准确性。在中国库以申请人为贝达进行检索，验证查全率和查准率。相关专利查全率大于95%，在进一步研究时经过人工去噪，查准率超过90%。满足研究需要。

4. 数据标引

对于检索得到的数据，根据研究领域的不同，采用批量去除噪声、手工标引去噪等方式对检索得到的全领域数据进行标引和处理，以便于统计学上的分析研究。

5. 主要分析方法

本文采用了宏观数据分析和对重点关注点进行深入分析相结合的研究方式。通过对专利数据在时间、地域、技术和申请人维度上统计，进行宏观分析，得到宏观的分析结果；对重点关注的申请人或专利技术进行深入分析，得到其专利布局和技术发展情况等；最后，将专利分析结果与产业实际相结合，得出相关结论。主要的分析内容包括：专利申请趋势分析、国家区域分布分析、技术构成分布分析、主要申请人的专利申请分析、重要专利分析等，在此基础上对专利技术内容进行定性分析，了解重要技术分支的重要专利和技术发展路线，分析技术热点。

6. 相关事项和约定

此处对本报告上下文中出现的以下术语或现象，一并给出解释。

项：同一项发明可能在多个国家或地区提出专利申请，构成同族专利。在进行专利申请数量统计时，对于数据库中以一族（这里的"族"指的是同族专利中的"族"）数据的形式出现的一系列专利文献，计算为"1 项"。一般情况下，专利申请的项数对应于技术的数目。

件：在进行专利申请数量统计时，例如为了分析申请人在不同国家、地区或组织所提出的专利申请的分布情况，将同族专利申请分开进行统计，所得到的结果对应于申请的件数。1 项专利申请可能对应于 1 件或多件专利申请，如同一项发明在中国和美国分别提出专利申请，则分别形成 1 件中国专利申请和 1 件美国专利申请，但在 Incopat 数据库中记为 1 项专利申请。

7. 近两年专利文献数据不完整导致申请量下降现象

在本文分析所采集的专利申请数据中，由于下列多种原因导致 2016 年以后提出的专利申请的统计数量比实际的申请量要少：PCT 专利申请可能自申请日起 30 个月甚至更长时间之后才进入国家阶段，从而导致与之相对应的国家公布时间更晚；中国发明专利申请通常自申请日起 18 个月（要求提前公布的申请除外）才能被公布；专利申请从公开到录入数据库存在一定的时间间隔。基于上面这些原因，因而会出现近两年的专利统计数量突然急剧下降现象，这种"下降"很大可能性有悖于实际申请情况。

三、EGFR 受体相关酪氨酸激酶抑制剂专利状况分析

（一）EGFR 受体相关酪氨酸激酶抑制剂概述

EGFR 受体酪氨酸激酶抑制剂已成为抗肿瘤药物研究的热点。截至 2016 年，有关以 EGFR 为靶点的小分子酪氨酸激酶抑制剂的上市的化学药物一共有 8 种（其中单靶点受体酪氨酸激酶抑制剂有 5 种，多靶点受体酪氨酸激酶抑制剂有 3 种）。

国外领军公司为：阿斯利康（吉非替尼 2002 年；凡德他尼，也称之为伐地他尼 2011 年；奥希替尼 2015 年）；

国内领军公司为：贝达药业（埃克替尼 2011 年）。

另外，国内在这一领域的研究越来越多，目前进入临床阶段研究的有好多都是国内的公司。

表 2 列出了以 EGFR 为靶点的酪氨酸激酶抑制剂药物（主要为喹唑啉类化合物）（截至 2016 年上市的有 8 种）。

表 2 以 EGFR 为靶点的酪氨酸激酶抑制剂药物

药物名称	靶点	厂家	产品名称	适应症	批准年份	结构式
Erlotinib Hydrochloride（盐酸厄洛替尼）	EGFR	基因泰克，安斯泰来	Tarceva®/特罗凯®	非小细胞肺癌	2004 年	
Olmutinib（奥莫替尼）	EGFR	韩美，勃林格殷格翰，再鼎医药	Olita®	非小细胞肺癌	2016 年	
Vandetanib（凡德他尼）	VEGFR, EGFR, RET, TIE2	阿斯利康	Caprelsa®/Zactima®	甲状腺髓样癌	2011 年	
Afatinib Dimaleate（马来酸阿法替尼）	EGFR, ErbB2, ErbB4	勃林格殷格翰	Gilotrif®/Giotrif®/Tomtovok®/Tovok®/吉泰瑞	非小细胞肺癌，转移性鳞状细胞非小细胞肺癌	2013 年	
Osimertinib Mesylate（甲磺酸奥希替尼）	EGFR	阿斯利康	(Tagrisso®/泰瑞沙®)	非小细胞肺癌	2015 年	

续表

药物名称	靶点	厂家	产品名称	适应症	批准年份	结构式
Icotinib Hydrochloride（盐酸埃克替尼）	EGFR	贝达药业	Conmana®/Commana®/凯美纳®	非小细胞肺癌	2011年	
Neratinib Maleate（马来酸来那替尼）	EGFR, ErbB2, ErbB4	辉瑞, Puma Biotechnology	Nerlynx®	HER2阳性转移性乳腺癌	2017年	
Lapatinib Ditosylate Hydrate（二甲苯磺酸拉帕替尼）	EGFR, ErbB2	葛兰素史克	泰立沙®/Tykerb®/Tyverb®	乳腺癌，实体瘤	2007年	
Brigatinib	IGF-1R, EGFR, ALK, ROS1, FLT-3	Ariad	Alunbrig®	间变性淋巴瘤激酶（ALK）阳性非小细胞肺癌，转移性非小细胞肺癌	2017年	
Gefitinib（吉非替尼）	EGFR	阿斯利康	Iressa®/易瑞沙®	非小细胞肺癌，转移性非小细胞肺癌	2002年	
Pyrotinib Maleate（马来酸吡咯替尼）	EGFR, ErbB2	江苏恒瑞		HER2阳性转移性乳腺癌	NDA申请中	

续表

药物名称	靶点	厂家	产品名称	适应症	批准年份	结构式
Dacomitinib（达克替尼）	EGFR，ErbB2，ErbB4	辉瑞，SFJ pharmaceuticals		非小细胞肺癌	临床三期	
Varlitinib Ditosylate	EGFR，ErbB2	Array BioPharma		胃癌，乳腺癌，实体瘤，胰腺癌	临床三期	
Tesevatinib	EGFR，ErbB2，ErbB3，ErbB4	Exelixis，Kadmon		非小细胞肺癌，常染色体显性多囊肾病	临床三期	
Epitinib Succinate（琥珀酸依吡替尼）	EGFR	和记黄埔医药		非小细胞肺癌，实体瘤，成胶质细胞瘤	临床二期	
Sapitinib	EGFR，ErbB2，ErbB3	阿斯利康		非小细胞肺癌，转移性乳腺癌	临床二期	
Epertinib	EGFR，ErbB2	盐野义		实体瘤	临床二期	
研发代码：AP-32788	EGFR，ErbB2	Ariad		非小细胞肺癌	临床二期	

续表

药物名称	靶点	厂家	产品名称	适应症	批准年份	结构式
研发代码：AZD-3759	EGFR	阿斯利康		非小细胞肺癌	临床二期	
Poziotinib	EGFR, ErbB2, ErbB4	韩美，绿叶制药，Spectrum Pharmaceuticals		非小细胞肺癌，胃癌，乳腺癌，头颈癌	临床二期	
Avitinib Maleate（马来酸艾维替尼）	EGFR	艾森生物		非小细胞肺癌	临床二期	
研发代码：CK-101	EGFR	苏州润新生物，Fortress Biotech		非小细胞肺癌	临床二期	
Alflutinib Mesylate（甲磺酸艾氟替尼）	EGFR	上海艾力斯		非小细胞肺癌	临床二期	
研发代码：HS-10296	EGFR	江苏豪森医药		非小细胞肺癌	临床二期	
Nazartinib	EGFR	诺华		非小细胞肺癌，实体瘤	临床二期	

续表

药物名称	靶点	厂家	产品名称	适应症	批准年份	结构式
研发代码：PF-06747775	EGFR	辉瑞		非小细胞肺癌	临床一期	
Theliatinib（席栗替尼）	EGFR	和记黄埔医药		食道癌，实体瘤	临床一期	
研发代码：BPI-15086	EGFR	贝达药业		非小细胞肺癌	临床一期	
研发代码：Hemay-020	EGFR	天津和美生物技术，海南通用三洋		非小细胞肺癌，头颈癌	临床一期	
Simotinib Hydrochloride（盐酸西莫替尼）	EGFR	先声药业，Advenchen Laboratories		结肠癌，非小细胞肺癌，乳腺癌	临床一期	
Neptinib Di-P-methylbenzenesulfonate（二甲苯磺酸萘普替尼）	EGFR	深圳海王医药科技研究院		胃癌，非小细胞肺癌，结直肠肿瘤，乳腺癌	临床一期	
研发代码：D-0316	EGFR	上海页岩科技			临床一期	
研发代码：CEP-32496	EGFR, B-Raf, RET	梯瓦，Ambit biosciences		结肠癌，黑色素瘤	临床一期	
研发代码：ASK120067	EGFR	江苏奥赛康药业		非小细胞肺癌	临床一期	

续表

药物名称	靶点	厂家	产品名称	适应症	批准年份	结构式
Betatinib（倍他替尼）	EGFR	苏州韬略，精华制药，Aspedia LLC		非小细胞肺癌	临床一期	
研发代码：PB-357	EGFR，ErbB2，ErbB4	辉瑞		实体瘤	临床一期	
研发代码：NRC-2694	EGFR	Natco		乳腺癌，实体瘤	临床一期	
Pirotinib Hydrochloride（盐酸哌罗替尼）	EGFR，ErbB2，ErbB4	轩竹医药		非小细胞肺癌，乳腺癌，肺癌	临床一期	
研发代码：HS-10182	EGFR，ErbB2	江苏豪森医药		实体瘤	临床一期	
研发代码：GMA-204	EGFR	杭州鸿运华宁，苏州韬略		非小细胞肺癌	临床一期	
Larotinib Mesylate（甲磺酸莱洛替尼）	EGFR	广东东阳光药		非小细胞肺癌，食道癌，头颈癌，胰腺癌	临床一期	
研发代码：TAS-121	EGFR	大冢制药，大鹏药品		实体瘤	临床一期	
研发代码：BPI-7711	EGFR	贝达药业		非小细胞肺癌	临床一期	
研发代码：SKLB-1028	Bcr-Abl，EGFR，FLT-3	石药集团，四川大学		非小细胞肺癌，急性骨髓性白血病	临床一期	

续表

药物名称	靶点	厂家	产品名称	适应症	批准年份	结构式
研发代码：SPH1188-11	EGFR	上海医药		转移性非小细胞肺癌，鳞状细胞癌	临床一期	
Mefatinib（迈华替尼）	EGFR	华东医药，苏州迈泰生物技术		胃癌，非小细胞肺癌	临床一期	
研发代码：ABBV-221	EGFR	艾伯维		实体瘤	临床一期	

（二）EGFR 受体相关酪氨酸激酶抑制剂全球专利状况分析

1. 全球申请状况分析

EGFR 受体相关酪氨酸激酶抑制剂全球专利总申请量在 2003 年以前处于研发初期，申请量较少；在 2003—2007 年一些国家和企业纷纷加入研发，申请量出现显著上升；2008 年专利申请数量有所下降，但随后几年至今，围绕 EGFR 受体相关酪氨酸激酶抑制剂的专利申请一直保持较高热情。EGFR 酪氨酸激酶抑制剂相关药物研发仍是抗肿瘤药物研究的热点。2016 年以后的专利申请的统计数量急剧下降，其中可能受公开日及 PCT 进入日滞后于申请日的影响，这种"下降"很大可能性有悖于实际申请情况。

图 1 显示了 EGFR 受体相关酪氨酸激酶抑制剂全球专利申请地域分布。

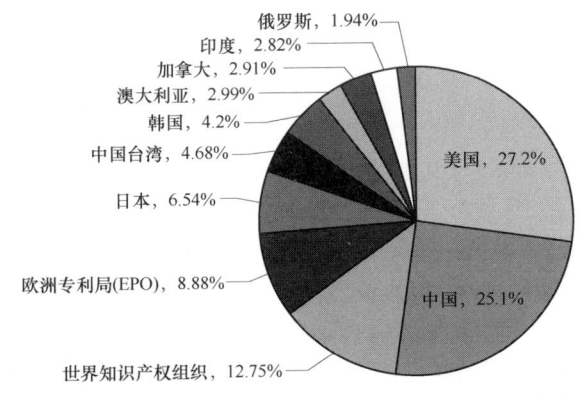

图 1　EGFR 受体相关酪氨酸激酶抑制剂全球专利申请地域分布

从图 1 可以看出，EGFR 受体相关酪氨酸激酶抑制剂全球专利申请主要集中在美国（27.2%）、中国（25.1%）、欧洲、日本。中美两国是 EGFR 受体相关酪氨酸激酶抑制剂相关药物的主要市场。

EGFR 受体相关酪氨酸激酶抑制剂全球专利申请技术主要集中 A61K（医用、牙科用或梳妆用的配制品）、C07D（杂环化合物）、A61P（化合物或药物制剂的特定治疗活性）类别，即主要集中在化合物及其医药用途方面。

图 2 显示了 EGFR 受体相关酪氨酸激酶抑制剂全球专利申请申请人排名。

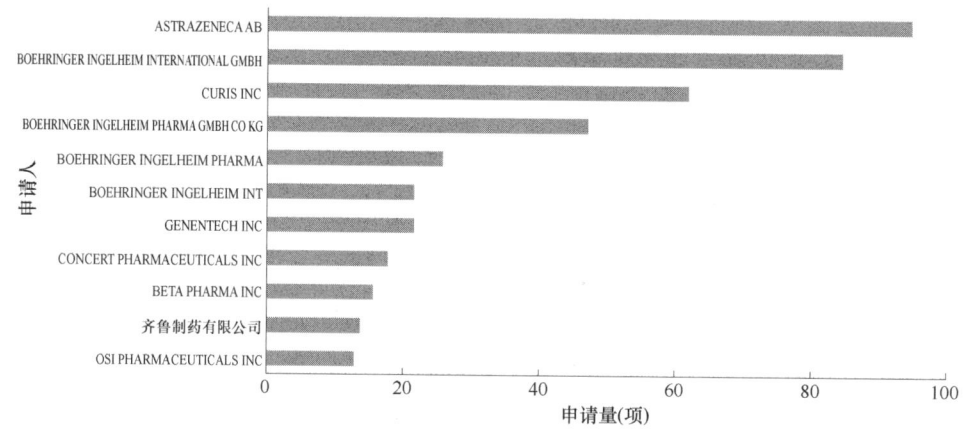

图 2　EGFR 受体相关酪氨酸激酶抑制剂全球专利申请申请人排名

2. 中国申请状况分析

以下图表显示了 EGFR 受体相关酪氨酸激酶抑制剂中国专利申请的类型（授权与否）、当前法律状态、专利有效性及申请人国别分析。

图 3 显示了所分析的 EGFR 受体相关酪氨酸激酶抑制剂中国专利申请的类型（授权与否），可以看出，所分析申请案件中，授权率为 27.97%。

图 4 和图 5 显示了所分析的 EGFR 受体相关酪氨酸激酶抑制剂中国专利申请的有效性和当前法律状态。

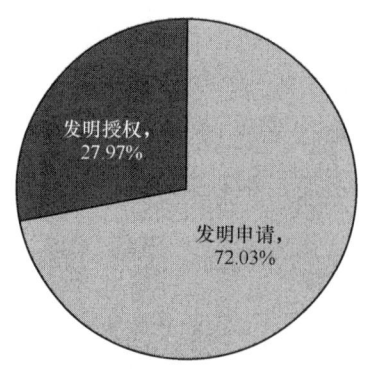

图 3　EGFR 受体相关酪氨酸激酶抑制剂中国专利申请类型（授权与否）

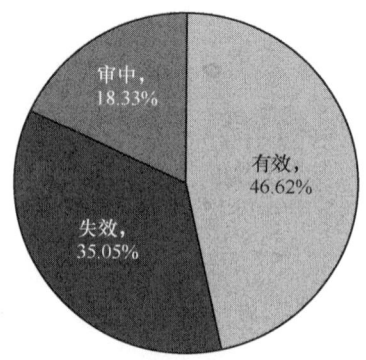

图 4　EGFR 受体相关酪氨酸激酶抑制剂中国专利申请的有效性

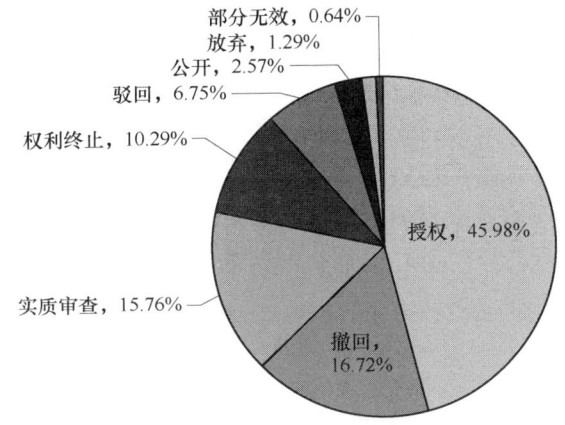

图 5　EGFR 受体相关酪氨酸激酶抑制剂中国专利申请的法律状态

从图 4 和图 5 可以看出，所分析申请案件中，约 35% 的案件已失效（被驳回、撤回或终止）。其中，10.29% 的案件目前处于权利终止，这对于关注这些专利的相关企业来说是需要重视的。

图 6 显示了 EGFR 受体相关酪氨酸激酶抑制剂中国专利申请的申请人国别分析。

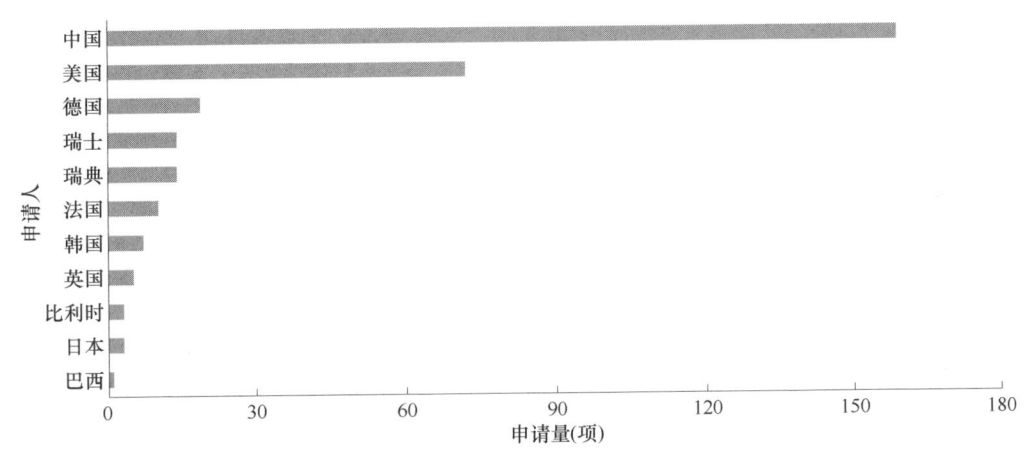

图 6　EGFR 受体相关酪氨酸激酶抑制剂中国专利申请的申请人国别

从图 6 可以看出，EGFR 受体相关酪氨酸激酶抑制剂中国专利申请中，中国申请人数量已超越美国，占据首要地位，说明中国企业对 EGFR 受体相关酪氨酸激酶抑制剂药物的研发及对知识产权的保护已相当重视。

3. 有关 EGFR 酪氨酸激酶的发展趋势：结构修饰位点

（1）1993 年发现了第一个 4-苯胺基喹唑啉化合物 PD153035，可用作 EGFR 酪氨酸激酶的特异性抑制剂

PD153035 结构式如下：（申请日：1993.07.21；申请日：辉瑞和 OSI 公司；公开

号：WO96030347A1；未能开发成药物）。

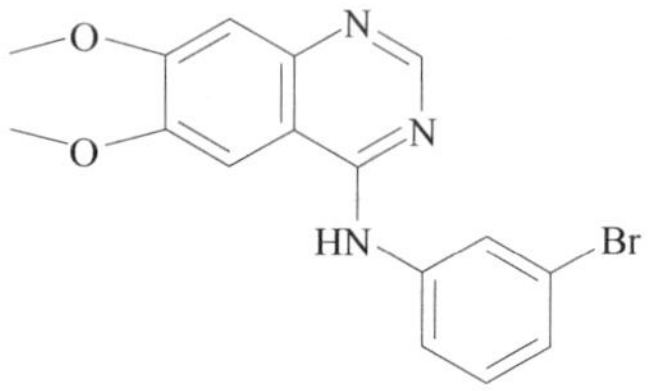

其中：涉及喹唑啉类的 EGFR 的酪氨酸激酶抑制剂早期均是对 6 位、7 位和 4 位氨基苯基上的取代基进行修饰。

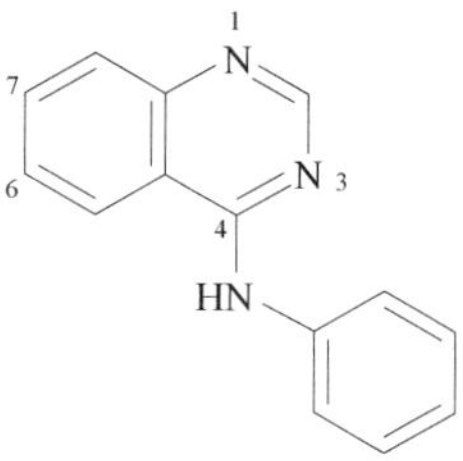

喹唑啉母核的结构式

（2）吉非替尼：（单一靶向）

首次申请：1996.04.23；申请人：曾尼卡有限公司（Zeneca Ltd.）；公开号：WO9633980A1；美国授权专利：US5770599A；授权日：1998.06.23。

由阿斯利康（AstraZeneca，AZ）研发，于 2002 年 7 月 5 日获日本医药品医疗器械综合机构（PMDA）批准，之后于 2003 年 5 月 5 日获美国食品药品管理局（FDA）批准上市，后又于 2009 年 6 月 24 日获欧洲药物管理局（EMA）批准，由阿斯利康上市销售，商品名为 Iressa®。

吉非替尼是首个表皮生长因子受体（EGFR）酪氨酸激酶选择性抑制剂。

结构式如下：

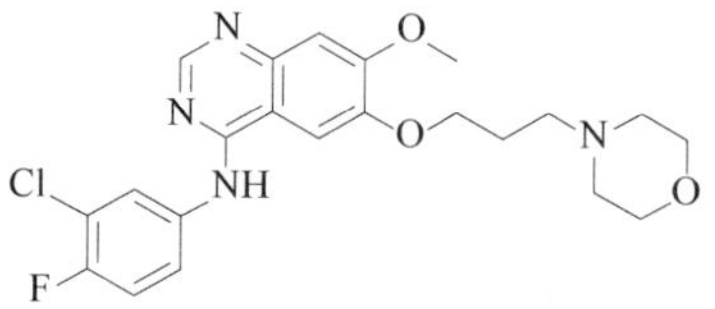

化学名称为：N-(3-氯-4-氟苯基)-7-甲氧基-6-(3-吗啉-4-丙氧基)喹唑啉-4-胺
N-(3-Chloro-4-fluorophenyl)-7-methoxy-6-[3-(morpholin-4-yl)propoxy]quinazolin-4-amine

结构修饰：相对于先导化合物 PD153035，在其第 7 位氨基苯基上引入了 4-吗啉基丙氧基。

（3）厄洛替尼（单一靶向）

首次申请：1995.06.06；申请人：辉瑞和 OSI 公司；美国授权专利为US5747498A；授权日：1998.05.05。后转让给罗氏。

厄洛替尼由基因科技（Genentech，被罗氏收购）和安斯泰来共同研发，首先于 2004 年 11 月 18 日获美国食品药品管理局（FDA）批准上市，之后于 2005 年 9 月 19 日获欧洲药物管理局（EMA）批准上市，于 2007 年 10 月 19 日获日本医药品医疗器械综合机构（PMDA）批准上市，由基因科技和安斯泰来在美国上市销售，商品名为 Tarceva®。

厄洛替尼是表皮生长因子受体（EGFR）酪氨酸激酶抑制剂，后者在各种癌症中高度表达和偶然突变，以可逆的方式与受体的三磷酸腺苷（ATP）位点结合。该药用于治疗非小细胞肺癌（NSCLC）和胰腺癌。

结构式如下：

化学名称：N-(3-乙炔苯基)-[6,7-二-(2-甲氧基乙氧基)]喹唑啉-4-胺
N-(3-Ethynylphenyl)-6,7-bis(2-methoxyethoxy)quinazoline-4-amine

结构修饰：相对于先导化合物 PD153035，将苯上 Br 替换为乙炔基，将 6、7 位的甲氧基替换为甲氧基乙氧基。

（4）埃克替尼（单一靶向）（首次专利到期日：2023.03.27）

首次申请：2003.03.28；申请人：贝达药业；申请号：03108814.7；授权公告号：CN1305860C；授权日：2007.03.21。

埃克替尼由贝达药业（Betta）开发，于 2011 年 6 月 7 日获中国食品药品监督管理局（CFDA）批准上市，由贝达药业在中国上市销售，商品名为 Conmana®/凯美纳®。

埃克替尼是一种表皮生长因子受体酪氨酸激酶（EGFR-TKI）抑制剂，适用于表皮生长因子受体（EGFR）具有敏感基因突变的局部晚期或转移性非小细胞肺癌（NSCLC）的一线治疗。

结构式如下：

化学名称：4-[(3-乙炔基苯基)氨基]-喹唑啉并[6,7-b]12-冠-4
4-((3-ethynylphenyl)amino)-6,7-benzo-12-crown-4-quinazoline

相对于先导化合物 PD153035，将苯上 Br 替换为乙炔基，将 6、7 位的甲氧基替换为 12-冠醚-4。

虽然单一靶向 EGFR 的酪氨酸激酶抑制剂（第 1 代）具有较好的抗肿瘤活性，但很容易引发耐药性。例如对吉非替尼的研究显示，在 4-取代苯胺喹唑啉类化合物的 6 位、7 位引入适当吸电子取代基，或在 4 位苯胺上引入脂溶性取代基，能提高该类化合物对 EGFR 家族的多重抑制作用，从而避免了耐药性的产生。

由此，第 2 代多靶点酪氨酸激酶抑制剂随之而生。具有代表性有以下 3 种：

（5）A. 拉帕替尼（多靶点：EGFR，ErbB2）

首次申请：1997.07.11；申请人：葛兰素史克公司（GSK）；公开号：WO9802434A1；美国公开号：US6391874B1；

拉帕替尼继 2007 年 3 月 13 号获得了美国食品药品管理局（FDA）的上市批准后，于 2008 年 6 月 10 日通过欧盟药品管理局（EMA）的批准，又于 2009 年 4 月 22 号通过了日本医药品医疗器械综合机构（PMDA）的批准。它是由葛兰素史克研发，以商品名为 Tykerb® 登陆美国市场。

拉帕替尼是人源表皮生长因子受体 2（HER2/ERBB2）和表皮生长因子受体 1（HER1/EGFR/ERBB1）酪氨酸激酶抑制剂。它与受体细胞内的磷酸化结构域结合以阻止配体结合后受体的自磷酸化（激活）。它可用于治疗转移的或者晚期的乳腺癌以及女性绝经后伴随荷尔蒙一受体呈阳性的转移性乳腺癌。

结构式如下：

化学名称：N-(3-氯-4-((3-氯苯基)甲氧基)苯基)-6-(5-(((2-(甲磺酰基)乙基)氨基)甲基)-2-呋喃基)-4-喹唑啉胺二对苯磺酸

N-{3-Chloro-4-[(3−fluorobenzyl)oxy]phenyl}-6-[5-({[2-(methylsulfonyl)ethyl]amino}methyl)furan-2-yl]quinazolin-4-amine bis(4−methylbenzenesulfonate)monohydrate

该化合物是在喹唑啉的 6 位引入了甲磺酰基甲基氨基取代的呋喃基团，同时在 4 位的氨基苯基上引入了苯基取代基。

（6）B. 阿法替尼（多靶点：EGFR，ErbB2，ErbB4）（核心专利到期日：2022.01.22）

首次申请日：1998.07.29；美国公开号：US6251912B1；专利权人：美国氰胺公司；（但阿法替尼未落入该专利通式保护范围）。

其核心专利为在首次申请的基础上的申请，申请日：2009.08.18；专利权人：勃林格殷格翰；公开号：USRE43431E1。

阿法替尼由勃林格殷格翰（Boehringer Ingelheim）研发，于 2013 年 7 月 12 日获美国食品药品管理局（FDA）批准上市，之后于 2013 年 9 月 25 日获欧洲药物管理局（EMA）批准上市，于 2014 年 1 月 17 日获日本药品与医疗器械管理局（PMDA）批准上市，由勃林格殷格翰上市销售，商品名为 Gilotrif®。

阿法替尼是酪氨酸激酶（TKI）受体 ErbB 家族不可逆的抑制剂，可以与由 ErbB 家族成员 EGFR（ErbB1）、HER2（ErbB2）、ErbB3、ErbB4 所形成的所有同源或异源二聚体共价结合，并阻断其所产生的信号。因受体基因突变、扩增，受体配体的过度表达所引起 ErbB 信号异常促进了恶性表型的发展。该药用于一线治疗转移性非小细胞肺癌（NSCLC），即当用 FDA 批准的临床检验证实患者肿瘤表皮生长因子受体（EGFR）外显子 19 缺失或外显子 21（L858R）取代突变。

阿法替尼是继吉非替尼、厄洛替尼、拉帕替尼、埃克替尼后第五种 EGFR 抑制剂。

结构式如下：

化学名称为：N-[4-[(3-氯-4-氟苯基)氨基]-7-[[(3S)-四氢-3-呋喃基]氧基]-6-喹唑啉基]-4-(二甲基氨基)2-丁烯酰胺

(2E)-N-[4-[(3-chloro-4-fluorophenyl)amino]-7-[(3S)-tetrahydro-3-furanyl]-oxy]-6-quinazolinyl]-4-(dimethylamino)-2-butenamide

（7）C. 凡德他尼（伐地他尼）（多靶点：VEGFR，EGFR，RET，TIE2）

首次申请日：2000.11.01；公开号：WO132651A1；申请人：阿斯利康。

凡德他尼由阿斯利康（AstraZeneca，AZ）研发，于 2011 年 4 月 6 日获美国食品药品管理局（FDA）批准上市，之后于 2012 年 2 月 17 日获欧洲药物管理局（EMA）批准上市，后又于 2015 年 9 月 28 日获日本药品与医疗器械管理局（PMDA）批准上市，商品名为 Caprelsa®。

凡德他尼为一种多靶点受体酪氨酸激酶（RTKs）抑制剂，用于症状性或渐进性的不可切除的局部晚期或转移性的甲状腺髓样癌患者的治疗。

结构式如下：

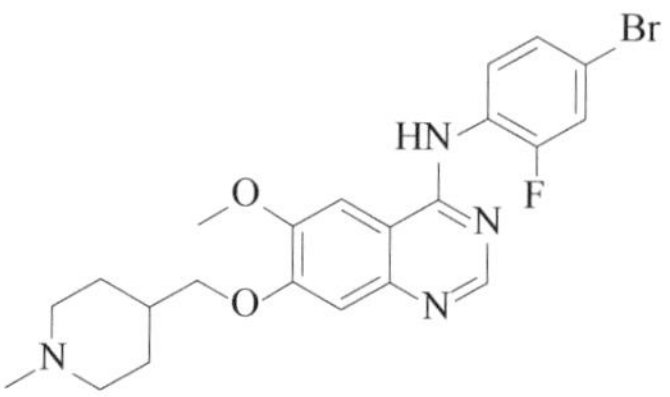

化学名称：N-4-(4-溴-2-氟苯胺基)-6-甲氧基-7-[(1-甲基哌啶-4-基)甲氧基]喹唑啉
N-(4-bromo-2-fluorophenyl)-6-methoxy-7-[(1-methylpiperidin-4-yl)methoxy]quinazolin-4-amine

四、埃克替尼专利分析

（一）埃克替尼概述

埃克替尼（icotinib）是由浙江贝达药业（Betta）研制开发，是我国完全自主知识产权的小分子靶向表皮细胞生长因子受体酪氨酸激酶（EGFR-TKI）抑制剂，适用于表皮生长因子受体（EGFR）具有敏感基因突变的局部晚期或转移性非小细胞肺癌（NSCLC）的一线治疗。

埃克替尼的化学名称为 4-[(3-乙炔基苯基)氨基]-喹唑啉并[6,7-b]12-冠-4,结构式如下所示：

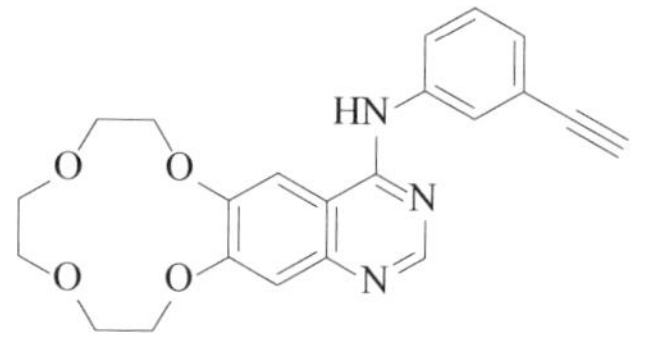

埃克替尼的化学结构是在 4-苯胺基喹唑啉化合物 PD153035（申请日：1993.07.21；申请人：辉瑞和 OSI 公司；公开号：WO96030347A1，未能开发成药物）的基础上进行改进的，PD153035 结构式如下所示：

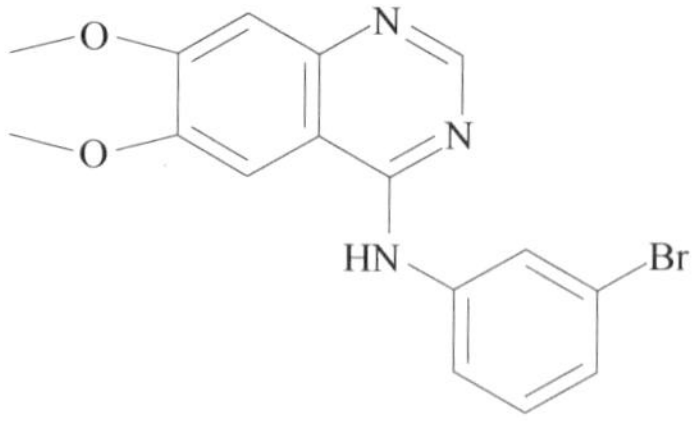

在结构修饰上，相对于先导化合物 PD153035，埃克替尼的改进在于将喹唑啉结构的氨基苯环上的 4 位的取代基苯基上 Br 替换为乙炔基，将 6、7 位的甲氧基替换为 12-冠醚-4。

埃克替尼于 2011 年 6 月 7 日获中国食品药品监督管理局（CFDA）批准上市，并于当年 7 月正式由贝达药业在中国上市销售，上市产品为盐酸埃克替尼（CAS 号为 1204313-51-8），商品名为 Conmana®/凯美纳®。上市 2 年多，累计销售突破 10 亿元人民币，创造了新药销售史上的一个奇迹，突破了小分子靶向药物领域国外大型制药企业的垄断。基于一个在全国 27 家医院完成的大规模随机、双盲双模拟、阳性治疗药物（吉非替尼）对照的多中心 III 期临床试验（ICOGEN）。试验结果表明，盐酸埃克替尼对晚期 NSCLC 的疗效与吉非替尼相当，安全性较吉非替尼更优。

（二）埃克替尼专利检索分析

1. 埃克替尼全球专利检索概况

利用 incopat 数据库检索全球专利数据（包括中国专利数据），截至 2016 年 12 月 31 日，涉及埃克替尼的全球专利申请共计 74 件，如图 7 所示，申请人基本上集中于国内企事业单位或个人，其中 66 件申请集中在贝达药业，占据 89.2%的比例；且贝达药业对埃克替尼也进行了全球专利布局，在全球 10 多个国家和地区都进行了申请，目前大部分国家和地区均已授权。

青岛市肿瘤医院、宁波文达医药科技有限公司、杭州紫金医药科技有限公司、同济大学、浙江大学、王鸾秋等国内企业、高校或个人在埃克替尼的研究上也有少量申请，主要集中于组合药物的申请。

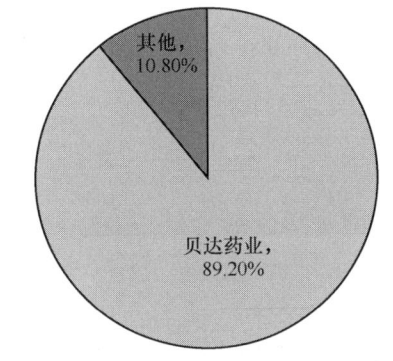

图 7　埃克替尼专利申请申请人分布图

检索中还存在少量的国内外专利申请涉及某些治疗肿瘤组合物，其中添加成分可以选择替尼类药物，替尼类药物中包括吉非替尼、埃克替尼等几十种替尼类药物，此类申请从埃克替尼技术角度分析针对性不强，均予以了去噪排除。

综上，有关埃克替尼全球专利申请几乎集中于贝达药业，确切地说，贝达药业既是埃克替尼的创始企业，也是目前埃克替尼全球专利垄断企业。

2. 贝达药业有关埃克替尼中国专利申请分析

贝达药业有关埃克替尼在中国的专利申请一共 12 件，大部分已经授权，相关信息如表 3 所示：

表 3　贝达药业有关埃克替尼的中国专利申请

申请号	公开号/授权号	状态	专利到期日	权利要求类型
CN03108814.7	CN1305860C	授权	2023.03.27	通式化合物、具体化合物（包括埃克替尼）、药物组合物、制药用途
CN200980100666.1（母案 A）	CN101878218B	授权	2029.07.06	埃克替尼盐酸盐晶型 I 及其制备方法、药物组合物、制药用途

续表

申请号	公开号/授权号	状态	专利到期日	权利要求类型
CN201210437345.4（母案 A 的分案 1）	CN103254204B	授权	2029.07.06	盐酸埃克替尼的制备方法及中间体
CN201210438377.6（母案 A 的分案 2）	CN102911179B	授权	2029.07.06	埃克替尼盐酸盐晶型 II 及其制备方法、药物组合物、制药用途
CN201410828693.3（母案 A 的分案 3）	CN104530061B	授权	2029.07.06	埃克替尼盐酸盐晶型 III 及其制备方法、药物组合物、制药用途
CN201410833295.0（母案 A 的分案 4）	CN104592242B	授权	2029.07.06	埃克替尼盐酸盐晶型 IV 及其制备方法、药物组合物、制药用途
CN201280055394.X（母案 B）	CN104024262B	授权	2032.12.27	埃克替尼中间体及其制备方法、中间体制备埃克替尼及盐酸埃克替尼的方法
CN201510388082.6（母案 B 的分案 1）	CN105237510A	审中		
CN201480001265.1	CN104470526B	授权	2034.06.08	埃克替尼磷酸盐的晶型、制备方法、药物组合物和制药用途
CN201480001262.8	CN104487443B	授权	2034.06.08	埃克替尼马来酸盐的晶型、制备方法、药物组合物和制药用途
CN201480001261.3	CN104470929A	审中		埃克替尼多晶型及其制备方法、药物组合物、制药用途
CN201480001225.7	CN105101966A	审中		皮肤外用药物组合物（其中活性成分为埃克替尼游离碱、埃克替尼盐酸盐、埃克替尼马来酸盐或埃克替尼磷酸盐）、制药用途

3. 贝达药业有关埃克替尼在中国的 9 项授权专利的分析

（1）CN1305860C

申请日为 2003 年 3 月 28 日，发明名称为：新型作为酪氨酸激酶抑制剂的稠合的喹唑啉衍生物。按照申请日计算专利到期日为 2023 年 3 月 27 日。该授权专利一共包括 14 项权利要求，权利要求 1~8 请求保护通式化合物，权利要求 9 请求保护通式优选的具体化合物，最后一个具体化合物为埃克替尼，权利要求 10~12 请求保护通式化合物在药学上可以接受的盐类、载体等，权利要求 13~14 请求保护通式化合物的用途。该授权专利还包括一些美国同族授权专利，后续具体分析。

（2）CN101878218B

申请日为 2009 年 7 月 7 日，发明名称为：埃克替尼盐酸盐及其制备方法、晶型、药物组合物和用途。专利到期日为 2029 年 7 月 6 日。该授权专利一共包括 23 项权利要求，权利要求 1~2 请求保护的是埃克替尼盐酸盐晶型 I，权利要求 3~4 请求保护的是埃克替尼盐酸盐晶型I的制备方法，权利要求5～12请求保护的是埃克替尼盐酸盐晶型I的制药用途。

该授权专利还包括4件分案申请，2012年和2014年分别提出了2件申请，该4件专利申请均已授权，授权公告号分别为 CN103254204B、CN102911179B、CN104592242B和CN104530061B。

其中：分案授权专利 CN103254204B 一共包括4项权利要求，权利要求1～3请求保护盐酸埃克替尼的制备方法，权利要求4请求保护盐酸埃克替尼中间体化合物；分案授权专利 CN102911179B 一共包括21项权利要求，包括请求保护埃克替尼盐酸盐晶型 II 及其制备方法、药物组合物和制药用途；分案授权专利 CN104592242B 一共包括21项权利要求，包括请求保护埃克替尼盐酸盐晶型 III 及其制备方法、药物组合物和制药用途；分案授权专利 CN104530061B 一共包括21项权利要求，包括请求保护埃克替尼盐酸盐晶型 IV 及其制备方法、药物组合物和制药用途。

该母案授权专利 CN101878218B 的申请同日进行了 PCT 申请，并进入了10多个国家和地区，后续具体分析。

（3）CN104024262B

申请日为2012年12月28日，发明名称为：埃克替尼及盐酸埃克替尼的制备方法及其中间体。该授权专利一共包括33项权利要求，权利要求1～6请求保护埃克替尼的中间体，权利要求7～20请求保护埃克替尼中间体的制备方法，权利要求21～33请求保护中间体制备埃克替尼及盐酸埃克替尼的方法。该申请同日进行了 PCT 申请，并进入了10多个国家和地区，后续具体分析。

（4）CN104470526B

申请日为2014年6月9日，发明名称为：埃克替尼磷酸盐的晶型及其用途。该授权专利一共包括35项权利要求，权利要求1～12请求保护埃克替尼磷酸盐晶型，权利要求13～16请求保护埃克替尼磷酸盐晶型的制备方法，权利要求17～25请求保护埃克替尼磷酸盐晶型的药物组合物；权利要求26～34请求保护埃克替尼磷酸盐晶型的制药用途。该申请同日进行了 PCT 申请，并进入了10多个国家和地区，后续具体分析。

（5）CN104487443B

申请日为2014年6月9日，发明名称为：埃克替尼马来酸盐的晶型及其用途。该授权专利一共包括35项权利要求，权利要求1～9请求保护埃克替尼马来酸盐晶型，权利要求10～11请求保护埃克替尼马来酸盐晶型的制备方法，权利要求12～19请求保护埃克替尼马来酸盐晶型的药物组合物；权利要求20～22请求保护埃克替尼马来酸盐晶型的制药用途。该申请同日进行了 PCT 申请，并进入了10多个国家和地区，后续具体分析。

4. 贝达药业有关埃克替尼在中国的 3 项在审专利的分析

（1）CN105237510A

该申请为授权专利 CN104024262B 的分案申请，其权利要求书与母案授权专利的权利要求书一致，该申请 2016 年 2 月 10 日进入实质审查阶段，目前仍然处于在审状态中。

（2）CN104470929A

申请日为 2014 年 6 月 9 日，发明名称为：埃克替尼的晶型及其应用。该申请一共包括 38 项权利要求，权利要求 1~17 请求包括埃克替尼多晶型，权利要求 18~20 请求保护埃克替尼多晶型的制备方法，权利要求 21~28 请求包括埃克替尼多晶型的药物组合物；权利要求 29~33 请求包括埃克替尼多晶型的制药用途；权利要求 34~38 请求包括埃克替尼多晶型治疗酪氨酸激酶功能障碍相关疾病的方法。

（3）CN105101966A

申请日为 2014 年 6 月 9 日，发明名称为：一种含埃克替尼的皮肤外用药物组合物及其应用。该申请一共包括 51 项权利要求，权利要求 1~40 请求保护皮肤外用药物组合物（其中活性成分为埃克替尼游离碱、埃克替尼盐酸盐、埃克替尼马来酸盐或埃克替尼磷酸盐），权利要求 41~51 请求保护皮肤外用药物组合物的制药用途。

5. 贝达药业有关埃克替尼在中国专利申请结论

2003 年通式化合物的专利申请 CN1305860C 优选物质公开了埃克替尼的结构式，此后 6 年期间均为涉及有关埃克替尼的专利申请，2009 年初在中国医学科学院肿瘤医院、中山大学附属肿瘤医院等全国 27 家知名医院开始Ⅲ期临床试验，并与同类专利药吉非替尼进行双盲对照研究，显示出盐酸埃克替尼不仅在疗效方面不逊于吉非替尼，在安全性方面更具有明显优势。自此开始，贝达药业在埃克替尼方面的专利申请数量剧增。

在国内申请方面，首先于 2009 年在埃克替尼盐酸盐晶型Ⅰ及其制备方法、药物组合物和制药用途提出了申请（授权号：CN101878218B），并于 2012 年和 2014 年对该申请提出了 4 件分案申请，分案申请进一步涵盖了埃克替尼盐酸盐晶型Ⅱ、Ⅲ和Ⅳ及其制备方法、药物组合物和制药用途，而且还涵盖了盐酸埃克替尼制备方法中的中间体结构。不仅如此，2012 年在埃克替尼中间体及其中间体的制备方法上也进行了申请（授权号：CN104024262B），自此为止，贝达药业在上市药物盐酸埃克替尼（Conmana®/凯美纳®）上在中国进行了全面布局。

其次，2014 年，贝达药业在埃克替尼可接受的盐类除盐酸外的其他盐类方面以及其他晶型方面也进行了研究和专利申请，涉及埃克替尼磷酸盐晶型、埃克替尼马来酸盐晶型及其制备方法、药物组合物和制药用途，还涉及埃克替尼多晶型及其制备方法、药物组合物和制药用途；不仅如此，还研发了一种皮肤外用药物组合物，活性成分包括埃克替尼游离碱、埃克替尼盐酸盐、埃克替尼马来酸盐或埃克替尼磷酸盐。

展望贝达药业关于埃克替尼在国内专利申请看出，贝达药业对埃克替尼进行了全方位细致全面的研究，不仅在上市药物盐酸埃克替尼上进行了全面布局，还扩展到其他盐型的埃克替尼的研究。

6. 贝达药业有关埃克替尼全球专利布局分析

（1）贝达药业有关埃克替尼全球专利布局概况

贝达药业有关埃克替尼的上述中国专利申请，针对重点专利提出了 PCT 申请，并进入了 10 多个国家和地区，在全球进行了有效布局，检索截至 2016 年 12 月 31 日国外及港台申请一共 54 件。相关信息如表 4 所示：

表 4　贝达药业有关埃克替尼的全球专利申请布局

申请号	公开号/授权号	状态	与中国的同族申请
US10397660	US7078409B2	授权	CN1305860C 的同族专利
PCT/CN2009/000773	WO2010003313		CN101878218B 的 PCT 申请，并进入了美国、欧洲、韩国、澳洲、加拿大、新西兰、以色列、印度等国家/地区
US13003216	US8822482B2	授权	
EP09793788	EP2392576B1	授权	
KR1020117002841	KR1020110031370A	审中	
AU2009267683	AU2009267683B2	授权	
CA2730311	CA2730311A1	审中	
NZ590334	NZ590334B	授权	
IL210447	IL210447D0	审中	
IN540KOLNP2011	IN540KOLNP2011 A	审中	
HK10111360.7	HK1145319A1	授权	CN101878218B 的中国香港同族专利
PCT/CN/2012/087802	WO2013064128A1		CN104024262B 的 PCT 申请，并进入了美国、俄罗斯、澳洲、欧洲、新加坡、加拿大、巴西、韩国、印度等国家/地区
US14355142	US9085588B2	授权	
RU2014121337	RU2575006C2	审中	
AU2012331547	AU2012331547C1	授权	
EP12846055	EP2796461B1	授权	
SG11201401953W	SG11201401953WA	授权	
CA2854083	CA2854083C	授权	
BR112014010479	BRPI1410479A2	审中	
KR1020147013874	KR101672223B1	授权	
IN842MUMNP2014	IN842MUMNP2014A	审中	
TW102112111	TW201335146A	审中	CN104024262B 的中国台湾同族申请

续表

申请号	公开号/授权号	状态	与中国的同族申请
HK16101929.6	HK1213894A	审中	CN104024262B 的中国香港同族申请
PCT/CN/2014/079491	WO2014198212A1		CN104470929A 的 PCT 申请,并进入了美国、韩国、欧洲、加拿大、新加坡等国家/地区
US14896992	US20160108055A1	审中	
KR1020167000444	KR1020160018735A	审中	
EP14811568	EP3008071A1	审中	
CA2914857	CA2914857C	授权	
SG11201509920U	SG11201509920UA	审中	
PCT/CN/2014/079488	WO2014198211A1		CN104470526B 的 PCT 申请,并进入了美国、日本、澳洲、欧洲、加拿大、韩国、俄罗斯、新加坡等国家/地区
US14896706	US9688687B2	授权	
JP2016517156	JP2016520625A	审中	
AU2014280710	AU2014280710B2	授权	
EP14810815	EP3007700B1	授权	
CA2914698	CA2914698C	授权	
KR1020167000373	KR1020160018714A	审中	
RU2016100027	RU2016100027A	审中	
SG11201509753S	SG11201509753SA	审中	
TW103119974	TWI535724B	授权	CN104470526B 的中国台湾同族专利
PCT/CN/2014/079484	WO2014198210A1		CN104487443B 的 PCT 申请,并进入了美国、日本、澳洲、加拿大、欧洲、韩国、新加坡、俄罗斯等国家/地区
US14896707	US20160137658A1	审中	
JP2016517155	JP2016520624A	审中	
AU2014280709	AU2014280709B2	授权	
CA2914854	CA2914854C	授权	
KR1020167000369	KR1020160018711A	审中	
SG11201509750V	SG11201509750VA	审中	
EP14811414	EP3008070A4	审中	
RU2016100026	RU2016100026A	审中	
TW103119971	TWI596098B	授权	CN104487443B 的中国台湾同族专利

续表

申请号	公开号/授权号	状态	与中国的同族申请
PCT/CN/2014/088344	WO2015051763A1		CN105101966A 的 PCT 申请，并进入了美国、韩国、澳洲、欧洲、加拿大、以色列、印度等国家/地区
US15028118	US20160235757A1	审中	
KR1020167012110	KR1020160061425A	审中	
AU2014334222	AU2014334222B2	授权	
EP14851908	EP3056206A1	审中	
CA2926874	CA2926874A1	审中	
IL245015	IL245015D0	审中	
IN201627015762	IN201627015762A	审中	
HK16101922.3	HK1213813A	审中	CN105101966A 的中国香港同族申请
TW103135438	TW201513894A	审中	CN105101966A 的中国台湾同族申请
TW103119972	TW201506029A	审中	CN104470929A 的中国台湾同族申请

（2）贝达药业有关埃克替尼全球专利布局结论

贝达药业有关埃克替尼全球专利布局主要涵盖美国、日本、澳洲、加拿大、欧洲、韩国、新加坡、俄罗斯、印度、以色列、新西兰、巴西、中国香港和中国台湾等国家或地区；且贝达药业有关中国的重要专利申请了 PCT 申请，且在全球进行了大范围的申请；目前，在全球授权较快的国家/地区包括美国、澳洲、欧洲和加拿大等。

目前，全球有关喹唑啉药物输入/输出国/地区前五位包括欧洲、美国、澳洲、中国和日本，贝达药业的埃克替尼在这些国家均进行了有效的专利布局。

7. 其他申请人涉及埃克替尼主题申请的分析

（1）其他申请人涉及埃克替尼主题申请的概况

其他申请人涉及埃克替尼主题的针对性的申请一共 8 件（针对性不强的申请均予以了去噪排除），主要集中在国内申请人，相关信息如表5所示：

表 5 其他申请人涉及埃克替尼主题的专利申请

申请号	申请人	公开号/授权号	状态	权利要求类型
CN201310750875.9	同济大学	CN103724376A	视为撤回	系列铂配合物（配合物主配体为埃克替尼）及其制备方法和应用
CN201410017279.4	青岛市肿瘤医院	CN103784412A	驳回	盐酸埃克替尼分散片组合物（配方包括埃克替尼）及其制备方法
CN201410017033.7	青岛市肿瘤医院	CN103784453B	授权	治疗肿瘤疾病的药物组合物（配方包括盐酸埃克替尼）
CN201410017278.X	青岛市肿瘤医院	CN103784459B	授权	治疗肿瘤疾病的药物组合物（配方包括盐酸埃克替尼）
CN201410078528.0	王栾秋	CN103860521A	驳回	盐酸埃克替尼胶囊组合物（配方包括盐酸埃克替尼）
CN201410176189.X	宁波文达医药科技有限公司	CN105017208A	审中	改进的埃克替尼中间体的制备方法
CN201410338357.0	浙江大学	CN104147601B	授权	核壳金纳米粒（以金为壳，以药物为核，其中药物包括盐酸埃克替尼）
CN201610542646.1	杭州紫金医药科技有限公司	CN106176755A	审中	防治特发性肺纤维化的药物（活性成分为埃克替尼）

（2）其他申请人涉及埃克替尼主题申请的结论

有关其他申请人涉及埃克替尼主题的针对性的申请并不多，一共 8 件，主要集中在国内申请人，其中 3 件因创造性不足被驳回或视为撤销，授权的有 3 件，实审中的有 2 件。

授权的申请中，均为抗癌组合物的申请，组合物中包括活性成分埃克替尼或盐酸埃克替尼；而针对埃克替尼结构改进的申请有两件，一件是同济大学系列铂配合物（公开号：CN103724376A），涉及对埃克替尼分子式进行配位改进，但该申请因缺乏创造性，经过两次审查意见，第 2 次未进行答辩而被视为撤回；另外一件是宁波文达医药科技有限公司的改进的埃克替尼中间体的制备方法（公开号：CN105017208A），目前该申请还在实审状态。

关于埃克替尼抗肿瘤组合药物的发明主要申请人为青岛市肿瘤医院,其中两件专利已获得授权,另外的则因创造性不足而被驳回;同样因创造性不足而被驳回的埃克替尼抗肿瘤组合药物还包括王栾秋。由此可见,关于以埃克替尼作为抗肿瘤组合药物的发明,若无实质性的创造性改进,均难以获得授权。

贝达药业在埃克替尼核心专利上仍然保持着垄断地位。

8. 埃克替尼专利分析总结

(1) 埃克替尼重点专利及其法律状态

有关埃克替尼重点核心专利均集中在贝达药业,其在国内的重点专利主要有 7 件,其中有 6 件提交了 PCT 申请,并进入了多个国家和地区,对应的国内专利分别为 CN101878218B(有权)、CN104024262B(有权)、CN104470929A(审中)、CN104470526B(有权)、CN104487443B(有权)CN105101966A(审中);另外一件专利 CN1305860C(有权)也包括了一件美国同族专利(US15028118,有权)。

7 件重点核心专利中有 5 件已经获得授权,另外两件还在实质审查过程中。

(2) 贝达药业在埃克替尼专利申请技术发展路线图和生命周期图

贝达药业的埃克替尼在专利申请技术发展路线上经历了从通式结构、埃克替尼盐酸盐晶型 I、II、III、IV、埃克替尼中间体、埃克替尼其他盐型(埃克替尼磷酸盐晶型、埃克替尼马来酸盐晶型)和抗癌组合药物的技术发展路线。具体技术发展路线图如图 8 所示:

贝达药业在埃克替尼专利保护的有效性方面进行了一步一步细致全方位的布局,截至目前授权的专利来看,其技术生命周期可延长至 2034 年 6 月 8 日,具体生命周期图如图 9 所示:

(3) 埃克替尼专利布局对国内新药专利保护策略的建议

贝达药业有关埃克替尼的专利申请全球布局和技术发展方向的布局在国内药企行业是比较成功的。

成功经验包括:

1) 其在 2003 年通式化合物的申请(授权号:CN1305860C)时便已经考虑到通式化合物所涵盖的所有可能存在的结构式和通式化合物在药学上所能够接受的盐的种类,为后续的埃克替尼专利申请技术路线的展开铺展了一条宽敞道路,尤其是 2009 年盐酸埃克替尼的申请(授权号:CN101878218B)及 2011 年盐酸埃克替尼的上市,打破了进口喹唑啉药物在国内的垄断地位;并且贝达药业在后期埃克替尼的盐酸盐、磷酸盐、马来酸盐等晶型结构的研发和专利申请也得力于前期通式化合物中对可能接受盐型的保护。

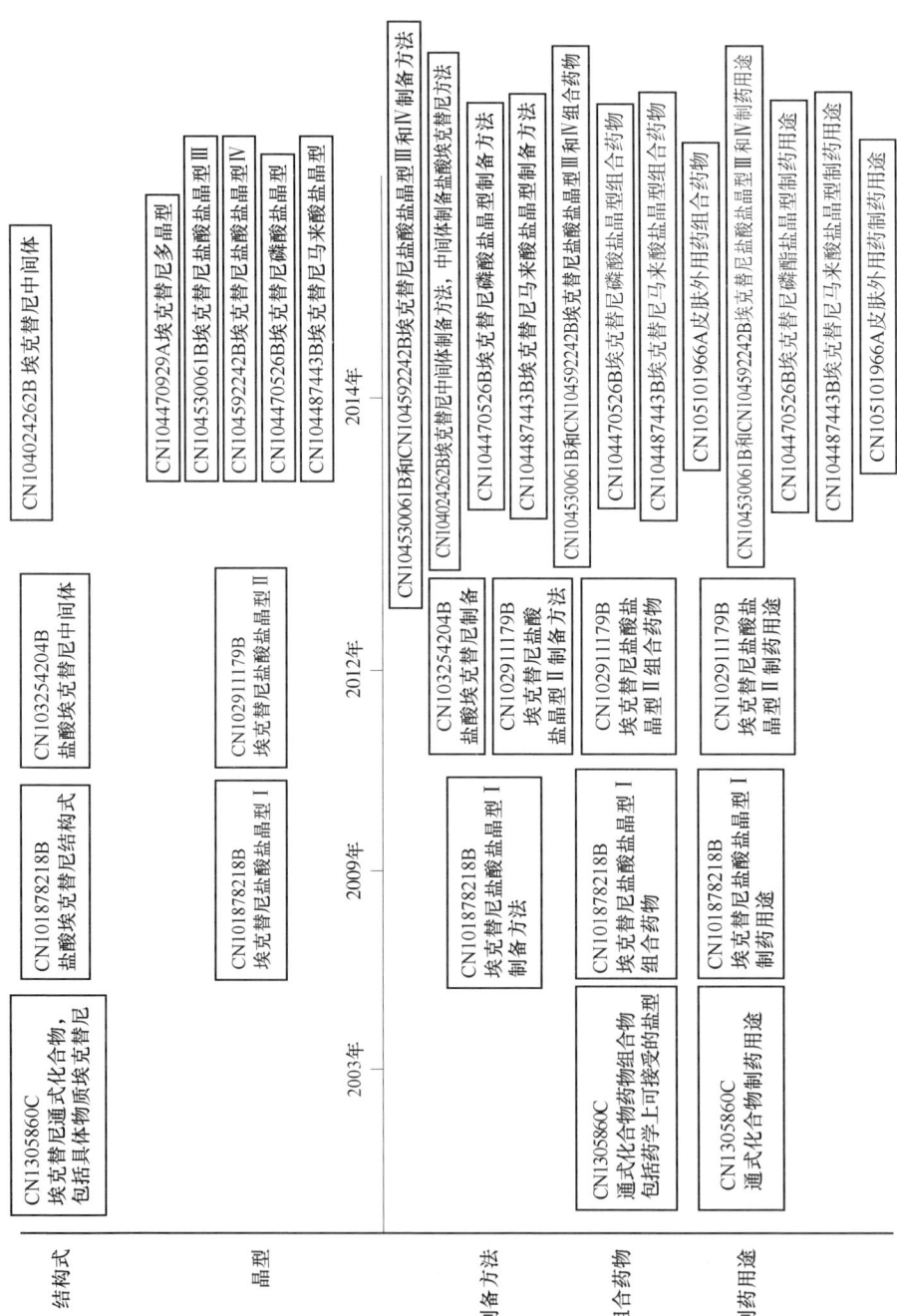

图 8 贝达药业埃克替尼专利申请技术发展路线图

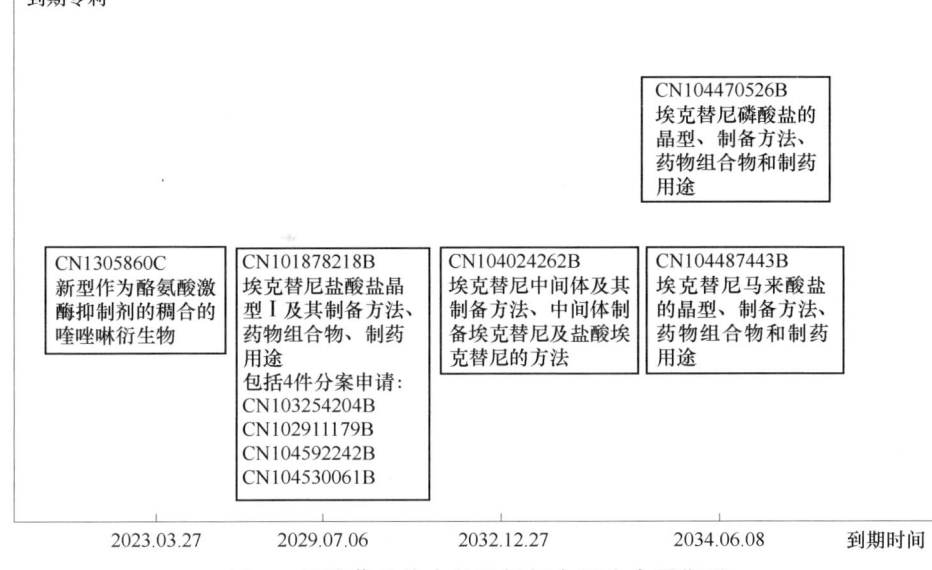

图 9 贝达药业埃克替尼授权专利生命周期图

2）对重点专利进行了全球布局，尤其在目前喹唑啉药物输入和输出国/地区排名前五的欧洲、美国、澳大利亚、中国和日本均进行了有效的专利布局；以致其他国内外申请人在埃克替尼的研究上无法突破，仅有个别授权申请是采用埃克替尼作为活性组分的抗癌药物组合物；

3）对埃克替尼各种晶型、中间体、可能接受的盐类载体进行了逐步的申请和布局，从而有效地延长了埃克替尼的专利生命周期。

但还是存在一些不足之处，主要包括：

4）早期通式化合物仅仅只有美国同族专利，可能是前期未能预测到埃克替尼显著的药用效果和市场前景，错过了在其他国家的通式化合物的专利布局；

5）贝达药业在 2009 年的一件专利申请（授权号：CN101878218B），其权利要求书中仅包括了埃克替尼盐酸盐晶型 I 及其制备方法、药物组合物和制药用途；而未能考虑到对其他盐酸盐晶型的保护以及中间体的保护。幸运的是这些内容说明书中均有记载，贝达药业于 2012 年和 2014 年对其采取了补救措施，提出了 4 件分案申请。

国内制药行业在新药研发和专利申请保护布局上可以借鉴贝达药业有关埃克替尼的成功经验和不足之处，提早对研发的新药从通式化合物到具体化合物，从通式化合物可能的药学接受载体、制备方法、晶型、组合物以及中间体到具体化合物的晶型、盐型、制备方法、组合物和中间体进行全方位的保护，必要时，可进行全球专利申请布局；对于核心的专利可以分时期分时段进行专利的延展申请和布局，尽可能延长核心专利的生命周期。

五、吉非替尼专利分析

（一）吉非替尼概述

吉非替尼（Gefitinib/ZD1839）是由阿斯利康（AstraZeneca，AZ）研发，于 2002 年 7 月 5 日获日本医药品医疗器械综合机构（PMDA）批准，之后于 2003 年 5 月 5 日获美国食品药品管理局（FDA）批准上市，后又于 2009 年 6 月 24 日获欧洲药物管理局（EMA）批准，由阿斯利康上市销售，商品名为 Iressa®/易瑞沙®。2005 年 2 月 28 日，国家食品药品监督管理局批准吉非替尼用于治疗既往接受过化疗的局部晚期或转移性非小细胞肺癌。继此适应症后，2010 年 11 月，易瑞沙在中国又获准用于治疗表皮生长因子受体酪氨酸激酶基因具有敏感突变的局部晚期或转移性非小细胞肺癌患者的一线治疗。

吉非替尼是首个表皮生长因子受体（EGFR）酪氨酸激酶选择性抑制剂。适用于单药继续治疗铂类和多西他赛化疗失败的局部晚期或转移性非小细胞肺癌。其化学名称为 N-(3-氯-4-氟苯基)-7-甲氧基-6-(3-吗啉-4-丙氧基)喹唑啉-4-胺（也称之为：4-(3-氯-4-氟苯氨基)-7-甲氧基-6-(3-吗啉代丙氧基)喹唑啉)，结构式如下所示：

吉非替尼的化学结构是在 4-苯胺基喹唑啉化合物 PD153035（申请日：1993.07.21；申请人：辉瑞和 OSI 公司；公开号：WO96030347A1，未能开发成药物）的基础上进行改进的，PD153035 结构式如下所示：

在结构修饰上，相对于先导化合物 PD153035，吉非替尼的改进在于将喹唑啉结构的氨基苯环上的第 4 位的取代基苯基上 Br 替换为 Cl，第 3 位上取代 F，将第 7 位的氨基苯基上引入 4-吗啉基丙氧基。

有关吉非替尼的首次申请为 1996 年 4 月 23 日；申请人为曾尼卡有限公司（Zeneca Ltd.）；公开号：WO9633980A1；美国授权专利：US5770599A；授权日：1998.06.23。

(二)吉非替尼专利检索分析

1. 吉非替尼全球专利检索概况

利用 Incopat 数据库检索全球专利数据(包括中国专利数据),截至 2016 年 12 月 31 日,涉及吉非替尼的全球专利申请共计 128 件(针对性不强的专利申请均予以了去噪),申请量全球国家/地区分布如图 10 所示。

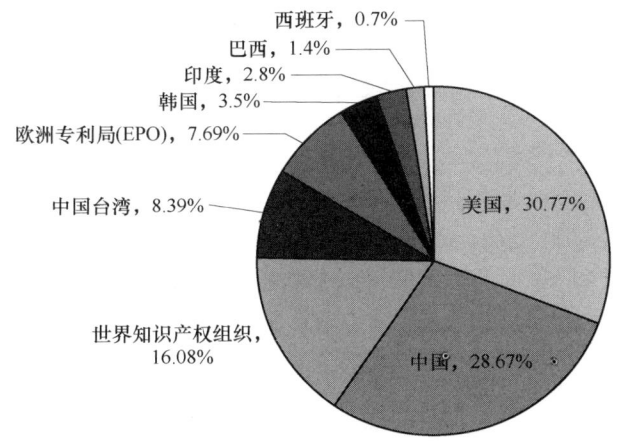

图 10 吉非替尼申请量全球分布

其中大部分均集中在中国和美国。主要国外申请人为阿斯利康(AstraZeneca),国内主要申请人为齐鲁制药、优科制药、恒瑞医药、石药集团、福州大学等。

有关吉非替尼基本化合物的专利(WO9633980A1)已经于 2016 年 4 月 23 日到期,这对于关注吉非替尼巨大市场的国内企业来说将是一重大机遇,针对今后吉非替尼大量仿制药的跟进申报和专利开发及挖掘具有广阔的前景。

2. 国内外关于吉非替尼申请人分析

以下针对国外企业阿斯利康在吉非替尼开发和在华专利布局方面,以及国内企业在吉非替尼仿制药研究和专利申请方面进行详细的分析。

(1)阿斯利康在吉非替尼开发和专利布局方面的分析

吉非替尼的化合物专利是曾尼卡有限公司(Zeneca Ltd.)最早于 1996 年 4 月 23 日申请的(WO9633980A1),该专利中具体要求保护了吉非替尼化合物(N-(3-氯-4-氟苯基)-7-甲氧基-6-(3-吗啉-4-丙氧基)喹唑啉-4-胺)以及包含该化合物的通式化合物、药物组合物和药物用途。

1998 年,阿斯特拉(Astra)与曾尼卡有限公司(Zeneca Ltd)合并成立了新公司即是现今的阿斯利康(AstraZeneca),其自 1996 年吉非替尼基本的通式化合物申请后并没有马上申请大量吉非替尼的外围专利,直至 2003 年开始才围绕吉非替尼展开了外围专利的全球布局,其在华的专利布局统计如表 6 所示,在华申请技术路线及生命周期如图 11 所示。

表 6　阿斯利康有关吉非替尼在华专利布局统计表

申请号	公开号/授权号	状态	专利到期日	类型	权利要求类型
CN96193526.X	CN1100046C	失效	已到期（2016年4月23日）	化合物	喹唑啉衍生物通式化合物、可接受的盐、制备方法及用途，其中权 9 具体物质为吉非替尼
CN03809162.3	CN100404032C	授权	2023年2月24日	晶型	吉非替尼 DMSO 溶剂合物、晶型及晶型的制备方法
CN03821550.0	CN100429204C	授权	2023年9月9日	中间体	吉非替尼中间体及其制备方法
CN03804616.4	CN1326569C	授权	2023年2月24日	药物制剂	含有水溶性纤维素衍生物的 IRESSA 药物制剂（主要成分为吉非替尼）
CN018074537	CN1420768A	驳回		组合物	吉非替尼与比卡鲁胺的组合物
CN03819110.5	CN100352441C	失效	未交年费	组合物	吉非替尼与 ZD6474 的组合物
CN200380101310.0	CN100342853C	失效	未交年费	组合物	吉非替尼与 ZD4054 的组合物
CN200480019517.X	CN100415236C	失效	未交年费	组合物	吉非替尼与 AZD2171 的组合物
CN200580017330.0	CN1960733B	失效	未交年费	组合物	吉非替尼与 AZD0530 的组合物
CN200480015047.X	CN1829793B	失效	未交年费	试剂盒、分析方法	分离的标记基因组及试剂盒用于检测对吉非替尼抑制剂的应答
CN200580032049.4	CN101027414A	撤回	视为撤回	分析方法	预测肿瘤对吉非替尼药物的反应性的方法
CN200580051783.5	CN101351563A	撤回	视为撤回	分析方法	用于预测或监测病人对吉非替尼药物的相应的方法
CN200980128035.0	CN102088979B	授权	2033年10月16日	改进化合物	在吉非替尼第 7 位的氨基苯基上进行的改进，引入了[1-（N-甲基氨基甲酰基甲基）哌啶-4-]氧基
CN201480012092.3	CN105209456A	审中		改进化合物	在吉非替尼第 7 位的氨基苯基上进行的改进，引入了 2,4-二甲基哌嗪-1-羧酸酯

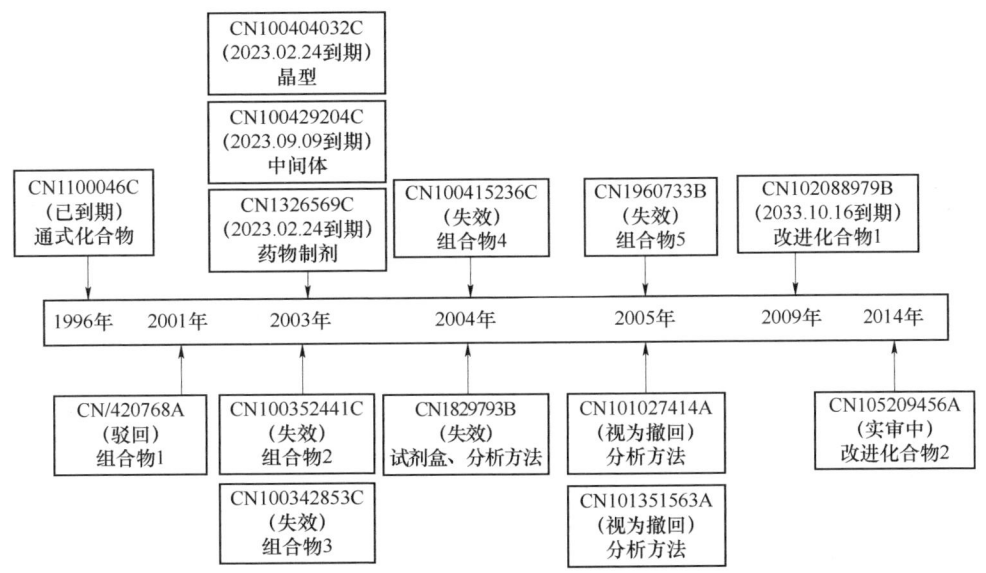

图 11 阿斯利康有关吉非替尼在华专利技术路线及生命周期图

根据表 6 和图 11 可以看出，阿斯利康有关吉非替尼的核心专利有 3 件，分别保护了通式化合物（CN1100046C）、晶型（CN100404032C）和中间体（CN100429204C），截至目前，通式化合物的专利已经到期。

阿斯利康自 1996 年开始对吉非替尼通式化合物进行专利申请后，时隔 7 年后才对其晶型和中间体进行布局，这也符合药物研发到上市后续开发的一般规律，药物研发到上市一般需要很长时间，甚至长达十几年，而我国对专利的保护期限为 20 年，过早申请专利会导致药物上市后专利保护期限的缩短，但如果不及时进行专利申请，则有可能导致技术泄密被其他同行抢先申请。因此，阿斯利康在研发出吉非替尼核心通式化合物后，即对通式化合物进行了抢先申请，而针对吉非替尼的晶型、中间体及其工业化的制备方法则延迟到 2003 年吉非替尼上市后才进行布局申请，以尽可能延长吉非替尼核心专利的生命周期。

不仅如此，阿斯利康自吉非替尼上市后的 2003—2005 年，对吉非替尼在华专利申请上开展了全面的专利网布局，不仅包括吉非替尼的晶型、中间体，还包括以吉非替尼为主要成分制备的药物制剂、吉非替尼与其他喹唑啉药物的一系列的组合物、吉非替尼有关的试剂盒及分析方法等。从表 4 中显示的专利法律状态来看，有关组合物的发明除了药物制剂的发明目前还拥有专利权外，其他的组合物的发明中，1 个申请被驳回，另外 4 个均因未缴纳年费而权利终止。由于专利授权后，需要通过缴纳费用获得技术专有，而专利年费逐年递加，企业通常会通过放弃专利权来放弃已经不存在价值的专利，例如：放弃没有市场价值的专利等。由此可见，以吉非替尼为原料的组合物发明市场前景并没有化合物结构式本身药物的市场前景好。另外，2005 年申请的有关预测吉非替尼药物反应性的分析方法的两件发明均被视为撤回,通过阅读分析其公开的文本,可能是由于涉及疾病的诊断与治疗方法不属于专利权保护的客体而无法获得专利权而最终被视为撤回。

阿斯利康的 3 件核心专利中,CN1100046C 通式化合物虽然公开了两条制备吉非替尼的线路,但只能适用于实验室少量合成吉非替尼,每一条合成路线均需要通过色谱分离提纯获得中间体,成本高,难以适用于工业生产。直至 2003 年中间体核心专利 CN100429204C 公开了关键中间体,从而简化了吉非替尼的制备路线,不需要复杂的色谱分离提纯过程,实现了吉非替尼工业化生产。因此,从吉非替尼合成方法的专利布局上看出,在申请核心专利时,无须等到研究出能够大规模工业生产的方法才申请专利,而是应当在完成基础研究后尽早申请,并后续对合成方法进行优化跟进。

由于吉非替尼核心化合物专利 CN1100046C 于 2016 年 4 月 23 日到期,而仅仅通过吉非替尼作为活性成分的组合物类的专利保护力度没有化合物本身结构式的保护力度大,因此阿斯利康于 2009 年和 2014 年对吉非替尼化合物进行了改进研究,衍生出了相关改进的化合物,如下式所示,并提出了两件专利申请:

(CN102088979B 中的改进化合物)　　　(CN105209456A 中的改进化合物)

CN102088979B 授权专利中,主要在吉非替尼第 7 位的氨基苯基上进行了改进,引入了[1-(N-甲基氨基甲酰基甲基)哌啶-4-基]氧基,结合药渡数据库的检索,该化合物被阿斯利康命名为"Sapitinib",其相对于吉非替尼单一 EGFR 靶点来说,该药物针对包括 EGFR、ErbB2 和 ErbB3 在内的多靶点,目前药物研发处于临床二期阶段,相信在不久的将来,将会有新的药物上市。

CN105209456A 申请的公开文本中,主要在吉非替尼第 7 位的氨基苯基上进行了改进,引入了 2,4-二甲基哌嗪-1-羧酸酯,结合药渡数据库的检索,该化合物目前阿斯利康内部的研发代码为 AZD3759,其针对 EGFR 单一靶点,专利申请目前处理实质审查阶段,药物的研究处于临床二期阶段,相信在不久的将来,该化合物的专利将被授权,同样也会有新的药物上市。

从阿斯利康在吉非替尼改进化合物的研究来看,虽然吉非替尼化合物的专利已经到期,但阿斯利康并没有仅仅停留在吉非替尼的另外 2 件核心专利上,也并不仅仅对吉非替尼的组合物进行专利研究,而是放眼于更具有市场前景的化合物结构的改进和新药的开发上。原因可能在于，倘若吉非替尼核心化合物的专利到期，则有关吉非替尼的组合物类的发明其保护力度将会大打折扣，而对吉非替尼化学结构式的改进，并开发出新型改进的有效药物才是延长吉非替尼相关专利生命周期和广阔市场前景的关键抉择。

阿斯利康在 EGFR 为靶点的喹唑啉类药物的研究上并不仅仅局限于吉非替尼的研究和改进。其相对于先导化合物 PD153035 也进行了大量的研究，几乎对主结构的每一个位点都进行了大量的探索和设计，研究最多的位点为氨基苯基上的取代和喹唑啉母核苯基上的取代，对 EGFR 靶向的单一靶点和多靶点也进行了相关研究，先后还上市了凡德他尼（Vandetanib）（EGFR、VEGFR、RET、TIE2 多靶点，2011 年上市，也称之为伐地他尼）和奥希替尼（Osimertinib）（EGFR 单一靶点，2015 年上市）等药物。

（2）国内企事业研究机构在吉非替尼仿制药上的专利分析

目前有些国内企事业研究机构在吉非替尼仿制药上也有一定的研究，主要包括吉非替尼组合物（溶剂合物、中药合物、酞菁轭合物、纳米复合物等）、吉非替尼片剂（分散片、薄荷衣片等）、吉非替尼注射剂以及其制备方法、合成路线、中间体、新晶型等。以下主要针对齐鲁制药和福州大学几件吉非替尼的专利进行分析，旨在为国内企业在吉非替尼仿制药的研究方向上提供参考。

① 齐鲁制药有关吉非替尼专利分析

齐鲁制药是中国大型综合性现代化制药企业，专业从事治疗肿瘤、心脑血管、抗感染、精神系统、神经系统、眼科疾病的制剂及其原料药的研制、生产与销售，已先后研制成功了近百个国家级新药，其针对仿制药吉非替尼也进行了相关性的研究，齐鲁制药有关吉非替尼的专利申请一共 4 件，如表 7 所示。

表 7　齐鲁制药有关吉非替尼的专利申请

申请号	公开号/授权号	状态	专利到期日	类型	权利要求类型
CN201110300350.6	CN103012290B	授权	2031 年 9 月 28 日	制备方法	高纯度吉非替尼的制备方法
CN201110301911.4	CN103030599B	授权	2031 年 10 月 9 日	中间体	吉非替尼中间体及其制备方法
CN201110398624.X	CN103130729B	授权	2031 年 12 月 5 日	中间体	吉非替尼中间体的制备方法
CN201510079820.9	CN104693127B	授权	2035 年 2 月 14 日	中间原料	吉非替尼乙二醇溶剂合物

齐鲁制药在近 5 年对吉非替尼的研究主要集中在寻求一种制备吉非替尼更加有效的工业化合成路线。2011 年对吉非替尼中间体及高纯度制备方法进行了 3 件专利申请，2015 年对制备高纯度的吉非替尼 Form1 晶型的中间原料吉非替尼乙二醇溶剂合物进行了 1 件专利申请，目前的 4 件专利申请均获得了授权。

CN103030599B 提供了一种合成吉非替尼的中间体，如下式所示：

$$\text{HO—[quinazoline core]—HN—[3-chloro-4-fluorophenyl]} \cdot \text{HCl} \cdot \text{H}_2\text{O}$$

该中间体晶型生长十分有序，能够有效去除关键杂质，降低了吉非替尼的精制难度，能够提高吉非替尼的纯度，使其纯度达到 99.9%。

CN103130729B 提供了吉非替尼关键中间体 4-氯代-7-甲氧基喹唑啉-6-醇乙酸酯的制备方法，采用加入固体碳酸盐或固体碳酸氢盐的方式解决了中间体生产过程中氯代试剂及反应生成的酸性物质残留的问题，大大减少了后续反应杂质的生成。

CN103012290B 提供了一种高纯度吉非替尼的制备方法，通过控制碳酸钾的粒度和加入无水硫酸钠或无水硫酸镁，解决了规模化生产吉非替尼中反应时间长、杂质多的问题，利用该方法可以得到精制、纯度高的吉非替尼。

CN104693127B 提供了一种吉非替尼乙二醇溶剂合物，该吉非替尼乙二醇溶剂合物能够克服现有技术中吉非替尼 Form 1 晶型的获得需要从吉非替尼粗品中进行提纯的局限性，能够用于制备高纯度的吉非替尼 Form 1 晶型。

上述 4 件授权专利主要针对于吉非替尼生产过程中精制、纯度、杂质去除、简化工艺、晶型制备等方面进行的改进，且均取得了较为突出的成效。

② 福州大学有关吉非替尼专利分析

除了国内大型制药企业对吉非替尼有研究外，国内一些高校和研究机构对吉非替尼也进行了相关的研究，比较突出的是福州大学。福州大学有关吉非替尼的专利申请一共 5 件，如表 8 所示。

表 8 福州大学有关吉非替尼的专利申请

申请号	公开号/授权号	状态	专利到期日	类型	权利要求类型
CN201310670818.X	CN103626781B	授权	2033年12月12日	改进化合物	吉非替尼酞菁轭合物及其制备和应用
CN201610519528.9	CN106038571A	审中		组合物	吉非替尼与熊果酸的药物组合物
CN201610519495.8	CN105963302A	审中		组合物	吉非替尼与熊果酸的药物组合物的应用
CN201611024929.3	CN106729708A	审中		纳米复合物	ZnPc-UCNP@SiO$_2$-PEG-G 纳米复合物
CN201611025111.3	CN106620698A	审中		纳米复合物	ZnPc-UCNP@SiO$_2$-PEG-G 纳米复合物

福州大学有关吉非替尼的 5 件专利申请除了 2013 年的 1 件申请（已经获得授权）外，其他 4 件申请均集中在 2016 年，且均在阿斯利康有关吉非替尼化合物专利到期后进行的申请。

CN103626781B 提供了一种吉非替尼改进化合物，其为酞菁轭合物，结构式如下：

式中：M 为 Zn、Al、Si 或 Ga，n 为 2-8。

该酞菁轭合物于吉非替尼氨基苯环上的第 6 位氨基上取代了酞菁金属配合物，将光敏剂酞菁金属配合物与吉非替尼进行轭合，能够提高吉非替尼的高靶向性，酞菁锌的光动力学治疗特性和细胞滞留期长的特点结合在一起，既可以解决吉非替尼药物耐药性问题，也可以提高酞菁配合物靶向性不强的问题，大大降低治疗后肿瘤复发的风险。

CN106038571A 和 CN105963302A 提供了吉非替尼与熊果酸的组合药物及其应用。熊果酸是高效低毒的抗肿瘤天然产物，发明人将其与吉非替尼进行复配联合用药，取得了对癌细胞具有良好的抗肿瘤转移的作用，且只需采用低剂量即可达到疗效。目前，该两件专利还在实审中。

CN106729708A 和 CN106620698A 提供了一种 ZnPc-UCNP@SiO$_2$-PEG-G 纳米复合物及其制备方法。其先制备 ZnPc-UCNP-PEG 纳米复合物，并将聚乙二醇修饰的靶向分子吉非替尼加载到该复合物表面从而制备得到纳米复合物。该纳米复合物颗粒分布均匀、结晶性好，有良好的光动力活性，可提高酞菁锌的 PDT 治疗深度对肿瘤细胞的靶向性，有望开发成为高效低毒的新型载药体系。目前，该两件专利还在实审中。

福州大学近几年的有关吉非替尼的研究为吉非替尼的仿制药的研究提供了比较新颖的思路和方向，其不仅仅局限于吉非替尼与其他药物的组合药物发明，而且还扩展到了利用吉非替尼制备轭合物和纳米复合物等，申请主要集中于阿斯利康吉非替尼化合物专利到期失效后的半年时间内。由此可以看出，福州大学已经注意到吉非替尼化合物专利到期方面的信息，并及时开展了吉非替尼仿制药专利的开发和挖掘。

（三）吉非替尼专利分析总结和对国内仿药专利保护策略的建议

阿斯利康是全球喹唑啉类抗肿瘤靶向小分子药物研发的最大的国际制药公司。其在吉非替尼的专利开发和布局方面存在很多值得国内企业借鉴的经验，总结包括以下：

1）对吉非替尼通式化合物进行了及早布局，包括对通式化合物的制备方法，没有局限于量产后再进行专利申请，而是实验室完成了基础研究后就进行了专利申请，及时抢占了市场先机，并于后续对合成方法工业化生产及优化进行了跟进申请。

2）对吉非替尼结构式进行了改进研究，衍生出相关改进的化合物并进行了相关新药的开发，从而保证了吉非替尼通式化合物到期后，仍然能够有吉非替尼改进的新药的专利申请，间接延长吉非替尼相关专利的生命周期。

3）对吉非替尼母核喹唑啉化合物也进行了大量的改进研究，而不仅仅局限于对吉非替尼本身的研究，通过对母核的修饰和改进，研发出了包括凡德他尼、奥希替尼在内的多种上市药物。

国内上述列举的企事业研究机构，例如齐鲁制药和福州大学在吉非替尼仿制药的研究上也提供了一些比较有效的借鉴经验，总结如下：

齐鲁制药在研发吉非替尼或其盐的新的合成方法上开拓了一条获取自主知识产权的有效途径。其主要研究集中在如何提供一条有效的、节约成本的、且能够获得精制、纯度高、杂质少的吉非替尼的合成工艺路线，并获得了四项授权专利。

福州大学在研发吉非替尼的药物联用上开拓了一条获取自主知识产权的有效途径。例如：将吉非替尼与天然抗肿瘤产物进行药物联用（提供一种低剂量有效的抗肿瘤药物），将吉非替尼与光敏剂酞菁金属配合物进行轭合、将吉非替尼制备成纳米复合物颗粒（提供能够对肿瘤细胞深度靶向的新型载药体系）等。截至2016年底申请了5件发明专利，其中一件已获得授权，另外4件实审中，从其目前申请的趋势来看，后续应该还会继续跟进类似的专利申请。

由于吉非替尼通式化合物的专利已于2016年4月23日到期，此对关注吉非替尼巨大市场的国内企业来说是一重大机遇，但是国内企业在进行吉非替尼仿制药的后续专利的开发中，应当注意绕开阿斯利康对于吉非替尼有关晶型（CN100404032C）和中间体（CN100429204C）等的核心专利，根据自身对吉非替尼的研发开发出具有自主知识产权的专利。对此可以从以下几个方面入手：

首先，从吉非替尼本身的结构式入手，对其进行改进开发出新药。吉非替尼通式专利已经到期，因此，对吉非替尼化学式的修饰改进可能成为今后研发的一个热点方向，可以沿此方向开发出具备自主知识产权的新型药物。

其次，从吉非替尼的合成路线、工艺改进、中间体入手（例如齐鲁制药），开发出一条更具有效率和效益的合成路线。

再次，从吉非替尼与药物联用入手（例如福州大学），开发出具有更加有效的靶向治疗肿瘤的药物。同时，吉非替尼的药物联用还可以结合我国传统中药研发的资源和技术优势，深入挖掘和利用传统中药中已有的抗肿瘤药物，尝试将其与吉非替尼进行联合应用，在疗效、不良反应、药动学性质等方面寻找突破口，借此在吉非替尼二次开发的专利技术布局中占据一席之地，为中西药结合治疗癌症开辟新的途径，进而提升国内企业在后续吉非替尼药品市场的竞争优势。

最后，及时跟踪原研发公司和竞争对手的核心专利的审批过程和法律状态，以及国外已经进入临床试验阶段的药物，对影响自己专利申请授权前景的专利申请提出公众意见或者在授权之后对其有效性进行主动挑战，对国外已经进入临床试验阶段的药物的结构进行改造和修饰，不仅能够扫清自己研发路上的专利障碍和专利壁垒，也能在药物的改造和修饰上少走弯路，为自身产品开拓市场创造有利的知识产权环境。

六、厄洛替尼专利分析

（一）厄洛替尼概述

厄洛替尼（Erlotinib），也称之为埃罗替尼、厄罗替尼，是继吉非替尼后的又一个 EGFR 靶向的酪氨酸激酶抑制剂，由基因泰克（Genentech，2009 年被罗氏收购）和 OSI 公司（2010 年被安斯泰来收购）共同研发，首先于 2004 年 11 月 18 日获美国食品药品管理局（FDA）批准上市，之后于 2005 年 9 月 19 日获欧洲药物管理局（EMA）批准上市，于 2007 年 10 月 19 日获日本医药品医疗器械综合机构（PMDA）批准上市，由基因泰克和 OSI 公司在美国上市销售，商品名为 Tarceva®/特罗凯®。

厄洛替尼在各种癌症中高度表达和偶然突变，以可逆的方式与受体的三磷酸腺苷（ATP）位点结合，该药用于治疗非小细胞肺癌（NSCLC）和胰腺癌，是目前唯一被证实对晚期非小细胞肺癌具有可靠疗效的国家级最新抗癌产品，能有效提高患者的带癌生存率，临床疗效显著。其化学名称为 N-(3-乙炔苯基)-[6,7-二-(2-甲氧基乙氧基)]喹唑啉-4-胺，结构式如下所示。

厄洛替尼的化学结构是在 4-苯胺基喹唑啉化合物 PD153035（申请日：1993.07.21；申请人：辉瑞和 OSI 公司；公开号：WO96030347A1，未能开发成药物）的基础上进行改进的，PD153035 结构式如下所示：

在结构修饰上，相对于先导化合物 PD153035，厄洛替尼的改进在于将喹唑啉结构的氨基苯环上的第 4 位的取代基苯基上的 Br 替换为乙炔基，将 6、7 位的甲氧基替换为甲氧基乙氧基。

有关厄洛替尼的首次申请在 1995 年 6 月 6 日；申请人为辉瑞和 OSI 公司；公开号为：WO9630347A1 美国同族授权专利：US5747498A；授权日：1998 年 5 月 5 日。

（二）厄洛替尼专利检索分析

1. 厄洛替尼全球专利检索概况

利用 Incopat 数据库检索全球专利数据（包括中国专利数据），截至 2016 年 12 月 31 日，涉及厄洛替尼的全球专利申请共计 147 件（以厄洛替尼的制备、盐、溶剂合物、中间体、晶型为主的发明，针对性不强的专利申请均予以了去噪），申请量全球申请趋势及申请时间如表 9 所示。

表 9 厄洛替尼专利申请时间及全球申请趋势表 （单位：件）

	US	CN	DE	IN	KR	EP	JP	RU	WO
1995 年	1								
1999 年									1（US）
2000 年	1								1（US）
2002 年			1						1（US）
2003 年									1（JP）
2004 年	1								1（EP）
2005 年	1			1					
2006 年	1	3		1					4（US） 1（IN）
2007 年	1	2							2（US） 3（IN）
2008 年	2								5（US） 1（IN）
2009 年	2	2							1（US） 1（CN）
2010 年	1	5							3（US） 2（IN） 2（CN） 1（EP）
2011 年	2	5							1（CN） 1（KR） 1（GB）
2012 年		9							1（IN） 1（HUP）
2013 年		9							1（EP） 1（US） 1（IN）
2014 年	1	14							1（EP） 1（US）
2015 年	3	14			1	1		1	2（EP） 2（KR）
2016 年	1	11			1		1		1（US）

由表 9 看出，申请量前 3 位依次是中国（CN）、美国（US）和印度（IN），随着厄洛替尼原始化合物的专利即将到期或已到期（US5747498A，2018 年 11 月 8 日到期，在华同族专利 CN1066142C 已于 2016 年 3 月 28 日到期），国内申请人开始了大规模的布局，如图 12 所示。

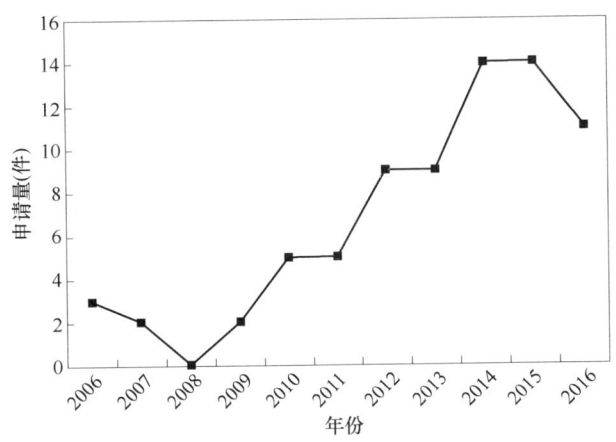

图 12　厄洛替尼的国内申请人申请量趋势

自 2006 年开始出现厄洛替尼的国内申请人的专利申请，2006 年至 2009 年申请量较少，从 2010 年开始至 2016 年出现了申请量上涨的趋势，年均申请量在 10 件以上，一度超过了美国申请量，这一方面表明，随着原药专利的即将到期以及中国市场的进一步开放，国内申请人的专利保护意识在不断提高。

厄洛替尼并没有像阿斯利康的吉非替尼、贝达药业的埃克替尼那样处于过于垄断地位，厄洛替尼的原研专利是合伙研发的，可能涉及各方利益或未考虑到厄洛替尼潜在的市场价值，导致前期未能形成全方位的专利网，厄洛替尼全球主要申请人较为分散，国外主要申请人包括辉瑞、OSI 公司、罗氏等，国内主要申请人包括金城医药、九州药业、福州大学等。另外，2015 年很多国内新兴企业及两家国外企业异军突起，其中，两家国外企业目前正在进行全球专利布局，分别为韩国的株式会社大熊制药（针对厄洛替尼组合物的发明）和瑞士的百福微生物有限公司（针对厄洛替尼的制备工艺），后续将针对性地具体分析。

2. 厄洛替尼全球专利申请技术发展路线分析

厄洛替尼的全球专利申请技术发展趋势一共经历了 4 个阶段：萌芽期（1995—2004 年）、调整期（2005—2009 年）、发展期（2010—2014 年）和异军突起期（2015 年至今），其技术发展路线如图 13 所示。

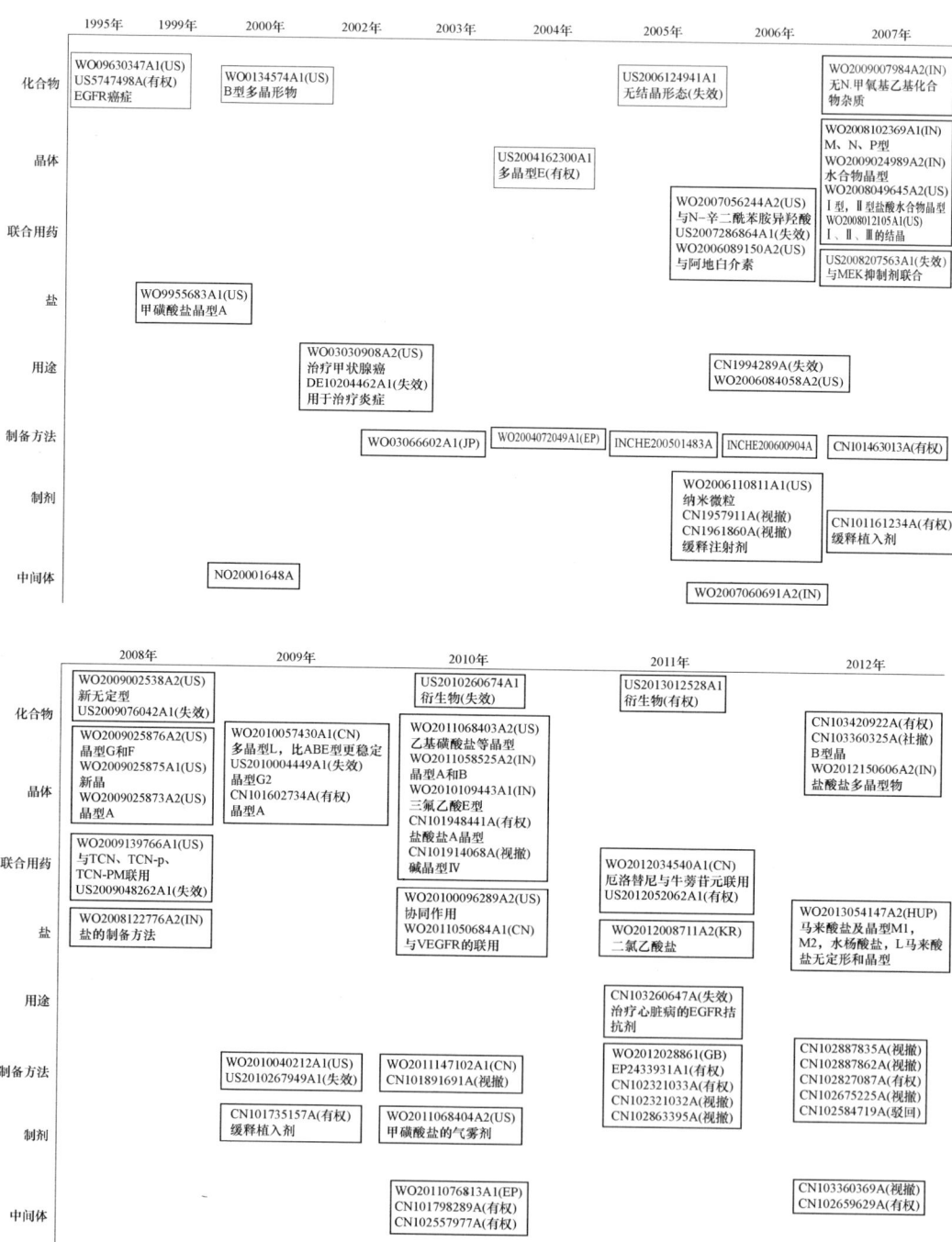

图 13　厄洛替尼的全球专利申请技术发展趋势

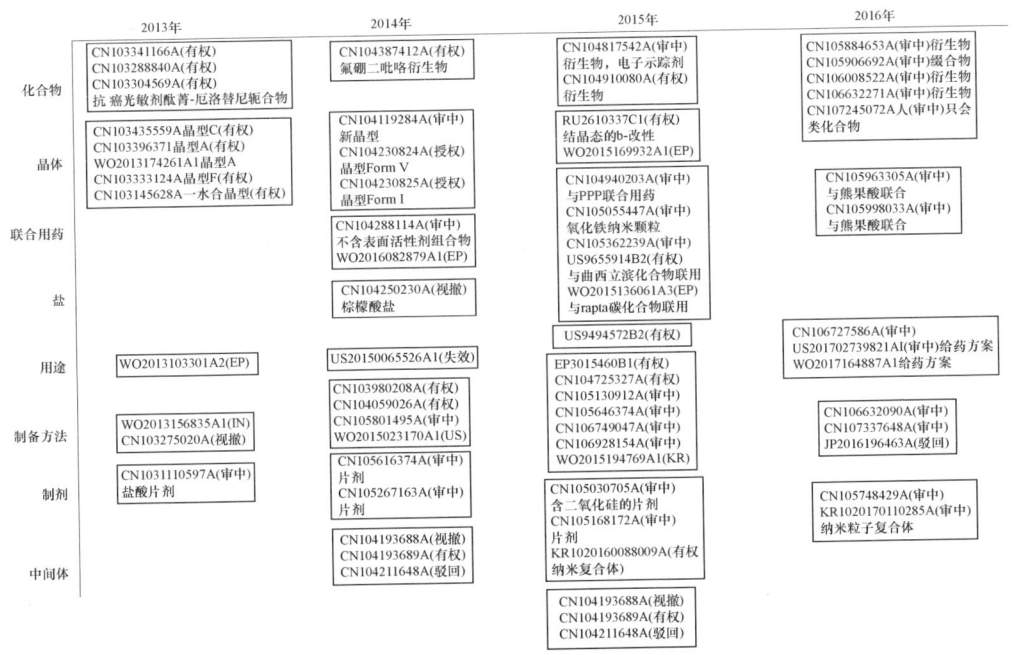

图 13　厄洛替尼的全球专利申请技术发展趋势（续）

（1）第一阶段：萌芽期（1995—2004 年）

1995 年出现了第一件厄洛替尼的专利申请 WO09630347A1，其美国同族专利为 US5747498A，申请人为辉瑞与 OSI 公司，该专利将于 2018 年 11 月 8 日到期，其中国同族专利为 CN1066142C，申请人为辉瑞，该专利已经于 2016 年 3 月 28 日到期。专利首次将厄洛替尼以化合物的形式记载于专利申请文本中，并对其进行了结构保护（权利要求 9）。2004 年，由罗氏申请了第一个厄洛替尼的多晶型专利 US2004162300A1。该阶段限于厄洛替尼尚未上市，对其药理价值和商业价值没有充分认识和挖掘，因此申请量较少，十年期间一共有 10 件申请，发展速度维持在较低水平，但核心专利均出现在此阶段。

（2）第二阶段：调整期（2005—2009 年）

罗氏的厄洛替尼于 2004 年 11 月 18 日获美国食品药品管理局（FDA）批准上市，之后于 2005 年 9 月 19 日获欧洲药物管理局（EMA）批准上市，2006 年 4 月通过我国审批上市，后来又于 2007 年 10 月 19 日获日本医药品医疗器械综合机构（PMDA）批准上市，自其上市以来凭借出色的临床效果和罗氏强大的营销手段，厄洛替尼在商业上取得了巨大成功，中国市场上的厄洛替尼类药品只有罗氏的特罗凯，这使得对厄洛替尼衍生产品的研究形成了一个巨大的产业，有关厄洛替尼晶型和制备方法的研究越来越多，这期间，厄洛替尼的年申请量平均在 6～7 件。

（3）第三阶段：发展期（2010—2014年）

自2010年开始，随着基础化合物的中国同族专利于2016年到期以及根据国家药品注册管理办法，该药在自2014年开始可向SFDA进行申报，国内仿制药可期待利润的刺激，业界对其关注度也进一步上升，从2010年开始，申请量呈现逐步快速上升的趋势。这期间，厄洛替尼的年申请量平均在12～13件，其中，国内申请人申请量占比高达65.6%。

（4）第四阶段：异军突起期（2015年至今）

2015年和2016年两年时间内，涌现了很多新兴药企和研究单位对厄洛替尼进行的专利申请，国内药企包括华义医药、中化联合制药、益康药业、威鹏药业、罗欣药业、华曦药业、六盛合医药、汇能生物、美诺华、信立泰药业、美大康华康药业等，国内研究单位包括福州大学、大连理工、南方医科大学、南京理工大学、山东大学等。尤其两家国外企业异军突起并正在进行全球专利布局，分别为韩国的株式会社大熊制药（针对厄洛替尼组合物的发明）和瑞士的百福微生物有限公司（针对厄洛替尼的制备工艺）。这期间，厄洛替尼的年申请量平均在19件左右，其中国内申请人申请量占比高达64.1%。

另外，从安斯泰来和罗氏的厄洛替尼在全球的销量（见图14）看出，从2014年开始已经呈现逐年下滑的趋势，说明国内已经逐步拥有自主的厄洛替尼仿制药市场。

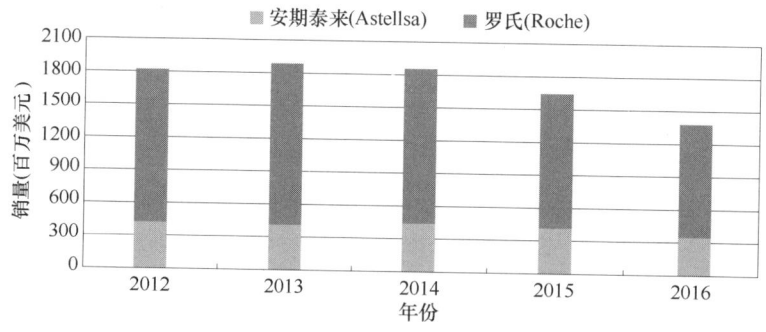

图14　安斯泰来和罗氏的厄洛替尼全球销量

3. 厄洛替尼全球专利申请技术构成分析

根据厄洛替尼专利申请的内容不同，将其分解为技术发展趋势中的8个技术主题，如图15所示的技术构成图可以看出，厄洛替尼的专利申请技术核心主要集中在制备方法、晶体、化合物和联合用药四个部分。

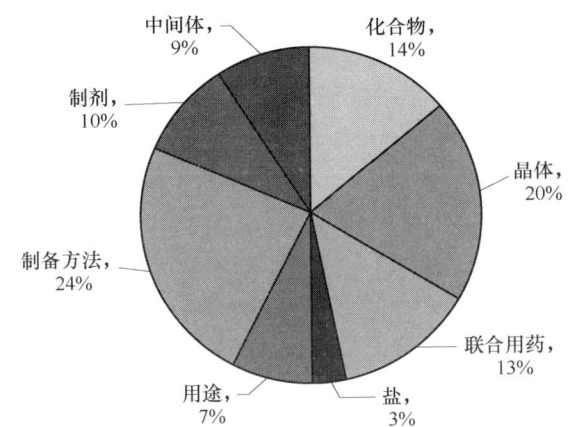

图 15　厄洛替尼全球专利申请技术构成

制备方法和晶体的申请量居于前两位,原因可能在于:

1)随着厄洛替尼原研专利的到期和即将到期,加之 2014 年可开始向 SFDA 进行申报,以及国外进口的盐酸厄洛替尼 150mg×30 片/盒的市场价为 18 360 元的高利润的驱使,国内仿制药可期待利润的刺激,厄洛替尼自主知识产权的制备方法的研究越来越多,研发出更加有效、节约成本的制备方法成为近几年甚至今后的研究趋势,上述占 24%比例的制备方法的申请中,据统计,国内申请人的申请量高达 62.8%。

2)晶型申请量的居多可能主要基于以下两点:首先,在临床已经证明厄洛替尼具有出色效果的基础上,将其制成生物利用度更高、释放效果更好、更易于服用的晶体是增加潜在市场品种的有效手段,一旦成功将会获得可观的收益;其次,晶体及其制备方法有利于专利继续布局,延长专利的生命周期。

4. 厄洛替尼在华专利申请的法律状态及重点专利分析

厄洛替尼在华专利申请构成主要包括:厄洛替尼原研公司对厄洛替尼的化合物、晶型、制备方法和中间体在华的同族专利进行的申请布局,以及大量中国企业、研究单位对厄洛替尼仿制药相关的专利布局。截至 2016 年年底,厄洛替尼在华申请量为 79 件,法律状态如图 16 所示。

由图 16 可以看出,授权和审查中的专利各占 38%,授权比例较大,而且审查中的比例占据也较大,说明厄洛替尼的布局仍在进行,后续还存在很大的潜力空间。

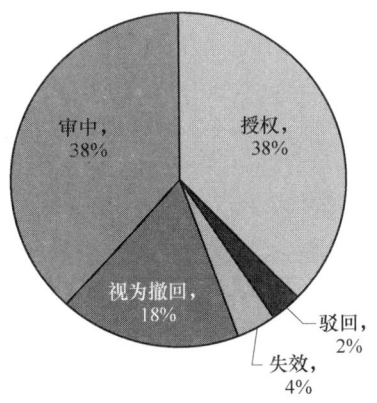

图 16　厄洛替尼在华申请法律状态

表 10 列出了厄洛替尼在华授权专利及其保护内容，因有些专利授权时间较晚，短时间还未能看出其专利价值和稳定性，表中只列举了部分重要的专利。

表 10 厄洛替尼在华授权专利（部分）

授权号	专利权人	类型	权利要求保护内容或优点	到期日
CN1066142C	辉瑞	化合物	喹唑啉衍生物及其制备方法，权 9 请求保护厄洛替尼具体化学式结构	2016.03.28（已到期）
CN100351241C	OSI 公司	晶型	喹唑啉胺盐酸盐 B 型多晶型	2020.11.09
CN100506803C	罗氏	晶型	厄洛替尼盐酸盐多晶型 E 及制备方法	2024.02.11
CN1215061C	辉瑞、OSI 公司	制备方法、中间体	厄洛替尼的制备方法及其中间体	2020.03.31
CN101463013B	上海百灵医药	制备方法	厄洛替尼的制备方法（优点：避免了脱甲基和大量溶剂萃取、反应条件温和，适合工业化生产）	2027.12.21
CN101602734B	浙江九洲药业	晶型	盐酸厄洛替尼晶型 A 制备方法（优点：工艺稳定性高，得到的晶型 A 的纯度高、收率高）	2029.04.24
CN101735157B	上海北卡医药	制备方法	厄洛替尼的制备方法（优点：反应步骤少、中间产物均为固体易提纯、反应条件无须高温、深冷）	2029.12.30
CN101948441B	江苏先声药物	晶型	CN101602734B 的改进专利。优点：克服了容易产生混晶的缺点，提高了反应温度，增加了操作可行性	2030.09.07
CN101798289B	天津炜杰科技	中间体制备方法	厄洛替尼中间体的制备方法（优点：反应原料少、条件温和，原料成本低）	2030.02.08
CN102557977B	浙江海正药业	中间体制备方法	厄洛替尼中间体制备方法（优点：原料成本低、合成方法简单，污染少）	2030.12.20
CN103420922B	重庆华邦制药	晶型	盐酸厄洛替尼晶型 B 的制备方法（优点：无须晶型转化步骤）	2032.05.18
CN103435559B	山东金城医药	晶型	盐酸厄洛替尼新晶型 C 及制备方法（优点：提供了一种新晶型，稳定，单一性好，制备方法采用醇类作为溶剂，毒性小）	2033.07.03
CN103333124B	浙江埃斯特维华义制药	晶型	盐酸厄洛替尼晶型 F 及制备方法（优点：适合大规模制备，具有重现性）	2033.05.08
CN103145628B	齐鲁制药	晶型	水合物晶型 I 的制备方法（优点：得到的产品晶型单一，适合纯化高纯度的盐酸厄洛替尼）	2033.03.08

CN1066142C、CN100351241C、CN100506803C、CN1215061C 四件核心专利是厄洛替尼原研的几个公司在中国的布局。涉及化合物、晶型、制备方法及中间体。其中，化合物的专利已经到期，另外 3 件专利只剩 3~6 年的保护期限，这对国内生产厄洛替尼的企业来说是巨大的机遇。

另外的 3 件专利中，有两件专利保护的类型均是晶型，CN100506803C 专利的保护期限要比 CN100351240C 多 4 年左右的时间，原因在于原研公司实施了专利延期的布局。罗氏于 2004 年 2 月提交了 US20041623001A1（同族中国专利：CN100506803C），该申请请求保护厄洛替尼的多晶型 E，该多晶型 E 比多晶型 A 更加稳定，比晶型 B 有更好的溶解度和溶解速率，具有改进的药理学性质，通过该专利的申请可以看出，原研公司一直关注着厄洛替尼的后续研发动态，在他人晶体研发的基础上，寻找到更好的厄洛替尼晶型，并申请专利保护，从而有效地延长了对厄洛替尼的掌握时间。

国内的企业自 2010 年开始对厄洛替尼的制备方法、中间体及晶型做了大量的研究，从上述列举的部分授权专利可以看出，制备方法的改进主要在于工艺条件、反应过程的改进，目的旨在提高盐酸厄洛替尼的纯度、产率并节约成本。晶型的研究主要针对盐酸厄洛替尼呈现的各种晶型及其制备方法。例如：浙江九洲药业的 CN101602734B 主要在盐酸厄洛替尼晶型 A 上进行研究改进；重庆华邦制药的 CN103420922B 主要在盐酸厄洛替尼晶型 B 上进行研究改进；山东金城医药的 CN103435559B 主要在盐酸厄洛替尼晶型 C 上进行研究改进；浙江埃斯特维华义制药的 CN103333124B 主要在盐酸厄洛替尼晶型 F 上进行研究改进。还包括上述表格未列出的授权专利：CN104230824B（晶型 Form V）、CN104230825（晶型 Form I），其专利权人为：山东金城医药。由此可见，国内申请人，尤其是山东金城医药在盐酸厄洛替尼晶型上做了大量的研究和专利申请，研发出更好的易于服用的晶型能够潜在增加盐酸厄洛替尼的市场品种，也更有利于专利的继续布局。

5. 厄洛替尼近两年的全球专利布局分析

从厄洛替尼全球专利申请技术发展趋势图看出，厄洛替尼近两年的申请主要集中在制备方法、联合用药和衍生化合物的研究上。

（1）厄洛替尼衍生化合物的申请方面

CN104817542A（申请人：南方医科大学）公开了对厄洛替尼结构式进行的改进制备的 EGFR 正电子示踪剂，如式（I）所示：

该 EGFR 正电子示踪剂能阳性识别表皮因子受体 EGFR 高表达肿瘤。

CN104910080A（申请人：大连理工大学）公开了对厄洛替尼结构式进行的改进制备的 6,6',7,7'-四(2-甲氧基乙氧基)-4H-(3,4'-连二喹唑啉)-4-酮，如式（II）所示：

（II）

该化合物为厄洛替尼原料药及制剂生产过程中产品的质量控制提供了条件。

CN105884653A（申请人：浙江汇能生物）公开了对厄洛替尼结构式进行的改进制备的衍生物，如式（III）所示：

（III）

该衍生物对肿瘤细胞具有良好的靶向性，尤其对肺癌具有良好的抑制效果，且对人体的毒副作用更小。

CN105906692A（申请人：徐州瑞康生物）公开了对厄洛替尼结构式进行的改进制备的缀合物，如式（IV）所示：

（IV）

该改进的缀合物具有特异性结合癌细胞高丰度表达的整合素 Integrin 受体，促进癌细胞的摄取，从而表现出更好的疗效。

CN106632271A（申请人：河南师范大学）公开了对厄洛替尼结构式进行的改进

制备的衍生物，如式（V）所示：

（V）

该衍生物在其结构式连接一系列不同的 1,2,3-三氮唑基团，对肝癌 HepG2 细胞具有较好的抑制活性。

（2）厄洛替尼制备方法的申请方面

在制备方法方面，国内申请人研究的最多，可能与厄洛替尼核心专利到期及仿制药生产有关，除了上述表格列出的 2010—2014 年制备方法的相关授权专利外，2015—2016 年也包括大量申请，涉及申请人包括山东大学、南京理工大学、海南中化联合制药、山东罗欣制药、重庆圣华曦药业、浙江美诺华药物化学等，目前均在实审中，在此不一一赘述。以下仅针对瑞士的百福微生物有限公司 2015 年对厄洛替尼制备工艺在全球进行布局的一件专利进行详细分析。

CN105541735A（申请人：百福微生物有限公司）公开了一种用于制备厄洛替尼的方法，其是将式（VI）和式（VII）的化合物进行反应，随后在合适溶剂中用盐酸源处理以获得盐酸厄洛替尼。

（VI） （VII）

该制备方法通过较简单和较廉价的方法进一步减少合成步骤数、昂贵试剂的使用以及中间体的分离。

百福微生物的该项中国专利申请目前在实审中，除了在中国申请外，百福微生物还在全球其他的 6 个国家进行了专利布局。包括 AU2015238837A1、CA2908441A1、EP3015460B1、JP2016104717A、RU2015145487A、US9428468B2，目前，欧洲和美国同族专利已经获得授权。

（3）厄洛替尼联合用药的申请方面

CN104940203A（申请人：南通大学附属医院）公开了一种用于肺癌的药物组合物，以取自小檗科植物八角莲根茎的苦鬼白毒素（PPP）与厄洛替尼进行复配获得。制备的联用药物能够有效抑制耐药细胞及耐药裸鼠移植瘤的生长，抑制 IGF1R 信号通路，进而阻止或延迟厄洛替尼的耐药性。

CN105055447A（申请人：中南大学湘雅二医院）公开了一种氧化铁纳米颗粒与厄洛替尼联合制备的药物，该研究主要也是研究厄洛替尼的耐药性。通过氧化铁纳米颗粒与厄洛替尼的联合应用可以显著抑制肿瘤细胞的生长,氧化铁纳米能通过 ERBB2、ERBB3 和 ERBB4 下游的信号通路,从而增强肺癌细胞对厄洛替尼的敏感性。

CN105963305A 和 CN105998033A(申请人:福州大学)公开了中药活性成分熊果酸与厄洛替尼的联合药物。这是将自然界中的高效低毒抗肿瘤天然活性化合物熊果酸与厄洛替尼进行复配得到药物组合物。其具备良好的抗肿瘤活性,可降低组合物中药物的毒副作用,同时具备良好的抗增殖作用,最终提高治疗癌症的效果。

另外,还包括一些盐酸厄洛替尼片剂类的申请,在此不一一赘述。

下面针对与韩国株式会社大熊制药有关一件的厄洛替尼组合物专利申请全球布局进行简要分析。

韩国株式会社大熊制药其是通过 PCT 申请(公开号:WO2015182905A1)的一件组合物的申请,目前进入了包括中国(CN106659768A)、日本(JP2017516783A)和美国(US20170202917A1)在内的 3 个国家。该组合物以厄洛替尼作为主要的活性成分,将其制备成软膏剂应用于预防或治疗皮疹。

综上可以看出,近两年厄洛替尼仿制药的申请及应用仍然是热门,涉及很多药企和研究单位,随着厄洛替尼核心专利过期和即将过期,厄洛替尼仿制药的申请会更加热门。

(三)厄洛替尼专利分析总结和对国内仿药专利保护策略的建议

1)从厄洛替尼全球重要专利的申请情况来看,原研公司辉瑞、OSI 公司、罗氏在 1995—2004 年以对厄洛替尼化合物、制备方法、中间体和晶型进行了专利布局,掌握了厄洛替尼的核心专利。然而,其在华的 4 件核心专利中,化合物的专利已经到期,这对国内着眼于厄洛替尼仿制药发明的企业来说是一大机遇。

2)中国作为世界较大的药品市场,原研公司在中国的专利布局给中国市场留下的空间已经十分有限,然后从 2010 年以后国内申请人的专利申请量看出,国人的申请量已经远超美国,主要是寻求更加稳定、更好溶解性、更加适合工业化的厄洛替尼的制备方法及晶型,说明国人在厄洛替尼上的创新逐渐加强、研究投入力度也逐步在加大。

3)从原研公司对厄洛替尼专利延期的布局看出,多晶型的申请是有效延长专利生命周期的重要手段,国内企业和研究机构可以加大对晶型的研究,及时关注厄洛替尼晶型后续的研发动态,通过在他人晶体研发的基础上寻找更好的厄洛替尼晶型,抢先占据市场。

4)我国传统的中药研发具有广阔的资源和技术优势,国内企业和研究机构可以加大中药和厄洛替尼的联合用药的研究(例如福州大学的 CN105963305A),深入挖掘和利用传统中药中已有的抗肿瘤药物,尝试将其与厄洛替尼进行联合应用,在疗效、不良反应、药动学性质等方面寻找突破口,借此在厄洛替尼二次开发的专利技术布局中占据一席之地,为中西药结合治疗癌症开辟新的途径,进而提升国内企业在后续厄洛替尼药品市场的竞争优势。

5）对厄洛替尼研发的有效技术方案应当及时进行全球布局（例如：百福微生物的 CN105541735A），尤其针对喹唑啉药物申请量前五的输入国/地区欧洲、美国、澳大利亚、中国和日本进行专利网布局，及时抢占市场，形成自主知识产权的厄洛替尼仿制药的市场。

七、总结

1）贝达药业有关埃克替尼的专利申请全球布局和技术发展方向的布局在国内药企行业是比较成功的。国内制药行业在新药研发和专利申请保护布局上可以借鉴贝达药业有关埃克替尼的成功经验和不足之处，提早对研发的新药从通式化合物到具体化合物，从通式化合物可能的药学接受载体、制备方法、晶型、组合物以及中间体到具体化合物的晶型、盐型、制备方法、组合物和中间体进行全方位的保护，必要时可进行全球专利申请布局；对于核心的专利可以分时期分时段进行专利的延展申请和布局，尽可能延长核心专利的生命周期。

2）在中国，吉非替尼 Gefitinib 和厄洛替尼 Erlotinib 两个重磅药物均已失去化合物专利保护，这对关注这两个药物市场的国内企业来说是一重大机遇。

3）2017 年上市的 EGFR 受体酪氨酸激酶抑制剂有 2 种，均为多靶点受体酪氨酸激酶抑制剂。可将多靶点药物作为研究方向之一。

参考文献

[1] 张鑫松，汪泉，王超. 喹唑啉类 EGFR 酪氨酸激酶抑制剂的专利技术研究进展［J］. 广东化工，2017，44（2）：81-83.

[2] 张海龙. 美国授权酪氨酸激酶抑制剂类抗肿瘤药物的专利现状分析，统计分析［J］. 中国发明与专利，2017（5）：38-41.

[3] 药渡. 秒懂 EGFR 药物全球研发状况［EB/OL］. http://www.xinyaohui.com/news/201707/24/9655.html，2017-07-24.

女性用吸湿用品专利技术现状及其发展趋势

张博　王小东

一、引言

(一) 技术简介

女性用吸湿用品是一种具吸收性的物质,主要的材质为棉、织布、纸浆或以上材质复合物所形成的高分子聚合物和/或高分子聚合物复合纸。

1. 女性用吸湿用品发展历史

女性用吸湿用品的出现有将近一百年的历史。1921 年,美国金佰利-克拉克(Kimberly-Clark)公司成功地制造出世界上第一块可抛弃式卫生棉——高洁丝(Kotex)。但那时的卫生棉,还需要用别针或者带子固定在内裤上,使用不方便。直至 20 世纪 70 年代,卫生棉的演进才有大突破,即"自粘式背胶卫生棉"诞生,为大多数女性提供了方便。20 世纪 40 年代卫生棉开始在欧美国家流行起来,自 20 世纪 80 年代进入中国市场以来,卫生巾以其方便好用等优点被我国女性消费者所接受。

根据市场调查分析,女性消费者对卫生巾的需求由单一的普通型发展到日用型、夜用型、药物保健型、旅游型等。在形状上,也分为长方形、圆头型、哑铃型、护翼型等,从不同方面来满足妇女的不同需求。目前,卫生用品正朝两个趋势发展:① 外用护理品仍占据消费者主流市场,但产品更新将趋于提高其舒适度;② 将突破传统用途,而被赋予更多与女性相关的特殊功能,比如,彩色卫生巾、能够自动监测排卵期和调节经期情绪的个性化卫生巾及带有消炎和杀菌功能的卫生巾等。国家统计局数据显示,我国 14~49 岁女性稳定在 3.6 亿左右,按照此适龄段女性平均每次经期 5 天,每天更换 3 次进行测算,每年潜在市场需求量为 648 亿片。同时由于卫生巾是一种相对稳定的日用卫生一次性消耗产品,无销售淡旺季之分,巨大的消费市场引起了生产厂商激烈竞争。

2. 发展现状

（1）核心原材料基本依靠进口

卫生巾的最核心材料之一绒毛浆，一种卫生用品（如卫生巾、婴儿尿布、医院床垫等）用作吸水介质的纸浆，浆板具有适当紧度、突破度和水分，单根纤维的比容大、弹性好、吸湿性高等特点，多以针叶木化学浆为主，有时也掺用部分针叶木机械浆或化学机械浆。绒毛浆在卫生巾的成本构成中占有很大比例。由于受地理气候和植物生长分布的限制，目前的绒毛浆主要集中在美国、加拿大等北美地区，国内还没有厂家进行生产制造，国内的卫生巾企业主要依赖进口。

（2）国产设备达到国际水平

卫生巾在我国的生产始于 20 世纪 80 年代初期。我国于 1982 年从日本瑞光株式会社引进第一条卫生巾生产线，生产的是直条卫生巾，这在国内妇女经期用品的生产方面是一个突破。随后引进的是意大利等国的卫生巾生产设备，陆陆续续也有国产设备投入生产。到 20 世纪 90 年代前期，国内已有 1000 余条生产线，但设备的性能较差，生产能力低，产品均为直条型。1991 年，广州宝洁公司率先在中国生产护翼型卫生巾。1995—1998 年，国内一些发展壮大起来的企业从意大利、日本、德国、美国的公司引进数十条具有国际先进水平的生产线，大大提升了国内卫生巾生产设备的技术水平及卫生巾的质量水平和产品的档次。随后，卫生巾生产设备国产化程度逐渐提高，技术改造和设备更新的步伐加快，企业之间的竞争加剧。这种竞争不仅迎来了我国卫生巾产业的快速发展期，也使国产的卫生巾生产设备开始逐步完成了引进—吸收—追赶的发展，目前基本上已经达到了国际水平。

（3）替代性用品在国内不受欢迎

内置式女性经期卫生用品在欧美等国家占女性经期卫生用品市场约 30%的份额，在中国，由于消费习惯、卫生条件和对阴不洁而造成细菌感染的畏惧，止血塞（卫生棉条）在中国的使用量一直很少，仅有很少的消费者和一些特定职业的女性，如运动员等在特定情况下使用。据新生代市场监测机构研究，目前，国内卫生棉条的渗透率相对较低，到 2010 年仅为 3.3% 左右，其中 20~39 岁的年轻女性是卫生棉条的核心使用人群，所占比例超过 70%，而且卫生棉条基本是与卫生巾搭配使用的。

（二）研究思路

1. 确定研究对象与内容

本课题主要研究对象是女性用吸湿用品，针对女性用吸湿用品技术领域中的主要组件的专利申请和保护状况以及重点关键技术，特别是涉及女性用吸湿用品对女性保健方面的技术的竞争情况开展研究，对女性用吸湿用品领域的技术，特别是涉及女性用吸湿用品对女性保健方面的技术的发展趋势进行预测。为达到研究目的，制定了针对性的检索策略，对涉及主题相关的领域进行大范围检索，基本掌握该主题下的国内外专利分布态势，了解国内外主要申请人的专利申请状况，并进行了以下方面的分析和研究：专利发展趋势分析、专利保护地域分析、各国研发实力分析、主要申请人、技术分布分析、中国大陆专利状况分析、主要竞争对手专利布局分析等。

2. 制定检索策略

为顺利进行对研究主题的检索，尽量保证检索结果的全面和准确，制定如下检索策略。

（1）检索策略

首先选择数据库，在数据的选择时，考虑到课题研究的主要内容，检索过程中主要采用 INCOPAT，智慧芽，CNKI 数据库。

然后，通过最准确的关键词"卫生巾、卫生护垫"进行检索，更加深入地了解该技术领域的背景技术，在浏览文献的过程中提取关键词和主要的分类号，对关键词进行一个全面的扩充，为后面的全面检索打好基础。

再次，通过上面总结的比较准确的分类号和关键词，在中文和外文的数据库中进行充分检索，并且在检索过程中不断扩充分类号和关键词，对检索到的接近的技术进行追踪检索。

最后，进行补充检索，针对前面检索过程中发现的新的或者前面阅读过程中发现的最准确的关键词和分类号进行检索，更多的是注重前面检索过程中主要的公司和申请人进行检索，进一步地确认是否有遗漏的 CPC、UC、FI 或 FT 的分类号。

（2）检索过程简介

——初步检索

初步检索时，先通过书籍、期刊、中文专利、百度、维基百科等初步确定关键词的表达，提取关键的要素，比如，"卫生巾""护垫""月经"等，初步确定一个检索要素表，通过主要的检索，对后续的关键词和分类号进行归纳总结，为后面的充分检索打好基础。

——完善检索要素及表达，进行充分、全面的检索

通过上面扩充出来的关键词和分类号，先通过扩展出来的关键词进行"与"或"或"的检索，并对检索出来的文献进行浏览，在浏览的过程中对相似度很高的文献的分类号进行记录，为后期的分类号检索做好准备；通过前期对分类号的扩充，对主要的分类号和扩展出来的边缘的分类号记录，加上前面提取出的最准确的关键词，进行一个全面的检索，在检索的过程中，并从相似度很高的文献中进一步提取出合适的关键词和分类号，特别是注重外文关键词的扩充，做到对相关文献的充分检索。在分类号的提取中，特别注重 CPC 分类号的提取，获得更加准确的 CPC 分类号，为在外文库中的检索做好准备；在检索的过程中还要针对主要的发明人（比如金佰利、宝洁、尤妮佳、爱生雅、花王等）进行全面的检索。

——完成检索，提取专利数据

运行最终修正的检索式，下载检索结果，形成专利分析原始样本和数据库，以供

进一步使用。

（3）专利数据的起止时间

本课题于 2017 年 10 月 17 日完成了检索，本文中统计的专利数量均为 2017 年 10 月 17 日之前公开的专利申请。

（4）检索要素确定与表达如表 1 所示

表 1　检索要素技术名称分解

检索要素		一级技术分支	二级技术分支	三级技术分支
关键词	中	卫生巾，护垫，吸收垫，衬垫，女，月经，经期，生理液，生理周期，例假，卫生棉条	健康检测，保健，游泳	侧漏，护翼，组件，结构，吸收芯
	英	sanitary napkin, sanitary pad, panty liner pantiliner, menstru+, female, women, tampon,	health+, detect+, care, swim+	absor+, wing+, leak+, seep+, spil+, struct+
分类号	IC/CPC	A61F13/15，A61F13/20，A61F13，A61F13/47，A61F5/44，A61L15/16，A61L/15，A61F，A61L，B32B		
申请人		金佰利，宝洁，尤妮佳，花王，爱生雅，重庆百亚卫生用品有限公司，天津娇柔卫生制品有限公司		
数据库		INCOPAT，智慧芽，CNKI		

IPC：

第一，结构方面：

A61F13/15　吸收垫，例如用于体外或体内的卫生巾、拭子或棉塞；支撑或固定吸收垫的装置；棉塞敷贴器

A61F 13/20　棉塞，例如月经用棉塞；其附件

A61F 13/22　卷叠材料制的棉塞

A61F 13/24　杯形棉塞

A61F 13/26　插入棉塞的装置

A61F 13/28　带有润滑装置的

A61F 13/30　允许通过插入通道时变形、扩张或裂开的插入装置的末端部分

A61F 13/32　带有可滑动的推出器的，例如活塞或顶杆、筒内插入装置

A61F 13/34　用于取出棉塞的装置

A61F 13/40　具有往吸收材料里加介质的整体的装置，例如装在隔绝的容器内

A61F 13/42　带有湿度指示或报警装置的

A61F 13/44　带有射线透不过材料或对剩余材料发出信号的装置的

A61F 13/45	以形状为特征（杯形类型棉塞入 A61F 13/24）
A61F 13/47	卫生巾、失禁垫或尿布
A61F 13/472	专门适用于女性
A61F 13/474	可调节的 〔7〕
A61F 13/475	以防侧漏装置为特征
A61F 13/476	以包绕内裤的裆区为特征，例如具有护翼
A61F 13/505	具有分离的部分，如一次性和可重复使用的部分的接合部（A61F 13/20 优先；支撑或固定装置入 A61F 13/56）
A61F 13/51	以垫的外罩层为特征（A61F 13/20 优先）
A61F 13/511	顶片，即朝向皮肤的不透液体覆盖物或层
A61F 13/512	以顶片的孔为特征，例如穿孔
A61F 13/513	具有不同的渗透区域
A61F 13/514	底片，即远离皮肤的不可透液体覆盖物或层
A61F 13/515	以顶片和底片的内部连接为特征
A61F 13/53	以吸收介质为特征（A61F 13/20 优先）
A61F 13/531	在垫的整个厚度范围内具有均匀组成（A61F 13/538，A61F 13/539 优先）
A61F 13/532	在垫的平面内非均匀
A61F 13/533	具有不连续的压缩区域
A61F 13/534	在垫的整个厚度范围内具有非均匀组成（A61F 13/538，A61F 13/539 优先；具有薄纸包裹的均质吸收芯入 A61F 13/531）
A61F 13/535	在垫的平面内非均匀，如芯吸收层具有不同的尺寸（A61F 13/537 优先）
A61F 13/536	具有不连续的压缩区域
A61F 13/537	以在一个方向或平面上促进或转移流体的层片为特征的，例如芯吸层
A61F 13/538	以特殊的纤维方向或纺织为特征的
A61F 13/539	以吸收层彼此之间或与外罩层的连接为特征的
A61F 13/551	所用垫的包装或包裹，如用于一次性的
A61F 13/56	支撑或固定装置
A61F 13/58	黏性接头固定元件（A61F 13/66 优先）
A61F 13/60	带有与黏性接头一起的释放装置
A61F 13/62	纤维带固定元件，例如，圈或环（A61F 13/66 优先）
A61F 13/64	带、条、索或环状绷带（A61F 13/66 优先）
A61F 13/66	与吸收垫非一体的覆盖物、支承器或支撑器

A61F 13/68	腹部封闭型的
A61F 13/70	具有可打开或可取下的胯部部分的
A61F 13/72	具有无接头腰部环状绷带，例如裤形
A61F 13/74	具有保持吸收垫装置的
A61F 13/76	弯曲垫的宽度或固定件的，例如带、端边或横褶
A61F 13/78	纽扣或按扣固定件
A61F 13/80	相对于人体胯部区域可调节的
A61F 13/82	带有装在身体上的装置
A61F 13/84	其他组不包含的用于吸收垫的附件
A61F5/44	由病人穿戴的用来接收尿、便、月经或其他排出物的器具

第二，材料方面：

A61L15/16	用于生理液体例如尿或血的绷带、敷料或吸收垫，例如卫生巾、棉塞
A61L 15/18	含有无机材料
A61L 15/20	含有有机材料
A61L 15/22	含有大分子材料
A61L 15/24	由仅仅涉及碳碳不饱和键的反应获得的大分子化合物；其衍生物
A61L 15/26	由涉及碳碳不饱和键以外的反应获得的大分子化合物；其衍生物
A61L 15/28	多糖或它们的衍生物
A61L 15/30	橡胶或它们的衍生物
A61L 15/32	蛋白质、多肽；它们的降解产物或衍生物，例如白蛋白、胶原蛋白、纤维蛋白、明胶
A61L 15/34	油、脂肪、蜡或天然树脂
A61L 15/36	含微生物
A61L 15/38	含酶
A61L 15/40	含未确定结构的成分或其反应产物
A61L 15/42	以其功能或物理性质为特征的材料的应用
A61L 15/44	药物
A61L 15/46	除臭剂或除恶臭冲消剂，例如抑制氨或细菌的生成
A61L 15/48	表面活性剂
A61L 15/50	润滑剂；防粘剂
A61L 15/52	防水剂
A61L 15/54	不透放射线材料
A61L 15/56	湿度指示剂或着色剂
A61L 15/58	黏合剂（用于治疗或体内测试的导电性胶黏剂入 A61K 50/00）

A61L 15/60	液体可膨胀的胶形材料，例如超级吸收剂
A61L 15/62	水溶性的或水可降解的材料
A61L 15/64	专门适用于在体内可再吸收的

（三）分析方法

通过专利信息的分析，可以了解某一技术领域或方向的研究发展总体情况、研究的热点方向、重要的研究机构以及专利壁垒等情况。专利信息分析主要包括两种基本方法：定量分析方法和定性分析方法。

定量分析方法主要是通过对专利文献相关著录项目的统计，根据对统计结果的具体解读，分析其所代表的技术、产业和市场等发展趋势。定量分析的统计工作主要通过专利数据库提供的统计功能和相关的专利分析软件完成，并由人工甄别和修正统计数据，统计的结果以图表等可视化的形式直观地展示出来，同时辅以详细的解读和分析。

定性分析方法主要是通过对专利文献具体技术内容的阅读，由人工对文献进行标引和分类，在相关的软件辅助下，找出某些重要的技术方向下的重要专利文献，对这些文献的技术内容进行详尽的分析，并在此基础上，进行相关的比较研究，以期得出研究方向、专利壁垒、技术引进、风险化解等方法的结论。

下面分别对这两种分析方法中所涉及的主要专利技术指标进行说明。

1. 定量分析方法

（1）专利趋势分析

统计分析专利申请量的时间变化等指标，从多个角度了解专利发展的历史趋势、技术生命周期等信息。

（2）地域分析

统计分析不同国家或地区的申请量等指标，了解不同地域的专利申请和保护情况，以此了解不同地区的竞争环境；统计分析专利申请的优先权国家，了解哪些国家是技术产出国，具有技术优势。

（3）技术分布分析

对产业上主要竞争对手的专利进行数量或技术内容等方面的统计分析工作，了解主要竞争对手的技术研发和专利布局情况。

（4）其他定量分析

根据需要，可以灵活分析其他二维、三维指标，根据企业的具体需求，也可以综合设计相关的指标。

本报告主要包括专利趋势分析、地域分析和技术分布等定量分析内容。

2. 定性分析方法

（1）技术信息聚类

通过标引结果对各技术分支的技术进行综述，可以在时间轴上进行纵向分析，也可以在主要申请人维度上进行横向分析。

（2）重要专利技术分析

通过一些指标，例如引证信息、同族信息等指标或技术人员的协助参与，寻找重要专利技术，对这些重要专利技术进行解读和分析，以进一步进行相关技术的追踪研究。

（3）可自由使用的专利技术

通过分析专利的法律状态，了解在某一国家和地区可以自由使用的专利技术，包括可自由使用的该国专利技术、已经不可能在该国设置专利保护的外国专利技术。

（4）专利壁垒分析

通过查询法律状态，了解目前还处于权利有效状态的专利技术，从而探明已经设置的专利壁垒，主动避免侵权。

（5）其他定性分析

根据需要，结合技术与法律信息可以开展其他多角度、多层次的分析。

为掌握国内外与课题主题相关的专利申请的整体情况，课题组在全面检索定量统计的基础上进行定性分析，以获得国内外对于课题主题研究和创新比较集中的方面，从而帮助企业了解相关行业技术发展的动态、现有技术所处成长阶段、竞争最新的技术领域以及国内外主要竞争对手的重点研究方向，从而为企业目标选定和战略布局提供一定的依据和支持。

与此同时，我们针对企业需求对重点专利进行了深入分析，对所需求的关键技术的专利文献逐篇进行阅读，着重对重点的专利文献按照其技术问题、技术手段等进行分析研究，以使得企业尽可能多地获得当前比较活跃的关键技术的专利情报，以助于研究人员获得最新的专利技术信息，调整研究方向，避免重复研究，同时以期有助于启发研究人员的创新思路，缩短研究开发时间并掌握竞争对手的技术发展状况，以提高企业自我创新能力。

3. 分析样本的不完全性

数据库部分数据收录不完整的说明：本文统计的专利申请量少于实际申请量，原因是发明专利申请通常自申请日起满18个月才能公开（要求提前公开的除外）；PCT专利申请可能自申请日起30个月甚至更长时间之后才能进入国家阶段，导致与之相对应的国家公布更晚；实用新型专利申请在授权后才能获得公布，其公布日的滞后程度取决于审查周期的长短。

（四）文献筛选及分类标准

对于文献的筛选标准，首先，对整体的文献进行初筛，找出与给出的待研究方案相接近的文献，即吸收垫领域，特别是涉及女性吸湿用品的方案；然后，根据初筛的文献进行详细的筛选，主要包括涉及健康状况检测、游泳以及经期保健等，以期为待评议方案后续可能的研发方向提供借鉴。

对于相关文献的分类，主要是从相关专利涉及或者要解决的技术问题及结构角度进行考虑。经过对文献的分析，课题组将目前女性用吸湿用品技术相关的专利申请所涉及或要解决的技术问题归结以下四个方面，即健康状况检测，经期游泳，以及经期保健。除此之外所涉及的技术问题归于其他类，在此不作细述。

（五）相关事项约定

此处对本报告上下文中出现的以下术语或现象，一并给出解释。

项：同一项发明可能在多个国家或地区提出专利申请，构成同族专利，INCOPAT 数据库将这些相关的多件申请作为一条记录收录。在进行专利申请数量统计时，对于数据库中以一族（这里的"族"指的是同族专利中的"族"）数据的形式出现的一系列专利文献，计算为"1 项"。一般情况下，专利申请的项数对应于技术的数目。

件：在进行专利申请数量统计时，例如为了分析申请人在不同国家、地区或组织所提出的专利申请的分布情况，将同族专利申请分开进行统计，所得到的结果对应于申请的件数。1 项专利申请可能对应于 1 件或多件专利申请，如同一项发明在中国和美国分别提出专利申请，则分别形成 1 件中国专利申请和 1 件美国专利申请，但在数据库中记为 1 项专利申请。

专利被引频次：是指专利文献被在后申请的其他专利文献引用的次数，例如在其后的其他专利文献的背景技术或相关检索报告中被引用。

同族专利：同一项发明创造在多个国家申请专利而产生的一组内容相同或基本相同的专利文献出版物，称为一个专利族或同族专利。从技术角度来看，属于同一专利族的多件专利申请可视为同一项技术。在本报告中，针对技术和专利技术原创国分析时对同族专利进行了合并统计，针对专利在国家或地区的公开情况进行分析时各件专利进行了单独统计。

同族数量：一件专利同时在多个国家或地区的专利局申请专利的数量。

全球申请：申请人在全球范围内的各专利局的专利申请。

在华申请：申请人在中国国家知识产权局专利局的专利申请。

3/5 局申请：指同一项专利申请同时向美国专利商标局、欧洲专利局、中国国家知识产权局专利局、日本特许厅、韩国专利局中的任意三个局提交了专利申请。

国内申请：中国申请人在中国专利局的专利申请。

国外来华申请：外国申请人在中国专利局的专利申请。

平均被引次数：专利被他人引用总次数除以被引用专利件数。

平均自引次数：申请人自己引用总次数除以被引用专利件数。

国别归属规定：国别根据专利申请人的国籍予以确定，其中俄罗斯的数据包含苏联，德国的数据包括民主德国、联邦德国。

日期规定：依照授权最早优先权日确定每年的专利数量，无优先权日以申请日为准。

优先权：专利申请人就其发明创造第一次在某国提出专利申请后，在法定期限内，又就相同主题的发明创造提出专利申请的，根据有关法律规定，其在后申请以第一次专利申请的日期作为其申请日，专利申请人依法享有该权利。

二、女性用吸湿用品专利现状分析

（一）发展趋势分析

图 1 是女性用吸湿用品相关专利的全球历年专利申请数量变化图。从图中可以看出，涉及女性用吸湿用品的专利申请最早起于 1914 年，直至 1972 年，相关专利申请量偏少，技术起步缓慢；自 1972 年之后约 18 年，相关专利申请量开始有所增长，但每年的专利申请量仍然较少，属于缓慢发展期；从 1990 年开始，相关专利申请开始出现大幅增长，并且在 1999 年前后达到申请高峰期，相关专利全球申请量达到 387 件，进入快速发展期；之后，申请量虽有所减少，但总体发展趋势趋于稳定。

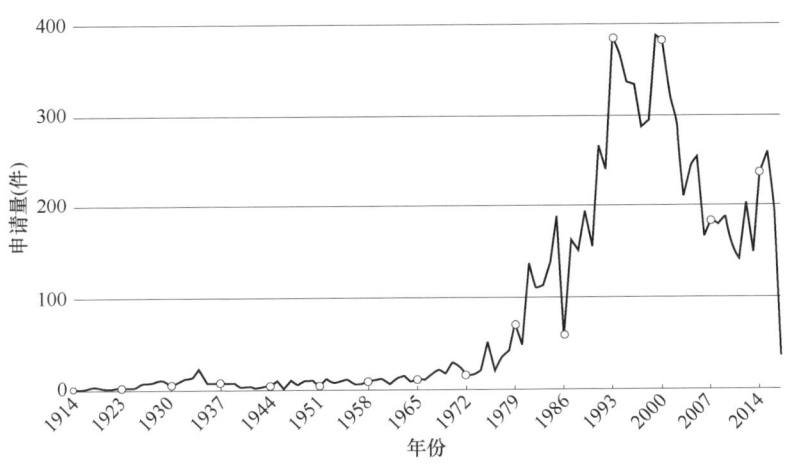

图 1　全球历年专利申请数量变化

1990 年至 2000 年，专利申请量整体增长迅速，但分别于 1997 年前后和 2003 年前后出现了两次较大幅度的降低。同时，由于 2016 年及 2017 年的大部分发明专利申请还处于未公开和未收录状态，故越接近检索截止日的年份，其统计数据受上述公开因素的影响程度越大，因此本文中相关数据统计所显示的 2016 年、2017 年申请数据并不准确。

（二）专利保护地域分析

1. 全球专利申请国家分布

图 2 为女性用吸湿用品的全球专利申请国家分布图。从图中可以看出，相关专利申请分布最多的国家/地区、组织依次为中国（CN）、日本（JP）、美国（US）、欧洲（EP）、韩国（KR）、澳大利亚（AU）、加拿大（CA）、英国（GB）、世界知识产权组

织（WO）、中国台湾（TW）、德国（DE）。可以认为，这些国家/地区、组织也是女性卫生保健技术领域发展最为成熟或近年来发展最快的国家，这些国家对女性卫生保健技术领域的研发投入很大。尤其是中国，近年来外国企业开始重视中国市场，大量外国企业例如尤妮佳、宝洁等涌向我国进行专利申请。同时，全球各大申请人在这些国家和地区的专利申请和布局也最为密集，仅中国的专利申请量就占到了全球申请总量的 29.3%，其次是日本的专利申请量占到了全球申请总量的 18.42%，接下来的几个国家申请量接近，分别是：美国 10.95%，欧洲 9.16%，以及韩国 7.43%，这亦体现出近年来欧美知名企业开始关注国际专利技术保护，相应地区的专利申请甚至发生了从无到有的变化。对于其他一些国家/地区、组织，如澳大利亚占 6.7%，加拿大占 5.18%，英国占 4.42%，世界知识产权组织 3.37%，中国台湾占 3.04%，以及德国占 2.02%，可见这些国家/地区、组织针对该领域的专利申请均有涉及，且数量相差不是很大。

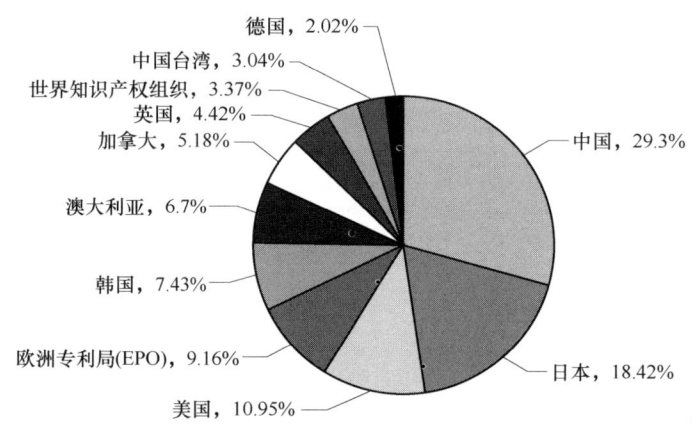

图 2　全球专利申请国家/地区、组织分布

2. 主要专利申请国家历年专利申请量分析

图 3 是从图 2 的结果中选取申请量居于前列的国家，进一步绘制出的相关国家历年专利申请量图。从图中可以看出，上述国家关于女性用吸湿用品的专利数量相对较多，如图 2 所示，申请量最多的 10 个国家中，美国和英国的相关专利申请比较早，其余国家在女性用吸湿用品领域的专利申请相对较晚，这可能与美国和英国工业化程度较早、技术发展领先有关。中国的专利申请起于 1985 年，明显滞后于其他发达国家，这可能与中国建立专利制度的时间较晚有关，随着欧美日等国家的知名企业近年来对于在华专利技术保护的关注程度日益增加，在华申请量总体呈上升趋势；申请量起步较早的国家总体而言发展趋势较为稳定，没有太大的波动。

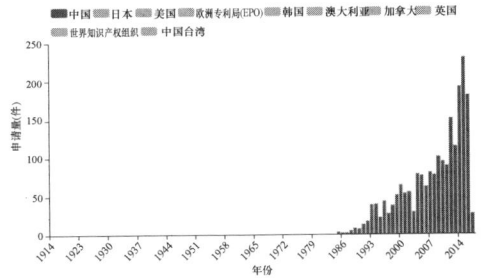

图 3a　中国历年专利申请量

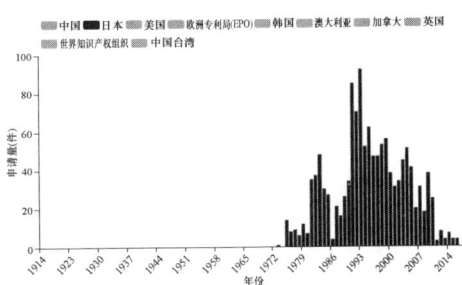

图 3b　日本历年专利申请量

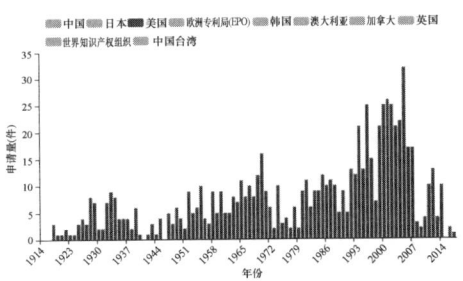

图 3c　美国历年专利申请量

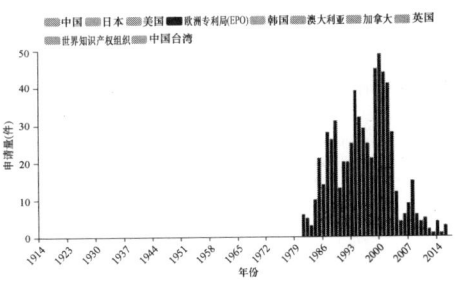

图 3d　欧洲历年专利申请量

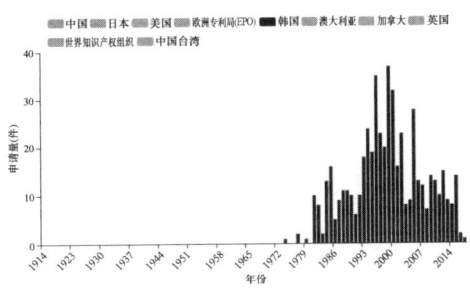

图 3e　韩国历年专利申请量

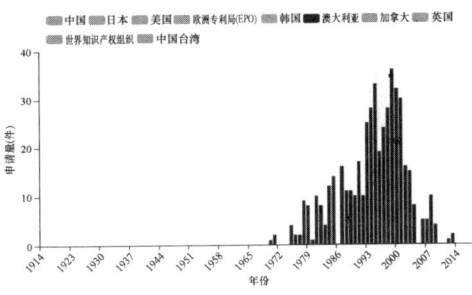

图 3f　澳大利亚历年专利申请量

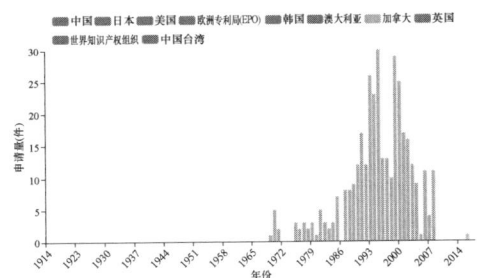

图 3g　加拿大历年专利申请量

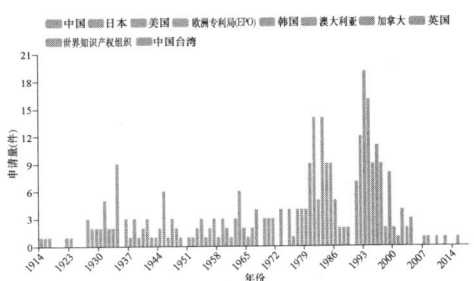

图 3h　英国历年专利申请量

图 3　主要专利申请国家历年专利申请量

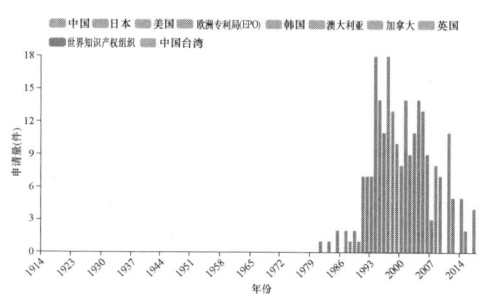

图3i 世界知识产权组织历年专利申请量

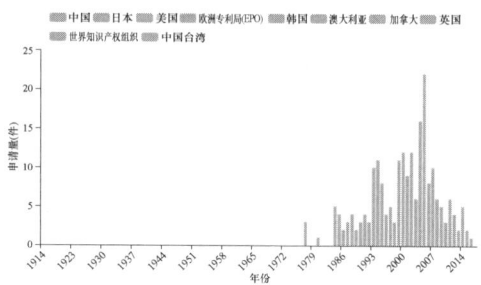

图3j 中国台湾历年专利申请量

图3 主要专利申请国家历年专利申请量（续）

3. 我国地域分布

从图4可知，近年来，我国各省市关于女性用吸湿用品的专利申请量呈逐年上升趋势，且专利申请主要集中在中东部沿海城市。这说明我国这一带的医疗卫生保健行业发展较快。广东省的专利申请量居高不下，福建次之，天津、浙江、江苏的专利申请量也蒸蒸日上。这五个省市的专利申请量占据国内专利申请总量的绝大部分。

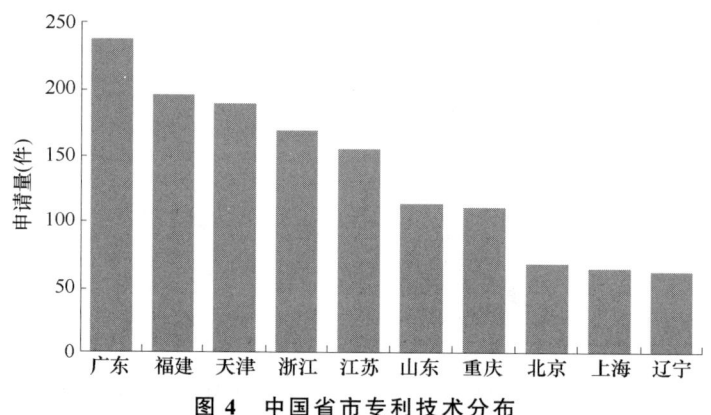

图4 中国省市专利技术分布

通过统计分析，我国各个省份和地区经济发展不平衡的情况也体现在了专利申请中。专利申请量第一的省份是广东省，广东省的经济活跃发达，申请量总计239件，其在 2015 年的专利申请最多，达到 44 件。排名第二的省份是福建省，申请量总计195件，在2015年申请的专利量最多，达到40件。排名第三的是天津市，申请量总计 188 件，其每年的专利申请量缓慢增长，在 2014 年达到峰值。究其原因，势必与各地区的经济发展密不可分，而且国外的大型外资企业、技术研发中心以及国内的各大型企业多集中在上述区域。

4. 重点专利技术分布

图 5 为重点专利技术分布一级聚类专利技术分布图。从图中可以看出，经期保健

的专利申请最多，涉及健康检测的相关专利申请相对较少，关于经期游泳的相关专利申请量适中。可见，在现阶段女性用吸湿用品的专利技术革新方面，经期保健是研发的重点，且各国大中企业均对此领域有所涉及。其中女性经期保健主要包括女性用吸湿用品的暖宫、调经、抗菌、除臭、除湿等技术。

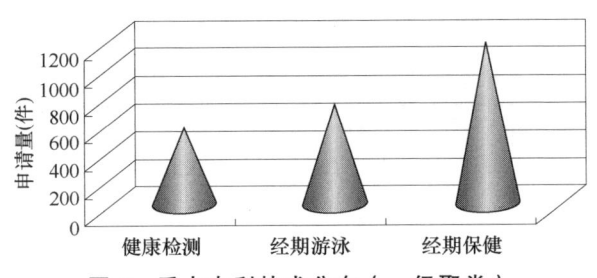

图 5 重点专利技术分布（一级聚类）

5. 我国专利技术分布

图 6 为上述我国专利技术分布图。从图中可以看出，我国女性用吸湿用品领域相对于全球该领域更倾向于经期保健方面的研究，其申请量最多为 826 件，占比将近 95%。而在女性用吸湿用品的健康检测方面和经期游泳方面的申请量甚少，分别为 25 件和 16 件。由此可见，这两方面的专利申请多集中在国外，而我国对于这两方面的技术研究积累薄弱。

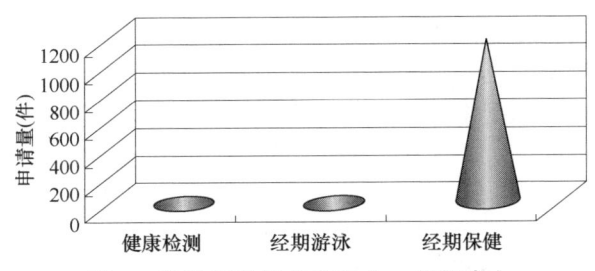

图 6 我国专利技术分布（一级聚类）

（三）主要分类号分布

女性用吸湿用品的相关专利技术在 IPC 分类表体系下的分布情况如表 2 所示，从表 2 中可以看出，女性用吸湿用品技术相关的专利主要分布在 IPC 分类号为 A61F13/00、A61L15/00、A61F5/00 等大组中。大组、小组综合统计，其中申请量第一的组为 A61F13/15，其含义为吸收垫，例如用于体外或体内的卫生巾、拭子或棉塞，支撑或固定吸收垫的装置，棉塞敷贴器；申请量第二的组为 A61F13/472，其含义为专门适用于女性的卫生巾、失禁垫或尿布；申请量第三的组为 A61F13/56，其含义为支撑或固定装置；申请量第四的组为 A61F13/53，其含义为以吸收介质为特征的吸收垫；申请量第五的组为 A61F13/511，其含义为顶片，即朝向皮肤的不透液体覆盖物或层；申请量第六的组为 A61F13/514，其含义为底片，即远离皮肤的不可透液体覆盖物或层；申请量第七的组为 A61F13/475，其含义为以防侧漏装置为特征；申请量第八的组为 A61F13/44，其含义为带有射线透不过材料或对剩余材料发出信号的装置的；申请量第九的组为 A61F13/20，其含义为棉塞，例如月经用棉塞及其附件；申请量第十的组为 A61F13/534，其含义为在垫的整个厚度范围内具有非均匀组成。

表 2 女性用吸湿用品专利技术全球主要 IPC 分布

序号	IPC 分类号	申请量（件）	序号	IPC 分类号	申请量（件）
1	A61F13/15	6826	6	A61F13/514	579
2	A61F13/472	3415	7	A61F13/475	571
3	A61F13/56	2017	8	A61F13/44	539
4	A61F13/53	1273	9	A61F13/20	342
5	A61F13/511	610	10	A61F13/534	336

可见，女性用吸湿用品技术相关的专利主要集中在 A61F13/00 的大组下，其重要性与受关注度可见一斑。

（四）各国研发实力分析

1. 原创国家/地区分布

原创国家/地区申请是申请优先权所在国家/地区的申请，其不包含同族申请，图 7 为女性用吸湿用品的原创国家/地区分布图。从图中可以看出，该领域的原创国家/地区主要为美国、中国、日本、瑞典、法国、韩国、中国台湾、加拿大、瑞士以及德国，其中美国的技术产出最多，占据总量的 32.04%，这与美国先进的制造业和医疗卫生技术实力是密不可分的，其次，中国的技术产出占总量的 26.75%。

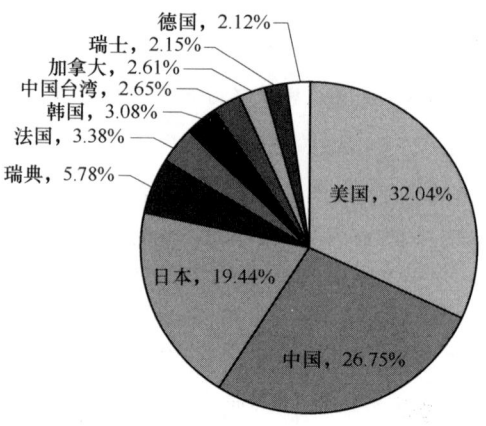

图 7 原创国家/地区分布

2. 主要技术产出国家/地区历年专利量分析

图 8 为女性用吸湿用品的主要技术产出国家/地区历年专利申请量图。从图中可以看出，总体上看，上述主要技术产出国家/地区专利申请量先递增后有所回落，1980 年后进入快速增长时期，相对地，美国和日本的申请量和增长趋势明显强于其他国家和地区，显然这与上述国家先进雄厚的制造业和医疗卫生技术发展较早有关，法国、瑞典的专利申请发展也较早，但专利申请数量却不高，整体趋势较为平稳，中国的专利申请明显滞后于其他国家/地区，在 2004 年申请量才有较大幅度上升。

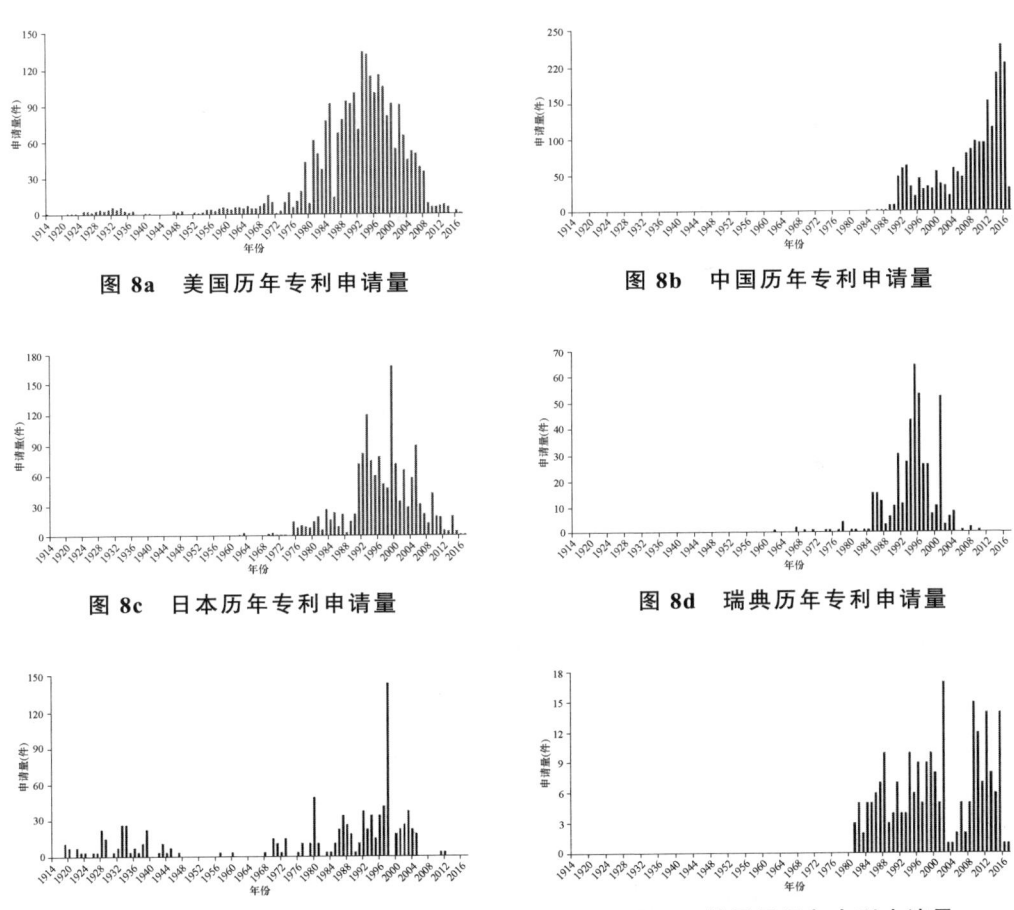

图 8a 美国历年专利申请量　　图 8b 中国历年专利申请量
图 8c 日本历年专利申请量　　图 8d 瑞典历年专利申请量
图 8e 法国历年专利申请量　　图 8f 韩国国历年专利申请量
图 8　主要技术产出国历年专利申请量

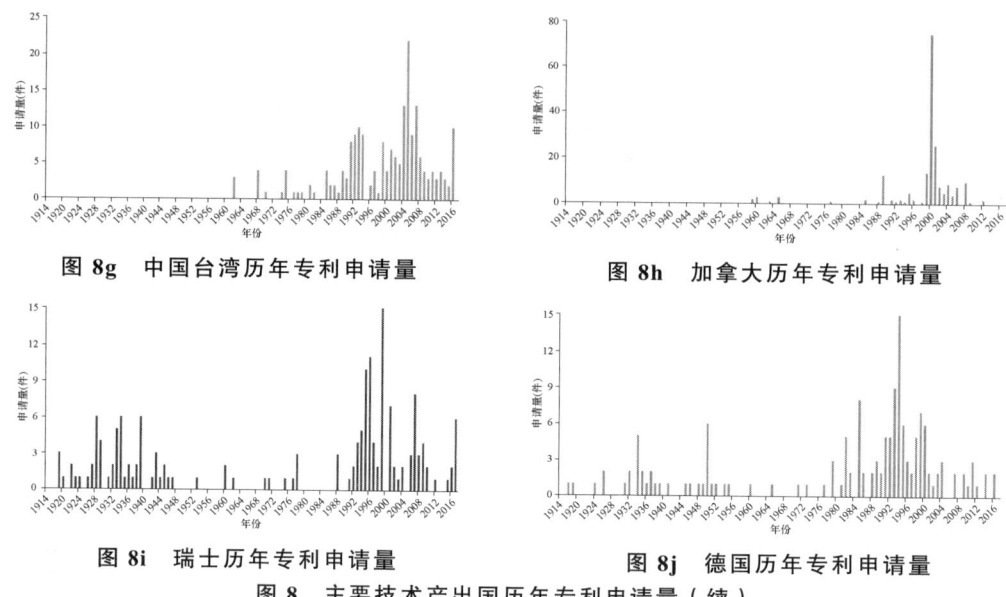

图 8g 中国台湾历年专利申请量　　图 8h 加拿大历年专利申请量

图 8i 瑞士历年专利申请量　　图 8j 德国历年专利申请量

图 8 主要技术产出国历年专利申请量（续）

3. 专利技术在国家分布

图 9 是主要原创国家的一级聚类技术分布图。从图中可以看出，中国和美国的技术发展相对先进，其专利申请数量最多，且在健康检测、经期游泳以及经期保健等方面均有涉及的改进。整体来看，在经期保健方面我国的专利申请量以压倒性的优势超越其他国家，这与我国近年来开始重视女性健康问题的相关政策有关。在经期游泳方面，美国的申请量最大，达到 197 件，其次是中国 86 件，韩国 85 件，日本 66 件。而对于健康检测方面，我国和美国的专利也较多，其余各国的专利申请量则相对较少。

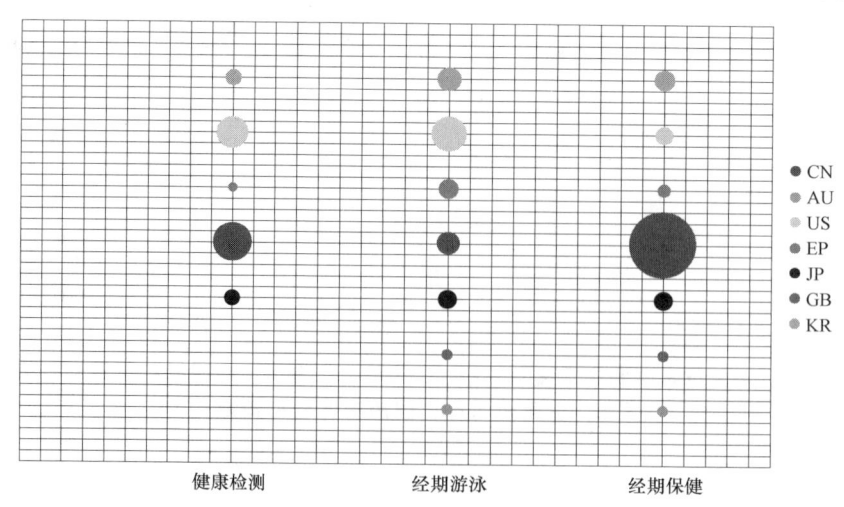

图 9 专利技术国家分布

（五）主要申请/专利权人分析

1. 主要申请人的申请比例

图 10 是主要申请人涉及女性用吸湿用品在健康检测、经期游泳以及经期保健的专利申请总量图。从图中可知，金佰利公司申请量最大，占到了 51.9%，宝洁公司申请量第二，为 27.8%，这两个公司的总和就将近达到 80%，几乎占据垄断地位，而且这两个公司的发明数量也居多，由此反映出其较强的研发实力。尤妮佳公司、爱生雅公司分别排在第三、四位，占比分别为 9.98% 和 8.1%。我国企业天津市娇柔卫生制品有限公司和重庆百亚卫生用品有限公司与前面相比而言申请量规模较少。在全球范围内，金佰利公司和宝洁公司的申请量最大，其他公司若想在该领域占据一席之地，必然要付出更多的人力、物力、财力；同时也需要在技术上寻找突破点。

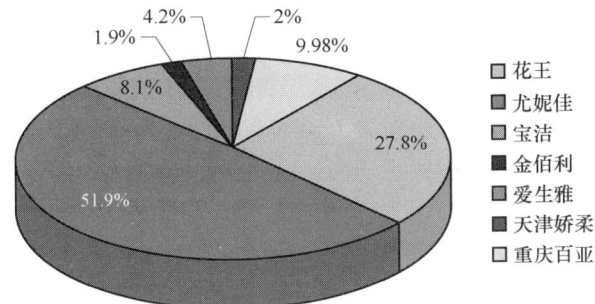

图 10 主要申请/专利权人的申请比例

2. 申请/专利权人排名及相对技术实力分析

图 11 为女性用吸湿用品的申请人/专利权人排名及技术实力分布。从图中可以看出，各主要申请人均涉及经期保健的研究，且数量多于其他技术构成。其中金佰利公司、宝洁公司的发明专利申请量明显多于其他申请人，可见美国在女性用吸湿用品的

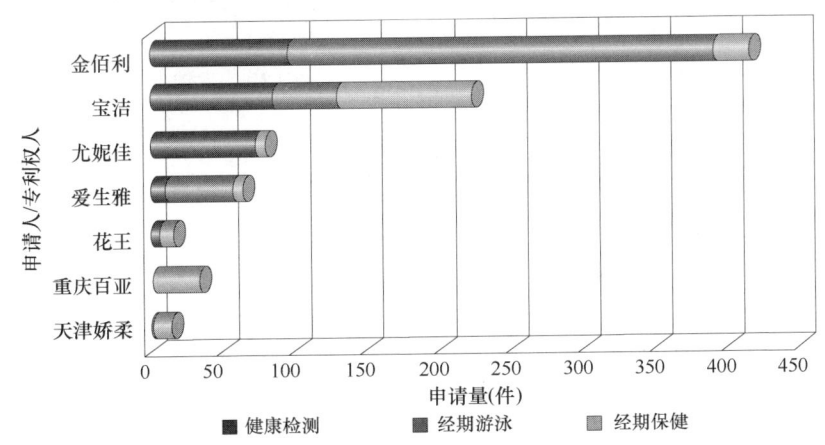

图 11 申请/专利权人排名及技术实力分布

专利技术方面领先于其他国家。日本的尤妮佳公司和花王公司的申请量居中，这两家公司主要研究女性用吸湿用品的健康检测方面。瑞典的爱生雅公司对女性用吸湿用品的健康检测、经期游泳和经期保健方面也均有所涉及，但总体申请量不大。目前，国内申请人以重庆百亚卫生用品有限公司和天津娇柔卫生制品有限公司为主，其申请主要涉及女性经期保健方面的改进，中国专利申请量少于其他申请人，这是由于国外企业在该技术领域开发较早，技术领先且先进技术的积累较为雄厚，而国内申请人起步晚，技术积累相对薄弱。

3. 主要申请/专利权人历年专利申请量分析

图 12 为主要申请/专利权人金佰利、宝洁、爱生雅、尤妮佳、花王、重庆百亚卫生用品有限公司以及天津娇柔卫生制品有限公司的历年专利申请量图。其中金佰利公司和宝洁公司的申请量较大，金佰利公司在 2001 年的申请量达到 56 件，其余每年的申请量也较多。而日本的尤妮佳公司和瑞典的爱生雅的申请量也较大，其他申请/专利权人的申请量相当。其中金佰利公司从 1959 年开始申请涉及相关专利技术的研发，时间最早，宝洁公司从 1966 年开始从事相关专利的研发，花王公司和爱生雅公司研发相关专利也比较早。我国的重庆百亚卫生用品有限公司以及天津娇柔卫生制品有限公司则是从近年来开始重视相关专利的布局，起步较晚。可见，国外企业尤其是美国的公司对该领域的研发比较重视。

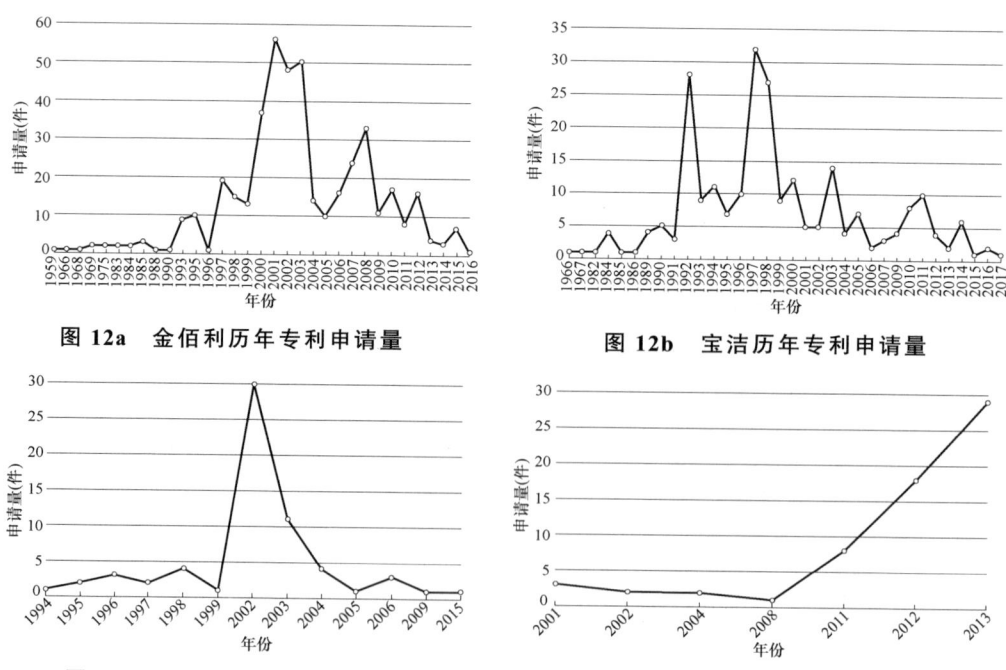

图 12a 金佰利历年专利申请量　　图 12b 宝洁历年专利申请量

图 12c 爱生雅历年专利申请量　　图 12d 尤妮佳历年专利申请量

图 12 主要申请/专利权人历年专利申请量

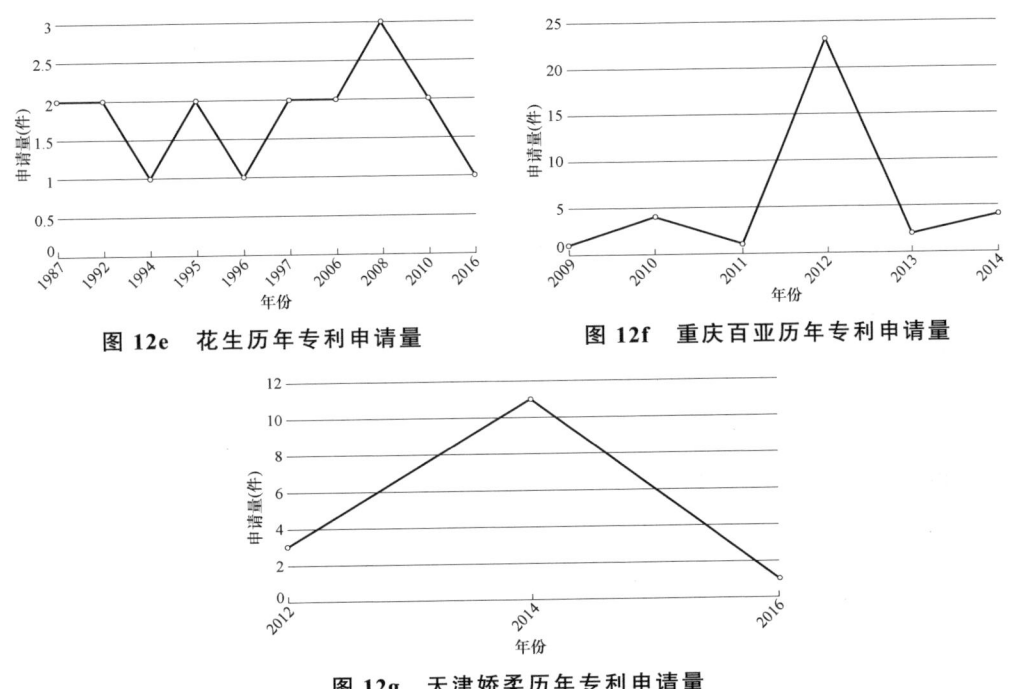

图 12e 花生历年专利申请量

图 12f 重庆百亚历年专利申请量

图 12g 天津娇柔历年专利申请量

图 12 主要申请/专利权人历年专利申请量（续）

4. 主要申请/专利权人专利技术构成分布

图 13 为涉及主要申请/专利权人的女性用吸湿用品的专利技术构成分布图。从图中可以看出，主要申请/专利权人在经期游泳方面改进的申请量较多，其次是健康检测方面，而在经期保健方面专利的申请量并不多。其中，金佰利公司、宝洁公司、爱生雅公司对女性用吸湿用品的健康检测方面、经期游泳方面及经期保健方面均有所涉猎。而以天津娇柔和重庆百亚卫生用品有限公司为首的国内女性用吸湿用品公司则主要侧重于女性经期保健的研究，对其他方面研究力度不够。日本的花王公司和尤妮佳公司则偏重于女性健康检测和经期保健方面的研究，同样对经期游泳方面研究力度不够。

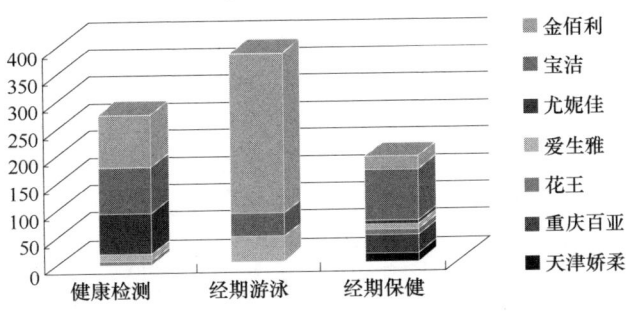

图 13 主要申请/专利权人历年专利技术构成分布

5. 技术构成发展趋势分析

图 14 是女性用吸湿用品技术构成发展趋势分析图，从图中可以看出，在全球专利申请中，涉及经期保健和经期游泳的专利申请在 2000 年之前一直相对较少，2000 年后，随着科技的大力发展，各国对于女性健康方面的意识也在逐步提高，人们逐渐发现女性用吸湿制品对于女性健康方面的重要性。较为明显的是，在此期间女性用吸湿用品在经期保健和经期游泳技术方面的专利申请量有一个突增，达到一个数量的峰值，相应的涉及女性健康检测方面的专利文件也是有了一定的增长。随着 21 世纪的到来，各国更加重视妇女健康卫生保健，且伴随工业化生产技术的革新，女性用卫生用品在经期保健方面的专利申请量迎来了又一个小高峰。

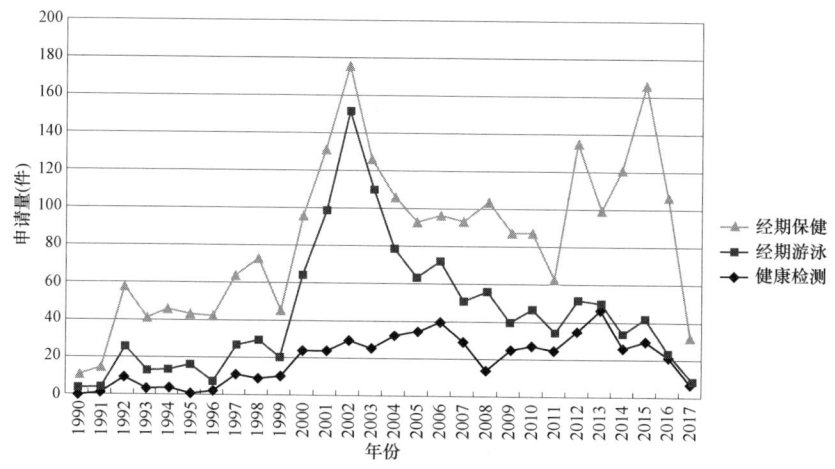

图 14　技术构成发展趋势

（六）关于女性用吸湿用品保健方面的分析

1. 专利申请趋势

图 15 是女性用吸湿用品在保健方面的相关专利全球历年专利申请数量变化图。

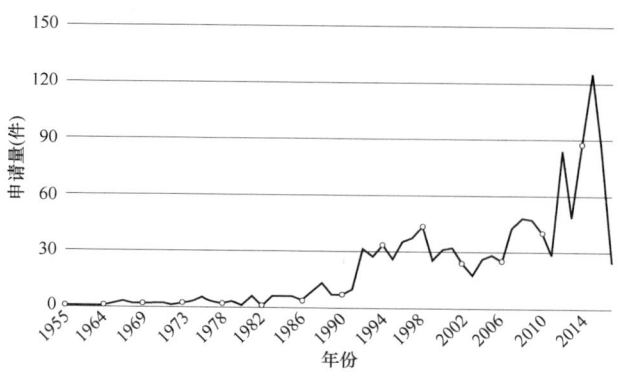

图 15　全球历年专利申请数量变化

从图中可以看出，涉及女性用吸湿用品在保健方面的专利申请最早起源于 1955 年，自 1955 年至 1990 年相关专利申请量偏少，技术起步缓慢；自 1990 年之后 20 年间，相关专利申请量开始有所增长，但每年的专利申请量仍然较少，属于缓慢发展期；从 2011 年开始，相关专利申请开始出现大幅增长，并且在 2015 年前后达到申请高峰期，相关专利全球申请量达到 125 件，进入快速发展期。

2. 专利申请国家/地区、组织分布

图 16 为女性用吸湿用品在保健方面的专利申请国家/地区、组织分布图。从图中可以看出，相关专利申请分布最多的国家/地区、组织依次为中国、韩国、日本、美国、德国、欧洲、加拿大、中国台湾、世界知识产权组织、英国、以及澳大利亚。仅中国的专利申请量就占到了全球申请总量的 73.38%，这体现出近年来我国非常重视妇女保健工作，并开始关注相关领域的专利保护。韩国 5.32%位居第二位，日本 4.78%排在第三位，美国 4.06%排在第四位，德国 2.8%位居第五。

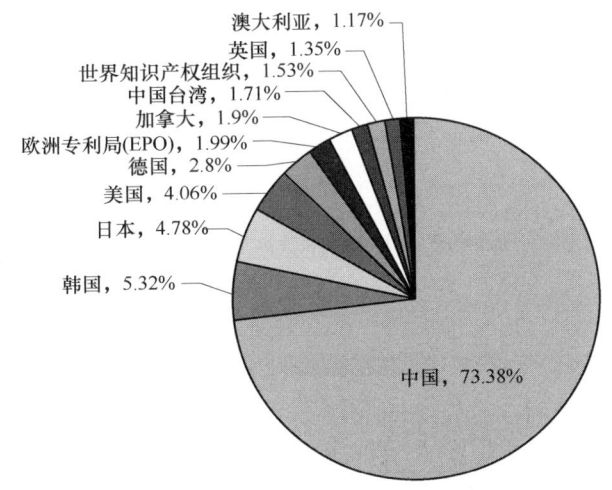

图 16　专利申请国家/地区、组织分布

3. 原创国家/地区分布

图 17 为女性用吸湿用品在保健方面的原创国家/地区分布图。从图中可以看出，该领域的原创国家/地区主要为中国、美国、日本、韩国、瑞典、中国台湾、加拿大、法国、澳大利亚以及德国，其中中国的技术产出最多，占总量的 70.15%，这与我国近年来先进雄厚的医疗卫生技术实力提升是密不可分的；美国的技术产出占总量的 15.79%，日本的技术产出占总量的 4.23%，分别居于第二、三位。

4. 申请/专利权人排名分析

从图 18 可以看出，女性用吸湿用品在保健方面的专利主要由美国的宝洁公司申请，占申请总量的 44.56%，不愧为世界上最大的日用消费品公司之一。重庆百亚卫

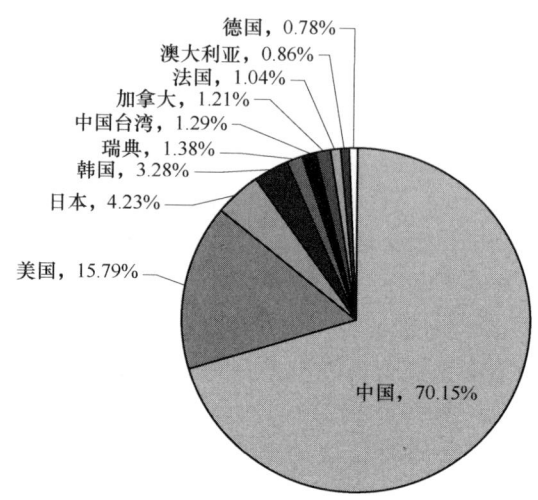

图 17　原创国家/地区分布

生用品有限公司、MCNEIL PPC INC，及天津市娇柔卫生制品有限公司关于保健方面的专利分居二三四位，分别占比 17.61%，13.47%，7.77%，PERSONAL PRODUCTS CO 和江苏豪悦实业有限公司并列排在第五位，占比 6.22%，日本的花王公司排在七位，占比 4.15%。

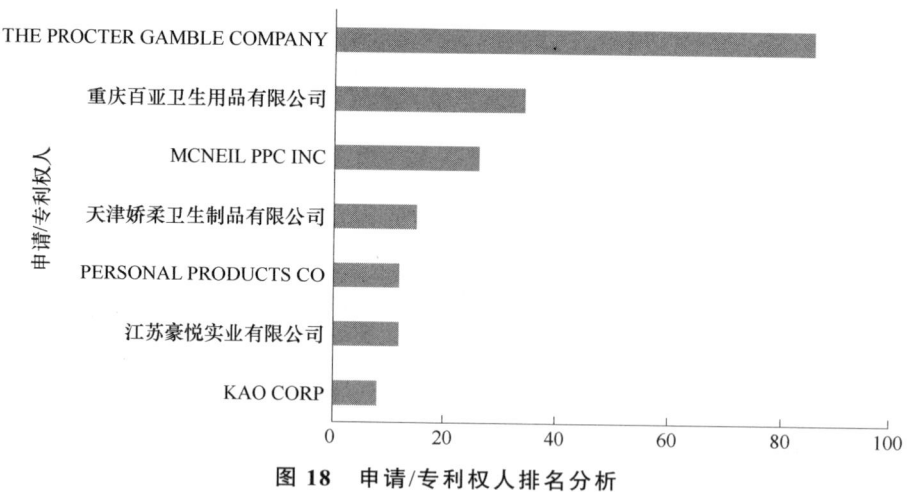

图 18　申请/专利权人排名分析

5. 技术构成比例分析

为了更加准确、全面地分析每个专利涉及的技术要点，我们根据全文内容对每个专利进行了手工标引，对经期保健等技术手段进行了细分，将其细分为暖宫、调经、抗菌、除臭、除湿五个方面。

图 19 是女性用吸湿用品经期保健技术构成比例分析图，其申请主要集中在抗菌

方面（505 件）、除臭方面（116 件）、除湿方面（114 件）、暖宫方面（39 件）、调经方面（14 件）。从图中可以看出，全球专利中，女性用吸湿用品中抗菌方向是关注度最高的，虽然暖宫和调经方面也有涉及，但是关注度明显不高。

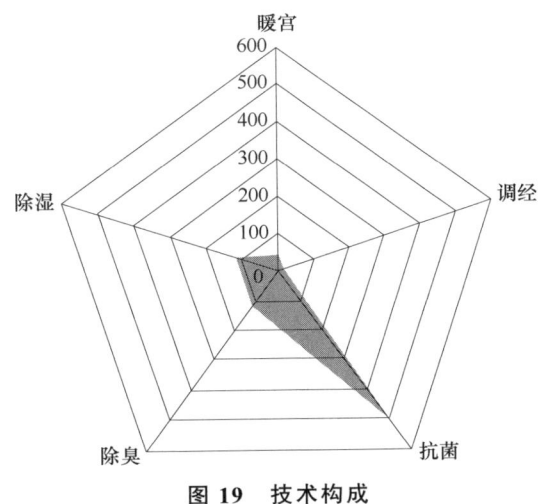

图 19　技术构成

（七）中国大陆专利状况

1. 专利申请趋势分析

图 20 为女性用吸湿用品在华专利申请趋势。从图中可以看出，该领域技术在中国起步较晚，于 1992 年起才逐步打开国内市场，申请量才多一点，1985 年，美国优先在中国大陆进行专利申请，随即中国台湾和日本在中国大陆对该技术领域陆续进行了相应的专利申请，1993 年后，申请数量稳步上升，至 2015 年相关专利数量达到顶峰 230 件。

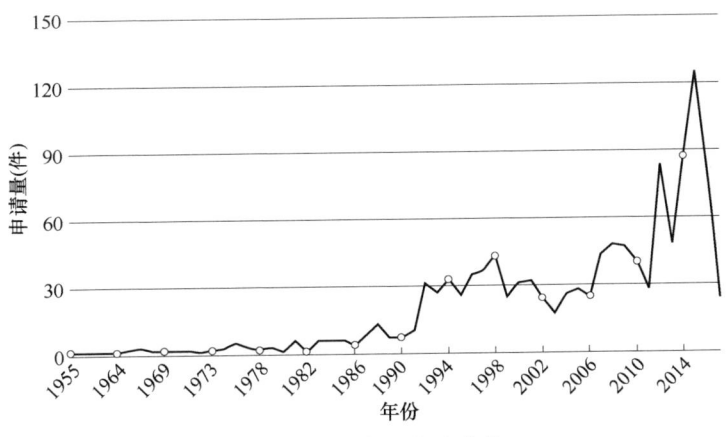

图 20　在华专利申请趋势

2. 在华申请专利技术来源地域构成比例分析

图 21 是各国/地区、组织对于涉及女性用吸湿用品相关技术在华申请专利技术来源地构成比例图，从图中可以看出，美国在华专利申请量明显大于除中国外的其他国家，虽然中国专利的申请量位居第一位，但中国与美国和日本相比，在专利技术发展上处于滞后阶段。从图中我们还可以进一步看出，在华申请人也就是主要的技术来源地主要集中在中国、美国和日本，其他各国/地区、组织，例如欧洲专利局和韩国虽然也有一定的涉及，但专利申请数量相对较少。自 1985 年起，美国和日本几乎每年均有专利申请，其数量也相对较多。不难看出，美国在中国大陆的大量专利申请显然分别得益于金佰利公司和宝洁公司，说明了这两家公司在该技术领域的重要地位，也可见其看中了中国市场专利布局的重要性。

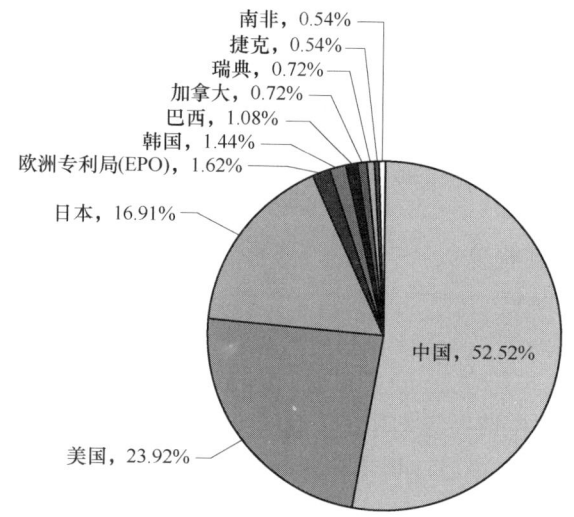

图 21 在华申请专利技术来源地域构成比例

从图中还可以看出，各国在华的专利申请主要集中于 1988—2002 年，中国专利申请主要集中在 2003 年之后，国内对于该领域技术已逐步走向成熟。此外需要注意的是，由于中国采取的是先申请后公开的专利制度，目前特别是在 2015 年之后的外国公司的大部分专利申请尚未公开或者尚未在中国进行申请，因此对于 2015 年之后的该部分数据并不全面，尚不能完整反映其实际申请量。

图 21 显示出在华申请专利技术来源地域构成比例，其中，中国、美国和日本的在华申请比例几乎占到了占 93%。相比之下，欧洲专利局对于女性用吸湿用品仅占到了 1.62%，韩国为 1.44%，可见其研发的热点并不在这里。

3. 在华申请专利类型构成比例分析（除外观）

截至检索日，在华专利申请的专利类型如图 22 所示。其中发明专利申请专利占总量的 36.31%，发明专利授权 10.29%，实用新型专利申请占总量的 53.4%。究其原因，主要有以下两个方面：① 女性用吸湿制品会涉及具体的组件结构，而该领域的技术改进也多集中在组件结构上，属于实用新型保护的客体；② 国内企业创新性研发相对较少，而实用新型的专利相对于发明专利的审查周期短，授权率高的特性更适合女性用吸湿用品所在的技术领域。

4. 在华申请法律状态分析

截至检索日，在华专利申请法律状态如图 23 所示，其中专利权处于有效状态的专利申请占申请总量的 37.96%，专利权处于失效状态的专利申请占申请总量的 49.17%，审中未决的专利申请占申请总量的 12.87%，由此可见，女性用吸湿用品所在的卫生保健品快消领域的技术目前相对成熟，且国内在该领域创新性研发技术相对不多，研发实力相对薄弱。

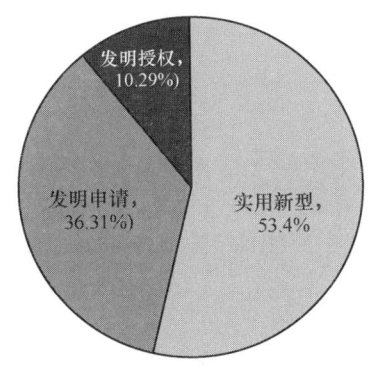

图 22　在华申请专利类型构成比例

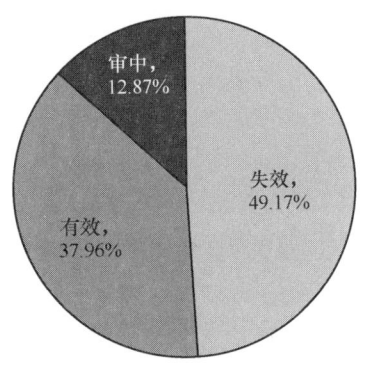

图 23　在华申请法律状态比例

（八）重点专利介绍

下面分别列举了每个技术主题下的具有代表性的专利申请，每个技术主题选取五件重点的专利进行分析。

重点专利的选取原则基于以下三点：第一，基础专利，即第一件申请或申请日较早的具有代表性的专利申请；第二，核心专利，即保护范围较大并且被引用次数较多的专利申请；第三，重要专利，即具有重大影响意义的重点技术或重点产品所涉及的专利申请。

1. 健康检测

1)【公开号】WO2012123831A2

【发明名称】PERSONAL CARE ARTICLES WITH TACTILE VISUAL CUES

【申请人】KIMBERLY CLARK WORLDWIDE INC

【技术要点】吸收性物品，例如尿布，训练裤，游泳裤，或女性护理用品等，包括形成吸收性物品的面向身体的表面的顶片，形成吸收制品的面向衣服表面的底片，位于顶片和底片之间的吸收芯，以及在面向衣服表面上的可热活化的可扩张处理。可热活化的可膨胀处理以视觉上独特的形状或图案存在于面向衣服的表面上,并且为吸收制品的使用者提供视觉和/或触觉提示。

【相关附图】

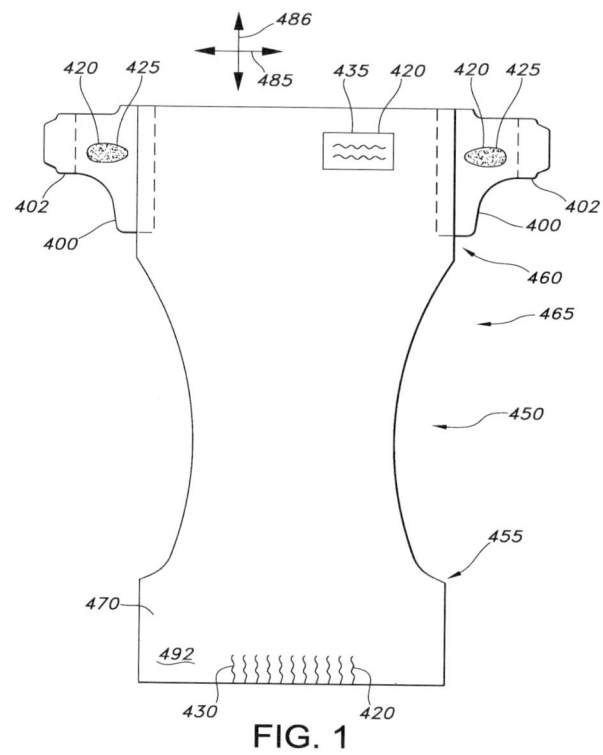

FIG. 1

2)【公开号】CN104271089B

【发明名称】吸收性物品

【申请人】尤妮佳股份有限公司

【技术要点】本发明提供一种吸收性物品,其在具有形成有开口部的开口部形成区域和没有形成开口部的非开口部形成区域的表层中,可以抑制在表层的开口部形成区域的表面残留体液。本发明中,表层为具有形成有开口部的开口部形成区域(12)和没有形成开口部的非开口部形成区域(5,14)的树脂片材,开口部形成区域(12)至少设置于与佩带者的体液的排出口对置的排出口对置区域(16),表层(2)至少在排出口对置区域(16)的表面具有血液改质剂层,血液改质剂层的血液改质剂具有 0～0.60 的 IOB、45℃以下的熔点、和相对于 25℃的水 100g 为 0.05g 以下的水溶解度。

【相关附图】

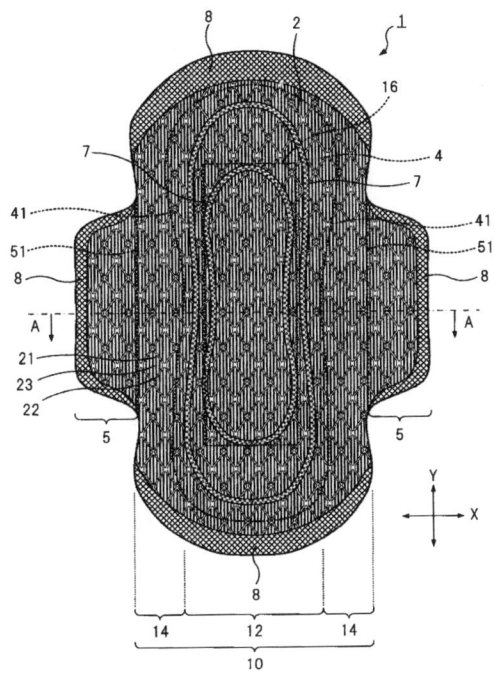

3)【公开号】US20170020750A1
【发明名称】PATCH CONTAINING MICROORGANISM
【申请人】THE PROCTER GAMBLE COMPANY
【技术要点】本发明涉及包含纤维状元件的贴片,该纤维元件包括长丝形成材料和微生物,还包括液体可渗透的第一层,其包括面向身体的表面和与面向身体的表面相对的面向衣服的表面,至少设置的附接装置部分地位于第一层的面向衣服的表面上,以及可移除的剥离衬垫,当附接装置包括黏合剂时,至少部分地覆盖附接装置。其可以将微生物有效地传递到皮肤或阴道区域。

【相关附图】

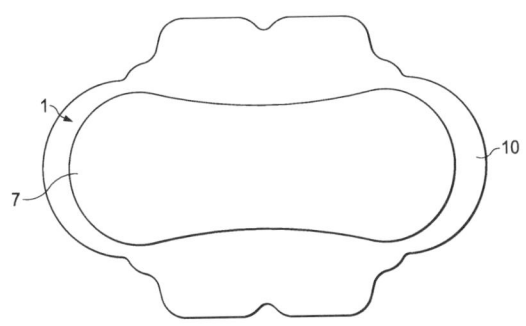

4)【公开号】CN206434486U

【发明名称】一种智能卫生巾

【申请人】佛山市高明欧一电子制造有限公司

【技术要点】一种智能卫生巾，由里向外依次为表层、导流层、吸收层、包装层，所述导流层是由导流材料制成的环形导流槽；在所述导流槽中设有用于测量经血流量的微型液体流量传感器，在导流层与吸收层之间设有测量卫生巾内温度的微型贴片式温度传感器；在包装层内设有内部带有 A/D 转换器的中央控制器；在包装层中设有与中央控制器电性连接的蓝牙无线发射模块，中央控制器通过所述蓝牙无线发射模块与移动终端进行交互；在包装层中还设有电源模块，所述电源模块包括无线充电模块；采用上述结构的一种智能卫生巾具有动态监测卫生巾的使用状态，从而做到及时更换，减少侧漏的发生概率，使用方便，经济实惠的优点。

【相关附图】

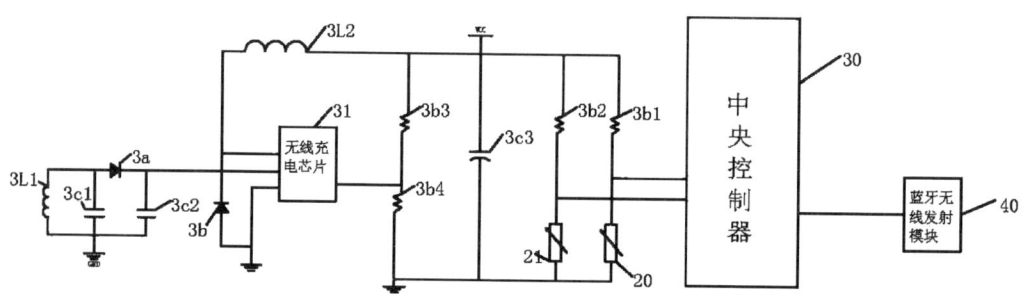

5)【公开号】CN106691700A

【发明名称】一种具有微生物检测功能的卫生巾及其制备方法

【申请人】桂林市独秀电子商务有限公司

【技术要点】一种具有微生物检测功能的卫生巾及其制备方法，属于妇女专用卫生用具技术领域。所述卫生巾从上到下包括面层、上层湿强纸层、下层湿强纸层、膨松布层、吸收层和底层，在所述上层湿强纸层和下层湿强纸层之间设有乳酸亚铁粉剂层，该乳酸亚铁粉剂层沿着卫生巾本体纵向延伸。本发明将现有技术中用于食品添加剂的乳酸亚铁用在卫生巾上。乳酸亚铁可以跟女性经血起化学反应，女性可以根据卫生巾上的颜色变化，了解卫生巾的使用情况，从而及时更换卫生巾，且制备方法简单，操作容易，成本低廉，市场前景广阔，适合规模化生产。

【相关附图】

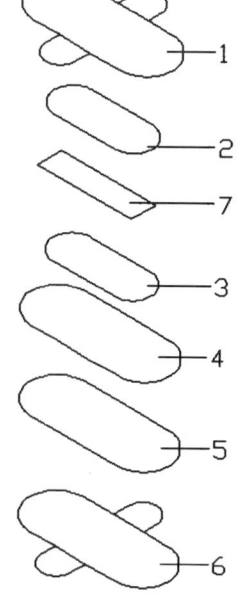

2. 经期游泳

1)【公开号】US8226624B2

【发明名称】ELASTIC MEMBER FOR A GARMENT HAVING IMPROVED GASKETING

【申请人】KIMBERLY CLARK WORLDWIDE INC

【技术要点】本发明公开了各种衣服，其包括用于将衣服附接到穿着者的皮肤的身体粘合剂。更具体地，衣服可以包括至少一个可延伸部分。包括粘合剂层和盖构件的粘合构件可以位于可延伸部分上方。当可伸展部分处于松弛状态时，盖件可以完全覆盖粘合剂层。然而，当可伸长部分被拉伸时，盖件可以限定露出黏合剂层以使黏合剂粘附到穿戴者的开口。服装可以包括例如尿布、训练裤、游泳裤、医院长袍、工业服装、手套、女性卫生用品、成人失禁产品等。黏合剂构件可以位于衣服上的任何合适的可延伸部分上。

【相关附图】

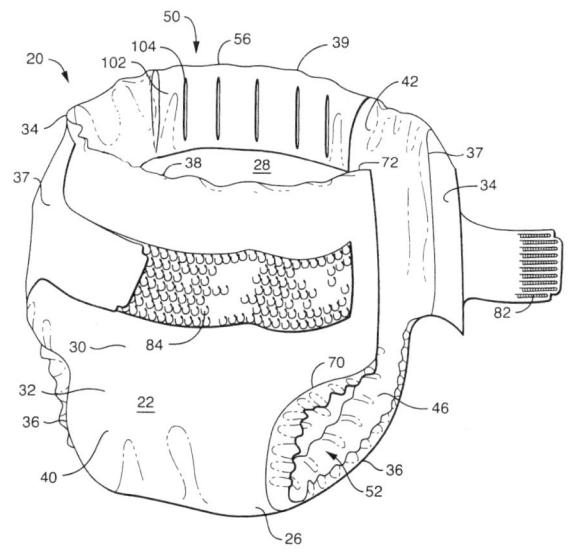

2)【公开号】US20040054342A1

【发明名称】ABSORBENT ARTICLES HAVING A SUPERABSORBENT RETENTION WEB

【申请人】NEWBILL VINCENT B；KELLENBERGER STANLEY R；NIEMEYER MICHAEL J；SAWYER LAWRENCE HOWELL；LACHAPELL RUTH ANN；WANG JAMES HONGXUE；MARVIN JENNIFER L

【技术要点】一种包括吸收材料的吸收制品，其包含非黏合地附着到非织造织物上并被其限制的超吸收性聚合物。特别是在本发明的吸收制品的隔离部分中使用的材料根据搅拌棒保持试验具有至少 50%的超吸收剂保留。这种吸收性物品的实例包括具有防护片和/或由吸收材料制成的侧片的裤状衣服。其他实例包括含有吸收材料的游泳服装。

【相关附图】

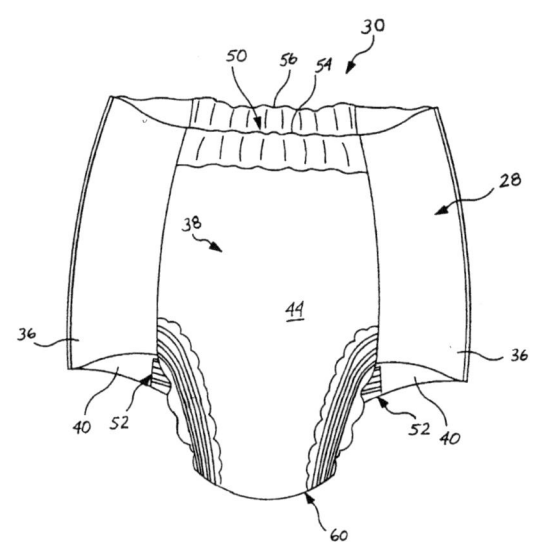

3)【公开号】JP5567881B2
【发明名称】DISPOSABLE SWIMWEAR
【申请人】DAIO PAPER CORPORATION
【技术要点】本发明提供一种一次性泳衣，当用户在水中游泳或沐浴时，其排水是好的，并且可以防止保持在里面的固体物体出来。解决方案：一次性泳装包括：顶片（其接触面与人体接触），设置在与人体的接触面相反一侧的背面片，介于顶片和背片之间的吸收体，并收集在吸收体的长度方向上配置在吸收体的两侧的片。在一次性泳装中，背面片由亲水性无纺布构成，聚集片通过用亲水性无纺布保持水溶性膜而形成。一次性泳装在吸收体和背面片之间具有水溶性薄膜。

【相关附图】

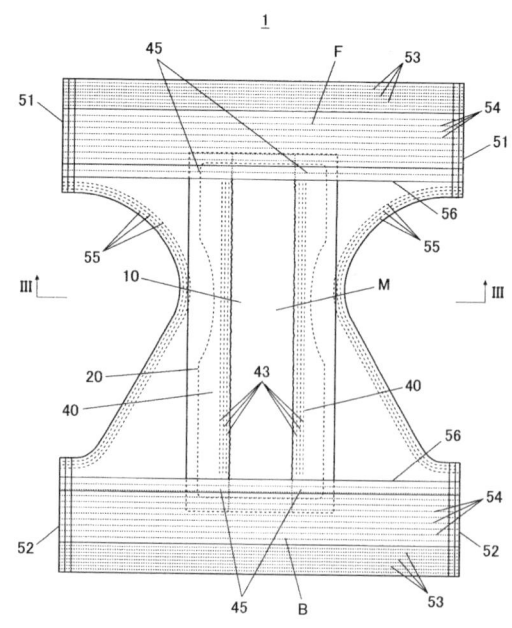

4)【公开号】JP2008259796A
【发明名称】SANITARY TAMPON WITH WATERPROOF STRING
【申请人】MATSUURA JUNKO
【技术要点】为了提供具有防水绳的卫生棉塞，其中在卫生棉塞的一端设置有进行防水处理的取出绳，以防止在洗澡或游泳等时身体外部的水进入，并且防止使用卫生棉塞时，尿液或月经血液粘附到取出线。解决方案：在带有防水绳的卫生棉条中，经过防水处理的取出绳布置在卫生棉条的一端。

【相关附图】

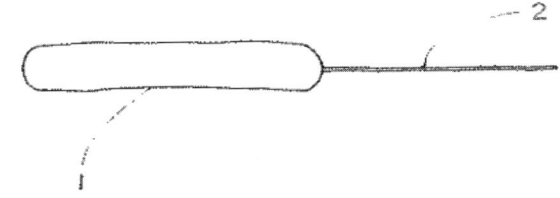

5)【公开号】CN205019272U
【发明名称】经期裤
【申请人】杭州千芝雅卫生用品有限公司
【技术要点】本实用新型涉及一种不仅使用更贴身，而且使用透气好的经期裤，包括经期裤本体，所述经期裤本体由从内到外依次叠设的亲肤内层、中间吸收层、外表层构成且经期裤本体的裤腰部内置有腰围橡筋，所述经期裤本体的底裆部纵向内置有多根橡筋且多根橡筋位于底裆部正中。优点：一是经期裤增加了底裆部橡筋，在经期裤使用时使经期裤的底裆与人体底裆完全贴合，使得经期裤吸收层能均匀吸液，从而提高了经期裤的有效吸液率；二是经期裤不仅轻薄，而且透气，从而提高了经期裤的使用舒适度。

【相关附图】

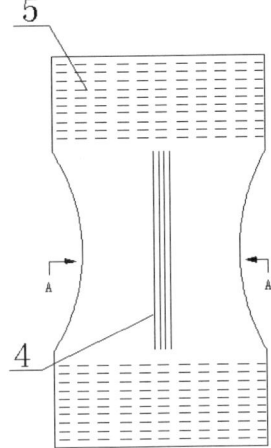

3. 经期保健

1)【公开号】CN1798537B
【发明名称】保持身体清洁的卫生巾
【申请人】宝洁公司
【技术要点】本发明的卫生巾，公开了能够可靠地获得改进身体贴合轮廓的吸收制品。该吸收制品包括具有第一弹性模量的流体可渗透的面层、接合到面层的吸收芯和接合到面层的流体不可渗透的底片。吸收芯具有第二弹性模量，其中在相同的约1%至约5%的应变下第一弹性模量大于第二弹性模量。本发明可以提供改进的身体贴合性和改进的舒适性，同时吸收所有或者大部分由穿着者流出的任何流体排放物。这些有利的特性源于卫生巾在使用期间呈现的形状。虽然通常以扁的构型提供，但本发明卫生巾的使用部分向上变形，即向穿着者的身体变形，使得卫生巾面向身体表面在流体排放位置紧密靠近甚至接触穿着者的身体，因此提高了穿着者的舒适性和卫生巾的性能。

【相关附图】

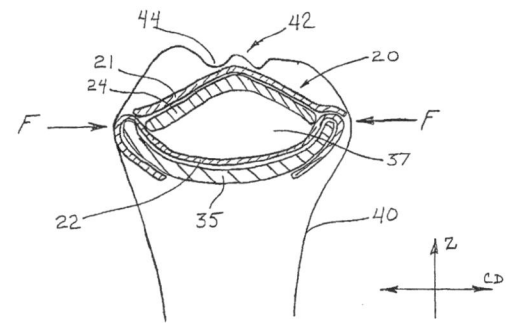

2)【公开号】CN202950844U

【发明名称】一种具有抗菌功能的卫生巾

【申请人】重庆百亚卫生用品有限公司

【技术要点】本实用新型公开了一种具有抗菌功能的卫生巾，包括面层以及依次位于面层下方的吸收芯体和底膜，在面层与吸收芯体之间还设有抗菌层，该抗菌层由大豆蛋白纤维水刺无纺布制成；面层、抗菌层、吸收芯体和底膜压合成一体；本实用新型卫生巾在面层与吸收芯体之间设置抗菌层，该抗菌层采用大豆蛋白纤维水刺无纺布制成，不但具有有效抑制大肠杆菌、葡萄球菌、念球菌、肺炎菌、淋病霉菌的功能，而且还具有远红外线辐射功能，能够促进皮肤毛细血管血液的微循环，有效消除皮肤骚痒。

【相关附图】

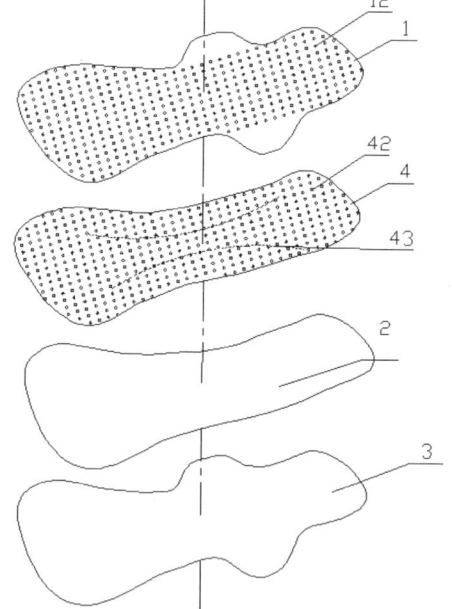

3)【公开号】CN105266967A

【发明名称】一种设有防侧漏抗菌面层的卫生巾

【申请人】天津市娇柔卫生制品有限公司

【技术要点】一种设有防侧漏抗菌面层的卫生巾，包括面层、吸收芯体和底膜，其特征在于所述面层由双层抗菌无纺布构成,在所述下层抗菌无纺布的表面均匀分布着圆柱形凸起,凸起的高度从四周到中心逐渐减小,所述上层抗菌无纺布与所述凸起的尖端接触,所述面层表面形成四周高、中心低的凹槽,使该卫生巾具有了防侧漏的功能。

【相关附图】

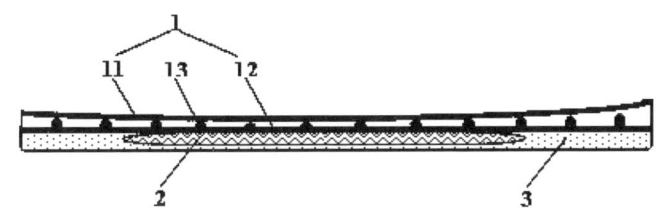

4)【公开号】CN103750953B
【发明名称】一种药物卫生巾
【申请人】广州市樱格生物科技有限公司
【技术要点】本发明涉及一种药物卫生巾,包括表层、内层、侧边和背胶,在卫生巾内层中填充有效成分中药粉重量份:苦参14份,益母草20份,金银花25份,薄荷8份,茵陈6份,苍术12份,防风10份,电气石粉5份。本发明具有一定的保健作用。

5)【公开号】KR101654285B1
【发明名称】피톤치드가 함침된 위생용 패드
【申请人】주식회사 나무나라 애
【技术要点】本发明涉及一种浸渍有防植物杀虫剂的卫生垫,更具体地说,涉及一种浸有杀液试剂的卫生垫,更具体地涉及一种具有高抗微生物作用、除臭作用和抗过敏的卫生垫,本发明涉及一种能够改善卫生和舒适性的新型卫生巾。用本发明的植物保护剂浸渍的卫生垫可以通过使用天然纤维浸渍有植物杀虫剂和草药成分的吸收芯层来防止细菌的繁殖,同时可以通过使用天然吸收剂代替合成聚合物吸收剂来提高吸收性,加入具有阴离子释放作用的陶瓷粉末和作为防止皮肤疹的抗病毒物质的桦木醇、lupeol 和肉毒杆菌,以提高功能。

三、研发创新建议

由于我国专利事业与发达国家相比起步较晚,在女性用吸湿用品领域我国比欧美等发达国家的研究也晚了将近五六十年,因此,这些发达国家在相关方面的经验对于我们有一定的借鉴作用。

以下就笔者在阅读发达国家的专利申请中总结的规律为国内相关申请人提供三点建议。

第一，国外的女性用吸湿用品的专利申请通常不会将保护范围仅限定为卫生巾，而常见的描述是一次性吸收制品，例如可以包括婴儿尿不湿、成人失禁巾等。当然，专利申请的保护范围不是越大越好，也不是越小越容易授权，而是应该寻求与自身在技术领域所做的贡献相当的保护范围。由于卫生巾与尿不湿、失禁巾等在吸收液体的属性上并没有太大限制，申请人也可以考虑其发明对于其他一次性吸收制品的适应性。

第二，笔者在检索中发现，国外的公司在中国申请的专利相对较多，而中国的公司几乎没有在国外申请女性用吸湿用品相关方面的专利。由于我国中药源远流长，有着得天独厚的理论体系和应用形式，可以用于预防和治疗疾病并具有康复与保健作用，因此，笔者建议可以将中药的优势与功效和女性用吸湿制品的生产制备工艺相结合，以在女性经期提供卫生保健或缓解治疗痛经等问题，进而将这样的女性用吸湿用品向国外申请专利，以达到全球性专利保护战略。

第三，借鉴国外专利技术，可以包括专利权利要求借鉴、技术问题借鉴等。专利权利要求借鉴设计可以采用与专利相近的技术方案，缺省至少一个技术特征或者至少一个必要技术特征与权利要求不同。这里的权利要求应当理解为字面及其等同解释。这是最常见的规避设计，也是与专利保护范围最接近的规避设计，关键点在于找到权利要求各技术特征中最容易缺省或者替代的技术特征。技术问题借鉴是通过对专利文件了解产品性能或者解决的技术问题，然后重新设计不同的技术方案，当然这种设计的研发成本较高。这些设计方法在可发挥的空间、安全性、成本和新技术性能方面各有不同，实际规避设计中应当根据情况进行取舍和平衡，确定最佳路线。

四、总结

（一）专利布局态势总结

从总体上看，该领域的全球专利申请量呈递增趋势，特别是步入20世纪以后，随着医疗卫生产业的快速发展，女性用吸湿用品及其相关专利申请进入了快速增长时期。

近年来，该领域的大部分专利申请集中在我国，这说明我国这几年对妇女保健卫生领域重视且投入研发较多；接下来分别是日本、美国、欧洲、韩国及澳大利亚，这亦体现出近年来欧美知名企业开始关注国际专利技术保护，相应地区专利申请甚至发生了从无到有的变化；再往后，加拿大、英国、德国等其他国家分别占据更小的比例。

目前全球专利技术分布对女性用吸湿用品的专利技术改进主要集中在健康检测、经期游泳等运动方面和经期保健三个方面。其中，经期保健的专利申请数量最多，其次是经期游泳等运动方面的专利申请。在经期保健层面上女性用吸湿用品的抗菌除菌是重点，且在技术革新整体上呈现出专利申请涉及面较广的特点。

（二）竞争对手专利布局策略总结

本课题给出的五位外国主要申请人/专利权人（此处即认定为主要竞争对手），他们分别是金佰利公司（KIMBERLY-CLARK）、宝洁公司（P&G）、尤妮佳公司（UNICHRAM）、爱生雅公司（SCA）和花王公司（KAO）。其中金佰利公司（KIMBERLY-CLARK）的申请量最多，占据总量的49.06%，显示了金佰利公司在医用保健卫生领域突出的研发实力。在华专利申请方面，中国自20世纪以来专利申请量逐年增多，目前专利申请量占在华申请总量的一半以上。其次，美国和日本专利申请所占份额也较大，分别占在华专利申请总量的23.92%和16.91%；这说明了近年来我国开始重视妇女卫生保健领域的发展，且投入了一定的资本进行相关技术的研发。同时也说明了美国和日本对于中国市场逐步重视。但是我国在该领域上技术起步比较晚，技术积累相对薄弱，因此还需要向上述国外的大型企业进行借鉴和学习。

（三）构建企业专利策略的建议

我国是WTO的重要成员国，知识产权立法已经与国际规范接轨，这意味着国内企业与跨国公司在一个竞争平台上，未来也将按照同一竞争规则来展开竞争，故应当重视国内外存在的技术差距，做到取长补短。对于本课题需要分析的技术主题而言，国内企业一方面应当持续跟进关注以金佰利、宝洁及尤妮佳等公司为代表的外国专利技术布局，提前对障碍专利进行分析、规避或无效，或提出改进型申请等措施，避免出现投入研发和设计后的侵权损失；另一方面，还可以通过深入挖掘国外已失效专利，从中汲取技术线索，给予企业后续的研发以有力的借鉴与支持。具体而言，在专利策略方面建议企业从以下两个方面开展工作：

第一，积极开展主题查新检索、无效检索、专利分析等工作，避免侵权风险。

从专利申请技术产出来看，专利申请多集中在美日等国家，其中一些授权专利的权利要求保护范围对国内企业的后续研发可能会构成一定威胁，这就要求我们要重点分析这些专利。从整体来看，目前外国申请人在国内还未形成真正有直接威胁的专利组合，根据竞争对手的专利申请在全球的布局来看，不排除未来会在中国进行有实质威胁的专利布局，因此需要密切关注国外主要竞争对手的在华专利布局，做到未雨绸缪。国内企业可以与院校、科研机构合作进行产品的研发，提升核心竞争力。

第二，围绕竞争对手重点专利进行挖掘，构建改进型专利池。

积极开展专利布局，缩小与国外的差距成为国内申请努力的方向。具体而言，国内企业可以关注主要竞争对手的重点专利，并对其进行研究和挖掘，发现这些专利的不足之处和改进完善的空间，在此基础上构建自己的改进型专利池，吸收对手的长处和亮点并加以加工和完善为自己服务。同时应当深入研究和了解市场的需求，正确地预测行业的发展方向，提前进行科学研究和资金投入，择机进行专利申请，发挥自身的优势和特点，确保企业自身蓬勃向上发展。

参考文献

[1] 孙翠翠. 2015—2016年一次性女性卫生用品行业简析［EB/OL］. https://wenku.baidu.com.

[2] 李燕京. 卫生巾研发讲究科技含量［N］. 中国消费者报，2014-05-21.

[3] 2016年中国卫生巾行业发展概况及行业发展现状分析［EB/OL］. http://www.chyxx.com.

生物质能专利技术现状及发展趋势

黄纶伟　邓毅　蔡丽娜　孙明浩　于英慧

一、课题研究概述

（一）前言

生物质能（biomass energy）是太阳能以化学能的形式储存在生物质中的能量形式，也就是以生物质为载体的能量。可以说生物质能直接或间接地来源于绿色植物的光合作用。

生物质则是指利用大气、水、土地等通过光合作用而产生的各种有机体，即一切有生命的可以生长的有机物质。生物质包括植物、动物和微生物。在广义上，生物质包括所有的植物、微生物以及以植物、微生物为食物的动物及其生产的废弃物。有代表性的生物质包括农作物、农作物废弃物、木材、木材废弃物和动物粪便等。而在狭义上，生物质主要是指农林业生产过程中除粮食、果实以外的秸秆、树木等木质纤维素、农产品加工业下脚料、农林废弃物及畜牧业生产过程中的禽畜粪便和废弃物等物质。

生物质能具有可再生性且原料丰富。生物质能源与风能、太阳能等同属可再生能源，可实现能源的永续利用。另外，生物质能资源丰富且分布广泛。在传统能源日渐枯竭的背景下，生物质能源是理想的替代能源，可以称作是继煤炭、石油、天然气之外的第四大能源。而利用现代技术可以将生物质能源转化成可替代化石燃料的生物质成型燃料、生物质可燃气、生物质液体燃料等。在热转化方面，生物质能源可以直接燃烧或经过转换，形成便于储存和运输的固体、气体和液体燃料，可运用于大部分使用石油、煤炭及天然气的工业锅炉和窑炉中。

另外，生物质能源中的有害物质含量很低，属于清洁能源。同时，生物质能源的转化过程是通过绿色植物的光合作用将二氧化碳和水合成生物质，生物质能源的使用过程又生成二氧化碳和水，形成二氧化碳的循环排放过程，能够有效减少人类二氧化碳的净排放量，降低温室效应。

我国高度重视生物质能的开发利用，曾多次出台政策，比如《国家"十二五"科学和技术发展规划》《"十二五"国家战略性新兴产业发展计划》《生物质能发展"十二五"规划》中均特别提及了生物质能的利用，提出因地制宜开发利用生物质能，实施生物质能的科技产业化工程❶。在"十二五"时期，我国生物质能产业发展较快，开发利用规模不断扩大，生物质发电和液体燃料形成一定规模。生物质成型燃料、生物天然气等发展已起步，呈现良好势头❷。在国家发展和改革委员会出台的《"十三五"生物产业发展规划》中，提出，围绕能源生产与消费革命和大气污染治理重大需求，创新生物能源发展模式，拓展生物能源应用空间，提升生物能源产业发展水平。到 2020 年，生物能源年替代化石能源量超过 5600 万吨标准煤，在发电、供气、供热、燃油等领域实现全面规模化应用，生物能源利用技术和核心装备技术达到世界先进水平，形成较成熟的商业化市场。国家能源局也出台了《生物质能发展"十三五"规划》，分析了国内外生物质能发展现状，阐述了"十三五"时期我国生物质能产业发展的指导思想、基本原则、发展目标、发展布局和建设重点。

别的国家也在积极地进行生物质能的研究开发和利用。各国通过重视研发，加大科研投入、采取税收优惠政策、提供财政补贴、推行政府绿色采购、实行配额制度等措施，来促进生物质能的开发利用❸。

各个国家都在积极研究和开发利用生物质能，在生物质能的各个相关领域中进行了积极的研究开发，这些研究开发的成果体现在了相应的专利中，形成了海量的专利数据。

本课题的研究目的是通过从海量的专利数据出发，对生物质能的总体技术和重点区域的专利申请状况进行分析，把握专利申请发展的态势，以此形成生物质能专利申请分析报告，为我国生物质能的发展以及相关企业开发具有自主知识产权的相关技术提供帮助和支持。

（二）课题分析思路

生物质能的利用方式非常多，从最简单的直接燃烧，到转化为沼气，到转化为乙醇和生物柴油，甚至到沼气燃料电池和生物质能制氢，覆盖的范围非常宽。在生物质能这个大的框架下，包含了很多个分支领域，而且这些分支领域之间在技术上的关联性比较小。因此，需要确定一个科学合理的研究策略和研究方法来对整个生物质能领域进行全面且细致的分析。

课题组在查阅了大量的相关技术文献，对生物质能这个领域有了一个充分的了解之后，确定了本报告中所采用的分析思路。即首先对整个生物质能领域进行一个总括性的调查分析，以期调查生物质能领域的总体性的技术发展区域以及技术分布情况。然后，针对有代表性的重点技术方向，进行更加详尽的分析。

---

❶ 国家能源局. 生物质能发展"十二五"规划，2012 年 7 月.
❷ 国家能源局. 生物质能发展"十三五"规划，2016 年 10 月.
❸ 张百灵. 国外促进生物质能开发利用的立法政策及对我国的启示 [J]. 世界环境，2014（5）：78-80.

根据课题组对生物质能领域的了解,确定了生物燃料乙醇、生物柴油、沼气、生物质成型燃料和生物质发电这5个有代表性的生物质能分支领域进行分析。

(三)数据来源

本课题报告的专利数据检索于 IncoPat 专利分析系统,数据采集时间截至 2017 年 10 月 31 日。IncoPat 是由北京合享智慧科技有限公司提供的在线专利分析工具,收录了包括中国、美国、WIPO 等 105 个国家、地区和组织的专利数据共计约 121 260 200 件。

课题组利用 IncoPat 平台进行数据检索和分析,并且根据需要结合人工的标引、筛选等进行数据深度处理。需要特别说明的是,由于发明专利通常在申请日起 18 个月公开,以及公开后数据整理入库也需要一定时间,因此本报告中仅 2016 年年初的数据为全面数据,但为了尽可能地反映专利申请状况,本报告中同样包括 2016—2017 年的数据,以提供一定的参考。

二、生物质能产业的总体分析

正如前面所述,生物质能所涵盖的领域非常宽,而且生物质能的各个领域之间的技术关联度并不大。因此,课题组确定了先对整个生物质能行业进行总体性的分析,然后对几个有代表性的领域进行具体分析的研究架构。

(一)全球专利申请状况分析

截止到 2017 年 10 月 31 日,全球范围内检索到与生物质能相关的专利申请共 73 500 件。

图 1 示出了从 1990 年开始的每年全球专利申请件数的推移。可以看出,在生物质能这个领域中,一直到 2000 年左右,专利申请都处于沉寂期,每年只有少数的专利

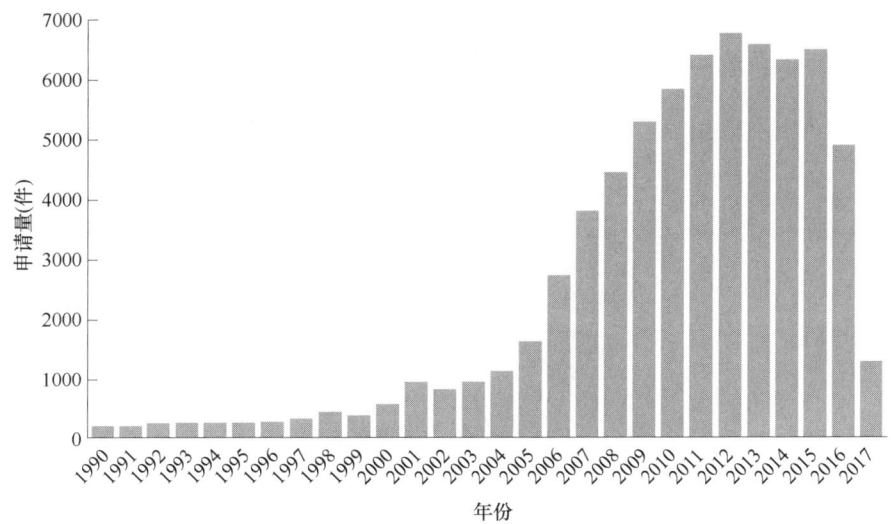

图 1　全球专利申请发展趋势

申请量。此后随着生物质能产业的兴起以及各国对生物质能的重视,专利申请量开始快速增长,特别是从 2005 年开始,堪称是爆发式地增长。而从 2011 年至 2015 年,则达到平台期,每年的申请量大体持平。

图 2 示出了这些生物质能相关专利申请在各国的分布情况。可以看出,我国是一个生物质能专利申请的大国,我国的与生物质能相关的专利申请总数稳稳地居于世界之首。

图 2　各国/地区专利申请活跃程度

图 3 示出了各国在生物质能领域的专利申请量中所占的比例。如图 3 所示,我国的生物质能相关专利申请占了全球总数的 42.6%,远超其他的国家/地区。而一些传统

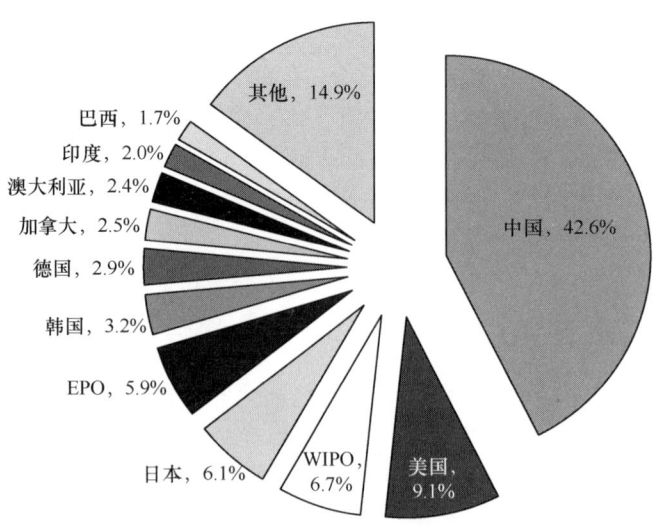

图 3　各国/地区、组织专利申请量所占比例

的农业大国，比如加拿大、澳大利亚、巴西等，在生物质能这个领域也有着不少的专利申请量。

图 4 示出的是在与生物质能相关的专利申请中，申请人的国籍分布情况。可以看出，在生物质能这个领域中，来自中国的申请人最为活跃，有 41.34%的专利申请是由中国的申请人提交的。其次是来自美国的申请人，也占据了全球申请总量的 15.78%。

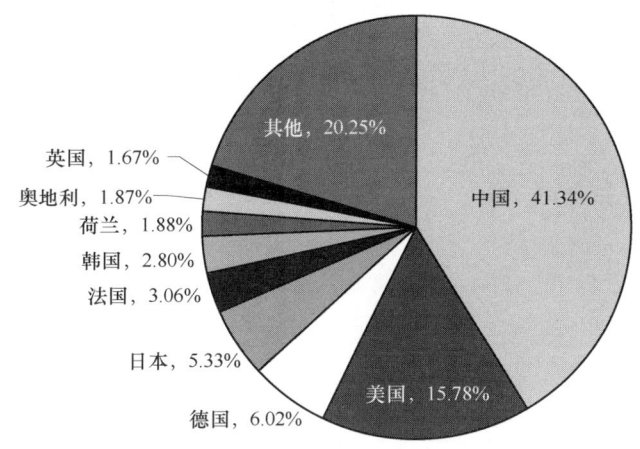

图 4 申请人的国籍分布情况

（二）中国专利申请状况分析

下面对我国国内的生物质能相关专利申请的情况进行分析。

截止到 2017 年 10 月 31 日为止，共检索到与生物质能相关的中国专利申请 31 371 件。

图 5 示出了在我国提交的与生物质能相关的专利申请中，申请人国别的分布情况。

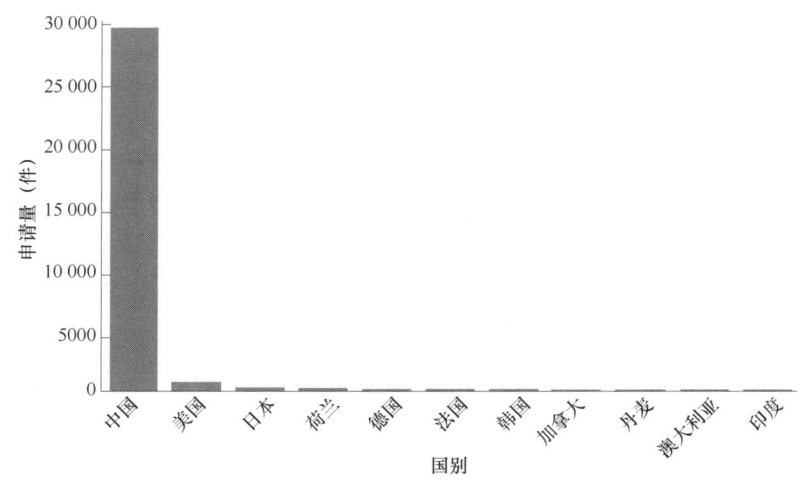

图 5 申请人国籍分布情况

在所有的中国专利申请中,由中国的申请人提交的件数占据了绝大多数,为 94%。其次是来自美国的申请人,占了 2.2%,其他国家的申请人在我国提交的与生物质能相关的专利申请比较少。这也说明了在我国提交的生物质能相关专利申请绝大部分都是我国自主开发的技术。

图 6 示出了我国各省市区的生物质能相关专利申请的活跃程度对比。其中,江苏、北京、广东是排在前三位的专利申请数量最多的省市,分别占据了全国申请总量的 11.2%、8.7%和 8.0%。另外,山东、浙江、安徽、河南等省也是重要的专利申请来源地。这样的专利申请量分布与我国各省市区的经济力量和科研力量的实力有着密不可分的关系。

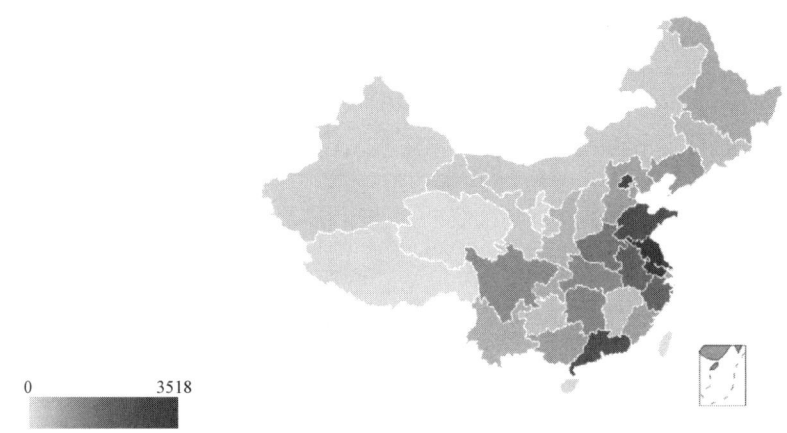

图 6 各省市区专利申请活跃程度

图 7 示出了国内的申请人中,申请人类型的分布情况。虽然毫无意外地,企业所占的比例最大,48.3%的生物质能相关专利申请是由企业提交的,但是,由个人提交的专利申请也占据了比较大的比例,有 23.8%的生物质能相关专利申请是由个人提交的,这一比例甚至超过了大专院校的 20.1%。

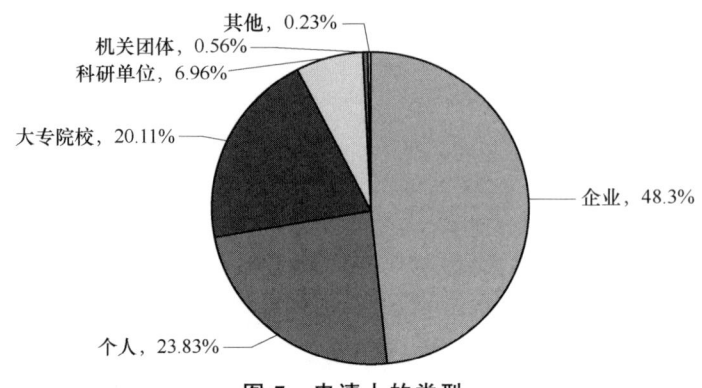

图 7 申请人的类型

另外，分析发现，在生物质能这个领域，中国的申请人向海外申请专利的意愿相对来说不是很强烈。如上所述，在 37 371 件中国申请中，有 94%，即 29 681 件是由中国的申请人申请的。在这 29 681 件申请中，仅有 436 件在海外进行了申请，仅占总数的 1.47%。这一比例显著低于我国总体的向外申请比例（4%）❶。

（三）小结

从 2005 年前后开始，各国开始对生物质能加以重视，相应地，专利申请量也开始迅速增长。这其中，以中国的表现最为突出，我国专利申请量的增长引领了全球范围在生物质能方面的专利申请量的增长。

另外，在我国的生物质能方面的专利申请中，由海外的申请人提交的申请的比例低于其他领域，海外申请人在我国的专利布局并不突出。

在生物质能这个领域，我国的申请人向海外申请专利的意愿相对来说不是很强烈，低于我国总体的向外申请比例。

三、生物乙醇的专利分析

（一）生物乙醇的概述

生物乙醇也称生物燃料乙醇，是指通过微生物的发酵将各种生物质转化为燃料酒精。它可以单独或与汽油混合配制成乙醇汽油作为汽车燃料。汽油掺乙醇有两个作用：一是乙醇辛烷值高达 115，可以取代污染环境的含铅添加剂来改善汽油的防爆性能；二是乙醇含氧量高，可以改善燃烧，减少发动机内的碳沉淀和一氧化碳等不完全燃烧污染物排放。同体积的生物乙醇和汽油相比，燃烧热值低 30% 左右。但因为只掺入 10%，热值减少不显著，而且不需要改造发动机就可以使用。

受 20 世纪 70 年代中期"石油危机"等因素的影响，生物乙醇在许多国家得以大力发展。还有另一个考虑则是处理"陈化粮"，解决部分的"卖粮难"问题。随着油价走高，燃料乙醇作为"替代能源"的战略意义越发显现。

至今为止，生物乙醇主要经历了 3 个发展阶段。

第 1 代的生物乙醇是以玉米、小麦等粮食作为原料，通过生物酶的发酵，由淀粉转化为乙醇，再加以提纯分离，最终得到无水燃料乙醇。这种生产方式在技术上最为简单，目前生产工艺也已经很成熟。但是，这种粮食乙醇存在"与人争粮"的争议。

2007 年 9 月，经济合作与发展组织（OECD）发表了题为《生物燃料：是比疾病还要糟糕的治疗方案吗？》的长篇报告，认为发展生物燃料得不偿失，呼吁美国和欧洲国家取消对当前生物液体燃料的补贴政策。在同期召开的 OECD "可持续发展圆桌会议"上，针对燃料乙醇的能源投入产出比、经济性、社会和环境影响问题，支持和反对生物燃料的两派展开了激烈辩论。2007 年年底，国家发改委紧急下发了《关于

---

❶《世界知识产权指数 2016》，国家知识产权局，2017 年 7 月。

加强生物燃料乙醇项目建设管理,促进产业健康发展的通知》,暂停核准和备案玉米加工燃料乙醇项目,并对在建和拟建项目进行全面清理。2008年6月,发改委全面叫停粮食乙醇的开发,要求今后生物燃料的发展必须满足不占用耕地、不消耗粮食和不破坏生态环境为前提。

第1.5代的生物乙醇则是以非粮农作物(如木薯、红薯、甜高粱等)为原料,通过发酵将淀粉转化为乙醇。这种生产方式在技术上也较为简单,并可以避免消耗大量可做人畜粮食的玉米。但是,因为栽培作为原料的农作物也会占用大量农田,虽然不存在"与人争粮"的问题,但是存在"与粮争地"的问题,在农业经济上未必划算。另外,对于我国来说,该原料主要依赖于进口,并因此带来了成本不稳定的隐患。总的来说,1.5代生物乙醇的成本相对偏高。这些因素制约了1.5代生物乙醇的应用和发展。

第2代的生物乙醇是所谓的纤维素乙醇,即利用含有木质纤维素的生物质废弃物来生产的燃料乙醇。纤维素乙醇的原料包括农作物秸秆、林业加工废料、甘蔗渣及城市垃圾中所含的废弃生物质等。因为纤维素乙醇不需要消耗粮食,而只需使用工农业的废弃物,所以原料易得且廉价。

但是,纤维素乙醇的生产工艺相对来说比较复杂。首先需要将纤维素分解为单糖,再通过发酵将单糖转换成乙醇。

生物质中的木质纤维素结构复杂。木质纤维素含有半纤维素、纤维素和木质素,纤维素、半纤维素被木质素包裹,而且半纤维素部分与木质素结合,纤维素具有高度有序晶体结构。因此必须经过预处理,使得纤维素、半纤维素、木质素分离开,切断它们的氢键,破坏晶体结构,降低聚合度,以提高水解效率。之后进行水解,将纤维素和半纤维素分解为单糖。然后才可以进行发酵。

作为预处理的方法,大体可分为物理法、化学法、物理化学结合法和生物法这四类。物理方法通常有机械破坏、微波或超声波、高能电子辐射等,通过这些物理的手段来破坏纤维素与木质素和半纤维素的物理、化学结合,并降低纤维素大分子的结晶度,提高比表面积。化学方法是目前研究最多的手段,主要是采用稀酸、碱或氨、次氯酸钠、氧化剂等化学试剂单独或互相结合进行预处理,以破坏木质素结构,打开木质素与半纤维素之间的连接。物理化学结合法主要指蒸汽爆破技术。蒸汽爆破是将木质纤维原料先用高温水蒸气处理适当时间,然后连同水蒸气一起从反应釜中急速放出而爆破,由于木质素、半纤维素结合层被破坏,并造成纤维素晶体和纤维束的爆裂,使得纤维素易于被降解利用。生物方法则是利用微生物,例如白腐菌,来分解木质素。

在预处理之后,是水解糖化的处理,把半纤维素和纤维素水解为单糖。水解糖化工艺是纤维素乙醇的研究重点。水解的工艺主要有酸解法和酶解法两种。

酸解法是最早提出的水解糖化工艺,各个厂家和研究机构提出了各种各样的酸解工艺,但原理都是利用酸的作用使纤维素和半纤维素水解为低聚糖和单糖。不过发展至今，酸解工艺仍存在许多问题，如酸回收、设备腐蚀、工程造价等问题。

酶解法则是利用纤维素酶的作用来将纤维素和半纤维素水解。纤维素酶是一种多组分的复合酶，包括内切型葡聚糖酶（Cx 酶、CMC 酶、羧甲基纤维素酶）、外切型葡聚糖酶（C1 酶、微晶纤维素酶）和纤维二糖酶（β-葡萄糖苷酶）3 种主要组分。纤维素的酶水解机理至今仍未完全研究清楚，但普遍认为在将天然纤维素水解成葡萄糖的过程中，必须依靠 3 种组分的协同作用才能完成。纤维素大分子首先在 C1 酶和 Cx 酶的作用下逐步降解成纤维二糖，而纤维二糖酶则进一步将纤维二糖水解成葡萄糖。关于 C1 酶和 Cx 酶的作用基质虽有几种不同说法，但有两点是一致的：（1）结晶纤维素是在 C1 酶和 Cx 酶的共同作用下分解的；（2）C1 酶是从纤维素长链非还原性末端，以纤维二糖为单位，切割β-1,4 糖苷键的外切酶。随着纤维素酶生产技术日益成熟，成本大幅度降低，酶解法已经开始逐渐取代酸解法❶。

（二）全球专利申请状况分析

截止到 2017 年 10 月 31 日，全球范围内检索到与生物燃料乙醇相关的专利申请共计 7575 件。

图 8 示出了近 20 年来，全球范围内与生物燃料乙醇相关的专利申请的申请量分布趋势。可以看出，一直到 2004 年，与生物乙醇相关的专利申请活动都处于一个比较低的水平，每年的专利申请量都不超过 100 件。2005 年申请量首次超过了 100 件，从这一年开始，相关的专利申请活动迅速地变得活跃起来，年申请量表现出迅速增长的态势。到 2010 年，申请量达到了峰值（788 件）。不过从 2011 年开始，与生物乙醇相关的专利申请的热情开始消退，申请量表现出了逐年下降的趋势。

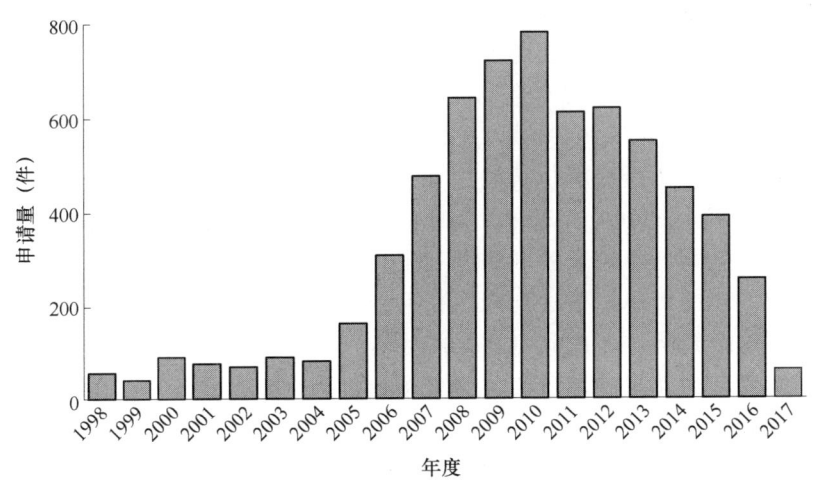

图 8　专利申请量年度趋势

---

❶ 于斌，齐鲁. 木质纤维素生产燃料乙醇的研究现状 [J]. 化工进展，2006，25（3）.

图 9 示出的是与生物乙醇相关的专利申请在各国/地区及组织之间的分布情况。可以看出，对于生物乙醇这个领域来说，中国是最大的专利申请目标国，在中国提交的与生物乙醇相关的专利申请占据了全球总量的 21.1%。紧接其后的是美国，全球总量的 13.1%是在美国提交的。另外可以看出，除了传统的专利五大力量，即中国、美国、日本、欧洲、韩国之外，几个农业资源比较丰富的国家，即澳大利亚、印度、加拿大等，在生物乙醇方面的专利申请活动也较为活跃。

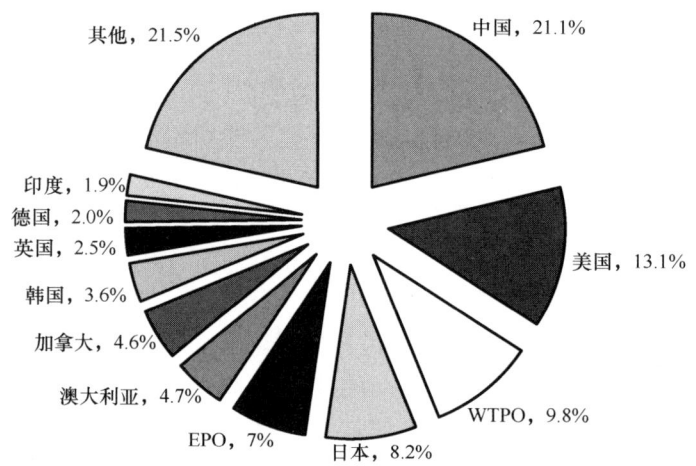

图 9　申请对象国/地区、组织的分布

在生物乙醇这个领域中的几个主要申请目标国的近 20 年中的年申请量保持了大体同步的步调。基本上都是在 2005 年之前处于沉寂期，每年的申请量保持在一个很低的水平。从 2005 年开始都表现出迅速增长的态势。之后，除了中国之外，其他国家和组织的与生物燃料乙醇相关的专利申请纷纷在 2010 年前后达到峰值，自后便掉头向下。在生物燃料乙醇这个领域，中国的表现最为抢眼。在 2005 年之前，中国在生物乙醇方面的专利活跃程度与其他几个主要申请目标国没有太大区别，同样处于比较低的水平。但是从 2005 年开始，中国的申请量迅猛增长，增长幅度超过其他国家，从此每年在生物乙醇这个领域的专利申请量都超过别的国家和组织。另外，与其他国家在 2010 年前后申请量达到峰值并且随后开始减少的趋势相比，中国的申请量并没有表现出这个趋势。考虑到目前只能检索到2016年及 2017 年提交的专利申请中的一部分，可以认为在生物燃料乙醇这个领域，到目前为止，中国的申请量没有表现出明显的减少倾向。

图 10 示出了生物乙醇领域的专利申请的申请人国别分布情况。从这个图，特别是结合图 9，可以发现，美国在生物乙醇这个领域的专利申请处于领先的地位。虽然在这个领域，在美国提交的专利申请只占全球总量的 13.1%，但是全球申请量中有 30.13%是由美国的申请人提交的。这说明美国的申请人在积极地在美国之外进行生

物乙醇领域的专利申请和布局活动。

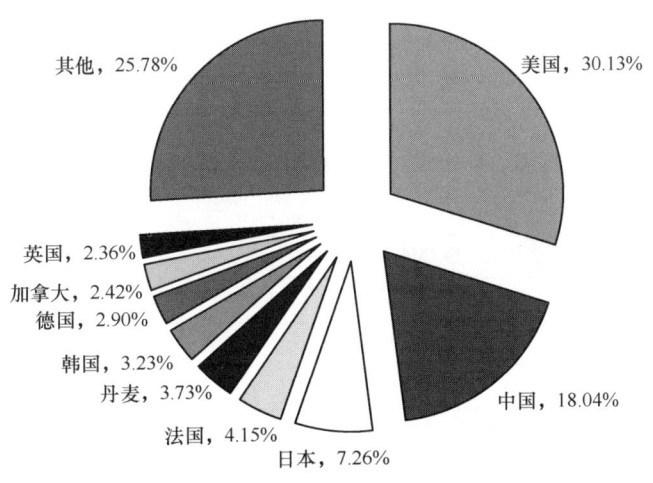

图 10 申请人国别的分别

图 11 示出了全球范围内与生物乙醇相关的专利申请的技术领域分布。可以看出，在全球的范围内，生物乙醇相关专利申请的重头在于 C12 这个大类，即在于发酵这一环节。也就是说，主要涉及发酵工艺、发酵中所用的酵母或酶等（C12P、C12N、C12R、C12M）。另外，纤维素的水解糖化也是一个重点的专利申请点（C13K、C07C、C08H、C08B）。另一个重点申请领域则是纤维素的预处理（D21C）。

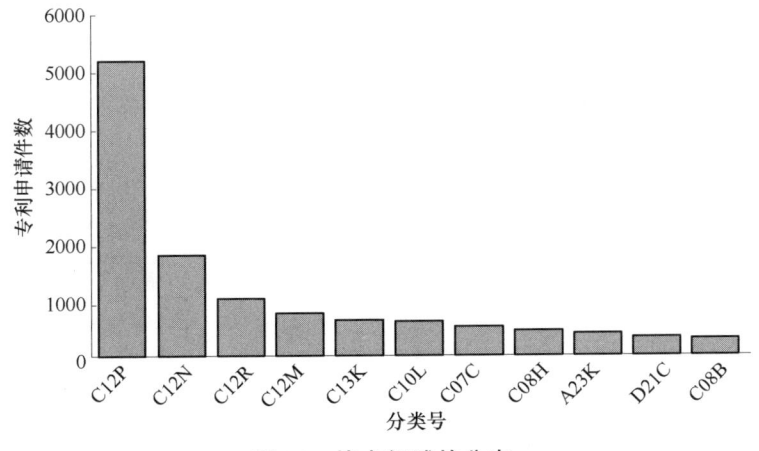

图 11 技术领域的分布

表 1 列出了世界范围内在生物燃料乙醇这个领域的前 10 个主要申请人以及他们的专利申请量。

可以看到，作为生物质能领域的一个巨头，美国企业 XYLECO INC 当之无愧地是生物乙醇的专利申请方面稳坐第一把交椅,它在生物乙醇方面的专利申请量远远超过其他的申请人。另外,可以看出中国企业和研究机构等在生物乙醇这个领域的专利申请活动的集中优势不够明显,中国只有中国科学院过程工程研究所的申请量排进了世界前十。

表1 全球范围主要申请人及申请量

申请人	专利申请量(件)
XYLECO INC	521
E I DU PONT DE NEMOURS AND COMPANY	77
IFP ENERGIES NOUVELLES	70
GREENFIELD ETHANOL INC	63
INBICON A/S	59
MASCOMA CORPORATION	58
UNIV FLORIDA	58
API INTELLECTUAL PROPERTY HOLDINGS LLC	54
中国科学院过程工程研究所	52
ROAL OY	50

(三)中国专利申请状况分析

在这一节中,对中国的与生物燃料乙醇相关的专利申请的情况进行分析。

截止到2017年10月31日,共检索到在中国提交的涉及生物乙醇的专利申请1596件。从2005年开始,我国的涉及生物乙醇的专利申请量迅猛增长,从2009年开始,每年的申请量大体保持在一个相当的水平,至今还没有像其他国家那样表现出明显的减少倾向。

图12示出了在中国提交的涉及生物乙醇的专利申请中,申请人的国别分布。可以看到,大部分是由来自中国的申请人提交的,占了81.5%。另外,如前面结合图10所说明的那样,美国的申请人积极地在各国进行生物乙醇方面的专利申请和布局,相应地,由来自美国的申请人提交的专利申请占据了我国涉及生物乙醇的专利申请总量的8.6%,大大超过其他的外国国家。与此相对,作为在我国申请专利最为积极的国家,日本在我国提交的涉及生物乙醇的专利申请只占据了总量的1.4%。这也可以从一个侧面反映美国对生物燃料乙醇乃至生物质能源的重视。

图13示出了我国各省市区的生物燃料乙醇相关专利申请的活跃程度对比。其中,北京是生物乙醇方面的研发和专利申请最为活跃的地区,专利申请量明显领先于其他省份。作为数据,由来自北京的申请人提交的涉及生物乙醇的专利申请占据了全国申请总量的15.4%。另外,江苏(7.9%)、安徽(7.5%)、山东(6.1%)在生物乙

醇方面的研发和专利申请也比较积极。

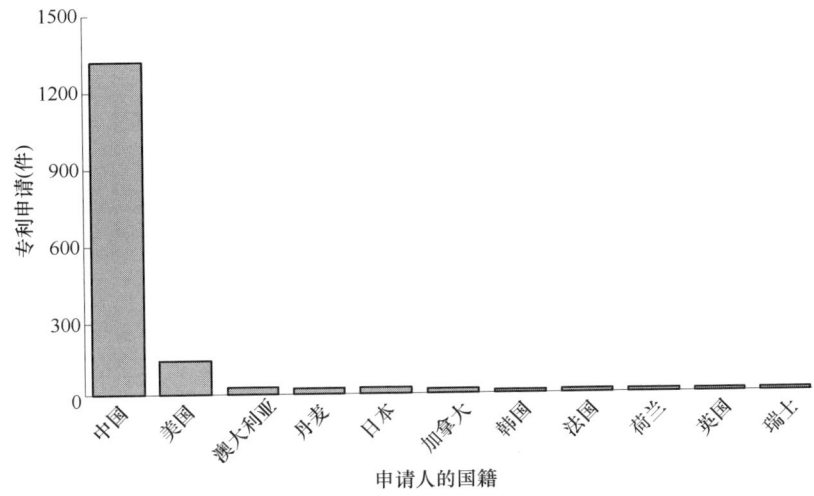

图 12　中国专利申请的申请人国籍分布情况

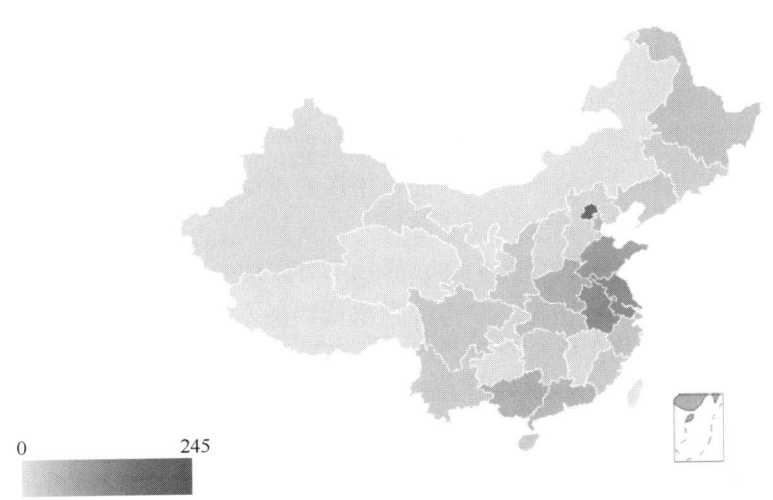

图 13　我国各省市区的生物燃料乙醇相关专利申请的活跃程度

表 2 示出了我国的生物燃料乙醇相关专利申请的几个主要申请人及其专利申请量。从这个表也可以明确专利申请的三个主要力量：企业、大专院校、科研机构。也可以看出，在中国境内，在生物乙醇这个领域，中国的企业、院校和科研机构比外国的申请人更加积极地申请专利。相比之下，虽然希乐克公司（XTLECO INC）是全球范围内在生物乙醇领域申请量最大的企业，但是它在中国的专利申请量并不是特别大。

表 2 中国境内主要申请人及申请量

申请人	专利申请量（件）
中国科学院过程工程研究所	52
中国石油化工股份有限公司	39
中国石油化工股份有限公司抚顺石油化工研究院	36
清华大学	36
天津大学	30
易思玛集团有限公司	29
希乐克公司	23
北京林业大学	20
中国科学院广州能源研究所	19
中粮营养健康研究院有限公司	17
中粮集团有限公司	17

中国科学院过程工程研究所是我国针对生物乙醇进行专利申请最为积极的单位，其在这个领域申请专利的技术范围也比较广泛，从作为第一代生物乙醇的粮食乙醇、作为第 1.5 代生物乙醇的木薯乙醇，到作为第 2 代生物乙醇的纤维素乙醇，都有专利申请。几年来申请的重点则是在纤维素乙醇这个领域。另外，在纤维素乙醇这个领域，申请专利的技术也涵盖了生物质材料的预处理、纤维素的水解糖化、酵母菌、发酵工艺等整个生产流程。不过另一个方面，中国科学院过程工程研究所对于在外国进行专利申请并不是很积极，对于生物乙醇技术，仅提交了一件 PCT 申请。

中国石油化工股份有限公司在生物乙醇技术方面的专利申请则基本上全部落脚于纤维素乙醇，且技术上略有侧重，与发酵废液处理相关的专利申请量占了将近一半的比例。另外，中国石油化工股份有限公司对于在外国进行专利申请也不是很积极，对于生物乙醇技术，没有提交任何外国专利申请或者 PCT 申请。

作为国内高校的代表，清华大学则更为积极地在国外进行专利申请。清华大学在美国、澳大利亚及 WIPO 进行了涉及生物乙醇的专利申请。另外，清华大学在生物乙醇方面的专利申请更加侧重于发酵工艺和设备。

作为全世界最为重要的生物质能企业之一，XYLECO INC 在中国的生物乙醇相关专利申请倒不是特别积极，且申请的技术主要集中于生物质的前处理及水解糖化的环节。

另外，也发现在生物乙醇这个领域，中国的申请人在海外进行专利申请的积极性不是很高。在生物乙醇这个领域，由来自中国的申请人在海外申请的专利一共只有

67 件。安琪酵母股份有限公司在美国、加拿大、欧专局等申请了 8 件与用于制造纤维素乙醇的酵母相关的专利。清华大学在美国、澳大利亚、WIPO 申请了 7 件与发酵工艺和设备相关的专利。

下面对中国的生物乙醇相关专利申请的各种状态进行分析。

在共计 1596 件申请中，绝大部分（1525 件）是发明专利申请，占了 95.6%。这与我国的总体情况相比，是一个非常高的比例。作为参照，根据 1985 年至 2016 年的统计，我国总体的发明专利申请仅占所有类型申请总量的 35.4%。❶

另外如图 14 所示，在 1525 件发明专利申请中，放弃、驳回和撤回的比率加起来一共是 20.4%。与其他的行业相比较而言，可以说在生物乙醇这个领域，专利申请的质量比较高。

下面对我国的生物乙醇相关专利的运用情况进行调查分析。可以从四个方面，即许可、转让、诉讼、无效宣告的件数，来反映相关专利的运用情况。

在上述的 1596 件涉及生物乙醇的专利申请中，到目前为止已授权的是 884 件。数据显示，在这些授权专利中，涉及了许可的有 15 件，涉及了转让的有 113 件，涉及了无效宣告的有 33 件，没有专利涉及了侵权诉讼。由这些数据可见，虽然没有涉及诉讼，但是我国的生物乙醇相关专利的运用情况还算比较活跃。

但是也注意到，上述的涉及许可和转让的专利，都不属于前面提及的几个主要申请人，如中国科学院过程工程研究所、中国石油化工

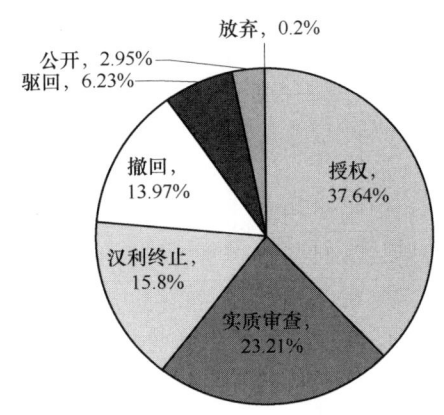

图 14　法律状态的分布

股份有限公司、中国石油化工股份有限公司抚顺石油化工研究院、清华大学等。也就是说，这几大生物乙醇方面的主要申请人申请了不少的专利，但并没有进行积极的运用，而是申请或授权之后便"束之高阁"。

（四）小结

随着世界各国对于环境保护的关注，生物燃料乙醇，特别是纤维素乙醇，将具有广阔的发展空间。

我国的广大科研院所、大专院校、企业等正在积极地进行生物燃料乙醇方面的研究开发，并积极地进行专利申请。在生物燃料乙醇这个领域，我国的专利申请质量高于总体的平均水平。

目前，纤维素乙醇相关专利申请的技术还更多地集中在发酵工艺这一环节。从专

---

❶ 2016 年专利统计年报，国家知识产权局规划发展司，2017 年 9 月。

利申请量这个指标来分析，发酵属于技术相对比较成熟的环节，在全球的范围内，与发酵环节相关的专利申请量已经在若干年前达到了峰值而呈现出逐年递减的趋势。生物质的预处理和纤维素水解则是纤维素乙醇产业所面临的技术瓶颈，也是导致纤维素乙醇成本居高不下的原因所在。而目前与纤维素预处理和水解相关的专利申请相对来说还比较少。这也从一个侧面说明了在这两个方面技术还未达到成熟，仍有很大的研究开发的空间。我国有巨大的生物乙醇运用潜力，各生物乙醇制造厂家有着巨大的发展前景。各厂家及科研院所等若能在纤维素预处理和水解，特别是纤维素酶的领域投入研发并取得技术进步和突破，最终降低纤维素燃料乙醇的成本，则必将取得技术和市场上的领先优势。

另外，目前我国在生物燃料乙醇方面的专利申请的主要力量还是科研院所和大专院校，而相关的企业则处于其次的地位。而且，各科研院所和大专院校对于所取得的专利也没有加以积极利用，基本上就是授权之后便放置，没有充分发挥出专利的作用。今后，在生物燃料乙醇这个领域做好产学研的结合，对专利这个知识产权加以充分利用，仍有改善的空间。特别是，我国正在大力推动专利运营，各企业、科研院所和大专院校若能通过专利运营，充分发掘专利的价值，则必将大有收益。

最后，在生物燃料乙醇这个领域，目前我国各单位在海外进行专利布局的意识比较弱，很少在海外进行专利申请。其中的原因应该是目前相关企业在国外并没有业务开展，看似并无必要进行海外专利布局。但是，从海外业务的前瞻性考虑，也有必要进行一定的海外专利布局，未雨绸缪。在海外进行专利布局，也是对抗潜在的国际竞争者的手段。从通过海外的专利运营将知识产权转化为经济利益的角度出发，也可以考虑进行海外的专利申请与布局。

四、沼气行业的专利分析

（一）沼气的概述

沼气是有机物质在厌氧条件下，经过微生物的发酵作用而生成的一种混合气体。沼气是多种气体的混合物，其特性与天然气相似。沼气除直接燃烧用于炊事、烘干农副产品、供暖、照明和气焊等外，还可作内燃机的燃料以及生产甲醇、福尔马林、四氯化碳等化工原料。经沼气装置发酵后排出的料液和沉渣，含有较丰富的营养物质，可用作肥料和饲料。

沼气由 50%～80%的甲烷（CH_4）、20%～40%的二氧化碳（CO_2）、0%～5%氮气（N_2）、小于 1%的氢气（H_2）、小于 0.4%的氧气（O_2）与 0.1%～3%的硫化氢（H_2S）等气体组成。沼气的主要成分甲烷是一种理想的气体燃料，它无色无味，与适量空气混合后即会燃烧。每立方米纯甲烷的发热量为 34 000kJ，每立方米沼气的发热量约为 20 800～23 600kJ。即 $1m^3$ 沼气完全燃烧后，能产生相当于 0.7kg 无烟煤提供的热量。与其他燃气相比，其抗爆性能较好，是一种很好的清洁燃料。

沼气作为能源利用已有很长的历史。我国的沼气来源最初主要为农村户用沼气池，20世纪70年代初，为解决秸秆焚烧和燃料供应不足的问题，我国政府在农村推广沼气事业，沼气池产生的沼气用于农村家庭的炊事，后逐渐发展到照明和取暖。目前，户用沼气在我国农村仍在广泛使用。我国的大中型沼气工程始于1936年，此后，大中型废水、养殖业污水、村镇生物质废弃物、城市垃圾等沼气的建立拓宽了沼气的生产和使用范围。随着我国经济发展和人民生活水平的提高，工业、农业、养殖业的发展，大废弃物发酵沼气工程仍将是我国可再生能源利用和环保的切实有效的方法。

自20世纪80年代以来以建立起的沼气发酵综合利用技术以沼气为纽带，物质多层次利用、能量合理流动的高效农产模式，已逐渐成为我国农村地区利用沼气技术促进可持续发展的有效方法。通过沼气发酵综合利用技术沼气用于农户生活用能和农副产品生产、加工，沼液用料、饲料、生物农药、培养料液的生产，沼渣用于肥料的生产，我国北方推广的塑料大棚、沼气池、禽畜舍和相结合的"四位一体"沼气生态农业模式、中部地区的以沼气为纽带的生态果园模式、南方建立的"猪—果"模式、以及其他地区因地制宜建立的"养殖—沼气植""猪—沼—鱼"和"草—牛—沼"等模式都是以养殖业为龙头，以沼气为纽带，对沼气、沼液、沼渣的多层次利用的生态农业模式，沼气发酵综合利用生态农业模式的建立使农村沼气和农业生态紧密结合起来，是改善农村环境卫生的有效措施，是发展绿色种植业、养殖业的有效途径，已成为农村经济新的增长点。

沼气燃烧发电是随着大型沼气池建设和沼气综合利用的不断发展而出现的一项沼气利用技术，它将厌氧发酵处理产生的沼气用于发动机上，并装有综合发电装置，以产生电能和热能。沼气发电具有创效、节能、安全和环保等特点，是一种分布广泛且价廉的分布式能源。

沼气发电在发达国家已受到广泛重视和积极推广。生物质能发电并网在西欧一些国家占能源总量的10%左右。

我国沼气发电有30多年的历史，在"十五"期间研制出20~600kW纯燃沼气发电机组系列产品，气耗率 $0.6\sim0.8m^3/(kWh)$（沼气热值$\geq21MJ/m^3$）。但国内沼气发电研究和应用市场都还处于不完善阶段，特别是适用于我国广大农村地区小型沼气发电技术研究更少，我国农村偏远地区还有许多地方严重缺电，如牧区、海岛、偏僻山区等高压输电较为困难，而这些地区却有着丰富的生物质原料。如能因地制宜地发展小沼电站，则可取长补短就地供电。

沼气燃料电池则是最新出现的一种清洁、高效、低噪声的发电装置，与沼气发电机发电相比，不仅出电效率和能量利用率高，而且振动和噪声小，排出的氮氧化物和硫化物浓度低，因此是很有发展前途的沼气利用技术。将沼气用于燃料电池发电，是有效利用沼气资源的一条重要途。

(二) 全球专利申请状况分析

截止到 2017 年 10 月 31 日,全球关于沼气的专利申请量累计达到了 46 023 件。下面将从专利年度申请量趋势、专利申请地域分布、主要申请人这三个方面对沼气的全球专利申请状况进行详细的分析。

1. 专利年度申请量趋势分析

图 15 示出了近 30 年来,沼气领域全球申请的年度申请量发展趋势,从图中可以明显地看出,沼气相关技术领域的年度专利申请量总体呈现出"平稳发展—缓慢增长—急剧增长"这样的态势。

如图 15 所示,沼气的发展大致经历了以下三个阶段:

第一阶段为 1988—1997 年,这一阶段为沼气领域专利申请的起步阶段,在这一时期,相关的专利量相对较少,虽然略有起伏,但总量一直保持得比较平稳,每年不超过 500 件。

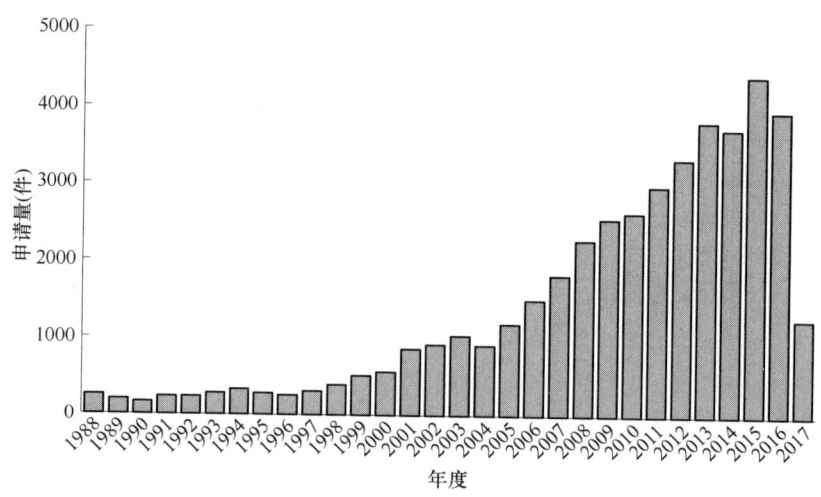

图 15　沼气相关技术领域的全球专利年度申请量发展趋势

第二阶段为 1998—2004 年,可以看出,相比于之前的 10 年,这个阶段的专利申请量表现出逐渐地缓慢上升的趋势,这实际上已经为之后的迅速发展做好了铺垫,埋下了伏笔。

第三阶段为 2005—2015 年,这段时期,随着现代化技术特别是农业现代化的发展,各国(尤其是中国)对生物质能利用的重视以及上面第二阶段的相应技术的铺垫,沼气的专利申请量终于迎来了一个爆发式的增长,在这 11 年间,与沼气相关的专利申请量从一年 1000 件左右迅猛增长到了一年超过 4000 件。

2. 全球范围内的专利申请地域分布的分析

接下来,对全球范围内的专利申请的地域分布进行分析。图 16 示出了排名靠前的国家各自的专利数量,图 17 示出了各国专利申请的占有比率。

专利公开国别/组织	专利数量(件)
中国	21 990
韩国	5617
美国	4809
德国	2232
日本	2137
欧洲专利局(EPO)	1455
世界知识产权组织	1225
俄罗斯	1171
英国	459
加拿大	346
法国	345

图 16　各国专利申请的专利数量

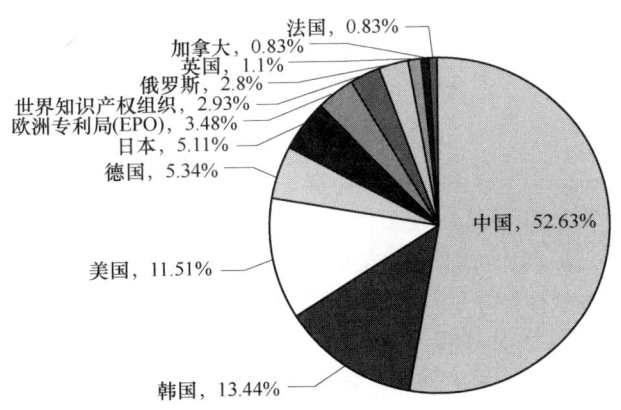

图 17　各国/组织专利申请的占有比率

根据图 16、图 17 示出的沼气相关领域申请在世界范围内的分布及各国的排名的情况可以明显地看出,我国是沼气相关专利申请的大国,我国与沼气相关的专利申请总数远远超过其他国家,稳稳地居于世界之首。同时,结合之前的年度申请量趋势的分析可以得到这样的结论:第三阶段即 2005—2015 年的飞速增长主要来源于我国所做的贡献,这实际上也是与中国知识产权事业的发展过程相匹配的,这些年正是我国知识产权事业日益蓬勃、突飞猛进的发展阶段。

令人意外的是,韩国超过了美国这样的农业大国占据了专利申请总量的第二位。这也说明韩国非常重视农作物的综合利用。另外,随着韩国的高科技产业的兴起,农业在韩国整体的经济体系中所占的比例逐渐下降。近些年韩国在沼气领域的专利申请数量不断减少,这也从一个侧面反映了韩国经济的逐渐转型。

3. 全球范围内的主要申请人

图 18 示出了沼气相关技术领域在全球范围内的申请人的前 10 位。

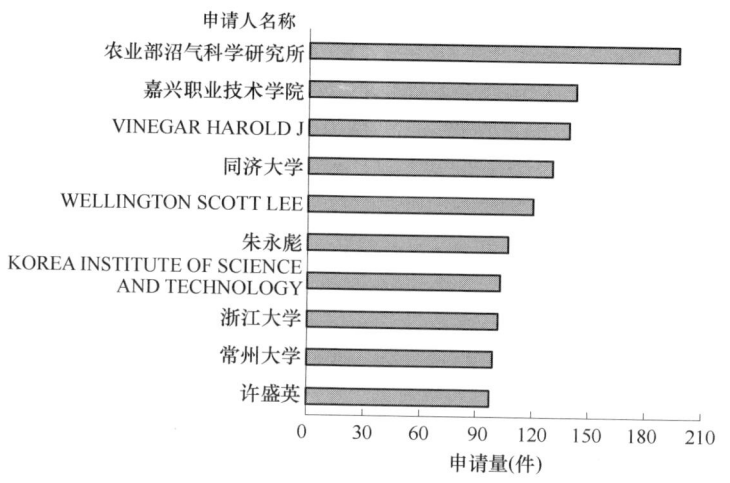

图 18　全球范围内的主要申请人

图 18 示出的申请人分布是与之前的分析相符合的,中国申请人不出意料地占据了前 10 位申请人中的半数以上。其中,农业部沼气科学研究所是直属于中国农业科学院的中国核心沼气研究机构,其充当了中国沼气发展研究的先锋。此外,在前 10 位申请人之中,还包括了中国的三所大学及一所技术院校。可见,沼气的研究及专利申请在中国的研究所及大专院校这样的基础科研机构中有着比较活跃的开展。

(三)中国专利申请状况分析

上面对沼气相关技术领域在全球范围内的申请量趋势、地域分布及主要申请人进行了分析,接着,将对沼气在我国国内的专利申请情况进行分析。

1. 中国国内的专利申请的地域分布

根据上面的数据已经知道,截止到 2017 年 10 月 31 日,共检索到与沼气相关的中国专利申请 21 990 件,我国国内的沼气相关专利申请的具体分布情况如下。图 19 示出了我国的沼气相关专利申请的区域分布。

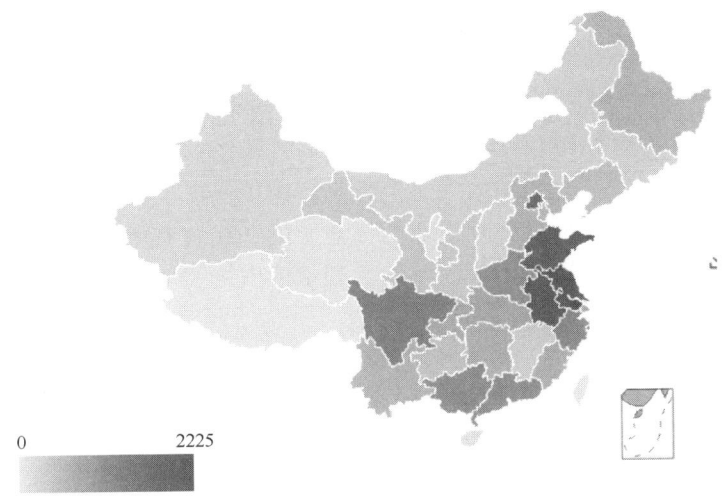

图 19　我国的沼气相关专利申请的分布

根据图 19 示出的我国各省市区的沼气相关专利申请的活跃程度的对比可知，其中，江苏、安徽、山东是专利申请数量排在前三位的省份。另外，北京、四川、浙江、广西、广东等省市区也是重要的专利申请来源地。

2. 申请人类型

图 20 示出了我国国内的申请人类型的分布情况。

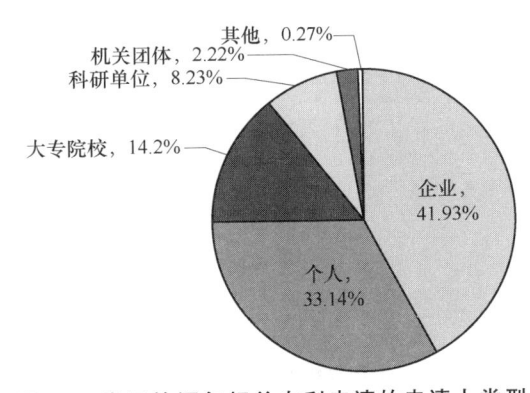

图 20　我国的沼气相关专利申请的申请人类型

其中，企业占据着最大的比例，41.93%的沼气相关专利申请是由企业提交的。不过，由个人提交的专利申请也占据了相当大的比例，总量中有 33.14%的沼气相关专利申请是由个人提交的，这一比例远远超过了大专院校的 14.2%和科研单位的 8.23%。这也说明沼气相关技术在民间也有着非常深厚的群众基础。

3. 我国沼气相关专利申请的类型

图 21 示出了中国国内的沼气相关专利申请的类型。

其中，发明专利申请占据了接近半数的 49.09%。另一方面，与其他国家相比，作为中国的最大特色，实用新型专利申请占据了

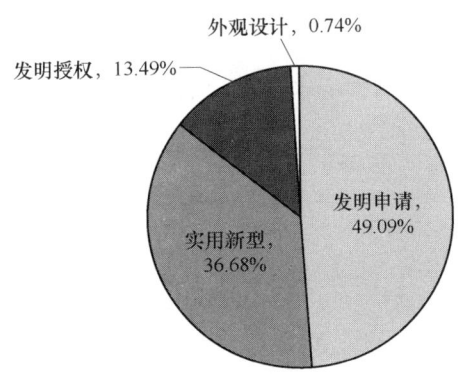

图 21　专利申请的类型

36.68%如此大的比例。这样的数据也反映了虽然中国的沼气相关专利申请高居世界之首,但技术创新的高度尚不够高的小发明还比较多。不过,进入新世纪以来,中国沼气事业开启了快速发展的新阶段,国家更是将沼气列为中国重点发展的生物质能源,投入的基建研发经费也逐年升高,与此同时,中国现代化科技水平也在不断地持续发展,这些因素刺激了我国在沼气相关技术领域中涌现了大量的先进技术。可以预见,随着中国科技水平和知识产权事业的日益发展,代表着更高高度的发明专利申请所占据的比例会在我国的沼气相关领域的专利申请中持续地上升。

(四)沼气领域的专利技术分析

最后,作为独立的一部分,对中外沼气相关专利申请的技术分布进行分析。图22示

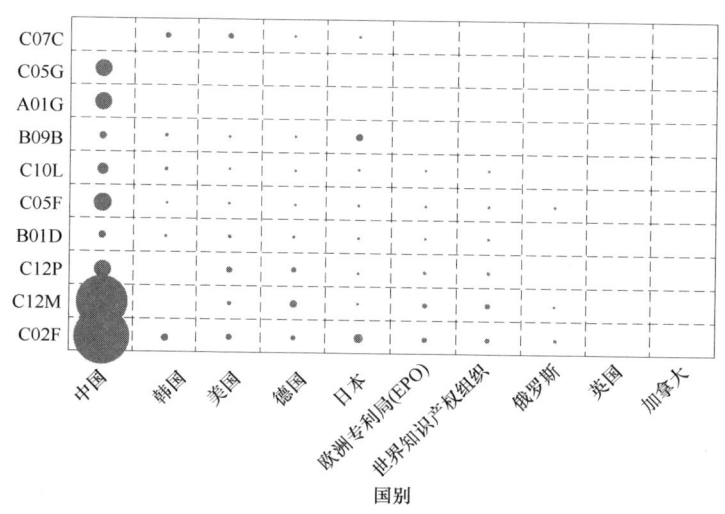

图22 以专利分类号划分的沼气相关专利申请的技术类型分布

分类号	比例
C02F	27.05%
C12M	20.50%
C12P	09.77%
B01D	07.41%
C05F	07.37%
C10L	06.11%
B09B	05.88%
A01G	04.68%
C05G	04.62%
C07C	04.41%

图23 各个专利分类号所代表的各类技术的专利申请比例

出了以专利分类号划分的沼气相关专利申请的技术类型分布。图23示出了各个专利分类号所代表的各类技术的专利申请比例。

专利分类号的主要含义:

C02F:水、废水、污水或污泥的处理

C12M:酶学或微生物学装置

C12P:发酵或使用酶的方法合成目标化合物或者组合物等

B01D:分离

C05F:有机肥料,如用废物或垃圾制成的肥料

C10L:燃料、天然气、合成天然气、液化石油气、燃料或火中使用添加剂

B09B：固体废物的处理
A01G：园艺，蔬菜、花卉、稻、果树、葡萄、啤酒花或海菜的栽培，林业，浇水
C05G：肥料的化合物
C07C：无环或碳环化合物

根据图 23 可以看出，沼气相关专利更多地集中在"水、废水、污水或污泥的处理""酶学或微生物学装置"这两者，并且，与化肥、栽培、燃料有关的专利申请的数量也占据一定的比例，而与沼气发电、沼气燃料电池有关的申请则相对较少。这种发展状况实际上是与沼气自身的天然属性相关的。上面已经说过，沼气是秸秆、粪便、生活污水等有机物质在一定水分、温度和厌氧条件下，经微生物发酵产生的可燃气体。可见，在制备沼气的过程中，天然地带来了"处理有机污水和畜禽粪便"这样的环保功效，而且其技术简单、造价低廉，这就使得在以往的技术开发以及相关的专利申请中，"水、废水、污水或污泥的处理""酶学或微生物学装置（如发酵制备沼气）"这样的直接利用沼气的天然特点的技术占据了绝大部分的比例。另一方面，虽然沼气发电、沼气燃料电池的理念早已提出，但是由于这些能源领域的发展和利用还需要其他先进技术的支持与辅助，特别是在我国，包括燃料电池技术在内的总体科技水平与发达国家尚有差距，所以至今这些领域的专利申请比例尚小。

（五）小结

我国是一个农业大国，有着广泛的农业基础，每年产生大量的秸秆、畜禽粪便以及有机废水等。如何有效利用这些生物质资源一直是一个课题。而沼气的推广应用对于改善人居环境、保护林草植被、维持生态平衡都有着重要意义。另外沼气在我国也有着非常广大的群众基础，这使得我国与沼气相关的专利申请量非常巨大。

近年来中国政府对沼气在农业中的投入、补贴也是日益加大，沼气工程已经成为中国处理有机污水和畜禽粪便等的重要选择。所以，一直以来，作为环保措施中的一个重要方向，污染治理领域的沼气相关专利申请都占据相当大的比例。这也是上面提到的"水、废水、污水或污泥的处理"这一领域的专利申请量排在第一位的主要原因。

另外，去杂提纯后的沼气属于高品质的燃气。与石化能源相比，沼气同样可以高效且可靠地大量地存储和输送，也能提供用途最广的车用燃料，更拥有石化能源不具备的巨大的 CO_2 减排潜力。在沼气的制备工艺中如何得到能够与商业天然气相媲美的高品质的沼气燃料并将相应的专利商业化，也是日后的一个重要发展方向。

最后，作为沼气的衍生利用，沼气在发电、燃料电池方面的发展也备受重视。然而，根据上面的分析可以知道，这些技术领域的专利申请量相对较少，不过，随着相关配套技术的发展成熟，可以期待，沼气发电、沼气燃料电池相关的申请将逐渐地增多，会在沼气的技术领域中占据越来越重的角色，那时必将给住宅用电、集中供电系统、汽车业等行业带来一场深刻的变革。而我国作为沼气大国，在沼气的传统利用技术已经发展得比较充分的情况下，应高瞻远瞩，抓住沼气的未来发展趋势，特别是在

沼气燃料电池这个技术尚未足够成熟、专利申请量也相对较少的领域，提前进行研发和专利布局，以抢占技术先机。

五、生物柴油的专利分析

（一）生物柴油的概述

随着世界经济的不断发展，石油枯竭和环境保护问题日益突出，为了应对不断增长的能源需求以及全球气候变暖的情况，生物燃料受到各国的重视。生物液体燃料作为目前生物质能源主要的利用模式，对于解决环境与能源问题发挥着重要作用。

生物柴油是生物液体燃料的一种重要组成部分，指植物油、动物油、废弃油脂或微生物油脂与甲醇或乙醇经酯转化而形成的脂肪酸甲酯或乙酯。生物柴油是典型的"绿色能源"，具有环保性能好、发动机启动性能好、燃料性能好，原料来源广泛、可再生等特性。

生物柴油的制备方法可分为两大类：物理法和化学法。物理法是通过物理机械的方法，改变原料油脂或脂肪的黏度和流动性等得到生物柴油，包括直接混合法和微乳液法；化学法是通过原料油脂或脂肪，与低碳醇在催化剂存在的情况下，进行化学反应生成相应酯的过程，分为高温裂解法和酯交换法。

物理法虽简单易行，能降低动植物油的黏度，但其十六烷值不高，是一种分散的多相体系，一直存在稳定性问题，而且其物化性能指标难以控制和达到所要求的数值，因此物理法生产的生物柴油在生物柴油产业中所占比重很小。

目前工业上常采用化学法制备生物柴油，其中酯交换法是生物柴油研发的主要方向。在传统酸碱催化酯交换的基础上，固体酸碱催化剂及复合催化剂的研制，生物酶催化法、超临界甲醇法、离子液体法、离子交换树脂法、微波辐射和超声强化等绿色工艺是目前生物柴油合成研究的一个重要方向。在无催化剂的超临界法中，油脂进行酯交换需在高温、高压下才能进行，虽然反应时间相对缩短，但伴随着油脂的裂解和聚合等副反应发生，而使用催化剂可大幅度降低反应温度和压力。生物酶催化法虽然反应条件相对最温和，但反应时间较长，产率不高，随着溶剂极性增大，酶活性降低，同时副产物甘油易吸附于酶表面，不但对产物形成抑制，且对酶有毒性，使酶寿命缩短。固体酸碱法、离子液体法和离子交换树脂法的反应时间都在 4 小时左右，但离子液体法需要 170℃ 的高温，固体酸碱法的催化剂活性较低且产物需分离由催化剂所带入的金属元素。

目前，生物柴油产业化的主要问题是成本太高，其中 75% 来自原料成本，天然油脂价格高于生物柴油产品售价，无法作为生物柴油规模化发展的原料，因此，采用廉价原料以及提高转化率而从使成本降低，是生物柴油发展的关键。

（二）全球专利申请状况分析

截止到 2017 年 10 月 31 日，全球范围内共检索到关于生物柴油的专利申请共计

4082 项（7312 件）。下面将从专利整体发展趋势、区域分布状况、以及申请人状况等方面对生物柴油的全球专利申请状况进行详细的分析。

图 24 示出了近 20 年的生物柴油领域全球申请的年申请量发展趋势，从图中可以看出，在 2005 年以前，生物柴油专利申请还处于起步阶段，在这一时期，相关的专利量比较少，且总体上表现出缓慢增长的态势，各国在生物柴油领域的发展水平有限，每年的申请量不超过 200 件。而从 2005 年开始至 2008 年，随着各国对生物质能利用的重视，生物柴油的申请量迎来了爆发式增长，与生物柴油相关的专利申请量从一年 200 多件连续增长 3 年，全球专利在 2008 年的申请数量达到峰值，仅一年的申请量就接近 1000 件，各国开始大力研究生物柴油并取得成效。随后，从 2009 年开始生物柴油的申请有所回落，但整体趋势平稳，维持在每年接近 600 件，没有较大涨幅。

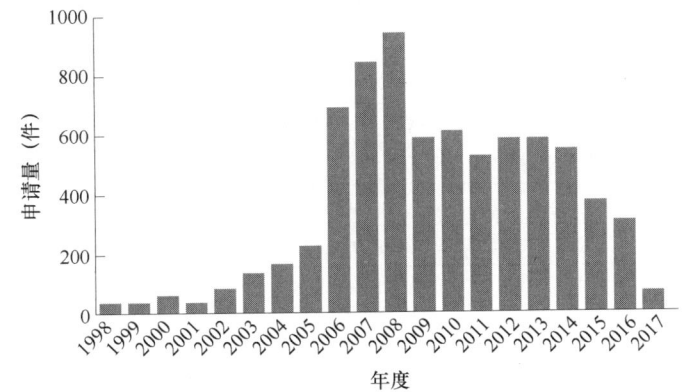

图 24　生物柴油全球专利申请量随时间的变化

图 25 反映了生物柴油领域全球专利申请量前十位的国家/地区、组织的专利申请量状况。

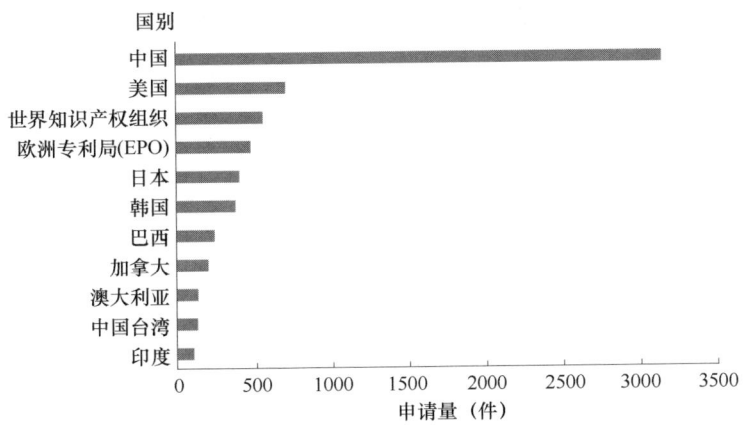

图 25　生物柴油全球国家/地区、组织申请量

排名前十位的依次为中国、美国、世界知识产权组织、欧洲专利局（EPO）、日本、韩国、巴西、加拿大、澳大利亚、中国台湾、印度。

其中，中国以 3149 件的申请量显著领先于其他国家或地区，占生物柴油专利全球申请量的 48%左右。这一方面体现了中国在该领域的发展程度和中国政府对于该领域的推动与重视。其次是美国，占有 11%左右的份额。

表 3 列出了在生物柴油领域专利申请量排在前十位的申请人。

表 3　生物柴油全球专利申请量前十名申请人的申请量

排名	申请人	申请量（件）
1	中国石油化工股份有限公司	193
2	中国石油化工股份有限公司石油化工科学研究院	164
3	清华大学	70
4	昆明理工大学	58
5	EXXONMOBIL RESEARCH AND ENGINEERING COMPANY	42
6	KOREA INSTITUTE OF ENERGY RESEARCH	41
7	BASF SE	38
8	EVONIK OIL ADDITIVES GMBH	37
9	PETROLEO BRASILEIRO S A PETROBRAS	36
10	SOLAZYME INC	34

从表 3 中可以看出，在这十名申请人中，排在前四位的均为中国申请人，在生物柴油的领域中，中国的企业和大专院校、科研院所等表现出了很高的热情。另外值得注意的是，中国石油化工股份有限公司（包括作为其下属单位的中国石油化工股份有限公司石油化工科学研究院）对于生物柴油投入了非常大的研发力量，这表现在其生物柴油相关的专利申请量位于全球第一位，远超其他申请人。

图 26 示出了全球范围内与生物柴油相关的专利申请的技术领域分布。

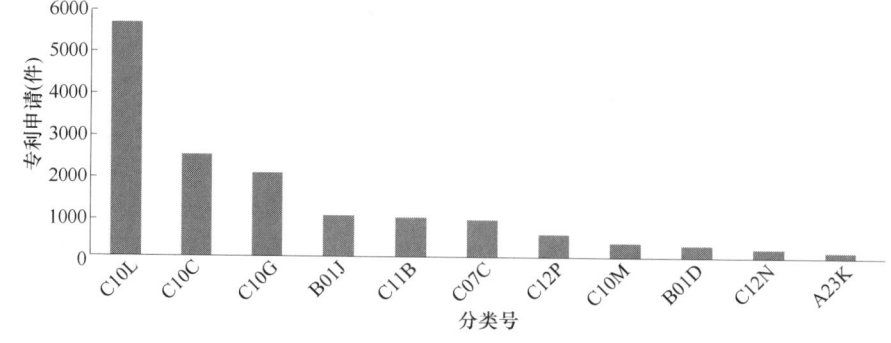

图 26　生物柴油技术领域的分布

可以看出，在全球的范围内，生物柴油相关专利申请的重点在于 C10 这个大类，主要涉及以下几个环节：未列入其他类目的燃料制备（C10L）；从脂肪、油或蜡中获得的脂肪酸；蜡烛；脂肪、油或由其得到的脂肪酸经化学改性而获得的脂、油或脂肪酸（C11C）；制备液态烃混合物的制备（C10G）。另外，化学或物理方法，例如催化作用、胶体化学或其有关设备（B01J）；生产，例如通过压榨原材料或从废料中萃取，精制或保藏脂、脂肪物质例如羊毛脂、脂油或蜡（C11B）；无环或碳环化合物（C07C）；生成、精制或保藏脂、脂肪物质、脂油或膳，包括从肥料中萃取（C11B）等相关技术的专利申请量也占据一定比例。

（三）中国专利申请状况分析

截止到 2017 年 10 月 31 日，中国关于生物柴油的专利申请量累计达到 3149 件。下面将从专利整体发展趋势、区域分布状况以及申请人状况等方面对中国的生物柴油专利申请状况进行详细的分析。

图 27 示出了生物柴油中国专利年申请量的发展趋势。从专利申请量来看，在 2002 年以前，生物柴油领域的年总体申请量很少，参与的研究人员不多，基本处于一个较低的水平，且年申请量的变化也不大。2003 年以后，申请量有所增加，但是至 2004 年为止申请量仍然没有超过 50 件，增长相对平稳。进入 2005 年后至 2008 年，申请量开始大幅攀升，尤其是 2006 年增长率最为明显，年申请量比 2005 年翻了一番以上，年申请件数的高峰出现在 2008 年，这说明生物柴油技术的开发已经成为新能源领域持续关注的热点，随着越来越多的机构和研发人员参与到了生物柴油的研究和创新中，使得研发创新的速度和能力得到了大幅的提升。在 2009 年申请量有所回落，但在随后的几年里又一次开始稳步回升，在 2014 年达到顶峰且超过了 2008 年的申请量峰值。

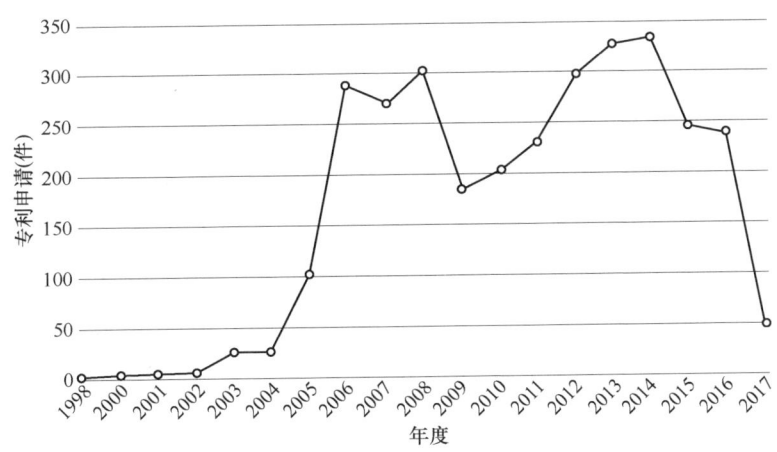

图 27　生物柴油中国申请量发展趋势

在本次检索到的生物柴油中国专利申请中，由中国的申请人提交的申请有 2922 件，占全部总申请量的 92.9%，外国来华申请 227 件，占全部总申请量的 7.1%。也就是说，在生物柴油这个领域，我国的专利申请以国内的申请人为主导，外国申请人在我国的专利布局还不算很积极。

图 28 示出了各种专利申请类型所占的比例。在生物柴油相关的中国专利申请中，发明专利申请共有 2816 件，占申请总量的 89.4%，实用新型专利 333 件，占申请总量的 10.6%。可以说，我国的生物柴油相关专利申请以发明高度较高的发明专利申请为主。

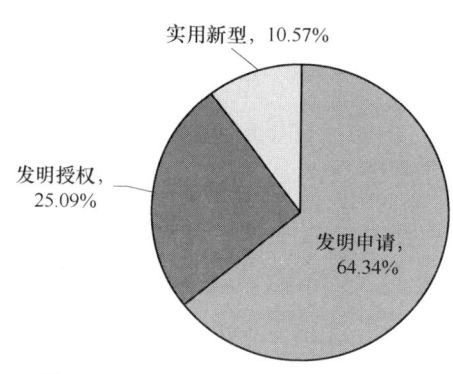

图 28　生物柴油中国申请类型分布

另外，如图 29 所示，从本次采集的生物柴油专利数据来看，国内专利申请数量排名前十位的省市分布为北京、江苏、广东、山东、上海、陕西、浙江、广西、福建、云南。前四位地区的申请量达到了 200 件以上，而这四个地区也是我国经济较为发达的省区，说明在生物柴油领域的区域发明创新能力与科技经济发展水平存在一定的关联。从所占比重来看，位于第一位的北京的申请量是 476 件，位于第二位的江苏是 387 件，二者的差距并不大，此外，位于第 6~10 位的省份的申请量彼此之间差距不大，但与位于 1~5 位省份的申请量相差较大。

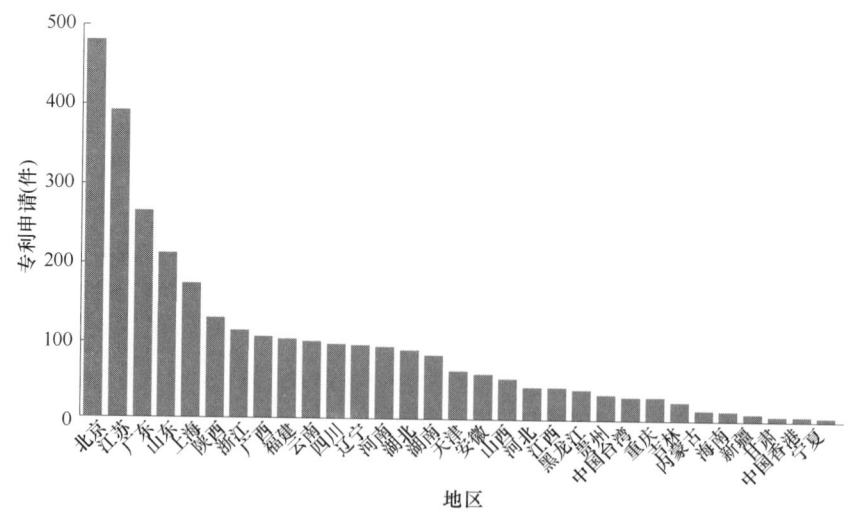

图 29　生物柴油中国专利申请地域分布

在本次检索到的生物柴油中国专利申请中，外国来华申请为 227 件。其中，美国来华的申请量最大，德国、韩国、法国、日本分列第 2 位至第 5 位。从绝对数量来看,美国在生物柴油领域的来华专利显著高于其他国家。

图 30 示出了国内生物柴油领域专利的主要申请人。从图 30 可以看出,申请量排名前 10 的申请人中既有清华大学、昆明理工、江苏大学等高等院校,以及中国科学院广州能源研究所、中国林业科学研究院林产化学工业研究所,也有中国石油化工股份有限公司、佛山市天晟隆油脂化工有限公司等企业。

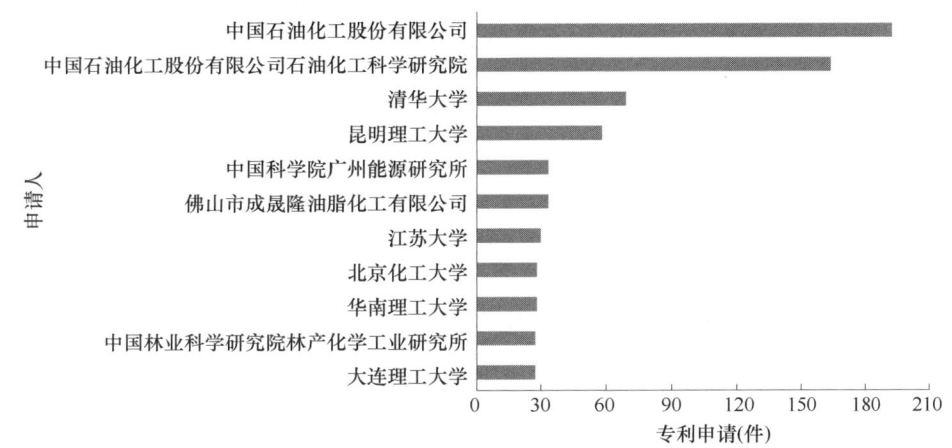

图 30 生物柴油中国专利主要申请人

从这里可以看到,我国的高校对生物柴油有着很高的研究热情,申请量最多的前 10 位申请人里有 6 个是高校。

另外,中国石油化工股份有限公司在生物柴油这个领域占据了绝对的主导地位,中国石油化工股份有限公司以及作为其下属单位的石油化工科学研究院的专利申请量远超其他申请人。

中国石油化工股份有限公司作为国内最大的一体化能源化工公司之一,其专利申请主要涉及酯交换反应生成生物柴油的方法、连续生成生物柴油的方法、制备生物柴油的催化剂以及采用该催化剂制备生物柴油的方法、降低油脂酸值的方法、提高生物柴油氧化安定性和抗氧化性能的方法、降低生物柴油凝点的方法等。

清华大学在生物柴油方面的专利申请数量超过 60 件,研发成果已初具规模。其专利申请主要涉及离子液体催化废油脂生产生物柴油技术、短链脂肪醇和油脂在热管式预热器和管式反应器中反应、冷却和分离制备生物柴油、利用短链脂肪酯作为溶剂从含油原料中提取油脂、固定化脂肪酶催化制备生物柴油、多种脂肪酶混合催化技术等。

另外也发现,在生物柴油这个领域,中国的申请人向海外申请专利的意愿不是特别高。在上述的 2922 件专利申请中,只对于 100 件向海外进行了申请,占 3.4%。

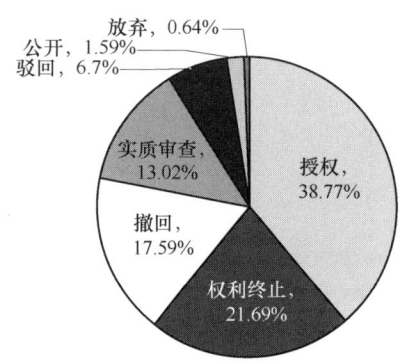

图 31 法律状态的分布

图 31 示出了我国的生物柴油相关专利申请的状态分布。在共计 3149 件申请中，绝大部分（2815 件）是发明专利申请，占了 90%左右，这与我国的总体情况相比，是一个非常高的比例。另外如图 31 所示，在 2815 件发明专利申请中，放弃、驳回和撤回的比率一共是 24.4%。可以说生物柴油领域的专利申请的质量是比较高的。

（四）小结

通过上面的分析可以发现，我国的企业、科研院所和大专院校对于生物柴油投入了很大的研发力量，并取得了引人注目的成绩。这些研发的努力使得我国在生物柴油领域的专利申请引领了全球在这个领域的专利申请量的增长。另外，在生物柴油这个领域，我国的专利申请的质量也是比较高的。

通过分析还发现，在生物柴油这个领域，中国石油化工股份有限公司是当之无愧的引领者，其独占我国生物柴油专利申请总量的 11%多，集中优势非常明显。

目前，在生物柴油这个领域，国外的申请人到中国来进行专利布局的数量还不算多。这也利于我国的广大生物柴油从业者抓紧机会做好专利布局，抢占技术高点。

另一方面也发现，生物柴油领域的主要研发力量虽然申请了大量的专利，不过并没有对这些专利进行积极利用。例如，作为我国最主要的生物柴油领域的专利申请人，图 32 中示出的申请人对于所申请的专利都没有加以积极利用。也就是说，这些申请人的专利涉及许可、诉讼、转让的情况非常少。在专利的积极运用这个方面，有着很大的提升空间。

另外，在生物柴油这个领域，目前我国各单位在海外进行专利布局的积极性还不算很高，较少在海外进行专利申请。这里的原因或许是目前相关企业在国外没有业务开展，认为无须进行海外专利申请。不过从前瞻性的考虑出发，也有必要进行一定的海外专利布局。在海外进行专利布局，也是对抗潜在的国际竞争者的手段。另外也可通过海外的专利运营将知识产权转化为经济利益。

六、生物质成型燃料的专利分析

（一）生物质成型燃料的概述

通常，生物质燃料是指将生物质材料燃烧作为燃料，一般主要是农林废弃物（如秸秆、锯末、甘蔗渣、稻糠等）❶，其主要区别于化石燃料。在生物质燃料的应用中，生物质成型燃料（Biomass Moulding Fuel，BMF）占有举足轻重的地位，生物质

---

❶ 高玉姜. 生物质燃料检测的基本要求及误差控制［J］. 低碳世界，2015（15）：3-4.

成型燃料是将农林剩余物作为原材料，经收集→干燥→粉碎→成型等工艺，在不含任何添加剂和粘结剂的情况下，通过压缩成密度各异的生物质而成型（如块状、颗粒状等）的新型清洁燃料。

生物质成型燃料破碎率不超过 5%，水分不超过 15%，灰分不超过 10%，硫含量不超过 0.2%[1]，生物质成型燃料是经过加工而变为致密的、能量密度高的、热效率高、易保存和便于运输的高品位清洁能源的产品，它具有原料来源广泛、燃烧特性好、燃烬率高、粉尘少、化学污染排放低的优势，因此，在目前的矿物能源消耗量逐年增加而即将短缺、环境污染问题日趋严重的现状下，生物质成型燃料已经成为世界可再生能源的一个重要发展方向。

生产生物质成型燃料的原料为农林剩余物，包括农作物秸秆（玉米秆、水稻秆、小麦秆、棉花秆、油料作物秸秆等）、农产品加工剩余物（花生壳、稻谷壳、果壳、甘蔗渣、糠醛渣、去除塑料包装物的菌袋等）及林业"三剩物"（抚育剩余物、采伐剩余物、加工剩余物），目前每吨原料价格相对低廉，加工成型后每吨成型燃料出厂价则会翻番甚至更高，经济价值可期。

我国农作物秸秆产生量逐年增多，是世界第一秸秆大国，可为生物质成型燃料的发展提供有利的保障。

生物质成型燃料的加工流程主要经过以下各个加工环节：

原料的收集→干燥→粉碎→成型。

在生物质原料收集方面，目前存在一定的技术发展瓶颈，由于管理制度在各个地区不同、地块小而分散，收集机械化水平低，打捆和定向收集没有提到日程，原料收集是难点，若没有充足的原料，生物质成型燃料技术就不可能迅速发展。

上述加工流程所用设备包括收集设备、烘干设备、粉碎设备、成型设备。

成型设备是生物质成型燃料制造的关键设备，生物质原料的种类繁多，其木质素、纤维素、果胶质等成分含量有较大差别，因此伴有生物质原料由低密度压缩成高密度的原料喂料问题，原料的含水量随原料种类、地域、季节及气候不同变化问题，所以原料水分问题成为制约热压成型的一大难题，也是生物质成型燃料发展所必须克服的课题之一。并且，生物质原料在收集过程中携带的许多粉尘、泥土沙粒，不仅会加剧成型设备的成型部件的磨损，还会造成成型设备润滑系统的污染，从而会影响设备的使用寿命和稳定运行，因此提高成型部件的使用寿命是成型技术的又一难题。一般根据成型方式的不同，生物质成型设备可分为螺旋挤压成型、模压（平模及环模）成型、活塞冲压（机械及液压）成型和压块成型等。

作为生物质成型燃料的燃烧设备，生物质专用燃烧炉、各种生活用炉及燃烧器已经被广为应用，生物质锅炉的效率一般都在 80%以上，锅炉型号大，燃烧得更充分，锅炉

---

[1] 生物质成型燃料北京地方标准（DB11/T541—2008）。

的效率也就更高，而燃煤锅炉的效率一般在68%，与生物质锅炉存在较大差距[1]。

（二）专利申请状况分析

截止到2017年10月31日，全球关于生物质成型燃料的专利申请量累计达到了5047件。下面将从专利整体发展趋势、区域分布状况、技术构成、申请人分析以及法律状态分析五个方面对生物质成型燃料的全球专利申请状况进行详细的分析。

1. 发展趋势分析

图32示出了生物质成型燃料领域全球专利申请的年申请量发展趋势。从该图中可以知道，最近20年中，生物质成型燃料在2003年以前的专利申请量处于较低的水平，自2004年起开始了初步的增多，并在随后的十年中持续增长而达到申请量最多每年600件左右。

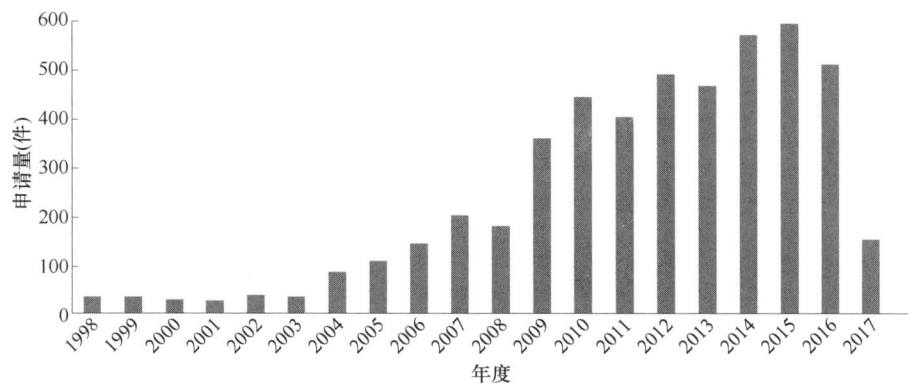

图32　全球专利年度申请量发展趋势

2003年以前全球的生物质成型燃料技术专利非常少，各个国家/地区、组织的申请量均为个位数，自2004年起，美国、日本、世界知识产权组织和欧洲专利局的专利申请量虽有稳步的发展，但是也都在数十件左右，均呈现出波动较少的趋势。而在中国，在2004—2006年这三年间，生物质成型燃料的专利申请量从个位数达到数十件，在2007年则迎来了生物质成型燃料技术的飞速发展，已经超过日本和美国，专利申请量一跃而居于世界第一，2009年度专利申请量达到百件以上，远远高于其他国家/地区、组织而一枝独秀，甚至高于其他国家/地区、组织的专利申请量的总和，并于2015年达到接近500件，成为推动全球专利申请量快速增长的引擎。

2. 专利申请地域分析

本小节将主要从专利申请的公开国对全球专利申请的区域分布状况进行分析。专利申请的产出量反映了该国（地区和组织）的技术研发实力以及应用情况，通过了解专利地域分布状况，可以了解生物质成型燃料的全球格局，为本国生物质成型燃料企

---

[1] 桑山松，刘新尚，肖红. 生物质锅炉与燃（煤油气）锅炉的经济性对比分析[J]. 中国科技纵横，2013（3）：111-112.

业进行专利布局、开拓海外市场以及防范风险提供参考。

在生物质成型燃料领域中，中国的专利申请数量遥遥领先于其他国家/地区、组织，甚至超过了其他国家和地区的总和，稳居世界第一。而技术成熟的美国、日本的专利申请则数量相当（见图33，表4）。

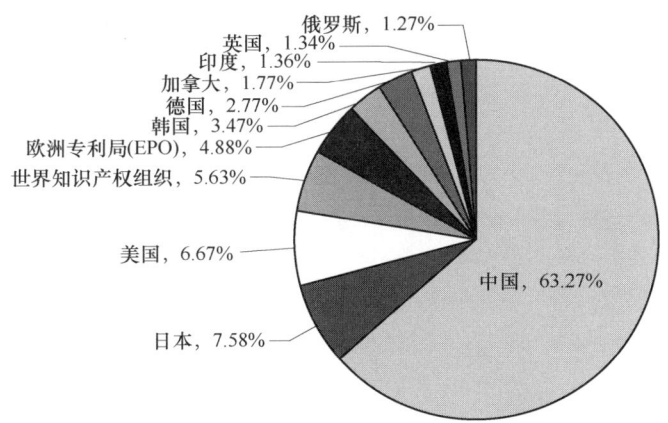

图 33 全球地域专利申请量占比

表 4 全球地域专利申请量排名

专利申请公开国家/地区、组织	专利申请数量（件）
中国	2789
日本	334
美国	294
世界知识产权组织	248
欧洲专利局（EPO）	215
韩国	153
德国	122
加拿大	78
印度	60
英国	59
俄罗斯	56

在我国国内，江苏、山东的专利申请量位于第一梯队，申请量均在250件以上，广东、浙江、安徽、北京的专利申请量位于第二梯队，申请量均在200件附近，而河南、辽宁和湖南省的专利申请量位于第三梯队，专利申请量都在150件左右，其余省

市区的申请量在 100 件左右或者更少。纵观全国，东南沿海地区的专利申请量高于中部和东北地区，中部和东北地区则高于边远的西部地区。这样的专利申请量分布与各省市区的经济力量和科研力量的实力有着密不可分的关系（见图 34）。

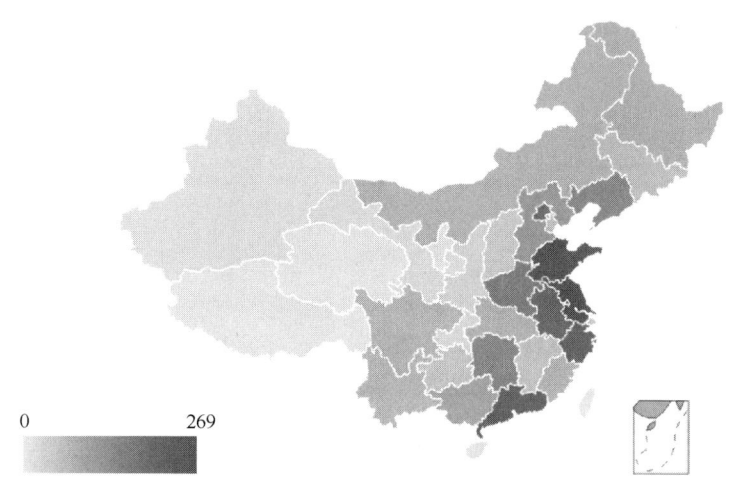

图 34　中国省市专利申请量分布

3. 专利申请技术分析

下面，针对各个 IPC 分类号来对生物质成型燃料的具体技术领域进行分析（见图 35、图 36）。

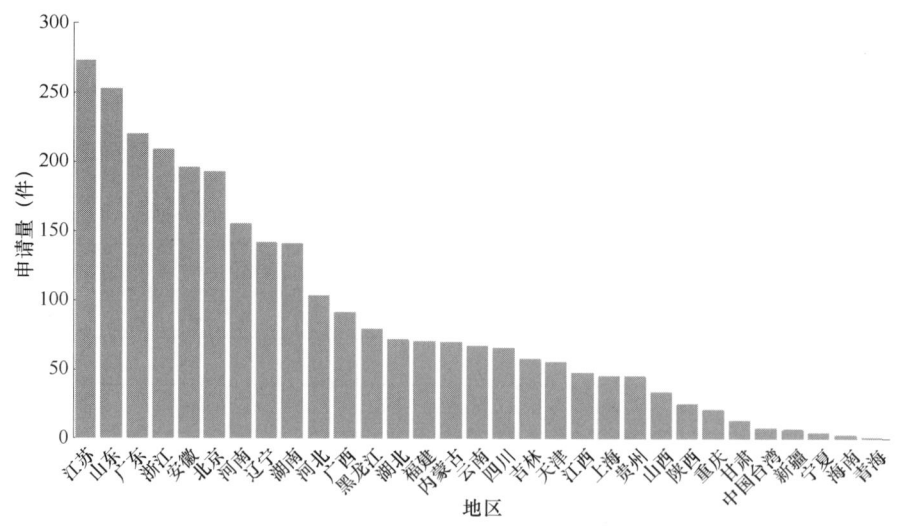

图 35　中国省市专利申请量排名

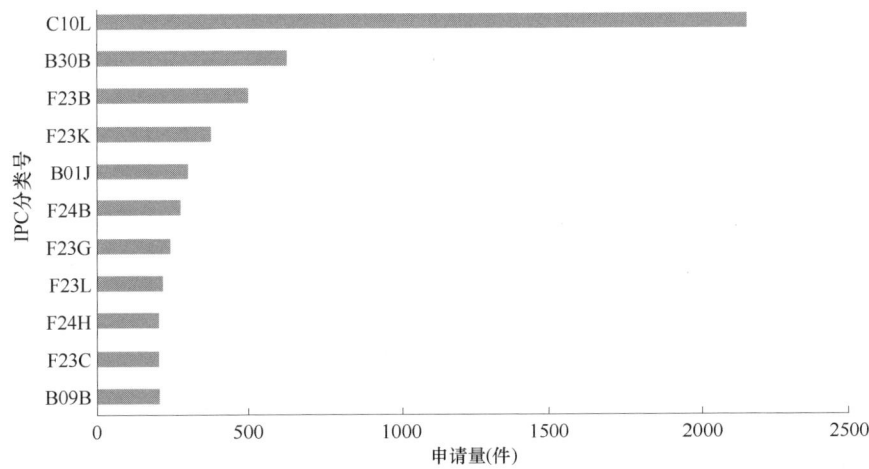

图 36　全球专利申请的技术领域分布

从专利申请的基于 IPC 分类号的技术领域分布可知，关于生物质成型燃料的技术主要分布于生物质成型燃料本身的制造、制造生物质成型燃料的设备，以及以生物质成型燃料为对象的燃烧锅炉。具体来说，IPC 分类号为 C10L 的领域涉及生物质成型燃料自身的理论研究和制造，IPC 分类号为 B30B 的领域则涉及压力机，这也从一个侧面表明压力成型技术是生物质成型燃料成型中的关键技术。IPC 分类号为 F23 的技术则涉及生物质成型材料的燃烧方法和燃烧设备，生物质原料中含有较多的钾、钙、铁、硅、铝等成分，在高温下极易燃烧沉灰，易于在传热壁面形成结渣和沉积，直接影响热量的传导和炉具的热利用率，因此，燃烧方法和燃烧设备的改进能够进一步促进生物质成型燃料的更高效和更广泛地利用。IPC 分类号为 F23 的技术则涉及如生物质成型燃料燃烧设备的用途发明。总而言之，上述几方面的技术发展是相辅相成的，能够促进生物质成型燃料本身的制造，从而能够更好地保证生物质成型燃料的高品质和多数量供应，同时能够扩宽生物质成型燃料的应用领域、燃料的燃烧效率、排放污染的进一步减小（见表 5）。

表 5　各技术领域专利申请量排名

IPC 分类号	专利数量（件）
C10L（不包含在其他类目中的燃料）	2151
B30B（一般压力机）	628
F23B（只用固体燃料的燃烧方法或设备）	497
F23K（燃烧设备的燃料供应）	379
B01J（化学或物理方法）	300

续表

IPC 分类号	专利数量（件）
F24B（固体燃料的家用炉或灶；与炉或灶连带使用的工具）	275
F23G（焚化炉）	243
F23L（送风；引风）	219
F24H（一般有热发生装置的流体加热器）	204
F23C（使用流体燃料的燃烧方法或设备）	203
B09B（固体废物的处理）	202

从图 37 可知，无论是中国还是美国、日本，生物质成型燃料本身的制造一直都是技术研究和发展中的核心。

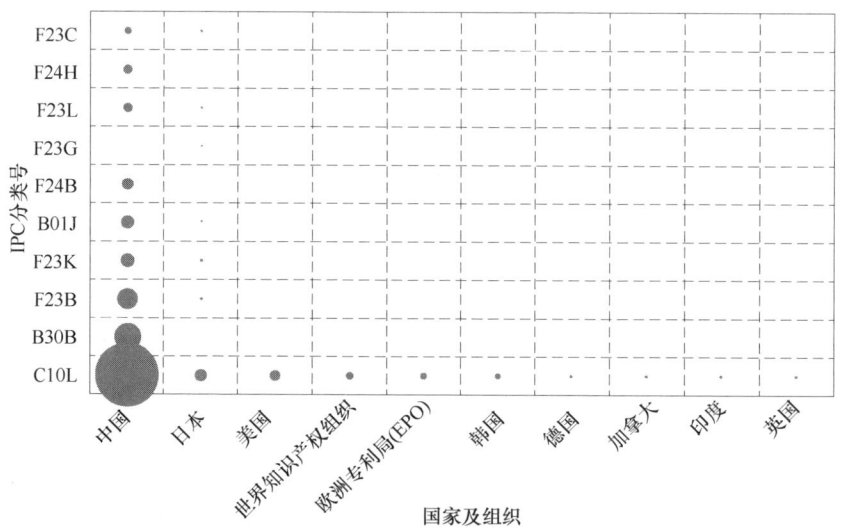

图 37　各国家和地区技术领域分布

虽然中国专利申请量位列靠前的省份中，除了专利申请量均较多的 IPC 分类号为 C10L 和 B30B 的领域的相关技术即生物质成型燃料和压力成型技术以外，江苏省在 B01J 领域（如颗粒成型技术）的专利申请所占比例也不低，而山东省在 F24B（生物质成型燃料的家用炉或灶）和 F23B（成型燃料的燃烧设备和燃烧方法）领域有所侧重，广东省的 F23B 和 F23K 类的专利申请所占比例也相对较高，浙江省的专利申请中，B30B、F23B、F23K、B01J 类型的专利申请所占比例相差无几。也就是说，江苏省在生物质成型燃料的制造和压力成型技术方面有较强的实力，而山东和广东省则相对偏重于生物质成型燃料的燃烧设备和燃烧方法的应用，而浙江省对于生物质成型燃料的制备、生物质成型燃料的制造设备以及生物质成型燃料的燃烧设备等方面比较均衡。

从图 38 和图 39 可知，最近十年以来，成物质成型燃料方面的技术转让不在少数，特别是 2010 年以来，转让数量在 20 件以上，可见生物质成型燃料的技术应用的活跃度比较高，而且，特别是从图 39 可知，生物质成型燃料的制造、压力成型技术、颗粒成型技术是近年来生物质成型燃料技术的发展和应用核心，这也说明在未来的一段时间内，生物质成型燃料技术会围绕这些技术而展开，这些技术会得到更多更广泛的应用。

而在技术许可方面，涉及 IPC 分类号 B30B 和 C10L 的专利是最多的，这也从一个侧面说明，生物质成型燃料的制造和制造生物质成型燃料所使用的压力机是关键的技术。

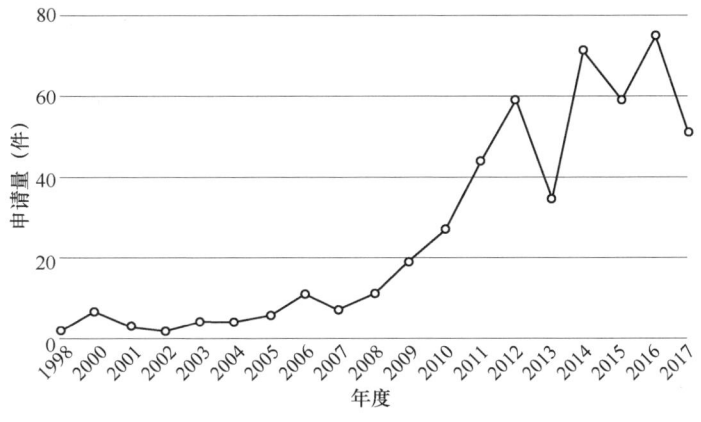

图 38　转让趋势

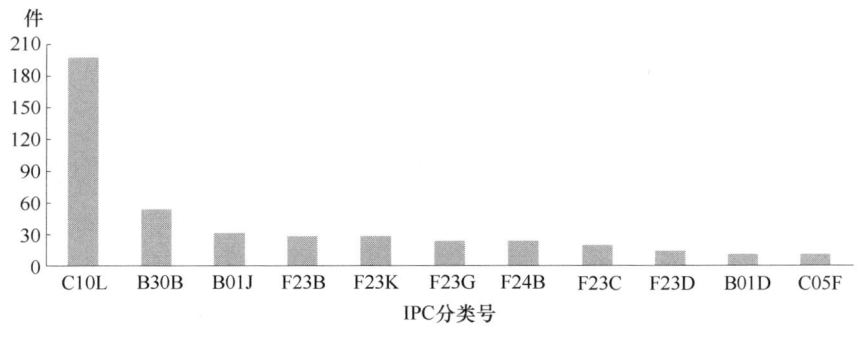

图 39　转让技术构成

4. 申请人分析

从图 40 可以看出，德国的 DIEFFENBACHER GMBH MASCHINEN UND ANLAGENBAU、美国的 BIOMASS ENERGY ENHANCEMENTS LLC、中国的广州迪森热能技术股份有限公司排名前三位，此外，中国还有广西桂晟新能源科技有限公司、农业部规划设计研究院、青岛锦绣水源商贸有限公司位于申请人排名的前十名，可见，我国的企业和科研机构在全球也是具有技术竞争力的，未来发展前景看好。

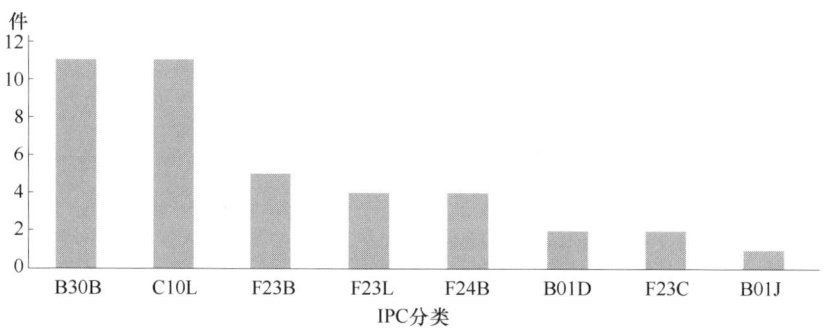

图 40 许可技术构成

由图 41 可见，在中国，企业、个人、大专院校及科研单位的专利申请量位居前四，而企业申请人的申请数量遥遥领先，在 1500 件以上，占中国申请量的一半左右。其中排名第一位的专利申请人为广州迪森热能技术股份有限公司（简称广州迪森公司），专利数量为 22 件。据广州迪森公司 2014 年年报显示，广州迪森公司的主营业务为生物质燃料等新型清洁能源，具体为生物质成型燃料（BMF）、生态油（BOF）、生物质可燃气（BGF）。2014 年度，公司实现营业收入 57 334.54 万元，实现利润总额 6906.06 万元，经济效益可观（见图 42）。

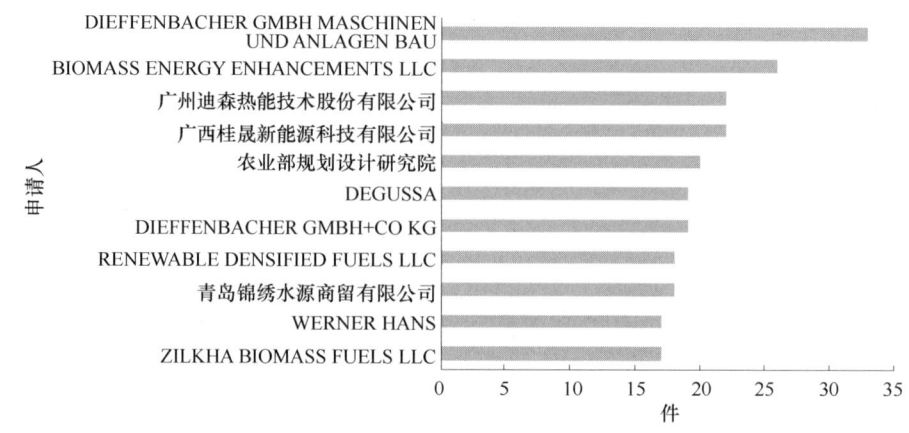

图 41 申请人排名

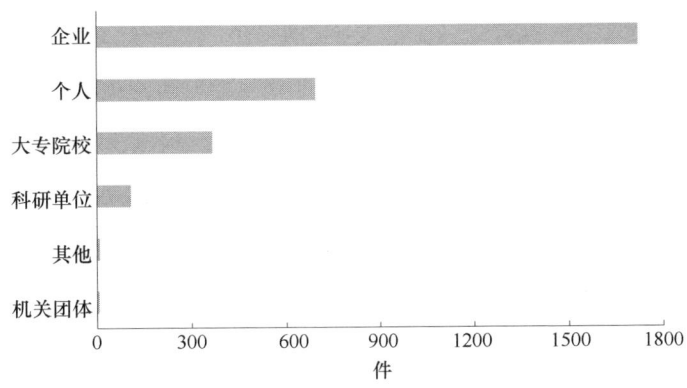

图 42　申请人类型构成（中国）

另外，在中国专利申请中，从申请人申请趋势来说，广西桂晟新能源科技有限公司、美国 BIOMASS ENERGY ENHANCEMENTS LLC 以及青岛锦绣水源商贸有限公司在 2013 年以来专利申请量增长较为明显，而广州迪森公司在 2011 年以后的年度申请量却有明显减少（见图 43）。

5. 法律状态分析

在目前公开的中国专利申请中，发明申请占 45.64%，此外，授权的发明专利占 11.4%，实用新型申请占 41.84%，外观设计申请占 1.11%。发明专利申请的总数量占总申请量的 57% 以上，在中国的 2789 件专利申请中，发明专利申请总量接近

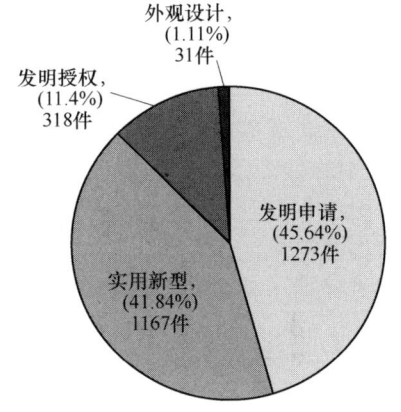

图 43　中国专利申请类型

1600 件，授权的发明为 318 件，处于审查过程中的为 570 件左右。表 6 中，中国的生物质成型燃料的相关专利中，有效专利为 1181 件，而失效专利为 1037 件，占中国总申请数量的 1/3 以上。

表 6　中国专利有效性

专利有效性	专利数量（件）
有效	1181
失效	1037
审中	571

中国申请的关于生物质成型燃料的相关专利申请中，放弃、驳回以及撤回的专利申请数量合计不足 20%，授权的数量占 42.34%，权利终止的占 21.33%，可见，专利申请的

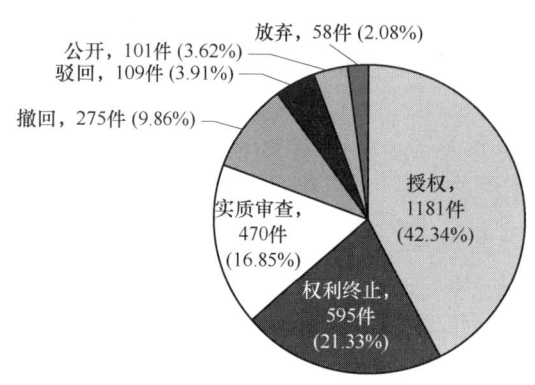

图 44 中国专利当前法律状态

授权率还是比较高的。另外，中国专利申请中，处于有效状态的实用新型为 662 件，处于有效状态的发明授权为 253 件，处于有效状态的发明申请为 246 件（见图 44）。

（三）小结

从专利申请的地域分布来说，我国是生物质成型燃料相关专利申请量最多的国家，而在中国国内，在东南沿海省市区专利申请量则最为突出，西部专利申请量相比较少，这说明我国在生物质成型燃料技术方面地域发展并不均衡，在技术力量相对滞后的西部地区，专利技术的许可和转让是技术引进的比较快捷的一个途径，也能够把科研机构的研究成果转化为生产力。

而在技术层面，从专利申请数量角度、从技术转让角度以及技术许可角度来看，生物质成型燃料的制备以及制备生物质成型燃料的压力装置是在市场上活跃度比较高的技术，受到的关注度相对突出，在未来的一段时间内其仍有可能是生物质成型燃料的相关技术的发展中心。而通过发展和提高制造生物质成型燃料的制造技术，能够进一步开拓生物质成型燃料的应用领域，发展前景广阔。

七、生物质发电的专利分析

（一）生物质发电的概述

生物质发电是利用生物质所具有的生物质能进行的发电，是可再生能源发电的一种，包括农林废弃物直接燃烧发电、农林废弃物气化发电、垃圾焚烧发电、垃圾填埋气发电、沼气发电等。

直接燃烧发电是将生物质在锅炉中直接燃烧，生产蒸汽带动蒸汽轮机及发电机发电。生物质直接燃烧发电的关键技术包括生物质原料预处理、锅炉防腐、锅炉的原料适用性及燃料效率、蒸汽轮机效率等技术。

生物质还可以与煤混合作为燃料发电，称为生物质混合燃烧发电技术。混合燃烧方式主要有两种。一种是生物质直接与煤混合后投入燃烧，该方式对于燃料处理和燃烧设备要求较高，不是所有燃煤发电厂都能采用；另一种是生物质气化产生的燃气与煤混合燃烧，这种混合燃料在系统中燃烧，产生的蒸汽一同送入汽轮机发电机组。

生物质气化发电技术是指生物质在气化炉中转化为气体燃料，经净化后直接进入燃气机中燃烧发电或者直接进入燃料电池发电。气化发电的关键技术之一是燃气净化，气化出来的燃气都含有一定的杂质，包括灰分、焦炭和焦油等，需经过净化系统把杂质除去,以保证发电设备正常运行。

沼气发电是随着沼气综合利用技术的不断发展而出现的一项沼气利用技术,其主要原理是利用工农业或城镇生活中的大量有机废弃物经厌氧发酵处理产生的沼气驱动发电机组发电。用于沼气发电的设备主要为内燃机,一般由柴油机组或者天然气机组改造而成。

垃圾发电包括垃圾焚烧发电和垃圾气化发电,其不仅可以解决垃圾处理的问题,同时还可以回收利用垃圾中的能量,节约资源。垃圾焚烧发电是利用垃圾在焚烧锅炉中燃烧放出的热量将水加热获得过热蒸汽,推动汽轮机带动发电机发电。垃圾焚烧技术主要有层状燃烧技术、流化床燃烧技术、旋转燃烧技术等。发展起来的气化熔融焚烧技术,包括垃圾在450~640℃温度下的气化和含碳灰渣在1300℃以上的熔融燃烧两个过程。气化熔融焚烧使得垃圾处理彻底,过程洁净,并可以回收部分资源,被认为是最具有前景的垃圾发电技术。❶

世界生物质发电起源于20世纪70年代,当时,世界性的石油危机爆发后,欧洲开始积极开发清洁的可再生能源,大力推行秸秆等生物质发电。丹麦主要利用秸秆、木屑等进行区域供热和热电联产。瑞典则利用无工艺价值的木材采用热电联合装置产热和供电,该国联合汽化(BIG-CC)工艺处于世界领先地位。奥地利推行了建立燃木材剩余物的区域供电站计划。❷

美国生物质发电技术处于世界领先水平。至2012年年底,美国生物质直燃发电占可再生能源发电量的75%,有300多家发电厂采用生物质能与煤炭混合燃料技术,装机容量达22 000MW。目前,美国的生物质发电并网装机容量为1610kW,规模居世界第一。❸

在日本,以废料和间伐材为燃料发电的木质生物质发电规模正在逐渐发展。另外,日本一些地区尝试利用家畜粪便进行生物质发电,将家畜饲养、肥料生产、牧草种植及生物质发电形成一条完整闭合的循环经济产业链。❹

中国正在向生物质发电的大国迈进。截至2016年年底,全国已投产生物质发电项目665个,农林生物质发电项目254个,垃圾焚烧发电项目273个。❺我国沼气发电研发有20多年的历史,目前国内0.8~5000kW各级容量的沼气发电机组均已先后鉴定和投产,主要产品又已全部使用沼气的纯沼气发动机及部分使用沼气的双燃料沼气-柴油发动机。这些机组已在我国部分农村和有机废水、垃圾填埋场的沼气工程上配套使用。并且,从专利申请来看,我国也在尝试利用家畜粪便进行生物质发电,将

---

❶《生物质发电》百度百科。
❷ 官巧燕,廖福霖.国内外生物质能发展综述[J].农机化研究,2015(9).
❸ 资料来源:《分析我国生物质发电现状及发展前景》,中国产业信息网。
❹ 资料来源:《分析我国生物质发电现状及发展前景》,中国产业信息网。
❺ 资料来源:《2016年生物质发电企业排名报告》,节能环保网。

家畜饲养、肥料生产、生物质发电、生活供热形成一条完整闭合的循环经济产业链。

（二）生物质发电的专利申请分析

截止到 2017 年 10 月 31 日，全球关于生物质发电的专利申请量累计达到 6700 件，在合并了同族申请之后，专利申请量累计达到了 6239 项。需要说明的是，这里的件是指专利申请的件数，一个申请号对应 1 件申请。例如中国的 A 申请要求了日本的 B 申请的优先权，那么 A 申请和 B 申请算两件申请，但是 A 申请和 B 申请是一项申请。

下面将从专利整体发展趋势、区域分布状况、申请人以及技术构成四个方面对生物质发电的全球专利申请状况进行详细的分析。

1. 专利整体发展趋势分析

图 45 示出了生物质发电领域全球专利申请的年申请量发展趋势。图 45 的纵轴为件数，横轴为年份。从该图中可以看出，生物质发电领域的年度专利申请量总体呈现出比较明显的平缓—快速增长的态势，大致经历了以下两个阶段：

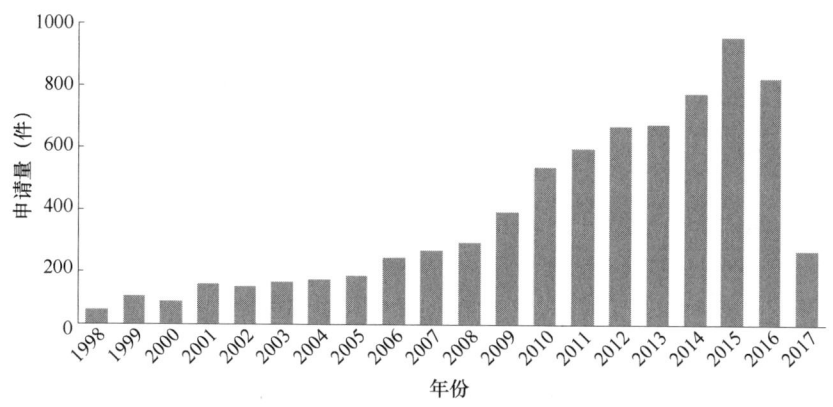

图 45　全球专利年度申请量发展趋势图

第一阶段为 1998—2005 年。这一阶段为生物质发电专利申请的起步阶段，在这一时期，相关的专利量比较少，且总体上表现出缓慢增长的态势。第二阶段为 2005—2015 年。从 2005 年开始至 2015 年，随着各国对生物质能利用的重视，生物质发电的申请量迎来了一个爆发式的增长，在 10 年之间，与生物质发电相关的专利申请量从一年不到 200 件增长到了一年 900 多件。

2. 专利申请地域分析

（1）专利申请全球地域分布

表 7 示出了生物质发电领域在各国和组织的专利申请量。从表 7 可以看出，在生物质发电领域，中国的专利申请量约占 60%。接下来依次是日本、韩国、美国、俄罗斯、世界知识产权组织、德国、欧洲专利局（EPO）、英国、印度、加拿大。中国

的专利申请量大可以说明以下两点：① 随着国家对知识的重视以及对生物质发电领域产业的鼓励和扶持，中国的生物质发电企业和科研机构在技术改进、创新上有大幅的投入；② 欧美、日本等发展较为成熟的生物质发电企业为了占领中国市场，向中国申请专利。

表7 生物质发电领域在各国的专利申请量

专利公开国别	专利申请数量（件）
中国	4077
日本	628
韩国	335
美国	254
俄罗斯	183
世界知识产权组织	160
德国	137
欧洲专利局（EPO）	119
英国	90
印度	74
加拿大	71

（2）全球专利申请地域发展趋势

在生物质发电领域，欧美、日韩的申请量在1998年至2016年较为平稳。即便是在申请量普遍较高的2012—2015年，各国和组织的申请量仍没有超过100件。可见，欧美、日本的生物质发电领域在1998年至2016年这8年间创新缓慢，或者说已经处于较成熟的阶段。

相对于此，中国的专利申请量在2005年以后有了明显的上升，到2016年已经将其他国家和组织的申请量远远甩在了后面。虽然中国的专利申请里包括外国申请人向中国的申请，但是在中国的专利申请中，中国人自己的申请还是占据绝大多数的。由此可见，我国2005—2016年在生物质发电领域的技术改进非常积极，专利申请的后发优势较为明显。

3. 申请人分析

（1）中国专利申请的申请人国别分析

图46示出中国专利申请中申请人所在国家的分布状况，图中示出的百分数表示

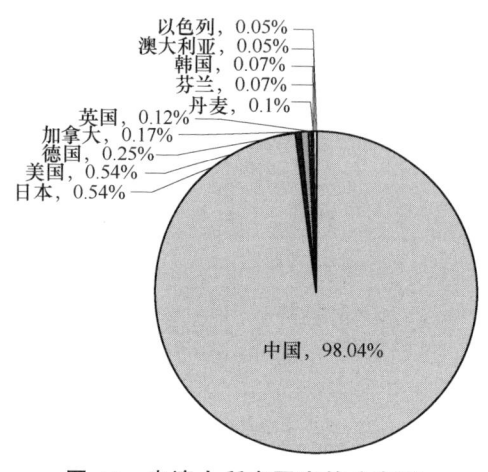

图 46　申请人所在国家的分布图

中国专利申请中各国申请人的申请量占中国申请总量的百分比。从图 46 可以看出，中国申请人的申请占中国申请总量的 98.04%，接下来依次是日本和美国（均为 0.54%）、德国（0.25%）、加拿大（0.17%）、英国（0.12%）、丹麦（0.1%）、芬兰和韩国（均为 0.07%）、澳大利亚和以色列（均为 0.05%）。

可见，在生物质能发电这个领域，我国的专利申请绝大多数是我国自主研发的技术，而国外申请人在中国进行专利布局的情况不多。

鉴于中国申请人的申请量占中国申请总量的绝大多数，下面主要对中国申请人的情况进行分析。

（2）我国申请人地域分析

图 47 示出生物质发电领域我国专利申请地域分布的状况。图 47 中，颜色越深表示该颜色所在的省市区的申请量越大，最大为 594 项。表 8 示出生物质发电领域我国专利申请量排名前 15 的省市区。从图 47 和表 5 可以看出，我国的生物质发电领域专利申请主要集中在东部地区，尤其是江苏、北京、广东、山东、浙江、安徽、河南、上海这些省市。

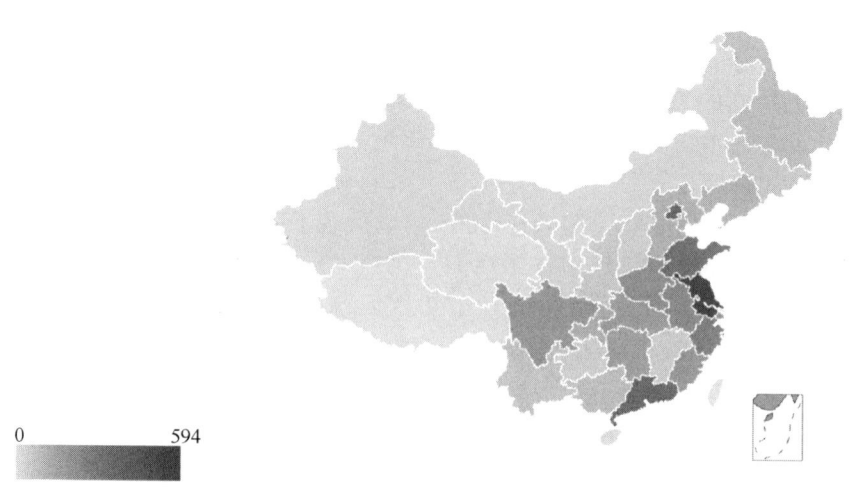

图 47　我国专利申请地域分布图

表 8 生物质发电领域我国专利申请量排名

申请人省市	专利申请数量（项）
江苏	594
北京	357
广东	328
山东	299
浙江	263
安徽	206
河南	191
上海	181
四川	172
福建	168
湖北	152
湖南	142
重庆	116
天津	108
辽宁	103

（3）我国申请人构成分析

图 48 示出生物质发电领域我国申请人类别的状况。图 48 中，纵轴表示申请人的类别，横轴表示该类别的申请人的申请数量（项）。图 49 示出生物质发电领域我国排名

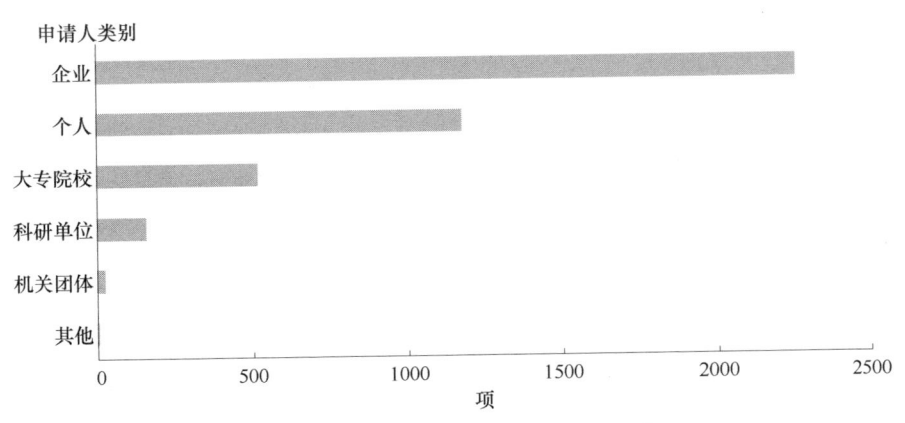

图 48 生物质发电领域我国申请人构成图

前 11 的申请人。图 49 中，纵轴表示申请人的名称，横轴表示该申请人的申请数量（项）。从图 48 和图 49 可以看出，在生物质发电领域，企业是我国专利申请的主体，其申请量达到了 2300 多项。这一情况表明，生物质发电领域的工业化程度较高，技术发展已经相对成熟。另外，个人也是生物质发电领域专利申请的不可忽视的力量，其申请量达到了 1100 项。值得一提的是，我国生物质发电领域申请量最多的申请人是个人（朱永彪），其申请量达到了 60 多件，其申请集中在厌氧沼气发电设备方面。

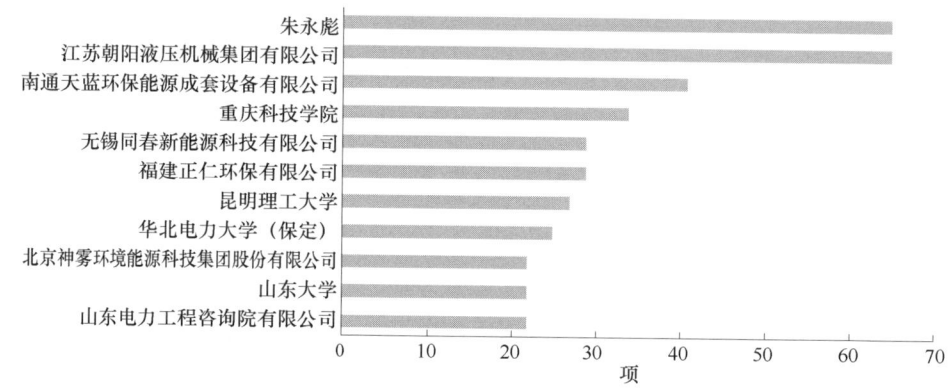

图 49　生物质发电领域我国申请人排名图

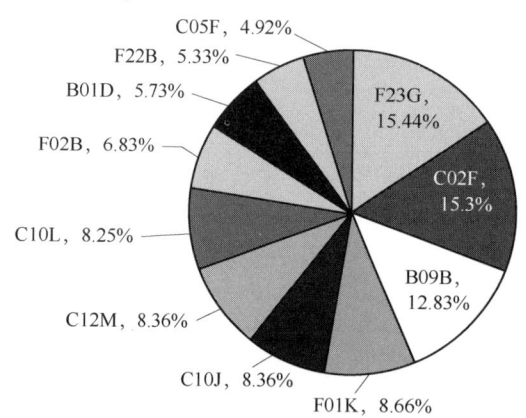

图 50　生物质发电的专利申请技术领域分布图

4. 技术构成分析

（1）技术领域分析

图 50 示出生物质发电的专利申请技术领域分布。这里，用 IPC 分类号的小类来表示专利申请所在技术领域，IPC 分类号的小类后面的括号中的数字表示该小类的申请量占总申请量的百分比。表 9 示出生物质发电领域专利申请的主要技术领域排名。从图 50 和表 9 可以看出，生物质发电领域的专利技术主要集中在焚化炉、废物或低品位燃料的焚毁；水、废水、污水或污泥的处理；固体废物的处理等领域。这些领域的技术革新对我国生物质发电产业的发展具有重要的推动作用。

表 9　生物质发电领域的专利申请的主要技术排名

IPC 分类号	专利数量（件）
F23G（焚化炉；废物或低品位燃料的焚毁）	881

续表

IPC 分类号	专利数量（件）
C02F（水、废水、污水或污泥的处理（通过在物质中产生化学变化使有害的化学物质无害或降低危害的方法入 A62D3/00；分离、沉淀或过滤设备入 B01D；有关处理水、废水或污水生产装置的水运容器的特殊设备，例如用于制备淡水的设备入 B63J；为防止水的腐蚀用的添加物质入 C23F；放射性废液的处理入 G21F9/04））	873
B09B（固体废物的处理〔3〕）	732
F01K（蒸汽机装置；贮汽器；不包含在其他类目中的发动机装置；应用特殊工作流体或循环的发动机（燃气轮机或喷射推进装置入 F02；蒸汽发生入 F22；核动力装置，及其发动机装置入 G21D））	494
C10J（由固态含碳物料生产发生炉煤气、水煤气、合成气或生产含这些气体的混合物（从液态或气态烃生产合成气入 C01B；矿物地下汽化入 E21B43/295）；空气或其他气体的增碳〔5〕）	477
C12M（酶学或微生物学装置（粪肥的发酵装置入 A01C3/02；人或动物的活体部分的保存入 A01N 1/02；一般的物理或化学装置入 B01；啤酒酿造装置入 C12C；果汁酒的发酵装置入 C12G；制醋装置入 C12J 1/10）〔3〕）	477
C10L（不包含在其他类目中的燃料；天然气；不包含在 C10G 或 C10K 小类中的方法得到的合成天然气；液化石油气；在燃料或火中使用添加剂；引火物〔5〕）	471
F02B（活塞式内燃机；一般燃烧发动机（其循环操作阀入 F01L；内燃机润滑入 F01M；其气流消音器或排气装置入 F01N；内燃机的冷却入 F01P；燃气轮机入 F02C；利用燃烧生成物的发动机装置入 F02C，F02G））	390
B01D（分离（用湿法从固体中分离固体入 B03B、B03D，用风力跳汰机或摇床入 B03B，用其他干法入 B07；固体物料从固体物料或流体中的磁或静电分离，利用高压电场的分离入 B03C；离心机、涡旋装置入 B04B；涡旋装置入 B04C；用于从含液物料中挤出液体的压力机本身入 B30B9/02）〔5〕）	327
F22B（蒸汽的发生方法；蒸汽锅炉（以原动机为主的蒸汽机装置入 F01K；燃烧生成物或剩渣的清除，例如锅炉管燃烧沾污表面的清洗入 F23J3/00；家用蒸汽的集中供热系统入 F24D；一般热交换或热传递入 F28；核反应堆堆心中蒸气的发生入 G21））	304
C05F（不包含在 C05B、C05C 小类中的有机肥料，如用废物或垃圾制成的肥料）	281

从图 50 和表 9 还可以看出，生物质发电领域专利申请的技术构成非常分散。事实上，在稻壳、秸秆等农林废弃物以及垃圾、污泥、沼气等各种生物质燃料的处理、传输、净化、燃烧、气化、废渣处理等方面都可以进行技术改进从而申请专利。

（2）技术水平分析

专利申请类型基本能够反映出技术水平情况。如果实用新型和外观设计的比例较高，则说明技术水平相对较低；相反如果发明特别是发明授权的比例较高，则说明技术水平相对较高。图51示出我国生物质发电领域的专利申请类型分布。从图51可以看出，我国生物质发电领域的专利申请中，实用新型占47.85%，外观设计占0.54%，二者共占48.39%。而发明授权占各类申请总量的15.38%，占发明申请的29.8%。

图52示出日本生物质发电领域的专利申请类型分布。从图52可以看出，日本生物质发电领域的专利申请中，实用新型仅占3%，外观设计占0%，二者共占3%。而发明授权占各类申请总量的32%，占发明申请的33%。与日本对比可知，我国虽然专利申请数量较大，但技术水平相对较低。

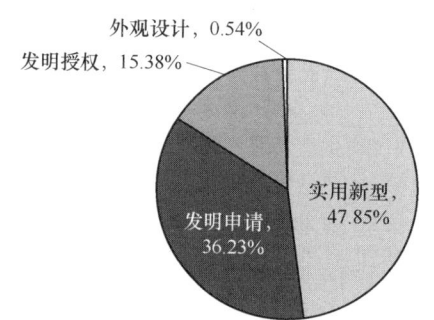

图51　我国生物质发电领域的专利申请类型分布图

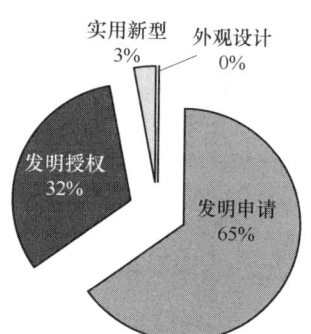

图52　日本生物质发电领域的专利申请类型分布图

（三）小结

我国2005—2016年在生物质发电领域的专利申请量增长较快。但也需看到，有一部分专利申请的技术水平相对较低。

生物质发电领域的专利申请所涉及的技术非常分散，可以申请专利的方面很多。特别是在我国特殊的自然条件、生产方式下，需要大量为适应我国实际情况而进行技术改进的地方。因此，可以结合我国特殊的自然条件、生产方式对发电设备、原料供应等方面进行研发，并相应地进行专利申请。

特别地，生物质燃烧的焚化炉是生物质发电专利申请的重要技术领域。如何使作为燃料的生物质充分燃烧，最大限度地对生物质燃料加以利用，在这个方面还有不小的研发和专利申请的空间。另外，随着对环境保护的关注日益提升，在燃烧废气和废渣的无害化处理方面，也可以加大研发力度。

八、结束语

我国从政府到民间都很重视生物质能的利用，生物质能的运用在我国也有着深厚的群众基础。通过前面的分析也可以看出，我国的广大科研院所、企业、大专院校，直至个人，都对生物质能这个领域投入了巨大的科研热情。这些科研活动的结果是产生了大量的专利申请。特别是，随着我国经济发展水平的提高、我国各行业的专利意识的觉醒、以及我国对生物质能行业的政策引导和促进，我国在生物质能的各个领域的专利申请量都从 2005 年前后开始迅速地增长，使得我国在生物质能的各个领域中的专利申请量都稳居世界第一位。

在生物质能这个领域，外国申请人在我国的专利布局不太突出。我国的与生物质能相关的专利申请绝大多数是由我国国内的申请人提交的。

其中，沼气是我国最具群众基础的生物质能源，这也导致与沼气相关的专利申请占到了我国生物质能专利申请总量的一半以上。而作为应对将来可能的石油短缺和石油价格上升等问题的主要措施，生物乙醇和生物柴油的制备在我国受到了很高的重视，在这些领域申请了大量的专利，而且专利申请的质量高于总体的平均水平。

正如其他行业一样，在生物质能的各个领域中，都存在着各个技术分支此起彼伏的情况。有的技术分支逐渐达到了成熟的状态，相关的专利申请量达到峰值后逐渐减少，而有的技术分支则逐渐成为研究热点，专利申请量逐年增加。生物质能行业的从业者需要把握住这种技术发展趋势，才能始终走在行业的前沿。

除了取得的耀眼成绩之外，也需看到我国在生物质能方面的专利申请状况中有待改善的方面。例如，分析发现在生物质能这个领域，专利的利用程度比较低，各企业和科研院所等对于所取得的专利基本上没有加以积极利用，大部分是授权之后便被放置，没有充分发挥出专利的价值。对于做好产学研的结合，做好专利的运营，对专利权加以充分利用，仍有改善的空间。

另外，在生物质能这个领域，我国从业者在海外进行专利布局的意愿还比较弱，很少在海外进行专利申请。这也许是因为目前相关的企业在国外并没有业务开展，认为没有必要进行海外专利布局。但是，随着我国的企业逐渐走出去，从海外业务的前瞻性考虑出发，特别是对于生物乙醇和生物柴油这些有发展前景的替代能源领域，有必要进行一定的海外专利布局。

新材料动力电池在电动汽车中应用的专利技术分析

姚亮　闫加贺

一、引言

随着石油资源的不断减少以及城市尾气污染的日益加剧，越来越多的国家开始重视新能源的开发和使用。经过多年的发展，电动汽车技术已经取得了较大的进步，电动汽车在机动车市场所占据的份额也越来越高。动力电池作为为电动汽车提供动力的电源，在电动汽车中占据着举足轻重的作用，已经成为当今世界的研究热点。动力电池产业的发展也被各个国家和地区放到越来越重要的位置。

近几年，随着研发的深入，动力电池领域的发展方向逐渐清晰，形成了以燃料电池为主，三元锂电池、磷酸铁锂电池、镍基电池等共同发展的局面，同时，还出现了石墨烯基锂电池、钠离子电池、空气电池、镍锌电池等新兴的动力电池，相关的专利申请也越来越多。随着技术的不断进步以及专利的不断增多，有必要针对动力电池领域的专利情况进行相应的分析，目前已经有相关人员针对动力电池领域进行了大量的专利分析工作，形成了各种各样的专利分析报告。随着时间的推移，专利申请的数量不断增多，专利分析工作需要继续进行，同时，针对一些重点发展方向、新兴的研发方向也有必要进行跟踪分析。

本课题《新材料动力电池在电动汽车中应用的专利技术分析》依托创新驱动发展和知识产权强国建设战略、《节能与新能源汽车产业发展规划（2012—2020年）》《关于加快新能源汽车推广应用的指导意见》，希望在已有的专利分析报告的基础上，对电动汽车动力电池技术领域进行分析和梳理，对三元锂电池、磷酸铁锂电池、石墨烯基锂电池、燃料电池几大发展方向的专利技术进行分类细化分析；研究动力电池专利的发展历程和技术领先企业，通过对未来发展的关键技术尤其是石墨烯的应用进行分析，进而对动力电池技术发展趋势做出预测。

二、概述

（一）动力电池的定义及分类

动力电池即为工具提供动力来源的电源，多指为电动汽车、电动列车、电动自行车、高尔夫球车提供动力的蓄电池。

电动汽车动力电池分两大类，蓄电池和燃料电池。

1. 蓄电池

蓄电池适用于纯电动汽车，能够用作电动汽车动力电池的蓄电池包括锂离子电池、铅酸电池、镍基电池、钠硫电池和空气电池等。

（1）锂离子电池

锂离子电池是一种二次电池（充电电池），主要依靠锂离子（Li^+）在正极和负极之间移动来工作。在充放电过程中，Li^+在两个电极之间往返嵌入和脱嵌：充电时，Li^+从正极脱嵌，经过电解质嵌入负极，负极处于富锂状态；放电时则相反。

锂离子电池经过几十年的发展，比能量、比功率等性能有较大的提高，已成功应用于汽车上。受电池比能量限制，使用锂离子电池的纯电动汽车续航里程有限，多以混合动力汽车为主。

目前，用于电动汽车的锂离子电池主要包括三元锂电池（三元镍钴锰电池）、磷酸铁锂电池、石墨烯基锂电池、锰酸锂电池、钴酸锂电池、镍酸锂电池、钛酸锂电池。

三元锂电池（三元镍钴锰电池）是指正极材料使用镍钴锰酸锂、镍钴铝酸锂等三元正极材料的锂电池。三元锂电池的优点在于能量密度高，循环性能好于正常钴酸锂。随着配方的不断改进和结构完善，电池的标称电压已达到 3.7V，在容量上已经达到或超过钴酸锂电池水平；其缺点在于三元材料动力锂电池主要有镍钴铝酸锂电池、镍钴锰酸锂电池等，由于镍钴铝的高温结构不稳定，导致高温安全性差，且 pH 值过高易使单体胀气，进而引发危险，目前造价较高。

磷酸铁锂电池是指用磷酸铁锂作为正极材料的锂离子电池。相比较为常见的钴酸锂和锰酸锂电池来说，磷酸铁锂电池具有以下优点：更高的安全性、更长的使用寿命、不含任何重金属和稀有金属（原材料成本低）、支持快速充电、工作温度范围广。但是，磷酸铁锂也存在一些性能上的缺陷，如振实密度与压实密度很低，导致锂离子电池的能量密度较低；材料的制备成本与电池的制造成本较高，电池成品率低，产品一致性差；知识产权问题。

锰酸锂电池是指正极使用锰酸锂材料的电池。锰酸锂电池的优点是倍率性能好，制备比较容易，成本较低；其缺点在于锰的溶解导致高温性能和循环性能不佳。

钴酸锂电池是指正极使用钴酸锂材料的电池。钴酸锂电池的优点在于工艺性能优良，压实密度高，体积能量密度高；其缺点在于成本较高，安全性较差，循环寿命一般，稳定性较差。钴酸锂是目前绝大多数锂离子电池使用的正极材料。

镍酸锂电池是指正极使用镍锂氧化物材料的电池。镍酸锂电池的优点在于放电容量大，成本低，环境污染小；其缺点在于合成困难，循环稳定性较差。

钛酸锂电池是一种用作锂离子电池负极材料—钛酸锂，可与锰酸锂、三元材料或磷酸铁锂等正极材料组成 2.4V 或 1.9V 的锂离子二次电池。它还可以用作正极，与金属锂或锂合金负极组成 1.5V 的锂二次电池。钛酸锂电池的优点在于安全性好，工作温度范围宽，循环性能好，充放电速度快；其缺点在于工作电压低，能量密度较低，电子导电性较差。

（2）铅酸电池

铅酸电池是一种电极主要由铅及其氧化物制成，电解液是硫酸溶液的蓄电池。铅酸电池放电状态下，正极主要成分为二氧化铅，负极主要成分为铅；充电状态下，正负极的主要成分均为硫酸铅。

（3）镍基电池

镍基电池主要包括镍—氢电池、镍—金属氢化物电池、镍—镉电池、镍—锌电池等。

镍—氢电池是一种性能良好的蓄电池，分为高压镍氢电池和低压镍氢电池。镍氢电池正极活性物质为 $Ni(OH)_2$，负极活性物质为金属氢化物，也称储氢合金（电极称储氢电极），电解液为氢氧化钾溶液。镍氢电池作为氢能源应用的一个重要方向越来越被人们注意。

镍—金属氢化物电池是一种化学电池，以金属间化合物（储氢材料）的氢化物为负极活性物质，以氧化镍为正极活性物质，氢氧化钾溶液为电解质的一种蓄电池运行中的电化学反应，作为电动车辆的动力电源也有良好的发展前景。

镍—镉电池是指采用金属镉作为负极活性物质，氢氧化镍作为正极活性物质的碱性蓄电池。

镍—锌电池是指采用金属锌作负极活性物质的电池。

（4）钠硫电池

钠硫电池是一种以金属钠为负极、硫为正极、陶瓷管为电解质隔膜的二次电池。在一定的工作温度下，钠离子透过电解质隔膜与硫之间发生的可逆反应，形成能量的释放和储存。

（5）空气电池

空气电池是化学电池的一种。构造原理与干电池相似，所不同的只是它的氧化剂取自空气中的氧。空气电池主要包括锌空气电池、锂空气电池、铝空气电池。

2. 燃料电池

燃料电池专用于燃料电池电动汽车，包括碱性燃料电池、磷酸燃料电池、熔融碳酸盐燃料电池、固体氧化物燃料电池、质子交换膜燃料电池、直接甲醇燃料电池、氢燃料电池和空气燃料电池。

燃料电池是一种将储存在燃料和氧化剂中的化学能通过电极反应直接转化为电能的发电装置，即它是通过电极上的氧化—还原反应使化学能转化为电能。燃料电池通常由3部分组成，即阳极、阴极和电解液。燃料电池是一个能量生成装置，并且一直产生能量，直到燃料耗尽。它的优越性在于高效率地把燃料转化为电能，工作安静。以纯氢为燃料时可以实现零排放，燃料补充迅速，并且燃料容易获得。缺点是现在的应用技术还需要进一步的提高，还存在一定的安全问题和价格问题。与普通的电池比较，燃料电池不需要充电，它没有复杂的运动结构，生成物主要是水，因此运行平稳且无污染。因而燃料电池具有高效率、装备质量轻、清洁无污染、无须充电、工作可靠、寿命时间长等优点，十分适宜于汽车上使用。

目前，用于电动汽车的燃料电池主要包括碱性燃料电池 AFC、磷酸燃料电池 PAFC、熔融碳酸盐燃料电池 MCFC、固体氧化物燃料电池 SOFC、质子交换膜燃料电池 PEMFC、直接甲醇燃料电池 DMFC 等。

（二）电动汽车动力电池发展现状

目前，国内外研究开发的电动汽车用动力电池主要包括铅酸电池、镍镉电池、镍氢电池、铁镍电池、钠氯化镍电池、钠硫电池、锂电池、空气电池、燃料电池、太阳能电池等。

从实际应用中看，电动汽车动力电池的性能好坏主要取决于以下几个指标：① 比能量（$W \cdot h/kg$）：单位质量的电极材料放出电能的大小，它标志着纯电动模式下电动汽车的续航能力。② 比功率密度（$W \cdot h/l$）：燃料电池所能输出的最大功率除以整个燃料电池的重量或体积，用来描述电池在瞬间能放出较大能量的能力。③ 比功率（W/kg）：单位质量的电池所能提供的功率，用来判断电动汽车的加速性能和最高车速，直接影响电动汽车的动力性能。④ 循环寿命：是电池充电—放电循环一周的次数，是衡量动力电池寿命的重要指标。循环次数越多，动力电池的使用时间越长。⑤ 成本：电池的成本与新技术、原材料、制作工艺和生产规模等因素有关。通常新开发的高比功率动力电池成本相对较高，但是随着新技术的不断采用，电池成本将会逐渐降低。

铅酸电池质量大，充电放电功能较差，循环寿命短，此外，铅酸电池含有的重金属铅，对环境的污染严重，且在强烈的碰撞下会产生爆炸，对消费者的生命安全构成威胁，因此，铅酸电池将会被淘汰。

镍镉电池的技术成熟，耐冲击和振动，自放电小、性能稳定，可大电流放电，使用温度范围宽：$40 \sim 65℃$，几乎不用维修。但电流效率及能量效率尚欠佳，活性物质利用率低，有记忆效应等。其致命缺点是含有有毒金属元素镉。欧盟国家已经自 2005 年 12 月 31 日起禁止了镍镉电池的进口，其长期将逐渐被性能更好的绿色电池所取代。

镍氢电池具有高比功率、电流充放电大、无污染、安全性能好等特点。缺点是具有轻度记忆效应，高温环境下性能差，但是由于其技术成熟，综合性能好，是当前混合动力汽车中应用最为成熟的绿色电池。大功率镍氢动力电池正迎来一个划时代的发展机遇，在已经研制或投入生产的混合动力汽车中有80%以上均采用镍氢电池作为动力电源。

锂离子电池性能比较高，可以快速充电、高功率放电、能量密度高且循环寿命长，但价格高和高温下安全性能差，但是随着锂离子电池的正负极材料不断开发，技术不断成熟，锂离子电池将在电动汽车时代发挥主导作用。

燃料电池是将燃料的化学能转变为电能的装置。但燃料电池在产生电能时，内部参加反应的反应物质经过不断的消耗反应，由于其不可重复使用性，需不间断地连续输入反应物。燃料电池在其反应稳定后，需要不断地提供燃料而将化学能转变为电能，放电特性连续，但不可反复充电使用。燃料电池以氢燃料为主，氢燃料虽然没有任何污染，技术也相对成熟，发动机特性优于现有的内燃机，但成本很高。另外在增加续驶时间等方面还要进一步加强，而且需要有庞大的基础设施配合，这些技术性工作相当长时间内很难达到预期的效果，商业化比较困难。

三、研究内容

（一）研究对象及检索范围

电动汽车是在近十几年的时间内发展起来的，而作为电动汽车的核心部件的动力电池所包括的一些电池则有着更长时间的发展，例如铅酸电池，而有些电池则不仅在电动汽车领域有着广泛的应用，在其他领域也有涉及，例如锂离子电池。而且，虽然动力电池的结构并不复杂，但是，无论是材料还是结构均有较多的研究，所涉及的范围非常宽广。

面面俱到的研究不仅需要极大的人力、物力投入，而且也不利于有针对性地凸显动力电池的产业特点和当前的发展趋势，难以厘清其中关键技术的发展脉络。

因此，此次研究项目的研究对象为：对用于电动汽车的新材料动力电池的专利申请状况进行统计分析，从整体上分析动力电池领域的专利申请状况，同时对三元锂电池、磷酸锂电池、石墨烯锂电池、燃料电池几大发展方向的专利技术进行分类细化分析。

（二）专利分析样本构成

1. 数据来源

本课题报告的中文专利数据和外文数据检索于INCOPAT数据库（中文），数据采集时间截至2017年10月20日。利用专业专利分析工具进行数据分析和数据深度处理。需要特别说明的是，由于发明专利通常在申请日起18个月公开，以及公开后数据整理入库也需要一定时间，因此本报告中仅2015年2月之前的数据为全面数据，但为了尽可能地反映专利申请状况，本报告中同样包括2015—2017年的数据，以提供一定的参考。

此外，此次专利分析的主要目的是了解新材料动力电池在电动汽车领域中的应用，核心是新材料，而不涉及结构，因此，在检索分析过程中，主要针对发明专利申请进行，不考虑实用新型专利。电动汽车的研发主要集中于中国、美国、欧洲、日本、韩国、加拿大等国家和地区，这些国家和地区的相关专利情况足以反映动力电池领域的全球研发趋势，因此，此次的检索主要针对这些国家的专利申请进行。

2. 检索策略

本课题报告各部分分析的基础，是检索到的涉及新材料动力电池的所有专利申请。为尽可能全面而准确地检索出相关申请，需要制定有效的检索策略。本课题采用的检索策略主要是基于精确定位与适当扩展相结合的方式，首先对与动力电池技术相关的专利文献进行全面界定，在此基础上再根据课题研究需要进行界定范围内的二次检索。检索过程中综合运用了涉及动力电池技术的精确关键词、相关关键词、精确IPC分类号和相关IPC分类号，从而在一定程度上解决了专项检索中所存在的查全与查准的问题。

（1）相关分类号

通过对在电动汽车领域处于领先地位的国际和国内汽车企业的专利，以及三元锂电池、磷酸锂电池、石墨烯锂电池、燃料电池等方向的专利进行检索后，针对检索到的大量专利进行分析，筛掉明显不相关的领域，最后挑选出分类号的 H 大类和 B 大类，再通过精读专利文件，筛掉明显不相关的领域。最后，筛选出相关分类号，如下所示：

H01M2　非活性部件的结构零件或制造方法

H01M 4/00　电极

H01M8　燃料电池及其制造

H01M10　二次电池及其制造

H01M12　混合电池及其制造

H02J7　用于电池组的充电或去极化或用于由电池组向负载供电的装置

B60L11　用车辆内部电源的电力牵引

（2）具体策略

专利分析检索的目标在于查全和查准。课题组基于以往对该领域的了解以及探索性的初步检索，认为由于该领域涉及文献量非常大且分布较广，不仅仅局限于电动汽车领域，还涉及材料、电子电器等领域，若初期检索内容过于宽泛，必将出现结果噪音度过高的问题，对后期的数据统计与分析都会造成困难。

因此，在检索时采取分总的检索策略，针对主要的技术分支分别进行检索，然后汇总得到总体数据，根据总体数据对申请趋势等进行分析，然后根据各个主要技术分支的数据进行具体分析对比。

（三）相关事项和约定

此处对本报告上下文中出现的以下术语或现象一并给出解释。

① 专利申请量统计中的件：在进行专利申请数量统计时，例如为了分析申请人在不同国家、地区或组织所提出的专利申请的分布情况，对同族专利申请进行了分开统计，所得到的结果对应于申请的件数。

② 全球专利申请：申请人在全球范围内的各国专利局的专利申请。

③ 在中国专利申请：申请人向中国国家知识产权局递交的专利申请。

④ 法律状态约定："有效"指截至检索日，专利权处于有效状态；"失效"指截至检索日，专利权处于失效状态，包括专利申请主动撤回或视为撤回、专利申请被驳回且已生效、专利权人放弃专利权、专利权被宣布无效、专利权届满等；"公开"指截至检索日尚未结案，但实质审查生效的发明专利申请。

1. 关于专利申请量统计中的"项"和"件"的说明项

在进行专利申请量统计时，对于数据库中以族（这里的"族"是指同族专利的"族"）数据的形式出现的一组专利文献，计为"1项"。以"项"为单位的专利文献量统计主要出现在外文数据的统计中。一般情况下，专利申请的项对应于技术的数目。件：在进行专利申请量统计时，为了分析申请人在不同国家/地区所提出申请的分布情况，将同族专利申请分开进行统计，得到的结果对应于申请的件数。1项专利申请可能对应于1件或多件专利申请。本报告中涉及的中文专利数据计数单位为"件"。

2. 关于总申请量与首次申请量的说明

关于总申请量，对于外文专利数据的统计，以"项"为单位进行，此时总申请量是指总的项数；对于中文专利数据的统计，以"件"为单位进行，此时总申请量是指总的件数。

关于首次申请量，其以外文专利数据中专利申请的优先权为统计基础，以"项"为单位进行，此时首次申请量是指对应于某一申请国或申请人，其提出优先权的专利申请的总项数。

四、动力电池专利分析

（一）全球专利技术发展趋势分析

图1显示了全球动力电池领域专利申请的年申请量发展趋势，由图1可以看出，动力电池的年度专利申请量总体呈现出波动增长的态势，大致经历了以下三个阶段：

第一阶段（1998—2003年）：专利申请量呈现较快增长趋势，平均每年有1000件左右的增长。此阶段，各申请人对于动力电池领域的研究投入逐渐增加，开始在电动汽车领域进行专利布局。

第二阶段（2004—2008年）：这五年之中，动力电池领域的专利申请量基本保持稳定，各个申请人均维持了一定的年申请量，而日本在燃料电池领域的专利申请出现了较大的增长。

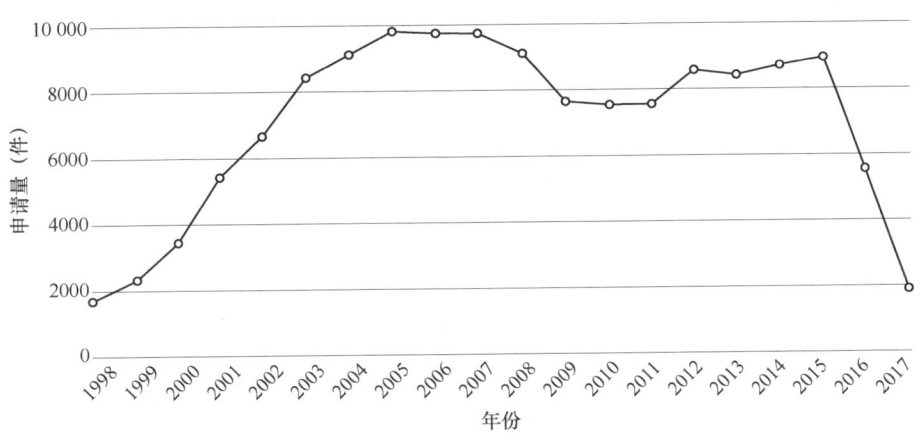

图 1　全球动力电池领域专利申请申请的年申请量发展趋势

第三阶段（2009 年至今）：在这几年之中，各家企业的电动汽车逐渐上市销售，动力电池领域的专利申请量虽然有所下降，但也维持在一个较高的水平。石墨烯电池等新技术、新的研究热点逐渐出现。由于发明专利申请一般满 18 个月才会公开，因此，2016 年和 2017 年的数据并不完整。

（二）全球专利技术地域分布分析

图 2 显示的是全球动力电池领域专利地域申请分布情况，申请量较多的重点区域是日本、中国、美国、韩国、欧洲、德国、加拿大等，所占的百分比分别为 40.37%、18.56%、16.09%、8.11%、6.85%、5.12%、3.12%，合计 98.22%，技术的区域集中程度非常高，这与目前电动汽车市场的研发、生产、销售等情况是一致的。

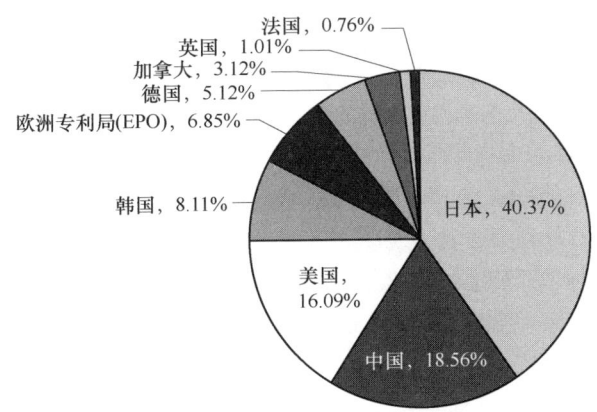

图 2　全球动力电池专利地域申请分布图

欧洲指的是欧专局的申请，德国、英国、法国指的是在德国、英国、法国的专利/专利申请，这里将德英法的专利单独列出是因为上述三个国家是传统汽车强国，虽然欧洲是一体化的地区，但是传统强国和其他国家之间在汽车消费方面还是存在一定的差距的，分析其专利数据将有助于了解这三个国家的情况。加拿大虽然不是传统汽车强国，但是在电动汽车领域的研发投入较多，而且在动力电池领域曾提起过专利诉讼，因此，也将其数据列出以作为参考。

在全球动力电池领域的专利申请中，日本是专利申请量最大的国家，在该技术领域中占据优势地位，这与日本在汽车领域拥有较多大型企业，在汽车领域的研发、生产、销售一直占据全球领先地位的情况是相符的。中国的专利申请量位居第二位，超过了作为汽车消费大国的美国，成为世界上非常重要的汽车市场；美国的专利申请量位居第三位，作为传统的汽车大国，美国在电动汽车领域的研发投入仍旧是非常大的，在动力电池领域也一直占据重要技术地位；韩国在电动汽车尤其是动力电池领域的研发投入一直也在加大，也成为重要的地域；欧洲在燃油车辆领域一直处于研发、生产、销售的领先地位，从数据上来看，其在动力电池等电动汽车相关领域的专利申请量却比较少，这与此次分析过程中将德国、法国、英国的数据与 EPO 的数据分开进行分析有关。

作为传统汽车领域的强国，在包括动力电池在内的电动汽车领域的研发投入一直是持续的，相关的专利布局也进行得比较早。日本的专利申请量变化较大，在动力电池领域，日本的专利申请量经历了 2004 年之前的爬升阶段之后，在 2004—2009 年逐渐调整，并从 2010 年开始维持稳定，年申请量在 2000 件左右。从每一年的专利申请数量来看，日本的专利申请量也呈现出相对集中的趋势，在 2003—2008 年每年的专利申请量都可以达到 3500 件以上，通过分析发现，这期间大部分的专利申请都集中在燃料电池领域（IPC 分类号 H01M8），而目前日本汽车企业的研发、生产、销售也集中在燃料电池汽车，结合这一情况可以看出，日本企业在 2003—2008 年将燃料电池领域作为重点技术领域进行了专利布局工作，目前在这一领域占据着优势地位。

中国的专利申请量一直呈现出上升的趋势，具体情况将在下文中进行分析。

（三）全球专利申请人分析

为了解全球范围内动力电池领域的主要技术创新主体的分布情况以及其申请态势，按照专利申请总量，对前 10 名的申请人的专利申请的情况进行了统计，得到表 1。

由表 1 可以看出，前 10 位全都是日韩企业，在动力电池领域占据绝对统治的地位。前 10 位的申请人中，日本企业占了 8 席，尤其是丰田自动车株式会社的申请量遥遥领先，在各个国家/地区也基本都占据第一位。其他日韩企业也在各个国家/地区进行了大量的专利申请。

表 1 全球范围内动力电池领域的专利申请人排名

排名	申请人	中文简称	数量（件）	国别
1	TOYOTA MOTOR CORP	丰田	7692	日本
2	HONDA MOTOR CO LTD	本田	5164	日本
3	NISSAN MOTOR	日产	3216	日本
4	MATSUSHITA ELECTRIC IND CO LTD	三菱	2865	日本
5	TOSHIBA CORP	东芝	2592	日本
6	SAMSUNG SDI CO LTD	三星	2338	韩国
7	HYUNDAI MOTOR COMPANY	现代	1957	韩国
8	HITACHI LTD	日立	1955	日本
9	FUJI ELECTRIC CO LTD	富士	1582	日本
10	SANYO ELECTRIC CO	三洋	1288	日本

日本、韩国、美国的汽车企业均把美国作为重要市场，在美国也在动力电池领域布局了大量的专利申请，丰田、本田、现代、日产、三星等公司在美国的专利申请量均比较多，而美国的福特公司、通用公司作为传统的汽车企业，在动力电池领域的专利申请量在近几年有所下降，落后于日韩企业。

在前 10 位的申请人中，没有看到中国企业和研究机构的名称，甚至扩展到全球前 20 位也没有中国企业和研究机构，这说明虽然中国在电动汽车领域的研发投入较多，政府也给出了较多的补贴，但是，中国的申请人在这一领域的研发实力相对于日韩企业还有一定的差距，尤其是在燃料电池、传统锂离子电池等领域。

电动汽车的关键技术包括多个方面，并不限于动力电池领域。虽然日韩企业在动力电池领域的专利申请所占据统治地位也并不代表日韩企业就控制了电动汽车领域，但是也确实反映出日韩企业在电动汽车领域的研发中所处的领先地位，这与日韩企业，尤其是日本企业目前在全球电动汽车市场所占据的优势地位是相匹配的。

（四）动力电池领域中国专利申请分析

1. 专利申请总体情况

图 3 显示的是中国动力电池领域专利申请的总体申请趋势情况。由图 3 可以看出：中国动力电池领域专利申请的总体趋势与全球申请的总体趋势不完全相同，基本上一直处于增长之中。

在 2006 年之前，专利申请量逐年有所提升，但是增长比较缓慢，从数量上看，每年的专利申请量也不高。2006—2009 年这几年之中，每年的专利申请量均比较稳定，均维持一个较高的水平。

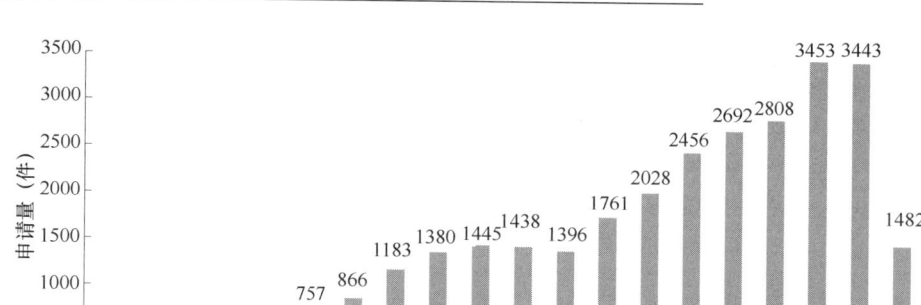

图 3 中国动力电池领域专利申请的总体申请趋势

从 2010 年开始，专利申请量开始了较快地增长，并在 2015 年和 2016 年达到顶峰。目前是中国在动力电池领域的专利申请的重要时期，而且，中国的汽车企业以及相关研究机构在之前几年一直在增加研发投入，近几年正是获得研发成果，申请专利的时期。这一阶段属于技术高速发展的阶段，同时也反映了动力电池领域的技术不断成熟和完善，专利行业不断蓬勃发展。目前一部分 2016 年递交的专利申请还没有公开，在这部分专利申请公开之后，2016 年的申请量还会更高。

总体上，动力电池领域中国专利申请的年申请量一直呈上升趋势。动力电池作为电动汽车中的一个关键技术，相对于其他技术，中国企业和研究机构在这一动力电池领域中一直倾注了大量的研发力量，例如比亚迪等企业一直从事动力电池领域的研发工作，因此，中国在这方面的申请也相对更多一些。

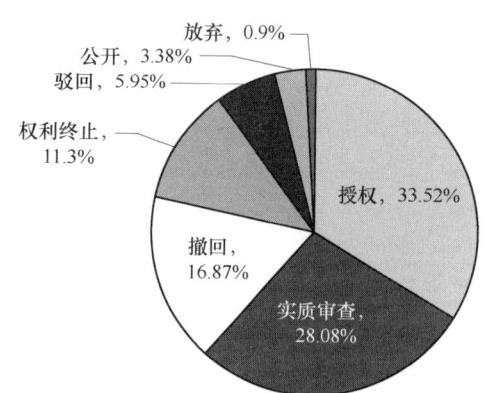

图 4 中国专利申请的总体法律状态

2. 总体法律状态分布

为了解动力电池领域的中国专利申请的权利存续情况，本课题对总体的申请情况按照授权权利终止、撤回、实质审查、授权、公开等法律状态进行了统计，具体结果如图 4 所示。

由图 4 可以看出：动力电池领域的中国专利申请的有效专利、审中专利、失效专利基本上各占 1/3。

具体来看，授权专利占 33.52%，处于实质审查中的专利申请占 28.08%，撤回的专利申请占 16.87%，权利终止的专利占 11.3%，被驳回的专利申请占 5.95%，公开的专利申请占 3.38%。根据这些数据可以看出各种法律状态的专利/专利申请均有存在，撤回的专利申请、权利终止(授权后放弃的)的专利均占有一定的比例,这说明申请人对于动力电池领域的专利及专利申请有着较为清晰的专利运营策略,对于各件专利/专利申请如何进行运营(如是否进行实审、授权后是否维持有效以及维持多久等)均有一定的规划安排。从上述数据来看,被驳回的专利申请的占比仅为5.95%,这说明动力电池领域的专利申请具有一定的新颖性、创造性,进入实质审查的专利申请大部分能够获得授权,这反映出申请人在动力电池领域的研发能力还是比较强的,大部分研发成果都具有较高的水平。

从整体的情况来看,动力电池领域的专利保有量还是比较大的,各申请人均保有一定数量的有效专利。

3. 中国专利申请人的类型分布

① 为了了解中国专利申请人的申请类型,本报告将中国专利申请按照申请人类型进行了统计,具体结果如图5所示。

由图5可以看出,中国专利申请的申请人主要是企业、大专院校和科研单位,个人虽然有一定的申请,但是占比较小。

企业占中国动力电池领域专利申请人的64.04%。电动汽车是目前汽车市场的重点发展方向,也是各个国家和地区的重点扶持领域,各个国家和地区都在这一领域投入了大量的资金予以支持,企业也在尽力开展研发工作,研发新的技术,开发新的产品,尽力争取市场份额。

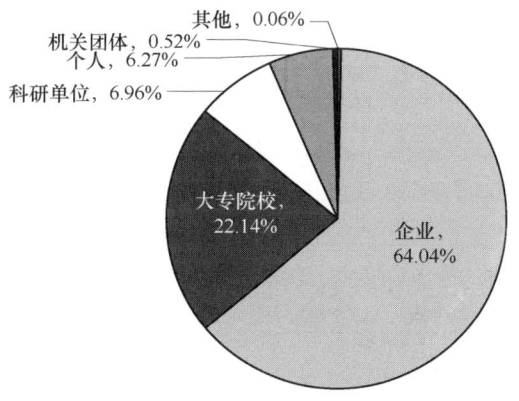

图5 中国专利申请的申请人类型

大专院校和科研单位,占中国动力电池领域专利申请人的22.14%。这部分申请人均来自中国,这与中国和外国的科研主体不同有关。各大专院校和科研单位作为具有很强研发能力的主体,虽然在总申请量中不占多数,但是,对动力电池领域的研究专业度高,而且研究的主要是前沿技术,例如石墨烯电池、新电极材料等,申请的动力电池领域的专利科技含量高。

个人在动力电池领域的专利申请占比很少,主要原因是动力电池领域的研发需要一定的技术积累,涉及的相关技术也比较多,而且需要投入较多的资金,依靠个人的力量难以掌握全部的相关技术,也难以承担相应的研发费用。

② 企业的专利申请分析。表2显示的是中国专利申请中排名位于前20位的企业申请人。由表2可以看出,在中国动力电池领域的专利申请中,日韩申请人仍旧处于领先地位,前10位中只有一家中国申请人超威电源有限公司,而且其专利申请集中于铅酸蓄电池领域,而不是申请量较多的燃料电池、二次电池等领域。而较为知名的中国电动汽车企业,只有比亚迪进入了前20位,位列第12位。

这些情况说明：在中国动力电池领域，目前仍旧是来自中国之外的企业申请人占据主导地位，虽然中国目前有不少汽车厂商在生产、销售电动汽车，但是其专利申请仍较少，技术水平仍比较低。当然，也应该看到中国企业对于研发的投入逐渐增加，专利申请的数量也一直保持增长的势头，在以后的研发中仍需要努力，提高专利申请量以及专利申请质量，多出现一些高质量的专利。

表 2 中国专利申请中排名前 20 位的企业申请人

排名	申请人	专利数量（件）
1	丰田自动车株式会社	1315
2	松下电器产业株式会社	526
3	三星 SDI 株式会社	514
4	现代自动车株式会社	450
5	日产自动车株式会社	345
6	通用汽车环球科技运作公司	335
7	本田技研工业株式会社	332
8	超威电源有限公司	314
9	株式会社东芝	285
10	三洋电机株式会社	252
11	上海神力科技有限公司	250
12	比亚迪股份有限公司	243
13	新源动力股份有限公司	234
14	通用汽车公司	232
15	索尼公司	218
16	双登集团股份有限公司	206
17	合肥国轩高科动力能源有限公司	199
18	3M 创新有限公司	187
19	海洋王照明科技股份有限公司	185
20	起亚自动车株式会社	159

图 6 显示的是这部分申请人的专利申请的技术构成情况。由图 6 可以看出，燃料电池及其制造（IPC 分类号 H01M8）、电极（IPC 分类号 H01M4）、二次电池及其制造（IPC 分类号 H01M10）是位于前三位的技术分支，所占的百分比达到了 80%，其中，二次电池主要是锂离子电池。由此可以看出，国内外企业对于燃料电池、电池的电极材料、锂离子电池一直保持着较高的研究投入，相应的研发成果也比较多。

燃料电池、锂离子电池虽然也有各自的缺点，但是，目前对于这两种动力电池的研究时间较长，各个企业也都取得了一定的研究成果，并且，相对于其他类型的动力电池，二者的优点更适于实用，已经在一些电动汽车产品中有具体的应用。因此，企业对于这两个技术分支都较为重视，专利申请量较高。

③ 大专院校和科研单位的专利申请分析。表 3 显示的是中国专利申请中排名靠前的大专院校和科研机构申请人。由表 3 可以看出，在中国动力电池领域

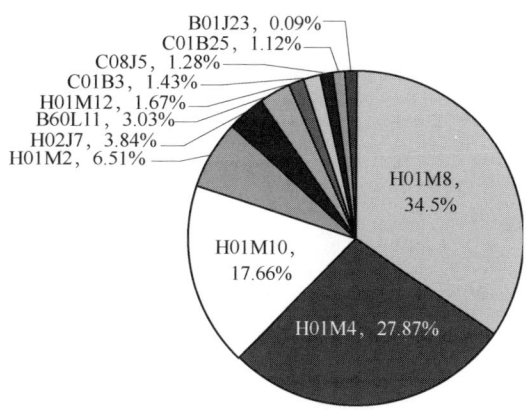

图 6　中国专利申请中企业申请人的专利申请的技术构成

的专利申请中，大专院校和科研机构均有一定量的申请，考虑到大专院校和科研机构主要从事基础性研究，科研周期较长，科研成果的数量往往不像企业那么丰富，因此，大专院校和科研机构的专利申请数量还是不错的。而且，大专院校和科研机构的研究实力也决定了其专利申请的质量较高。

这些情况说明：在中国动力电池领域，虽然企业申请人的专利申请占据了大多数，但是，大专院校和科研机构也是不容忽视的研发力量和专利申请力量。

表 3　中国专利申请中大专院校和科研单位的申请量

排名	申请人	专利数量（件）
1	中国科学院大连化学物理研究所	510
2	清华大学	298
3	哈尔滨工业大学	268
4	上海交通大学	243
5	华南理工大学	232
6	中南大学	224
7	武汉理工大学	223
8	浙江大学	172
9	天津大学	145
10	中国科学院宁波材料技术与工程研究所	116
11	复旦大学	110

图 7 显示的是这部分申请人的专利申请的技术构成情况。由图 7 可以看出，电极（IPC 分类号 H01M4）、燃料电池及其制造（IPC 分类号 H01M8）、二次电池及其制造

（IPC 分类号 H01M10）是位于前三位的技术分支，所占的百分比达到了 78%，其中，电极方面的申请主要涉及电极所采用的新材料。另外，本研究还发现大专院校和科研机构在"用于材料和表面科学的纳米技术（IPC 分类号 B82Y30）"这一技术分支上也有一定的专利申请，而这是企业申请人较少涉及的。

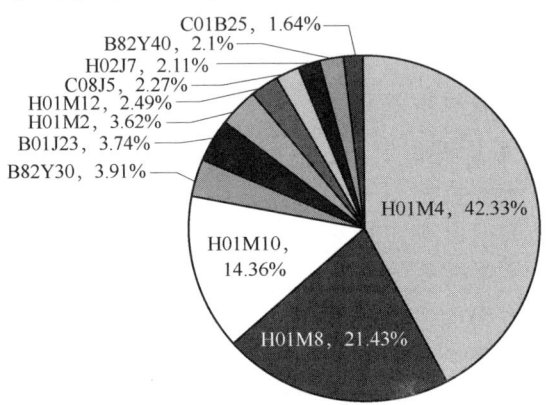

图 7　中国专利申请中大专院校和科研机构申请人的专利申请的技术构成

虽然从总体上看，大专院校和科研机构与国内外企业的专利申请方向是一致的，但是，从排名前两位的技术分支的不同，也可以看出，大专院校和科研机构更偏重于材料等基础性、前沿性的研究方向，而企业则更关注于燃料电池等已经较为成熟、有一定应用的研究方向。

从申请人类型的分析可以看出：在动力电池领域的专利申请人情况也是比较符合我国大专院校和科研机构较多从事基础性研究，企业较多从事应用研究的科研情况的。我国大专院校和科研机构对于动力电池领域的相关课题具有一定的研究热情，也申请了一定数量的专利，而多家企业在这个领域布局了大量的专利申请，占据了主要位置。

4. 国内和国外来华趋势对比

表 4 显示的是动力电池领域国内申请和国外来华申请的专利申请对比情况，图 8 显示的是动力电池领域国内申请和国外来华申请的专利申请趋势。

由表 4 和图 8 中可以看出：

在动力电池领域，国外申请人在华专利布局起步较早，从 1998 年开始陆续有专利申请进入中国。而国内申请人在动力电池领域的专利申请起步较晚，在 2002 年之前，每年的专利申请数量并不是很多，在 2009 年之前一直落后于国外申请人。

从申请趋势上看，国外申请人的专利申请在 2010 年之前一直保持增长，这之后就进入了相对稳定的时期，每年的申请量维持在 650 件左右。而国内申请人的专利申请一直保持增长，从 2009 年当年申请量超过外国申请人之后进入了一个快速增长期，在 2010 年首次突破了 1000 件的年申请量，2015 年达到了 2000 件以上，2016 年接近 3000 件，远超过国外申请人。

对比国外来华申请,目前中国国内的动力电池专利申请量非常多,但从具体技术方面来看,大部分的技术方案创造性较低,价值度不高。

表 4 国内申请和国外来华申请的专利申请对比情况

申请日	国内申请(件)	国外来华申请(件)
1998	18	57
1999	24	95
2000	42	136
2001	89	199
2002	144	281
2003	278	455
2004	251	591
2005	374	771
2006	462	864
2007	543	856
2008	563	796
2009	673	624
2010	1008	674
2011	1266	667
2012	1631	638
2013	1857	636
2014	1953	663
2015	2475	703
2016	2972	250
2017	1527	59

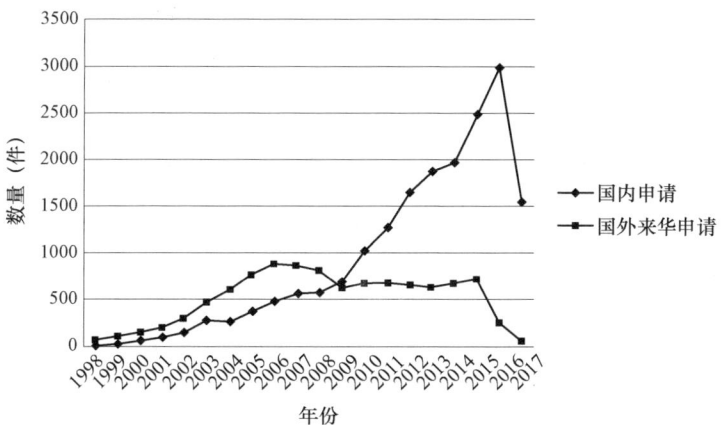

图 8 动力电池领域国内申请和国外来华申请的专利申请趋势

5. 国外来华申请国家分布及其主要申请人

（1）国外来华申请国家分布

为了了解国外来华专利的申请国别，对国外来华专利的申请国家进行了统计。具体结果如图9所示。

由图9可以看出：日本是国外来华申请的主体力量，占到了国外来华申请总量的48.67%。美国、韩国、德国、法国、英国、加拿大等依次排在其后。总体上看，日本占据主要位置，是在中国布局专利最多的国家，这说明日本企业的研发实力非常强大，而且，日本企业非常重视中国的电动汽车市场。

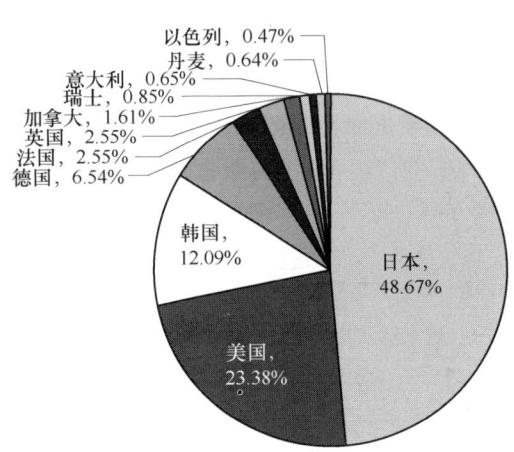

图 9　国外来华申请的国家分布

（2）国外来华申请国家主要申请人分布

从表 5 中可以看出：日本是国外来华申请的主体力量，日本在中国的申请量为4806 件。另外，各主要国家来华申请的主体均为各国具有较强实例的代表性知名企业。其中，日本的丰田公司、日产公司、本田公司，美国的通用公司、福特公司，都是最早进入中国做专利布局的企业。全球的主要汽车企业都在中国布局了大量的专利申请。

表 5　国外来华申请国家及其主要申请人

申请人国别	专利数量（件）	主要申请人
日本	4806	丰田、松下、日产、本田、东芝、三洋
美国	2309	通用、3M、福特
韩国	1194	三星、现代、起亚、LG
德国	646	戴姆勒、巴斯夫、西门子、博世、宝马、大众

6. 技术主题分析

为了进一步了解动力电池领域中国专利申请的技术主体分布情况，按照所属的技术分支对中国专利申请进行统计，并比较各技术分支专利申请的特点，以及了解各主要申请人在重要技术分支的技术分布情况。

（1）技术总体构成情况

图 10 中反映了动力电池领域中国专利申请的总体技术构成和各技术分支的申请比例。燃料电池、锂离子电池的研发是中国动力电池的主要研发方向。

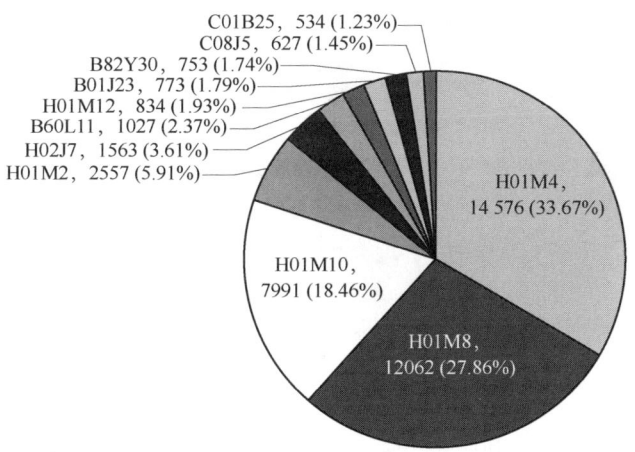

图 10　技术总体构成情况

由图 10 可以看出，动力电池领域的申请主要集中在以下几个 IPC 分类号：

H01M4 涉及电池中的电极，H01M8 涉及燃料电池及其制造，H01M10 涉及二次电池及其制造，H01M2 涉及非活性部件的结构零件或制造方法，H02J7 涉及用于电池组的充电或去极化或用于由电池组向负载供电的装置，B60L11 涉及用车辆内部电源的电力牵引，H01M12 涉及混合电池及其制造。

动力电池是电动汽车的动力来源，也是制约电动汽车发展的关键因素，研究电动汽车的申请人均在动力电池领域布局了大量的专利申请。考量动力电池的主要性能指标包括比能量、能量密度、比功率、循环寿命、制造成本等。要想解决目前大部分电动汽车所存在的续航里程短、电池成本高的问题，关键就是开发出比能量高、比功率大、使用寿命长的高效电池。

目前，锂离子电池等中的电极和隔膜、燃料电池、电池的充电等是技术相对比较集中的领域，是电动汽车产业中技术研发和专利申请的重点。

（2）主要技术分支技术申请趋势

下面针对主要技术分支的专利申请情况进行具体分析。

① H01M4 电极

锂离子电池是目前动力电池领域研究时间较长、投入较多的一个方向，也是目前有一定实际应用的电池。锂离子电池主要由电极、电解液和隔膜组成，其中，电极是锂离子电池的关键部件，目前大部分研究都集中在电极和电解液方面。图 11 显示的是这一技术分支的技术构成情况。

由图 11 可以看出，这一技术分支中的专利申请的技术方案主要集中在动力电池尤其是锂离子电池的电极方面，主要涉及电极的材料、结构等。

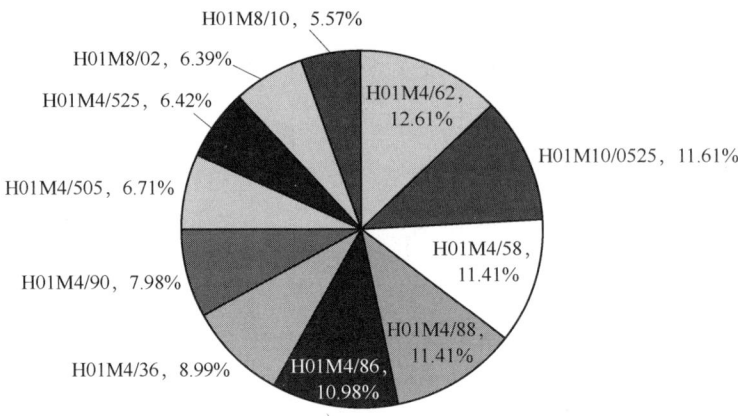

图 11 H01M4 电极方面的技术构成

② H01M8 燃料电池及其制造

燃料电池是一种将燃料与氧化剂的化学能通过电化学反应直接转换成电能的发电装置。燃料电池直接将化学能转变为电能，能够转变效率高，比能量和比功率都比较高，而且可以控制反应的过程，能量转变过程可以连续进行。在动力电池领域，燃料电池一直是研究的重点，也是一种较早在电动汽车进行应用的动力电池，目前广泛应用的燃料电池是质子交换膜燃料电池。图 12 显示的是这一技术分支的技术构成情况。

由图 12 可以看出，这一技术分支中的专利申请的技术方案主要集中在燃料电池的组合、燃料所采用的零部件等方面。

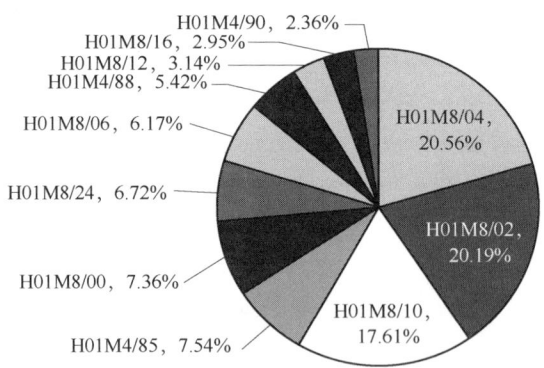

图 12 H01M8 燃料电池方面的技术构成

燃料电池是电动汽车领域较早的研发方向，国内外各大企业在燃料电池领域均有专利布局，丰田、松下、三星、日产、通用、现代、本田等国外公司均有较多的相关申请，尤其是丰田公司，其在燃料电池领域的专利申请在 1000 件以上，可以说在这一领域占据领先地位，相对于其他企业具有明显的技术优势。

2004—2009 年是燃料电池领域专利申请量的高峰，这之后，申请量逐渐进行调整。目前来看,在未来一段时间内,燃料电池领域的研发仍将持续,企业仍会就完善目前的技术投入大量的人力物力进行研究,尤其是日本企业为了维持其在燃料电池领域的优势地位而持续地投入,并申请专利,因此,在以后的每一年中,燃料电池领域的专利申请仍将会维持一定的数量。

③ H01M10 二次电池及其制造

二次电池又称为充电电池或蓄电池,是指在电池放电后可通过充电的方式使活性物质激活而继续使用的电池。利用化学反应的可逆性,可以组建成一个新电池,即当一个化学反应转化为电能之后,还可以用电能使化学体系修复,然后再利用化学反应转化为电能,所以叫二次电池(可充电电池)。市场上主要充电电池有镍氢电池、镍镉电池、铅酸电池、锂离子电池等。图 13 显示的是这一技术分支的技术构成情况。

由图 13 可以看出,这一技术分支中的专利申请的技术方案主要集中在摇椅式电池、电极所采用的黏合剂和填料等方面。

摇椅式电池(Li-ion)是由锂电池发展而来的。锂电池的正极材料是锂金属,负极是碳。当对电池进行充电时,电池的正极上有锂离子生成,生成的锂离子经过电解液运动到负极。而作为负极的碳呈层状结构,它有很多微孔,达到负极的锂离子就嵌入碳层的微孔中,嵌入的锂离子越多,充电容量越高。同样,当对电池进行放电时(使用电池的过程),嵌在负极碳层中的锂离子脱出,又运动回正极。回正极的锂离子越多,放电容量越高。通常所说的电池容量指的就是放电容量。在 Li-ion 的充放电过程中,锂离子处于正极—负极—正极的运动状态。Li-ion 就像一把摇椅,摇椅的两端为电池的两极,而锂离子就像运动员一样在摇椅上来回奔跑,所以 Li-ion 又叫摇椅式电池。

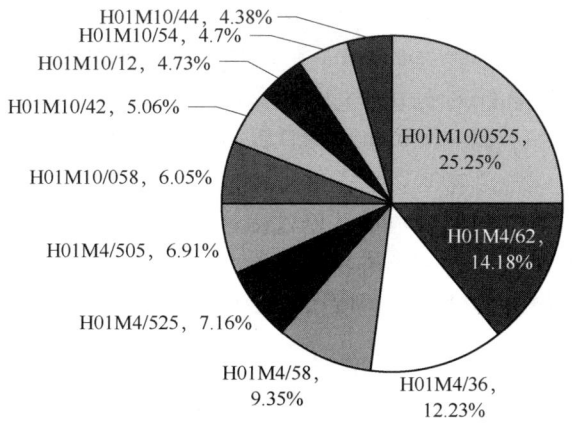

图 13　H01M10 二次电池方面的技术构成

在 2009 年之前,这一方面的专利申请比较少,这一年之后,涉及摇椅式电池的专利申请开始出现，目前在二次电池领域中，摇椅式电池的申请量已经占到了 1/4。在 2015 年和 2016 年这两年之中，涉及电极之中活性物质之外的材料的专利申请有所增多。从整体上看，这一领域的专利申请相比于燃料电池还是有一定的差距的。随着企业和科研机构对于锂离子电池领域的持续投入，在未来一段时间内，该领域的一些技术方向的专利申请量仍会有所上升。

④ H01M2 非活性部件的结构零件或制造方法

在锂离子电池中，除了正极、负极、电解液之外，还有许多其他的结构部件和零件，例如隔膜、电池箱、安装装置等。

图 14 显示的是这一技术分支的技术构成情况。由图 14 来看，这一技术分支中的专利申请的技术方案主要集中在各种零部件的材料、零部件的结构、电池箱、隔膜等方面。其中，隔膜是锂离子电池关键的内层组件之一。隔膜的性能决定了电池的界面结构、内阻等，直接影响电池的容量、循环以及安全性能等特性，性能优异的隔膜对提高电池的综合性能具有重要的作用。隔膜的主要作用是使电池的正、负极分隔开来，防止两极接触而短路，此外还具有能使电解质离子通过的功能。隔膜材质是不导电的，其物理化学性质对电池的性能有很大的影响。电池的种类不同，采用的隔膜也不同。对于锂电池系列，由于电解液为有机溶剂体系，因而需要耐有机溶剂的隔膜材料，一般采用高强度薄膜化的聚烯烃多孔膜。

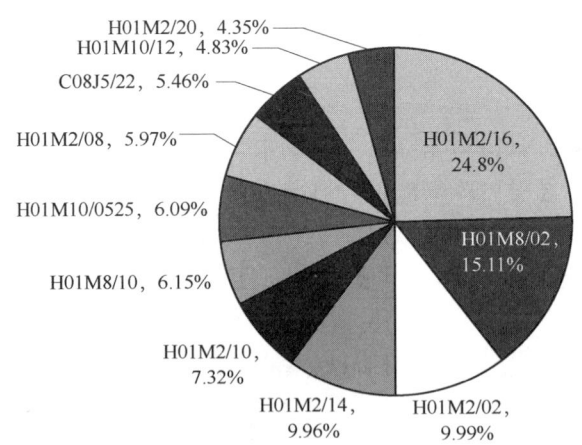

图 14 H01M2 非活性部件的结构零件方面的技术构成

H01M2 非活性部件的结构零件方面这一领域的专利申请虽然数量不是很多，但是从很早就有相关的申请，并且一直有所持续。目前，除了电极和电解液之外，电池的其他零部件的结构、材料相对比较固定，企业的研发投入也比较少，这一技术方向并不是研究和申请的热点，因此，在未来的时间内，这一领域的专利申请数量也并不会很多。

⑤ H02J7 用于电池组的充电或去极化或用于由电池组向负载供电的装置

充电及相应的管理是影响动力电池使用的关键技术，也是企业在将动力电池实际应用时要特别考虑的问题。

图 15 显示的是这一技术分支的技术构成情况。由图 15 可以看出，这一技术分支的专利申请主要是充电装置和充电方法，数量能够占到 60%以上。

H02J7 电池充电方面这一领域的专利申请还是比较少的，涉及充电装置的专利申请自 2003 年开始逐年上升，但是直到近几年才达到 100 件以上。虽然目前涉及充电技术的专利申请的数量还比较少，但是，这一技术是动力电池的关键技术，充电问题不能够得到很好的解决，将会严重影响电动汽车的销售和使用，目前消费者所担心的问题之一就是充电的便利性和快捷性，因此，在之后的一段时间内，各企业仍会在这一问题投入研发力量进行研究，估计在这一技术分支上的专利申请仍会保持一定的增长。

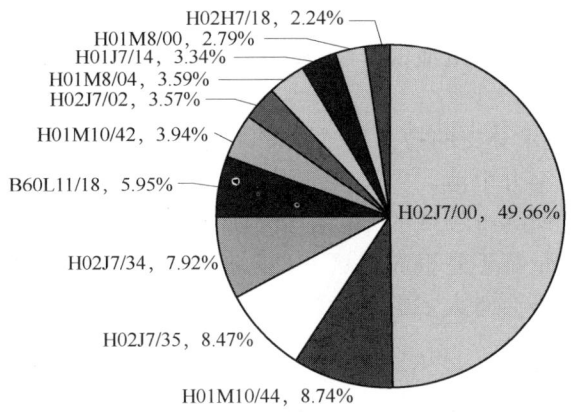

图 15　H02J7 电池充电方面的技术构成

⑥ B60L11 用车辆内部电源的电力牵引

这一技术分支涉及的主要是动力电池的充电方法和充电管理方法、电力控制方法、燃料电池的燃料供应技术等。图 16 显示的是这一技术分支的技术构成情况。

由图 16 可以看出，这一技术分支主要涉及的就是动力电池的充电系统及充电方法。

B60L11 用车辆内部电源的电力牵引方面这一领域的专利申请也是比较少的，涉及充电系统及充电方法的专利申请自 2003 年开始逐年上升，但是直到近几年才达到 100 件以上。虽然目前涉及充电技术以及电力控制技术的专利申请的数量还比较少，但是，这一技术是动力电池的关键技术，如果充电问题不能够得到很好的解决，将会严重影响电动汽车的销售和使用，目前消费者所担心的问题之一就是充电的便利性和快捷性，因此，在之后的一段时间内，估计在这一技术分支上的专利申请仍会保持一定的增长。

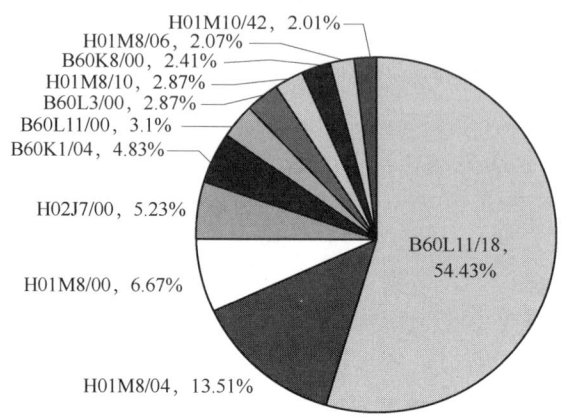

图16　B60L11用车辆内部电源的电力牵引方面的技术构成

⑦ H01M12 混合电池及其制造

这一技术分支主要涉及混合电池、空气电池等。混合电池是将两种电池结合在一起的动力电池。空气电池是化学电池的一种。构造原理与干电池相似，所不同的只是它的氧化剂取自空气中的氧。

图17显示的是这一技术分支的技术构成情况。由图17可以看出，这一技术分支主要涉及的是空气电池和混合电池。

H01M12 混合电池方面这一领域的专利申请也是比较少的，空气电池和混合电池虽然一直有申请，但是数量都不是很高。这一方向一直不是企业的研发重点，因此，在未来的一段时间内，也不会有太多的申请。

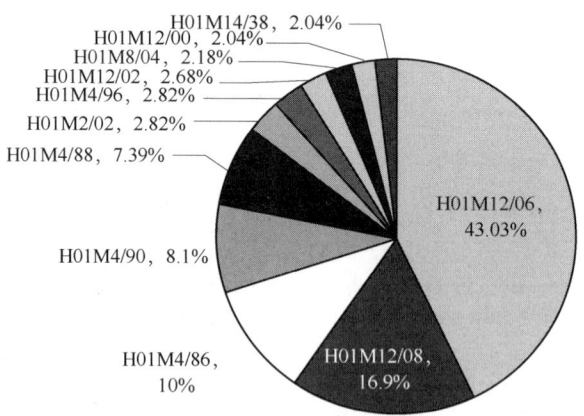

图17　H01M12混合电池方面的技术构成

7. 主要申请人分析

为了解中国范围内动力电池领域的主要技术创新主体的分布情况以及申请态势，按照专利申请总量，对前10名的申请人的专利申请的情况进行了统计，得到表6。

表6 中国范围内动力电池领域的排名前10位的申请人

排名	申请人
1	丰田自动车株式会社
2	松下电器产业株式会社
3	三星SDI株式会社
4	中国科学院大连化学物理研究所
5	现代自动车株式会社
6	日产自动车株式会社
7	通用汽车环球科技运作公司
8	本田技研工业株式会社
9	超威电源有限公司
10	清华大学
11	株式会社东芝
12	哈尔滨工业大学
13	三洋电机株式会社
14	上海交通大学
15	比亚迪股份有限公司
16	华南理工大学
17	中南大学
18	武汉理工大学
19	浙江大学
20	新源动力股份有限公司

（1）丰田自动车株式会社

丰田是世界第一大汽车公司，在世界汽车生产业中有着举足轻重的作用。作为在全球动力电池领域专利申请的大户，在中国也是占据了第一的位置，并且多年来一直维持较高的申请量。丰田的专利申请主要集中在燃料电池、电极催化剂、控制装置、起动控制、空气电池等方面。

（2）松下电器产业株式会社

松下作为日本知名企业，虽然其业务并不涉及汽车，但是在电池领域一直都有相关的研发和产品，其专利申请主要涉及非水电解质二次电池、燃料电池、电解质膜等方面。

（3）三星 SDI 株式会社

三星 SDI 株式会社是韩国三星集团旗下从事锂离子电池、汽车电池、电子材料等相关产品的研发、生产的企业，其专利申请主要涉及膜电极、锂离子电池、电极催化剂、直接甲醇燃料电池等方面。

（4）中国科学院大连化学物理研究所

值得关注的申请人是中国科学院大连化学物理研究所（大连化物所）。大连化物所是一个基础研究与应用研究并重、应用研究和技术转化相结合，以任务带学科为主要特色的综合性研究所，其重点学科领域为：催化化学、工程化学、化学激光和分子反应动力学以及近代分析化学和生物技术。大连化物所围绕国家能源发展战略，于 2011 年 10 月启动了洁净能源国家实验室（DNL）的筹建工作，DNL 是我国能源领域筹建的第一个国家实验室，共规划筹建化石能源与应用催化、低碳催化与工程、节能与环境、燃料电池、储能、氢能与先进材料、生物能源、太阳能、海洋能、能源基础和战略、能源研究技术平台 11 个研究部。大连化物所还拥有催化基础国家重点实验室和分子反应动力学国家重点实验室两个国家重点实验室，以及甲醇制烯烃国家工程实验室、国家催化工程技术研究中心、膜技术国家工程研究中心、燃料电池及氢源技术国家工程中心、国家能源低碳催化与工程研发中心等多个国家级科技创新平台。另外，大连化物所还与国外著名大学、公司和研究机构联合设立了中法催化联合实验室、中法可持续能源联合实验室、中德催化纳米技术伙伴小组、中韩燃料电池联合实验室、DICP-BP 能源创新实验室和 SABIC-DICP 先进化学品生产研究中心等十几个国际合作研究机构。由此可见，大连化物所在动力电池领域有着极强的科研实力，其专利申请量在未来一段时间会更多，这对于中国动力电池领域的研究和应用来说是非常有利的。

（5）清华大学、哈尔滨工业大学、上海交通大学、华南理工大学、中南大学、武汉理工大学、浙江大学

清华大学等 7 所大学均是我国的知名大学，在动力电池领域也有较强的研究实力，其专利申请主要集中在燃料电池、膜电极、直接甲醇燃料电池、空气电池、锂离子电池电极材料等方面。

（6）比亚迪股份有限公司

比亚迪股份有限公司是我国汽车企业中较早从事电池研究的企业，在动力电池领域积累了一定的专利申请，主要集中在锂离子二次电池及电解液、电极材料、磷酸亚铁锂等方面。

在前 20 位的申请人中，有 7 所中国的知名大学和一家知名科研机构，这说明中国的大学和科研机构对于动力电池领域的研发是非常有兴趣的，也在这一方面投入了较多的科研力量和经费。相信随着时间的推移，这些大学和科研机构能够在动力电池领域研究出更好的技术，推动动力电池技术向前发展，并产生较多的优质专利。

同时，还有一个不容忽视的方面就是中国的新能源汽车企业和动力电池企业在前20位的申请人中只有比亚迪股份有限公司一家，未能见到其他企业的身影，对此，中国的相关企业还需要继续努力，提高对于技术研发的重视程度，增加研发投入，确定自身的专利战略，积极申请专利，以保护自己的知识产权。

总的来看，外国来华的专利申请人均是企业，而中国的专利申请人则以大学和科研机构为主，中国的企业还有待努力提高专利申请量和专利质量。

（五）重点技术分支分析

1. 燃料电池

（1）技术概述

燃料电池是一种将燃料与氧化剂的化学能通过电化学反应直接转换成电能的发电装置。常用的燃料电池包括熔融碳酸盐燃料电池、固体氧化物燃料电池、质子交换膜燃料电池和直接甲醇燃料电池。

燃料电池的主要构成组件为：电极、电解质隔膜与集电器等。

① 电极

燃料电池的电极是燃料发生氧化反应与氧化剂发生还原反应的电化学反应场所，其性能的好坏关键在于催化剂性能、电极材料与制备工艺等。

电极主要包括阳极和阴极，厚度一般为 200~500mm，其结构为多孔结构，主要原因是燃料电池所使用的燃料及氧化剂大多为气体（例如氧气、氢气等），而气体在电解质中的溶解度并不高，为了提高燃料电池的实际工作电流密度与降低极化作用，故发展出多孔结构的电极，以增加参与反应的电极表面积，而这也是燃料电池当初所以能从理论研究阶段步入实用化阶段的重要关键原因之一。

目前高温燃料电池的电极主要是以催化材料制成，例如固态氧化物燃料电池（简称 SOFC）的 Y_2O_3-stabilized-ZrO_2（简称 YSZ）及熔融碳酸盐燃料电池（简称 MCFC）的氧化镍电极等，而低温燃料电池则主要是由气体扩散层支撑一薄层触媒材料而构成，例如磷酸燃料电池（简称 PAFC）与质子交换膜燃料电池（简称 PEMFC）的白金电极等。

② 电解质隔膜

电解质隔膜的主要功能在于分隔氧化剂与还原剂，并传导离子，故电解质隔膜越薄越好，但也需要考虑强度等性能，就目前的技术而言，其一般厚度约在数十毫米至数百毫米；至于材质，目前主要朝两个发展方向，其一是先以石棉膜、碳化硅 SiC 膜、铝酸锂膜等绝缘材料制成多孔隔膜，再浸入熔融锂-钾碳酸盐、氢氧化钾与磷酸等中，使其附着在隔膜孔内，另一则是采用全氟磺酸树脂（如 PEMFC）及 YSZ（如 SOFC）。

③ 集电器

集电器又称作双极板，具有收集电流、分隔氧化剂与还原剂、疏导反应气体等之功用，集电器的性能主要取决于其材料特性、流场设计及其加工技术。

从理论上来讲，只要连续供给燃料，燃料电池便能连续发电，已被誉为是继水力、火力、核电之后的第四代发电技术，具有发电效率高、环境污染小、比能量高、噪音低、燃料范围广、负荷调节灵活、可靠性高等优点，但是，也存在着一些缺点，例如：燃料对安全性的要求高、电池需要高质量密封、比功率较低、造价高等。燃料电池是已经有了的实际应用，但是也存在一些需要解决的问题。

（2）申请趋势分析

为了了解世界范围内燃料电池的专利申请的总趋势，本报告针对燃料电池领域的专利申请的申请量和申请趋势进行了统计，具体结果如图18所示。

图18 燃料电池领域的专利申请趋势

由图18可以看出，燃料电池领域的专利申请大致经历了以下三个阶段：

第一阶段（1998—2005年）：专利申请量呈现较快增长趋势，在2005年达到最高值。根据前面对于全球趋势的分析可以了解到，日本在2003—2008年这段时间内在燃料电池领域布局了大量的专利，这一阶段后期的专利申请的增长与这一情况密切相关。

第二阶段（2005—2011年）：这几年之中，燃料电池领域的专利申请有一个短暂的调整，年申请量有所下降。这一阶段基本已经过了日本在燃料电池领域进行专利布局的高峰期，而且，在经过了多年增长之后，相关的研发成果基本上都已经做了申请，专利申请量有所下调是正常的。

第三阶段（2012年至今）：在这几年之中，燃料电池领域的专利申请量相对于2005—2011年有较大下降，但是每年专利申请量基本保持稳定。由于发明专利申请一般满18个月才会公开，因此，2016年和2017年的数据并不完整。

通过这些年的申请趋势可以看出，燃料电池技术作为一个有较好应用前景，并且已经进入使用，在这一领域一直是企业研发的重点领域，近几年专利申请的数量保持了一个较高的水平，未来这一领域也将是研发的重点，随着技术的进步，专利申请量也会一直保持稳定。

(3) 技术构成分析

图 19 显示的是燃料电池领域的技术构成情况。

由图 19 可以看出,有 9 个技术方向的专利申请数量都比较多,其中,H01M8/04 (辅助装置或方法,例如用于压力控制的、用于流体循环的)、H01M8/10 (固体电解质的燃料电池)、H01M8/02 (零部件) 是位于前三位的,专利数量占了燃料电池领域的一半以上,而其他几个技术方向的占比则在 5%~8%。由此可以看出,燃料电池领域的专利申请数量比较多,技术方向也有分层,在每一个层次之内的各个技术方向的分布相对比较均匀,这虽然与燃料电池的种类较多、关键技术点较多有关,但也说明这一领域的专利申请人在不同的研发方向上都投入了较多的研发力量和资金,并取得了较多的研发成果。

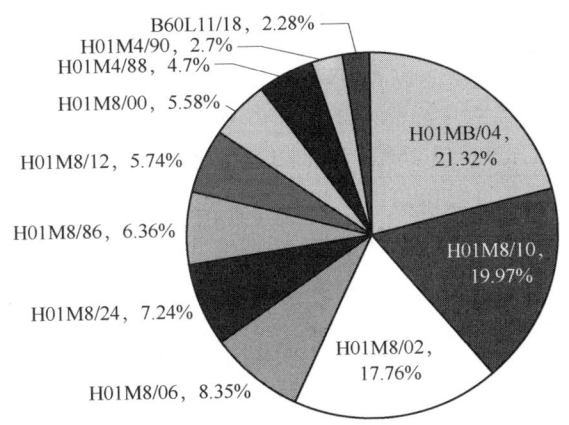

图 19　燃料电池领域的技术构成分布图

(4) 申请地域分析

为了解全球燃料电池领域专利的申请地域和组织,对申请地域进行了统计,具体如图 20 所示。

由图 20 可以看出:日本是全球燃料电池领域专利申请的主体区域,占到了 40% 以上,美国、中国、韩国、EPO、德国、加拿大、英国、法国等依次排在其后,其中,中国的申请占到了这一领域申请总量的 12.15%。

总体上看,在这一领域中,日本在数量上占据了主要位置,是布局专利最多的国家,并且,日本企业在这一领域的布局较早、也很合理。

(5) 申请人排名分析

为了解全球燃料电池领域应用的分布情况以及其申请态势,按照专利申请总量,对前 10 名的申请人的专利申请的情况进行了统计,得到表 7。

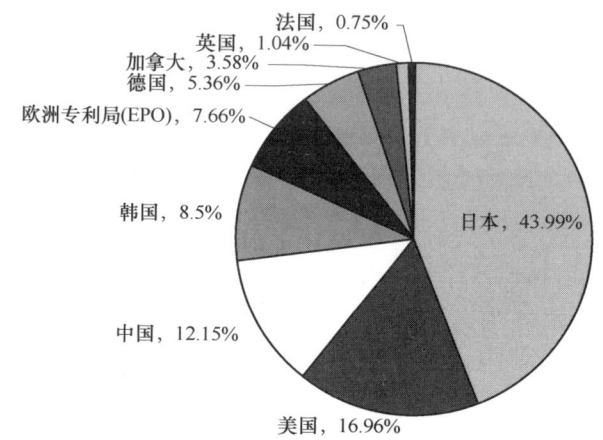

图 20　全球燃料电池领域的专利申请的申请地域分布情况

表 7　全球燃料电池领域专利申请数量在前 10 位的申请人排名

排名	申请人	专利数量（项）
1	TOYOTA MOTOR CORP（丰田）	7497
2	HONDA MOTOR CO LTD（本田）	5129
3	NISSAN MOTOR（日产）	3198
4	TOSHIBA CORP（东芝）	2531
5	SAMSUNG SDI CO LTD（三星）	2039
6	HYUNDAI MOTOR COMPANY（现代）	1942
7	HITACHI LTD（日立）	1687
8	FUJI ELECTRIC CO LTD（富士电机）	1579
9	MATSUSHITA ELECTRIC IND CO LTD（松下）	1448
10	MITSUBISHI HEAVY IND LTD（三菱）	1163

由表 7 可以看出，燃料电池领域的申请人排名中，日本企业占据了前 10 位，而前 20 位之中都没有中国企业的身影。

（6）中国专利申请的申请人所属地域分析

为了了解中国范围内燃料电池领域的专利申请来源地域，对申请人所属的地域进行了统计，具体如图 21 所示。

由图 21 可以看出：中国是我国在燃料电池领域专利申请人的主体力量。而日本是国外来华申请的主体力量，占到了这一领域申请总量的 27.1%。美国、韩国、德国、英国、法国、加拿大等依次排在其后。

总体上看，在这一领域中，中国在数量上占据了主要位置，是布局专利最多的国家。但是也要看到,日本企业在这一领域的布局更早、也更合理,虽然专利申请数量相对少一些,但是专利的质量是比较高的,这一点不容忽视。

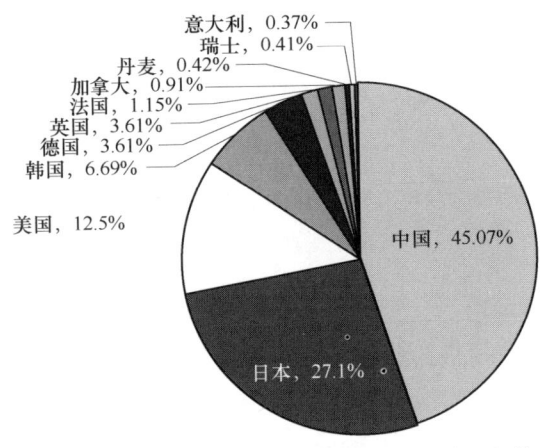

图 21 燃料电池领域的专利申请人的国别分布情况

(7)重点申请人分析

为了了解重点申请人的申请情况,下面对 TOYOTA MOTOR CORP 和中国科学院大连化学物理研究所的专利申请情况进行具体分析:

1)TOYOTA MOTOR CORP(丰田公司)

① 申请趋势:

图 22 显示的是丰田公司在全球燃料电池领域的专利申请趋势。由图 22 可以看出,丰田公司在这一领域的申请趋势大致可以分为四个阶段:

第一阶段(1998—2002 年):这几年之中,丰田公司的申请量相对较少。

第二阶段(2003—2007 年):从 2003 年开始,丰田公司在燃料电池领域的专利申请量呈现较快增长趋势,在 2007 年达到最高值。在 2003—2008 年日本企业在燃料电池领域布局的高峰期内,丰田公司申请了大量的专利,因此,这一阶段后期的专利申请的增长与这一情况密切相关。

第三阶段(2008—2013 年):这几年之中,丰田公司在燃料电池领域的专利申请快速下降。这一阶段是丰田公司在燃料电池领域进行专利布局的高峰期之后的阶段,专利申请在经历了高峰期之后逐渐下滑。

第四阶段(2014 年至今):从 2014 年开始,丰田公司在燃料电池领域的专利申请量又开始回升。由于发明专利申请一般满 18 个月才会公开,因此,2016 年和 2017 年的数据并不完整。

通过这些年的申请趋势可以看出,丰田公司在燃料电池领域布局了大量的专利,虽然有几年时间专利申请量有较大的下降,但是近两年,丰田公司的申请量正在回升,在未来一段时间内,估计在这一领域的专利申请量会继续增长。

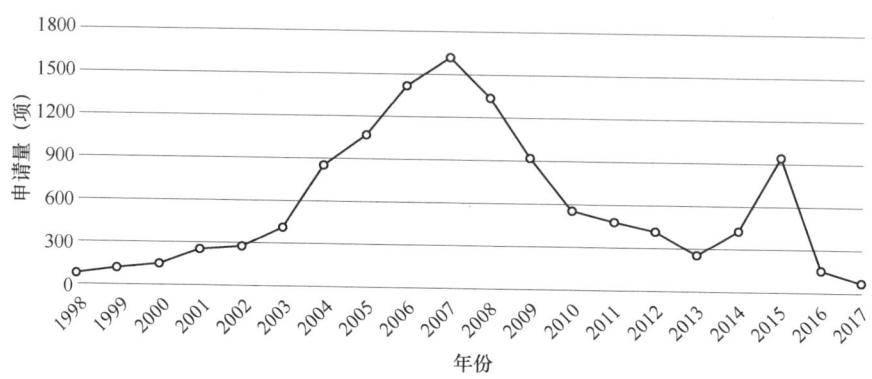

图 22 丰田公司在全球燃料电池领域的专利申请趋势

② 技术构成:

图 23 显示的是丰田公司在全球燃料电池领域的专利申请的技术构成情况。由图 23 可以看出:丰田公司的专利申请方向主要集中在 H01M8/04(辅助装置或方法,例如用于压力控制的、用于流体循环的)、H01M8/10(固体电解质的燃料电池)、H01M8/02(零部件)这三个方向。通过具体分析发现:丰田公司在泄漏判断方法、交流阻抗测量这两个方面有较多的申请,这些不涉及燃料电池的结构,但却是保证燃料电池在实际使用中能够安全运行的关键技术,另外,丰田公司在电解质膜、膜电极方面也有较多的专利申请。由此可见,丰田公司不仅在燃料电池的材料、结构等方面进行了专利布局,而且还针对燃料电池实际使用中需要注意的问题进行了研发,并做了专利布局,丰田公司在燃料电池领域的专利布局是比较完善的。

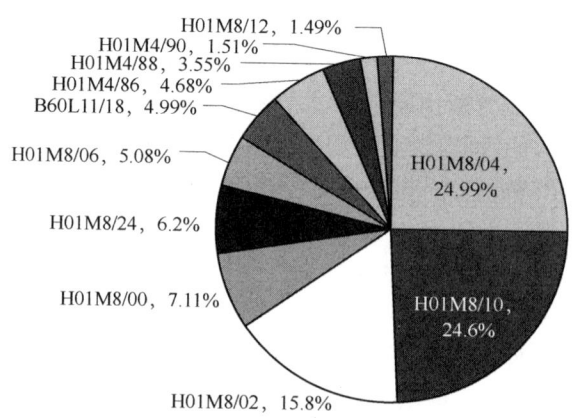

图 23 丰田公司在全球燃料电池领域的专利申请的技术构成分布

2）中国科学院大连化学物理研究所（大连化物所）

大连化物所仅在中国有专利申请，因此，这部分的分析针对大连化物所在中国范围内燃料电池领域的专利申请进行。

① 申请趋势：

图 24 显示的是大连化物所在中国范围内燃料电池领域的专利申请趋势。

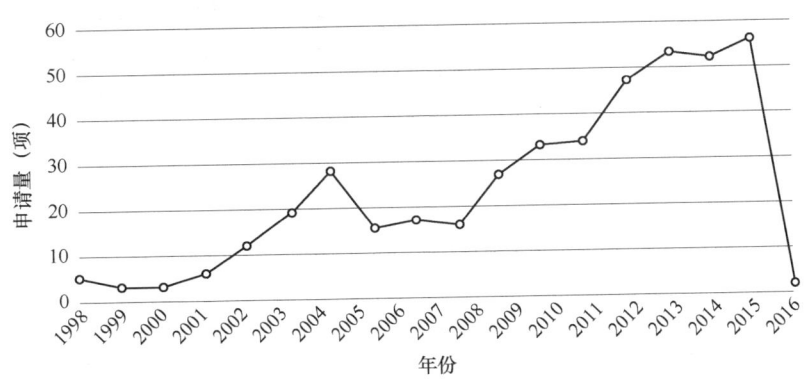

图 24　大连化物所在中国范围内燃料电池领域的专利申请趋势

由图 24 可以看出，大连化物所在这一领域的申请趋势大致可以分为四个阶段：

第一阶段（1998—2001 年）：这几年之中，大连化物所的申请量非常少，每年都在 10 件以下。

第二阶段（2002—2005 年）：从 2003 年开始，大连化物所在燃料电池领域的专利申请量呈现出增长趋势，在 2005 年达到申请量的一个高峰。

第三阶段（2006—2008 年）：这三年之中，大连化物所在燃料电池领域的专利申请数量相对于 2005 年有所下降，但是也保持了基本的稳定。

第四阶段（2009 年至今）：从 2009 年开始，大连化物所在燃料电池领域的专利申请量又呈现出增长的态势，2015 年的申请量超过了 50 件。由于发明专利申请一般满 18 个月才会公开，因此，2016 年和 2017 年的数据并不完整。

② 技术构成：

图 25 显示的是大连化物所在中国范围内燃料电池领域的专利申请的技术构成情况。

由图 25 可以看出：大连化物所在多个技术方向上均有专利申请，其中，在 H01M4/88（制造方法）、H01M4/90（催化材料的选择）、H01M8/02（零部件）、H01M4/86（用催化剂活化的惰性电极，例如用于燃料电池）等技术方向上的申请较多。通过具体分析发现：大连化物所在燃料电池的气体扩散层、质子交换膜、固体氧化物燃料电池等方面有较多的申请，而在实际应用中的控制方法等方面几乎没有专利申请，由此可见，大连化物所作为科研机构，主要的研究方向偏重于理论研究、基础研究，较少涉及实际应用中的问题。

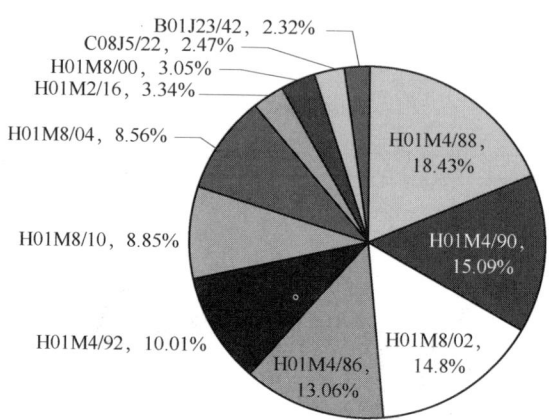

图 25　大连化物所在中国范围内燃料电池领域的专利申请的技术构成分布

③ 专利有效性：

图 26 显示了大连化物所在这一领域的专利有效性情况。由图 26 可以看出，有接近一半的专利申请已经获得授权，另外有 26.8% 的专利申请正在审查之中，失效的专利占 1/4，由此可见，大连化物所在这一领域的专利申请质量还是比较高的，授权情况比较好，专利权的保有量也较高。

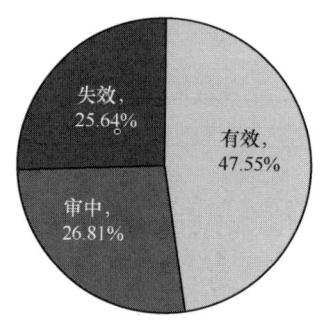

图 26　大连化物所在中国范围内燃料电池领域的专利申请的专利有效性情况

2. 磷酸铁锂电池

（1）技术概述

磷酸铁锂电池是指用磷酸铁锂作为正极材料的锂离子电池。正极材料为 $LiFePO_4$，由铝箔与电池正极连接，中间是聚合物的隔膜，负极材料为碳（石墨），由铜箔与电池的负极连接。电池的上下端之间是电池的电解质，电池由金属外壳密闭封装。

作为充电电池的要求是：容量高、输出电压高、充放电循环性能良好、输出电压稳定、能大电流充放电、电化学性能稳定、使用安全（不会因过充电、过放电及短路等操作不当而引起燃烧或爆炸）、工作温度范围宽、无毒或少毒、对环境无污染。采用 $LiFePO_4$ 作正极的磷酸铁锂电池在这些性能要求上均有较好的表现，特别在大放电率放电（5～10 倍功率放电）、放电电压平稳、安全、循环寿命、对环境无污染方面，在目前是最好的，磷酸铁锂电池是目前最好的大电流输出动力电池。

（2）申请趋势分析

为了了解全球磷酸铁锂电池的专利申请的总趋势，本报告针对磷酸铁锂电池领域的专利申请的申请量和申请趋势进行了统计，具体结果如图 27 所示。

由图 27 可以看出,磷酸铁锂电池领域的申请趋势大致可以分为三个阶段:

第一阶段(1998—2005 年):这几年之中,相关的专利申请量非常少。

第二阶段(2006—2011 年):从 2006 年开始,磷酸铁锂电池领域的专利申请量呈现增长趋势,在 2011 年达到最高值。

第三阶段(2012 年至今):从 2012 年开始的近几年内,磷酸铁锂电池领域的专利申请量基本保持稳定。由于发明专利申请一般满 18 个月才会公开,因此,2016 年和 2017 年的数据并不完整。

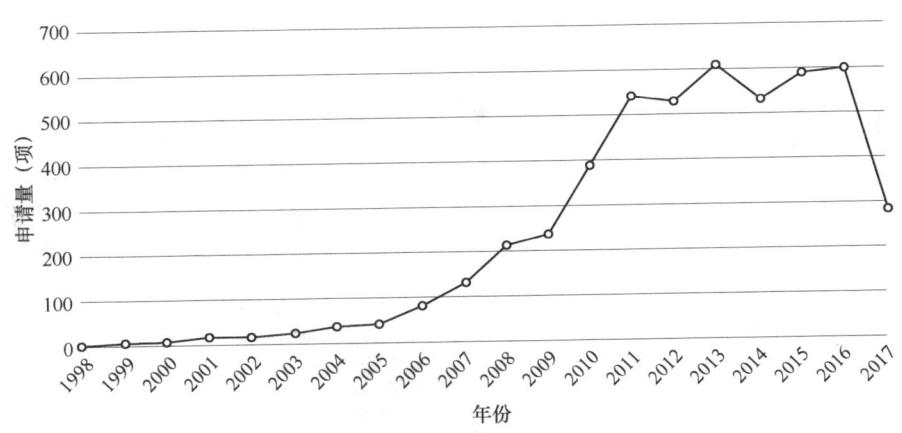

图 27 全球磷酸铁锂电池领域的专利申请趋势

通过这些年的申请趋势可以看出,申请人在磷酸铁锂电池领域布局了大量的专利,磷酸铁锂电池作为一种目前有较多应用的动力电池,在最近几年得到了较大的发展,但是,磷酸铁锂的比能量不高,这就导致动力性较低,未来将不能满足乘用车在续航里程方面的需求。因此,短期内,磷酸铁锂电池领域的专利申请有可能继续增长,但是从长远来看,这一领域的专利申请将不会维持增长的势头,甚至有可能下降。

(3)技术构成分析

图 28 显示的是全球磷酸铁锂电池领域的技术构成情况。由图 28 可以看出,H01M4/58(除氧化物或氢氧化物以外的无机化合物的,例如硫化物、硒化物、碲化物、氯化物或 $LiCoF_y$ 的)、H01M10/0525(摇椅式电池,即其两个电极均插入或嵌入有锂的电池;锂离子电池)、H01M4/62(在活性物质中非活性材料成分的选择,例如胶合剂、填料)是位于前三位的技术方向,专利数量占了磷酸铁锂电池领域的一半以上。这些技术方向主要涉及的是锂离子电池的电极材料、电极中所采用的填料等。由此可以看出,磷酸铁锂电池领域的专利申请数量虽然比较多,但是相对还是比较集中的,在这一领域的研发主要集中在电极材料方面。

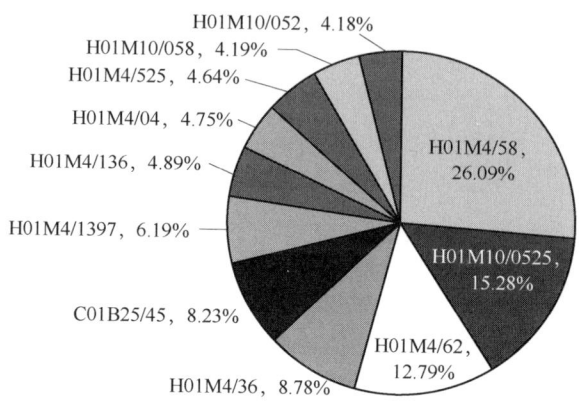

图 28　全球磷酸铁锂电池领域的技术构成分布

（4）申请地域分析

为了了解全球磷酸铁锂电池领域专利申请的申请地域，对申请地域进行了统计，具体如图 29 所示。

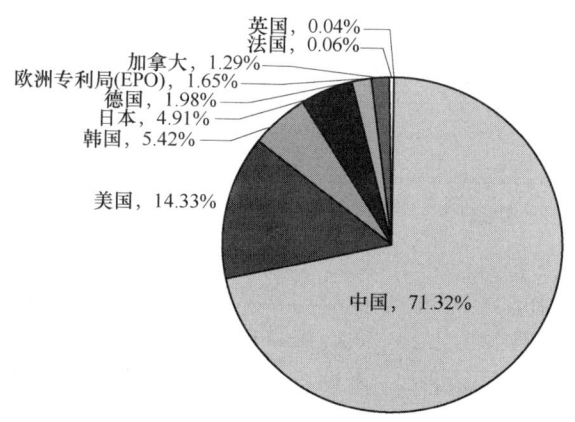

图 29　全球磷酸铁锂电池领域的专利申请的申请地域分布情况

由图 29 可以看出：中国是全球磷酸铁锂电池领域专利申请的主要区域和组织，占到了 70%以上，美国、韩国、日本、德国、EPO、加拿大、法国、英国等依次排在其后。

（5）申请人排名分析

为了解全球磷酸铁锂电池领域应用的分布情况及其申请态势，按照专利申请总量，对前 10 名的申请人的专利申请的情况进行了统计，得到表 8。

由表 8 可以看出，全球磷酸铁锂电池领域申请人的前 10 位中大部分是中国企业和大学，但是每一家企业的申请量都不是很大，后续还需要进一步提高布局的数量。

表 8　全球磷酸铁锂电池领域专利申请数量在前 10 位的申请人排名

排名	申请人	专利数量（项）
1	LG CHEM LTD	111
2	深圳市沃特玛电池有限公司	71
3	合肥国轩高科动力能源有限公司	66
4	清华大学	62
5	比亚迪股份有限公司	54
6	中南大学	49
7	SAMSUNG SDI CO LTD	43
8	山东精工电子科技有限公司	41
9	彩虹集团公司	33
10	SEMICONDUCTOR ENERGY LABORATORY CO LTD	32

（6）中国专利申请的申请人所属地域分析

为了了解中国范围内磷酸铁锂电池领域专利申请的来源地域，对申请人所属的申请国家进行了统计，具体如图 30 所示。

由图 30 可以看出：中国申请人占了中国范围内磷酸铁锂电池领域专利申请人的 90%以上，日本、美国、韩国、德国、英国、法国、加拿大等 10 个国家的申请人所占的比例不到 10%。进一步分析发现，中国申请人在磷酸铁锂电池领域的专利申请在 2010 年之后有很大的增加，这可能与 2010 年 8 月开始的由中国电池工业协会作为专利无效请求人与加拿大魁北克水电等公司所进行的磷酸铁锂专利无效、诉讼有关。

总体上看，在这一领域中，中国申请人在数量上占据了绝对多数的位置，是布局专利最多的国家，但是，也要看到，国外企业在这一领域的布局更早、也更合理，核心专利和基础专利也都是国外企业首先申请的，部分专利对于国内的磷酸铁锂电池行业的影响还是比较大的，这一点不容忽视。

（7）重点申请人分析

下面对部分申请人进行具体分析：

1）深圳市沃特玛电池有限公司（沃特玛公司）

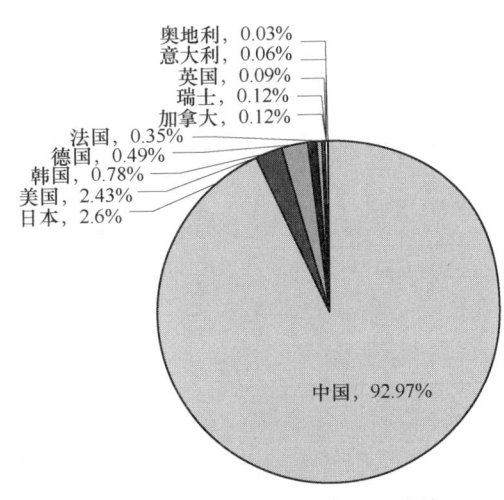

图 30　中国磷酸铁锂电池领域的专利申请人的国别分布情况

深圳市沃特玛电池有限公司成立于 2002 年，是国内最早成功研发磷酸铁锂新能源汽车动力电池、汽车启动电源、储能系统解决方案并率先实现规模化生产和批量应用的磷酸铁锂电池企业之一。

① 申请趋势：

图 31 显示的是沃特玛公司在磷酸锂电池领域的专利申请趋势。由图 31 可以看出，沃玛特公司从 2008 年开始进行专利申请，虽然基本保持了上升的势头，但是直到 2015 年时年申请量才达到 10 件以上，这说明沃玛特公司早期对专利申请的布局并没有特别重视。未来随着研发的持续进行以及专利意识的加强，估计之后会有更多的专利申请。

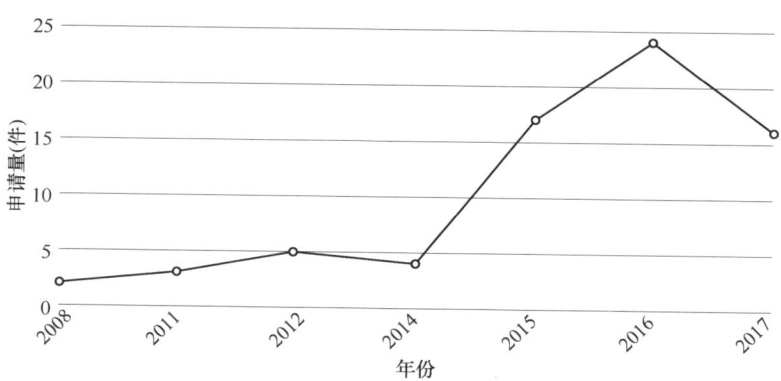

图 31　沃特玛公司在磷酸锂电池领域的专利申请趋势

② 技术构成：

图 32 显示的是沃玛特公司在中国范围内磷酸铁锂电池领域的专利申请的技术构成情况。由图 32 可以看出：H01M10/0525（摇椅式电池，即其两个电极均插入或嵌入有锂的电池；锂离子电池）、H01M4/58（除氧化物或氢氧化物以外的无机化合物的，例如硫化物、硒化物、碲化物、氯化物或 $LiCoF_y$ 的）、H01M4/62（在活性物质

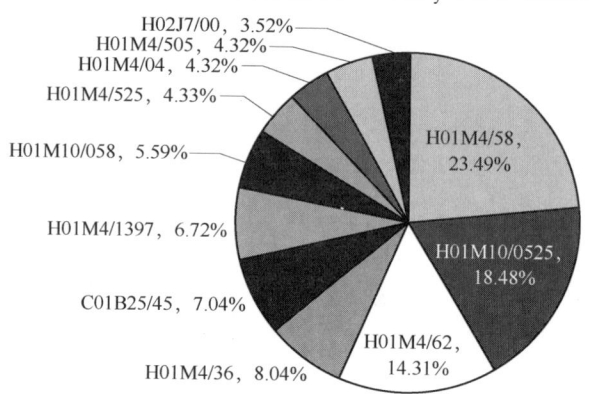

图 32　沃玛特公司在中国范围内磷酸铁锂电池领域的专利申请的技术构成分布

中非活性材料成分的选择，例如胶合剂、填料）、H01M4/36（作为活性物质、活性体、活性液体的材料的选择）是申请量比较多的方向，这与中国范围内磷酸铁锂电池领域的专利申请的相关情况是基本相同的。通过具体分析发现：沃玛特公司比较关注电极材料方面的研发和专利申请，例如：碳纳米材料与磷酸铁锂的复合、磷酸铁锰锂材料等。

③ 专利有效性：

图 33 显示了沃玛特公司在这一领域的专利有效性情况。由图 33 可以看出，沃玛特公司的专利申请有 85%还处于审查中，只有不到 10%的专利被授权，这与沃玛特公司大部分申请的申请日晚于 2014 年的情况是相符的，在之后几年，会有越来越多的申请通过审查并获得授权，逐渐完成相关的专利布局。

2）清华大学

清华大学万春荣教授课题组长期从事锂离子电池材料研究，在磷酸铁锂电池方面获得了较多的研究成果，申请了一定数量的专利。

① 申请趋势：

图 34 显示的是清华大学在磷酸铁锂电池领域的专利申请趋势。由图 34 可以看出：清华大学在磷酸铁锂电池领域的专利申请为 70 件，但是时间跨度有 13 年，每年的申请量偶然性较大，因此并没有明确的趋势。不过，随着科研的进行，清华大学在以后的每一年中应该都会有一定量的专利申请。

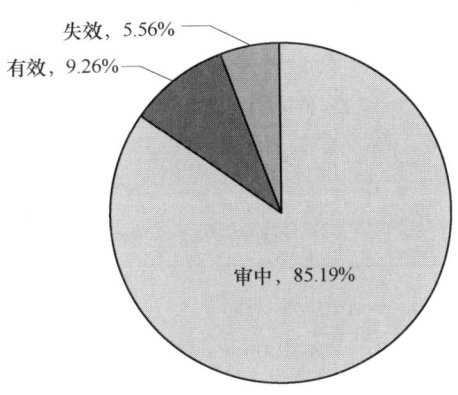

图 33 沃玛特公司在中国范围内磷酸铁锂电池领域的专利申请的有效性情况

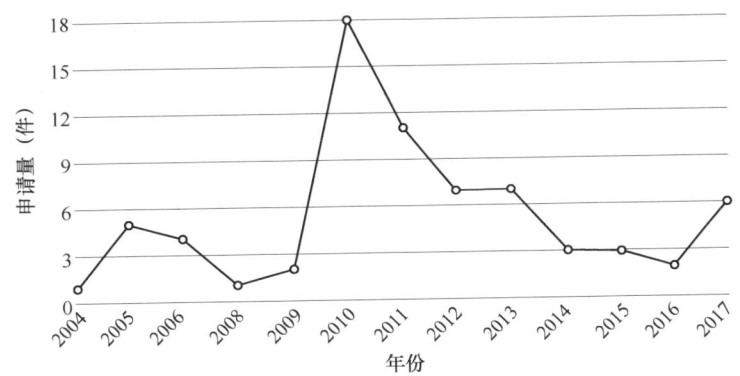

图 34 清华大学在磷酸铁锂电池电池领域的专利申请趋势

② 技术构成：

图 35 显示的是清华大学在中国范围内磷酸铁锂电池领域的专利申请的技术构成

情况。由图 35 可以看出：清华大学在多个技术方向上均有专利申请，其中，H01M4/58（除氧化物或氢氧化物以外的无机化合物的，例如硫化物、硒化物、碲化物、氯化物或 $LiCoF_y$ 的）、C01B25/45（含两种以上金属或金属和铵）、H01M10/0525（摇椅式电池，即其两个电极均插入或嵌入有锂的电池；锂离子电池）、H01M4/1397（基于除氧化物或氢氧化物以外的无机化合物的电极的，例如硫化物、硒化物、碲化物、氯化物或 $LiCoF_y$ 的）是申请量比较多的方向，这与中国范围内磷酸铁锂电池领域的专利申请的相关情况是基本相同的。通过具体分析发现：清华大学比较关注磷酸铁锂材料、磷酸亚铁锂方面的研发和专利申请，特别值得关注的是，清华大学在磷酸铁锂的制备方法方面做了一定的研究，布局了一定数量的专利申请，这是与其他申请人的不同之处。

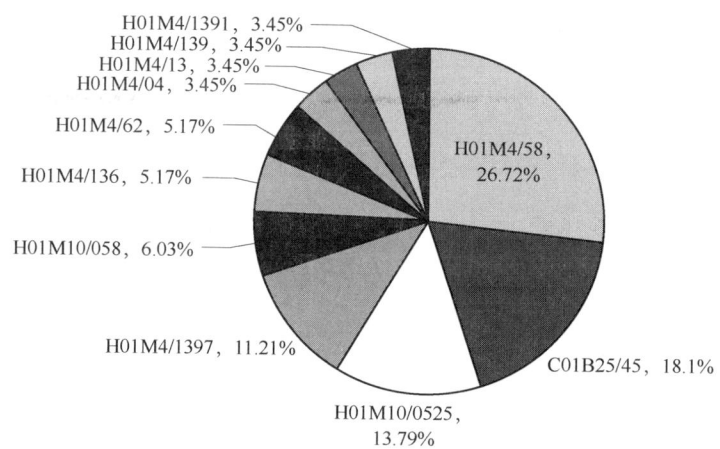

图 35　清华大学在中国范围内磷酸铁锂电池领域的专利申请的技术构成分布图

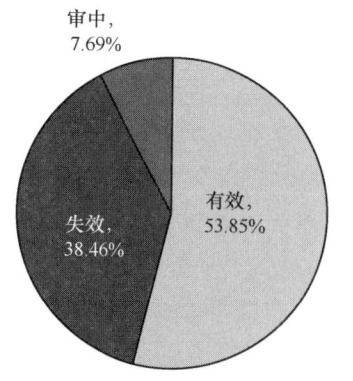

图 36　清华大学在磷酸铁锂电池领域的专利有效性情况

③ 专利有效性：

图 36 显示了清华大学在磷酸铁锂电池领域的专利有效性情况。由图 36 可以看出，清华大学的专利申请大部分已经完成审查，其中，有 53.85% 的专利维持有效，38.46% 的专利或专利申请已经失效，只有不到 8% 的专利申请处于审查阶段。

3. 石墨烯锂电池

（1）技术概述

石墨烯电池是利用锂离子在石墨烯表面和电极之间快速大量穿梭运动的特性，开发出的一种新能源电池。石墨烯电池在饱和氯化铜溶液中，时间（小时、天数）和产生电压的关系。

美国俄亥俄州的 Nanotek 仪器公司利用锂离子在石墨烯表面和电极之间快速大量穿梭运动的特性，开发出一种新的电池。这种新的电池可把数小时的充电时间压缩至短短不到一分钟。分析人士认为，未来一分钟快充石墨烯电池实现产业化后，将带来电池产业的变革，从而也促使新能源汽车产业的革新。

从微观的角度看蓄电池的充放电过程，实际上是一个阳离子在电极中"镶嵌"和"脱离"的过程。所以，如果电极材料中的孔洞越多，则这个过程进行的越迅速。从宏观的角度看则表现为蓄电池充放电的速度越快。

石墨烯是一个由碳原子所组成的网状结构。因为具有极限的薄度（只有一层原子的厚度），阳离子的移动所受限制很小，而且，由石墨烯所制成的电极材料也拥有丰富的孔洞。从这个方面看，石墨烯无疑是一种非常理想的电极材料。

（2）申请趋势分析

为了了解全球石墨烯锂电池的专利申请的趋势，本报告针对全球石墨烯锂电池领域的专利申请的申请量和申请趋势进行了统计，具体结果如图 37 所示。

由图 37 可以看出，全球石墨烯锂电池领域的申请趋势大致可以分为两个阶段：

第一阶段（2001—2008 年）：这几年之中，每年的专利申请量都非常少。

第二阶段（2009 年至今）：从 2009 年开始，石墨烯锂电池领域的专利申请量呈现出快速增长的趋势，在 2016 年已经达到 600 余件。

通过这些年的申请趋势可以看出，由于石墨烯锂电池是比较新的研究方向，各申请人均投入了大量的研发力量，以期在这一领域占据一席之地。在未来一段时间内，石墨烯锂电池领域的专利申请量会持续增长，并保持较高的涨幅。

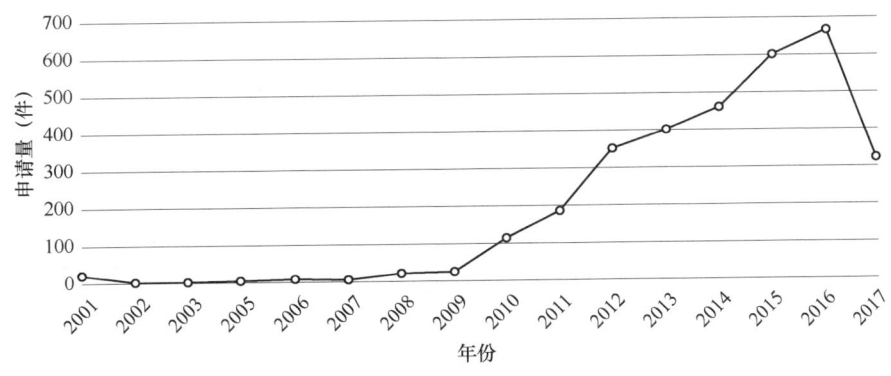

图 37　全球石墨烯锂电池领域的专利申请趋势

（3）技术构成分析

图 38 显示的是全球石墨烯锂电池领域的专利申请的技术构成情况。由图 38 可以看出，H01M10/0525（摇椅式电池，即其两个电极均插入或嵌入有锂的电池；锂离子电池）、H01M4/62（在活性物质中非活性材料成分的选择，例如胶合剂、填料）、

H01M4/36（作为活性物质、活性体、活性液体的材料的选择）是位于前三位的，专利数量占了全球石墨烯锂电池领域的专利申请的一半以上。另外，H01M4/58（除氧化物或氢氧化物以外的无机化合物的，例如硫化物、硒化物、碲化物、氯化物或 LiCoF$_y$ 的）、H01M4/583（碳质材料，例如石墨层间化合物或 CF$_x$）这两个方向也有较多数量的专利申请。

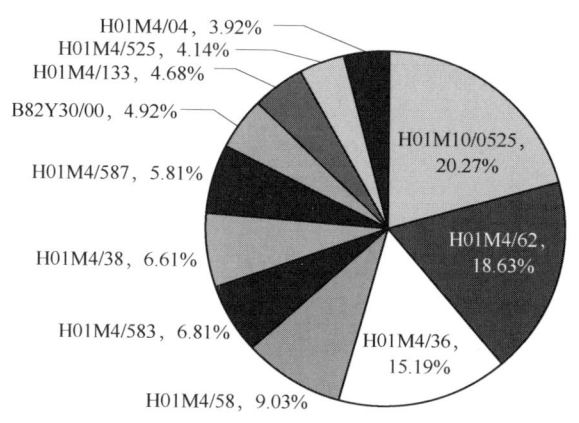

图 38　全球石墨烯锂电池领域的专利申请的技术构成分布图

（4）申请地域分析

为了了解全球石墨烯锂电池领域专利的申请地域，对申请地域或组织进行了统计，具体如图 39 所示。

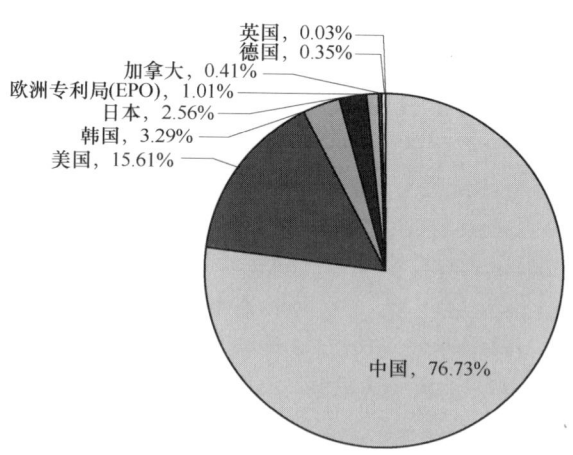

图 39　全球石墨烯锂电池领域的专利申请的申请地域分布情况

由图 39 可以看出：中国是全球石墨烯锂电池领域专利申请的主体区域或组织，占到了 70% 以上，美国、韩国、日本、EPO、加拿大、德国、英国等依次排在其后。

（5）申请人排名分析

为了了解全球石墨烯锂电池领域应用的分布情况及其申请态势，按照专利申请总量，对前 10 名的申请人的专利申请情况进行了统计，得到表 9。由表 9 可以看出，石墨烯锂电池领域申请人的前 10 位中既有中国企业和大学，也有国外的企业和个人，但是申请量都不是很大，这是与其他领域相比较为特殊的地方。综合各种情况来看，石墨烯锂电池作为非常新的研究方向，还处于基础研究阶段。

表 9　全球石墨烯锂电池领域专利申请数量前 10 位的申请人排名

排名	申请人	专利数量（项）
1	海洋王照明科技股份有限公司	73
2	浙江大学	42
3	上海交通大学	40
4	ARUNA ZHAMU	39
5	SEMICONDUCTOR ENERGY LABORATORY CO LTD	38
6	BOR Z JANG	37
7	LG CHEM LTD	32
8	中南大学	32
9	哈尔滨工业大学	32
10	王珑	31

（6）中国专利申请的申请人所属地域分析

为了了解中国范围内石墨烯锂电池领域专利申请的来源地域，对申请人所属的申请国家进行了统计，具体如图 40 所示。

由图 40 可以看出：中国申请人占了中国范围内磷酸铁锂电池领域专利申请人的 90% 以上，美国、韩国、日本、德国、加拿大、英国、法国等国家的申请人所占的比例不到 10%。

（7）重点申请人分析

为了了解重点申请人的申请情况，下面对海洋王照明科技股份有限公司和

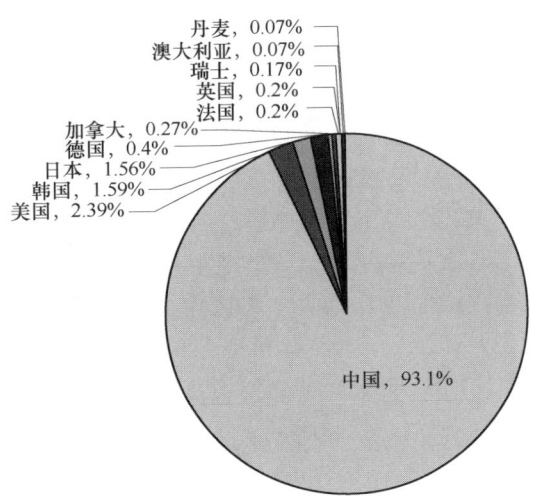

图 40　中国石墨烯锂电池领域的专利申请人的国别分布情况

ARUNA ZHAMU 的专利申请情况进行具体分析:

1) 海洋王照明科技股份有限公司(海洋王照明)

海洋王照明科技股份有限公司是一家民营股份制企业,主要从事各种专业照明设备的研发、生产和销售。在我国石墨烯专利领域,海洋王照明的申请量位居第一位,从 2010 年开始就在石墨烯锂电池领域进行专利布局。

海洋王照明在石墨烯锂电池领域的专利申请主要分布于中国,因此,这部分的分析针对海洋王照明在中国范围内石墨烯锂电池领域的专利申请进行。

① 申请趋势:

图 41 显示的是海洋王照明在石墨烯锂电池领域的专利申请趋势。由图 41 可以看出:海洋王照明在石墨烯锂电池领域的专利申请为 70 余件,分布在 2010—2013 年这 4 年之中,最近几年没有申请。不过,海洋王照明在石墨烯领域一直在进行持续的研发工作,在未来一段时间,仍有可能在石墨烯锂电池领域布局专利申请。

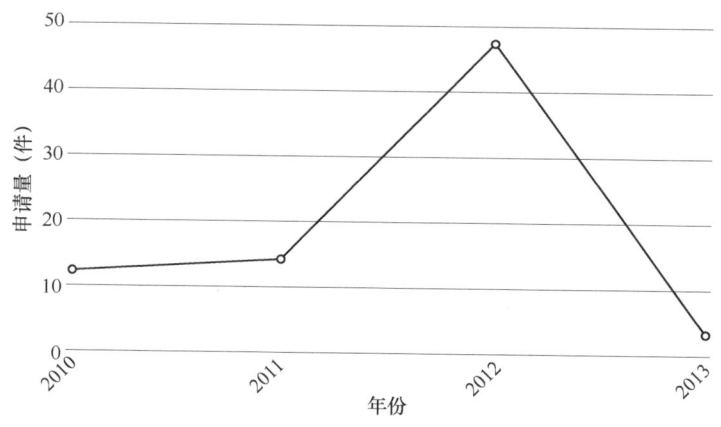

图 41 海洋王照明在石墨烯锂电池领域的专利申请趋势

② 技术构成:

图 42 显示的是海洋王照明在中国石墨烯锂电池领域的专利申请的技术构成情况。由图 42 可以看出:海洋王照明在多个技术方向上均有专利申请,其中,H01M10/0525(摇椅式电池,即两个电极均插入或嵌入有锂的电池;锂离子电池)、H01M4/62(在活性物质中非活性材料成分的选择,例如胶合剂、填料)、H01M10/058(构造或制造)、H01G9/042(以材料为特征的)是申请量相对较多的方向。

③ 专利有效性:

图 43 显示了海洋王照明在中国石墨烯锂电池领域的专利有效性情况。由图 43 可以看出,清华大学的专利申请大部分已经完成审查,其中,有 45.57%的专利维持有效,48.1%的专利或专利申请已经失效,只有不到 7%的专利申请处于审查阶段。

新材料动力电池在电动汽车中应用的专利技术分析 439

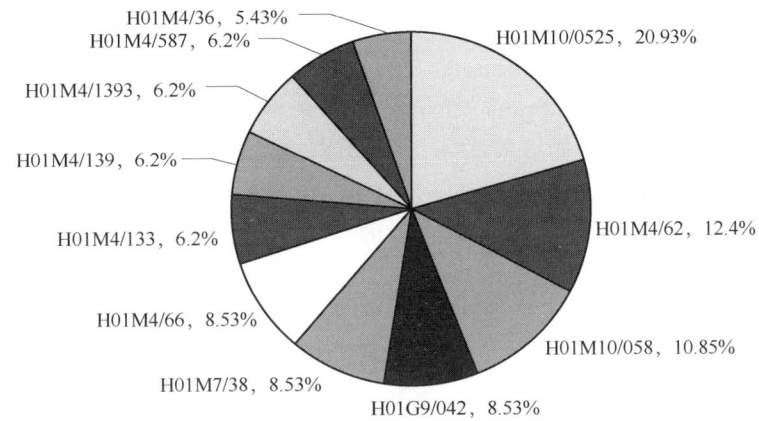

图 42　海洋王照明在中国石墨烯锂电池领域的专利申请的技术构成分布图

2）ARUNA ZHAMU（扎姆·阿茹娜）

Dr. Aruna Zhamu 在高分子材料、纳米材料、储能材料等领域均有杰出贡献，她是世界上最早使用单原子层石墨烯并使之应用到复合材料及储能应用领域的科学家，拥有 90 多项基于石墨烯的专利或专利申请。

① 申请趋势：

图 44 显示的是 Dr. Aruna Zhamu 在石墨烯锂电池领域的专利申请趋势。由图 44 可以看出：Dr. Aruna Zhamu 在磷酸铁锂电池领域的专利申请的总量并不高，且均为美国申请，每年的申请

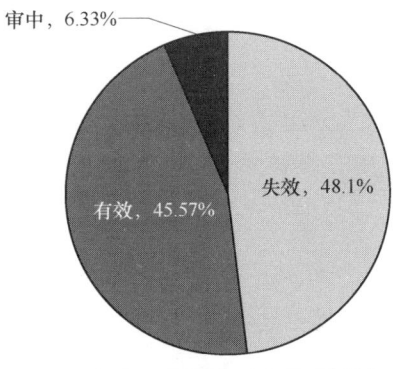

图 43　海洋王照明在中国石墨烯锂电池领域的专利有效性情况

量偶然性较大，因此并没有明确的趋势，这可能与 Dr. Aruna Zhamu 作为科学家较多从事基础性研究有关。随着科研的进行，Dr. Aruna Zhamu 在以后的每一年中应该都会有一定量的专利申请。

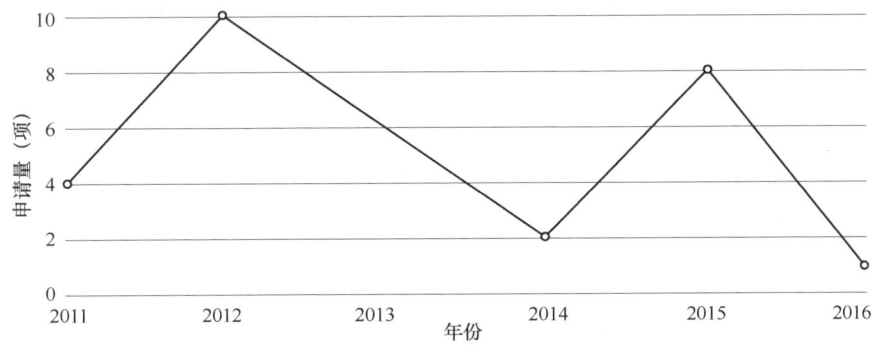

图 44　Dr.Aruna Zhamu 在石墨烯锂电池领域的专利申请趋势

② 技术构成：

图 45 显示的是 Dr. Aruna Zhamu 在石墨烯锂电池领域的专利申请的技术构成情况。由图 45 可以看出：Dr. Aruna Zhamu 在多个技术方向上均有专利申请，其中，H01M4/583（碳质材料，例如石墨层间化合物或 CFx）、B82Y30/00（用于材料和表面科学的纳米技术，例如：纳米复合材料）、H01M4/60（有机化合物的）是申请量比较多的方向，但是其他技术方向的申请量的差距也并不大。通过具体分析发现：Dr. Aruna Zhamu 的专利申请注重于材料，属于基础性研究。

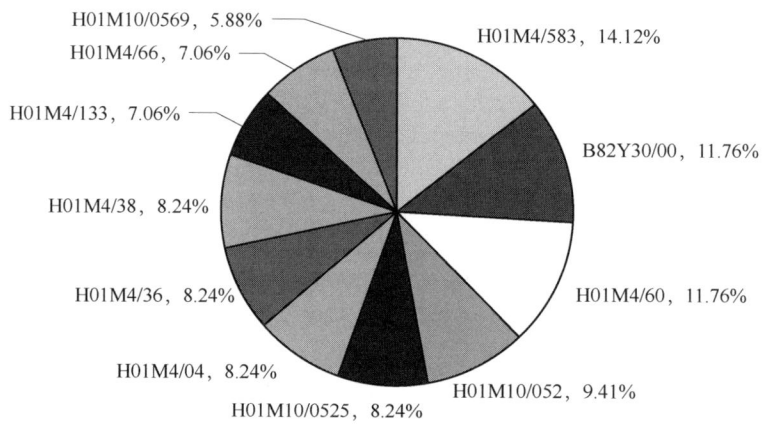

图 45 Dr.Aruna Zhamu 在石墨烯锂电池领域的专利申请趋势的技术构成分布图

4．三元锂电池

（1）技术概述

三元锂电池（三元镍钴锰电池）是指正极材料使用镍钴锰酸锂（Li(NiCoMn)O$_2$）三元正极材料的锂电池，三元复合正极材料前驱体产品以镍盐、钴盐、锰盐为原料，里面镍钴锰的比例可以根据实际需要调整。

三元锂电池是指正极材料使用镍钴锰酸锂、镍钴铝酸锂等的锂电池。三元锂电池的优点在于：能量密度高，循环性能好于正常钴酸锂。随着配方的不断改进和结构完善，电池的标称电压已达到 3.7V，在容量上已经达到或超过钴酸锂电池水平；其缺点在于：三元材料动力锂电池主要有镍钴铝酸锂电池、镍钴锰酸锂电池等，由于镍钴铝的高温结构不稳定，导致高温安全性差，且 pH 值过高易使单体胀气，进而引发危险，目前造价较高。

（2）申请趋势分析

为了了解世界范围内三元锂电池的专利申请的总趋势，本报告针对三元锂电池领域的专利申请的申请量和申请趋势进行了统计，具体结果如图 46 所示。

由图 46 可以看出，三元锂电池领域的专利申请大致经历了以下两个阶段：

第一阶段（1998—2008 年）：专利申请量一直在缓慢增长，但申请量一直未超过

100 件/年。

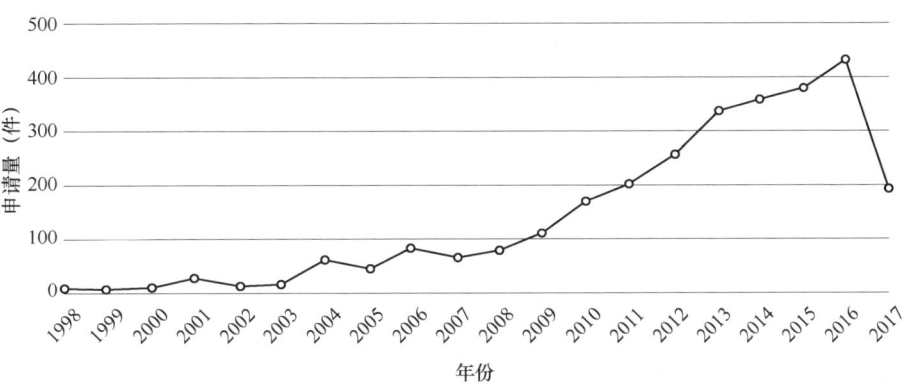

图 46 三元锂电池领域的专利申请趋势

第二阶段（2009 年至今）：这几年之中，三元锂电池领域的专利申请一直持续增长，并保持了较快的增速。

通过这些年的申请趋势可以看出，三元锂电池技术是一种有较好应用前景的技术，在这一领域正逐渐成为企业研发的重点领域，近几年专利申请的数量保持了一个较高的增速，未来这一领域也将是研发的重点，随着技术的进步专利申请量也会一直保持稳定。

（3）技术构成分析

图 47 显示的是三元锂电池领域的专利申请的技术构成情况。

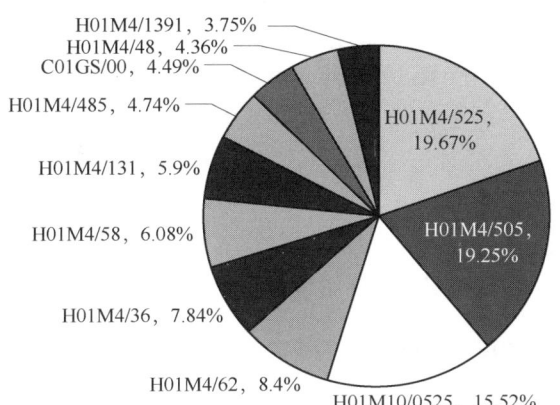

图 47 三元锂电池领域的专利申请的技术构成分布图

由图 47 可以看出，H01M4/525（插入或嵌入轻金属且含铁、钴或镍的混合氧化物或氢氧化物的，例如 $LiNiO_2$、$LiCoO_2$ 或 $LiCoO_xF_y$ 的）、H01M4/505（插入或嵌入轻金属且含锰的混合氧化物或氢氧化物，例如 $LiMn_2O_4$ 或 $LiMn_2O_xF_y$ 的）、

H01M10/0525（摇椅式电池，即其两个电极均插入或嵌入有锂的电池；锂离子电池）是位于前三位的技术方向，专利数量占了三元锂电池领域的一半以上，而其他几个技术方向的占比则在 5%～8%，而且基本均是涉及电极活性物质。通过进一步分析可以看出：目前三元锂电池方面的研究主要集中于电极活性物质方面，还处在基础研究的程度，专利申请人对于各个技术方向的研发都有所涉及。

（4）申请地域分析

为了了解全球三元锂电池领域专利的申请地域，对申请地域进行了统计，具体如图 48 所示。

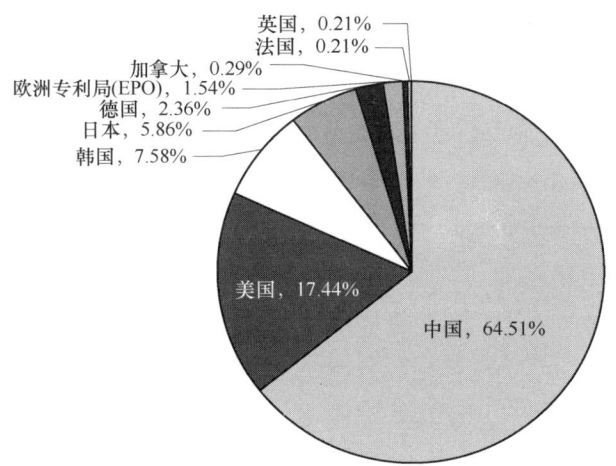

图 48　全球三元锂电池领域的专利申请的申请地域分布情况

由图 48 可以看出：中国是全球三元锂电池领域专利申请的主要区域，申请量占到了 60%以上，美国、韩国、日本、德国、EPO、加拿大、法国、英国等依次排在其后。

总体上看，在这一领域中，中国在数量上占据了主要位置，是专利申请较多的国家，有大量的中国申请人在这一领域布局了较多的专利申请。

（5）申请人排名分析

为了解全球三元锂电池应用的分布情况及其申请态势，按照专利申请总量，对前 10 名的申请人的专利申请的情况进行了统计，得到表 10。

表 10　全球三元锂电池专利申请数量前 10 位的申请人排名

排名	申请人	专利数量（项）
1	SAMSUNG SDI CO LTD（三星 SDI）	72
2	SANYO ELECTRIC CO LTD（三洋电气）	40
3	SUMITOMO METAL MINING CO LTD（住友）	40
4	KABUSHIKI KAISHA TOSHIBA（东芝）	39

续表

排名	申请人	专利数量（项）
5	东莞新能源科技有限公司	36
6	LG CHEM LTD（LG 化学）	34
7	宁德新能源科技有限公司	31
8	中南大学	29
9	深圳市比克电池有限公司	29
10	青岛乾运高科新材料股份有限公司	29

由表 10 可以看出，三元锂电池领域申请人排名的前 10 位中，外国大企业和中国企业各占据 5 席，但是各申请人的申请量均不是很大，在未来几年内，排名会随着申请量的变化而产生变化，中国企业目前对于三元锂电池逐渐重视，排名有可能再次提升。

（6）中国专利申请的申请人所属地域分析

为了了解中国范围内三元锂电池领域专利申请的来源地域，对申请人所属的申请国家进行了统计，具体如图 49 所示。

由图 49 可以看出：国内申请人是中国三元锂电池领域专利申请人的主体力量，占了接近 90%，其他国家的比例约为 13%。

总体上看，在这一领域中，中国在数量上占据了主要位置，是布局专利最多的国家，中国有较多申请人在从事三元锂电池的研发，随着时间的推移，国内申请人在这一领域的申请人中所占的比例有可能进一步上升。

（7）重点申请人分析

为了了解重点申请人的申请情况，下面对 SAMSUNG SDI CO LTD（三星 SDI）和东莞新能源科技有限公司（ATL 公司）的专利申请情况进行具体分析。ATL 公司仅在中国有专利申请，因此，这部分的分析针对 ATL 公司在中国范围内三元锂电池领域的专利申请进行。

1）SAMSUNG SDI CO LTD（三星 SDI）

三星 SDI 成立于 20 世纪 70 年代，隶属于韩国三星集团。三星 SDI 以真空

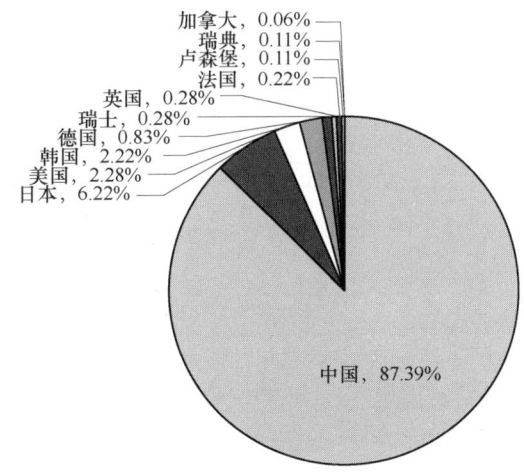

图 49 三元锂电池领域的专利申请人的国别分布情况

管、显管事业为开端,逐步扩展至 LCD、PDP、AMOLED 等产品。2000 年,三星 SDI 进军锂离子二次电池事业,成长为三星 SDI 的核心事业项目。目前,三星 SDI 的锂离子二次电池事业从手机、笔记本电脑等数码产品到 xEV 类的电动车、电力储藏用 ESS（Energy Storage System）等多方面都在快速扩张。

① 申请趋势:

图 50 显示的是三星 SDI 在三元锂电池领域的专利申请趋势。由图 50 可以看出:三星 SDI 在三元锂电池领域的专利申请为 72 件,但是时间跨度有 16 年,在 2013 年之前,每年的申请量基本处于上升的趋势,但是,在 2013 年之后,申请量有所下降。不过,随着对于三元锂电池的研究热度的提升,三星 SDI 在以后的每一年中应该都会有一定量的专利申请,甚至布局大量的专利申请。

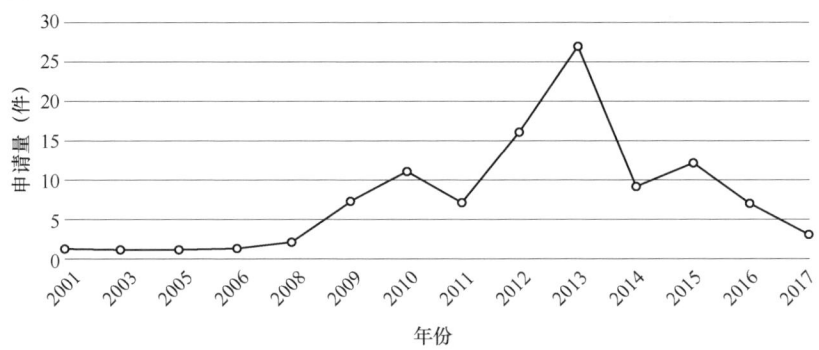

图 50　三星 SDI 在三元锂电池领域的专利申请趋势

② 技术构成:

图 51 显示的是三星 SDI 在三元锂电池领域的专利申请的技术构成情况。由图 51 可以看出:三星 SDI 在多个技术方向上均有专利申请,但是这些技术方向所涉及的主要是电极的活性物质。

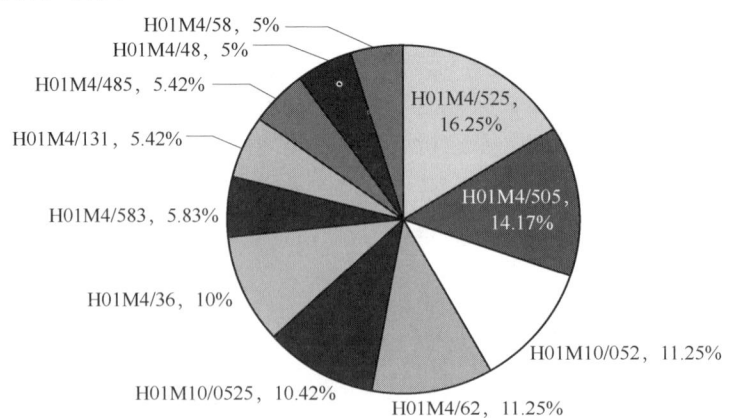

图 51　三星 SDI 在三元锂电池领域的专利申请的技术构成分布图

2）东莞新能源科技有限公司（ATL 公司）

东莞新能源科技有限公司（简称 ATL）总部位于香港，是致力于可充式锂离子电池的电芯、封装和系统整合的研发、生产和营销的高新科技企业，是苹果手机电池供应商。公司在全球专业锂电池制造商中，其技术、产能与销量均处于领先地位。ATL 生产的锂电池被广泛应用于各种消费电子产品。与此同时，ATL 正在积极拓展电动汽车与储能系统市场。

① 申请趋势：

图 52 显示的是 ATL 公司在三元锂电池领域的专利申请趋势。由图 52 可以看出：ATL 公司在三元锂电池领域的专利申请为 36 件，时间跨度有 8 年，基本上每年都有一定的申请，由于申请量较少，并没有体现出明显的趋势。

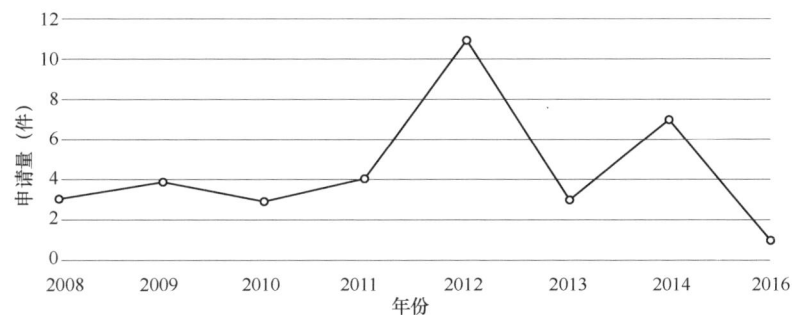

图 52　ATL 公司在三元锂电池领域的专利申请趋势

② 技术构成：

图 53 显示的是 ATL 公司在中国范围内三元锂电池领域的专利申请的技术构成情况。由图 53 可以看出：ATL 公司的专利申请总量虽然不是很高，但是在多个技术方向上均有专利申请，这些技术方向所涉及的主要是电极的活性物质。

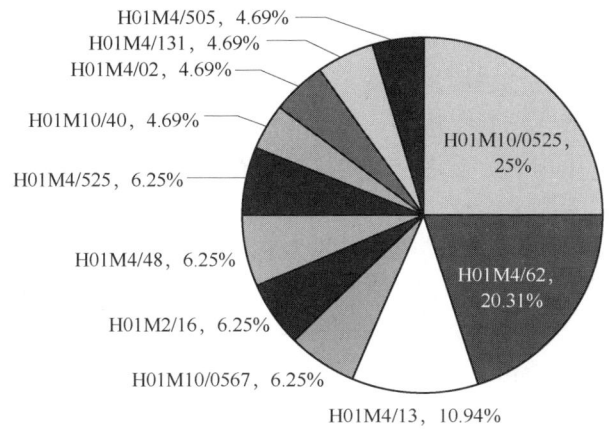

图 53　ATL 公司在中国范围内三元锂电池领域的专利申请的技术构成分布图

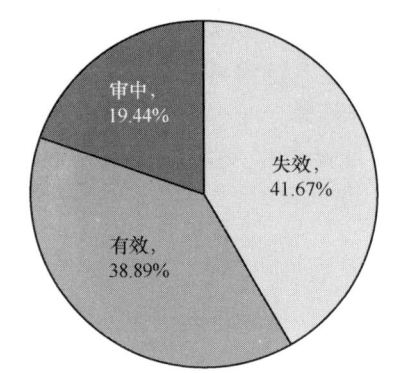

图 54　ATL 公司在三元锂电池领域的专利有效性情况

③ 专利有效性：

图 54 显示了 ATL 公司在中国石墨烯锂电池领域的专利有效性情况。由图 54 可以看出，ATL 公司的专利申请大部分已经审查，其中，有 40%左右的专利维持有效，40%的专利或专利申请已经失效，只有不到 20%的专利申请处于审查阶段。

五、结论及建议

（一）主要结论

① 从全球专利年度申请量发展趋势图中可以看出，2003 年至今，动力电池领域的专利申请一直处于较高的水平，随着全球各个国家对于新能源汽车在政策、资金方面所给予的支持力度的加大，各企业、大专院校、科研机构对于各种动力电池的探究和研发热情持续高涨，动力电池药物领域保持持续快速地发展，专利申请的活跃度非常高。

② 从全球地域分布来看，日本企业在动力电池领域的专利申请量占据较大的优势，尤其是在燃料电池领域，这也得益于日本企业在汽车领域一直所处的优势地位，以及在电池领域所积累的研发经验。

从中国专利申请来看，总体上，动力电池领域中国专利申请的年申请量一直呈上升趋势。从 2010 年开始，专利申请量开始了较快的增长，目前是中国在动力电池领域的专利申请的重要时期，而且，中国的汽车企业以及相关研究机构在之前几年一直在增加研发投入，近几年正是获得研发成果，申请专利的时期。这一阶段属于技术高速发展的阶段，同时也反映了动力电池领域的技术不断成熟和完善，专利行业不断蓬勃发展。

③ 从动力电池领域的专利申请的方向看，日韩企业更加注重燃料电池、充电控制等方向的专利申请，在燃料电池领域，日本企业在 2003—2008 年内在燃料电池领域布局了大量的专利，而且专利质量高、专利布局比较合理，目前在这一方向上的专利申请仍处于优势地位。中国企业在这一方面虽然也有较多的专利申请，但是大多是跟踪研发和申请，高质量的专利申请较少。燃料电池虽然有其自身较为明显的优缺点，但是其目前的应用是比较多的，随着研发的持续投入和研究成果的产出，相信这一领域仍旧是各企业申请专利的重点方向，改进型发明的专利申请的数量仍有可能增长。

对于目前应用较多、评价较好的磷酸铁锂电池，各申请人在磷酸铁锂电池领域布局了大量的专利，磷酸铁锂电池作为一种目前有较多应用的动力电池，在最近几年得到了较大的发展。中国的新能源汽车企业采用磷酸铁锂电池的较多，中国企业在磷酸铁锂电池领域的专利申请在 2010 年之后有很大的增加，这可能与 2010 年 8 月开始的由中国电池工业协会作为专利无效请求人与加拿大魁北克水电等公司所进行的磷酸铁锂专利无效、诉讼有关。但是，磷酸铁锂的比能量不高，这就导致动力性较低，未来将不能满足乘用车在续航里程方面的需求。因此，短期内磷酸铁锂电池领域的专利申请有可能继续增长，但是从长远来看，这一领域的专利申请将不会维持增长的势头，甚至有可能下降。

石墨烯锂电池是比较新的研究方向，目前这一领域的专利申请一直保持较快的增长，大部分的申请均是在中国。中国的大学、科研机构对此给予了较多的关注，目前在这一领域申请了一定量的专利，但是目前的科研更偏重于基础研究，距离实际应用还有一定的距离。随着市场对动力电池相关要求的逐渐提高，相信未来企业等申请人会在这一领域投入研发力量，以期占据一席之地。在未来一段时间内，石墨烯锂电池领域的专利申请量会持续增长，并保持较高的涨幅。

三元锂电池也是一个比较新的研究方向，目前这一领域的专利申请数量还比较少，但是近几年一直保持增长的态势。三元锂电池领域的专利申请大部分集中在中国，但是从申请人排名来看，这一领域占据前几位的仍旧是国外企业，中国申请人申请的专利数量虽然比较多，但是比较分散。

④ 根据动力电池领域的专利申请人排名情况来看，企业是动力电池领域申请专利的主要力量，在申请数量方面占据了绝大多数。动力电池技术所涉及的技术较多，需要长时间的技术积累，并且所需要的研发力量和经费也比较多，这都不是一般单位和个人所能够承担的。因此，在这一领域中，专利申请的大户主要是全球化的大企业，尤其是一直从事汽车领域的研发、生产、销售的全球化汽车企业。

而根据中国动力电池领域专利申请人的申请类型来看，企业也是中国动力电池领域申请专利的主要力量，但是，大专院校和科研单位在某些领域，尤其是基础研究阶段的领域，占据了一席之地，这是中国独有的专利申请特色，大专院校和科研单位作为中国科研力量最强的主体，是动力电池领域申请专利不容忽视的力量。而且，从申请人的组合可以发现：中国的企业和大专院校、科研单位也逐渐开展合作，共同进行研发并申请专利。

⑤ 日本是国外来华申请的主体力量，日本在中国的申请量比其他国家高出很多。另外，各主要国家来华申请的主体均为各国具有较强实力的代表性知名企业。虽然相对于国内专利的申请量，国外来华专利申请量也一直维持比较高的水平，但是从数量上来看，已经过了申请量较多的阶段，目前处于申请量比较稳定的阶段。

⑥ 在不同的技术方向上，动力电池专利技术也有不同的侧重：燃料电池这一领域的研发有着较长的时间，专利申请主要集中在隔膜、质子膜燃料电池、固体氧化物燃料电池、保证燃料电池安全运行的技术等方面，日韩美企业掌握了燃料电池领域的核心技术，设置了重重技术壁垒。磷酸铁锂电池，这一动力电池已经有广泛的应用，专利申请的技术主要涉及的是电极材料、电极中所采用的填料等，在磷酸铁锂材料的

基础上又开发磷酸亚铁锂以外的材料；国外企业在磷酸铁锂电池领域掌握着核心专利，对于中国磷酸铁锂电池产业的发展具有很大的限制。石墨烯锂电池，这一技术方向的研发仍处于基础研究阶段，专利申请的技术主要集中在石墨烯在电池活性物质、电解液等中的应用这些方面；目前这一领域的专利布局还不是很多，并且，中国企业和科研单位已经布局了部分专利，在这一领域占据了一定的地位。三元锂电池，这一技术方向的研发仍处在基础研究阶段，专利申请的技术主要集中在电极活性物质方面，例如镍钴锰酸锂电极材料、电极活性物质所采用的填料、黏合剂等；目前这一领域的专利申请相对较少，未来有可能成为专利布局的重点。

⑦ 全球范围内，动力电池领域的研究集中在近 15 年，近 15 年的专利申请量达到 92%。近 10 年的占比超过一半。近 5 年来，动力电池领域的专利申请量占总比 30%，说明各国一直关注着动力电池的研究，并取得了一定的技术成果。

从地域分析中可以看出，未来一段时间，日本、中国美国这三个国家在动力电池领域的研究或是在技术上将继续领跑其他国家或地区，成为全球范围内的技术创新最为活跃、技术产出最多的国家。

从申请人分析中可以看出，排名靠前的申请人国别主要为日本、中国、美国、韩国，也表明动力电池领域这四个国家的研发或技术创新比较活跃。

⑧ 综合专利申请量、申请人排名和各个领域的专利申请情况来看，日本企业在动力电池领域的专利申请具有良好的专利布局，其在日本本土的专利申请数量最高，但是在申请日本专利的同时，还就价值较高的技术申报了 PCT 国际申请，并通过巴黎公约的形式或者 PCT 进入国家的形式在中国、美国、欧洲等国家和地区也进行了相应的专利布局。并且，对于其所获得的专利权也有相应的运营方案，对于没有价值的专利或进行转让，或者直接放弃，既节省了管理成本，也获得了一定的收益。

而反观中国申请人在动力电池领域的专利申请，绝大部分申请都集中在中国，PCT 国际申请和外国申请的数量相对很少，而且，大部分申请人对于自己的专利申请没有专利布局方案，更没有专利运营方案，申请专利的目的不够清晰。

（二）发展建议

① 日本企业在动力电池领域的研发工作和专利申请工作持续了很多年，积累了大量的研发经验和技术成果，有着清晰的专利战略，在全球多个国家和地区申请了大量的专利，在专利布局、专利运营等方面有着丰富的经验，在多个领域为竞争对手设置了重重技术壁垒，虽然部分专利在未来几年将因为保护期到期而失效，但是，日本企业在各国申请的都是"专利群"，大量的专利对于我国企业的发展仍能够构成一定的障碍。

在过去的十年之中，我国在动力电池领域的研发和应用获得了较快的发展，在各个具体的技术方向上均取得了一定的成果，但是与日本、美国、韩国、欧洲等国家和地区的企业相比还存在一定的差距。中国企业的专利申请更多的是跟踪申请，技术方案主要集中在现有技术方案的改进，创造性较低，部分专利的质量也比较差，基础专利和核心专利的数量和质量仍需要不断提高。而且，大部分中国企业只关注专利申请的数量，部分企业存在着"为申请而申请"的情况，在专利授权之后存在着将专利权"束之高阁"的情况，对于专利布局、专利运营的重视度不够，甚至可以说没有这方面的概念。对于这种情况，建议中国企业重视专利工作，明确企业在行业中的定位、发展目标、技术优势以及综合实力等情况后，确定企业的专利战略，进而制定科学合理的专利布局方案，避免同质化的技术研发和专利申请。对于待申请专利的技术方案，应客观分析技术方案的价值、获得专利保护的可能性以及获得专利权后的专利保护范围，进行科学合理的布局。对于不适合申请专利的技术方案应妥善保密，以技术秘密等形式保护。对于所获得的专利权，应制定相应的专利运营方案，发挥专利权应用的作用，使专利真正"活"起来。

② 在国家政策的引导和财政补贴的推动下，我国新能源汽车行业，尤其是动力行业，获得了较快的发展，各地成立了很多动力电池企业。但是，在 2017 年，动力电池行业逐渐进入"产能淘汰期"，国家的相关补贴政策也一直在进行调整。在资金短缺、补贴退坡和产业政策门槛提高的重重压力下，很多中小动力电池企业将通过并购重组寻求出路。2016 年下半年，锂电行业兼并购事件层出，显露出产业集聚趋势。

中国动力电池行业在经过了前几年的高速发展之后，必然会迎来调整期，随着动力电池市场竞争加剧和准入标准提高，许多规模较小、没有建立完善的安全质量体系，以及没有足够的研发力量、不能坚持自主研发的企业，将被淘汰或被兼并收购，这符合市场规律，也有利于动力电池行业的发展。建议动力电池行业的企业在这一调整期内，结合自身技术情况，对企业所持有的专利进行整合，可以考虑通过兼并收购的方式弥补自身专利地图中的不足，完善专利布局，提高在相应的技术领域的地位和实力。

动力电池领域的技术方向很多，而且未来的发展方向虽然有一定的趋势，但是各种动力电池均有其各自的优缺点，目前还没有一种电池能够完全符合市场预期，各种技术均在持续进行研发，对于一家企业来说，难以同时具备在多个技术方向均投入大量科研力量和资金的实力。因此，除了兼并收购之外，企业之间也可以考虑通过相互合作来提高自身的技术实力，共享研究成果，同行业的企业之间、上下游企业之间均可以进行技术合作、专利合作。另外，在合作的过程中，企业应加强与大专院校、科研机构的合作，将企业的生产实践、应用经验与大专院校、科研机构在基础科学方面的研究成果结合起来，增强自身实力，同时也可以支持大专院校、科研机构的研究工作，以获得更多的研究成果。

③ 我国动力电池领域目前主要是受到国外来华企业的限制，例如外国企业在中

国申请的专利等，中国企业与外国企业之间也产生过一些专利纠纷，中国的企业也可以建立专利池，将自己所拥有的专利注入专利池，形成自己的专利同盟，共同抵御外国企业。

目前，绝大部分中国企业仅关注于中国市场，对于全球市场并未予以关注，但是动力电池领域的竞争是国际化的竞争，目前已经有一些中国企业参与进来，但还有很多的中国企业对此没有进行准备。对此，建议中国企业着眼于全球市场进行规划，在参与国际市场的竞争之前，提前做好专利布局工作。同时，在产品销往海外之前，要尽量做好专利预警工作，避免遭遇专利纠纷。

④ 目前，中国企业在动力电池的先进材料、机理方面的研究比较差，电池结构设计技术还不太先进，制造的自动化程度也比较低，精工艺的开发能力也比较弱，电池系统涉及技术比较落后，较外国企业还有一定的差距，建议中国企业在这些方面给予足够的重视、投入足够的研发力量和资金。虽然基础性研究不如应用研究更贴近市场，但是，基础性研究的研究成果对于企业的技术实力是质的提升，能够使企业更好地打破外国企业所设置的技术壁垒，规避相关的风险，为企业的发展打下良好的基础。

⑤ 燃料电池的核心技术为日本、韩国、美国的企业所掌握，我国企业目前在燃料电池领域虽然有较多的申请，但是核心专利比较少，专利申请的质量也不是很高。

目前，特斯拉公司和丰田公司均宣布将无偿提供燃料电池相关专利的使用权，这两家企业试图通过开放的方式来吸引企业参与到燃料电池的研发中来，扩大市场，推进燃料电池的发展。未来，电动汽车市场广阔，发展前景良好，燃料电池是未来动力电池的主要发展方向之一，建议中国企业利用好开放专利的机会，积极进行研发，掌握自己的核心技术，在这一领域占据自己的一席之地，争取在竞争中处于优势地位。

⑥ 优良的正极材料应兼顾良好的安全性、动力性和持久性。磷酸铁锂材料热稳定性和安全性很高，但它的比能量不高，这就导致磷酸铁锂材料的动力性较低，未来将不能满足乘用车在续航里程方面的需求。到 2020 年，我国锂离子动力电池的单体比能量将会达到 300Wh/kg，甚至可以达到 350Wh/kg，这就要求在锂离子电池材料方面，不能再继续使用磷酸铁锂作为正极材料，而应该重点发展三元材料。三元锂电池能量密度高、低温性能好、可靠性高、寿命长、电池续航也更长，虽然，乘用车的动力电池路径选择，业内仍存在分歧，三元锂电池是否能取代磷酸铁锂电池依然存在诸多不确定性，空气电池、燃料电池、石墨烯电池等都有可能成为磷酸铁锂电池的替代者，企业可以根据自身情况选择合适的技术方向开展相应的研发工作。

中国的一些企业、大专院校和科研机构在石墨烯锂电池等新的技术方向上已经积累了一定的科研成果，对于这些技术方向应该持续投入研发力量和资金，以期获得更进一步的发展，并就相应的科研成果积极申请专利，形成中国企业自己的专利布局。

六、结束语

本课题的数据及分析主要反映了动力电池相关技术的现状及发展趋势，希望能够起到抛砖引玉的作用，也希望读者对动力电池领域的发展现状有更深的认识并有所收获。随着各国的研发人员对动力电池的不断研究与探索，动力电池在电动汽车领域已经有了更多的应用价值价值，并且，动力电池相关技术会继续发展下去，未来会给我们带来更多的收益。

大气环境监测体系专利技术现状及发展趋势研究

赵鹏　王小东　徐敏刚　张美芹　付林　张志华　徐福德

一、引言

（一）研究意义及目的

2017年10月18日，习近平同志在十九大报告中指出，坚持人与自然和谐共生，须树立和践行绿水青山就是金山银山的理念，坚持节约资源和保护环境的基本国策。保护环境的其中一项重要任务就是持续实施大气污染治理行动，实行保卫蓝天计划。要对大气环境进行治理，首先就要对大气环境状况作出及时、准确的反应，通过预测大气环境发展趋势，为制定控制污染源与环境保护的规划提供有用的依据。因而，对大气环境监测进行研究有着非常重要的意义。

本文期望尽可能全面地展示大气环境监测体系的专利技术现状，并通过对关键技术分支以及国内外专利分布进行对比研究，找出国内创新主体面对的风险和机遇，并预测这一行业的发展趋势，为我国环保企业、科研院校等提供参考和借鉴。同时通过对目前国内外大气环境监测体系布局以及污染物监测数据的数据处理方式进行专利分析来为各级政府以及国内相关企事业单位的决策提供参考。

（二）大气环境监测概况

1. 大气环境监测的发展概况

大气环境监测是指为了确定大气环境质量、大气污染现状及其变化趋势，对大气中各种污染因子的种类和浓度进行测定的过程。大气环境监测源于大气环境污染的出现，并随着大气环境的日益恶化而受到重视。

大气环境监测是进行大气环境研究的重要技术手段。大气环境监测是间断或连续地对大气中污染物的种类、浓度进行观测，分析其变化趋势以及对大气环境的影响。

自有人类之日起，就开始了对地球大气环境的利用和影响。人类在进化和发展的过程中，参与了大气环境的能量交换和物质循环，不断改变着地球大气环境，并由此产生了一系列的大气环境问题。

在人类社会发展的早期，由于生产力低下，人类向大气中排放的污染物种类和数量都比较少，因此，大气环境污染的问题并不突出。工业革命后，由于机器的广泛使用，工业生产得以迅速发展，人类随之排放的污染物大量增加，造成了大气污染。20世纪70年代以前，世界八大公害事件中有五件就是大气污染事件，这些事件造成了成千上万的人发病或死亡。随着工业的高速发展，大气污染造成的灾害更加严重。近几年，中国频繁发生的雾霾对大气环境也造成了严重影响。面对大气环境质量的日趋下降，社会对大气环境质量的关注程度越来越高，大气环境监测就受到越来越高的重视。

在西方发达国家，大气环境监测工作开展于20世纪50年代。当时的监测方式是人工定时定点采样，然后把样品带回实验室进行化学分析，监测项目多为化学污染物。这一时期的大气环境监测处于被动监测阶段。从20世纪70年代开始，随着科学的发展，人们逐渐认识到影响大气环境质量的因素不仅是化学因素，还有噪声、光、热、电磁辐射、放射性等物理因素。因此，大气环境监测的手段除了化学手段外，还有物理、生物等手段。同时，监测范围也从点污染的监测发展到面污染及区域性污染的监测。这一阶段称为主动监测阶段。从20世纪70年代初开始，一些发达国家相继建立了自动连续监测系统，并使用了遥感、遥测技术，监测仪器用电子计算机遥控，监测数据用有线和无线传输方式发送到监测中心控制室，进行集中处理。故可以在短时间内观察到空气中污染因子的浓度或变化，预测、预报未来的大气环境质量。这一阶段称为自动监测阶段。在这个阶段，有关国际组织建立了全球大气环境监测系统，开展了国际性大气污染监测。

我国于20世纪50年代开始了初步的大气环境监测工作。一方面，卫生防疫部门和城市建设部门在一些城市开展了大气环境的卫生学调查及常规检测工作；另一方面，针对工业企业工作场所的空气质量开展职业卫生监测。这个阶段也属于人工采样和零散的被动监测。20世纪70年代中期，我国各地的环境保护机构相继正式开展了大气污染监测工作，从此进入主动监测阶段。我国从20世纪90年代开始，才在经济发达地区和省会城市逐步建立了大气环境连续自动监测系统，监测技术也得到了长足发展。1979年，我国作为全球大气环境监测系统的成员国，开始参与国际大气污染监测工作。

2. 大气环境监测的特点

（1）监测的综合性

大气环境监测的综合性主要表现在以下几个方面：首先是监测手段的综合性，由于造成大气污染的污染因素包括化学、物理、生物等多种因素，故对不同的污染因素需要用化学方法、物理方法、生物方法等多种方法进行监测；其次是监测数据处理的综合性，即在对大气监测数据进行处理分析时，由于涉及该地区的自然条件和社会各方面的情况，因此，必须对这些因素综合考虑，才能正确理解和解释监测数据所代表的实际意义。

（2）监测的连续性

由于大气污染因素的浓度或强度具有随时间变化的特点，因此，只有坚持长期连续的监测，才能从大量的观测数据中总结出污染因素的变化规律，预测未来的变化趋势。

（3）监测的追踪性

为了使监测结果具有一定的准确性，并能使不同时期、不同地点、不同人员测定得到的数据具有代表性、完整性和可比性，就必须对大气环境监测工作有关的采样点布置、样品的采集与保存方法、测定方法、实验所用试剂、分析仪器与设备、数据处理方法等每个可能影响监测结果的环节进行控制，即对监测全过程进行质量控制，建立质量保证体系，以对监测数据的可靠性进行追踪和监督。

总之，由于影响大气环境质量的污染因素繁多，且相互之间与大气环境条件作用复杂，因此，大气环境监测工作的难度较大，要求高。

（三）大气环境监测技术概述

总体来说，大气环境监测技术包括采样技术、测试技术和数据处理技术。

1. 采样技术

在大气环境监测的过程中，首先进行的就是对大气进行采样，获得要进行分析的采样样本。传统上，采集大气样本的方法可划分为直接采样法和富集（浓缩）采样法两类。

当大气中的被测组分浓度较高，或者监测方式灵敏度高时，从大气中直接采集少量气体即可满足监测分析的要求。例如，用非色散红外吸收法测定空气中的一氧化碳，用紫外荧光法测定空气中的二氧化碳，都用直接采样法。这种方法得到的结果是瞬时浓度或短时间内的平均浓度，且能较快地测知结果。直接采样法采用的仪器一般有注射器、采气袋、采气管以及真空瓶等。

大气中污染物的浓度一般都比较低（ppm～ppb 数量级），用直接采样法采集的样本往往不能满足分析方法检测限量上下限的要求，故需要使用富集采样法对大气中的污染物进行浓缩。富集采样法所需时间一般比较长，测得结果代表采样时段的平均浓度，故更能反映大气污染的真实情况。这类采样方法有溶液吸收法、固体阻留法、低温冷凝法、扩散（渗透）法及自然沉降法等。

用直接采样法采集空气样本时可不使用动力装置，但用富集采样法时需要使用的采样仪器则需要有动力装置，其主要由收集器、流量计和采样动力三部分组成。将收集器、流量计、抽气泵及气样预处理、流量调节、自动定时控制等部件组装在一起，就构成了专用采样装置，其按用途可分为大气采样器、颗粒物采样器和个体采样器。

2. 测试技术

测试技术是大气环境监测的关键技术。目前已经建立的大气环境监测的测试技术已有上百种。根据监测项目的性质和监测要求，大致可以分为化学分析技术、仪器分析技术、生物监测技术、遥感技术、物联网技术等。

化学分析技术根据化学反应对污染组分进行测定。这类技术的主要特点是准确度高、所需仪器设备简单，适用于常量组分的测定，但对微量组分则不适用。其中，容量分析法主要用于大气样品制备和水溶液中酸度、碱度、氨氮等的测定。重量分析法主用于大气中降尘、总悬浮颗粒物、可吸入颗粒物、烟尘、粉尘等的测定。

仪器分析技术的发展非常迅速，各种新型仪器不断研制成功，使大气环境监测技术更趋于快速、灵敏。在仪器分析技术中使用较多的是光谱分析法、色谱分析法和电化学分析法。仪器分析技术的主要特点是灵敏度高，适用于微量或痕量组分的分析，但分析误差比化学分析技术大。

生物监测技术是利用生物个体或群落对大气环境污染或变化所产生的反应，揭示大气环境污染状况的方法，是一种既直接又综合的技术。生物监测包括生物体内污染物含量的测定、观察生物在环境中的受害症状、生物的生理生化反应、生物群落结构和种类变化等手段来判断环境质量。

遥测技术是利用监测仪器定性或半定量地对远距离研究对象传感有关物理参数的特殊技术。遥测技术的主要优点是可以对污染源或污染流进行无干扰监测，而且可以监测三维空间的环境质量参数，其监测范围可遍及广大地区的大气空间，这是其他监测技术无法比拟的。简单来划分，遥测技术又包括卫星技术以及无人机技术等。

物联网技术在大气环境监测领域中的应用，可以适用不同的监测项目，结合监测的基本内容，科学地对传感器进行使用，从而使得传感器可以获得精准的数据信息，借由物联网技术实现数据的传输和共享，使得监测的精度和准确度都能得到控制，规避监测精度不准确的情况发生。物联网技术的使用减少传统环境监测的各类工序，促使环境监测更加合理有效，积极推动环境的保护。

3. 数据处理技术

在进行大气环境监测时，环境监测的数据分析是一项非常重要的工作，要保证大气环境监测的质量，提高监测数据的分析质量，就要结合相关的方法，针对不同的监测项目有针对性地使用相应的数据处理技术，做好质量控制措施的落实，这样才能提高环境监测数据的分析质量，促进环境保护的发展。目前，随着大数据技术的不断发展，已经越来越多地将大数据技术应用于大气环境监测。

从大气环境监测的角度来看，大数据的应用具有以下几个方面的优势。第一，提升生态环境综合的预警能力。过去，人们普遍认为环境监测就是提供数据，实际上环境监测还提供数据的分析，可以在环境监测的基础上为生态环境变化、自然灾害以及环境的应急提出预警。第二，提升环境保护的科学决策水平。过去，环境保护决策很大一部分依赖于对基础设施的管理，对于数据的应用是比较少的。如何运用环境监测的数据来帮助政府部门执法，提高环境监管的能力，这方面的决策水平要进一步提高,主要在于数据的基础上。第三,提高环境健康风险评价的能力。环境健康关系到每一个人,每个人都很关注和防范健康风险,对于风险的评价要以数据来说话。环境大数据的可视化能力使得能够展示一个环境风险与健康之间的关系,因此受到广泛关注。第四,提升公众的环境服务能力。公众对环境的关注是通过环保部门和与环保相关的企业公布的环境数据以及他们的知晓能力去评价结果,同时公众也可以参与到环境管理当中。大数据可以把环境监测数据广泛推向公众,并且利用物联网、云计算,可以为公众提供一个非常好的、能够互动的环境监管平台。

从以上对大气环境监测技术的概述可以看出,大气环境监测技术是一项非常综合的技术,其应用了多个领域的相关技术,例如,化学领域以及物理领域等的化学分析技术和电分析技术、光谱分析技术、色谱分析技术等,还有遥感领域的卫星技术、无人机技术,以及物联网技术等,另外,数据处理技术也是大气环境监测中的一项非常重要的技术。

二、大气环境监测体系专利技术现状分析

(一)大气环境监测体系专利技术之分析样本构成

从以上有关大气环境监测技术的概述可知,大气环境监测技术包括对监测样本进行采样的采样技术、对采样样本进行测试的测试技术以及对测试结果进行数据处理的数据处理技术。根据监测项目的性质和监测要求,测试技术又可包括化学分析技术、仪器分析技术、生物监测技术、遥测技术以及物联网技术等。下面的表1列出了据此得出的技术分解表。

表1 技术分解表

	一级	二级
大气环境监测技术	采样技术	
	测试技术	化学分析技术
		仪器分析技术
		生物监测技术
		遥测技术
		物联网技术
		其他技术
	数据处理技术	

本文研究的基础是检索到的涉及大气环境监测领域的所有专利申请。为尽可能全面而准确地检索出相关申请,需要制定有效的检索策略。

大气环境监测技术所涉及的要素总体上涉及监测对象以及监测手段这两项内容。为了进行更全面的检索，还可以以环境监测领域的领先企业为申请人进行检索。具体地，在检索的过程中，采用了以下表2中列出的关键词。

表 2 关键词

		监测对象	监测手段
初次检索	中文关键词	大气、大气环境、大气质量、大气颗粒物、大气中颗粒物、可吸入颗粒物、细颗粒物、总悬浮颗粒物、降尘、总碳、大气悬浮物、大气污染、大气污染源、大气污染物、大气气溶胶、环境空气、空气环境、空气质量、空气颗粒物、空气悬浮物、空气污染、空气污染源、空气污染物、挥发性有机物、有机挥发物、有机污染物、无机污染物、霾、二次气溶胶、大气中氮氧化物、大气中二氧化硫、大气中苯	监测、探测、遥测、观测、感测、遥感、传感、检测、测试、测定、采样、取样、采集、预报、预测、连续监测、自动监测、时时监测、预警、色谱、光谱、质谱、全球定位系统、地理信息系统、传感器组网、大数据、云计算、化学分析、仪器分析、生物监测、物联网、车联网、无人机、传感技术、ZigBee
	英文关键词	air monitoring，air monitoring equipment，atmosphere monitoring，atmosphere environmental monitoring，particular matters，particular matters pollution，air pollution，air quality measuring，volatile organic compounds，VOCs，VOC，atmosphere environmental pollution，total carbon，air sampling，air sampler，remote sensing，real-time monitoring，continuously monitoring，automatically monitoring，environment monitoring	
	分类号	G01，G05，G06，B64，C01，C07，C08，H03C，H04W	
补充检索	关键词	聚光科技、先河环保、雪迪龙、天虹仪表、宇星科技、赛默飞世尔（Thermo Fisher）、岛津（Shimadzu Corporation）、安捷伦（Agilent Technologies）、珀金埃尔默（PerkinElmer）	

在检索后，采用了以下步骤对检索结果进行去噪：① 确定去除的噪音关键词（例如，发动机、压缩机、冰箱等），在检索结果中进行噪音去除；② 浏览去除的文献，评估去噪的效果，如果去除的文献中含有较多的和技术主题相关的文献，对相关文献进行统计分析，对去噪检索式进行调整；③ 利用调整后的去噪检索式继续去噪，重复步骤①，直至达到满意的去噪效果。

最后，采用了以下步骤验证查全率：① 选择申请人"北京市环境保护监测中心"，以该申请人为入口检索其全部申请，通过人工确认其在本技术领域的申请文献量形成母样本；② 在检索结果数据库中以该申请人为入口检索其申请文献量形成子样本；③ 以子样本/母样本×100%=查全率。采用了以下步骤验证查准率：① 在结果数据库中随机选取一定数量的专利文献作为母样本；② 对母样本中的每篇专利文献进行阅读确定其与技术主题的相关性，和技术主题高度相关的专利文献形成子样本；③ 以子样本/母样本×100%=查准率。

（二）大气环境监测体系专利技术之全球状况分析

1. 大气环境监测体系专利技术之全球申请年度分布分析

图 1 是大气环境监测体系专利技术之全球申请年度分布。

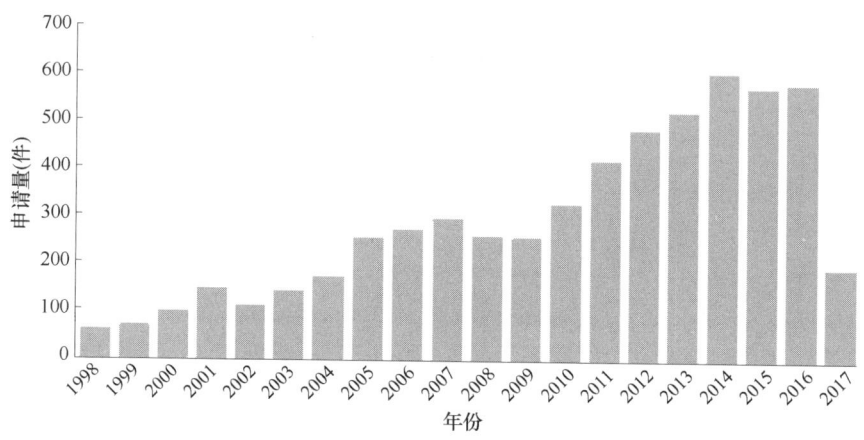

图 1　大气环境监测体系专利技术之全球申请的年度分布

数据解读：从图 1 可以看出，从 1998 年开始，大气环境监测体系专利技术全球申请的数量一直在保持增长的趋势，波动不大。

2. 大气环境监测体系专利技术之全球申请地域分布分析

图 2 是大气环境监测体系专利技术之全球申请地域分布。

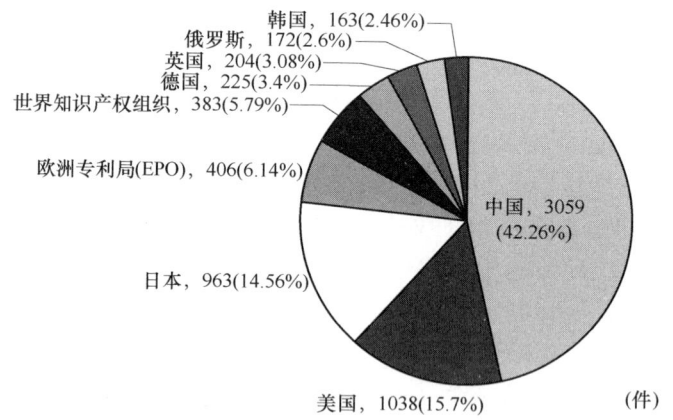

图 2　大气环境监测体系专利技术之全球的地域分布

数据解读：从图 2 可以看出，在大气环境监测体系专利技术的全球申请中，中国的申请量占了将近 50%，达到了 42.26%，其次是美国，大约 16%，然后是，日本，大约 15%。另外，从图 2 中看不到目前同样面临严峻的大气环境形势的伊朗、印度等国家，这说明这些国家在大气环境监测方面的投入还非常少。

3. 大气环境监测体系专利技术之全球申请趋势分析

图 3 是大气环境监测体系专利技术之全球申请趋势的折线图。

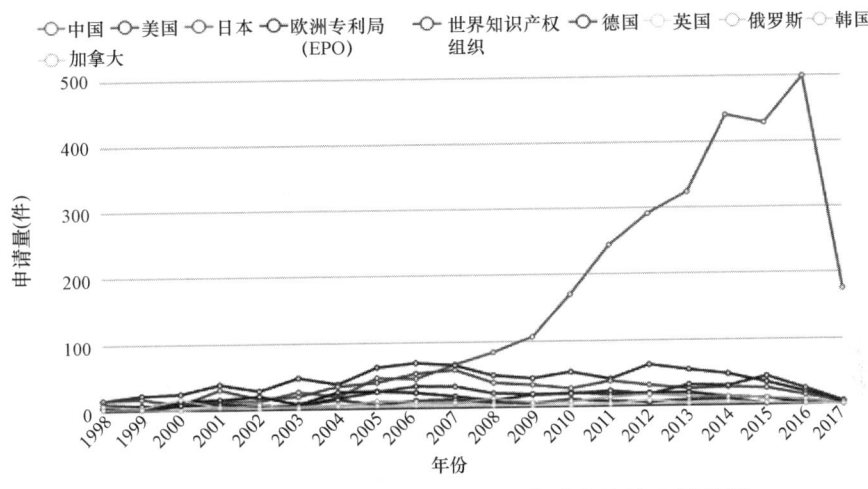

图 3　大气环境监测体系专利技术之全球申请的申请趋势

数据解读：可以看出，2007 年之前，包括中国在内，各个国家的年申请量都非常少，并且几乎也看不出明显的增长趋势，但从 2007 年起，中国的申请量开始明显上升，从 2007 年每年 65 件左右，迅速增长到 2016 年每年 500 件以上。与此形成鲜明对比的是，美国、日本、欧洲和德国等国家或地区的申请量则没有明显的变化，从 1998 年至 2016 年一直保持在每年 50 件以下的水平。

4. 大气环境监测体系专利技术之全球申请的申请人排名

图 4 是大气环境监测体系专利技术之全球申请的申请人排名情况。

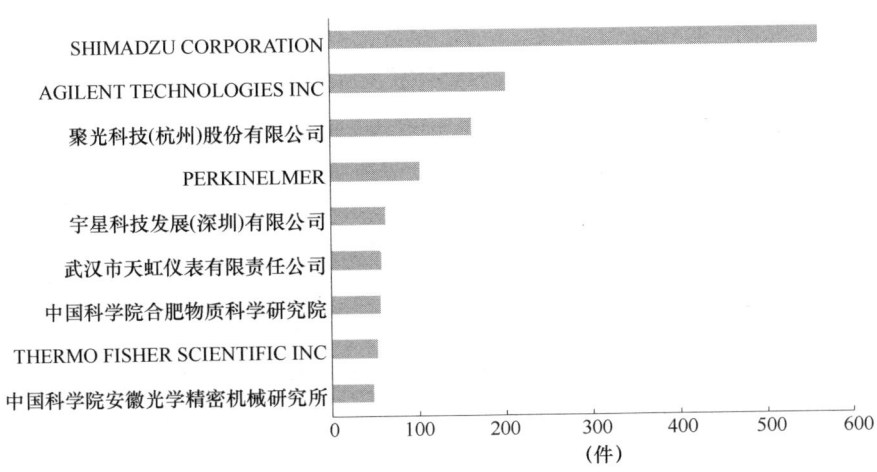

图 4　大气环境监测体系专利技术之全球申请的申请人排名

数据解读：从图4可以看出，在大气环境监测体系专利技术之全球申请的申请人排名中，排名第一位的是来自日本的 SHIMADZU CORPORATION（株式会社岛津制作所），申请量达到了将近 600 件。

排名第二位的是来自美国的 Agilent Technologies Inc（安捷伦科技有限公司），申请量在 250 件左右，排名第三位的是来自中国的聚光科技（杭州）股份有限公司，申请量达到了 200 件以上，排名第四的是来自美国的 PERKINELMER（珀金埃尔默股份有限公司），申请量在 150 件左右，排名第五的是来自中国的宇星科技发展（深圳）有限公司，排名第六的是来自中国的武汉市天虹仪表有限责任公司，排名第七的是来自中国的中国科学院合肥物质科学研究院，排名第八的是来自美国的 THERMO FISHER SCIENTIFIC INC（赛默飞世尔科技有限公司），排名第九的是来自中国的中国科学院安徽光学精密机械研究所。

在大气环境监测体系专利技术之全球申请的申请人排名的前九名中，有来自日本的一家公司，来自美国的三家公司，其余五家公司/院校全部来自中国。

5. 大气环境监测体系专利技术之全球申请的技术构成分析

（1）图5是大气环境监测体系专利技术之全球申请的技术构成的分布

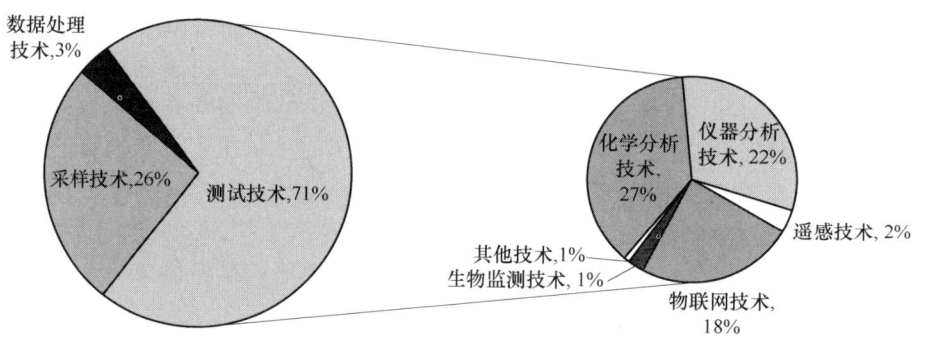

图5 大气环境监测体系专利技术之全球申请的技术构成

数据解读：从图5可以看出，在大气环境监测体系专利技术之全球申请的技术构成中，测试技术占了 71%，其次是采样技术，占了 26%，而主题为数据处理技术的专利申请仅占 3%。在主题为测试技术的专利申请中，化学分析技术的比重最高，其次是仪器分析技术、物联网技术、遥感技术，然后是生物监测技术和其他技术。

（2）中美日三国大气环境监测体系专利技术之技术构成比较分析

1）技术构成之对比

为了更清楚地了解中国、美国和日本在各技术构成方面的分布，以下分析了各技术分支在各个国家所占的比例。

具体地，表 3 是中美日三国大气环境监测体系专利技术中采样技术、测试技术（化学分析技术、仪器分析技术、生物监测技术、遥测技术、物联网技术以及其他技术) 以及数据处理技术这三个技术分支所占的比例。

表 3 中美日三国大气环境监测体系专利技术的技术构成表

		中国		美国		日本	
采样技术		36%		21%		22%	
测试技术	化学分析技术		29%		21%		23%
	仪器分析技术		15%		34%		28%
	生物监测技术	61%	1%	76%	1%	77%	1%
	遥测技术		3%		1%		1%
	物联网技术		12%		18%		23%
	其他技术		1%		1%		1%
数据处理技术		3%		3%		1%	

从表 3 中可以看出，与美国和日本等发达国家相比，中国在作为基础技术的采样技术中的研发投入较多，而在作为关键技术的测试技术中，中国的研发投入则少于美国和日本。另外，关于数据处理技术，中国与美国相当，均稍好于日本。在作为关键技术的测试技术中，中国在化学分析技术方面的投入要高于美国和日本，但在仪器分析技术方面则与美国和日本有一定的差距；关于生物监测技术，中国、美国和日本均在 1%左右，在整个测试技术中，所占比例非常小；关于遥测技术，中国的研发投入要稍高于美国和日本；另外，关于以传感器技术为关键技术的物联网技术，日本的研发投入要远高于中国，并且也高于美国；在其他测试技术方面，中国、美国和日本则均在 1%左右。

可喜的是，中国在遥测技术方面的专利产出量要高于美国和日本。

2）技术构成差异之原因分析

从以上比较分析可以看出，中国在采样技术、测试技术中的研发投入与美国和日本具有一定的差异。

首先是采样技术，采样技术是大气环境监测技术的一项基础技术。由于美国和日本的大气环境监测技术的起步早，因此，他们的采样技术的起步也较早，到目前为止已经发展了几十年的时间，因而目前已经成为一项较为成熟的技术。与美国和日本不同的是，中国的大气环境监测技术的起步较晚，相应地，中国的采样技术的起步也较晚，并且至今还需要进行进一步的发展，以为后续的测试技术提供良好的基础。鉴于这样的原因，中国在采样技术研发投入中所占的比例较高也是符合技术的一般发展历程的。

关于测试技术，无论是中国还是美国和日本，传统的化学分析技术和仪器分析技术均占据了整个测试技术中的较高比例。中国在化学分析技术方面所占的比例高于美国和日本,而在仪器分析技术方面所占的比例则低于美国和日本。这种差异的出现与化学分析技术和仪器分析技术的特点以及中美日三国在大气环境空气监测的发展历程和各国的空气质量标准之间的差异有关。

如前面所提到的,化学分析和仪器分析具有以下特点:化学分析通常适用于常量组分的测定,但对微量组分则不适用,并且化学分析中的容量分析法主要用于大气样品制备和水溶液中酸度、碱度、氨氮等的测定,而化学分析法中的重量分析法主要用于大气中降尘、总悬浮颗粒物、可吸入颗粒物、烟尘、粉尘等的测定。与化学分析不同,仪器分析适用于微量或痕量组分的分析,灵敏度高,检出限量可降低,并且易于实现自动监测、在线分析。

另外,不同于美国和日本,中国的大气环境监测事业还处于起步的阶段,现阶段对各项污染物的监测还没有美国和日本的要求得那么严格。这可以从以下方面反映出来。

为了更直观地描述空气质量水平的数值,目前很多国家都在使用空气质量指数(Air Quality Index,AQI)这一概念。空气质量指数是根据各种污染物的浓度值换算出来的。要计算AQI,就需要事先确定各污染物在不同空气质量水平下的浓度限值。

表 4 和表 5 是中国 2012 年 2 月 19 日发布并于 2016 年 1 月 1 日起实施的环境空气污染物浓度限值标准,表 6 是美国现行的空气质量标准。

参考各国的空气质量标准,中国和美国根据各种污染物的浓度值换算出来的空气质量指数差异可以参见以下的表 7。由表 7 中的空气质量指数可以看出,中国目前的 PM2.5 标准是最宽松的过渡期标准。相应地,这种相对来说较为宽松的标准也符合化学分析技术的特点,因此体现在专利技术方面,中国在化学分析技术方面的研发投入要高于在仪器分析技术方面的投入。

表 4 中国环境空气污染物基本项目浓度限值

序号	污染物项目	平均时间	浓度限值		单位
			一级	二级	
1	二氧化硫(SO_2)	年平均	20	60	$\mu g/m^3$
		24 小时平均	50	150	
		1 小时平均	150	500	
2	二氧化氮(NO_2)	年平均	40	40	
		24 小时平均	80	80	
		1 小时平均	200	200	
3	一氧化碳(CO)	24 小时平均	4	4	mg/m^3
		1 小时平均	10	10	

续表

序号	污染物项目	平均时间	浓度限值 一级	浓度限值 二级	单位
4	臭氧（O_3）	日最大8小时平均	100	160	$\mu g/m^3$
		1小时平均	160	200	
5	颗粒物（粒径小于等于10μm）	年平均	40	70	
		24小时平均	50	150	
6	颗粒物（粒径小于等于2.5μm）	年平均	15	35	
		24小时平均	35	75	

表5 中国环境空气污染物其他项目浓度限值

序号	污染物项目	平均时间	浓度限值 一级	浓度限值 二级	单位
1	总悬浮颗粒物（TSP）	年平均	80	200	$\mu g/m^3$
		24小时平均	120	300	
2	氮氧化物（NO_x）	年平均	50	50	
		24小时平均	100	100	
		1小时平均	250	250	
3	铅（Pb）	年平均	0.5	0.5	$\mu g/m^3$
		年平均	1	1	
4	苯并[a]芘（BaP）	年平均	0.001	0.001	
		24小时平均	0.0025	0.0025	

表6 美国现行空气质量标准

污染物项目	一级/二级	平均时间	浓度限值	达标统计要求
一氧化碳（CO）	一级	8小时	9ppm	每年不超过一次
		1小时	35ppm	
铅（Pb）	一级和二级	滚动3个月平均	0.15$\mu g/m^3$	不超过
二氧化氮（NO_2）	一级	1小时	100ppb	3年平均每日1小时最大浓度的98分位数
	一级和二级	1年	53ppb	年均值
臭氧（O_3）	一级和二级	8小时	0.070ppm	3年平均每年第四高每日最大8小时浓度

续表

污染物项目		一级/二级	平均时间	浓度限值	达标统计要求
颗粒物污染（PM）	$PM_{2.5}$	一级	1 年	$12.0\mu g/m^3$	3 年平均年均值
		二级	1 年	$15.0\mu g/m^3$	3 年平均年均值
		一级和二级	24 小时	$35\mu g/m^3$	3 年平均 98 分位数
	PM_{10}	一级和二级	24 小时	$150\mu g/m^3$	3 年平均每年不超过一次
二氧化硫（SO_2）		一级	1 小时	75ppb	3 年平均每日 1 小时最大浓度的 99 分位数
		二级	3 小时	0.5ppm	每年不超过一次

表 7 中美空气质量指数差异

	中美 PM2.5 日均浓度对应的指数等级			
PM2.5 值数	日均浓度值（μg/m³）		空气质量等级	
	中国	美国	中国	美国
0～50	0～35	0～12	一级（优）	好
50～100	35～75	12～35	二级（良）	中等
100～150	75～115	35～55	三级（轻度污染）	对敏感人群不健康
150～200	115～150	55～150	四级（中度污染）	不健康
200～300	150～250	150～250	五级（重度污染）	非常不健康
300～500	250～500	250～500	六级（严重污染）	有毒害

6. 小结

从以上大气环境监测体系专利技术之全球申请年度分布、地域分布、申请趋势、申请人排名以及技术构成分析可以看出，在数量上，中国的专利申请已经超过了美国和日本等国家，并且随着时间的推进，还在不断地增长。与中国的情况不同的是，美国、日本以及欧洲等国家/地区近年在专利申请的数量上明显少于中国，并且从申请趋势上看年申请量也没有明显的增加，而是仅保持大概每年几十件的平稳水平。另外，伊朗和印度等国家虽然与中国一样正经历大气污染之痛，但他们的申请量非常少。

出现以上数量和趋势上的不同是由各个国家/地区的发展情况所决定的。对于美国、日本以及欧洲等国家，他们的工业化进程较早，因此受工业化影响而产生的空气污染也最早。1969 年至 1971 年，是美国空气污染最严重的时期，严重的污染状况终于激发了在美国的声势浩大的环境保护运动，唤醒了整个社会。当时，强化对空气污染的控制已成为美国面临的头等大事。在这种严峻的形势下，美国政府及时地采取了一系列重大举措，限制排污，并对污染源进行综合治理，使污染恶化的势头及时地得到了遏制。这些举措概括起来主要有 4 项。其一是强化环境立法,以法律的手段控制污染物的排放。1970 年,美国国会通过了《清洁空气法》(CAA),1977 年又批准了《清洁空气法》修正案,同时授权 EPA 制订国家污染物排放限值和排放标准及国家空气质量标准。《清洁空气法》修正案要求必须对污染源进行监测,并按量化的排放标准进行限制。CAA 的颁发是美国着手解决空气污染的重要举措,它是把美国空气监测纳入法规化道路的纲领性文件。为保证法规的实施,1971 年美国颁发《环境空气质量标准》,1974 年颁发《环境中有害气体的质量标准》。其二是强化环境管理体系。1970 年年底,美国成立了 EPA,EPA 是对全国进行环境管理的最高权力机构。它有权对环境污染问题进行直接干预,有权提出控制污染的法规与标准,并有权对环境法规的实施进行监督。EPA 的成立,使美国环境管理进入了一个新时代,也把环境监测逐步推向一个新阶段。其三是政府加大环保投资的力度。1971 年至 1980 年,用于防治空气污染的经费达 1065 亿美元。其四是继续贯彻"以治理为主"的方针,加强环境科学及环境工程的专业性研究工作,寻求解决污染的具体措施,认真开展环境污染对健康与生态影响的基础性、长远性、探索性研究,以寻求解决污染的根本途径。上述措施的实施使美国从 1972 年起,空气质量日益好转。日本以及欧洲等国家的大气环境监测的发展历程与美国类似,也经历了从深受大气污染的影响到着手治理大气污染并慢慢改善大气质量的漫长过程。由于美国、日本以及欧洲这些国家已经经历了大气环境治理的高速发展时期,基本上已经摆脱了严重的大气环境污染的影响,所以他们近年来在大气环境监测方面的技术投入也会保持平稳。相应地,这些国家的大气环境监测技术方面的专利申请量也会呈相对平稳的趋势。

从美国、日本以及欧洲等国家的以上发展历程可以看出,这些国家的大气环境治理都受到了政策因素、经济因素,另外还有公众的环境意识因素等几个方面的驱动。首先是政策因素的驱动,政府制定有关的环境标准,颁布为实现这些标准所必需的法令法规,形成环保产业特有的政策驱动机制。然后是经济因素方面的驱动,环境治理在一定程度上受到社会经济发展水平的制约,因此,在经济发展水平低下的阶段,用于环境保护的投入比例较小,但经济达到一定水平后,对于环境保护的投入不仅在总量上而且在比例上都会得到有效提高。这意味着环境保护的发展受到消费水平的制约,并且还需要总体经济因素的配合。最后,环境治理还受到公众的环境意识因素方面的驱动,西方国家在 20 世纪 60—70 年代环保浪潮风起云涌时,民众的环境意识得到了加强,有效地推动了环境治理的发展。

对中国而言,目前已经具备了发达国家环境治理快速发展的以上几项驱动因素。首先,中国政府目前正在大力推进生态文明建设,努力构建天蓝、地绿、水清的美丽中国,相应地,各级政府都相继出台了各种政策法规,因此已经具备了政策驱动的因素。其次,中国近年来的经济发展水平已足以支撑环境治理所需要负担的各种费用,因此已经具备了经济驱动的因素。最后,我国民众的环保意识正在不断地得到提高,民众的这种环保意识将倒逼我国环境治理事业不断向前发展。例如,太湖蓝藻事件,

PM2.5 事件都极大地促进了相关产业的发展。在这些因素的驱动下，我国的众多企业、大专院校以及科研机构都投入到了大气环境监测技术方面的研发中。相应地，中国在大气环境监测方面的专利申请的数量也正在快速增长。

对印度等国家而言，虽然他们也因为经济的快速发展而受到严重的大气环境污染的影响，但由于他们在政策以及民众的环保意识等方面还没有跟上来，所以对于相关技术的研发的投入也不够高，因此专利申请的数量非常少并且没有出现快速增长的趋势。

另外，关于技术构成，在整个大气环境监测技术中，作为关键技术的测试技术的申请量比重最高，这也说明全球各个国家仍然都在主要发展测试技术这一关键技术。在测试技术中，传统的化学分析技术仍然占据了最高的申请量。将中国、美国和日本分开来看，中国的大气环境监测体系专利技术多集中在采样技术以及测试技术的化学分析技术方面，而美国和日本的大气环境监测体系专利技术则多集中在仪器分析技术和包括传感器技术的物联网技术方面。由此可以看出，虽然中国的专利申请的数量较多，但这些专利多集中在基础技术方面，而美国和日本，虽然他们的专利数量要少于中国，但他们的专利多集中在仪器分析技术这一核心技术上，这也是为什么中国目前在大型分析仪器方面还需要依赖于进口的原因。

（三）大气环境监测体系专利技术之中国状况分析

1. 大气环境监测体系专利技术之中国申请的年度分布

图 6 是大气环境监测体系专利技术之中国申请的年度分布。

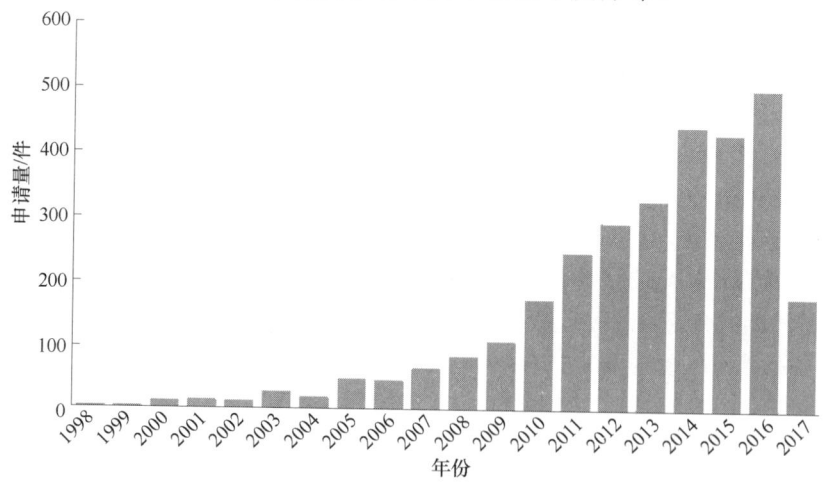

图 6　大气环境监测体系专利技术之中国申请的年度分布

数据解读： 图 6 清楚地显示了大气环境监测体系专利技术自 1998 年以来之中国申请随时间的变化趋势。从图 6 中可见，在 1998 年到 2007 年这十年间，大气环境监测体系专利技术之中国申请的年申请量非常少，每年仅有几件，并且增长也非常缓慢。十年间，从 1998 年最初的几件才发展到 2007 年的每年几十件。不过，从 2008 年开始，申请的数量出现了快速上升的态势，2009 年就突破了 100 件，并且随后不断从每年 100 件快速发展到 2016 年的每年 500 件以上。可见，由于政策环境以及经济环境和技术环境的影响，大气环境监测技术在近年来得到了企业、大专院校以及科研机构的广泛关注，并且可以预期，大气环境监测技术在未来的发展前景依然良好。

2. 大气环境监测体系专利技术之中国申请的申请人分布及申请人类型分布分析

（1）大气环境监测体系专利技术之中国申请的申请人分布分析

① 国家/地区分布分析

图 7 是大气环境监测体系专利技术之中国申请的申请人国家/地区分布图。

数据解读：从图 7 可以看出，在大气环境监测体系专利技术之中国申请中，外国来华申请的数量非常少，仅占所有大气环境监测体系专利技术之中国申请的不到 7%。在这些来华申请的国家中，美国、日本以及德国占了前三。这种情况的出现与中国目前正处于大气污染严重而欧美以及日本等国则已经过了这一发展阶段的现状有关。如前面所

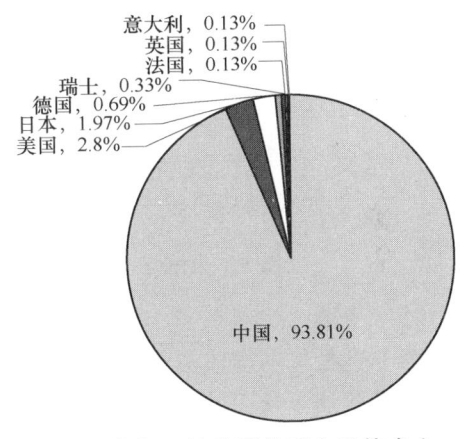

图 7　大气环境监测体系专利技术之中国申请的申请人国家/地区分布

提到的，欧美以及日本等国在 20 世纪 70 年代起就已经开始研究大气环境监测技术，经过四十多年的发展，目前这些国家与环境监测相关的技术已经相当成熟，因此对这一技术领域的投入力度也明显没有中国这么大。不过，虽然欧美以及日本等国在中国的专利申请数量不多，但这些国家在中国的专利申请均涉及的是有关测试技术的领域，而测试技术是大气环境监测技术的核心技术。

② 省市分布分析

图 8 是大气环境监测体系专利技术之中国申请国内申请人在各省市的分布情况。

数据解读：从图 8 可以看出，北京、浙江、广东、江苏、安徽、山东、上海以及湖北的申请量位居前列，其中北京又以接近 500 件的数量远超排名第二的浙江。

在 2007 年之前，各省市的年度专利申请量都非常少。但从 2008 年开始，各省市的申请量均开始增长，其中，尤其是北京、浙江、广东和江苏的申请量增长明显，其他省市也有一定程度的增长，但涨幅没有北京、浙江、广东和江苏这样明显。如之前所提到的，大气环境监测技术的发展受到政策因素、经济因素以及人们的环境保护意识等因素的影响。北京作为中国的首都，自然在这几种因素方面具有天然的优势。同样，浙江、广东和江苏等产业大省和经济大省相比于其他省市在经济能力和技术能力方面有着明显的优势。因此，这些省市对大气环境监测体系专利技术投入的研发工作也较多。相应地，这几个地区在大气环境监测体系专利技术的发展趋势方面也明显领先于其他省市。

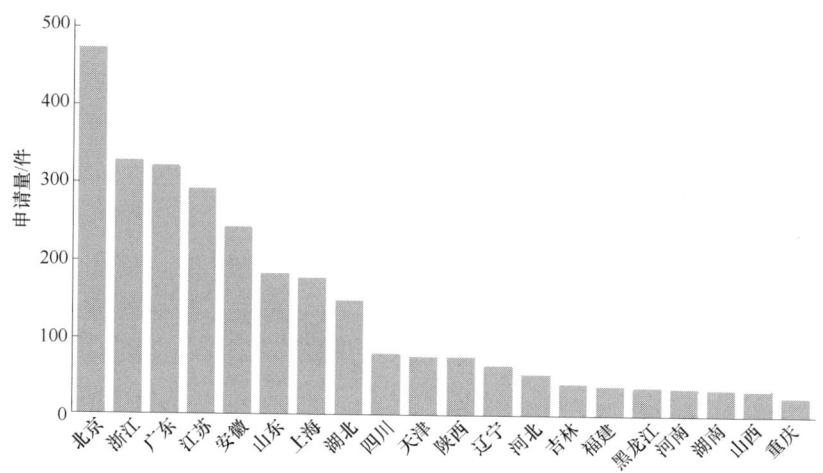

图 8　大气环境监测体系专利技术国人申请在各省市的分布

（2）申请人类型分析

图 9 是大气环境监测体系专利技术之中国申请的中国申请人类型分布。

数据解读：从图 9 可以看出，企业申请人接近了一半，高校申请人排在第二，占了 23%左右，机关和科研单位申请人排在第三，占了 20%左右，其余的 8%是个人申请。高校以及机关和科研单位占了 43%，占比较高。

中国当前的大气污染形势非常严峻，并且国家的政策环境非常有利于进行进一步的研发，因此大气环境监测技术这一领域的市场前景非常广阔。广大企业应该抓住这一机遇，尽早加入到这一领域的技术研发中，为将来的市场竞争赢取主动。

3. 大气环境监测体系专利技术之中国申请的类型分析

图 10 是大气环境监测体系专利技术之中国申请的类型分布。

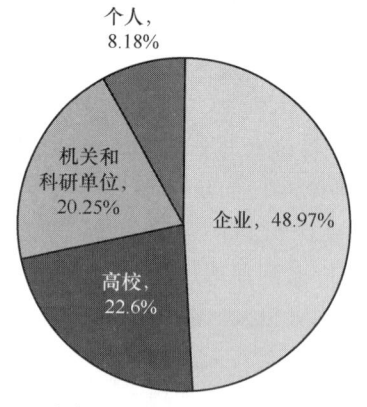

图 9　大气环境监测体系专利技术之中国申请的中国申请人类型分布

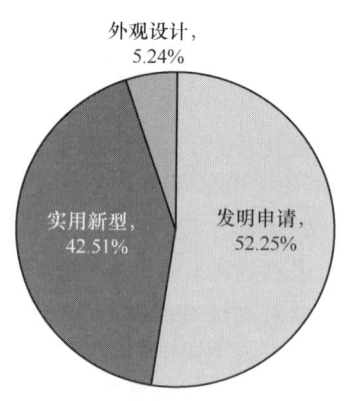

图 10　大气环境监测体系专利技术之中国申请的类型分布

数据解读：从图 10 可以看出，发明申请刚好超过一半以上，说明该领域的技术含量相对来说还是比较高的，并且期望在较长的时间内拥有稳定的专利权。

当然，各申请人应该加大投入，将更多的资源投入到核心技术的研发中来，争取申请更多的发明专利。

4. 大气环境监测体系专利技术之中国申请的申请人排名

图 11 是大气环境监测体系专利技术之中国申请的主要申请人排名。

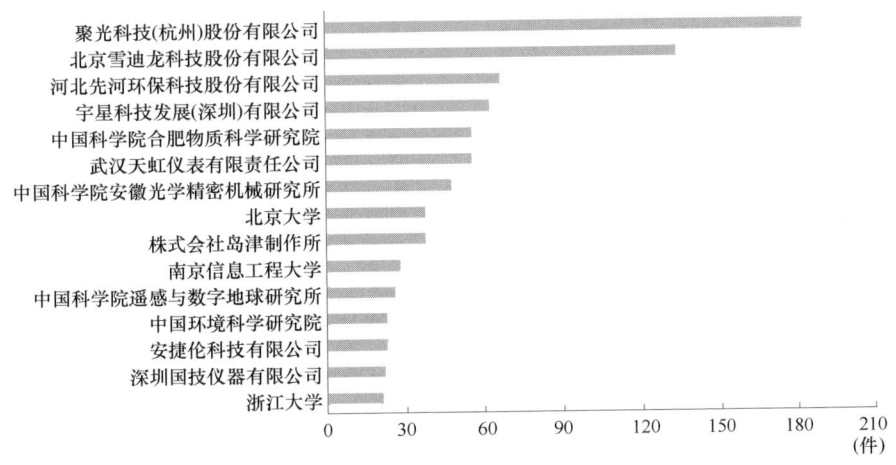

图 11　大气环境监测体系专利技术之中国申请的申请人排名

数据解读：从图 11 可以看出，在申请量较多的前 15 位申请人中，有 13 位都是中国国内的申请人，只有 2 位是来自外国的申请人，其中一位是来自日本的株式会社岛津制作所，另一位是来自美国的安捷伦科技有限公司，这说明国外企业在华还不具备主体地位。

尽管国外企业在中国的申请量不大，但目前国外企业依旧是比较有影响力的公司。还可以看出，在排名前 15 位之内的申请人中，除了 2 位来自外国，中国申请人中有 6 位是公司，其余的 7 位都是高校或科研单位，这说明我国申请量高的申请人主体集中在高校和科研机构，因此国内企业应该加强与高校和科研机构的研发合作，共同推进大气环境监测技术不断进步。在 6 个公司中，聚光科技（杭州）股份有限公司排在第一位，专利申请数量接近了 200 件。

另外，北京雪迪龙科技股份有限公司的专利申请数量也较高，达到了 150 件左右，接下来是河北先河环保科技股份有限公司，达到了 70 件左右，然后是宇星科技发展（深圳）有限公司、武汉市天虹仪表有限责任公司和深圳国技仪器有限公司。在中国国内，这些公司在大气环境监测技术领域的优势是相当明显的。

5. 外国来华申请人技术领域分布分析

为了更好地研究外国来华申请人在中国的专利布局，以下分析了日本的株式会社岛津制作所以及美国的安捷伦科技有限公司在中国的专利申请的技术领域分布。

图 12 是日本的株式会社岛津制作所在中国专利申请的技术领域分布。

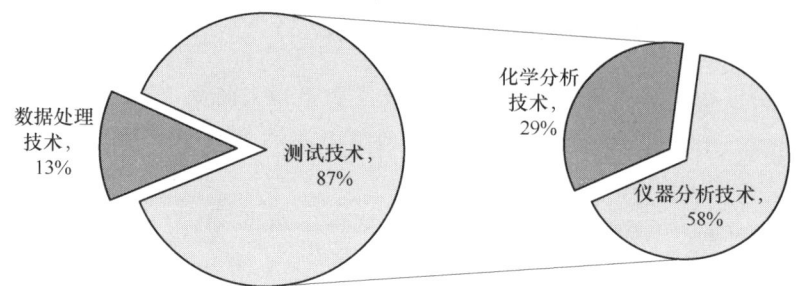

图 12　株式会社岛津制作所在中国的专利申请的技术领域分布

数据解读：从图 12 可以看出，株式会社岛津制作所在中国的专利申请主要分布在测试技术中，并且在测试技术中，又主要分布在核心的仪器分析技术中。

图 13 是美国的安捷伦科技有限公司在中国的专利申请的技术领域分布。

数据解读：从图 13 可以看出，与株式会社岛津制作所一样，安捷伦科技有限公司在中国的专利申请主要分布在测试技术中，并且在测试技术中，又主要分布在核心的仪器分析技术中。

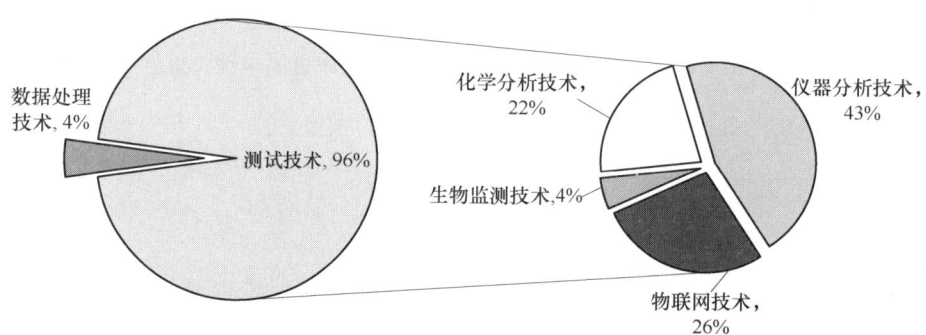

图 13　安捷伦科技有限公司在中国的专利申请的技术领域分布

6. 小结

从以上大气环境监测体系专利技术之中国申请年度分布、地域/省市分布、申请趋势、申请人排名等可以看出，中国自 2008 年开始，专利申请的数量开始明显上升，并且申请人主要分布在北京、浙江、广东以及江苏等经济、文化发达的地区，从这一点可以看出，经济的发展以及人们对良好的大气环境的渴望对大气环境监测技术的发展具有一定的推动作用。反过来，可以想象，随着大气环境监测技术的不断进步，大气环境的质量不断地得到改善，这又会反过来推动经济的发展。

另外，污染较为严重的河北省也有一家重要的申请人，河北先河环保科技股份有限公司。这在一定程度上应该与当地的政策环境的驱动具有一定的关系。

随着国家对生态环境的重视,并且人们越来越渴望优美的生活环境,大气环境监测一定会越来越受到重视,从而具有广阔的市场前景。

(四)重要申请人分析

1. 国内重要申请人分析

(1)聚光科技(杭州)股份有限公司

聚光科技(杭州)股份有限公司是由归国留学人员创办的高新技术企业,2002年1月注册成立于浙江省杭州市国家高新技术产业开发区,是国内领先的城市智能化整体解决方案提供商,同时也是国内绿色智慧城市建设的先驱之一。目前的主营业务包括:环境与安全监测及管理、环境治理、生态环境发展、智慧水利水务、智慧工业、智慧实验室。公司专注于为各行业用户提供领先的技术应用服务和绿色智慧城市解决方案。公司拥有国际一流的研发、营销、应用服务和供应链团队,致力于业界最前沿的各种分析检测技术研究与应用开发。产品广泛应用于环保、冶金、石化、化工、能源、食品、农业、交通、水利、建筑、制药、酿造、航空及科学研究等众多行业,并出口到美、日、英、俄罗斯等二十多个国家和地区。

经国家标委会批准,聚光科技成立了"全国工业工程测量和控制标准化技术委员会分析仪器分技术委员会光电过程分析仪器工作组",已牵头完成了"半导体激光气体分析仪""紫外/可见/近红外光纤光谱分析仪"两项国家标准的制定工作,并正在牵头起草"便携式气相色谱质谱联用仪技术要求及试验方法"等2项国家标准,参与制定了"红外气体分析仪"等14项国家标准。并代表中国牵头制定"Tunable Laser Gas Analyzer(可调谐激光气体分析仪)"国际标准,这是中国在分析仪器领域牵头制定的第一项国际标准。

聚光科技(杭州)股份有限公司的专利申请中有35%的专利申请分布于作为关键技术分支的仪器分析技术,另外,还有6%的专利申请分布于热门的物联网技术,1%的专利申请分布于热门的遥感技术。

另外,以下的图14示出了聚光科技(杭州)股份有限公司在大气环境监测技术方面的所有专利申请目前的法律状态。

从图14可以看出,聚光科技(杭州)股份有限公司有接近60%的专利申请处于授权状态,比例较高,这说明他们的技术较为先进。

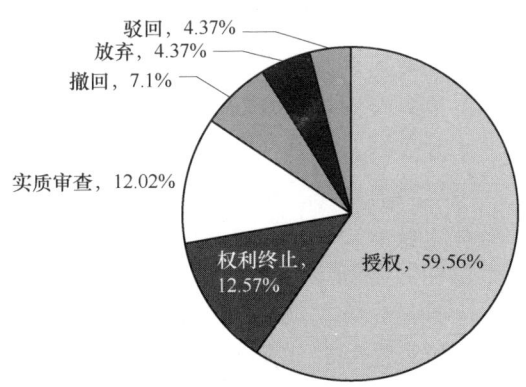

图14 聚光科技(杭州)股份有限公司专利法律状态

(2) 北京雪迪龙科技股份有限公司

北京雪迪龙科技股份有限公司（Beijing SDL Technology Co., Ltd.），创立于 2001 年 9 月，是专业从事环境监测、工业过程分析、智慧环保及相关服务业务的国家级高新技术企业，是国内环境监测和分析仪器市场的先入者与领航者，公司业务围绕环境监测、环境信息化及工业过程分析领域的"产品＋系统应用＋服务"展开，产品定位于中高端市场，广泛应用于环保、电力、垃圾焚烧、水泥、钢铁、空分、石化、化工、农牧业及科研等领域，并远销欧美、东南亚、中东、非洲等国家和地区。

北京雪迪龙科技股份有限公司的专利申请中有 20%的专利申请分布于作为关键技术分支的仪器分析技术，另外，还有 2%的专利申请分布于热门的物联网技术。

另外，以下的图 15 示出了北京雪迪龙科技股份有限公司在大气环境监测技术方面的所有专利申请目前的法律状态。

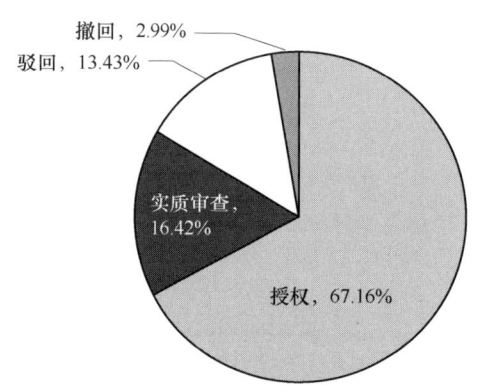

图 15 北京雪迪龙科技股份有限公司专利法律状态

从图 15 可以看出，北京雪迪龙科技股份有限公司有 67%以上的专利申请处于授权状态，比例非常高，这说明他们的技术较为先进。

(3) 宇星科技发展（深圳）有限公司

宇星科技发展（深圳）有限公司成立于 2002 年 3 月，是国家火炬计划重点高新技术企业，是国家规划布局内重点软件企业。

宇星科技发展（深圳）有限公司致力于研制国际领先的环境监测系列产品及监控平台，为政府环保部门和企业提供环境在线监测整体解决方案。

宇星科技发展（深圳）有限公司致力于开发环境污染治理技术和水体生态修复技术，承建高科技环保处理和生态修复工程。

宇星科技发展（深圳）有限公司致力于开展环境污染治理设施运营，努力降低污染治理设施运行成本；致力于开拓水利信息化管理业务，为建立用水总量、用水效率和水功能区限制纳污"三条红线"提供产品和技术保障；致力于研究节能减排技术，为大力推进生态文明建设积聚力量。

宇星科技发展（深圳）有限公司的专利申请主要集中于采样技术和化学分析技术中，其中，采样技术占 38%，化学分析技术占 40%。

另外，以下的图 16 示出了宇星科技发展（深圳）有限公司在大气环境监测技术方面的所有专利申请目前的法律状态。

从图 16 可以看出，宇星科技发展（深圳）有限公司有 86%以上的专利申请处于授权状态，比例非常高，这说明他们的技术较为先进。

（4）武汉市天虹仪表有限责任公司

武汉市天虹仪表有限责任公司（原武汉天虹智能仪表厂）于 1991 年由李虹杰先生创建，是研制、生产、销售各种环境监测设备为主的专业企业。

李虹杰毕业于清华大学精密仪器系，是高级工程师、高级策划师，他先后主持承担了国家 863 计划项目、湖北省重大科

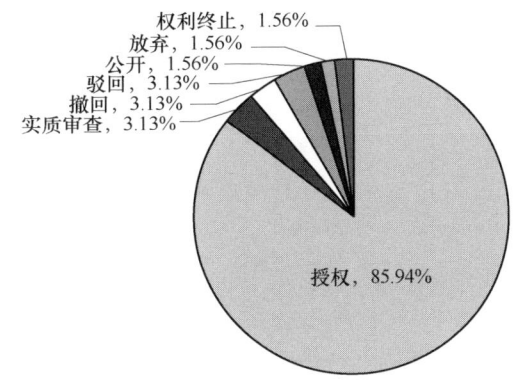

图 16 宇星科技发展（深圳）有限公司专利法律状态

技攻关课题等各类科研项目几十项，赴欧美、日本、德国、越南等国参加学术会议或合作科研几十余次，先后获得国家级成果二等奖、省级成果一、二、三等奖，参与制定了国家标准，出版专著。

武汉市天虹仪表有限责任公司在环保仪器设备领域有着近二十年的科研开发经验，技术实力雄厚，拥有将近两百项专利，并与清华大学、北京大学、中国地质大学、中国科学院合肥分院等著名院校和科研院所建立了长期科研合作关系。

通过不断的努力和创新，武汉市天虹仪表有限责任公司先后开发生产了大气采样器、粉尘采样器、烟尘烟气采样器、气体分析仪、空气质量自动监测系统、烟气排放连续监测系统、环境应急监测车等十几个系列几十个品种的智能化环境监测仪器设备。

武汉市天虹仪表有限责任公司研发的 TH-2000 环境空气质量自动监测系统、TH-890 烟气排放连续监测系统、系列采样器达到国内领先水平。

武汉市天虹仪表有限责任公司研发的 PM10、PM5、PM2.5 等大气可吸入颗粒物切割器填补了国内相关领域的空白，通过了国家环境保护部和国家环境监测总站的考核和认证。

武汉市天虹仪表有限责任公司的专利申请主要分布于采样技术，占比高达 60%以上，另外，其化学分析技术占 19%，还有大约 2%的专利申请分布于物联网技术。

另外，以下的图 17 示出了武汉市天虹仪表有限责任公司在大气环境监测技术方面的所有专利申请目前的法律状态。

从图 17 可以看出，武汉市天虹仪表有限责任公司有 73%以上的专利申请处于授权状态，比例非常高，这说明他们的技术较为先进。

（5）河北先河环保科技股份有限公司

河北先河环保科技股份有限公司成立于 1996 年，是集环境监测、治理、服务为一体的集团化公司。业务涵盖生态环境监测装备、运维服务、社会化检测、环境大数

据分析及决策支持服务、VOCs 治理以及民用净化六大领域,产品遍布国内除港澳台外所有省份和地区,主导产品占有率在 30% 以上。

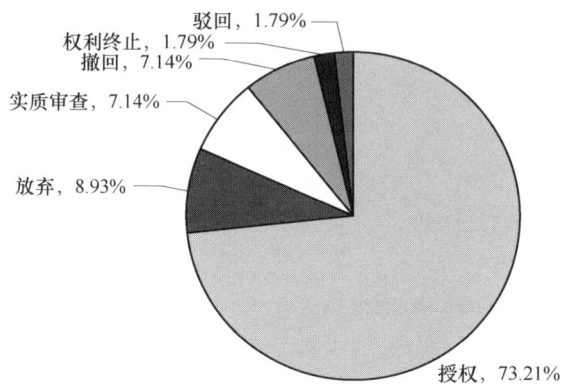

图 17　武汉市天虹仪表有限责任公司专利法律状态

当前,先河环保正致力于实施两大战略性项目。一个是基于"环保+物联网"和"大数据"的先进理念,通过自主创新,率先在业内推出领先国内外的大气污染防治网格化精准监控及决策支持系统。它采用最新的微型化、小型化产品组合监测技术,通过科学合理的"组合布点",组成"群体式"协同监测网络和专业性的"数据校准体系",达到环境监测网络全覆盖,打通了从监测到监管的通道,是对传统大气监测理念的创新实践。另一个是在雄安新区开展的产业集群区域 VOCs 第三方治理新模式,实现了 VOCs 污染减排、溶剂回收增效、环保产业发展的多赢,开创了国内区域 VOCs 污染第三方治理的先河。

河北先河环保科技股份有限公司的发起人为李玉国等人。李玉国毕业于北京大学 EMBA,他是中国环境监测仪器专业委员会副主任,河北省环境科学学会副会长,河北省可持续发展研究会副会长。

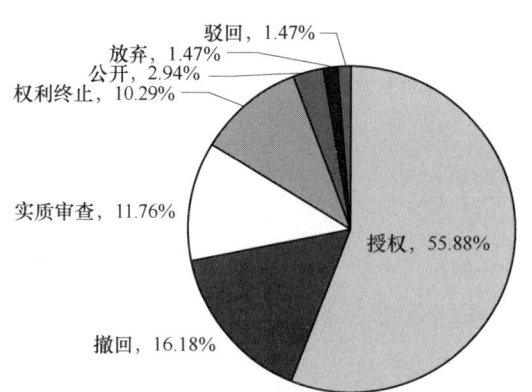

图 18　河北先河环保科技股份有限公司专利法律状态

河北先河环保科技股份有限公司的专利申请在采样技术和物联网技术方面占比较高,分别为 30% 和 20% 左右。

另外,以下的图 18 示出了河北先河环保科技股份有限公司在大气环境监测技术方面的所有专利申请目前的法律状态。

从图 18 可以看出,河北先河环保科技股份有限公司有 55% 以上的专利申请处于授权状态,比例也较高。

2. 国外主要申请人分析

（1）株式会社岛津制作所

株式会社岛津制作所主要涉及分析技术。在各个行业的研究、开发、质量管理上，分析技术都必不可少。特别是在科学技术发展日新月异的今天，无论是研究开发机构还是生产制造行业，都对分析仪器的要求越来越高。岛津公司分别在 1947 年、1952 年、1956 年制造出日本第一台电子显微镜、光电式分光光度计、气相色谱仪。之后在分析技术领域始终保持着创新精神，不断开发出色谱分析、光谱分析、组成分析、表面分析等众多高技术产品。岛津一直在不断追求尖端技术，开发满足时代要求的产品。岛津的分析仪器作为开发更先进技术的工具发挥了巨大的作用。

株式会社岛津制作所还涉及环境测量技术。人类不断追求更加丰富的生活，更加方便舒适的环境，其结果却造成了大气污染、气候变暖、自然资源枯竭等全球规模的环境问题，威胁着人类的生存。解决环境问题迫在眉睫。岛津公司早在 1970 年，在日本成功地研制出光化学烟雾分析仪器，从此开始了环境测试仪器的研究开发。岛津公司把环境问题作为最重要的课题之一，无论是研究开发，还是生产制造、销售、流通等，公司的一切工作都是围绕着减少环境负担，建立健全环境管理系统而进行的。同时，发挥丰富的技术经验，开发出大气、水源、土壤以及各个领域的分析测试仪器和分析测试系统。以"为了人类和地球的健康"为经营思想，为永远保持地球的美丽，保护人类的生存环境，不断钻研分析测试技术，开发新产品。

株式会社岛津制作所在大气环境监测技术方面的专利申请中，有 65% 左右的专利申请都分布于仪器分析技术方面，另外，株式会社岛津制作所在物联网技术方面的专利布局也较高，达到了 7%。而且，株式会社岛津制作所不仅在日本本土布局专利申请，而且还在美国、欧洲、英国、德国、韩国、印度、中国、荷兰、加拿大以及澳大利亚等国家/地区布局专利。

（2）安捷伦科技有限公司

安捷伦科技有限公司的主要业务有化学分析业务，其化学分析业务主要提供气相色谱、气相色谱—单四级杆质谱、串联四级杆质谱、四级杆飞行时间质谱等高端设备，2009 年收购瓦里安后，安捷伦整合了光谱产品线与化学分析业务及其真空设备，并在无机领域中提供 ICP，ICP-MS 等产品，目前 ICP-MS 销量全球第一。目前，安捷伦科技有限公司的产品分类包括：微型、便携式气相色谱仪以及液相色谱仪、气质联用仪、原子吸收光谱仪、近红外光谱、等离子体质谱、荧光分光光度计等多种产品。

安捷伦科技有限公司在大气环境监测技术方面的专利申请中，有 50% 以上的专利申请都分布于仪器分析技术方面，另外，安捷伦科技有限公司在物联网技术方面的专利布局也较高，达到了 18%。而且，安捷伦不仅在美国本土布局专利申请，而且还在日本、欧洲、英国、德国、韩国、中国、荷兰、加拿大、澳大利亚以及新加坡等国家/地区布局专利。

（3）PERKINELMER（珀金埃尔默股份有限公司）

PERKINELMER 是世界上最大的分析仪器生产制造商，公司由专门致力于产品研制开发的科学家、为客户提供技术支持与销售服务的市场人员和商业专业人士组成。自 1937 年成立至今，在分析化学领域不断为用户提供着世界上最先进的仪器、技术与服务。PERKINELMER 公司生产多种化学分析仪器，包括原子吸收光谱仪、等离子体发射光谱仪、等离子体质谱仪、傅立叶变换红外光谱仪、近红外傅立叶变换拉曼光谱仪、傅立叶变换近红外光谱仪、紫外/可见/近红外光谱仪、旋光仪、荧光/磷光/发光光谱仪、多空板荧光/紫外高效分析仪、热分析仪、元素分析仪、超微量电子天平、气相色谱仪、顶空进样器、自动热脱附仪、气相色谱—质谱仪、工程气相色谱仪、便携式和微型气相色谱仪、液相色谱仪等分析仪器。

PERKINELMER 在大气环境监测技术方面的专利申请中，有 45%以上的专利申请都分布于仪器分析技术方面，另外，PERKINELMER 在物联网技术方面的专利布局占比也较高，达到了 16%。而且，安捷伦不仅在美国本土布局专利申请，而且还在日本、欧洲、中国、加拿大、澳大利亚以及新加坡等国家和地区布局专利。

（4）THERMO FISHER SCIENTIFIC INC（赛默飞世尔科技有限公司）

THERMO FISHER SCIENTIFIC INC（赛默飞世尔科技有限公司）是全球科学服务领域的领导者，致力于帮助客户使世界更健康、更清洁、更安全。THERMO FISHER SCIENTIFIC INC 前身为成立于 1956 年的热电公司（Thermo Electron Corporation），总部位于美国麻省（81 Wyman Street, Waltham, MA, 02454），如今为赛默飞世尔科技公司（Thermo Fisher Scientific），长期以来一直在仪器行业处于领导者地位。

THERMO FISHER SCIENTIFIC INC 在大气环境监测技术方面的专利申请中，有 65%以上的专利申请都分布于仪器分析技术方面。而且，THERMO FISHER SCIENTIFIC INC 不仅在美国本土布局专利申请，而且还在世界各国/地区都有专利布局，包括日本、欧洲、中国、加拿大、澳大利亚以及新加坡等。

3．小结

从以上重要国内申请人和国外申请人的简要分析可以看出，国内申请人普遍都比较年轻，都是 2000 年左右成立的公司，而且所涉及的技术分支多为采样技术等基础技术，作为核心的仪器分析技术，虽然各申请人也有涉及，但比例较少，也多为相关的外围技术。另外，与国外申请人相比，国内申请人几乎没有在其他国家布局专利，而诸如岛津等其他国外申请人则基本上会在所有重要的国家/地区进行专利布局。

三、重要技术分支分析

（一）遥感技术

遥感是"Remote Sensing"的中文翻译。从字面意思上来看，"遥感"代表对目标物体远距离地感知。在长期的生活及科学实践中，人们发现，地球上所有的物体都具有不同的电磁波特性。遥感就是利用技术手段来识别、探测和分析地表物体对电磁波的反射和其发射的电磁波，从而完成远距离的识别。通过遥感获得的数据具有范围广、动态化、综合化等特点。以平台高度为标准，可以将遥感分为航天遥感、航空遥感和地面遥感；以电磁波光谱段性质为标准，可以将遥感分为微波遥感、热红外遥感、反射红外遥感、激光遥感等；以研究对象为标准，则可以将遥感分为环境遥感和资源遥感。

遥感监测是指利用现代化的监测仪器，在不接触目标物的前提下发现其电磁波特性，进而利用监测数据来对目标物的某些性质指标及变化情况进行解读。

一般来说，遥感监测技术起源于20世纪60年代。在21世纪初，遥感技术的应用也日趋广泛。在土地应用监测、水环境监测、大气环境监测方面，遥感监测技术都正在发挥着越来越重要的作用。由于大气对太阳辐射会产生吸收、散射和投射等作用，到达地面的太阳辐射能量会衰减至入射总能量的31%左右。某些电磁辐射波段透射率较高，在通过大气时较少地被反射、吸收或散射，因此能够被用来作为遥感工作波段。利用这些波段的传播信息来对大气参数进行反推，就成为了一种重要的大气环境遥感监测技术。

将遥感监测技术应用到大气环境领域，具有以下优点：不需采样就可以定位和追踪污染源；对污染范围变动情况进行动态跟踪；数据获取速度快、精度高；和其他技术兼容性强等。目前，大气环境遥感监测技术主要分为主动式遥感监测技术和被动式遥感大气监测技术两大类别。前者的突出特点是利用遥感仪器本身发出的波束、次波束所产生的回波来进行大气环境监测，后者则利用物体对太阳光的反射及其本身所发射的红外线来进行大气成分的远距离测量。

遥感技术具有视域广、及时、连续的特点，其出现与发展使人们监测宇宙空间的尺度不断放大，应用价值也日益彰显。

大气环境遥感监测技术具有以下几种类型：

大气成分的遥感监测：为了了解和掌握大气环境的变化，首先就需要对某些具体成分的客观情况进行全面了解。目前，大气环境遥感监测技术所针对的大气成分主要包括温室气体、大气气溶胶、反应性气体、臭氧总量和辐射、干湿沉降等。借助大气成分遥感监测技术，可以准确了解各种大气成分区域分布及变动趋势，从而实现城市群、郊区和广大农村区域的空气质量监测。近年来，雾霾已经从单纯的大气环境问题演变为社会问题，气溶胶则是雾霾的主因。具体来说，气溶胶是指大气环境中各种微粒。这些微粒，有些是可见的，有些则很难被传统监测技术发现。借助遥感监测技术，可以在超高分辨率卫星的帮助下监测气溶胶在大气空间中的区域分布及运动情况。就目前的技术水平，卫星遥感是唯一能够实现全球气溶胶监测的手段。同时，与地基激光雷达结合使用可以对近地面PM_m质量浓度进行有效监测。与此类似，沙尘暴同样属于大气气溶胶的一种。借助遥感监测可以从较大尺度确定沙尘暴的位置及运动轨迹，同时它所具有的高时间分辨率（如 1 小时重返）更有利于对沙尘暴变动趋势进行监测。这就有助于采取有效措施进行应对，从而对居民生活起到一定的指导作用。

人类活动、野生动物、家畜、机械设备等都会排放 SO_2、NO_2 等有害气体。在受到有害气体污染时，植物对红外光的反射率会出现下降趋势，其颜色特征及动态标志也会发生变化。借助这一特性，人们可以通过卫星遥感对植物的监测来对相关信息进行对比分析，从而得出污染物气体累加浓度信息。

臭氧层的遥感监测：对于地球上的生物来说，臭氧层的保护至关重要，对臭氧层的监测也就具有高度的实际意义。通过遥感监测，人们可以掌握臭氧层及空洞的变化情况。

我国科学工作者利用遥感监测技术对不同高度范围内的臭氧分布进行了测量，得到了对流层、平流层、中间层、热层和逸散层不同大气层臭氧层分布的精确数据并绘制了臭氧剖面图，其中的意义不言而喻。

居民生活区的遥感监测：随着社会经济的发展，社会公众对大气环境质量的要求也越来越高。通过遥感监测技术，可以对不同居民生活区的大气环境进行动态追踪。例如，由于城市化进程加快，许多居民生活区的自然地表被水泥、沥青等所替代，这就改变了城市大气物理状况，从而产生热岛效应。对热岛效应的传统实地检测法有着点位密度低、数据同步性和空间代表性差等弊端，而遥感监测则具有时相多、范围广、持续性佳、同步性好等优点，有助于科学工作者更加细致地研究城市热岛的平面分布和内部结构特征。此外，通过大气遥感监测，可以对地面物体温度进行监测并根据所获取的数据绘制城市等温线。通过城市热岛的空间分布特征、强度等因素的分析，可以更全面地了解城市居民生活区空气污染情况。相较于传统监测技术而言，大气环境遥感监测技术可以从更大的尺度对大气环境污染情况及变动趋势进行全面、准确、及时的动态监测，从而帮助政府和社会公众采取准确的应对措施。在突发性的大气环境污染事件来临时，大气环境遥感监测技术可以进行精确的定位、追踪与监测，从而有效降低由此带来的损失。因此，在大气环境监测领域，遥感技术有着广泛的应用前景。

虽然遥感技术在很多年前就已应用于大气环境监测，但从专利检索的结果来看，有关遥感技术在大气环境监测方面的专利技术并不多见。根据检索结果，在所有有关大气环境监测方面的专利技术中，只有 1%的专利涉及遥感技术。不仅我国，国外在遥感技术分支方面的专利申请也很少。国内申请人可以考虑多在这一技术分支加大研发力度。

关于遥感技术在大气环境监测中的应用，我国的申请人"中国科学院遥感与数字地球研究所"拥有较多的专利，其专利申请 CN201410168708.8 公开了一种基于环境卫星的灰霾数据反演方法，包括以下步骤：获取给定海拔的地表反射率数据，以及所监测区域的地基数据和环境卫星数据；利用所述地基数据建立所监测区域的灰霾气溶胶模式，根据所述灰霾气溶胶模式和地表反射率数据建立用于灰霾数据反演的查找表；根据所述环境卫星数据识别灰霾；利用环境卫星数据、地表反射率数据、查找表计算得到所监测区域的灰霾光学厚度，作为反演得到的灰霾数据。本发明利用高空间分辨率的环境卫星数据结合精确的地表反射率数据反演灰霾数据，可以反演得到连续的高分辨率定量灰霾数据，准确度高。这篇专利文献曾被三篇其他专利申请引证过，可见具有较高的价值。

（二）物联网技术

经过多年以来的发展和努力，我国在物联网技术研究和创新中取得了较为可观的成效，相应的分析手段也在不断成熟，在环境监测领域中应用物联网技术，能充分发挥该技术优势，为生态环境保护起到更加坚实的保障。在环境监测中应用物联网技术，可以实时监测和管理环境信息，有助于提升环境信息采集质量和效率，辅助开展环境保护工作。由此看来，加强对物联网技术在环境监测中的应用研究是十分必要的，有助于为后续理论研究和实践工作开展提供参考依据。

物联网技术的本质特点在于实现物物相连，可以将物体本身的信息通过先进的传感器和智能设备收集，传输到信息平台上进行统一分析和管理。环保物联网在实际应用中范围涉及较广，遍布全国各地，是一种先进的对污染源监控和管理的信息系统。环保物联网逐渐成为当前治理环境污染的主要手段，通过应用大量先进技术，促使环境管理工作模式发生了本质上的转变。总的来说，在环境监测中应用环保物联网具有十分深远的意义，对于贯彻科学发展观以及环境保护起到了极大的促进作用。

当前，我国对于物联网技术的研究逐渐深化，为我国环保事业持续发展提供了坚实的保障，对于人类社会未来持续发展同样具有重要意义。为了能够更有效地改善当前环境污染问题，更要提高对于环境监测工作的重视程度，将更多先进技术应用其中，促使环境监测工作变得更加顺利。

在当前时代背景下，物联网技术已经成为环境监测工作最为主要的手段，在社会发展中所起到的作用也变得十分突出。环保物联网主要是强调在传统环保行业基础上，进一步整合先进技术，促使环境保护工作变得更加系统化、标准化。基于此，我国颁布了一系列关于环境保护的相关制度和规范，但是在环境保护方面尚未取得明显的成效，受到了人们广泛关注。在环境保护领域中及物联网技术实际应用中，可以实现对环境信息的采集、传输、分析及存储，有助于提升环境保护工作成效和质量，推动环境管理工作持续发展，对于我国未来环境发展具有十分突出的促进作用。

由于环境监测是一项涉及内容较广且十分复杂的工作，很容易受到设备和监测技术等因素影响，实际工作开展中更多的是停留在表面工作上，并未深入到工作实质中，环境监测相关信息并未列入环境监测记录中，诸如，以往环境监测工作中应用的技术更多的是针对山川、湖泊、江河的重要点进行分析，对于突然出现的一系列重大问题，无法及时有效地进行判断和分析，从而造成环境问题，并且持续恶化。而将物联网技术应用在环境监测中，可以为环境监测提供更多全面、准确的信息数据，将这些数据信息整理和分析，能够及时有效地发现其中存在的问题，做好预防和控制工作，确保环境保护工作真正落到实处，提升环境监测质量和监测效率。

大气监测工作是环境监测工作的一项重要组成部分，要求相关监测人员对大气中存在的污染物定期观察和分析，以此来判断大气中污染物含量是否超标，满足我国规定的大气质量标准要求。在环境监测中应用物联网传感器技术，可以监测有毒物质区域安装传感器，或是在人口稠密地区安装传感器，这样传感器监测的范围就更广，在传感器监测范围内，如果出现大气污染问题，或是监测内容突然剧烈变化，都会根据传感器技术进行更深层次的了解，从而寻求合理的应对措施，做好预防工作。

与遥感技术一样，虽然物联网这一技术已经应用于大气环境监测很长时间了，但我国在物联网技术分支这一方面的专利产出并不多。国内申请人可以考虑多关注这一技术分支，并积极地进行专利布局。

四、大气环境监测体系专利技术的主要特点和发展趋势以及相关启示和发展建议

（一）大气环境监测体系专利技术的主要特点和发展趋势

1. 基于以上各部分的专利技术分析数据可知，大气环境监测体系专利技术具有以下几方面的特点

（1）总体申请量保持上升趋势

由于全球环境的恶化，世界各国都在关注环境保护的问题。在这种情况下，各企业以及研究机构都在积极研发新技术来改善环境，因此，全球的专利申请总体上保持上升的趋势。

（2）中国申请量具有明显优势

随着中国政府对大气污染问题的重视度不断增强，各级政府不断制定与改善空气相关的法规和标准，众多企业和科研机构也认识到了相应的市场机会，加大了研发大气环境监测技术的力度，从而使每年的专利申请量不断增长。

（3）技术的综合性

大气环境监测是一门非常综合的技术，涉及化学的、物理学的以及电学等的分析技术，而且还涉及质谱、光谱以及色谱等技术，另外，还涉及前景广阔的遥感技术和物联网技术、传感器技术以及数据处理技术等。因此，大气环境监测体系专利技术的发展一定程度上还依赖于这些相关领域的技术的发展。

2. 大气环境监测体系专利技术具有以下发展趋势

（1）紧密结合遥感技术

与通过监测台站进行监测的传统的大气环境监测技术相比，遥感技术具有无可比拟的优越性。传统的大气环境监测具有无法反映污染来源、污染势态范围等弊端，而遥感技术则能对这些弊端进行明显的改善，不仅方便、高效、快捷，而且能够实时动

态地监测环境变化，并且经济成本较低，准确度高。因此，紧密结合遥感技术是大气环境监测行业的另一个重要发展趋势。

（2）紧密结合物联网技术

随着物联网技术的不断发展，物联网正在向行业的各个方面不断渗透。就大气环境监测这一行业来说，现在正在迅速发展的在线监测设备是行业发展的大方向。较传统的手工监测来说，大气环境在线监测节省了大量的人力，数据的实时传送能够使监控者随时随地了解各个监测节点的大气情况，一旦检测数据异常，事先编写的在线检测软件会将这一情况立即反映给监测者，提高了检测效率，缩短了遇到突发情况的反应时间。因此，紧密结合物联网技术是大气环境监测行业的一个重要发展趋势。

（二）大气环境监测体系专利技术的相关启示和发展建议

1. 相关启示

（1）技术启示

我国大气环境监测行业发展较晚，与发达国家相比，技术较为落后，美日欧等国家/地区在大气环境监测领域的起步较早，在各技术分支方面均拥有成熟的技术，特别是美国和日本，在核心技术上具有绝对的优势。虽然美国和日本在中国的专利数量并不多，但他们在中国的专利涉及的均是核心技术，因此还是对我国的申请人形成了较大的威胁。我国的申请数量虽然较多，但优先权非常少，申请人也比较分散，核心技术少。

（2）市场启示

不同的国家和地区对大气环境质量规定了不同的标准，美国和日本等国家对大气环境质量的标准更加严格，因此，如果我国的产品要进入这些国家，就要注意符合当地的规定和建议。

印度和伊朗等国家目前也面临着大气污染严重的问题，因此大气环境治理的市场前景很好。我国企业可以择机进入这些国家，抢占市场的先机。

2. 发展建议

（1）技术布局建议

基于以上各部分的专利技术分析数据可知，目前我国在大气环境监测体系专利技术上的专利数量虽然已经超过了美国和日本等发达国家，但我国的专利多分布于采样技术等非核心技术方面，因此，还处于起步的阶段。对于广泛使用的大型分析仪器，我国企业还在很大程度上依赖于进口国外的先进机器。为了摆脱这种局面，我国申请人应当尽快加大对核心技术的研发力度，尽快拥有完全的自主知识产权。另外，基于以上各部分的分析可知，遥感技术以及物联网技术是非常具有前景的技术分支，并且目前在世界范围内这两个技术分支的专利数量都不是很多，因此，国内申请人应当抓住这种机会，加大这两个技术分支的研发力度，尽早进行专利布局。

另外,如之前所提到的,大气环境监测技术是一项非常综合的技术,涉及多个领域。因此,国内申请人应当时刻密切关注相关领域的发展动态。

(2)海外布局建议

基于以上的分析可知,中国申请人的专利数量虽然要多于美国和日本,但中国申请人的专利申请很少考虑进行全球布局。与此不同的是,美国和日本的领先企业则会考虑进行全球布局,从而占领国际市场。

中国申请量的绝对领先与中国当前面临的严峻的大气环境形势以及中国当前的政策环境和经济环境密不可分。而与中国一样正经历大气污染之痛的印度等国家的申请则非常少。中国企业可以考虑走出去,加大在这些国家的专利布局,开拓市场,积极争取在这些国家的市场地位。

(3)市场化建议

目前来看,我国的高校和科技机构在大气环境监测体系专利技术上还具有一定的优势。虽然高校和科研机构具有强大的科研能力,但是他们对市场的了解少,研发没有明确的目标,技术的市场转化率低。因此,国内企业可以考虑与高校和科研机构进行合作,而高校和科研机构应根据企业发展的问题以及提出的问题有目的地进行研究。政府部门最好能担起高校和研究机构与企业之间的桥梁作用,促进高校和科研机构与企业的沟通和交流,使得企业与高校和科研机构都能发现与自己相匹配的合作伙伴;另外,政府最好能加强政策引导,鼓励高校和研究机构与企业共同进行技术研发,形成产、学、研相结合的合力,积极推动科研成果的转化,尽快地将技术转化为生产力。

参考文献

[1] 刘刚,徐慧,谢学俭,汤莉莉,周宏仓,徐建强. 大气环境监测 [M]. 北京:气象出版社,2012:1-30.

[2] 国家环境保护局 GB3095—2012 环境空气质量标准限 [S]. 北京:中国环境科学出版社,2012.

[3] 国家知识产权局专利局专利文献部,北京国知专利预警咨询有限公司. 大气污染防治技术专利竞争情报研究报告 [M]. 北京:知识产权出版社,2017.

装配式混凝土建筑专利技术现状及其发展趋势

张博　党晓林

一、概述

（一）技术简介

装配式混凝土建筑是指用预制的混凝土构件（柱、梁、板、楼梯、内墙板、外墙板等），在工地用可靠的连接方式装配而成的建筑。

相对于传统的混凝土结构进行对比来看，新型的装配式混凝土建筑结构在很大程度上弥补了传统模式的不足，从整体上来看，工程的工序大量减少，例如现浇、拆模、养护等多个工序，为工程减轻了工作量，可以大量节约劳动力的成本，减少施工过程中产生的污染，同时又能在生产率提高的基础上提高材料的利用率和保证产品的质量，并且实现资源的可持续利用，这不仅减少了劳动力，而且节约了成本。在生产预制装配式结构的构建中，施工速度极快，在平面布置时可以灵活多变，使用便利快捷。同时，施工中减少废物产生，降低噪声污染，节约用水用电，符合可持续发展战略，符合国家政策，并降低了劳动强度和作业危险系数，改善了作业环境。

（二）发展历史

美国在20世纪70年代能源危机期间开始实施配件化施工和机械化生产。美国城市发展部出台了一系列严格的行业标准规范，一直沿用至今，并与后来的美国建筑体系逐步融合。美国城市住宅结构基本上以工厂化、混凝土装配式和钢结构装配式为主，降低了建设成本，提高了工厂通用性，增加了施工的可操作性。总部位于美国的预制与预应力混凝土协会PCI编制的《PCI设计手册》，其中就包括了装配式结构相关的部分。该手册不仅在美国，而且在整个国际上也是具有非常广泛的影响力的。从1971年的第一版开始，PCI手册已经编制到了第七版，该版手册与IBC 2006、ACI 318-05、ASCE 7-05等标准协调。除了PCI手册外，PCI还编制了一系列的技术文件，包括设计方法、施工技术和施工质量控制等方面。

法国 1891 年就已实施了装配式混凝土的构建，迄今已有 130 年的历史。法国建筑工业化以混凝土体系为主，钢、木结构体系为辅，多采用框架或板柱体系，并逐步向大跨度发展。近年来，法国建筑工业化呈现的特点是：① 焊接连接等干法作业流行；② 结构构件与设备、装修工程分开，减少预埋，使得生产和施工质量提高；③ 主要采用预应力混凝土装配式框架结构体系，装配率达到 80%，脚手架用量减少 50%，节能可达到 70%。

德国的装配式住宅主要采取叠合板、混凝土、剪力墙结构体系，剪力墙板、梁、柱、楼板、内隔墙板、外挂板、阳台板等构件采用构件装配式与混凝土结构，耐久性较好。众所周知，德国是世界上建筑能耗降低幅度发展最快的国家，直至近几年提出零能耗的被动式建筑。从大幅度的节能到被动式建筑，德国都采取了装配式的住宅来实施，这就需要装配式住宅与节能标准相互之间充分融合。

瑞典和丹麦早在 20 世纪 50 年代开始就已有大量企业开发了混凝土、板墙装配的部件。目前，新建住宅之中通用部件占到了 80%，既满足多样性的需求，又达到了 50%以上的节能率，这种新建建筑比传统建筑的能耗有大幅度的下降。丹麦是一个将模数法制化应用在装配式住宅的国家，国际标准化组织 ISO 模数协调标准即以丹麦的标准为蓝本编制。故丹麦推行建筑工程化的途径实际上是以产品目录设计为标准的体系，使部件达到标准化，然后在此基础上，实现多元化的需求，所以丹麦建筑实现了多元化与标准化的和谐统一。1975 年，欧洲共同体委员会决定在土建领域实施一个联合行动项目。项目的目的是消除对贸易的技术障碍，协调各国的技术规范。在该联合行动项目中，委员会采取一系列措施来建立一套协调的用于土建工程设计的技术规范，最终将取代国家规范。1980 年产生了第一代欧洲规范，包括 EN 1990～EN 1999（欧洲规范 0—欧洲规范 9）等。1989 年，委员会将欧洲规范的出版交予欧洲标准化委员会，使之与欧洲标准具有同等地位。其中 EN 1992-1-1（欧洲规范 2）的第一部分为混凝土结构设计的一般规则和对建筑结构的规则，是由代表处设在英国标准化协会的《欧洲规范》技术委员会编制的，另外还有预制构件质量控制相关的标准，如《预制混凝土构件质量统一标准》EN 13369 等。

总部位于瑞士的国际结构混凝土协会 FIB 于 2012 年发布了新版的《模式规范》MC 2010。模式规范 MC90 在国际上有非常大的影响，历经 20 年，汇集了 5 大洲 44 个国家和地区的专家的成果，修订完成了 MC 2010。相较于 MC 90，MC 2010 的体系更为完善和系统，反映了混凝土结构材料的最新进展及性能优化设计的新思路，将会起到引领的作用，为今后的混凝土结构规范的修订提供一个模式。MC 2010 建立了完整的混凝土结构全寿命设计方法，包括结构设计、施工、运行及拆除等阶段。此外，FIB 还出版了大量的技术报告，为理解模式规范 MC 2010 提供了参考，其中与装配式混凝土结构相关的技术报告，涉及了结构、构件、连接节点等设计的内容。

日本1968年提出装配式住宅的概念。在1990年的时候，他们采用部件化、工厂化生产方式，提高生产效率，住宅内部结构可变，适应多样化的需求。而且日本有一个非常鲜明的特点，从一开始就追求中高层住宅的配件化生产体系。这种生产体系能满足日本人口比较密集的住宅市场的需求，更重要的是，日本通过立法来保证混凝土构件的质量，在装配式住宅方面制定了一系列的方针政策和标准，同时也形成了统一的模数标准，解决了标准化、大批量生产和多样化需求这三者之间的矛盾。日本的标准包括建筑标准法、建筑标准法实施令、国土交通省告示及通令、协会（学会）标准、企业标准等，涵盖了设计、施工等内容，其中由日本建筑学会AIJ制定的装配式结构相关技术标准和指南。1963年成立的日本预制建筑协会在推进日本预制技术的发展方面做出了巨大贡献，该协会先后建立PC工法焊接技术资格认证制度、预制装配住宅。

20世纪五六十年代，我国才刚开始装配式建筑的研究和应用，应用最多的是多种预制屋面梁、预制空心楼板、大板建筑、吊车梁、预制屋面板，但我国装配式建筑技术比较落后，预制构件整体性差、承载能力低、延性不好、构件的跨度也小，由于这些物理性能和功能的许多局限，到20世纪90年代中期，全现浇式混凝土建筑体系几经逐渐取代了预制装配式混凝土建筑。此后经济迅速发展的近十年间，预制装配式施工的施工技术和管理水平的提高、劳动力成本的上升，以及预制构件的加工精度与质量方面的提高，预制装配式建筑的应用重新升温，发展态势快速、良好。目前国内的一些知名建筑企业如上海万科集团、南通建工总承包有限公司、上海瑞安集团等开发的项目中均采用了预制装配式建筑，取得了较好的实践价值和示范效果。

我国香港、台湾地区装配式建筑应用比较普遍，中国香港屋宇署制定了完善的预制建筑设计和施工规范，高层住宅多采用叠合楼板、预制楼梯和预制外墙等方式建造，厂房类建筑一般采用装配式框架结构或钢结构建造。中国台湾地区建筑体系和日本、韩国接近，装配式结构的节点连接构造和抗震、隔震技术的研究和应用都很成熟，装配框架梁柱、预制外墙挂板等构件应用较广泛，预制建筑专业化施工管理水平较高，装配式建筑质量好、工期短的优势得到了充分体现。

（三）装配式混凝土建筑的优势

1. 建筑技术创新

装配式建筑是21世纪世界建筑业技术发展的主流，目前装配式建筑的发展方向主要是采用钢结构或钢筋混凝土为框架体系的全装配式多层或高层建筑结构体系，而与钢结构或钢筋混凝土梁、柱框架配套的外墙、屋面、内墙、楼板等材料全部采用预制的、工业化生产的、可在现场施工、安装、组装的新型多功能的可实现建筑工业化的建筑材料构件。目前，在我国经济建设中，建材业和建筑业已经成为国民经济的支柱产业。但是，建材业和建筑业生产建设仍处在粗放型生产阶段，集约化程度低，生产建设技术落后，劳动生产率低。与国外相比，我国建设的劳动效率只相当于发达国家的 1/5 左右。为此，国家十分重视并已提出要加快实现建材业和建筑产业现代化，提高建筑建设质量和建设效益的目标和措施。实现建材业和建筑产业现代化的根本出路在于技术创新，尤其是要开发新的建筑体系，推动建筑材料的部件化。装配式建筑体系是多年来国外开发成功的建筑科技成果。目前这种建筑体系在国外得到了迅速发展，例如德国、英国、美国、日本等广泛采用装配式建筑体系中预制混凝土构件。作为一套完整的建筑技术正是因为适应建筑产业化的要求，以其独特的优势受到建筑业的关注和重视。

2. 从生产到建筑使用实现工业化

装配式建筑可以实现建筑墙体部件化。所生产的产品可以根据建筑墙体需要，在工厂里加工成墙体部件，制作成整体墙板、梁、柱、楼板，并可在构件内预埋好电气件、水暖用件、窗户。还可根据需要在生产工厂将墙体装饰材料制作完成。装配式建筑构件工厂生产，使产品精度高，产品更加标准化、规范化、集成化，技术标准易于统一。由于装配式建筑构件标准化、工厂化生产，运送到工地后可进行装配，每道工序可以像设备安装一样进行现场安装，实现了建筑工业化生产。

3. 装配式建筑是新型建筑体系绿色建筑材料

我国在经济建设中坚持可持续发展的原则，以人为本，发展健康住宅，把节约资源和保护环境放在突出的位置，极大地推动了绿色建材的发展。一些国家制定了绿色建材的性能标准，推行绿色建材认证，对室内空气质量进行控制。一般认为，绿色建材除必须符合产品质量标准外，还必须是：安全无毒，对人体无害；在生产和使用过程中对环境的负荷较小（自然资源和能源的消耗等），不污染环境；在房屋拆除后，大部分材料可以回收利用。因此装配式建筑构件适应墙体改革和建筑节能的要求。整个体系主要由水泥、砂、陶粒等轻质材料组成，构件强度高而重量轻，填充不同材料可以满足保温隔热和建筑隔声的要求，建成的大板建筑，防水隔潮，居住舒适。这种建筑体系材料的耗能和释放的 CO_2 都很少，是真正的绿色建筑材料。

4. 施工方便解决冬季施工难问题

装配式建筑可以根据现场要求制作需要的墙体构件，现场组合安装，减少工作量，减少现场湿作业量，施工方便，施工周期短，节省人力物力，降低建筑成本，具有可钉、可粘贴等优良性能。据测算，装配式建筑构件可提高工作效率 2~4 倍。由于装配式建筑构件是在工厂车间内生产完成，在冬季也可以生产，运到施工现场组装，解决了北方地区冬季施工难的问题。

5. 轻质

装配式建筑是同体积混凝土构件重量的 1/3~1/2，从而减轻建筑物的基础荷载，节省建筑物基础投资和总投资；减轻建筑工人的劳动强度，提高施工速度，节约人力物力。同时由于装配式建筑构件重量轻，可减轻运输量（与黏土实心砖比），可节约运输费用。

6. 高强度，安全性好，抗震性能高，耐火性好

装配式建筑具有强度高、耐久性、耐候性、防水性、抗震、耐火、隔音、气密性能好等特点。由于大量使用轻质材料，降低建筑物自重，同时大多数构件已构成一体，增加装配时的柔性连接，提高建筑的抗震性。装配式建筑耐火极限达到国家A级标准，属于非燃烧物体，满足建筑物耐火极限要求。装配式建筑构件隔声量大于50dB（A），满足建筑物隔声要求，能够为室内外提供良好的工作环境和生产环境。

7. 保温、节能

装配式建筑的保温隔热性能非常好，可以根据节能要求，安排生产符合性能要求的产品。满足建筑围护结构保温隔热的要求，使室内空调与采暖能耗大量降低。正是装配式建筑构件的低导热性，使其可以满足建筑墙体保温的使用要求，其主要优点为：

① 可以避免产生热桥，在采用同样厚度的保温材料下，热损失减少约1/5，从而节约了热能。

② 由于内部的实体墙热容量大，室内能蓄存更多的热量，可以使室内温度变化减缓，室内温度较为稳定，生活较为舒适。在夏季，能减少太阳辐射热的进入和室外高温的综合影响，使外墙内表面温度和室内空气温度得以降低，有利于使建筑冬暖夏凉。

③ 综合经济效益很高装配式建筑同其他轻质材料相比具有很大的优越性，是一种全新的建筑节能体系。同时装配式建筑生产是全自动化生产，具有绿色施工和设计、机械化规模化生产。产品技术含量高，工艺先进，在墙体材料行业中有其独特之处，具有巨大的经济效益和社会效益。综上所述，我国墙体改革及建筑节能，主要发展方向为轻质、保温、利废、节能、节地、减少环境污染，产品生产应用工业化，发展生态建材，同时满足建筑的性能，轻质保温的装配式建筑完全符合上述要求，装配式工业化建筑结构体系将是建筑业发展必然之路。

（四）研究思路

1. 确定研究对象与内容

本课题主要研究对象是装配式混凝土建筑，并提供上述主题的相关专利状况分析。为达到研究目的，制定了针对性的检索策略，对涉及主题相关的领域进行大范围检索，基本掌握该主题下的国内外专利分布态势，了解国内外主要申请人的专利申请状况，并进行了以下方面的分析和研究：专利发展趋势分析、专利保护地域分析、主要申请人、技术分布分析、中国大陆专利状况分析等。

2. 制定检索策略

为顺利进行对研究主题的检索，尽量保证检索结果的全面和准确，制定如下检索策略。

(1) 检索策略

首先，选择数据库，在数据的选择时，考虑到课题研究的主要内容，检索过程中主要采用 INCOPAT，智慧芽，CNKI 数据库。

其次，通过最准确的关键词"装配""混凝土"进行检索，更加深入地了解该技术领域的背景技术，在浏览文献的过程中提取关键词和主要的分类号，对关键词进行一个全面的扩充，为后面的全面检索打好基础。

再次，通过上面总结的比较准确的分类号和关键词，在中文和外文的数据库中进行充分检索，并且在检索过程中不断扩充分类号和关键词，对检索到的接近的技术进行追踪检索。

最后，进行补充检索，针对前面检索过程中发现的新的或者前面阅读过程中发现的最准确的关键词和分类号进行检索，更多的是注重前面检索过程中主要的公司和申请人进行检索，进一步确认是否有遗漏的 CPC、UC、FI 或 FT 的分类号。

(2) 检索过程简介

—初步检索时，先通过书籍、期刊、中文专利、百度、维基百科等初步确定关键词的表达，提取关键的要素，比如，"装配""混凝土""建筑"等，初步确定一个检索要素表，通过主要的检索，对后续的关键词和分类号进行归纳总结，为后面的充分检索打好基础。

—完善检索要素及表达，进行充分全面的检索

通过上面扩充出来的关键词和分类号，先通过扩展出来的关键词进行"与"或"或"的检索，并对检索出来的文献进行浏览，在浏览的过程中对相似度很高的文献的分类号进行记录，为后期的分类号检索做好准备；通过前期对分类号的扩充，对主要的分类号和扩展出来的边缘的分类号记录，加上前面提取出的最准确的关键词，进行一个全面的检索，在检索的过程中，并从相似度很高的文献中进一步提取出合适的关键词和分类号，特别是注重外文关键词的扩充，做到对相关文献的充分检索。在分类号的提取中，特别注重 CPC 分类号的提取，获得更加准确的 CPC 分类号，为在外文库中的检索做好准备；在检索的过程中还要针对主要的发明人进行一个全面的检索。

—完成检索，提取专利数据

运行最终修正的检索式，下载检索结果，形成专利分析原始样本和数据库，以供进一步使用。

(3) 专利数据库资源与专利数据的起止时间

本课题于 2017 年 9 月 23 日完成了检索，本文中统计的专利数量均为 2017 年 9 月 23 日之前公开的专利申请数量。

（4）检索要素确定与表达如表 1 所示

表 1　技术分解表

检索要素		一级技术分支	二级技术分支	三级技术分支
关键词	中	装配式，混凝土，建筑	框架，预制，整体，墙，剪力墙，柱，梁，节点	支撑，防护，连接，定位
	英	assembl+，concrete，build+，construct+	frame，precast+，prefabricat+，entirety，wall，shear wall，column，beam，joint	support+，protect+，connect+，locat+
分类号	IC/CPC	E04B1/21，E04B1/58，E04B1/41，E04B1/20，E04G21/12，E04C5/16，E04G17/06，E04B2/86，E04B1/38，E01D21/00，E04B1，E04B2		
申请人		沈阳建筑大学，东南大学，中国建筑股份有限公司，西安建筑科技大学，北京工业大学，FUJITA CORP，KAJIMA CORP		
数据库		INCOPAT，智慧芽，CNKI		

（五）分析方法

为掌握国内外与课题主题相关的专利申请的整体情况，课题组在全面检索定量统计的基础上进行定性分析，以获得国内外对于课题主题研究和创新较为集中的技术点，从而帮助企业了解相关行业技术发展的动态、现有技术所处成长阶段、竞争最热的技术领域以及国内外主要竞争对手的重点研究方向，从而为企业目标选定和战略布局提供一定的依据和支持。

与此同时，针对企业需求对重点专利进行了深入分析，对所需求的关键技术的专利文献逐篇进行阅读，着重对核心专利按照其技术问题、技术手段等进行分类研究，以使得企业尽可能多地获得当前较为活跃的关键技术的专利情报，帮助研究人员获得最新的专利技术信息，调整研究方向，避免重复研究，同时以期有助于启发研究人员的创新思路，缩短研究开发时间并掌握竞争对手的技术发展状况，以提高企业自我创新能力。

1. 分析样本的不完全性

数据库部分数据收录不完整的说明：本文统计的专利申请量少于实际申请量，原因是发明专利申请通常自申请日起满 18 个月才能公开（要求提前公开的除外）；PCT 专利申请可能自申请日起 30 个月甚至更长时间之后才能进入国家阶段，导致与之相对应的国家公布更晚；实用新型专利申请在授权后才能获得公布，其公布日的滞后程度取决于审查周期的长短。

2. 分析样本的标引

下文所有技术的统计、分析只限于上述确定的数据范围中的专利文献。课题组对这些专利文献进行了逐篇阅读，并按照申请号、申请日、公开号、公开日、优先权号、优先权日、国别、申请人、发明人、技术手段、技术问题、相关聚类、附图、法律状态等角度进行了标引。

（六）文献筛选及分类标准

对于文献的筛选标准，首先，对整体的文献进行初筛，找出与给出的待评议方案即装配式混凝土建筑相接近的文献，即建筑，固定建筑物领域，特别是涉及框架，墙体，柱及梁的方案；然后，进行详细的筛选，对其外围的专利进行筛选，其主要包括涉及节点连接，以期为待评议方案后续可能的研发方向提供借鉴。

对于相关文献的分类，主要是从相关专利涉及或者要解决的技术问题及结构角度进行考虑。经过对文献的分析，课题组将目前装配式混凝土技术相关的专利申请所涉及或要解决的技术问题归结以下四个方面，即框架结构方面，墙体结构方面，柱体，以及梁。除此之外所涉及的技术问题归于其他类，在此不作细述。

（七）相关事项约定

此处对本报告上下文中出现的以下术语或现象，一并给出解释。

项：同一项发明可能在多个国家或地区提出专利申请，构成同族专利，INCOPAT 数据库将这些相关的多件申请作为一条记录收录。在进行专利申请数量统计时，对数据库中以一族（这里的"族"指的是同族专利中的"族"）数据的形式出现的一系列专利文献，计算为"1 项"。一般情况下，专利申请的项数对应于技术的数目。

件：在进行专利申请数量统计时，例如为了分析申请人在不同国家、地区或组织所提出的专利申请的分布情况，将同族专利申请分开进行统计，所得到的结果对应于申请的件数。1 项专利申请可能对应于 1 件或多件专利申请，如同一项发明在中国和美国分别提出专利申请，则分别形成 1 件中国专利申请和 1 件美国专利申请，但在数据库中记为 1 项专利申请。

专利被引频次：是指专利文献被在后申请的其他专利文献引用的次数，例如在其后的其他专利文献的背景技术或相关检索报告中被引用。

同族专利：同一项发明创造在多个国家申请专利而产生的一组内容相同或基本相同的专利文献出版物，称为一个专利族或同族专利。从技术角度来看，属于同一专利族的多件专利申请可视为同一项技术。在本报告中，针对技术和专利技术原创国分析时对同族专利进行了合并统计，针对专利在国家或地区的公开情况进行分析时对各件专利进行了单独统计。

同族数量：一件专利同时在多个国家或地区的专利局申请专利的数量。

全球申请：申请人在全球范围内的各专利局的专利申请。

在华申请：申请人在中国国家知识产权局专利局的专利申请。

3/5 局申请：指同一项专利申请同时向美国专利商标局、欧洲专利局、中国国家知识产权局专利局、日本特许厅、韩国专利局中的任意三个局提交了专利申请。

国内申请：中国申请人在中国专利局的专利申请。

国外来华申请：外国申请人在中国专利局的专利申请。

平均被引次数：专利被他人引用总次数除以被引用专利件数。

平均自引次数：申请人自己引用总次数除以被引用专利件数。

国别归属规定：国别根据专利申请人的国籍予以确定，其中俄罗斯的数据包含苏联，德国的数据包括民主德国、联邦德国。

日期规定：依照授权最早优先权日确定每年的专利数量，无优先权日以申请日为准。

优先权：专利申请人就其发明创造第一次在某国提出专利申请后，在法定期限内，又就相同主题的发明创造提出专利申请的，根据有关法律规定，其在后申请以第一次专利申请的日期作为其申请日，专利申请人依法享有该权利。

二、装配式混凝土建筑的相关专利状况

（一）发展趋势分析

图 1 是装配式混凝土建筑相关专利的全球历年专利申请数量变化。从图中可以看出，涉及装配式混凝土建筑的专利申请最早起于 1902 年，法国在 1902 年率先提出了 FR324983A 装配式混凝土的增强系统结构组件，并具体介绍了在建筑领域可以利用简单的部件进行装配形成大型结构的专利技术。

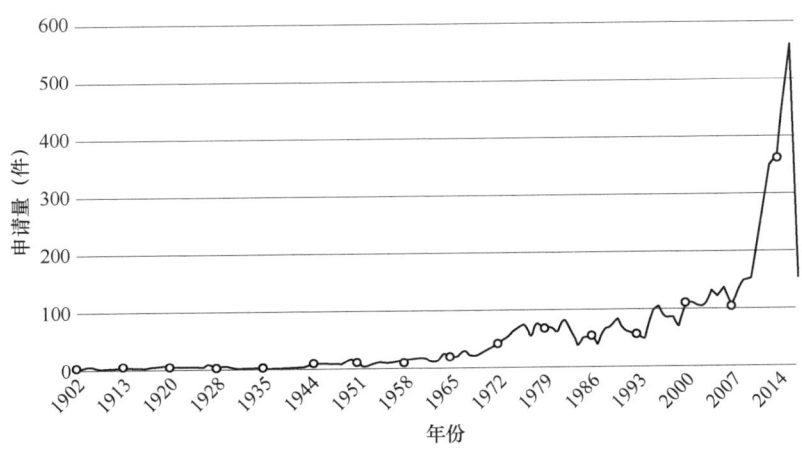

图 1　全球历年专利申请数量变化

1902 年至 1965 年，相关专利申请量偏少，技术起步缓慢；自 1965 年之后约 40 年期间，相关专利申请量开始有所增长，但每年的专利申请量仍然较少，属于缓慢发展期；从 2007 年开始，相关专利申请开始出现大幅增长，并且在 2016 年前后达到申请高峰期，相关专利全球申请量达到 560 件，进入快速发展期。

阶段一（1965 年以前）：全球的装配式混凝土建筑技术领域的专利申请量始终维持在一个较低水平的稳定状态，每年的专利申请总量不超过 10 件。以公告号 FR79754E 为例，可见，这一阶段的装配式混凝土建筑以简单的锚定小体积装配为主要的研究方向。

阶段二（1966 年至 2006 年）：此阶段相关专利的申请量开始缓慢增长，每年的专利申请总量不断增加，自 1996 年起相关专利突破 100 件，且自该年起专利申请量趋于稳定。以公告号 JP4606603B2 为例，可见，这一阶段的研究侧重于大体积结构复杂的装配式构件，结构更加稳固。

阶段三（2007 年至今）：在这一阶段，专利的申请量开始进入快速增长阶段，全球专利申请量由 2007 年的 104 件激增至 2016 年的 559 件。以公告号 US2016/0122996A1 为例，可见，这一阶段的研究开始向各个连接构件节点等关键部位的安全稳定等方面全面多元化发展，同时装配式混凝土建筑的专利也日趋完善。

值得一提的是，中国技术在这一阶段也得到了极大的发展。例如，2013 年，中铁建设集团有限公司和东南大学联合申请的专利 CN103195170A 提出了一种装配式钢筋混凝土框架结构体系，包括预制柱和梁结构，梁结构分为梁中连接装配式结构和梁端连接装配式结构；所述梁中连接装配式结构包括预制异形梁、U 形螺栓和螺母；所述梁端连接装配式结构包括节点拼接装置、螺母、预制梁、耗能连接板和预埋横向螺栓；所述预制柱上端预留钢筋，下端预留竖向孔道，所述预制柱与基础，预制异形梁或节点拼接装置连接成一个整体。本发明装配式框架结构体系的预制柱、预制异形梁、节点拼接装置、预制梁均可在工厂进行标准化生产，避免了施工现场的湿作业，加快了房屋建造速度。各预制构件的形式均相对简单，便于运输，并且耗能连接板的使用提高了装配式结构的耗能性能。

（二）专利保护地域分析

1. 全球专利申请国家分布

图 2 为装配式混凝土建筑的全球专利申请国家/地区分布。从图中可以看出，相关专利申请分布最多的国家/地区依次为中国、法国、日本、美国、韩国、德国、欧洲、意大利、加拿大、英国。可以认为，这些国家也是装配式混凝土建筑发展最为成熟或近年来发展最快的，这些国家对装配式混凝土技术领域的研发投入很大。

同时，全球各大申请人在这些国家和地区的专利申请和布局也最为密集，排名前 5 的国家的专利申请量已占到了全球申请总量的 84%，仅中国的专利申请量就占到了全球申请总量的 42.26%，其他 4 个国家申请量接近，分别是：法国 9.5%，日本 9.46%，美国 8.7%以及韩国 8.23%，这亦体现出近年来我国开始关注装配式混凝土技术的专利保护。对于其他一些国家/地区，如德国 5.84%、欧洲 4.13%、意大利 4.13%、加拿大 3.55%以及英国 1.92%，可见这些国家针对该领域的专利申请均有涉及，且数量相差不是很大。

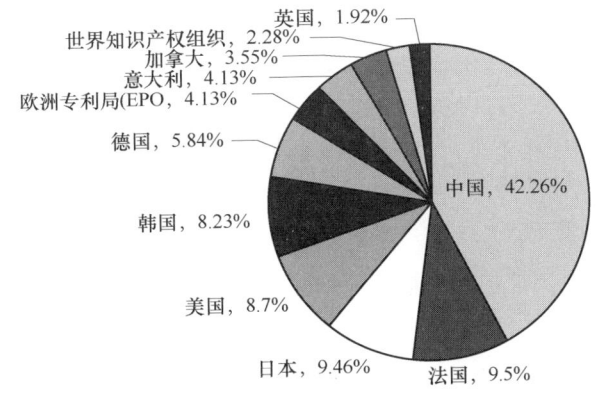

图 2　全球专利申请国家/地区分布

2. 主要专利申请国家历年专利申请量分析

图 3 是从图 2 的结果中选取申请量居于前列的国家，进一步绘制出的相关国家历年专利申请量图。从图中可以看出，关于装配式混凝土建筑的相关专利最早起源于 1902 年的法国。我国的装配式混凝土建筑的专利申请起于 1985 年，滞后于其他发达国家，这可能与中国建立专利制度的时间较晚有关。然而，日本的装配式混凝土建筑的相关专利起源于 1975 年，韩国起源于 1983 年。综上可以看出，装配式混凝土技术在亚洲均明显滞后于欧美国家。但是，自 2003 年，我国的专利申请量异军突起，且呈逐年上升趋势发展，至 2016 年，申请量达到 517 件，成为全球申请量大国，并带动全球专利申请量大幅度上涨。

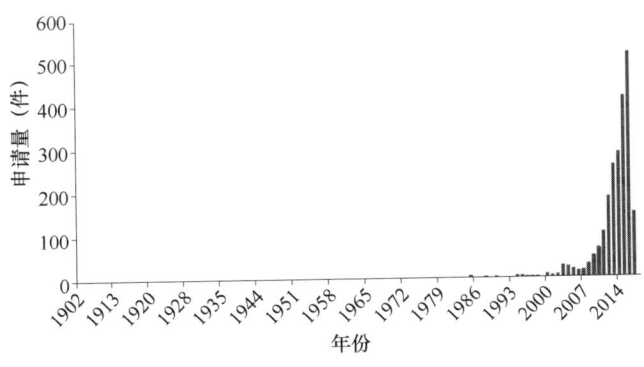

图 3a　中国历年专利申请量

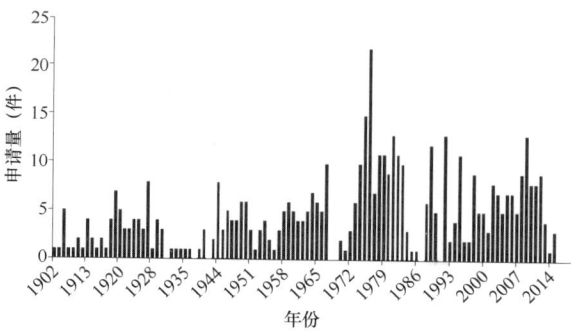

图 3b　法国历年专利申请量

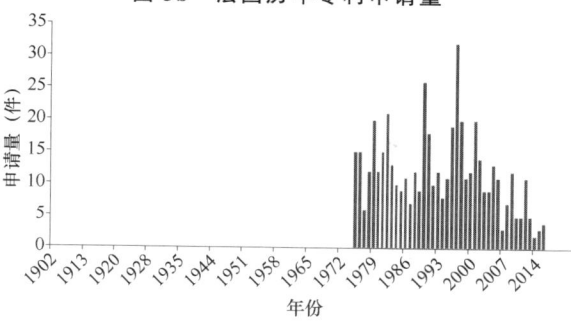

图 3c　日本历年专利申请量

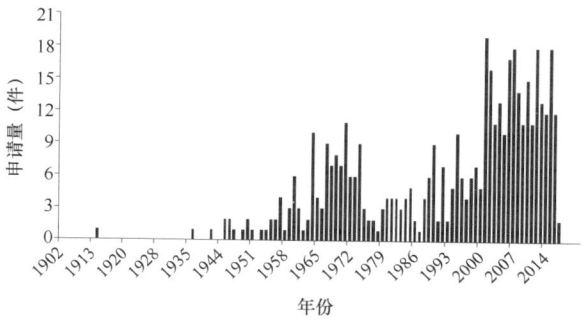

图 3d　美国历年专利申请量

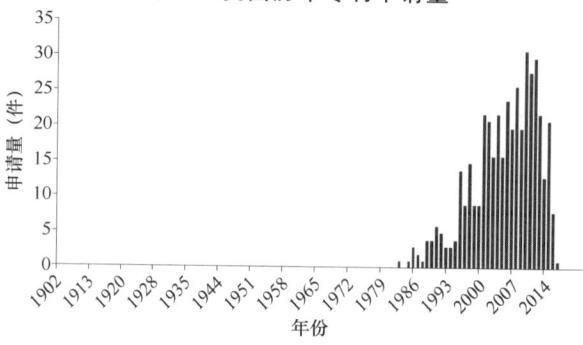

图 3e　韩国历年专利申请量

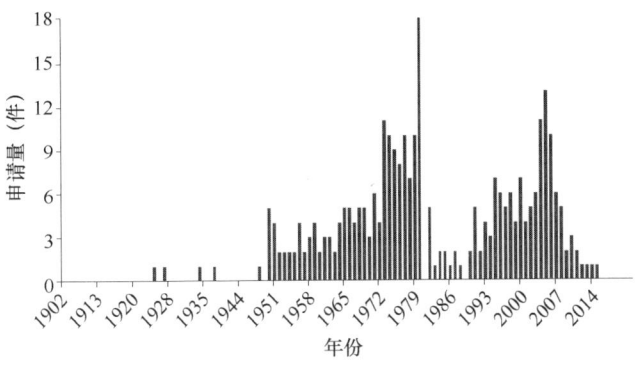

图 3f 德国历年专利申请量

3. 我国地域分布

从图 4 可知，近年来，我国各省市的装配式混凝土建筑的专利申请量呈逐年上升趋势，且专利申请主要集中在中东部城市。这说明我国这一带的建筑行业发展较快。江苏省的专利申请量居高不下，北京次之，仅这两个省市的专利申请量就占据了全国专利申请总量的大部分。其余省市的专利申请量也蒸蒸日上。

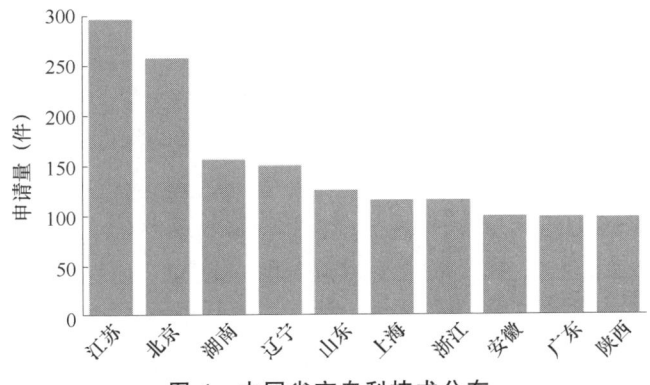

图 4 中国省市专利技术分布

通过统计分析，我国各个省份和地区经济发展不平衡的情况也体现在了专利申请中。专利申请量第一的省份是江苏省，江苏省经济活跃发达，申请量总计 297 件，其在 2015 年的专利申请最多。排名第二的省份是北京市，申请量总计 258 件，其在 2014 年申请的专利量最多。排名第三的省份是湖南省，申请量总计 156 件，其每年的专利申请量缓慢增长，在 2016 年达到峰值。究其原因，首先，与各地区的经济发展密不可分；其次可能与当地的政策导向有关。

4. 全球专利技术分布

图 5 为上述一级聚类专利技术分布。从图中可以看出，框架结构设计的专利申请最多为 2121 件，涉及墙体结构的设计与框架结构设计的专利申请量相当大约为 1998

件，涉及柱连接结构与梁连接结构的设计分别为 1593 件和 1489 件，其他专利约有 603 件。可见，装配式混凝土建筑结构设计的专利技术革新方面，框架结构和墙体结构的改进是研发重点，且涉及较多的是框架结构的改进，对于其他方面的改进还涉及节点的改进，整体上呈现出专利申请涉及面广的特点。

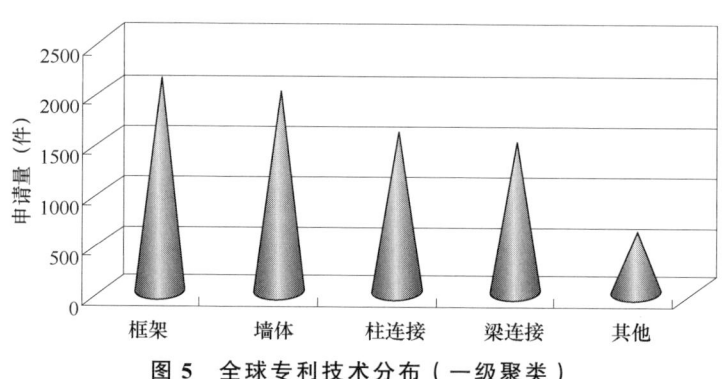

图 5　全球专利技术分布（一级聚类）

5. 我国专利技术分布

图 6 为我国上述专利技术分布。从图中可以看出，我国墙体结构设计的专利申请最多为 422 件，占比 32.69%，涉及梁连接结构设计次之为 321 件，占比 24.86%，而框架结构设计和柱的结构设计申请量适中，分别为 274 件和 265 件。由此可见，我国的装配式混凝土建筑的研发重点主要侧重于墙体的连接和安装方面。

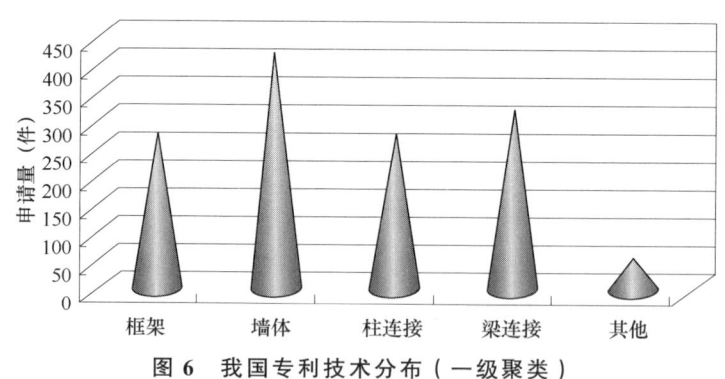

图 6　我国专利技术分布（一级聚类）

（三）主要分类号分布

装配式混凝土建筑的相关专利技术在 IPC 分类表体系下的分布情况如表 2 所示，从表 2 中可以看出，装配式混凝土建筑技术相关的专利主要分布在 IPC 分类号为 E04B1/00、E04G21/00、E04C5/00、E04G17/00、E04B2/00 等大组中。大组、小组综合统计，其中申请量第一的组为 E04B1/21，其含义为连接件；第二的组为

E04B1/58，其含义为用于条形建筑构件的连接；第三的组为 E04B1/41，其含义为专用于埋入混凝土或砌体之中的连接装置；第四的组为 E04B1/20，其含义为混凝土支承构件，例如钢筋混凝土的，或其他石类材料的；第五的组为 E04G21/12，其含义为加强插入件的敷设和预应力；第六的组为 E04C5/16，其含义为加强件的辅助部件，例如，连接器，隔撑，钢箍；第七的组为 E04G17/06，其含义为系结件和间隔件；第八的组为 E04B2/86，其含义为在永久性模板中制作的；第九的组为 E04B1/38，其含义为一般的建筑结构的连接；第十的组为 E01D21/00，其含义为专用于架设或装配桥梁的方法或设备。可见，装配式混凝土建筑技术相关的专利主要集中在一般框架连接结构，其具有专利 2121 件，很有数量优势，其重要性与受关注度可见一斑。

表 2 装配式混凝土专利技术全球主要 IPC 分布

序号	IPC 分类号	申请量/件	序号	IPC 分类号	申请量/件
1	E04B1/21	217	6	E04C5/16	154
2	E04B1/58	203	7	E04G17/06	154
3	E04B1/41	192	8	E04B2/86	147
4	E04B1/20	178	9	E04B1/38	146
5	E04G21/12	156	10	E01D21/00	137

表 3 示出了装配式混凝土建筑技术的全球主要 IPC 大组分类号分布情况，从表 3 中可以看出，IPC 分类号为 E04B1/00、E04B2/00、E04G21/00、E04G17/00、E04C5/00 的大组在装配式混凝土建筑技术的分布情况。装配式混凝土建筑技术相关的全球专利申请共 6155 件，数量庞大，分布广泛，即使分布最多的大组也仅仅占总申请量的 26.41%。其中申请量第一的大组是 E04B1/00，专利申请共 1254 件，占总量的 26.41%，第二的大组是 E04B2/00，专利申请共 620 件，占总量的 13.06%。

表 3 装配式混凝土专利技术全球主要 IPC 大组分类号分布情况

序号	IPC 分类号	申请量/件	百分比
1	E04B1/00	1254	26.41%
2	E04B2/00	620	13.06%
3	E04G21/00	563	11.86%
4	E04G17/00	446	9.39%
5	E04C5/00	429	9.03%

（四）各国研发实力分析

1. 原创国家/地区分布

原创国家申请是申请优先权所在国家的申请，其不包含同族申请，图 7 为装配式混凝土建筑的原创国家分布图。从图中可以看出，该领域的原创国家主要为中国、法国、美国、德国、日本，其中中国的技术产出最多，占总量的 44.78%，这与我国近年来先进雄厚的建筑技术实力是密不可分的，其次法国的技术产出占总量的 9.68%，美国的技术产出占总量的 9.42%，分别居于二三位。

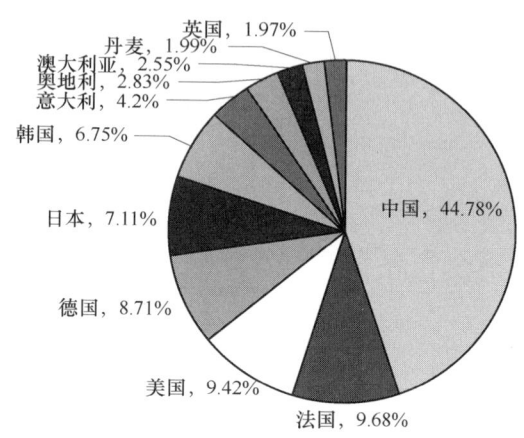

图 7　原创国家分布

2. 主要技术产出国家历年专利量分析

图 8 为装配式混凝土的主要技术产出国家历年专利申请量图。从图 8 中可以看出，总体上看，上述主要技术产出国家专利申请量呈递增趋势，2007 年后进入快速增长时期，相对地，中国的申请量和增长趋势明显强于其他国家和地区，显然这与中国近年来国先进雄厚的建筑技术发展有关，法国、美国、德国、以及日本的专利申请发展也较早，但专利申请数量却不高，趋势较为平稳，中国的专利申请明显滞后于其他国家，在 2007 年申请量才有较大幅度上升。

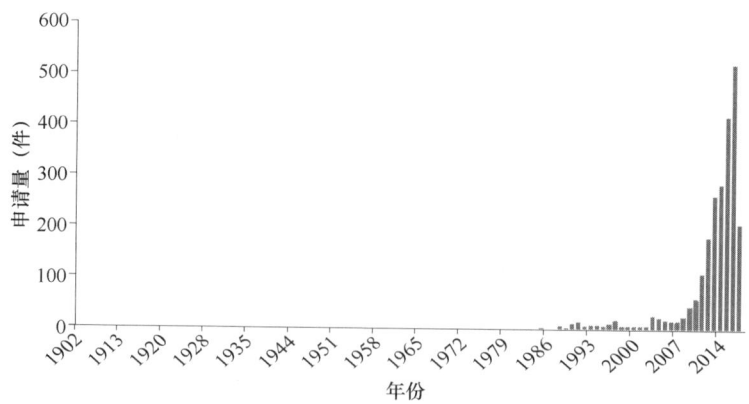

图 8a　中国历年专利申请量

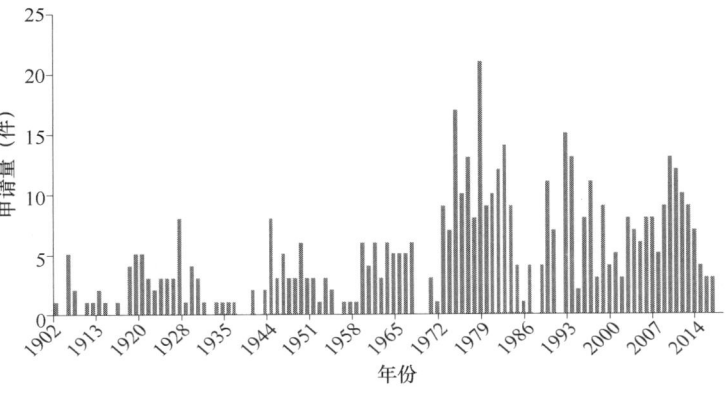

图 8b　法国历年专利申请量

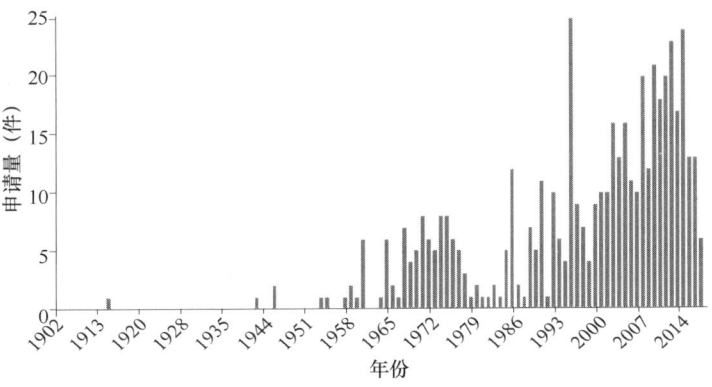

图 8c　美国历年专利申请量

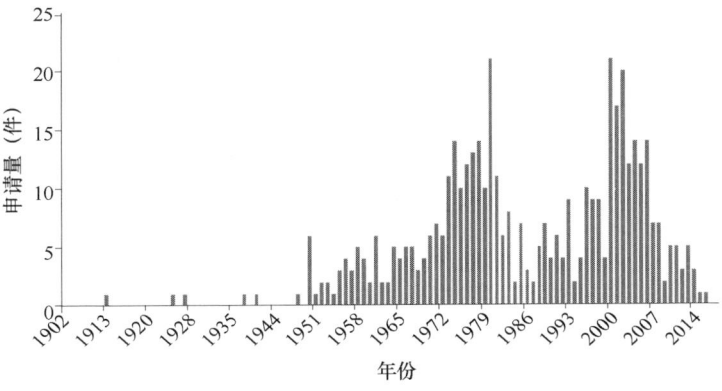

图 8d　德国历年专利申请量

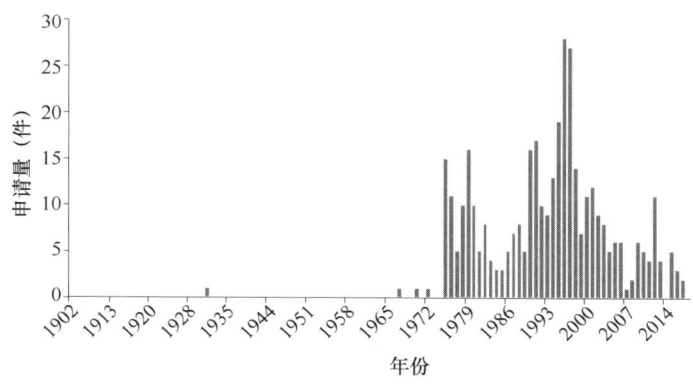

图 8e　日本历年专利申请量

3. 原创国家专利技术分布

图 9 是主要原创国家的一级聚类技术分布。从图中可以看出，美国的技术发展相对先进，其专利申请数量最多，且在框架结构、墙体结构、柱的连接和梁的连接设计方面均有涉及的改进。我国对框架结构、墙体结构、柱的连接和梁的连接等方面的专利申请量比较平均，且每个技术主题的专利申请量也相对比较大。而法国虽然是装配式混凝土建筑的发源地，但是近年来由于其专利申请量不是很多，因此其整体的专利申请量也不是很多。整体来看，框架结构和墙体结构设计方面的改进仍然是研发热点和重点。当然地，柱和梁连接的节点强度也是装配式混凝土建筑领域不可忽视的问题。

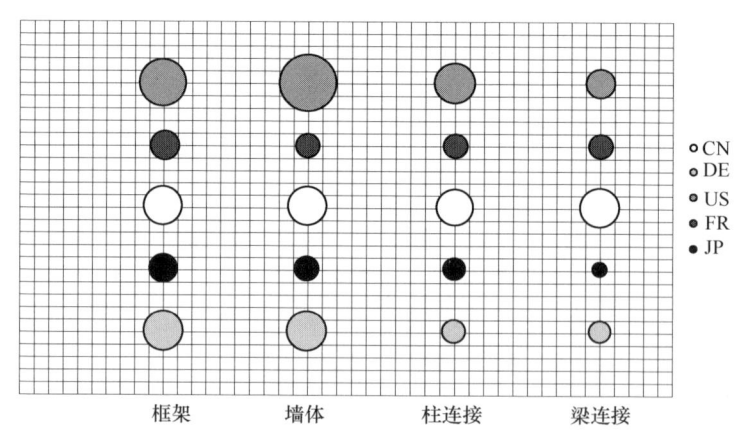

图 9　原创国家专利技术分布（一级聚类）

（五）主要申请/专利权人分析

1. 申请/专利权人排名及相对技术实力分析

图 10 为装配式混凝土建筑的申请人/专利权人排名及技术实力分布。从图中可以看出，各主要申请人均涉及框架结构、墙体结构、柱连接以及梁连接的改进。其中沈

阳建筑大学、东南大学的专利申请量明显多于其他申请人，且技术研究涉及面较广。目前中国在装配式混凝土建筑领域的专利申请量领先于其他国家，这可能与近年来国家的相关政策扶植有关，国外该领域虽然起步较早，由于近年来专利申请数量不多，因此整体专利申请数量不是很大。

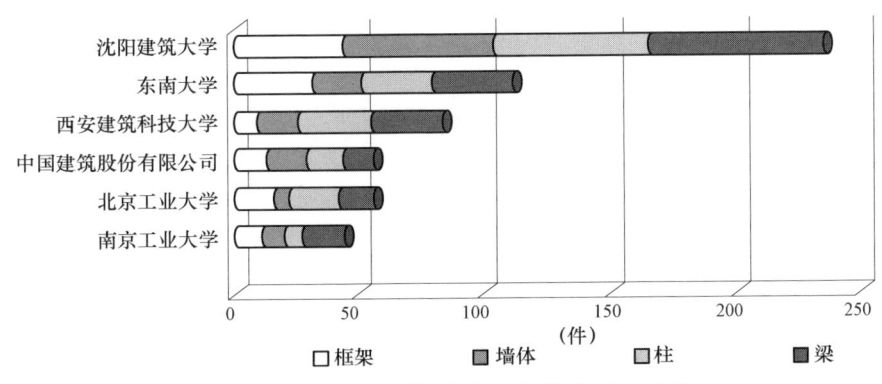

图 10 申请人/专利权人排名及技术实力分布

2. 主要申请/专利权人历年专利申请量分析

图 10 为主要申请/专利权人沈阳建筑大学、东南大学、中国建筑股份有限公司、西安建筑科技大学、北京工业大学、南京工业大学的历年专利申请量图。其中沈阳建筑大学和东南大学的申请量较大，沈阳建筑大学在 2016 年的申请量更是达到 47 件，而东南大学申请量也较大，其他申请/专利权人的申请量相当。东南大学从 2006 年开始申请涉及装配式混凝土建筑的发明专利，时间最早；而其他申请人/专利权人则是从近几年开始涉及装配式混凝土建筑的专利技术。可见，以东南大学、沈阳建筑大学为首的中国的大专院校对该领域的技术研发比较重视。

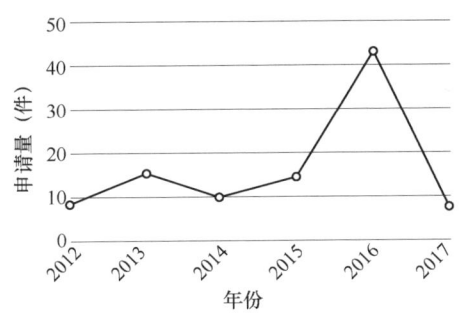

图 10a 沈阳建筑大学历年专利申请量

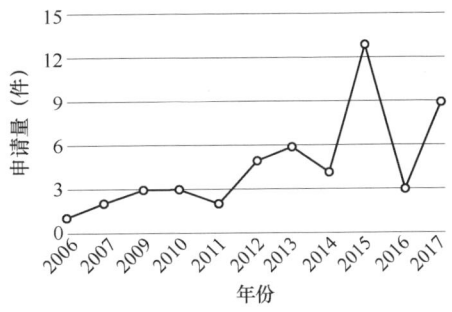

图 10b 东南大学历年专利申请量

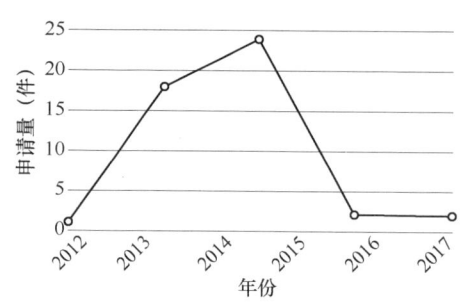

图 10c 中国建筑股份有限公司历年专利申请量

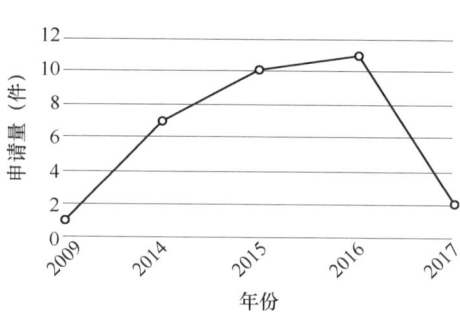

图 10d 西安建筑科技大学历年专利申请量

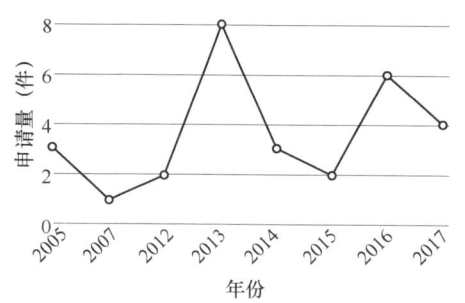

图 10e 北京工业大学历年专利申请量

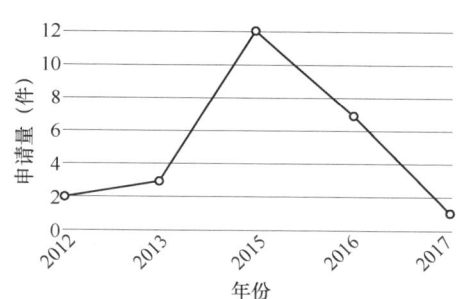

图 10f 南京工业大学历年专利申请量

3. 主要申请/专利权人专利技术分布

图 11 为涉及主要申请/专利权人的专利技术构成分布。从图中可以看出，主要申请/专利权人在梁柱连接的申请量较多，其次是墙体结构的方面，而在框架结构上的专利申请量相对不多。同时，从图中可以看出各个申请人对这四个方面的专利技术主题均有所涉猎，其中沈阳建筑大学和东南大学在框架结构、墙体结构、柱、梁的专利申请量都相对较多。西安建筑科技大学的研究方向则主要侧重于柱连接方面。

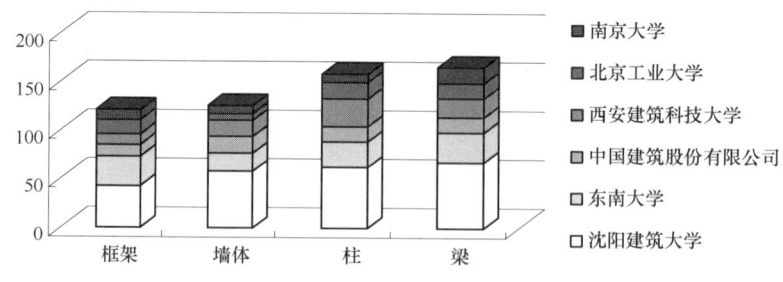

图 11 主要申请/专利权人专利技术分布

（六）关于框架的分析

1. 专利申请趋势

图 12 是装配式混凝土建筑框架的相关专利全球历年专利申请数量变化。从图中可以看出，涉及装配式混凝土建筑框架结构的专利申请最早起源于 1913 年，法国是

装配式混凝土建筑的发源地，同样法国率先提出装配式混凝土建筑的框架结构。

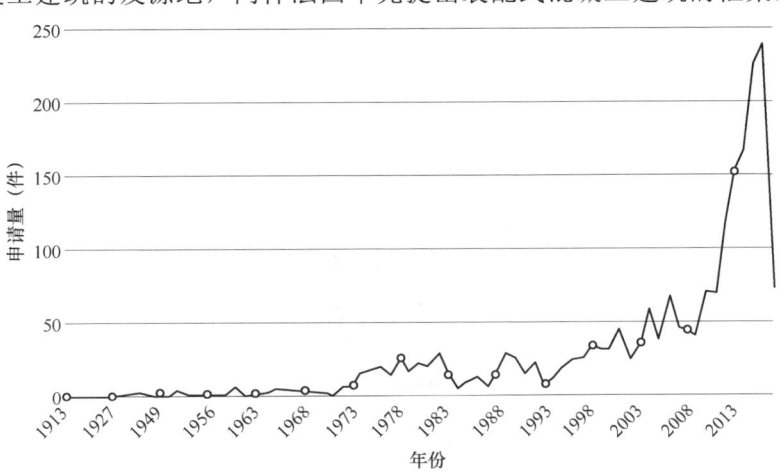

图 12 全球历年专利申请数量变化

1913 年至 1973 年相关专利申请量偏少，技术起步缓慢；自 1973 年之后约 30 年期间，相关专利申请量开始有所增长，但每年的专利申请量仍然较少，属于缓慢发展期；从 2008 年开始，相关专利申请开始出现大幅增长，并且在 2016 年前后达到申请高峰期，相关专利全球申请量达到 239 件，进入快速发展期。

2. 专利申请国家分布

图 13 为框架结构的专利申请国家分布。从图中可以看出，相关专利申请分布最多的国家依次为中国、韩国、美国、日本、法国、德国、欧洲、加拿大、意大利以及英国。排名前 5 的国家的专利申请量已占到了全球申请总量的 85%，仅中国的专利申请量就占到了全球申请总量的 47.38%，韩国 13.36%位居第二位，美国 10.33%排在第三位，日本 8.02%排在第四位，法国 5.91%位居第五，这亦体现出近年来我国开始关注装配式混凝土技术的专利保护。

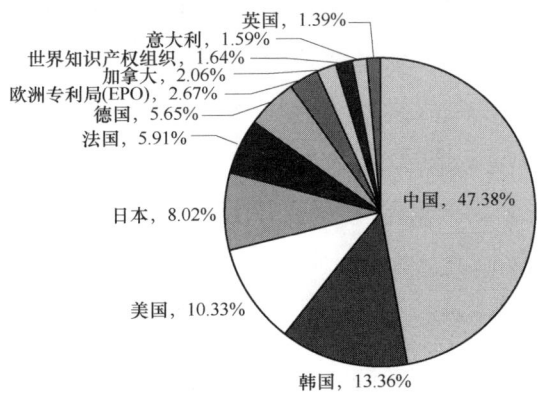

图 13 专利申请国家分布

3. 原创国家/地区分布

图 14 为框架结构的原创国家/地区分布。从图中可以看出，该领域的原创国家主要为中国、韩国、美国、德国、日本、法国、澳大利亚、奥地利、意大利、西班牙、以及加拿大，其中中国的技术产出最多，占总量的 50.46%，其次韩国的技术产出占总量的 9.69%，美国的技术产出占总量的 8.42%，分别居于二三位。

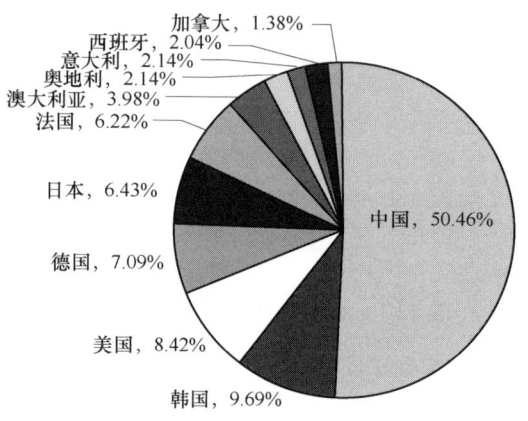

图 14　原创国家/地区分布

4. 申请/专利权人排名分析

从图 15 可以看出，装配式混凝土建筑的框架结构的专利申请多集中在我国的高校及科研院所。沈阳建筑大学近几年专利申请很多，位列第一，占申请总量的 28.99%，东南大学、北京工业大学及贵州大学关于框架结构的专利分居二三四位，分别占比 21.74%、11.59%、10.87%，中国建筑股份有限公司排在第五位，占比 9.42%，德国申请人 WOBBEN ALOYS 和广东省建筑设计研究院专利申请数量相当，并列排在第六位，占比 8.7%。

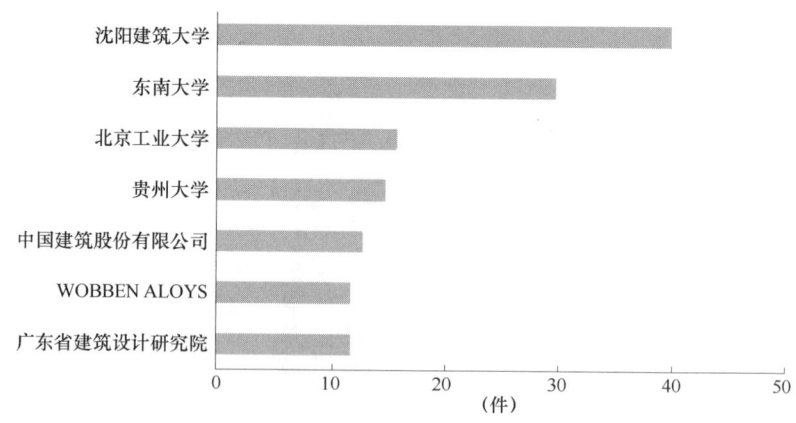

图 15　申请/专利权人排名分析

（七）中国大陆专利状况

1. 专利申请趋势、技术来源地分析

图 16 为装配式混凝土建筑在华专利申请趋势。从图中可以看出，该领域技术在中国起步较晚，于 2010 年起才逐步打开国内市场，申请量才多一点，1994 年，日本优先在中国大陆进行专利申请，随即美国和德国在中国大陆对于该技术领域陆续进行了相应的专利申请，国内的装配式混凝土建筑的技术在 2003 年达到顶峰，随后有所回落。

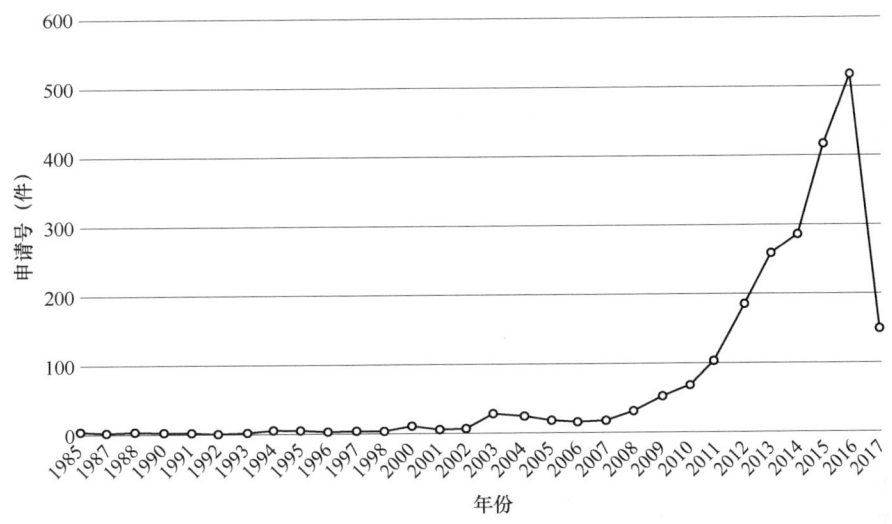

图 16　在华专利申请趋势

此外，从图中我们还可以进一步看出，在华申请人也就是主要的技术来源地主要集中在中国、日本和韩国，德国和美国虽然也有一定的涉及，但数量相对较少。在 2008 年到 2010 年，美国和欧洲每年均有专利申请，其数量也相对较多。不难看出，中国自主的装配式混凝土技术自 2003 年才开始激增，此前此项技术在国内涉及数量甚少，这可能与当时政府较重视国内的装配式混凝土建筑领域有关，相关政策倾向于此。以中国大专院校为主的装配式混凝土建筑领域开始兴起，并蓬勃发展。

2. 在华申请专利技术来源地域构成比例分析

图 17 是各国对于装配式混凝土建筑相关技术在华申请专利技术来源地的构成比例，图中显示出在华申请专利技术来源地域构成比例，其中，中国申请人在华申请比例几乎占到了 83.55%，而欧洲对于装配式混凝土建筑设计仅占到了 1.32%，可见其研发的热点并不在这里。日本、韩国、德国、美国在华申请的专利技术适中。

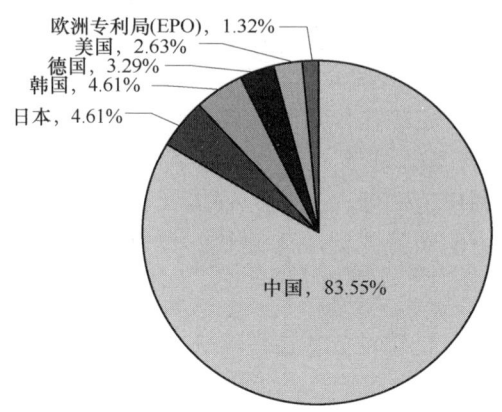

图 17　在华申请专利技术来源地域构成比例

3. 在华申请专利类型构成比例分析（除外观）

截至检索日，在华专利申请的专利类型如图 18 所示。其中发明专利申请 885 件，占总量的 39.81%，实用新型申请 1036 件，占比 53.93%。究其原因，主要有以下两个方面：① 装配式混凝土建筑领域会涉及具体的机械结构，而该领域的技术改进也多集中在机械结构上，属于实用新型保护的客体；② 装配式混凝土建筑领域技术发展较快，实用新型的专利审查周期短，授权率高的特性更适合周期短，技术更迭较快的技术领域。

4. 在华申请法律状态分析

截至检索日，在华专利申请法律状态如图 19 所示，其中专利权处于有效状态的专利申请为 1249 件，占申请总量的 55.88%，专利权处于失效状态的专利申请为 513 件，占申请总量的 22.95%，审中未决的专利申请为 473 件，占申请总量的 21.16%，由此可见，装配式混凝土建筑领域的专利大多数专利申请都获得了授权，得到了有效保护。

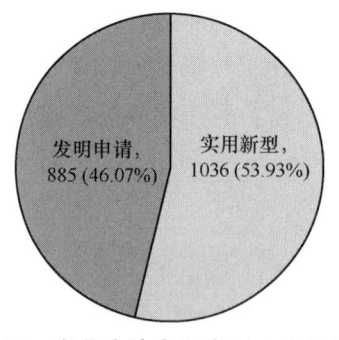

图 18　在华申请专利类型构成比例

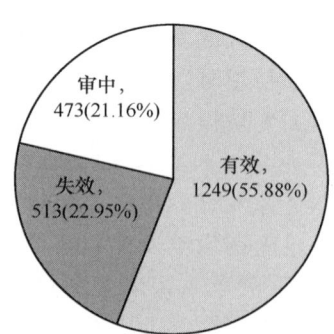

图 19　在华申请法律状态比例

（八）重点专利介绍

下面分别列举了每个技术主题下的具有代表性的专利申请，每个技术主题选取五件重点的专利进行分析。

重点专利的选取原则基于以下三点：第一，基础专利，第一件申请或申请日较早的具有代表性的专利申请；第二，核心专利，保护范围较大并且被引用次数较多的专利申请；第三，重要专利，具有重大影响意义的重点技术或重点产品所涉及的专利申请。

1. 关于框架

1）【公开号】CN101818521A

【发明名称】一种钢节点预制装配钢筋混凝土框架结构

【申请人】东南大学

【技术要点】本发明通过在梁柱节点区设置独立的钢节点部件，并相应地在预制钢筋混凝土梁、柱端部增加钢构件，再将预制梁、柱与钢节点通过高强螺栓连接，形成了钢节点预制装配钢筋混凝土框架结构。该结构实现了梁、柱及节点的全预制化装配，各部件间的连接可一次完成，简化了现场的安装操作，结构构件装拆具有相对的独立性便于更换维修，特别是当地震灾害引起局部构件损坏后可方便地更换相应构件。

【相关附图】

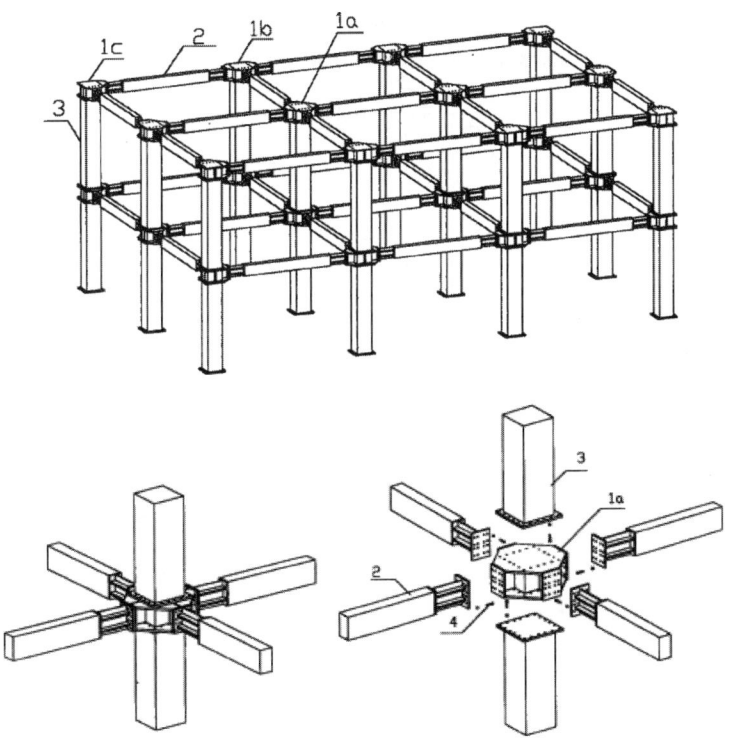

2)【公开号】CN103924669A

【发明名称】装配式型钢混凝土组合框架结构

【申请人】同济大学

【技术要点】本发明的创新性在于结合装配式混凝土结构施工速度快、现场湿作业少等特点，开发了一种可适用于大开间住宅、公共建筑和工业厂房的装配式型钢混凝土组合框架结构。由于可多层连续施工作业，不需要等待下层现浇混凝土养护到设计强度即可开展上部楼层预制构件的拼装施工，装配式型钢混凝土组合框架结构可显著缩短施工工期。此外，现场施工过程中，装配式型钢混凝土组合框架结构的梁、柱构件通过连接组件初步连接后可形成具有一定刚度和承载力的框架结构，不需要另外架设临时支撑，节省了大量材料消耗。

【相关附图】

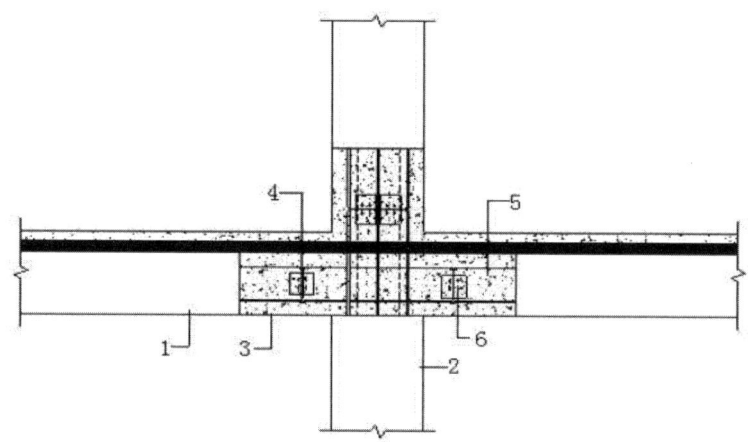

3)【公开号】CN103195170A

【发明名称】一种装配式钢筋混凝土框架结构体系

【申请人】中铁建设集团有限公司

【技术要点】本发明提出一种新型装配式钢筋混凝土框架结构体系，该装配式框架结构体系的预制柱、预制异形梁、节点拼接装置、预制梁均可在工厂进行标准化生产，避免了施工现场的湿作业，加快了房屋建造速度。本发明的预制异形梁采用U形螺栓的跨中连接的强度相当于现浇连接的强度。装配式钢筋混凝土框架结构体系能够满足抗震设计规范和基于性能的抗震设计的要求。

【相关附图】

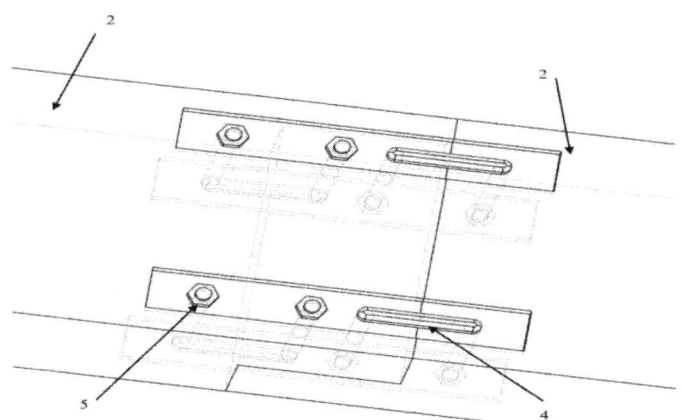

4)【公开号】FR2919638A1

【发明名称】ELEMENTS DE STRUCTURE EN BETON PRECONTRAINT COMPORTANT DES PROFILES ASSEMBLES

【申请人】CONSEIL SERVICE INVESTISSEMENT

【技术要点】本发明提供了一种超高效结构的混凝土纤维元件（[BFUP]），其包括两个部分，同时设置有共同的纵向预应力的装置，两个部分在另一个侧面固定。这些部分包括根据纵向延伸的两面，并且在其之间延伸表面连接。通过表面连接，上述面部保持紧密接触，或者从这些面部开始，尤其是允许两个面彼此黏合。因此，通过两个部分的纵向方向平行于预应力部分的方向，从而获得结构元件，进而获得特别简单的结构元件，其结构非常轻，同时耐受性能好。

【相关附图】

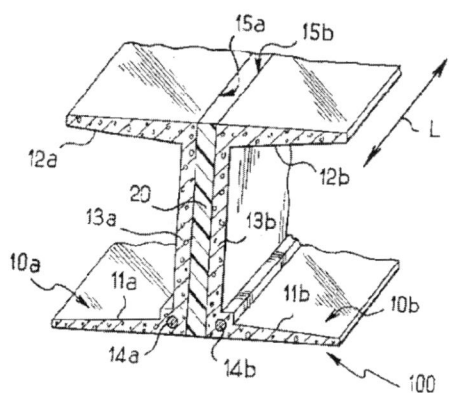

5)【公开号】JP2016089475A

【发明名称】鉄筋組立架台および鉄筋コンクリートの配筋方法

【申请人】Taisei Corporation

【技术要点】由于在所有的钢筋完成之后本发明的钢筋组件框架可以被去除，所以可以在现场直接安装钢筋组件。且根据本发明的钢筋组装框架，由于可以预先设置环状条纹，所以主加强筋和剪力加强筋不妨碍环状条纹的布置。因此，即使在狭窄的空间中也可以更有效地进行加强作业。

【相关附图】

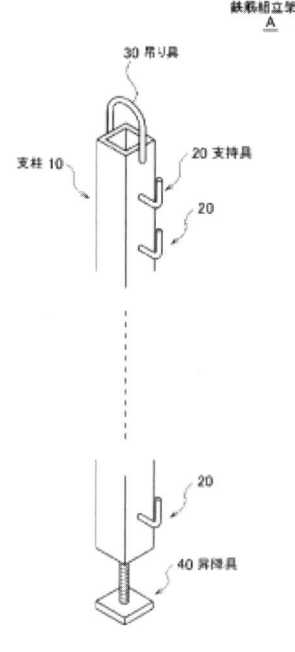

2. 关于墙体

1)【公开号】CN204898879U

【发明名称】基于带凹槽预制轻骨料砼填充大墙板组装的剪力墙结构建筑

【申请人】清华大学建筑设计研究院有限公司

【技术要点】本发明在现有框架支模板基础上，改进了梁模板的结构，并且采取了在预制大墙板设置端槽及侧槽的结构，从而形成免拆除的带凹槽预制轻骨料砼填充大墙板组装的剪力墙结构建筑，其可用作剪力墙结构建筑中整面填充墙体的构件，具有加工简单、生产设备投资少，以及减少施工程序、加快施工速度及节省人工等优点。

【相关附图】

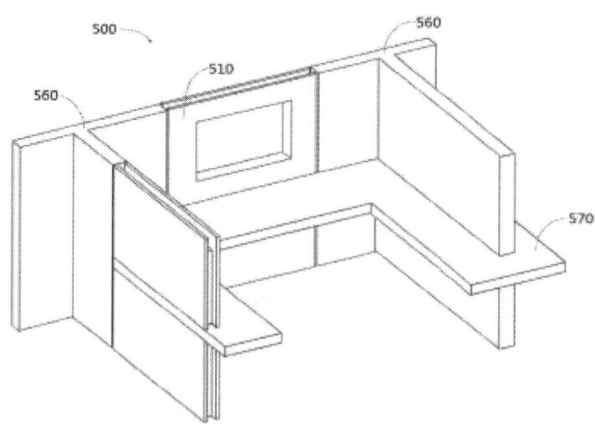

2)【公开号】CN103711232A

【发明名称】L形边框构件轻质混凝土墙体装配式剪力墙及连接构造

【申请人】北京工业大学

【技术要点】提供一种用于多层或中高层建筑，具有受力连续、连接可靠、结构自重轻、工程造价低、节能保温、施工效率高等优点的L形边框构件轻质混凝土墙体装配式剪力墙及连接构造，有效解决了现浇混凝土结构造价高、材料浪费严重、施工复杂、施工效率低等问题。

【相关附图】

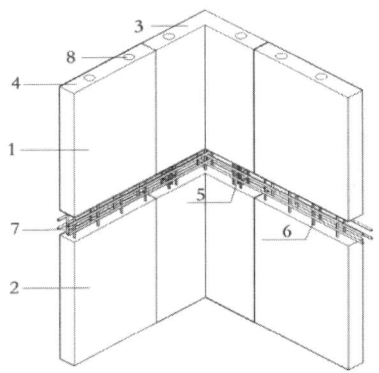

3)【公开号】CN105735517B

【发明名称】基于热桥隔断技术的装配式钢筋混凝土墙体结构

【申请人】中南大学

【技术要点】本发明的目的是提供一种具有隔断热桥、结构与功能一体化、整体性好等优点的基于热桥隔断技术的装配式钢筋混凝土墙体，以解决现有预制装配式墙体面临的传统墙体的热桥问题，现有的预制装配式混凝土墙体技术都无法消除热桥引发的次生问题，从而限制了其应用范围的技术问题。

【相关附图】

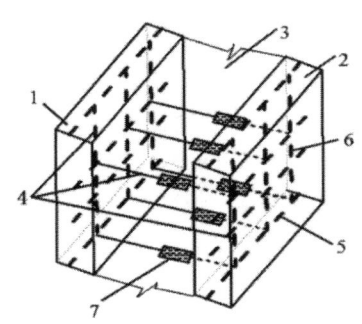

4)【公开号】JP3119947U

【发明名称】木質板材とコンクリートの組立式複合壁体構造

【申请人】Kazu Minami Inc

【技术要点】在混凝土底板上形成有左右形成有凹槽的混凝土支柱和木柱，以便彼此连接并竖起，并将混凝土柱和木柱大量的木板以及宽阔的混凝土板水平地伸长，并且两端装配在一起，堆叠的上端覆盖有顶盖板以组装木板材料和混凝土木板通过在两个不同厚度的木板之间插入间隙材料而被组装，并且用金属连接板连接。

【相关附图】

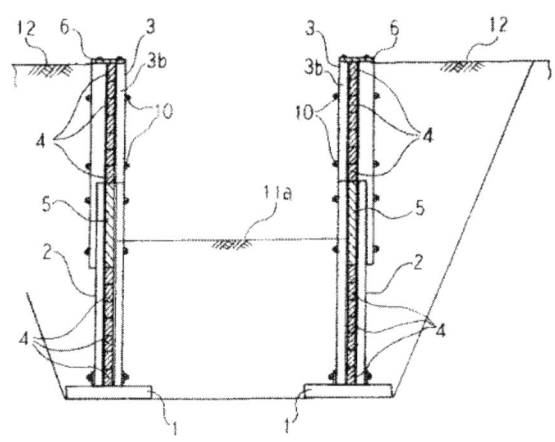

5)【公开号】US20120216478A1

【发明名称】ASSEMBLY FOR FINISHING AN EDGE OF AN INSULATED CONCRETE FORM （ICF） WALL

【申请人】ALL TERIOR SYSTEMS LLC

【技术要点】一种具有细长单片体的组件，该组件具有相对的平行表面，该表面间隔开并且具有细长的横向尺寸，该细长的横向尺寸封闭在 ICF 端壁的一个侧板的端部中，从而形成无障碍开口的边缘和通向腔的开口的一部分。第一部分被覆盖侧壁面板的靠近侧板端部的一部分外表面，一个覆盖侧板端部的第二部分和朝向开口向内延伸的第三部分，并且均匀地保持孔洞间隔开，纵向地定位在主体的内表面上的固定位置中，用于接收和固定连接装置的第一端，该连接装置的第二端连接到内部结构支撑件中的一个，将主体固定到内部结构支撑件。

【相关附图】

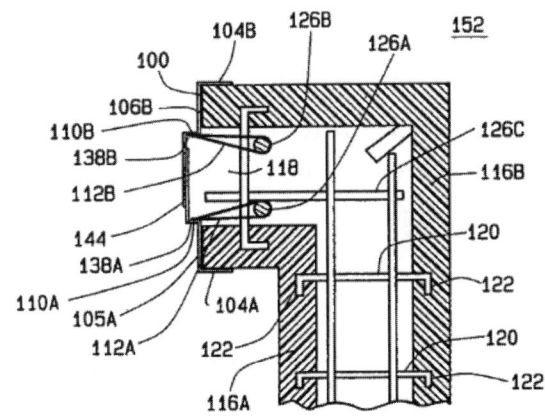

3. 关于柱

1)【公开号】CN101565969A

【发明名称】间接装配式钢管混凝土组合异形柱及其制作方法

【申请人】天津大学

【技术要点】本发明的异形柱包裹在墙体中，避免了室内角部出现凸角；单根钢管的间距可以调整，采用小截面钢管获得较大的抗弯刚度；工厂预制构件，现场螺栓连接，施工速度快，精度高。本发明适用于钢结构住宅或办公建筑中。

【相关附图】

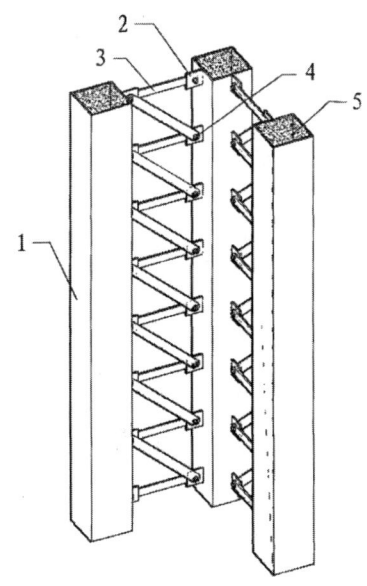

2)【公开号】CN104727441A

【发明名称】一种预应力装配式混凝土梁柱节点构造及其施工方法

【申请人】武汉理工大学

【技术要点】本发明的预应力钢筋呈"X"形布置，结构在水平荷载作用下，柱两侧的梁端弯矩反对称分布，两侧梁端受拉区由受同一预应力筋相连，此预应力筋伸长量大，会产生较高的应力增长，从而形成节点变形的较高的自恢复能力。

【相关附图】

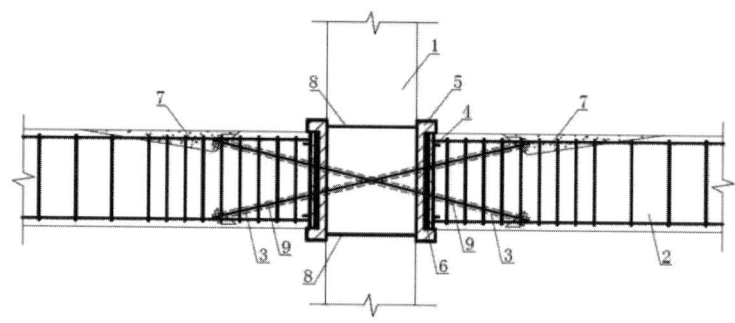

3)【公开号】CN103726613A

【发明名称】一种新型装配式混凝土柱

【申请人】华侨大学

【技术要点】本发明突破传统装配式混凝土柱的构造形式，上混凝土柱和下混凝土柱之间留有浇灌混凝土的浇灌空间，由钢板框的混凝土浇灌孔向浇灌空间内浇灌混凝土进行全方位填充，钢板框作为浇灌的混凝土的成型模板，浇灌的混凝土在钢板框内凝固成型，将上混凝土柱和下混凝土柱连接成整体。

【相关附图】

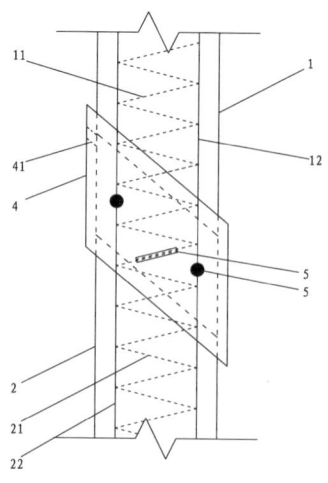

4)【公开号】JP6010359B2
【发明名称】組立式コンクリート柱およびその製造方法
【申请人】東京電力ホールディングス株式会社
【技术要点】建筑混凝土柱安装在具有锥形表面的预应力混凝土上柱连接到预应力混凝土下柱的状态下，该预应力混凝土下柱具有连续到上柱的锥形表面，端面彼此对接。由钢管制成的具有锥形表面的与锥形表面相对应的接头的锥形管，其内表面上的上柱和下柱的弯曲刚度几乎等于与锥形管接合的相对部分的弯曲刚度，其轴向方向长度为锥形管沿轴向装配到上柱和下柱中的每一个，每个轴向长度等于或大于装配到锥形管的相对部分的外径的 1.5 倍。

【相关附图】

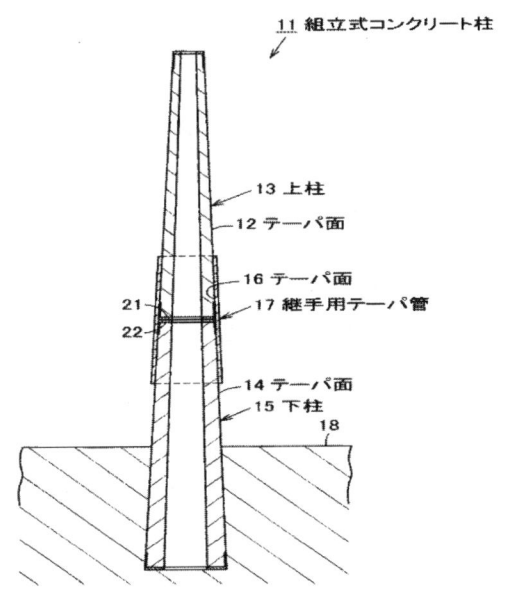

5)【公开号】CN206512588U
【发明名称】一种装配式 T 型钢管约束钢筋混凝土桥墩梁柱连接节点
【申请人】重庆市中科大业建筑科技有限公司
【技术要点】本实用新型提供了一种装配式 T 型钢管约束钢筋混凝土桥墩梁柱连接节点。钢管约束钢筋混凝土柱和盖梁在工厂预制，并在盖梁中预埋型钢剪力件和灌浆套筒，钢管约束钢筋混凝土柱中预留墩顶凹槽和锚固钢筋，最后现场拼接通过灌浆连接。本实用新型中的预制 T 型钢管约束钢筋混凝土柱具有充分利用材料强度，抗火抗震性能好，经济效益好等优点。本实用新型采用装配式结构，具有施工速度快、施工质量高、施工环境改善、劳动条件改善、资源能源节约、成本节约等优点。本实用新型在柱内预留凹槽，在盖梁内预留型钢剪力件，并通过注入灌浆料的方式将两者连接固定；该方式较现有装配式柱与盖梁连接方式能有效提高连接的可靠性并且施工更方便。

【相关附图】

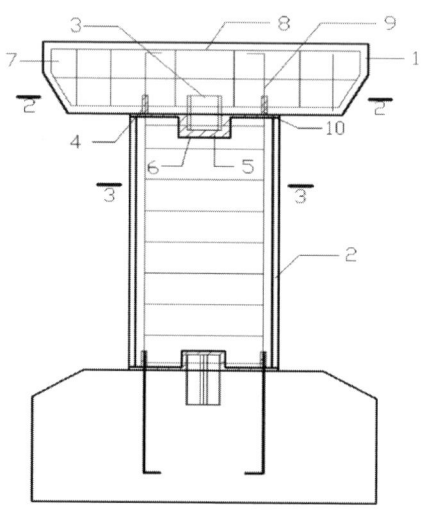

4. 关于梁

1)【公开号】CN105672116A

【发明名称】预制装配式钢混组合梁构造

【申请人】河海大学

【技术要点】本发明预制装配式钢混组合梁构造连接构造初始刚度较小，能够有效改善栓钉的受力状态，在水平剪力作用下，栓钉的应力沿高度方向趋于均匀分布，同时避免栓钉附近受压区混凝土被压碎，可大幅度提高预制装配式钢混组合梁构造的抗剪承载力。

【相关附图】

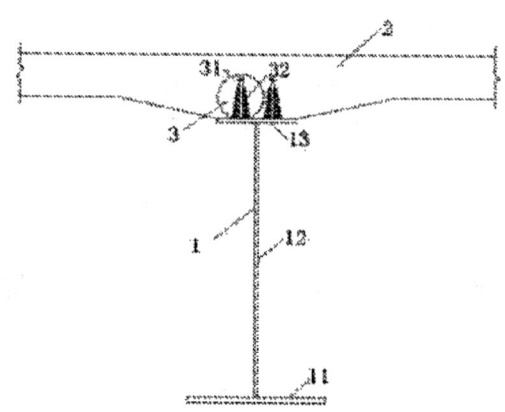

2)【公开号】CN105604250A

【发明名称】混凝土柱、梁、板交接处用预制整体装配式钢筋架

【申请人】中国建筑第五工程局有限公司

【技术要点】本发明把竖向钢筋框架和连接钢筋预制成整体的钢筋架,将钢筋架置于混凝土结构的交接处,通过连接钢筋的外端与混凝土结构中的其他钢筋连接,减少交接处钢筋的密集程度,防止混凝土浇筑时出现浇灌不到位,振捣不密实的情况,保证灌浆质量。

【相关附图】

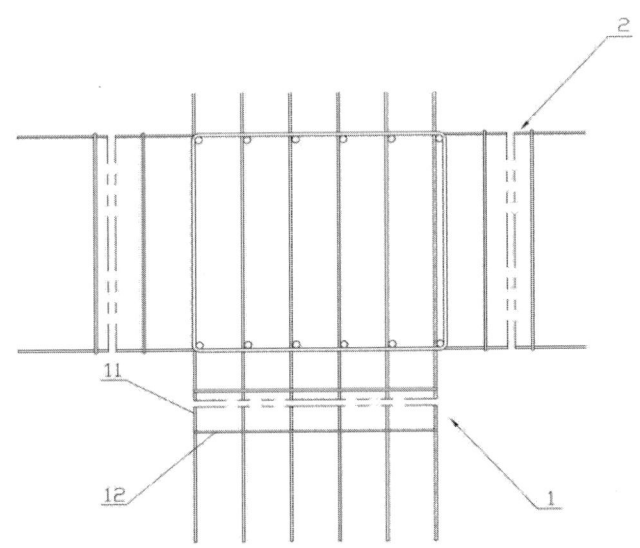

3)【公开号】CN105569263A

【发明名称】全装配式钢——预制混凝土楼板组合梁及其安装方法

【申请人】山东大学

【技术要点】本发明的钢—预制混凝土楼板组合梁在施工时,无须模板与现场支架,进一步提高了施工效率,降低了成本;本发明的钢—预制混凝土楼板组合梁在安装时,只需要将紧固螺杆拧在套筒内,并将顶帽伸在导槽内,最后拧紧紧固螺杆即可,拆卸时反之,使得安装与拆卸方便快速。并且由于钢梁和预制混凝土楼板可拆卸,使得既有结构的楼板荷载增加时,可以更换厚的楼板,楼板损坏时,可以更换新的楼板,并且楼板能够循环使用,实现了建筑工业化。

【相关附图】

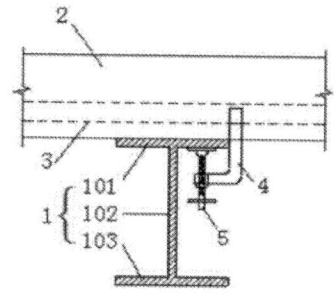

4)【公开号】CN106088470B
【发明名称】装配式混凝土复合箱型梁及其施工方法
【申请人】广东省建筑设计研究院
【技术要点】本发明公开了一种装配式混凝土复合箱型梁及其施工方法,设有钢构架、钢筋混凝土梁钢筋笼和混凝土,钢构架沿装配式混凝土复合箱型梁的延伸方向划分为左端部、中部和右端部钢构架,左端部和右端部钢构架均设有支座钢构件和支座附加翼缘钢构件,中部钢构架设有下部支撑钢构件、上部前侧支撑角钢、上部后侧支撑角钢、多块前侧梁侧箍板和多块后侧梁侧箍板,左端部钢构架、中部钢构架和右端部钢构架均设有多块梁面箍板和多块内肋板;钢筋混凝土梁钢筋笼内包设置在钢构架的内部。本发明具有结构简单、制造安装方便、缩短工期、减少钢材消耗量、具有经济节约性、承载力强、稳定性好、抗弯抗剪能力高、刚度高、抗震、抗风、防腐防火的优点。

【相关附图】

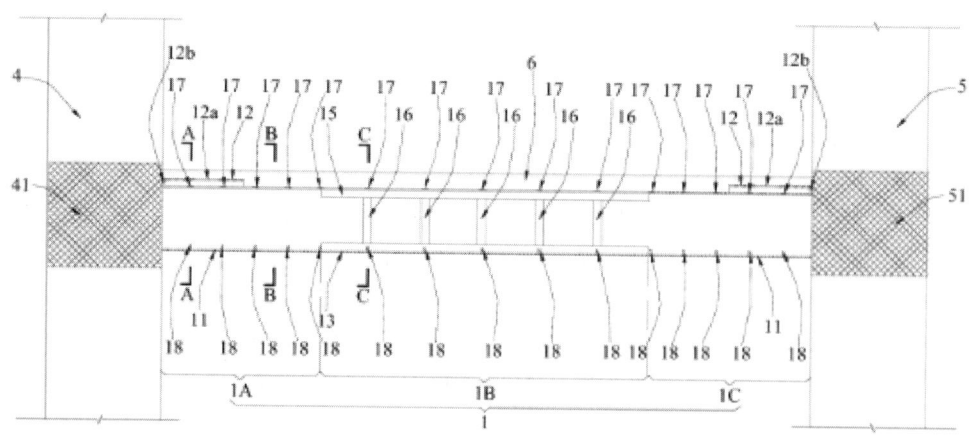

5)【公开号】CN206408776U
【发明名称】装配式混凝土框架梁柱连接的可更换耗能连接组件
【申请人】东南大学
【技术要点】本实用新型提出了一种装配式混凝土框架梁柱连接的可更换耗能连接组件，所述的装配式混凝土框架梁柱连接的可更换耗能连接组件设置在装配式混凝土框架结构梁柱连接的梁端上侧和/或下侧，包括一块或多块并排布置的耗能核心钢板、位于耗能核心钢板一端且预制阶段预埋在柱混凝土相应位置的柱内锚固块、位于耗能核心钢板另一端且预制阶段预埋在梁端混凝土相应位置的梁内锚固块及包围耗能核心钢板的约束体系；耗能核心钢板与柱内锚固块及梁内锚固块之间通过可靠连接构成一个连续的传力组件。可更换耗能连接组件的应用符合建筑工业化发展要求，具有可批量生产、快速装配施工的优点，同时使结构的震后修复难度大大降低。

【相关附图】

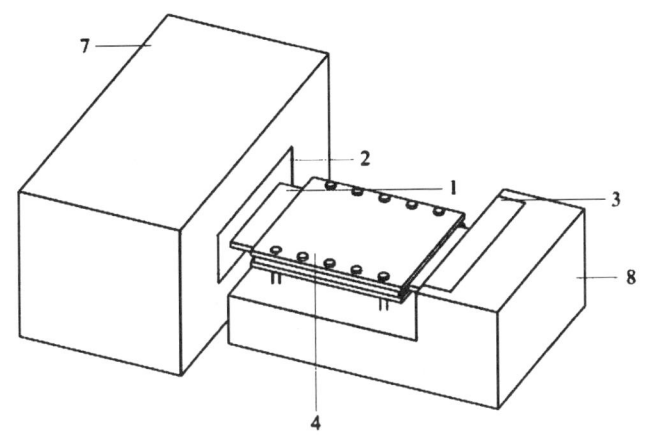

三、研发创新发展趋势与建议

（一）装配式混凝土建筑的发展趋势

展望预制装配式建筑的未来发展，大到整体空间布局，小到建筑细部的每一个预制构件，将建筑群与环境雕琢得如此细腻。在我国，预制装配式建筑的发展正处于向工业化发达国家学习的起步阶段，设计、生产、运输、安装各环节的技术是实践过程中首要攻克的难题，对于预制装配式建筑在环境、功能及美观等建筑设计方面的因素并无有针对性的深入探讨。

由于我国经济发展起步晚，建设量极大时间又非常集中，建筑工业化还处于比较落后的状态，虽然目前预制建筑在住宅的发展上有了一些新气象，但是还没有形成规模和气候，产业链也不是很完善，还需要进一步地支持和推动。随着我国经济的发展，各种公共建筑开始在各个城市中不断出现，很多建筑由于功能和形式的需求采用了异形的结构形式，无法用传统的建造方法实现，也在不同程度上采用了预制构件装配的方法。

（二）技术研究方向建议

我国的装配式混凝土建筑行业还处于发展阶段，起步较晚，基础较为薄弱，技术发展相对不完善。值得庆幸的是，我国一些科研院校、大型企业已经崭露头角，包括沈阳建筑大学、东南大学、北京工业大学、中国建筑股份有限公司等。目前我国的装配式混凝土建筑仍然面临三个问题。

1. 技术体系仍不完备

目前行业发展热点主要集中在装配式混凝土剪力墙住宅，框架结构及其他房屋类型的装配式结构发展并不均衡，无法支撑整个预制混凝土行业的健康发展。目前国内装配式剪力墙住宅大多采用底部竖向钢筋套筒灌浆或浆锚搭接连接，边缘构件现浇的技术处理，其他技术体系研究尚少，应进一步加强研究。

2. 装配式结构基础性研究不足

国内装配式剪力墙，钢筋竖向连接、夹心墙板连接件两个核心应用技术仍不完善。作为主流的装配剪力墙竖向钢筋连接方式，套筒灌浆连接在相当长一段时间内作为一种机械连接形式应用在接头受力机理与性能指标要求、施工控制、质量验收等方面对三种材料（钢筋、灌浆套筒、灌浆料）共同作用考虑不周全。夹心墙板连接件是保证"三明治"夹心保温墙板内外层共同受力的关键配件。连接件产品设计不仅要考虑单向抗拉力，还要承受夹心墙板在重力、风力、地震力、温度等作用下传来的复杂受力，且长期老化、热涨收缩等性能要求很高，还需进一步加强研究。

3. 标准规范支撑不够

标准规范在建筑预制装配化发展的初期阶段其重要性已被全行业所认同。但由于建筑预制装配化技术标准缺乏基础性研究与足够的工程实践，使得很多技术标准仍处于空白，亟须补充完善。

我们在此基础上提出以下三方面的建议仅供参考。

① 从国内外装配式混凝土建筑技术的专利分布情况以及已经转化为实际成果的发展情况来看，我国对装配式混凝土建筑框架节点结构的研究与产出均落后于欧美国家。因此，我国相关领域研究人员可以借鉴别国的一些专利技术进一步加大装配式混凝土建筑的框架节点结构的理论研究，及时总结在实际生产和建造过程中的经验，加大对知识产权特别是专利技术的申请与保护，为我国建筑业下一步跨越式发展奠定基础。

② 从我国装配式混凝土建筑技术来看，各大专院校及研究机构所占比例较大，而公司和企业在该领域的专利申请量占比较少。因此，企业的研发人员与国内的高校及科研院所之间需要进一步加强沟通与合作交流，提高我国建筑企业的专利保护意识，适当提高在该领域公司企业的专利布局占比，以更好地促进装配式混凝土建筑技术的产业发展。

③ 我国专利申请量虽然很大，但是目前难以形成技术壁垒优势，在研究深度方面也未形成较大的规模，从目前国家申请量方面的数据整理分析可以看出，中国在该领域的国际市场还是有一定影响力和巨大的发展潜力的。在今后的发展中，国内该领域的申请人应该多研发和借鉴先进技术并不断进行新的科研攻关，加强专利布局，重视核心技术的外围开发，以增强我国装配式混凝土建筑行业的各方面应用的综合竞争力。

四、总结

（一）专利布局态势总结

从总体上看，该领域的全球专利申请量呈递增趋势，特别是步入 21 世纪以后，随着装配式建筑产业的快速发展相关专利申请进入了快速增长时期。

近年来，该领域的大部分专利申请集中在我国，这说明我国这几年对装配式建筑领域重视且投入研发较多；接下来分别是：法国、日本、美国、韩国、德国及其他欧洲国家/地区，这亦体现出近年来欧美知名企业开始关注国际专利技术保护，相应地区专利申请甚至发生了从无到有的变化；再往后意大利、加拿大以及英国等其他国家分别占据更小的比例。

目前全球专利技术分布对装配式混凝土建筑的专利技术改进主要集中在框架结构、墙体结构（剪力墙）和柱连接和梁连接等四个方面。其中，框架结构的专利申请数量最多，其次墙体结构、柱、梁的连接技术方面的专利申请量相当。在框架—剪力墙，或梁柱连接上节点的连接强度是重点，且技术革新在整体上呈现出专利申请涉及面较广的特点。

（二）构建企业专利策略的总结

我国是 WTO 的重要成员国，知识产权立法已经与国际规范接轨，这意味着国内企业与跨国公司在一个竞争平台上，未来也将按照同一竞争规则来展开竞争，故应当重视国内外存在的技术差距，做到取长补短。对于本课题需要分析的技术主题而言，国内企业一方面应当持续跟进关注欧美日的专利技术布局，提前对障碍专利进行分析、规避或无效，或提出改进型申请等措施，避免出现投入研发和设计后的侵权损失；另一方面还可以通过深入挖掘国外已失效专利，从中汲取技术线索，给予企业后续的研发以有力的借鉴与支持。具体而言，在专利策略方面建议企业从以下两个方面开展工作：

1. 积极开展主题查新检索、无效检索、专利分析等工作，避免侵权风险

从技术产出国来看，专利申请多集中在欧美国家，其中一些授权专利的权利要求保护范围对国内企业的后续研发可能会构成一定威胁，这就要求我们要重点分析这些专利。从整体来看，目前欧美申请人在国内还未形成真正有直接威胁的专利组合，根据竞争对手的专利申请在全球的布局来看，不排除未来会在中国进行有实质威胁的专利布局，因此需要密切关注欧美的主要竞争对手的在华专利布局，做到未雨绸缪。国

内企业可以与院校、科研机构合作进行产品的研发，提升核心竞争力。

2．围绕竞争对手重点专利进行挖掘，构建改进型专利池

缩小与国外技术的差距成为国内申请努力的方向。具体而言，国内企业可以关注主要竞争对手的重点专利，并对其进行研究和挖掘，发现这些专利的不足之处和改进完善的空间，在此基础上构建自己的改进型专利池，吸收对手的长处和亮点并加以加工和完善为自己服务。为保证中国装配式建筑项目能持续、稳定地发展，很多学者认为应将装配式建筑产业的发展纳入法制管理轨道。因此，我国企业应该抓住时机，本着"市场占有，专利先行"的原则，主动提高专利申请数量和质量，建立自己的专利保护圈，以期待未来在相关技术领域的研发和生产抢得先机，为民族企业的发展做出自身应有的贡献。

参考文献

［1］顾泰昌. 国内外装配式建筑发展现状［J］. 研究与探讨，2014：8.

［2］梁厚双. 装配式建筑的发展及优势［J］. 综合报道，2011：9.

［3］程显文. 装配式结构的发展现状及趋势［J］. 基层建设，2016：9.

［4］JGJ1-2014 装配式混凝土结构技术规程［S］. 北京：中国建筑工业出版社，2014.

［5］宋菲菲. 预制装配式混凝土结构技术的研究与应用［J］. 住宅产业，2010：4.

高性能医疗器械及其材料专利分析研究

王春光　孙颖[1]　刘金凤

一、引言

医疗器械是医疗服务体系、公共卫生体系建设中最为重要的基础装备，具有高新技术应用密集、学科交叉广泛、技术集成融合等特点，是一个国家前沿技术发展水平和技术集成应用能力的集中体现，其地位受到了各国各区域普遍重视。

（一）产业背景

随着我国社会经济的高速发展，人们对生活质量的追求越来越高，追求健康生活的美好梦想也越来越强烈，这就对医疗器械，尤其是高性能医疗器械的要求越来越高。如今，高性能医疗器械已经成为直接帮助医生诊断和治疗病人的重要手段，同时高性能医疗器械及其材料的行业竞争也越发激烈。目前，高性能医疗器械及其材料的核心技术仍然掌握在国外大型医疗设备制造企业手中。在高性能医疗器械领域中，90%以上的产品为国外品牌，我国大多数医院的大型高性能医疗器械80%都依靠进口，每年引进的大型高性能医疗器械高达几十亿美元。而我国的多数医疗仪器生产企业仅能生产一些中低端的产品，而高性能医疗器械的大部分市场都被国外医疗器械生产企业垄断，使得高性能医疗器械的市场价格居高不下，这也是造成我国国民的高昂医疗费用的主要因素之一。为追赶国际水平，我国的医疗器械行业需由模仿借鉴向着创新自主研发转变，形成具有我国自主知识产权的技术和产业优势，提高产业竞争力，降低高性能医疗器械的市场价格，满足国人的健康需求，已成为我国社会发展过程中亟待解决的重要课题。

国务院于2015年发布的《中国制造2025》规划报告中对我国制造业转型升级和跨越发展作了整体部署，提出了以十大优势和战略产业作为突破点，其中就涵盖了高性能医疗器械领域[1]。据统计，我国医疗器械市场总值约为3000亿元，年增长率15%以上，预计到2020年年产业规模达6000亿元，县级医院国产中高端医疗器械占有率达50%，国产核心部件国内市场占有率达到60%，全国建起5个以上科技成果工程化平台和协同创新中心,形成 20 家示范应用基地,形成 3 家以上国际知名品牌;到 2025 年,年产业规模达 1.2 万亿元,县级医院国产中高端医疗器械占有率达 70%,国产核心部件国内市场占有率达到 80%,全国建起 10 个以上科技成果工程化平台和协同创新中心,形成 6 个产值超千亿元的省级产业集群,形成 30 家示范应用基地,在各主要产品领域各形成 5 家以上国际知名品牌[2]。可见,我国的高性能医疗器械市场具有切实的需求和广阔的前景,高性能医疗器械产业已成为我国战略新兴产业中不可缺少的组成部分。

(二)技术背景

目前,高性能医疗器械及其材料技术领域可分为五大技术分支,包括医学影像设备、临床检验设备、先进治疗装备、健康监测设备以及植介入器械及材料。以下逐一介绍各技术分支的新技术及热点技术[3]:

1. 医学影像设备:又称数字影像设备,以早期、精准诊断为技术发展方向

重点发展新型闪烁晶体与光电器件、分子成像专用集成电路、高灵敏度荧光数据采集装置、高分辨率 PET 探测器、高性能探测器、大容量 X 射线管、高速数据采集传输模块、高速滑环、新型高密度/高频宽带/高灵敏度的二维超声换能器、超声专用集成芯片等关键技术和核心部件;重点开发多模态分子成像、新型磁共振成像系统、低剂量 X 射线成像、新型 CT、新一代超声成像、复合内窥镜、新型显微成像等产品;加快推进重点部署高端彩超、数字化平板 X 线机、64 排 CT、1.5T 磁共振成像系统、PET-CT 及 PET-MRI 的产业化与应用。

2. 临床检验设备:以全自动、高精度、高稳定性为技术发展方向

重点发展高速全自动生化分析技术、免疫分析仪和分子诊断设备生产技术,新型试剂开发技术,试剂精确度和质量稳定性控制、临床检验质控用标准物质等关键技术和核心部件;重点开发高通量临床检验设备、快速床旁检验、集成式及全实验室自动化流水线检验分析系统、分子诊断设备、微生物自动化检测系统、高分辨率显微光学成像系统、高级别生物安全实验室防护设备等产品;加快推进重点部署全自动化生产检测设备、全自动化学发光免疫分析仪、高通量基因测序仪、新型显微成像等产品的产业化与应用。

3. 先进治疗装备:以精确治疗为技术发展方向

重点发展小型化/高稳定性放射源、自适应 TPS、动态 MLC、支持多中心互联的放疗网络系统、粒子注入器、大型高场永磁/超导磁体、真空加速腔体、真空束流输运系统、大功率高频电源、旋转机架和治疗头等关键技术和核心部件;重点开发高性能无创呼吸机、数字化微创手术系统、手术机器人、养老助残机器人、麻醉机工作站、自适应模式呼吸机、电外科器械、术中影像设备、数字一体化手术室;加快推进重点部署已有一定技术积累的智能手术机器人、图像引导精确放射治疗装备、血液透析设备等高性能治疗装备的产业化与应用,加快完善医疗辅助机器人研发和应用体系。

4. 健康监测设备：以智能化、"互联网+"、物联网为技术发展方向

重点突破大数据分析技术、个性化定制技术等关键技术和核心部件；重点开发智能型康复辅具、计算机辅助康复治疗装备、重大疾病与常见病和慢性病筛查设备；加快推进部署健康监测产品（包括可穿戴）产品的产业化与应用。

5. 植介入器械及材料：以新材料为技术发展方向

重点突破核磁相容电极、超低功耗集成电路、高密度馈通／高密度电极、降解血管支架材料、透析材料、医用级高分子材料、植入电极等核心部件等关键技术和核心部件；重点开发神经刺激调控产品、可降解血管支架、骨科及口腔材料植入物、可折叠人工晶体等产品。加快推进重点部署介入心血管支架、人工关节、心脏起搏器、植入式可充电双侧脑起搏器等高端植介入产品产业化与应用。

（三）研究意义

本报告从高性能医疗器械及其材料涉及的五大产业结构入手，从全球和我国专利状况、专利申请的区域分布、重点专利技术等多个角度切入分析，对我国高性能医疗器械及其材料所面临的专利形势做了全面分析，以在客观地对该行业技术发展现状分析的基础上，对该行业发展方向做出预测，为科研院所及相关企业提供政策和研发参考，为未来一段时间内我国该重点领域的发展方向和面临的专利风险提供一些建议。

二、研究方法

本报告的检索介质时间截至 2017 年 10 月 15 日，在此之后公开并被检索数据库所收录的专利申请未纳入本报告的分析范围内。

（一）样本选择

本报告的数据源自北京合享智慧科技有限公司研发的 incoPat 科技创新情报平台的数据库。

（二）检索策略

本报告是以关键词和 IPC 分类号相结合作为主要检索手段进行检索，其中，以关键词为主，以 IPC 分类号为辅，具体检索步骤详见下述说明。

首先，确定关键词和 IPC 分类号，其中，关键词是通过查阅相关文献和阅览相关专利，以将植介入器械及材料分为植入器械/器官、介入器械和植入/介入材料三大类，并对三大类具体细分各小类，IPC 分类号包括：A61、C12、H04、G01 和 G06 等大组及其下的各小组；然后，针对三大类的各小组，分别结合各自的关键词和 IPC 分类号列出各检索式，例如介入器械中的起搏器类的检索式可为：（TIAB=心脏起搏器 OR 脑起搏器 OR 介入生物瓣膜 OR 起搏器 OR 起搏电极导线 OR 核动力起搏器 OR 微电脑脉冲发生器 OR 心房除颤器）AND（IPC=A61 OR C12 OR H04 OR G01 OR G06） AND （TIABC=介入）；其次，对数据进行查全，方法一是通过关键词的交叉使用进行查全，例如利用介入器械中的各小类的名称进行材料的查全：

（TIAB=支架 OR 管材 OR 导管 OR 导丝 OR 丝材 OR 膜 OR 膜材）AND（IPC=A61 OR C12 OR H04 OR G01 OR G06）AND（TIABC=材料）AND（TIABC=介入器 OR 植入器 OR 植介入器），方法二是利用各主要申请人对检索到的数据进行粗略查全；最后，采用批量去除噪声等方式对检索得到的全领域数据进行处理除噪，方法是采用批量除噪，主要是利用数据平台中的筛选关键词，将无关的关键词剔除，以进行除噪。

（三）处理方法

本报告采用了宏观数据分析和对重点关注点进行深入分析相结合的研究方式。通过对专利数据在时间、地域、技术和申请人等维度进行分析，得到宏观的分析结果；对重点关注的申请人或专利技术进行深入分析，得到其专利布局和技术发展情况等；最后，将专利分析结果与产业实际相结合，得出相关结论。主要的分析内容包括：专利申请趋势分析、国家区域分布分析、技术构成分布分析、主要申请人的专利申请分析、重要专利分析等，在此基础上对专利技术内容进行定性剖析，了解重要技术分支的重要专利，分析技术热点。

（四）相关说明

关于专利申请量统计中的"项"的说明：在进行专利申请量统计时，对于数据库中以族数据的形式出现的一组专利文献，计为"1项"。以"项"为单位进行的专利文献量统计主要出现在外文数据的统计中。一般情况下，专利申请的项数对应于技术的数目。

关于专利申请量统计中的"件"的说明：在进行专利申请量统计时，为了分析申请人在不同国家/地区所提出的专利申请的分布情况，将同族专利申请分开进行统计，得到的结果对应于申请的件数。

三、专利技术现状分析

为了较为全面地探究高性能医疗器械及其材料的五大分支技术领域，下面逐一对各分支技术领域的专利状况详细研讨，即在全球范围内涉及高性能医疗器械及其材料的各分支技术领域及整体的专利申请的总体趋势按照申请项数、申请人、技术构成、申请分布等条目统计及分析，以期寻找到其技术发展方向和趋势，争取为以后的技术发展规划提供有价值的参考依据。

（一）医学影像设备

1. 全球专利申请态势分析

（1）申请趋势分析

为了解全球范围内涉及医学影像设备的专利申请的总体趋势，按照申请项数统计了申请量随年度的变化情况，得到图1（其中，横坐标为年份，纵坐标为申请量/项）和表1。

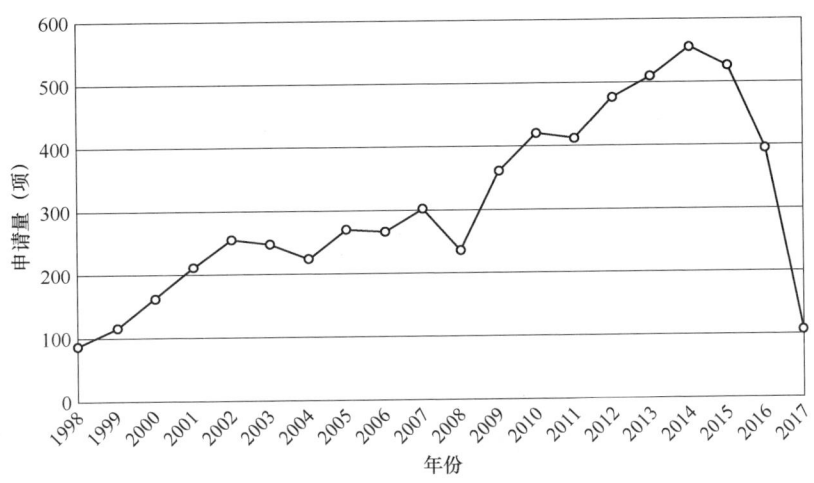

图 1　全球医学影像设备专利申请趋势

表 1　全球医学影像设备专利申请总量及活跃情况

项目	总量	近 5 年		近 10 年		近 15 年	
		数量	占比	数量	占比	数量	占比
申请量（项）	6131	2091	34%	3393	65%	530	86%

从图 1 和表 1 中可以看出，2007 年以前是医学影像设备专利申请的起步期，从 1993 年的不足 100 件到 2007 年增长至 301 件，用了整整十年的时间。2008 年是医学影像设备专利申请量的分水岭，受到全球金融危机的影响这一年专利申请数量下降至 236 件，但 2009 年又提升到 359 件的历史新高，并在以后的几年里呈现稳定增长的趋势，一直持续至 2014 年。从中可以看出 2009 年以后是医学影像设备的稳定快速发展期，在此期间专利申请数量由 300 件增加至 500 件仅用了短短的五年时间。尽管 2015 年以后申请量出现回落，但考虑到专利公开的滞后期以及 PCT 申请进入期限等因素，医学影像设备的专利申请量应仍保持较高的数量水平。

总体而言，近 15 年是医学影像设备的专利申请的快速增长阶段，从专利申请数量上来看，近 15 年的申请量为 5300 件，占到近 20 年来该领域专利申请总件数的 86%，集中了该领域申请量的近九成。而从近 10 年占比数据可以进一步看出，近 10 年申请总量占总申请量的比例达到六成半，也就是说，近 10 年来医学影像设备领域申请的活跃度很高。这反映了当前对医学影像设备的市场需求和技术开发热情近年来不断高涨，并有继续保持稳定快速发展的态势，在这种稳定快速发展阶段，有关医学影像设备的应用需求和领域也在不断拓展，值得相关企业保持关注并保持技术的研发投入。

（2）申请地域分析

一个国家在某项技术领域的专利申请数量的多少能够代表该国家整体的技术创新综合实力、技术创新积极性以及该技术领域在市场上的活跃度。为了解各个国家的技术创新综合实力及市场状况，按照国别和国际组织对全球医学影像设备的专利申请进行了地域统计，得到下面的图2。

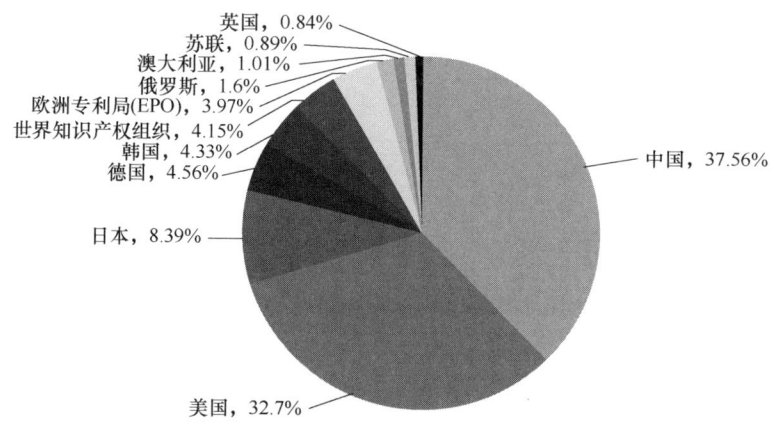

图 2　全球医学影像设备专利申请量国别分布

从图 2 可以看出，从申请总量上看，中国、美国、日本、德国依次位居医学影像设备的专利申请国的前 4 位。总体上，中国、美国、日本、德国四个国家总的专利申请产出占到了全球申请总量的 83%，表明以上四国是医学影像设备创新成果最为丰富、市场最为活跃的国家。

可以看出，中国的专利申请量自 2010 年之后每年都占据全球年申请总量的一半以上，并且保持稳定增长的态势。这说明中国已逐渐成为创新能力和市场活跃度最强的国家。这主要是因为近年来中国巨大的市场需求和不断提升科研创新能力的作用。

为进一步了解主要申请国（美国、日本、德国、中国）在医学影像设备领域技术创新的总体发展态势，对这些国家的申请量进行了统计，得到图 3。

从图 3 中可以看出，有关医学影像设备的研发，在 20 世纪美、日、德要早于中国，尤其是美国的专利申请量明显领先于世界其他各国。自 2000 年以后，中国的申请量逐渐追上日本和德国，并逐步拉开差距，到了 2005 年中国医学影像设备的专利申请量首次超过美国成为世界第一，并持续保持至今，保持了快速发展的态势，这表明中国已经着手实施医学影像设备技术的专利布局，成果明显。同时，在 2008 年前，美国对全球的趋势起主要影响作用，2008 年之后，中国和美国共同对全球的趋势起主要作用，而中国更加突出。

高性能医疗器械及其材料专利分析研究   529

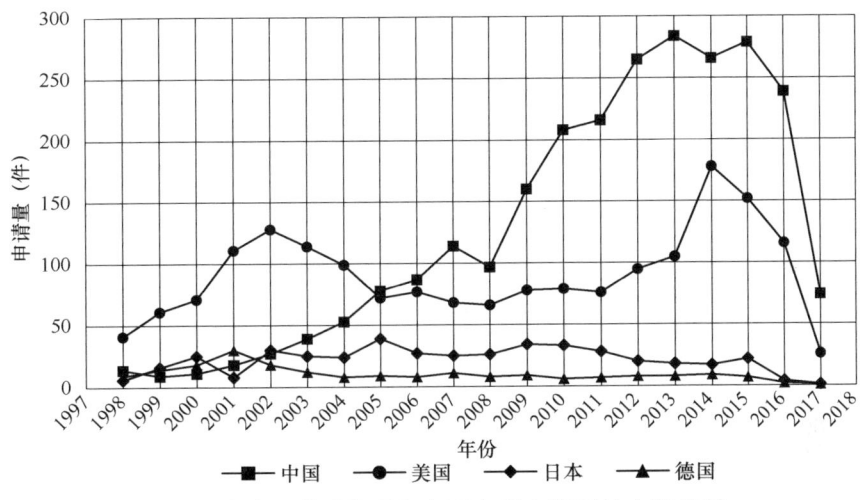

图 3　全球医学影像设备主要专利申请国的申请趋势

长期以来，美国、德国、日本的医学影像设备专利申请的申请量都遥遥领先于其他国家，技术创新最为积极，技术积累最多，这些发达国家凭借技术优势稳固垄断全球高端市场，并通过兼并、收购等手段进一步攫取发展中国家的市场份额。我国高端医疗器械市场被 GE、西门子、飞利浦等跨国企业垄断。但自 2008 年起，中国的医学影像设备专利申请量开始井喷式爆发，数量上远远超出日本和德国，并高于美国的申请量，显示出了强劲的技术追赶态势。

总体来看，日本和德国已进入了稳定期，其技术研发的增长较为缓慢，美国虽然增长放缓，但由于长期技术积累并保持领先，其技术研发能力仍然明显超出除中国以外的其他国家/地区。未来一段时间内，美国和中国两个国家无论是在申请总量还是在每年申请量上都将继续领跑其他国家/地区，成为全球在医学影像设备领域技术创新最为活跃、技术产出成果最为密集的区域。

（3）申请人分析

为了解全球范围内医学影像设备的主要技术创新主体的分布情况以及其申请态势，按照专利申请总量，对前 10 名的申请人的专利申请的情况进行了统计，得到表 2 和图 4。

表 2　全球医学影像设备主要申请人信息

排名	申请人	申请量（件）
1	SIEMENS AKTIENGESELLSCHAFT　　西门子有限公司	303
2	KONINKLIJKE PHILIPS ELECTRONICS N V　　飞利浦公司	231
3	GENERAL ELECTRIC COMPANY　　通用电子公司	181

续表

排名	申请人	申请量（件）
4	KABUSHIKI KAISHA TOSHIBA　株式会社东芝	179
5	奥林巴斯医疗株式会社	175
6	富士胶片株式会社	96
7	中国科学院自动化研究所	62
8	SAMSUNG ELECTRONICS CO LTD　三星电子有限公司	42
9	清华大学	42
10	上海联影医疗科技有限公司	41

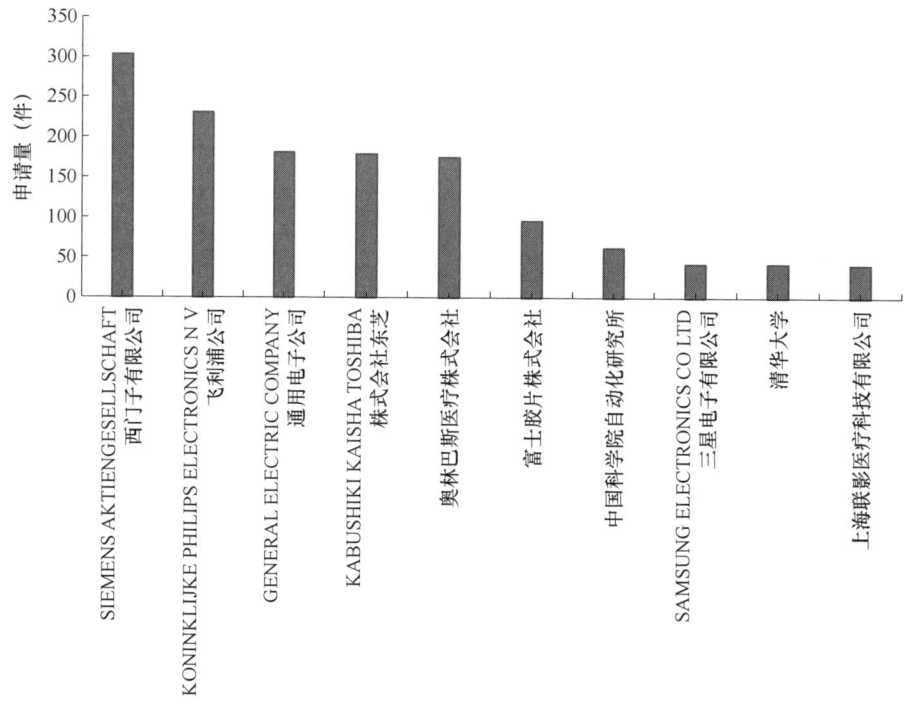

图 4　全球医学影像设备主要申请人的专利申请量

从表 2 和图 4 中可以看出，在前 10 名的申请人中，西门子、飞利浦和通用位居前三，分别来自德国、荷兰和美国，来自日本的有两家，韩国的一家，中国的是两家科研院校和一家企业，而国外的全部为企业，说明中国的企业还有很长的发展道路，且对于中国企业而言，可考虑在国内的科研院所中寻找技术合作的伙伴，以实现技术与生产的融合，并对国外的重点企业保持重点跟踪和关注，时刻保持对前沿技术的掌握。

中国已然是全球医疗器械生产厂商争夺的重要市场之一，且我国对外依存度高，至少超过 50%的高端医学影像设备需要依靠进口。面对国外公司的专利壁垒，国内企业如何突出重围，在竞争激烈的市场中占有一席之地，采取合理的研发和专利策略是至关重要的。

2. 中国专利申请态势分析

（1）申请类型

自 1998 年到 2017 年，涉及医学影像设备的中国专利申请总共有 2458 件，约占到该领域全球申请总量的 40%。为清晰显示中国专利申请的各类分布，下面对专利类型分布情况进行分析，具体如表 3 所示。

表 3　中国医学影像设备专利申请类型分布

专利公开类型	专利数量/件	百分比/%
发明申请	1350	54.92
发明授权	611	24.86
实用新型	497	20.22

从表 3 中可以看出：在医学影像设备的中国专利申请中，发明约占一半，且发明授权约占 1/4，而实用新型仅占 1/5，可见，国内申请人在医学影像设备领域的技术创新产出比较乐观，发明申请量和授权量均占据了主要部分，技术含量较低的实用新型则占了较少部分，市场前景光明。

（2）法律状态

为了解医学影像设备领域的中国专利申请的权利存续情况，本节对总体的申请按照授权有效、授权终止、审查未决、申请终止等几种法律状态进行了统计，具体如图 5 所示。

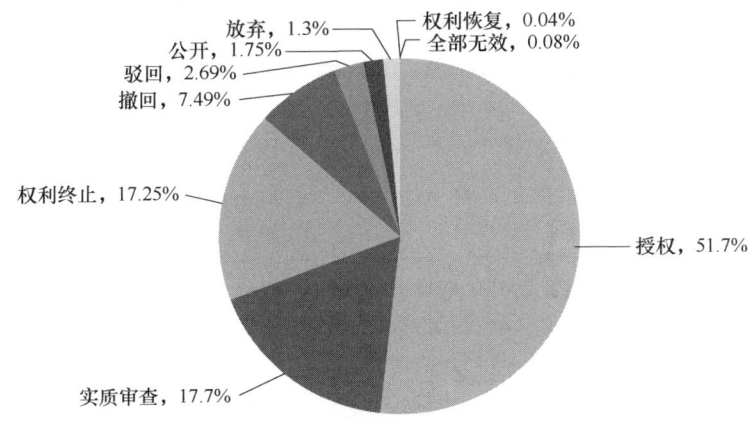

图 5　中国医学影像设备专利申请法律状态分布

从图 5 可以看出：医学影像设备的中国专利申请的授权有效约占 1/2，审查未决的接近 1/5，公知技术（公知技术包括授权终止和申请终止两类）约占 1/4，即国内申请在授权有效中占据了主体地位，且目前已经存在着部分的专利技术可供公众免费使用，对于这些专利技术加以分析和利用会有比较大的价值。

（3）各省市申请分布

为了解各个省市区的专利技术实力，统计了中国国内申请的各省市区分布情况，具体如图 6 所示。

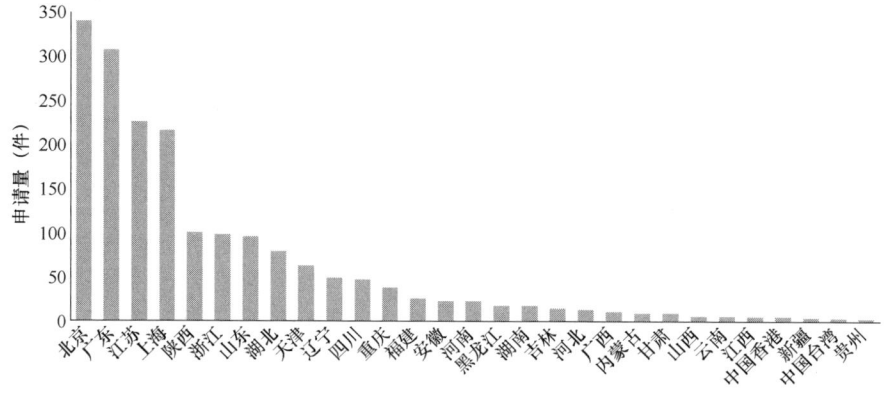

图 6　中国医学影像设备的专利申请省份市区分布

从图 6 中可以看出：国内申请主要分布在经济发达省份及研发实力突出的省份，包括北京、广东、江苏、上海等。其中，北京、广东和江苏位居前三，区域集中优势明显。

（4）申请人分析

为了解医学影像设备领域的主要技术创新主体的分布，按照专利申请总量，对前 11 名的申请人的专利申请情况进行统计，具体如图 7 所示。

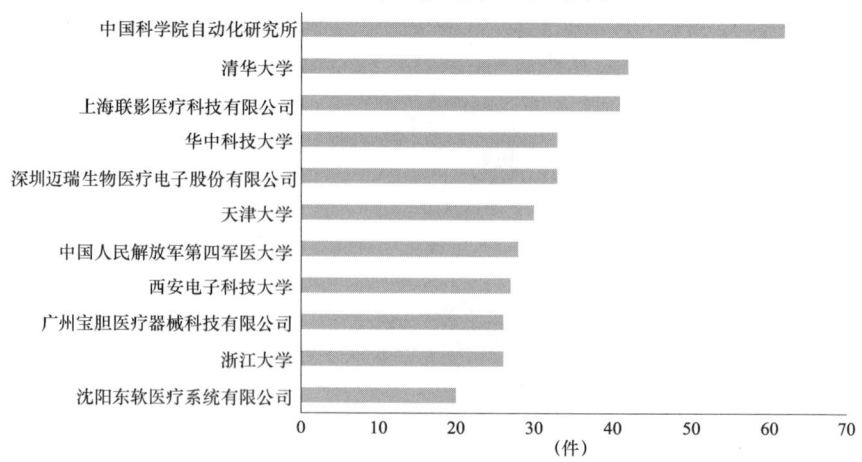

图 7　中国健康监测设备的专利申请的技术构成图

从图 7 中可以看出，在前 11 名的申请人中，以高校和企业为主，虽然研究所仅有中国科学院自动化研究所，但其个人申请量居首位，其中，两家企业比较突出，一家是上海联影医疗科技有限公司，另一家是深圳迈瑞生物医疗电子股份有限公司，该两家企业对中国上海和广东的申请量也做出了较大贡献，同图 6 的中国省市排名也是一致的。

（二）临床检验设备

1. 全球专利申请态势分析

（1）申请趋势分析

为了解全球范围内涉及临床检验设备的专利申请的总体趋势，按照申请项数统计了申请量随年度的变化情况，得到图 8 和表 4。

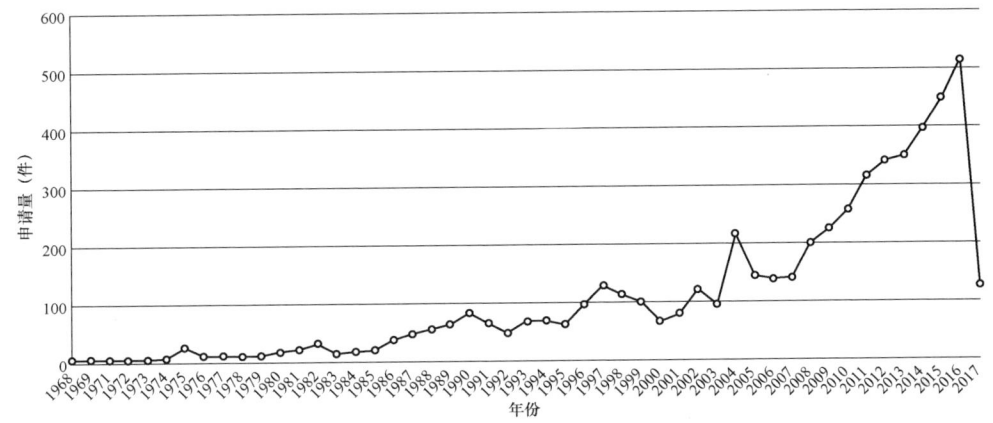

图 8　全球临床检验设备申请趋势

表 4　全球临床检验设备申请总量及活跃情况

项目	总量	近 5 年		近 10 年		近 20 年	
		数量	占总比	数量	占总比	数量	占总比
申请量（项）	5366	1830	34.1%	3200	59.6%	4359	81.2%

从图 8 和表 4 中可以看出，从 1968 年至 1987 年是临床检验设备专利申请的起步期。在 20 世纪 60 年代初开始出现有关临床检验设备的专利申请，这时期的专利申请主要涉及血液分析仪的应用。这表明，关于临床检验设备的研发进行开始吸引医学领域技术开发者的兴趣，逐步开始成为上述领域技术创新的方向之一，由于这些年医学的不断进步，关于临床检验设备表现出更大的价值。从 20 世纪 80 年代中期到 2003 年进入缓慢发展期，有关临床检验设备的年申请量从早期的个位数逐渐增长到 100 多件。

从 2004 年至今进入井喷式的爆发期，早期的研发投入进入了收获期，临床检验设备的申请量出现了急剧增长阶段，相比1986年的申请量36件，1990年申请量翻番，达到了81件，然后逐年攀升，至目前表格中申请量峰值2016年的514件。

尽管2005—2007年起申请量出现了回落，但此后直至2008年每年的申请量均保持在199件以上，表明临床检验设备已经进入了稳定快速发展期。

总体而言，近20年是临床检验设备的专利申请的快速增长阶段，集中了该领域申请量的近九成。虽然涉及临床检验设备的专利申请从20世纪60年代就开始起步，但从专利申请数量上来看，近20年的申请量为4359项，占到该领域专利申请总项数的81.2%。从近10年占比数据可以看出，近10年申请总量占总申请量的比例大于五成，也就是说，近10年来临床检验设备领域申请的活跃度很高。这反映了随着医学的进步，目前对临床检验设备的市场需求和技术开发热情也不断高涨，并有继续保持稳定快速发展的态势，在这种稳定快速发展阶段，有关临床检验设备的应用需求和领域也在不断拓展，值得相关企业保持关注并保持技术的研发投入。

（2）申请地域分析

一项专利申请的首次申请国往往也是对应的专利技术的原创产出国，一个国家作为首次申请国的专利申请数量的多少能够代表该国整体的技术创新综合实力和技术创新积极性。为了解各个国家的技术创新综合实力，按照首次申请国对全球临床检验设备的专利申请进行了地域统计，得到下面的图9。

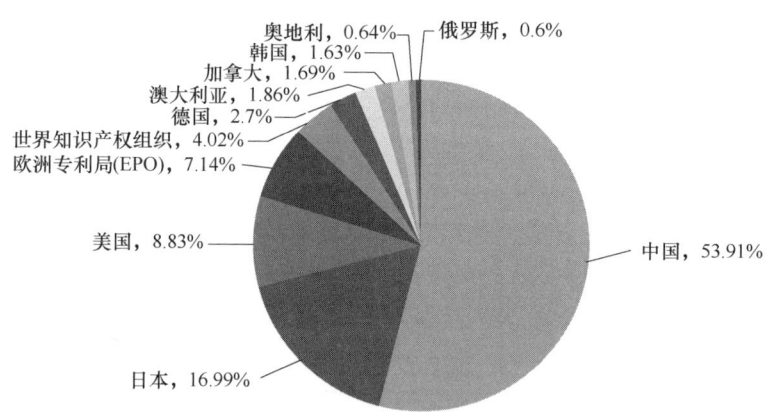

图9 临床检验设备申请国/地区分布

从图9中可以看出，中国、日本、美国依次位居临床检验设备领域专利申请的申请国的前3位。总体上，中国、日本、美国三个国家总的专利申请产出占到了全球首次申请总量的81%。表明以上三国作为临床检验设备领域技术创新成果最为丰富的国家，已经成为临床检验设备技术的主要原创国和技术输出国。

为进一步了解主要原创国（中国、日本、美国）在临床检验设备领域技术创新的总体发展态势，对这些国家自1968年至今的首次申请量进行了统计，可以看出，虽然在 2003 年前，中国的申请量相对较低，但自 2003 年起，中国在各主要申请国中发展最为迅猛，并已于近几年遥遥领先于其他各主要申请国。

（3）申请人分析

为了解全球范围临床检验设备领域的主要技术创新主体的分布情况及其申请态势，按照专利申请总量，对前 19 名的申请人的专利申请的情况进行了统计，得到表 5 和图 10。

表 5　全球临床检验设备主要申请人信息

排名	申请人名称	国别	专利申请量/件
1	SYSMEX（希森美康株式会社）	日本	284
2	HITACHI LTD（日立）	日本	111
3	深圳迈瑞生物医疗电子股份有限公司	中国	97
4	FUJI PHOTO FILM CO LTD（富士胶片）	日本	76
5	BECKMAN COULTER INC（美国贝克曼库尔特公司）	美国	72
6	SHIMADZU CORP（岛津）	日本	68
7	王尔中	中国	63
8	苏州艾杰生物科技有限公司	中国	44
9	JEOL LTD（日本电子株式会社）	日本	39
10	安徽伊普诺康生物技术股份有限公司	中国	39
11	BECKMAN INSTRUMENTS INC（贝克曼仪器公司）	美国	35
12	深圳市锦瑞电子有限公司	中国	35
13	长春迪瑞医疗科技股份有限公司	中国	34
14	TOA MEDICAL ELECTRONICS	日本	31
15	成都恩普生医疗科技有限公司	中国	31
16	深圳市亚辉龙生物科技股份有限公司	中国	30
17	中国科学院苏州生物医学工程技术研究所	中国	29
18	重庆科斯迈生物科技有限公司	中国	29
19	CEM CORPORATION	美国	28

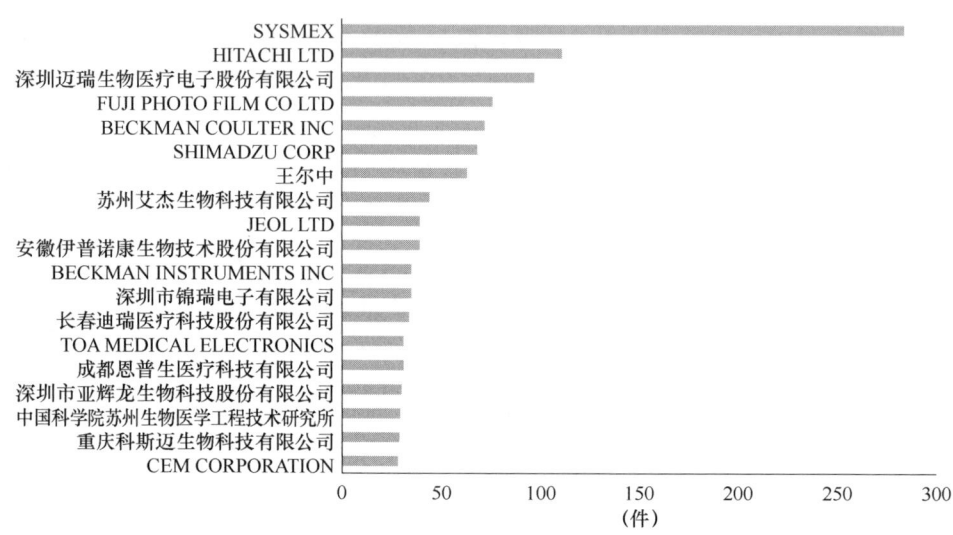

图 10 全球临床检验设备主要申请人的专利申请量

从图 10 和表 5 中可以看出,在前 19 名申请人中,中国的申请人居多,其次是日本,再次为美国,这种申请人的分布结构与该领域专利申请首次申请国的分布结构是基本一致的。其中,在主要申请人中,日本的 SYSMEX(希森美康株式会社)、HITACHI LTD(日立制作所)、中国的深圳迈瑞生物医疗电子股份有限公司、日本的 FUJI PHOTO FILM CO LTD(富士胶片公司)、美国的 BECKMAN COULTER INC(美国贝克曼库尔特公司)依次占据了前 5 名,其中,中国的主要申请人为深圳迈瑞生物医疗电子股份有限公司、王尔中、苏州艾杰生物科技有限公司、安徽伊普诺康生物技术股份有限公司、深圳市锦瑞电子有限公司,这表明中国进行专利布局的主体集中在企业和个人,而大专院校和科研单位却相对逊色,因此,在我国加强产学研一体化就显得尤为必要。

另外,虽然中国申请人数量居多,且申请量也居首位,但是,中国各申请人的申请量相对日本各申请人的申请量较少,特别是,在主要申请人中,排名第一的日本 SYSMEX(希森美康株式会社)的申请量是排名第二的 HITACHI LTD(日立制作所)的两倍,同时是排名第三的中国深圳迈瑞生物医疗电子股份有限公司的将近三倍,因此,各中国申请人在专利申请量上还有待提高。

2. 中国专利申请态势分析

(1)申请类型

自 1988 年到 2017 年,涉及临床检验设备的中国专利申请总共有 2779 件。为清晰地显示中国专利申请的各类分布,下面对专利类型分布情况进行分析,具体如表 6。

高性能医疗器械及其材料专利分析研究

表 6 中国临床检验设备专利申请类型分布

专利类型	国内申请/件	外国来华/件	合计/件	占总比/%
发明	1642	69	1711	61.6
实用新型	1065	3	1068	38.4

从表 6 中可以看出，临床检验设备领域的中国专利申请以发明专利申请为主。其中，发明专利申请总计达 1711 件、占到总申请量的 61.1%，实用新型专利为 1068 件，占到总申请量的 38.4%。即发明的申请量接近实用新型申请量的 2 倍，这种专利类型的结构与临床检验设备领域的技术特点有关，临床检验设备涉及设备结构居多，结构既属于发明的保护范围，也属于实用新型的保护范围，但由于发明专利申请的保护形式对专利的保护周期比较长，因此发明专利申请成为主要的申请类型。各种类型的申请主体主要是国内申请人，实用新型专利申请几乎完全来自国内申请人。总体而言，国内申请人在临床检验设备领域的技术创新产出数量大，创新活动积极。

（2）法律状态

为了解临床检验设备领域的中国专利申请的权利存续情况，本节对总体的申请情况、国内申请以及国外来华申请均按照授权有效、实质审查、权利终止、撤回四种法律状态进行了统计，得到表 7 和图 11。

表 7 中国临床检验设备专利申请法律状态分布

法律状态	总量/件	占总比/%	国内申请/件	占国内申请比/%	外国来华申请/件	占外国来华申请比/%
授权	1496	53.83	1440	96.26	56	77.78
实质审查	464	16.7	462	99.56	2	2.8
权利终止	461	16.59	456	98.92	5	6.9
撤回	358	12.88	349	97.49	9	12.5

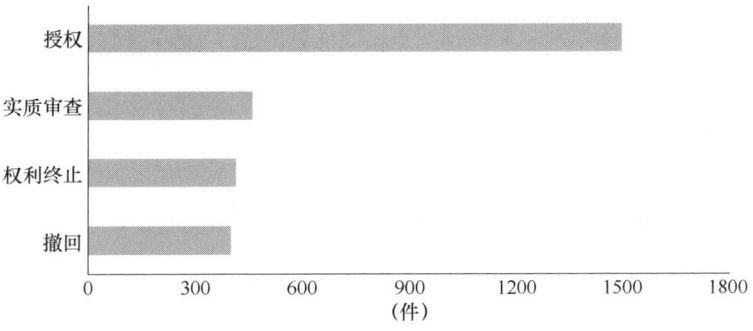

图 11 中国临床检验设备专利申请法律状态分布

从表 7 和图 11 中可以看出，总体上看，临床检验设备领域的中国专利申请的授权有效约占五成、审查未决接近两成、失效专利（失效专利包括授权终止和撤回两类）约占两成，国内申请在各类法律状态中均占据了主体地位。较高的授权比例表明，临床检验设备近年来的技术创新活动趋于稳定的状态，预示着该领域的专利密度近期不会进一步增大，而是需要进行不断的创新。同时，授权终止的占比达到了 16.59%，表明目前已经存在着大量的过期专利技术可以供公众免费使用，对这些过期专利技术加以分析和利用会有比较大的价值。而撤回的比例则高达 12.88%，这表明该领域的授权率相对较低，技术创新的门槛较高，在专利申请审查过程中对技术创新质量具有较高的要求。

通过比较国内申请和外国来华申请中各种法律状态的分布比例，可以看出，总体上两者比较类似，具体来说，国内申请的授权有效占比略高，而申请终止的占比略低，同时，国内申请的实质审查比例高于外国来华的实质审查比例。上述分布比例反映了国内申请和技术创新质量已经不弱于外国来华申请，甚至在一定程度上还要领先于外国来华申请。

（3）国内申请趋势

为进一步了解临床检验设备相关合成和应用技术在中国的发展情况和研究热度，以下对临床检验设备领域的中国专利申请进行了申请量的趋势分析，图 12 反映了临床检验设备领域中国专利申请的总体趋势和增长率的变化。

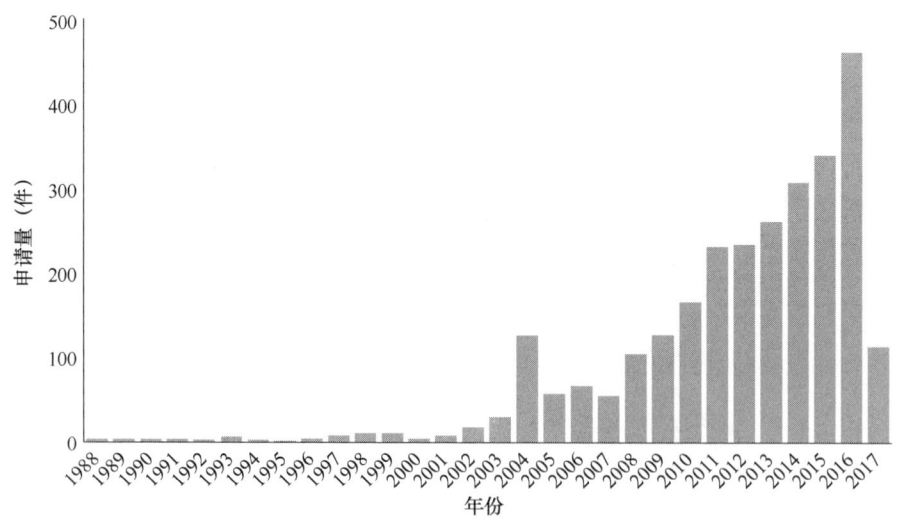

图 12 中国临床检验设备专利申请趋势及增长率

从图 12 中可以看出，最早的专利申请出现在 1988 年。在中国，1988 年共提交了 11 件专利申请，其中 8 件来自国内申请人，3 件来自国外申请人，分别为：天津市医药科学研究所的 CN1114107C 和 CN1227920A，涉及酶法测定血清镁离子试剂；吉林省埃纳特光电仪器有限公司的 CN2322141Y，涉及生化分析仪；新汶矿业集团有限责任公司莱芜医院的 CN1205436A，血液分析仪稀释液；王正连的 CN1254094A，涉及血液分析仪；孙志勤的 CN2365666Y，涉及超微量生化分析仪；丁天惠的 CN1242520A，涉及毛细管电泳仪；姚崇德的 CN2352954Y，涉及淋病尿液检测试纸片；法国斯塔戈诊断公司的 CN1114107C 和 CN1234870A，涉及对引入血液分析仪的样本试管进行识别的装置；美国康宁股份有限公司的 CN1265666A，涉及用于结合 DNA 的氧化苯乙烯聚合物。

综上可以判断，临床检验设备领域中国专利申请早期的主要关注点在于血液分析，而企业是国内较早开展上述研究的主体力量；以法国斯塔戈诊断公司为代表的国外来华申请早期的主要关注点也集中在血液分析，这也表明国内外早期在临床检验设备领域关注的重点技术分支总体基本上是一致的。

2002 年之前，临床检验设备领域的中国专利申请处于起步阶段，年申请量基本上保持在个位数，这一阶段属于技术萌芽和形成期。从 2003 年开始，年申请量开始突破到两位数，进入缓慢发展阶段，2004 年申请量突破了 100 件，2008 年申请量达到了 107 件，这一阶段属于技术发展期。这期间，生化分析、血液分析等几个重要技术分支的申请量出现了明显的增长。

从 2008 年开始，临床检验设备领域的中国专利申请进入一个快速发展阶段，年申请量出现了迅猛的增长，曲线的上升斜率超过了 45°；2011 年，年申请量首次超过 200 件，到 2014 年，年申请量首次超过 300 件，2016 年申请达到 462 件。这一阶段属于技术高速发展阶段。

总体上看，近 30 年来，临床检验设备领域中国专利申请的年申请量经历了技术的萌芽起步期（1988—2001 年）、发展期（2001—2007 年），目前进入了高速发展期（2008 年迄今）。在这期间，随着生化分析、血液分析、免疫分析等主要分支技术的进一步成熟和完善。

（4）国内和国外来华申请趋势对比

图 13 反映了近 20 年来临床检验设备领域国内申请和国外来华申请的专利申请趋势的对比情况。

从图 13 可以看出，国外申请人在华专利布局起步较早，但申请量较少；以日本希森美康株式会社和美国贝克曼考尔特公司为代表的国外来华申请早期的主要关注点集中在血液分析（如公开号为 CN1967244A 和 CN102282467A）；西门子医疗保健诊断公司的申请则关注尿液分析（如公开号为 CN103793709A），这表明国外申请人已经分别开始在血液分析和尿液分析等主要技术分支上进行了研发和投入。

在 2001 年以前，国外来华申请的年申请量和国内申请非常接近，甚至个别年度国外来华申请量还略微领先于国内申请，整体上呈现出同步发展的态势。

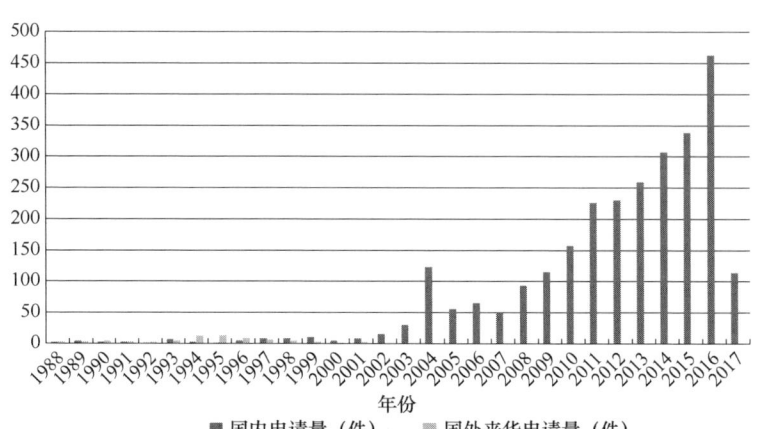

图 13 中国临床检验设备国内外申请人趋势对比

2002 年之后，随着整个中国经济的快速发展，尤其是对临床检验设备的需求不断在增大，临床检验设备等产业的投资规模不断加大，专利申请量进入迅猛增长阶段，而同期的国外来华申请则保持平稳增长的态势，因此国内申请开始大幅超过国外来华的专利申请量。其中 2003—2015 年，国内年申请量与国外来华年申请量的比值逐渐递增。这种增长趋势也和中国近年来超越日本和美国成为第一大原创专利申请国的变化趋势吻合，表明在中国申请中，国内申请人成为临床检验设备领域技术创新和专利申请的主体力量。

（5）国外来华申请国家分布

图 14 反映了各主要国家在中国申请的数量和比例构成，表 8 进一步反映了各国家在中国的申请主体。

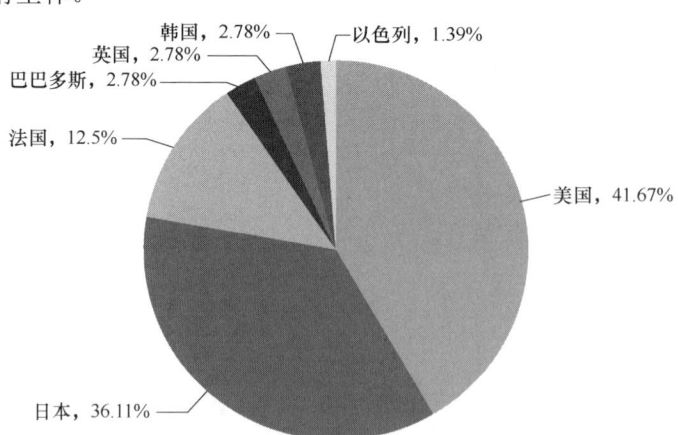

图 14 中国专利申请人的国际分布

从图 14 可以看出，美国和日本是国外来华申请的主体力量，在中国的申请量分别达到了 30 件和 26 件，两者占到了国外来华申请总量的 77.78%。法国、巴巴多斯、英国、韩国则依次排在第三至第五位。总体上看，前3名来华申请国家的在华申请总量为65件，占到了临床检验设备领域国外来华申请总量的90%。其中，美国、日本、法国均是自20世纪80—90年代开始在中国提出有关临床检验设备领域的专利申请的国家。中国作为全球第二大临床检验分析仪器需求国，对临床检验设备具有迫切的需求，因此吸引上述国家纷纷在中国进行专利布局。

从表8中可以看出，各主要国家来华申请的主体均为各国具有较强实力的代表性知名企业。其中，美国的贝克曼考尔特公司、日本的希森美康株式会社、法国的奥里巴 ABX 股份有限公司，这些申请人的关注点偏重于血液检测；美国的西门子医疗保健诊断公司则偏重于尿液检测。

表 8 主要国外来华申请国家的代表性申请人

国家	申请量/件	主要申请人
美国	30	贝克曼考尔特公司、西门子医疗保健诊断公司
日本	26	希森美康株式会社
法国	9	奥里巴 ABX 股份有限公司

总体上看，各国的主要申请人来中国进行专利布局的重点集中于常见病检测的血液检测和尿液检测。

（6）各省市申请分布

对国内申请进一步统计各省市区分布情况，以了解各个省份的专利技术实力和申请主体，得到图15和表9。

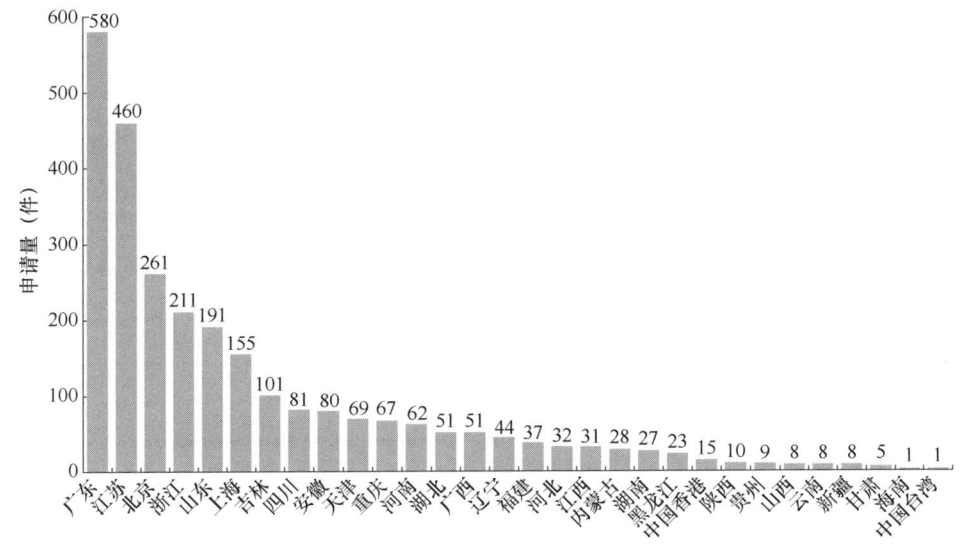

图 15 临床检验设备国内专利申请省市区分布图

表 9 临床检验设备国内专利申请各主要省份代表性申请人

省份	申请量（件）	主要申请人
广东	580	深圳迈瑞生物医疗电子股份有限公司、深圳市锦瑞电子有限公司、深圳市亚辉龙生物科技股份有限公司
江苏	460	王尔中、苏州艾杰生物科技有限公司、中国科学院苏州生物医学工程技术研究所
北京	261	北京九强生物技术股份有限公司、北京利德曼生化股份有限公司、北京中航赛维生物科技有限公司
浙江	211	浙江大学、宁波美康盛德生物科技有限公司、艾康生物技术（杭州）有限公司
山东	191	山东博科生物产业有限公司、济南大学
上海	155	上海惠中医疗科技有限公司、上海通微分析技术有限公司
吉林	101	长春迪瑞医疗科技股份有限公司、中国科学院长春光学精密机械与物理研究所、长春迪瑞实业有限公司

从图 15 和表 9 中可以看出，国内申请主要分布在传统意义上经济发达省份以及个别研发实力突出的省份，包括广东、江苏、北京、浙江、山东、上海、吉林等。其中，广东、江苏、北京、浙江位居前四强，其申请总量占到了国内申请总量的 55.9%，区域集中优势明显。从表 9 中可以进一步看出，在申请量居前的各个省份中，集中了一批国内代表性的企业和研究院校。总体上，各省市的企业成为当地在临床检验设备领域技术创新和专利申请的主体力量。

（三）先进治疗装备

1. 全球专利申请态势分析

（1）申请趋势分析

为了解全球范围内设计治疗装备专利的申请的总体趋势，按照申请项数统计了申请量随年度变化情况，得到图 16 和表 10。

表 10 全球治疗装备申请及活跃情况

项目	总量	近 5 年		近 10 年		近 20 年	
		数量	占总比	数量	占总比	数量	占总比
申请量（项）	2393	643	26.87%	925	38.65%	1678	70.1%

从图 16 和表 10 中可以看出，从 1899 年至 1972 年是治疗装备专利申请的起步期。在 1899 年就出现有关治疗装备的专利申请，这时期的专利申请主要涉及电疗装置的应用。这表明，关于治疗装备的研发开始吸引医学领域技术开发者的兴趣，逐步

开始成为上述领域技术创新的方向之一,由于近些医学的不断进步,关于治疗装备出现出更大的价值。从 20 世纪 70 年代中期到 1985 年进入缓慢发展期,有关治疗装备的年申请量从早期的个位数逐渐增长到几十件,而 1998 年和 2008 年受到亚洲金融危机和全球金融危机的影响这两年专利申请数量明显下降。

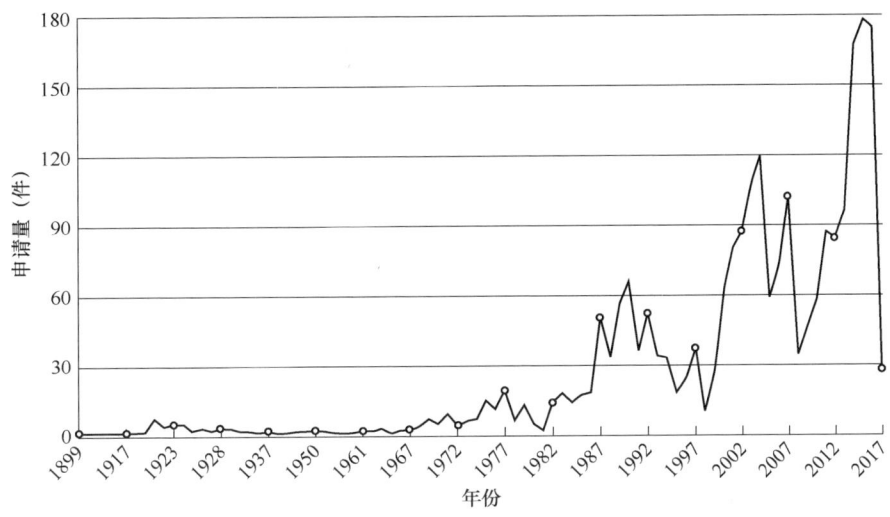

图 16　全球治疗装备申请趋势

从 1986 年至今进入井喷式的爆发期,早期的研发投入进入了收获期,治疗装备的申请量出现了急剧增长阶段,相比 1985 年的申请量 17 件,1987 年申请量达到了 50 件,然后逐年攀升,至目前表格中申请量峰值 2015 年的 178 件。

总体而言,近 20 年是治疗装备的专利申请的快速增长阶段,集中了该领域申请量的近七成。虽然涉及治疗装备的专利申请从 1899 年就开始起步,但从专利申请数量上来看,近 20 年的申请量为 1678 项,占到该领域专利申请总项数的 70.1%。而从近 10 年占比数据可以进一步看出,近 10 年申请总量占总申请量的比例将近四成,也就是说,近十年来治疗装备领域申请的活跃度很高。这反映了随着医学的进步,目前对治疗装备的市场需求和技术开发热情也不断高涨,并有继续保持稳定快速发展的态势,在这种稳定快速发展阶段,有关治疗装备的应用需求和领域也在不断拓展,值得相关企业保持关注并保持技术的研发投入。

(2)申请地域分析

一项专利申请的首次申请国往往也是对应的专利技术的原创产出国,一个国家作为首次申请国的专利申请数量的多少能够代表该国家整体的技术创新综合实力和技术创新积极性。为了解各个国家的技术创新综合实力,按照首次申请国对全球治疗装备的专利申请进行了地域统计,取前 20 名,得到下面的图 17。

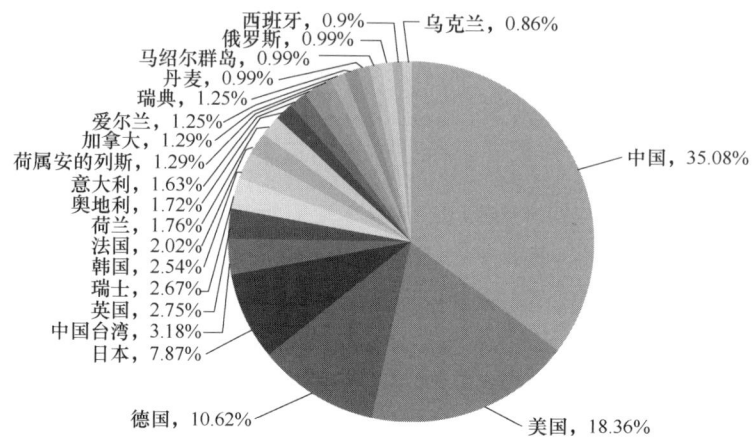

图 17 治疗装备申请国/地区分布

从图 17 中可以看出，中国、美国、德国、日本依次位居治疗装备领域专利申请的申请国/地区的前 4 位。总体上，中国、美国、德国、日本四个国家总的专利申请产出占到了全球首次申请总量的 71.93%。表明以上四国作为治疗装备领域技术创新成果最为丰富的国家，已经成为治疗装备技术的主要原创国和技术输出国。治疗装备的发展有助于医学技术的进步。

为进一步了解主要原创国（中国、美国、日本）在治疗装备领域技术创新的总体发展态势，对这些国家的首次申请量进行了统计。虽然在 2010 年前，中国的申请量相对较低，但自 2010 年起，中国在各主要申请国中发展最为迅猛，并已于近几年遥遥领先于其他各主要申请国。

（3）申请人分析

为了解全球范围治疗装备领域的主要技术创新主体的分布情况以及其申请态势，按照专利申请总量，对前 16 名的申请人的专利申请的情况进行了统计，得到表 11 和图 18。

表 11 全球治疗装备主要申请人申请信息

排名	申请人	国别	专利申请量/件
1	DORNIER（多尼尔医疗系统有限公司）	德国	67
2	SIEMENS（西门子公司）	德国	47
3	MEDTRONIC INC（美敦力公司）	美国	37
4	ETHICON ENDO SURGERY INC（伊西康内外科有限责任公司）	美国	24
5	XOFT INC（XOFT 公司）	德国	21

续表

排名	申请人	国别	专利申请量/件
6	KONINKLIJKE PHILIPS ELECTRONICS N V（飞利浦）	荷兰	19
7	RICHARD WOLF GMBH（理查德·沃尔夫有限公司）	德国	17
8	山东威瑞外科医用制品有限公司	中国	16
9	CHO（三星电子株式会社）	韩国	14
10	SANYO ELECTRIC CO LTD（三洋）	日本	14
11	HAYASHIBARA KEN（林原健）	日本	13
12	LOVOI PAUL A	德国	13
13	宝健科技股份有限公司	中国	12
14	AGILENT TECHNOLOGIES INC（安捷伦科技有限公司）	美国	11
15	INDIBA S A（因迪巴有限公司）	西班牙	11
16	WOODSIDE BIOMEDICAL INC（伍德赛德生物医学有限公司）	美国	11

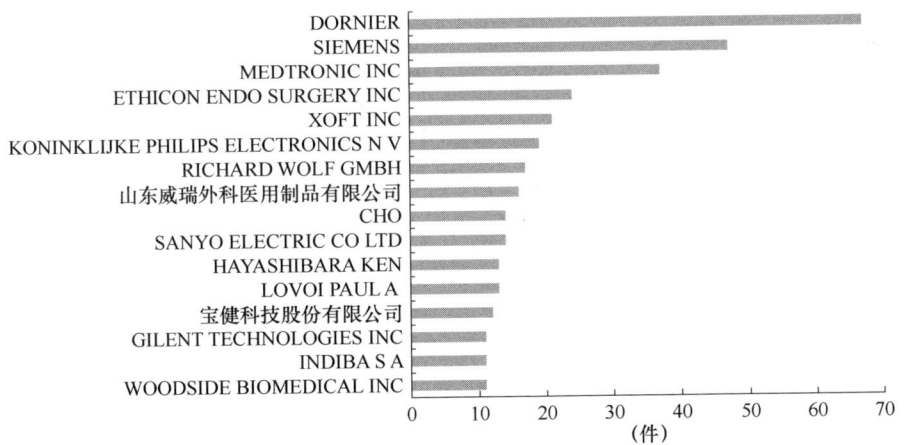

图 18　全球治疗装备主要申请人的专利申请量

从图 18 和表 11 中可以看出，在前 16 名申请人中，德国的申请人居多，其次是美国，中国和日本并列第三。在主要申请人中，德国的 DORNIER（多尼尔医疗系统有限公司）、SIEMENS（西门子公司）、XOFT INC（XOFT 公司）以及美国的 MEDTRONIC INC（美敦力公司）、ETHICON ENDO SURGERY INC（伊西康内外科有限责任公司)依次占据了前 5 名,其中,中国的主要申请人为山东威瑞外科医用制品有限公司和宝健科技股份有限公司,这表明中国进行专利布局的主体集中在企业和个人,而大专院校和科研单位却相对逊色,因此,在我国加强产学研一体化就显得尤为必要。

另外,虽然中国申请量居多,但中国在前 16 名申请人中仅有两个,并且中国的申请人的申请量相对德国、美国较少,位于主要申请人第一的德国的 DORNIER(多尼尔医疗系统有限公司)的申请量是中国的山东威瑞外科医用制品有限公司的四倍,同时是中国的宝健科技股份有限公司的五倍多,因此,中国申请人在专利申请量上还有待提高。

2. 中国专利申请态势分析

(1)申请类型

自 1985 年到 2017 年,涉及治疗装备的中国专利申请总共有 860 件。为清晰地显示中国专利申请的各类分布,下面对专利类型分布情况进行分析,具体如表 12 所示。

表 12 中国治疗装备专利申请类型分布

专利类型	国内申请（件）	外国来华（件）	合计（件）	占总比
发明	279	66	345	40.12%
实用新型	514	1	515	59.88%

从表 12 中可以看出,治疗装备领域的中国专利申请以发明专利申请为主。其中发明专利申请总计达 279 件、占到总申请量的 40.12%,实用新型专利为 515 件,占到总申请量的 59.88%。即实用新型的申请量接近发明申请量的 2 倍,这种专利类型的结构与治疗装备领域的技术特点有关,治疗装备涉及结构居多,由于实用新型专利申请的审查周期较短、授权率较高,因此实用新型专利申请成为主要的申请类型。各种类型的申请主体主要是国内的申请人,实用新型专利申请几乎完全来自国内申请人,这也说明中国的专利申请量在全球偏高的一大原因是中国的实用新型专利申请数量偏高。总体而言,国内申请人在治疗装备领域的技术创新产出数量大,创新活动比较积极。

(2)法律状态

为了解治疗装备领域的中国专利申请的权利存续情况,以下对总体的申请情况、国内申请以及国外来华申请均按照授权有效、实质审查、权利终止、撤回四种法律状态进行了统计,得到表 13 和图 19。

表 13 中国治疗装备专利申请法律状态分布

法律状态	总量/件	占总比	国内申请/件	占国内申请比	外国来华申请/件	占外国来华申请比
授权	366	42.56%	332	90.7%	34	50.75%
实质审查	126	14.65%	115	91.27%	9	13.43%
权利终止	301	35%	288	95.68%	13	19.4%
撤回	67	7.79%	58	86.57%	9	13.4%

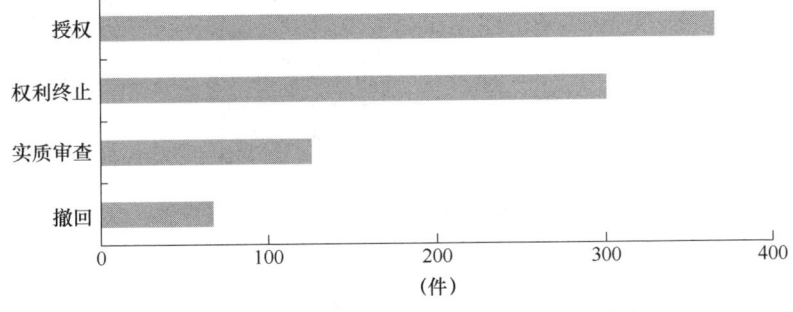

图 19 中国治疗装备专利申请法律状态分布

从表 13 和图 19 中可以看出来，总体上看，治疗装备领域的中国专利申请的授权有效约占四成、审查未决接近两成、失效专利（失效专利包括授权终止和撤回两类）接近四成，国内申请在各类法律状态中均占据了主体地位。较高的授权比例表明，治疗装备近年来的技术创新活动趋于稳定的状态，预示着该领域的专利密度近期不会进一步增大，而是需要进行不断的创新。同时，授权终止的占比达到了 35%，表明目前已经存在着非常多的过期专利技术可以供公众免费使用，对这些过期专利技术加以分析和利用会有比较大的价值。而撤回的比例为 7.79%，这表明该领域的授权率不是很高，技术创新的门槛较高，在专利申请审查过程中对技术创新质量具有较高的要求。

比较国内申请和外国来华申请中各种法律状态的分布比例，可以看出，总体上两者比较类似；具体来说，国内申请的授权有效和权利终止的占比略高，而撤回占比略低，同时，国内申请和外国来华的实质审查的比例分布则极为接近。上述分布比例反映了国内申请和技术创新质量已经不弱于外国来华申请，甚至在一定程度上还要领先于外国来华申请。

（3）国内申请趋势

为进一步了解治疗装备相关合成和应用技术在中国的发展情况和研究热度，以下对治疗装备领域的中国专利申请进行了申请量的趋势分析。图 20 反映了治疗装备领域中国专利申请的总体趋势和增长率的变化。

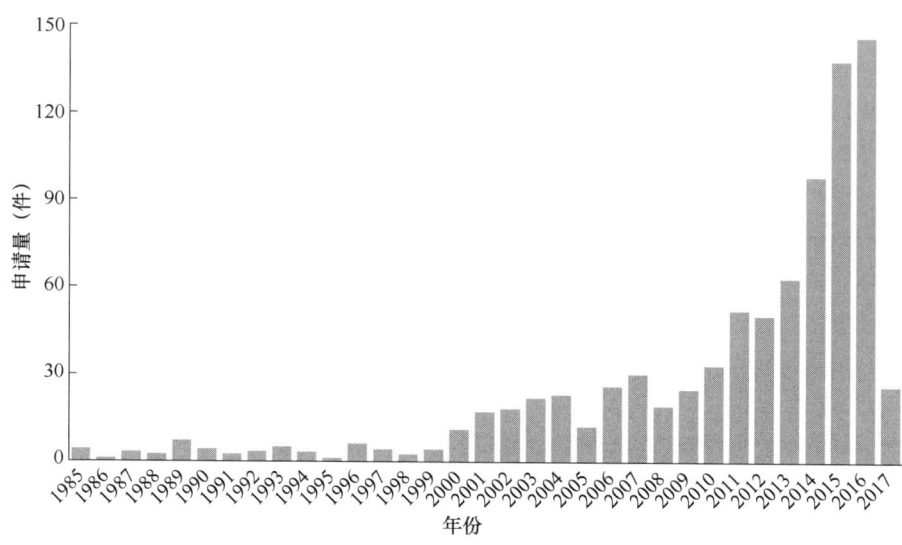

图 20　中国治疗装备专利申请趋势及增长率

从图 20 中可以看出，最早的专利申请出现在 1985 年。在中国，1985 年共提交了 3 件专利申请，分别为：山西省劳动卫生职业病防治研究所的 CN1003563B，涉及激光照射装置；山口武义的 CN85104986B 以及中国人民解放军总医院的 CN85204793U，涉及电疗设备。

综上可以看出，治疗装备领域中国专利申请早期的主要关注点在于电疗设备，而以企业为代表是国内较早开展上述研究的主体力量；而早期没有国外专利在中国申请，而以美国伊西康有限责任公司为代表的国外来华申请主要关注点集中在超声刀，这也表明早期国内外在治疗装备领域关注的重点技术分支大体上是一致的，基本都是用于治疗癌症的设备。

1999 年之前，治疗装备领域的中国专利申请处于起步阶段，年申请量基本上保持在个位数，这一阶段属于技术萌芽和形成期。从 2000 年开始，年申请量开始突破到两位数，进入缓慢发展阶段，2011 年申请量突破了 50 件，2016 年申请量达到了 146 件，这一阶段属于技术发展期。这期间，外科医疗器具、电疗设备等几个重要技术分支的申请量出现了明显的增长。

从 2012 年开始，治疗装备领域的中国专利申请进入一个快速发展阶段，年申请量出现了迅猛的增长，曲线的上升斜率超过了 45°；2015 年，年申请量首次超过 100 件，2016 年申请达到 146 件。这一阶段属于技术高速发展阶段。

总体上看，30 多年来，治疗装备领域中国专利申请的年申请量经历了技术的萌芽起步期（1985—1999 年）、发展期（2000—2011 年），目前进入了高速发展期（2011 年迄今）。

（4）国内和国外来华申请趋势对比

图 21 反映了近 20 年来治疗装备领域国内申请和国外来华申请的专利申请趋势的对比情况。

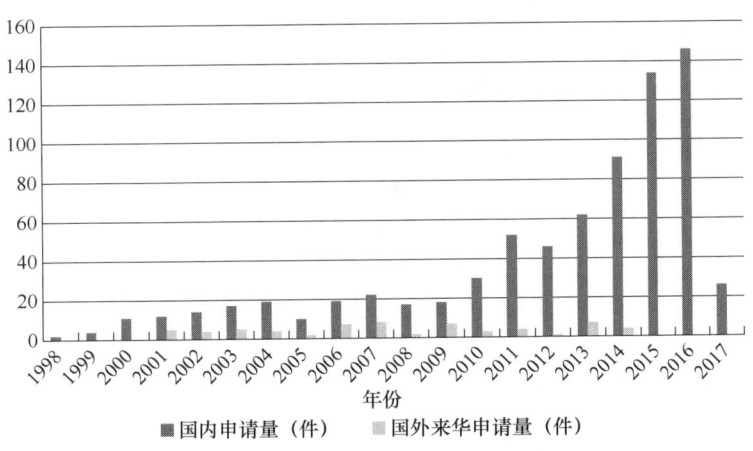

图 21 中国治疗装备国内外申请人趋势对比

从图 21 可以看出，国外申请人在华专利布局起步虽然较早，但申请量较少；以美国伊西康有限责任公司为代表的国外来华申请早期的主要关注点集中在超声刀；德国西门子公司的申请则关注放射治疗仪，荷兰皇家飞利浦电子股份有限公司的申请则关注超声治疗装备，这表明国外申请人已经分别开始在超声设备和放射设备等主要技术分支上进行了研发和投入。

2001 年之后，随着整个中国经济的快速发展，尤其是对治疗装备的需求不断在增大，治疗装备等产业的投资规模不断加大，专利申请量进入迅猛增长阶段，而同期的国外来华申请则保持平稳增长的态势，因此国内申请开始大幅超过国外来华的专利申请量。这种增长趋势也和中国近年来超越日本和美国成为第一大原创专利申请国的变化趋势吻合，表明在中国申请中，国内申请人成为治疗装备领域技术创新和专利申请的主体力量。

（5）国外来华申请国家分布

图 22 反映了各主要国家在中国申请的数量和比例构成，表 14 进一步反映了各国家在中国的申请主体。

表 14 主要国外来华申请国家的代表性申请人

国家	申请量（件）	主要申请人
美国	28	伊西康有限责任公司
日本	8	奥林巴斯医疗株式会社
德国	7	西门子公司

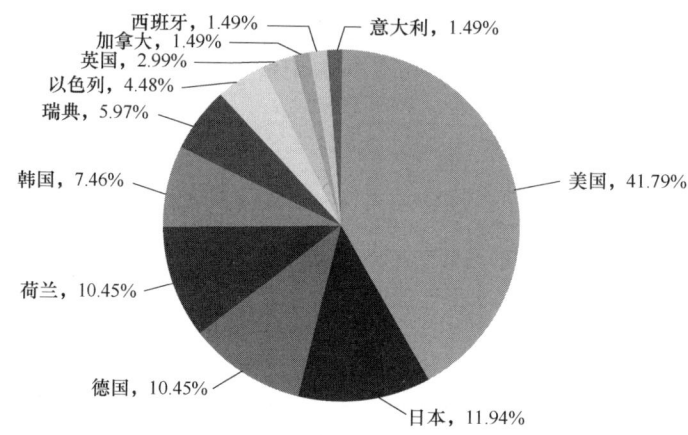

图 22 中国专利申请人国际分布

从图 22 可以看出,美国和日本是国外来华申请的主体力量,在中国的申请量分别达到了 28 件和 8 件,两者占到了国外来华申请总量的 53.73%。德国、荷兰、韩国则依次排在第三至第五位。总体上看,前 3 名来华申请国家的在华申请总量为 43 件,占到了治疗装备领域国外来华申请总量的 64.18%。其中,美国、日本、德国均是自 21 世纪开始在中国提出有关治疗装备领域的专利申请的国家。中国作为全球第二大临床检验分析仪器需求国,对治疗装备具有迫切的需求,因此吸引上述国家纷纷在中国进行专利布局。

从表 14 中可以看出,各主要国家来华申请的主体均为各国具有较强实力的代表性知名企业。其中,美国的伊西康有限责任公司关注点偏重于超声刀、日本的奥林巴斯医疗株式会社关注点则偏重于敷贴器、德国的西门子公司关注点偏重于放射治疗仪。

总体上看,各国的主要申请人来中国进行专利布局的重点集中于电疗设备和外科治疗装备。

(6) 国内各省市申请分布

对国内申请进一步统计各省市分布情况,以了解各个省份的专利技术实力和申请主体,得到图 23 和表 15。

表 15 治疗装备国内专利申请各主要省份代表性申请人

省份	申请量(件)	主要申请人
山东	180	山东威瑞外科医用制品有限公司、山东新华医疗器械股份有限公司
广东	108	深圳市海德医疗设备有限公司、珠海市和佳医疗设备有限公司
江苏	81	苏州特立医疗设备科技有限公司、安隽医疗科技(南京)有限公司
北京	70	厚凯(北京)医疗科技有限公司、中国科学院电工研究所、清华大学
上海	59	上海导向医疗系统有限公司、上海卡姆南洋医疗器械有限公司、上海交大南洋医疗器械有限公司

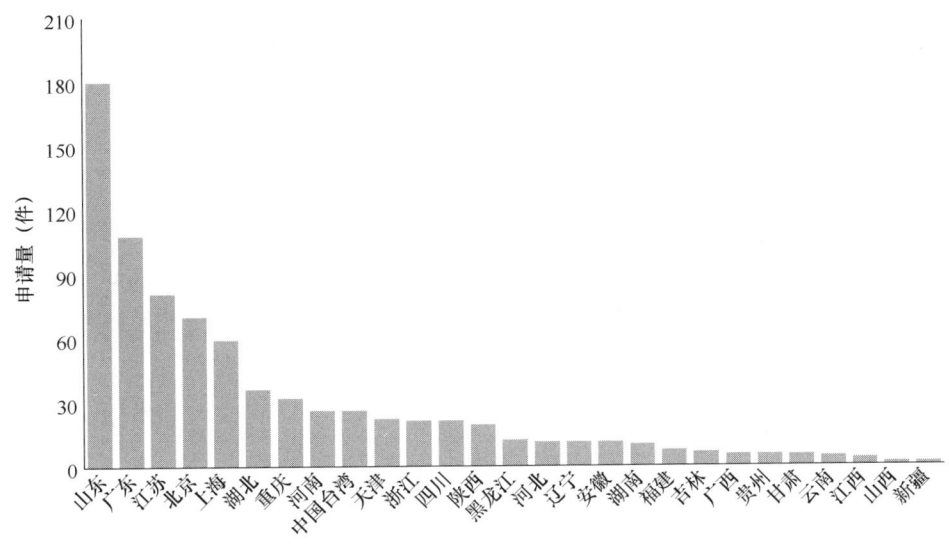

图 23　治疗装备国内专利申请省份分布图

从图 23 和表 15 中可以看出，国内申请主要分布在传统意义上经济发达省份以及个别研发实力突出的省份，包括山东、广东、江苏、北京、上海等。其中，山东、广东、江苏位居前三强，其申请总量占到了国内申请总量的 54.42%，区域集中优势明显。从表 15 中可以进一步看出，在申请量居前的各个省份中，集中了一批国内代表性的企业和研究院校。总体上说，各省市的企业成为当地在治疗装备领域技术创新和专利申请的主体力量。

（四）健康监测设备

1. 全球专利申请态势分析

（1）申请趋势分析

为了解全球范围内涉及健康监测设备的专利申请的总体趋势，按照申请项数统计了申请量随年度的变化情况，具体如图 24 和表 16 所示。

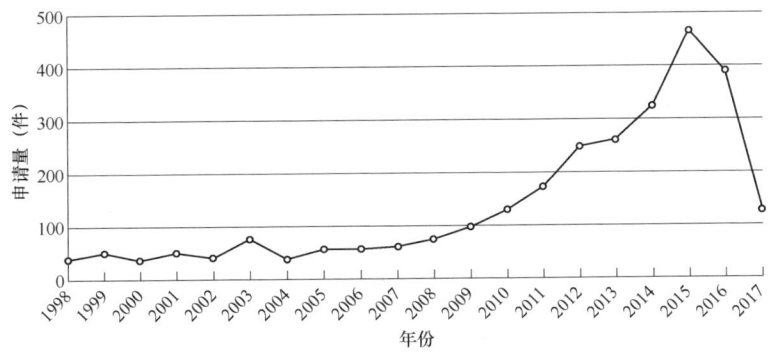

图 24　全球健康监测设备近 20 年专利申请趋势

表 16　全球健康监测设备专利申请总量及活跃情况

项目	总量	近 5 年		近 10 年		近 15 年	
		数量	占总比	数量	占总比	数量	占总比
申请量（件）	2788	1564	56.1%	2282	81.9%	2572	92.3%

从图 24 和表 16 可以看出，2008 年前为起步的平稳发展期；从 2009 年至今进入快速发展期，相比 2008 年前申请量约 50 件/年，2012 年申请量翻了两番，达到了 247 件，且 2015 年申请量出现了更大的突破，达到了 465 件。

总体而言，自 2009 年至今的将近十年是健康监测设备的专利申请的增长阶段，且从近 5 年和近 10 年的占比数据进一步看出，健康监测设备领域申请的活跃度逐年增高，反映出当前对健康监测设备的市场需求和技术开发热情不断高涨，并继续保持稳定快速发展的态势，在这种稳定快速发展阶段，有关健康监测设备的应用需求和领域也在不断扩展，值得相关企业保持关注并保持技术的研发投入。

（2）申请地域分析

为了解各主要国家和地区的技术创新综合实力，按照申请国对全球健康监测设备的专利申请进行了地域统计，具体如图 25 所示。

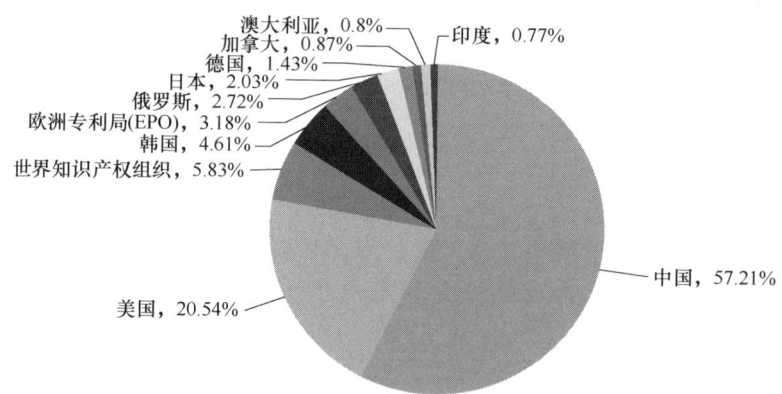

图 25　全球健康监测设备专利申请国/组织分布

从图 25 中可以看出：中国、美国、韩国依次位居健康监测设备领域专利申请的申请国的前 3 位，三个国家总的专利申请产出约占到全球申请总量的 80%，其中，中国作为第一大申请国其专利申请量为全球专利申请总量的 57.21%。这表明，作为健康监测设备领域技术创新成果最为丰富的国家，中国已经成为健康监测设备的主要技术输出国，同时，美国紧随我国位居第二。

为进一步了解主要申请国（美国和中国）在健康监测设备领域技术创新的总体发

展态势，对该两个国家的申请量分别进行了统计。

可以看出，有关健康监测设备的研发，美国的发展早于中国，但中国具有后发优势，其中美国早在 1999 年就进入快速且平稳的发展期，而中国一直位居美国之后直至 2008 年进入快速且平稳的上升发展期，才开始逐步赶超美国，成为第一大专利申请国，表明中国近几年开始重视健康监测设备技术在全球的布局，成效明显。

总体来看，未来一段时间内，中国和美国这两个国家无论是在申请总量还是在每年申请量上都将继续领跑其他国家/地区和组织，而中国也会继续保持上升的态势，成为全球在健康监测设备领域技术创新最活跃的、技术产出成果最为密集的国家。

（3）申请人分析

为了解全球范围内健康监测设备领域的主要技术创新主体的分布及其申请态势，按照专利申请总量，对前几名的申请人的专利申请情况进行统计，具体如图 26 和表 17 所示。

表 17　全球健康监测设备主要申请人申请信息

排名	申请人	国家	申请量（件）
1	ORTHOSENSOR INC	美国	34
2	SECOND SIGHT MEDICAL PRODUCTS INC	美国	24
3	上海理工大学	中国	23
4	FITBIT INC	美国	17
5	ADIDAS AG	德国	16
6	解码（上海）生物医药科技有限公司	中国	16
7	成都艾克尔特医疗科技有限公司	中国	14
8	HEALTHWATCH LTD	以色列	12
9	LIFECOR INC	美国	12

从表 17 和图 26 中可以看出，在前 9 名的申请人中，来自中国的只有三家，一家为科研院所，两家为企业，可见，虽然中国申请量大，但是并不集中，即中国申请量大的部分原因可能是基于中国的人口、企业和科研院所众多，而来自美国的申请人占了一半，且全部为企业，这也佐证了美国在健康监测设备领域内的长期稳定发展及其稳定的市场。

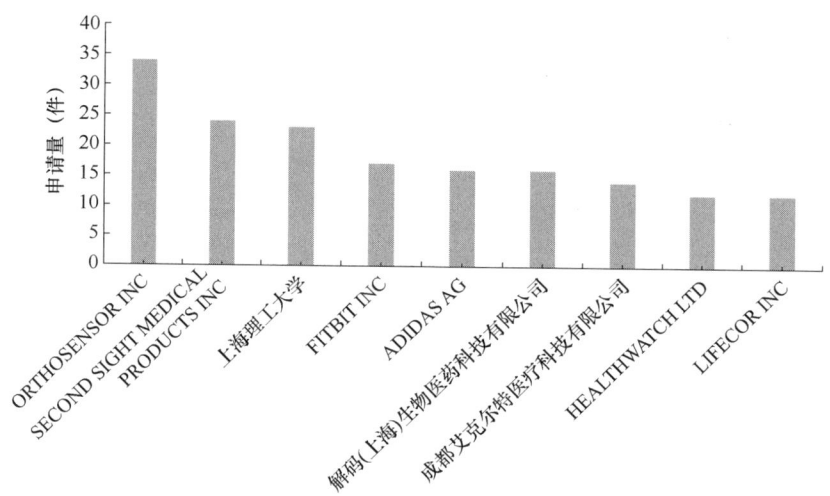

图26 全球健康监测设备主要申请人的申请量

因此,在健康监测设备的技术领域,对于中国的企业而言,一方面可以在国内的科研院所中寻找技术合作的伙伴,以实现技术与生产的融合;另一方面可以对国外的重点企业保持重点跟踪和关注,时刻保持对前沿技术的掌握,以占据世界前沿地位。

(4)技术主题分析

为进一步了解全球范围内涉及健康监测设备的专利申请的技术主题分布情况,按照申请项数统计了各技术主题下的专利情况,具体如图27所示。

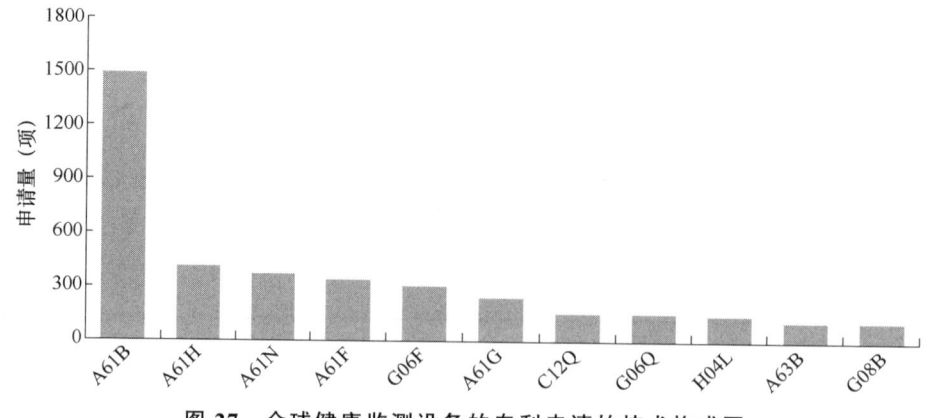

图27 全球健康监测设备的专利申请的技术构成图

从图27中可以看出:全球范围内的健康监测设备的专利申请的技术主题主要集中在IPC技术分类号中的A61大类下的A61B、A61H、A61N、A61F和A61G等分类中。

2. 中国专利申请态势分析

（1）申请类型

自 1998 年到 2017 年，涉及健康监测设备的中国专利申请总共有 1638 件，占到该领域全球申请总量的一半以上。为清晰地显示中国专利申请的各类分布，下面对专利类型分布情况进行分析，具体如表 18 所示。

表 18 中国健康监测设备专利申请类型分布

专利公开类型	专利数量（件）	百分比（%）
发明申请	798	48.72
发明授权	156	9.5
实用新型	684	41.76

从表 18 中可以看出，健康监测设备领域的中国专利申请中，发明和实用新型并驾齐驱。其中，发明专利申请占总申请量的 48.72%，实用新型专利申请占到总申请量的 41.76%，但是发明专利授权量偏低，还不足 10%，这也说明中国的专利申请量在全球偏高的一大原因是中国的实用新型专利申请数量偏高。另外，各种类型的申请主体主要是国内的申请人，实用新型专利申请完全来自国内申请人。总体而言，国内申请人在健康监测设备领域的技术创新产出数量大，创新活动积极，但专利质量有待提高。

（2）法律状态

为了解健康监测设备领域的中国专利申请的权利存续情况，本节对总体的申请按照授权有效、授权终止、审查未决、申请终止四种法律状态进行了统计，具体如图 28 所示。

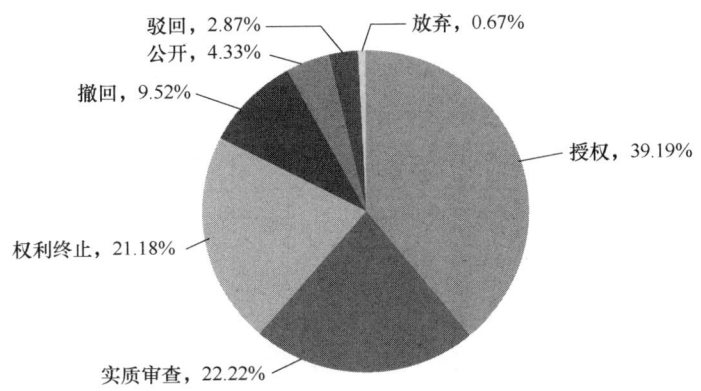

图 28 中国健康监测设备专利申请法律状态分布

从图 28 可以看出，健康监测设备的中国专利申请的授权有效约占 1/3，而该部分中大部分为实用新型，审查未决的接近 1/4，公知技术（公知技术包括授权终止和申请终止两类）约占 1/3，即国内申请在各类法律中均占据了主体地位，而较高的公知技术比例，一部分为过期专利技术，另一部分为没有继续维持的专利技术，表明目前已经存在着大量的专利技术可供公众免费使用，对于该些专利技术加以分析和利用会有比较大的价值。

（3）各省市区申请分布

对国内申请进一步统计各省市分布情况，以了解各个省份的专利技术实力和申请主体，具体如图 29 所示。

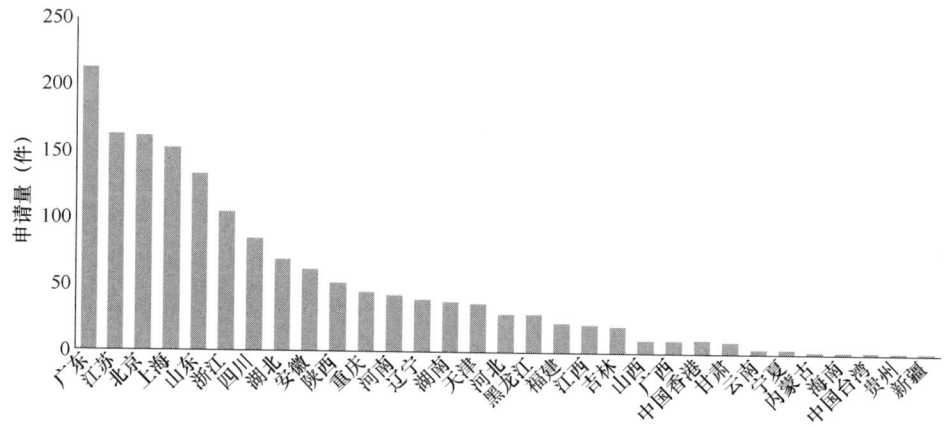

图 29　中国健康监测设备的专利申请省市区分布

从图 29 中可以看出，国内申请主要分布在经济发达省份以及个别研发实力突出的省份，包括广东、江苏、北京、上海、山东等。其中，广东、江苏和北京位居前三，其申请总量占到了国内申请总量的 34% 左右，区域集中优势明显。

（4）申请人分析

为了解中国健康监测设备领域的主要技术创新主体的分布，按照专利申请总量，对前 20 名的申请人的专利申请情况进行统计，具体如图 30 所示。

从图 30 中可以看出，在前 20 名的申请人中，以高校和科研所为主，占到申请量的 50%，申请人为企业的占到申请量的 25% 左右，而个人专利量明显处于边缘地位。

（5）技术主题分析

为进一步了解中国涉及的健康监测设备的专利申请的技术主题分布情况，按照申请项数统计了各技术主题下的专利情况，具体如图 31 所示。

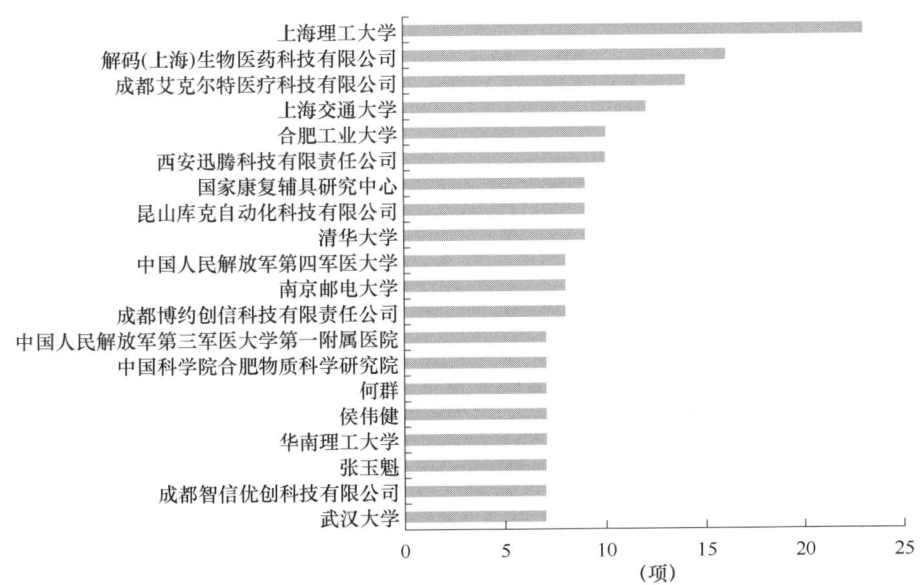

图 30　中国健康监测设备的专利申请的技术构成图

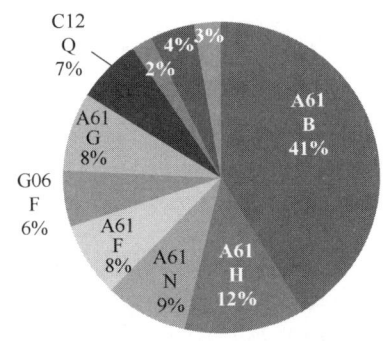

图 31　中国健康监测设备的专利申请的技术构成图

从图 31 中可以看出，中国的健康监测设备的专利申请的技术主题主要集中在 A61B、A61H、A61N、A61F 和 A61G，即在中国范围内的专利申请的技术主题大体与全球范围内的专利申请的技术主题一致。

（五）植介入器械及材料

1. 全球专利申请态势分析

（1）申请趋势分析

为了解全球范围内涉及植介入器械及材料的专利申请的总体趋势，按照申请项数统计了申请量随年度的变化情况，具体如图 32 和表 19 所示。

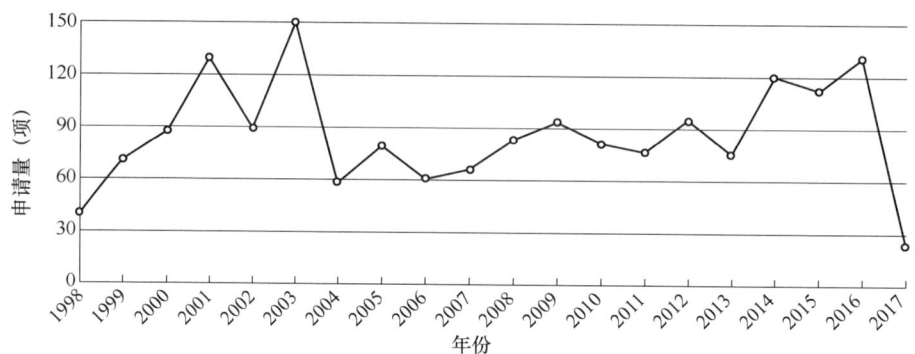

图 32　全球植介入器械及材料近 20 年专利申请趋势

表 19　全球植介入器械及材料专利申请总量及活跃情况

项目	总量	近 5 年		近 10 年		近 15 年	
		数量	占总比	数量	占总比	数量	占总比
申请量（项）	1717	460	26.8%	888	51.7%	1301	75.8%

　　从图 33 和表 19 可以看出，1999 年前为起步发展期；从 2000 年到 2003 年进入快速发展期，相比 1999 年前申请量 40 件，2000 年申请量翻了一番，达到 87 件，然后迅速攀升至 2003 年的申请量峰值 150 件；尽管 2004 年其申请量出现了回落，但此后直至 2016 年每年的申请量均保持在 60 件以上，且大体呈上升趋势，即自 2004 年至今，植介入器械及材料已进入稳定发展期。

　　总体而言，自 2000 年至今的将近 15 年是植介入器械及材料的专利申请的增长阶段，且从近 5 年和近 10 年的占比数据进一步看出，植介入器械领域申请的活跃度一直很高，反映出当前对植介入器械及材料的市场需求和技术开发热情不断高涨，并有继续保持稳定快速发展的态势，在这种稳定快速发展阶段，有关植介入器械及材料的应用需求和领域也在不断扩展，值得相关企业保持关注并保持技术的研发投入。

（2）申请地域分析

　　为了解各主要国家和地区的技术创新综合实力，按照申请国对全球植介入器械及材料的专利申请进行了地域统计，具体如图 34 所示。

　　从图 33 中可以看出，美国、中国、韩国、德国依次位居植介入器械及材料领域专利申请的申请国的前 4 位，四个国家总的专利申请产出约占全球申请总量的 90%。其中，美国作为第一大申请国其专利申请量将近为全球专利申请总量的 70%，这表明，作为植介入器械及材料领域技术创新成果最为丰富的国家，美国已经成为植介入器械及材料的主要技术输出国。同时，中美两国专利申请量存在较大差距，美国申请量超过中国 3 倍。

为进一步了解主要申请国（美国和中国）在植介入器械及材料领域技术创新的总体发展态势，对该两个国家的申请量进行了统计，具体如图34所示。

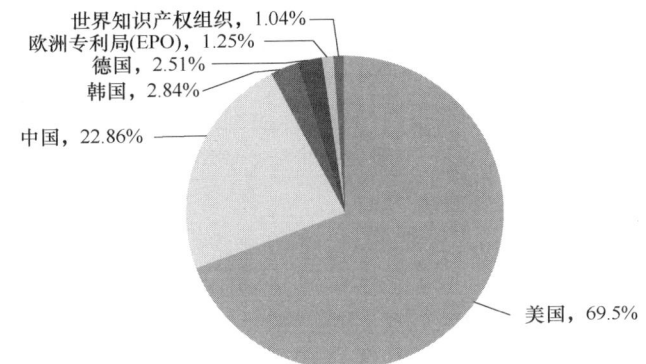

图33 全球植介入器械及材料专利申请国分布

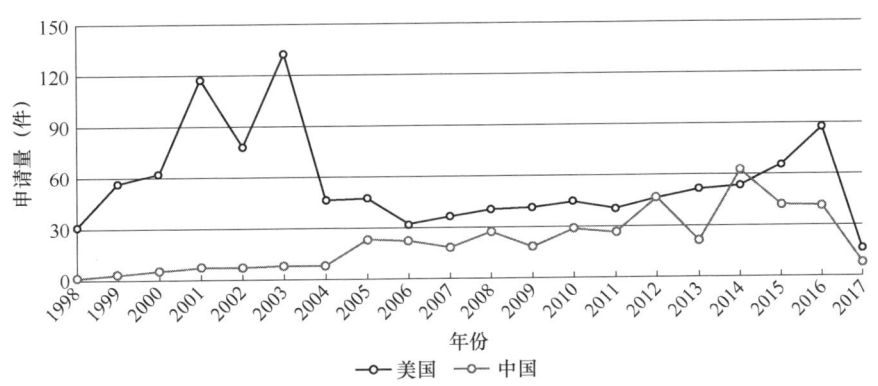

图34 全球植介入器械及材料主要国家专利申请趋势

从图34中可以看出：有关植介入器械及材料的研发，美国在全球的布局明显要早于中国，美国早在2000年就进入快速发展期，且远远超过中国，并于2004年至今保持在稳定的上升发展期；而中国直至2005年才逐步开始进行布局，且在2005年至2010年期间保持平稳发展趋势，并从2011年至今保持略微抬头发展的态势，尤其是2014年，年度申请量首次超过美国，这表明中国已经开始重视植介入器械及材料专利技术的布局，成效明显。

总体来看，未来一段时间内，美国和中国这两个国家无论是在申请总量还是在每年申请量上都将继续领跑其他国家/地区，成为全球在植介入器械及材料领域技术创新最活跃的、技术产出成果最为密集的区域。

（3）申请人分析

为了解全球范围内植介入器械及材料领域的主要技术创新主体的分布及其申

请态势，按照专利申请总量，对前 9 名的申请人的专利申请情况进行统计，具体如图 35 和表 20 所示。

表 20　全球植介入器械及材料主要申请人申请信息

排名	申请人	国家	申请量（件）
1	ADVANCED CARDIOVASCULAR SYSTEMS INC（先进心血管系统）	美国	59
2	MEDTRONIC INC（美敦力）	美国	59
3	EDWARDS LIFESCIENCES CORPORATION（爱德华兹）	美国	39
4	VIDAMED INC	美国	29
5	SILK ROAD MEDICAL INC	美国	20
6	中国科学院金属研究所	中国	17
7	BOSTON SCIENTIFIC SCIMED INC（波士顿）	美国	16
8	INCEPT LLC	美国	15
9	COOK MEDICAL TECHNOLOGIES LLC（库克医疗）	美国	14

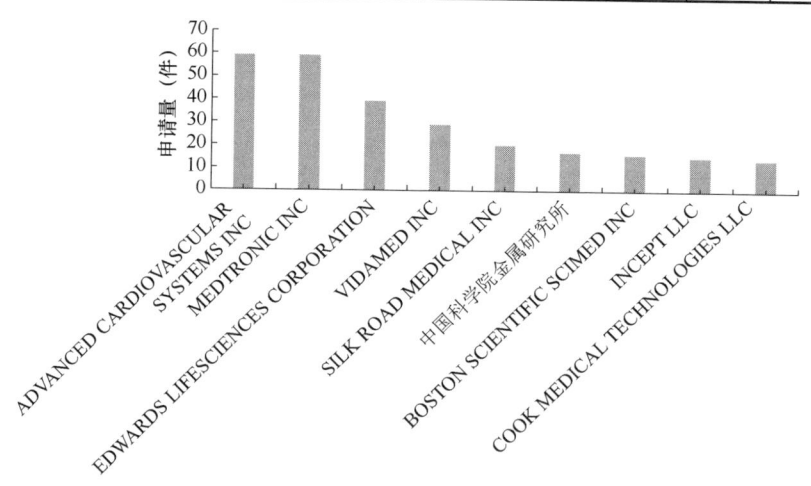

图 35　全球植介入器械及材料主要申请人的申请量

从表 20 和图 35 中可以看出，在前 9 名的申请人中，来自美国的申请人占了绝大多数，总计达 8 名，这也佐证了美国在植介入器械及材料领域内的技术领先地位。这种申请人的分布结构与该领域专利申请国的分布结构是基本一致的。在主要申请人中，美国的申请人均为企业，而中国的申请人多为研究院所，这表明在我国加强产学研一体化显得尤为必要，且中国企业的专利布局之路存在很大发展空间。

总体来看，在植介入器械及材料的技术领域，少数申请人垄断了大量的申请，这些申请人经过多年的技术积累和发展，拥有了大量的专利或专利申请，值得国内企业对其保持持续的重点跟踪和关注。从国内申请人看，中国科学院金属研究所很有希望成为国内企业尝试进行技术合作的潜在对象。

（4）技术主题分析

为进一步了解全球范围内涉及植介入器械及材料的专利申请的技术主题分布情况，按照申请项数统计了各技术主题下的专利情况，具体如图36所示。

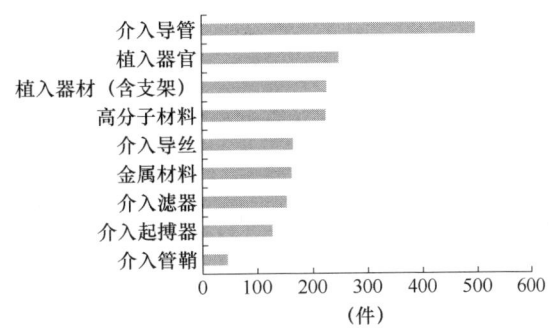

图36　全球植介入器械及材料的专利申请的技术构成图

从图36中可以看出，全球范围内的植介入器械及材料的专利申请的技术主题主要集中在介入导管、植入器官/器材和高分子材料。

2．中国专利申请态势分析

（1）申请类型

自1998年到2017年，涉及植介入器械及材料的先进专利技术的中国专利申请总共有422件，占到该领域申请总量的22%左右。为清晰地显示中国专利申请的各类分布，下面对专利类型分布情况进行分析，具体如表21所示。

表21　中国植介入器械及材料专利申请类型信息

专利公开类型	专利数量（件）	百分比（%）
发明申请	229	54.27
发明授权	98	23.22
实用新型	95	22.51

从表21中可以看出，植介入器械及材料领域的中国专利申请以发明申请为主。其中，发明专利申请占总申请量的77.49%，实用新型专利申请仅占到总申请量的22.51%。各种类型的申请主体主要是国内的申请人，实用新型专利申请则完全来自国内申请人。总体而言，国内申请人在植介入器械及材料领域的技术创新产出数量大，创新活动积极。

（2）法律状态

为了解植介入器械及材料领域的中国专利申请的权利存续情况，本节对总体的申请按照授权有效、授权终止、审查未决、申请终止等几种法律状态进行了统计，具体如图37所示。

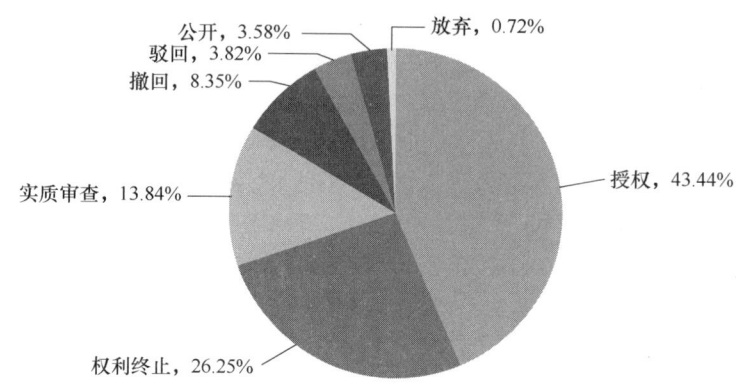

图 37 中国植介入器械及材料专利申请法律状态分布

从图 37 可以看出，植介入器械及材料的中国专利申请的授权有效约占 2/5，审查未决的接近 1/5，公知技术（公知技术包括授权终止和申请终止两类）约占 2/5，即国内申请在各类法律中均占据了主体地位，而较高的公知技术比例，一部分为过期专利技术，另一部分为没有继续维持的专利技术，表明目前已经存在着大量的专利技术可供公众免费使用，对于该些专利技术加以分析和利用会有比较大的价值。

（3）各省市申请分布

对国内申请进一步统计各省市区分布情况，以了解各个省份的专利技术实力和申请主体，具体如图 38 所示。

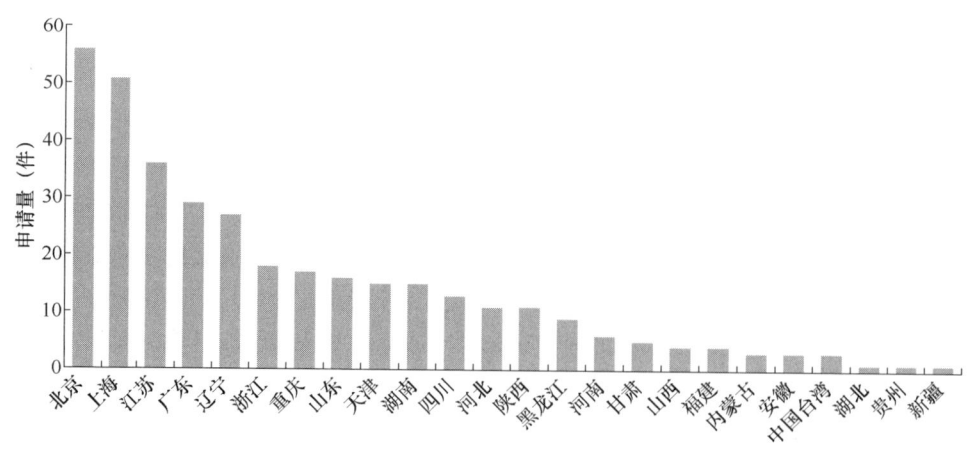

图 38 中国植介入器械及材料的专利申请省市区分布

从图 38 中可以看出，国内申请主要分布在经济发达省份以及个别研发实力突出的省市区，包括北京、上海、江苏、广东、辽宁等。其中，北京、上海和江苏位居前三，其申请总量占到了国内申请总量的 40%，区域集中优势明显。

（4）申请人分析

为了解中国植介入器械及材料领域的主要技术创新主体的分布，按照专利申请总量，对前20名的申请人的专利申请情况进行统计，具体如图39所示。

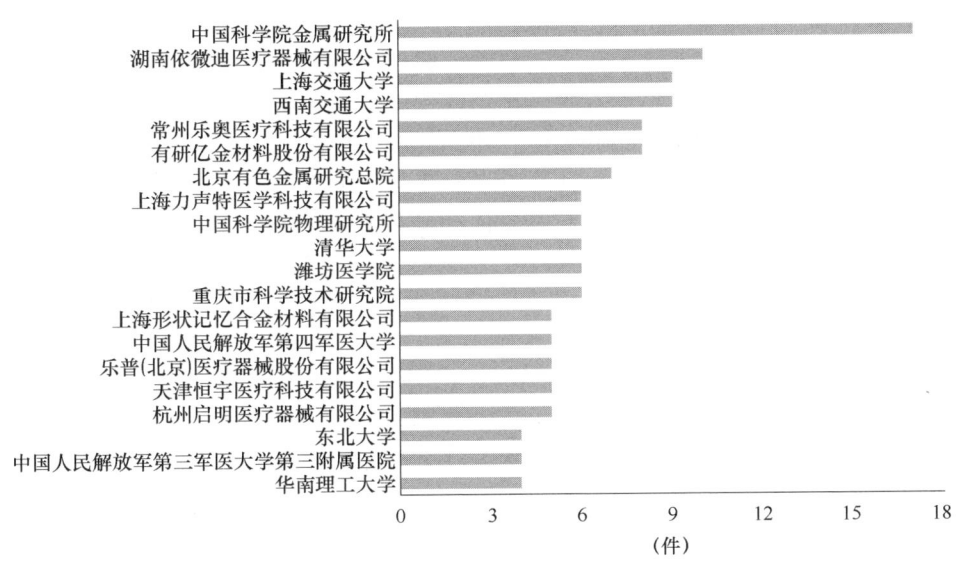

图39　中国植介入器械及材料的专利申请的技术构成图

从图39中可以看出，在前20名的申请人中，以高校和科研所为主，占到申请量的60%，企业专利量明显处于边缘地位。

（5）技术主题分析

为进一步了解中国涉及的植介入器械及材料的专利申请的技术主题分布情况，按照申请项数统计了各技术主题下的专利情况，具体如图40所示。

从图40中可以看出，中国的植介入器械及材料的专利申请的技术主题主要集中在介入导管、植入器材和高分子材料，即在中国范围内的专利申请的技术主题大体与全球范围内的专利申请的技术主题一致。

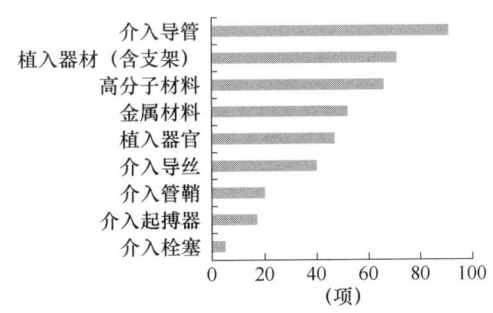

图40　中国植介入器械及材料的专利申请的技术构成图

（六）小结

高端医疗器械发展凝聚着多学科、跨领域的现代科学技术进步，其发展水平与国家的工业整体科技发展水平密切相关。凭借着工业尖端优势、先发优势和科技创新，目前美国、德国、日本、荷兰等发达国家及几个主要跨国公司占据高端医疗器械及其材料的研发、生产、品牌和营销制高点。从技术领先领域来看，美国在植入性电子医疗器械、植入性血管支架、大型电子成像设备、远程诊断设备、手术机器人等领域，德国在 CT、X 线、核磁共振成像仪、内窥镜、心脏起搏器、透析机等领域，而日本在电子、影像处理等领域技术领先全球。

虽然在 20 世纪八九十年代我国的高性能医疗器械及其材料发展缓慢，专利申请数量和质量均明显落后于美国、日本、德国等国，但是，在进入 21 世纪以来，我国高性能医疗器械及其材料涉及的五大产业均在其专利申请数量和申请质量上有了突破性发展，高性能医疗器械及其材料技术有了突飞猛进的发展，甚至在申请量上超越了美国等而领先于世界各国，申请质量也在逐步提升，例如由起初的以实用新型为主转变为以发明为主。

四、重点技术分析

（一）重点技术概述

1. 内窥镜技术

内窥镜技术是一种不开刀的现代微创外科技术，其被誉为"人类的第三只眼睛"，是一项集"检查—诊断—治疗"为一体的无创设备，是目前国际医疗器械领域最先进的技术之一。

内窥镜是一个具有图像传感器、光学镜头、光源照明、机械装置等的医学影像检测仪器，它可经口腔进入胃内或经其他天然孔道进入体内，利用内窥镜可看到 X 射线不能显示的病变，例如，借助内窥镜医生可观察胃内的溃疡或肿瘤，据此制定出最佳的治疗方案。

2. 生化分析仪

生化分析仪是临床诊断中常用的重要仪器之一，它通过对血值和其他体液的生化分析来测定各种生化指标，如血红蛋白、胆固醇、转氨酶、葡萄糖、无机磷、淀粉酶、白蛋白、总蛋白、钙等。利用这些生化指标并结合其他临床资料，进行综合分析，可帮助诊断疾病，对器官功能作出评价，并可鉴别病发因子以及决定今后医疗的基准等。

随着医学科学的进步，各种自动生化分析仪器和试剂均得到很大的发展，生化分析仪由手工操作进入机械化、自动化阶段。自动生化分析仪是各种现代科学，特别是电子学、光学、计算机技术和各种生物化学分析技术进步及临床医学对临床检验设备需求不断增长的结果，它具有精度高、重复性好、功能齐全、测试项目多等特点，还具有快速、简便、散量等优点，在实验室和临床检验中得到了广泛的应用。

在自动生化分析仪的类型上，正向开放式、合理化、自动化、智能化、组合化、网络化和尖端化方向发展，借助于电子计算机的联网功能的日益成熟，一个临床实验室的仪器将组合成一体化。在自动生化分析仪的基础上，更将全自动免疫分析系统、全自动血球计数仪，样本分析前处理及运送系统组合起来，使发展中的高新技术在临床实验室中得到充分体现，实现实验室检测的全自动化过程。

3. 超声技术

高强度聚焦超声（High Intensity Focus Ultrasound，HIFU）治疗肿瘤是利用超声发生器分散发射高能超声波，并在体内将超声波能量聚焦在选定的脏器组织区域内，在焦点区域形成瞬间高温，从而杀灭肿瘤而对焦点周围组织没有明显影响。HIFU 的空化效应和机械效应也对焦点处的组织细胞产生一定的影响。HIFU 引起肿瘤组织的病理改变以凝固性坏死为主，同时伴有细胞的变性和凋亡。由于 HIFU 为一种物理治疗，只要在焦点部位能够形成一定的高温，就可对肿瘤细胞造成杀伤作用，因此可用来治疗不同种类的实体肿瘤。目前在临床应用 HIFU 治疗的肿瘤包括前列腺癌、肝癌、肾癌、胰腺癌、膀胱癌、子宫肌瘤、浅表软组织肿瘤等。

4. 基于物联网的健康监测

随着社会的进步和人们生活水平的提高，越来越多的人对自身健康的关注已从以前的有病看病转变为提前预防、及早治疗，故健康监测成为医疗领域的研究热点。而且，随着计算机、无线网等技术的发展，以及世界人口老龄化等社会现实共同催生了健康监测设备的发展机遇，促进了移动医疗、电子医疗的发展，以更加便利的实现健康监测与远程及时治疗。

继计算机、互联网和移动通信网络之后，物联网成为推动社会发展和提升信息化水平的又一信息浪潮，随着物联网技术的发展（物联网是一种建立在互联网基础上的，可通过射频识别、全球定位系统、红外感应器等技术，按照一定的协议，实现对任何物品的识别、定位、跟踪、监控和管理的网络），远程监护技术无论是在监护对象、内容、指标还是在监护的设备上都有了很大的发展，其使得健康监测设备也在朝着多功能集成、便携式、体积小、功耗低、实时性的方向发展，即在健康监测设备领域，其从最开始的辅助型、功能型和大型化逐步发展为现在的便携型、小型化、远程化，同时，其在发展历程中，也随着计算机和互联网的发展，实现了健康监测设备与计算机和互联网的结合，逐步从有线向无线发展。

5. 基于新材料的介入导管和支架

介入医学是介入依靠医学影像设备的引导，利用穿刺和导管技术对疾病进行诊断和治疗，并以治疗为主的一门学科，它具有定位准确、创伤小、并发症少、疗效高、见效快、可重复性强等特点，它既能扭转内科药物对改变组织结构无能为力的窘迫，也能避免外科手术对机体"大刀阔斧"的伤害，其已经成为今天医学界的"新宠"。

介入器械中的导管专利申请量无论是在全球范围内，还是在中国范围内的都是排行第一，通过导管，在介入医学中，医生可以借助超声、磁共振成像、CT 等技术，将导管准确插入人体任意部位实施检查和治疗，例如可以方便地获取人体任一组织、器官的标本，还可准确地将治疗基因等导入靶器官内，使大夫们精确透视人体的愿望成为现实,以迎合现代社会人们对于治疗技术创伤轻、痛苦小的要求,使手术范围越来越小,损伤的组织越来越少。

在植介入器械及材料领域,正在逐步从基本的功能型向可降解、相溶性等健康型发展。例如,支架的发展技术路线为金属支架、镀层支架和可溶性支架,以前的金属材料只要是可实现支架的基本功能即可,而现在更多的是追求可降解和相容性,降低患者痛苦,提高舒适性,同时在导管的发展中,现在逐渐追求的是更精确、更便利和创伤更小。

(二)重要专利分析

通过对检索到的所有专利引用频次进行统计,结合产业发展状况和专利申请技术内容,本课题遴选出内窥镜相关专利 5 篇,临床检验设备相关专利 4 篇,先进治疗装备相关专利 4 篇,基于物联网的健康监测 5 篇,基于新材料的介入导管和支架的相关专利 4~5 篇,如表 21~表 26 所示。

表 22 医学影像设备中的内窥镜的代表性专利

序号	公开号	申请日	来源国	发明名称和技术效果
1	US20020198439A1	2002.06.18	日本	胶囊型内窥镜(其包括一种胶囊体,一种图像拾取元件的发光元件,一种图像信号处理电路,一种记忆,一种图像信息的发送电路和一个天线用于无线传输)
2	CN101909541A	2008.12.29	德国	用于在工作区内导引磁性元件的线圈布置(其用于对一配备有一永磁体的胶囊内窥镜进行非接触式导引,以便对患者内脏进行诊断或治疗)
3	CN101631507A	2008.03.11	德国	导航设备(其用于产生一磁场,所述磁场用于对一被送入一患者体内的医疗器械进行导航,所述医疗器械特定而言为一胶囊内镜)
4	CN101826780A	2009.03.07	中国	驱动磁体的方法以及驱动胶囊内窥镜的方法和系统(所提供的驱动胶囊内窥镜的方法,利用预设的期望位置、胶囊内窥镜的运动轨迹以及所述磁体的充磁方向,利用定位信息来调整胶囊内窥镜到达期望位置,从而实现了对胶囊内窥镜的控制)

从上述表 22 所示的代表专利的分析可知,目前的高端医疗器械的医学影像设备中的内窥镜技术的主要专利集中在日本的奥林巴斯和德国的西门子两大企业,其中德国的西门子在磁引导内窥镜技术发展较为完善,另外,中国的深圳先进技术研究院也

在磁引导和磁驱动内窥镜技术领域有所发展。

表23 临床检验设备的代表性专利

序号	公开号	申请日	来源国	发明名称和技术效果
1	US6061583A	1998.06.11	日本	非侵入性血液分析仪（可测定该血液血红蛋白的浓度和所述血细胞比容在实时时间与一种改进重复性无血液采样）
2	US5885530A	1998.07.10	美国	自动免疫分析仪（免疫分析仪有能力通过在仪器上存储的各种不同类型的试剂和异质性免疫测定珠之间的仪器的简易存储和自动化组合来执行广泛的不同类型的免疫测定。）
3	US6027691A	1998.08.13	美国	全自动生化分析仪（允许该机以非常小的反应器皿中被使用）
4	CN1963527A	2005.11.10	中国	全自动生化分析仪及其分析方法（仪器采用了独立的搅拌杆设计，反应杯注入样本或第二试剂后紧接着进行搅拌混匀，另外，本发明采用廉价的联排的一次性反应杯，使用方便，同时也使吸光度测量更准确）

从上述表23所示的代表专利的分析可知，目前的高端医疗器械的临床检验设备中的专利集中在日本的希森美康株式会社、日本的FUJI PHOTO FILM CO LTD和美国的BECKMAN COULTER INC三大企业，目前的高端医疗器械的临床检验设备中的专利集中在血液分析和生化分析领域，另外，中国的深圳迈瑞生物医疗电子股份有限公司也在生化分析技术领域有所发展。

表24 治疗装备的代表性专利

序号	公开号	申请日	来源国	发明名称和技术效果
1	US5397338A	1993.12.30	美国	电疗装置（在应激组织和人体的关节周围用于疼痛控制的目的，促进组织的愈合）
2	EP372119A1	1988.12.09	德国	碎石机（以实现一种紧凑，节省空间的设计）
3	US6671547B2	2001.06.13	荷兰	自适应分析方法用于一种电疗装置和设备（至少一对电极可操作地连接到控制器并且用来对患者给药治疗）
4	CN1745721A	2005.07.15	中国	一种扩展功能的用于骨骼手术的超声刀（通过一组有利于通畅排屑的凹槽的磨头，提高了切割效率，降低了磨削温度）

从上述表 24 所示的代表专利的分析可知，目前的高端医疗器械的治疗装备中的专利集中在德国的西门子公司和荷兰的飞利浦公司两大企业，目前的高端医疗器械的临床检验设备中的专利集中在设备的小型化，以及提高稳定性。

表 25 基于物联网的健康监测技术的代表性专利

序号	公开号	申请日	来源国	发明名称和技术效果
1	US4803625A	1986.06.30	美国	个人健康监测仪（其包括用于测量患者体重、温度、血压、心电波形的传感器，监测器通过调制解调器连接到中央单元和计算机，以采集患者信息，并提示患者服用药物）
2	US20060036134A1	2005.07.19	英国	远程医疗系统（用于监测诸如哮喘或糖尿病等慢性病，其包括一电子测量装置，且其连接到 GPRS 的蜂窝电话，服务器可以确认该数据和使该数据可用以一临床医生。该服务器也可以分析该数据和提供自动警告，以所述病人和/或临床医生在所述事件所述数据引起关注）
3	US7978063B2	2005.12.05	荷兰	无线网具有体耦合通信用于移动病人监控（其用于监测患者，其包括至少一个可佩戴的监视器、用于感测和所述的通信数据有关的一个生理功能患者、接收的数据的中继系统）
4	US7222054B2	2002.03.04	以色列	个人移动式无线健康监视器（用于监视移动患者的生理状况和报告患者的生理数据，以及患者的位置）
5	JP4510993B2	2000.05.11	日本	健康管理系统（便携式运动记录器和健身机通过通信功能相互交换数据，便携式运动记录器通过通信功能接收来自健身机的测量数据或健身机通过通信功能接收来自便携式运动记录器的测量数据，便携式运动记录器和健身机对由其测量的测量数据和人体基本数据以预定的计算程序进行处理，从而为用户提供了关于健康保持条件的信息）

从上述表 25 所示的代表专利的分析可知，目前的高端医疗器械的健康监测设备的发展正在逐步地将传统的健康监测设备与物联网进行融合，实现无线型、小型化、自动化、便携式和远程化发展，当然，我们在看到这些发展的同时，也应注意到，其也暴露了现有技术中存在的问题，即安全隐私和大数据的存储管理，即如何保障局监测数据有效安全、实现数据间的互操作和分析、以形成监测服务闭环为用户提供个性化医疗服务。

表 26 基于新材料的介入导管和支架的代表性专利

序号	公开号	申请日	来源国	发明名称和技术效果
1	US20170189184A1	2017.03.21	美国	一种带有自扩展式锚固系统的用于穿过血管而植入心脏瓣膜假体的导管（这种导管允许以最小侵袭性的方式而植入心脏瓣膜假体）
2	CN105983137A	2015.02.11	中国	一种超支化聚酯改性聚氨酯医用介入导管及其制造方法（利用超支化聚酯具有大量端基的特点，结合导管与涂层的化学键接枝技术以及亲水聚合物与涂层的半互穿网络构建技术，有效地将导管与涂层紧密结合，可获得具有优异润滑性和耐磨性的聚氨酯医用介入导管）
3	US9566371B2	2015.07.21	美国	可生物降解可植入装置，如支架（包括可生物降解的聚合物，其中所述聚合物材料被处理以控制结晶度和/或 Tg。该支架在体温下在体腔内可从卷曲配置扩大到部署直径，并且具有足够的强度以支撑体腔。）
4	CN102294054A	2010.06.24	中国	一种生物可吸收复合支架（以超细晶粒镁基合金支架作为基体，以其表面包裹的完全可降解聚合物材料作为抗腐蚀及力学支撑保护层，并在此保护层外涂有药物载体涂层。该支架可以为血管提供足够的力学支撑并有效避免回弹，该支架还可以有效降低支架在植入人体后，镁基合金腐蚀速率过快的问题，保证在内皮化初期血管得到足够的力学支撑，使支架的服役时间和血管内皮化时间得到最佳匹配，并在合适的时间内降解完全）
5	CN104623734B	2015.01.30	中国	一种镁/羟基磷灰石可降解复合材料的快速制备方法（该材料更接近天然骨的指标，提高材料的耐腐蚀性能）

从上述表 26 所示的代表专利的分析可知，目前的高端医疗器械的发展正在逐步从基本的功能型向可降解、相溶性等健康型发展，例如，支架的发展技术路线为金属支架、镀层支架和可溶性支架，以前的金属材料只要是可实现支架的基本功能即可，而现在更多的是追求可降解和相容性，降低患者痛苦，提高舒适性，同时在导管的发展中，现在逐渐追求的是更精确、更便利和创伤更小。

五、发展趋势预测与建议

（一）发展趋势

我国高性能医疗器械及其材料专利在全球专利申请中的起步较低，但近几年发展

五、发展趋势预测与建议

（一）发展趋势

我国高性能医疗器械及其材料专利在全球专利申请中的起步较低，但近几年发展迅速，个别板块实现了"弯道超车"，已超越美国、日本等强国，且随着我国进入社会主义新时代，国家和企业对高性能医疗器械及其材料相关专利申请的重视，高性能医疗器械及其材料在未来发展中将呈现如下两大发展特点或趋势：

1. 少数世界强国（如美国、日本、德国等）具有基础优势，我国具有后发优势

纵观国内外相关专利申请，从申请数量和申请质量上来看，在 20 世纪八九十年代，美国、日本等世界强国在高性能医疗器械及其材料领域明显领先于其他国家，而中国相对滞后，特别是美国研发投入大，具有凸出的技术优势，申请专利规模占据垄断地位，而我国起步较晚，专利申请数量与质量相对薄弱，比如从专利类型来看，中国以实用新型专利居多，美国则以发明专利为主。但是，进入 21 世纪以来，特别是十八大以来，我国的专利申请无论是在申请质量和申请数量上均呈井喷式发展，个别板块进入世界先进行列，中国在高性能医疗器械及其材料领域成为后起之秀。

2. 优胜劣汰，适者生存

从病人的角度出发，要求医疗器械更轻便，更加小型化，更舒适更加安全和更加精密，现代的医疗已进入了微创时代，智能化、微创化将是未来发展的趋势，要求不同的医疗器械可以覆盖我们身体的不同部位，并结合实际给予高效的治疗。在不同的设备之间完成相应的功能和作用。而我国的医疗器械产品处在中低端，其技术发展有着很大的发展空间。随着环境的日益恶化，人类对健康的需求越来越强烈，医疗器械的进步将会是人类生命安全的最基本的保障。

随着高性能医疗器械及其材料的不断发展，其准入门槛将不断提高（例如，植介入器械及材料趋向无线、灵巧、相容性或可降解方向，健康监测设备向无线型、小型化、自动化、便携式和远程化发展），竞争日益激烈，行业将会面临重新洗牌。目前，我国的高性能医疗器械及其材料产业发展处于上升期，企业与科研院所专利申请参差不齐。伴随市场博弈的进一步推进，缺乏核心技术的劣质企业势必将被淘汰，而拥有核心竞争力的优秀企业也必能生存下来，获得突破性发展。

（二）发展建议

基于上述研究与分析，并结合实际调研，我们提出以下建议：

1. 在技术研发方面的建议

① 密切关注国家政策动态和客户需求变化，实时调整研发方向和研发重点，比如，针对国务院发布的《中国制造 2025》，解读国家对各分支的发展的倾向力度，同时调查各国客户需求，比如老龄化程度的日趋加重，可加大在老年人的健康监测设备方向的研发力度，同时，在植介入器械及其材料领域，可考虑向基于新材料的植介入

器械方面投入研发力量，向可降解、相溶性等健康型材料发展。

② 寻找重要技术合作伙伴，加强技术合作和研发投入，提高自身核心竞争力，比如在医学影像设备分支中，中国的上海联影和深圳迈瑞在中国企业中比较突出，同时，也有中国科学院自动化研究所比较突出，那么上海联影和深圳迈瑞可以在科研院所中寻找技术合作，以实现强强联合，加强技术研发实力。

③ 加强与高校、科研院所合作，成立研发联合体，实现产学研一体化，促进高性能医疗器械及其材料的产业化发展，比如，在医学影像设备分支中，清华大学比较突出，那么中国的企业可以与其合作，实现其技术的转化与生产。

2. 在专利申请方面的建议

① 充分利用现有各种资源，分析并挖掘现有技术，特别是，高性能医疗器械及其材料的五大分支中，每个分支中的国内申请中现有技术占比均为 1/4 以上，占据了较大的比重，通过分析这些现有技术，能增加技术储备，规避重复开发，提高开发效率，节约开发时间，压缩推广周期。

② 密切关注全球主要专利申请人的技术动态，把握行业动态方向，加大相关科研力度和资金投入，规划专利布局，比如，在医学影像设备分支中，时刻关注通用电子公司、西门子有限公司和飞利浦公司的专利状态，关注其专利申请趋势和申请领域，了解前沿动态方向，如果在内窥镜领域有所研究，则可以考虑关注日本的奥林巴斯和德国的西门子。

③ 加大企业专利管理力度，加强与第三方专利服务机构合作，在国内寻找大型专利代理机构，加强撰写及审查意见答复培训，提升企业专利质量。

六、结语

总而言之，以上数据和分析仅仅从一个方面反映了高性能医疗器械及其材料领域的技术现状及其发展趋势，数据可能是不全面的，但数据是真实的，希望能够起到抛砖引玉的作用，也希望各位读者能够略有所得。

随着技术的改进、价格的下降以及相关应用的诞生，高性能医疗器械及其材料技术仍然会继续发展下去。

参考文献

[1] 国务院. 中国制造 2025 [Z]. 2015.

[2] 国家制造强国建设战略咨询委员会.《中国制造 2025》重点领域技术路线图 [Z]. 2015.

[3] 工业和信息化部等五部委. 高端设备创新工程实施指南 [Z]. 2015.

量子通信专利技术现状及其发展趋势

陶海萍 王锴 张祥意 马冬生

一、引言

（一）产业研究概述

在计算机与网络技术的高速发展的同时，信息的高保密性传输对于人们的生活、娱乐和工作等方面的作用越来越重要，量子通信是量子信息的核心内容之一，它为信息的安全传输提供了新的方法，它主要是利用微观粒子的量子态作为信息载体，凭借着量子力学所特有的一些性质，如不确定性、相干性和纠缠等来实现保密通信过程，量子通信是量子力学和经典通信的交叉学科，也是量子论和信息论相结合的新的研究领域，具有超强安全性、超大信道容量、超高通信速率、超高隐蔽性等特点，目前发展经历30余年，在理论上日益成熟，技术方案已逐渐从实验室走向了实用化。

1. 技术分解以及发展概况

量子通信是量子信息的核心内容之一，它为信息的安全传输提供了新的方法，它主要是利用微观粒子的量子态作为信息载体，凭借着量子力学所特有的一些性质，如不确定性、相干性和纠缠等来实现保密通信过程，量子通信是量子力学和经典通信的交叉学科，也是量子论和信息论相结合的新的研究领域，具有超强安全性、超大信道容量、超高通信速率、超高隐蔽性等特点，目前发展经历 30 余年，在理论上日益成熟，技术方案已逐渐从实验室走向了实用化。

量子通信是以量子态作为载体，结合经典信道和量子信道，实现信息传输的绝对安全的通信方式，自20世纪80年代以来，量子通信系统已日益完善，逐渐从理论走向应用，目前，量子通信领域主要涉及以下几个方面的技术研究：量子隐形传态（纠缠态）、量子中继以及路由、量子密钥分配以及量子的签名和认证。

（1）量子隐形传态

量子隐形传态是基于纠缠态的分发与量子联合测量，其中，量子纠缠是指两个量子态具有相干性或处于关联状态，量子纠缠态分发是指制备纠缠粒子对，将不同的粒子对发往不同的地方;量子隐形传态是实现量子态的空间转移而又不移动量子态的物理载体,其利用量子技术取代现有的光缆技术无形地在空间中传输信息。

在理论研究方面,1993 年 Bennett 等人首次提出分离变量的量子隐形传态方案,其后相继提出的有基于 Bell 基的联合测量方案、连续变量方案、利用非受控非门和单个量子比特操作所构成的量子回路方案、量子态交换方案、利用原子与光腔相互作用来实现量子态的方案、利用非局域测量实现量子态的隐形传送方案等。

在实验进展方面,1997 年奥地利 Zeilinger 等人首次在室内环境下完成了量子隐形传态实验,1998 年,成功实现将量子态从纠缠光子对中的一个光子传递到另一个光子上的方案,并实现了用核磁共振的方法实现核自旋量子态的隐形传送,2001 年又利用线性方法实施了 Bell 基的测量,2004 年首次实现五光子、六光子和八光子纠缠和终端开放的量子态隐形传输,2011 年实现了百公里量级的自由空间的量子态隐形传输,2013 年成功进行了 300km 的纠缠分发,2015 年实现了自旋和轨道角动量的同时传输。

(2)量子密钥分配

在量子通信领域中,量子密钥分配是最早被提出、理论最完善、发展最成熟的研究领域,量子密钥分配协议是第一个量子通信协议,量子密钥分配以量子态为信息载体,基于量子力学的测不准关系和量子不可克隆原则,通过量子信道使通信双方共享密钥,实现了密码学与量子力学的完美结合,借助安全的通信密码,以一次一密的加密方式完成点对点的经典通信。原理是,用弱相干光源发射光子,当光源能级低于一定阈值时,光子被逐一往外激发,由此产生单光子源;把一个信息编码到单一光子上,然后光纤把光子发射过去,接收方接到密钥后进行解码,量子密钥分配可以看作给经典通信加了一把量子密码锁。

在理论研究方面,1984 年美国和加拿大提出了一种新颖的量子分发协议-BB84 协议,该协议利用两对相互正交的偏振光子,在可信公共信道的辅助下进行窃听检测和密码分发,1991 年提出了一种基于 EPR 纠缠量子对的量子密码协议-Ekert 协议,1992 又提出了 B92 协议,采用两个非正交的量子态,1997 年利用光纤中双折射效应的影响,实现了即插即用的量子密钥分配方案,2003 年提出了诱骗态量子密钥分配方案。

在实验进展方面,1984 年 Bennett 等人采用了 32cm 的自由空间,成功进行了第一个量子密钥分配实验演示,1993 年用相位编码方法实现了通信传输距离达到 10km 的 BB84 方案,2000 年美国实现了距离为 1.6km 的自由空间的量子密钥分配通信,2002 年欧洲小组将自由空间信道下的量子密钥分配距离成功提高到 23km,2006 年采用诱骗态光子实现了更为安全的量子密钥分配实验,2008 年欧盟开通了量子密码网络,2013 年首次成功实现星地量子密钥分配的全方位地面实验。

(3)量子存储与中继

在量子通信领域,制约量子密钥分配系统安全距离的本质是量子信道对光子的指数衰减作用，完全解决长距离的量子密钥分配方法必须把量子态在光纤信道中的传输效率从指数衰减变为多项式衰减，为了解决这一问题，量子中继的理论模型逐渐建立起来，即利用量子中继可以使得分发的量子纠缠对随着信道长度多项式衰减，只有基于量子中继的量子密码技术能真正实现远距离的量子通信，其基本思想是，在空间建立许多站点，各相邻站点间的预先共享并存储量子纠缠对，采用量子态隐形传输技术实现量子纠缠转换，即增长量子纠缠对的空间分隔距离，其中，要实现有意义的量子中继，需要对量子纠缠态进行存储，实际上是量子中继的最关键技术。

在理论研究方面，1998 年 Briegel 等人首次提出量子中继器的概念，2001 年 Duan 等人首次提出远程量子通信的最终实现将依赖于可以产生远端纠缠的量子中继器，其利用原子量子存储器和单光子信道的结合以抑制衰减；2007 年提出了一种用于量子通信系统的量子中继器方案，使得量子中继器的量子通信系统可以用于长距离量子通信，并提出了一种基于纠缠态的量子中继通信系统；2012 年提出了量子中继器网络编码方案，将量子中继器引入到蝶形网络中，以量子纠缠态作为信道，构成隐形传态网络；2014 年基于纠缠分发的量子通信，指出了基于量子隐形传态和量子存储技术的中继器可以实现任意远距离的量子密钥分配以及网络。

在实验进展方面，2005 年 Kimble 小组基于纠缠分发的技术方案实现了两个系综的纠缠；2008 年在国际上首次实现了具有存储和独处功能的纠缠交换，建立了由 300 米光纤连接的两个冷原子系综质检的量子纠缠；2012 年首次研究成功毫秒级的高效量子存储器；2016 年采用冷原子系综在国际上首次研制成功百毫秒级高效量子存储器；2017 年首次实现具有 225 个存储单元的原子量子存储器。

（4）量子签名和认证

在量子通信领域，量子签名和认证是量子密码学的重要组成部分，量子签名认证技术利用量子态的纠缠性、测不准性、不可克隆性等物理特性来避免信息被攻击者截获，能够检测量子密钥分配中通信双方的假冒行为，同时也可以防止签名者或验证者否认和抵赖签名，防止量子比特被攻击者非法获取导致合法用户信息安全性下降。

在研究进展方面，2001 年 Zeng 等人首次提出了量子签名协议，1999 年首次提出用经典信息认证算法对量子密钥系统经典消息进行认证的方案；2000 年利用量子的物理特征，提出了可信赖中心的量子身份认证，并进一步研究了无可信赖中心的量子身份认证方案，同年，提出了跨中心量子身份认证方案；2002 年提出了基于 GHZ 三重态相干特性的仲裁量子签名方案；2005 年提出了一种基于单向函数的签名协议，同年提出了一种多用户量子身份认证和密钥分配方案，同年提出了基于比特承诺的计算安全量子密码协议，给出了量子数字签名和量子加密认证方案的设计方法，2007 年首次提出了一种可实现的量子有序多重数据签名方案；2009 年提出了一种基于 Bell 态的量子签名方案，并提出了基于公钥的量子身份认证方案；2010 年提出了一种不需要使用纠缠态的量子签名方案，以及基于 W 态的跨中心的量子身份认证方案，同年提出了一种基于秘密共享的量子强盲签名协议等；2011年提出了无纠缠的量子群盲签名方案；2013年提出了基于Bell态的安全的量子群签名方案。

2. 国内外量子通信产业现状与市场概况

量子通信是基于量子力学基本原理的前沿技术，如今，量子通信的实用化和产业化已成为包括欧盟、美国、日本、中国等国家和地区争相追逐的目标。

欧盟：欧盟在量子通信和量子信息技术研究领域起步较早，量子通信和量子信息技术新型研发中的基础实力储备充足，而且贯穿到与国家利益、国家安全以及国家对内对外战略影响相互有关的不同环节。目前，欧盟量子通信产业还处于技术研发中期阶段，掌握了相当一部分产业核心技术，凭借新兴产业的支配地位，以新技术研发和新产品营销为发展重点，力争获得在技术创新方面的竞争优势。欧盟各国政府、国防部门、科技界和信息产业界将量子通信纳入其国防科技发展战略，投入大量人力物力致力于量子通信的研究，以量子计算机技术研究为瞄靶点，以量子通信开发在信息科学领域的推广为突破口，积极构建和壮大产业链及产业群，以形成一定的创新体系与规模优势，同时延伸到物质科学、生命科学、能源科学领域。2008年以来，欧盟加紧推进星载量子通信计划，在2009年建立了城域量子通信网络试验床。在欧盟发布的《量子信息处理和通信：欧洲研究现状、愿景与目标战略报告》中，将量子通信概括为从一地向另一地传输量子态的技术，提出了欧洲未来5年和10年量子信息的发展目标，将重点发展量子中继和卫星量子通信，实现1000公里量级的量子密钥分配。欧洲空间局计划到2018年将国际空间站上的量子通信终端与一个或多个地面站之间建立自由空间量子通信链路，首次演示绝对安全的空间量子密钥全球分发的可行性。

美国：美国对量子通信的理论和实验研究开始较早，并最先被列入到国家战略、国防和安全的研发计划。美国申请量子密码通信的专利具有专利数多、被引用次数多、专利权者分布广、发明人多等特点，在量子密码通信专利方面有很强的实力。美国的量子通信发展注重技术研发和应用，其中量子密码通信技术水平已处在世界前列，用于军事、国防等领域的国家级保密通信，还可用于涉及秘密数据、票据的政府、电信、证券、保险、银行、工商、地税、财政等领域和部门。在量子通信领域未来发展规划下，美国洛斯阿拉莫斯国家实验室正在创建一套辐射状的量子互联网，同时美国非常重视量子计算机领域的技术拓展，谷歌、微软、IBM都已投入研究量子计算机技术，以量子计算机技术研究为突破点，延伸到物质科学、生命科学、能源科学领域，形成规模优势。美国国防部高级研究预研署启动了多项量子通信方面的相关研究计划，对其开展了广泛探索。量子通信技术在军事应用方面有着无与伦比的广阔前景。美国量子密码通信研究有着非常活跃的态势，从实验室研究到商业开发及产品推出，形成了一条有效的纽带。为了在未来的通信领域中各国利益集团有良好的竞争基础，使集团利益最大化，美国的相关机构或发明人都在为自己抢先申请专利，并且向全球的多个国家及地区申请专利，构建专利保护网，使专利最大范围地有效覆盖拥有市场潜力的各个国家和区域，以此占领保密通信设备的市场。

日本：日本对量子通信技术的研究晚于美国和欧盟，但相关研究发展迅速，在国家科技政策和战略计划的支持和引导下，日本科研机构的研发积极性高涨，投入了大量研发资本积极参与和承担了量子通信技术的研究工作，进行量子通信技术的研究和产业化开发，并取得了显著成绩，如 NEC、东芝（Toshiba）、日本国立信息通信研究院（NICT）、东京大学、玉川大学、日立（Hitachi）、松下（Panasonic）、NTT、三菱、富士通、佳能、JST 等，各大企业和科研机构在量子通信领域的专利申请量全球领先，专利质量较高，技术水平突出。目前日本在量子通信领域的研究优势集中在延长量子通信传输距离、提高信息传输速度和改进量子通信的加密协议等方面，日本提出了以新一代量子信息通信技术作为对象的长期研究战略，计划在 2020—2030 年建成安全保密的高速量子信息通信网络，到 2040 年建成极限容量、无条件安全的量子通信网络。

中国：中国在量子通信领域研发起步早，技术积淀比较深厚，目前已走在世界前列，由于量子通信安全性较高的特性，其在国防、保密、金融领域有着巨大需求，以国防领域为例，量子通信可以应用于通信密钥生成与分发系统，构成作战区域内机动的安全通信网络，能用于改进光网信息传输保密性，由此提高信息保护和信息对抗能力，也能应用于深海安全通信领域，为远洋深海安全通信开辟新途径；在金融领域，工商银行已经成功应用量子通信技术实现其北京分行电子档案信息在同城间的加密传输，这也是量子通信技术在国内银行业的首次成功应用；阿里巴巴与中科院联合发布的量子加密通信产品，这也是量子安全通信产品首次落地公共云领域，这标志着云+量子作为基础设置与服务开始面向更广泛领域进行应用，量子通信京沪干线已建成，中国研制的世界首颗量子通信卫星已发射成功，到 2030 年左右，中国率先建成全球化的量子通信网络。在未来十年内，形成天地一体的全球化量子通信基础设施；形成完整的产业链和下一代国家主权信息安全生态系统；构建基于量子通信安全保障的未来互联网，也就是量子互联网。

据统计，我国专网领域量子通信的市场规模在 35 亿～45 亿元，在 3～5 年内，量子通信市场规模有望达到 100 亿～130 亿元，预计 2020 年国内量子通信市场规模将达 210 亿元。其中，专用网络市场 105 亿元，公共网络市场 75 亿元，其他领域 30 亿元；预计 2020 年国内量子通信设备领域的市场规模为 30 亿元，建设运维领域的市场规模为 30 亿元，运营市场规模将达 150 亿元。长期市场规模将超过千亿元，全球市场的规模将会更大。

3. 量子通信的产业链结构

量子通信的产业链主要包括：核心零组件、量子设备与解决方案、网络建设与系统集成和网络运营应用。

核心零组件：主要是信号处理芯片、二极管等元器件以及光纤、终端等，与传统通信使用的没有太大差异，理论上不会对器件供应商造成太大影响，但部分器件例如单光子探测器等仍然主要依赖于进口。目前近距离设备国产可大致代替进口，但是百公里（长距离）设备预计还需更长时间来替代进口。这与信息安全的自主可控的要求还有一定差距，给相关公司带来巨大商机，中国电科集团旗下部分研究所已经开始产业化进程。

量子设备与解决方案：主要技术就是量子制备、存储、交换，同时量子通信还需要以传统的通信设备为基础。产业链中游的量子设备与解决方案提供环节是整个量子通信产业链的核心环节。量子设备主要包括量子网关和量子交换机。量子网关是当前量子通信技术最核心的设备，具有量子密钥分配与管理、数据加解密等功能。量子交换机是量子网络中实现量子信道共享的关键设备，位于网络拓扑的汇聚节点，集中管理网络信道资源。国内主要是科大国盾、问天量子掌握量子通信的核心技术，研发量子通信核心设备，推动产业的发展。全球主要的量子设备与解决方案提供商包括中国的科大国盾、问天量子、瑞士的 IDQuantique 和美国的 MagiQ 四家公司。

网络建设与系统集成：随着更多城市、城际干线的启动，将引入更多商业化运作，带动量子通信网络建设和运营需求；量子通信需要在现有的光通信网络中添加相关设备，开辟单独的通道以确保信号的稳定性，还需要进行设备调试等，通常由网络建设和系统集成商承担这些任务。

网络运营应用：具体面向国防、金融、政务的行业应用，将进一步拓宽专网市场容量。

4. 主要企业及其重点技术

① 美国 MAGIQ 公司：提供初步商用化的量子密钥分配系统器件，终端设备和整体的应用解决方案，主要拥有量子保密分发系统 QPN 安全网关、光纤干涉仪、光纤传感器等产品，拥有大量专利，其重点技术是量子密钥分配。

② 中国科大国盾量子科技股份有限公司（原名安徽量子通信技术有限公司）（简称科大国盾量子），是中国第一家从事量子信息技术产业化的创新型企业。科大国盾量子目前已成长为中国最大的量子通信设备制造商和量子信息系统服务提供商，科大国盾量子拥有中国最多的量子通信领域技术专利，量子保密移动通信技术系列化专利、高集成终端专利等已登陆美国、欧洲、日本等国家和地区。自主研发的系列化产品涵盖量子通信网络设备、终端设备、核心器件、科学仪器，以及系统性的管控和应用软件等，并提供信息安全整体解决方案（量子保密通信方案应用），其重点技术是量子密钥通信。

③ 安徽问天量子科技股份有限公司，自主研发的系列化产品涵盖量子密码通信终端设备、网络交换/路由设备、核心光电子设备与模块、开放式实验系统、科学仪器以及网络化安全管控和应用软件等，并提供量子信息安全系统整体解决方案，其重点技术是密码密钥通信。

④ 日本电信电话株式会社，其主要研究领域是同步的或最初建立特殊方式的发送和接收密码设备，颠覆了在远距离量子通信中必需有量子中继器即量子存储器的理论，仅使用其研制的收发装置就能实现全光子通信，实现了重大突破，其重点技术是光学量子中继器、全光量子技术。

（二）课题研究目的和意义

通过对量子通信的专利进行详细的分析研究，可以为我国有关量子通信技术的研发与生产企业提供相关专利技术信息和风险预警，加快我国量子通信技术的发展，为我国相关企业和机构抓住量子通信技术产业发展的机遇寻求技术突破。

本课题研究能够为制定国家产业政策和确定行业发展方向提供数据支持，并将有利于我国企业和科研院所科学合理地开展技术研发、专利布局以及进行产业转化提供帮助，对我国量子通信技术知识产权保护提供建议，具有重要的社会、经济意义。

（三）文献检索及数据

1. 检索策略以及分析方法

本课题报告各章节分析的基础，是检索到的涉及量子通信相关技术的所有专利申请。为尽可能全面而准确地检索出相关申请，需要制定有效的检索策略。本课题采用的检索策略主要是基于精确定位与适当扩展相结合的方式，首先对与量子通信技术相关的专利文献进行全面界定，在此基础上再根据课题研究需要进行界定范围内的二次检索。检索过程中综合运用了涉及量子通信技术的精确关键词、相关关键词、精确IPC和相关IPC分类号。

在全面检索相关专利的基础上进行定性定量分析，对国内外相关专利申请发展态势、领域分布、区域分布分析，重点技术和主要申请人专利申请情况进行分析研究，分析各个技术分支之间的互相联系。得出量子通信领域增长最快的热点技术领域，挖掘量子通信技术领域的核心技术，预测发展方向。

2. 数据来源

本课题报告的中文专利数据来源于智慧芽数据库（patsnap），数据采集时间截至2017年10月18日。利用专业专利分析工具进行数据分析和数据深度处理。需要特别说明的是，由于发明专利通常在申请日起18个月公开，以及公开后数据整理入库也需要一定时间，因此本报告中统计的专利文献仅为已收录到数据库中的专利文献。

3. 数据检索思路

专利分析检索的目标在于查全和查准。课题组基于以往对该领域的了解以及探索性的初步检索，认为由于该领域涉及文献量非常大且分布较广，不仅仅局限于物理学范畴，还涉及电学通信等领域，若初期检索内容过于宽泛，必将出现结果噪声度过高的问题，对后期的数据统计与分析都会造成困难。因此初期检索式的制定主要以查准为主，而后将根据样本数据量的情况进一步适当修改或扩充检索范围。经过初始检索策略的制定，检索式的编写以及几个回合反复调试与手动抽样检测，最终数据库检索结果为 2104 项。

4. 数据处理

（1）数据去噪

去除噪声的步骤可归纳为以下几步：

① 确定去除的噪声分类号或者关键词或者特殊字符，在检索结果中进行噪声去除；

② 浏览去除的文献，评估去噪的效果，如果去除的文献中含有较多的和技术主题相关的文献，对相关文献进行统计分析，对去噪检索式进行调整；

③ 利用调整后的去噪检索式继续去噪，重复步骤②，直至达到满意的去噪效果。

需要注意的是，在调整的过程中，调整的分类号或者关键词不宜过多，否则无法准确判断每个分类号或者关键词的去噪效果。对于效果较好的去噪检索式中的误伤文献，需要将这些误伤文献合并到最终经过检索去噪的结果中，重新作为目标文献。

（2）申请人名称整理

同一位申请人的名称通常会发生以下变化：① 译名的变化，当本国专利进入其他国家或者地区申请时，同一申请人会因为翻译的不同而导致具有不同的名称；② 公司并购或者母子公司，由于市场竞争的因素，很多申请人之间会发生并购或者拆分，这样也会导致同一申请人的名称变化。因此为了数据分析的准确，需要对申请人名称进行整理。

（3）数据查全率、查准率验证

通过对各技术分支的数据查全率、查准率进行验证，以判断是否要终止检索过程。主要是保证数据查全率，使检索过程可靠。在数据去噪结束时进行各技术分支的数据查全率、查准率验证，主要是保证数据查准率。

5. 数据标引

数据标引：就是给经过数据清理和去噪的每一项专利申请赋予属性标签，以便于统计学上的分析研究。所述的"属性"可以是技术分解表中的类别，也可以是技术功效的类别，或者其他需要研究的项目的类别。当给每一项专利申请进行数据标引后，就可以方便地统计相应类别的专利申请量或者其他需要统计的分析项目。

6. 相关技术术语说明

专利申请量统计中的件：在进行专利申请数量统计时，例如为了分析申请人在不同国家、地区或组织所提出的专利申请的分布情况，对同族专利申请进行了分开统计，所得到的结果对应于申请的件数，另外，需要说明的是，本报告中的专利申请量的单位都是"件"。

全球专利申请：申请人在全球范围内向各国专利局递交的专利申请。

在中国专利申请：申请人向中国国家知识产权局递交的专利申请。

法律状态约定："有效"指截至检索日，专利权处于有效状态；"终止"指截至检索日,专利权处于失效状态,包括专利申请主动撤回或视为撤回、专利申请被驳回且已生效、专利权人放弃专利权、专利权被无效、专利权届满等;审查未决指截至检索日尚未结案,但实质审查生效的发明专利申请。

二、专利技术发展现状

(一)全球专利申请态势分析

1. 专利申请时间趋势

为了解全球范围内涉及的量子通信的专利申请的总体趋势,按照申请项数统计了申请量随年度的变化情况,得到图1。

图1统计了1998—2017年各个年度全球专利申请数量,从图1可以看出:20世纪末是量子通信专利申请的起步期,在2002年以前,全球专利申请呈稳步增长态势,2002—2005年处于平稳增长态势,且申请量较之前相比出现了翻番,2005—2012年申请量出现了回落,但从2012年之后的近5年以来,申请数量处于高速增长状态,申请量再次翻番,预计今后几年的申请数量会保持高速增长趋势。

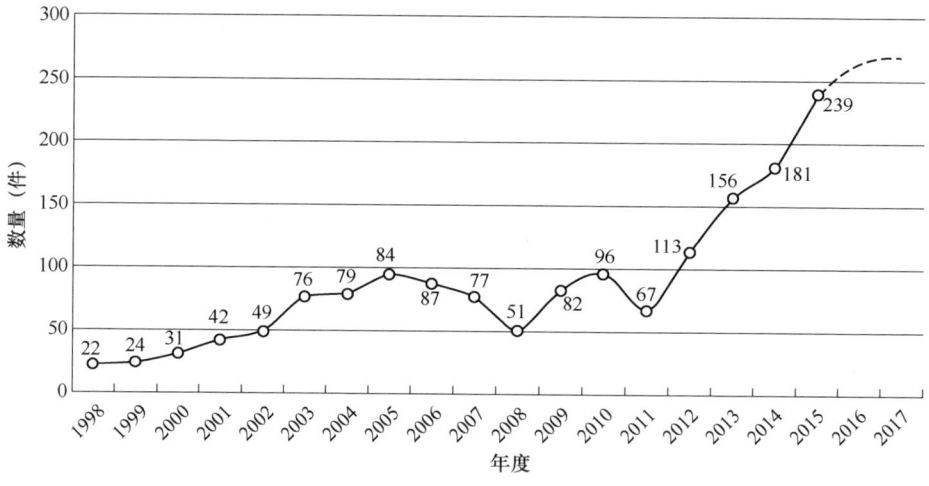

图1 全球量子通信专利申请趋势

总体而言,近5年是量子通信专利申请的高速增长阶段,集中了该领域申请量的近五成,这反映了当前对量子通信领域的市场需求和技术开发热情不断高涨,并有继续保持稳定快速发展的态势,在这种发展阶段,值得相关企业保持关注并保持相关技术的研发投入。

2. 专利申请受理国分布

专利申请的受理国能够代表该国家整体的技术实力以及市场规模,下图2按照受理国对量子通信的专利申请进行了地域统计,从图2可以看出,中国、美国、日本依次位居量子通信专利申请受理国的前3位,总体上,中国、美国、日本三个国家总的专利受理占到全球申请总量的近九成。

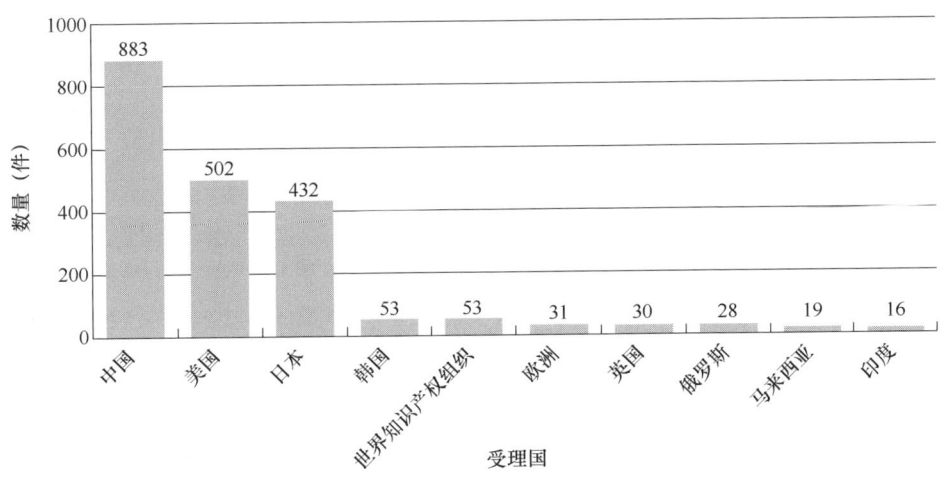

图 2 全球量子通信专利申请受理国家/地区和组织分布

3. 专利申请人国家分布

一个国家作为首次申请国的专利申请数量的多少能够代表该国家整体的技术创新综合实力和创新积极性，图 3 统计了各个国家的申请人申请的专利数量，从下图 3 可以看出，中国、日本和美国申请人拥有的申请数量占据了前三位，并且中国申请人拥有的申请数量超过了日本和美国的总和，此外，韩国和英国申请人也拥有一定数量的申请，俄罗斯、法国芬兰和瑞士等国的申请人拥有少量申请。预计今后的主要申请人仍然来自中国、日本和美国，并且，从申请量的趋势可以预计，今后中国申请数量会进一步拉大与其他国家的距离。

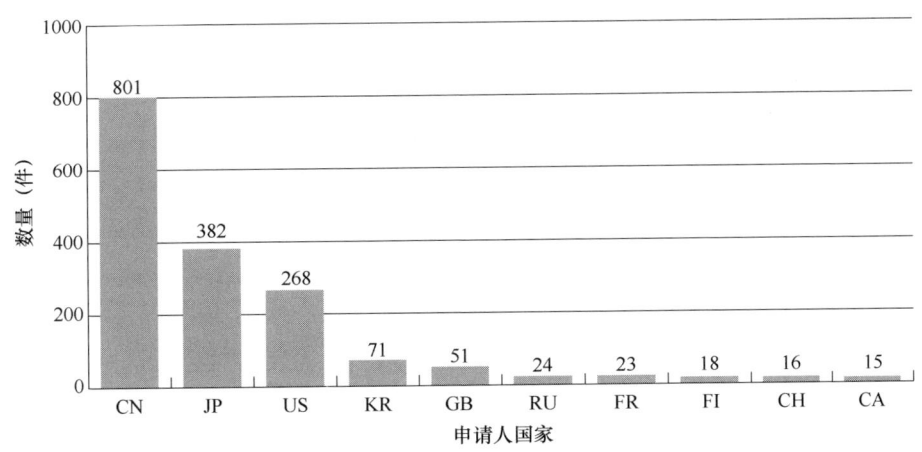

图 3 全球量子通信专利申请申请国家/地区和组织分布

4. 专利申请人分布

为了解全球范围内量子通信领域的主要技术创新主体的分布情况，及其申请态势，按照专利申请总量对前 10 名申请人的专利申请的情况进行了统计得到图 4 和表 1，从图 4 和表 1 可以看出，申请量排名前十的申请人均来自中国，日本或美国，其中，主要来自中国和日本，这也佐证了中日美在量子通信领域内的技术领先地位，在主要申请人中，来自日本的 NTT、NEC 和东芝占据申请量排行榜前三，三菱电机株式会社排名第 5 位，共占前 10 名申请量的五成以上，中国主要申请人为安徽问天量子科技股份有限公司、浙江神州量子网络科技有限公司、科大国盾量子技术股份有限公司以及华南师范大学和北京邮电大学，共占前 10 名申请量的四成以上，另外，申请量排名前十的申请人中唯一的美国公司——MAGIQ 技术公司以 40 件申请数量占据第 9 的位置。

可以看出，中国与其他国家不同之处在于，各个高校在量子通信领域的专利布局较为突出，这也体现了中国高校的科研实力，另外，从图 3 和图 4 可以看出，申请人的分布结构与该领域专利申请人国家分布基本一致，但略有不同，中国申请人的专利申请总量是日本申请人的申请总量的 2 倍还要多，但平均到每个申请人，反而是日本每个独立申请人的申请量远远多于中国每个独立申请人的申请量，这也可以说明，在量子通信领域，中国申请人多点开花，参与较多，分布较广，但日本量子通信领域的专利仅仅集中在图 4 所示的几个申请人，另外，美国每个独立申请人的申请量都不高，但由于申请人较多，因此，总量也可以排到各个国家中的第三位。

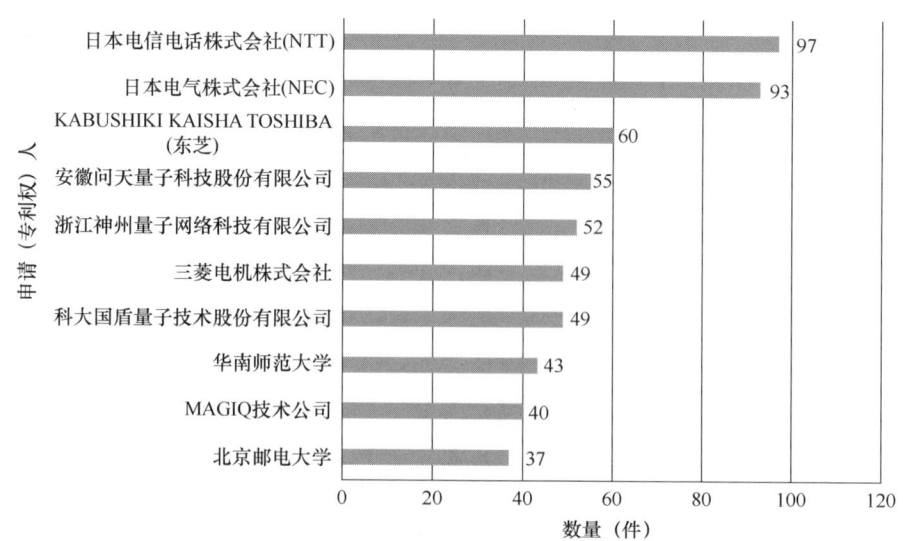

图 4　全球量子通信专利申请申请人分布

表 1　全球量子通信专利申请申请人分布

项目	总量	中国申请人		日本申请人		美国申请人	
申请量/件	575	236	41%	299	52%	40	7%

5. 专利类型分布

为了解全球范围内量子通信领域的专利申请类型分布情况，按照专利申请类型对进行了统计得到下图 5，从图 5 可以看出，量子通信领域的专利申请以发明专利为主，其中，发明专利总计达 1984 件，占总申请量的 94%，而实用新型专利仅为 120 件，占总申请量的 6%，这种专利类型的分布与量子通信领域的技术特征有关，该领域的技术改进主要涉及加密算法、通信技术以及量子存储等方法改进，虽然有部分涉及通信装置，但由于技术含量相对较高，也多选择了发明专利的保护形式，因此，发明专利申请成为主要的申请类型，而实用新型专利申请全部来自国内申请人。

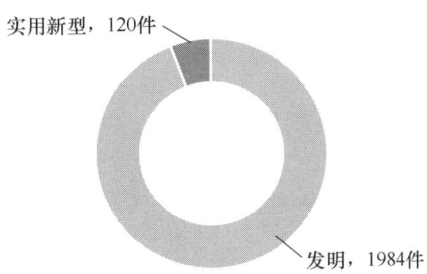

图 5　全球量子通信专利类型分布

6. 专利技术申请趋势

自 1998 年以来量子通信领域专利申请中 5 类主要技术的申请包括：密钥分配（H04L9/08），光子量子通信（H04B10/70），同步的或最初建立特殊方式的发送和接收密码设备（H04L9/12），利用无线电波以外的电磁波（H04B10/00），保密或安全通信（H04L9/00）。

可以看出，在 1998—2007 年中，量子通信领域各类技术的申请量较为平均，且在 1998—2005 年中每年稳定增长，2006—2007 年略有回落，尤其在 2002—2007 年中，量子通信领域各类技术的申请量最为平均，且保密或安全通信以及同步的或最初建立特殊方式的发送和接收密码设备领域的技术较多。

在 2007—2011 年，量子通信领域各类技术的专利申请量都有回落，但密钥分配变化幅度不明显，从 2011 年至今，密钥分配和光子量子通信领域的申请呈井喷式增长，占量子通信申请的绝大部分，尤其是密钥分配相关技术的专利，在每年的专利申请中，占五成以上，且逐年高度增长，光子量子通信领域的申请少于密钥分配，但也保持逐年稳步增长，而同步的或最初建立特殊方式的发送和接收密码设备、利用无线电波以外的电磁波、保密或安全通信领域的申请占比减小，且数量也比 2011 年前有所降低。其中，利用无线电波以外的电磁波领域的研究投入已经很少。因此，可以看出量子通信领域技术研究重点有所转变，各申请人在保密或安全通信以及同步的或最初建立特殊方式的发送和接收密码设备领域的技术研究投入变少，密钥分配和光子量子通信领域技术研究投入增多，预计今后密钥分配和光子量子通信领域仍将成为各申请人专利申请的重点。

7. 重点专利申请人整体专利质量水平

为了解全球范围内量子通信领域的主要申请人整体专利质量水平，按照专利平均同族数量以及平均被引用频次对前 10 名申请人的专利申请的情况进行了统计得到下图 6 和表 2，从图 6 和表 2 可以看出，MAGIQ、三菱电机、东芝、NEC、NTT 等国外公司的同族专利量较多，专利质量水平相对较高，根据被引用频次来看，MAGIQ、NEC、东芝、NTT 公司是最受关注的专利权人，其研究成果对业界研究和技术开发具有广泛的参考价值和借鉴意义，相比之下，中国机构的专利无论从被引用频次以及专利同族量来看整体均处于相对偏低的水平。

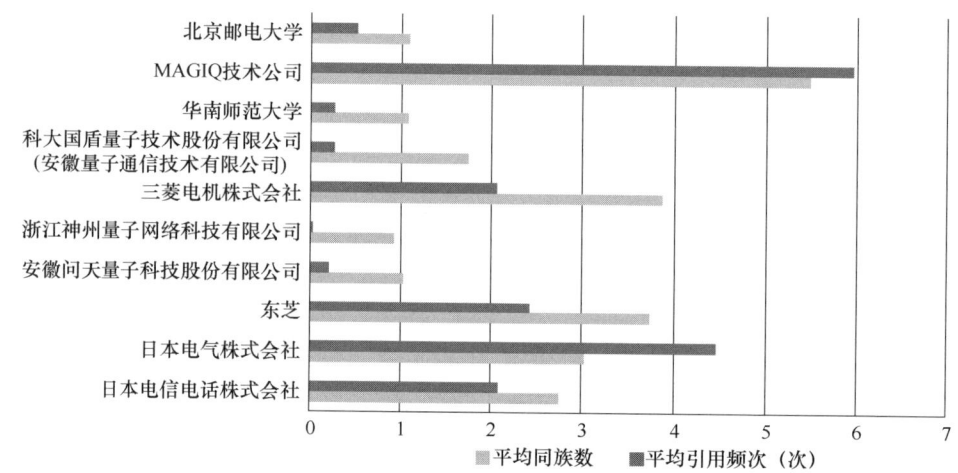

图 6　全球量子通信专利申请申请人专利质量

表 2　全球量子通信专利申请申请人专利质量

专利权人	NTT	NEC	东芝	安徽问天量子	浙江神州量子	三菱电机	科大国盾量子	华南师范	MAGIQ	北京邮电
平均同族数	2.75	3.02	3.73	1.02	0.92	3.86	1.74	1.07	5.475	1.08
平均引用频次（次）	2.08	4.46	2.42	0.2	0.02	2.06	0.26	0.26	5.95	0.51

（二）中国专利申请态势分析

1. 专利申请时间趋势

为了解中国范围内涉及的量子通信专利申请的总体趋势，按照申请项数统计了申请量随年度的变化情况，得到图 7。

图 7 统计了 1998—2017 年各个年度全球专利申请数量，从图 7 可以看出：在

2010 年以前，中国专利申请刚刚起步，2000—2008 年申请量较少，且数量变化幅度较小，从 2010 年以后，申请数量处于高速增长状态，申请量隔年翻番，预计今后几年的申请数量会保持高速增长趋势。

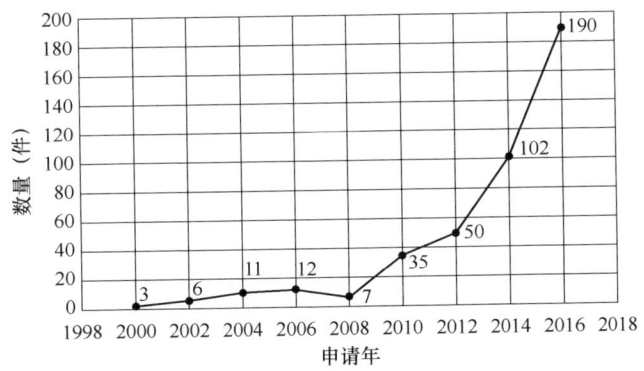

图 7　中国量子通信专利申请趋势

总体而言，近 5 年是量子通信专利申请的高速增长阶段，集中了中国在该领域申请量的近九成，这与图 1 相比可以看出，中国虽然起步较晚，但近 5 年在量子通信领域的技术研究投入已位于世界领先水平，增长幅度超过全球平均增长幅度，且每年的专利申请量已占全球的五成以上。

2. 专利申请技术点分析

为了解中国范围内涉及的量子通信的专利申请的技术分布趋势，按照申请项数统计了申请量随技术领域变化情况，得到图 8 和表 3。从图 8 和表 3 可以看出：中国专利局受理的专利申请中几乎一半的申请集中于密钥分配领域，此外，也有部分申请涉及光量子通信、协议、同步的或最初建立特殊方式的发送和接收密码设备和保密或安全通信装置领域，各自占总量的 18%，10%以及 8%，其他量子通信技术领域共占 14%。

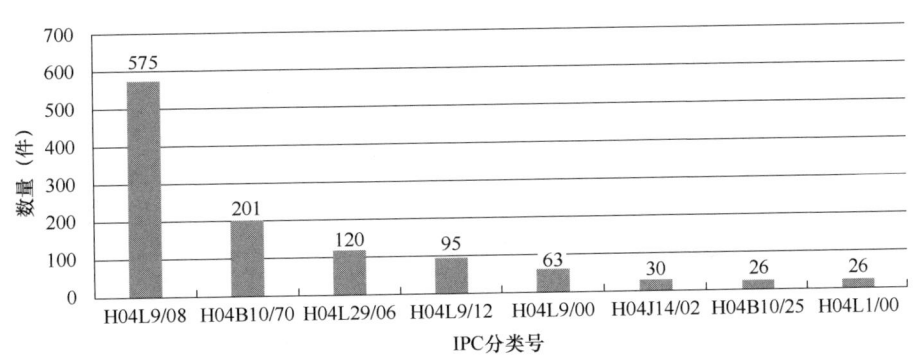

图 8　中国专利技术分布

表 3　中国专利技术分布

项目	总量	H04L9/08		H04B10/70		H04L29/06		H04L9/12	
申请量/件	1136	575	50%	201	18%	120	10%	95	8%

3. 专利申请省市分布

为了解中国范围内各省量子通信的专利申请申请分布趋势,按照申请项数统计了申请量随地域变化情况,得到图9。从图9可以看出,安徽、北京和浙江分别占据了前三的位置,并且申请数量均超过 100 件,而上海和广东以较小差距紧随其后,此外,来自江苏、陕西和四川等省份的申请数量也占据了一定比例。即国内申请主要的地域分布特点是该地域都集中了一批国内代表性的科研院校和企业,例如安徽的科大国盾,问天量子,中国科学技术大学等,总体上,以中国科学技术大学为代表的科研单位以及依托于这些科研单位的量子相关企业成为当前量子通信领域技术创新和专利申请的主体力量。

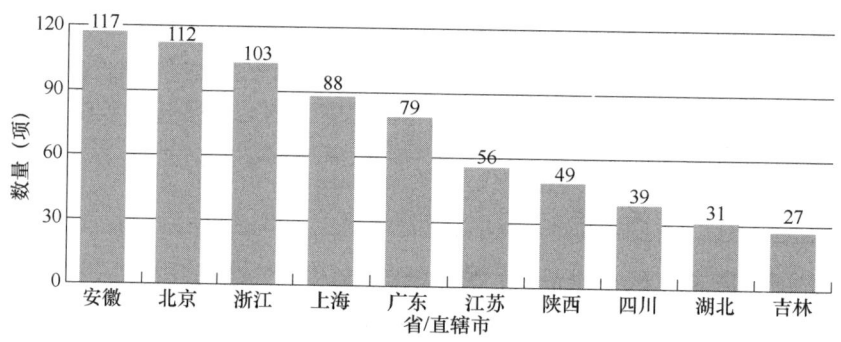

图 9　各省市专利申请分布

图 10 统计了国内各省市获得授权的专利申请数量排行,从中可以看出,安徽省以 57 件授权量占据榜首,申请量分别位于第 4 和第 5 的上海和广东分别占据授权量排行榜第 2 和第 3 的位置。

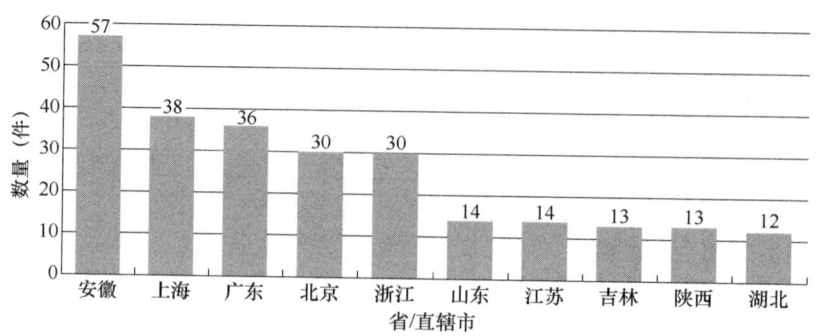

图 10　各省市专利申请授权分布

4. 专利申请人分布

图 11 统计了中国专利局受理的专利申请中来自各个国家的专利申请数量,从中可以看出,中国专利局受理的绝大部分的专利申请来自中国,有少量申请来自美国、日本和韩国,中国由于近年来科研实力的提高,对量子通信的应用有着迫切需求,因此,吸引日本美国韩国纷纷在中国进行专利布局。

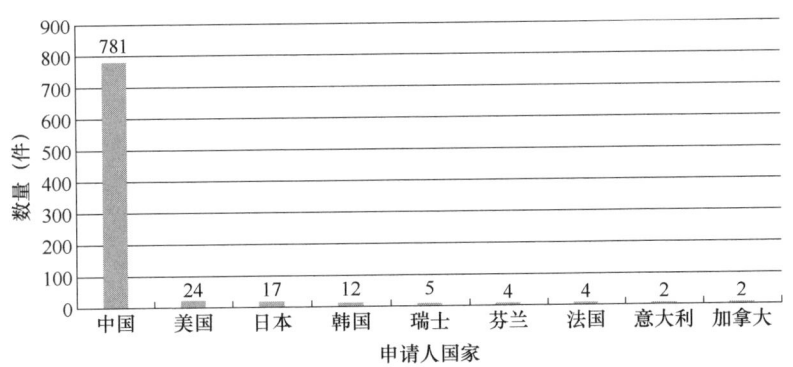

图 11 中国专利局受理的专利申请中来自各个国家的专利申请

图 12 和图 13 分别统计了中国专利局受理的专利申请中的主要申请人申请数量以及授权量排名,从图 12 中可以看出,国内申请主要来自各公司和大学,且公司的申请量是各高校的一倍以上,预计今后国内申请大部分仍然来自各科技公司和大学。下图 13 统计了国内主要申请人获得的授权专利数量,从中可以看出,授权量排行榜前列以各科技公司和大学为主,其中,科大国盾量子技术股份有限公司以 35 件授权量排行榜首,华南师范大学和安徽问天量子科技股份有限公司占据第 2 和第 3 的位置,

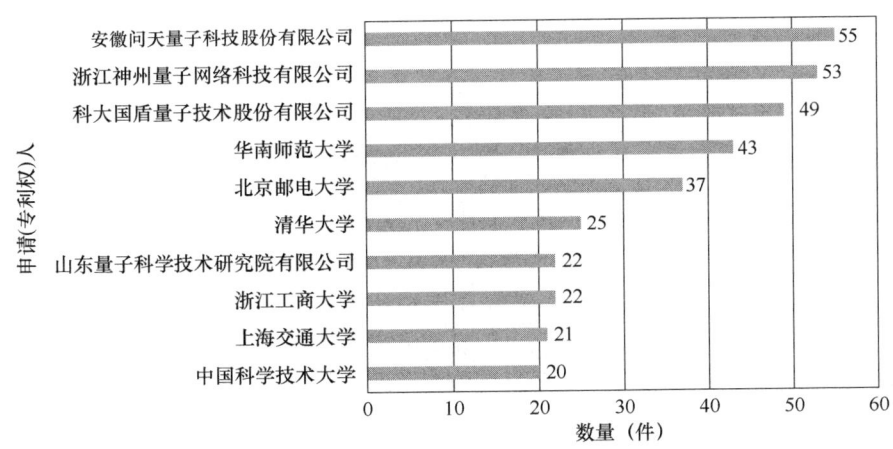

图 12 中国专利局受理的专利申请中来自各个申请人的专利申请

不过，中国电力科学研究院也以 11 件授权量占据排行榜第 7 的位置。结合图 12 和图 13 可以看出，科大国盾以及华南师范大学和中国科学技术大学，专利申请授权率较高，浙江神州量子网络科技有限公司由于成立较晚，因此，更多的专利还处于审查阶段。

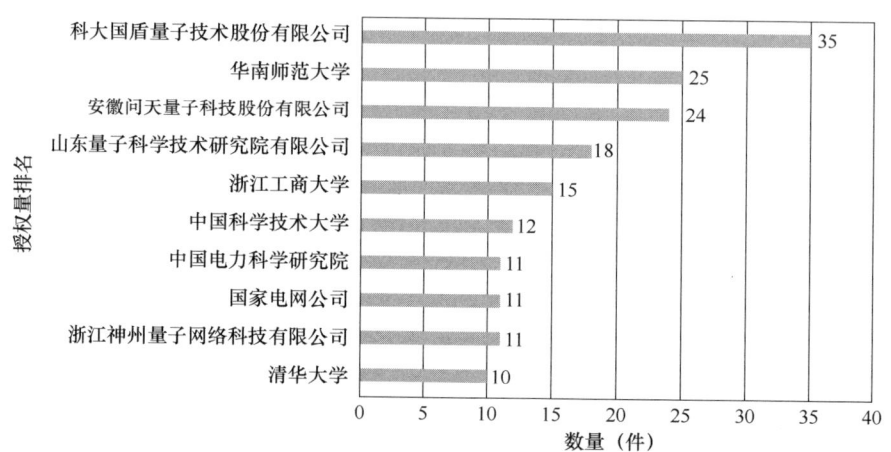

图 13　中国专利局受理的专利申请中来自各个申请人的专利申请授权量

三、重点技术和主要申请人分析

（一）重点技术专利分析

从以上分析可以看出，不论在全球还是中国，量子通信领域专利申请大多集中在密钥分配（H04L9/08）以及同步的或最初建立特殊方式的发送和接收（H04L9/12）以及光子量子通信（H04B10/70），本报告重点对以上三个技术点的相关专利进行分析，所采用的数据样本是全球数据。

1. 密钥分配

在量子通信领域中，量子密钥分配是最早被提出、理论最完善、发展最成熟的研究领域，也是目前专利申请最集中的领域。

（1）专利申请时间趋势

量子密钥分配相关专利随时间变化如图 14 所示，从图 14 可以看出，密钥分配的发展可以分为三个阶段，第一阶段大概在 1993 年开始起步，在 2002 年以前，平均每年的申请量在 0~10 件，维持在一个低水平的稳定状态量，在第二阶段 2002—2010 年，申请量翻倍，平均每年的申请量在 20~40 件，其中，2007 年和 2008 年申请量有所回落，在第三阶段从 2010 年至今，密钥分配申请量高速增长，尤其是近两年，申请量已经接近每年 200 件，这也印证了量子密钥分配是目前各公司的研究重点，投入了大量的研发实力，研究热度逐年增加。

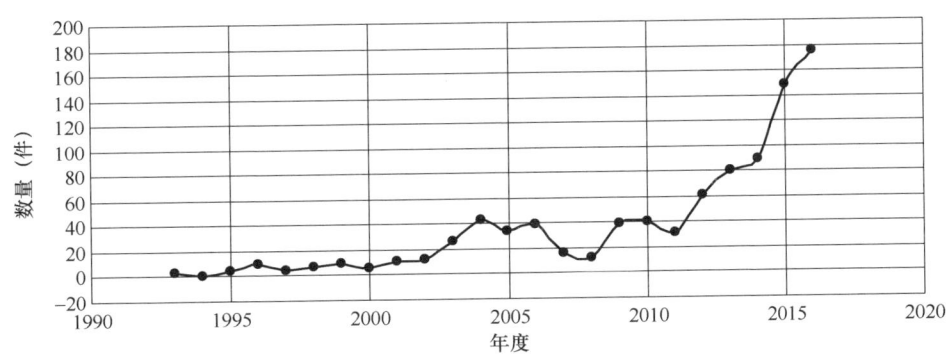

图 14　量子密钥分配随时间分布趋势

（2）专利申请人分布

以下统计了 4 个主要申请人在量子密钥分配技术相关专利申请量随时间的分布趋势，这 4 个主要申请人分别是安徽问天量子、浙江神州量子、安徽量子通信（原名科大国盾量子）、日本东芝株式会社。

从图 15 可以看出，首先，这 4 家公司中，日本东芝在密钥分配技术专利布局最早，从 2003 年开始申请该技术相关专利，中国的 3 家公司起步较晚，均是从 2010 年才开始相关专利的申请，这表明，国外公司着手研发相关技术起步较早，虽然中国起步较晚，但由于投入的研发实力较多，后来居上。

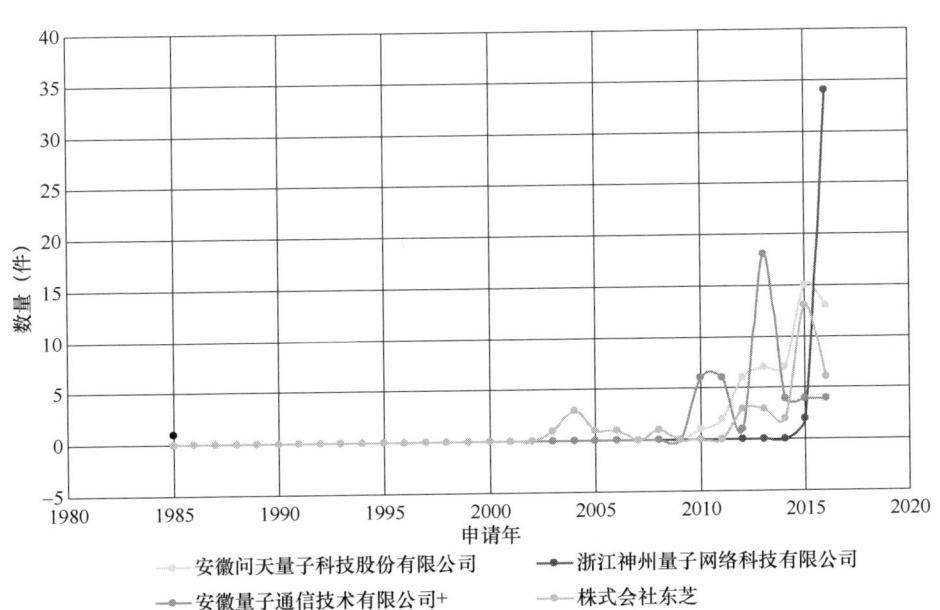

图 15　量子密钥分配申请人分布

其次，在这 4 家公司中，浙江神舟量子成立最晚（2015 年），但成立之后，专利申请量反而超过其他 3 家老牌公司，且申请量超过 2 倍以上，差距比较明显，其他三家公司专利申请量差距不大，其中，日本东芝在 2015 年申请量到达峰值，为 13 件，安徽量子通信在 2013 年申请量达到峰值，为 18 件，浙江神州量子在 2016 年申请量到达峰值，为 34 件，安徽问天量子在 2015—2016 年都保持了较高的申请量，峰值为 15 件。

为了统计各申请人在量子密钥分配领域相关专利申请量，我们统计了从 1985 年至今各公司在该领域的专利申请总量，得到图 16，从图 16 可以看出，虽然中国公司起步较晚，但相关专利申请量的前三位均为中国公司，且各公司申请量较为接近，分别为安徽问天量子、浙江神州量子、安徽量子通信；第四位、第五位、第八位为日本公司，申请量与前三位有一定的差距，第四位、第五位、第八位分别为日本东芝、日本电气、以及日本电信电话；另外中国高校在该领域的研发实力也较为强劲，北京邮电大学、华南师范大学以及清华大学均榜上有名，分别位列第六位、第七位、第十位，且北京邮电大学和华南师范大学的专利申请量与日本东芝和日本电气的申请量接近，都为 30 件左右，另外，美国 MAGIQ 技术公司位列第九位，这也是唯一一家排名前十的美国公司。

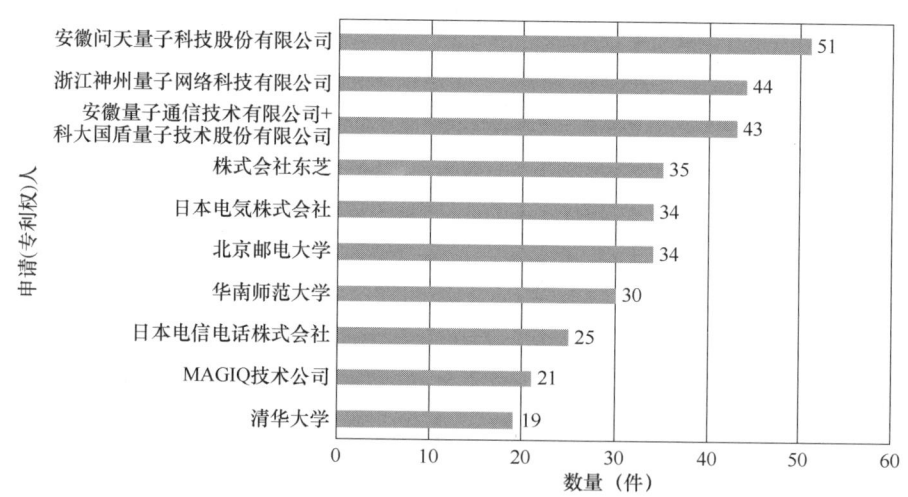

图 16　量子密钥分配专利申请量申请人排名

（3）专利受理国以及地域分布

为了统计各国申请人在量子密钥分配领域相关专利申请量，我们统计了从 1990 年至今各专利受理国在该领域受理的专利申请总量，得到图 17，另外统计了进入各国专利申请量的分布情况，得到图 18。

从图 17 可以看出，在 2000 年以前，各国受理量子密钥分配相关专利的受理量比较平均，且数量保持较低水平；在 2000—2009 年，各国受理量子密钥分配相关专利的受理量有了小幅度的提升，其中，日本、美国在 2003 年至 2005 年的专利申请量到达了一个小高峰，尤其是美国在 2004 年到达峰值 25 件，另外，日本在 2009 年达到峰值 11 件，但 2005—2009 年，产生了小幅度回落，此外，在该阶段，中国受理的专利量也有小幅度提升，不过这主要源于美国、日本公司在中国的专利布局；从 2009 年以后，中国量子通信领域研究起步，因此，2009 年以后在中国受理的专利高速增长，近两年，每年受理的专利申请已超过百件，美国受理的专利量也有小幅度回升，基本与 2003—2005 年的时候持平，但日本受理的该领域专利已逐年降低为 0 或 1 件，从 2012 年以后，韩国专利局受理的专利量也有小幅度提高，目前已经赶超日本，仅次于美国。

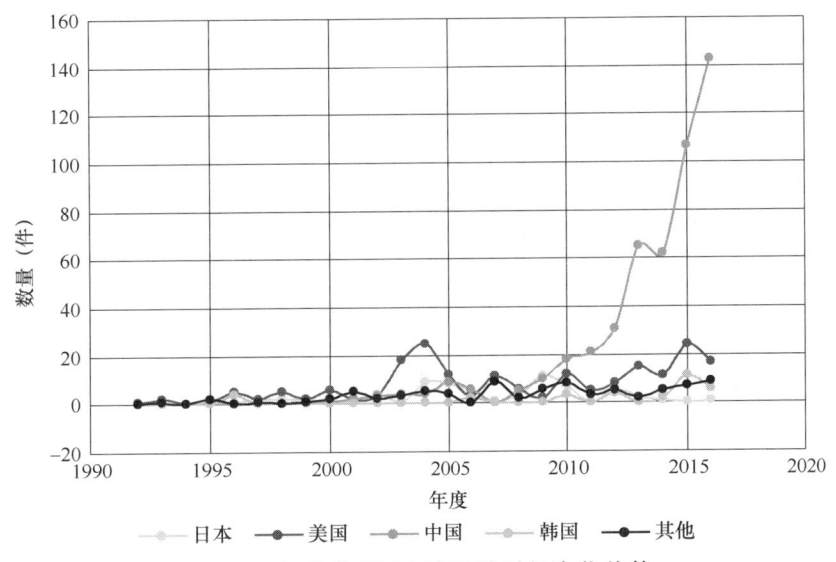

图 17 专利受理国申请量随时间变化趋势

由此可知，由于日本和美国在量子密钥分配领域的研究起步较早，早期受理了大量的专利，但近年来，日本在密钥分配领域受理的专利量已逐年降低，反而中国在短短不到 10 年的时间内受理量已经位于世界首位，可以看出，在密钥分配相关领域，中国有着巨大的市场。

从图 18 可以看出，在量子密钥分配领域相关专利申请仍然集中在中国、美国、日本，这三个国家的申请量占全部专利总量的九成，其中，中国申请在该领域的申请量位列第一，占总申请量的六成，其次是美国，

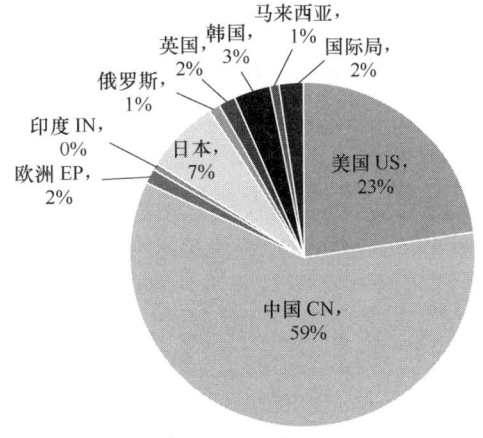

图 18 各国专利申请人申请量分布

最后是日本,且这三个国家的申请量差距非常明显,由此可以看出,中国在该领域专利份额最大。

(4)重点专利申请人整体专利质量水平

为了解全球范围内量子密钥分配领域的主要申请人整体专利质量水平,按照专利平均同族数量以及平均被引用频次对 7 名申请人的专利申请的情况进行了统计得到下图 19,从图 19 可以看出,MAGIQ、东芝、NEC 等国外公司同族专利量较多,专利质量水平最高,根据被引用频次来看,NEC、MAGIQ、东芝公司是最受关注的专利权人,其研究成果对业界研究和技术开发具有广泛的参考价值和借鉴意义,相比之下,中国机构的专利无论从被引用频次以及专利同族量来看整体均处于相对偏低的水平。

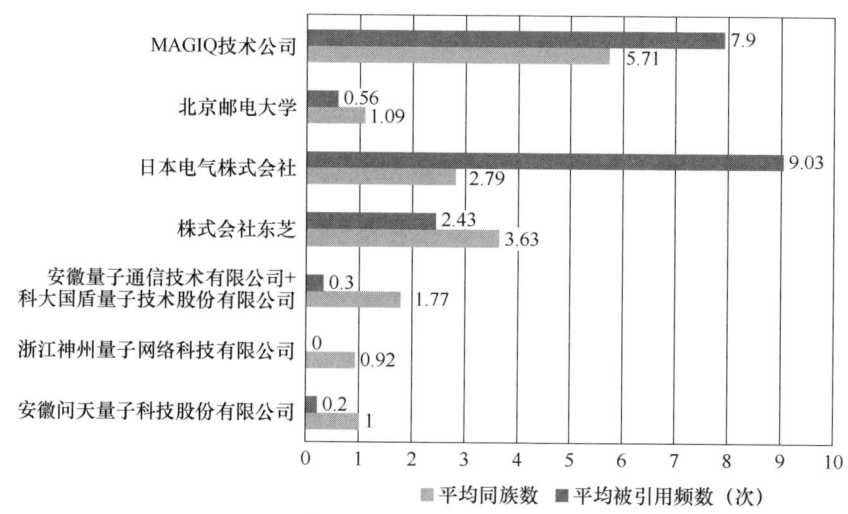

图 19 量子密钥分配各国专利申请人申请质量

2. 同步或最初建立特殊方式的发送和接收

在量子通信领域中,近年来,同步或最初建立特殊方式的发送和接收相关的专利量仅次于量子密钥分配以及光子量子通信,以下具体分析。

(1)专利申请时间趋势

同步或最初建立特殊方式的发送和接收相关专利随时间变化如下图 20 所示,从图 20 可以看出,同步或最初建立特殊方式的发送和接收的发展可以分为三个阶段,第一阶段大概在 1993 年开始起步,在 2001 年以前,平均每年的申请量在 5 件之内,维持在一个低水平的稳定状态量,在第二阶段 2001—2007 年,申请量高速增长,平均每年的申请量在 15~25 件,其中,在 2005 年到达最高点,第三阶段从 2007 年至今,同步或最初建立特殊方式的发送和接收申请量缓慢降低,在 2014 年有小幅度增加后,2015 年至今又呈现缓慢降低的趋势,由此可以看出,该技术高速发展期在 2005 年左右,且技术研究已经较为成熟,第二阶段的专利申请量与密钥分配技术专利申请量几乎持平,从 2007 年至今,各申请人在该技术相关的研发投入逐年降低,目前已经远远落后于密钥分配相关技术的专利申请量。

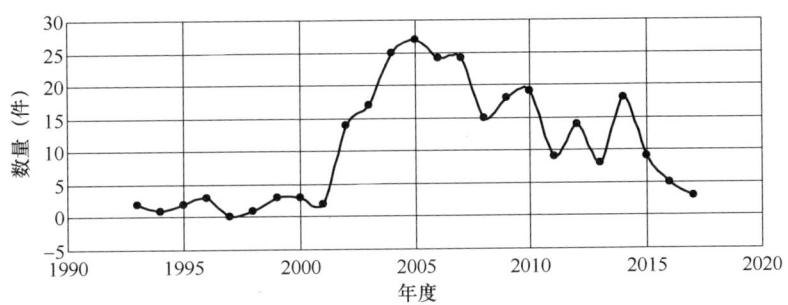

图 20　同步或最初建立特殊方式的发送和接收随时间分布趋势

(2)专利申请人分布

以下统计了 4 个主要申请人在同步或最初建立特殊方式的发送和接收技术相关专利申请量随时间的分布趋势,这 4 个主要申请人分别是 NEC、NTT、三菱电机以及索尼公司,这 4 个申请人为该领域的主要申请人,均为日本公司。

从图 21 可以看出,首先,这 4 家公司均从 1985 年左右起步研究相关领域,在 2000 年之后,相关技术专利申请量高速增长,但从 2008 年以后,专利申请量又高速下降,其中,NEC 在 2007—2008 年专利申请量到达峰值,NTT 在 2005 年左右维持在一个较为稳定的高申请量,索尼公司在 2002 年左右申请量到达峰值,三菱电机在 2004 年申请量达到峰值。

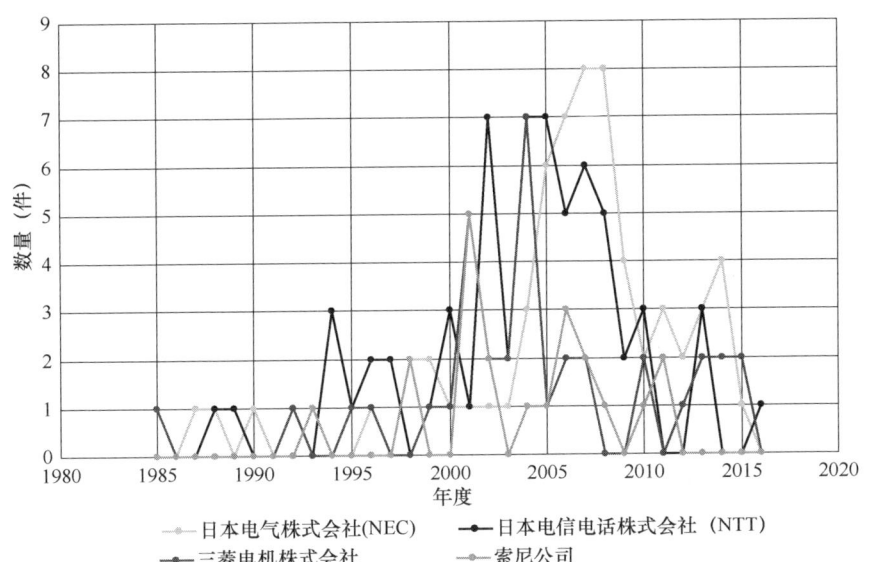

图 21　同步或最初建立特殊方式的发送和接收申请人分布

为了统计各申请人在同步或最初建立特殊方式的发送和接收领域相关专利申请量,我们统计了从 1985 年至今各申请人在该领域的专利申请总量,得到图 22,从图 22 可以看出,相关专利申请量的前六位均为日本申请人,分别为 NEC、NTT、三菱电机、索尼、东芝、以及情报通信研究机构;其中,NEC 和 NTT 的申请量较高,位于第一梯队,三菱电机申请量为前者一半左右,位于第二梯队,索尼以及东芝的申请量位于第三梯队,最后为情报通信研究机构。

从图 22 也可以明显看出,在同步或最初建立特殊方式的发送和接收领域的研究,日本具有明显优势。其他国家在该技术领域研发投入很少,这表明日本在该领域已具有垄断式的地位,但由于日本各个申请人在该领域的投入研发也已经逐年降低,证明该技术已经不再是量子通信领域的研究热点,其他起步较晚的公司在该领域上也就没有花费过多的研发精力。

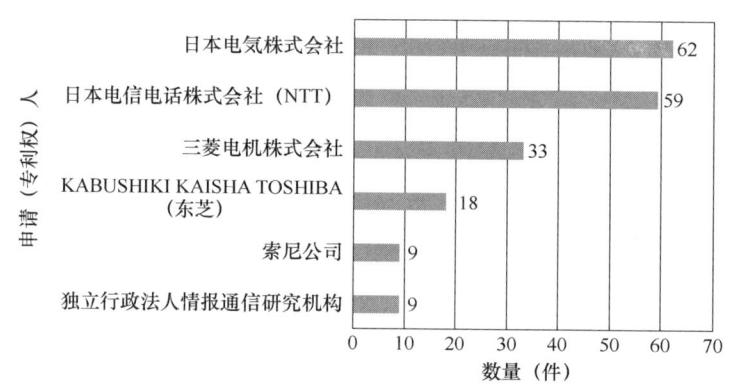

图 22 同步或最初建立特殊方式的发送和接收专利申请量申请人排名

(3)专利申请受理国以及地域分布

为了统计各国申请人在同步或最初建立特殊方式的发送和接收领域相关专利申请量,我们统计了从 1990 年至今各专利受理国在该领域受理的专利申请总量,得到图 23,另外统计了进入各国专利申请量的分布情况,得到图 24。

从图 23 可以看出,在 2000 年以前,各国受理同步或最初建立特殊方式的发送和接收相关专利的受理量比较平均,且数量保持较低水平,从 2000 年之后,日本就发展为受理同步或最初建立特殊方式的发送和接收相关专利最多的受理局,且受理数量远远超过其他国家,这表明,日本在该领域的市场较大,且投入较多,此外,美国在 2004 年前后也保持了较多受理量,但在 2005 年之后有所下滑,中国受理局受理的专利一直比较平稳地保持在一个较低的水平,与其他国家受理局的总量类似。

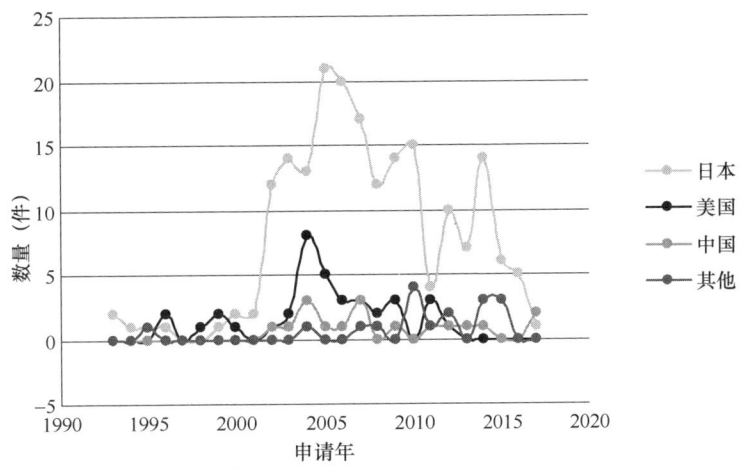

图 23 专利受理国申请量随时间变化趋势

由此可知,由于日本和美国在同步或最初建立特殊方式的发送和接收领域的研究起步较早,技术较为成熟,因此,各个国家都选择在日本和美国进行专利布局。

从图 24 可以看出,在同步或最初建立特殊方式的发送和接收领域相关专利申请仍然集中在日本、美国、中国,进入这三个国家的专利申请量占全部申请专利总量的 95%,其中,日本申请在该领域的申请量位列第一,占总申请量的 75%,其次是美国,最后是中国,且这三个国家的申请量差距非常明显,由此可以看出,日本在该领域专利份额最大。

(4)重点专利申请人整体专利质量水平

为了解全球范围内同步或最初建立特殊方式的发送和接收领域的主要申请人整体专利质量水平,按照专利平均同族数量以及平均被引用频次对主要的 3 名申请人的专利申请的情况进行了统计得到图 25,从图 25 可以看出,三菱电机、NEC、NTT 等日本公司同族专利量较多,专利质量水平最高,根据被引用频次来看,NEC、三菱电机、NTT

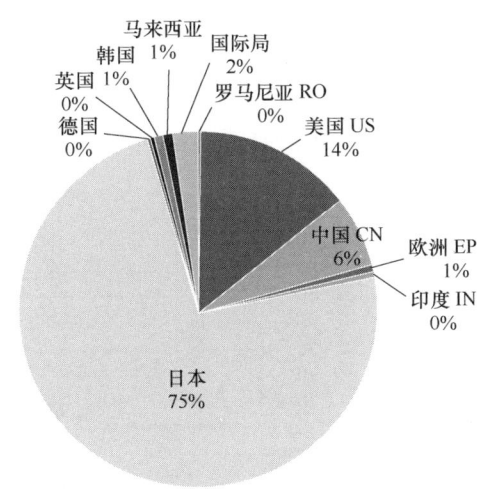

图 24 进入各国专利申请量分布

是最受关注的专利权人,其研究成果对业界研究和技术开发具有广泛的参考价值和借鉴意义,相比之下,中国和美国的申请人在该领域的申请数量以及质量均不乐观,因此未做详细统计。

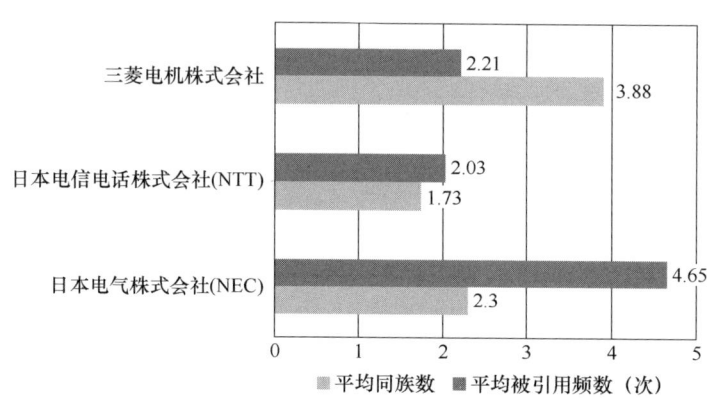

图 25　同步或最初建立特殊方式的发送和接收领域各国专利申请人申请质量

3. 光子量子通信

在量子通信领域中，近年来，与光子量子通信相关的专利申请量仅次于量子密钥分配，以下进行具体分析。

（1）专利申请时间趋势

光子量子通信相关专利随时间变化如图 26 所示，从图 26 可以看出，光子量子通信的发展可以分为三个阶段，第一阶段大概在 1993 年开始起步，在 2000 年以前，平均每年的申请量在 10 件之内，维持在一个低水平的稳定状态量，在第二阶段 2000—2011 年，申请量翻倍，平均每年的申请量在 10~20 件，其中，在 2005 年到达最高点，在第三阶段从 2011 年至今，光子量子通信相关专利申请量高速增长，且增长势头与量子密钥分配相似，但数量不足密钥分配的五成，但这也印证了光子量子通信也是目前各公司的研究重点，投入了大量的研发实力，研究热度逐年增加。

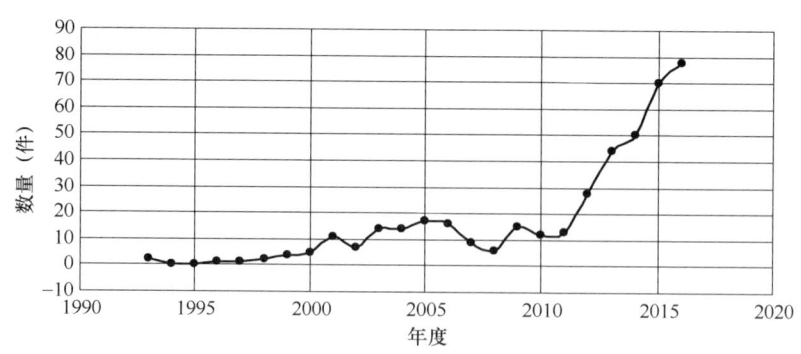

图 26　光子量子通信随时间分布趋势

（2）专利申请人分布

以下统计了 5 个主要申请人在光子量子通信技术相关专利申请量随时间的分布趋势，这 5 个主要申请人分别是 NEC、NTT、三菱电机、东芝以及华南师范，这 5 个申请人为该领域的主要申请人。

从图 27 可以看出，首先，这 5 家公司中的日本公司较早起步研究相关领域，而华南师范从 2003 年才开始起步，在 2000 年之后，相关技术专利申请量高速增长，但从 2010 年以后，专利申请量又高速下降，直至 2015 年，专利申请量又恢复高速增长，其中，NEC 在 2005 年专利申请量到达峰值，随后逐年降低，并没有恢复增长态势，东芝以及华南师范在 2003 年前申请量均为 0，但随后稳步上升，在 2015 年专利申请量到达峰值（东芝在 2013 年没有申请专利），NTT 在 2006 年维持在一个较为稳定的高申请量，随后申请量较低，但稳定在一个较低水平，三菱电机在 2001 年左右申请量到达峰值 5 件，随后逐年降低为 0 件或 1 件，并没有恢复增长态势。

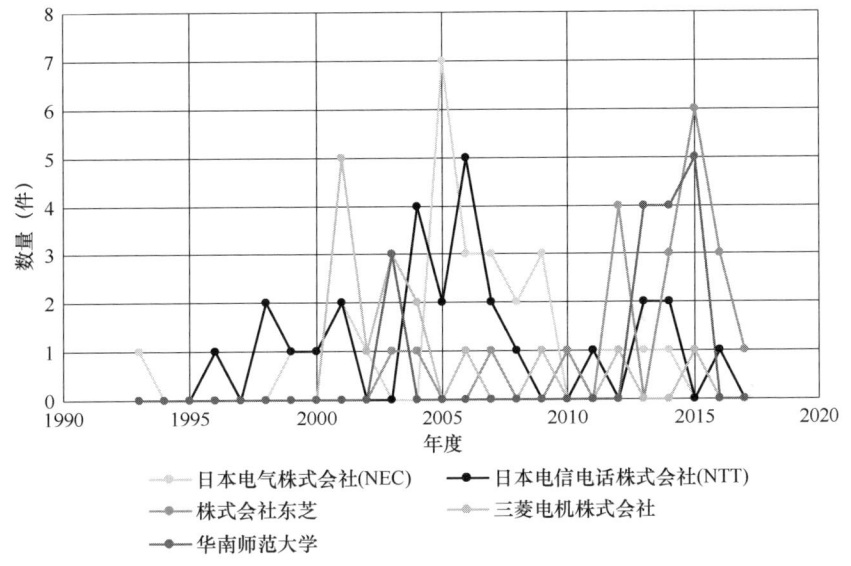

图 27 光子量子通信申请人分布

为了统计各申请人在光子量子通信领域相关专利申请量，我们统计了从 1985 年至今各申请人在该领域的专利申请总量，得到图 28，从图 28 可以看出，相关专利申请量的前 4 位均为日本申请人，分别为 NEC、NTT、东芝、三菱电机，但后五位均为中国申请人，分别为华南师范、中科大、安徽问天量子、浙江神州量子、中科院上海技术物理研究所；其中，NEC 和 NTT 的申请量，位于第一梯队，东芝申请量位于第二梯队，三菱电机，华南师范申请量位于第三梯队，最后四位的申请量类似，位于第四梯队。

从图 28 也可以明显看出，在光子量子通信领域，日本具有明显优势，中国紧随其后，且中国申请人中，高校申请人更占优势，美国在该领域的研究明显落后于中国和日本。

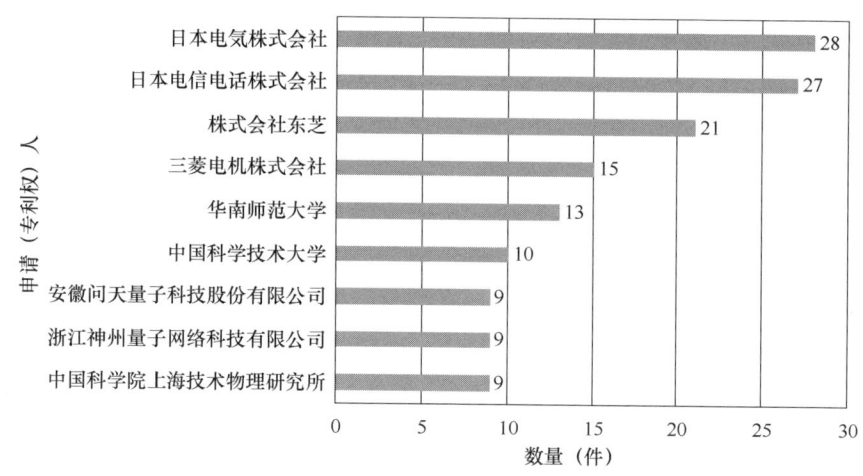

图 28 同步或最初建立特殊方式的发送和接收专利申请量申请人排名

（3）专利申请受理国以及地域分布

为了统计各国申请人在光子量子通信领域相关专利申请量，我们统计了从 1990 年至今各专利受理国在该领域受理的专利申请总量，得到图 29，另外统计了进入各国专利的申请量的分布情况，得到图 30。

从图 29 可以看出，在 2010 年以前，美国、日本受理光子量子通信相关专利的受理量比较平均，且数量保持较低水平，为 10 件以内，从 2010 年之后，中国就发展为受理光子量子通信相关专利最多的受理局，且受理数量远远超过其他国家，这表明，中国在该领域的市场较大，且投入较多，此外，美国在 2010 年以后也保持了较多受理量，且逐年稳步提成，日本受理量从 2005 年开始逐年下滑，但近两年稳定地维持在一个较低的水平。

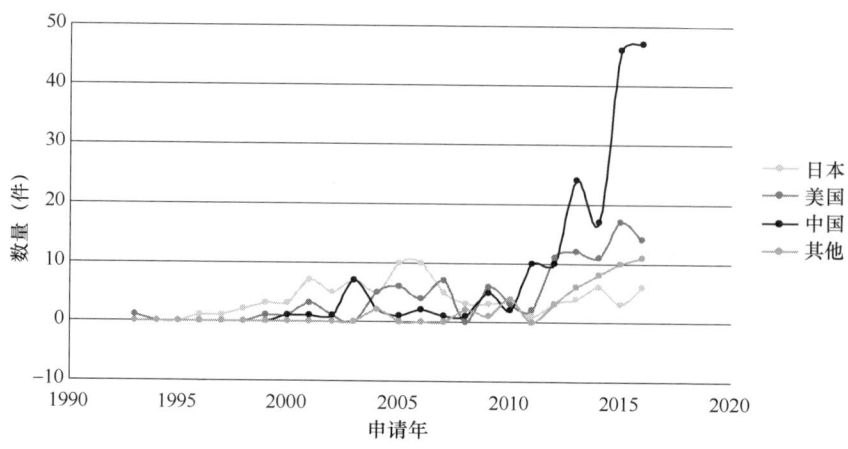

图 29 专利受理国申请量随时间变化趋势

从图 30 可以看出，在光子量子通信领域相关专利申请仍然集中在日本、美国、中国，这三个国家的专利申请量占全部申请专利总量的 91%，其中，中国申请在该领域的申请量位列第一，占总申请量的 46%，其次是美国，最后是日本，但日本和美国专利申请量类似，差距不明显。

（4）重点专利申请人整体专利质量水平

为了解全球范围内光子量子通信领域的主要申请人整体专利质量水平，按照专利平均同族数量以及平均被引用频次对主要的 7 名申请人的专利申请的情况进行了统计得到下图 31，从图 31 可以看出，东芝、三菱电机、NEC 等日本公司同族专利量较多，专利质量水平最高，根据被引用频次来看，NEC、东芝、三菱电机是最受关注的专利权人，其研究成果对业界研究和技术开发具有广泛的参考价值和借鉴意义，相比之下，中国科技大学的引用频次排名第四，与其他技术领域相比，中国申请人在该技术领域的专利质量有所提升。

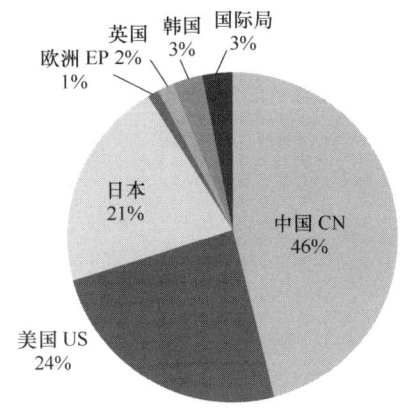

图 30 各国专利申请人申请量分布

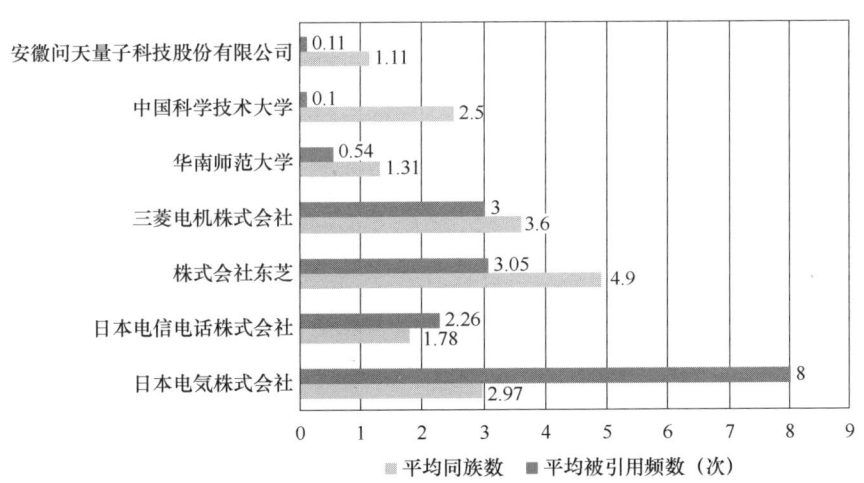

图 31 光子量子通信领域各国专利申请人申请质量

4. 结论

通过对以上三个技术点的分析可以看出，中国、日本、美国是量子通信领域相关专利技术开发最活跃的国家，近年来，密钥分配、光子量子通信相关的研发投入越来越多，而同步或最初建立特殊方式的发送和接收相关的研发投入已经逐年降低，由于中国在量子通信领域研究的起步较晚，因此，对于热点研究方向密钥分配以及光子量子通信投入了较多的研发精力，而对于已经不是本领域的研究热点的同步或最初建立特殊方式的发送和接收技术并未投入过多研发精力，而由于日本、美国在量子通信领域的研究起步较早，早期在同步或最初建立特殊方式的发送和接收相关领域积累了大量专利，占有较多的市场份额，但近年来，日本、美国各申请人也逐渐将研究重点转为密钥分配，光子量子通信领域，而降低了在同步或最初建立特殊方式的发送和接收技术的研究投入。

（二）国外主要申请人专利分析

本报告选择了量子通信领域具有代表性的主要申请人进行详细研究和具体分析，其中，对于日本申请人选取的是日本电信电话株式会社（NTT）和日本电气株式会社（NEC），对于美国申请人选取的是MAGIQ技术公司。

1. 日本电信电话株式会社（NTT）

NTT创立于1976年，是日本最大电信服务商的全资子公司，该公司覆盖了所有的信息和电信技术，在量子通信领域，其主要研究领域是保密或安全通信。

（1）专利申请时间趋势

NTT的申请量趋势如图32所示，从图32中可以看出，NTT在量子通信领域经历了三个发展阶段，第一阶段为1985—1999年，该阶段NTT申请维持在一个低水平的稳定申请量，每年平均有1~3件；第二阶段为1999年至2007年，相较第一阶段，申请量翻倍增长，并且申请量稳定，每年平均有7~9件；第三阶段为2008年至今，专利申请量逐年降低，每年平均申请量与第一阶段接近。

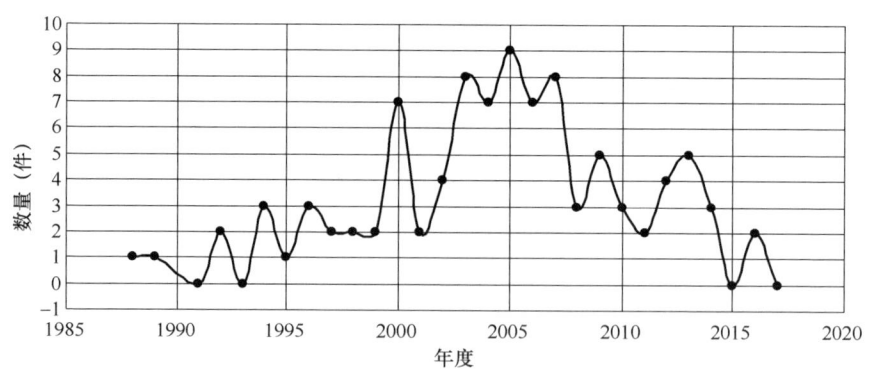

图32 NTT申请量逐年分布

由于NTT是一家综合性公司，量子通信仅为该公司众多研究领域中的一个小分支，因此，相较其他量子通信的专业性公司，NTT的专利申请量并不突出。

（2）专利申请技术分布

NTT的研发重点分析如图33所示，从图33可以看出，该公司在量子通信领域的研究重点主要侧重于同步或最初建立特殊方式的发送和接收密码设备，其专利申请量占该公司在量子通信领域申请量的30%，另外，该公司在利用微粒辐射束或无线电波以外的电磁波传输系统、密钥分配、光子量子通信技术领域的专利申请量也比较平均，申请量为同步或最初建立特殊方式的发送和接收密码设备领域的五成左右，前四种技术领域共占总申请量的 70%。需要说明是，从图 33 可以看出，NTT 在量子通信各个技术相关领域均有专利布局，研究领域较广。

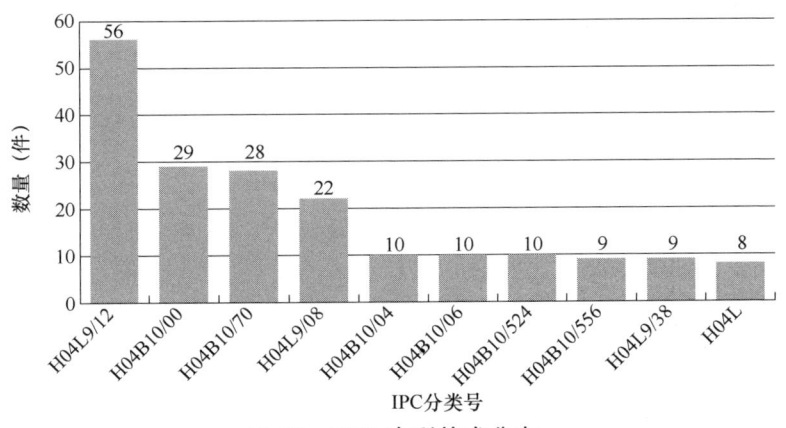

图 33 NTT 专利技术分布

（3）专利申请法律现状

截至检索日，该公司的专利申请法律状态如图 34、图 35 所示，其中，专利权处于有效状态的专利申请为 35 件，占申请总量的 36%，专利权处于失效状态的专利为 59 件，占申请总量的 61%，审查未决的专利为 3 件，占申请总量的 3%。

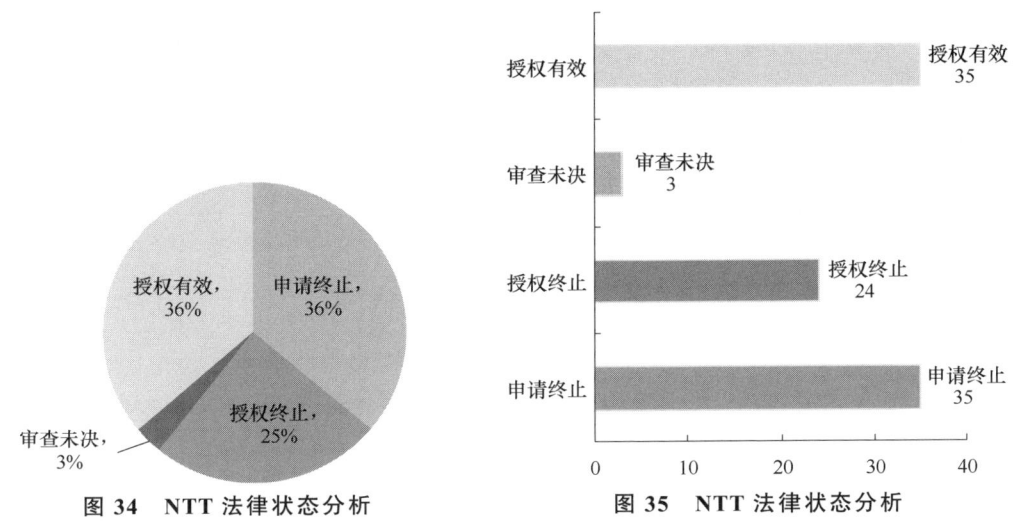

图 34 NTT 法律状态分析　　　图 35 NTT 法律状态分析

（4）重点专利

① JP2005268958A1，公开日 2005 年 9 月 29 日，分类号 H04L9/12，专利被引用 18 频次。

该专利提供了一种能够实现快速脉冲重复速度的量子密码通信设备，在常规 BB84-"即插即用"的配置中，由一固定频率的 RF 频率信号驱动的光相位调制器 120 的结构加到 Alice100，并且过滤器 250，260，用于仅发送指定的每个频率添加到 bob200 双光子探测器 230，240 的前置，光相位调制器 120 由 f 驱动，产生一个光脉冲频率的调制边带波，当光学脉冲在一个方向上前进时。瑞利散射光的频率为 f 0，从而通过设置过滤器 250，260 的指定频率为 f，将调制边带波作为没有噪声的信号进行检测，通过瑞利散射来调制一个调制边带波的一个或多个滤波器。

② JP2007129562A1，公开日 2007 年 5 月 54 日，分类号 H04L9/12，专利被引用 15 频次。

该专利提供一种量子秘密密钥共享系统，其在不受由光纤传输线等连接的设备之间的形式双折射的影响的情况下操作，并且贡献其中所有发送和接收的光子有助于产生密钥位以及用于生成量子密钥的方法。解决方案：量子秘密共享系统包括：发射机，其设置有用于产生固定间隔的光脉冲串的装置和用于将产生的光脉冲串的各个脉冲的相位调制 0 或 π 并且发射它；中继器，配备有用于调制由 0 或 π 发送的光信号的光脉冲串的各个脉冲的相位并将其发送的装置；以及接收机，其具有用于将等于光脉冲串的脉冲间隔的时延相加的装置，所述光脉冲串的脉冲间隔将被发射的光信号的光脉冲串分成两路；用于多路复用分支的光脉冲串分成两个，还包括检测多路复用光脉冲串的光脉冲的装置。

2. 日本电气株式会社

日本电气股份有限公司（NEC Corporation），简称 NEC，是日本的一家跨国信息技术公司，成立于 1898 年，在量子通信领域，其主要研究领域是同步的或最初建立特殊方式的发送和接收密码设备。

（1）专利申请时间趋势

NEC 的申请量趋势如图 36 所示，从图 36 中可以看出，NEC 在量子通信领域经

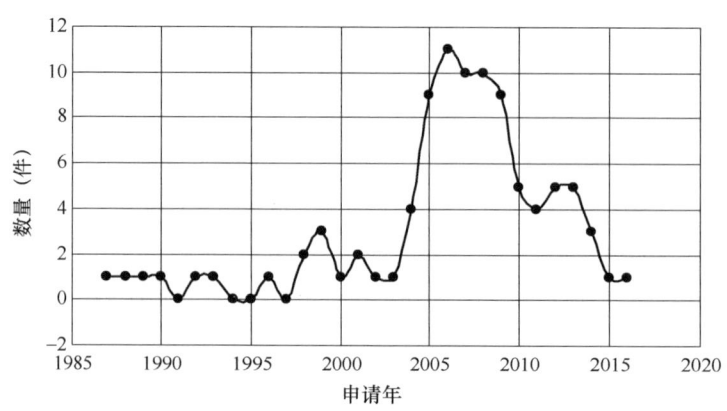

图 36　NEC 申请量逐年分布

历了三个发展阶段，第一阶段为 1985—2003 年，该阶段 NEC 申请维持在一个低水平的稳定申请量，每年平均有 1～3 件；第二阶段为 2003 年至 2010 年，相较第一阶段，申请量翻倍增长，并且申请量稳定，每年平均有 8～11 件；第三阶段为 2010 年至今，专利申请量逐年降低，每年平均申请量与第一阶段接近。

由于 NEC 是一家综合性公司，量子通信仅为该公司众多研究领域中的一个小分支，因此，相比较于其他的量子通信专业性较强的公司，NEC 的专利申请量并不突出。

（2）专利申请技术分布

NEC 的研发重点分析如图 37 所示，从图 37 可以看出，该公司在量子通信领域的研究重点主要侧重于同步的或最初建立特殊方式的发送和接收密码设备以及密钥分配，这两项的专利申请量占该公司在量子通信领域申请量的 40%，需要说明的是，从图 37 可以看出，NEC 在量子通信各个技术相关领域均有专利布局，研究领域较广。

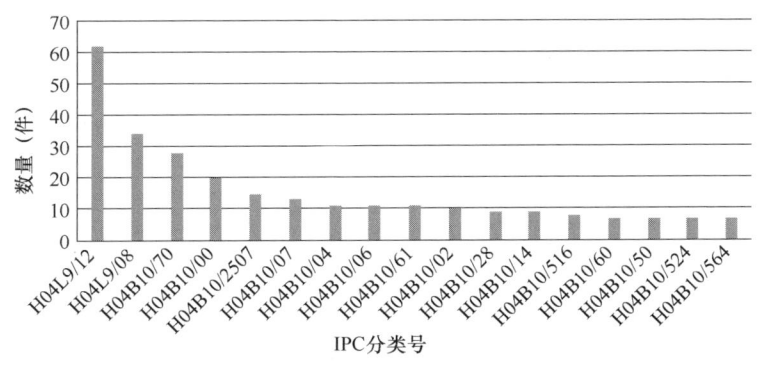

图 37　NEC 专利技术分布

（3）各国专利布局

NEC 在各个国家的专利申请分析如图 38 所示，从图 38 可以看出，该公司在本土申请的专利量较多，占 68%，此外，在美国申请的专利量占 25%，在中国申请的专利量占 5%，从图 38 可以看出，NEC 不仅在本国储备了较多的专利，在美国和中国也储备了一定量的专利。

（4）专利申请法律现状

截至检索日，该公司的专利申请法律状态如图 39、图 40 所示，其中，专利权处于有效状态的专利申请为 35 件，占申请总量的 38%，专利权处于失效状态的专利为 48 件，占申请总量的

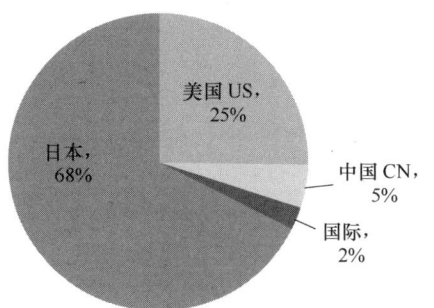

图 38　NEC 专利申请国家分布

51%，审查未决的专利为 10 件，占申请总量的 11%。

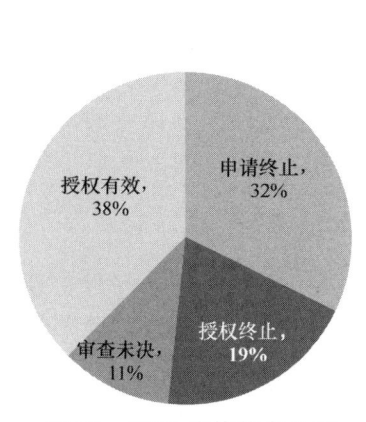

图 39　NEC 法律状态分析

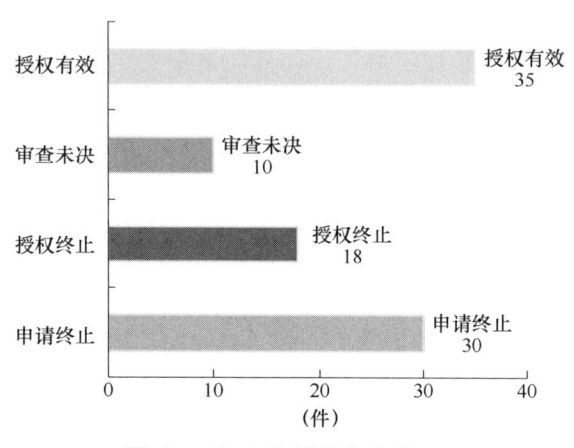

图 40　NEC 法律状态分析

（5）重点专利

① WO2012105081A1，公开日 2012 年 9 月 19 日，分类号 H04B9/00，专利同族共 13 件，优先权 JP2011019612，该专利在中日美欧都已获得授权。

该专利涉及相干光学接收器，用于检测相干光学接收器中的信道间偏斜的装置和方法，因为当在相干光学接收器中出现信道间偏斜时，不能执行充分解调，该相干光学接收器包括本地光源、90°混频器电路、光电转换器、模数转换器和数字信号处理单元。该 90°混频器电路通过使得复用信号光与来自本地光源的本地光干涉，来输出被分离为多个信号分量的多个光学信号。该光电转换器检测该光学信号并输出所检测的电信号，该模数转换器将所检测的电信号量化并输出量化信号。该数字信号处理单元包括用于补偿在多个信号分量之间的传播延迟差的偏斜补偿单元，以及用于对该量化信号执行快速傅里叶变换处理的 FFT 运算单元；并且基于在执行快速傅里叶变换处理的结果中的以一个峰值为中心的多个峰值来计算该传播延迟差。

② WO2011145712A1，公开日 2013 年 7 月 22 日，分类号 H04B9/00，专利同族共 15 件，优先权 JP2010116878。

该专利涉及相干光接收机、用于检测相干光接收机中的通道间时滞的装置和方法，根据本发明的示例性方面的用于检测相干光接收机中的通道间时滞的方法包括以下步骤：通过使来自测试光源的测试光与来自本地光源的本地光相干涉，输出被分离为多个信号分量的多个光信号；检测所述光信号，并输出检测到的电信号；量化所述检测到的电信号，并输出量化信号；对所述量化信号执行快速傅里叶变换处理；以及从所述快速傅里叶变换处理的结果计算所述多个信号分量之间的传播延迟差。根据本发明的相干光接收机，即使在通道间出现时滞，也可以实现充分的解调，并因此抑制接收性能的恶化。

③ WO2010128577A1，公开日 2012 年 11 月 1 日，分类号 H04B10/60、H04B10/61、H04J11/00，专利同族共 9 件，优先权 JP2009112708。

该专利涉及相干接收机，其将第一传输信号指定为第一传输偏振并且将第二传输信号指定为第二传输偏振，并且接收通过对于所述第一传输偏振和所述第二传输偏振施加正交复用而形成的正交复用信号，所述接收器包括：检测装置，其用于根据指定的第一接收偏振和第二接收偏振来检测所述第一传输偏振和所述第二传输偏振，并获得第一检测信号和第二检测信号；量子化装置，其用于将所述第一检测信号和所述第二检测信号量子化并且获得第一量子化信号和第二量子化信号；以及信号处理装置，其用于在使用指定滤波控制算法对所述第一量子化信号和所述第二量子化信号进行滤波以分别形成第一经解调的信号和第二经解调的信号时，根据所述第一量子化信号和所述第二量子化信号以及所述第一经解调的信号和所述第二经解调的信号来调整所述滤波控制算法的滤波器系数，并将所述第一经解调的信号和所述第二经解调的信号分别输出到第一输出端子和第二输出端子。可以在可靠地将传输信号识别为 X 偏振或 Y 偏振的同时，接收作为 X 偏振（第一偏振）或 Y 偏振（第二偏振）传输的传输信号。

3. MAGIQ 技术公司

与日本的综合性公司不同，美国 MAGIQ 技术公司是专业从事量子通信相关技术研发的公司，提供初步商用化的量子密钥分配系统器件，终端设备和整体的应用解决方案，主要拥有量子保密分发系统 QPN 安全网关、光纤干涉仪、光纤传感器等产品，拥有大量专利，其重点技术是量子密钥分配。

（1）专利申请时间趋势

MAGIQ 的申请量趋势如图 41 所示，从图 41 中可以看出，MAGIQ 在量子通信领域起步较晚，但从 2002 年起步开始至 2007 年就保持了每年稳定且较高水平的申请量，只有在 2006 年略有回落，但从 2007 年起，该公司似乎处于专利申请的停滞阶段。

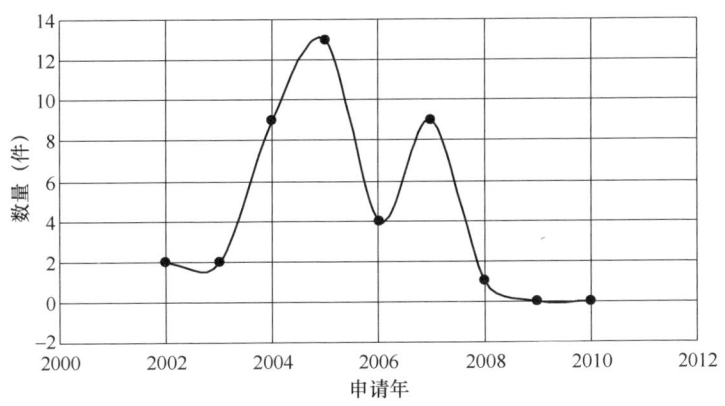

图 41　MAGIQ 申请量逐年分布

（2）专利申请技术分布

MAGIQ 的研发重点分析如图 42 所示，从图 42 可以看出，该公司在量子通信领域的研究重点主要侧重于保密或安全通信装置以及密钥分配，这两项的专利申请量占该公司在量子通信领域申请量的 80%。

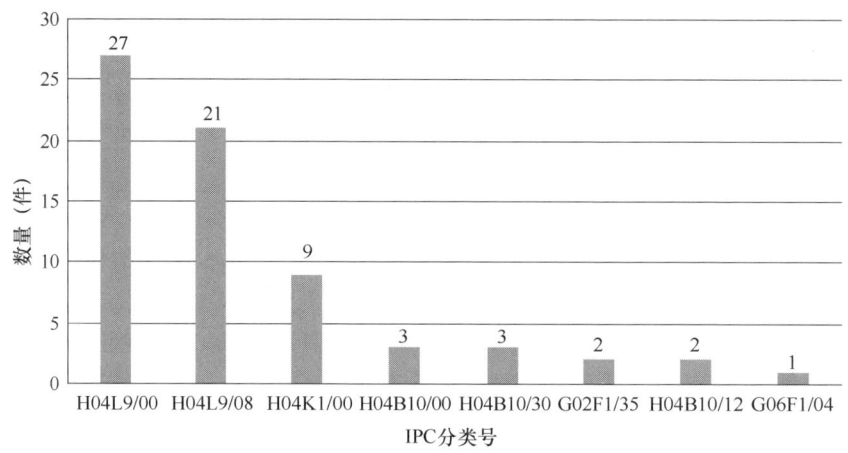

图 42　MAGIQ 专利技术分布

（3）各国专利布局

MAGIQ 在各个国家/地区的专利申请分析如图 43 所示，从图 43 可以看出，该公司在本土申请的专利量较多，共 26 件，占 68%，此外，在中国申请的专利量占 26%，在其他国家申请的专利量占 5%，从图 43 可以看出，MAGIQ 不仅在本国储备了较多的专利，在中国也储备了一定量的专利。

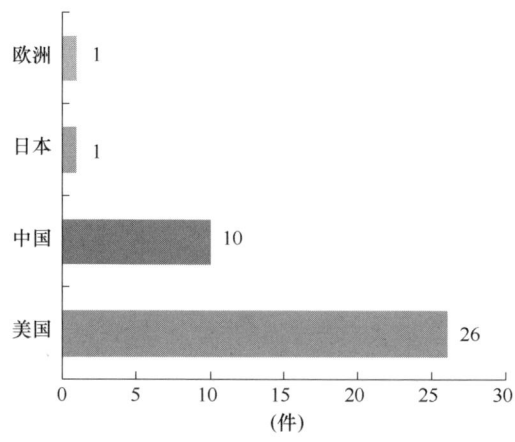

图 43　MAGIQ 专利申请国家/地区分布

（4）专利申请法律现状

截至检索日，该公司的专利申请法律状态如图 44、图 45 所示，其中，专利权处于有效状态的专利申请为 17 件，占申请总量的 44%，专利权处于失效状态的专利为 22 件，占申请总量的 56%，审查未决的专利为 0 件，占申请总量的 0%。

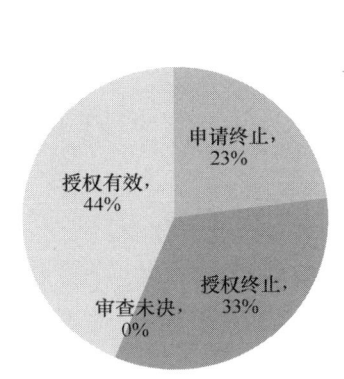

图 44 MAGIQ 法律现状分布

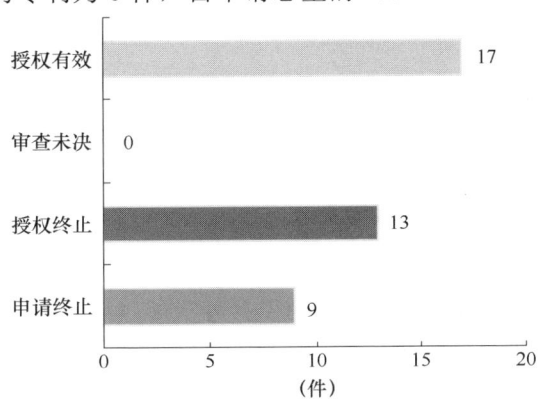

图 45 MAGIQ 法律现状分布

（5）重点专利

① CN101142779A，公开日 2008 年 3 月 12 日，分类号 H04L1/00，H04L9/00 专利同族共 9 件，优先权 US 11/082068。

该专利涉及一种将量子密钥分配与因特网协议安全结合起来改进安全性的方法，标准因特网安全协议对于改变密钥的频率施加了限制，这使得通过采用量子密钥改进因特网安全性的努力出现问题，本方法包括：采用多个安全关联，以便实现高的密钥翻转速率并且实现量子密钥与利用因特网密钥交换生成的经典密钥相结合，从而使基于量子密钥分配的标准因特网安全协议成为可能。

② CN1954541B，公开日 2010 年 6 月 16 日，分类号 H04B10，H04L9/00，H04L9/08 专利同族共 13 件，优先权 US 60/554687。

该专利公开了一种自动校准量子密钥分配（QKD）系统的方法。该 QKD 系统包括：激光器，响应于来自控制器的激光器选通信号生成光子信号。该方法包括：首先执行激光器选通扫描以建立激光器选通信号的最佳到达时间，该时间与当在 QKD 系统的编码站之间交换光子信号时来自 QKD 系统中的单光子检测器（SPD）单元的最佳值－例如光子计数的最大数量对应。一旦确定最佳激光器选通信号到达时间 T，就终止激光器选通扫描，并发起激光器选通抖动处理。激光器抖动涉及在到达时间 T 的最佳值周围改变激光器选通信号的到达时间 T。激光器选通抖动将微小调整提供给激光器选通信号到达时间以确保 SPD 单元产生光子计数的最佳（例如最大）数量。

（三）国内主要申请人专利分析

1. 安徽问天量子科技股份有限公司

安徽问天量子科技股份有限公司是国内首家从事量子信息产业化的公司，由中国科学技术大学、芜湖建设投资有限公司共同发起成立，成立于2009年。公司的量子密码技术和光电子器件技术来源于中国科学技术大学，目前拥有量子密码点对点通信方案、量子密码组网技术、量子密码核心器件的多项国际顶级专利，是国内唯一一家，也是国际少有的同时拥有全部量子密码自主知识产权的公司。

（1）专利申请时间趋势

安徽问天量子的申请量趋势如图46所示，从图46中可以看出，安徽问天量子在量子通信领域的起步较晚（公司成立于2009年），但从公司成立之后，2010年开始，该公司的专利申请量处于逐年递增的状态，在2010—2014年增速较平稳，从2014年以后开始成倍增长。

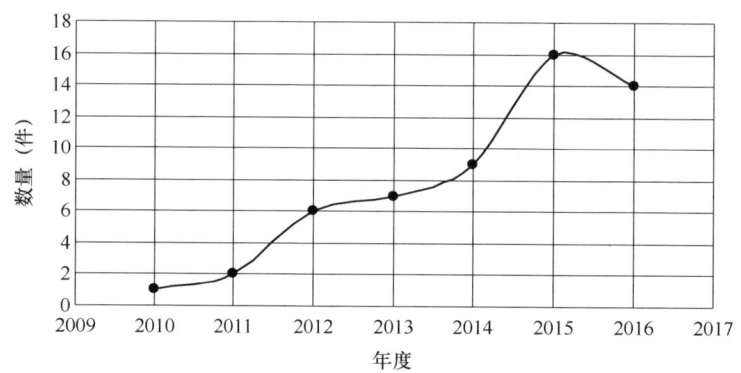

图46　安徽问天量子申请量逐年分布

（2）专利申请技术分布

安徽问天量子的研发重点分析如图47所示，从图47可以看出，该公司在量子通信领域的研究重点主要侧重于密钥分配，其专利申请量占该公司在量子通信领域申请量的70%。

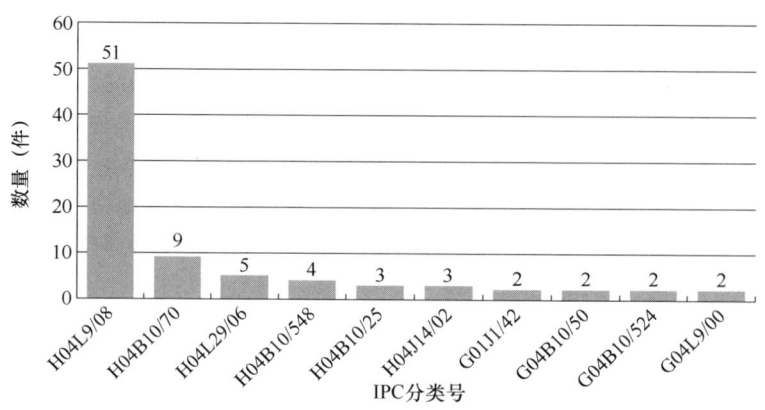

图47　安徽问天量子专利技术分布

（3）专利申请类型

安徽问天量子的专利类型分布如图 48 所示，从图 48 可以看出，该公司在量子通信领域的发明和实用新型申请量较为平均，其中，发明占比 60%，实用新型占比 40%。

（4）专利申请法律现状

截至检索日，该公司的专利申请法律状态如图 49、图 50 所示，其中，专利权处于有效状态的专利申请为 22 件，占申请总量的

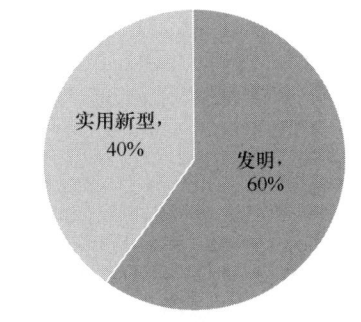

图 48　安徽问天量子专利申请类型分布

40%，专利权处于失效状态的专利为 10 件，占申请总量的 19%，审查未决的专利为 23 件，占申请总量的 41%。

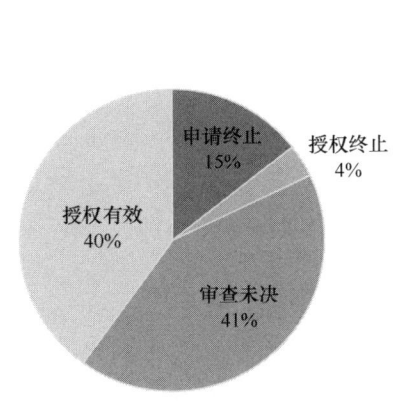

图 49　安徽问天量子法律状态分析

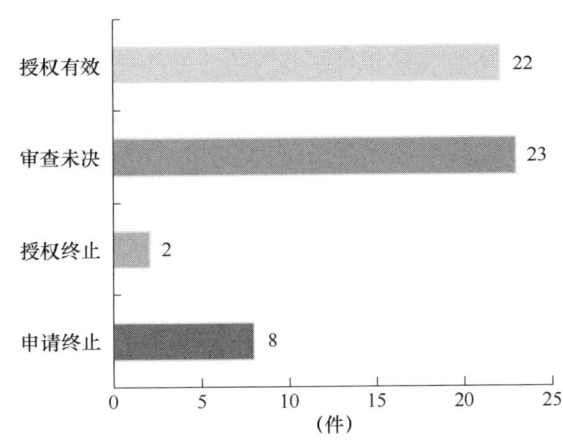

图 50　安徽问天量子法律状态分析

（5）重点专利

① CN104125058A，公开日 2014 年 10 月 29 日，分类号 H04L9/08，H04B10/70。

本发明公开了一种量子密钥分配系统中同步光的自动标定装置，Alice 端设置电控光衰减器衰减值 D 为最大值并触发同步光激光器发出 N 个同步光光脉冲，衰减后传输至 Bob 端光电探测器转换成电脉冲，Bob 端对电脉冲计数；如果电脉冲数量小于同步光光脉冲数量 N，则 Alice 端将电控光衰减器的当前衰减值 D 减去步进值 d，并再次触发 N 个同步光光脉冲，如此反复，直至 Bob 端计数得到的电脉冲数量等于 N，再使衰减值 D 减去一个固定值然后维持 D 不变。本发明还公开了量子密钥分配系统中同步光的自动标定方法。本发明可以做到对同步光自动化的标定，在因信道衰减增大丢同步光时，重新自动标定，具有很好的自恢复性能，具有很好的灵活性和实用性。

② CN102223181A，公开日 2011 年 10 月 19 日，分类号 H04L9/08，H04B10/16。

本发明公开了一种电可调光衰减器的控制方法,属于光设备技术领域。该方法包括:步骤 1,通过分别与电可调光衰减器的光输入端口、光输出端口连接的分束器分别将输入光和输出光分出一定比例;步骤 2,检测分出的输入光、输出光的强度;步骤 3,根据检测得到的分出的输入光、输出光的强度,以及输入光、输出光分出的比例计算电可调光衰减器的实际衰减值;步骤 4,根据计算得到的实际衰减值与预先设定的标准衰减值的差值,对电可调光衰减器进行控制。本发明还公开了一种光衰减系统。本发明具有控制精度高、响应速度快的优点,特别适用于量子密钥分配系统中的发射端。

③ CN103259601A,公开日 2013 年 8 月 21 日,分类号 H04L9/08,H04B10/524。

本发明公开了一种用于量子密钥通信的光信号相位调制装置,发射端包括用于产生调制信息需要的光脉冲信号的光源、采用流水线架构控制发射端调相时序的第一现场可编程门阵列、第一随机数生成模块、用于将数字信号转换成模拟信号的第一数模转换器和用于将输入电压转换成对光相位的控制的第一相位调制器;接收端包括用于探测光脉冲信号并将光脉冲信号转换成电信号输出的光探测器、采用流水线架构控制接收端调相时序的第二现场可编程门阵列、用于产生调制信息的第二随机数生成模块、用于将数字信号转换成模拟信号的第二数模转换器和用于将输入电压转换成对光相位的控制的第二相位调制器;本发明结构简单、成本低、相位调制效率高。

2. 科大国盾量子技术股份有限公司

科大国盾量子技术股份有限公司于 2009 年成立。主要经营范围包括信息系统、量子通信、量子计算及通用量子技术开发等。

(1)专利申请时间趋势

科大国盾量子的申请量趋势如图 51 所示,从图 51 中可以看出,科大国盾量子在量子通信领域的起步较晚(由于公司成立于2009 年),但从公司成立之后的头两年,该公司的专利申请量处于每年 10 件左右的平均水平,但在 2012 年有所下滑,2013 年申请量达到峰值18 件,在 2013 年至今申请量较为平稳,且处于缓慢增加的趋势,每年的申请量在 4 件左右。

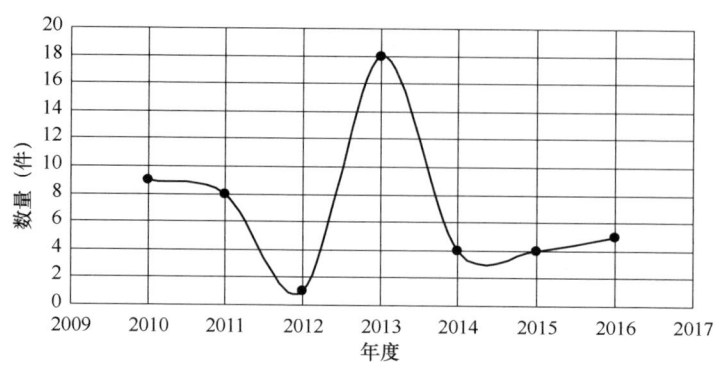

图 51　科大国盾量子申请量逐年分布

（2）专利申请技术分布

科大国盾量子的研发重点分析如图52所示，从图52可以看出，该公司在量子通信领域的研究重点主要侧重于密钥分配，其专利申请量占该公司在量子通信领域申请量的60%。

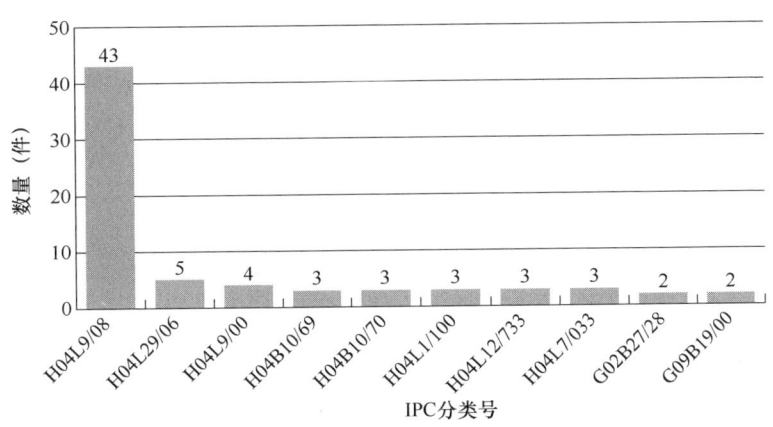

图52 科大国盾量子专利技术分布

（3）专利申请类型

科大国盾量子的专利类型分布如图53所示，从图53可以看出，该公司在量子通信领域的发明占比67%，实用新型占比33%。

（4）专利申请法律现状

截至检索日，该公司的专利申请法律状态如图54、图55所示，其中，专利权处于有效状态的专利申请为36件，占申请总量的74%，专利权处于失效状态的专利为4件，占申请总量的8%，审查未决的专利为9件，占申请总量的18%。

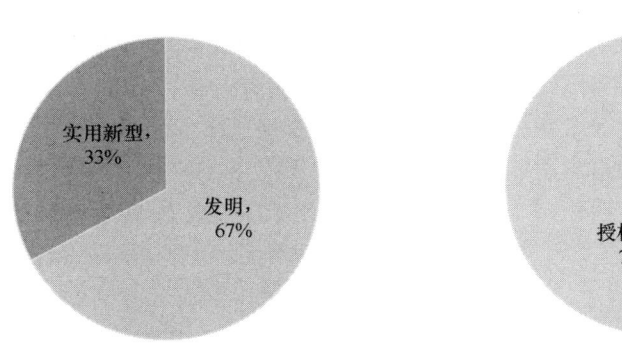

图53 科大国盾量子专利申请类型分布　　图54 科大国盾量子法律状态分析

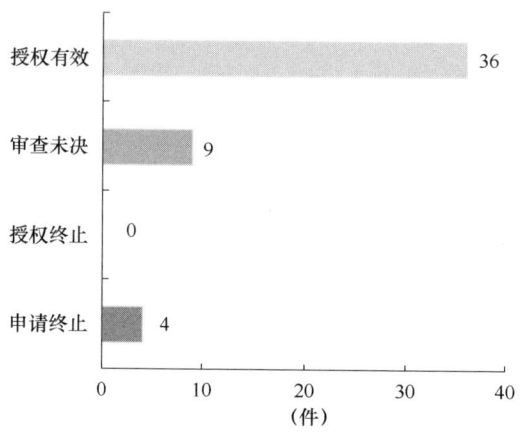

图 55 科大国盾量子法律状态分析

（5）重点专利

① CN 104518866A，公开日 2015 年 4 月 15 日，分类号 H04L9/08，专利同族 10 件，其中，在中国、美国、欧洲、日本、加拿大均递交申请。

本发明公开了一种量子密钥分配终端和系统，将量子密钥分配系统中的光学收发装置和电子学板卡通过电子学背板有机地整合成一个整体，提供了一种结构紧凑、集成度高的量子密钥分配终端，可以实现对量子密钥分配系统中的各组成器件统一测试、维护和管理，实现了密钥分配系统的一体化和终端化，还可以使用相同的量子密钥分配终端灵活组网，搭建点对点、局域网或者城域网规模的量子密钥分配系统。

② CN 106972922A，公开日 2017 年 7 月 21 日，分类号 H04L9/08，H04L29/06，专利同族 11 件，其中，在中国、美国、欧洲、日本均递交申请。

本发明公开了一种基于量子密钥分配网络的移动保密通信方法，其步骤为：移动终端注册入网，与量子密钥分配网络中的某台集控站建立绑定关系；通信业务发起后，参与本次通信的移动终端向量子密钥分配网络申请业务密钥；量子密钥分配网络得到本次通信中参与业务密钥分配的各集控站地址，根据各集控站的当前状态指标指定业务密钥生成集控站；业务密钥生成集控站生成本次通信所需的业务密钥并分发到参与本次通信的移动终端；参与本次通信的移动终端使用所述业务密钥，通过该类通信业务原有的数据链路进行保密通信。本发明在业务密钥生成环节、密钥中继环节对业界现有方案做了改进，改善了当中继节点较多时，密钥到达滞后，影响服务质量的问题。

四、发展趋势预测

（一）专利技术热点的发展趋势

通过对量子通信领域专利技术现状的分析，提出以下量子通信技术发展趋势预测。

从上述分析数据来看，技术关注点的变化非常明显，在 2011 年以前，各个技术领域发展较为平均，而在 2011 年以后，密钥分配以及光子量子通信是位居量子通信领域专利申请量的前 2 位的技术方向，尤其在密钥分配技术领域，增速明显，竞争激烈；而利用无线电波以外的电磁波传输以及同步的或最初建立特殊方式的发送和接收密码设备的相关研究已经逐渐走下历史的舞台，各个申请人几乎都不再在上述两个技术领域的投入过多的研发精力。

因此，预计在未来的 2~3 年内，密钥分配以及光子量子通信相关技术仍然是世界各国在量子通信领域的技术竞争热点。

（二）专利技术在国际和中国的发展情况

通过对量子通信领域专利技术现状的分析，可以看出，国内外企业在量子通信领域的专利申请布局有着明显差别。

首先，由于我国在量子通信领域研究起步较晚，例如问天量子等公司成立于 2009 年，因此，我国在 2009 年以前的专利申请量非常少，但在 2009 年后的专利申请量呈高速增长，而问天量子等企业大都依托于技术领先的科研院校，科研成果转化的效果较好；另外，在我国量子通信领域的专利中实用新型与发明都占据一定的比例，且专利大多为本国申请，受保护的地域范围非常有限，抢占海外市场的意识明显不足，相关的国际申请较少，专利同族量较少，专利被引用频次较低。因此，今后中国申请人还应加强在全球范围内的专利布局，并提高专利申请质量。

其次，对于国外申请人，例如 NEC、NTT、MAGIQ 等公司由于在量子通信领域起步较早，因此，在前期已经储备了大量的专利，且均为发明专利，这与我国专利布局是明显不同的。另外，国际申请也占据很大的比例，在除本国外的其他国家专利布局积极，专利同族量大，专利被引用频次高。但很明显的，国外申请人在 2005—2010 年在量子通信领域的研发精力投入较多，专利申请量达到峰值，从 2010 年后，由于中国在量子通信领域的崛起，以及量子通信领域技术热点的转变，国外申请人在量子通信领域的专利申请量逐年降低，处于转型期间。

最后，国内外申请人的专利储备以及前期专利申请方向侧重点明显不同，我国由于起步较晚，因此，中国量子通信领域的相关专利与目前世界范围内的热点技术基本一致，主要集中在密钥分配以及光子量子通信技术，而日本申请人的专利则主要集中在同步或最初建立特殊方式的发送和接收密码设备，美国申请人的专利主要集中在保密或安全通信。另外，日本申请人和美国申请人近年来在密钥分配领域也投入了一定的研发精力。可以看出，在如今的热点技术——密钥分配以及光子量子通信技术领域，中国申请人已经走在了世界的前列。

（三）对我国相关行业产业的建议

量子通信是关系到国家信息安全的战略性技术和产业，发展潜力巨大。在推进量子通信实用化方面，我国已走在世界前列，我国"十三五"发展规划纲要提出，将量子通信和量子计算机列为"科技创新 2030"重大项目，在量子通信领域，需要加强核心器件的自主研发，加强与经典网络的融合，推动标准制定，开展城域量子通信、城际量子通信、卫星量子通信关键技术研发，初步形成构建空地一体广域量子通信网络体系的能力，并在全天时卫星量子通信技术上取得突破。到 2020 年进入世界先进行列、形成一批自主知识产权和产业技术标准，提供系统解决方案，知识产权收益比 2015 年翻一番。

与其他技术领域相比，量子通信领域还是新兴技术，且技术专业性较强，我国的量子通信起步较晚，基础较为薄弱，且大众对该领域了解较少，因此，将量子通信从理论研究实验进行市场推广还需要很长时间的努力，根据以上对专利技术现状的分析，提出对我国量子通信领域相关企业和机构的建议，具体如下：

首先，进一步加强技术创新与知识产权保护，提升专利质量，抓紧在海外市场的专利布局，另外，积极组织和参与量子通信领域标准的讨论和制定，这样，才能够引领行业的发展，增强国际竞争力。

其次，继续保持我国在密钥分配以及光子量子通信技术领域的领先地位，提前投入资本研究，并有选择地抢占技术空白点。另外，除了理论的研究和实验外，还要继续重视对相关实用器件的研究，解决成本问题，以有效推进量子通信产业的市场化。

最后，加强战略支持。政府以及相关机构应加大科普和宣传力度，积极推进量子通信在军事、金融、生活等各个领域的实际应用。

参考文献

[1] 肖玲玲，等. 基于专利分析的量子通信技术发展研究 [J]. 全球科技经济瞭望，2015.

[2] 杨帆，等. 量子通信知识产权态势分析报告 [Z]. 国家科学图书馆总馆，2011.

[3] http://blog.sina.com.cn/s/blog_874fae130102x4h0.html.

多输入多输出（MIMO）系统关键技术发展趋势

陶海萍　田勇　刘玲斐　左礼骏

前言

本课题利用专利分析方法对 MIMO 技术及其演进版的 massive MIMO 技术现状及发展趋势进行研究，通过专利数据分析，得出关键技术热点、技术演进方向等情报信息，从专利角度对国内行业的发展提供指导，以提升我国企业在全球竞争中的竞争力，帮助我国企业在新一代信息技术实现"弯道超车"。

本课题围绕与标准相关的技术点，结合标准演进过程分析研究主要技术点的专利申请情况。其中，总结梳理 MIMO 技术要点，围绕技术要点按照检索→验证→补充检索→再验证的方式进行专利检索，采集全球专利数据并进行专利筛选。根据筛选结果，重点分析当前关注的 MIMO 技术中一级技术要点和二级技术要点的专利布局态势。

以下分别介绍 MIMO 技术的概述，MIMO 整体专利分布情况，重点技术分类的确定和 MIMO 重点技术，最后对标准必要专利和专利池进行简要说明，并得出结论和建议。

一、MIMO 技术概述

移动通信技术自出现以来，历经了模拟通信、第二代移动通信、第三代移动通信、第四代移动通信。但是随着移动通信的快速发展，无线通信系统的容量与可靠性亟待提升，常规单天线收发通信系统面临严峻挑战。采用常规发射分集、接收分集或智能天线技术，已无法满足新一代无线通信系统的大容量与高可靠性需求。结合空时处理的多输入多输出（Multiple Input Multiple Output，MIMO）通信技术，提供了解决该问题的新途径。

MIMO 通信技术是天线分集与空时处理技术相结合的产物，它源于天线分集与智能天线技术，具有二者的优越性，属于广义的智能天线的范畴。结合天线发射分集、接收分集与信道编码技术是无线通信发展的趋势,在多径传播环境中,增大阵元间距与角度扩展以及结合空时处理都有利于捕获、分离与合并多径。

MIMO通信技术采用的基本思路是利用空间维度资源,在发射端和接收端同时采用多天线技术,容量的提升与天线数目成比例关系。MIMO无线通信系统在发射端与接收端均采用多天线单元,运用先进的无线传输与信号处理技术以及无线信道的多径传播,因势利导地开发空间资源,建立空间并行传输通道,在不增加带宽与发射功率的情况下,能够成倍地提高无线通信的容量与可靠性,堪称现代通信领域的重要技术突破(见图1)。

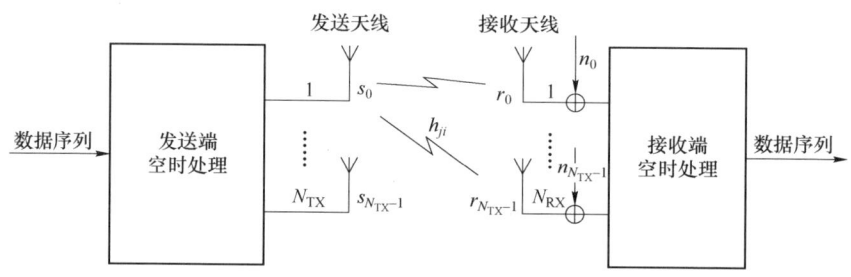

图 1 MIMO 系统模型示意图

(一)主要的 MIMO 通信技术

从技术实现的角度上来说,MIMO 可以分为空间分集(Space Diversity)、空间复用(Spatial Multiplexing)、波束赋形(Beamforming)等。此外,还可以包括 MIMO 检测、天线校准和功率分配等。

从接收端是否进行反馈的角度来说,MIMO 可以分为闭环 MIMO 和开环 MIMO。从涉及用户的角度来说,MIMO 可以分为单用户 MIMO(Single User MIMO,SU-MIMO)和多用户 MIMO(Multiple User MIMO,MU-MIMO)。

从涉及信息的角度来说,MIMO 可以包括信道状态信息(Channel State Informatica,CSI)测量、CSI 反馈和码本(codebook)设计。从天线规模的角度来说,还可以包括大规模 MIMO(massive MIMO)、全维度 MIMO(Full Dimension MIMO,FD-MIMO)。

以下将对如上内容进行简要说明。

(二)开环 MIMO

简单来说,开环 MIMO 技术是指发射端在进行预编码的时候,不需要借助接收端反馈的信道状态信息,即可对待传输的信息进行预编码并发送。开环 MIMO 一般可以包括两种方式:空间分集和空间复用。

1. 空间分集(Space Diversity)

空间分集指将同一信息进行正交编码后,从多根天线上发射出去的方式。接收端将信号区分出来并进行合并,从而获得分集增益。空间分集的编码相当于在发射端增加了信号的冗余度,因此可以减小由于信道衰落和噪声所导致的符号错误率,提高传输可靠性和增加覆盖面。

空间分集技术主要用来对抗信道衰落,利用大尺度分隔天线形成的独立信道以消除信道衰落影响,能够提高接收的可靠性和覆盖。一般而言,空间分集技术具体可以包括空时/频编码、循环移位/延迟分集和天线切换分集。

空时/频编码是通过空时/频编码在多个发送天线上进行联合编码获得编码增益和分集增益。空时/频编码包括空时块码、空频块码、准正交空时码、差分空时编码、分组空时码和空时网格码等。

循环移位/延迟分集包括循环移位分集和循环延迟分集等。LTE 不支持单纯的 CDD 传输分集技术。大时延 CDD 与空间编码技术结合使用,小时延 CDD 可以通过具体设备来实现,不需要标准支持。传统的延迟分集(Delay Diversity,DD)是人为扩大信道多径时延,以获得多径分集增益,提高了对循环前缀长度的要求。

天线切换分集包括时间切换分集(Time Switched Transmit Diversity,TSTD)和频率切换分集(Frequency Switched Transmit Diversity,FSTD)。LTE 中支持上行天线选择技术,即 TSTD。FSTD 则与 SFBC 结合起来作为一种传输分集方式使用。

2. 空间复用(Spatial Multiplexing)

空间复用指系统将高速数据流分成多路低速数据流,经过编码后调制到多根发射天线上进行发送,在不相关的信道上同时传送独立的数据流以提高系统吞吐量。

由于不同空间信道间具有独立的衰落特性,因此接收端可以利用最小均方误差或者串行干扰删除技术,就能够区分出这些并行的数据流。这种方式下,使用相同的频率资源可以获取更高的数据传输速率,意味着频谱效率和峰值速率都得到改善和提高。

开环空间复用中,预编码使用大延时循环延时分集(CDD)。开环空间复用不依赖于任何来自 UE 的预编码信息。在两天线端口和大延时 CDD 情况下,预编码矩阵是固定的。四天线端口情况下,预编码矩阵在 4 个预定义的 4×L 维的预编码矩阵间循环选择,对于连续的资源粒子是不同的。

尽管预编码矩阵可以在时域和频域内变化,但它们是按照预定义的方式变化,因而不需要 UE 提供任何预编码矩阵的信息。开环空间复用方案一般是使用贝尔实验室提出的分层空时码,即对角分层空时码(D-BLAST)、水平分层空时码(H-BLAST)和垂直分层空时码(V-BLAST)。

(三)闭环 MIMO

闭环 MIMO 也可称为闭环预编码,即所谓的线性预编码技术。线性预编码技术的作用是将天线域的处理转化为波束域进行处理,在发射端利用已知的空间信道信息进行预处理操作,从而进一步提高用户和系统的吞吐量。

具体做法是:在接收端将当前信道状态信息或其函数反馈回发射端;发射端在下一次传输时使用相应的预编码矩阵(或矢量),在信号发射之前对其进行空间域上的线性变换达到等效的改善信道的作用(见图2)。

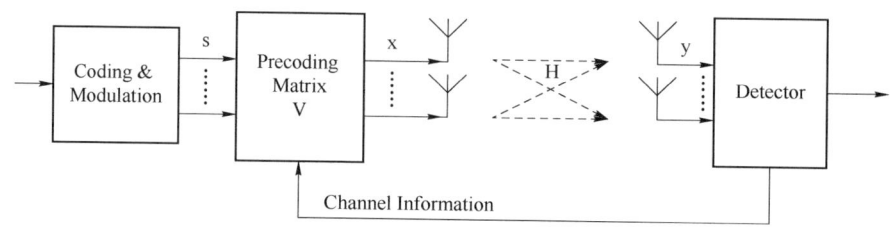

图 2　闭环空间复用实现示意图

线性预编码技术按其预编码矩阵的获取方式,可以划分为两大类:非码本的预编码和基于码本的预编码(见图3)。

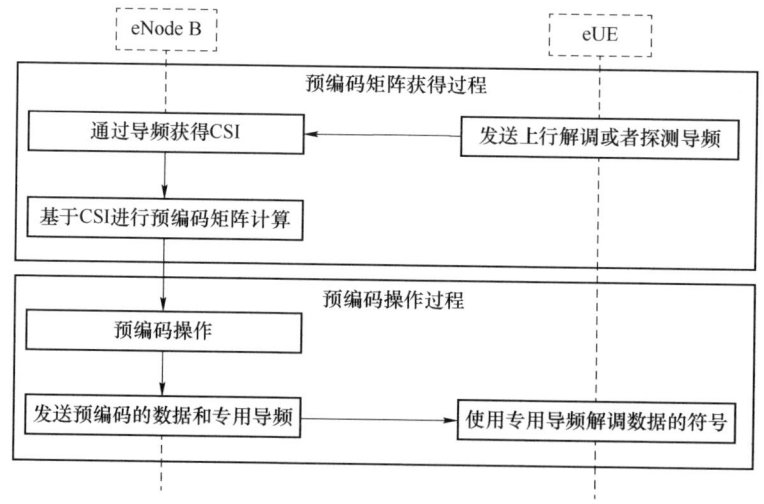

图 3　非码本的预编码操作流程

与预编码技术相关的技术主要涉及:与空时码的结合、改进的预编码方式、非码本的预编码、基于码本的预编码所使用的不同类型码本,等等。

(四)波束赋形(Beamforming)

波束赋形技术是通过天线阵列缩小波束宽度,提高波束指向性并提高覆盖范围,以及通过信道准确估计,针对用户形成波束以降低用户间干扰。波束赋形是一种应用于小间距的天线阵列多天线传输技术,其主要原理是利用空间信道的强相关性及波干涉原理产生强方向性的辐射方向,使辐射方向的主瓣自适应地指向用户来波方向,从而提高信噪比,并提高系统容量或者覆盖范围(见图4)。

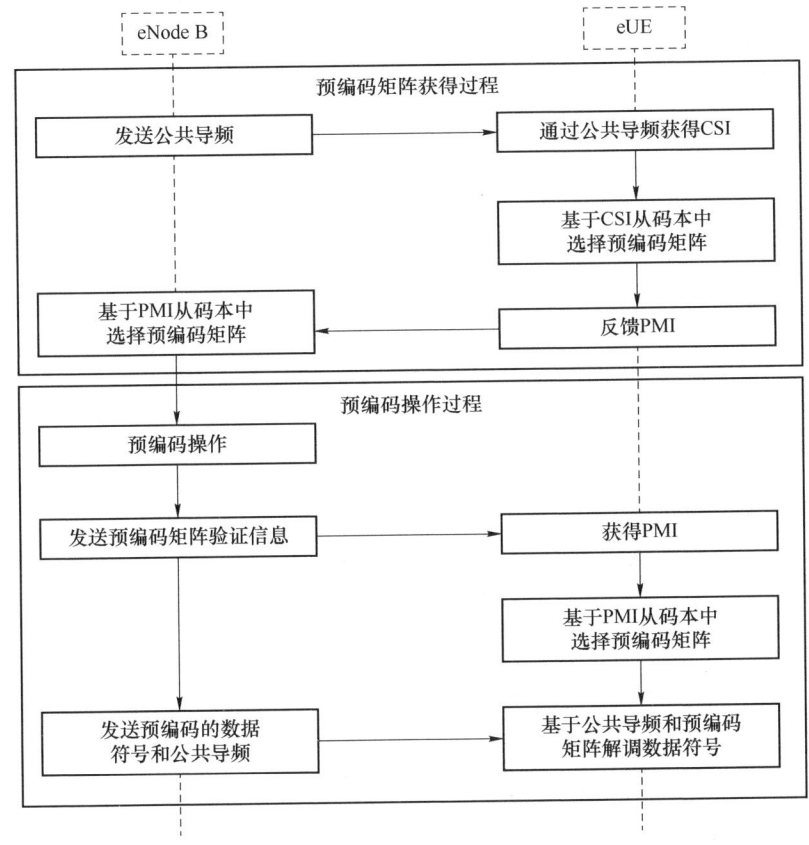

图 4 基于码本的预编码操作流程

波束赋形的权值仅仅需要匹配信道的慢变化，比如来波方向和平均路损。因此，在进行波束赋形时，可以不利用终端来反馈所需信息；来波方向和路损信息可以在基站侧通过测量上行接收信号而获得，并且不要求使用多根天线进行数据发送。

根据波束赋形是否涉及垂直维度，可以将波束赋形分为非 3D-MIMO 中的波束赋形和 3D-MIMO 中的波束赋形。

在现有的蜂窝系统当中，发射端（例如基站）波束仅能在水平维进行调整，而垂直维对每个接收端（如用户）都是固定的下倾角。因此各种波束赋形/预编码技术等均是基于水平维信道信息的。

事实上，由于信道是三维的，固定下倾角的方法往往不能使系统的吞吐量达到最优。随着小区用户数的增多，用户分布在小区内的不同区域，包括小区中心和小区边缘，使用传统的 2D 波束赋形只能根据水平维的信道信息进行水平方向上的区分，而不能在竖直维对用户进行区分，对系统性能造成了严重的干扰（见图 5）。

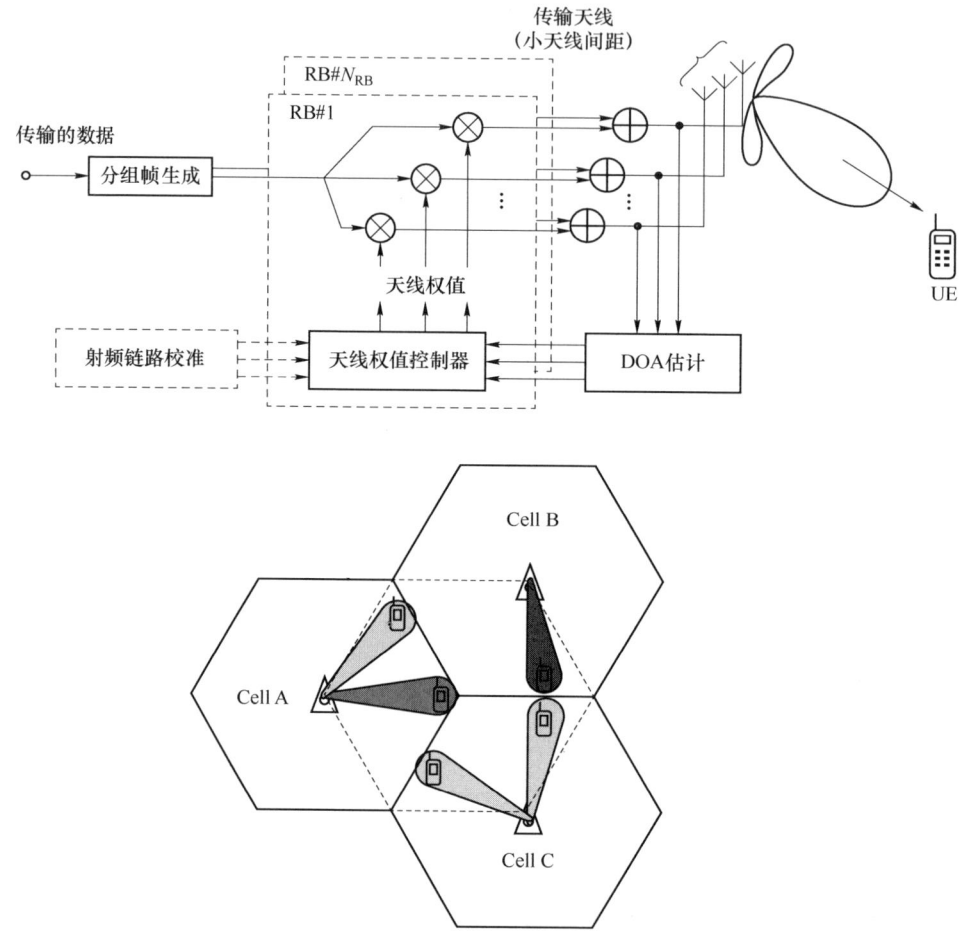

图 5 波束赋形示意图

与传统的 2D MIMO 相比，3D MIMO 是在传统 2D MIMO 的基础上，不改变现有天线尺寸的条件下，可以将每个垂直的天线阵列分割成多个子阵列，从而开发出 MIMO 的另一个垂直方向的空间维度。3D MIMO 将 MIMO 技术推向一个更高的发展阶段，为 LTE 传输技术性能提升开拓出了更广阔的空间，使得进一步降低小区间干扰、提高系统吞吐量和频谱效率成为可能。

传统的 2D 波束赋形技术只能动态改变波束的水平方位角，不能调整天线波束的下倾角，垂直覆盖范围是固定的，无法满足数据业务增长的需求。而 3D 波束赋形技术能够动态改变基站天线阵列的下倾角，优化基站天线的垂直覆盖范围，使边缘用户能有效接收信号。由于 3D 波束赋形技术可以在保持基站数目不变、节约成本的前提下增大小区的垂直覆盖范围，提高系统的性能，因此 3D 波束赋形技术目前已经成为新的研究热点，是 3GPP R12 中的一项重要研究内容。

3D 波束赋形相较于 2D 波束赋形，在垂直维度增加了一个可以利用的维度，能够合理调整小区的垂直覆盖范围，从而减少小区间终端的干扰；还可以实现垂直方向的动态赋形，使波束精确对准目标用户，减少具有相同方位角不同下倾角的终端之间的干扰。同时，3D 波束赋形技术的使用可以同时实现水平维和垂直维的小区分裂，使同一时刻被服务的小区的用户数目增加一倍，显著提高系统的平均吞吐量。

（五）MIMO 检测

接收端需要对信号进行 MIMO 检测；主要的 MIMO 检测技术可以分为线性检测、非线性检测及准最优检测。

线性检测是指通过对接收到的数据进行线性变化（乘上一个线性矩阵），以检测出发送数据的方法。它可以有效利用 MIMO 系统中多根接收天线的接收合并增益，既可以用于单天线发送分集的情况，也可以用于空间复用的情况。线性检测主要分为最大比合并（MRC）、干扰抑制合并（IRC）等。

非线性检测主要应用于发射端采用空间复用的场景，最具代表性的是串行干扰消除（SIC）算法、并行干扰消除（PIC）算法及从其衍生出来的排序的串行干扰消除（OSIC）算法。

准最优检测包括最大似然（ML）算法。该方法在误符号率意义上是最优的，它通过穷尽搜索整个发送矢量空间来获得发送矢量的最优估计。但由于 ML 接收机的复杂度与发射天线以及调制星座的点数成指数关系，过高的复杂度使得这种算法在实际系统中难以实时实现。

（六）信道状态信息以及参考信号

在 MIMO 技术中，接收端一般会向发送端反馈信道状态信息（CSI），例如秩指示（RI）、信道质量指示（CQI）、预编码矩阵指示（PMI）等。CSI 可以用于基站决定 MIMO 处理过程，比如秩的选择（和/或天线选择）和/或预编码等。

其中，用户可以根据信道测量决定信道的秩，将该信息通过 RI（Rank Indicator）反馈给基站；还可以搜索信道预编码矩阵（precoding matrix）码本，找到与信道最匹配的预编码码字，并且把码字的索引即预编码矩阵索引（precoding matrix index）反馈给基站；还可以根据上述秩和相对应的预编码矩阵，估算最终数据传输能够达到的信干噪比，并以 CQI（Channel Quality Indicator）的形式反馈给基站。

对 TDD 系统来说，可以利用信道对称性获得信道状态信息，即利用上行信道探测而获得下行 CSI。所谓上行信道探测，即用户向基站发送已知的导频符号，基站通过这些导频符号进行信道估计，从而获得上述信息。另外，基站还可以使用如下方法获得信道状态信息，比如直接信道反馈、终端辅助的探测反馈、差分反馈以及天线切换探测技术等。

参考信号（Reference Signal，RS），就是常说的"导频"信号，是由发射端提供给接收端用于信道估计或信道探测的一种已知信号。在 LTE 早期研究中，明确了下行参考信号至少可以用于如下目的：下行信道质量测量（又称为信道探测）；下行信道估计，用于 UE 端的相干检测和解调；小区搜索。

下行参考信号一般是公共（common）参考信号，以广播的方式供小区内所有的 UE 使用。UE 专用（UE-specific）的参考信号也有其用途，例如可以用于支持动态波束赋形（dynamic beamforming）。在 R10 中，下行定义了五种参考信号，分别为小区专用参考信号（C-RS），用户专用参考信号（UE-RS，又称 DM-RS），MBSFN 参考信号，位置参考信号（P-RS），以及 CSI 参考信号（CSI-RS）。

LTE 上行采用单载波 FDMA 技术，参考信号和数据是采用 TDM 方式复用在一起的。上行参考信号可以用于如下目的：上行信道估计，用于基站端的相干检测和解调，称为 DM-RS；上行信道质量测量，称为 SRS。

（七）SU-MIMO 和 MU-MIMO

多用户 MIMO 又称为 MU-MIMO。与 SU-MIMO 相比，MU-MIMO 可以获得多用户分集增益，即对于 SU-MIMO，所有的 MIMO 信号都来自同一个终端上的天线；而对于 MU-MIMO，信号是来自不同终端的，它比 SU-MIMO 更容易获得信道之间的独立性（见图 6）。

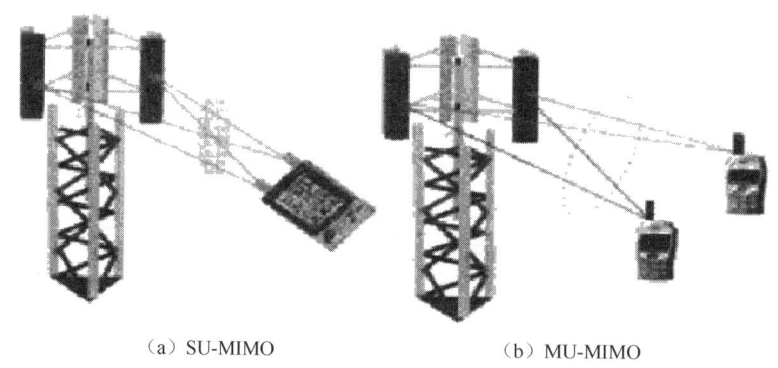

（a）SU-MIMO　　　　　（b）MU-MIMO

图 6　SU-MIMO 与 MU-MIMO 示意图

当基站将占用相同时频资源的多个数据流发送给同一个用户时，即为单用户 MIMO（SU-MIMO），或者叫做空分复用（SDM）；当基站将占用相同时频资源的多个数据流发送给不同用户时，即为多用户 MIMO（MU-MIMO），或者叫作空分多址（SDMA）。

有两种实现 MU-MIMO 的方式，其主要差别是如何进行空间数据流的分离。一种方式是采用每用户酉速率（Per-user Unitary Rate Control，PU2RC）控制方案；另一种方式是采用迫零（Zero Forcing，ZF）波束赋形方案。

在 PU2RC 方案中，数据流的分离是在接收端进行的，它通过利用接收端的多根天线对干扰数据流进行取消和零陷达到分离数据流的目的。相反地，在 ZF 波束赋形方案中，空间数据流的分离是在基站进行的。基站利用反馈的信道状态信息，为给定的用户进行波束赋形，并保证对其他用户不会造成干扰或者只有很小的干扰，即传输给给定用户的波束对其他用户形成了零陷。此时，理论上终端只需要使用单根天线就可以工作。

与下行多用户 MIMO 不同，上行多用户 MIMO 是一个虚拟的 MIMO 系统，即每个终端均发送一个数据流，但是两个或者更多的数据流占用相同的时频资源，这样从接收机来看，这些来自不同终端的数据流可以被看作来自同一个终端上不同天线的数据流，从而构成一个 MIMO 系统。

（八）网络 MIMO

相对于 LTE，LTE-A 中引进了几项关键技术，例如载波聚合、增强型多天线、中继技术和协作多点（CoMP）传输技术。其中，CoMP 技术作为改善小区边缘用户服务质量，提升系统整体性能的关键技术引起了业界的广泛关注。

CoMP 技术又称为"网络 MIMO 技术""多小区 MIMO 技术"或"多小区协作技术"。该技术的核心思想是通过处于不同地理位置的多个传输点之间的合作来避免相邻基站之间的干扰或将干扰转换为对用户有用的信号，以合作的方式实现用户性能的改善。

CoMP 技术的主要实现方式可以分为联合处理技术（Joint Process，JP）和协同调度/协同波束赋形技术（Coordinated Scheduling/Beamforming，CS/CB）两种。其中 JP 技术又可以分为联合传输（Joint Transmission，JT）技术和动态传输点选择（Dynamic Point Selection，DPS）两种。

CoMP 的应用场景可以按照协同区域的不同划分为小区内协同和小区间协同。也可以按照合作的场景不同划分为同构场景下的协同和异构场景下的协同。

（九）Massive-MIMO

大规模 MIMO 的基本特征是：在基站覆盖区域内配置数十根甚至数百根以上天线，较 4G 系统中的 4（或 8）根天线数增加一个量级以上。这些天线以大规模阵列方式集中放置；分布在基站覆盖区内的多个用户，在同一时频资源上利用基站大规模天线配置所提供的空间自由度与基站同时进行通信，提升频谱资源在多个用户之间的复用能力、各个用户链路的频谱效率以及抵抗小区间干扰的能力，由此大幅提升频谱资源的整体利用率；与此同时，利用基站大规模天线配置所提供的分集增益和阵列增益，每个用户与基站之间通信的功率效率也可以得到进一步显著提升。

大规模 MIMO 无线通信通过显著增加基站侧配置天线的个数，以深度挖掘利用空间维度无线资源，提升系统频谱效率和功率效率，其所涉及的基本通信问题是：如何突破基站侧天线个数显著增加所引发的无线传输技术"瓶颈"，探寻适于大规模 MIMO 通信场景的无线传输技术。

（十）FD-MIMO

随着有源天线阵列（Active Antenna Array，AAA）的发展，全维度 MIMO（Full Dimension MIMO，FD-MIMO）被提出，紧接着 3GPP 在 2014 年讨论了端口数目增至 64 的大规模 2D 有源天线阵列（2D Antenna Array）下的关键技术，目前 FD-MIMO 技术已经被 3GPP 视作 5G 系统的关键技术之一。

FD-MIMO 采用大规模 2D 有源天线阵列，可以利用空间隔离度为极大数目的移动终端同时提供服务从而大幅提升系统容量，此外，2D 天线面板可以充分利用垂直维的空间自由度实现 3D 波束赋形使得系统覆盖大幅提升。由于 FD-MIMO 技术对系统的覆盖和容量均有可观的增益，且随着有源天线技术的发展使得大规模天线阵列的实现成为可能，其发展前景被一致看好。

FD-MIMO 相较于传统 MIMO 技术主要有两大特征。第一，FD-MIMO 系统支持的天线数目将远远超过最多支持 8 天线的传统 MIMO 系统；第二，2D 天线阵列相较于传统 MIMO 系统使用的一维线性天线阵列多了一维（垂直维）可利用维度。

（十一）天线校准和功率分配

在智能天线和 MIMO 系统中，天线校准具有非常重要的地位。这是由于天线的射频通道上下行往往具有不对称性。天线发射通道一般发射采用高功率放大器（Higher Power Amplifier，HPA），而接收采用低噪声放大器（Low-Noise Amplifier，LNA），这两个有源射频器件完全独立，因而导致发送通道和接收通道不一致。

而对于时分双工（Time Division Duplex，TDD）系统，认为系统的上下行通道是相同的，往往通过系统的上行信道估计下行信道。而信号往往在基带部分处理，因此可以将射频通道看作无线信道的一部分，这样导致 TDD 系统的上下行无线信道也不完全一致。

为了在 TDD 系统中实现波束赋形和 MIMO 技术，往往引入天线校准技术，即通过预先测量得到各个天线的射频通道之间的差异；在信号发送过程中通过补偿这个差异，从而实现各个接收天线和各个发送天线之间的射频收发一致。一种抵消上下行电路不匹配造成的影响的方法是进行天线校准：根据 UE 上报的信息以及/或基站测量到的信息计算出校准因子，对由上行信号估计出来的信道进行补偿调整，或者对待发送的数据进行补偿调整。

目前时分—同步码分多址（Time-Division Synchronization Code Division Multiple Access，TD-SCDMA）系统中，天线校准主要是基于校准耦合网络实现的。各天线通过定向耦合器耦合到校准网络。在进行发校准时，各发射天线依次发送校准序列。各校准序列统一通过耦合器从校准端口输出，并通过射频器件发送至基带处理器，基带处理器对各个接收序列进行辐相估计，进行求得各天线发送方向的校准系数。在进行收校准时，校准序列信号从校准端口统一馈入；各个天线同时接收并送至基带处理器，基带处理器对各个天线接收到的校准序列信号进行辐相估计，进而求得各天线接收方向的校准系数。

另外，在 MIMO 系统中采用链路自适应技术能显著改善系统的性能，其中发送功率分配作为一种简单有效的链路自适应技术，只需要很少的控制信令，就可以获得较大的改进。

（十二）小结

根据上述 MIMO 通信技术的主要内容可知，MIMO 通信技术大致涉及如下方面：开环 MIMO、闭环 MIMO、波束赋形、MIMO 检测、CSI 及参考信号、SU-MIMO 和 MU-MIMO、网络 MIMO、Massive-MIMO、FD-MIMO、天线校准和功率分配，等等。

二、MIMO 整体专利分布

（一）MIMO 大致技术分类

经过对 MIMO 技术的初步了解，将 MIMO 技术初步划分为个 10 个一级分类，20 个二级分类。具体如表 1 所示。其中，10 个一级分类对应于第 1 章的内容，涉及 MIMO 相关技术的整体架构。

设计 10 个一级分类的目的，是对 MIMO 技术的整体状况进行客观分析，通过对涉及这些一级分类的专利进行数量统计和技术归纳，可以客观反映出 MIMO 技术的总体状况。而 20 个二级分类则是对于一级分类的具体细分，其能够反映出在二级分类这个粒度下，MIMO 技术相关专利的发展现状。

（二）初步检索情况

在技术分类及其边界划分清楚后，针对上述技术分类制定检索要素表。并根据检索要素表对中文库和英文库进行检索，获得 6905 篇英文文献和 8427 篇中文文献。在此基础上进行查全率验证，根据查全率的情况进行补充检索，合并首次检索获得的结果，共获得 9870 篇专利申请。

此后，又针对分类号和申请人进行了第二次补充检索，合并后共获得 9077 篇专利申请。考虑到 MIMO 技术发展的情况，筛选出优先权日为 2001 年（含）之后的申请，针对这些专利申请进行人工阅读去噪，共获得 4069 篇与 MIMO 相关的文献。本章针对该 4069 篇与 MIMO 相关的专利申请进行专利技术分析。

（三）MIMO 初步技术分类表

表 1　MIMO 技术分类表

一级分类	二级分类	备注
开环 MIMO	空间分集	空时/频编码 循环移位/延迟分集 天线切换分集 其他空间分集相关

续表

一级分类	二级分类	备注
开环 MIMO	空间复用	开环预编码 大延时循环移位 其他开环空间复用相关
闭环 MIMO	闭环预编码	Codebook 码本 PMI feedback 反馈 其他闭环预编码相关
波束赋形	非 3D-MIMO 中的波束赋形	
	3D-MIMO 中的波束赋形	
MIMO 检测	MIMO 检测	
CSI 及参考信号	CSI 反馈	信道状态信息 CSI 反馈，RS 参考信号
	其他终端反馈相关	测量约束，Measurement restriction
	上行参考信号	基于 SRS 进行上行信道测量 SRS enhancement 基于上行 DMRS 进行上行信道测量
	下行参考信号	基于 Cell-specific Reference Signal（CRS）小区专用参考信号进行信道测量（包括开环和闭环） 扩展基于 CSI-RS 的信道测量 扩展基于 CSI-RS 的发送方式
SU-MIMO 和 MU-MIMO	下行 MU-MIMO	DMRS enhancement DCI design 其他下行多用户 MIMO 相关
	上行 MU-MIMO	上行多用户 MIMO（虚拟 MIMO）
	MU-MIMO 的切换	SU-MIMO 到 MU-MIMO 的切换
	其他多用户 MIMO 相关	其他多用户 MIMO 相关
网络 MIMO	网络 MIMO 和 CoMP	
Massive-MIMO	大规模 MIMO	
FD-MIMO	FD-MIMO	unprecoded CSI-RS Beamformed CSI-RS 混合 Non-precoded/Beamformed CSI-RS
天线校准和功率分配	天线校准	天线校准
	功率分配	功率分配

(四)专利申请现状分析

1. 专利申请整体状况

对多输入多输出 MIMO 技术全球专利申请量进行分析,由图 7 可知,数据表明该领域全球专利申请量在 2001—2003 年呈现缓慢发展趋势。从 2004 年开始,申请量增速加快,在 2006—2008 年经过调整之后,出现井喷式增长。2009—2010 年平稳上升,在 2010 年达到最高值(623 项)。随后 1 年急剧回落为 468 项。在经过 2012 年的反弹后,2013 年申请量出现下降(391 项),然后 2014 年(566 项)和 2015 年(602 项)再次反弹后,2016 年和 2017 年呈下降趋势。

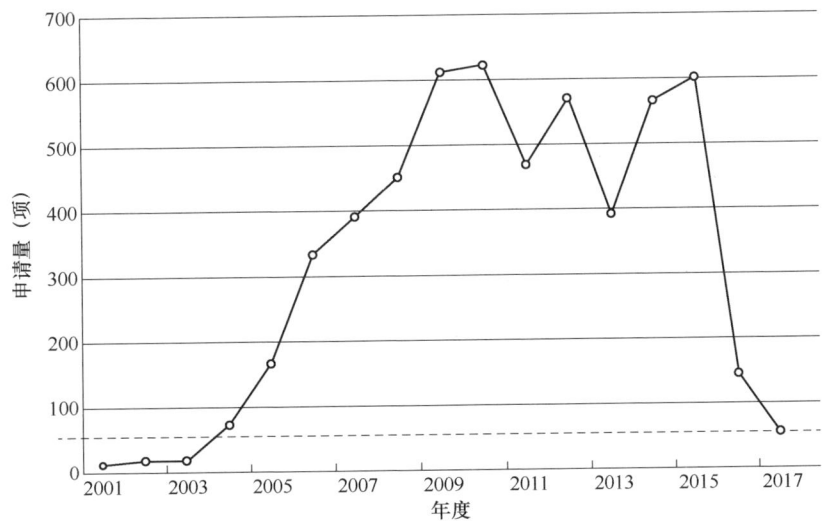

图 7 申请专利数量随时间变化图

但 2016—2017 年的申请量下降的趋势不能代表实际申请情况。这是由于发明专利申请自申请日(有优先权的自优先权日)起 18 个月(主动要求提前公开的除外)才能被公布,而 PCT 专利申请可能自申请日起 30 个月甚至更长时间之后才进入到国家阶段(导致其相对应的国家公布时间更晚),因此这并不能说明 2016 年和 2017 年申请量的真实趋势。

不难看出,2001—2003 年为 MIMO 专利技术萌芽期;2004—2010 年为黄金发展期;2011—2015 年为波动期,申请量相对有所下降。分析 2013 年等申请量回落的原因,一方面可能在于:MIMO 技术的研发热度在此期间有所回落,传统的 MIMO 技术不再被重点关注。而 2015 年等出现反弹的原因可能在于:无线通信技术的研究进入了新的阶段,新的热点例如 Massive MIMO、Beamforming、CSI 测量和反馈的改进和增强、码本设计等方面被重点关注。

2015 年 6 月 ITU 在 ITU-R WP5D 第 22 次会议上,确定 IMT-2020 的名称、愿景和时间表等关键内容,成为 5G 发展史上的重要里程碑。随后 9 月,3GPP 召开 5G

Workshop 会议，确定 5G 的场景和标准计划。

按照计划，3GPP 将在 2019 年年底完成 R16 的制定工作，满足 ITU IMT-2020 提出的要求，并在 2020 年作为 5G 标准提交 ITU-R。随着 ITU 和 3GPP 对 5G 愿景和时间表的进一步明确化，5G 标准进程加速，5G 有望在 2020 年正式开启商用。各大企业和公司必定会进行专利布局，预计申请数量将会有明显的增长。

2. 申请人申请数量排名图

MIMO 技术领域专利申请人排名情况见图 8，前 18 名中韩国三星以 594 项申请位于首位。韩国另一家入围前 20 名的企业是 LGE，申请量为 493 项。两家公司的申请量约占前 18 名总申请量的 26%。

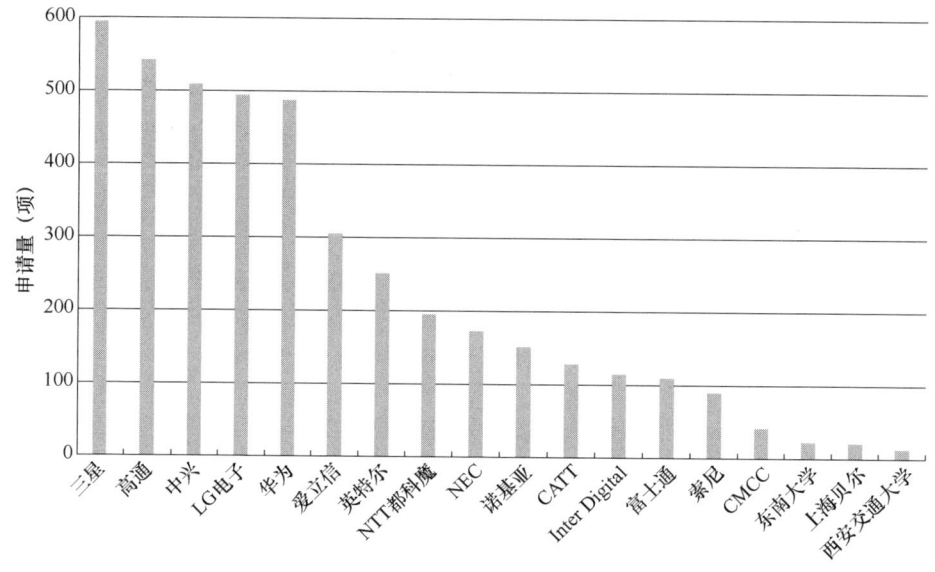

图 8　申请人申请数量排名图

前 18 名中中国企业、研究院、高校的个数共 7 家，依据申请量多寡排序为中兴通信、华为、大唐电信、中国移动、东南大学、上海贝尔、西安交通大学。中国申请量约占前 18 名总申请量的 29%，超过韩国、日本、美国，位居第一。其中中兴通信与华为的申请量约占国内入围前 18 名申请人总申请量的 82%。

美国有三家公司，依序为高通、英特尔、InterDigital，约占前 18 名总申请量的 21%。日本入围的有四家公司：NTT 都科摩、NEC、富士通、索尼，总申请量不敌三星一家公司的申请量。瑞典的爱立信拥有 305 项专利申请排位第 6。芬兰的诺基亚则以 151 项位列第 10 名。

3. 技术主题（课题/topic）分析

MIMO 技术随着通信标准的制定而发展，MIMO 技术与通信标准的研究进展具有密切的联系。如表 2 所示,选取一段时间,对各个技术主题相关的专利与标准会议的时间的相关性进行分析。

表 2 各技术主题在标准化会议期间申请数量变化表

会议时段 技术主题	78b (2013/7/1—2014/11/7)	79 (2014/11/8—2015/1/30)	80 (2015/1/31—3/4)	80b (2015/3/5—4/25)	81 (2015/4/26—7/3)	82 (2015/7/4—9/11)
开环 MIMO(项)	4	2	0	0	0	0
闭环 MIMO(项)	21	0	0	1	0	0
波束赋形(项)	31	2	0	1	1	2
CSI 和参考信号(项)	72	1	1	1	2	1
多用户 MIMO(项)	28	0	0	0	0	0
MU-MIMO 的切换(项)	9	1	0	0	0	0
网络 MIMO(项)	12	2	0	0	1	0
大规模 MIMO(项)	49	9	0	8	16	4
天线校准和功率分配(项)	7	1	0	0	0	0
FD-MIMO(项)	3	0	0	0	1	0
其他(项)	58	3	0	0	0	0

可以看到从 2013 年 7 月 1 日之后至 78b 会议结束期间,各分支申请共计 294 项。在该时段内,大规模 MIMO 为 49 项,CSI 和参考信号为 72 项,波束赋形为 31 项,闭环 MIMO 为 21 项。每个技术分支上都有专利申请,可见,通信领域的公司企业在各个技术分支都有研发投入;而且信号的传输与表达、扩展阵列的 MIMO 技术是此时的核心研究内容。

接下来,在编号为 79 的会议期间,申请量由上次会议期间的 294 项降为 21 项,其中主要涉及的技术分支为:大规模 MIMO(9 项)、网络 MIMO(2 项)、开环 MIMO(2 项)、波束赋形(2 项)。到第 80 会议时,申请量仅有 1 项涉及 MIMO 检测。这一阶段数据量如此小的原因,很大可能是企业会在一定时期内根据自身需要,调整自身的研发热点等因素的影响。

在会议 80b、81 的申请数量又有所增长。80b 次会议对应的时间段内,申请量为 11 项,其中大规模 MIMO 仍是主流占 8 项;81 次会议对应的时间段内,申请量为 21 项,大规模 MIMO 占 16。主要还是反映了:随着 MIMO 技术的成熟,趋向于扩展天线阵列,使用更多的天线布局来达到高效传输信息的目的,大规模 MIMO 的持续成为研究重点和热点印证了这一点。

由此可见，MIMO 技术的专利申请与标准化会议的进程密切相关，专利申请的计数主题与标准化会议的讨论议题紧密相关，这也是标准相关专利相对于其他类型专利的一个显著特点。

4. 主要申请人分析

三星（SAMSUNG）公司在整个 MIMO 相关专利申请范围内的统计数量表明，其专利申请布局较多的技术分类为下行多用户 MIMO 和闭环 MIMO。从标准专利池的宏观角度来看，其在这两个分支投入的研发成本较多，在后期的会议提案中会有相对较多的在上述技术分支上的提案方向，被会议接受而最终进入标准的可能性也较大。而一旦涉及这些专利申请的提案成为标准建议的内容，也就意味着后期标准实施的产品收益中，SAMSUNG 公司在这些方面可以获得相对较多的收益。

高通（QUALCOMM）公司在整个 MIMO 相关专利申请范围内的统计数量表明，其专利申请布局较多的技术分类为其他和闭环 MIMO。经查看高通的专利申请，可知其主要是在与 MIMO 相关的通信系统的其他改进申请量较多。其次，高通致力于闭环 MIMO 的相关研究。这与 SAMSUNG 的研发方向有一定程度上的重合，同时也说明了闭环 MIMO 在 MIMO 技术中被使用的普及程度。

中兴（ZTE）公司在整个 MIMO 相关专利申请范围内的统计数量表明，其专利申请布局较多的技术分类为闭环 MIMO 和网络 MIMO。此外，其在 CSI 和参考信号上也有不少专利申请，反映出 ZTE 公司在 MIMO 的各个技术热点均有所涉猎。此外，从后续对 ZTE 重点专利的分析来看，其在上行参考信号例如 SRS 信号的改进上已经布局了相关专利。这反映出 ZTE 公司在 MIMO 技术研发和专利布局方面具有一定的前瞻性。

LGE 公司在整个 MIMO 相关专利申请范围内的统计数量表明，其专利申请布局较多的技术分类为闭环 MIMO 和参考信号。可见，除了热门的闭环 MIMO 技术之外，LGE 还在 CSI 和参考信号方面进行了较多的研发投入。这反映出，LGE 公司认为对参考信号的改进将是下一个热点。此外，从后续对 LGE 公司重点专利的分析来看，其在下行参考信号例如多端口情况下的 CSI-RS 设计和信号发射方面已经布局了相关专利。

华为（HUAWEI）公司在整个 MIMO 相关专利申请范围内的统计数量表明，其专利申请布局较多的技术分类为闭环 MIMO 和网络 MIMO、开环 MIMO。从标准专利池的宏观角度来看，其在这三个分支投入的研发成本较多，在后期的会议提案中会有相对较多的在上述技术分支上的提案方向，被会议接受而最终进入标准的可能性也较大。而一旦涉及这些专利申请的提案成为标准建议的内容，也就意味着后期标准实施的产品收益中，华为公司在这些方面可以获得相对较多的收益。

公司（ERICSSON）在整个 MIMO 相关专利申请范围内的统计数量表明，其专利申请布局较多的技术分类为闭环 MIMO、CSI 和参考信号。INTEL 公司申请量前两位的技术分类为波束赋形和网络 MIMO。DOCOMO 公司申请量前两位的技术分类为闭环 MIMO 和多用户 MIMO。NEC 公司申请量前两位的技术分类为波束赋形和多用户 MIMO。NOKIA 公司申请量前两位的技术分类为闭环 MIMO、CSI 和参考信号。CATT 公司申请量前两位的技术分类为网络 MIMO 和闭环 MIMO。INTERDIGITAL 公司的申请所涉及的技术分类较为均衡,呈现出多元化的研究方向。FUJITSU 公司申请量前两位的技术分类为闭环 MIMO 和多用户 MIMO。SONY 公司申请量前两位的技术分类为闭环 MIMO 和波束赋形。CMCC(中国移动)公司申请量第一名的技术分类为开环 MIMO,其他技术分类下的分布较为平均。CHINA TELECOM(中国电信)公司在多用户 MIMO 和波束赋形、开环 MIMO 各有申请。

将各公司所关注的技术主题进行横向对比可知:除了各公司都涉及较多的闭环 MIMO、CSI 和参考信号之外,SAMSUNG 公司的研发方向主要侧重于多用户 MIMO。而 HUAWEI 公司的研发方向主要侧重于网络 MIMO。二者侧重的 MIMO 技术方向有所不同,但都是要更好地利用 MIMO 以服务更多用户。SAMSUNG 主要致力于多用户 MIMO,而 HUAWEI 公司则侧重于多用户 MIMO 之间的网络协作,以更好地利用信道资源。ZTE 公司同样侧重于网络 MIMO,同时也着重布局了参考信号技术的改进。LGE 公司则致力于研发参考信号的改进。

5. 主要公司专利在各区域的数量

主要公司的专利在各区域的数量如表 3 所示。

表 3 主要公司的专利在各区域的数量　　　　　单位:项

区域 主要公司	中国	WO	美国	日本	韩国	欧洲
SAMSUNG	177	238	482	117	465	188
QUALCOMM	312	422	502	269	278	292
ZTE	492	233	70	36	19	63
LGE	172	399	399	116	310	188
HUAWEI	417	288	178	26	15	126
ERICSSON	124	251	256	64	22	225
INTEL	139	155	217	52	46	111
DOCOMO	136	120	132	170	40	112
NEC	39	59	145	45	16	35
NOKIA	61	124	114	15	17	88
CATT	117	36	14	4	6	12
INTERDIGITAL	44	79	97	39	39	45

续表

主要公司 \ 区域	中国	WO	美国	日本	韩国	欧洲
FUJITSU	68	51	66	55	24	53
SONY	46	37	66	46	15	43
CMCC	37	7	4	3	2	4
CHINA TELECOM	4	1	1	0	0	1

SAMSUNG公司进入的区域最多的是美国和韩国，分别为482项和465项，再次之是WO国际申请，为238项，分别占其申请量的83%、80%和41%，显示出其主要发力区域为美国、韩国和WO国际申请。

高通公司进入的区域最多的是美国和WO，分别为502项和422项，再次之是中国，为213项，分别占其申请量的93%、78%和58%，显示出其主要发力区域为美国、WO国际申请和中国。

ZTE公司进入的区域最多的是中国和WO，分别为492项和233项，再次之是美国，为70项，分别占其申请量的98%、46%和14%，显示出其主要发力区域为中国、WO国际申请和美国。

LGE公司进入的区域最多的是美国和WO，均为399项，次之是韩国，为188项，分别占其申请量的82%、82%和64%，显示出其主要发力区域为WO国际申请、美国和中国。

HUAWEI公司进入的区域最多的是中国和WO，分别为417项和288项，再次之是美国，为178项，分别占其申请量的90%、62%和38%，显示出其主要发力区域为中国、WO国际申请和美国。

从以上数据可以看出，作为韩国企业的SAMSUNG公司和LGE公司侧重于在美国、韩国和利用PCT国际申请进行布局，进入美国的比例在80%左右，进入韩国的比例则在60%~80%。

作为美国企业的QUALCOMM、INTEL、INTERDITIGAL公司，则都侧重于在美国、WO国家局和中国进行布局，进入美国的比例在87%以上，进入中国的比例则在40%~60%。

作为日本企业的DOCOMO、NEC、FUJITSU和SONY公司，其布局方式则呈现出分化状态。NEC公司最侧重于在美国进行布局，其次是WO国际局和日本。而FUJITSU最侧重于在中国和美国进行布局，其次是日本。DOCOMO公司最侧重于在日本进行布局，其次是中国和美国。SONY公司最侧重于在美国进行布局，其次是日本和中国。

芬兰的NOKIA公司和瑞典的ERICSSON公司，最侧重于在WO国际局和美国进行布局。

中国的 5 家公司，它们在中国的专利申请占比高达 90%以上，HUAWEI 进行 WO 国际申请的占比为 62%，进入美国和欧洲的比例分别为 38%和 27%。ZTE 公司进行 WO 国际申请的占比为 46%，进入美国和欧洲的比例分别为 14%和 13%。其余三家公司 CATT、CMCC 和 CHINA TELECOM 公司，进行 WO 国际申请的占比均不足 30%，进入美国和欧洲的比例均不足 20%。

由此可见，在不考虑 PCT 国际申请的情况下，韩国企业的专利布局区域主要在美国和韩国。美国企业的专利布局区域主要在美国和中国。日本企业的布局则呈现分化，主要侧重按照喜好度排序为美国、日本和中国。芬兰和瑞典的企业，则主要布局在美国。这些企业在主要布局的外国，平均进入比例约在 40%。反观中国的大部分企业，在主要布局的外国，平均进入比例不足 20%。由此可以看出，中国的企业，走出国门的勇气、魄力和前瞻精神还有待加强。

（五）小结

在本节中，从专利申请的现状、技术主题和主要申请人等方面对优先权日为 2001 年（含）之后的 4069 篇与 MIMO 相关的文献进行了分析。从上面的分析可以看出，2001—2003 年是 MIMO 专利技术萌芽期；2004—2010 年为黄金发展期；2011—2015 为波动期；2016 年和 2017 年的申请量有所下降。

从 MIMO 技术领域专利申请人前 18 名的排名情况看，其中韩国企业为 2 家：SAMSUNG 和 LGE，两家公司的申请量约占前 18 名总申请量的 26%。中国企业、研究院、高校的个数共 7 家，约占前 18 名总申请量的 29%。美国有三家公司，依序为高通、Intel、InterDigital，约占前 18 名总申请量的 21%。日本入围的有四家公司：NTT 都科摩、NEC、富士通、索尼，不敌三星一家公司的申请量。瑞典的爱立信排位第 6。芬兰的诺基亚则位列第 10 名。

从技术主题的分布情况来看，根据 78b~83 次会议对应的时间内，二级技术分类的各技术主题在申请量上的变化可以看出：从 2013 年 7 月 1 日之后至 78b 会议结束这段期间，各分支申请共计 294 项。在编号为 79 的会议期间，申请量为 21 项。到第 80 会议时，申请量仅有 1 项。在会议 80b、81 期间的申请数量又有所增长，申请量分别为 11 项和 21 项。

各技术分类中，涉及闭环 MIMO 的申请数量位居第一，占总申请量（4069 项）的 15%。涉及多用户 MIMO 的申请数量位居第二，占总申请量（4069 项）的 12%。CSI 和参考信号并列第三，占总申请量（4069 项）的 9%。显示出这三项技术分类的技术研发较为集中，具有一定的研发热度。

此外，从整体上看，从 2015 年开始 MIMO 技术出现了新的发展趋势，即在某些传统领域出现了研发停滞的现象，而在另一些领域，例如码本、CSI 测量和设计、Beamforing 以及 Massive MIMO 等出现了井喷式的增长，因此有必要对这些特定的领域进行重点研究。

三、MIMO 重点技术的专利分布

（一）技术要点说明

本部分主要涉及 3GPP Rel.13 以及之后的 MIMO 技术，根据前面的研究结果，Rel.13 及以后的 MIMO 技术的研究重点，从结构上看主要集中在 FD-MIMO、Massive-MIMO 等大规模天线技术，从内容上看主要集中在 CSI 和参考信号、码本设计等方面。

本部分基于前面的检索结果重新梳理了 MIMO 重点技术的要点，包括 3 个一级要点、18 个二级要点。其中，考虑到 Rel.13 后 MIMO 技术的很多专利申请是在 FD-MIMO 和 Massive-MIMO 的场景下，对 CSI 资源配置、信道测量和反馈、以及信息编码和码本设计进行的增强和改进，本部分进行如下的重点技术分类。

（二）技术要点内容

MIMO 重点技术的技术要点如表 4 所示。

表 4 MIMO 技术要点

一级要点	二级要点
要点 1 CSI 资源配置	要点 1.1：CSI-RS 端口映射
	要点 1.2：针对 CSI-RS 端口的资源配置
	要点 1.3：CSI 资源粒子映射
	要点 1.4：测量限制的配置
	要点 1.5：基于波束赋型的资源配置
	要点 1.6：基于混合编码的资源配置
	要点 1.7：基于非预编码的资源配置
要点 2 信息编码和码本设计	要点 2.1：基于非预编码的码本设计
	要点 2.2：针对 CSI-RS 端口的码本设计
	要点 2.3：Class A 码本设计
	要点 2.4：Class B 码本设计
	要点 2.5：对码字或参数进行限制的码本设计
	要点 2.6：双码本的优化设计
要点 3 信道测量和反馈	要点 3.1：基于波束赋形的反馈
	要点 3.2：基于非预编码的反馈
	要点 3.3：基于混合编码的反馈
	要点 3.4：基于双码本的反馈
	要点 3.5：基于 PUCCH 的反馈

(三) CSI 资源配置相关专利分析

1. 一级要点的相关专利分析

针对上述技术要点，制定如表 5 所示的检索式。其中，检索到一级要点 CSI 资源配置相关专利 3510 件。在该相关专利集合中，针对每个二级要点，筛选出二级要点的相关专利集合。

表 5　CSI 资源配置检索式

一级要点	一级要点检索式	二级要点	二级要点检索式
CSI 资源配置	TAC：（信道状态信息 OR CSI OR （channel $PRE2 state）） AND TAC：（资源 OR resource* OR RE OR （resource $PRE2 element*）） AND DESC：（测量 OR measure*） AND APD：[2010-01-01 TO 2017-02-28]	CSI-RS 端口映射	TAC：（信道状态信息 OR CSI OR （channel $PRE2 state）） AND TAC：（资源 OR resource* OR RE OR （resource $PRE2 element*）） AND DESC：（测量 OR measure*） AND APD：[2010-01-01 TO 2017-02-28] AND DESC：（TXRU）
		针对 CSI-RS 端口的资源配置	TAC：（信道状态信息 OR CSI OR （channel $PRE2 state）） AND TAC：（资源 OR resource* OR RE OR （resource $PRE2 element*）） AND DESC：（测量 OR measure*） AND APD：[2010-01-01 TO 2017-02-28] AND DESC：（（端口 OR port*）$WS （12 or 16 OR 24 OR 32 OR multi*））
		CSI 资源粒子映射	TAC：（信道状态信息 OR CSI OR （channel $PRE2 state）） AND TAC：（资源 OR resource* OR RE OR （resource $PRE2 element*）） AND DESC：（测量 OR measure*） AND APD：[2010-01-01 TO 2017-02-28] AND TAC：（映射 OR map*）
		测量限制的配置	TAC：（信道状态信息 OR CSI OR （channel $PRE2 state）） AND TAC：（资源 OR resource* OR RE OR （resource $PRE2 element*）） AND DESC：（测量 OR measure*） AND APD：[2010-01-01 TO 2017-02-28] AND TAC：（限制 OR restrict* OR limit* OR constraint*）

续表

一级要点	一级要点检索式	二级要点	二级要点检索式
CSI 资源配置	TAC：（信道状态信息 OR CSI OR （channel $PRE2 state）） AND TAC：（资源 OR resource* OR RE OR （resource $PRE2 element*）） AND DESC：（测量 OR measure*） AND APD：[2010-01-01 TO 2017-02-28]	基于波束赋形的资源配置	TAC：（信道状态信息 OR CSI OR （channel $PRE2 state）） AND TAC：（资源 OR resource* OR RE OR （resource $PRE2 element*）） AND DESC：（测量 OR measure*） AND APD：[2010-01-01 TO 2017-02-28] AND TAC：（波束成型 OR 波束成形 OR beamform* OR class B）
		基于混合编码的资源配置	TAC：（信道状态信息 OR CSI OR （channel $PRE2 state）） AND TAC：（资源 OR resource* OR RE OR （resource $PRE2 element*）） AND DESC：（测量 OR measure*） AND APD：[2010-01-01 TO 2017-02-28] AND TAC：（混合 OR 混杂 OR hybrid）
		基于非预编码的资源配置	TAC：（信道状态信息 OR CSI OR （channel $PRE2 state）） AND TAC：（资源 OR resource* OR RE OR （resource $PRE2 element*）） AND DESC：（测量 OR measure*） AND APD：[2010-01-01 TO 2017-02-28] DESC：（非预编码 OR （non $PRE2 precode*） OR （class $PRE2 A））

图 9 为 2010—2016 年 CSI 资源配置相关专利申请量随年度发展的趋势图。由图 9 可看出，CSI 资源配置相关专利从 2010 年开始呈现逐年递增的趋势，2010 年到 2013 年的平均增速达到了 36%，在 2013 年达到年申请量的最高值 840 件。

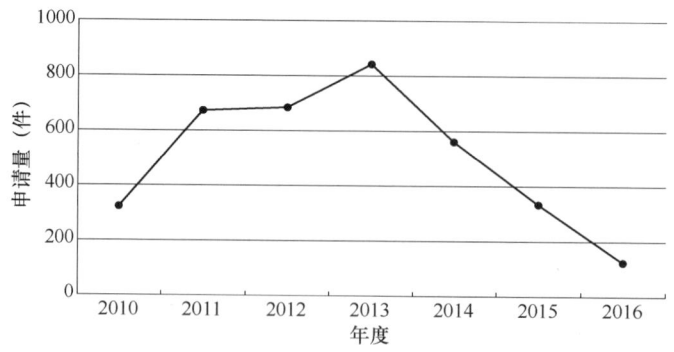

图 9　2010—2016 年 CSI 资源配置相关专利申请年度发展的趋势

从 2014 年开始，CSI 资源配置相关专利的申请量有所下降，但 2014—2016 年的申请量下降的趋势不能代表实际申请情况。这是由于发明专利申请自申请日（有优先权的自优先权日）起 18 个月（主动要求提前公开的除外）才能被公布，而 PCT 专利申请可能自申请日起 30 个月甚至更长时间之后才进入到国家阶段（导致其相对应的国家公布时间更晚）。

图 10 是 CSI 资源配置技术领域专利申请量排名前十二名的专利申请人。专利申请量排名前十二的申请人分别是：HUAWEI、LG ELECTRONICS、ZTE、QUALCOMM、SAMSUNG、DATANG、INTEL、ERICSSON、INTERDIGITAL、SONY、NOKIA、NTT DOCOMO。

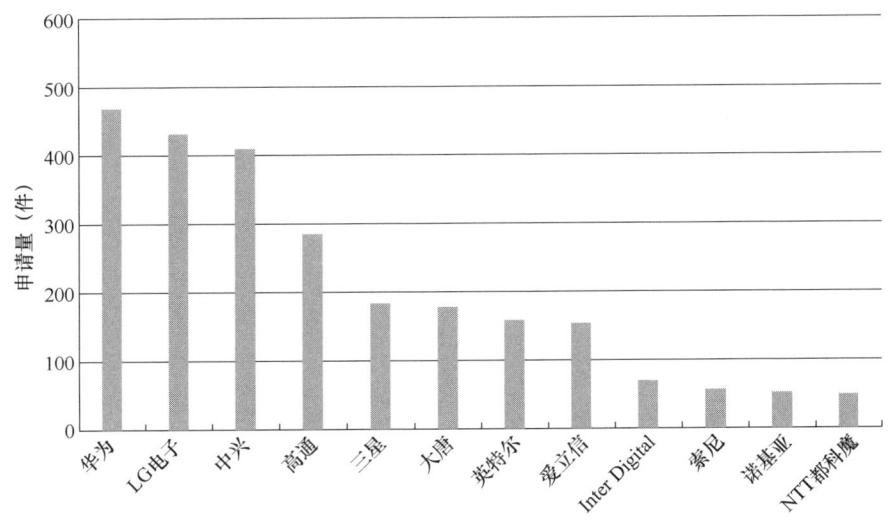

图 10　CSI 资源配置相关专利的主要专利申请人

由上图可以看出，排名前十二的专利申请人可大致分为三个阵营：HUAWEI、LG ELECTRONICS、ZTE，专利申请量均达到 400 件以上；QUALCOMM、SAMSUNG、DATANG、INTEL、ERICSSON，专利申请量均达到 100 件以上；INTERDIGITAL、SONY、NOKIA SIEMENS、NTT DOCOMO，专利申请量在 100 件以下。

其中，第一阵营的三位专利申请人所拥有的专利数量占 CSI 资源配置技术领域相关专利数量的 37%，这说明该技术领域的专利可能主要集中在少数公司的手中。

图 11 是 CSI 资源配置技术领域专利申请量排名前五名的发明人。专利申请量排名前五的发明人分别是：ZTE 公司的郭森宝、INTEL 公司的 DAVYDOV ALEXEI VLADIMIROVICH、QUALCOMM 公司的陈万石、大唐公司的陈文洪和 LG 电子的 KIM KIJUN。

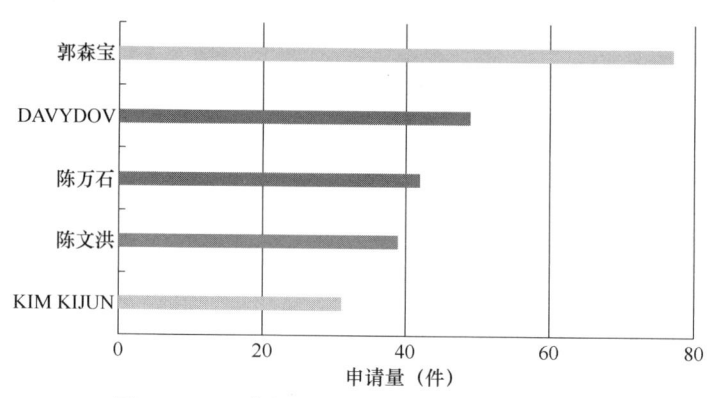

图 11 CSI 资源配置相关专利的主要发明人

对比图 10 和图 11 的结果，虽然华为公司的专利申请量排在第一位，但是，华为公司并没有发明人入围专利申请量排名的前五甲，通过对比各个公司的发明人申请数量，发现华为公司的发明人相对比较分散，专利申请量在发明人团队中分布比较平均，而 LG 电子和 ZTE 公司的发明人则相对比较集中。

2. 二级要点的相关专利分析

数据显示，CSI 资源配置技术相关专利主要集中在要点 1.2 "针对 CSI-RS 端口的资源配置"中，专利数量达到 1720 件；其次是要点 1.3 "CSI RE 映射"，专利数量为 894 件；要点 1.4 "测量限制的配置"、要点 1.6 "基于混合编码的资源配置"、要点 1.5 "基于波束赋形的资源配置"和要点 1.7 "基于非预编码的资源配置"的专利数量相对比较平均，专利数量在 100~300 件；专利数量最少的是要点 1.1 "CSI-RS 端口的映射"，有 22 件相关专利。

图 12 为 CSI 资源配置技术二级要点相关专利申请年度发展的趋势。图中的数据显示，要点 1.1 "CSI-RS 端口的映射"的相关专利起步相对较晚，从 2014 年开始有相关专利分布；要点 1.2 "针对 CSI-RS 端口的资源配置"、要点 1.4 "测量限制的配置"和要点 1.5 "基于波束赋形的资源配置"的相关专利申请量年度走势大致比较相似，从 2010 年到 2013 年整体呈增长趋势，但是在 2012 年专利申请量有所下降；要点 1.3 "CSI RE 映射"和要点 1.6 "基于混合编码的资源配置"的相关专利申请量年度走势大致比较相似，从 2010 年到 2013 年中，每年均有稳定的增长；要点 1.7 "基于非预编码的资源配置"的相关专利申请量从 2010 年到 2011 年有所增长，但是从 2011 年到 2013 年专利数量有所下降。

通过比对各个二级技术要点的主要专利申请人、各专利申请人的专利数量、主要发明人，可以得出如下结论：LG ELECTRONICS、ZTE、QUALCOMM、HUAWEI、SAMSUNG 这五位专利申请人的专利布局比较广泛，在大部分二级要点中均有专利布局，并且专利数量优势均十分明显；ZTE 和 HUAWEI 的专利数量在各个二级要点中均排名比较靠前，但是，该公司在各个二级要点布局的专利的平均同族数和同族平

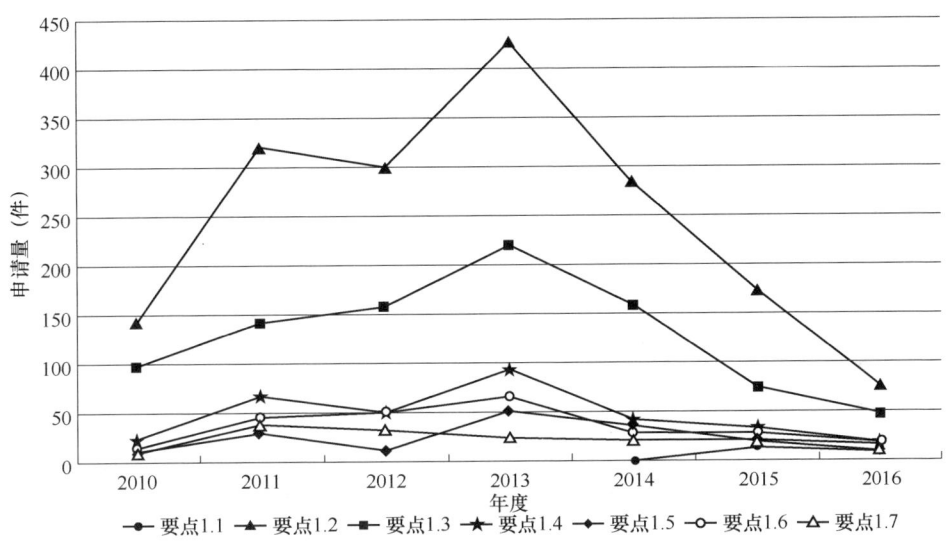

图 12　CSI 资源配置技术二级要点相关专利申请年度发展的趋势

均被引证次数并不十分理想，这可能与公司的专利布局策略有一定的关系，目前国内的通信企业大部分处于专利数量积累阶段，公司仅会对小部分的、比较重要的专利进行全球布局；SONY、INTEL、BLACKBERRY 和 INTERDIGITAL 在部分二级要点中具有相关的专利布局，虽然与 LG ELECTRONICS、ZTE、QUALCOMM、HUAWEI、SAMSUNG 这五位专利申请人相比专利数量并不占优，但是，其专利平均同族数和专利同族的平均被引证次数都比较高，这些公司掌握基础专利的概率也相对较高。

3．重要专利的简要说明

（1）关于对比文件 1（CN105991172A；天线阵列的虚拟化模型选择方法、装置以及通信系统；公开日：2016 年 10 月 5 日；申请人：富士通株式会社）

对比文件 1 提供一种天线阵列的虚拟化模型选择方法、装置以及通信系统。所述选择方法包括：基站确定用户调度类型信息以及垂直方向的同一极化方向上多个天线粒子虚拟的天线端口数；以及根据所述用户调度类型信息以及所述垂直方向的同一极化方向上多个天线粒子虚拟的天线端口数，选择 TXRU 虚拟化模型。能够自适应地对 TXRU 虚拟化模型进行选择，更好地应用于大规模 MIMO 系统中。

（2）关于对比文件 2（CN105191164A；将信道状态信息参考信号端口映射于天线单元的方法、基站和用户设备；公开日：2015 年 12 月 23 日；申请人：松下电器知识产权公司）

对比文件 2 提供了一种将 CSI-RS 端口映射于排列在天线阵列系统中的天线单元的通信方法、基站以及用户设备，所述通信方法包括下列步骤：选择一组天线单元，以在第一 CSI-RS 发送周期或者第一频率资源区域中映射于 CSI-RS 端口；以及选择另一组天线单元，以在第二 CSI-RS 发送周期或者第二频率资源区域中映射于 CSI-RS 端口。在用户设备侧，每一个天线单元将会得到相对公平的发送 CSI-RS 信号的机会或者得到相当好的信道估计性能。

（3）关于对比文件 3（CN103347298A；公开日：2013 年 10 月 9 日；申请人：华为）

对比文件 3 公开了一种参考信号配置方法和参考信号发送方法及用户设备和基站。其确定参考信号的资源配置，其中参考信号的资源配置包括参考信号端口配置、参考信号子帧配置和参考信号配置，参考信号端口配置所配置的端口数为 N；按照参考信号的资源配置接收参考信号；基于接收的参考信号进行测量，以得到信道状态信息和/或信号质量信息。

本发明实施例中确定出的网络侧参考信号的资源配置包括参考信号端口配置，参考信号端口配置所配置的端口数为 N，N 的取值不同，支持的端口数亦可不同，如此可提高参考吸纳后端口配置的灵活性，并且，有利于支持更多数量的天线口。

（4）关于对比文件 4（US20150155992A1；公开日：2016 年 6 月 4 日；申请人：LG 电子）

对比文件 4 公开了一种支持多天线的基站发送 CSI-RS 的方法，通过使用一种或多种 CSI-RS 配置，能够有效和准确地测量和报告 CSI。对比文件 4 公开了在配置 CSI-RS 时，可以包括非零功率的 CSI-RS，零功率的 CSI-RS 以及非零功率和零功率都具有的 CSI-RS，另外，还公开了具体的配置方法。

（5）关于对比文件 5（WO2014047797A1；公开日：2014 年 4 月 13 日；申请人：华为）

对比文件 5 公开了一种信道状态信息的测量方法，通过 BS 将发射的多套 CSI-RS 资源的聚合方式通知给 UE，使 UE 对多套 CSI-RS 资源进行聚合后进行 CSI 测量，以便对位于同一节点上的大规模天线阵列提供各端口联合测量 CSI 的能力，增加 CSI 测量精度。通过 BS 将发射的多套 CSI-RS 资源的聚合方式通知给 UE，使 UE 对多套 CSI-RS 资源进行聚合后进行 CSI 测量，对于多个端口，使用一套 CSI-RS 资源发送。

（6）关于对比文件 6（CN103179664A；公开日：2013 年 6 月 26 日；申请人：中兴）

对比文件 6 公开了一种端口映射、预编码矩阵和调制编码方式选择方法及装置，端口映射方法包括：终端侧确定各个 CSI-RS 资源的 CSI-RS 端口到聚合 CSI-RS 资源各个 CSI-RS 端口的映射关系；终端侧根据映射关系对各个 CSI-RS 资源的 CSI-RS 端口进行映射。能够解决多个配置的 CSI-RS 资源中包含的天线端口如何映射到一个聚合的 CSI-RS 资源的多个天线端口的问题。

对比文件 6 公开了终端侧确定各个信道状态信息参考信号 CSI-RS 资源的 CSI-RS

端口到聚合 CSI-RS 资源各个 CSI-RS 端口的映射关系并根据该映射关系进行映射，另外，公开了具体的映射方法。

（7）关于对比文件 7（WO2015/139389A1；信道状态信息测量方法和装置；公开日：2015 年 9 月 24 日；申请人：中兴通讯股份有限公司）

对比文件 7 提供一种信道状态信息测量方法和装置，该方法包括：终端设备确定位于非周期 CSI 报告触发信息所在子帧之前，且属于指定子帧组的一个或多个下行子帧为该指定子帧组的 CSI 参考资源；所述终端设备获取在所述 CSI 参考资源上的 CSI 测量结果，生成与所述指定子帧组对应的 CSI 报告。

对比文件 7 涉及了没有 Beamforming 的 CSI 信道测量和干扰测量，虽然没有明确提出测量限制（MR），但将特定的子帧（位于非周期信道状态信息（CSI）报告触发信息所在子帧之前，且属于指定子帧组的一个或多个下行子帧）确定为 CSI 参考资源，有可能会被认为是一种测量限制。

（8）关于对比文件 8（WO2016/169304A1；信道信息的配置方法及装置、反馈方法及装置；公开日：2016 年 10 月 27 日；申请人：中兴通讯股份有限公司）

对比文件 8 提供了一种信道信息的配置方法及装置、反馈方法及装置，其中，该配置方法包括：基站为一个信道状态信息 CSI 进程配置 Q 个 CSI 测量线程，其中，Q 为大于或等于 2 的整数；基站为 Q 个 CSI 测量线程配置 P1 个信道测量导频和 P2 个干扰测量资源，其中，P1 个信道测量导频用于执行 Q 个 CSI 测量线程的信道测量，P2 个干扰测量资源用于执行 Q 个 CSI 测量线程的干扰测量，P1 和 P2 为大于零的整数。解决了相关技术中导频的测量与反馈技术不够灵活的问题。

（9）关于对比文件 9（WO2016/141796A1；信道状态信息的测量和反馈方法及发送端和接收端；公开日：2016 年 9 月 15 日；申请人：中兴通信股份有限公司）

对比文件 9 提供一种信道状态信息（CSI）的测量和反馈方法及发送端和接收端，该方法包括：发送端基于预先设置的定向方式发送信道测量导频，所述信道测量导频用于接收端进行 CSI 的测量；所述发送端接收所述接收端反馈的 CSI。解决了大规模多天线技术中的信道测量导频开销太大的问题，并且有效地进行了预编码码字或者波束赋形权值的选择，节约了 CSI 的测量时间。

（10）关于对比文件 10（CN104620518A；在支持协作传输的无线通信系统中接收数据的方法和设备；公开日：2015 年 5 月 13 日；申请人：LG 电子株式会社）

对比文件 10 提供一种无线通信系统。在支持协作传输的无线通信系统中接收数据的终端的方法能够包括下述步骤：接收指示实际发送数据的传输基站的信息，该传输基站来自于参与协作传输的多个基站之中；接收关于用于多个基站的每个零功率信道状态信息-参考信号（CSI-RS）的信息；以及，假定没有将数据映射到与传输基站相对应的零功率 CSI-RS 的资源元素，借助于 PDSCH 接收数据。

（11）关于对比文件 11（CN102696183A；用于在支持多个天线的无线通信系统中提供信道状态信息参考信号配置信息的方法和装置；公开日：2012 年 9 月 26 日；申请人：LG 电子株式会社）

对比文件 11 提供一种用于在支持多个天线的无线通信系统中传输和接收信道状态信息-参考信号（CSI-RS）的方法和装置。该方法包括：在基站处将一种或多种 CSI-RS 配置的信息传输至移动站，其中，一种或多种 CSI-RS 配置包括对于其移动站假设非零传输功率用于 CSI-RS 的一种 CSI-RS 配置；在基站处将指示在一种或多种 CSI-RS 配置之中的对于其移动站假设零传输功率用于 CSI-RS 的 CSI-RS 配置的信息传输至移动站；在基站处基于一种或多种 CSI-RS 配置将 CSI-RS 映射至下行链路子帧的资源元素；以及在基站处将映射有 CSI-RS 的下行链路子帧传输至移动站。

（12）关于对比文件 12（CN104604277A；无线通信方法、用户终端、无线基站以及无线通信系统；公开日：2015 年 5 月 6 日；申请人：株式会社 NTT 都科摩）

对比文件 12 能够反馈适合于使用了三维波束的下行通信的信道状态信息（CSI）。无线通信方法是无线基站使用由在水平面上具有指向性的水平波束以及在垂直面上具有指向性的垂直波束构成的三维波束，进行与用户终端的下行通信的无线通信方法，具有：所述无线基站发送使用在多个垂直波束之间不同的预编码权重而进行了预编码的多个测定用参考信号的步骤；以及所述用户终端将基于所述多个测定用参考信号而生成的信道状态信息发送给所述无线基站的步骤。

（13）关于对比文件 13（CN106301669A；一种信道状态信息测量反馈方法；公开日：2017 年 1 月 4 日；申请人：工业和信息化部电信传输研究所）

对比文件 13 提供一种信道状态信息测量反馈方法，该方法包括：针对任一用户终端，基站配置 CSI-参考符号 RS 资源，在不同时刻根据系统负载选择一个垂直波束赋形方向来向所述用户终端发送配置的 CSI-RS 资源，使所述用户终端根据反馈周期进行 CSI 反馈；基站接收所述用户终端在各垂直波束赋形方向上反馈的 CSI 时，存储各垂直波束赋形方向上对应的 CSI；基站在存储的 CSI 中选择值最大的 CSI，并在值最大的 CSI 对应的垂直波束赋形方向上向所述用户终端发送配置的 CSI-RS 资源，能够节省反馈开销和导频开销。

（四）信息编码和码本设计相关专利分析

1. 一级要点的相关专利分析

针对上述技术要点，制定如表 6 所示的检索式。其中，检索到一级要点信息编码和码本设计相关专利 4204 件。在该相关专利集合中，针对每个二级要点，筛选出二级要点的相关专利集合。

表 6 信息编码和码本设计检索式

一级要点	一级要点检索式	二级要点	二级要点检索式
信息编码和码本设计	TA:（码本 OR 码书 OR codebook*）AND IPC:（H04B OR H04W OR H04L OR H04J）AND APD:[2010-01-01 TO 2017-02-28]	基于非预编码的码本设计	TA:（码本 OR 码书 OR codebook*）AND IPC:（H04B OR H04W OR H04L OR H04J）AND APD:[2010-01-01 TO 2017-02-28] AND DESC:（(非预编码 OR（non $PRE2precod））AND（信道状态信息 OR CSI OR（channel $PRE2 state））AND（（reference $PRE2 signal）OR 参考信号））
		针对 CSI-RS 端口的码本设计	TA:（码本 OR 码书 OR codebook*）AND IPC:（H04B OR H04W OR H04L OR H04J）AND APD:[2010-01-01 TO 2017-02-28] AND DESC:（(端口 OR port*) $WS（12 or 16 OR 24 OR 32 OR multi*））AND TAC:（（信道状态信息 OR CSI OR（channel $PRE2 state））AND（（reference $PRE2 signal）OR 参考信号））
		Class A 码本设计	TA:（码本 OR 码书 OR codebook*）AND IPC:（H04B OR H04W OR H04L OR H04J）AND APD:[2010-01-01 TO 2017-02-28] AND DESC:（非预编码 OR（non $PRE2 precod*）OR（class $PRE2 A））
		Class B 码本设计	TA:（码本 OR 码书 OR codebook*）AND IPC:（H04B OR H04W OR H04L OR H04J）AND APD:[2010-01-01 TO 2017-02-28] AND DESC:（波束成型 OR 波束成形 OR beamform* OR（class $PRE2 B））
		对码字或参数进行限制的码本设计	TA:（码本 OR 码书 OR codebook*）AND IPC:（H04B OR H04W OR H04L OR H04J）AND APD:[2010-01-01 TO 2017-02-28] AND TAC:（限制 OR restrict* OR limit* OR constraint*）
		双码本的优化设计	TA:（码本 OR 码书 OR codebook*）AND IPC:（H04B OR H04W OR H04L OR H04J）AND APD:[2010-01-01 TO 2017-02-28] AND TA:（双码本 OR 第二码本 OR（double $PRE2 codebook*）OR（second $PRE2 codebook））

图 13 为 2010—2016 年信息编码和码本设计相关专利申请量随年度发展的趋势图。由图 13 可看出，信息编码和码本设计相关专利从 2010 年开始呈现逐年递减的趋势，仅在 2013 年专利申请量有小幅的增长。

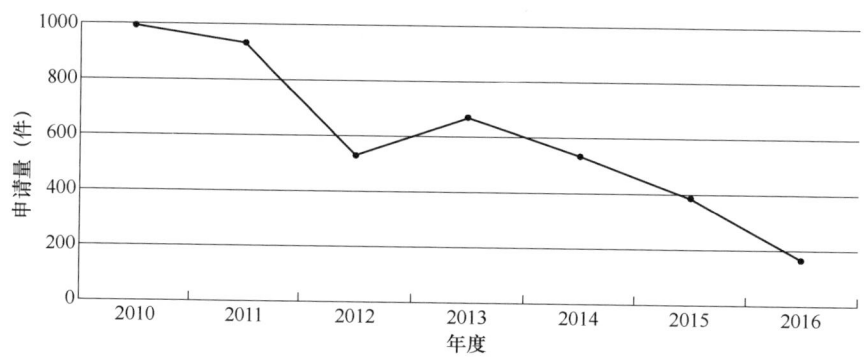

图 13 2010—2016 年信息编码和码本设计相关专利申请年度发展的趋势

图中数据显示，信息编码和码本设计技术的研究热点出现时间相对较早，信息编码和码本设计相关专利主要集中在 2010—2011 年申请，在随后的一段时间内，专利申请数量比较稳定，维持在每年 600 件左右的水平。由于发明专利公布时间晚于专利申请时间，2014—2016 年的实际申请量应该多于图中所示的数量。

图 14 是信息编码和码本设计技术领域专利申请量排名前十二位的专利申请人。专利申请量排名前十二位的申请人分别是：LG ELECTRONICS、SAMSUNG、INTEL、ZTE、ERICSSON、QUALCOMM、NEC、DATANG、NTT DOCOMO、FUJITSU、华为、上海贝尔。由上图可以看出，排名靠前的专利申请人的专利数量并没有明显的差距，分布比较平均。

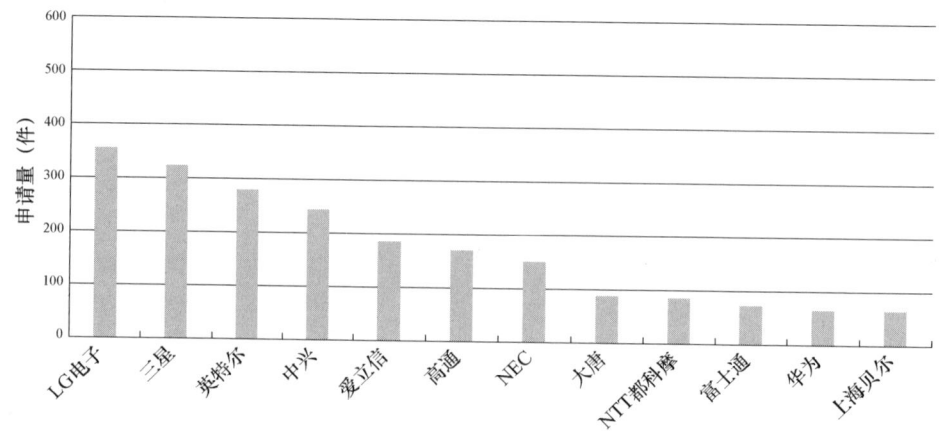

图 14 信息编码和码本设计相关专利的主要申请人

图 15 是信息编码和码本设计技术领域专利申请量排名前五位的发明人。专利申请量排名前五的发明人分别是：ZTE 公司的陈艺戬、LG 电子的 KO HYUNSOO、ERICSSON 公司的 NAMMI SAIRAMESH、华为公司的周永行、王建国。其中，陈艺戬作为第一发明人，在该技术领域的专利申请量达到了 99 件，明显高于其他发明人的专利数量。另外，华为公司有两位发明人入围专利申请数量排名前五甲，这与"CSI 资源配置技术"的发明人分布情况明显不同，在信息编码和码本设计领域，华为专利申请人的分布相对集中。

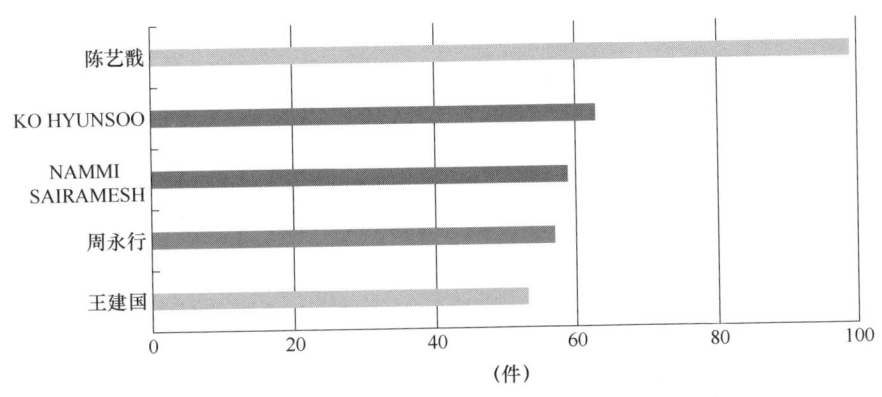

图 15 信息编码和码本设计相关专利的主要发明人

2. 二级要点的相关专利分析

数据显示，信息编码和码本设计技术相关专利主要集中在要点 2.6 "双码本的优化设计"、要点 2.5 "对码字或参数进行限制的码本设计"、要点 2.4 "Class B 码书设计"中；其次是要点 2.2 "针对 CSI-RS 端口的码本设计"、要点 2.3 "Class A 码书设计"和要点 2.1 "基于非预编码的码本设计"。其中，要点 2.6、要点 2.5、要点 2.4 的专利数量比较平均，均有 500 件左右，要点 2.2、要点 2.3 和要点 2.1 的专利数量也比较平均，均有 100 件左右。可见，要点 2.6 "双码本的优化设计"、要点 2.5 "对码字或参数进行限制的码本设计"、要点 2.4 "Class B 码书设计"可能为码本设计领域的研究热点。

图 16 为码本设计技术二级要点相关专利申请年度发展的趋势图。要点 2.6 "双码本的优化设计"、要点 2.5 "对码字或参数进行限制的码本设计"、要点 2.4 "Class B 码书设计"的专利申请量在 2010—2011 年数量较多，从 2013 年开始，这三个技术领域的专利申请数量有比较明显的下降。

但是，值得注意的是，要点 2.6 "双码本的优化设计"的专利申请量在 2014 年有明显的反弹。要点 2.3 "Class A 码书设计"和要点 2.1 "基于非预编码 CSI-RS 的码本设计"的年度申请量不多，走势也比较平稳。要点 2.2 "针对 CSI-RS 端口的码本设计"的专利数量则呈现与其他要点的专利发展趋势完全不同的态势，从 2010 年开始，要点 2.2 的专利申请逐年增长，并在 2013 年达到最高值。

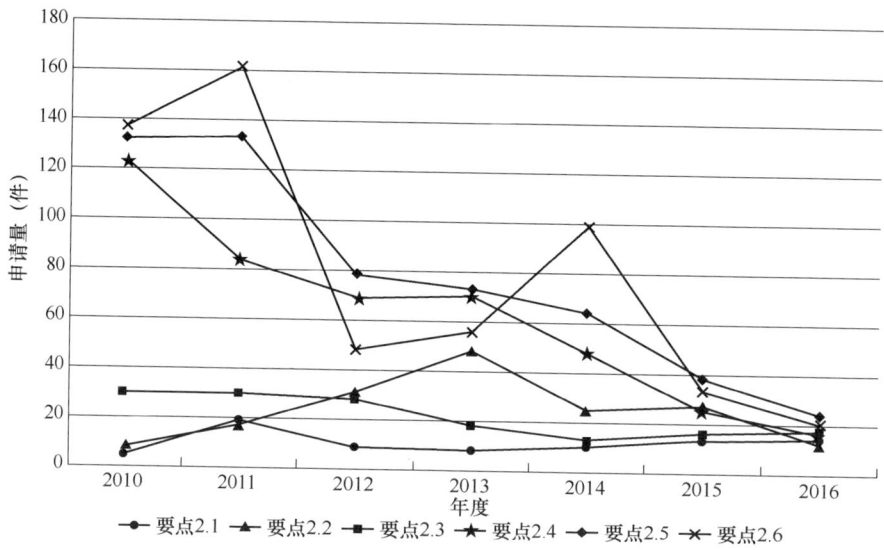

图 16　信息编码和码本设计技术二级要点相关专利申请年度发展的趋势

通过比对各个二级技术要点的主要专利申请人、各专利申请人的专利数量、主要发明人、平均同族数、同族被引证次数，可以得出如下结论：HUAWEI、INTEL、SAMSUNG、ERICSSON 这四位专利申请人的专利布局比较广泛，在信息编码和码本设计领域的大部分二级要点中均有专利布局；NEC 在要点 2.4 "CLASS B 码书设计要点"和要点 2.5 "对码字或参数进行限制的码本设计"的专利布局数量均位列前五甲，主要的发明人为 KHOJASTEPOUR MOHAMMAD ALI。并且，NEC 的平均专利同族数量达到了 20 件以上，掌握该技术领域的基础专利的可能性比较高。LG ELECTRONICS 在要点 2.1 "基于非预编码的码本设计"和要点 2.3 "CLASS A 码书设计"均有专利布局，并且其专利同族平均数和同族专利被引用次数比较突出。结合该公司在这两个技术领域的专利数量累计，其掌握这两技术要点的基本专利的可能性比较高。INTEL 公司在要点 2.2 "针对 CSI-RS 端口的码本设计"的专利和 SAMSUNG 公司在要点 2.6 "双码本的优化设计"的专利均有较好的专利指标，结合这两家公司在各个要点的专利申请量，可以考虑重点关注 INTEL 公司在要点 2.2 和 SAMSUNG 公司在要点 2.6 的专利申请。

3. 重点专利的简要说明

（1）关于对比文件 1（WO2015018030A1；确定预编码矩阵指示的方法，接收设备和发送装置；公开日：2015 年 2 月 12 日；申请人：华为技术有限公司）

对比文件 1 提供一种确定预编码矩阵指示的方法、接收设备和发送设备，该方法包括：接收端基于发送端发送参考信号，从码本中选择预编码矩阵 W，其中，预编码矩阵 W 为两个矩阵 W1 和 W2 的乘积，W2 用于选择矩阵 W1 的列矢量从而构成矩阵 W，或者，用于加权组合矩阵 W1 中的列矢量从而构成矩阵 W；接收端向发送端发送预编码矩阵 W 对应的预编码矩阵指示 PMI，以使发送端根据该 PMI 得到预编码矩阵 W。

对比文件 1 公开了预编码矩阵 W 为两个矩阵的乘积，还公开了 W1 包含 Nb 个分块矩阵，每个分块矩阵的列为第一向量和第二向量的克罗内克尔积；此外还公开了 W2 可以选择或者加权组合 W1 中的列矢量。

（2）关于对比文件 2（WO2016021910A1；codebook design and structure for advanced wireless communication systems；公开日：2016 年 2 月 11 日；申请人：三星）

对比文件 2 公开了双码本结构，其中 W 是 W1 和 W2 的克罗内克尔积，还公开了列选择和 Co-phasing 确定 W1。

（3）关于对比文件 3（US20160359538A1；METHOD AND APPARATUS FOR OPERATING MIMO MEASURMENT REFERENCE SIGNALS AND FEEDBACK；公开日：2016 年 12 月 8 日；申请人：三星）

对比文件 3 公开了 16 天线端口的天线配置方式，使用转置索引。还公开了一种 CSI 报告机制，公开了 CLASS A 报告中的 CSI-RS 资源配置，其中，第二 NZP CSI-RS 资源可以由多个小的 CSI-RS 资源聚合而成。

（4）关于对比文件 4（WO2016164073A1；CODEBOOK SUBSET RESTRICTION FOR A FD-MIMO SYSTEM；公开日：2016 年 10 月 13 日；申请人：INTEL）

对比文件 4 公开了用于一维的码本子集限制包括位图（bitmap）；其中对于每个秩的垂直 PMI 码本的通用限制分配 X 个比特。

（5）关于对比文件 5（US 20160142117A1；METHODS TO CALCULTE LINEAR COMBINATION PRE-CODERS FOR MIMO WIRELESS COMMUNICATION SYSTEMS；公开日：2016 年 5 月 19 日；申请人：三星）

对比文件 5 公开了对于 UE 需要考虑的 PMI 索引计算，基站进行波束合并的限制。基站可以使用 15 比特的指示信息来指示所述波束合并的限制。

（五）信道测量和反馈相关专利分析

1. 一级要点的相关专利分析

针对上述技术要点，制定如表 7 所示的检索式。其中，检索到一级要点信道测量和反馈相关专利 4875 件。在该相关专利集合中，针对每个二级要点，筛选出二级要点的相关专利集合。

表 7 信道测量和反馈检索式

一级要点	一级要点检索式	二级要点	二级要点检索式
信道测量和反馈	TA：（信道状态信息 OR CSI OR（channel $PRE2 state））AND TA：（反馈 OR 报告 OR 上报 OR feedback* OR report*）AND APD：[2010-01-01 TO 2017-02-28] AND IPC：（H04B OR H04W OR H04L OR H04J）	基于波束赋形的反馈	TA：（信道状态信息 OR CSI OR（channel $PRE2 state））AND TA：（反馈 OR 报告 OR 上报 OR feedback* OR report*）AND APD：[2010-01-01 TO 2017-02-28] AND IPC：（H04B OR H04W OR H04L OR H04J）AND TAC：（波束成型 OR 波束成形 OR beamform* OR （class $PRE2 B））
		基于非预编码的反馈	TA：（信道状态信息 OR CSI OR（channel $PRE2 state））AND TA：（反馈 OR 报告 OR 上报 OR feedback* OR report*）AND APD：[2010-01-01 TO 2017-02-28] AND IPC：（H04B OR H04W OR H04L OR H04J）AND TAC：（非预编码 OR（non $PRE2 precod*）OR（class $PRE2 A））
		基于混合编码的反馈	TA：（信道状态信息 OR CSI OR（channel $PRE2 state））AND TA：（反馈 OR 报告 OR 上报 OR feedback* OR report*）AND APD：[2010-01-01 TO 2017-02-28] AND IPC：（H04B OR H04W OR H04L OR H04J）AND TAC：（混合 OR 混杂 OR hybrid）
		基于双码本的反馈	TA：（信道状态信息 OR CSI OR（channel $PRE2 state））AND TA：（反馈 OR 报告 OR 上报 OR feedback* OR report*）AND APD：[2010-01-01 TO 2017-02-28] AND IPC：（H04B OR H04W OR H04L OR H04J）AND TA：（双码本 OR 第二码本 OR（double $PRE2 codebook*）OR（second $PRE2 codebook））
		基于PUCCH的反馈	TA：（信道状态信息 OR CSI OR（channel $PRE2 state））AND TA：（反馈 OR 报告 OR 上报 OR feedback* OR report*）AND APD：[2010-01-01 TO 2017-02-28] AND IPC：（H04B OR H04W OR H04L OR H04J）AND TA：（物理上行链路控制信道 OR PUCCH）

图 17 为 2010—2016 年信道测量和反馈相关专利申请量随年度发展趋势图。由图 17 可看出，信道测量和反馈相关专利从 2010 年开始呈现逐年递增的趋势，2010 年到

2011 年的增长速度最快，2011—2013 年年度申请量比较稳定，维持在 900 件左右，从 2014 年开始，信道测量和反馈相关专利的申请量有所下降，这可能是由于专利公开时间晚于专利申请日，因此 2014—2016 年的申请量下降的趋势不能代表实际申请情况。

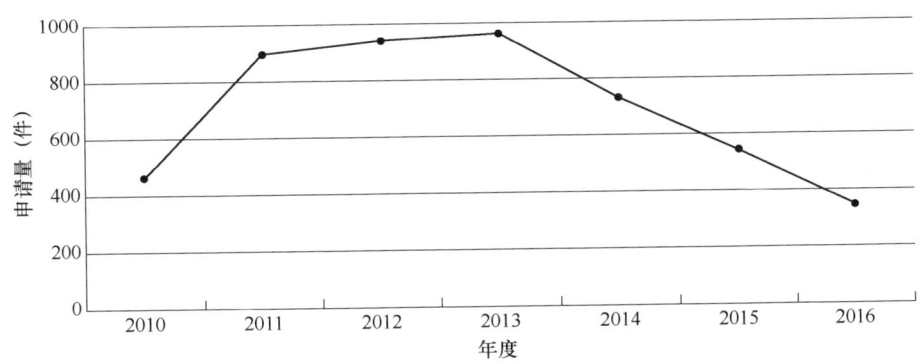

图 17　2010—2016 年信道测量和反馈相关专利申请年度发展的趋势

图 18 是信道测量和反馈技术领域专利申请量排名前十二位的专利申请人。专利申请量排名前十二的申请人分别是：LG ELECTRONICS、QUALCOMM、HUAWEI、SAMSUNG、ERICSSON、ZTE、NTTDOCOMO、INTEL、DATANG、FUJITSU、INTERDIGITAL、NOKIA。其中，LG ELECTRONICS 在 CSI 反馈技术领域的专利申请具有较大的数量优势，远高于其他申请人。

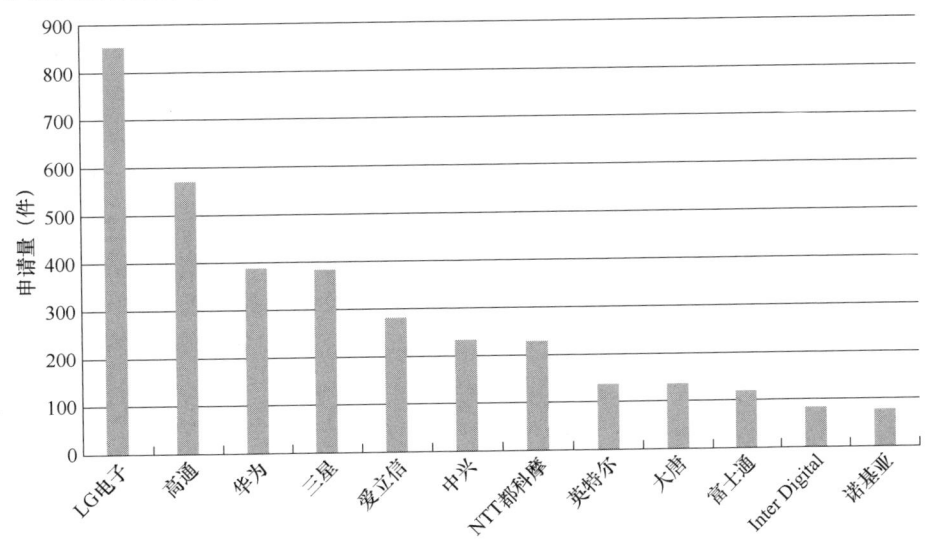

图 18　信道测量和反馈相关专利的主要专利申请人

图 19 是信道测量和反馈技术领域专利申请量排名前五名的发明人。专利申请量

排名前五位的发明人分别是:LG 电子的 KIM HYUNG TAE、KO HYUNSOO、PARK JONGHYUN、QUALCOMM 公司的陈万石、NTT DOCOMO 的 NAGATA SATOSHI。图中数据显示,排名前五名的主要发明人的专利申请数量比较平均。值得注意的是,排名前三位的发明人均来自 LG ELECTRONICS 公司,说明该公司在 CSI 反馈技术领域具有较强的研发实力。

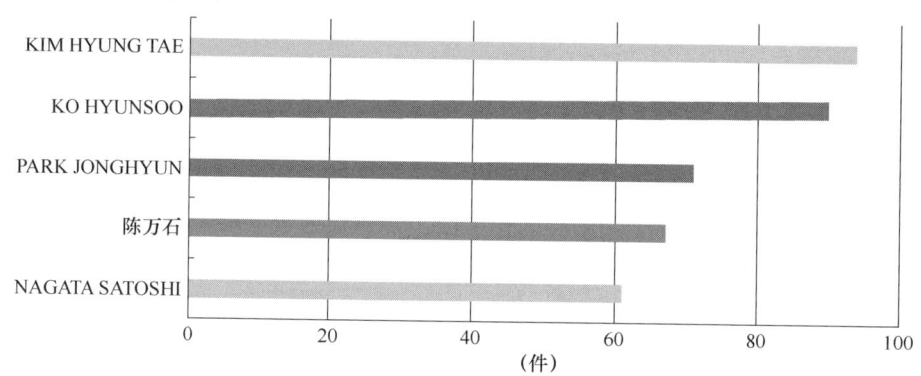

图 19　信道测量和反馈相关专利的主要发明人

2. 二级要点的相关专利分析

数据显示,信道测量和反馈技术相关专利主要集中在要点 3.1 "基于波束赋形的反馈"和要点 3.5 "基于 PUCCH 的反馈"中;其次是要点 3.3 "基于混合编码的反馈"、要点 3.4 "基于双码本的反馈";要点 3.2 "基于非预编码的反馈"的专利数量最少。可见,要点 3.1 "基于波束赋形的反馈"和要点 3.5 "基于 PUCCH 的反馈"可能是信道测量和反馈技术领域的研究热点。

图 20 为信道测量和反馈技术二级要点相关专利申请年度发展趋势图。要点 3.1 "基于波束赋形的反馈"、要点 3.4 "基于双码本的反馈"和要点 3.5 "基于 PUCCH 的反馈"在 2010 年的专利数量非常接近。但是,从 2011 年开始,要点 3.4 "基于双码本的反馈"的专利年度申请量与其他两者呈现出完全不同的发展态势。要点 3.1 和要点 3.5 的专利年度申请量分别在 2011 年、2012 年达到近几年的最高值,并在 2013 年迅速下降;而要点 3.4 "基于双码本的反馈"的专利年度申请量从 2011 年开始呈下降趋势,在 2013—2014 年呈缓慢上升趋势。要点 3.3 "基于混合编码的反馈"和要点 3.2 "基于非预编码的反馈"的专利年度申请量与要点 3.1 "基于波束赋形的反馈"的发展趋势比较相似。

通过比对各个二级技术要点的主要专利申请人、各专利申请人的专利数量、主要发明人,可以得出如下结论:对于要点"3.1 基于波束赋形的反馈",在该技术领域,主要申请人有 LG ELECTRONICS、SAMSUNG、ERICSSON、QUALCOMM、INTEL。对于要点 3.2 "基于非预编码的反馈",在该技术领域,各申请人的专利数量均比较少,其中,DATANG 公司的专利在该技术领域的同族被引证次数最高。对于

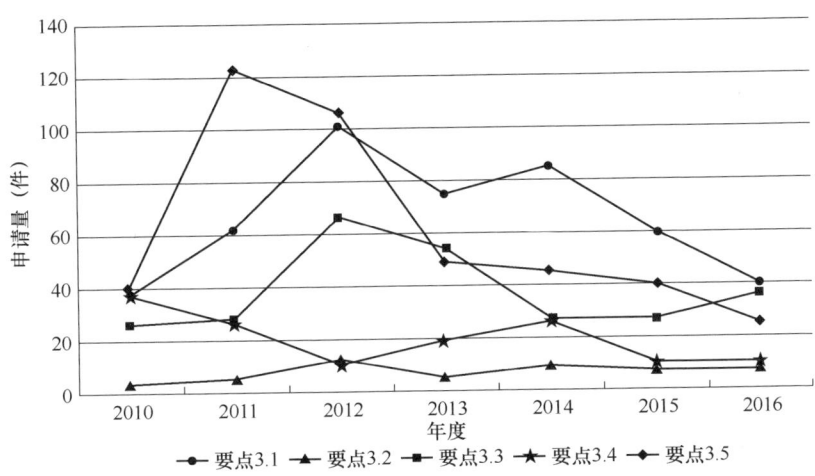

图 20　信道测量和反馈技术二级要点相关专利申请年度发展的趋势

要点 3.3"基于混合编码的反馈",在该技术领域,主要申请人有 ERICSSON、SAMSUNG、QUALCOMM、INTEL、ZTE。对于要点 3.4"基于双码本的反馈",在该技术领域,主要申请人有 LG ELECTRONICS、ZTE、TEXAS INSTRUMENTS、SHARP、DATANG。这五位专利申请人的专利同族数量和专利同族被引证次数的指标比较接近。对于要点 3.5"基于 PUCCH 的反馈",在该技术领域,主要申请人有 SAMSUNG、LG ELECTRONICS、ZTE、ERICSSON、QUALCOMM。其中,SAMSUNG、LG ELECTRONICS 的专利同族数量和专利同族被引证次数的指标比较突出。

3. 重点专利的简要说明

(1)关于对比文件 1 (CN106160934A;一种 CSI 反馈方法、装置和相关设备;公开日:2016 年 11 月 23 日;申请人:中国移动通信集团公司)

对比文件 1 提供一种 CSI 反馈方法、装置和相关设备,用于在降低 CSI-RS 开销的同时,保证 CSI-RS 的覆盖性。网络侧实施的 CSI 反馈方法,包括:向用户设备 UE 发送信道状态信息参考信号 CSI-RS 配置信息,所述 CSI-RS 配置信息包括为所述 UE 配置的 B 端口的垂直维 CSI-RS 和 2N 端口的水平维 CSI-RS;接收所述 UE 发送的信道状态信息 CSI 反馈信息,所述 CSI 反馈信息包括所述 UE 根据对 B 端口的垂直维 CSI-RS 进行测量的测量结果确定出的垂直维 CSI-RS 端口标识和对 2N 端口的水平维 CSI-RS 进行测量的测量结果确定出的秩指示 RI 和水平维预编码矩阵 PMI。

(2)关于对比文件 2(CN105871515A;一种信道状态信息反馈方法、下行参考信号方法及装置;公开日:2016 年 8 月 17 日;申请人:电信科学技术研究院)

对比文件 2 提供一种信道状态信息反馈方法、下行参考信号发送方法及装置。基站分别在水平维度和/或垂直维度上对天线端口进行分组,分别在水平维度的各组天线端口发送水平维度下行参考信号，和/或在垂直维度的各组天线端口发送垂直维度下行参考信号。用户设备根据水平维度和/或垂直维度接收到的各组天线端口对应的下行参考信号，得到水平维度和/或垂直维度的测量信道矩阵，进而进行信道状态信息的反馈，解决了大规模天线阵列场景下，信道状态信息反馈的问题。

（3）关于对比文件3（CN106160826A；公开日：2016年11月23日；申请人：中国移动）

对比文件3公开了一种CSI-RS配置及CSI反馈方法、装置和相关设备，用以实现16端口CSI-RS的配置以及基于16端口CSI-RS进行CSI反馈。还公开了16端口CSI-RS的配置原则，并给出了具体的配置方法。

（4）关于对比文件4（CN106160821A；一种信道状态信息反馈、获取方法及装置；公开日：2016年11月23日；申请人：电信科学技术研究院）

对比文件4提供一种信道状态信息反馈、获取方法及装置，包括：终端获得网络设备配置的1个第一维度下行参考信号资源、S个第二维度下行参考信号资源以及两者之间的第一对应关系；终端根据第一维度下行参考信号资源，对第一维度下行参考信号进行测量，根据测量到的第一维度PMI以及第一对应关系，选择用于进行第二维度下行参考信号测量的资源，并根据该资源对第二维度下行参考信号进行测量和信道状态信息反馈；其中，第二维度参考信号是经过第一维度波束赋形权值赋形后发送的。可获得网络设备与终端之间的信道状态信息，进一步地，根据第一维度反馈的PMI，可以对用于第二维度参考信号赋形的第一维度波束赋形权值进行调整。

（5）关于对比文件5（WO2016179801A1；METHOD AND APPARATUS FOR CHANNEL STATE INFORMATION FEEDBACK FOR FDMIMO；公开日：2016年11月17日；申请人：NEC）

对比文件5公开了上报多个垂直beams的CSI，另外权利要求2，4，5，6进一步限定了如何确定，例如通过bits指示垂直beam；还公开了UE may report a CQI for the plurality of vertical beams。

（6）关于对比文件6（US20160301505A1；Systems and methods related to flexible CSI-RS configuration and associated feedback；公开日：2016年10月13日；申请人：爱立信）

对比文件6提供一种灵活配置CSI-RS和相关反馈的方法和系统，其中公开了基于配置的测量目的，UE在CSI-RS资源集合中选择一个或多个CSI-RS假设，或者，UE进一步从多个CSI-RS假设中选择一个或多个CSI-RS假设。

（7）关于对比文件7（CN105765886A；无线通信系统中终端报告信道状态信息的方法及其装置；公开日：2016年7月13日；申请人：LG）

对比文件7公开了一种终端在无线通信系统中向基站报告信道状态信息（CSI）的方法，该方法包括：通过上层设置多个CSI进程的步骤、在两个CSI进程单元中配对多个 CSI 进程的步骤；通过使用由多个 CSI 进程中的每个指示的信号测量资源和干扰测量资源来计算与多个 CSI 进程中的每个相对应的 CSI 的步骤；以及向基站报告与多个 CSI 进程中的每个相对应的 CSI 的步骤，其中两个配对的 CSI 进程指示彼此不同的公共信号测量资源和干扰测量资源。

（8）关于对比文件 8（US2015/0280801A1；Precoding Matrix Codebook Design and Periodic Channel State Information Feedback for Advanced Wireless Communication Systems；公开日：2015 年 10 月 1 日；申请人：三星电子有限公司）

对比文件 8 揭示了采用垂直维和水平维的 RI、反映垂直维和水平维的 PMI、以及联合垂直维和水平维的 CQI 进行 CSI 反馈，但没有公开 PMI 反映的是长期量和/或短期量、与所处场景为闭环操作或半开环操作之间的关系。

（9）关于对比文件 9（US2015/0288499A1；Periodic and Aperiodic Channel State Information Reporting for Advanced Wireless Communication Systems；公开日：2015 年 10 月 8 日；申请人：三星电子有限公司）

对比文件 9 揭示了采用垂直维和水平维的 RI、反映垂直维和水平维的 PMI、以及联合垂直维和水平维的 CQI 进行 CSI 反馈。

（10）关于对比文件 10（US2016/0182137A1；Channel State Information Feedback Schemes for FD-MIMO；公开日：2016 年 6 月 23 日；申请人：三星电子有限公司）

对比文件 10 揭示了每个 CSI process 可仅使用反映长期量、短期量的 PMI 中的一种（参见 0132 段），并且揭示了反映长期量的 PMI 可仅限于半闭环传输（参见 0138 段），但没有公开针对闭环操作反馈对应于长期量和短期量的 PMI、以及针对半开环操作反馈对应于长期量的 PMI。

（11）关于对比文件 11（US2015/0341100A1；Channel State Information Feedback Method and Apparatus for 2-Dimensional Massive MIMO Communication System；公开日：2015 年 11 月 26 日；申请人：三星电子有限公司）

对比文件 11 揭示了 UE-specific CSI-RS 传输，其中，UE 根据接收的配置信息获知 CSI-RS 的端口数、资源位置等，并根据配置信息生成 CSI 反馈信息（例如参见 0154 段），但没有明确公开根据端口数确定 CSI 上报的类型和格式。

（12）关于对比文件 12（WO2016062178A1；一种信道状态信息的反馈、获取方法及装置；公开日：2016 年 4 月 28 日；申请人：CATT）

对比文件 12 公开了一种信道状态信息 CSI 的获取方法，包括：确定第一维度的波束赋形阵列信息；利用所述第一维度的波束赋形阵列信息，对第二维度的导频信号进行波束赋形，并将波束赋形后的第二维度的导频信号通过第二维度的导频资源发送给用户设备 UE；以及接收所述 UE 的反馈对所述第二维度的导频信号进行测量得到第二维度的 CSI。

其中，所述确定第一维度的波束赋形阵列信息，包括：预先为用户设备 UE 配置第一维度的导频资源并将第一维度的导频资源通知给所述 UE；通过所述第一维度的导频资源将第一维度的导频信号发送给所述 UE；以及接收所述 UE 反馈的在所述第一维度的导频资源上对第一维度的导频信号进行测量得到的第一维度的 CSI，并且将该第一维度的 CSI 作为所述第一维度的波束赋形阵列信息。

（13）关于对比文件 13（US2016227429A1；METHOD BY WHICH TERMINAL REPORTS CHANNLE STATUS INFORMATION IN WIRELESS COMMUNICATION SYSTEM AND APPATATUS THEREOR；公开日：2016 年 8 月 4 日；申请人：LG）

对比文件 13 公开了通过上层来配置多个 CSI 进程；在两个 CSI 进程单元中配对所述多个 CSI 进程；通过使用由所述多个 CSI 进程中的每个所指示的信号测量资源和干扰测量资源来计算与所述多个 CSI 进程中的每个相对应的 CSI；以及向所述基站报告与所述多个 CSI 进程中的每个相对应的 CSI，其中，两个配对的 CSI 进程指示彼此不同的公共信号测量资源和干扰测量资源。其中，CSI 进程索引为 K。

（14）关于对比文件 14（WO2015190847A1；METHOD BY WHICH TERMINAL REPORTS CHANNLE STATUS INFORMATION IN WIRELESS COMMUNICATION SYSTEM AND APPATATUS THEREOR；公开日：2015 年 12 月 17 日；申请人：SAMSUNG）

对比文件 14 公开了 UE 接收基站的 CSI-RS 配置信令，相应地测量和汇报 CSI 信息；UE 接收基站的调度信令，相应地接收下行数据。

在所述配置信令中包括至少两套非零功率 CSI-RS（NZPCSI-RS）资源的配置信息，或者，在所述配置信息中包括一套综合 NZPCSI-RS 配置的指示，用于指示至少两套 NZPCSI-RS 资源的配置信息；

所述 UE 相应地测量 CSI 信息包括：所述 UE 按照所述至少两套 NZPCSI-RS 资源的配置信息接收相应的至少两套 NZPCSI-RS 信号并测量所述 CSI 信息。

（15）关于对比文件 15（CN102959878B；使用于每个汇报模式对应的码书的多输入多输出通信系统；授权公告日：2016 年 8 月 3 日；申请人：三星电子株式会社）

对比文件 15 的说明书第［0695］段至［0713］段记载了进行 PMI，CQI 上报的方法。即，公开了 PUCCH 1-1 的各独立的 instances，mode 2-1 的 2nd instance 在 PTI=0 的情况也被对比文件 15 公开。

（16）关于对比文件 16（CN105144647A；用于增强型 4TX 码本的码本子采样的用户设备和方法；公开日：2015 年 12 月 9 日；申请人：英特尔 IP 公司）

对比文件 16 涉及如何使用 PUCCH 1-1 的子模式 1，PUCCH 1-1 的子模式 2，PUCCH 2-1 中相关的报告类型来进行 CSI 反馈。

具体地，在对比文件 16 中（权利要求 1），配置 PUCCH 以用于 CSI 反馈（即，反馈 RI 和 W1），其中，对 RI 和 W1 进行联合编码。并且，针对如下的至少一个进行 4Tx 码本子采样：PUCCH 1-1 的子模式 1 的报告 5，PUCCH 1-1 的子模式 2 的报告 2c，PUCCH 2-1 的报告 1a。

（六）小结

由上述一级要点、二级要点的分析可知，对于"CSI 资源配置""信息编码和码本设计"和"信道测量和反馈"目前各个相关公司或单位均非常重视，一级要点层面的专利申请数目很大；即使在二级要点的层面，各个主要通信公司仍基本都有涉及。

四、结论及建议

（一）关于 MIMO 技术的总的建议

1. 企研结合

从前面的分析可以看出，在 MIMO 技术领域中，申请量排在前五位的申请人申请量相差不大，领域内竞争激烈。并且，在总申请量前 18 名的申请人中，包括中国的 7 个申请人，表明目前在这一领域中国已经具有相当的技术实力。上述 7 个申请人包括，4 家企业以及 3 家研究院或高校，说明我国在 MIMO 技术的产品化方面和研究方面均具有一定实力。因此，企业可以考虑与研究机构合作，充分发挥二者各自的优势，形成共赢。

2. 国外专利布局

从前面的分析可以看出，国外企业在主要布局的外国，平均进入比例在 40% 以上。中国的大部分企业，在主要布局的外国，平均进入比例不足 20%。可见，我国企业在走出国门方面的勇气、魄力还有待进一步加强，并且，期望企业管理者能够更多地对国外布局进行前瞻性考量，使知识产权更好地为国外市场服务。

（二）关于 MIMO 重点技术的建议

从前面章节的分析中可以看出，各重点申请公司在一级要点层面和二级要点层面的申请均较为集中，这说明对于 MIMO 相关的通信标准，各个公司或者单位均极为重视，希望能够进行有效的专利布局。

因此，在 MIMO 重点技术相关的领域，更需要慎重、合理地进行专利布局。基于各技术要点的分布，一方面，加强自身的布局，既要注意布局的广度，也要注意布局的深度；另一方面，规避或利用竞争对手的布局，在竞争对手布局的基础上，避开已被重点布局的领域，或者是针对已有布局的领域进行改进进而发展为自己的布局等。

由于 MIMO 重点技术涉及的技术点较为分散，导致企业在指定时间段中指定技术主题上的专利研发投入并不集中，同时也可以看出，并非全部公司都会在所有技术主题上展开布局，而且即使进行了专利布局，也不会集中在某一技术主题上，而是选择其中的部分技术主题进行布局。从技术角度来讲，所关注的技术点越具体，意味着其细节越多，能够与之相比较而归为同一类的专利申请也就越少，这也符合一般的文献分类规律。

1. 标准专利

目前，通信技术标准化工作基本都是由各个厂商组成通信标准组织来进行，协商制定通信技术的标准规划，例如3GPP和3GPP2，在讨论标准规范会议上，通信设备制造商都会派代表参会，各大厂商积极参与标准工作，通常，各厂商在向标准组织提出技术提案进行讨论之前，已经向专利局递交了专利申请，这样，在标准组织内部，递交提案的各厂商代表通过积极参与规范制定活动，促进公司的技术提案被标准组织采纳，以此获得尽可能多的标准必要专利（Standard Essential Patent，SEP），或者称为"基本专利"。

"基本专利"的概念是3GPP等通信标准化组织为了区分不同专利对标准的影响程度不同而制定的，其是指那些基于技术的理由，考虑到制定标准时通常的技术经验及技术现状，在制造、销售、使用或操作符合某项标准的设备或方法时不可能不涉及的知识产权。更明确地说，符合标准的产品必然要采用的专利技术即为基本专利，如果不使用基本专利，产品就不符合标准要求。

理想的情况是，对于每次会议中的每个提案，都能够获得类似对应的专利申请文件，但是由于会议提案数量非常多（每次会议的提案数量都在1000~2000个），对应的专利申请数量也非常庞大，进而将两者联系起来的工作量非常巨大。为了解决上述问题，研究者或决策者可以从自身需求出发，例如针对某一较小的具体技术主题，从所有的提案中筛选出对应的提案，然后具体针对这些提案进行专利分析，以节约时间成本。

同样地，专利申请与提案之间的技术比对工作是一个非常烦琐的过程。对于一个技术点的描述，如果偏离一个方向，就有可能出现在该描述情况下没有合适的对应专利申请文件存在的情况，即在该描述的技术主题上对应的专利申请文件数量为0。因此，适当地描述想要关注的技术点也并不是一件很轻松的工作，从提案中准确地提取要关注的技术点是进行专利对比分析的前提条件。在提案中准确地提取了要关注的技术点后，就可以根据这些技术点在指定范围内进行专利检索。在检索过程中，获得了可能的对应专利申请后，还要进行详细比对，以滤除那些看起来像但实质上不同的文件。这样，最终才能获得一个比较满意的结果。

2. 专利池

在获得了相关的专利文件之后，需要针对其进行专利战略的运用。专利池是其中的一种重要形式。专利池（Patent Pool）也称为专利联盟或专利联营，是指两个或两个以上专利所有人间的协定，用以相互间或向第三方授权他们的一个或多个专利。在全球经济一体化和信息化的今天，"技术专利化、专利标准化、标准国际化"已成为企业技术标准发展战略的主流模式，专利池成为企业获取竞争优势的一种重要知识产权利器。

近年来，技术标准越来越多地涉及专利，成为国际标准化领域的一个重要趋势。专利持有人为了利用标准实现市场竞争中的标准垄断，会主动将专利技术申请为标准技术。由于技术专利的纳入，厂商实施技术标准时必须获得相应的专利许可，标准中技术专利的持有人若拒绝授权其专利，将会阻碍标准的推广。当一项技术标准涉及众多专利权人时，其专利许可问题变得错综复杂，为简化专利许可程序，专利权人往往采用专利池对其专利进行"一站式打包"许可。

这里，专利池是指"两个或两个以上专利所有人间达成的协议，互相间交叉许可专利或向第三方许可专利的联营性组织，或者是指这种安排之下的专利集合体"，专利池通常由某一个技术领域内的多家掌握核心专利技术的厂商通过协议结成，各成员拥有的核心专利是其进入专利池的入场券。当前，专利池已成为新技术标准创立与产业化的重要技术载体，主要为发达国家企业或组织控制，成为它们引导相关产业技术发展，遏制竞争对手发展的重要工具，亟待开展相关研究工作。当前，重要的技术标准下均建立了相应专利池，如 MPEG-2、DVD、WCDMA 等。

专利池依其是否对外许可可以分为开放式专利池和封闭式专利池。开放式专利池成员间以各自专利相互交叉授权，对外则由专利池统一进行许可。封闭性专利池只在专利池内部成员间交叉许可，不统一对外许可。开放式专利池是现代专利池的主流，其对外许可方式通常为一站式打包许可，即将所有的必要专利捆绑在一起对外许可，并且一般采用统一的许可费标准，许可费收入按照各成员所持必要专利的数量比例进行分配。专利池对外的专利许可事宜或委托专利池成员代理，或授权专设的独立实体机构来实施，有的专利池同时也允许其成员单独对外进行专利许可。

随着技术标准与知识产权的日益结合，技术标准中核心专利的持有人往往结成专利池以解决复杂的专利授权问题。技术标准下的开放式专利池日渐成为最有影响力的专利池。

按照技术标准的形成过程不同，技术标准可分为法定标准和事实标准。法定标准是指由政府及其授权的标准化组织或国际标准化组织制定或确认的技术标准。事实标准是指非由标准化组织制定的，而是由处于技术领先地位的企业、企业集团制定，由市场实际接纳的技术标准。由于技术标准所包含的技术日益复杂，且技术的研发需要巨额投入，研发能否成功以及能否被接纳为标准都存有风险，因而由少数企业独自研发形成技术标准的情形会越来越少，企业更愿意结成技术联盟共推技术标准。当前技术标准的形成，无论是法定标准还是事实标准，大都先由部分企业结成技术联盟，共同研发推出候选的技术标准，然后由政府或标准化组织采纳为法定标准或者由行业联盟接纳为事实标准。这种技术联盟可以说是专利池的雏形，一旦技术联盟共同研发的技术成为技术标准，专利池即以此为基础而形成。

以 3G 的三大国际标准中目前最为成熟的 WCDMA 标准为例，WCDMA 技术由欧洲和日本公司共同研发，后被国际电信联盟接纳为国际标准。2002 年 11 月，拥有

WCDMA 主要专利的 NTT 都科摩、爱立信、诺基亚和西门子四家公司共同提出专利许可计划，承诺将以公平合理的条件对外许可。WCDMA 基本专利的许可费率与每家公司拥有的基本专利数目成比例，累积专利费率将不超过 5%。随后，日本富士通、松下通信工业、三菱电机、NEC 和索尼公司表示愿意加入该计划，WCDMA 专利池初步形成。

一项标准或技术会涉及许多专利，但最终进入专利池的只能是其中的必要专利，这既是标准化组织的政策，也是各国反垄断部门的要求。在构建专利池之前一般都要进行专利评估，以确定哪些专利是可以放入专利池中的必要专利。一项专利技术一旦入选为必要专利，专利权人就可藉此获得交叉许可和分享对外许可收益的资格，因而专利评估的结果对各专利权人而言关系重大。为了保证评估结果的公正性和合理性，评估工作一般交由独立的第三方执行。评估的结果并非一成不变，随着专利授权情况和技术的变化，评估机构需要不断地进行技术跟踪和评估。超出有效期的专利会被清除出专利池，新授权的必要专利会被加入。因此，专利池中的专利数量会不断变化，专利池的成员也不断调整。一般而言，专利池中的专利数量和专利池成员数会逐渐增长。

3. 进一步建议

在提案标准化的会议进程中，参与企业应该不断跟踪各提案厂商的提案对应专利申请，可以采用以下措施减少风险并增加可能的收益：① 对自身产品研发方向有清醒的认识，利用投票权引导标准建议向有利于自身的专利布局的方向进展；② 对已经成为标准建议的重点专利进行必要的外围设计，从外围专利着手布局，增加相互交叉许可的可能；③ 针对已经授权的专利在适当的时机提出无效宣告；④ 对于尚未授权的专利予以积极关注，通过公众意见方式协助审查员对专利申请的审查。

如果企业未能参与相关的专利池构建或标准化进程，应当重视在项目立项前、研究过程中对当前的标准状态，提案内容及方向，以及国内外专利技术及时进行全面的检索和追踪，借鉴国内外的先进技术，避免进行重复研究，造成资金和时间的浪费。另外，如果发现相同的技术，也可以通过研究其权利要求的保护范围以及相关引用文献，探寻是否可以采用不同的设计，从而规避侵权的可能。同样地，即使没有参与相关的专利池构建或标准化进程，也可以采用上述②～③的方式来规避专利风险。

从专利或技术改进的基本原则上来看，在网络设计中，基本上都是由于下层提供功能的改变或上层的某种需求的出现，而导致针对该改变或需求的解决方案的出现。

由于物理层的设计是基于下层的物理硬件，那么物理硬件的改变，就会影响到相关物理层的设计。比较典型的例子，就是天线的数量增加和天线二维结构的扩展。由于有源天线对于垂直仰角的支持以及更多天线数量的出现，导致物理层的设计可以有更大的空间。

综上所述，在专利申请提交的方向上，一方面，研发人员可以关注新的物理硬件的改变，例如天线数量和结构的扩展，来提出相关的专利申请；另一方面，也可以根据上层需求的提出及时跟进，提出解决某一方面问题的解决方案。虽然有时提出的专利申请可能范围较小，仅仅是在某个扩展的基础上提出的，但是，一旦被标准所采纳，则一样可以成为不可绕过的核心专利。在标准专利池的运用过程中可以获得应得的收益。

最后，仍然需要提醒的是，由于对于技术点的预先判断并不会特别准确，前期需要大量的专利申请费用投入，在提案阶段也未必能够预期进入标准建议，需要考虑成本的平衡。另外，最终成果产品化的时间节点也是考虑的重点，需要了解产业政策动向，合理规划投入（例如：3G 牌照延迟发放，导致有关企业（如凯明）倒闭）。目前相关标准进展的相关成果应该均期待用于 5G 相关产品，而目前世界范围内预计最早均在 2020 年可以投入使用。研发者应该对相关产业政策有明确了解，合理安排相关人力、财力、物力投入。